JN293414

レーヴン/ジョンソン
生物学

[上] 原書第7版

BIOLOGY 7th edition

P. レーヴン／G. ジョンソン／J. ロソス／S. シンガー 共著

R/J Biology 翻訳委員会 監訳

培風館

BIOLOGY
Seventh Edition

by
Peter H. Raven, George B. Johnson, Jonathan B. Losos, Susan R. Singer

Original edition copyright 2005 by McGraw-Hill Companies, Inc. All rights reserved.

日本語版Ⓒ2006は培風館がすべての権利を保有する。

本書の無断複写は，著作権法上での例外を除き，禁じられています。
本書を複写される場合は，その都度当社の許諾を得てください。

まえがき

　私たちは20年以上前の1982年にこの教科書の作成に取り組んだ。その際，教室で教えているように，生物学を進化の所産として説明する教科書を書こうと計画した。1982年当時出版されていたほとんどの生物学の教科書は，進化を多様性の部の2〜3章に押し込めていた。しかし進化は生物現象のなかに満ちあふれている。あなたの細胞内のミトコンドリアが見せる細菌に似た性質，光合成と解糖の生化学的な類似性，発生を制御する遺伝子の進化といったように，あらゆるところで進化は明白である。あなたはいつもDarwinにじっと見つめられているのである。この進化論的アプローチは私たちの国の生物学教室では定着してきており，今ではほとんどの教科書が多かれ少なかれそれを取り入れている。

　私たちの教科書は20年間のあいだに生物学の大きな変化を反映してずいぶん変わった。この間の生物学がそうであったように，この教科書もより分子生物学的になってきた。それはとくに細胞生物学と発生学で著しい。これらは生物学が急激に進歩した分野である。しかし私たちの教科書は生物現象を進化論的に説明するという基本的な立場を守ってきた。この第7版ではゲノムについて1章を新たに設ける一方で，どのようにゲノムと発生の制御機構が進化してきたかを検討する"エボ-デボ(evo-devo：evolutionary developmental biology)"についての新しい章もある，といったぐあいにである。これは，この教科書全体を通じて試みている生物学上の疑問と生物へのさまざまなレベルでのアプローチとを統合しようという努力のほんの一例であり，学生が関連性をもって生物を理解するよう私たちが努力していることのあらわれである。

　この第7版は，おそらく私たちの教科書改訂のなかでももっとも大きな変化をとげている。著者の仲間に二人の生物学者，私と同じワシントン大学のJonathan Lososとカールトンカレッジのsusan Singerが加わったのである。二人とも前の版で重要な貢献をしてくれた——Jonathanは進化と生態学の章，Susanは植物学の数章。私たち(P.H. RavenとG.B. Johnson)はすっかり一人立ちした彼らを心から歓迎する。第7版では，DNAレベルでの系統分類学と進化の理解について進行中の変革を紹介することが彼らに課せられた。本書の多くの章に影響を与えている内容である。

　今回の改訂には多くの人々が加わっている。国中の教師たちからは，内容の見直しと主眼をおく問題についての彼らの知識と経験がつねに提供され続けた。それらをフィードバックすることで，新しい章，目次の再編成，そして鍵になる分野の取扱い範囲の拡大へとつながることになった。この改訂版には，三人のコンサルタントの専門的な経験も取り入れた。三人とは，コロラド大学ボールダー校のRandy Di Domenico，パーデュー大学のKenneth Mason，そしてマサチューセッツ大学アムハースト校のRandall Phillisで，教科書の多くの箇所について文章の明快さ，流れ，および正確さを改善するための詳細な提案をしてくれた。

あなたの意見をどのように取り入れたか

　おそらく店頭に並んでいるどの教科書よりも，本書は専門課程の生物学を教えている教師からのフィードバックを反映して進化し続けてきた。彼らは，最新の内容，明快な記述，質の高い図および動的な表示材料が，教科書を評価するときにもっとも重要な要素だといってきた。私たちはこれらの要素をこの教科書を改訂するときの指標としてきた。それは，McGraw-Hill Education社が，教室で使う補助教材を，同じ教師たちとつくっているためである。

最新の内容にするために

　どこでも生物学専門課程の中核は細胞と遺伝学の探求であり，どの課程の生物学の教科書でも最初の半分はこれらが占めている。この教科書では細胞学と遺伝学を包括的にまた最新の内容を含むようにとりわけ熱意を注いできた。たとえば(ほかの教科書もすぐに追随したが)，細胞間のコミュニケーションに関する章を最初に設けたのがそれである。私たちはATP合成酵素の構造，小分子RNAやRNAエディティングのような最先端の問題を取り上げることによってその流儀を持続し続けている。今回の改訂版は私たちがゲノムについて何を知ることができるかを探る新しい第17章も含む。ここでは人の健康問題とプライバシーに関する懸念から，農業への応用，そして生物テロリズムの被害を最小にする際のゲノミクスの有効性にわたる問題を取り扱っている。

　この教科書では，このような改訂が前半の数章にとどまることなく多くの分野にわたって新しい飛躍的な進展を統合的に取り扱うことに留意した。私たちは進化についての節を，ゲノムおよび発生現象の進化への比較生物学的な探求で締めくくることを通じて，これらの分野の新しい成果を結びつけ，多様性の節への跳躍台を提供することができた。陸生植物，

原生生物および菌類とほかの主要な分類群のあいだの系統進化に関する私たちの理解の重大な変化は，多様性の章の広範囲な改訂に反映されている。植物の生体防御反応に関する知識の急速な進歩はこの問題について新しい章を設けることにつながった。

執筆のスタイル

　生物学分野の学生は，増え続ける情報を学ぶことが義務づけられている。その量の多さは百科事典的な参考文献になってきている最近の教科書によく示されているとおりである。しかし，学生は読むことが楽しく，彼らの教師が生物学を学ぼうと思ったような好奇心を与える教科書によって，よりよく学べるように思われる。そのため，私たちは信頼性がありながら魅力的で近寄りやすい書き方と，専門の教科書に求められる厳密さを両立させるよう努力してきた。

　さらに学生を手助けするために，本書のそれぞれのページまたは見開きの2ページが半分独立した学習単位になっている。この学習単位はページの左上にある見出しに合わせて書かれており，右下にその内容がまとめられている。この学習単位方式の説明は各章を構成する概念を明確にし，学生の習得効果をいっそう高める。

図版について

　本書は，図版制作の責任者である医師のWilliam Oberと登録正看護師のClaire Garrisonが執筆陣の一員であるという点で，ほかの教科書とは異なっている。それぞれの内科医としてのあるいは小児科の看護師としての経歴と，高く評価されている解剖学，生理学，動物学，そして海洋生物学の教科書の図版を作成したという経験が，この教科書へのかけがえのない貢献となっている。本文の執筆者と図版を作成する者とのあいだの密接な共同作業が，学生の理解と教師の説明を助ける動的で正確な図版の作成という結果を生んだ。

- **組合せ図**　これらの図は写真や顕微鏡写真を線画と組み合わせることにより，概念を示す図と学生が実験室で出会うであろうことを対応させている（図5.10, p. 88）。
- **生化学的な経路のアイコン**　代謝についての解説で見られるように，これらのアイコンは，今どの段階のことが説明されているかを強調することにより，学生が複雑な過程を追いかけるのを助けている（図9.15, p. 174）。
- **系統発生の指標**　多様な生物界のなかでの位置づけを学生に思いださせるため，各分類群が紹介されるときに，このアイコンが示される（図32.2, 下巻p. 636）。
- **変化を示す枠**　これらの図には，学生が重要な概念を簡潔にとらえることができるように，段階ごとの記述が含まれている（図6.18, p. 121）。

　今回の共同作業は，注意深くまとめた説明文を図中に入れることを可能にしたという点でもうまく運んだ。結果的には，学生を概念によって導くことで，図を目で追いやすい整理されたものになった。この図示法は，教師にも彼ら自身の説明をスムーズに進めるうえで利益をもたらすはずである。

この教科書の特徴は何か

　本書の前の版を見たことがない人は，本書がほかの教科書とどのように違うか知りたいだろう。

進化にもとづく焦点

　本書における進化の取扱いは，単純ではあるがたいへん重要な点で，ほかの教科書と異なる。進化は，それぞれの章で，その教え方を導く構成原理となっている。他書では化学的なことからすぐに細胞の構造に跳ぶが，この教科書では，初めの数章の化学的な事象を，生命の起源と細胞の進化を検討するために用いている。そのため，それに続く細胞関係の数章はより幅の広い進化的な文脈で見ることができる。同じように，他書では動物の解剖学と生理学の取扱いが，これは器官で，これはそれがどのように働いているかであるといったように，ほとんど構造と機能に限られている。本書では，動物体のそれぞれの系を，それがどのように進化したかという観点から見ている。遺伝学とか植物学とかいうことに関係なく，本書の各章は生物学を進化論的な立場から説明している。

生物学的な文脈での化学

　30年以上も新入生に生物学を教えていて，いつでも学生から聞く苦情は，生物学入門の講義が強力な化学のパンチからはじまることである。他書では，学生は100ページにもおよぶ化学のあとで生物学に出会う。これは多くの学生をたいへん当惑させ，多難なスタートをきらせることになる。それに対して，本書では化学の最初の節を生物学的なテーマと関連づけている。第3章における巨大分子の取扱いはタンパク質からはじまる。それは炭水化物の詳細な知識がなくてもたやすく理解することができる。このような配置は，学生が明らかに生物現象と関わりのある物質から学習しはじめるという明瞭な利点をもつ。

新しい視点からのアプローチ

　本書と他の本のもっとも明白な違いのいくつかを後半部に見ることができる。そこでは進化，多様性，植物生物学，解剖学，生理学，そして生態学を扱っている。

進化　進化生物学への私たちの取組みは二つの点で独特である。第一に，進化を研究する際の実験の役割をたいへん重要視している。進化生物学の多くは過去に何があったのかという研究に関係するが，それは実験的な取組みが不可能だということを意味するものではない。私たちは進化的現象の研究における実験の役割を強調する。より一般的には，探偵小説のように，進化の多様性をすべて理解するためにはさまざまな取組みをどのようにまとめるか指摘する。

　二番目に，私たちの本はまるまる一つの章を進化生物学の証拠の提示に費やしている。生物学のほかの論点，あるいは科学全般とは異なり，進化生物学を証拠づける事実が社会のある層からは疑われている。だから，多様性およびほとんどすべての生物学者に進化は実在したと結論させる進化の奥深さを明確に示すことは重要だと感じている。個人的な意見はどうであれ，生物学を学ぶすべての学生が進化の科学的基盤を理解することはきわめて重要である。

多様性　私たちの教科書は分類学と系統学の変革を論じることで多様性の章を組み立てている（下巻第25章）。生物の類縁関係に関する理解の劇的変化を生き生きと示したことで，この章はそれだけで多様性への取組みを簡潔に示すとともに，後に続く章におけるより包括的な生命の多様性の進化的探索の基礎ともなっている。

　取り扱っている多様性がより広範囲であることでも，本書はほかの生物学の教科書と異なる。無脊椎動物を例にあげよう。ほかの本は無脊椎動物に30ページしか割かず，伝統的な生物学のコースの核であった手短かな概要だけを示している。本書では無脊椎動物に倍以上のページ数を割り当て，その後に他書にもある脊椎動物についてのより包括的な章が続く。なぜこのより広範囲な多様性の取扱いが重要なのだろう？　多様性を詳細に扱わないコースにおいてすら，動物間の類縁関係を学生自らが把握できることが重要なのである。

植物生物学　植物生物学の章は大幅に改訂され，いまや学生を植物の生活史に案内する構成をもつ。さらに発生と遺伝子の概観を注意深くまとめた。ほかの教科書にはない融合である。たとえば下巻第36章「栄養期における植物の発生」では，根の形成を根がつくれないシロイヌナズナのモノプテラス変異体を背景として取り扱っている。発生学的な役割からオーキシン受容体としての機能的役割への移行は，学生を植物機能の生理学的な理解に向かわせる。

解剖学と生理学　ほとんどの本は解剖学と生理学に約250ページとほぼ同じページ数をあてている。違いは主として取扱いの姿勢にあり，本書は他書に比べてより進化に焦点をあわせ，基礎としてそこを重要視している。

生態学と行動　環境がどう作用し，生物がどのようにそれと相互作用するか理解するために，私たちは統合的な見方をする。この部分は行動生態学，個体群生態学および群集生態学のような異なった章に分けられている。しかし内容は注意深く統合されている。その知識は下巻第56章と第57章（生物圏と保全生物学）で地球が直面している環境問題を議論するために広範に用いられる。私たちは学生が現在の問題の科学的基盤を理解し，その問題を解決する努力を的確に判断できるようになることがもっとも重要であると信じている。

訳者まえがき

　大学の新入生を対象に開講される自然科学系の科目のなかで，「生物学」ほどクラスによりまた講義担当者により内容がさまざまなものはないだろう。授業のもつ意味や内容は，対象となる学生の履修歴（高校でどこまで学習したか）および専攻（文系か理系か，生物系か非生物系か）により異なる。よく「教養科目」と位置づけられることからすれば，この授業は"自分をみつめ，自分を知る"ための営みの一つという意味ではむしろ生物学を専攻しない学生にとって意義が大きいとさえいえる。一方，担当者からすれば，生物学がよくいわれる暗記科目では決してなく，多面的な観察力と洞察力を養うことのできる興味つきないサイエンスの一つであることを限られた時間で理解してもらうのは容易でない。

　このような事情が，じつはわれわれがこのテキストを翻訳するに至った動機と密接にかかわっている。北海道大学では1年から2年目前期の学生を対象とする"全学教育"の教科としての生物学の授業を，主として理学研究科および環境科学研究科に所属するスタッフを中心に総勢約40名の教員がゆるやかなローテーションを組んで担当してきた。しかし，生物学が対象とする現象と分野はきわめて広く，またそもそも生物学で基礎的といえるものが何かについて必ずしも統一された見解がない現在，授業の内容や進度についての情報交換が十分に行われているとは言い難かった。個々の教員により独自の味つけやメニューが用意されるのは当然として，教科書や参考書についても使用の有無を含めてまちまちであった。その意味で，原著で1,200ページを越える本書は考えられうる生物学のあらゆる分野を網羅した内容を含み，ここに記載されていることは図表を含めて大学レベルでの生物学に求められる一定の基準を示す指標になり得ると判断した。本書の特徴はその幅広さだけではない。全編を通じて流れているのは，20世紀後半に著しい進展をみせた分子生物学の成果にもとづく普遍的原理の理解と，そのうえに立った生物多様性の尊重への洞察である。たっぷりとページをとって，ある事象に対するアプローチの歴史的な推移を盛り込んだ記述は，サイエンスとしての生物学の特性を紹介する意味でこの学問分野への入り口にふさわしく，おそらく限られた講義時間内で扱いきれない点をカバーしてくれる役割を十分に果たし得るであろう。また各章の末尾にあるくどいまでに整理されたまとめ，質問や応用問題などには，著者たちの教育的配慮と情熱が見てとれる。

　以上のような理由から"Raven/Johnson BIOLOGY"として1996年以来教科書として一定の評価を受けていた本書の翻訳を7人の翻訳委員を中心に具体的に検討しはじめたところに，第7版が出版された。この改訂版は著者を新たに2名加えたほか，第6版の章立てを統合整理し新たに「ゲノム」や「がん」の章を加えるなど時宜を得たもので，これを用いて直ちに翻訳作業に取りかかった。翻訳を担当したのは，それぞれの専門分野を活かすように配分された上記全学教育担当者およびこれらの教員と研究教育上縁の深い自他大学の関係者である。クラスで受講する際に携行するうえでの便宜をも考慮して，訳本では全編57章からなる原著を二つに分けて出版することとした。一言でいえば，上巻は分子，細胞のレベルでとらえた生命現象および進化のしくみの基礎的理解にかかわるテーマを集めたもの，下巻はやや専門的に細菌から動植物にまたがる生物の多様なあり方を分子から個体，集団レベルにおよぶ範囲で論じるもの，となっている。

　用語については，基本的に各関係学会が編纂した「生物教育用語集」および「学術用語集　植物学編（増訂版）」，「動物学編（増訂版）」，「遺伝学編（増訂版）」，「化学編（増訂2版）」に従い，これで対処できない場合は「岩波生物学辞典（第4版）」に依拠した。翻訳であるかぎり原著に忠実な訳をこころがけるのは当然であるが，原著者の単純な思い違いや原著出版後の進歩により変わった数値などは修正し，また内容的に明らかに疑問があるか事実に反すると判断された場合には訳者注としてコメントを入れるに止めた。また，細胞および遺伝子工学の応用などゲノミクスの有効性をめぐって社会的にも論議されている話題に見られる原著者の楽観主義には，すぐに納得できない読者もいるかもしれない。そこは，本書の目的が科学的事実の正確な把握と検証にあることに立ち返って，熟慮の対象にしていただきたい。これだけの膨大さゆえの用語や記述の調子の不統一を恐れるものであるが，何にも増して原著の歯切れのよい明快な語り口が損なわれていないかを危惧する。

　本書の出版にあたって，企画の段階から編集にいたるまでたえず適切な判断にもとづく情報と助言をくださった培風館編集部の松本和宣氏，および緻密をきわめる編集作業を通じて協力を惜しまなかった同社編集部の髙橋真紀子氏に，御礼申し上げる。彼らの献身的努力がなかったなら，本書が日の目を見ることはなかったであろう。

2006年4月

訳者を代表して
片桐　千明

著者について

Peter Raven 博士はミズーリ植物園の園長であるとともにワシントン大学の Engelmann 植物学教授職にもある。博士は米国科学アカデミー会員，全米研究評議会委員そして MacArthur 財団フェローおよび Guggenheim 財団フェローとして著名である。植物学の研究や熱帯の保全に対して，米国国家科学賞をはじめとする多くの顕彰や賞を授与されている。本書の共著者であるだけでなく，ほかに 20 冊の著書および数百にのぼる科学論文を著している。

George Johnson はセントルイスにあるワシントン大学において生物学の名誉教授である。彼はそこで遺伝学と一般生物学を 30 年にわたって教えてきた。また，ワシントン大学医学部の教授として，集団遺伝学および進化の研究に携わっている。50 編以上の学術的な出版物および数冊の高校と大学の教科書の著者である。そのなかには生物学が専攻ではない学生のための生物学の教科書として高く評価されている "The Living World" が含まれる。彼は生物学教育のための対話型 CD-ROM の開発やウェブ上の調査の先駆者でもある。

Jonathan Losos はワシントン大学生物学教室の教授で，学部学生向けの環境科学プログラムの委員長も務める。進化生物学者としてトカゲの適応放散の型および進化的な多様化に的を絞った研究を進めている。優秀な若手進化生物学者のための Theodosius Dobzhanksy & David Starr Jordan 賞も含めていくつかの賞を受賞している Losos は，80 編を越える科学論文を発表している。彼が現在編集主幹を務めている *American Naturalist* は進化生物学，行動学および生態学を統合する一流誌である。

Susan Singer はミネソタ州ノースフィールドにあるカールトンカレッジの生物学の教授で，基礎生物学，植物学，植物発生学および発生遺伝学を 18 年にわたり教えてきた。彼女の研究対象は顕花植物の発生と進化である。植物の発生に関する多くの学術論文の発表，発生生物学の教科書の分担執筆，そしていくつかの学会における教育問題への積極的な取組みがある。全米研究評議会では学部学生のための科学教育委員会委員を務めている。

R/J Biology 翻訳委員会

委 員 長　　片桐　千明
副委員長　　浦野　明央
委　　員　　北田　一博
　　　　　　清水　　隆
　　　　　　高田　泰弘
　　　　　　堀口　健雄
　　　　　　山崎　健一

翻訳主査　　小池　達郎
　　　　　　鈴木　範男
　　　　　　高畑　雅一
　　　　　　松島　俊也
　　　　　　馬渡　駿介
　　　　　　山本興太朗

翻 訳 者

赤間　一仁（島根大学生物資源科学部）	木村　賢一（北海道教育大学岩見沢校）
安東　宏徳（九州大学大学院農学研究院）	木村　正人（北海道大学地球環境科学研究院）
池上　浩司（三菱化学生命科学研究所）	窪川かおる（東京大学海洋研究所）
池田　　亮（北海道大学大学院理学研究科）	黒岩　麻里（北海道大学創成科学共同研究機構）
石井　正治（東京大学大学院農学生命科学研究科）	小池　達郎（北海道大学大学院理学研究科）
石田健一郎（金沢大学大学院自然科学研究科）	小亀　一弘（北海道大学大学院理学研究科）
伊藤　悦朗（北海道大学大学院理学研究科）	斉藤　玉緒（北海道大学大学院理学研究科）
伊藤　雅信（京都工芸繊維大学繊維学部）	嶌田　　智（北海道大学創成科学共同研究機構）
岩尾　康宏（山口大学理学部）	清水　　健（筑波大学大学院人間総合科学研究科）
岩崎　敬二（奈良大学教養部）	清水　　隆（北海道大学大学院理学研究科）
浮穴　和義（広島大学総合科学部）	庄司　隆行（東海大学海洋学部）
梅原千鶴子（北海道大学創成科学共同研究機構）	鈴木　　仁（北海道大学地球環境科学研究院）
浦野　明央（北海道大学大学院理学研究科）	鈴木　範男（北海道大学大学院理学研究科）
大西　淳之（東京医科歯科大学難治疾患研究所）	鈴木　教世（北海道大学非常勤講師）
大原　　雅（北海道大学地球環境科学研究院）	鈴木　裕子（北海道医療大学歯学部）
奥田　一雄（高知大学黒潮圏海洋科学研究科）	高田　泰弘（北海道大学大学院理学研究科）
奥山英登志（北海道大学地球環境科学研究院）	高橋　純夫（岡山大学理学部）
押田　龍夫（帯広畜産大学畜産学部）	高橋　孝行（北海道大学大学院理学研究科）
柁原　　宏（北海道大学大学院理学研究科）	高橋　　卓（岡山大学理学部）
片桐　千明（北海道大学名誉教授）	高畑　雅一（北海道大学大学院理学研究科）
片倉　晴雄（北海道大学大学院理学研究科）	高宗　和史（熊本大学理学部）
加藤　敦之（北海道大学大学院理学研究科）	滝谷　重治（北海道大学創成科学共同研究機構）
川井　浩史（神戸大学内海域環境教育研究センター）	武政　　徹（筑波大学大学院人間総合科学研究科）
北田　一博（北海道大学創成科学共同研究機構）	田中　　歩（北海道大学低温科学研究所）

田中　秀逸	（埼玉大学理学部）
常木和日子	（大阪大学大学院理学研究科）
富樫　辰也	（千葉大学海洋バイオシステム研究センター）
徳元　俊伸	（静岡大学理学部）
栃内　　新	（北海道大学大学院理学研究科）
長里千香子	（北海道大学北方生物圏フィールド科学センター）
長山　俊樹	（北海道大学大学院理学研究科）
原　　慶明	（山形大学理学部）
樋口　孝城	（北海道医療大学薬学部）
平野　達也	（名城大学農学部）
藤原　伸介	（関西学院大学理工学部）
別府　　桂	（信州大学教育学部）
堀口　健雄	（北海道大学大学院理学研究科）
前野　　貢	（新潟大学理学部）
増田　隆一	（北海道大学創成科学共同研究機構）
増田　道夫	（北海道大学大学院理学研究科）
松倉　千昭	（筑波大学大学院生命環境科学研究科）
松田　洋一	（北海道大学創成科学共同研究機構）
馬渡　駿介	（北海道大学大学院理学研究科）
三浦　　徹	（北海道大学地球環境科学研究院）
箕田　康一	（徳島文理大学薬学部）
向井　　宏	（北海道大学北方生物圏フィールド科学センター）
村上　貴弘	（北海道大学創成科学共同研究機構）
本村　泰三	（北海道大学北方生物圏フィールド科学センター）
森川　正章	（北海道大学地球環境科学研究院）
森田　直樹	（産業技術総合研究所）
山岸　幸正	（福山大学生命工学部）
山口　淳二	（北海道大学大学院理学研究科）
山崎　健一	（北海道大学地球環境科学研究院）
山下　正兼	（北海道大学大学院理学研究科）
山本興太朗	（北海道大学大学院理学研究科）
吉崎　範夫	（岐阜大学応用生物科学部）
吉田　郁也	（北海道大学創成科学共同研究機構）
吉田　磨仁	（北海道大学地球環境科学研究院）
吉野　正巳	（東京学芸大学教育学部）
四ツ倉典滋	（北海道大学北方生物圏フィールド科学センター）
若原　正己	（北海道大学大学院理学研究科）
鷲尾　健司	（北海道大学地球環境科学研究院）
和田　直久	（東洋大学生命科学部）
渡辺　　研	（国立長寿医療センター研究所）

※（　）内は2006年2月現在の所属先を示す。

（すべて五十音順）

目 次

まえがき
訳者まえがき
著者について
R/J Biology 翻訳委員会
目　　次
全巻の目次

Part I　生きものとは

1　生物学とは ———— 1

1.1　生物学は生命に関する科学である　2
1.2　科学とは観察にもとづき普遍化する作業である　4
1.3　Darwin の進化論：科学的探究の典型例　8
1.4　生物に共通の四つの特徴　15

2　分子の性質 ———— 19

2.1　自然は原子でできている　20
2.2　生物に含まれる原子は小さいものである　24
2.3　化学結合は分子を結びつける　25
2.4　水は生命のゆりかごである　27

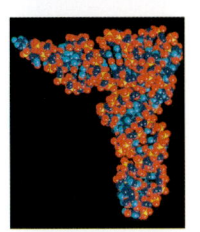

3　生命の化学的基礎 ———— 35

3.1　分子は生命の構築単位である　36
3.2　タンパク質は細胞の化学反応の主役である　39
3.3　核酸は遺伝情報の保存と伝達を行う　48
3.4　脂質は膜を形成し，エネルギーを貯蔵する　52
3.5　炭水化物はエネルギーを貯え，生体の構成素材となる　55

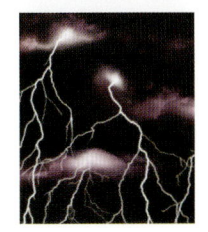

4　生命の起源と初期の進化 ———— 61

4.1　すべての生物が共有する基本的な特徴　62
4.2　生命の起源については異論が多い　64
4.3　細胞の起源についてはさまざまな考え方がある　68
4.4　細胞は進化の過程で徐々に複雑化していった　70
4.5　地球外生命体の本格的な検索がはじまっている　76

Part II 細胞の生物学

5 細胞の構造 ———— 79
- 5.1 すべての生物は細胞からなる　80
- 5.2 真核細胞は原核細胞よりも複雑な構造をしている　84
- 5.3 真核細胞の概観　88
- 5.4 すべての真核細胞が同じわけではない　101

6 膜 ———— 105
- 6.1 生体膜は脂質の流動的な層である　106
- 6.2 細胞膜内に埋め込まれたタンパク質が膜の性質を決める　108
- 6.3 受動的な膜輸送は濃度勾配に従って動く　114
- 6.4 大きなものの輸送には飲食作用を使う　118
- 6.5 膜を横切る能動輸送にはエネルギーが必要である　120

7 細胞間の相互作用 ———— 125
- 7.1 細胞は化学物質によって互いに信号を送る　126
- 7.2 細胞内あるいは細胞表面上のタンパク質はほかの細胞からのシグナルを受容する　128
- 7.3 細胞内への情報伝達の過程を理解する　132
- 7.4 細胞表面のタンパク質が細胞間相互作用を仲介する　136

8 エネルギーと代謝 ———— 143
- 8.1 熱力学の法則はエネルギーの変化について述べている　144
- 8.2 酵素は生体触媒である　149
- 8.3 ATPは生物のエネルギー通貨である　154
- 8.4 代謝は細胞の化学的な生命活動である　155

9 細胞はどのようにエネルギーを獲得するか ———— 159
- 9.1 細胞は化学結合からエネルギーを取りだす　160
- 9.2 細胞呼吸は食物分子を酸化する　162
- 9.3 タンパク質と脂肪の異化によりかなりのエネルギーを生産できる　178
- 9.4 細胞は酸素なしでも食物を代謝できる　181
- 9.5 細胞呼吸の諸段階は時とともに進化してきた　182

10 光合成 ———— 185
- 10.1 光合成とは何か？　186
- 10.2 研究の歴史から学ぶ光合成　188
- 10.3 色素は太陽の光エネルギーを捕捉する　190
- 10.4 細胞は光依存的反応によってつくられたエネルギーと還元力を用いて有機分子を合成する　200

11 細胞はいかに分裂するか？ ———— 207
- 11.1 原核生物は真核生物と比べてはるかに単純な分裂を行う　208
- 11.2 真核生物の染色体は高次構造をとる　210
- 11.3 有糸分裂は細胞周期において鍵となる時期である　213
- 11.4 細胞周期は厳密に制御されている　219

Part III 遺伝と分子の生物学

12 有性生殖と減数分裂 — 227

12.1 減数分裂により二倍体細胞から一倍体細胞が生じる 228
12.2 減数分裂にはほかの分裂にはない特徴がある 230
12.3 減数分裂では連続した2回の核分裂が起きる 232
12.4 性の進化的起源は謎である 237

13 遺伝の様式 — 241

13.1 Mendelは遺伝の謎を解明した 242
13.2 ヒトの遺伝はMendelの原則に従う 259
13.3 遺伝子は染色体上に存在する 265

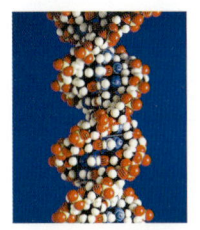

14 DNA：遺伝物質 — 279

14.1 何が遺伝物質なのか？ 280
14.2 DNAの構造とは？ 284
14.3 どのようにしてDNAは複製するのか？ 288
14.4 遺伝子とは何か？ 296

15 遺伝子とその働き — 301

5.1 セントラルドグマは遺伝子のもつ情報の流れを示す 302
15.2 遺伝子は三つの塩基が1組となって情報を暗号化している 304
15.3 遺伝子はまず転写され，次に翻訳される 306
15.4 真核生物の遺伝子転写産物はスプライシングを受ける 313

16 遺伝子組換え技術 — 319

16.1 分子生物学者はDNAを操作し，遺伝子を単離することができる 320
16.2 遺伝子組換えにはわかりやすい技術が使われている 325
16.3 バイオテクノロジーは科学に革命をもたらしている 333

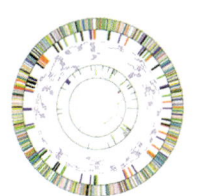

17 ゲノム — 343

17.1 ゲノムは遺伝的にも物理的にも地図にできる 344
17.2 ゲノムの配列を解読することにより最終的な物理地図をつくる 346
17.3 複雑化するために特に多くの遺伝子は必要ない 348
17.4 ゲノミクスは生命に新しい窓を開ける 354

18 遺伝子発現の制御 — 361

18.1 遺伝子発現は転写の調節によって制御されている 362
18.2 調節タンパク質はDNAを巻き戻さずに読み取る 363
18.3 原核生物は転写開始の制御によって遺伝子を調節する 366
18.4 真核生物の転写制御は離れたところから行われる 370

19 発生の細胞機構 — 381

- 19.1 発生は制御された過程である 382
- 19.2 多細胞生物の基本的な発生機構は共通である 391
- 19.3 老化は発生過程の一部である 401

20 がんの生物学と細胞操作技術 — 405

- 20.1 組換えは遺伝子の位置を変える 406
- 20.2 突然変異は遺伝情報の変化である 410
- 20.3 ほとんどのがんは細胞増殖を制御する遺伝子の突然変異から生じる 413
- 20.4 動物の生殖クローニングは以前は不可能と考えられたが，いまやそうではない 424
- 20.5 治療クローニングは将来性があるが，議論の余地もある 426

Part IV　進　化

21 集団における遺伝子 — 433

- 21.1 遺伝子は自然集団において変化する 434
- 21.2 なぜ対立遺伝子頻度は集団中で変化するのか？ 436
- 21.3 選択は多くの遺伝子の支配下にある形質に作用できる 446

22 進化の証拠 — 453

- 22.1 自然選択が進化的変化を引きおこしうることを示す証拠 454
- 22.2 化石の証拠は進化が起こったことを示している 460
- 22.3 進化の証拠は生物学のほかの分野でも見つけることができる 464
- 22.4 進化の理論をめぐる論争 468

23 種の起源 — 471

- 23.1 種は進化の基本単位である 472
- 23.2 生殖に対する障壁を通じて種は遺伝的な独自性を維持する 474
- 23.3 どのようにして種が形成されるか 478
- 23.4 近縁な種群の存在は急速な進化を反映している 482

24 ゲノムと発生機構の進化 — 491

- 24.1 進化の歴史はゲノムに記録されている 492
- 24.2 発生機構は進化している 501

出　典　509
和文索引　513
欧文索引　517

全巻の目次

上　巻

Part I　生きものとは
1　生物学とは
2　分子の性質
3　生命の化学的基礎
4　生命の起源と初期の進化

Part II　細胞の生物学
5　細胞の構造
6　膜
7　細胞間の相互作用
8　エネルギーと代謝
9　細胞はどのようにエネルギーを獲得するか
10　光合成
11　細胞はいかに分裂するか？

Part III　遺伝と分子の生物学
12　有性生殖と減数分裂
13　遺伝の様式
14　DNA：遺伝物質
15　遺伝子とその働き
16　遺伝子組換え技術
17　ゲノム
18　遺伝子発現の制御
19　発生の細胞機構
20　がんの生物学と細胞操作技術

Part IV　進　化
21　集団における遺伝子
22　進化の証拠
23　種の起源
24　ゲノムと発生機構の進化

下　巻

Part V　生命の多様性
25　系統分類学と系統学の変革
26　ウイルス
27　原核生物
28　原生生物
29　植物の多様性のあらまし
30　菌類
31　動物の多様性のあらまし
32　体腔をもたない無脊椎動物
33　体腔をもつ無脊椎動物
34　脊椎動物

Part VI　植物の形と機能
35　植物の形
36　栄養期における植物の発生
37　植物における輸送
38　植物の栄養
39　植物の防御応答
40　植物の感覚系
41　植物の生殖

Part VII　動物の形と機能
42　動物の体と運動のしくみ
43　活動のための燃料の供給：消化
44　循環と呼吸
45　神経系
46　感覚系
47　内分泌系
48　免疫系
49　内部環境の維持
50　性と生殖
51　脊椎動物の発生

Part VIII　生態と行動
52　行動生物学
53　個体群生態学
54　群集生態学
55　生態系の動態
56　生物圏
57　保全生物学

1 生物学とは

概　要

1.1 生物学は生命に関する科学である
生きものの成り立ち　生物学では生物のさまざまな特性，生物どうしおよび環境とのかかわりなどを調べる。生命に固有の特性としてあげられるものはいろいろある。

1.2 科学とは観察にもとづき普遍化する作業である
科学の特性　帰納法(個別から一般へ)と演繹法(一般から個別へ)。
科学的探究とは　客観的方法により得られたデータをもとに仮説を立て，ついでそれを検証するために実験を行う。

1.3 Darwinの進化論：科学的探究の典型例
Charles Darwin　世界一周の航海で得た観察をもとに，進化に関する自然選択説を提唱した。
Darwinが得た証拠　観察した化石と生物の地理的変異から，生物進化という事実があったことを確信した。
自然選択説の提案　人口増加は自然に歯止めがかかるというMalthusの理論にヒントを得て，友人の科学者Wallaceとともに自然選択の仮説を立てた。
Darwin後の進展：さらなる確証　Darwinの死後100余年のあいだに積み上げられた膨大な発見と進歩によって，いまや進化学説として定着している。

1.4 生物に共通の四つの特徴
生物学の基本原則　あらゆる生きものは細胞からなり，遺伝のルール(DNA)に従い，進化の結果得た固有の適応的形質を示し，進化の過程で得た重要な特性を保持する。

図 1.1
南アメリカの南沿岸を行くビーグル号の複製。　1831年，22歳のイギリスの博物学者Charles Darwinはビーグル号で船出した。

われわれは生命とは何かを探求する旅に出ようとしている。同じように約170年前，Charles Darwinという若いイギリスの博物学者がビーグル号という名の帆船(図1.1はその複製である)に乗って旅立った。彼は5年間にわたるその航海で学んだことをもとに，自然選択による進化という生物学の核心をなす理論に到達した。Darwinの航海は，生きものとは何か，またどこに由来するのか，といった生物学的探求をはじめようとするわれわれとまさに同じ地点に立っていたといえよう。しかし話を進める前に，生物学とは何か，またなぜ重要なのかについてまず考えてみよう。

Part I　生きものとは

1.1 生物学は生命に関する科学である

生きものの成り立ち

　一言でいって，生物学とは生きものについて学ぶこと，すなわち生命に関する科学である。驚くべき多様な姿形をもつ生きものを相手にするには，それに応じてさまざまな方法を取らざるを得ない。必要があればゴリラと暮らすだろうし，化石を集めるし，あるいはクジラの声を聞くこともするだろう。また長い分子に組み込まれた遺伝情報を読むこともあれば，ハチドリが1秒間に何回羽ばたくかを数えることもいとわない。

生命の特性

　「生きている」とはどういうことだろうか？ 疾走する馬は生きているが自動車はそうではないと誰もが思うが，ではなぜ？「動くから生きている」では答えにならない。なぜなら自動車も，ボウルのなかのゼラチンでもプルプルと動くのだから。では生命を特徴づけるものは何か？ あらゆる生命体に共通する特性として次のようなものをあげることができる。

1. **細胞という構造**　あらゆる生物は，単数・複数のいずれを問わず細胞からできている。多くの場合，観察するには小さすぎるが，細胞こそが生命の基本活動が行われる場である。一つひとつの細胞は膜によって周囲から隔てられている。
2. **秩序**　生きものは高度の秩序をもっている。われわれの体には多種類の細胞があり，それぞれがさまざまの複雑な分子を含む。
3. **感受性**　生物は刺激に対して反応する。植物は光の方角に伸びるし，われわれが暗闇に入ると瞳孔が広がる。
4. **成長，発達，生殖**　生物は成長し，生殖により遺伝物質を子孫に伝え，それによって種を保存する。
5. **エネルギーの利用**　生物はエネルギーを取り込み，それを利用していろいろな仕事をする。筋肉が使うエネルギーは食物から得たものである。
6. **適応にもとづく進化**　生物は他の生物または環境とのかかわりあいを通じて生存をはかる。これが環境に対する適応である。
7. **恒常性**　生体内では環境とは独立の比較的安定した内部環境が保持され，これを恒常性（ホメオスタシス）とよぶ。

階層性

　生物界は幾重にもわたる階層構造からなる。すなわち，あるレベルはそれ以下のレベルの上に成り立つ，という具合に。

細胞のレベル　細胞レベルでは（図1.2），物質の基本的要素である原子が集合体をつくり**分子**（molecule）を形成する。複雑な生物分子の集合体は**細胞小器官**（organelle）を形成し，それが**細胞**（cell）とよばれる膜に囲まれた領域のなかに収まる。

　細胞は生命の基本単位である。細菌をはじめ多くの生物が単細胞であるが，動物，植物，およびほとんどすべての菌類や藻類は多細胞からなる。

個体のレベル　細胞を基本にして三つの階層構造が成立する。第一のレベルは機能的に共通する細胞群である**組織**（tissue）。第二のレベルはさまざまな組織が集合して特定の機能を発揮する**器官**（organ）。たとえば脳という器官は，神経細胞ばかりでなくこの器官の構造維持や血液供給の働きをもつ結合組織からなる。器官はさらに集合して**器官系**（organ system）という第三のレベルの階層を形成する。たとえば神経系にはいろいろな感覚器官もあれば，脳や脊髄，さらに信号の伝達に携わるニューロンなどが含まれる。

個体群のレベル　生物界では各個体がさまざまな階層構造に組み入れられる。まず**個体群**（population）で，これは特定の地域に生息する同種の個体の集団を指す。特定の生物個体の集団である**種**（species）の構成員は形状が似ており，互いに交配可能である。もう一つ上の階層である**生物群集**（biological community）とは，一定の地域に生息するいろいろな種の個体群の集合である。（訳者注：populationの訳語として，生態学では「個体群」，遺伝学では「集団」が慣用的に用いられる。本書では特別な場合（第21章など）を除き「個体群」を採用する。なお，人類の場合には「人口」と訳す場合もある。）

　さらに高い階層として，生物群集とその居住環境を包括的にとらえると，**生態系**（ecosystem）が成立する。たとえば，ある山地の生態系での土壌と水のありようは山岳地帯に住む生物群集に重大な影響をもたらす。

予知できない特性

　対象とする生物の階層が異なると，予想のつかない新たな特性に出くわす。こうした**予知できない特性**（emergent property）は，構成要素どうしが相互作用するために生じるもので，部分をいくら詳細に観察しても予測できるものではない。ヒトとシマウマの細胞をいくら見比べても，その動物が何かはわからないのである。生物の世界には予知できない特性が多く，だからこそ「生命」をしっかりと定義するのは難しい。

あらゆる生きものに共通する特徴として次のようなものがあげられる：細胞という構造，感受性，成長，発達と生殖，適応，そして恒常性。

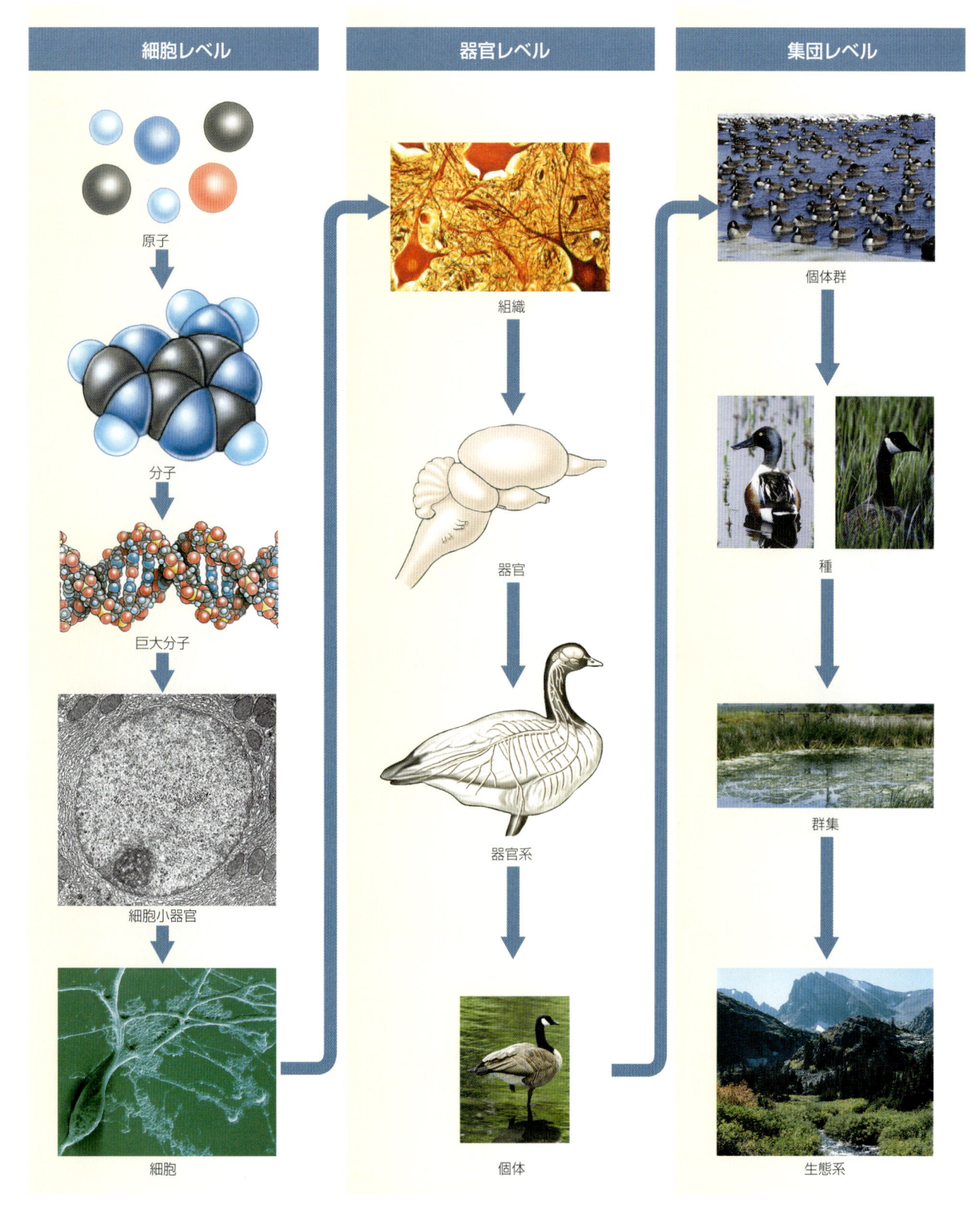

図 1.2
生物の階層構造。 生物の階層性は小さくて単純なものから巨大で複雑なものまで，単細胞から多細胞，個体集団のレベルに至るまで一貫して見られる。

細胞レベル
原子 → 分子 → 巨大分子 → 細胞小器官 → 細胞

器官レベル
組織 → 器官 → 器官系 → 個体

集団レベル
個体群 → 種 → 群集 → 生態系

1.1 生物学は生命に関する科学である

1.2 科学とは観察にもとづき普遍化する作業である

科学の特性

生物学が魅力的でかつ重要な学問といえるのは，その成果がわれわれの日常および未来の生活を大きく左右するからである。そこで扱われる問題には，爆発的な世界の人口増加やがん，エイズといった緊急の課題が含まれる。また，得られた知見を利用した資源の活用，疾病の克服などを通じて，人類の生活は質的に向上するであろう。

生物学は，世界はどのようなものかを説明しようという意図で行われる「自然科学」活動のなかでは，もっともうまくいっている分野だといえよう。生物学を理解するためには，まず科学とはどのようなものかを知る必要がある。科学者の用いる基本的な道具は思考である。したがって，科学の何たるかを理解するためにはまず科学者の思考方法を知っておいたほうがよい。つまり，次に述べる演繹法と帰納法である。

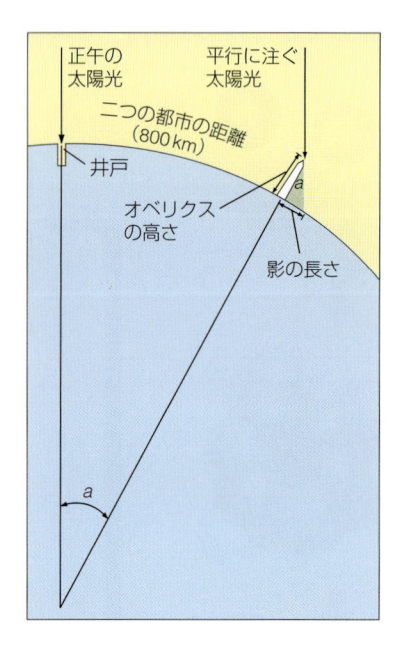

演繹法

一般原理に照らして起こりうる結果を予測することを演繹するという。つまり，一般から特殊へという論理の流れである。2200年以上前，ギリシャ人のEratosthenesはユークリッド幾何学を使って地球の円周を正確に推測した（図1.3）。これが演繹的手法の典型例であって，数学や哲学の分野で使われる主要な方法であり，またほかのあらゆる細分化された分野でも一般原理といわれるものの妥当性を検証するのに使われる。生物学では種の特徴を指標にして標本の種を同定する際にこの演繹法（deductive reasoning）を用いる。

帰納法

帰納法（inductive reasoning）の論理は演繹法とは逆で，特殊から一般へと流れる。特定の観察をもとに一般原理をつくりあげる。ネコに毛が生えており，同様にイヌにもほかの哺乳類にも生えていることを観察したなら，多分"すべての"哺乳類には毛が生えているといえるだろう。こうして帰納法によって一般化された原理は，次に検証の対象となる。

"ウェブスターの辞書"の定義によれば，科学とはある研究事象について観察と実験から得た知見を総合し，その事象を貫く原理を見いだすことだという。いい換えれば，科学者は特定の個別現象を注意深く調べることにより得た発見を通じて，一般原理を導きだすことができるのである。この帰納法が科学の方法として定着したのは1600年代のヨーロッパで，Francis Bacon, Isaac Newtonほか多くの科学者がそれぞれの実験をもとに一般原理を追及しだしたことにはじまる。リンゴを手放したら地面に落ちる。この簡単な観察をもとに，Newtonはあらゆる物体が地球の中心に向かって落下するという一般原理を導きだしたのである。Newtonが行ったことは，彼自身が体験したことを矛盾なく説明できる一般原理を通じて，世界を動かすしくみに関する知的モデルをつくりだすことであった。現代の科学者も同様で，ある特定の現象を調べることを通じて一般原理となりうるモデルを立て，次にそのモデルが正しいかどうかを検証するのである。

> 科学とは客観的な情報に焦点をあて，その情報を活用して世界を正しく理解しようとする作業である。

図 1.3
演繹的手法：Eratosthenesが演繹法を使って地球の円周を計算した手順。 1. エジプトのシエーネにある深い井戸に太陽光がまっすぐ振り注ぐ日中に，Eratosthenesは約800km離れたところにあるアレキサンドリア市の高いオベリスクの影の長さをはかった。2. 影の長さとオベリスクの高さを2辺とする三角形を描き，そのころできたばかりのユークリッド幾何学を使ってEratosthenesは角度aが7°12′，すなわち円周のきっちり1/50であることを知った。3. 角度aが円周の1/50だとすれば，アレキサンドリアのオベリスクとシエーネの井戸のあいだの距離も同様に地球の円周の1/50になるはずだ。4. アレキサンドリアからシエーネまではラクダに乗って50日かかるとEratosthenesはかねてから聞いていた。ラクダは1日に18.5km進むとすれば，オベリスクと井戸の距離は925kmということになる。5. したがってEratosthenesは地球の円周を50×925＝46,250kmと推定した。同じオベリスクと井戸のあいだの距離を現代の技術で測定すると800km余りとなる。この数字800kmを上の計算にあてはめると50×800＝40,000kmとなる。実際の地球の円周は40,075kmである。

科学的探究とは

成立する可能性のあるいろいろな一般原理のうちどれが正しいかを，科学者はどうやって決めるのか？　まず，系統立てていろいろ可能性のある案を提出し，その当否を調べる。実験結果が合わなければ，その提案は破棄される。図1.4にそのプロセスを示す。ある特定の科学的事象について注意深い観察を行ったうえで，その観察結果をうまく説明できるものを**仮説**(hypothesis)という。仮説は，まだ間違いだと立証されていないという意味で正しい可能性があり，既知の事実の説明としても妥当性がある。しかし新たな情報によって正しくないことがわかれば，将来破棄される可能性がある。

仮説の検証

仮説を検証する作業を**実験**(experiment)という。いまいる部屋が暗いと感じたとしよう。なぜ暗いと感じるかについて，いろいろな仮説が可能である。第一は，「明かりのスイッチがオフだから暗い」。第二に，「電球が切れているから」。第三，「私の視力が落ちているのかも」など。これらの仮説の当否を決めるには，各仮説を検証すればよい。たとえば，明かりのスイッチをひねりなおしてみてそれでも変わらなかったなら第一の仮説はあたらないことになり，ほかの原因を探ることになるだろう。ところで，一つのテストの結果が出てもほかの仮説が正しいかどうかの結論は得られない，わかったのは仮説の一つが間違いだということにすぎない，ということを強調したい。ほかのいくつかの仮説についても同様にテストしてみて結果が伴わなければ破棄される，ということをくり返して正解に近づくのである。

本書を読み進むにつれて，実験という検証に耐え得たたくさんの仮説が登場するであろう。その多くは将来にわたっても変更がないかもしれないが，他方では生物学者が新たに行った観察によって改変せざるをえないものもあるだろう。ほかの科学分野と同様に生物学もたえず変化しており，古い考えが新たな発見と着想に置き換えられていくのである。

対照を立てる

研究の対象とする事象は，いろいろな要因または**変数**(variable)により影響を受ける。ある一つの変数を対象にして仮説を検討しようとする際，ほかのいろいろな変数は一定に保っておく。この場合，二つの実験を平行して行う必要がある。第一の実験では，仮説をテストするために一つの変数を任意に変える。第二の**対照実験**(control experiment)では

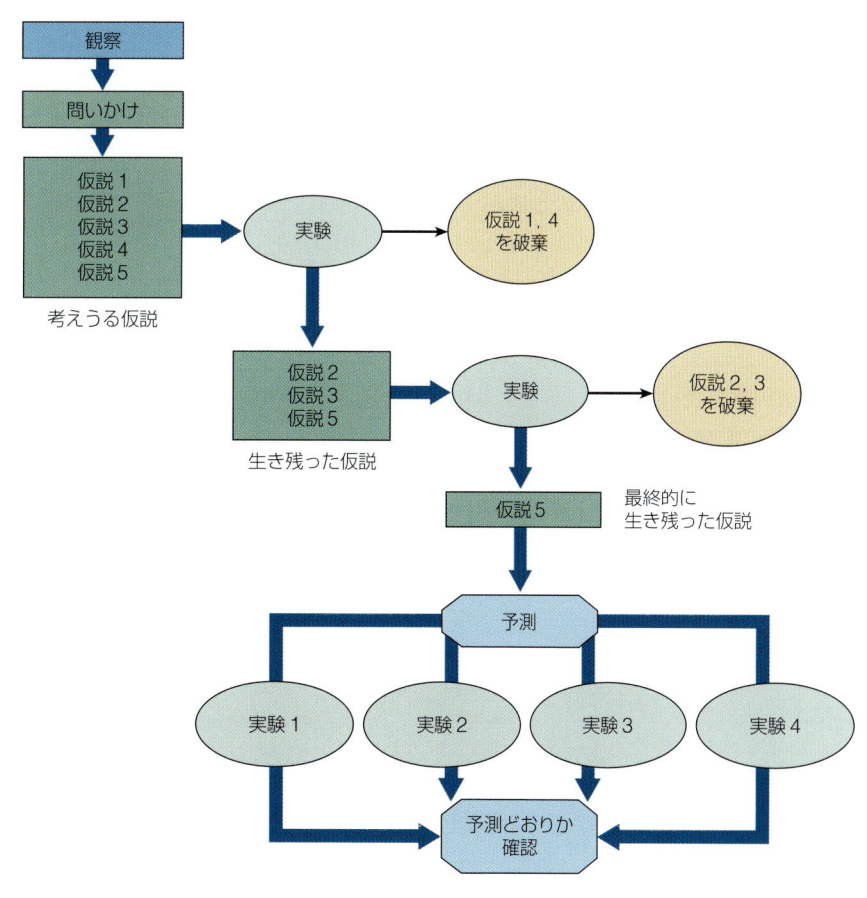

図 1.4
科学研究の進め方。　第一に観察をもとに問題を立て，それに対して考えうる説明（仮説）をいくつかあげる。次に，実験を行ってこれらの仮説のうち不適当なものを排除する。続いて生き残った仮説をもとに予想を立て，その予想の当否をテストするための実験を行う。こうして否定される要素のもっとも少ない仮説を選択する。

1.2　科学とは観察にもとづき普遍化する作業である

その変数を変えずにおく。するとこれら二つのセットの実験系では変数以外の条件は同一なので，両実験系で異なった結果が生じれば，それはもっぱら変数によってもたらされたことになる。実験科学の醍醐味は，扱う事象の鍵となる要因を見つけだすためにどんな対照実験を計画するか苦心するところにある，といっても過言ではない。

予想を立てる

仮説を評価するにあたっては，科学的価値ばかりでなく有用性 —— それを検証することによってどれだけ多くの情報が与えられるか —— についても検討する必要がある。有用な仮説とは，予想を立て仮説の当否をテストする方法を教えてくれるものを指す。予想と実験結果が違ったならば，仮説は破棄される運命にある。反対に予想が実験結果によって支持されたならば，仮説は正しかったことになる。実験により支持される予想が多ければ多いほど仮説の価値は高まる。たとえばEinsteinの相対性理論は，当初その理論を検証する実験を誰も考えつかなかったという理由から，暫定的に受け入れられたにすぎなかった。その仮説は「太陽はそこを通過する光の軌跡を曲げる」という明確な予想を含んでいた。この予想は，皆既日食の際に太陽の背後からくる星の光が曲がることを実際に確かめた観察によって支持された。仮説が提案されたときには不明だったこの事実が確認されたことによって，この仮説はより強力な支持を得て，より広く受け入れられることになったのである。

理論を展開する

理論(theory)には2通りの意味がある。その一つ，ある「理論」は多くの場合一般原理にもとづいて何らかの自然現象を説明するために提唱される。Newtonが提唱した原理は「重力説」とよばれ，それまでは関係ないと思われていた現象どうしをつなげて統一的に理解することを可能にする。Newtonの重力説は，地上に落下する物体と太陽のまわりを回る惑星の軌道を統一的に説明する。もう一つの意味で使われる「理論」とは，科学的な検証にもとづいていくつかの関連する事実を統一的に説明する概念を提起するものであり，それによって知識の体系化が可能になる。たとえば，物理学の量子理論は宇宙の本質に関するいろいろな考えを統合し，いろいろな実験事実を説明し，さらに将来の研究課題まで提起する。

科学者にとって，理論とはきわめて確実性の高い科学の土台になるようなものである。ところが一般人にとってはまったく逆で，「理論」とは知識の"欠如"または単なる憶測にすぎず，周知のとおりこの違いはしばしば混乱をもたらす。本書では「理論」をもっぱら科学的 —— すなわちよく受け入れられた原理あるいは知識体系という —— 意味で用いることにする。

一ついっておきたいことだが，科学以外の分野でよく指摘される，「進化は"単なる理論"にすぎない」という批判は正しくない。進化が起こったという仮説はいまや十分すぎる証拠に裏付けられた事実である。現代の進化理論は，単なる進化の説明をはるかに越えて大きな影響力をもつ概念体系で，その影響の及ぶところは生物学のあらゆる分野にわたり，生物学を科学として統一するうえでの基本理念となっているのである。

研究と科学的方法

「科学的方法」とは右か左かを論理的に順序よく追っていくもの，と考えられてきた。その過程の各ステップでは，考えうる選択肢の一つを順次破棄していくといった試行錯誤のテストをくり返せば必然的に真理に到達できるし，科学の進歩ももたらされるに違いない。これが正しいなら，科学者の役割はコンピューターが代用してくれるだろう。しかし，科学の研究はこうは進まない。イギリスの哲学者Karl Popperが指摘するところに従えば，優れた科学者とは例外なくあらかじめ意図する結果がでやすい実験計画を立てるものであり，真理とはこうでありたいという「想像力に富んだ予測」をもっているものである。優れた科学者がテストしようとする仮説とは単なる仮説ではなく，教育により培われた想像力あるいは勘であって，真実と"予想される"ことへの確証を得るために，研究者はもっている知識と想像力をフルに動員するのである(コラム1.1参照)。洞察力とか想像力が科学の進歩に果たす役割がこのように大きいからこそ，音楽の世界でいえばBeethovenやMozartのような，飛び抜けて優れた科学者がいるのである。

科学者のなかには境界領域を広げるという意味での"基礎的研究"に従事する人もいる。通常，彼らは大学で仕事をし，研究費を所属大学や外部の政府そのほかの民間財団などから得ることが多い。基礎科学のテーマはその名のとおり多様で，ある研究では細胞が化学物質を取り込む方法を調べるかと思うと，別の研究ではトラの歯に生じる凹みの数を数える，といったぐあいである。こういった基礎的研究で得られた膨大な情報が集められると，"応用研究"に利用できるものとなる。応用研究にたずさわる研究者は，多くの場合は民間会社に仕事の場を得て，食品添加物の製造や新薬の開発，環境調査などに従事する。

仮説を立て一連の実験を行ったうえで，その成果を論文にまとめ，これをいずれかの専門誌に投稿するのだが，発表にこぎつける前にその分野の専門家による査読を受けなければならない。この"同業者による査読"といわれるプロセスは現代科学の核心をなすもので，これがあるおかげで注意深い

コラム 1.1
生物学的探究とは

いっせいに

11月も遅く，凍るような寒さでもないのに
歩道沿いの銀杏が一夜にしていっせいに葉を落とす
示し合わせたかのように，雨が降ったからでもなく風のせいでもなく
ただ時が来たからとでもいうように
昨日までははためく光の扇を空高く広げていたのに
黄金色と緑に輝く葉が，今日は芝生に散り敷いている
星からどんな合図が届いたのか？木々はどんな風にそれを受けとめたのか？
木々が葉を打ち振り，落とすようにしむけた動機は何だったのか？
反抗，それとも服従？
こんなことが銀杏に起こるとすればどんな生きものがその定めから逃れられよう？
時間をかけてわれわれが学んだ知識など何の役にも立ちはしない
それがいつであれ
星が「いまだ」とわれわれに告げるのがそのときなのだとすれば．

Howard Nemerov

詩人 Howard Nemerov を当惑させているのは，生物が制御不能でしかも見当のつかない力に影響を受けることである．この彼が問題にするところを解き明かすことこそが生物学者の務めなのである．

なぜ銀杏（図1.A）はいっせいに落葉するのかという Nemerov の疑問に対して，生物学者はまず考えうる"可能な"答えを並べ，そのうちどれが間違っているかを決めようとする．これを実験といい，考えうる答えとは仮説である．

仮説1. 銀杏には体内時計があって，それが季節に合わせて葉を落とすように働く．Nemerov が見たその日に，この時計は「落ちろ」という（おそらく化学的な）信号をすべての葉に発信した．

仮説2. 銀杏の葉それぞれに日長をはかるセンサーがあり，秋になって日長がある値以下になるとそれぞれの葉がそれに反応して落葉する．

仮説3. Nemerov が観察した日の前夜強風が吹いて，銀杏の葉が全部落ちてしまった．

次に，科学者は実験によってこれらの仮説を検証する．たとえば，一部の葉に覆いをかけて日長をはかることができないようにする．仮説2が正しいなら，ほかの葉が落ちるのに覆いをかけた葉は落ちないということになろう．一部の葉に覆いをかけたにもかかわらず，すべての葉が落ちるとすれば，仮説2を排除でき，同時にほかのいろいろな仮説が生き残る．

銀杏に関するこういった簡単な実験から，科学の進歩とは何かがわかる．科学とはある説明が妥当かどうかではなく，ほかの説明が妥当ではないことを証明するものである．実験結果に合わない仮説を破棄する一方で，間違っているとはいえない仮説はとりあえず受け入れておく．しかし将来さらに集められる新しい情報と合致しないことが明らかになれば，その仮説も捨て去られる運命にある．ちょうど迷路を試行錯誤しながらたどって正しい抜け道を探すように，科学とは誤った可能性を排除することを通して自然現象に関する正しい説明を得ようとする作業なのである．

図 1.A
銀杏の樹．

研究，明快な記述，洞察力に富んだ分析などが培われることになる．重要な発見が報じられるとほかの研究者がこれを追試し，事の当否をチェックするので，再現性のない結果は遠からず消去されてしまう．

20世紀後半における科学研究の飛躍的増大は，科学専門誌数の増加にも表れている．*Science* や *Nature* のように広範囲の科学分野に及ぶものもあるが，多くの雑誌はごく特殊な分野に限られる．ほんの一部だが例をあげれば次のとおり．

Cell Motility and the Cytoskeleton，*Glycoconjugate Journal*，*Mutation Research*，*Synapse* など．

> 科学研究の過程では，実験結果や観察と整合性のない仮説は破棄される．得られたデータと整合性のある仮説も，一定の条件つきで受け入れられる．仮説を立てることは洞察を深めることにつながる．

1.3 Darwinの進化論：科学的探究の典型例

Charles Darwin

　Darwinの進化論は，地球上に生息する生物がいかにして時とともに変化し，現在見られるような多様性を獲得したかを説明するものである。この有名な理論は科学者がどのようにして仮説を立てるか，科学の理論がどのように発展して最終的に受け入れられるかを示す好例である。

　Charles Robert Darwin（1809～1882，図1.5）はイギリスの博物学者で，30年におよぶ研究と観察にもとづいて史上もっとも有名で影響力の大きい著作『自然選択による種の起源または生存闘争における適者生存』を著した。この本は出版と同時に大きなセンセーションを巻きおこし，Darwinが提出した考えはそれ以来ずっと人類の思想の発展に決定的な影響を及ぼすことになった。

　Darwinの時代には，さまざまな生物とその構造は創造主の手によって直接つくられたと一般に考えられていた（そう信じる人は現代ですら結構いる）。種は特別に創造されたもので，時とともに変わることは決してないものとされていた。これに対して，地球上の生命史のなかで生きものも変化したに違いないと考える哲学者も少なからずいた。Darwinはこの変化のプロセスを彼が自然選択（natural selection）とよんだしくみで理路整然と説明し，その考えを広く社会に問うた。

　Darwinの著作は，その題名が示すとおり，いわゆる社会通念とまっこうから対立するものであった。彼の理論は神聖なる創造主の存在を直接否定するものではなかったが，Darwinにとっては"自然"を支配する法則に従えば，時の経過とともに変化つまり**進化**（evolution）が起こるのはしごく当然のことであった。こういった考えは，当時の人々にはまったく受け入れられないものであった。というのも，聖書の言葉を字義どおりに受け取れば，世界は神が創造されたとき以来不変のはずだからである。

　Darwinの学説にまつわる話は1831年，彼が22才のときにはじまる。ケンブリッジ大学での彼の先生の推薦で，測量船

図 1.5
Charles Darwin. 最近発見されたこの1881年（死の前年）の写真は偉大な生物学者の最後の像である。

として南アメリカ大陸の沿岸を巡る5年間の航海（図1.6）にでるH.M.S.ビーグル号（図1.7）に，Darwinは博物学者として乗船することになった。この長い航海のあいだにDarwinは大陸，諸島や遠くの海域でさまざまな動植物を調べる機会に恵まれた。熱帯林での豊富な生物相を探り，南アメリカ大陸南端のパタゴニアでは絶滅種の巨大な哺乳類化石を見ることができたほか，南アメリカの西海岸から離れたところにあるガラパゴス諸島では相互に関連をもちながら眼をみはるような明瞭な違いを見せるいろいろな生物に遭遇した。こうした

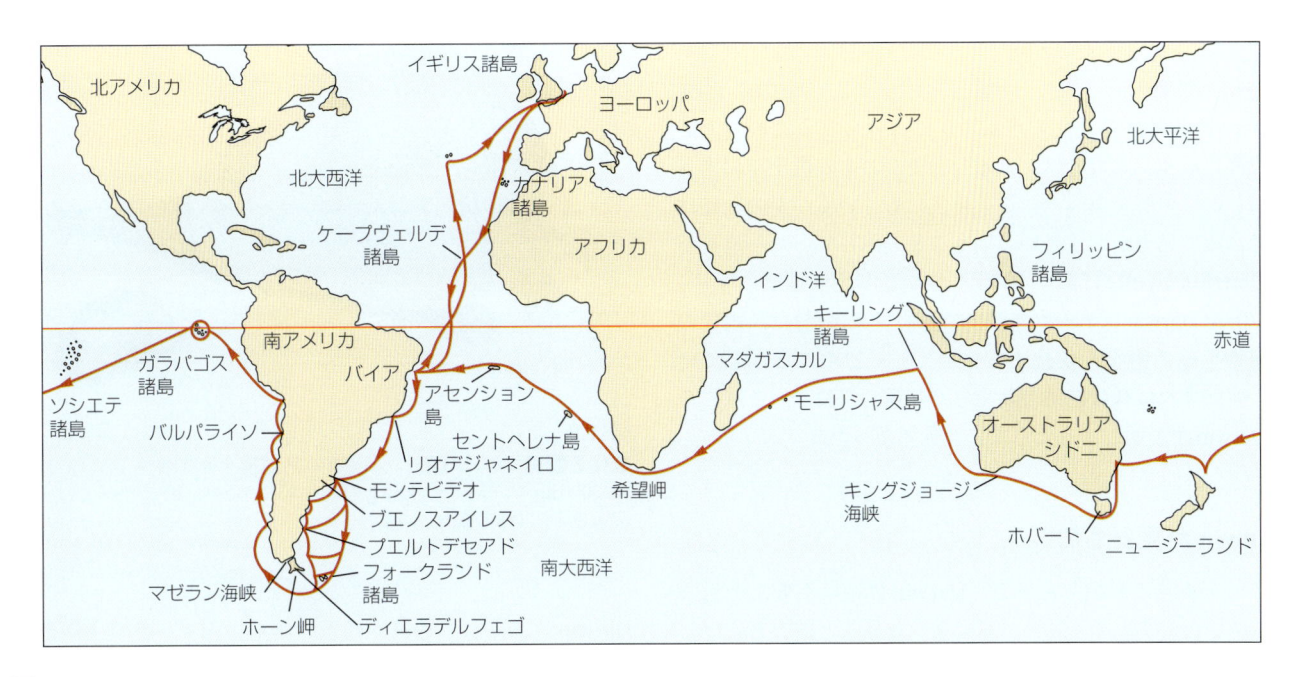

図 1.6
ビーグル号の5年間の航海。 そのほとんどは南アメリカ大陸の沿岸およびガラパゴス諸島を含む沿岸諸島の探索に費やされた。ガラパゴス諸島の動物に関する研究が，Darwinの自然選択による進化の考えをよびおこす重要なきっかけとなった。

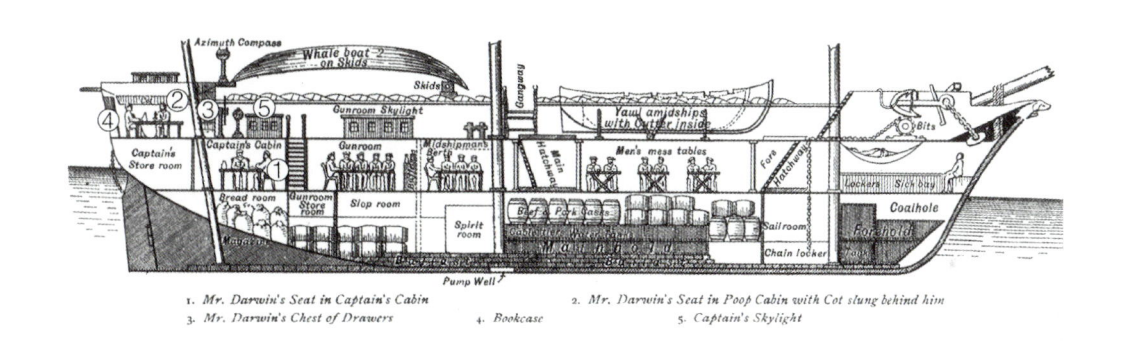

図 1.7
ビーグル号の断面図。 10個の砲台を備えた242 tの帆船は全長27.4 m，乗員74名であった。この船を一目見たDarwinは，大学時代の恩師Henslow宛てに「その狭さといったら言葉もありません」と書いている。① 船長室内でのDarwinの座席。② 船尾の船室内でのDarwinの座席。背後に簡易ベッドが掛かっている。③ Darwin用整理箪笥。④ 本棚。⑤ 船長室の天窓。

経験が，地球上での生物のあり方について彼の考えに決定的な影響をもたらしたのである。

　航海を終えた27才から，Darwinの長期にわたる研究と思索のときがはじまる。次の10年間に彼はさまざまな課題，たとえばサンゴ礁から大洋中の島が形成される現象や南アメリカの地質に関する話題をも含むいくつもの著作を出版した。さらに8年間かけてフジツボ（岩礁などに殻ごとくっついて固着生活をする小さな海産の甲殻類）の研究にたずさわり，その分類および博物学に関する都合4巻からなる著作をまとめた。1842年，Darwinは家族とともにロンドンを離れてケント州の田舎ダウンに移り，そのすみよい環境のもとで40年間にわたる研究と思索，著述の生活を送ることになる。

> Darwinは地球上に多様な生物をもたらした進化のしくみとして，自然選択の考えを初めて提唱した。この仮説は5年にわたる世界航海で得た観察にもとづくものであった。

1.3　Darwinの進化論：科学的探究の典型例

Darwinが得た証拠

Darwinの時代に進化の理論が受け入れられるための大きな妨げになっていたのは，地球の歴史がわずか数千年にすぎないという誤解であった。この時代にも，いくつかの発見はすでにその見方がおかしいということを示していた。地質学者 Charles Lyell（1797～1875）（彼の著作『地質学の原理』（1830）をDarwinはビーグル号上で熱心に読んだ）は，古代の動植物を絶え間なく変化するものとして初めてとらえていた。彼によれば種は絶滅と新生をくり返しており，これこそがDarwinが説明しようとしていた世界だった。

(a) オオアルマジロ　　(b) アルマジロ

図 1.8
進化を証拠づける化石。南米の絶滅種オオアルマジロ(a)は体重2,000 kgで，同じく4.5 kgの現生アルマジロ(b)に比べてはるかに大きい。（図の縮尺は不同）。

Darwinが見たもの

ビーグル号で船出したとき，Darwinは種は不変だと信じきっていた。実際のところ，種は変わりうると彼が考えはじめたのは航海終了2～3年後だった。しかし5年の航海のあいだに，最終的な結論に導くきわめて重要な現象をすでにいくつも観察していたのである。たとえば南アメリカ大陸南部の化石の多い地層で，彼は同じ地域に現在生息する個体群とよく似た絶滅種のアルマジロの化石を観察した（図1.8）。古くからの種から新しいものが生じたのでないかぎり，どうして同じ地域で現存する生物が化石とよく似たものになるのだろうか？

Darwinは近縁種でも場所が異なると違った特徴をもつことをたびたび観察した。こうした地理的パターンから，種はある地域からほかの地域に移動するにつれて徐々に変わっていく，と考えるに至った。エクアドルの海岸から900 km離れたガラパゴス諸島で，Darwinは島ごとに異なるフィンチに遭遇した。ここで見た14種のフィンチは近縁ではあるが少しずつ違った形態を，特にくちばしで示していた（図1.9）。

Darwinは，これらの鳥が数百万年前に南アメリカ大陸から風に乗って運ばれてきた共通の先祖に由来すると考えた。違った島で違った食物をとり続けた幾世代かのあいだに「系統的な変異」あるいは進化が起ったのだ。これらのフィンチについてはp.454とp.483でさらに詳しく議論する。

一般的な意味でDarwinを驚かせたのは，これら比較的若い火山性の島々の動植物が南アメリカ大陸沿岸のそれとよく似ていることだった。もしこれらの動植物がそれぞれ独立に生じガラパゴス諸島に勝手に分布したのだとすれば，アフリカ沿岸のように類似した気候の地域の動植物に似たものがないのはなぜか？そうではなく，これらの動植物がより近くの南アメリカ沿岸のものたちと似ているのはなぜだろうか？

> ビーグル号の航海で見た多くの化石や生物の様相が，やがてDarwinに進化は事実としてあったということを確信させた。

ガラパゴスフィンチ
（地面の種子を食べる）

サボテンフィンチ
（サボテンを食べる）

ハシブトダーウィンフィンチ
（果実や木の芽を食べる）

キツツキフィンチ
（昆虫を食べる）

図 1.9
4種のガラパゴス産フィンチとその食性。ガラパゴス諸島でDarwinはくちばしと食性を異にする14種のフィンチを見いだした。これらのくちばしの形の差異は，それぞれの種に特有の生息場所で入手可能な食物に応じて発達した進化的適応を示すものだとDarwinは考えた。

自然選択説の提案

進化の結果を認めることはさておいて、進化がどんなしくみで起こったかはまた別の重要な問題である。Darwinの偉大さは、進化が自然選択の結果として起こったという仮説を提唱したところにこそあったのだ。

DarwinとMalthus

Darwinが考えを発展させるうえで決定的な影響力をもったのはThomas Malthusの『人口論』(1798)であった。この本のなかで、Malthusは植物と動物(人間を含めて)の個体数は等比数列的に増加するのに対し、人間の食料は等差数列的に増えるにすぎないと指摘している。"等比数列"は、ある一定の"因数"のもとに増加するから、たとえばそれが3であれば、2, 6, 18, 54, …, という具合に増えていく。一方、"等差数列"は一定の"差"で増加するのだから、差が2であれば、2, 4, 6, 8, …, と増えるにすぎない(図1.10)。

個体数は等比数列的に増えるのだから、どんな動物であれ植物であれ、もし制約なしに繁殖することが許されれば、あっという間に地上を覆うだろう。しかし現実には死が限定要因となって種の個体数は一定に保たれている。このMalthusの結論は、Darwinが進化を自然選択によって説明する際の決定的なヒントになった。

Malthusの考えに触発されて、Darwinはどんな生物でももっと多くの子孫を生みだす能力をもってはいるのだが、現実には限られた数のみが生存していると考えるに至った。こうした見解とビーグル号の航海で見たもの、さらに家畜の育種にあたって彼自身が経験したところを総合して、Darwinは重要な結論に達したのである(図1.11)。体格、行動その他なんらかの属性について優れたものをもっている個体は、そうでない個体に比べて生き延びやすいと考えられる。生き延びれば、その分だけもっている有用な性質を子孫に伝えるチャンスも増える。集団のなかでこれらの性質が占める割合が増えるにつれ、集団の性質自体が徐々に変わっていくだろう。このプロセスをDarwinは選択(selection)と名づけた。その際の推進力は最適者の生存(survival of the fittest)とよばれる。

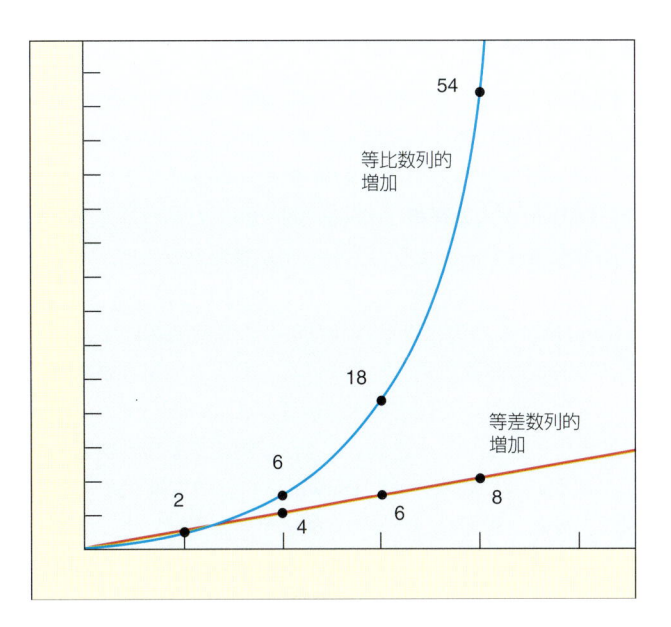

図 1.10
等比および等差数列。　等比数列は一定の因数(たとえば×2、×3、×4など)に従って増加するが、等比数列は一定の差(たとえば1, 2, 3)を保って増加する。Malthusは個体数が等比数列的に成長するのに食料生産量は等差数列的にしか増加しないと主張した。
等比数列的増大をもたらす因数を減少させるとどうなるだろうか？人類にこれを適用できるとすれば、どのようにして可能だろうか？

"Can we doubt … that individuals having any advantage, however slight, over others, would have the best chance of surviving and procreating their kind? On the other hand, we may feel sure that any variation in the least degree injurious would be rigidly destroyed. This preservation of favorable variations, I call Natural Selection."

図 1.11
『種の起源』の一節でCharles Darwinはこう述べている。"ほかの個体に比べてわずかでも優位性をもつ個体のほうが生きのび、子孫をつくるチャンスが増えることは…疑いないだろう。一方、変異を起こしてほんのわずかでも不具合を生じれば、厳しい抹殺の対象となるに違いない。このようにして有利な変異が保存されるのが「自然選択」である。"

自然選択

Darwinは家畜の変異体について通暁していて、『種の起源』もハトの育種に関する論議からはじめている。育種家はハト、イヌその他いろいろな動物をその特徴にもとづいて選び、Darwinが**人為選択**(artificial selection)と名づけたやり方で品種を確立する。こうしていったん選別を行えば、あとはその性質をもっぱら継承するために繁殖を行わせればよい。Darwinは、人為的に選抜された家畜の品種個体間では、ときには異種個体間に見られるよりも差が大きい場合があることにも気づいていた。たとえば飼育されているハトの品種には世界中の野生ハトの種数をはるかに越える多様性が見られる。こういった観察から、Darwinは自然でも進化的変化は起こり得ると考えた。ハトの育種家が人為選択によってこのように変異体を育てることができるのなら、自然でも同様にして、その場合Darwinが**自然選択**(natural selection)とよんだ方式で、次世代を選択的につくるに違いない。

Darwinの理論は進化の仮説、自然選択のプロセス、および進化と自然選択について彼が集めた膨大な証拠を総合したものである。Darwinの理論は生物の多様性、いい換えるとなぜ違った場所には違った動物がいるのか、について明快な説明を与える。生息地は必要とする環境条件と居住のチャンスによって違ってくるのだから、自然選択の結果その地域に適合した生物がそれぞれの地域を占めることになる。

Darwin 主張を起草

Darwinは1842年に予報的な論文を書き、そのなかで自然選択による進化のアウトラインを提唱している。しかし、その原稿を何人かのごく親しい科学者に読ませただけで引きだしにしまいこみ、以後16年間はほかの研究に従事した。なぜDarwinが最初の原稿 —— それはよく推敲され、彼の考えを詳しく述べている —— を公表しなかったのかは謎である。ある史家は、Darwinが自然選択にもとづく進化の仮説が論議をよび、社会的非難をよびおこすことは間違いないと判断してためらったのだ、と推測している。一方、Darwinはこのあいだずっとこの仮説に磨きをかけることに専念していたのだとする見方もあるが、彼が最初の原稿に手を加えたという痕跡はない。

Wallace が同じ見解をもつ

Darwinに自説を公表する最終的決断をさせたのは、1858年に受け取った一通の小論であった。Alfred Russel Wallace（1823～1913）という名の英国の若い博物学者がマレーシアからDarwin宛てに送った小論のなかで、期せずして同じ自然選択による進化の仮説をDarwinとは別個に提唱していたの

図 1.12
Darwin氏, 先祖のサルを歓待す。 1874年に出版されたこの図のように、Darwinはしばしば揶揄の対象となった。

である。WallaceはDarwinと同様に、Malthusの1798年の論文から強い影響を受けていた。Darwinの仕事をよく知るWallaceの友人が、Darwinと連絡を取るよう薦めたのだった。Wallaceの論文を受け取ったDarwinは、ロンドンで行われるセミナーで共同発表するようもちかけた。続いてDarwinは長年眠っていた1842年の論文を発展させるかたちで本にまとめあげ、公表したのである。

Darwin による仮説の発表

Darwinの本は1859年11月に出版されると、ただちにセンセーションを巻きおこした。多くの人が人間はサルと同じ先祖に由来するという言説にいたく傷つけられた（図1.12）。このことにDarwinは直接言及したわけではなかったが、彼の主張の論理からすれば当然の結論であった。その後、発表された『人間の由来』という本のなかでDarwinはこの問題に直接ふれ、人と現存するサルが同一先祖に由来するという強い証拠を提示した。ヒトとサルがいろいろな点でよく似ていることは認めていても、両者が進化的に近い関係にあることを示す直接証拠は一般人にはなかなか受け入れ難かった。しかしDarwinの自然選択による進化の説明は説得力があり、英国の知識人のあいだでは1860年代以降ほぼ完全に受け入れられるところとなった。

個体数が等比数列的に増加するわけではないということから、自然が個体数増加を制限するしくみがあることがわかる。生存率が高く子孫を増やせる特性を備えた生物ほど多数の次世代を残せる。このしくみをDarwinは自然選択とよんだ。

Darwin 後の進展：さらなる確証

1882 年の Darwin の死後から 100 年以上たつあいだに，彼の理論を支持する証拠はますます増えている．また進化がどのように起こるかについての理解は著しく進歩しており，これらの進歩によって Darwin の理論の骨格が変わるわけではないが，進化が起こるしくみがより明らかになりつつあることは確かである．こういった証拠を以下に簡単に紹介するが，進化に関するよりくわしい論議は第 22 章にゆずることにする．

化石の記録

Darwin は化石の記録が大きな生物群 —— たとえば魚類と両生類，あるいは爬虫類と鳥類 —— に分かれる前の中間に位置する生物を示してくれるのではないかと予測を立てた．現在，19 世紀には考えられなかった多量の化石が得られており，顕微鏡的なサイズの化石から生命体の歴史を 25 億年前の地球にまで遡ることができる．さまざまな化石の発見から，膨大なときの流れのなかで，Darwin が予測した簡単なものから複雑な生命体への変化がいかにして起こったかが明らかになりつつある．とくに脊椎動物の化石は豊富で，進化の過程で徐々に形が変わっていく様が手に取るようにわかる．

地球の年代

Darwin の時代の物理学者のなかには，地球の歴史はたかだか数千年にすぎないと考える人もいた．ある共通の祖先から長い時間をかけて多様な生きものが生じる進化を主張しようとする Darwin にとって，これは不都合なことだった．放射性元素の崩壊を調べた証拠から，いまや Darwin の時代の物理学者の主張はとんでもない誤りだったことがわかっている．地球は約 45 億年前に生じたのだ．

遺伝のしくみ

当時，Darwin の説にもっとも痛烈な批判を加えたのは遺伝の分野であった．遺伝子の概念どころか遺伝の起こるしくみについても皆目わかっていなかった当時の状況下では，進化がどうやって起こるかを説明するのは無理な注文であった．その時代の遺伝理論は自然のなかで遺伝的変異は起こらないことを前提にしていたが，じつは Darwin 理論ではこの変異こそ必要不可欠なものだったのである．近代遺伝学が確立したのは 20 世紀の初頭，『種の起源』が出版されてからじつに 40 年後であった．遺伝の法則（第 13 章）が一般に認められるようになると，Darwin 理論における遺伝の問題は氷解した．現代の遺伝学では生物に新たな変異が生じるしくみが明快に解き明かされている．

比較解剖学

動物の比較解剖は Darwin 理論に強力な証拠を提供している．たとえば，いろいろなグループの脊椎動物の骨を比べてみよう．図 1.13 に示されるように，基本的に同じ配列をとる骨がそれぞれ少しずつ異なった比率で発達してコウモリの羽，イルカのひれ，ウマの足などを形づくっている．これらの骨格は進化的に同一起源であるが，機能と構造が違うものになっているという意味で，**相同**（homologous）とよばれる．これと対照をなすのが**相似**（analogous）で，トリとチョウの羽（翅）のように構造と機能は類似しているが進化的に起源を異にするものを指す．

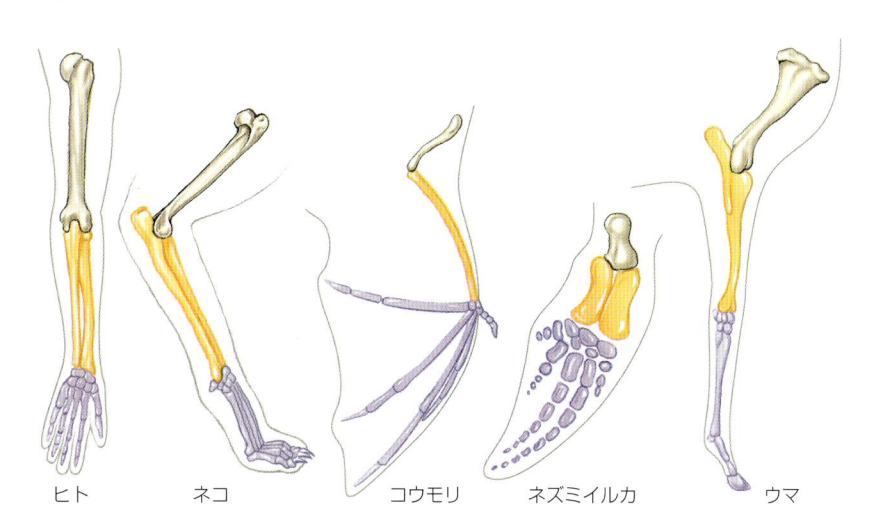

図 1.13
脊椎動物の肢にみられる相同性． 5 種の脊椎動物で，それぞれの生活様式に応じて前肢の骨の相対的な成長の度合いが異なったものになっている．

ヒト　ネコ　コウモリ　ネズミイルカ　ウマ

分子レベルでの証拠

進化のパターンは分子レベルでも認められる。いろいろなグループの動植物についてゲノム(つまり全遺伝子の塩基配列)を比べることによって,生物間の類縁関係をほかのどんな方法によるよりも正確に知ることができる。進化的な変異が時とともに蓄積すると,DNAの変化もそれだけ蓄積するはずである。したがって,類縁関係が遠い生物間ではその違いはより大きな値としてとらえられ,逆により近縁の種間では同一DNAの割合が高くなるであろう。ヒトとゴリラは化石の記録によれば600～800万年前に分岐したはずであるが,DNAでは1.6％の違いを示す。一方,500万年前に分岐したチンパンジーとヒトはDNA上で1.2％異なる。これと同じような数値の差は,血液タンパク質ヘモグロビンについても見られている。146個のアミノ酸からなるヘモグロビンβ鎖を比べると(図1.14),霊長類に属するアカゲザルはイヌのような類縁関係の遠いほかの哺乳類に比べてヒトとの差が小さく,非哺乳類であるトリやカエルはヒトとはるかに大きな差を示す。

分子時計 次々に報告される膨大なデータ(第24章に詳述)が示すところによれば,時の経過とともに起こる変異のため,類縁関係の遠い種間では近縁種間よりもDNAレベルで差が大きくなるという一貫した傾向があるが,これこそDarwin理論が予言したものであった。ある二つの生物が分かれてからの時間が長ければ,その分だけたとえばシトクロムc遺伝子の塩基配列の違いが大きくなる(図1.15)。陸生動物の酸化的代謝に中心的役割を果たすこの遺伝子が一定の速度で変異を起こす現象は,**分子時計**(molecular clock)とよばれる。データが得られている限りでは,進化の速度はそれぞれ異なるとはいえ,すべてのタンパク質が変異を蓄積しているといえる。

系統樹 ヘモグロビンなど特定のタンパク質をコードする遺伝子の塩基配列がいろいろな生物で調べられ,遺伝子上の特定のヌクレオチド配列をたどることによって,その遺伝子の進化の時間的経過を的確に推しはかることができる。こうして得られる系図を**系統樹**(phylogenetic tree)といい,遺伝子の「家系図」に相当する。分子の系統樹は化石の記録から得られる情報とよく一致し,進化の直接的証拠とみなされる。DNAが変化を蓄積するようから,文字どおり進化の足跡をたどることができるのである。

Darwinの時代より以降に得られた化石の記録,遺伝学,解剖学や分子生物学の諸分野での発見は,すべてDarwinの理論を強力に支持するものである。

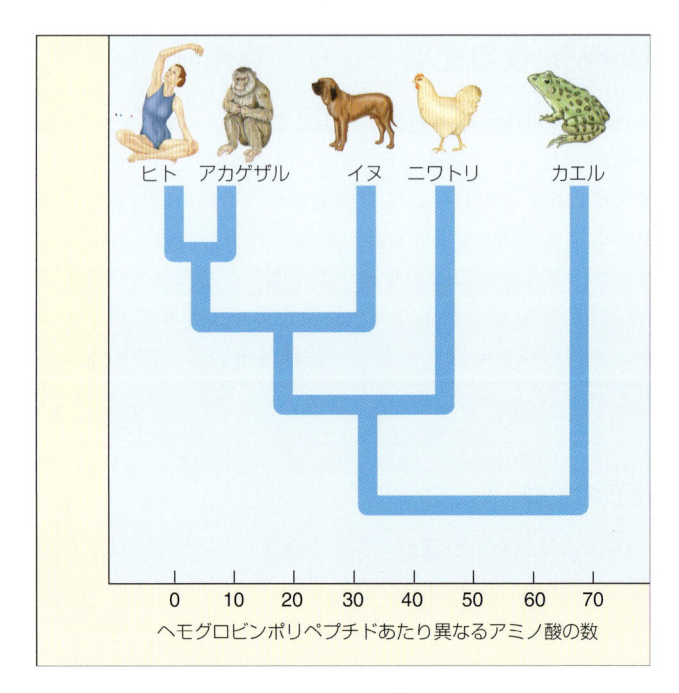

図 1.14
分子から進化のパターンを見る。 脊椎動物間でヘモグロビンのポリペプチドのアミノ酸を比べると,ヒトとの類縁関係が遠い動物では差が大きい。
ヘビはこのグラフのどこに挿入されるだろうか,その理由は？

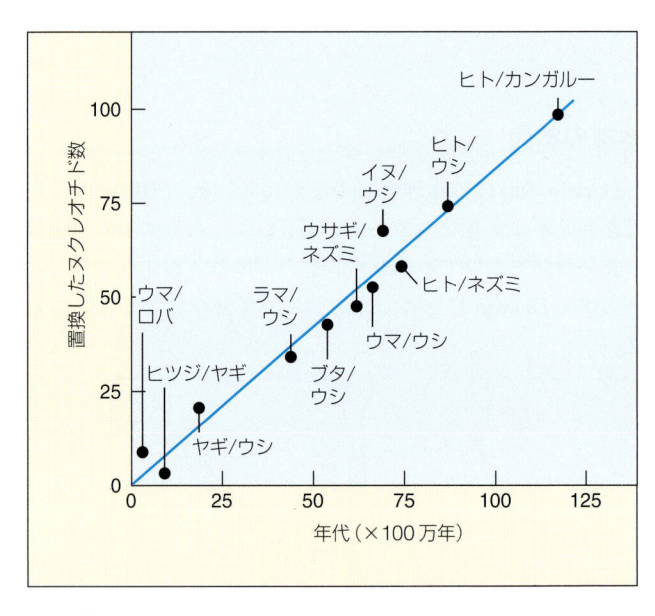

図 1.15
シトクロムcの分子時計。 化石の記録から割りだされた各ペアーの動物が分岐した年代を横軸に,シトクロムc遺伝子のヌクレオチドの置換数を縦軸に記入すると直線になり,この遺伝子が一定速度で進化したことがわかる。
ほかの動物間に比べて,イヌとウシの差が大きすぎるように見えるのをどう説明できるだろうか？

1.4　生物に共通の四つの特徴

生物学の基本原則

生物の構造：細胞説

　この章の初めに述べたとおり，あらゆる生物は細胞からできており，細胞は生物の基本単位である（図1.16）。細胞は1665年にイギリスのRobert Hookによって発見された。Hookは薄くスライスにしたコルクを倍率30倍の世界で最初の顕微鏡を使って覗いてみて，修道院の修道僧の個室のような小部屋がたくさんあることに気づいた。ほどなくオランダの科学者Anton van Leeuwenhoekは，倍率300倍の顕微鏡で池の水滴を観察して，単細胞生物がつくるすばらしい世界を発見した。しかし，生物学的に細胞の意味がしっかりと認識されるにはさらに2世紀近くもかかった。1839年にドイツの生物学者Matthias Schleidenと Theodor Schwannは彼ら自身および多くの研究者の観察を総合して，すべての生物は細胞からできているという**細胞説**（cell theory）を立てたのである。今日の生物学の基本概念をなす細胞説は，その後知られるようになった「あらゆる細胞は細胞に由来する」という内容を含んでおり，この考え方を土台にして生殖や成長という現象が理解されている。

図 **1.16**
1滴の池の水に含まれる生命。　すべての生物は細胞からなる。この図のような単細胞の原生生物もあれば，植物，動物，菌類などのように多細胞からなるものもある。

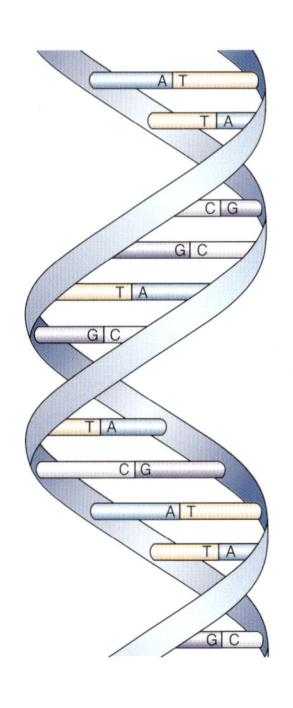

生命の連続性：遺伝の分子的基礎

　もっとも簡単な細胞でさえ，コンピューターとは比べものにならないほどの信じられない複雑さをもつ。どんな細胞になるべきかを示す情報は，その詳細に至るまでDNA（deoxyribonucleic acid：デオキシリボ核酸）とよばれるきわめて細長い分子に暗号化されている。DNA分子はヌクレオチドとよばれる構成単位が連なってできた細長い鎖2本が互いに絡み合ったものである（図1.17）。2本の鎖は2列に並んだ人々が手を結びあうように向かい合っており，ちょうどこの文章が文字配列の形で情報を含んでいるのと同じやり方で，その鎖は情報をもっている。DNAには4種のヌクレオチドがあって，その並ぶ順序が情報となる。数百から数千個のヌクレオチドの並びが**遺伝子**（gene）としての情報をになう。遺伝子とはある特定のタンパク質またはRNAという特異な情報分子をコードし，またほかの遺伝子を制御するために働くものもある。こうして生産されるタンパク質とRNAによって，どんな細胞になるかが決まることになる。

　ある世代から次の世代への生命の連続性 —— 遺伝 —— は，細胞のDNAを正確にコピーすることを通じて賄われる。ある細胞に含まれる一揃いのDNA情報を**ゲノム**（genome）という。ヒトのゲノムを構成する30億個のヌクレオチド配列がほぼ解読されたという2001年のニュースは，現代科学の輝かしい成果といえるだろう。

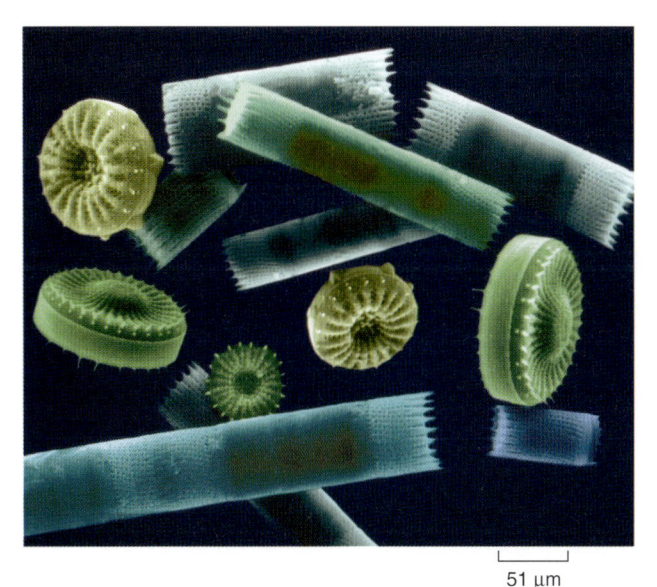

図 **1.17**
遺伝子はDNAからなる。　DNAはらせん階段をつなぐレールの役目をする2本の鎖が互いに巻きついた二重らせん構造をとる。Aという文字で表されるヌクレオチドはその大きさと形からTとのみ対合し，同様にGはCとのみ対合することができる。したがって，一方の鎖のヌクレオチド配列が決まると，他方の配列は必然的に決まることになる。

生物の多様性：進化に伴い生じた変化

多くの生物群が一定の重要な特性を共有する一方で，さまざまな地球環境に対応してかくも多様な生存形態を示すことは驚異に値する。生物は真正細菌（Bacteria），古細菌（Archaea）と真核生物（Eukarya）の三つのドメイン（domain）に大別される。そのうち真正細菌と古細菌は原核細胞（構造の簡単な単細胞生物）からなり，真核生物は複雑で精巧につくられた真核細胞が単独または集合体をつくったものである。古細菌は真正細菌よりもむしろ真核生物に近いらしい。真核生物には四つの界（kingdom）がある（図1.18）。原生生物界（Protista）には，酵母と多細胞藻類を除く単細胞性の真核生物すべてが含まれるが，原生生物は多様性に富むので，これをさらにいくつかの界に細分化したほうがよいという意見が多い。植物界（Plantae）に属する生物はセルロースからなる細胞壁をもち，光合成によりエネルギー生産できる。菌界（Fungi）に属する生物はキチンからなる細胞壁をもち，消化酵素によりほかの生物を分解してその分解産物を吸収してエネルギーを得る。動物界（Animalia）に属する生物は細胞壁をもたず，ほかの生物を食料にしてそれを体内で消化することによりエネルギーを得る。

図 1.18
生物の多様性。 生物の世界は真正細菌，古細菌，真核生物の三つのドメインに分けられる。真核生物ドメインは原生生物，植物，菌類と動物の4界に分けられる。

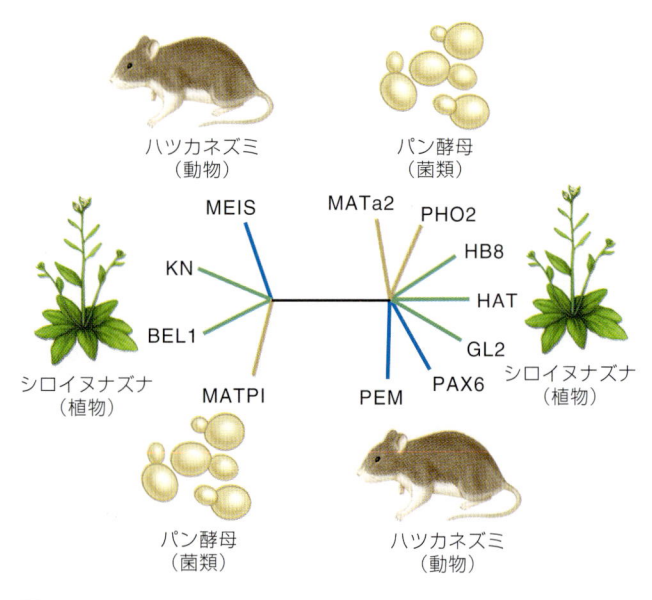

生物の統一性：進化にもかかわらず保存されるもの

すべての生物は，約25億年前に生じた簡単な細胞構造を備えたものに由来すると考えられる。その原始生物がもっていたいくつかの特徴は現存する生物に保存されており，たとえば遺伝情報をDNAに保存することなどは，これに相当する。同様にあらゆる真核生物が染色体を含む核をもち，またあらゆる動物は9＋2の配置からなる微小管（p. 100参照）をもつ。このように長い世代にわたって保持されている形質は，生物が一度獲得すると容易に変えなかったという意味で，基本的に重要な役割をもつとみなしてよい。その一つの好例が，真核生物の個体発生初期に重要な役割を果たすホメオドメインタンパク質である。この約1850種のホメオドメインタンパク質は，じつに三つの生物界にわたって存在するのである（図1.19）。ホメオドメインタンパク質は進化のごく初期に出現し，個体発生をうまく進行させるにはそれに代わるものは登場しなかった。

細胞というつくりからなる生物は遺伝情報をDNAに貯える。ときどきDNAに変化が生じそれが保存されると，進化的変化がもたらされる。今日見られる生物の多様性はこうした長い進化過程のたまものである。

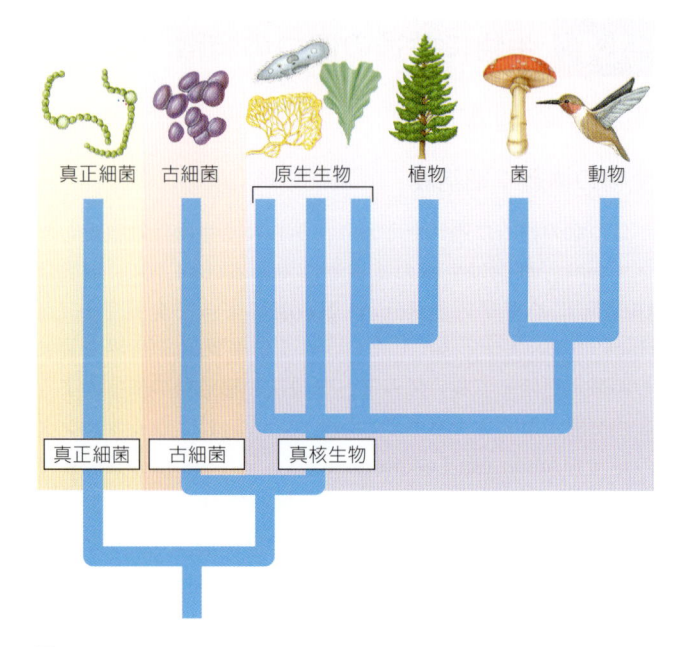

図 1.19
ホメオドメインタンパク質の系統樹。 ホメオドメインタンパク質は菌類（褐色），植物（緑色），および動物（青色）の3界に存在する。これら11種類のタンパク質（大文字で示す）はアミノ酸配列にもとづいて二つのグループに分けられるが，それぞれのグループに各界のタンパク質が入っている。このことは，たとえばマウスのPAX6タンパク質は同じマウスのMEISよりも菌類や植物のPHO2やGL2タンパク質に近いということを意味する。

第1章のまとめ

1.1 生物学は生命に関する科学である
"生きものの成り立ち"
- すべての生物に共通な特徴：細胞という構造，秩序，感受性，成長，発達と生殖，エネルギーの利用，適応的進化と恒常性。(p.2)
- 生物界には細胞から個体集団に至る階層性があり，それぞれレベルごとに固有の性質を備える。(p.2)

1.2 科学とは観察にもとづき普遍化する作業である
"科学の特性"
- 演繹法とは一般的原理にもとづいて結果を予想することであり，帰納法とは個別の観察から一般原理を導くことである。(p.4)

"科学的探究とは"
- 科学者はまず観察し，その観察結果を説明する仮説を立てる。(p.5)
- 実験によって不適当な仮説を排除する。(p.5)
- 二つの実験を平行して行うことが多い。うち一方は，一つを除いて変数を一定にしておき，他方（対照実験）はその変数も変えないままである。(p.6)
- 予測を立てることは，仮説の有用性をテストするために重要である。(p.6)
- 理論とは，ある自然現象を説明するためのもの，あるいは科学的証拠とその意義を関連づけて説明する概念をさす。(p.6)
- 仮説を立て一連の実験をした後に，実験と結果を報告する論文を書いて投稿すると，同じ分野の専門家による査読にかけられる。(p.7)

1.3 Darwinの進化論：科学的探求の典型例
"Charles Darwin"
- Darwinの時代，種は神の手で創造され不変のものと一般に考えられていた。(p.8)
- Darwinは自然選択という概念を使って，生物は地球の歴史とともに変化したはずだという見方を提出した。(p.8)
- Darwinは5年間にわたる南アメリカ大陸沿岸をめぐる測量船の航海に博物学者として参加した。(p.8)

"Darwinが得た証拠"
- 同じ種の生物が生息する場所によって違った形質を示す例を数多く観察して，Darwinは生物は移動に伴って変わっていくこと，また若い火山島の動植物は南アメリカ沿岸のものと似ていることに気づいた。(p.10)

"自然選択説の提案"
- Darwinは動物や植物の個体数は等比数列的に増加するというThomas Malthusの考えに影響を受けた。(p.11)
- Darwinは，限られた数の子孫しか生き残れないのだから，体の構造や行動などで優れた性質をもつものが生き残りやすいはずだと考えた。(p.11)
- Darwinは家畜を人為選択するやり方をよく知っており，自然でも同様の進化的変化が起こるに違いないと考えた。(p.12)

"Darwin後の進展：さらなる確証"
- Darwinの考えを支持したおもな発見：化石の記録，地球は45億年前に生じたこと，遺伝のしくみの発見，比較解剖学における相同と相似という区別，分子時計の発見など。(pp.13〜14)

1.4 生物に共通の四つの特徴
"生物学の基本原則"
- 細胞からなること，遺伝の分子機構，進化に伴い生じた変化，進化にもかかわらず保存されるものがあること。(pp.15〜16)

質問のページ

自習問題

1. 生命の特性といえないものはどれか？
   a. 刺激に対して反応すること
   b. 二つに分かれること
   c. 内部の状態を調節すること
   d. これらすべてが生命の特徴である
2. 帰納法とは，＿＿。
   a. 特定の事象を観察し，一般原則を引きだすこと
   b. ある一般原則を使って特定の事象を説明すること
   c. 生物学ではあまり使われない
   d. 上記すべてがあてはまる
3. 科学者が提出する仮説が目指すのは，＿＿。
   a. 誤りだとされることは絶対にないものである
   b. 基本的にある観察を説明するための理論である
   c. 単なるあら削りな推定にすぎない
   d. 実験によって検証される運命にある
4. ある仮説をテストする実験とは，＿＿。
   a. つねに仮説を裏付けるものである
   b. つねに仮説を反証するものである
   c. 変数と対照が含まれている
   d. 仮説を破棄させるようなものであってはいけない
5. 自然選択によって進化が起こるというDarwinの考えが論議を巻き起こした理由は，＿＿からである。
   a. 聖なる創造主の存在と対立した
   b. 古くからの哲学者達の言説に合わなかった
   c. 聖書の字義通りの解釈に合わなかった
   d. 説明を裏付けるに足る観察が不足していた
6. 進化が起こったことをDarwinが信じた理由になったものは，次のうちどれか？
   a. 南アメリカの海岸から離れた島々に住むアルマジロが少しずつ違った体格をしていたから。
   b. ガラパゴス諸島のカメが島ごとに特徴的な殻をもっていたから。
   c. トリの化石が同一地域で現在生息するトリとは異なっていたから。
   d. 上記すべてをDarwinが観察できたから。
7. 進化が自然選択にもとづいて起こるというDarwinの仮説の核心をなす情報とは，次のうちどれか？
   a. 化石の証拠
   b. 人為選択によりハトを選別育種した彼自身の実績
   c. 食料の供給が限定要因になって人口の増大に歯止めがかかるというMalthusの考え
   d. 近縁の動物でも地理的に異なると体つきに変異が見られること
8. Darwinが彼の仮説に有利な証拠として採用したと考えられる自然科学の新しい分野での成果とは，次のうちどれか？
   a. 地球の年代　　　b. 遺伝のしくみ
   c. 新たな化石の記録　d. 動物の地理的分布
9. 解剖学的に見て相同の構造とは？
   a. 見かけは異なるが進化的起源を同じくするもの
   b. 同じような機能をもつが進化的には起源の異なるもの
   c. コウモリの羽とチョウの翅
   d. コウモリの羽とヒトの後肢
10. 生物学の基本課題から外れるのは，次のうちどれか？
    a. 化学　　b. 遺伝学　　c. 細胞生物学　　d. 進化

図解き問題

1. 資源に制約がない場合の人口増加を示すグラフはどれか。個体数増加に影響を与える要因を三つあげなさい。

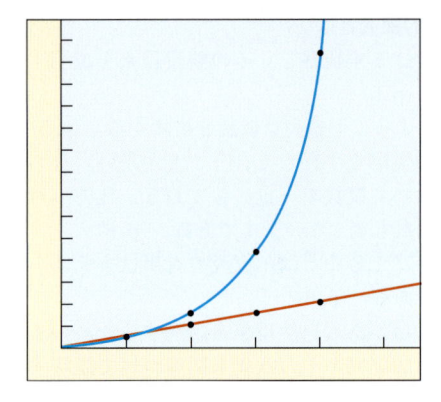

2. 進化の系統関係を見て，菌類は古細菌や細菌に近いといえるだろうか？ その理由は？

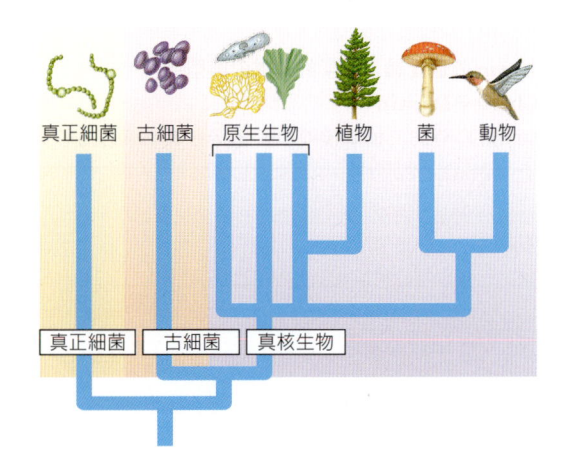

応用問題

1. 猟犬を繁殖させる際，育種家は良質の猟犬の家系をつくる目的で（たとえば鳥を捕まえやすいように），嗅覚の発達した個体を両親として選ぶ。これが人為選択である。同じ性質が野生のイヌの個体群から選別されるとすれば，どんなしくみが考えられるだろうか？
2. 無人島に4人が漂着して毎年こどもをつくるとすると，
   a. 因数2で等比数列的に増加する場合，
   b. 因数2で等差数列的に増加する場合，
   それぞれで10年後に島の人口はどうなるか？

2
分子の性質

概　要

2.1　自然は原子でできている
原子　すべての物質は原子とよばれる小さな粒子からなる。各々の原子内では，正に帯電した一つの核の周りを負に帯電したいくつかの電子が回っている。
原子の化学的ふるまいは電子によって決まる　電子軌道が核に近いほど，電子のエネルギー準位は低い。

2.2　生物に含まれる原子は小さいものである
原子の種類　自然に見いだされる92種の元素のうち，生体内に十分な量として見いだされるのはわずか11種である。

2.3　化学結合は分子を結びつける
イオン結合は結晶を形成する　原子は異符号の電荷に対する引力や電子の共有などの力から生じる化学結合で結びつき，互いにつながって分子となる。
共有結合は安定な分子を構築する　電子の共有によって形成される化学結合は非常に強く，切断するのに大きなエネルギーを必要とする。

2.4　水は生命のゆりかごである
水の化学　生命現象の化学を支配する秩序だったルールの多くは水がになう弱い化学会合に依存する。
水分子は小さな磁石のようにふるまう　水では水素原子と酸素原子によって電子が不均一に共有されているため，部分的な電荷分離が生じる。各水分子は正負の極性すなわち双極を生じ，"極性をもつ"といわれる。
水は極性分子にくっつく　極性分子のうち逆に荷電したものどうしが互いに引きつけ合うため，水は非極性分子を排除すると同時に，水分子自身やほかの極性分子にくっつく傾向をもつ。
水はイオン化する　水の共有結合は時折切れるため，水には水分子の断片である低濃度の水素イオン(H^+)と水酸化物イオン(OH^-)が含まれる。

図 2.1
細胞は分子でつくられている。　特異的な，そして多くの場合，単純な原子の組合せが，それぞれ独特で機能的な特性をもつ驚くべき多様な細胞内部の分子を生みだす。

　およそ140億年前に起こったある大爆発が，おそらく宇宙のはじまりを告げた。この爆発とともに恒星生成・惑星形成の過程がはじまり，ついには約45億年前の地球の形成へとつながった。その後，約25億年前を皮切りに，生命が地上に誕生し多様化がはじまった。140億年という観点からすると，われわれ太陽系内部の生命は最近生まれたものであるが，生命の起源を理解するにはそれよりずっと前に起こった出来事を考えなければならない。生命の進化につながった過程と同一の過程が，分子の進化をもになっていたのである（図2.1）。このように，われわれの地上の生命に関する研究は物理と化学をもってはじめなければならない。われわれ自身も化学的な機械なのだから，われわれの起源を理解しようとするにはまずは化学を理解しなければならない。

2.1 自然は原子でできている

原　子

　宇宙のなかで質量をもち空間を占める物理的実体であれば，どんなものでも**物質**(matter)として定義される．すべての物質は**原子**(atom)とよばれるきわめて小さな粒子からなる．原子は，サイズが小さいため研究するのが困難である．原子がどのようなものかを示唆する最初の実験を科学者たちが行ったのは，前世紀初頭になってからのことである．

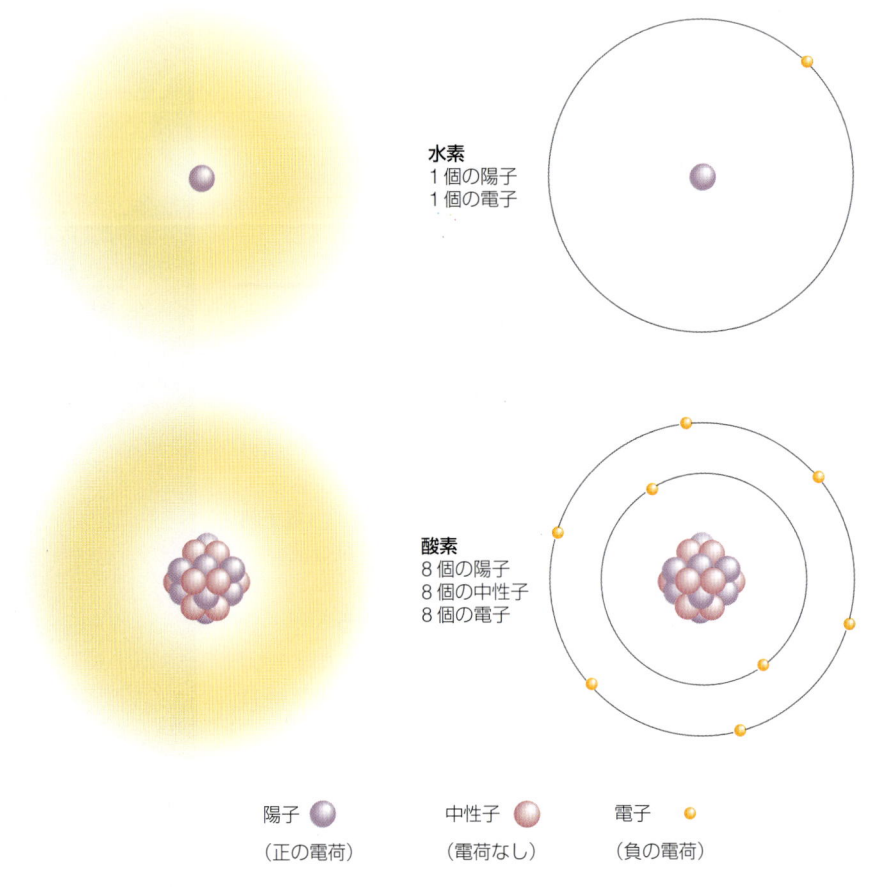

原子の構造

　原子のように小さな物体は，トンネル顕微鏡のような非常に複雑な技術を使って間接的に見ることしかできない．われわれは現在，原子の構造の複雑さについてかなり知っているが，それはデンマークの物理学者 Niels Bohr が1913年に提出した単純化された考えにもとづいている．Bohr は，すべての原子は，ミニチュア太陽系の惑星のように，芯のまわりを飛び回っている**電子**(electron)とよばれる小さな亜原子粒子の軌道の雲をもっていると提案した．各原子の中心には小さいが非常に密な核があって，**陽子**(proton)と**中性子**(neutron)という2種の亜原子粒子がこれを形づくっている(図2.2)．

　核内部では陽子と中性子が亜原子間の短い距離でのみ働く力によって結びつけられてクラスターをつくっている．それぞれ陽子は正(+)電荷，電子は負(−)電荷をもつ．一般に，原子は陽子1個につき電子1個をもつ．原子はそれぞれがもつ陽子の数によって，その原子の**原子番号**(atomic number)をつけられる．この数は原子の化学的性質を間接的に決定する．なぜなら原子番号は核のまわりを回り，化学的活動に使われる電子の数を規定しているからである．中性子はその名前が示すように電荷をもたない．

原子質量

　質量と重さという用語はしばしば同義のものとして使われるが，両者はわずかに異なった意味をもつ．"質量"は物理的実体の量に適用されるのに対し，"重さ"は重力が物理的実体に及ぼす力のことを指す．したがって，ある物体は地球上であろうと月面上であろうと同じ質量をもつが，その重さは地球上のほうが大きい．なぜなら，月の重力よりも地球の重力のほうが大きいからである．原子の**原子質量**(atomic mass)は陽子と中性子との質量の和に等しい．地上で自然に存在する原子は，1〜92個の陽子と1〜146個の中性子を含んでいる．

　原子と亜原子粒子の質量は"ダルトン"(dalton：Da)とよばれる単位で測定される．試みにこれらの単位がどれほど小さいかを示すと，1 g は6,020億×1兆 (6.02×10^{23}) Da に相当するといえばわかるだろうか．陽子はおおよそ1 Da (実際には1.009 Da) の質量をもち，中性子も同じくらい (1.007 Da) である．対照的に，電子はわずかに1/1,840 Da しかない．したがって，原子の質量全体に対する電子の寄与は無視してよい．

図 2.2
原子の基本構造． 最小の原子である水素を除き，すべての原子は陽子と中性子からなる核をもつ．水素は核に陽子1個だけをもち中性子をもたない．たとえば，酸素は核に8個の陽子と8個の中性子をもつ．ここに描かれている原子の単純な「ボーアモデル」では，電子は相対的に遠距離にあって核の周りをスピンしている．

水素
1個の陽子
1個の電子

酸素
8個の陽子
8個の中性子
8個の電子

陽子 (正の電荷)　中性子 (電荷なし)　電子 (負の電荷)

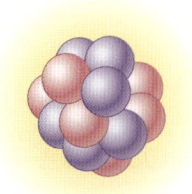

図 2.3
三つの炭素同位体。特定の元素の同位体は異なる中性子数をもつ。

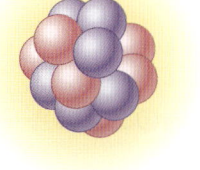

炭素12
6個の陽子
6個の中性子
6個の電子

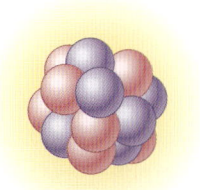

炭素13
6個の陽子
7個の中性子
6個の電子

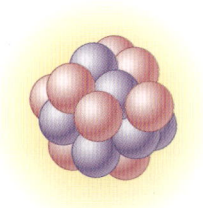

炭素14
6個の陽子
8個の中性子
6個の電子

同 位 体

同じ原子番号(すなわち同じ陽子数)をもつ原子は同じ化学的性質をもち,同じ**元素**(element)に属するといわれる。形式的には,元素とは通常の化学的手段によって分解することのできない物質のことである。しかしながら,ある元素のすべての原子は同じ陽子数をもつ一方,中性子はすべてが同じ数ではないかもしれない。異なる中性子数をもつある元素の原子は,その元素の**同位体**(isotope)とよばれる。ほとんどの元素は自然において異なる同位体の混合物として存在する。たとえば,炭素(C)は三つの同位体をもち,それらはすべて6個の陽子をもつ(図2.3)。自然にみられる炭素の99%以上が,6個の中性子をもつ同位体である。その総質量は12 Da(6個の陽子＋6個の中性子)なので,この同位体は炭素12とよばれ,^{12}Cという記号で表される。自然に存在する残りの炭素のほとんどは,7個の中性子をもつ同位体で炭素13である。もっともまれな炭素の同位体としては,8個の中性子をもつ炭素14がある。ほかの二つの同位体とは異なり炭素14は不安定であり,その核はより小さい原子番号の元素へと崩壊する傾向がある。大量のエネルギーを放出するこの核の崩壊は放射性崩壊とよばれ,このような方式で崩壊する同位体を**放射性同位体**(radioactive isotope)とよぶ。

放射性同位体のなかには,ほかの放射性同位体よりも不安定なものがあり,したがってそれはより容易に崩壊する。しかしながら,どんな同位体でも崩壊の傾向は一定である。その崩壊時間は,通常**半減期**(half-life)といわれ,半減期はサンプル中の原子の2分の1が崩壊するのにかかる時間である。たとえば,炭素14の半減期は約5,600年である。現在1gの炭素14を含む炭素のサンプルならば,いまから5,600年後には0.5g,11,200年後には0.25g,16,800年後には0.125g,といった具合に炭素14を含むであろう。生物学的サンプルや岩に含まれる炭素やほかの元素における異なる同位体の比を決定することによって,科学者たちはそれらの試料がいつ形成されたのかを正確に決定することができる。

放射能はこのように多くの有用性をもっているが,放射性物質を使用するにあたっては考慮しなければならない有害な側面もまた存在する。放射性物質が放出する活性化した亜原子粒子は遺伝子に変異を生んで,細胞に深刻な損傷を与え,多量の場合は細胞の死を引きおこす可能性がある。そのため,放射線の被爆はとても注意深く管理され規制されている。放射線を用いた研究を行っている科学者たち(X線技術者のみならず基礎研究者も)は,彼らが被爆した放射線の総量をモニターするために放射線に対し高感度のバッジを身につけている。月ごとにそのバッジは回収され,綿密に検査される。このように,過度の放射線にさらされる危険のなかで仕事をしている人たちは「早期警告システム」を身につけているのである。

電 子

原子核の正の電荷は,核のまわりの軌道とよばれる領域をさまざまな距離を保って回っている負に帯電した電子によって,電気的に相殺されている。このように,同数の陽子と電子をもつ原子は電気的に中性であり,正味の電荷をもたず,**中性原子**(neutral atom)とよばれる。

電子は核の正電荷による引力によってそれらの軌道に保持されている。ときどきほかの力がこの引力に打ち勝ち,一つあるいはそれ以上の電子を失う。一方,原子は付加的な電子を獲得する場合もある。電子数が陽子数と等しくない原子はイオン(ion)として知られ,それらは正味の電荷をもつ。電子よりも陽子の方が多い原子では正味で正の電荷をもち,**カチオン**(cation)とよばれる。たとえば,電子を一つ失ったナトリウム(Na)原子はナトリウムイオン(Na$^+$)となり,それは＋1の電荷をもつ。電子よりも陽子の方が少ない原子は正味で負の電荷をもち,**アニオン**(anion)とよばれる。電子を一つ得た塩素(Cl)原子は塩化物イオン(Cl$^-$)となり,それは−1の電荷をもつ。

原子は,陽子と中性子からなる核とそれを取り囲む電子の集団からできている。原子の化学的性質の大部分は電子の数によって決まる。陽子数は同じだが中性子数が異なる原子は,同位体とよばれる。同位体原子は,原子質量は異なるが似たような化学的性質をもつ。

原子の化学的ふるまいは電子によって決まる

ある原子の化学的ふるまいの鍵を握るのは,軌道内での電子の数と配置である。以下に示すがボーアの原子モデルのように,核を中心としてそのまわりに個別の円軌道があると考えることは個々の電子を視覚的にとらえるには便利である。しかしながら,そのような単純な絵は現実的ではない。どんな瞬間においても,どんな個々の電子の位置も正確に示すことは不可能である。実際,ある特定の電子はある瞬間において,核の近くから核から無限に離れたところまで,どこにでも存在することができる。

それにもかかわらず,ある特定の電子はほかの電子よりいくつかの位置に存在しやすい。電子がもっとも見つかる可能性が高い核のまわりの領域は,その電子の**軌道**(orbital)とよばれる。核の近くのいくつかの電子軌道は球状であり(s軌道),一方そのほかには亜鈴形(p軌道)もある(図2.4)。また核からより離れた別の軌道もあり,それらは異なる形をもつかもしれない。その形状にかかわらず,三つ以上の電子を一つの軌道に含むことはおそらくないだろう。

原子の体積のほとんどすべては何もない空間である。なぜなら,電子はその大きさを考えると核からはるかに遠くに存在するからである。原子核をゴルフボールの大きさとすれば,もっとも近い電子の軌道は1km以上離れているだろう。したがって,自然では二つの原子核が互いに相互作用するのに十分なほど近づくことはない。原子の化学的ふるまいを決定するのが陽子や中性子ではなく電子であるというのは,この理由のためである。これは,なぜ同じ電子配置をもつ同位体元素が化学的に同じふるまいをするのか,ということも説明する。

原子内のエネルギー

すべての原子は"エネルギー"をもち,それは仕事をする能力として定義される。電子は正に帯電した核に引きつけられているので,電子を軌道内にとどめるためには仕事が必要である。それはちょうど,重力に逆らってグレープフルーツを手でつかんでおくために仕事が必要であるのと同じである。そのグレープフルーツはその位置のために"位置エネルギー"をもつといわれる。もしあなたがグレープフルーツを離せばグレープフルーツは落下し,そのエネルギーは減少する。逆にいえば,もしあなたがビルの頂上までグレープフルーツを動かせば,あなたはその位置エネルギーを増加させたといえる。同様に,電子は位置の位置エネルギーをもつ。核の引力に逆らい,電子をより遠くの軌道に動かすにはエネルギーを加えることが必要であり,その結果として,より大きな位置エネルギーをもつ電子となる。これは,いかにクロロフィルが光合成のあいだに光からエネルギーを獲得するか,ということである(第10章参照)——光はクロロフィル中の電子を励起する。電子を核の近くへ動かすことは,逆の効果をもつ。エネルギーはたいてい熱として放出され,その電子は結果としてより小さな位置エネルギーをもつ電子となる(図2.5)。

原子はある不連続のエネルギー量しかもつことができな

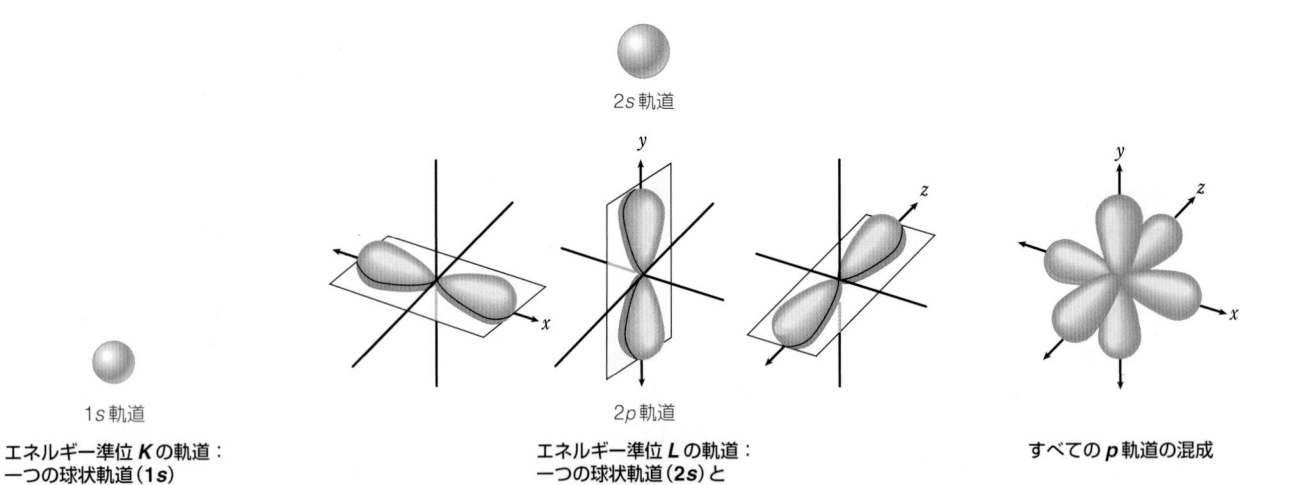

図 2.4
電子軌道。 もっとも低いエネルギー準位もしくは電子殻 —— 核にもっとも近い殻 —— は準位Kである。それは1sとよばれる単一のs軌道によって占められている。二番目に低いエネルギー準位Lは,四つの軌道,すなわち一つのs軌道(2s軌道とよばれる)と三つのp軌道(それぞれ2p軌道とよばれる)によって占められている。四つのL準位軌道は,底面を合わせた二つのピラミッドのように核のまわりの空間をぎっしりと満たしている。このようにもっとも低いエネルギー準位Kは二つの電子に占有されるが,二番目に低いエネルギー準位Lは計八つの電子によって占有される。

図 2.5
原子のエネルギー準位。 電子はエネルギーを吸収すると核からより離れたさらに高いエネルギー準位へと移動する。電子はエネルギーを放出すると核に近い低いエネルギー準位へと落ちる。

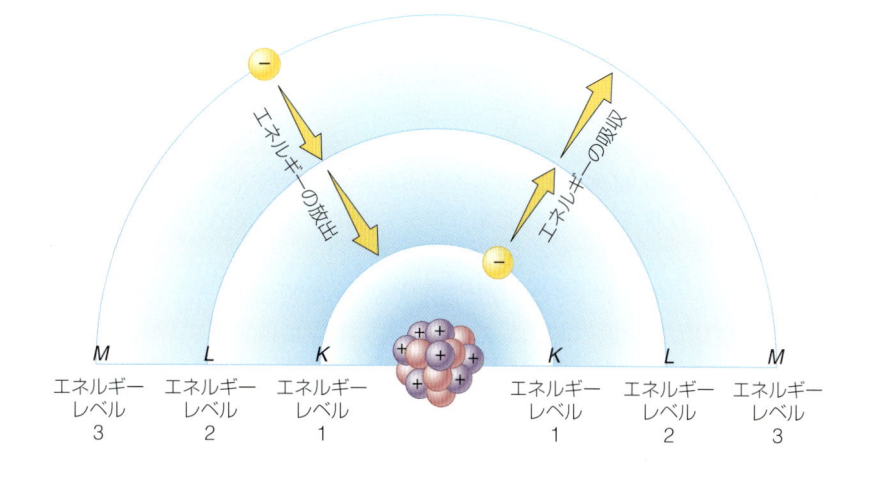

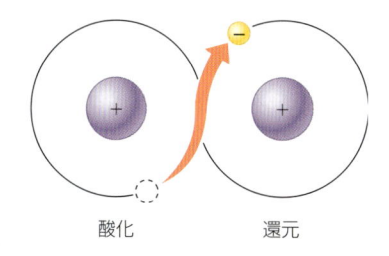

図 2.6
酸化と還元。 酸化は電子を失うことであり，還元は電子を得ることである。どちらの反応においても，電子は位置エネルギーを保っている。

い。あなたの手のなかのグレープフルーツの位置エネルギーのように，原子中の電子の位置によって与えられる位置エネルギーは，ある値のみをもつことができる。すべての原子が示す位置エネルギーは不連続なはしご状の値をもつ。これは，核から特定の距離をもって離れた不連続な軌道の組を反映しているからである。

いくつかある化学反応のあいだに，電子はある原子からほかの原子へと移動する。そのような反応において電子を失うことは**酸化**(oxidation)とよばれ，電子を得ることは**還元**(reduction)とよばれる(図2.6)。電子がこのように移動するとき，その位置のエネルギーが保たれていることを認識しておくことは重要である。生物体では，化学エネルギーは酸化や還元にかかわる反応において，ある原子からほかの原子へ移動する高エネルギー電子として蓄えられる。

電子のもつエネルギー量はその核からの距離に関係するので，核からの距離が同じ電子は，たとえそれらが異なる軌道を占めていたとしても同じエネルギーをもつ。そのような電子は同じ**エネルギー準位**(eneregy level)を占めるといわれる。原子の概要図(図2.7)では核は小さな円で表され，電子の"エネルギー"準位は同心円で描かれている。その同心円は核からの距離に伴いエネルギー準位が増加している。電子

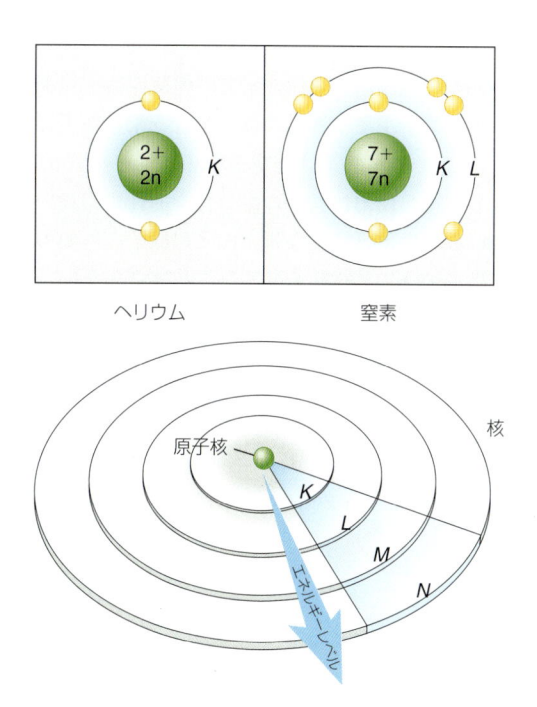

図 2.7
ヘリウムと窒素の電子エネルギー準位。 上：金色の球は電子を表す。下：各同心円は核からの異なる距離，したがって異なる電子エネルギー準位をあらわしている。

のエネルギーを示す輪として描かれているエネルギー準位と，さまざまな3次元の形をもち電子がもっとも存在する可能性が高い"位置"を示す軌道とを，混同しないように注意してほしい。

電子は，核のまわりにある軌道とよばれる領域に存在する。軌道は三つ以上の電子を含むことができないが，多くの軌道は核からの距離が同じであってもよいので，同じエネルギーの電子を含むこともある。

2.1 自然は原子でできている

2.2 生物に含まれる原子は小さいものである

原子の種類

自然に存在する92種の元素は，それぞれが異なる陽子数と異なる電子配置をもつ．19世紀にロシアの化学者Dmitri Mendeleevが，既知の元素をそれらの原子番号に従って表にまとめたとき，彼はすべての科学に通用する一つの優れた一般概念を発見した．彼の表では，元素は一定の化学的性質のパターンを示しており，それは八つのグループごとにくり返されていた．この周期的にくり返されるパターンがその表の名前となった．すなわち元素の周期表である(図2.8)．

周期表

Mendeleevの見つけた8種の元素の周期性は，元素ごとに異なる外側のエネルギー準位の電子が行う相互作用にもとづいている．これらの電子は**価電子**(valence electron)とよばれ，それらの相互作用は元素のもつ化学的性質の違いのもとになっている．生体に重要なほとんどの原子の外側のエネルギー準位は，9個以上の電子を含むことはできない．元素の化学的ふるまいは8か所のうち，いくつが電子で満たされているかを反映する．外側のエネルギー準位に八つの電子すべてをもつ元素(ヘリウムは二つ)は**不活性**(inert)，あるいは非反応的である．それらにはヘリウム(He)，ネオン(Ne)，アルゴン(Ar)，クリプトン(Kr)，キセノン(Xe)とラドン(Rn)が含まれる．それとは対照的に，フッ素(F)，塩素(Cl)や臭素(Br)のような，外側のエネルギー準位に七つの電子をもつ元素(最大数八つよりも一つ少ない)は，高い反応性をもつ．それらはエネルギー準位を満たすために電子を獲得する傾向がある．リチウム(Li)，ナトリウム(Na)やカリウム(K)のような外側のエネルギー準位に一つしか電子をもたない元素も高い反応性をもつ．それらは外側の準位の一つの電子を失う傾向がある．

このように，Mendeleevの周期表から有用な一般概念である**オクテット則**(octet rule：ラテン語でoctoは"8"を意味する)，すなわち"8の法則"が生まれた．原子は外側のエネルギー準位を完全に満たした状態にする傾向がある．この単純な規則と，原子は正電荷と負電荷のバランスをとる傾向があることを組み合わせると，生物学的に興味がある化学的ふるまいのほとんどは，かなり正確に予測することができる．

> 生体内に十分な量存在する元素は，わずか11種である．

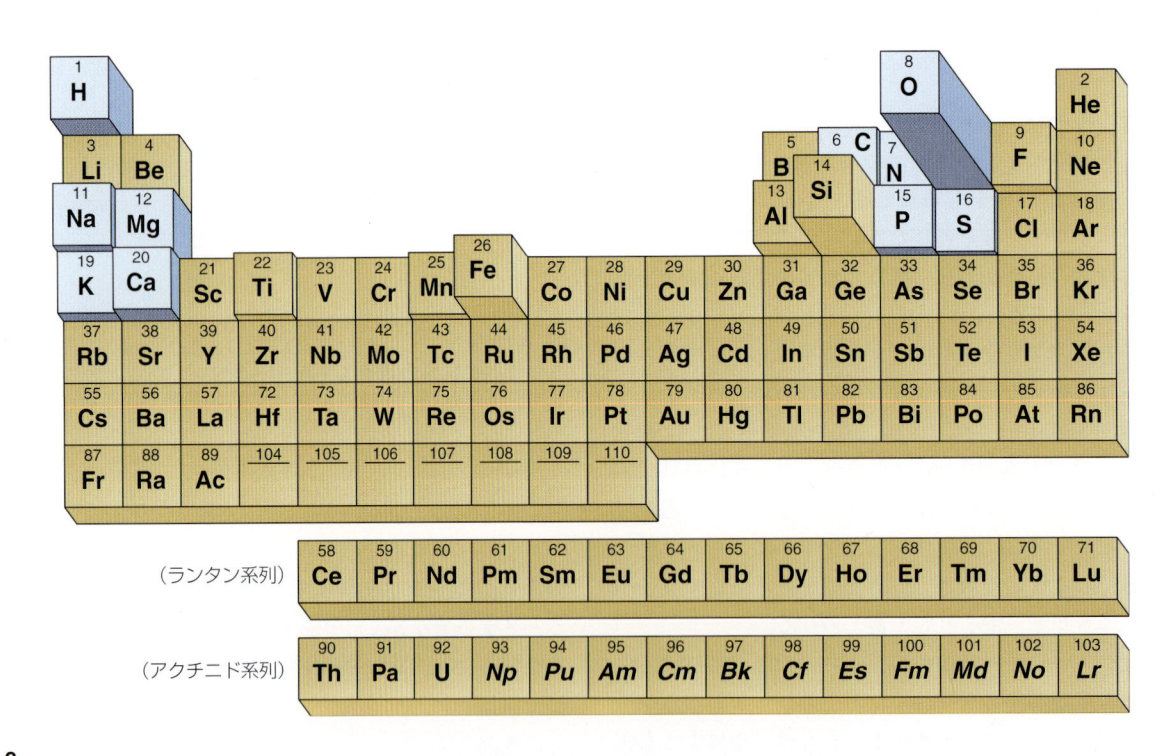

図 2.8
元素の周期表． この図では，地殻に見いだされる元素の頻度はブロックの高さによって示されている．地球上で自然に存在する92種の元素のうち，生体内に微量(0.01％以上)以上に見いだされる元素はわずか11種である．"青"で示されるこれらの元素は，21未満の原子番号，したがって小さな原子質量をもつ．四つの元素，窒素，酸素，炭素と水素(略してNOCH)であなたの体重の96.3％を占める．(訳者注：自然条件下で安定して存在できるのは周期表43番目(Tc)と61番目(Pm)を除く90種である．)

2.3 化学結合は分子を結びつける

イオン結合は結晶を形成する

エネルギーによって結合した原子がつくる安定な集合体は**分子**(molecule)とよばれる。二つ以上の元素の原子を含む分子は**化合物**(compound)とよばれる。分子中の原子は**化学結合**(chemical bond)によって結合している。これらの結合は，逆の電荷をもつ原子どうしが引きつけあうとき(イオン結合)，二つの原子が一つあるいはそれ以上の電子の組を共有するとき(共有結合)，あるいは原子どうしがほかの方法により相互作用するとき，形成される。われわれは，逆の電荷をもつ原子(イオン)が引きつけあって形成される**イオン結合**(ionic bond)の説明からはじめることにする。

身近な食塩を見る

普通の食塩，塩化ナトリウム(NaCl)分子はイオンの格子であり，そこでは原子はイオン結合によって結合している(図2.9)。ナトリウムは11個の電子をもつ。2個は内部のエネルギー準位に，8個は次の準位に，1個は外側(原子価)の準位に存在する。価電子は不対(自由)であり，ほかの電子と結合しようとする強い傾向をもつ。もし不対電子をもつほかの原子に価電子を渡せば，安定な形状となる。この電子の喪失により，結果として正に帯電したナトリウムイオン，Na^+が形成される。

塩素原子は17個の電子をもつ。2個は内部のエネルギー準位に，8個は次の準位に，7個は外側の準位に存在する。したがって，外側のエネルギー準位の軌道の一つは不対電子をもっている。ほかの電子を外側の準位に加えることでその準位を満たし，負に帯電した塩化物イオン，Cl^-を形成する。

金属のナトリウムと気体の塩素が一緒に存在するとき，ナトリウム原子が塩素原子に電子を与えてNa^+とCl^-を形成するように迅速かつ爆発的に反応する。逆の電荷同士は引きつけあうので，Na^+とCl^-は**イオン化合物**(ionic compound)であるNaClとして集合体を維持する。また，それは電気的に中性である。しかしながら，NaClを結びつけている電気的な引力は特定のNa^+とCl^-のあいだにはっきりと向けられているわけではなく，1分子ずつに分かれたNaCl分子を形成しない。かわりに，その力は一つのイオンとそれに近接するすべての逆電荷のイオンのあいだに存在し，そのイオンは正確な幾何学構造をもった結晶の母体として集合する。そのような集合体はわれわれが塩の結晶として知っているものである。NaClのような塩を水中に入れると，水分子の電気的引力が結晶母体中のイオンを結合している力を崩壊させ，塩をNa^+とCl^-イオンのおおまかな等量混合物へと溶解させる。この理由についてはあとで述べる。

> イオン結合はイオン化合物で起こる反対の電荷をもつイオン間の引力である。そのような結合はその化合物の特定のイオンのあいだで形成されるものではなく，むしろ，あるイオンとそれに近接する反対の電荷をもつすべてのイオンとのあいだで形成される。

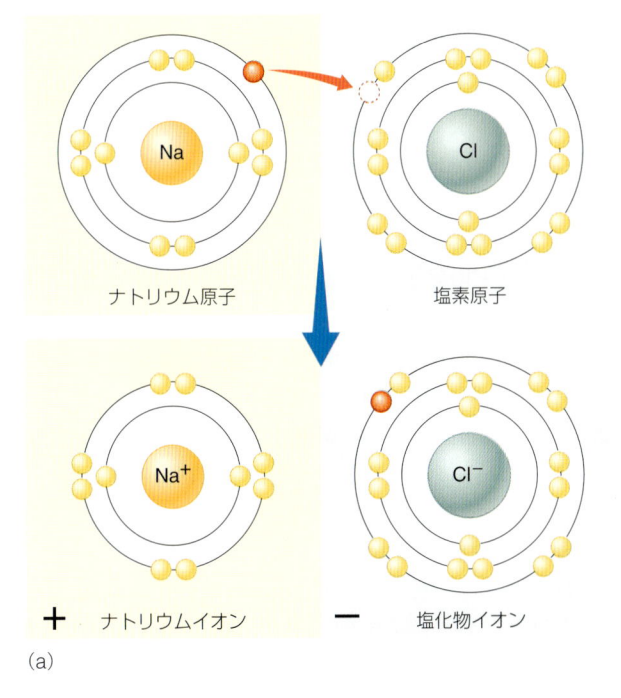

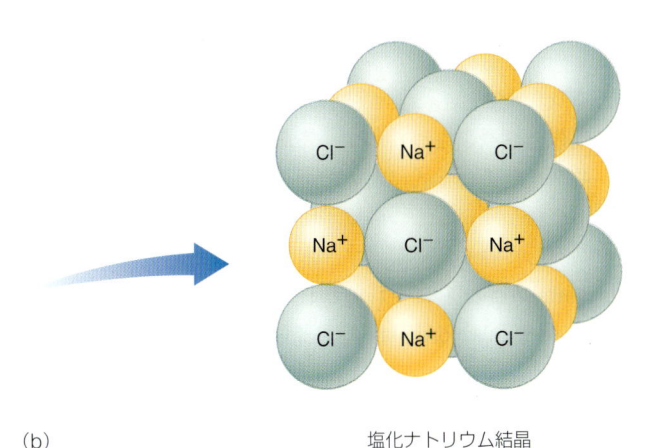

(a)

(b) 塩化ナトリウム結晶

図 2.9
塩化ナトリウムによるイオン結合の形成。 (a) ナトリウム原子が塩素原子に電子1個を与えるとナトリウム原子は正に帯電したナトリウムイオンになり，塩素原子は負に帯電した塩化物イオンになる。(b) 塩化ナトリウム(NaCl)はナトリウムイオンと塩化物イオンを交互に配列した非常に規則正しい格子を形成する。

共有結合は安定な分子を構築する

共有結合(covalent bond)は，二つの原子が一つあるいはそれ以上の価電子の組を共有するときに形成される。例として水素(H)を考えよう。それぞれの水素原子は一つの不対電子をもち，外側のエネルギー準位は満たされていない。これらの理由で，水素原子は不安定である。しかしながら互いに接近したとき，それぞれの原子の電子はお互いの原子核に引きつけられる。実際，核はそれらの電子を共有することができる。その結果，水素ガスの2原子分子が生じる(図2.10a)。

二つの水素原子によって形成される分子は，三つの理由により安定である。

1. **正味の電荷をもたない** 電子を共有した結果形成される2原子分子は電荷をもたない。なぜなら二つの陽子と二つの電子をもつからである。
2. **オクテット則を満たしている** 二つの水素原子のそれぞれが，外側のエネルギー準位に軌道を描いている二つの電子をもつと考えることができる。これはオクテット則を満たしている。なぜなら，共有される電子はそれぞれ両方の核のまわりを回り，両方の原子の外側のエネルギー準位に含まれるからである。
3. **自由電子をもたない** 二つの原子間の結合は，二つの自由電子をも対にする。

イオン結合とは違い，共有結合は二つの特定の原子間で形成され，事実上独立した分子をつくる。

共有結合の強さ

共有結合の強さは共有される電子の数に依存する。二つの原子が二つの電子対を共有することでオクテット則を満たす**二重結合**(double bond)は，電子対を一つだけ共有している**単結合**(single bond)よりも強い。これは，二重結合が単結合よりも切断するのにより多くの化学エネルギーを必要とすることを意味する。もっとも強い共有結合は，気体の窒素分子の二つの窒素原子をつないでいる**三重結合**(triple bond)である。共有結合は化学式において原子記号をつなぐ線として表され，結合している二つの原子間の一つの線は，一つの電子対を共有していることを表す。水素ガスと酸素ガスの**構造式**(structural formula)はそれぞれ H—H，O=O である。一方，**分子式**(molecular formula)は H_2 と O_2 である。

複数の共有結合をもつ分子

三つ以上の原子からなる分子がしばしば存在する。大きな分子が形成される一つの理由は，原子が二つ以上のほかの原子と電子を共有できるところにある。外側のエネルギー準位を完全に満たすために，二つ，三つあるいは四つの電子を必要とする原子は，二つまたはそれ以上のほかの原子と電子を共有することによって電子を得る。

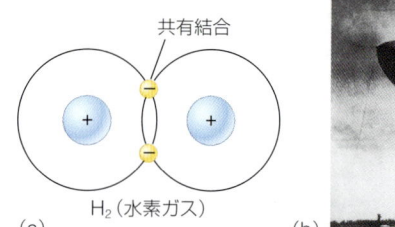

たとえば，炭素原子(C)は六つの電子をもち，そのうち四つが外側のエネルギー準位にある。オクテット則を満たすために，炭素原子は四つのさらなる電子を得なければならない。すなわち，四つの共有結合を形成しなければならない。四つの共有結合の形成には多くの方法がありえるので，炭素原子は多くの異なる分子種に見いだされる。

図 2.10
水素ガス。 (a) 水素ガスは2原子分子であり，それは2個の水素原子からなることを意味する。各原子は互いに電子を共有し合っている。(b) Hindenburg号を焼き尽くした一瞬の炎は，飛行船を膨らませるために使われた水素ガスが空気中の酸素ガスと爆発的に結合して水を形成したときに発生した。

化学反応

化学の本質をなす化学結合の形成と切断は，**化学反応**(chemical reaction)とよばれる。すべての化学反応には，ある分子あるいはイオン化合物からほかの分子あるいはイオン化合物へという原子の移動が含まれる。この際に，原子の数あるいは本性は何も変化しない。便宜上，反応前のもともとの分子を**反応物質**(reactant)とよび，化学反応後の分子のことを**生成物質**(product)とよぶ。たとえば，

$$\underset{\text{反応物質}}{A-B + C-D} \longrightarrow \underset{\text{生成物質}}{A-C + B + D}$$

化学反応がどの程度進むかは，いくつかの重要な因子によって左右される。

1. **温度** 反応物質の加熱は(その分子を破壊するほど高くない限り)反応速度を増加させる。
2. **反応物質と生成物質の濃度** 反応はより多くの反応物質があるほどより速く進む。生成物質の蓄積は，一般に逆反応の速度を上げる。
3. **触媒** 触媒は反応速度を上げる物質である。それは反応物質と生成物質のあいだの反応の平衡を変えることはないが，しばしば劇的に，平衡に達するまでの時間を短縮する。生体内では酵素とよばれるタンパク質が，ほとんどすべての化学反応に触媒作用を及ぼす。

共有結合は，二つの原子が一つあるいはそれ以上の電子対を共有するときに形成される安定な化学結合である。

2.4 水は生命のゆりかごである

　地球上にあるごくありふれた分子のなかでは，水（water）のみが地表の比較的低い温度において液体として存在し，地表の4分の3は液体の水で覆われている（図2.11）。生命が誕生したとき，水が提供する媒質のなかで，ほかの分子は強い共有結合やイオン結合によって束縛されることなく動き回って相互作用することができた。生命は地上に進出する前の20億年のあいだ，水中で進化してきた。今日でも生命は水と切り離すことができないほど固く結びつけられている。いかなる生物の体も約3分の2は水からなり，どんな生物も水が豊富にある環境でなければ成長，繁殖できない。熱帯雨林には生物があふれており，一方，乾燥した砂漠では暴風雨のあとのように水が一時的に豊富にあるときを除けば，ほとんど生物がいないように見えるのは偶然ではない。

水 の 化 学

　水は単純な分子の構造をもつ。それは1個の酸素原子が2個の水素原子と二つの共有結合によって結ばれている（図2.12）。結果として分子は安定である。オクテット則を満たし，不対電子をもたず，正味の電荷はない。

　水のもっとも目立った化学的特性の一つは，共有結合の5〜10％の強度しかない弱い結合を形成する能力である。水の構造に直接もとづくこの特性こそが，生命の化学を支配する秩序だったルールをもたらしている。

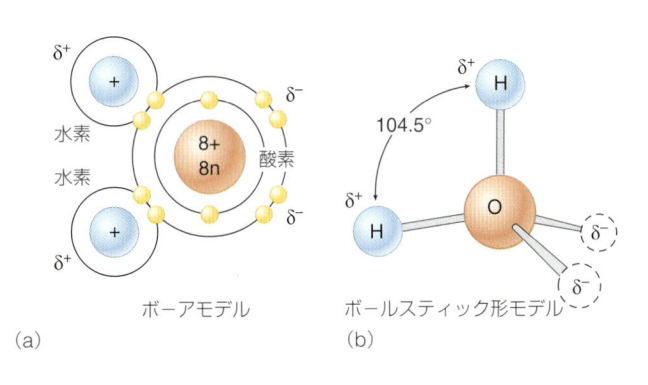

図 2.12
水は単純な分子構造をもつ。　(a) 各水分子は1個の酸素原子と2個の水素原子からなる。酸素原子はそれぞれの水素原子と1個ずつ電子を共有している。(b) 酸素原子のほうが電気陰性度が大きいために水分子は極性をもつ。水は2個の負の部分電荷（δ^-）を酸素原子の近くにもち，2個の正の部分電荷（δ^+）を各水素原子上に一つずつもつ。

生命の化学は水の化学だといえる。生命が最初に現れた道すじは，その後進化が起こった場でもある水という液体の化学的特性によって大部分決められた。

図 2.11
水は多様な形態をとる。　(a) 水は0℃以下に冷えると，雪や氷として知られる美しい結晶を形成する。(b) 温度が0℃以上のとき氷は液体に変化する。氷で覆われた水のなかで，このシャチは浮上して呼吸するために，氷の覆いのなかで穴を見つけねばならない。(c) 温度が100℃以上に上がると，イエローストーン国立公園の温泉に見られるように液体の水は蒸気になる。

水分子は小さな磁石のようにふるまう

水分子において，酸素原子と水素原子は互いに共有結合で共有している電子を引きつけている．この引力は**電気陰性度**(electronegativity)とよばれる．しかし，酸素原子は水素原子より電気陰性度が大きいので，酸素原子は電子をより強く引きつける．結果として，水分子中の共有された電子は，水素原子の原子核の近くよりも酸素原子の原子核の近くによく存在することになる．電子に対するこの強い引力は，酸素原子に2個の部分的な負電荷(δ^-)を与える．それは，水素原子のまわりよりも酸素原子の近くのほうが電子雲が密になったかのようである．ギリシャ文字のデルタ(δ)は部分的な電荷を表し，イオンの完全な単位の電荷に比べてかなり弱い．水分子は全体として電気的に中性なので，それぞれの水素原子が部分的な正電荷(δ^+)をもつ．

水分子の形はどのようになると期待されるだろうか？ 水の二つの共有結合の各々は，それぞれの端に部分的な電荷をもっており，酸素側にδ^-，水素側にδ^+がある．これらの電荷のもっとも安定な配置は"四面体"で，そのなかで二つの正電荷と二つの負電荷は互いにほぼ等距離である．酸素原子は四面体の中心に位置し，水素原子が頂点のうち二つを占め，部分的な負電荷が残りの二つの頂点を占める(図2.12b)．この結果，二つの水素と酸素の共有結合のあいだの結合角は，104.5°になる．(正四面体なら結合角は109.5°になるはずである．水では部分的な負電荷が水素より大きな場所を占め，それが水素と酸素の結合角を少し押し付ける．)

したがって，水分子ははっきりとした"端"をもち，それぞれに部分的な電荷がある．おおまかに例えると，磁石の二つの極のようなものかもしれない(しかし，これらの部分的な電荷はイオンの単位電荷よりはるかに小さい)．電荷の分

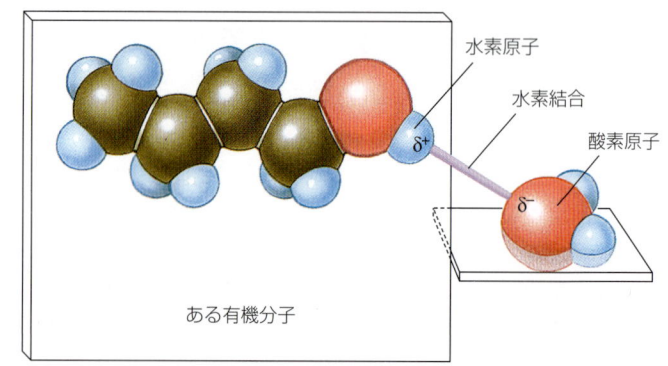

図 2.13
水素結合の構造． この有機分子の極性のある末端は水分子と相互作用している．この相互作用では水素原子が橋渡しをしており，水素結合とよばれる．

離を示す分子は，これらの部分的に荷電した極のために**極性分子**(polar molecule)とよばれ，水はもっともよく知られた極性分子の一つである．"水の極性は，水の化学や生命化学の基礎となる．"

極性分子は，一つの分子のδ^-がほかの分子のδ^+に引きつけられるというように，互いに相互作用する．これらの相互作用のうちの多くは水素原子の橋渡しを含む．そのようなものを**水素結合**(hydrogen bond)という(図2.13)．それぞれの水素結合は個々ではとても弱く一過的であり，もちこたえられる平均時間は$1/100{,}000{,}000{,}000{,}000$秒($10^{-11}$秒)しかない．しかし，多数のこの結合の累積的な効果は莫大なものになりうる．水がたくさんの水素結合を形成することは，水の多くの重要な物理的特性の原因となっている(表2.1)．

水分子には強い極性があり，両端は部分的な正電荷，部分的な負電荷を示す．反対の電荷どうしは引きつけられ，水素結合とよばれる弱い結合を形成する．

表2.1 水の性質

性質	説明	生命に対する利点(例)
凝集	水素結合が水分子どうしを結びつける．	葉が根から水を吸い上げる． 種が膨らんで芽を出す．
高い比熱	水素結合が壊れるときに熱を吸収し，生成するとき熱を放出して温度変化を最小限にする．	水が生物や環境の温度を安定化させる．
高い気化熱	水が蒸発するためにはたくさんの水素結合を壊さなければならない．	水の蒸発が体表面を冷ます．
氷の状態での低密度	氷の結晶中での水分子は水素結合のために間隔が広い．	氷は水より密度が低いので，湖が固く凍ることはない．
溶解度	極性のある水分子がイオンや極性分子を引きつけ，溶解させる．	多くの種類の分子が細胞中で自由に動くことができ，多面的な化学反応が可能である．

水は極性分子にくっつく

　水の極性は，ほかの極性分子を水に引き寄せる。ほかの分子も水であるとき，その引力は**凝集**(cohesion)とよばれる。もしほかの分子が別の物質なら，その引力は**吸着**(adhesion)とよばれる。水はその凝集性のために，温和な温度において気体ではなく液体となる。

　液体の水の凝集力は，**表面張力**(surface tension)の原因でもある。小さな昆虫は水の上を歩くことができる（図2.14）。これは，次のような理由による。(1) 空気との界面にある水分子は内部の水分子との分子間力によって引きつけられ，表面積を小さく保とうとする（表面張力）。(2) アメンボの足は水面を押してくぼみをつくりながら歩く。ただし，この力は表面張力よりも弱いので，表面を破ってしまうことはない。押された水表面は跳ね返り，その反発力を利用してアメンボは歩くことができる。(3) さらにはアメンボの足は疎水性であることも重要である。水は，水素結合を形成しうるどのような物質にも吸着性をもつ。これが極性分子を含む物質を水に浸したときは濡れて，非極性分子で構成されている（油のような）ものがそうはならない理由である。

　ガラスのように電荷を帯びた表面をもつ物質に対する水の引力は，毛管作用の原因となる。もし径の細いガラス管を水の入ったビーカーに沈めると，ガラス管中の水位はビーカー中よりも上がる。なぜならば，ガラス表面に対する水の吸着力，すなわち上に引き上げようとする力が，引き下げようとする重力よりも強いためである。管の径が細いほど水とガラス間の静電引力は強くなり，水はより高く上がる（図2.15）。

水は熱を蓄える

　水は二つの特性によって温度を穏やかに調節する。その特性は，高い比熱と高い気化熱である。物質の温度は，個々の分子がどれだけ速く動いているかの尺度である。水分子が互いに形成するたくさんの水素結合のため，個々の水分子がより自由に動けるような，すなわちより高い温度になる前には，これらの結合を壊すために大量の熱エネルギーの投入が必要となる。それゆえに水は高い**比熱**(specific heat)をもつといわれ，それは1gの物質を1℃変化させるために吸収または放出する熱量として定義される。比熱はある物質が熱を吸収したり失ったりしたときに，温度の変化を抑える程度を示す。極性物質は水素結合をつくる傾向にあり，その結合を壊すのにエネルギーが必要となるため，より極性の強い分子はより比熱が高くなる。水の比熱（1 cal/g/℃）は大半の有機化合物の2倍で鉄の9倍である。水より極性が強く非常に強い水素結合をするアンモニアのみが，水より高い比熱（1.23 cal/g/℃）をもつ。それでも，水を0℃から100℃まで熱しても，水素結合の20％しか壊れない。

図 2.14
凝集力。　昆虫のなかには，このアメンボのように文字どおり水の上を歩くものがいる。この写真で，昆虫の足がどのようにして水に凹みをつくって重さが表面にのしかかるようにしているか見ることができる。水の表面張力は1本の足がかけている力より大きいので，アメンボは水の表面上を沈まずに滑っていく。

図 2.15
毛管作用。　毛管作用によって細い管の内部の水は周囲の水より高く上がる。水を引き上げようとするガラス表面への水の吸着力は，水を引き下げようとする重力よりも強い。管が細いほど一定の水の体積に対して吸着に利用できる表面積が大きくなり，管のなかで水はより高く上がる。

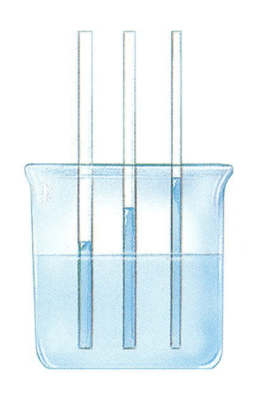

　水はその高い比熱のために，ほかのほとんどの化合物よりゆっくりと熱くなり，熱を加えるのをやめてもより長いあいだ温度を保つ。この特徴は，高い水分含量をもつ生物が比較的一定の内部温度を維持することを可能にする。もし細胞内の水が高い比熱をもっていないとしたら，細胞中の化学反応により生みだされる熱は細胞を壊してしまうだろう。

　1gの水を気体に変えるには，とても大量の熱エネルギーがいる（586 cal）。したがって水は高い**気化熱**(heat of vaporization)をもっている。水の液体から気体への変換には，たくさんの水素結合を壊すためのエネルギーの投入が必要である。水表面からの水の蒸発では，内部の水からエネルギーを奪い取る必要があるため，少なくとも水表面付近は冷やされることになる。多くの生物が，気化による冷却で過剰な体温を逃がしている。たとえば，ヒトやほかの多くの脊椎動物における発汗である。

　低温では水の分子は結晶のような水素結合の格子に閉じこめられており，氷とよばれる固体を形成する（図2.16）。おもしろいことに，氷は氷中の水素結合の間隔が水分子に比べて離れているため，液体の水より密度が低い。この普通でない特徴が氷山を浮かべている。さもなければ，氷は水に沈むこ

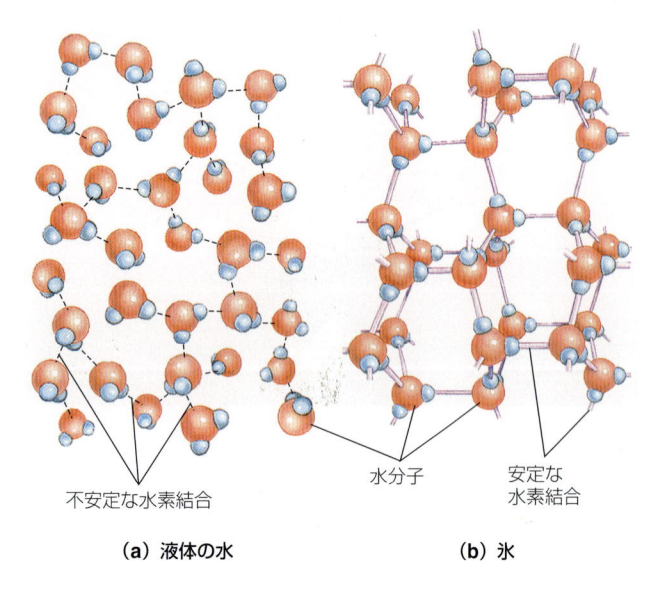

図 2.16
氷の結晶における水素結合の役割。 (a) 液体の水のなかでは水素結合は安定ではなく，恒常的に壊れては再形成する。(b) 水は0°C以下に冷えたほうが水素結合はより安定である。そのとき，一つの水分子の四つの部分電荷が，別の水分子の異符号の部分電荷と相互作用して，規則的な結晶構造がつくられる。水はとりわけ目の粗い結晶格子を形成するため，氷は液体の水より密度が低く水に浮く。そうでないと，赤道からはるかかなたにある内陸の水の固まりは決して完全には溶けないであろう。

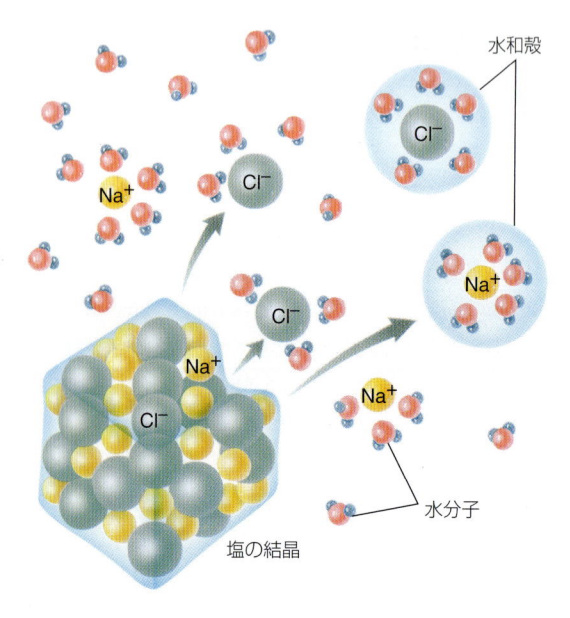

図 2.17
なぜ塩が水に溶けるか。 食卓塩の結晶が水に溶けるとき，個々のNa$^+$イオンとCl$^-$イオンは塩の格子からはずれて水分子に取り囲まれる。水分子は，その部分的な正の極が負のCl$^-$イオンに面するようにCl$^-$イオンの周りに配向するし，Na$^+$イオンを取り囲む水分子は反対向きに部分的な負の極を正のNa$^+$イオンに面して配向する。水和殻に取り囲まれたNa$^+$イオンとCl$^-$イオンは塩の格子には二度と入らない。

とになり，水表面には現れないので，浅瀬の氷表面のみが毎年溶けることになるだろう。

水は強力な溶媒

水は水素結合を形成する能力のために，効果的な溶媒となる。水分子は，完全な電荷をもつ(イオン)か電荷の分離を示す(極性分子)かにかかわらず，電荷をもつどんな分子のまわりにも集まる。たとえば，スクロース(食卓用砂糖)はわずかに極性をもつヒドロキシル基(OH)を含む分子である。水分子はスクロース分子の個々のヒドロキシル基と水素結合を形成できるので，砂糖の結晶は水にとてもよく溶ける。したがって，スクロースは水に"可溶"であるといわれる。砂糖水は，砂糖(溶質)が水(溶媒)に溶けた溶液である。スクロース分子が結晶から解離したり壊れたりするときは，いつも水分子がまわりを取り囲み，**水和殻**(hydration shell)を形成し，ほかのスクロース分子が会合するのを阻害する。水和殻はNa$^+$やCl$^-$のようなイオンのまわりにもできる(図2.17)。

水は非極性分子を組織化する

水分子はいつも可能な限り最大数の水素結合を形成しようとする。油のような水素結合をしない非極性分子が水中にあれば，水分子はそれを排除するようにふるまう。非極性分子は，お互いが会合するように強いられ，それにより水の水素結合の破壊を最小にする。要するに，非極性分子は水との接触を嫌がり，このため**疎水性**(hydrophobic：ギリシャ語でhydroは"水"，phobosは"嫌う"を意味する)であるといわれる。反対に，水と好んで水素結合を形成する極性分子は**親水性**(hydrophilic：ギリシャ語で"水を好む"という意味)であるといわれる。

水中で非極性分子が集まる傾向は，**疎水性排除**(hydrophobic exclusion)として知られている。分子の疎水性の部分を集めさせることで，水はこれらの分子に特定の形をとらせる。いろいろな分子の形は，非極性領域の位置と強さの変化によって発展してきた。これから見ていくように，生命の進化の多くは，このようにして引き起こされうる分子の形の変化を反映している。

極性のある水分子はお互いにくっつくので，ばらばらにするのにかなりのエネルギーがいる。水はほかの極性分子にもくっつき，それらを溶かして水溶液にする。しかし水は非極性分子を排除しようとする。

水はイオン化する

水分子のなかの共有結合は，ときどき自発的に壊れる。純水では25℃において，5億5千万個に1個の割合でこの過程が起こる。これが起こると陽子（水素原子の原子核）が分子から離れる。解離した陽子は，共有結合において酸素と共有していた負に荷電した電子を失うので，それ自身の正電荷はもはや相殺されず，正電荷をもった**水素イオン**(hydrogen ion, H^+)となる。解離した水分子の残りの部分は共有結合で共有していた電子を保持しているので負に帯電しており，**水酸化物イオン**(hydroxide ion, OH^-)となる。この自発的なイオン形成の過程を**イオン化**(ionization)とよぶ。

$$H_2O \longrightarrow OH^- + H^+$$
水　　　水酸化物イオン　　水素イオン
（プロトン）

25℃において$1l$の水は，1/10,000,000（すなわち10^{-7}）molのH^+を含む（モル(mole：mol)は分子内のすべての原子の原子質量の合計に対応するグラム単位の重さとして定義される。H^+の場合は原子質量は1，H^+の1 molは1 gとなる。どんな物質の1 molもいつも6.02×10^{23}分子を含む）。それゆえに，純水のH^+のモル濃度(molar concentration)（$[H^+]$と表す）は10^{-7} mol/lとなる。実際には，H^+はたいていほかの水分子と結合して，ヒドロニウムイオン(H_3O^+)を形成する。

pH

溶液のH^+濃度を表現するもっと簡単な方法として，**pHという尺度**(pH scale)を使う方法がある（図2.18）。この尺度はpHを溶液のH^+濃度の対数の負値として定義する。

$$pH = -\log[H^+]$$

H^+濃度の対数値は，単純にH^+のモル濃度の指数値なので，pHは指数値×(-1)に等しい。したがって，$[H^+]$が10^{-7} mol/lの純水はpHが7である。水が解離してH^+となったとき，OH^-もまた生成していることを思いだそう。それは，水の解離が等量のH^+とOH^-をつくりだすことを意味する。それゆえに，pH 7はpH目盛上の中性——H^+とOH^-とのつりあい——を示す。

pH目盛は"対数"のために，この目盛上での1の違いはH^+濃度の10倍の変化を表すことに注意しよう。これは，pH 4の溶液がpH 5の溶液の10倍のH^+濃度であることを意味する。

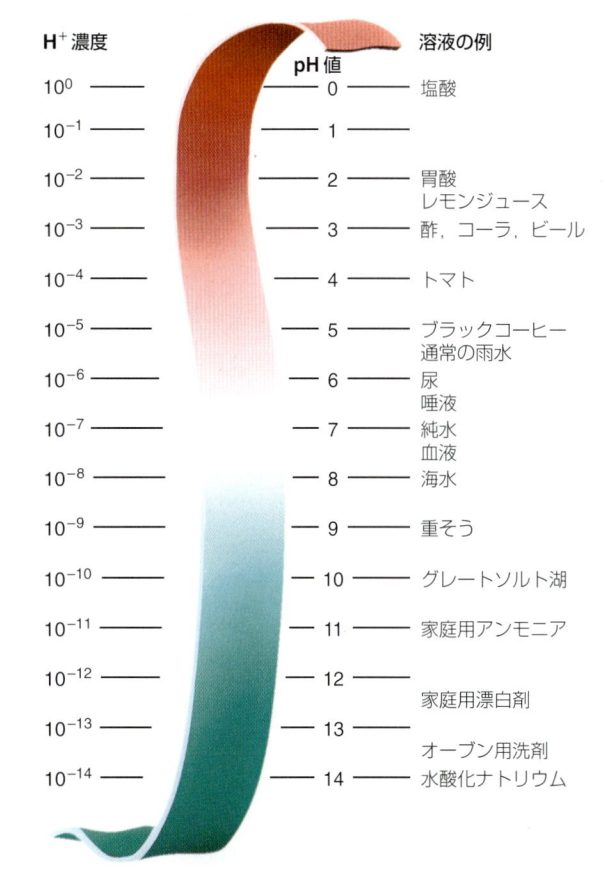

図 2.18
pH目盛。溶液のpH値はそのH^+濃度を示す。pH 7未満の溶液は酸性，pH 7超の溶液は塩基性である。目盛は対数目盛であり，そのためpHの1の変化はH^+濃度の10倍の変化を意味する。したがって，レモンジュースはトマトジュースの100倍も酸性であり，海水はpH 7をもつ純水の10倍も塩基性である。

H^+濃度	pH値	溶液の例
10^0	0	塩酸
10^{-1}	1	
10^{-2}	2	胃酸，レモンジュース
10^{-3}	3	酢，コーラ，ビール
10^{-4}	4	トマト
10^{-5}	5	ブラックコーヒー，通常の雨水
10^{-6}	6	尿，唾液
10^{-7}	7	純水，血液
10^{-8}	8	海水
10^{-9}	9	重そう
10^{-10}	10	グレートソルト湖
10^{-11}	11	家庭用アンモニア
10^{-12}	12	家庭用漂白剤
10^{-13}	13	オーブン用洗剤
10^{-14}	14	水酸化ナトリウム

酸　水中で解離してH^+濃度を増加させる物質を酸とよぶ。酸性の溶液はpHが7より小さい値をもつ。より強い酸は，より多くのH^+をつくりだし，pHをより低くする。たとえば，われわれの胃のなかに豊富にある塩酸(HCl)は，水中で完全にイオン化する。これは，10^{-1} mol/lの希塩酸は解離して10^{-1} mol/lのH^+となり，pH 1の水溶液を与える。炭酸が溶けているために泡立つシャンパンのpHは約2である。

塩基　水に溶けたときH^+と結合する物質を塩基とよぶ。H^+と結合することで，塩基は溶液のH^+濃度を下げる。したがって，塩基性の（またはアルカリの）溶液はpHが7より上の値をもつ。水酸化ナトリウム(NaOH)のようなとても強い塩基は，pHが12かそれ以上の値をもつ。

緩衝液

ほとんどすべての生きている細胞の内部および多細胞生物の細胞のまわりの流動体のpHは7にかなり近い。生体系で働く生物学的触媒(酵素)の大半は，極端にpHに敏感である。しばしばpHの小さな変化ですら触媒の形を変え，それによって活性が低下し役に立たなくなる。この理由から，細胞が一定のpHレベルを維持することは重要である。

しかしながら，生命の化学反応はたえず細胞内に酸と塩基をつくりだす。そのうえ，たくさんの動物が酸性や塩基性の物質を食べている。たとえばコーラは中程度に強い(しかし薄めた)酸性溶液である。このようにさまざまなH^+とOH^-の濃度変化にもかかわらず，生物のpHは緩衝液によって比較的一定のレベルに保たれている(図2.19)。

緩衝剤(buffer)はH^+の貯蔵庫のようにふるまう物質で，H^+濃度が下がったときは溶液にH^+を供与し，その濃度が上がるとそれを溶液から受け取る。どんな物質がこのようにふるまうのか？ 生体内では大半の緩衝液が数対の物質から成り立っている。対をつくっているのは，一つは酸でもう一つは塩基である。ヒトの血液中で鍵となる緩衝液は，炭酸(酸)と炭酸水素イオン(塩基)からなる酸と塩基の組である。これら二つの物質は，1組の可逆反応で相互作用する。最初に二酸化炭素(CO_2)とH_2Oが結合して炭酸(H_2CO_3)を形成し，それが二番目の反応で解離して炭酸水素イオン(HCO_3^-)とH^+を生みだす(図2.20)。もし酸またはほかの物質が血液に加わってH^+が増えたらHCO_3^-が塩基のようにふるまい，H_2CO_3を形成することで過剰なH^+を取り除く。同様に，塩基性物質が血液からH^+を取り除いたとき，H_2CO_3が解離してH^+を血液中に放出する。H_2CO_3とHCO_3^-とが相互変換する正および逆反応は，このように血液のpHを安定化する。

二酸化炭素と水が炭酸をつくる反応は，生命に必要不可欠である炭素が空気から水に入ることを可能にする点で重要である。二酸化炭素と水との反応のために，地球の海は炭素が豊富である。

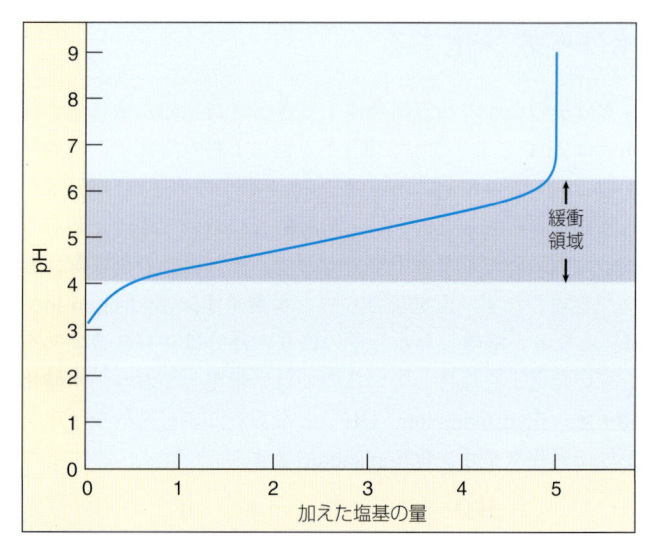

図 2.19
緩衝液は pH 変化を最小にする。 溶液に塩基を加えると，存在する酸のいくつかが中和され，その結果pHが上昇する。したがって，曲線が右に動いてますます多くの塩基を反映するにつれて，高いpH値へと上昇する。緩衝液は，「緩衝領域」とよばれる一定のpH目盛の範囲では，曲線の上昇・下降をとても緩やかにする。この緩衝液では，塩基を加えるとpH4以下ではpH4以上のときより急速にpHが上昇するが，このふるまいはどのように説明がつくのだろうか？

酸血症とよばれる状態においては，通常はpHが約7.4であるヒトの血液がpH目盛で0.2〜0.4下がる。この状態はすぐに治療しなければ死に至る。逆の状態であるアルカローシスは同じような規模で血液のpHの上昇があり，同様に深刻である。

溶液のpHはH^+濃度の対数を負の値で表したものである。それゆえ，低いpHの値は高いH^+濃度を示し(酸性溶液)，高いpHの値は低いH^+濃度を示す(塩基性溶液)。pHの少しの変化であっても，生命に害を与えうる。

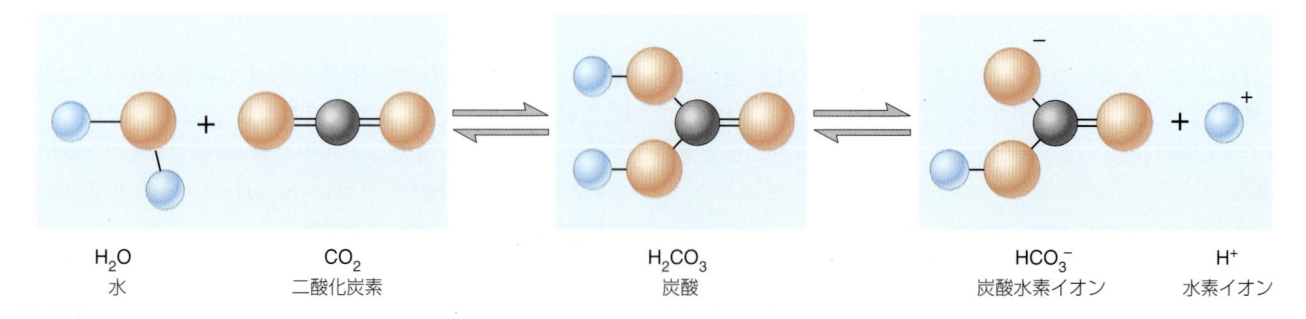

図 2.20
緩衝液の形成。 二酸化炭素と水は，化合して炭酸(H_2CO_3)を形成する。炭酸はそれからH^+を遊離して水中で解離する。この反応は炭酸飲料を酸性にするし，また多くの科学者が生命誕生の場所と信じている炭素に富んだ太古の海をつくりだした。

第2章のまとめ

2.1 自然は原子でできている
"原 子"
- すべての物体は物質から成り立っており，すべての物質は原子からできている。(p. 20)
- 負に荷電した電子は原子核のまわりを回る。原子核は正に荷電した陽子と中性の中性子からなる。(p. 20)
- 原子の原子番号は陽子の数を意味し，一方，原子質量は陽子と中性子の数に相当する。(p. 21)
- 同位体は同一元素で異なる数の中性子をもった原子である。(p. 21)
- 放射性同位体は，ある元素のなかで核が自発的に壊れて小さな原子番号に変わったものを指す。崩壊速度は半減期として表現される。(p. 21)

"原子の化学的ふるまいは電子によって決まる"
- 電子は原子核の周りの軌道上を回っている。その軌道はとても大きく，大半は何もない空間からなっているので，二つの原子の核は自然に相互作用が起こるほど十分近くには近寄れない。(p. 22)
- 電子は正に荷電した核に引きつけられるので，軌道に留まるためには仕事が必要であり，それゆえに電子は位置エネルギーをもつといえる。もっと遠い軌道への電子の移動はエネルギーが必要であり，一方で，電子を核に近づけるように動かすとエネルギーを放出する。(p. 22)
- 酸化は電子の損失であり，還元は電子の獲得である。(p. 23)

2.2 生物に含まれる原子は小さいものである
"原子の種類"
- 92種の自然に存在する元素があり，価電子の相互作用にもとづいて周期表に並べられる。(p. 24)

2.3 化学結合は分子を結びつける
"イオン結合は結晶を形成する"
- 分子とは，安定な会合状態のエネルギーによって結びつけられ，化学結合によって組み合わされている原子のグループを指す（化合物とは，二つ以上の元素の原子で構成されるものを指す）。(p. 25)
- イオン結合は塩化ナトリウム中のそれのように反対の電荷をもつイオン間の引力として形成される。(p. 25)

"共有結合は安定な分子を構築する"
- 共有結合は，一つ以上の価電子対を二つの原子が共有する際に形成され，真の独立した分子をつくる。(p. 26)
- 共有結合は比較的強く，その強度は共有する電子対の数に従って増加する。(p. 26)
- 化学反応は，化学結合の形成や破壊のあいだに起こる。反応は，温度，反応物や生成物の濃度や触媒の有無を含むいろいろな要因の影響を受ける。(p. 26)

2.4 水は生命のゆりかごである
"水 の 化 学"
- もっとも際立った水の化学的特性は，弱い化学的会合を形成する能力である。(p. 27)

"水分子は小さな磁石のようにふるまう"
- 水素原子と酸素原子の両方が，共有結合する際に共有している電子を引きつけることによって，水分子は電気陰性度を示す。しかし，酸素原子は水素原子より電気陰性度が大きい。(p. 28)
- 水分子には極性があり，部分的な電荷をもった明瞭な端がある。(p. 28)
- 水素結合は，懸け橋となる水素原子の反対の電荷が引きつけられることによって形成される。それぞれの水素結合は比較的弱いが，多数による累積的な効果でとても強くなる。(p. 28)

"水は極性分子にくっつく"
- 凝集とは水分子とほかの水分子との引力のことで，吸着とはほかの分子の水分子に対する引力のことである。(p. 29)
- 水の凝集は表面張力の原因となる。(p. 29)
- 水はその高い比熱と高い気化熱のために，温度を緩やかに調節する。(p. 29)
- 水はその水素結合を形成する能力のために，効果的な溶媒となる。(p. 30)

"水はイオン化する"
- 溶液のpHは，H^+濃度の対数の負値として定義される。(p. 31)
- 酸は高いH^+濃度の溶液である（pH＜7）。一方，塩基は低いH^+濃度の溶液である（pH＞7）。(p. 31)
- 緩衝液は，H^+を必要に応じて受け取るか渡すかできるH^+の貯蔵庫である。(p. 32)

質問のページ

自習問題

1. 中性の電荷をもつ原子は必ず ____ を含む。
   a. 同じ数の陽子と中性子
   b. 同じ数の陽子と電子
   c. ほかの原子より多くの中性子（中性子は中性なので）
   d. 同じ数の中性子と電子

2. 電子は原子の化学的ふるまいを決定する。それは電子が ____ からである。
   a. ほかの原子と相互作用する
   b. 原子の電荷を決定する（正か負か中性）
   c. 原子間で交換されうる
   d. a～cはすべて正しい

3. 周期表のなかの元素は ____ によって並べられている。
   a. 陽子の数
   b. 中性子の数
   c. 陽子と中性子の質量
   d. 電子の質量

4. 以下の記述のうち正しくないのはどれか？
   a. イオン結合で結ばれている分子をイオン化合物という。
   b. NaClにおいて，ナトリウムと塩素の両方とも最外殻が8個の電子で完全に満たされている。
   c. ナトリウム原子は，ナトリウムが電子を手放し塩素が電子を得ることによって塩素原子とイオン結合を形成できる。
   d. イオン結合はいかなる2個の原子間でも形成できる。

5. 酸素は最外殻に6個の電子をもつ。したがって ____ 。
   a. 最外殻は完全に満たされている
   b. 一つの二重結合か二つの単結合を形成できる
   c. ほかのどんな原子とも反応しない
   d. 正電荷をもつ

6. 水の分子構造は ____ ことによりオクテット則を満たす。
   a. 水素原子の最外殻にそれぞれ8個の電子が満たされる
   b. 二つの水素間で電子を共有する
   c. 酸素原子が2個の水素原子と共有結合を形成する
   d. それぞれの水素原子が酸素原子の最外殻に電子を渡す

7. H_2O の部分的な電荷の分離は ____ により生じる。
   a. 電子の酸素原子に対するより強力な引力
   b. 酸素のより高い電気陰性度
   c. 酸素原子の近くのより密な電子雲
   d. a～cはすべて正しい

8. 水分子がほかの水分子に対して働く引力は ____ である。
   a. 凝集   b. 吸着
   c. 毛管作用 d. 表面張力

9. 水が穏やかに温度変化を調節できるための二つの特性とは何か？
   a. 水和殻の形成と高い比熱
   b. 高い気化熱と疎水性排除
   c. 高い比熱と高い気化熱
   d. 水和殻の形成と疎水性排除

10. 高い水素イオン濃度をもつ物質は ____ 。
    a. 塩基とよばれる
    b. 緩衝液としてふるまうことができる
    c. 酸とよばれる
    d. 高いpHをもつといわれる

図解き問題

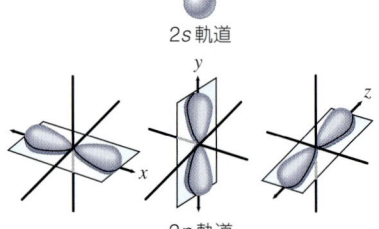

1. この図は二つのエネルギー準位を示す（Kは1sと名づけられた一つのs軌道をもつ。Lは2sとよばれる一つのs軌道と2pと名づけられた三つのp軌道をもつ）。知ってのとおり，最初により低いエネルギー準位が電子で満たされていき，続いて2s，それからp軌道が満たされる。そこで，次の元素の電子の数と配置を示せ：炭素（C），水素（H），フッ素（F），ネオン（Ne）。

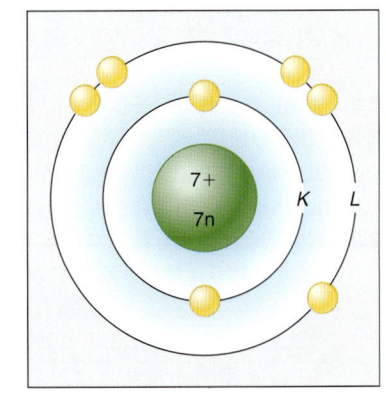

2. この原子は7個の陽子と7個の中性子をもつ。原子番号はいくつか？原子質量は？いくつの共有結合が形成できると考えられるか，またその理由は？この元素は何か？

応用問題

1. ラジウム226の半減期は1,620年である。もしあるサンプルが16 mgのラジウム226を含んでいるなら，1,620年後はどのくらい含んでいるのか？3,240年後はどうか？1 mgのラジウム226を含むサンプルとなるにはどれだけかかるのか？

2. 科学者が砂漠の真ん中で海産動物の化石を見つけた。彼らは化石がどれくらい古いか決めるのに炭素14を使った。それはいつ海が砂漠を覆っていたかを示すはずだ。サンプルにおいて ^{12}C に対する ^{14}C の割合は10 %（0.10）であり（N_f/N_0），^{14}C の半減期（$t_{1/2}$）は5730年である。等式 $t = [\ln(N_f/N_0)/(-0.693)] \times t_{1/2}$ を用いて，化石の年代を決めよ。

3
生命の化学的基礎

概　　要

3.1 分子は生命の構築単位である
炭素：生物分子の骨組み　個々の炭素原子は，四つの共有結合を形成することができるので，生物を構成する分子は非常に複雑である。

3.2 タンパク質は細胞の化学反応の主役である
タンパク質の多くの機能　タンパク質は触媒となり，物質の輸送にかかわり，細胞の支持体として働き，細胞機能の調節に関与する。

アミノ酸：タンパク質の構築単位　タンパク質は，アミノ酸の多様な組合せによってできる長い鎖状の分子である。

タンパク質の構造　タンパク質の形は，自らのアミノ酸配列によって決定される。

どのようにしてタンパク質は機能をもつ構造に折りたたまれるのか　タンパク質の折りたたみには，シャペロンタンパク質が関与している。

タンパク質はどのようにして折りたたまれた状態から解かれるのか　pHや温度が変わると，タンパク質の折りたたみ構造は変化し，タンパク質は変性する。

3.3 核酸は遺伝情報の保存と伝達を行う
情報分子　細胞の情報を保存する核酸には2種類ある。RNAは一本鎖のヌクレオチド重合体であり，DNAはヌクレオチド鎖の二重らせんである。

3.4 脂質は膜を形成し，エネルギーを貯蔵する
リン脂質は膜を形成する　水溶液中ではリン脂質は集合して生体膜を形成する。

脂肪とほかの脂質　生物は多くの水に不溶な分子を利用する。

エネルギー貯蔵分子としての脂肪　脂肪はC−H結合を多くもつため効率的なエネルギー貯蔵分子である。

3.5 炭水化物はエネルギーを貯え，生体の構成素材となる
糖　糖は単純な炭水化物であり，六つの炭素からなる環状体（単糖という）が多い。単糖は重合して多糖を形成する。

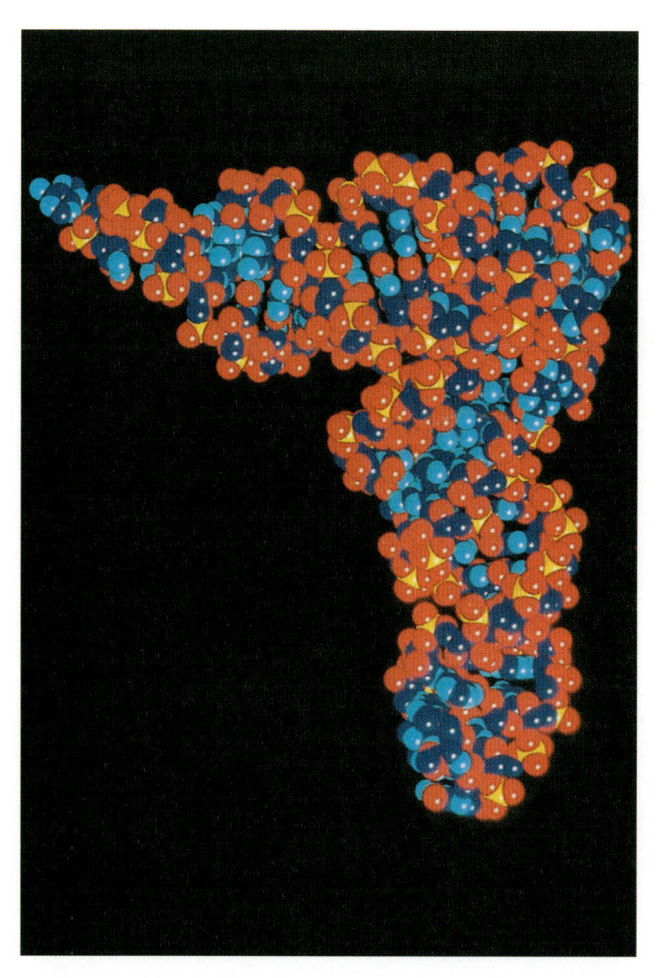

輸送と貯蔵にかかわる炭水化物　糖は，二糖として輸送することもできるし，デンプンやグリコーゲンのような複雑な多糖として貯蔵することもできる。

構造炭水化物　セルロースのような構造炭水化物は，酵素反応によって切断しにくい化学結合でつながった多糖である。

図 3.1
巨大分子：tRNA.　巨大分子はそれぞれ独特な機能を果たしている。このような分子の多くは化学反応を触媒するタンパク質であるが，ここに示した転移RNA（tRNA）のような核酸も重要な役割をしている。tRNAはタンパク質の合成に関与するリボ核酸の一種である。

　分子は，私たちのまわりにあるものと比べると非常に小さい。コップ一杯の水のなかには，天空の星の数よりも多くの水分子がある。分子のなかには，水分子よりもはるかに大きいものがあり，それらは数千の原子がお互いに長い鎖につながれた数百の分子から構成されている。生命体によってほぼ恒常的に合成される分子は，多くの小さな分子が集合した巨大分子である。生命体の化学的な構築単位をなすのは，4種類の巨大分子である（図3.1）。

3.1 分子は生命の構築単位である

炭素：生物分子の骨組み

第2章で，どのように原子が結合して分子を形成するかについて述べた。この章では，炭素を含む化合物である生物分子について述べる。生物分子の骨組みは，主に炭素原子で，これに炭素，酸素，窒素，硫黄または水素の各原子に炭素原子が結合してできている。炭素原子には四つの価電子があり，四つの共有結合を形成することができるので，炭素を含む分子は直鎖状，分枝状あるいは環状の構造を形成できる。

炭素と水素だけで構成されている生物分子を**炭化水素**（hydrocarbon）とよぶ。炭素と水素のあいだの共有結合には，エネルギーが豊富に蓄えられている。たとえば，プロパンガスは3個の炭素原子からなる鎖に，8個の水素原子が結合した炭水化物である。

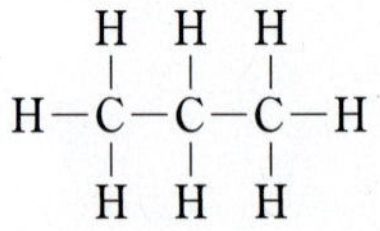

$$\begin{array}{c} H\ H\ H \\ |\ |\ | \\ H-C-C-C-H \\ |\ |\ | \\ H\ H\ H \end{array}$$

炭素と水素のあいだの共有結合には豊富なエネルギーが蓄えられており，ガソリンのようによい燃料になるものもある。

官 能 基

炭素原子と水素原子の電気陰性度は似ているので，C－C結合とC－H結合では電子は均等に分配され，分子の表面の電荷には大きな違いはない。このために炭化水素は非極性である。しかし，細胞が合成する多くの生物分子には，ほかの原子も含まれている。これらのほかの原子の電気陰性度は異なるので，これらの原子をもつ生物分子は正あるいは負に荷電している部位があり極性を有する。このような部位のなかには，**官能基**（functional group）とよばれるものがある。酸素原子に結合した水素原子（－OH）はこのような部位の一つで，"ヒドロキシル基"とよばれる官能基である。

官能基はたとえ分子のどこにあっても，同じ化学的特性を示す。ヒドロキシル基は，電気陰性度の高い酸素原子が電子を引き込みやすいので極性を示す（第2章参照）。生物学的に重要な官能基を図3.2に示す。

生物を構成する巨大分子

生物分子には小さく単純で，一つあるいは数個の官能基を含むものもあるが，**巨大分子**（macromolecule）とよばれる大きな複合体もある。巨大生物分子は，通常四つの主要なグループ（タンパク質，核酸，脂質そして炭水化物）に分けられる（表3.1）。多くの場合，これらの巨大分子は**重合体**（polymer）である。重合体は，非常に多くの化学的に似た小さな単位が互いに結合してつくられた長い分子である。これは車両を連結して列車ができるのに似ている。デンプンのような複雑な炭水化物は，環状の単純な糖が重合したものである。タンパク質はアミノ酸の重合体であり，核酸（DNAとRNA）はヌクレオチドが重合したものである（表3.2を参照）。

四つの巨大分子のグループは異なる構造単位からなるが，

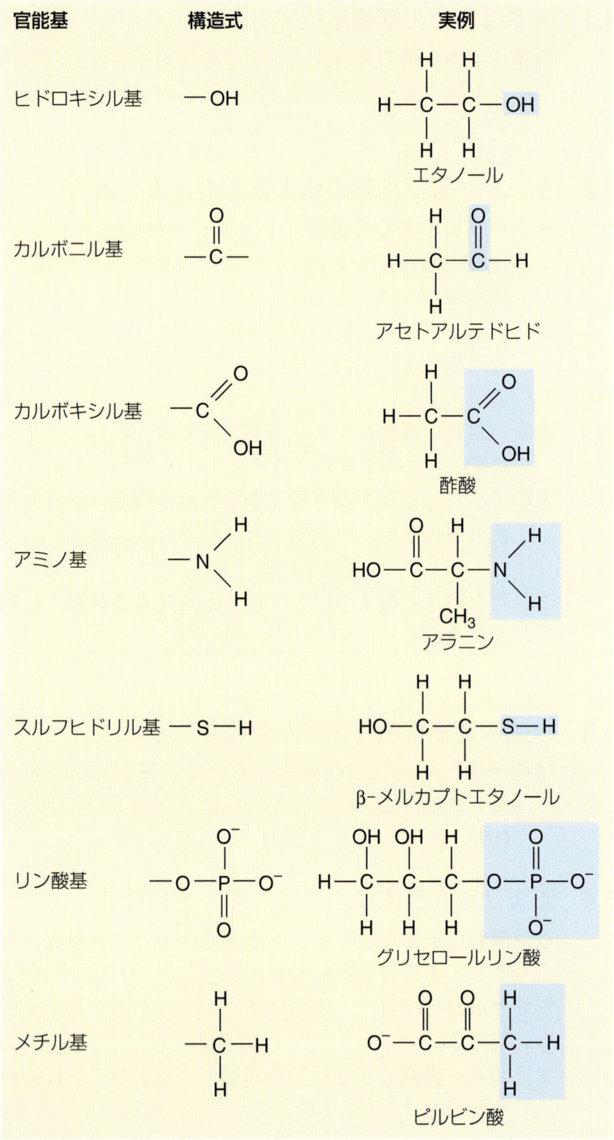

官能基	構造式	実例
ヒドロキシル基	－OH	エタノール
カルボニル基	$\overset{O}{\underset{}{\|\|}}{-C-}$	アセトアルデヒド
カルボキシル基	$-C\overset{O}{\underset{OH}{\diagdown}}$	酢酸
アミノ基	$-N\overset{H}{\underset{H}{\diagdown}}$	アラニン
スルフヒドリル基	－S－H	β-メルカプトエタノール
リン酸基	$-O-\overset{O^-}{\underset{O}{\overset{\|}{P}}}-O^-$	グリセロールリン酸
メチル基	$-\overset{H}{\underset{H}{\overset{\|}{C}}}-H$	ピルビン酸

図 3.2
主要な化学反応基。これらの化学反応基は，化学反応に際して一つの単位として働く。また，これらの化学反応基をもつ分子はそれぞれ独特な化学的特徴を示す。アミノ基が付くことによって分子の性質はより塩基性になり，カルボキシル基が付くことによって分子の性質はより酸性になる。

表 3.1 さまざまな巨大分子

巨大分子	構成単位	機能	実例
タンパク質			
機能的	アミノ酸	触媒, 輸送	ヘモグロビン
構造的	アミノ酸	支持	毛髪, 生糸
核酸			
DNA	ヌクレオチド	暗号化された遺伝子	染色体
RNA	ヌクレオチド	遺伝子の発現のために必要	伝令 RNA
脂質			
脂肪	グリセロールと三つの脂肪酸	エネルギー貯蔵	バター, コーンオイル, 石鹸
リン脂質	グリセロール, 二つの脂肪酸, リン酸基と極性 R 基	細胞膜の形成	レシチン
プロスタグランジン	二つの非極性尾部をもった五炭素環	化学メッセンジャー	プロスタグランジン E (PGE)
ステロイド	四つの融合した炭素環	膜成分, ホルモン	コレステロール, エストロゲン
テルペン	長い炭素鎖	色素, 構造要素	カロテン, ゴム
炭水化物			
デンプン, グリコーゲン	グルコース	エネルギー貯蔵	ジャガイモ
セルロース	グルコース	細胞壁	紙, セロリのすじ
キチン	修飾型グルコース	構造支持体	カニの甲羅

基本的には同じ原理によって組み立てられる。二つの構造分子単位のあいだに共有結合をつくるためには，一つの構造単位からヒドロキシル基が遊離して，もう一つの構造分子単位から水素原子が遊離する（図3.3a）。このような縮合反応を**脱水合成**（dehydration synthesis）とよぶ。なぜなら，新しい分子を合成するときに，ヒドロキシル基と水素が除去され水分子ができるからである。この反応では，構造分子単位が巨大分子に結合するたびに水1分子が除かれる。ほかの生化学反応でも同じであるが，反応に関与する物質は互いに近づき，分子どうしを結び付けている結合にひずみが生じ，その結合が切断されて別の分子とのあいだに新しい結合ができる。このような分子の接近，結合のひずみ，切断や新たな結合の形成を"触媒"するのは，酵素とよばれる特別なタンパク質で，その触媒過程は細胞内で起こる。

巨大分子から構造分子単位を取り出すときは，脱水とは逆の化学反応，すなわち水分子が除かれる代わりに加えられる反応（図3.3b），が起こる。これを**加水分解**（hydrolysis：ギリシャ語でhydroは"水"，lyseは"分解"）とよび，水素原子が一つの構造分子単位に結合し，もう一つの構造分子単位にヒドロキシル基が結合する。そのときに，巨大分子中の特定の共有結合が切断されるのである。

> 重合体は，似通った構造の単位分子が脱水反応により連なってできた長い鎖からなる巨大分子である。

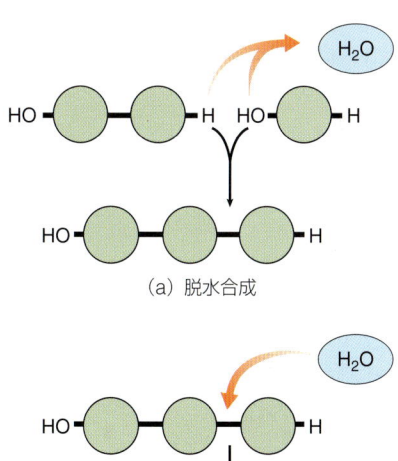

図 3.3
巨大分子の生成と分解。 (a) 巨大分子は小さな構成分子が脱水合成する（この過程では，各結合が形成されるたびに水1分子がつくられる）ことによって形成される共有結合でつながれた重合体である。(b) 巨大分子の分解には，水分子が付加する加水分解とよばれる切断反応が必要である。

3.1 分子は生命の構築単位である

表 3.2　巨大重合分子

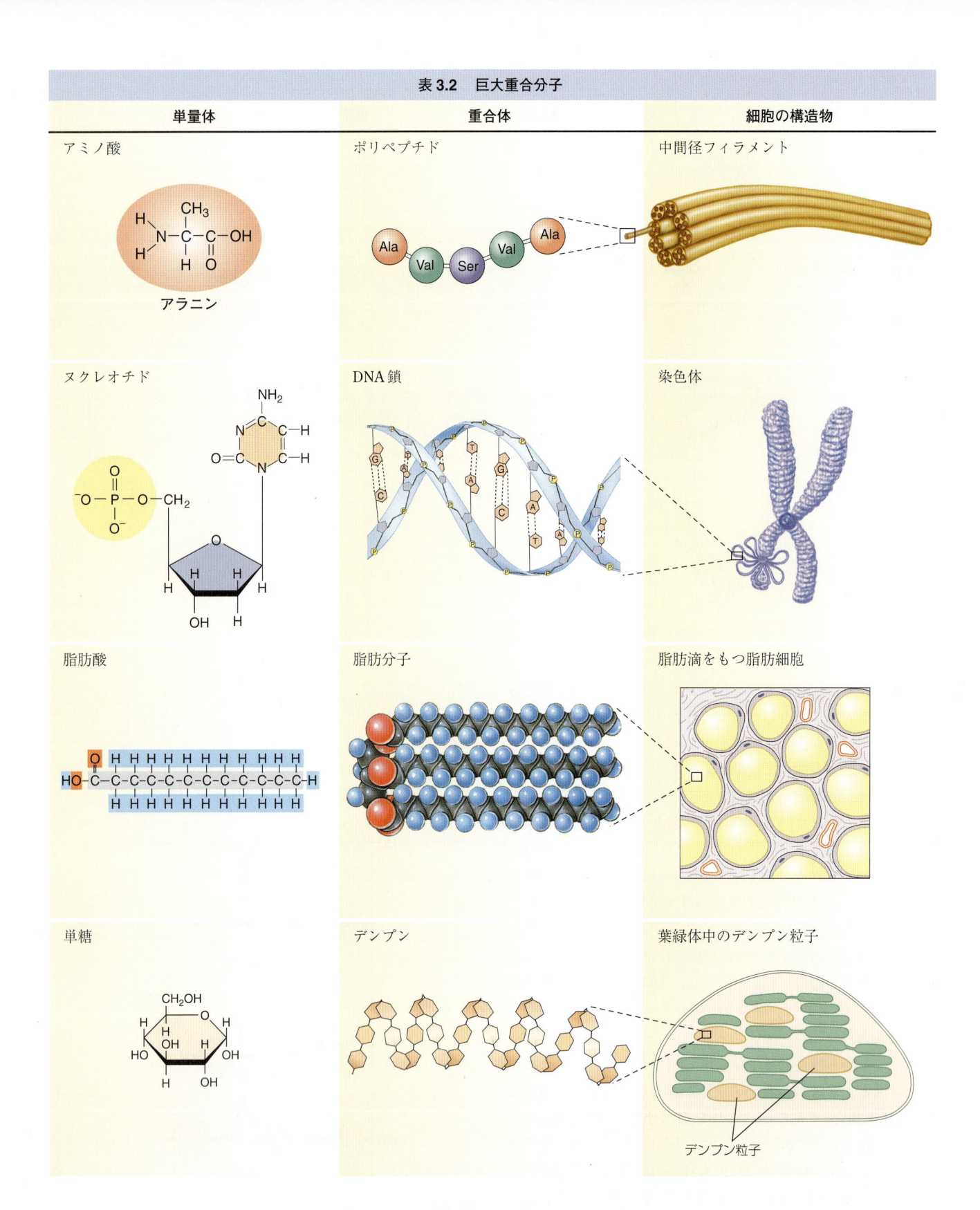

単量体	重合体	細胞の構造物
アミノ酸 アラニン	ポリペプチド Ala–Val–Ser–Val–Ala	中間径フィラメント
ヌクレオチド	DNA鎖	染色体
脂肪酸	脂肪分子	脂肪滴をもつ脂肪細胞
単糖	デンプン	葉緑体中のデンプン粒子 デンプン粒子

3　生命の化学的基礎

3.2 タンパク質は細胞の化学反応の主役である

タンパク質の多くの機能

巨大生物分子としてのタンパク質について考えてみる。生物がもっているタンパク質は多様な構造をしており，多様な機能をもっている。タンパク質はその働きから7種類に分類される（表3.3）。

1. **酵素触媒作用** タンパク質の1種で，特異的な化学反応を促進する生物学的な触媒である酵素については前に述べた。酵素のもつ特徴を考えると，酵素の出現は生命進化の過程のもっとも重要な出来事の一つであったと考えられる。酵素は，それが作用する化学物質にぴったり結合する三次元的な形をもち，特定の化学結合にひずみを起こさせることによって化学反応を促進する働きをもつ球状タンパク質である。

2. **防御** 球状タンパク質の仲間には，その形を利用して外来の病原菌やガン細胞を"認識"するものもある。このような種類のタンパク質に細胞表面受容体があり，ホルモン系や免疫系の作用にとって重要である。

3. **輸送** 球状タンパク質の仲間には，特定の小さい分子やイオンを輸送するものもある。たとえば，ヘモグロビンは血液中で酸素を運ぶ。ヘモグロビンに似ているタンパク質であるミオグロビンは筋肉のなかで酸素を運ぶ。また，トランスフェリンは血液中の鉄を運ぶタンパク質である。

4. **支持体** タンパク質繊維は構造を保つ役割をになっている（図3.4）。繊維の例として，髪の毛ではケラチン，凝固した血液ではフィブリン，そして皮膚のマトリッ

表3.3 タンパク質の多くの機能

機能	タンパク質の種類	タンパク質の例	機能例
酵素触媒	酵素	加水分解酵素	多糖の分解
		タンパク質分解酵素	タンパク質の分解
		ポリメラーゼ	核酸の合成
		リン酸化酵素	糖とタンパク質のリン酸化
防御	免疫グロブリン	抗体	排除するために外来タンパク質に印をつける
	毒素	蛇毒	神経機能を遮断する
	細胞表面抗原	MHCタンパク質	自己認識
輸送	循環輸送体	ヘモグロビン	血液中で酸素分子と二酸化炭素分子を運ぶ
		ミオグロビン	筋肉中で酸素分子と二酸化炭素分子を運ぶ
		チトクロム	電子の輸送
	膜輸送体	ナトリウム―カリウムポンプ	興奮性膜
		プロトンポンプ	化学浸透圧，細胞内のpH
		グルコース輸送体	細胞内への糖の輸送
支持	繊維	コラーゲン	軟骨組織を形成する
		ケラチン	髪の毛，爪を形成する
		フィブリン	血餅を形成する
運動	筋肉	アクチン	筋繊維の収縮
		ミオシン	筋繊維の収縮
調節	浸透性タンパク質	血清アルブミン	血液の浸透圧の維持
	遺伝子調節因子	*lac*リプレッサー	転写の調節
	ホルモン	インスリン	血中グルコース濃度の調節
		バソプレシン	腎臓における水の再吸収の促進
		オキシトシン	子宮の収縮と乳汁射出の調節
貯蔵	イオン結合	フェリチン	鉄の貯蔵（特に脾臓）
		カゼイン	乳中でのイオンの貯蔵
		カルモジュリン	カルシウムイオンとの結合

図 3.4
支持体。 タンパク質には多くの種類がある。(a) ケラチン：クジャクの羽，(b) フィブリン：凝固した血液の走査電子顕微鏡像(3,000倍)，(c) コラーゲン：腸線組織からつくったテニスラケットの糸，(d) 生糸：蜘蛛の巣，(e) ケラチン：ヒトの髪

クス，靭帯，腱や骨を形成するコラーゲンなどがあげられ，これらのタンパク質は脊椎動物の体でもっとも多いタンパク質である。

5. **運動**　筋肉は，2種類のタンパク質繊維であるアクチンとミオシンの滑り運動によって収縮する。収縮性タンパク質は，細胞骨格や細胞内の物質移動にも大事な働きをしている。

6. **調節**　ホルモンとよばれる小さなタンパク質は，動物における細胞間のメッセンジャーとして働いている。また，タンパク質は発生過程における遺伝子のオン，オフや細胞表面受容体として情報も受け取るなど，細胞内で重要な調節の働きをしている。

7. **貯蔵**　カルシウムや鉄は，特異的な貯蔵タンパク質にイオンとして結合して貯蔵される。

タンパク質の働きは酵素触媒，制御，輸送，支持体，運動，調節，そして貯蔵など多様である。

3　生命の化学的基礎

アミノ酸：タンパク質の構築単位

タンパク質は複雑で多くの働きをする分子であるが，わずか20種類のアミノ酸が特異的な順序で連なった重合体である。多くの科学者は，アミノ酸は原始地球においてつくられた最初の分子の一つだと信じており，地球の歴史の初期に存在していた海には多様なアミノ酸が存在していたものと思われる。

アミノ酸の構造

アミノ酸(amino acid)は，アミノ基（—NH_2），カルボキシル基（—COOH）そして水素原子が一つの中心炭素原子に結合した分子である。

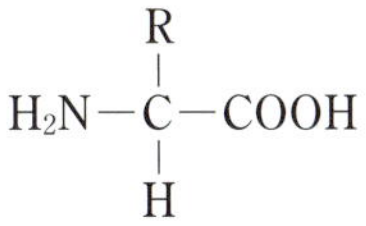

$$H_2N-\underset{\underset{H}{|}}{\overset{\overset{R}{|}}{C}}-COOH$$

アミノ酸の性質は，中心炭素原子に共有結合している化学的に特有の性質をもった側鎖（Rで示す）によって決まる。たとえば，側鎖が—CH_2OHのときはそのアミノ酸（セリン）は極性をもっており，側鎖が—CH_3のときはそのアミノ酸（アラニン）は非極性である。20種類のアミノ酸はそれらの側鎖にもとづいて，化学的に五つのグループに分けられる。

1. ロイシンのような非極性アミノ酸は，R基に—CH_2あるいは—CH_3をもつ。
2. スレオニンのような極性非荷電性アミノ酸は，酸素を含む（または—Hのみの）R基をもつ。
3. グルタミン酸のような荷電性アミノ酸は，酸性あるいは塩基性のR基をもつ。
4. フェニルアラニンのような芳香族アミノ酸は，単結合あるいは二重結合からなる有機（炭素）環を含むR基をもつ。
5. 特別な機能をもつアミノ酸は，特徴的な性質をもつ。メチオニンはタンパク質のアミノ末端に位置することが多く，プロリンはタンパク質中のアミノ酸主鎖に折れ曲がりを生じ，システインは主鎖どうしを結合させる。

各アミノ酸は側鎖の化学的性質にしたがって，タンパク質の形状にいろいろな影響を及ぼす。たとえば，非常に多くの非極性アミノ酸を含むタンパク質の主鎖の部分は疎水性排除によって，タンパク質の内部へ折りたたまれる傾向がある。

タンパク質はアミノ酸の重合体である

R基のほかに，アミノ酸はイオン化されたときにはプロトンの付いているアミノ基（NH_3^+）と，負に荷電しているカルボキシル基（COO^-）を末端にもっている。アミノ酸中のアミノ基とカルボキシル基は，水分子を失って共有結合を形成する縮合反応を行うことができる。二つのアミノ酸を連結している共有結合は，**ペプチド結合**(peptide bond)とよばれる（図3.5）。中心炭素とのN—CとC—C結合とは異なり，ペプチド結合によって結合した二つのアミノ酸のN—C結合の回転は，部分的な二重結合の性質をもっているので制限されている。このように，ペプチド結合の回転が制限されていることが，タンパク質のアミノ酸主鎖が形成するコイルやほかの規則的な形の構造的な特徴を決める要素になっている。

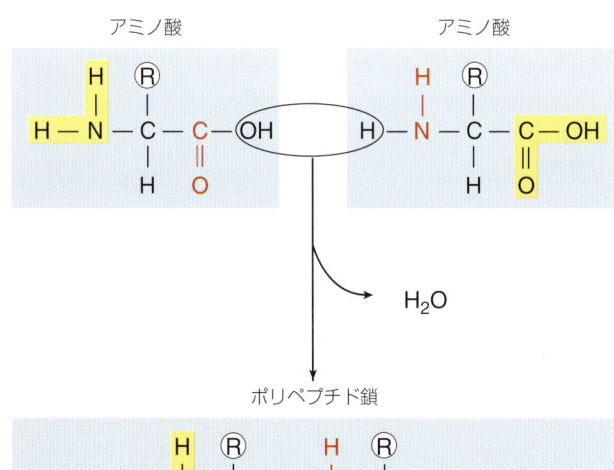

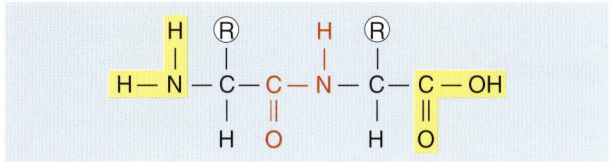

タンパク質はペプチド結合によってつながれたアミノ酸の長い鎖である**ポリペプチド**(polypeptide)の1本またはそれ以上からできている。1950年代前半に行なわれたFrederick Sangerによるインシュリンのアミノ酸配列の決定までは，タンパク質がそれぞれ特異的なアミノ酸配列をもっているとは考えられていなかった。Sangerの成功は，すべてのインシュリン分子が同じ特定の配列をもっていることを示したものである。自然界には多くの異なるアミノ酸が存在しているが，タンパク質を構成するアミノ酸は20種類である。図3.6にこれらの20種類のアミノ酸とその側鎖を示してある。

図 3.5　ペプチド結合。 ペプチド結合は，一つのアミノ酸のアミノ基がもう一つのアミノ酸のカルボキシル基と結合して形成される。ペプチド結合は部分的な二重結合の性質をもつため，生じたペプチド鎖はこれらの結合のまわりでは自由に回転することはできない。

> タンパク質は，最大20種類のアミノ酸の組合せからなる重合体である。アミノ酸は異なる性質をもつ五つのグループに分けられる。構成アミノ酸の性質がタンパク質の性質を決める。

非芳香族

非極性

アラニン (Ala) / バリン (Val) / ロイシン (Leu) / イソロイシン (Ile)

極性非荷電性

グリシン (Gly) / セリン (Ser) / スレオニン (Thr) / アスパラギン (Asn) / グルタミン (Gln)

荷電性

グルタミン酸 (Glu) / アスパラギン酸 (Asp) / ヒスチジン (His) / リジン (Lys) / アルギニン (Arg)

芳香族

フェニルアラニン (Phe) / トリプトファン (Trp)

チロシン (Tyr)

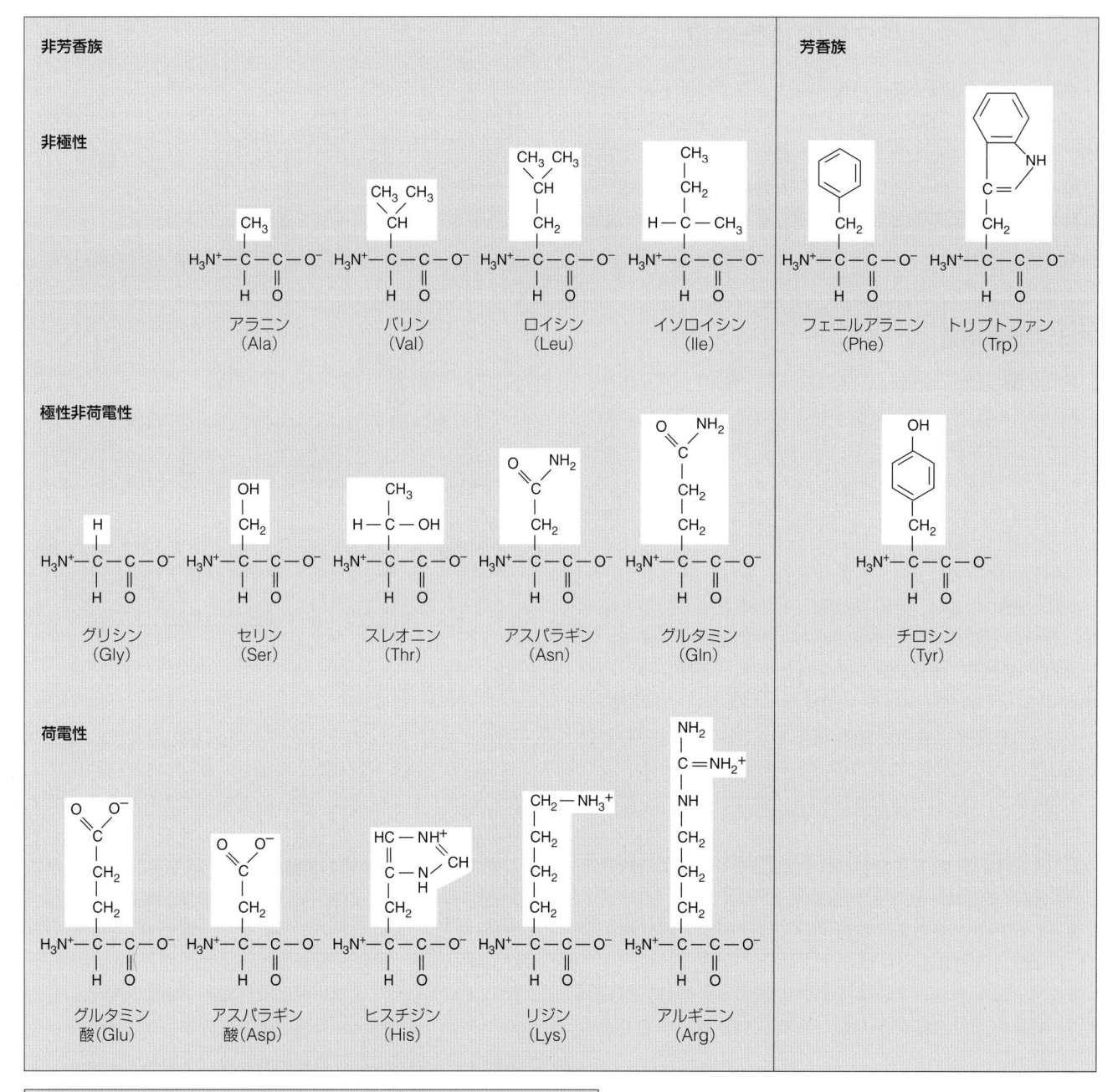

特別な機能

プロリン (Pro) / メチオニン (Met) / システイン (Cys)

図 3.6
20種類のアミノ酸。 各アミノ酸は同じ化学的骨格をもっているが，側鎖（R基）が異なる。上枠の図の上段の六つのアミノ酸はR基に電荷のない－CH_2または－CH_3をもっているので非極性である。この六つのアミノ酸のうちの二つは芳香環とよばれる環状構造をもっているのでより大きな分子である。上枠の図の中段の六つのアミノ酸は，R基に酸素原子や水素原子をもっているので極性であるが，これらのアミノ酸は電荷を帯びておらず，極性の程度は異なる。上枠の図の下段の五つの別の極性アミノ酸は，R基の末端が酸性または塩基性でイオン化する。下枠の図の三つのアミノ酸は特別な機能をもつアミノ酸で，タンパク質においてねじれを生じたり，ペプチド鎖間の結合を可能にするなどの特徴がある。

タンパク質の構造

　タンパク質の機能は構造によって異なるので，タンパク質の形は非常に重要である．通常，タンパク質は複雑な形に折りたたまれたアミノ酸の長い鎖からなっている．タンパク質の形について知るために，われわれは波長が非常に短いX線を用いる．X線回折法は，各原子の位置を三次元的な画像として組み立てる大変手間のかかる作業を必要とする．この方法によって解析された最初のタンパク質はミオグロビンで，そのすぐあとに関連するタンパク質であるヘモグロビンも解析された．タンパク質の構造研究が進むにつれ，普遍的な原理が明らかになった．すなわち，すべてのタンパク質の内部には，ロイシン，バリンやフェニルアラニンのような非極性アミノ酸が存在する．非極性分子を疎水的に排除する水の性質によって，タンパク質の内側にはアミノ酸鎖の非極性部分が押し込まれている（図3.7）．非極性アミノ酸を内側に押し込み，空間ができないように配置しているのである．極性あるいは荷電性のアミノ酸は，重要な機能を演じる2, 3のアミノ酸を除いて，タンパク質の表面に配置されている．

段階別に見たタンパク質の構造

　タンパク質の構造は通常，"一次構造"，"二次構造"，"三次構造"と"四次構造"の四つの段階に分けて考えられてきた．最近の分子生物学的研究の結果，構造に関してさらに二つのレベル，すなわち"モチーフ"と"ドメイン"（図3.8），が提案されている．この二つは重要な機能をもっているので，後の章で詳しく扱うことにする．

一次構造　　タンパク質の一次構造は，特異的なアミノ酸配列それ自身である．この配列は，タンパク質をコードしている遺伝子の塩基配列によって決定される．アミノ酸のR基部分は，タンパク質の骨格を形成しているペプチド結合には関与していないので，タンパク質はどのようなアミノ酸配列からもできうる．したがって，20種類のアミノ酸はタンパク質中のどこにでも配置されるので，100個のアミノ酸から構成されるタンパク質は20の100乗の異なるアミノ酸配列をもつことができる（これは10の130乗あるいは1のあとに130個のゼロが続く数になり，この数は宇宙で知られている原子の数より多い）．これはタンパク質の多様性のもとになる重要な特性である．

二次構造　　タンパク質の立体構造を安定化させる水素結合にはアミノ酸側鎖だけが関係しているのではない．主鎖のペプチド間でも水素結合が形成される．主鎖のペプチドの極性分子は近くの水分子と容易に水素結合を形成すると思われるが，疎水性の高い非極性側鎖がそのような水分子を排除して

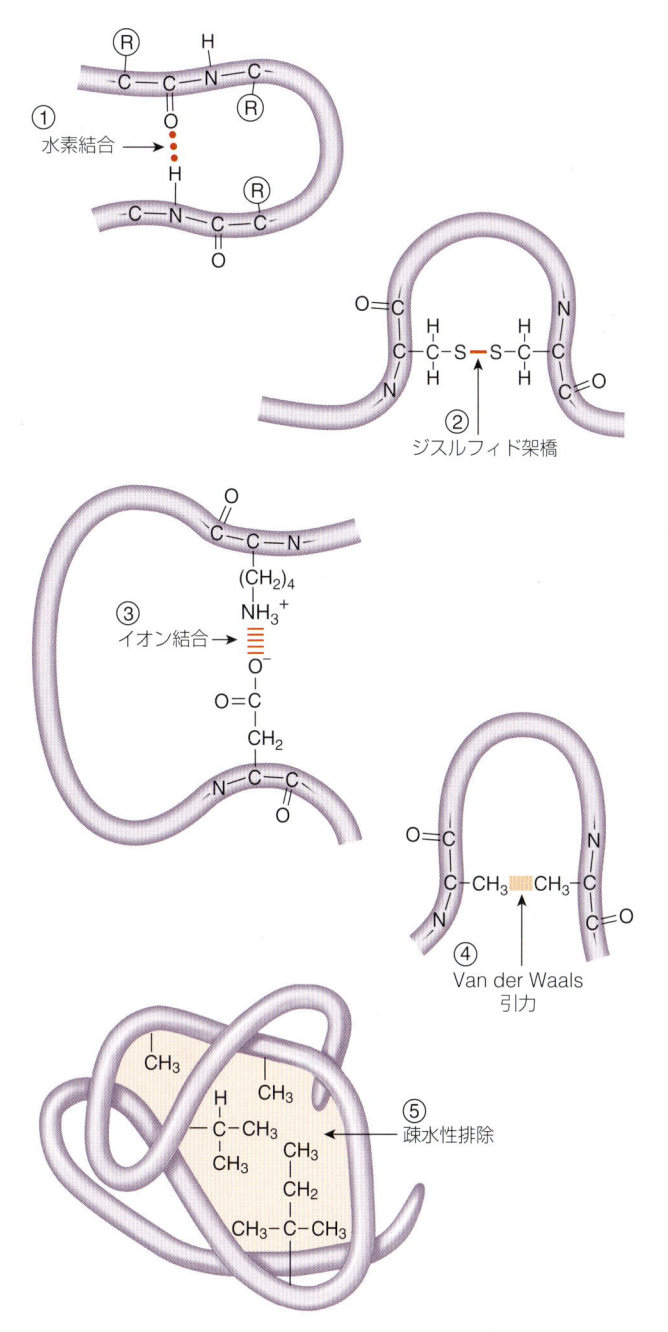

図 3.7
タンパク質の形を決める相互作用．　ペプチド結合とは別に，上に示す五つの弱い力や相互作用がタンパク質の折りたたみに重要な働きをしている．(1) アミノ酸間に形成される水素結合．(2) 二つのシステイン側鎖間に形成されるジスルフィド架橋．(3) イオン結合．(4) 反対の極性電子雲のために生じる原子間の弱い引力である Van der Waals 力．(5) タンパク質の極性部分はタンパク質の外側に集まり，水分子と相互作用する傾向がある．それに対して，非極性アミノ酸側鎖を含んだタンパク質の疎水性部分は，タンパク質の内側に向かって押し込まれる．

くれているようだ．これはX線回折によって決定されたタンパク質の立体構造から確かめられた．つまり，主鎖のペプチドの極性分子どうしが水素結合し，立体構造を安定化していたのだ．水素結合には二つのパターンがある．一方は，一つ

①一次構造

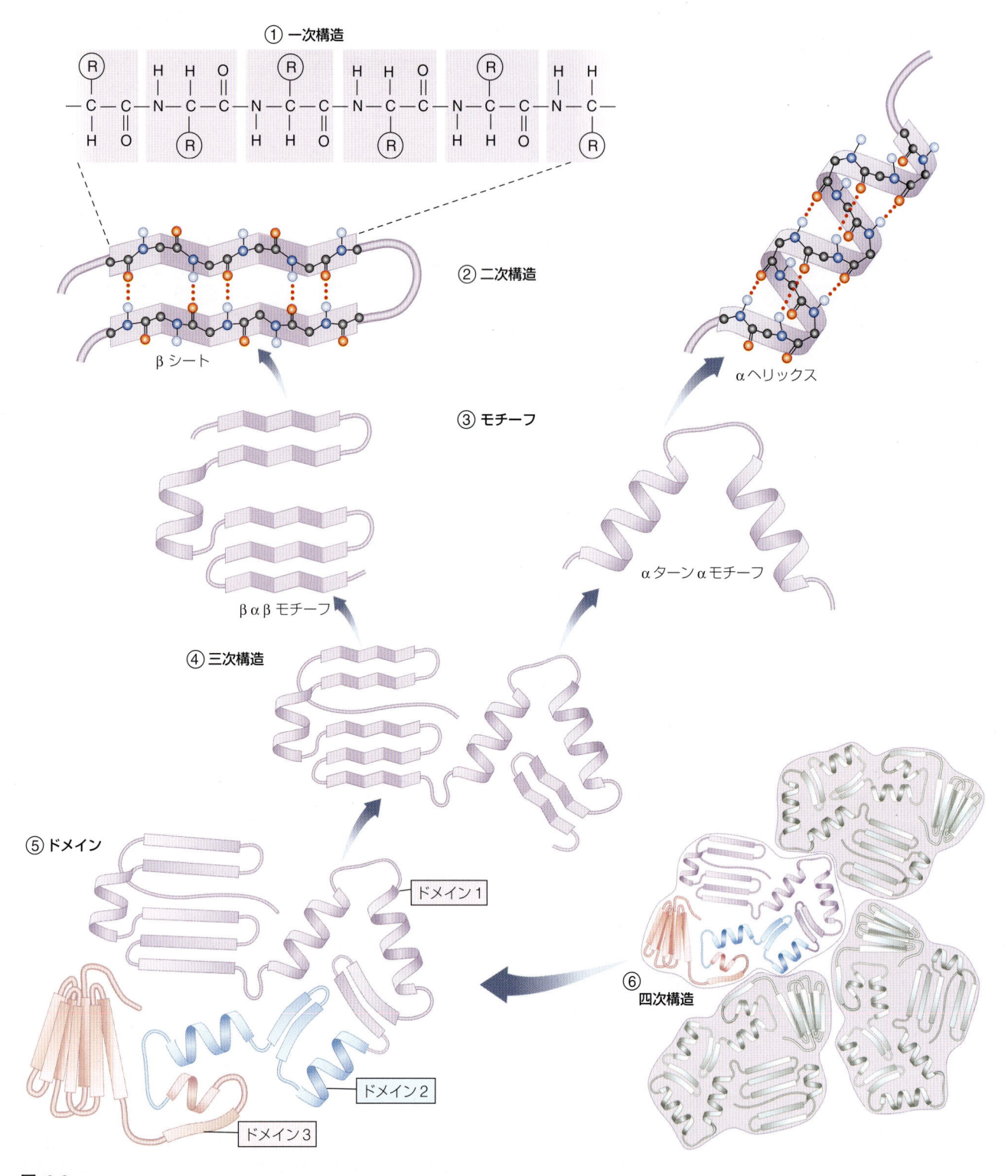

②二次構造
βシート
αヘリックス

③モチーフ
βαβモチーフ
αターンαモチーフ

④三次構造

⑤ドメイン
ドメイン1
ドメイン2
ドメイン3

⑥四次構造

図 3.8
タンパク質が最終的な構造になるまでの六つの段階。 1段階目：一次構造とよばれるタンパク質のアミノ酸配列。2段階目：近接したアミノ酸間に形成される水素結合によって，ベータ（β）シートとよばれる折りたたみとアルファ（α）ヘリックスとよばれるコイルがつくられ，二次構造を形成する。3段階目：これらの折りたたみとコイルによって形成された二次構造要素が組み合わされたり，重ねられたり，折れ曲がってモチーフを形成する。4段階目：球状タンパク質ではさらに折りたたまれて3次元的な三次構造をとる。5段階目：折りたたまれた構造のうちのいくつかは，ドメインごとに互いに連結する。6段階目：多くのタンパク質はほかのペプチド鎖と集合・会合して四次構造とよばれる構造をとる。

のペプチド鎖の上流と下流のアミノ酸のあいだに形成されるもので，アルファ(α)ヘリックスとよばれるコイルの鎖にするのに役立つ。もう一つは，二つのペプチド鎖間に形成されるもので，ベータ(β)シートとよばれるひだ状の構造を形成するのに役立っている。このように，水素結合によって形成されるコイル構造とひだ状構造をタンパク質の二次構造とよぶ。

モチーフ　二次構造の構成要素は，モチーフあるいは"超二次構造"とよばれる特徴的な様式により，タンパク質内で組合せをつくることができる。非常に一般的なモチーフの一つに，折りたたみあるいはひだ状構造をつくる$\beta\alpha\beta$モチーフがあり，多くのタンパク質でヌクレオチド結合領域($\beta\alpha\beta\alpha\beta$モチーフ，Rossmannホールド)を形成する。二つ目のモチーフはβバレルとよばれるもので，管状構造をつくるようにβシート構造が取り囲んで折りたたまれる。三つ目のモチーフは，αターンαモチーフとよばれる構造で，タンパク質がDNAの二重鎖と結合するのに重要である。

三次構造　多彩なモチーフを配置し，内側に非極性側鎖をたたみ込むことによってできあがった球状タンパク質の最終的な形をタンパク質の三次構造とよぶ。三次構造の形成にあたっては，まずタンパク質は水からの疎水性排除を行う。次に，反対の電荷をもつ側鎖間のイオン結合を形成して領域を近づかせ，ジスルフィド結合(二つのシステインの側鎖基間の共有結合)によって，特定の領域をしっかりと組み合わせる。タンパク質の最終的な折りたたみ構造は，一次構造，すなわち側鎖基の化学的な性質によって決まる(図3.7参照)。多くの小さなタンパク質では折りたたみ構造を完全に壊すことができ(変性)，自然にそれらがもつ特徴的な形(構造)に再び折りたたむことができる。

三次的な形に折りたたまれたタンパク質の構造安定性は，内部がぴったりと合致するかどうかに大きく左右される。タンパク質内部の二つの非極性鎖が非常に近接しているときには，それらのあいだにVan der Waals力とよばれる分子間引力が働く。この分子間引力は一つひとつは非常に弱いが，多くなると強い力となる。この分子間力は近接する分子間にしか働かないが，タンパク質内部の"穴"または空洞になっている部分には存在しない。これが，非極性アミノ酸(アラニン，バリン，ロイシン，イソロイシン)に多くの種類がある理由である。これらのアミノ酸はそれぞれ大きさの異なるR基をもっており，タンパク質の内部ではVan der Waals力によって正確に配置されている。タンパク質の内部で一つの非極性アミノ酸が別の非極性アミノ酸へ置換(たとえばアラニンからロイシン)されることによって，タンパク質の安定性がしばしば壊される。それは，ロイシンの側鎖がアラニンの側鎖よりもかなり大きく，タンパク質の内部にうまくたたみ込まれていたこれらの側鎖が置換によってその立体配置が壊されたことによる。このように，一つのアミノ酸が変わっただけでもタンパク質の形が大きく影響され，場合によってはタンパク質の機能が失われたり，変わったりするのである。

ドメイン　多くのタンパク質は，エキソン(エキソンについては第15章で詳しく述べる)とよばれるいくつかの機能的な部分に分かれて遺伝子にコードされている。タンパク質のなかで各エキソンとしてコードされた部分は，一般的に100から200アミノ酸残基からなり，**ドメイン**(domain)とよばれる構造的に独立した機能単位として折りたたまれている。ポリペプチド鎖が折りたたまれるにつれてドメインも適切な形に折りたたまれ，タンパク質のほかの部分とはいくぶん独立する。このことは，タンパク質中のドメインを形成するポリペプチド断片を実験室でつくって，それがタンパク質中と同じように折りたたみ込まれることで実験的に証明できる。

単一のポリペプチド鎖は，あるタンパク質のドメインをつないでおり，いくつかの結び目が連なった1本のロープのようである。ドメインはタンパク質中で異なる機能をもっていることが多い。たとえば，酵素タンパク質のあるドメインには補助因子が結合し，ほかのドメインには基質が結合するというように。

四次構造　二つあるいはそれ以上のポリペプチド鎖が機能をもつタンパク質を形成するために会合する場合，それぞれのポリペプチド鎖をサブユニットとよぶ。サブユニットは同じポリペプチド鎖である必要はない。たとえば，ヘモグロビンは2個のα鎖サブユニットと2個のβ鎖サブユニットからなる。サブユニットからなるタンパク質の構造を四次構造とよぶ。タンパク質を構成するサブユニット間の境界面は多くの場合非極性であり，個々のサブユニットの働きに関する情報をサブユニット間で伝達するのに重要である。

サブユニット界面に位置するアミノ酸の置換は，タンパク質の機能に大きな影響を及ぼす。鎌状赤血球ヘモグロビンでは，そのβサブユニットのすみに存在する極性アミノ酸であるグルタミン酸が非極性アミノ酸のバリンへ変異している。この変異をもつサブユニットを含むヘモグロビンでは，非極性アミノ酸が表面に出ていることによってほかのヘモグロビン分子とくっつきやすくなり，機能をもたない分子になって，遺伝的な病気である鎌状赤血球貧血症の原因となる。

タンパク質の構造は，次の六つの段階に分けて考えることができる。：(1)アミノ酸配列あるいは一次構造；(2)二次構造とよばれるコイルとシート；(3)モチーフとよばれる折りたたみと折り目；(4)三次構造とよばれる三次元的な形；(5)ドメインとよばれる機能的な単位；(6)サブユニットからなる四次構造。

どのようにしてタンパク質は機能をもつ構造に折りたたまれるのか

タンパク質が機能をもつ特徴的な構造に折りたたまれるために，非極性アミノ酸が重要な役割を果たしている。最近まで研究者は，水との疎水的相互作用によって内部に非極性アミノ酸をタンパク質内部に押し込むので，新たに細胞内で合成されたタンパク質は自発的に折りたたまれると考えていた。しかし，この考え方はあまりに単純すぎることがわかってきた。タンパク質を構成するポリペプチド鎖のたたみ込みには多くのやり方があるので，これを試行錯誤でやっていたのでは長い時間がかかりすぎる。さらに，まだ折りたたまれていないポリペプチド鎖は，最終的に折りたたまれた構造が取れるように，折りたたみの中間段階では"接着性のある"非極性部分を露出していることになる。この状態のタンパク質を細胞内と同様の環境で放置すると，本来は会合してはいけないほかのタンパク質と会合してしまい，機能のないタンパク質になってしまう。

シャペロンタンパク質

細胞はどのようにしてタンパク質の立体構造形成における上述の問題を解決しているのか。その答えは，ウイルスに感染した細菌でウイルスの複製が妨げられる変異を調べた研究から得られた。このような細菌では，ウイルスタンパク質が正確に折りたたまれないことがわかったのである。この細菌を使った研究が進んだ結果，新たに合成されたタンパク質が正確に折りたたまれるのを助ける**シャペロンタンパク質**(chaperon protein)とよばれる特別なタンパク質があり，このタンパク質は通常の細胞にも含まれていることがわかってきた。シャペロンタンパク質をコードする遺伝子に変異が起こると，折りたたみが正確に起こらなかったタンパク質のかたまりでふさがれて，細胞は死滅する。このような細菌では，全タンパク質の30％が正しく折りたたまれていない。

現在，分子シャペロンとして働くタンパク質が17種類以上同定されている。その多くは，細胞の培養温度の上昇に伴って大量に産生される熱ショックタンパク質である。高温ではタンパク質の折りたたみが解除され，熱ショックシャペロンタンパク質はそのタンパク質が再び折りたたまれるのを助ける(図3.9)。

シャペロンタンパク質がタンパク質の折りたたみにどのように関与しているかについては多くの考え方がある。タンパク質が折りたたまれるとき，ほかのタンパク質によって妨害されないような環境をシャペロンタンパク質が提供していると最初は考えられていたが，現在ではシャペロンタンパク質は間違った折りたたみ状態のタンパク質を救助して，正しく折りたたまれる機会を与えているものと考えられている。研究者がわざと間違った折りたたみをしたタンパク質(たとえばリンゴ酸脱水素酵素)をシャロペンタンパク質に"与える"と，そのタンパク質は活性をもつ構造に再び折りたたまれることからもわかる。

タンパク質の折りたたみと病気

シャペロンタンパク質の欠如が，大事なタンパク質の複雑な折りたたみがうまくいかないことにより，ある種の病気の原因になっている可能性がある。嚢胞性線維症は，細胞膜を介したイオンの移動に重要な役割を果たしているタンパク質に変異が生じて機能しなくなる遺伝病である。その重要な膜タンパク質のアミノ酸配列は正常だが，最終的な形にまで折りたたまれないという例が知られている。アルツハイマー病によく見られるアミロイド斑を形成する脳細胞で起こるタンパク質凝集の原因の一つも，シャペロンタンパク質の欠如であろうと推測されている。

シャペロンタンパク質は，新たにつくられたタンパク質が正確に折りたたまれるのを助ける。

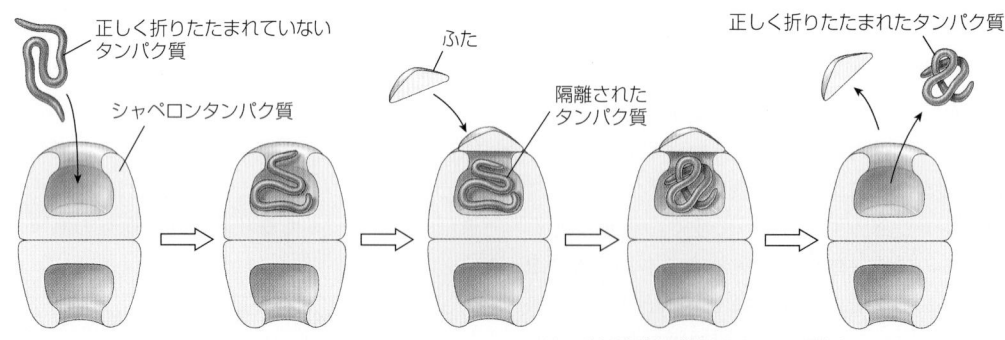

図 3.9
シャペロンタンパク質はどのように作用するのか。 樽状のシャペロンタンパク質は熱ショックタンパク質であり，高温で生産量が増加する。不正確にたたみ込まれたタンパク質は樽の中に入り，蓋が閉じられてそのタンパク質が閉じ込められる。閉じ込められ，隔離されたタンパク質はほかの不正確にたたみ込まれたタンパク質と凝集しないようになり，再度正確に折りたたまれ，また樽の外に排出される。このサイクルがくり返される。

タンパク質はどのようにして折りたたまれた状態から解かれるのか

タンパク質を取り囲む環境が変わると，タンパク質は形を変えるか，場合によっては折りたたみがほどかれる。これをタンパク質の**変性**（denaturation）とよぶ（図3.10）。溶液のpH，温度あるいはイオン強度が変わるとタンパク質は変性する。変性したタンパク質は，通常生物学的に不活性となる。これは酵素にとっては特に重要なことである。生物体内で起こる化学反応は，それぞれ特異的な酵素によって触媒されているので，酵素が機能を保持していることは必須である。塩蔵や漬け物のような伝統的な手法の背後にある原理がそれである。冷蔵庫や冷凍庫が広く使われるまでは，食物を保持するために高濃度の塩や酢によって微生物の酵素を変性させ，その増殖を抑えることが唯一の実用的な方法であった。

酵素の多くは，非常に限られた物理的条件下で機能を発揮する。血液中の酵素は血液のpH7.4ではよく働くが，強酸性の胃のなかではすぐに変性してしまう。逆に，胃のなかでpH2かそれ以下で働くタンパク質分解酵素は，それよりアルカリ性の血液中では変性してしまう。海洋の熱水噴出孔近くに生息している生物は，この過酷な環境（100℃以上）でよく働く酵素をもっている。このような生物は，自らがもつ酵素が低い温度では正常に機能しないために，冷水のなかでは生存できない。すべての生物は通常生存できるpH，温度，塩濃度の範囲が決まっている。その範囲内で，それぞれの生物がもっている酵素は働くことができる形を維持している。

変性したタンパク質を通常の環境に戻すと，小さなタンパク質は非極性アミノ酸と水とのあいだの相互作用によって，再びもとの形状に自発的に折りたたまれる（図3.11）。しかし，より大きなタンパク質ではその形が複雑であるため，変性後にもとの形に自発的に折りたたまれることはまれである。変性と**解離**（dissociation）を区別することは重要である。ヘモグロビンを構成する4個のサブユニットは，折りたたまれたグロビンタンパク質が変性することなく個々の分子（2個のα-グロビンと2個のβ-グロビン）に解離させることができ，解離したサブユニットを再会合させることによってもとの四次構造をもつヘモグロビンにすることもできる。

> 球状タンパク質を正確に折りたたむ条件は限られており，その条件以外では球状タンパク質の折りたたみは起こらない。

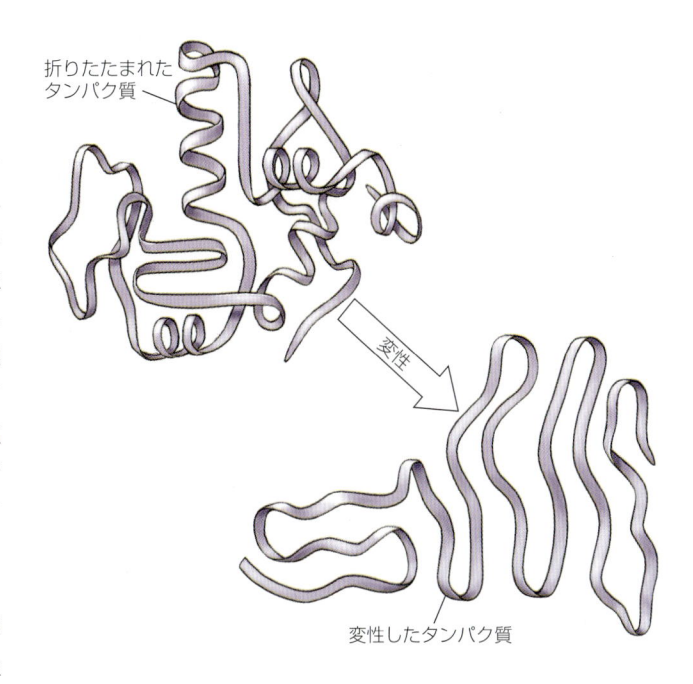

図 3.10
タンパク質の変性。 温度はpHの変化によってタンパク質の折りたたみがほどけ，形が壊れる。これをタンパク質の変性といい，変性状態のタンパク質は生物学的に不活性である。

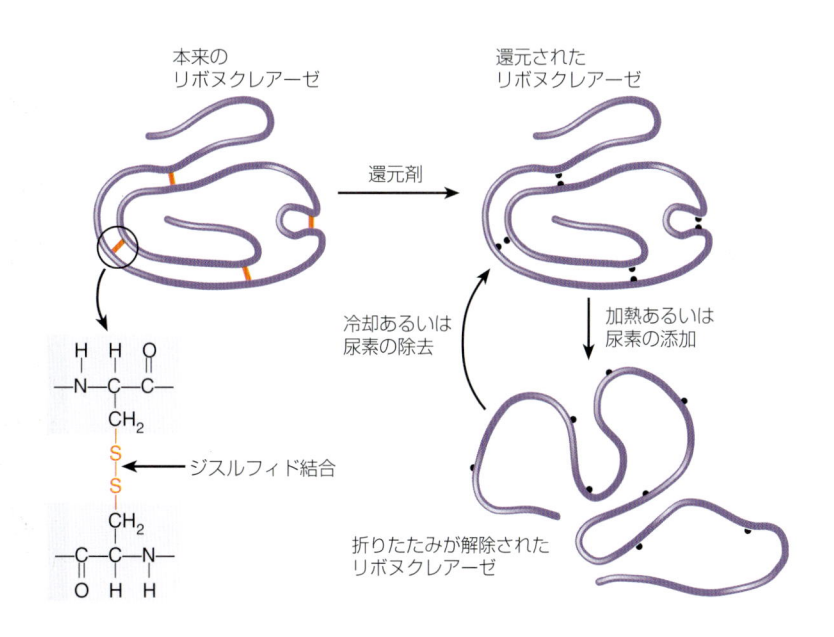

図 3.11
一次構造は三次構造を決定する。 タンパク質内のジスルフィド結合を開裂させる還元剤でリボヌクレアーゼを処理後，尿素処理あるいは熱処理すると，そのタンパク質は変性（折りたたみが解除された状態）し，酵素活性を失う。しかし，冷却するか尿素を除去すると，タンパク質は再度折りたたまれて活性が回復する。このことは，タンパク質のアミノ酸配列以外の情報は正確な折りたたみに必要ではないことを示している。つまり，タンパク質の一次構造が三次構造を決定しているのである。

3.2 タンパク質は細胞の化学反応の主役である

3.3 核酸は遺伝情報の保存と伝達を行う

情報分子

　細胞の生物学的な活性は，特異的なアミノ酸配列をもつ多くのタンパク質が合成されるかどうかに依存している。タンパク質そのものではなく，タンパク質を正しく合成する能力が，生物の世代から世代へと受け渡しされる。

　核酸は細胞の情報貯蔵装置である。例えてみれば，コンピューターディスクがコンピューターの情報記憶媒体であり，青写真が建築業者にとって大事な情報を保存し，さらに旅行者にとって道路地図が旅行ルートの情報を保存しているようにである。核酸には2種類ある。すなわち，**デオキシリボ核酸**(deoxyribonucleic acid：DNA，図3.12)と**リボ核酸**(ribonucleic acid：RNA)である。タンパク質を合成するための情報は，DNAがもっている(第14章参照)。生物がもっている巨大分子のなかで，核酸だけが自らと同じ分子を正確につくる鋳型になることができ，それぞれの生物に特徴的である情報を複製して子孫に伝えることができる。そのため，DNAは遺伝物質といわれるのである。細胞はDNAに貯蔵されている情報を読みとり，タンパク質合成を指揮するために，もう一つの核酸であるRNAを用いる。RNAは構造的にはDNAと似ており，DNAの一部が転写されたコピーとしてつくられ，タンパク質のアミノ酸残基をDNAの情報どおりに並べるために，細胞内の特定の場所に出ていくことになる。これについては第15章で詳しく述べる。

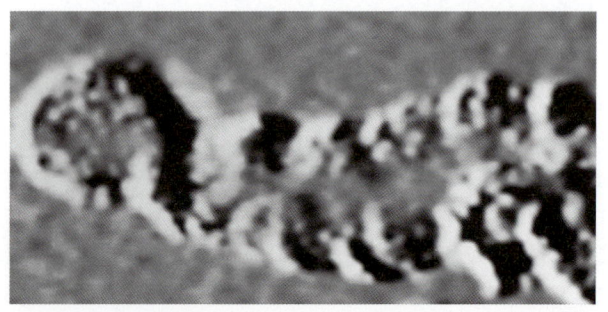

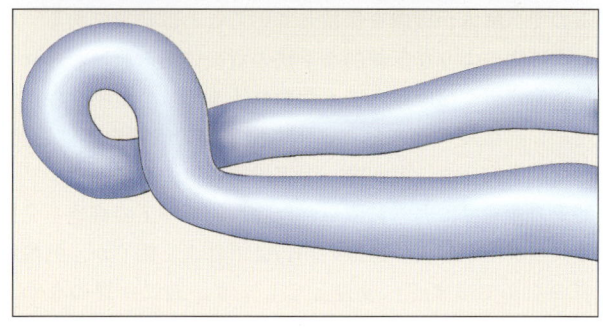

図 3.12
DNA分子の最初の写真。 顕微鏡写真とその下のスケッチは，100万倍に拡大されたDNA断片である。DNA分子は細長いので，ヒトの毛髪の直径と同じにするためには50,000分子を束ねることが必要である。

DNAを「見る」

　DNA分子を光学顕微鏡で見ることはできない。電子顕微鏡は，2, 3ダースの原子の幅がある構造を映しだすことができるが，DNA鎖を構成している個々の原子を見ることはできない。1980年代半ばに開発された走査トンネル顕微鏡によって初めてDNA鎖を見ることが可能になった(図3.13)。

　光学顕微鏡は可視光を物体にあて，物体から反射してくる光によって物体の像をつくりだす。電子顕微鏡は可視光の代わりに電子ビームを使う。走査トンネル顕微鏡ではコンピューター制御のもとに，プローブとよばれる「探り針」を原子の直径より小さい歩調で分子の表面の凸凹に対応させて動かし，このプローブの動きをコンピューターによって画像につくり直すのである。

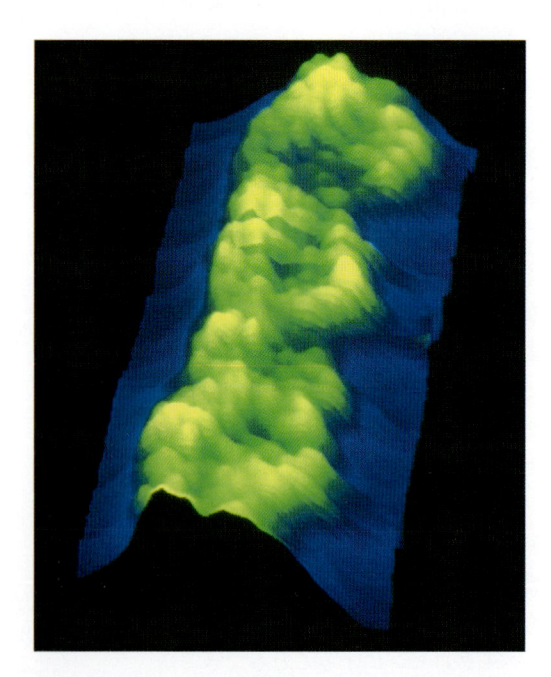

図 3.13
DNAの走査トンネル顕微鏡写真(疑似カラー表示，200万倍)。 顕微鏡写真にはDNA二重らせんの三つの曲がりが示されている (図3.16参照)。

核酸の構造

核酸は，**ヌクレオチド**(nucleotide)とよばれる構成単位がくり返し，長い重合体をつくったものである。各々のヌクレオチドは三つの部分，すなわち五炭糖(RNAはリボース，DNAはデオキシリボース)，リン酸基($-PO_4$)と窒素を含んだ塩基からなる(図3.14)。核酸重合体が形成されるとき，一つのヌクレオチドのリン酸基とほかのヌクレオチドのヒドロキシル基は水を遊離して，ホスホジエステル結合を形成する。したがって，**核酸**(nucleic acid)は塩基を結合した糖がホスホジエステル結合により互いにつながった五炭糖の鎖である(図3.15)。

二つのタイプの塩基がヌクレオチドに存在する。一つは"プリン"とよばれ，DNAとRNA両方で存在する二重環状分子で，アデニン(A)とグアニン(G)である。二つ目は"ピリミジン"とよばれる一つの環状構造からなるもので，シトシン(C, DNAとRNAに存在)，チミン(T, DNAのみの存在)とウラシル(U, RNAのみに存在)である。

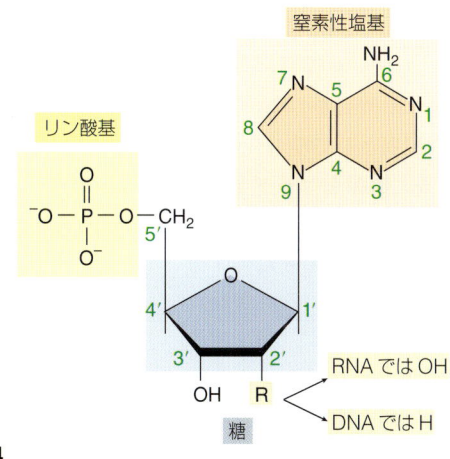

図 3.14
ヌクレオチドの構造。 DNAとRNAのヌクレオチド単位は三つの要素，すなわち五炭糖，有機窒素性塩基(ここではアデニンが示されている)とリン酸基，から構成されている。

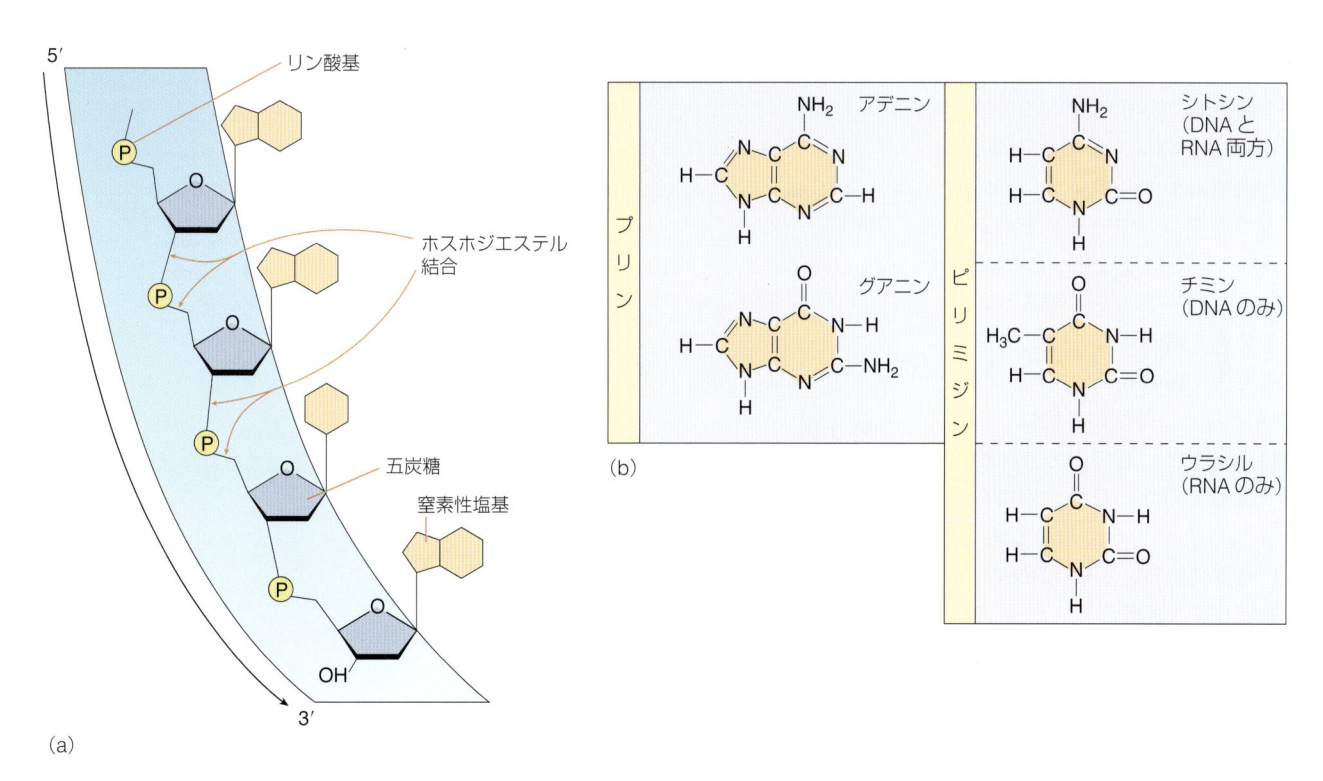

図 3.15
核酸と有機窒素を含む塩基の構造。 (a) 核酸ではヌクレオチドが互いにリン酸ジエステル結合を介して塩基が鎖から突きだすように結合している。(b) 有機窒素性塩基にはプリンとピリミジンがある。DNAのチミンはRNAではウラシルに置き換わる。

3.3 核酸は遺伝情報の保存と伝達を行う

DNA

　生物は，タンパク質のアミノ酸配列を指定する情報をDNAのヌクレオチドの配列として暗号化（コード）している。情報をコードするこの方法は，文字を並べることによって意味のある文章をもたらす方法に非常によく似ている。英語によって書かれた文章は，26文字の異なったアルファベットをある特徴的な順番で組み合わせたものからなっている。一方，DNA分子のコードは，CGCTTACGのような特異的な配列をもった四種類のヌクレオチドの組合せからなっている。DNAにコードされている情報は，その生物の日常の代謝に用いられており，その生物の子孫に受け渡される。

　DNA分子は，タンパク質のように複雑な形にたたみ込まれた一本鎖として存在しているのではなく，二本鎖として存在している。二つのDNA重合体は，らせん階段の外側と内側の手すりのように互いに沿って巻きついている。そのように巻きついた形はらせんとよばれ，DNAのようにお互いに巻きついている2本の鎖からなるらせんを**二重らせん**（double helix）とよぶ。DNAのらせん階段の各段は，一方の鎖の塩基と反対側のもう一つの鎖の塩基とのあいだで水素結合によって形成される塩基対である。この水素結合は，2本のDNAの鎖を固定して二重構造をつくっている（図3.16）。塩基の対合は厳密で，アデニンはDNAではチミン，RNAではウラシルとのみ対合する。また，シトシンはグアニンとのみ対合する。対合する塩基はお互いに**相補的**（complementary）であるといわれる。DNAが，どのようにしてタンパク質合成においてRNAと相互に作用するかについては，第14章と第15章で述べる。

RNA

　RNAはDNAと似ているが，化学的に大きな違いが二つある。一つは，RNAは2位の炭素にヒドロキシル基が結合して

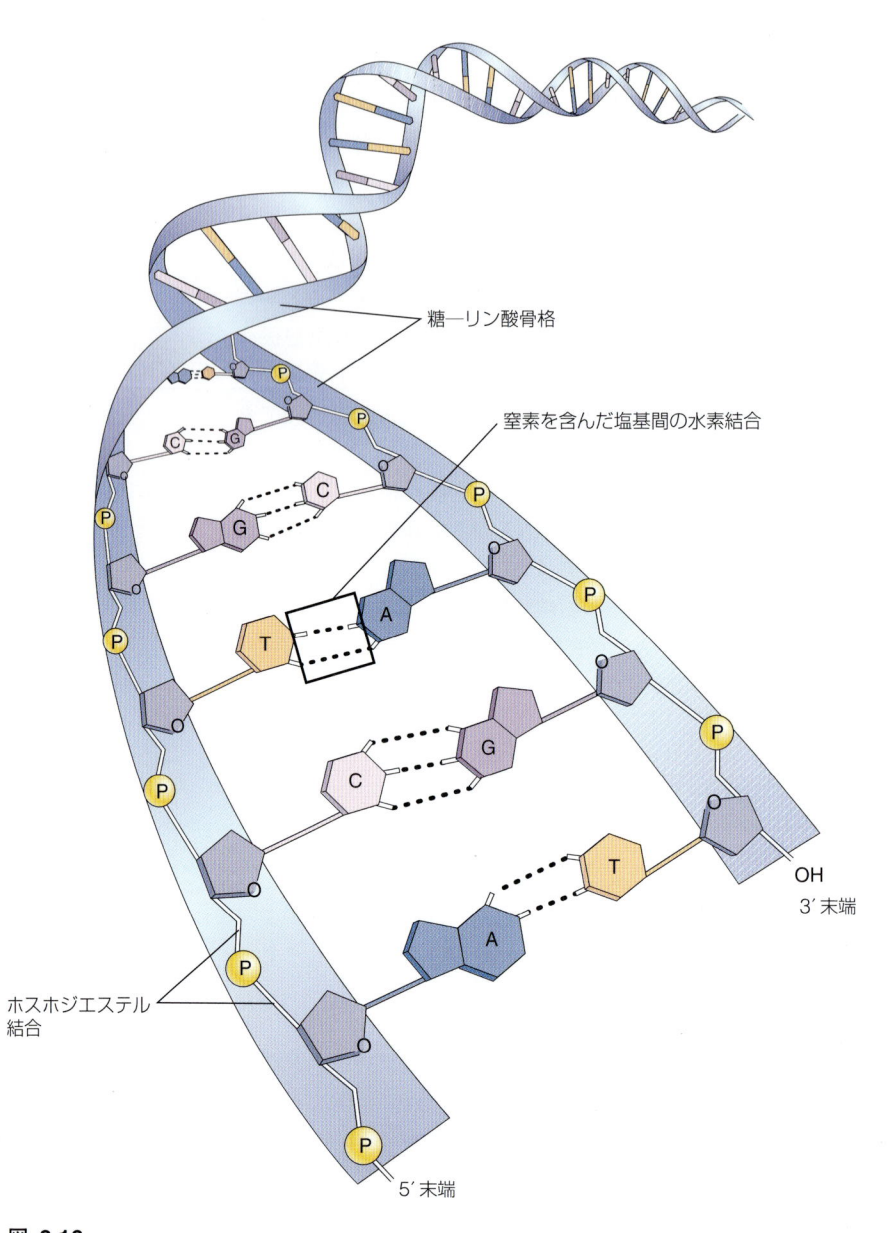

図 3.16
DNAの構造。　水素結合（破線）を介して塩基間に形成される塩基の対合は，DNAの二本鎖を互いに結合させて二重らせんを形成させる。

いるリボース糖からなるが，DNAではこのヒドロキシル基が水素原子に置換されている。第二に，RNAはチミンの代わりにウラシルを含んでいる。ウラシルは，メチル基（$-CH_3$）を含んでいないこと以外はチミンと同じ構造である。

　DNA分子は，下巻第26章で述べる一本鎖DNAウイルスを除いて，すべて二本鎖である。一方，DNAから転写されるRNA分子は一般に一本鎖である（図3.17）。$2'-OH$基の立体的障害のために，RNAはDNAのように二重らせんを形成することはできない。このように一本鎖RNAと二本鎖DNAのように二つの異なる分子を用いることによって，DNAは遺伝情報の保存，RNAはその情報にもとづいたタンパク質の合成への関与という役割分担をしているのである。

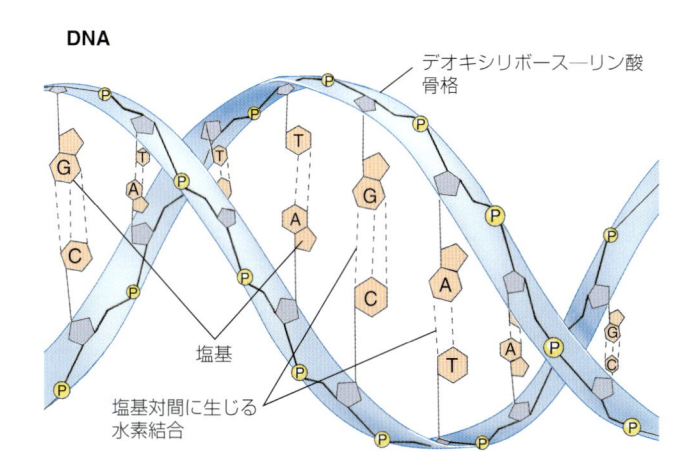

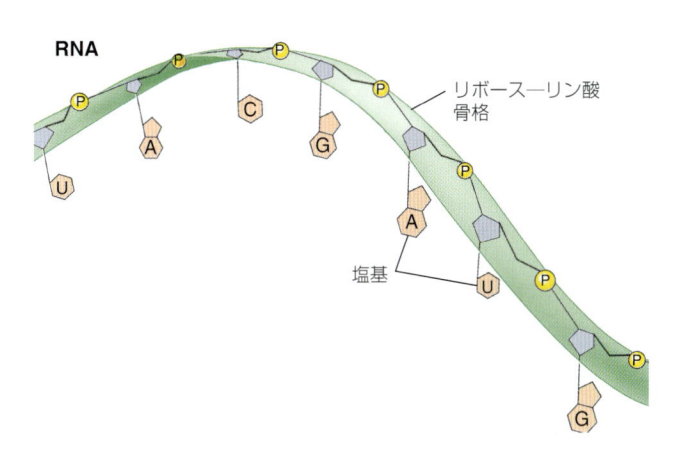

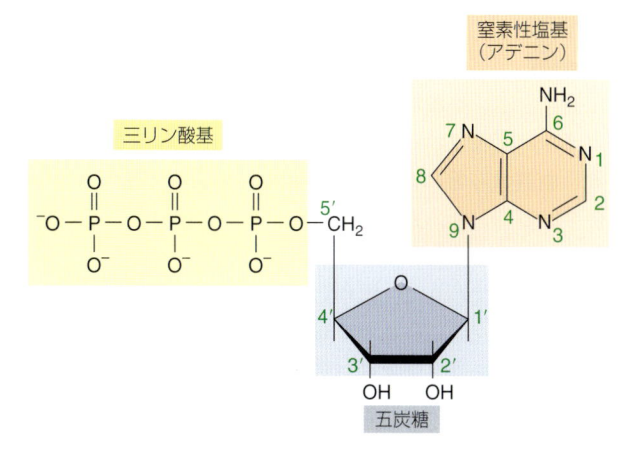

図 3.18
ATP. アデノシン三リン酸(ATP)はアデニン，五炭糖と三つのリン酸基からなる。ATPはエネルギー変換に重要である。

図 3.17
DNAとRNA. DNAは二重らせんを形成し，糖―リン酸骨格の糖はデオキシリボースで，窒素性塩基にチミンを利用する。RNAは通常一本鎖であり，糖―リン酸骨格の糖はリボースで，チミンの代わりにウラシルを利用する。

DNAとRNAのどちらが最初か？

タンパク質合成のための重要な情報は，二本鎖DNAの塩基配列に保存されている。タンパク質を合成するとき，細胞は最初にDNAのヌクレオチド配列に相補的な配列をもったRNA転写物をつくる。DNAが情報を保存し，タンパク質合成には相補的なRNAを用いることで，細胞はDNAの情報を使うたびにDNAが切断されるおそれのある一本鎖にしないですむ。したがって，DNAは遺伝情報を保管し，損傷からそれを守る一つの手段としてRNAから進化してきたと考えられる。このような遺伝システムは生命の起源のごく初期に獲得された。

細胞は特異的なアミノ酸配列をもつタンパク質をつくるために，一本鎖の寿命の短いRNAを使う。したがって，情報はDNAからRNAそしてタンパク質へと伝わる。この過程を分子生物学の「セントラルドグマ」とよぶ。

ATP

DNAとRNAの構成単位として使われるヌクレオチド塩基は，細胞の生命活動に重要なほかの役割もになっている。たとえば，アデニンは細胞のエネルギー通貨である"アデノシン三リン酸"分子(ATP：図3.18)の重要な構成成分である。また，アデニンはATP生成のためのエネルギーとなる電子を輸送する"ニコチンアミドアデニンヌクレオチド"(NAD^+)と"フラビンアデニンジヌクレオチド"(FAD)の分子中にも存在する。

核酸は五炭糖の長い鎖からなり，各糖から塩基が突きでている。DNAは二重らせんで，その塩基配列に遺伝情報が保存されている。RNAはDNAの情報を写しとった一本鎖分子で，タンパク質合成を指揮する。

3.4 脂質は膜を形成し，エネルギーを貯蔵する

脂質は，水に不溶性であるという性質をもつ一群の分子とおおまかに定義される。もっとも身近な脂質は，脂肪と油である。脂質は非常に高い割合で非極性の炭素—水素（C—H）結合をもっており，長鎖脂質はまわりの水環境からその非極性部分を隔離するためにタンパク質のようにたたみ込まれることはない。代わりに，水中に置かれたとき多くの脂質分子がひとりでに互いに密集して極性（親水性）基をまわりの水に露出し，非極性（疎水性）部分を密集したクラスター内に隔離する。このような脂質の性質は細胞膜構造の基礎となるために，細胞にとってとりわけ重要である。

リン脂質は膜を形成する

リン脂質（phospholipid）とよばれる複合脂質分子は細胞のなかでもっとも重要な分子の一つである。なぜならこの分子は，すべての生体膜の中核を形成するからである。個々のリン脂質は3種類の構造単位よりなる混成分子である。

1. "グリセロール"：各々の炭素にヒドロキシル基をもつ三炭素アルコール。グリセロールはリン脂質分子の骨格を形成する。

2. "脂肪酸"：カルボキシル基（—COOH）を末端にもつ—CH_2基の長い鎖（炭化水素鎖）。二つの脂肪酸がリン脂質分子のグリセロール骨格に結合している。

3. "リン酸基"：グリセロールの一つの末端に結合している。荷電リン酸基は，一般にコリンやエタノールアミンあるいはアミノ酸のセリンのような荷電有機分子と結合している。

リン脂質分子は一つの末端（リン酸基）に極性「頭部」をもっており，もう一つの末端には2本の長く，きわめて非極性の「尾部」をもっている（図3.19）。水中では近くの脂質分子の非極性尾部が水から避けるように凝集し，尾部を内部にもつ球状の"ミセル"を形成する。リン脂質は互いに尾部を向けた二重層，すなわち脂質二重層を形成する（図3.20）。脂質二重層は生体膜の基本的な骨組みであり，第6章で詳しく述べる。

脂質中のC—H結合はきわめて非極性なので，それらは水に不溶性で，水中ではお互いに凝集する。リン脂質が凝集するこの性質によって生体膜が形成される。

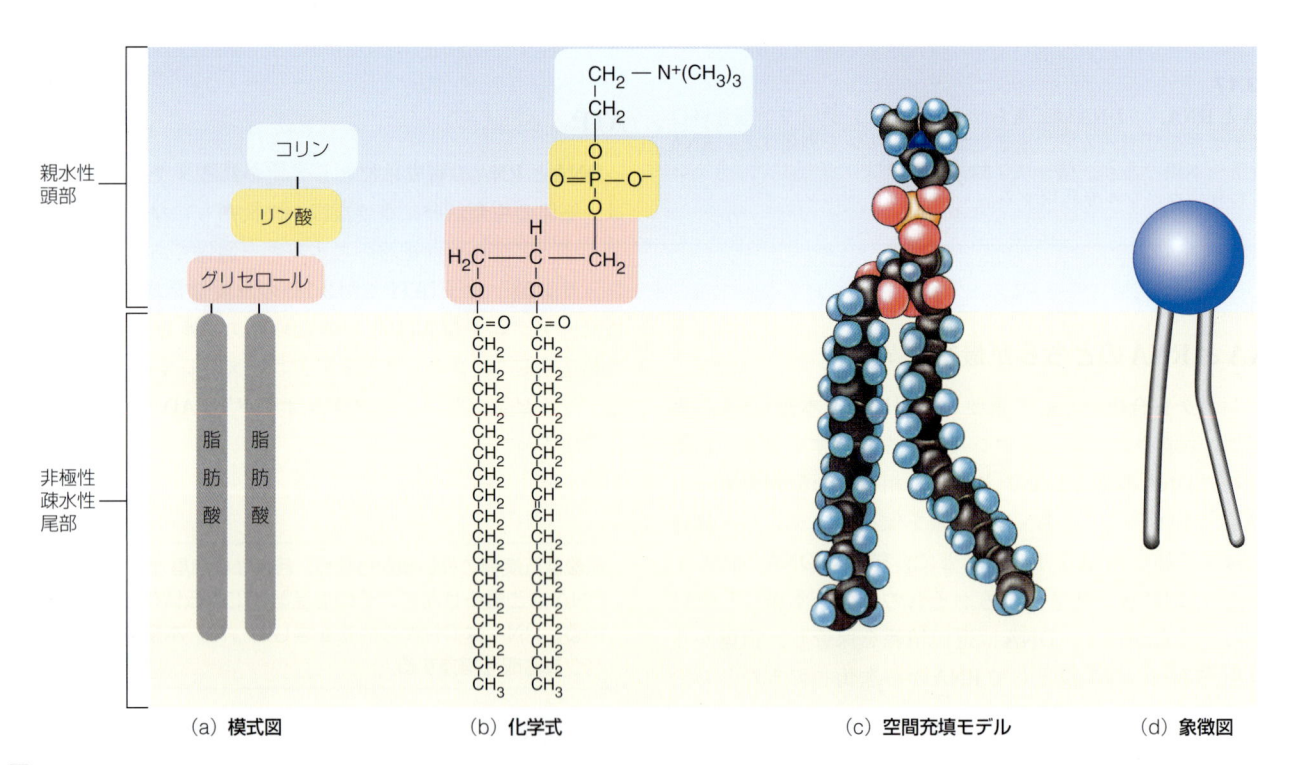

図 3.19
リン脂質。 リン脂質であるホスファチジルコリンを，(a) 模式図，(b) 化学式，(c) 空間充填モデルと(d) 象徴図で示す。

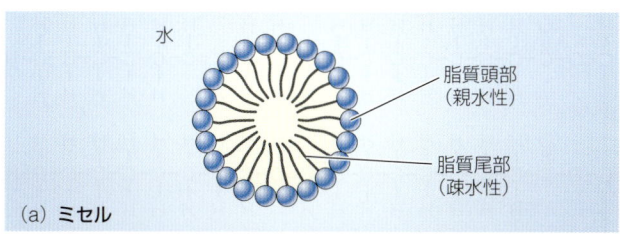

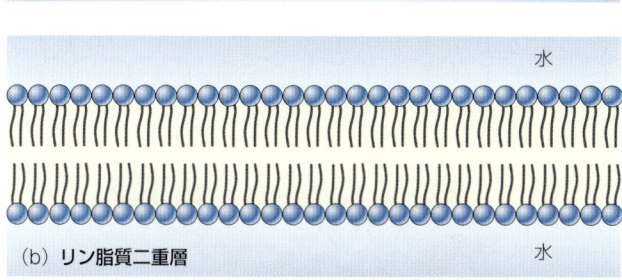

図 3.20
脂質は水中では自発的にミセルあるいは脂質二重層を形成する。水中では脂質分子は極性頭部（親水性）を極性媒質である水分子の方に，非極性尾部（疎水性）は水から離れるように配置する。(a) リン脂質分子はミセルとよばれる小滴を形成するか，あるいは (b) リン脂質分子自身で二重層をつくって配列する。両構造とも，親水性頭部が表面にあり，疎水性尾部は内部にある。

図 3.21
ほかの脂質。　(a) 葉緑素やレチナールのようなテルペンは生物色素である。(b) ステロイドは膜や情報伝達において重要な役割を担っている。

脂肪とほかの脂質

脂肪も脂質の一種であるが，リン脂質とは異なり極性末端をもっていない。脂肪 (fat) はグリセロール骨格の各炭素に3分子の脂肪酸が一つずつ結合した分子で，**トリグリセリド** (triglyceride) あるいはより正確には**トリアシルグリセロール** (triacylglycerol) とよばれる（図3.22を参照）。トリグリセリドの三つの脂肪酸は同一である必要はなく，しばしば互いに著しく異なっている。生物は脂肪中の多くのC—H結合に長時間エネルギーを貯蔵する。

トリグリセリド分子には極性頭部がないので，水に不溶である。水中ではトリグリセリド分子は自発的にお互いに凝集し，個々の分子の大きさと比較して非常に大きな脂肪小滴を形成する。脂肪は水に不溶なため，生物体内の特別な場所に貯蔵されている。

動物の脂肪のような貯蔵脂肪は脂質の一種である。オリーブオイル，コーンオイルやココナッツオイルのようなオイルも脂質であり，蜜蝋や耳垢のようなろう（ワックス）も脂質である。脂肪酸の炭化水素鎖の長さには多様性があり，もっとも一般的なものは14から20の偶数個の炭素からなる。脂肪酸鎖の末端以外のすべての炭素原子に少なくとも2個の水素原子が結合している場合，その脂肪酸は**飽和脂肪酸** (saturated fatty acid) とよばれる（図3.22を参照）。脂肪酸を構成する炭素原子に一つ以上の二重結合がある場合，その脂肪酸を**不飽和脂肪酸** (unsaturated fatty acid) とよぶ。二つ以上の二重結合をもつ脂肪酸は，**多価不飽和脂肪酸** (polyunsaturated fatty acid) とよばれる。多価不飽和脂肪酸を含む脂肪の融点は低い。なぜなら，その脂肪酸鎖は二重結合の部分で互いの脂肪酸分子が密に整列させられないように曲がっているからである。したがって，コーンオイルのような多価不飽和脂肪は一般に室温で液体であり，オイルとよばれる。対照的に，バターなどに含まれる脂肪酸のほとんどは飽和脂肪なので，室温で固体である。

生物は脂肪のほかにも，多くの種類の脂質を含んでいる（図3.21）。"テルペン"は，葉緑素や色覚色素であるレチナールのような多くの生物学的に重要な色素の成分である長鎖の脂質である。天然ゴムもテルペンである。膜に存在するもう一つのタイプの脂質である"ステロイド"は，4個の炭素環から構成されている。ほとんどの動物の細胞膜は，ステロイドとしてコレステロールを含んでいる。テストステロンやエストロゲンはステロイドの仲間で，多細胞生物ではホルモンとして働いている。"プロスタグランジン"は五炭素環に二つの非極性「尾部」が結合した脂肪酸で，約20種類の脂質がこれに含まれ，多くの脊椎動物の組織において局所的な化学伝達物質として作用する。

細胞は膜リン脂質のほかにも多様な脂質をもっており，それらは細胞の代謝に多くの重要な役割をになっている。

(a) 飽和脂肪

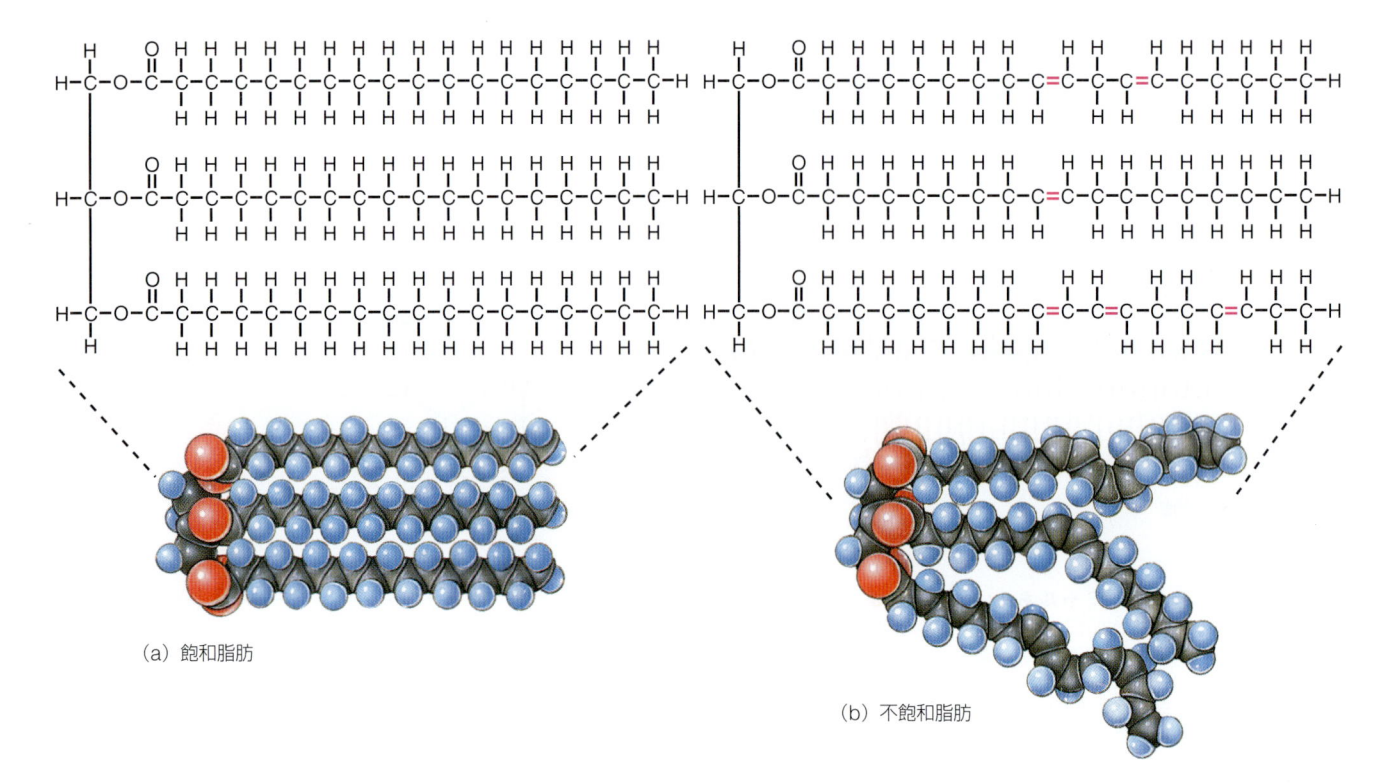

(b) 不飽和脂肪

図 3.22
飽和脂肪と不飽和脂肪。 （a）飽和トリアシルグリセロールは，二重結合がない三つの飽和脂肪酸を含む。したがって，最大数の水素原子が炭素鎖に連結している。多くの動物のトリアシルグリセロール（脂肪）は飽和脂肪酸からなる。これらの脂肪酸鎖は互いに動けないほど密に整列することができるので，固い脂肪とよばれる。（b）不飽和トリアシルグリセロールは一つあるいはそれ以上の二重結合をもった不飽和脂肪酸を含む。したがって，最大数より少ない水素原子が炭素鎖に結合している。植物性脂肪は一般に不飽和である。長鎖脂肪酸に二重結合が存在することによる"ねじれ"によってトリアシルグリセロールは密に整列することができないので，室温でも液状のオイルである。

エネルギー貯蔵分子としての脂肪

ほとんどの脂肪は40個以上の炭素原子を含んでいる。脂肪におけるエネルギー貯蔵C—H結合と炭素原子との割合は炭水化物の2倍以上であり（3.5節を参照），脂肪は化学エネルギーを貯蔵するうえで効率のよい分子である。脂肪は平均で1gあたり約9kcalの化学エネルギーを生み，炭水化物は1gあたり4kcal以下である。

動物が産生する脂肪は，いくつかの魚油を除いてすべて飽和脂肪酸からなるのに対して，ほとんどの植物の脂肪は不飽和脂肪酸からなる（図3.22）。例外として，熱帯植物油（ヤシオイルとココナッツオイル）は室温で流動性であるにもかかわらず飽和脂肪酸からなる。オイルは水素添加によって固体脂肪へと変換することができる。市販のピーナッツバターは，通常ピーナッツ脂肪を固形化するために人工的に水素添加して，瓶を店の棚に陳列しているあいだにオイルとして分離しないようにしている。しかし，C—H結合を豊富にするために人工的に水素添加した不飽和脂肪酸は，本来もっていた健康面でのよさを失っていると思われる。したがって，いまでは水素添加したコーンオイルからつくられたマーガリンが，バターより健康によいとは思われていない。

生物は炭水化物を余分に得たとき，将来の利用に備えて，デンプン，グリコーゲンあるいは脂肪（脂肪酸）に変換して蓄えておく。多くの人が年を取るにつれ，体重を増やす。これは，人が必要とするエネルギー量は年を取るにつれ減少するが，食物の摂取量は減少しないので，過剰な炭水化物が脂肪に変換されるためである。

脂肪が豊富な食物は心臓病，特に血管の内壁にプラークとよばれる脂肪性組織の付着物が沈着するため，血液の流れが妨げられるアテローム性動脈硬化症の発症原因の一つと思われている。アテローム性動脈硬化症では，沈着物がちぎれることによるプラークの断片化が発作の主要な要因となる。

脂肪はC—H結合の含有率が高いので，効率のよいエネルギー貯蔵分子である。

3.5 炭水化物はエネルギーを貯え，生体の構成素材となる

糖

炭水化物(carbohydrate)は炭素，水素と酸素をモル比でおよそ1:2:1の割合で含む一群の分子とおおまかに定義されている。実験式(各原子の存在比を示すために原子記号に下付の数字をつけたもの)は$(CH_2O)_n$で，nは炭素原子の数である。炭水化物(糖)は，酸化されたときにエネルギーを放出する炭素―水素(C―H)結合を多くもっているため，エネルギーを貯蔵するには優れた物質である。糖にはいくつかの異なった形がある。

単　糖

炭化水素のもっとも単純なものは，単純糖あるいは**単糖**(monosaccharide：ギリシャ語のmono "単一" とsaccharon "糖" をつなげた)である。単純糖には三つの炭素原子しか含まないものもあるが，エネルギー貯蔵に中心的な役割をになっているのは6個の炭素をもつものである(図3.23)。六炭糖の実験式は$C_6H_{12}O_6$，あるいは$(CH_2O)_6$である。

六炭糖は直鎖構造でも存在するが，溶液中では通常，環状型構造である。エネルギー貯蔵のためにもっとも重要なのは"グルコース"であり(図3.24)，この六炭糖は七つのC―H結合にエネルギーを貯蔵している。

図 3.23

単糖　単糖あるいは単純糖は少なくとも三つの炭素原子を含んでおり，巨大分子を形成するための材料としてしばしば用いられる。五炭糖であるリボースとデオキシリボースは核酸の構成成分である(図3.17参照)。六炭糖であるグルコースは，巨大なエネルギー貯蔵分子の構成成分である。緑色の数字は炭素原子を示しており，単糖では習慣により酸化されやすい末端から数字が割り振られる。

三炭糖：グリセルアルデヒド
五炭糖：リボース，デオキシリボース
六炭糖：グルコース，フルクトース，ガラクトース

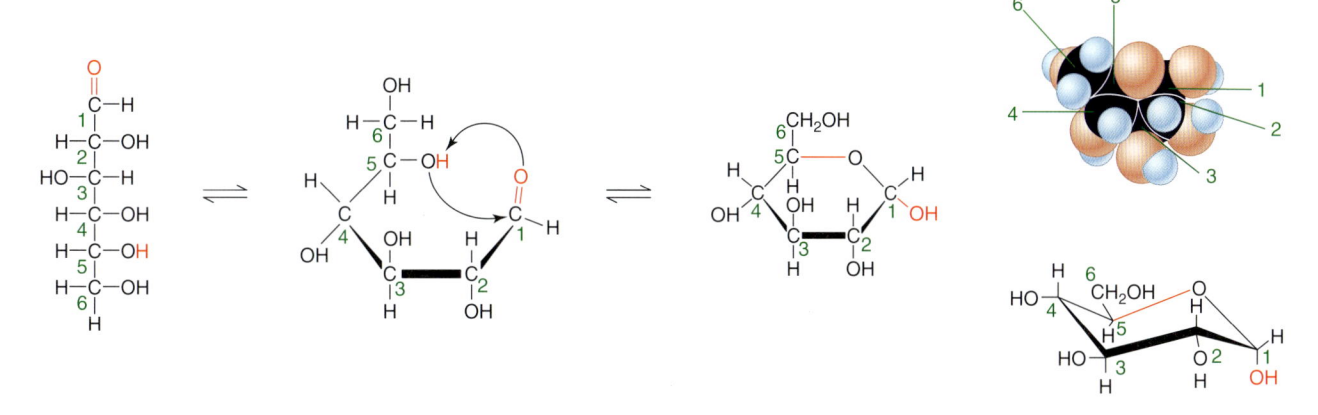

図 3.24

グルコース分子の構造　グルコースは直鎖型分子であるが，溶液中では環状構造の六炭糖である。環状構造はいろいろな形で示されるが，ここで示してあるものがもっとも一般的であり，習慣として炭素原子に数字(緑色)が付けられているので形の比較が容易である。太くて黒い線はこのページから突きでている分子の部分を示す。

二　糖

スクロース(ショ糖)のような多くのなじみのある糖は，共有結合によって二つの単糖が結合した「二糖」である(図3.25)。**二糖**(disaccharide)は，糖の輸送に重要な役割をになっているが，これについては後で簡単に述べる。

多　糖

多糖(polysaccharide)は，多くの構成単糖からなる巨大分子である。デンプンは，エネルギー貯蔵のために植物が用いる多糖である。デンプンは，多くのグルコースが次々と結合した長鎖の分子である。セルロースもグルコースからなる長鎖の分子で，植物の構造を維持する構築単位として働く多糖である。セルロース中のグルコース分子間の結合を壊すには，特別な酵素が必要である。

糖異性体

グルコースだけが実験式 $C_6H_{12}O_6$ をもつ糖ではなく，フルクトースやガラクトースのようなほかの六炭糖も同じ実験式をもつ(図3.26)。これらの糖はグルコースまたはほかの六炭糖の**異性体**(isomer)あるいはもう一つの形である。異性体どうしは同じ実験式をもっていても，原子の配置は異なっている。いい換えると，三次元構造が異なっているのである。このような構造の違いは，異性体間の機能の違いをもたらしている。たとえば，グルコースとフルクトースは"構造異性体"であり，フルクトースでは二重結合酸素が末端ではなく内部の炭素に結合している。私たちの味蕾は，同じ化学的組成をもつ糖であるフルクトースをグルコースよりも甘いと感じ，二つの糖の違いを感じ分けることができる。この構造的な違いは化学的にも大きな影響を与え，二つの糖は異なった重合体を形成する。

フルクトースと異なりガラクトースは，グルコースとは一つのヒドロキシル基の配向が違うだけで，ほかの同じ結合構造をもっている。ガラクトースとグルコースのヒドロキシル基の位置は互いに鏡像関係にあり，このような異性体は"立体異性体"とよばれる。

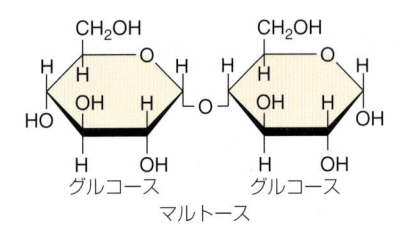

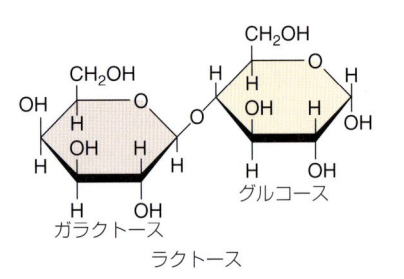

図 3.25
二糖。　マルトース，スクロースやラクトースのような糖は共有結合によって結合した二つの単糖から構成されている。

糖は生物におけるもっとも重要なエネルギー貯蔵分子の一つで，多くのエネルギーを貯蔵している C—H 結合を含む。糖異性体間での構造の違いはそれぞれの分子の機能の違いをもたらす。

図 3.26
構造異性体と立体異性体。　グルコース，フルクトースやガラクトースは実験式($C_6H_{12}O_6$)をもつ異性体である。フルクトースはグルコースの構造異性体で，グルコースとは異なる炭素原子に同じ化学基が結合している。一方，ガラクトースはグルコースの立体異性体で，同じ炭素原子に同じ化学基が結合しているが，その立体配置が異なっている。

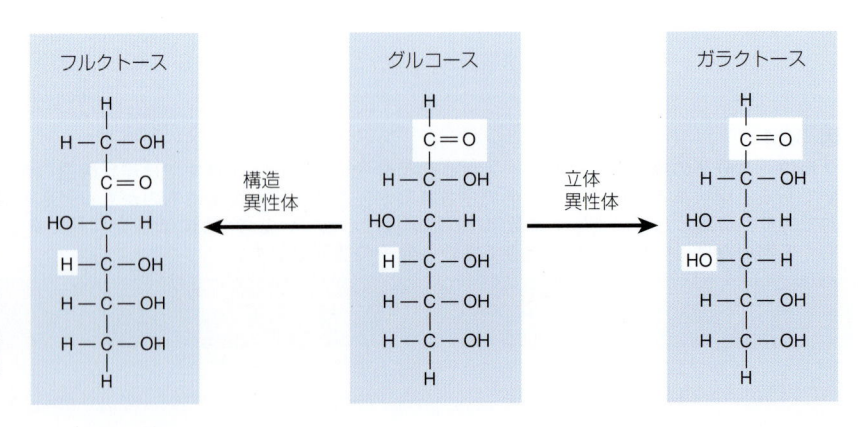

輸送と貯蔵にかかわる炭水化物

輸送二糖

　ほとんどの生物は体内で糖を輸送している。ヒトでは，グルコースは血液中を単糖として運ばれ，循環している。しかし，植物や多くのほかの生物では，グルコースは輸送型に変換されて運ばれる。輸送型のグルコースは，輸送中にはエネルギーとして使われにくくなっている。一般的には，糖の輸送型は二糖である。通常，生物体中のグルコース利用にかかわる酵素は二糖を分解できないので，二糖はグルコースの効果的な貯蔵体でもある。二糖を単糖に分解する酵素はグルコースが使われる組織内にのみ存在する。

　輸送型の糖は二糖を形成する単糖の結合のしかたによって異なる。グルコースはそれ自身やフルクトースやガラクトースを含むほかの多くの単糖と輸送型二糖を形成する。グルコースが構造異性体であるフルクトースと二糖を形成すると，"スクロース"あるいは砂糖になる(図3.27a)。スクロースはほとんどの植物がグルコースを輸送するときの輸送糖であり，ヒトおよびほかの動物が食べる砂糖である。サトウキビとテンサイには，スクロースが豊富に含まれている。

　グルコースが立体異性体であるガラクトースと結合すると，"ラクトース"あるいは乳糖になる。哺乳類の多くはラクトースをエネルギー源としてこどもに与える。成人は，ラクトースを単糖に分解する酵素であるラクターゼの活性が低くなっているので，ラクトースを効率よく代謝することができない。したがって，ラクトース生成に費やされるエネルギーのほとんどは子孫のために蓄えられることになる。

貯蔵多糖

　生物は単糖から"マルトース"(図3.27b)のような二糖をつくることによって単糖がもっているエネルギーを貯蔵し，それらを互いに結合させて不溶性型に変換して，体内の特異的な貯蔵場所に保存する。不溶性の多糖は，単糖が脱水結合することによって形成される長い重合体である。グルコースからなる植物の多糖は，**デンプン**(starch)とよばれる。

　もっとも単純な構造のデンプンは分枝がなく，多くのグルコース分子が直鎖上に結合した"アミロース"である。アミロースでは，グルコース分子の1位の炭素ともう一つのグルコース分子の4位の炭素のあいだに結合が生じる。したがって，アミロースはマルトースのより長い形とみなされる。このアミロースの長い鎖は水中ではらせん状になる傾向にあり，これがアミロースを不溶性にしている。ポテトデンプンの約20％がアミロースである。

　ポテトデンプンの残り80％を含む大部分の植物デンプンはより複雑なアミロースの変形体で，"アミロペクチン"とよばれる。ペクチンは20から30個のグルコース単位からなる短い直線状のアミロースの分枝を多数もった多糖である。

　植物のデンプンに相当する動物の多糖は**グリコーゲン**(glycogen)である。アミロペクチンと同様に，グリコーゲンは分枝アミロース鎖を含んだ不溶性多糖である。グリコーゲンは平均鎖長も長く，デンプンよりも高度に分枝している。

デンプンはグルコースの重合体である。大部分のデンプンは枝分かれしており，不溶性の重合体である。

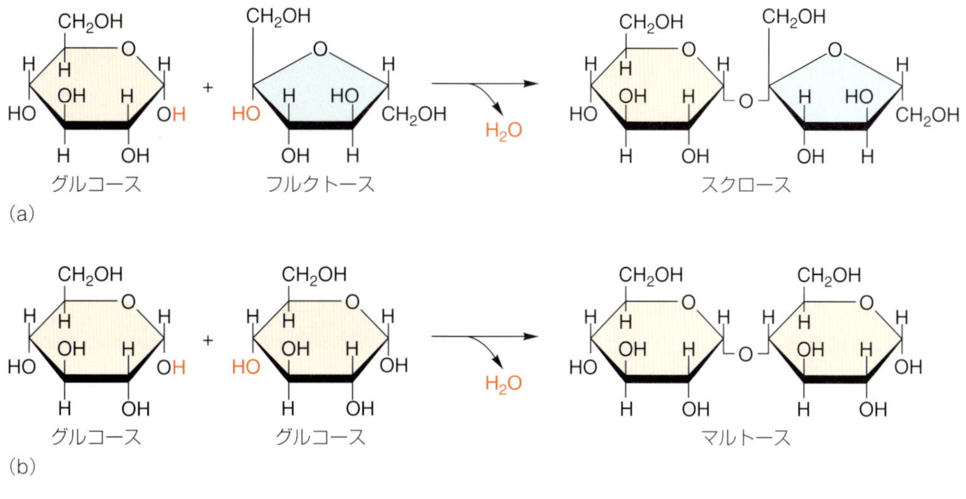

図 3.27
二糖の形成。　二糖のなかには生物体のある場所からほかへグルコースを輸送するために利用されるものがある。例の一つとして，サトウキビに豊富なスクロース(a)がある。ほかの二糖として，穀物中のマルトース(b)のように保存のために利用されるものがある。

3.5　炭水化物はエネルギーを貯え，生体の構成素材となる

構造炭水化物

セルロース

糖はエネルギー貯蔵物質としても重要であるが，細胞の構造を支える物質としても重要である．2分子のグルコースがつながるためには，各グルコースは同じ型のものでなければならない．環状構造のグルコースには二種類ある．環状型のグルコースでは，環の閉じるところの炭素に結合しているヒドロキシル基が環の下になるように結合しているものを**アルファ(α)型**(alpha form)，環の上であれば**ベータ(β)型**(beta form)とよぶ．デンプン鎖中のすべてのグルコースはα型である(図3.28)．一方，植物の細胞壁の主要成分であるセルロース鎖中のすべてのグルコースはβ型であり，デンプンとは全く異なる性質をもつ．"セルロース"は化学的にアミロースと似ているが，ほとんどの生物がもつデンプン分解酵素によっては分解されない点で異なる．グルコースがβ型で結合しているセルロースを分解する酵素をもっている生物は少ない．したがって，容易に分解されないので，セルロースは生物学的にはよい構造物質であり，植物はこのセルロースの利点をうまく利用しているのである．動物のなかには，セルロースのもつ豊富なエネルギーを利用するために，セルロース分解酵素を産生する細菌や原生動物を消化管に宿すことによってセルロースを分解することができるものがいる．このような動物として，ウシがよく知られている．

キチン

節足動物と多くの真菌類は，キチンとよばれる構造多糖をもっている．"キチン"は，窒素を含む化学基をグルコースに結合させたセルロースの修飾型である．キチンはタンパク質によって架橋され，昆虫や甲殻類のような節足動物に見られる硬い外骨格をつくる材料になる(図3.29，下巻第33章参照)．キチンを消化して栄養源とする生物は少数であるが，ほとんどの生物はおそらく真菌類から身を守るために，キチン分解酵素であるキチナーゼをもっている．

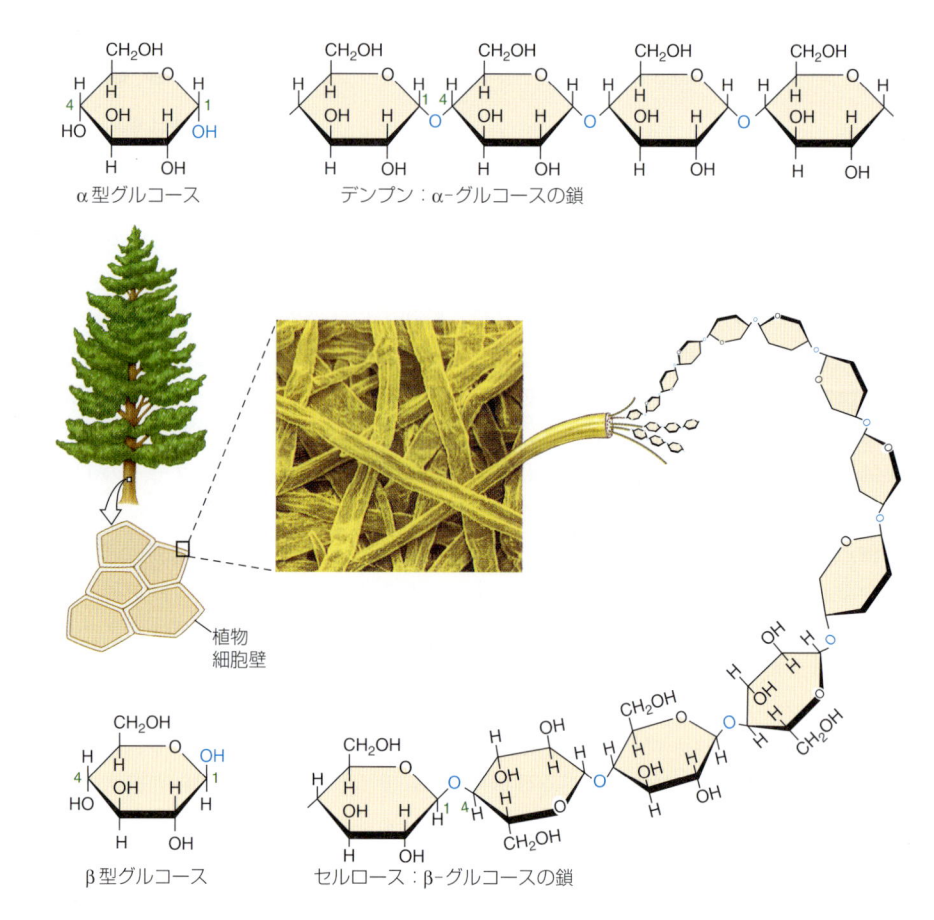

図 3.28 グルコースの重合体． デンプンの鎖はα型グルコース単位からなる．一方，セルロースの鎖はβ型グルコース単位からなる．セルロース繊維は非常に強く，代謝的な分解に対し抵抗性が高い．これが木材が優れた建築材料であることの理由の一つである．

図 3.29 キチン． キチンはセルロースの修飾型の一種で，エビなど多くの無脊椎動物の外部骨格の基本構造要素である．

構造炭水化物は簡単には消化されない糖鎖であり，植物のもつセルロースや節足動物と真菌類がもつキチンなどがその代表的な例である．

第3章のまとめ

3.1 分子は生命の構築単位である
"炭素：生物分子の骨組み"
- 生物分子は炭素原子を主成分として，これに炭素，酸素，窒素，硫黄，または水素原子が結合したものである。(p. 36)
- 炭化水素は炭素と水素のみからなる分子である。したがって，多量のエネルギーを貯蔵できる。(p. 36)
- 官能基とは，分子内での存在場所に関係なくある化学反応にあたって一つの単位として働くことによって，それをもつ分子に特異的な化学的性質を与える。(p. 36)
- 重合体とは，類似した構成単位が脱水結合によって結合してできた長い鎖からなる構造体である。(pp. 36〜37)

3.2 タンパク質は細胞の化学反応の主役である
"タンパク質の多くの機能"
- 生物におけるタンパク質の主要な働きは，酵素触媒，防御，輸送，支持体，運動，調節と貯蔵である。(pp. 39〜40)

"アミノ酸：タンパク質の構築単位"
- タンパク質は，20種類のアミノ酸が特異的な順番で並んだ重合体である。(p. 41)
- 20種類のアミノ酸は，化学的には五つのグループにわけられる：非極性，極性非荷電性，荷電性，芳香族と特別な機能。(p. 41)
- ペプチド結合は二つのアミノ酸どうしをつなげる共有結合である。(p. 41)

"タンパク質の構造"
- タンパク質は複雑な形に折りたたまれたアミノ酸の長い鎖よりなり，その機能は形によって決まる。(p. 43)
- タンパク質の特異的なアミノ酸配列を一次構造という。(p. 43)
- 水素結合によってコイルとひだ状に折りたたまれたアミノ酸の鎖をタンパク質の二次構造という。(p. 45)
- 二次構造のいくつかの要素がタンパク質中で特徴的な様式で組み合わされてモチーフを形成する。(p. 45)
- 球状タンパク質の最終的に折りたたまれた形をタンパク質の三次構造という。(p. 45)
- エキソンがコードするタンパク質の部分断片は，それぞれが構造的に独立した機能単位（ドメイン）として折りたたまれる。(p. 45)
- 四次構造は機能的なタンパク質を形づくるために，ポリペプチドサブユニットが会合したものである。(p. 45)

"どのようにしてタンパク質は機能をもつ構造に折りたたまれるのか"
- シャペロンタンパク質は新しいタンパク質が正確に折りたたまれるのを助ける。(p. 46)

"タンパク質はどのようにして折りたたまれた状態から解かれるのか"
- タンパク質はその形が変化し，あるいは折りたたみが解かれたときに変性する。タンパク質のおかれている環境のpH，温度あるいはイオン濃度の変化が変性の原因となる。(p. 47)
- 変性によってタンパク質は生物学的に不活性になる。(p. 47)

3.3 核酸は遺伝情報の保存と伝達を行なう
"情報分子"
- デオキシリボ核酸（DNA）は遺伝物質とよばれ，タンパク質を合成するための情報を暗号化（コード）している。(p. 48)
- 細胞は，DNAがコードする情報を読みとり，タンパク質合成を指揮するためにリボ核酸（RNA）を使う。(p. 48)
- 核酸は五炭糖，リン酸と窒素を含む塩基から構成されるくり返し単位（ヌクレオチド）の長い重合体である。(p. 49)
- DNAは二重らせんとして存在し，RNAは一本鎖分子として存在する。(pp. 50〜51)

3.4 脂質は膜を形成し，エネルギーを貯蔵する
"リン脂質は膜を形成する"
- リン脂質はグリセロール，脂肪酸とリン酸基よりなる複合分子で，一つの極性頭部と二つの非極性尾部よりなり，すべての生体膜の中核をなしている。(p. 52)

"脂肪とほかの脂質"
- トリグリセリドはグリセロールと三つの脂肪酸よりなる脂肪で，極性末端をもたないので水に不溶である。(p. 53)
- テルペン，ステロイドやプロスタグランジンも脂質の仲間である。(p. 53)

"エネルギー貯蔵分子としての脂肪"
- 脂肪はC—H結合を多く含んでいるので，効率のよいエネルギー貯蔵分子である。(p. 54)

3.5 炭水化物はエネルギーを貯え，生体の構成素材となる
"糖"
- 炭水化物は炭素，水素と酸素がモル比で1:2:1の割合で含まれる分子のグループである。(p. 55)
- 糖と異性体間の構造的な違いが，分子間の機能的な違いを与える。(p. 56)

"輸送と貯蔵にかかわる炭水化物"
- デンプンは植物にみられるグルコースの重合体であり，グリコーゲンはその動物版といえる。(p. 57)

"構造炭水化物"
- セルロース（植物）やキチン（甲殻類）のような構造炭水化物は，ほとんどの生物がそれを分解する酵素をもたないために消化されにくい糖鎖である。(p. 58)

質問のページ

自習問題

1. タンパク質，核酸，脂質と炭水化物に共通する特徴がある。次のうち共通でない特徴はどれか？
   a. すべて生命物質であるという意味での有機物である。
   b. すべて構成成分として炭素を含んでいる。
   c. 巨大分子をつくるようにお互いに結合する単純な構造単位をもっている。
   d. すべて官能基を含んでいる。

2. ペプチド結合は次のどれによって形成されるか？
   a. 縮合反応
   b. 脱水合成
   c. 共有結合の形成
   d. 上のa〜cの全部

3. タンパク質のモチーフはa〜dのどの1種だと考えられているか？
   a. 一次構造
   b. 二次構造
   c. 三次構造
   d. 四次構造

4. 1個のアミノ酸がほかのアミノ酸と置き換わると，＿＿＿。
   a. ポリペプチドの一次構造が変化する
   b. ポリペプチドの二次構造が変化することがある
   c. ポリペプチドの三次構造が変化することがある
   d. 上のa〜cのすべてが正しい

5. シャペロンタンパク質の機能は次のうちどれか？
   a. タンパク質を正確に折りたたむために有利な環境を提供する。
   b. 不正確に折りたたまれたタンパク質を分解する。
   c. 不正確に折りたたまれたタンパク質を救い出し，正しい形状に再度折りたたむことを可能にする。
   d. どのようにタンパク質を折りたたむべきかというための鋳型を供給する。

6. プリンヌクレオチドは次のうちどれか？
   a. アデニンとシトシン
   b. グアニンとチミン
   c. シトシンとチミン
   d. アデニンとグアニン

7. DNA分子の二本鎖は塩基対を介して互いを保持する。次のうちDNAの塩基対についてもっとも適切に述べているのはどれか？
   a. アデニンはチミンと二つの水素結合を形成する。
   b. アデニンはウラシルと二つの水素結合を形成する。
   c. シトシンはグアニンと二つの水素結合を形成する。
   d. シトシンはチミンと二つの水素結合を形成する。

8. すべての脂質に共通した特徴は，＿＿＿ことである。
   a. C−H結合の長い鎖をもっている
   b. 水に不溶である
   c. グリセロール骨格をもっている
   d. 上のa〜cすべてが脂質の特徴である

9. 炭水化物は細胞で多くの機能を果たしている。次のうち炭水化物とその機能が合っていないものはどれか？
   a. 植物の糖輸送 —— 二糖
   b. 植物のエネルギー貯蔵 —— デンプン
   c. 植物のエネルギー貯蔵 —— 乳糖
   d. ヒトの糖輸送 —— グルコース

10. 次のうち植物に関係ある炭水化物はどれか？
    a. グリコーゲン
    b. アミロペクチン
    c. キチン
    d. 左旋のグルコース

図解き問題

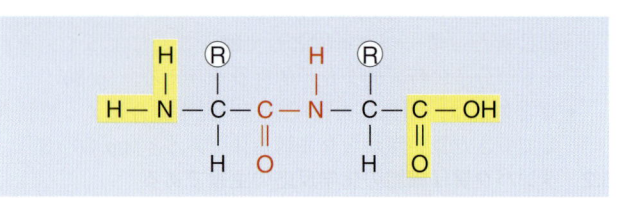

1. ポリペプチド中のアミノ酸は，タンパク質の形状に影響を及ぼす。この図は長いポリペプチド鎖の一部を表すものと仮定して，次にあげる各アミノ酸対がタンパク質のどこにあるのか —— 外側に面している，あるいは内側におりたたまれている —— を予想しなさい。また，その理由を説明しなさい。
   a. アミノ酸の両方がバリン
   b. 一つのアミノ酸がアスパラギン酸，もう一つはセリン
   c. アミノ酸の両方がグリシン
   d. 一つのアミノ酸がアラニン，もう一つがイソロイシン

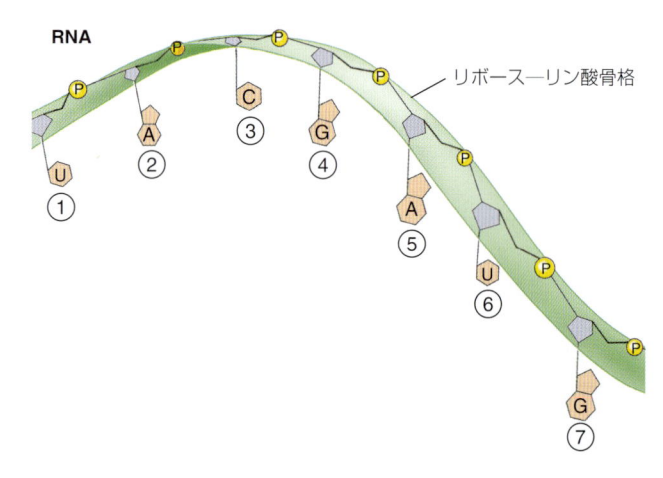

2. 番号の付けてあるRNA塩基と相補的なDNA塩基を示すことにより，このRNA分子を生じるDNAの鋳型について述べなさい。

応用問題

1. 15個のアミノ酸からなるポリペプチドを分解するのに必要な水分子の数は？

2. ヒトは植物が利用するスクロースのような二糖ではなく，単糖のグルコースを輸送糖として血液中を循環させている。この理由について考えなさい。

4
生命の起源と初期の進化

概　要

4.1 すべての生物が共有する基本的な特徴
生命とは何か？　すべての生物にはある普遍的ないくつかの特性があり，その特性から生命とは何かをほぼ定義できる。

4.2 生命の起源については異論が多い
生命の起源についての仮説　生命の起源については宗教と科学という異なる観点からの見解がある。本書では科学的実証が可能な後者の見解のみを取りあげる。

生命はどこで誕生したか　原始地球の大気には水素が豊富に存在していたため，有機分子を形成するためのエネルギーとして働く電子を供給する準備が整った。

Miller-Ureyの実験　MillerとUreyらによる実験は，実験室内で原始地球の模擬装置を用いて，生体を構築している主な分子をその装置内で生成しようとするものだった。

4.3 細胞の起源についてはさまざまな考え方がある
細胞の起源についての考え　最初の細胞は自然発生的に生じたものと考えられているが，どのように誕生したかのメカニズムに関してはさまざまな説がある。

4.4 細胞は進化の過程で徐々に複雑化していった
初期の細胞　最古の化石は原核生物のものであり，顕微鏡的な大きさなので肉眼では確認することはできない。

最初の真核細胞　最初の真核細胞の化石は，15億年以上前の岩石にはみられない。つまり，原核生物の出現から10億年以上経過してから出現したということになる。多細胞体は真核生物が属する四つの界でしか見られない。

4.5 地球外生命体の本格的な探索がはじまっている
地球以外のどこかで生命は誕生したのか？　われわれがすむ地球以外の惑星で，生命が生じたという可能性が考えられる。木星の衛星エウロパ(Europa)の地表下にある温水の存在とそこでの生命存在の可能性が，このような推測の根拠になっている。

図 4.1
生命の起源。　絶妙な場所と時期に起こった物理的現象と化学物質の出会いによって，地球上に最初の細胞がつくりだされた。

　どのように生命が地球上に誕生したのかについては，非常に多くの科学者が興味を注いでいるが，それを立証する手がかりは非常に少ない。新しい仮説が次々に提唱され，古い仮説が再評価されている。本書が出版されるまでに，ここにあげた生命の起源に関する考え方のいくつかが時代遅れになっている可能性もある。生命がどのように地球上に誕生したのかという問いに対する共通の解答はいまのところない。その答えを明確にしようとする試みがいまも続けられているため，この章にあげたさまざまな見解は今後変更される可能性が十分ある。ハッブル宇宙望遠鏡によって撮影された最近の写真は，銀河系の年代についての議論を再燃させてはいるが，地球そのものが約45億年前に誕生したというのは確かなようである。もっとも古い生命の記録は古代の岩石にあった微化石で，約25億年前のものになる。生命の起源は，物理的現象と化学的反応の絶妙な組合せによって誘導されたと考えられる(図4.1)。

4.1 すべての生物が共有する基本的な特徴

地球は，約45億年前に高熱の溶岩のかたまりとして形成された。地球が冷えていくにつれ，大気中に存在していた多量の水蒸気が凝縮して液体の水となり，地表にたまって化学物質が多量に存在する海洋を形成した。生命の起源にかかわる一つのシナリオは，それが水により希釈されたアンモニア，ホルムアルデヒド，ギ酸，シアン化物，メタン，硫化水素や有機炭化水素の温かく刺激臭のあるスープ内で起こったというものである。その場所が海洋の縁辺部，海底熱水噴出孔あるいはほかの場所のいずれであったにせよ，研究者たちの共通認識は生命が原始海洋で自然発生的に誕生したという点で一致している。また，生命誕生に至るステップも不明のままであり，われわれ自身を含めた地球上のすべての生物の起源となりうるものが，どのように誕生したのかについてわれわれの興味はつきない。どのようにして混沌とした原始海洋中で複雑な分子から生物が進化したのだろうか？

生命とは何か？

「生命とは何か？」という問題に取り組む前に，「生物」とみなされるものは何かを考えなくてはいけない。大まかな意味で「生きている」という言葉が使われていることにみられるように，この概念は単純ではない。たとえば，二人の宇宙飛行士がある惑星の地表で，大きくて不定形の物体に遭遇するという状況を想像してみてはどうだろうか。彼らはどうやってその物体が生きているかどうかを判断するのだろうか？

移動 宇宙飛行士がまずやることの一つは，その物体が動くかどうかを観察することかもしれない。ほとんどの動物は動くことができるが（図4.2），ある場所からほかの場所へ移動するということ自体は，生命の特徴にはなり得ない。ほとんどの植物やある種の動物でさえも動かないものがあり，一方で雲のような生物とはいえない多数のものが動く。移動という特徴は，"なくてはならない"（すべての生命にあてはまる）判断基準ではないし，"十分に満たしている"（生命にだけあてはまる）ものでもない。

反応 宇宙飛行士は，その物体が応答するのかを観察するために刺激を与えるかもしれない。すべての生物は刺激に応答する（図4.3）。植物は光のある方向へ生長し，動物は火から遠ざかろうとする。しかしながら，すべての刺激が応答を起こさせるわけではない。たとえばセコイアの木を蹴飛ばしたり，冬眠中の熊に向かって歌を歌うことを想像してみてはどうだろうか。応答するという特徴は最初の"移動"よりも優れているが，生命を定義するにはまだ不十分である。

死 宇宙飛行士はその物体を殺そうとするかもしれない。すべての生物は死ぬが，無生命体は死なない。死と無秩序を区別するのも容易ではない。車は生きていないことが明らかなので，破損した車に対して死んだとはいわない。死とは単純には生命の喪失であるため，これはしょせん循環論法的な定義にすぎない。もし，生きている状態を正しく認識することができないのならば，死とは無意味な概念であり，そのため生命を定義するには不適当といわざるをえない。

複雑さ 最終的に宇宙飛行士はその物体を切断してみて，それが複雑に組織化されているのかどうかを見るかもしれない。すべての生物は複雑である。もっとも単純な細菌でさえ驚くほど多様な分子を含み，組織化された構造をもつ。しかしながら，コンピューターもまた複雑であるが，生きている

図 4.2
移動。 動物は環境のなかを移動することができるというメカニズムを進化させた。キリンのような動物は陸を移動し，また別の動物は水中や空中を移動する。

図 4.3
感受性。 この雄ライオンはある刺激に応答している。雄ライオンは子ライオンにお尻をかまれている。同じ刺激に対して同じ応答を示すとは限らないが，私たちが知る限り，すべての生物は刺激に応答する。子ライオンが雄ライオンの代わりに木を噛んでいたら，このような劇的な応答は見られない。

とはいえない。複雑なものでも生きていないものがたくさんあるため，複雑さは生物を定義するためには必要な条件ではあるが，本質的には十分に満たしている基準とはいえない。

その物体が生きているのかどうかを判断するために，宇宙飛行士はその物体についてもっと学ばなければならないのだろう。彼らがとるべき最良の手段はもっと注意深くそのものを調べあげ，われわれが慣れ親しんでいる生物と似ているかどうか，もし似ているのならばどのような点が似ているのかを判断することである。

生命の基本的特性

第1章で述べたように，既知のすべての生物はある普遍的な特性を共有している。これらの特性は生物は何かをおおまかに定義する。以下にあげる基本的な特性は地球上のすべての生物にあてはまる。

細胞という体制　すべての生物は1個あるいは複数個の細胞――膜で包まれた複雑で組織化された生体分子の集合体――からなっている。(図4.4)

感受性　すべての生物は刺激に応答する。しかし，同じ刺激に対して同じ応答を示すとは限らない。

成長　すべての生物はエネルギーを吸収し，それを**代謝**(metabolism)とよばれる細胞の体制維持や成長に使う。植物，藻類や一部の細菌は，太陽光を利用して光合成を行ない，二酸化炭素と水から有機物を合成する（炭素と炭素の共有結合をつくる）。この共有結合におけるエネルギーの転換が，地球上のすべての生物に必要不可欠なのである。

発達　単細胞生物と多細胞生物のいずれでも成長し成熟するにつれて一連の遺伝子に指示された変化をとげる。

生殖　すべての生物は世代から世代へと個体をつなげるために生殖を行う。

調節　すべての生物は細胞内部のさまざまな過程を統合するための調節機構を持っている。

恒常性　すべての生物はみずからの内部環境を外部環境とは異なった一定の状態に保とうとする。

遺伝の重要な役割

上述の特性は生命を定義するのに適当だろうか？成長し，増殖する膜で囲まれたものは生きているのか？必ずしもそうではない。シャボン玉やタンパク質の微小球は少量の空気や水を包んだ中空の泡を自然に形成する。これらの球体はエネルギーを処理する分子を包むこともできるし，成長して分裂することもできる。これらの特徴にもかかわらず，これらは生きていないと明言できる。したがって，上記の基準は生命にとっては必要であるけれども，生命を定義するには十分ではない。一つ忘れられている要素がある。それは改善されたものを保存する機構である。

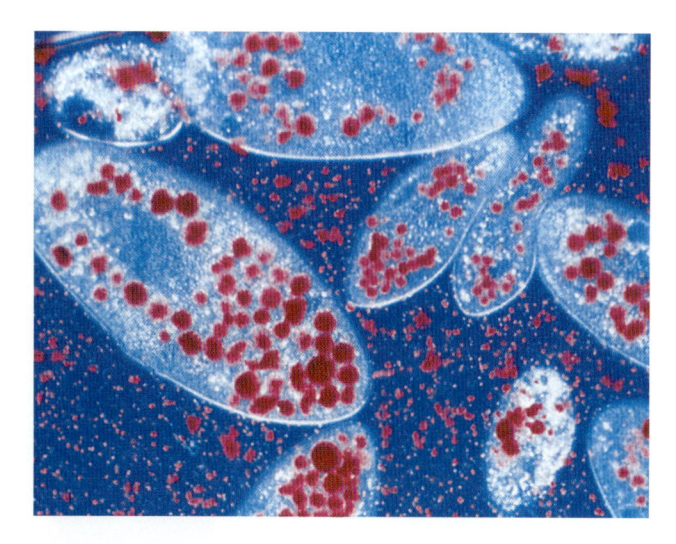

図 4.4
細胞の体制(150倍)。　複雑な単細胞生物である原生生物に属するゾウリムシ(*Paramecium*)がちょうど酵母細胞を摂取したところを示す。赤く染まっているのが酵母細胞で，消化胞とよばれる膜状構造内に入っている。ほかのさまざまな細胞小器官も観察できる。

遺伝　地球上のすべての生物は，DNAとよばれる長く複雑な分子の複製を基本とした"遺伝システム"をもっている。このメカニズムは，長い時間における適応や進化を可能にし，生物の顕著な特徴としてあげられる。

生命の定義づけにおける遺伝の役割を理解するために，少しのあいだタンパク質の微小球の話題に戻ってみよう。われわれが個々の微小球について調べるということは，ちょうどそのときのようすを見ているのであって，その過去の姿については何もわからない。同様に，将来どのような姿になるのかを推測することも不可能である。微小球は変化する環境に対していつでも受動的な立場であり，この意味でいえば，生きていないことになる。生きているということの本質は変化をとげることができるということであり，変化の結果を恒久的に再生産できるということである。したがって，遺伝は生物と無生物とを明確に分割する基礎となる。一方，ウイルスは核酸をもっているが，機能しうる遺伝システムをもっていない。ウイルスは生きた細胞の外では，自分の遺伝子を発現させることも複製させることもできない。遺伝システムは生命の十分条件である。ある変化が環境条件の悪いところでも生き延びられる機会を増やすがゆえに保存されるのに対し，ほかの変化は排除される。生命は進化してきたと同時に，進化こそが生命の本質なのだ。

地球上のすべての生物はとりわけ遺伝という特徴のほか，生命という言葉の定義にふさわしいいくつかの特徴も合わせもっている。

4.2 生命の起源については異論が多い

生命の起源についての仮説

生命誕生を時を遡って観察することはできないし，まして目撃者などいないため，生命がどのように誕生したのかという問いに対しては容易に答えることができない。証拠は地球の岩石上に存在しているが，それを解読することは難しく，往々にして結論をせがまれても寡黙にならざるを得ない。生命の起源については，原則的に次の三つの可能性が考えられる。すなわち神による創造，地球外起源と自然発生である。

神による創造

生命体は超自然的な力あるいは神の恵みにより，地球上にもたらされたに違いないという考え方がある。神聖な神が生命をつくったという仮説は，多くの主要な宗教の根底にある。生命の起源に関してもっとも古くからある仮説であり，もっとも広く受け入れられてもいる。たとえば，かなり多くのアメリカ人がほかの二つの説よりも神が地球上に生命を創造したということを信じている。多くの人が聖書に記されている生命の創造を事実にもとづくものとして受け入れるという極端な立場をとっているのである。この見解は，第22章で述べられているきわめて非科学的な「科学の創造説」の論拠となるものである。

地球外で誕生

生命は地球上で誕生したのではなく，ほかの惑星から地球へ飛来したものなのかもしれない。**パンスペルミア**（panspermia）とよばれるこの仮説は，隕石や宇宙の塵がおびただしい量の複雑な有機分子を地球へもってきて，それによって生命がはじまったというものである。莫大な数の隕石と彗星が原始地球に突っ込んだことが知られており，最近の知見では少なくともそのうちのいくつかが有機物質を運んだことが示唆されている。ほかの惑星に生命が存在することも否定できない。たとえば，氷で覆われた木星の衛星エウロパの地表下で液状の水が発見されたこと，火星からの岩石に化石様の構造があったことなどはこの考え方に信憑性をもたせている。まだ実証されてはいないが，炭素質の物質の初期の供給源が地球外であるとする仮説は，今後検証可能である。事実，NASAはエウロパに上陸し，その表面を掘削し，もちかえって生命がいるかどうかを調査しようと計画している。

自然発生による誕生

生命は分子間の結合がより複雑になるにつれて無生命物質から誕生した，とする自然発生起源を多くの科学者は条件つきながら受け入れている。この考え方では，生命へ導く力は選択である。分子が変化して，安定性を増し，長期存続が可能となるとより複雑に分子同士が結びつくようになり，ついに細胞の誕生がもたらされた。

科学的な見方

本書では上記第二，第三の仮説に焦点をあてて，自然の力が生命の起源を招いたのかどうか，もし自然の力によるとしたらいかにしてその過程が起こったのか，について説明しようと思う。このことは第一の仮説が明らかに間違っているということを意味しない。どの可能性も正しいのかもしれない。たとえば神聖な力が進化に作用したという信仰的視点を，第二，第三の可能性は排除するものではない。しかし，対象を科学的根拠のあるものに限定しようとすると，第二，第三の可能性だけが検証によって論破可能な仮説を組み立てうるのである。

この問題の探索には，ごく古い時代をふり返ってみることが必要である。単純な生物の化石は，約25億年前の岩石で発見されている。それらは生命が地球の歴史上の初期に誕生したことを教えてくれる。いかにして生命誕生の過程が起こったかについて明らかにするために，まず最初にいかにして有機分子が生成したのかについて焦点をあてる（図4.5）。そのあとで，いかにしてそれらの分子が細胞を構築するようになったのかを考える。

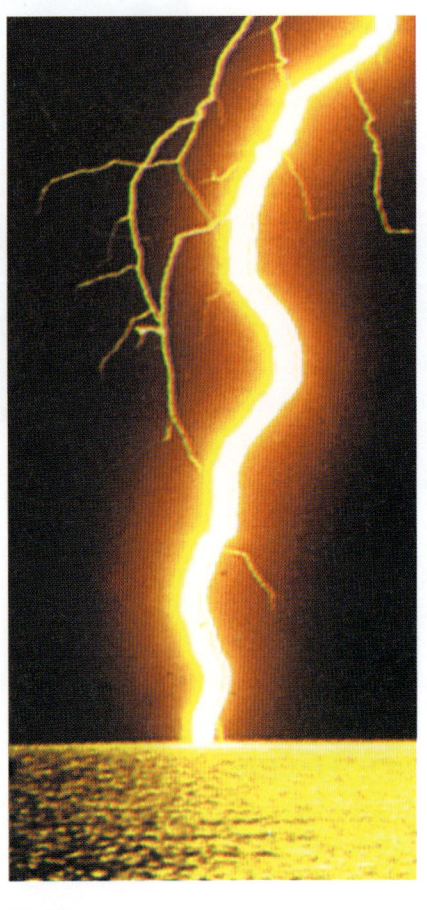

図 4.5
雷。生命が誕生する前，地球の大気中の単純な分子は結合してより複雑な分子を形成していった。これらの化学反応を引き起こすエネルギーは雷と地熱エネルギーであったと考えられる。

> パンスペルミア説と自然発生説は現在考えられている生命の起源に関する仮説のなかで科学的検討が可能なものである。

生命はどこで誕生したか

大多数の研究者は原始地球が冷やされ，岩石の地殻ができあがった時期に最初の生命が誕生したということで見解が一致しているが，いったい生命がどこで誕生したかについてはさまざまな意見がある。

生命は還元的大気中で誕生したのか？

地球の初期の歴史を学ぶにつれ地球上の最初の生物が非常に高温のもとで出現し，生存していたという可能性が高まる。約46億年前，形成されつつあった太陽系のくずがたたきつけられ，原始地球の表面はドロドロに溶けていた。くずの衝突が減少すると温度が降下し，約38億年前までに海洋の温度は49℃から88℃のあいだになった。38億年から25億年前，地球に生命が存在可能な状況になって間もなく，最初の生命が誕生した。このような原始地球の地獄のような温度は，今日のわれわれにとっては耐えがたいものだが，そのような環境下で生命は誕生したのだ。

地球化学者により原始地球の大気組成について意見が分かれる。一般的な考えは，相当量の水蒸気（H_2O）とともに，二酸化炭素（CO_2）と窒素ガス（N_2）を含んでいたとするものである。原始大気は，水素ガス（H_2）や水素原子が小さな軽い元素（硫黄，窒素や炭素）と結合してできた硫化水素（H_2S），アンモニア（NH_3）やメタン（CH_4）も含んでいた可能性がある。

水素原子と電子を利用できる状況にあるため，そのような大気を"還元的大気"という。還元的大気では，生命を誕生させるような炭素に富んだ分子を形成させるにあたって，今日ほどのエネルギーを必要としなかったと思われる。

この還元的大気説で大事なのは，酸素がほとんどなかったという仮定である。酸素存在下ではアミノ酸と糖は自然に酸素と反応し，二酸化炭素と水をつくる。そのためアミノ酸が長く存在せず，複雑な巨大分子の形成も行われないことになる。一度生物が光合成をはじめると，水分子を分解して複雑な炭素分子を形成するため，また太陽のエネルギーを利用し気体状の酸素分子を放出するため，大気の組成が変化した。現在の地球の大気は，約21％の酸素を含む。

還元的大気説の問題点は，原始地球のころのものと思われる岩石に炭酸塩が全く見られていないことである。これはその当時，二酸化炭素が大気中に閉じ込められていたことを示唆しており，もしそうであるならば，生物誕生以前の大気は還元的ではなかったということになる。

還元的大気のもう一つの問題は，生物誕生以前の還元的大気は無酸素状態で，オゾンが全くなかったことである。防護するオゾン層なしでは，形成されたすべての有機化合物は，紫外線照射によりすぐに壊れてしまう。

地球上のどこで生命は誕生したのか？

最初の生命が地球のどこで誕生したのかについて多くの考えが出された。

海洋の辺縁部 海洋の上層部で絶え間なく形成されるしぶきのなかで，生命が誕生したと考える。

氷の海洋の下 木星の衛星エウロパの地表を覆っているような氷の下にある海洋で生命が誕生したという仮説もある。しかし，すべての証拠は原始地球が高温だったことを示しており，氷の海洋の下でという可能性は考え難い。

地球の地殻深部 地殻の深いところで誕生したという説もある。1988年にGunter Wachtershauserは，生命が火山活動の副産物として形成されたと考えた。その考えによれば，噴火口から噴出したガスが鉄や硫化ニッケルの触媒作用で生命体を構築する材料に再結合するというのである。その後，彼と共同研究者はアミノ酸の前駆物質を合成し，アミノ酸同士をつなげ，ペプチドを形成する実験を行った（彼らは，実際には成功しなかった）。この仮説の問題点は，実験に使われた化学物質の濃度が30〜40億年前に自然にあったと思われる濃度よりかなり高かったことにある。

粘土中 粘土の表面で行われた化学反応の結果生命が誕生したという考えもある。粘土表面は正電荷をもち，有機物を引きつけやすく，水を排除する性質をもつ。そのため，粘土は生命の初期化学反応を促す場所を提供する可能性がある。興味深い考えではあるが，このような過程で生命が誕生したことを示す証拠はほとんどない。

海底熱水噴出孔 最近広く受け入れられつつある説は，生命は深海底の熱水噴出孔で誕生した。それは生命の起源に不可欠な前駆物質が金属硫化物上で合成されたためであるという。硫化物の正の電荷は負の電荷をもつ生物分子を引きつける磁石として働く。この仮説が支持される理由としては，現存する原核生物の祖先が海底熱水噴出孔に生息する古細菌ともっとも近縁であることを示す分子生物学的研究の結果があげられる。

生命が還元的大気，氷の海洋の下，地球の地殻深部，粘土中あるいは海底熱水噴出孔のいずれの環境下で誕生したのかについては，まだ明らかになっていない。これらの仮説のどれかが正しいと立証されるのかもしれないし，あるいは正しい説はまだ考えだされていないのかもしれない。

生命が最初に地球上に現れたときの環境は非常に高温であった。多くの研究者は，生命の構成素材となる有機物はこの時代に自然発生的に形成されたと考えている。そのしくみについては非常にたくさんの議論がかわされている。

Miller-Ureyの実験

1953年，Stanley L. MillerとHarold C. Ureyによって，原始地球上でどのような種類の有機分子が生成されたのかを検証する実験が行われた。現在すでに古典とされるこの実験で，彼らは還元的大気の下での地球の原始海洋の状況を再現しようとした。この想定が正しいものであったかどうかは明らかでないが，たとえ正しくなかったとしても，彼らの行った実験は生物が出現する前の化学(prebiotic chemistry)という新しい分野を開拓したのである。

実験にあたって，MillerとUreyは，(1) 水素が豊富で気体の酸素を排除した還元的大気をつくり，(2) それを液体の水の上に置き，(3) 100℃よりやや低い温度を維持し，(4) 電気の放電エネルギーを与えることで雷を模倣した(図4.6)。

1週間以内に，もともとメタンガス(CH_4)として存在している炭素の15％はほかの単純な炭素化合物に変換されたことが明らかになった。これらの化合物のなかには，ホルムアルデヒド(CH_2O)やシアン化水素(HCN，図4.7)が含まれていた。その後，これらの化合物からギ酸(HCOOH)や尿素(NH_2CONH_2)のような単純な分子や，アミノ酸のグリシンやアラニンのような炭素同士の結合を含むより複雑な分子が形成された。

その後ほかの科学者によって同様の実験が行われ，グリシン，アラニン，グルタミン酸，バリン，プロリン，アスパラギン酸といったアミノ酸を含めた30種類以上もの炭素化合物が生成されることが確認された。第3章で述べているように，アミノ酸はタンパク質の基本構築単位であり，タンパク質は生物体を構成する主要な分子の一つである。生物学的に重要なほかの分子もこのような実験で形成された。たとえば，DNAやRNAにみられる塩基の一つであるアデニンは複雑な環状分子であるが，シアン化水素がその生成に関与することがわかった。このように，生命の鍵となる主要な分子は原始地球の大気中で形成されたと考えられる。

化学進化の道筋

生命の起源について研究している生物学者のあいだでは，核酸であるRNAとタンパク質のどちらが最初に有機物として現れたのかという熱い論争がある。科学者たちはRNAに焦点をおくもの，タンパク質を支持するもの，これら二つの組合せを信じるもの，の三つのグループに分けられる。三つの主張は，それぞれに強い根拠を有している。生命の起源がどこであったかを説明する仮説と同様，この論争にかかわる仮説も多様で推定に富んでいる。

RNAワールド　「RNAワールド」を主張するグループは，遺伝物質なしではほかの分子を安定に生成することができな

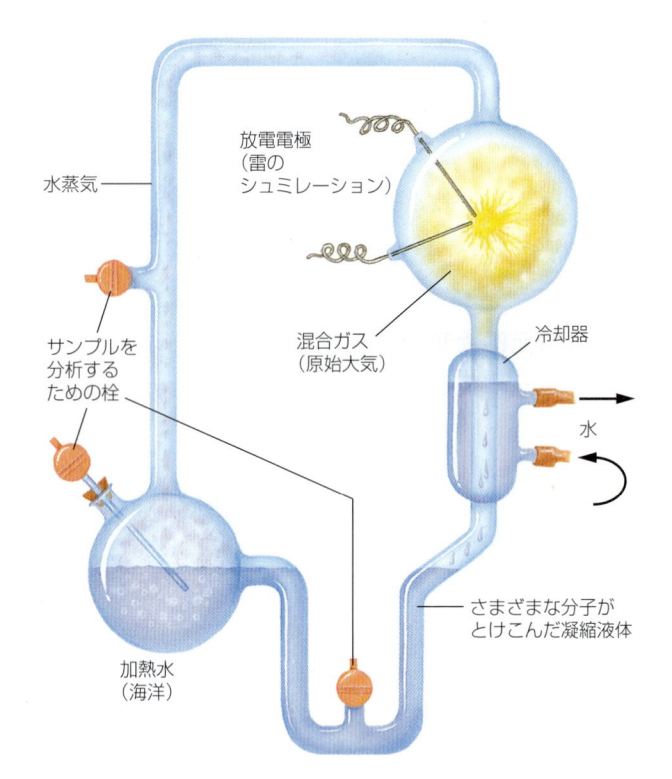

図4.6
Miller-Ureyの実験。　この装置は二つのフラスコとそれを連結する管でできている。上のフラスコは，原始地球の大気組成に似せたガスの混合物を含む。このガスが混合されているフラスコ内で，雷のように電極から火花を散らす。冷却器によりガスは冷やされて水滴ができ，そのあと第二の加熱されているフラスコ内の「海洋」に流れ込む。上部の「大気」フラスコ内でできたどのような複雑な分子も，水滴に溶けて下部の海洋フラスコに流れ込む。このフラスコに流れ込んだ物質を分析のために回収する。

いと考えている。この議論に支持を与えたのは，RNA分子が自らの組立てを触媒するある種の酵素(リボザイム，ribozyme)として働きうるというコロラド大学のThomas Cechによる発見だった。最近の研究では，リボソーム中に含まれるRNA(第5章で述べられる)が，アミノ酸をつなげてタンパク質を形成する化学反応を触媒することを示している。したがって，リボソーム中のRNAは酵素としての機能も有する。もしRNAが遺伝情報を伝播する能力と酵素のような働きも兼ね備えているのなら，タンパク質は本当に必要だったのであろうか？

タンパク質ワールド　「タンパク質が最初である」と考えるグループは，酵素(タンパク質)がなければ，遺伝するものもそうでないものも，すべてのものが全く複製できないと主張する。タンパク質が最初であると考える研究者は，RNAのような核酸の個々の構成単位は複雑すぎて自然発生的に形成されなかったし，くり返して何度も自然発生的に形成されることはまずないと主張する。また，タンパク質も核酸も適切な条件の下で実験室内で生成可能であるが，単純なタンパク質の方が核酸よりも非生物的な成分からより容易に合成でき

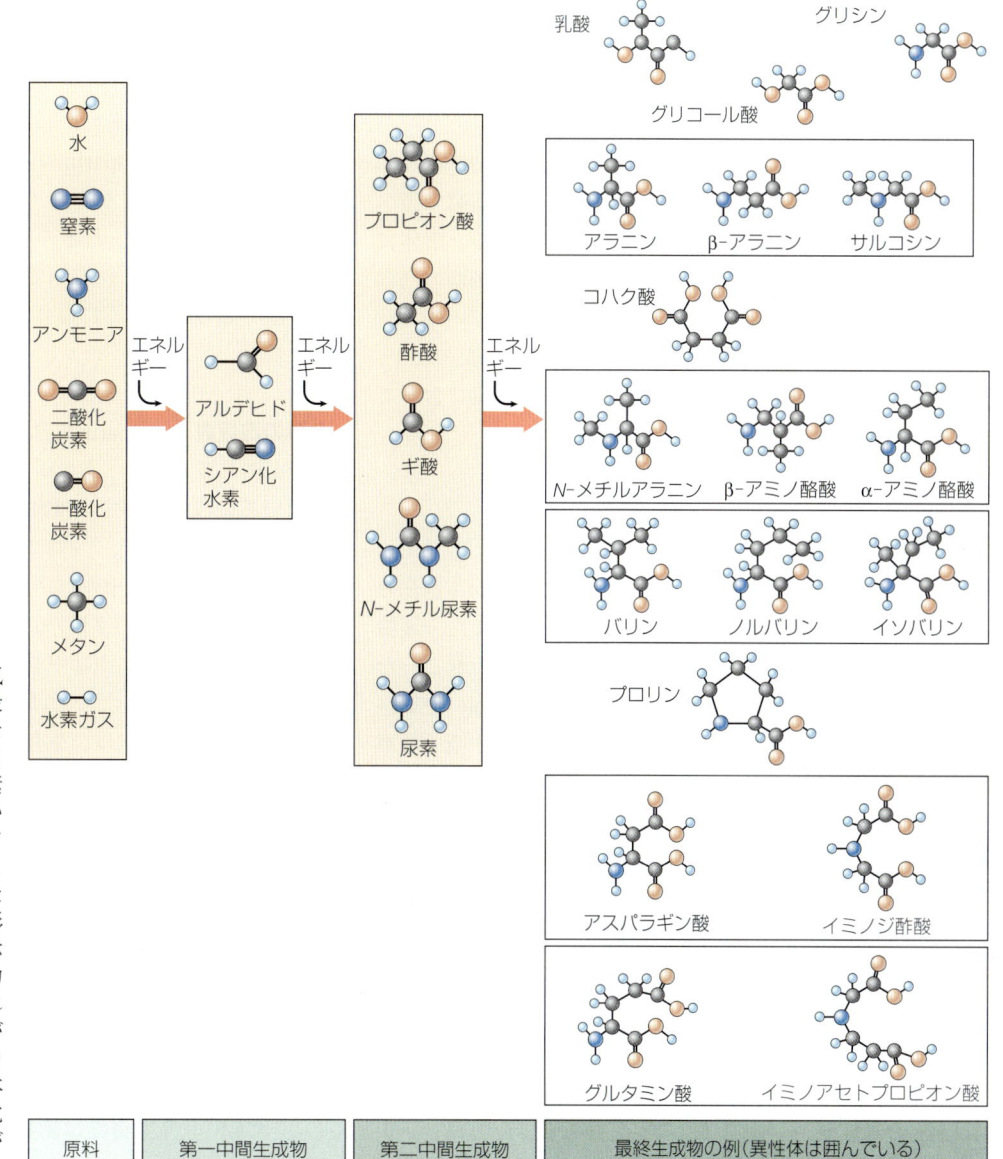

図 4.7
Miller-Ureyの実験結果。 気体として7種の単純な分子が最初に混合された。酸素ガスはそのなかには含まれていないことに注意。そのころの大気は水素が豊富であったと考えられている。実験の各段階で，最初はアルデヒド，そのあと単純な酸，そしてより複雑な酸へといったように，徐々に複雑な分子が形成されていった。図の枠内に示されているように，最終生成物には異性体である分子が含まれていた。異性体をもつ化合物がMiller-Ureyの実験ではたくさん生成されたが，現存する生体系にではほとんどの場合ある化合物の異性体のうち一つだけが見いだされる。

ることは疑う余地がない。最初にどちらができたのかを決めることは，因果関係のわからないパラドックスのようなものである。この問題解決の糸口として，Julius Rebek とほかの化学者たちは，実験室内で複製能をもつヌクレオチド様分子の合成に成功した。さらに，Rebek と彼の共同研究者は複製と「間違いを起こす」ことができる合成化合物を生成した。これは進化の過程に不可欠な要因である変異を模倣したものだ。

ペプチド—核酸ワールド RNAとタンパク質のどちらが先かに関するもう一つの重要かつ一般的な説は，その物質がタンパク質と核酸のどちらの働きもあったと仮定する。RNAは複雑すぎて安定性がないことから，ペプチド核酸（peptide-nucleic acid：PNA）が生命の基礎をなした前RNAワールドが存在していたに違いないとする説である。PNAは安定で自然発生的に形成されるほど単純な構造であり，自己複製することもできる。

> 生物を構築している分子は，原始地球の状態を模倣した条件下で自然発生的に形成されることが明らかになっている。

4.2 生命の起源については異論が多い 67

4.3 細胞の起源についてはさまざまな考え方がある

細胞の起源についての考え

細胞が誕生するには，有機分子が集合して機能的で相互作用を行える単位を形成することが必要だった。第5章で述べるが，細胞は液体の入った小さなバッグなのである。液体に含まれているものは個々の細胞で異なるが，どの細胞の内容物も細胞の外側にある環境とは異なる組成でできている。原始細胞は，希釈された「原始スープ」に浮かんでいたのだが，細胞内部はそれとは異なる特有の有機分子を高濃度に含んでいたと思われる。

泡の重要性

いかにして「液体のバッグ」は単純な有機分子から進化したのであろうか？ お察しのとおり，この問題もまた，議論の的となっている。生命の起源が「海洋辺縁部」で起こったというシナリオをとなえる科学者たちは，泡（bubble）が細胞の進化に重要な役割を演じたと考えている。泡は中空で球形である。ある分子，とりわけ疎水性基を有するものは自発的に水のなかで泡を形成する。泡の構造は分子の疎水性基を水との接触から保護するようにできている。もし浜辺でうねりを見たことがあるなら，波によって泡が立つことを知っているだろう。原始海洋の縁は非常に泡の多い部分で，かつ紫外線やほかの電離放射線の照射を受けやすく，メタンやほかの単純な有機分子を含んだ大気にさらされる場所であったと考えられる。

Oparinの泡仮説 最初に泡仮説を打ち立てたのはロシアの化学者で，非凡な洞察力をもったAlexander Oparinだった。1930年代半ば，Oparinは今日の大気組成では生命誕生は起こらないだろうと主張した。彼は，長い地球の歴史のなかで現在とは全く異なる環境状況のもとで，生命は非生物的な物質から生じたに違いないと考えた。これが**一次自然発生**（primary abiogenesis）説である。（生命のはじまりの場合を除いて，すべての生物は先世代に生きていた生物に由来することが知られているので，一次的（primary）という言葉を用いる。）同じころ，イギリスの遺伝学者J. B. S. Haldaneは独自に同じ見解に達していた。

Oparinは細胞へと進化するには複雑な化学進化が起こり，細胞膜によって外環境からその内容物を分離してそのなかに物質を蓄積させることが必要であったと考えた。彼はこの原始的な化学物質を蓄積した泡様構造を**プロトビオント**（protobiont）と名づけた。

Oparinの仮説は1938年にイギリスで出版されたが，しばらくのあいだはほとんど関心をもたれなかった。しかしながら，シカゴ大学の天文学者であったHarold UreyはOparinの考えをすぐに取り入れた。彼は，彼の大学院生の一人であるStanley Millerに，Oparinの考えにもとづいた方法で生命を「創る」ことができるかどうかについて実験を行わせた。Urey-Miller実験は，科学の歴史においてもっとも重要な実験の一つとして知られている。その結果，Oparinの考えはより広く知られるようになり，世間に受け入れられるようになった。

多数の泡仮説 Oparin以降，さまざまな「泡仮説」の変形版がじつに多くの科学者によって論じられた。彼らが考える泡はいろいろな名称でよばれている。すなわち，"ミクロスフェア"，"原始細胞"，"プロトビオント"，"ミセル"，"リポソーム"または"コアセルベート"などで，その名前は泡の構成要素（脂質かタンパク質か）や形成過程の違いによって異なる。すべてにおいて，泡は中空の球形であり，細胞に似たさまざまな特徴を示す。たとえば，**コアセルベート**（coacervate）とよばれる脂質の泡は，生体膜に似た二重層で囲まれている。それらは周辺媒質から構成単位となるより多くの脂質分子を集積することによって成長し，出芽様の突起を形成したり，細菌のように二分裂を行う。さらにそれらはアミノ酸を含み，それを利用してグルコースの分解を含めたさまざまな酸-塩基反応を行うことができる。それらは生きているわけではないが，明らかに細胞の特徴を多くもっている。

泡仮説の一つのシナリオ 生命の起源以前泡や微小滴を含む化学進化の過程があったことは，容易に想像することができる（図4.8）。原始海洋は無数の微小滴を含み，それは自発的に形成されてしばらくのあいだ存続し，その後拡散したに違いない。偶然に，成長を促進する反応を触媒できるような側鎖をもったアミノ酸を含むものが現れた。これらの微小滴は，アミノ酸をもたないものよりも長いあいだ存続することができた。なぜなら，タンパク質のミクロスフェアと脂質のコアセルベートの持続性が，グルコースの分解のような代謝反応を行っているときや活発に成長しているときには増大するためである。

その後何百万年にもわたって，生物が存在しない原始地球の海洋から分子とエネルギーを取り込むことがより可能となった複雑な泡が，ほかのものよりも長く存続するようになっただろう。また，これらの分子を使って大きくなり，「親」と同じ形の「娘」の微小滴へ分裂できるものが有利になっただろう。娘の微小滴は親と同じような特徴を合わせもっていて，成長して分裂もしただろう。親から子への新しい能力の確かな受け継ぎ方法が生じたとき，遺伝と生命が誕生したのだ。

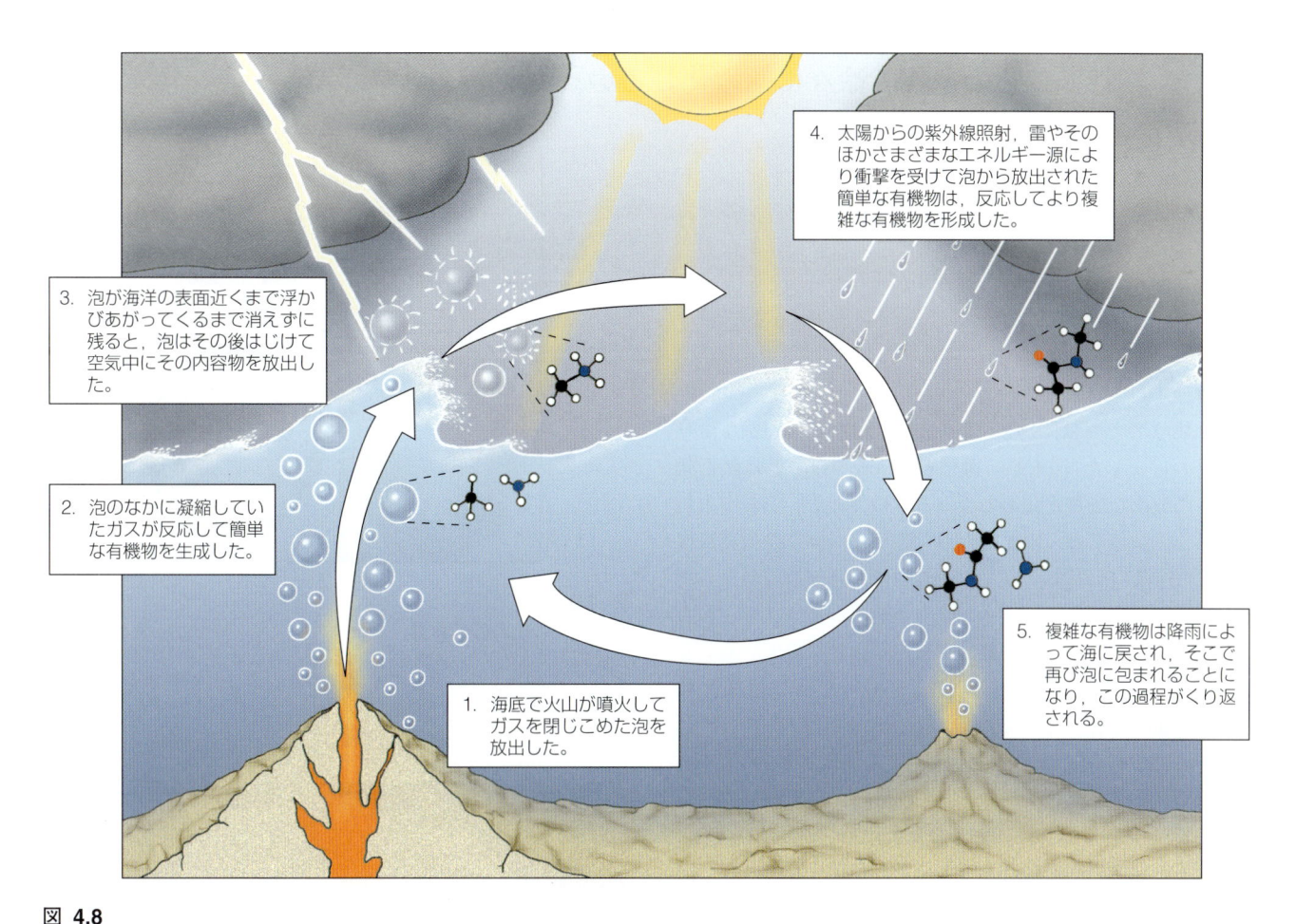

図 4.8
現在の泡仮説。 1986年に地球物理学者 Louis Lerman は，海洋表面上の泡のなかで生命の誕生をもたらす化学反応が起こったと考えた。

最近の知見

　細胞を誕生させた初期の泡が，脂質だったかタンパク質だったかは不明である。脂質のミクロスフェア（コアセルベート）が，水中でたやすく形成されるのは事実であるが，それには遺伝的な複製メカニズムのようなものはないと考えられる。一方，タンパク質のミクロスフェアには，遺伝性の複製メカニズムが存在しているのではないかと"思わせる"ところがある。タンパク質のミクロスフェアは水中では容易に形成されないが，マイアミ大学の Sydney Fox と彼の共同研究者は乾燥状況下ではこれが形成されることを示した。

　RNAを鋳型として新しいRNAを形成するために，RNA自身が酵素として働くことができるという発見は，コアセルベートもタンパク質のミクロスフェアのどちらも生命誕生の初期段階の姿ではないという興味深い可能性を提起している。

　おそらく最初の生体化合物はRNA分子であり，進化的な道筋の最初の段階にはRNA分子の複雑化や安定化があったのだろう。その後，安定性は脂質（もしくはタンパク質）がRNAの周辺を囲むことによってさらに改善されたかもしれない。泡様構造ができあがる前にRNAが現れたのか，それとも後に現れたのかについては，現在意見が一致していない。

　最終的に，DNAが細胞内の複製物質や遺伝情報の保存分子としてRNAに取って変わった。それはDNAが二重らせん構造をとり，一本鎖のRNAよりも安定して情報を保存するためである。

> 最初の細胞がどのように誕生したのかはほとんどわかっていない。現在の仮説では泡のなかで化学進化が起こったと考えられているが，その構成成分，およびどのようなプロセスで進んでいったかについては意見が一致していない。

4.3　細胞の起源についてはさまざまな考え方がある

4.4 細胞は進化の過程で徐々に複雑化していった

初期の細胞

最初の生命体についてどのようなことが知られているだろうか？ 古い岩石中に存在する化石には，生物が単純なものから複雑なものへとたどった道のりが残されている。

微化石

古生物学者たちは，約25億年前の岩石中から確かな微化石を見つけだした（図4.9）。**微化石**（microfossil）とは顕微鏡レベルの微小な生物が化石となったものである。これら太古の微小な生命体はどんなものだったろうか。多くの微化石は直径 1〜2 μm の小さな，ほとんど外側には修飾構造のない単細胞で，その内部にも構造らしいものをもっていない。したがって，微化石という生物体は今日の細菌類に似ている。私たちはこのような単純な細胞構造をもつ生物を**原核生物**（prokaryote）とよんでいる。この術語はギリシャ語の「前」と「中心部」あるいは「核」を意味する語に由来している。つまりこの命名にはそれらが核（nucleus），すなわちこの章の後半で議論するより複雑化した**真核生物**（eukaryote）を特徴づける球状の細胞内器官，を欠くことを反映している。

25億年以上前の微化石の記録はごくわずかで，その実体については異論が多い。もっとも古いものは西オーストラリアの35億年前の岩石から見つかった顕微鏡で見ることのできる大きさの曲線状の体で，ひところ考えられていたようなラン藻類ではなく，無生物の無機的構造物のようである。ほかの半ダースほどのこの時代の微化石についても，情報はきわめて貧弱である。生命体は25億年より前に出現していたかもしれないが，それを証明する化石の記録はほとんどないようだ。

真核生物が約15億年前までは出現していないことは，化石の記録から判断できる。したがって，少なくとも10億年間は原核生物しか地球上に生存していなかったといえる。

初期の原核生物：古細菌

現存する生物のほとんどは，比較的穏やかな現在の地球環境に適応している。しかし異常な環境に目を向けると，ほかには見られない特異な形態と代謝系をもつ生物に遭遇する。地球の進化的変化から取り残されたように原始地球の環境を残した生息域には，地球上の生命の初期段階の特徴を残した生物が生存している。黒海の無酸素状態の深層部，温泉や深海底の熱水噴出孔付近の沸騰水中のような場所には，無酸素高温下で生育できる原核生物が存在する。

このような特異な原核生物を**古細菌**（archaebacteria）とよ

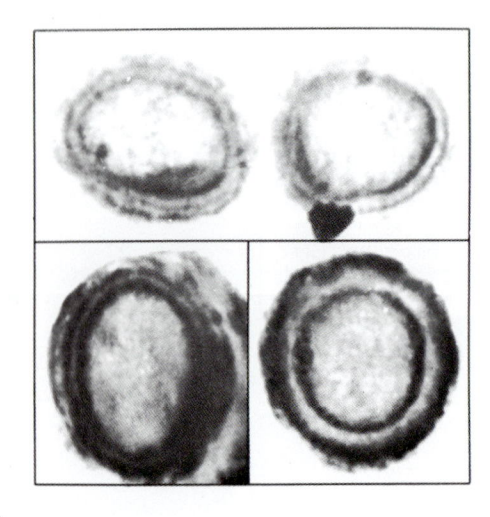

図 4.9
原核生物の化石の横断図。 オーストラリアのBitter Springs から発掘された古代ラン藻類の微化石である。小さすぎて肉眼で観察することができない。電子顕微鏡の写真では，細胞壁が存在していることがはっきりわかる。

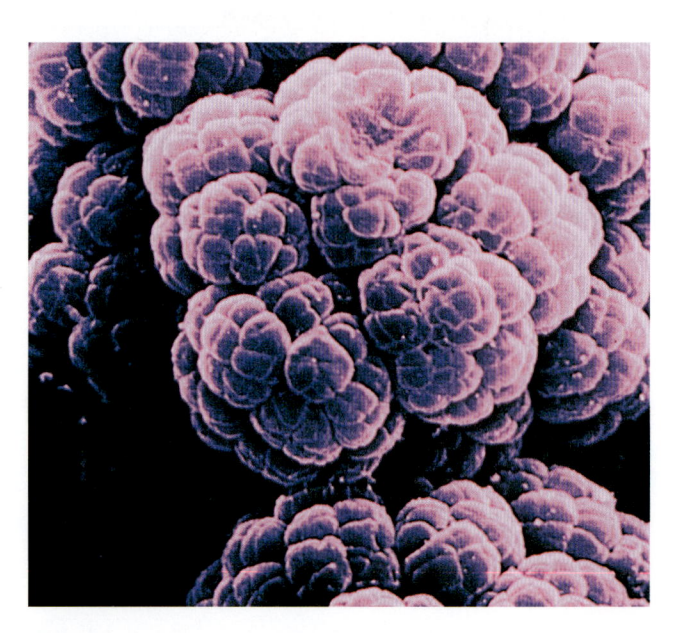

図 4.10
メタン生成菌。 古細菌（*Methanosarcina barkeri*）は，メタンガスを生成するのでメタン生成菌とよばれている。

び，ギリシャ語の"古いもの"を指す語に由来している。これらのなかでも最初に詳しく調べられたのが**メタン生成菌**（methanogen）で，現存するもっとも原始的な原核生物である。これらは無酸素状態でのみ生きていくことができる単純な形態の生物で，実際に酸素は毒としてそれらの生物に作用する。そのため，これらは「無気」あるいは**嫌気的**（anaerobically）に生育するといわれる（ギリシャ語で an は "without"，aer は "air"，bios は "life"）。メタン生成菌は CO_2 と H_2O を

メタン（CH_4）に変換する（図4.10）。原始的ではあるが，この生物はほかのすべての原核生物と同様に，DNA，脂質細胞膜，細胞壁およびエネルギー運搬分子であるATPにもとづく代謝系をもっている。

特異な細胞構造

メタン生成菌の細胞壁や膜構造を詳しく調べてみると，ほかのすべての原核生物とは異なっていることがわかる。古細菌の細胞壁は，現生原核生物の細胞壁に含まれるペプチドで架橋された炭水化物である**ペプチドグリカン**（peptidoglycan）を完全に欠いている。古細菌は基本的な生化学的代謝経路の違いのほかに，細胞膜中にほかのいかなる生物にも見られない特異な脂質ももっている。

地球上の最初の生物

ほかの古細菌としては，死海のような高塩環境下に生育する**高度好塩菌**（extreme halophile）と，海底火山口の熱水噴出孔のような高温環境下に生育する**高度好熱菌**（extreme thermophile）がいる。好熱菌は沸騰水を好んで生育していることがわかっている。事実，多くの好熱性古細菌は110℃で増殖する。これらの生物は地球初期の海洋と同じような高温下で生育しているので，微生物学者は好熱性古細菌が地球最初の生物の生き残りと考えている。

高度好熱菌はほかの生物とどのような違いがあるのだろうか？海底熱水噴出孔から単離された*Methanococcus*というメタン生成菌は88℃で増殖し，245気圧で初めて崩れるという恐るべき姿を私たちに示してくれる。1996年に分子生物学者は，*Methanococcus*の全塩基配列の決定に成功した。約1,739,933個の塩基（ヒトの約1/2000）中に1,700の遺伝子があり，かなり小さなゲノムである。その好熱菌の塩基配列はこれまで調べられたほかの生物のそれと驚くほど異なっており，そのなかの3分の2の遺伝子は既知のいかなるものとも違っている。これは古細菌が長い進化時間を経て，ほかの地球上の生物と別の道をたどったことを明示している。ほかの原核生物の遺伝子配列との予備的な比較から，古細菌は生命誕生後まもなく，すなわち20億年以上前に第二の大きな原核生物のグループから別れたらしい。

細　菌

原核生物の第二の主要なグループは(真生)**細菌**（bacteria）で，それらは堅固な細胞壁とより単純な遺伝子構造をもっている。現存する原核生物のほとんどは細菌である。このグループには，光エネルギーをとらえてそれを細胞内で化学エネルギーに変換する能力を進化させたものがいる。これらの生物は藻類や植物と同じ"光合成生物"である。

光合成細菌の一群であるラン藻類は，地球上の生物の歴史上重要な意味をもっている（図4.11）。これらは植物や藻類にもっとも豊富に含まれているものと同じ種類のクロロフィルをもつほかに，青藍色や赤色の別の色素をもっている。ラン藻類は光合成により酸素をつくりだす。この生物は少なくとも20億年前には出現し，大気中の酸素濃度が1％以下から現在の21％にまで増えるのに決定的な役割を演じてきた。大気中の酸素濃度が増加するにつれ，大気の上層中のオゾン量も増加した。オゾン層が厚くなり，タンパク質や核酸にとって非常に有害な太陽光からの紫外線はほとんどが防御されるようになった。ある種のラン藻類は，大量の石灰沈着の原因にもなっている。

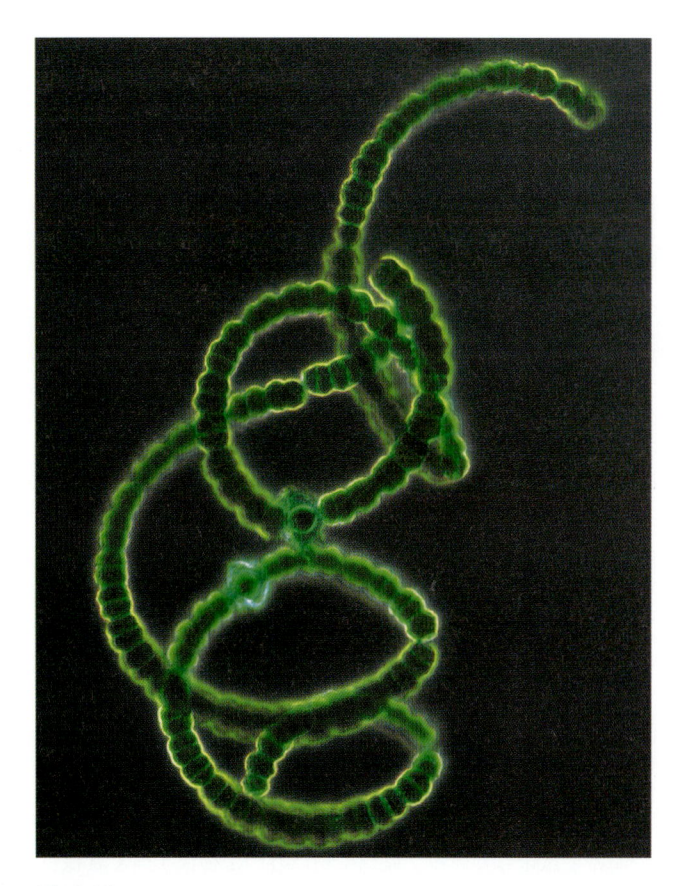

図 4.11
生きているラン藻。 多細胞ではないが，この図にあるようにしばしば集って鎖状になる。

現存するすべての原核生物は，古細菌か(真生)細菌のいずれかである。

4.4　細胞は進化の過程で徐々に複雑化していった

最初の真核細胞

　15億年以上前のすべての化石は通常互いによく似ており，直径が0.5〜2.0 μmと小さく単純な細胞で，直径が6 μmを越えるものは皆無である。このような単純な細胞は，より大きくしかも複雑化した構造の真核細胞へと進化した。

　真核生物の起源を27億年前まで遡りうることを示唆する間接的な化学的証拠はあるが，そのような早期の真核生物の出現を支持する化石の証拠は未だ得られていない。より初期の単純な構造とは明らかに異なる微化石が初めて見られるのは，15億年前の岩石のなかである（図4.12）。この化石の細胞は原核生物のものよりはるかに大きく，より厚い細胞壁に囲まれ，細胞内に膜系をもっている。この化石情報は，直径10 μm以上の細胞が急速にしかも大量に増加したことを示している。14億年前の化石化した細胞は直径が60 μmほどもあり，15億年前の別の細胞はなかに膜に結合した小さな構造のように見えるものを含んでいる。

　これらの初期の化石は，生命進化のある重大な出来事が起こったことを明示している。すなわち，新たな種類の生物の出現である。この生物を**真核生物**とよぶ。ギリシャ語の"真"と"核"が語源であり，この生物が核という細胞内器官をもつことを意味している。原核生物以外の生物はすべて真核生物である。

核と小胞体の起源

　多くの原核生物は細胞膜が細胞質に陥入，伸長することによって，細胞表面への通路を確保している。真核生物の小胞体（ER）とよぶ細胞内膜系のネットワークや，その小胞体ネットワークがさらに伸長して核を分け隔て保護する役割をも

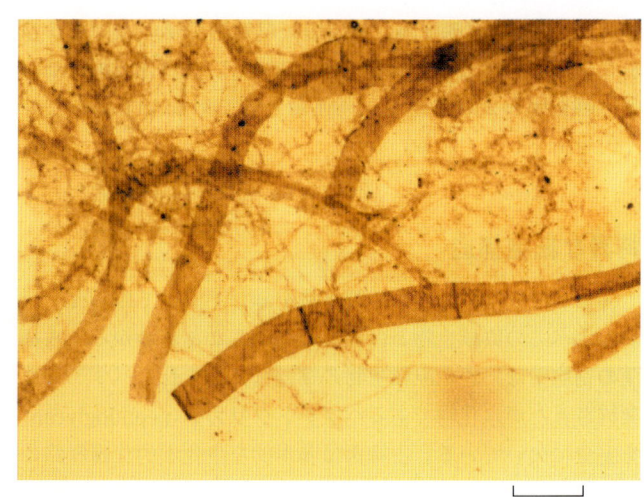

図 4.12
原始的な真核生物の微化石。 この多細胞藻類は9億年から10億年前のものである。

つ核膜も，このような細胞膜の陥入と伸長から進化してきたと考えられる（図4.13）。

ミトコンドリアと葉緑体の起源

　ほかの細胞のなかで生活し，宿主細胞のために特別な機能を果たしている細菌を"共生細菌"とよぶ。1970年代の初め，Lynn Margulisはそのような共生細菌が自然界に広く分布していることに注目し，真核生物の共生説を提唱した。この**内部共生**（endosymbiosis）という用語は，ギリシャ語のendo "内部"，syn "一緒に"，bios "生命"を組み合わせ，緊密な関係で共に生きることを意味している。この説は現在広く受

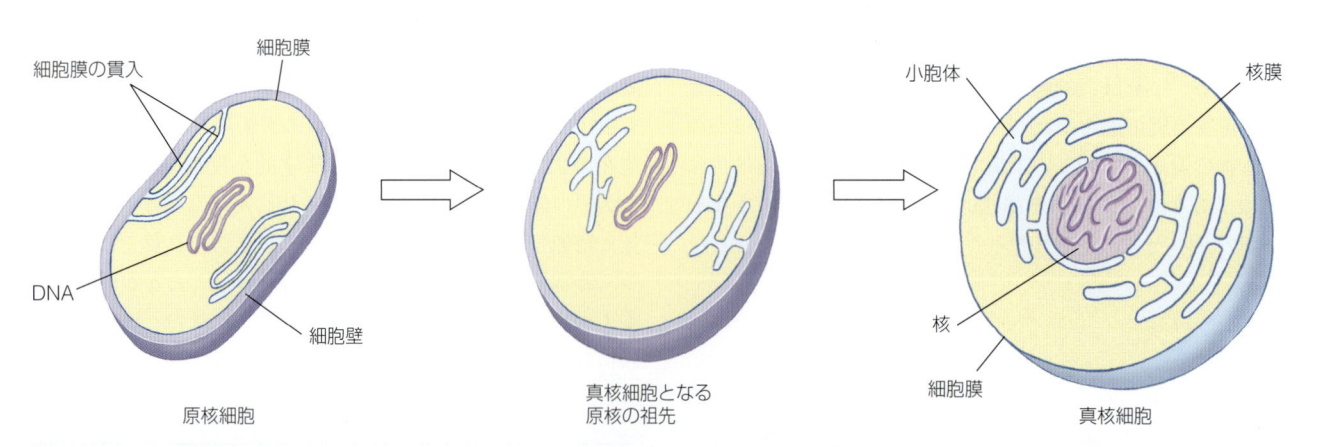

図 4.13
核と小胞体の起源。 今日の多くの原核細胞は細胞膜から派生した膜系をもっている（図27.6参照）。真核生物における小胞体（ER）と核膜とよばれる内膜系は，真核細胞の起源となった原核細胞の外側を包んでいた細胞膜が貫入した結果生じたと考えられている。

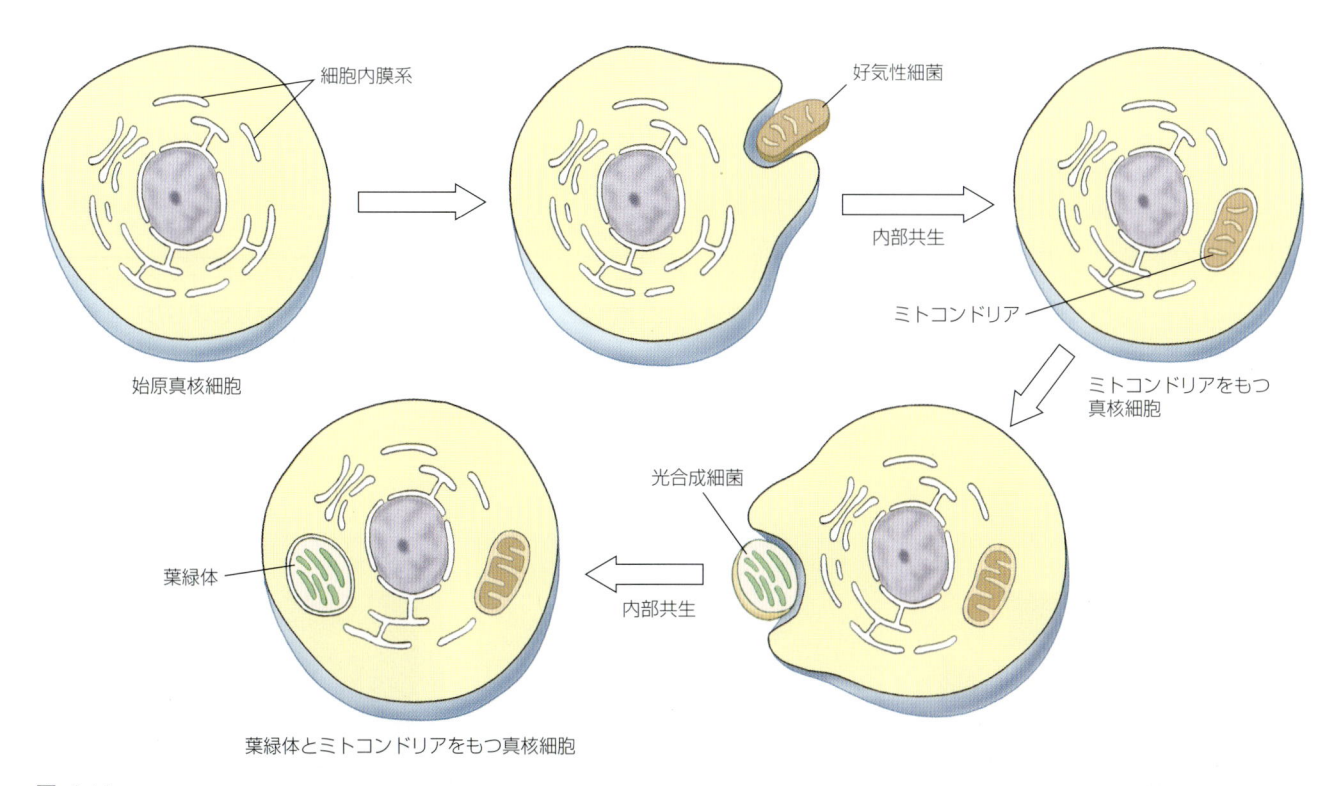

図 4.14
共生説。 すでに内膜系を発達させた始原真核細胞が好気性細菌を飲み込み，それが真核細胞におけるミトコンドリアになったと考えられている。同様に葉緑体も，光合成細菌が真核細胞に飲み込まれた結果生じたと考えられている。

け入れられており，原核生物同士が細胞内共生して真核細胞へと進化した重要な段階があったことを示唆している。この共生説によれば，エネルギー生産性の細菌がより大きな細菌のなかに住みつき，その結果私たちが現在ミトコンドリアとして知るものへと進化したことになる。同様に，光合成細菌が大型の細菌に共生して植物や藻類の光合成器官である葉緑体へと進化した(図4.14)。鞭毛，すなわち運動に用いる長いむちのような細胞付属物をもつ細菌が鞭毛をもたない細菌に共生して，より大きな運動性の細胞になったと考える。現在私たちはこのような共生関係をいくらでも立証できるという事実から，この説を支持しないわけにはいかない。ミトコンドリアや葉緑体のような現在の細胞小器官が独自のDNAを有し，そのDNAが大きさや特徴において細菌のDNAとよく似ていることもこの説を一層強く支持する。

有性生殖

真核生物は，原核生物では有効に働くことがなかった有性的な生殖能力をも獲得している。**有性生殖**(sexual reproduction)とは受精によって子孫を生産する過程で，それぞれの1組の染色体コピーをもつ二つの細胞が融合することである。有性生殖の大きな利点は，進化の原動力である変異を生みだす遺伝的な組換えが頻繁になることである。真核生物がすべて有性生殖するわけではないが，ほとんどはその能力を有している。減数分裂と有性生殖の進化(第12章で議論する)は真核生物で劇的に増加した多様化を誘発した。

多細胞化

多細胞化(multicellularity)が進んだことによっても多様化は促進された。いくつかの単細胞性真核細胞が，ほかの細胞と群体を形成して共同生活をはじめた。そして，群体の個々の細胞がそれぞれ異なった任務を遂行しはじめると，群体は1個体としての特質を得たことになる。多細胞化は真核生物のあいだでは何度も生じた。動物と植物を含む肉眼でも容易に見えるすべての生物は，実際に多細胞性である。多細胞化には，ある細胞が特定の仕事にそのすべてのエネルギーを捧げ，ほかの細胞は別の仕事のためにそうするという分化を推進する大きな利点がある。生命の歴史のなかで，多細胞化によってもたらされた分化ほど大きなインパクトを与えた革新的な出来事はほとんどない。

生物の多様性

今日の地球上でかくも多様化している生物をよりよく理解するために，生物学者は似ている生物を類別しようとしてきた。これが今日の分類学につながっている。後の章で分類学（taxonomyとclassification）について詳しく議論するが，すべての生きものは三つのドメイン（第3章のタンパク質のドメインと混乱しないように）のいずれかに分類できる。この三つのドメインには六つの界が存在する（図4.15）。

生きものについて，特にDNA研究がもたらす最新の証拠のように，さらに多くのことが明らかにされるにつれ，科学者は生物界のあいだの類縁関係を再評価し続けるだろう（図4.16）。

> 地球上に誕生した生命は最初の10億年間，すべて原核生物であった。15億年前には最初の真核生物が出現した。生物学者はこれらすべての生物を六つの界に類別している。

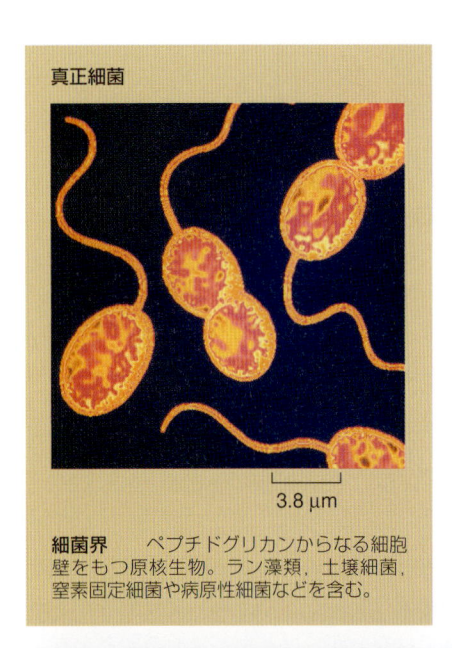

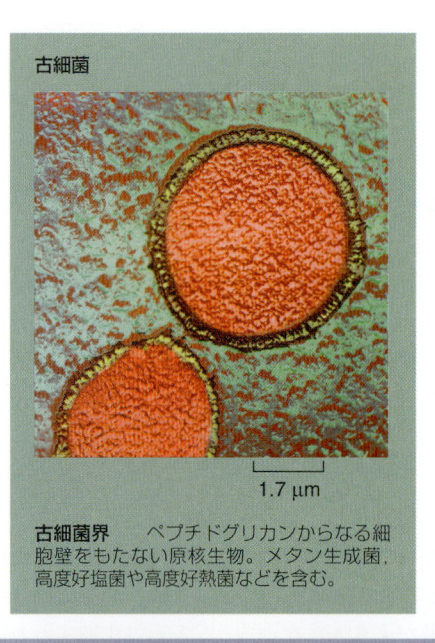

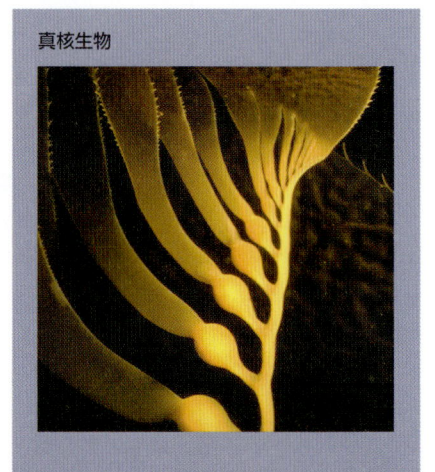

真正細菌

3.8 μm

細菌界 ペプチドグリカンからなる細胞壁をもつ原核生物。ラン藻類，土壌細菌，窒素固定細菌や病原性細菌などを含む。

古細菌

1.7 μm

古細菌界 ペプチドグリカンからなる細胞壁をもたない原核生物。メタン生成菌，高度好塩菌や高度好熱菌などを含む。

真核生物

原生生物界 真核で，基本的には単細胞性（ただし一部の藻類は多細胞性），光合成能力をもつかまたはアメーバ，ゾウリムシなどのような従属栄養性の生物。

菌界 真核で，ほとんどが多細胞性（ただし酵母は単細胞性），従属栄養性で通常は非運動性の生物。キチン質の細胞壁をもつ。キノコなど。

植物界 真核で，多細胞性，非運動性，ほとんどが陸上で光合成を行う生物。樹木，草，コケなどを含む。

動物界 真核で，多細胞性，運動性の従属栄養生物。カイメン，クモ，イモリ，ペンギンやヒトなどを含む。

図 4.15
生物の三つのドメイン。

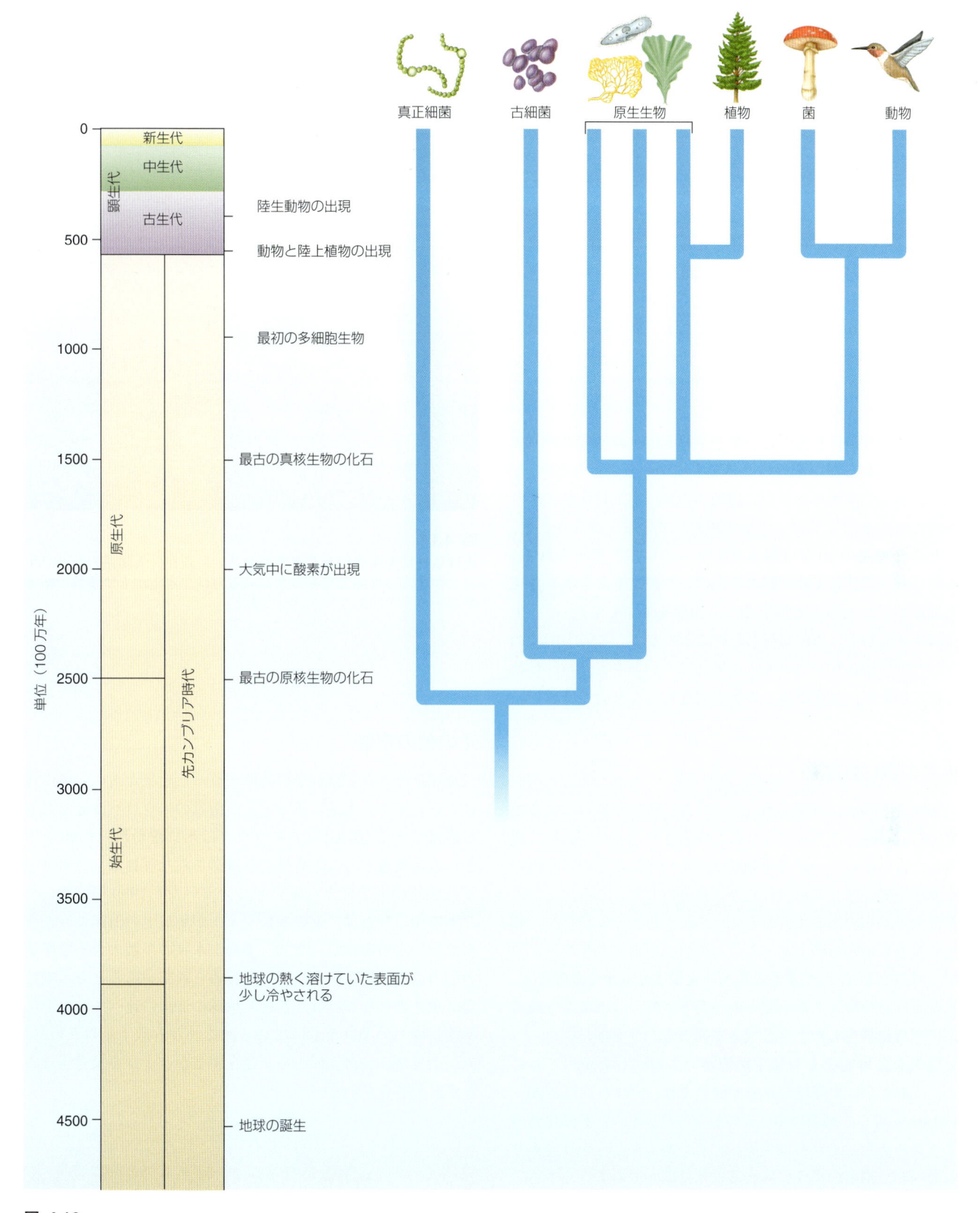

図 4.16
地質年代に照してみた生物界の進化。 柱状内部の名称は地球の各地質年代を表している。最古の原核生物の化石といわれた35億年前の標本は、無機的構造物ではないかと疑われている。

4.4 細胞は進化の過程で徐々に複雑化していった

4.5 地球外生命体の本格的な探索がはじまっている

地球以外のどこかで生命は進化したのか？

生命がほかの惑星で地球上とは異なった過程を経て生じた可能性を見逃すわけにはいかない。変異を蓄積してその複製をつくることができ，そのために適応して進化できるような機能的な遺伝システムを，異なる環境下で炭素，水素，窒素や酸素以外の分子からでも進化させることは理論的に可能だろう。炭素と同じように，ケイ素は最外殻のエネルギー準位を充足させるのに四つの電子が必要であり，アンモニアにいたっては水より極性が強いくらいである。おそらく，地球と全く異なる温度と圧力のもとでは，これらの元素が地球上で炭素が形成したと同じように多様で柔軟性に富んだ分子を形成するかもしれない。

宇宙には太陽に類似した恒星が10^{20} (100,000,000,000,000,000,000)個ある。それらがいくつの惑星をもつか知るよしもないが，膨大であるには間違いない。1996年以降，宇宙科学者は遠い恒星の軌道を回っている惑星を観測している。少なくとも，これらの恒星の10％は惑星系をもっていると考えられる。もしこれらの惑星10000個のなかの一つが，生命を誕生させた地球と同じ大きさと恒星からの距離をもつとしたら，「生命誕生の実験」は10^{15}回行われたことになる。この宇宙にわれわれだけが存在しているとは考えにくい。事実，われわれ自身に加えて，生命がほかの世界で進化した可能性は高い。

図 4.17
地球以外にも生命は存在するのか？ 現在，太陽系のなかで生命が存在する可能性がもっともあるのは，木星がもつ多数の衛星のなかの一つであるエウロパである。

火星の古い細菌類

1984年に南極で採取された，くすんだ灰色の岩石に生命の痕跡らしいものが含まれていると報告され，それが火星に誕生した古い生命についての騒動に火をつけた。その岩石内の小さな空間に閉じこめられたガスを分析したところ，この岩石は火星からの隕石で，事実，いまのところもっとも古い45億年以上も前のものであった。この岩石が形成されたときに戻ってみると，冷たく不毛の現在の火星よりもかなり暖かく，水が流れて炭酸ガスの大気があったとされ，この条件は地球上で生命が誕生したときと大きく異なるわけではない。

強力な分解能をもつ電子顕微鏡でこの隕石を調べてみると，そのなかに炭酸塩の斑紋が観察され，それらは長さ20〜100 nmと現在の細菌の100分の1ほどのサイズだが微化石のようにみえた。それらは実際に化石であるかどうかはっきりしないが，細菌のようにみえることは確かである。

全体的にみると，この火星の隕石にまつわる細菌様の生命体の証拠はそう強い関心をよばなかった。というのは，その発見が科学的合意を得るにはさらに骨の折れる研究をする必要があるからである。

その他の惑星

地球とそれほど違わない条件が整った惑星が古い火星以外にも存在する。木星にある大きな衛星のエウロパはその有望な候補である（図4.17）。エウロパは氷に覆われ，1998年の冬に近接軌道上の人工衛星から撮影された写真は，薄い氷の下に液体の水でできた海をとらえていた。1999年にとられた別の衛星写真は，氷の下数マイルが地球上の海洋より大きな液体の水の海洋からなり，それが木星の多数の大きな衛星の引力による押し引きによって暖められていることを示唆した。現在のエウロパは，初期の地球の海洋に比べてはるかに生命に優しい条件をもっている。これから数十年のうちに，人工衛星がこの海洋に生命が存在するかどうかを探査することが計画されている。

太陽に似た恒星は数多く存在するので，生命誕生のチャンスも数多くあると思われる。火星の生命の存在証明はあまり関心をよばなかったが，木星の衛星エウロパの海洋は科学者の研究意欲を刺激する有望な候補である。

第4章のまとめ

4.1 すべての生物が共有する基本的な特徴
"生命とは何か？"
- 地球上のすべての生物は，生命に関するいくつかの基本的な特性を共有している。これらの特性のなかで，もっとも主要なものは遺伝であり，そのほかとして，細胞という体制，感受性，成長，発生，生殖，調節と恒常性があげられる。

4.2 生命の起源については異論が多い
"生命の起源についての仮説"
- 生命の起源に対する考えとしては，神による創造物，地球外起源と自然発生起源という三つの説があげられる。科学の観点からは，検証可能という理由で第二と第三の説だけが注目の対象となる。

"生命はどこで誕生したか"
- 地球の原始大気は二酸化炭素と窒素ガスとごく微量の酸素でできた還元的な大気であったと考えられている。
- 生命がどこで誕生したのかについては，海洋の辺縁部，氷結した海洋の下，地殻深部，粘土のなかや海底熱水噴出孔などの可能性があげられている。

"Miller-Ureyの実験"
- MillerとUreyの古典的な実験の目的は，地球の還元的大気のモデルを再現し，複雑な有機分子をつくりだすことだった。
- その後に起こる地球上の化学進化については，RNAが先か，DNAが先かあるいはペプチド核酸が先かで論争が行われている。

4.3 細胞の起源についてはさまざまな考え方がある
"細胞の起源についての考え"
- 多くの科学者によって，さまざまな内容を含む泡仮説が唱えられている。
- 最近の仮説では，泡のなかで化学進化が進行したと考えられているが，初期の泡が脂質あるいはタンパク質のいずれでできていたかは明らかでない。

4.4 細胞は進化の過程で徐々に複雑化していった
"初期の細胞"
- 証明されているもっとも古い微化石は，25億年前のものである。
- 現存する原核細胞は古細菌または(真正)細菌のどちらかである。

"最初の真核細胞"
- 真核生物は，およそ15億年前に出現したと考えられている。真核生物は原核生物よりもかなり大きく，細胞内膜系と厚い細胞壁をもっている。
- 共生説は，エネルギー生成細菌がより大きな細菌の内部に取り込まれて，最終的にミトコンドリアになったと提言する。
- 有性生殖は頻繁な遺伝的組換えを可能にし，進化の原動力として働く。
- 多細胞化は真核細胞のあいだで何度も起こり，多様性の進展を促進した。

4.5 地球外生命体の本格的な探索がはじまっている
"地球以外のどこかで生命は誕生したのか？"
- 少なくとも10％の恒星が惑星系をもっていると考えられることから，理論的には生命がほかの惑星で何度も発生している可能性がある。
- 木星の衛星であるエウロパの氷の下に水をたたえた海洋が存在することを示した衛星写真から，この天体が現在もっとも有望な生命存在の候補となっている。

質問のページ

自習問題

1. 生命にとって必要かつ十分なものは次のうちどれか？
   a. 複雑さ b. 遺伝
   c. 成長 d. これらすべて
2. 地球上での生命の起源をもっとも正確に述べているのは次のうちどれか？
   a. 神による創造：生命体は超自然的あるいは神の力によって地球上にもたらされた。
   b. 地球外起源：生命はほかの惑星から地球に乗り移ったものである。
   c. 自然発生：生命は無生物から出発し，複雑さを増していった。
   d. どれもあてはまらない。
3. 地球は酸素濃度の低い還元的大気であったことを前提として考えられている仮説は次のうちどれか？
   a. 生命は地殻深部で誕生した。
   b. 生命は氷結した海洋の下で誕生した。
   c. 生命は海洋辺縁部で誕生した。
   d. 生命は海底熱水噴出孔で誕生した。
4. 複製可能なヌクレオチド様の分子は実験室でつくりだされている。これは次のどの化学進化の仮説を支持できるものか？
   a. RNAが最初だという仮説。
   b. タンパク質が最初だという仮説。
   c. ペプチドと核酸の両方だという仮説。
   d. すべての仮説が実験結果によって支持される。
5. 泡から細胞誕生へ結びつけるのに必要とされる要素は？
   a. 遺伝的分子であった。
   b. 成長したり，新しい泡をつくりだすことであった。
   c. 酵素を含んでいることだった。
   d. 自動的に形成されることだった。
6. 地球上に存在する生命体が原核生物だけだった期間は？
   a. 約15億年 b. 約10億年
   c. 約25億年 d. 25億年以上
7. 最初の生物である古細菌はどの現存生物と似ているか？
   a. 高度好塩菌 b. 原核生物
   c. 高度好熱菌 d. 真正細菌
8. 原核生物にみられる細胞膜の細胞内への貫入は真核生物のどの細胞小器官を生じたと考えられるか？
   a. ミトコンドリア b. 葉緑体
   c. 小胞体 d. これらのすべて
9. すべての生物は ___ つのドメインのうちのどれか一つにおさめられ，そのドメインは ___ つの界を含んでいる。
   a. 六／三 b. 六／六
   c. 三／三 d. 三／六
10. 次の文章のうち正しくないと思われるものはどれか？
    a. 生命は火星で誕生した可能性がある。
    b. どこで生命が誕生しようとも，炭素は必要とされる。
    c. 大海がエウロパの氷で覆われた表面下に存在する。
    d. 生命はほかの惑星で誕生してきた可能性がある。

図解き問題

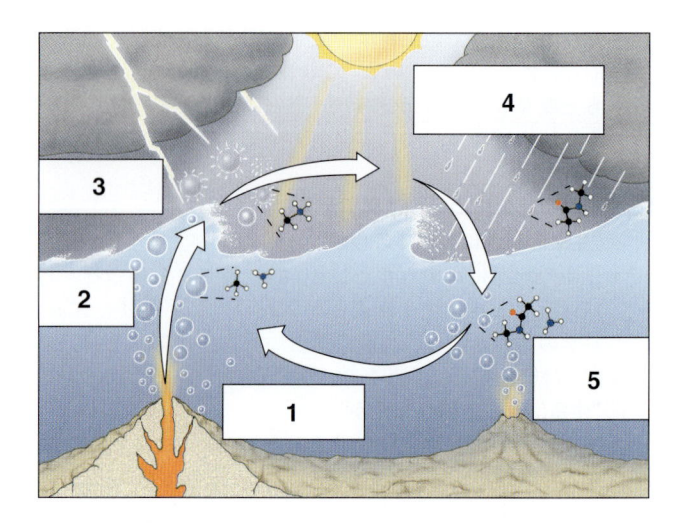

1. 上の図は泡仮説を説明している。次にあげる文章は番号をつけたどのステップの説明として適切か。
   a. 太陽からの紫外線照射や雷やその他のエネルギー源により衝撃を受けて，泡から放出された単純な有機分子が反応しあってより複雑な高分子化合物を形成する。
   b. 海底で噴火した火山が泡に包まれたガスを放出する。
   c. より複雑な有機分子は降雨によって海に戻され，そこで泡に包まれることになり，この過程がくり返される。
   d. 泡が海洋の表面近くにくるまで消えずに残ると，泡ははじけて空気中にその内容物を放出した。
   e. 泡の中に凝縮していたガスは反応して簡単な有機物を生成した。

応用問題

1. Fred Hoyleの空想科学小説『The Black Cloud』では，太陽の近くの大きな星間のガス雲が地球に近付いてくる。科学者は，すぐにその雲が太陽からエネルギー補給を受け，地球上で起こっている光合成と同様の過程で，雲を構成している分子の最外殻のエネルギー準位の電子を励起して太陽のエネルギーを吸収していることに気がつく。雲のいろいろな部分がこの刺激によってつくりだされたイオンの会合によって互いに分かれる。ヒトの脳表面のように，電流が雲の部分のあいだを流れており，ガス雲に自己認識，記憶や思考力を与える。電気放電を利用して雲はヒトと対話し，過去の出来事を説明することもできる。その雲が語るところによれば彼自身太古のガス雲から小さな突起として生みだされ，それ以来エネルギー供給してくれる私たちの太陽に相当する恒星から分子とエネルギーを吸収して大きくなったのだという。間もなくその雲はほかの恒星を探すために立ち去る。この雲は生きているのだろうか？

5 細胞の構造

概　要

5.1 すべての生物は細胞からなる
細胞の特徴　細胞とは膜で囲まれたDNAと細胞質を含む一つの単位体である。小さな細胞がより大きな表面積をもつことで，細胞内部と外部環境との情報伝達を速やかに行えるようになる。
細胞の観察　顕微鏡を用いることにより，きわめて小さな細胞とその構成要素を観察できるようになった。

5.2 真核細胞は原核細胞よりも複雑な構造をしている
原核細胞：複雑な生理機能をもつ単純な細胞　原核細胞は微小で，膜で囲まれた細胞小器官を欠く。
真核細胞：複雑な内部構造をもつ細胞　真核細胞は膜によって区画化されている。

5.3 真核細胞の概観
核：細胞の情報センター　真核細胞の核はDNAを保護隔離している。
内膜系　小胞体（ER）とよばれる広範囲に張りめぐらされた膜系が細胞内部を細分している。ゴルジ体は膜からなる一連の導管で細胞内でさまざまな分子を集め，修飾し，収納し，そして分配する役割をもつ。
リボソーム：タンパク質合成の場　タンパク質合成に携わるRNAとタンパク質からなる複合体。
DNAを含む細胞小器官　いくつかの細胞小器官は独自のDNAを含んでいる。
細胞骨格：細胞の内部骨格　タンパク質からなる繊維の網目構造が細胞の形態を保持し，細胞小器官をつなぎとめ，さらには細胞内でのさまざまな分子の動きを促進する。真核細胞の運動は細胞骨格の成分や時には鞭毛や繊毛を利用して行われる。

5.4 すべての真核細胞が同じわけではない
液胞と細胞壁　植物細胞は，一つの大きな中心液胞と強靭で多層からなる細胞壁をもっている。細胞壁と液胞はいくつかの原生生物や菌類にも見られる。
細胞外マトリックス　炭水化物とタンパク質からなる複雑な繊維の網目が動物細胞を包み込み，組織の活動を調整している。

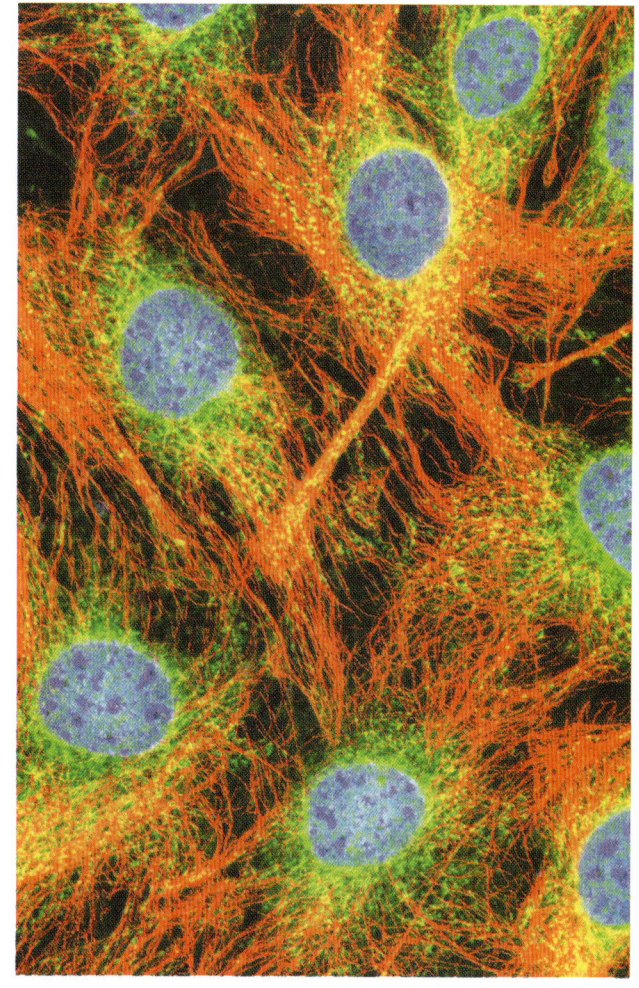

図 5.1
細胞の蛍光像。　蛍光顕微鏡法とよばれる手法によって観察された哺乳類の結合組織の繊維芽細胞。さまざまな蛍光染色試薬の使用により，細胞における異なる構造物を区別することが可能となった。この写真では核とDNAは青く染色され，細胞骨格のタンパク質は赤く染色されている。

すべての生物は細胞からできている。蝶の薄くて軽い翅は薄い一層の細胞層である。あなたが食べているハンバーガーやトマトも細胞からできており，その内容物はすぐにあなたの細胞の一部となる。肉眼では見ることのできない小さな一つの細胞からできている生物もいれば，一方で，ヒトのようにたくさんの細胞からできている生物もいる（図5.1）。私たちは生命体のあまりに多くが細胞からできていることを知っており，自然界で細胞からできていない生物を想像することは事実上できない。本章では細胞の内部構造を詳しく見ることにする。第6章から第11章では細胞活動，すなわち細胞がどのようにして外界と連絡をとり，成長し，分裂するのかについて焦点を絞って述べる。

Part II　細胞の生物学

5.1 すべての生物は細胞からなる

細胞の特徴

　典型的な細胞とはどのようなものであり，その内部には何が存在しているのだろうか？　細胞における一般的な組織構成は生物が異なれば変わるが，このような多少の変異にかかわらず，すべての細胞はある基本的なところで互いに似ている。細胞構造について詳しく調べる前に，すべての細胞が共通してもっている三つの主要な特徴，すなわち，核様体あるいは核，細胞質，そして細胞膜について要約しておこう。

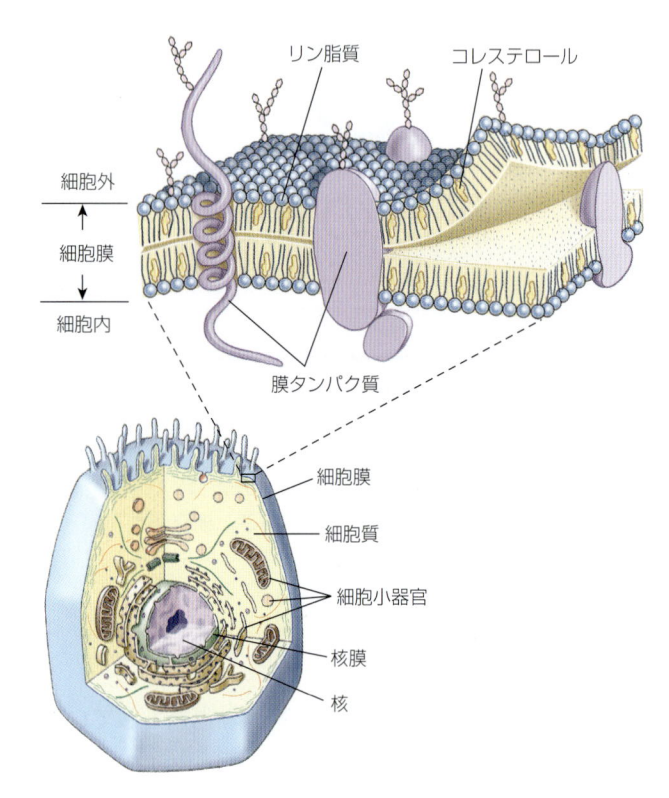

細胞の中心部分には遺伝子が含まれる

　すべての細胞は遺伝をになう分子であるDNAを含んでいる。**原核生物**(prokaryote)では，ほとんどの遺伝物質は1本の環状DNA分子に存在している。通常，DNAは細胞中心部付近の**核様体**(nucleoid)とよばれる領域にあるが，この領域は細胞内部のほかの部分と膜によって分離されてはいない。これに対して，**真核生物**(eukaryote)におけるDNAは，**核膜**(nuclear envelope)とよばれる二重膜構造によって囲まれた**核**(nucleus, 図5.2)の内部に収められている。両タイプの細胞ともに，DNAは細胞が合成するタンパク質の情報をコードした遺伝子を含んでいる。

細胞質は細胞内部の残りの部分を構成している

　細胞質(cytoplasm)とよばれる半流動的な基質が，核(原核細胞では核様体)を除いた細胞内部を満たしている。細胞質は細胞内の豊富な化学物質，すなわち細胞が日々の活動に使う糖，アミノ酸，タンパク質を含んでいる。真核細胞では，細胞質には**細胞小器官**(organelle)とよばれる膜に囲まれた特殊化した区画が存在している。

細胞膜が細胞を包んでいる

　細胞膜(plasma membrane)が細胞を包み込んでおり，細胞内部と外部を分け隔てている。細胞膜は厚さ約5〜10nm(1nmは1mの10億分の1)のリン脂質の二重層からなり，その内部にタンパク質が埋め込まれている。電子顕微鏡で縦断面を見ると，この膜は2本の暗い線が1本の明るい線で分けられたように見える。この特徴的な様相は，膜を構成しているリン脂質の尾部どうしが向かい合った形で配列していることによる(図5.2)。膜タンパク質は大きな疎水性ドメインをもっており，それによって膜に付着しリン脂質二重層に組み込まれる。

　大部分の細胞膜タンパク質は，細胞が外界と相互作用するのに役立っている。"輸送タンパク質"は分子やイオンが外界から細胞内部へ，あるいはその逆の過程で細胞膜を透過するのを手助けしている。"受容体タンパク質"は外界のホルモンなどの特殊な分子，あるいは隣接する細胞表面の分子などに接触することによって細胞内部にさまざまな変化を誘導する。これらの分子は，ある特定の細胞タイプを同定する"マーカー"として機能する。このような細胞表面の分子間の相互作用は，組織を構成するうえで細胞どうしが互いに認識し合う必要がある多細胞生物においては特に重要である。

　細胞膜の構造と機能については，第6章でさらに詳しく述べる。

図 5.2
一般化して表した真核細胞。　真核細胞ではDNAは細胞中央部に位置する核のなかに存在している。細胞質は細胞内部の核以外の部分であり，特殊に分化したいろいろな細胞小器官を有している。細胞膜は細胞を覆っており，タンパク質が埋め込まれたリン脂質二重層からなる。

細胞説

　細胞のもつ一般的な特徴として，微小なサイズがあげられる。長さ5cmに達する巨大細胞である海藻の一種のカサノリ(*Acetabularia*)などいくつかの例外はあるものの，典型的な真核細胞は直径10〜100μmであり(1μmは1mの100万分の1)，ほとんどの原核細胞では直径がわずかの1〜10μmで

図 5.3

表面積と体積の比。細胞が大きくなるにつれて，その体積は表面積よりも急激に増加する。細胞の半径が10倍に増えたならば，表面積は100倍しか増えないが，体積は1000倍も増加する。細胞の表面積はその体積に見合った十分な大きさをもっていなければならない。

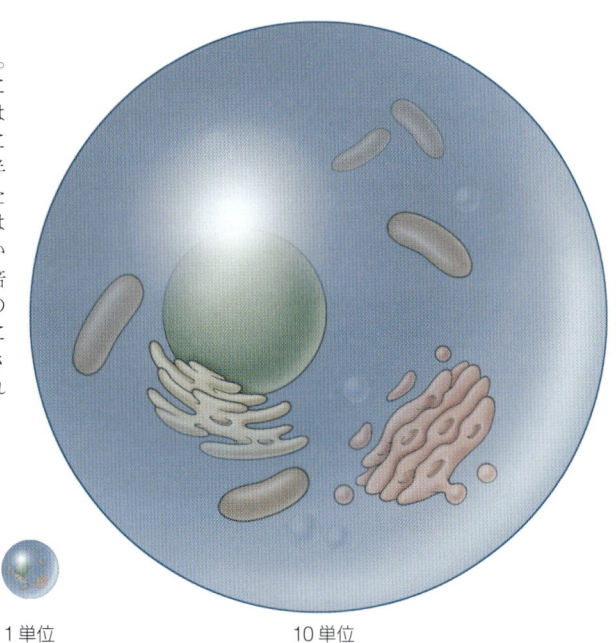

細胞の半径 (r)	1単位	10単位
表面積 ($4\pi r^2$)	12.57(単位)^2	1257(単位)^2
体積 ($\frac{4}{3}\pi r^3$)	4.189(単位)^3	4189(単位)^3

ある。

細胞はあまりに小さいために，17世紀半ばに顕微鏡が発明されるまでは誰も観察することができないものであった。1665年，Robert Hookeが初めて細胞を観察したが，彼は自分でつくりあげた顕微鏡を用いてコルク（樹木の樹皮のなかにある分裂しない組織）の薄い切片を観察した。Hookeはハチの巣状に並んだ小さな（細胞が死んでいるために）空っぽの部屋を観察した。彼はコルクのこれら小さな部屋を"cellula"（ラテン語で"小さな部屋"の意）とよび，これが"cell（細胞）"の語源となった。それから数年後，オランダの博物学者Antonie van Leeuwenhoekが初めて生きた細胞を観察した。彼はこの小さな生物を小さな動物という意味で「animalcules」と名づけた。しかし，その後の約150年間，生物学者が細胞の重要性について認識することはなかった。1838年，植物学者であるMatthias Schleidenがすべての植物は個々に区別できる独立したもの，つまり細胞そのものの集合体であることを明確に示した。1839年にはTheodor Schwannがすべての動物の組織もまた個々の細胞から成り立っていることを報告した。

これらの報告が細胞説にかかわるもっとも初期の提言であり，近代における細胞説は以下の三つの原理を含んでいる。

1. すべての生物は一つあるいはそれ以上の細胞から構成されており，代謝や遺伝といった生命活動は細胞内部で行われる。
2. 細胞は最小の生命単位であり，すべての生物の体制の基本的なユニットである。
3. 細胞は既存の細胞の分裂によってのみ生まれる。原始地球の環境下で生命は自然発生的に生じたが，現在では生物学者はそれ以降細胞が再び自然発生的に現れたことはないと結論している。むしろ地球上の生命はこういった初期の細胞から連綿と続いてきたものである。

なぜ細胞はもっと大きくならないのか？

ほとんどの細胞は実際的な理由からサイズが大きくない。タンパク質や細胞小器官は合成され続けており，さまざまな物質は絶えることなく細胞内に出入りしている。このような過程のすべてには物質の拡散が関与しており，細胞が大きくなればなるほど物質が細胞膜を透過して細胞の中心部へと拡散するのに長い時間がかかる。そのため，多数の比較的小型の細胞からなる生物は，少数の大きな細胞からできたものよりも利点を有している。

細胞が小さいことの利点は，**表面積と体積の比率**（surface area-to-volume ratio）からも容易に説明できる。一つの細胞が大きくなると，その体積は表面積に比べてより急激に増加する。球形の細胞では，表面積の増加率は増加した半径の2乗に等しいが，体積の増加は半径の3乗に等しくなる。つまり，もしも二つの細胞が半径で10倍の長さの違いがあるとき，大きい細胞は小さい細胞よりも表面積で100倍，体積では1000倍も大きいことになる。すべての物質の出入りは細胞膜を経由して行われるので，細胞の表面は唯一の外界との相互作用の場である。このように細胞膜は，細胞の機能に重要な役割をになっており，細胞が小さい場合には大きな細胞よりも単位体積あたりの表面積は大きいため，機能の制御は細胞が小さい場合により効果的となる。

ほとんどの細胞は小さいものだが，細胞のサイズがきわめて大きくなっている場合には，この表面積と体積の比の問題をいくつかの適応機構によって功みに解決している。たとえば，筋肉細胞などは複数の核を保有しており遺伝情報を大きな筋肉に行き渡るようにしている。われわれのニューロンといった細胞などでは長くて扁平であるため細胞質のどの部分も細胞膜に接近していることになり，結果として細胞の内と外のあいだでの物質の素早い拡散が保証されている。

> 細胞は遺伝機構をになうDNAと細胞質を含む膜で囲まれた一つの単位である。すべての生物は単細胞あるいは細胞の集合体からなる。多細胞生物は一般にたくさんの小さな細胞からなり，少数の大型の細胞から構成されることはない。それは小さな細胞では細胞の中心部と外界とのあいだでの分子の移動が大型細胞に比較して速やかに行われるためである。

5.1 すべての生物は細胞からなる

細胞の観察

肉眼で見ることができるほど大きな細胞としてどんなものがあげられるだろうか？ おそらくその数は卵細胞を除いては多くはない。ほとんどの細胞は直径50μmに満たず、英文の最後につけるピリオド（.）よりもずっと小さい。

解像力の問題

細胞のように肉眼で観察するにはあまりにも小さい対象を、どのような手段によって研究できるだろう？ 大事なのは、なぜわれわれは細胞を見ることができないかということである。われわれが微小な対象物を見ることができないのは、人間の眼の解像力の限界のためである。**解像力**（resolution）は二つの離れた点を別々のものとして区別できる最小の距離として定義される。二つの対象物が互いに約100μmよりも隣接しているとき、それぞれの反射光は眼球後部で同一の検出細胞に入射する。二つの物体が100μmより離れている場合だけ、これら物体からの光は異なる細胞にあたり、眼は一つではなく二つの物体として認識できる。

顕 微 鏡

解像力を上げる一つの方法は、小さな対象物を大きく見えるように拡大することである。Robert Hooke と Antonie van Leeuwenhoek は、小さな細胞を拡大するためにガラスレンズを用い、人間の肉眼の限界である100μmよりも大きく見えるようにした。ガラスレンズは焦点距離でも利点がある。それはガラスレンズが対象物をより近づけて見せるため、眼球の後方ではレンズなしの場合よりも像はより大きなものとなるからである。

近年の光学顕微鏡は、二つの拡大レンズ（そしてさまざまな収差補正レンズ）を用いることによりきわめて高い倍率と明るさを得ることに成功している（表5.1）。第一のレンズが対象物の像を第二のレンズ上に焦点を結ばせ、第二レンズはそれをさらに拡大し眼球の後方に像を結ぶ。いくつかのレンズを用いて段階ごとに拡大していく顕微鏡を**複合顕微鏡**（compound microscope）とよぶ。このような顕微鏡では200 nm以上離れた構造を解像できる。

解像力の増加

たとえ複合顕微鏡であったとしても、光学顕微鏡では細胞内の多くの構造物の詳細を十分に認識することはできない。たとえば、膜の厚さはたった5nmである。どうしてもう一段階拡大するステージを加え、さらに解像力を高めようとしないのだろう？ それは、二つの対象物が数百nmよりも隣接していると、そこから跳ね返る光束は互いに重なりはじめるからである。二つの光束をできる限り近づけ、なおかつそれらを区別するためには、波長をより短くするしかない。

重なり合いを防ぐ一つの方法は、可視光ではなく電子線を用いることである。電子の波長はさらに短く、電子線を用いた顕微鏡は光学顕微鏡よりも1000倍の解像力をもつ。**透過型電子顕微鏡**（transmission electron microscope）では試料を透過した電子によって観察するので、わずか0.2nm離れている対象物——この値は水素原子の直径の2倍にあたる——を識別することができる。

電子顕微鏡のもう一つのタイプは**走査型電子顕微鏡**（scanning electron microscope）とよばれるもので、電子線を試料表面にあてる。試料表面から跳ね返った電子は、その衝撃の

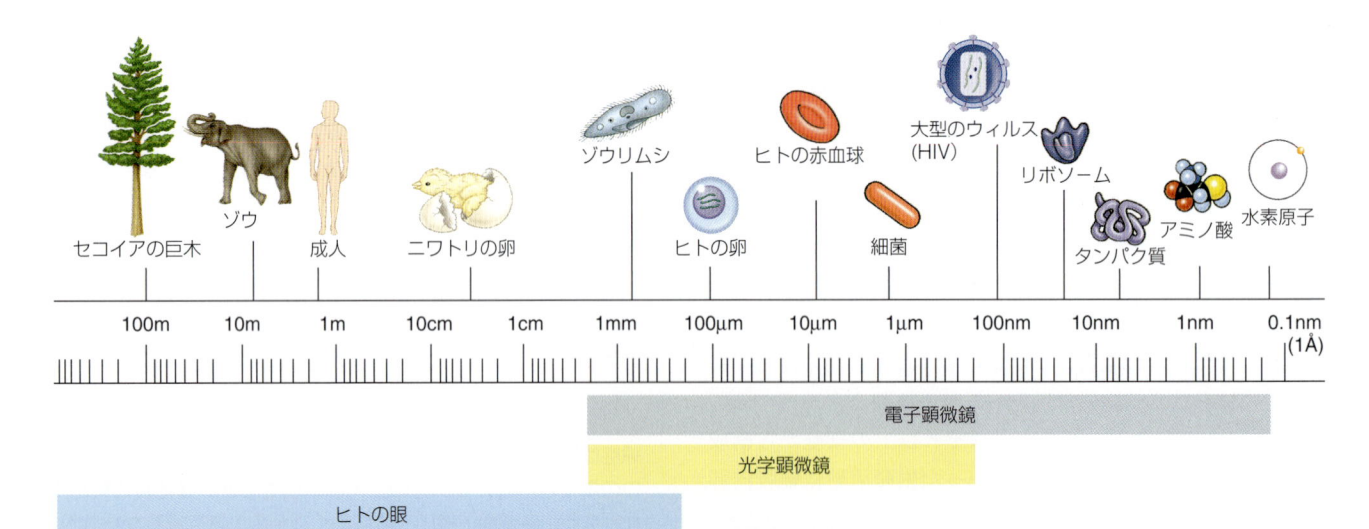

図 5.4
細胞の大きさとその内容物。 ほとんどの細胞は顕微鏡的なサイズであるが、脊椎動物の卵は裸眼で見えるくらい大きい。原核細胞は一般に直径1〜10μmである。

表5.1 顕微鏡のタイプ

光学顕微鏡

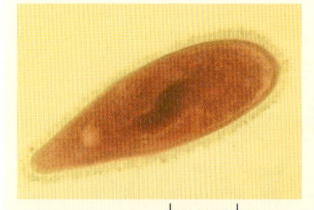

明視野顕微鏡：光は培養している試料を単に透過するだけなので、コントラストはあまりない。試料を染色することによりコントラストを改善することができるが、この場合試料を固定しなければならず（生材料ではない）、それにより内容物の変形や変質が生じることがある。
28.36 μm

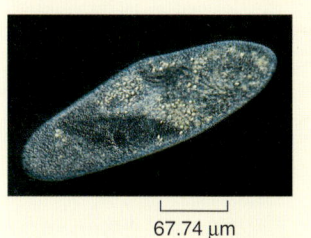

暗視野顕微鏡：光はある角度で試料に入射し、コンデンサーレンズは試料から反射した光だけを透過させる。視野は暗くなり、試料は暗い背景のなかで明るくなる。
67.74 μm

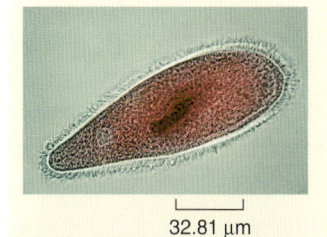

位相差顕微鏡：顕微鏡に光波長の位相を変える装置を組み込み、光波長が再び一緒になったときに、コントラストと明るさの違いを生みだす。
32.81 μm

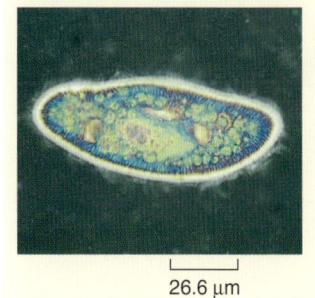

微分干渉顕微鏡：コントラストの違いを生みだす位相のずれた光波長を隣接して通過した二つの光束のあいだで干渉させ、さらに強いコントラストを、特に構造物のエッジでつくりだす。
26.6 μm

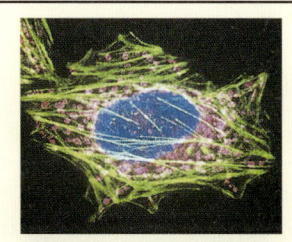

蛍光顕微鏡：蛍光色素により染色された分子あるいは組織より発した蛍光だけを透過させるフィルターセットを用いて観察する。

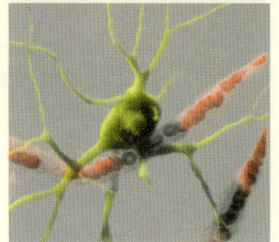

共焦点顕微鏡：レーザーからの光は1点に収束し、試料全体を2方向に走査する。試料のほかの面は除外され、一つの面だけの鮮明な像が作成される。蛍光色素と疑似カラーによってイメージを強調する。

電子顕微鏡

透過型電子顕微鏡：電子線を試料に透過させる。透過した電子線が像をつくりだす。電子が散乱する試料部分は黒くなる。疑似カラーによってイメージを強調できる。
2.56 μm

走査型電子顕微鏡：電子線は試料表面を走査し、それにより試料表面から電子が発生する。このように、試料の表面形態が観察像のコントラストと深みを決める。疑似カラーによってイメージを強調する。
6.76 μm

ために試料自体から放出されたほかの電子とともに増幅され、スクリーンに信号として送られ、そこで像が観察され写真記録される。走査型電子顕微鏡により得られたすばらしい三次元観察像が、多くの生物学的また生理学的現象を理解することに貢献してきた。

特異的な分子を染色することにより細胞構造を観察する

細胞構造を解析するうえで一つの有効な方法は、目的とする分子に特異的に結合する染色試薬を使用することである。染色技法は長年にわたって組織試料の解析、つまり組織学の分野で使用されてきたが、特異的な分子構造に結合する抗体を利用することで、めざましい進歩をとげた。**免疫細胞化学**とよばれるこの方法は、ウサギやマウスといった動物によってつくられた抗体を利用する。あるタンパク質をこれらの動物に注射すると、このタンパク質に対して特異的に結合する抗体がつくられ、その抗体を血液から精製できる。このようにして精製された抗体は、酵素や染色試薬、特定の波長の光のもとで蛍光を発する分子などと化学的に結合させることができる。抗体を含む溶液で細胞を処理することにより、標的とする分子を含む細胞構造物に結合させ、それを光学顕微鏡で観察することができる。この手法は細胞の構造や機能を調べる際、広範囲に使われている。

> ほとんどの細胞とその構成要素は微小であるため、顕微鏡を用いて初めて観察できる。どのような種類の観察像を目的にするかで、異なった種類の顕微鏡と染色手法が用いられる。

5.2 真核細胞は原核細胞よりも複雑な構造をしている

原核細胞：複雑な生理機能をもつ単純な細胞

原核生物はもっとも単純な生物である。原核生物の細胞は小さく，細胞膜と硬い細胞壁に囲まれた細胞質からなり，はっきりと区分けされた内部構造をもたない（図5.5）。原核細胞は，食事をし，睡眠し，テレビを見たりとありとあらゆることを行う一部屋だけの小屋のようなものである。原核生物は，あらゆる生物の生命活動の秩序維持にとってきわめて重要である。彼らは光をとらえて光合成を行い，死んだ生物体を分解し，その構成成分を再利用している。さらに種々な病気を引き起こすとともに，多くの工業的な工程に関与している。第4章で述べたように原核生物には二つの主要なグループ，すなわち古細菌と真正細菌が存在する。原核細胞については下巻第27章でもふれる。

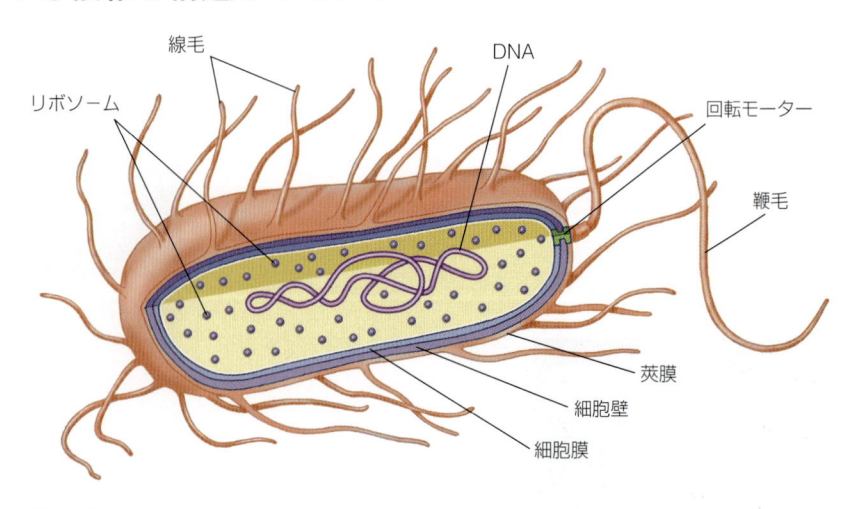

図 5.5 原核生物の細胞構造。 一般的な原核生物の一般的な細胞構成。原核生物のいくつかは細胞の外側に線毛とよばれる毛状の突起をもつ。

頑丈な細胞壁

ほとんどの原核細胞は頑丈な**細胞壁**(cell wall)で包まれている。真正細菌の細胞壁は，炭水化物（糖の重合体）の基質が短いペプチド鎖で架橋された"ペプチドグリカン"でできている。古細菌の細胞壁はさまざまな化合物からなるが，どれもペプチドグリカンを欠いている。細胞壁は細胞を保護し，形態を保持し，過剰な水の取り込みを防ぐ。植物，菌類，そして多くの原生生物もまたペプチドグリカンを欠いた異なる化学構造からなる細胞壁をもつが，このことについては後の章で述べることにする。結核やハンセン病を引き起こす細菌など少数の例外を除いて，すべての細菌類はグラム染色によって検出される細胞壁の違いにより二つの型に分けられる。名前の由来は，ある種の疾病を引き起こす細菌の存在を検出するための手法を開発したデンマークの微生物学者 Hans Christian Gram による。**グラム陽性**(Gram-positive)細菌は，グラム染色反応で青紫色に染色される厚い一層の細胞壁を有しており，顕微鏡下では細胞は紫色に染色されて観察される。さらに複雑な細胞壁が，ほかのグループの細菌類で進化してきた。このグループでは細胞壁が多層となっており，グラム染色によって青紫色に染色されない。このような赤い色素のバックグラウンドだけを示すものは，**グラム陰性**(Gram-negative)細菌として扱われている。

抗生物質に対する細菌の感受性は，細胞壁の構造に依存していることが多い。たとえば，ペニシリンやバンコマイシンなどの抗生物質は，細胞壁中の炭水化物鎖を保持しているペプチドに架橋構造がつくれないようにする。これはちょうど木造の家からすべての釘を取り払ったようなもので，細胞壁内部のマトリックスのまとまりが壊されてしまう。その結果，細胞内に流入する水を防ぐことができず，細胞は膨れ，ついには破裂してしまう。

多糖類とよばれる糖が長い鎖状に繋がった構造物が，多くの細菌の細胞壁を覆っている。多糖類は，細菌が歯や皮膚，食べ物，あるいは実際に細菌が生育できるすべての物質の表面に付着できるようにしている。多くの疾病を引きおこす細菌類は細胞のまわりに多糖類からできたゼリー状の保護被膜を分泌している。

回転する鞭毛

いくつかの原核生物は，動くために鞭毛(flagellum，複数形はflagella)を使う。鞭毛は細胞表面から突出した長い糸状の構造物であり，運動器官として使われている。原核生物の鞭毛は細胞から伸びたタンパク質繊維である。種によって一つの細胞に1本，あるいはそれ以上存在したり，また全く存在しない場合もある。細菌は鞭毛をスクリューのように回転させることにより，1秒間に自分の長径の20倍の距離を泳ぐことができる（図5.6）。回転モーターがもつ鞭毛運動の力は，細胞膜を透過する際にできるH^+の勾配によってできるエネルギーを使って生じる。興味深いことに，H^+勾配が分子の回転の動力を生みだすのと同じ原理が，真核細胞のミトコンドリアや葉緑体でATPを合成する酵素でも用いられている。

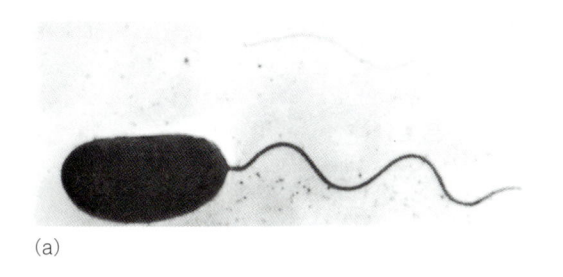

図 5.6
原核生物は鞭毛を回転することにより泳ぐ。 (a) 重篤な疾患であるコレラを引きおこすコレラ菌 (*Vibrio cholerae*) の写真。写真上部に見られる鞘に覆われていない芯部分はフラジェリンとよばれるタンパク質の結晶からなる。(b) 無傷な鞭毛ではフラジェリンでできた芯が可塑性にとんだ鞘に包まれている。(c) コレラ菌のなかにいて、鞭毛をタービンのように回転させていると想像してみよう。弾力をもったチューブのなかの針金を回転させるように、鞭毛を伝わる渦巻き波が引きおこされるだろう。この動きが細胞を前方に押し進めるのである。

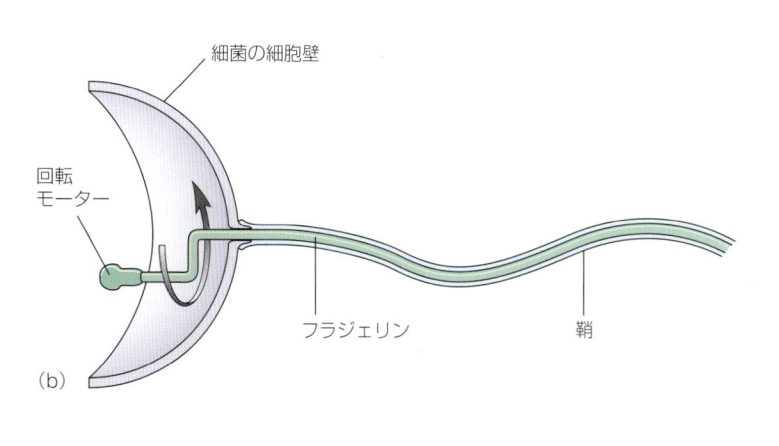

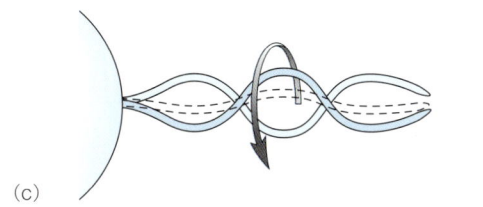

簡単な内部構造

もし、あなたが原核細胞の電子顕微鏡写真を見たなら、その単純な内部構成に驚くに違いない。細胞内部の仕切りはほとんどない。細胞にはリボソームのような複雑な構造物はあるが、真核細胞に見られるような膜で囲まれた細胞小器官は全くない。また原核生物は真の意味での核ももっていない。原核細胞の細胞質が、内部に支持構造をもたないのっぺりとした共通のユニットで、堅固な細胞壁だけが細胞を支えていることになる。

原核細胞の細胞膜は、真核細胞の細胞小器官が行っているいくつかの機能を果たしている。たとえば、原核細胞は分裂する前に遺伝物質である単純な環状DNAを複製するが、複製によって生じた二つのDNA分子はそれぞれ細胞膜の異なった部位に結合し、その結果分裂によって生じる娘細胞がそれぞれ同一のDNA分子を受け取ることになる。さらに、ラン藻類やプロクロロン (*Prochloron* 原核緑色藻類、図5.7) などの光合成細菌は極端に折りたたまれた細胞膜をもっており、この折りたたまれた細胞膜は細胞内部に延びている。このような膜は光合成に関与する色素を含んでいる。(訳者註:ラン藻類や原核緑色藻類はチラコイド膜をもっているが、チラコイド膜と細胞膜の連結はない。)

原核細胞は膜に囲まれた細胞小器官をもたないため、DNAや酵素、そのほかの細胞質構成成分は細胞のあらゆる部分とつながりがある。原核細胞では反応系は真核細胞におけるように区分けされることはなく、細胞は全体が一つのユニットとして機能している。

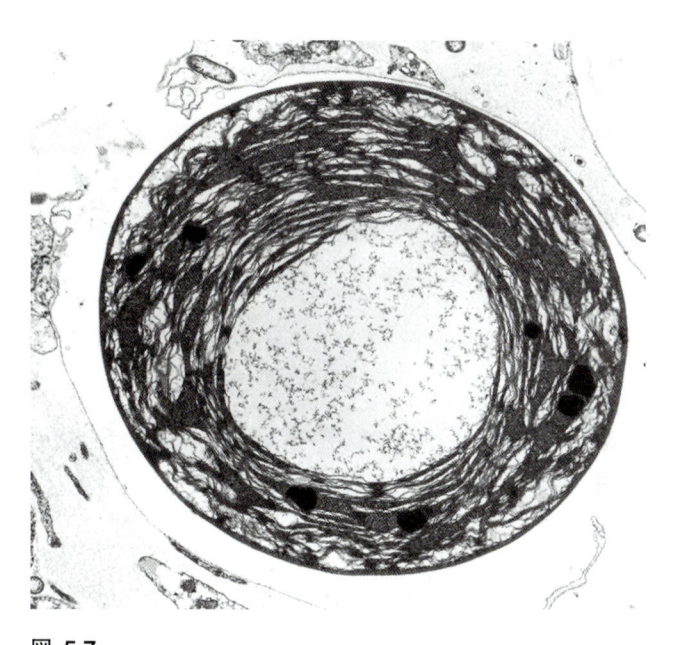

図 5.7
光合成細菌の電子顕微鏡写真。 プロクロロンの細胞には幾重にも折りたたまれた光合成に関与する膜が観察できる。

原核生物は複雑な内部構造を欠く小さな細胞であり、外側を短いポリペプチド鎖によって架橋された炭水化物からなる壁によって覆われている。いくつかのグループは鞭毛を回転させることにより推進力を得る。

5.2　真核細胞は原核細胞よりも複雑な構造をしている

真核細胞：複雑な内部構造をもつ細胞

真核細胞（図5.8，図5.9）は原核細胞よりも複雑である。真核細胞の顕著な特徴は，細胞内部が広範囲に張りめぐらされた**内膜系**(endomembrane system)と**細胞小器官**(organelle)によって区画化されていることである。この膜に囲まれた構造によって，数多くの生化学的反応を同時にしかも独立して進行させることができる。植物細胞には，しばしば**中心液胞**(central vacuole)とよばれる一つの大きな膜で囲まれた囊があり，そこにタンパク質や色素，さらに老廃物が貯蔵されている。細胞は植物，動物いずれの場合もさまざまな物質を貯蔵し運搬する小さな囊である**小胞**(vesicle)をもっている。核の内部では，DNAがタンパク質のまわりにしっかりと巻きつけられた**染色体**(chromosome)とよばれる凝縮単位にまと

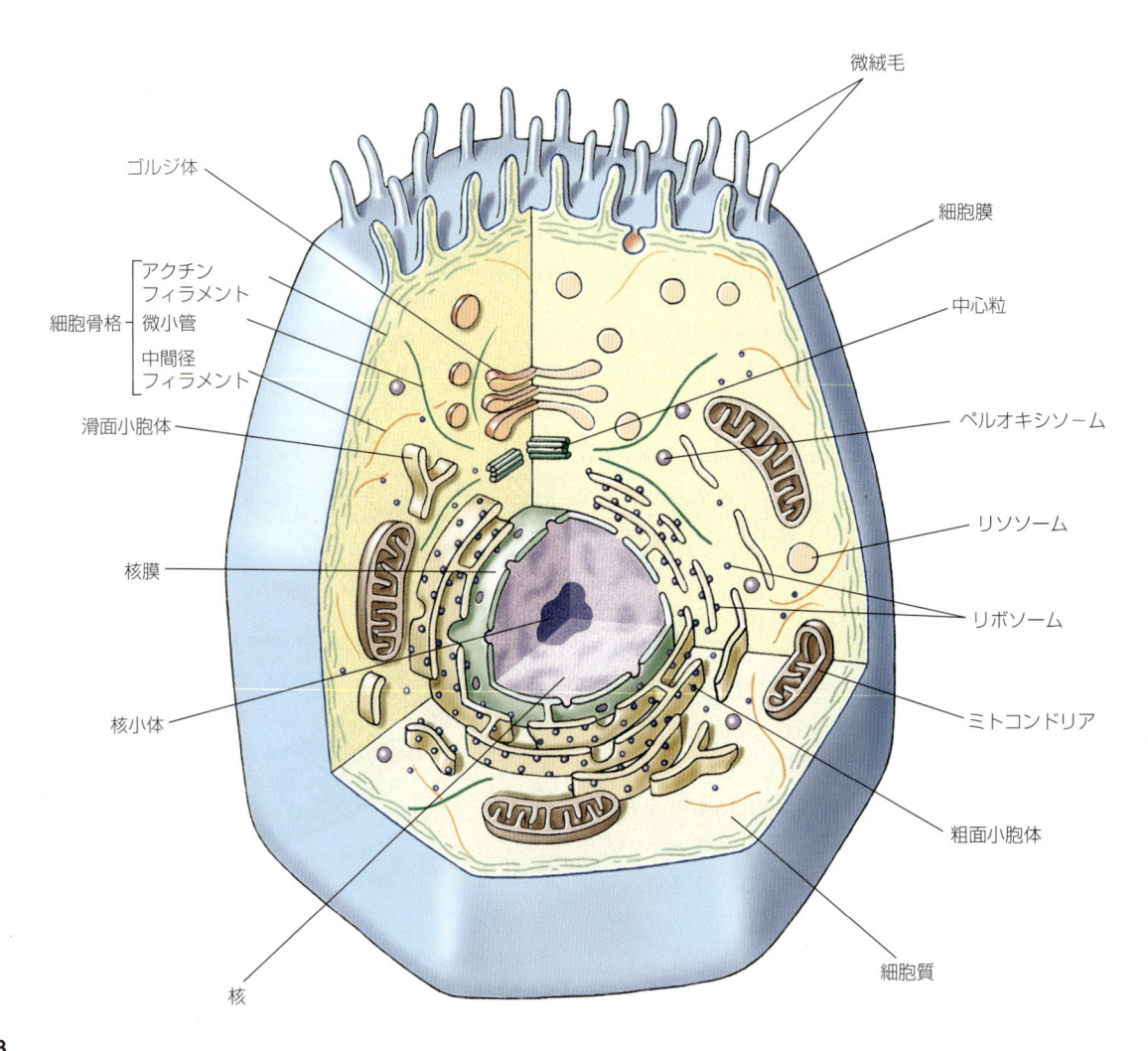

図 5.8
動物細胞の構造。 この動物細胞の模式図では，細胞膜が細胞を包み，内部には細胞骨格と細胞小器官，そして細胞質とよばれる半流動的な基質のなかに浮遊する構造物が示されている。ある種の動物細胞には微絨毛とよばれる指のような突起があり，ほかのタイプの真核細胞，たとえば多くの原生生物には運動のために使われる鞭毛や別の機能を有する繊毛がある。

められている。すべての真核細胞は，**細胞骨格**(cytoskeleton)とよばれる細胞内部のタンパク質の足場によって支持されている。動物細胞といくつかの原生生物の細胞には細胞壁は存在しないが，菌類，植物，そして多くの原生生物にはセルロースやキチンの繊維がほかの多糖類やタンパク質の基質に埋め込まれた強固な**細胞壁**(cell wall)をもっている。この章の残りの部分では，真核細胞の内部構造についてもっと詳しく述べることにする。

真核細胞は，膜で囲まれ分化した機能をもつ細胞小器官を含んでいる。

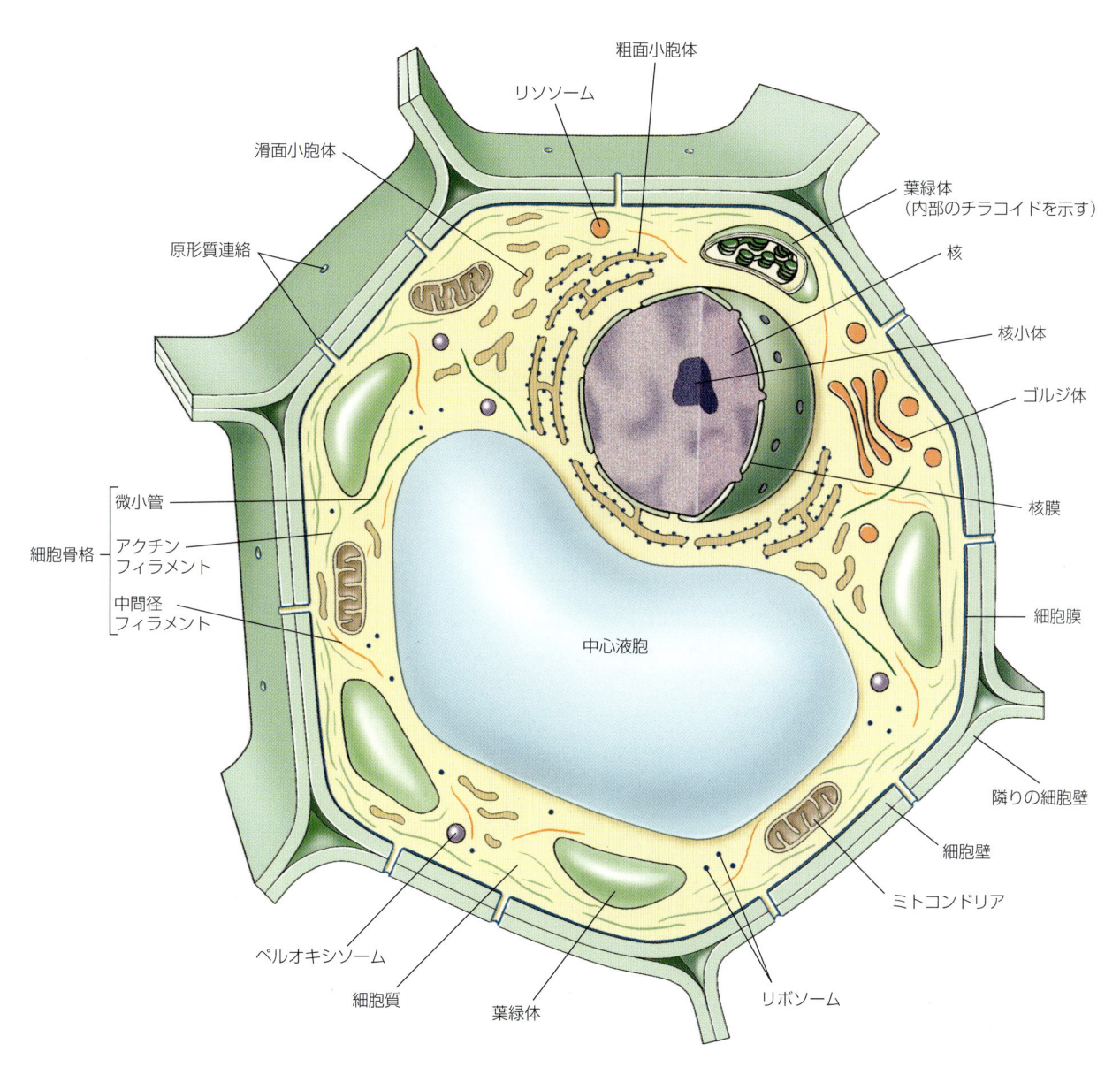

図 5.9
植物細胞の構造。 成熟した植物細胞では巨大な中心液胞が内部の大部分を占めている。また光合成が行われる葉緑体とよばれる細胞小器官をもつ。植物，菌類，およびいくつかの原生生物の細胞には細胞壁があるが，細胞壁の組成はグループによって異なる。植物細胞では原形質連絡とよばれる細胞壁の穴を通して細胞質が連絡している。鞭毛は少数の植物種の精子で観察できるが，ほかの多くの植物や菌類の細胞では欠けている。中心粒もまた植物と菌類の細胞には存在しない。

5.3 真核細胞の概観

核：細胞の情報センター

　真核細胞内で一番大きくて容易に観察できる細胞小器官は，**核**(nucleus：ラテン語で"種"もしくは"堅果"を意味する)である。これはイギリスの植物学者Robert Brownによって1831年に初めて記載された。核はおおよそ球形をしており，動物細胞の場合は通常，細胞の中央に位置している(図5.10a)。ある種の細胞では，細かい繊維性細胞質の網目構造が，核をこの位置に保持しているように見える。核は，真核細胞の生命活動を支配する遺伝情報の保管場所である。多くの真核細胞は1個の核をもつが，菌類の細胞やほかの生物の仲間などでは数個あるいはそれ以上の核をもつこともある。哺乳類の赤血球は成熟すると核を失う。核には**核小体**(nucleolus)とよばれる濃染される領域が見られることが多く，そこではリボソームRNAが活発に合成されている。

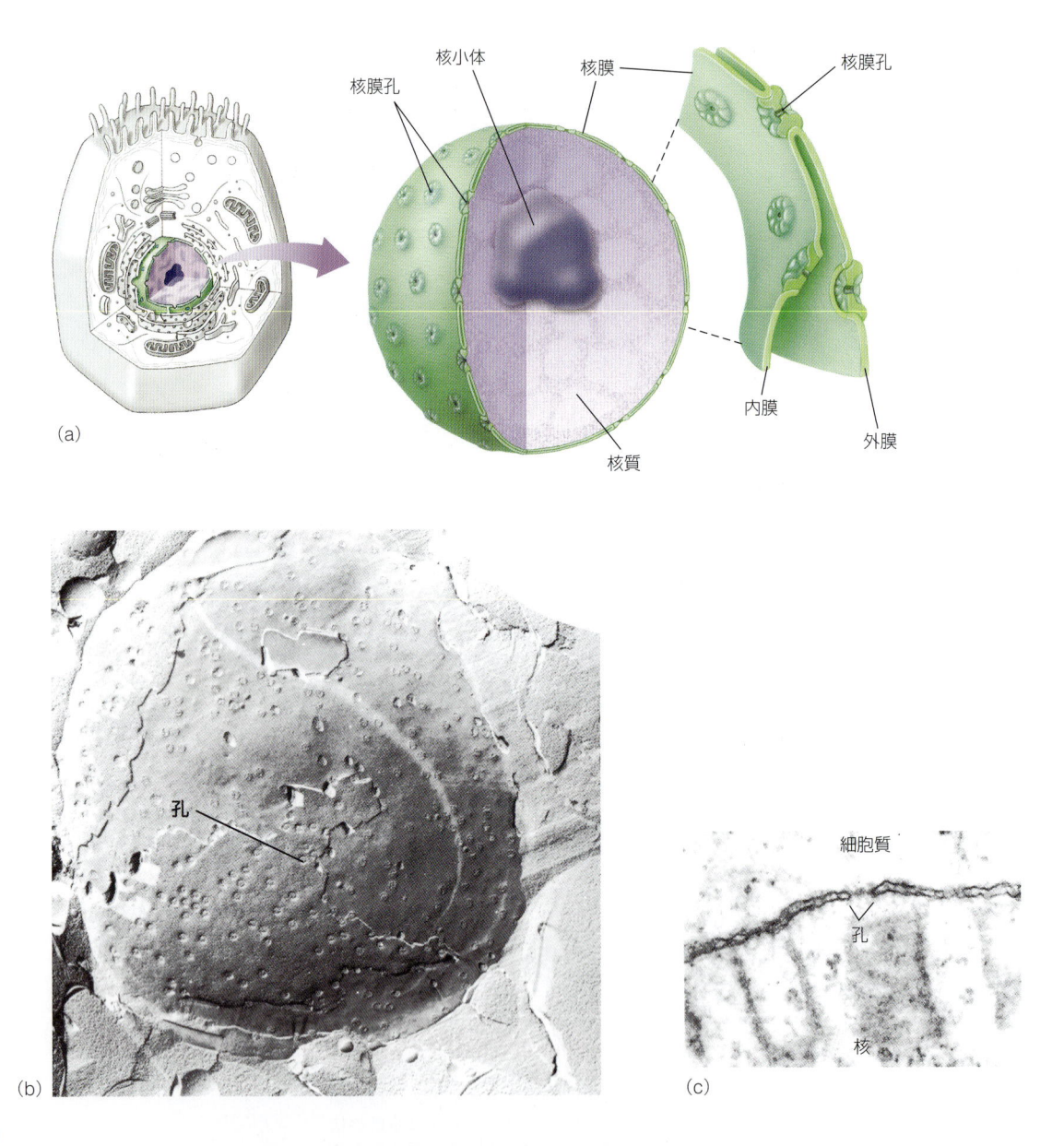

図 5.10
核。(a) 核は，核膜とよばれる二重膜に包まれ，流動性の内部に染色体を含んでいる。切片では個々の核膜孔が核膜の2枚の膜を通して通じているようにみえる(孔のなかの黒ずんだ物質はタンパク質であり，物質が孔を通過するのを制御する)。(b) 凍結割断法でみた細胞核の電子顕微鏡写真(図6.6参照)。核膜孔が見える。(c) 核膜の透過型電子顕微鏡写真。核膜孔を示す。

核膜：搬入と搬出

核の表面は2枚のリン脂質二重層からなる**核膜**(nuclear envelope)によって囲まれている（図5.10）。核膜の外膜は，小胞体とよばれる細胞質内部の膜系と連結している。核膜表面には，月のクレーターのような形の**核膜孔**(nuclear pore)とよばれる浅い窪みが散在する（図5.10b, c）。これらの孔は50〜80 nm離れて散在しており，そこでは核膜の二層膜が互いにくっついて一緒につなぎとめられている。核膜孔のなかは，核の内外への分子の通過を許可する門番のような働きのタンパク質によって満たされている。核膜孔を通過できるのは，主として次の2種類の分子に限られる。

(1) 核に入って核構造のなかに組み込まれたり，あるいは核の活動を触媒するようなタンパク質。

(2) 核のなかでつくられて細胞質に運ばれるRNAやタンパク質—RNA複合体。

染色体：DNAを折りたたんで詰め込む

原核細胞，真核細胞を問わずDNAは細胞の構造と機能を決める遺伝情報をになっている。しかし，原核細胞の環状DNAと異なり，真核細胞のDNAは何本かの直鎖状の**染色体**(chromosome)に分かれている。染色体は細胞が分裂するとき以外は，DNAとタンパク質の複合体である**クロマチン**(chromatin)とよばれる糸状構造として伸展している。このように伸展していると，タンパク質がDNAのなかの特定のヌクレオチド配列に結合し，遺伝子の発現を制御できる。このような結合がなければ，DNAが細胞のその時々の活動を管理できない。染色体はつねに**ヒストン**(histone)とよばれる折りたたみをまかなうタンパク質と結合している。細胞が正常に機能しているときは，DNAは**ヌクレオソーム**(nucleosome)とよばれるヒストンの集合体にゆるく巻きついている。この構造は糸に通したビーズに似ている（図5.11）。染色体をさらに伸ばすと，さまざまな酵素がDNAからRNAのコピーをつくることができるようになる。DNAのなかの情報をコピーしたRNAは，タンパク質合成を指示する。細胞が分裂するときには，DNAはきつく凝縮した状態になるまでヒストンのまわりに巻きつけられる。このように徹底的に凝縮した染色体が，分裂期の細胞で濃染され棒状構造として光学顕微鏡で容易に観察できる実体である（図5.12）。細胞分裂後，この染色体はほどけて，光学顕微鏡ではそれぞれの染色体を区別することが不可能になる。

> 真核細胞の核は細胞の遺伝情報を含んでおり，細胞の残りの部分から遺伝情報を隔離している。真核細胞の際立った特徴は，DNAを複雑な染色体に組み込んでいることである。

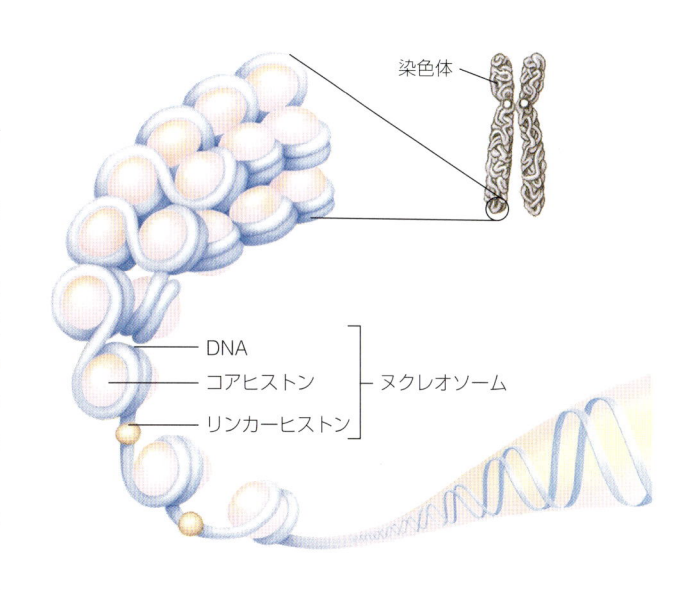

図 5.11
ヌクレオソーム。 個々のヌクレオソームとはDNAがひとかたまりのヒストンタンパク質のまわりにしっかりと巻きついた構造を指す。

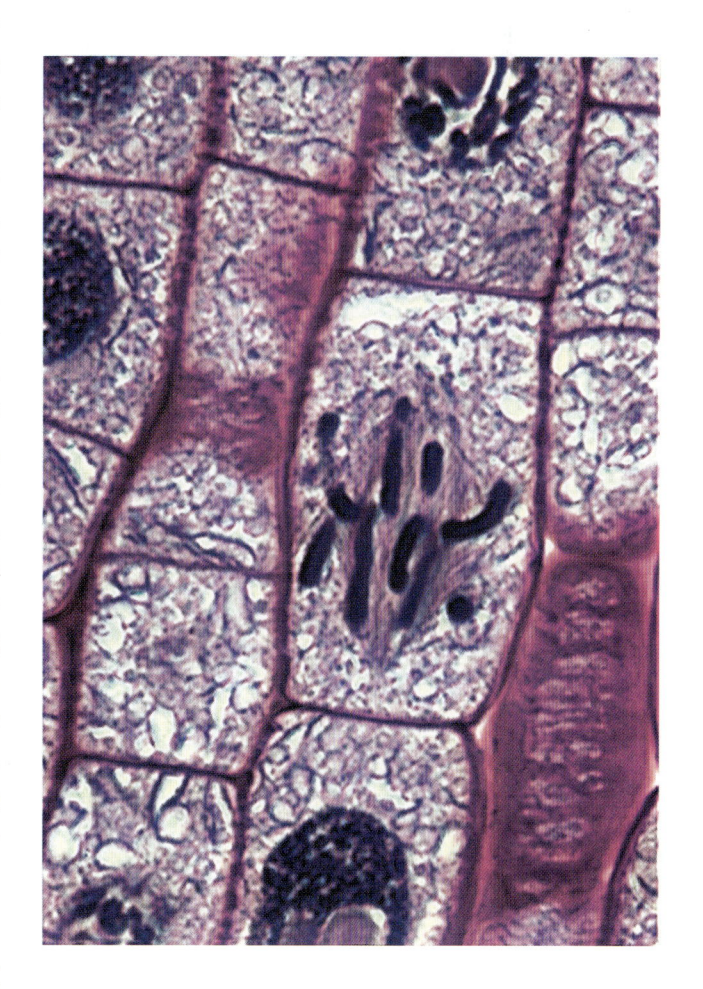

図 5.12
真核細胞の染色体。 光学顕微鏡で見えるタマネギ根端部の凝縮した染色体。

内 膜 系

小胞体：細胞を区画化する

真核細胞の内部は膜でつまっているが(表5.2)，それらの膜はきわめて薄いので低解像力の光学顕微鏡では見えない。この**内膜系**(endomembrane system)は細胞内空間を満たし，細胞を小区画に分けている。また，細胞の内部に分子が通る経路を開き，また膜表面は脂質とある種のタンパク質を合成するための場となる。このような膜の存在が，真核生物と原核生物のあいだのもっとも基本的な相異点の一つである。

内膜系のうちもっともおおがかりなものは**小胞体**(endoplasmic reticulum：ER)とよばれている。ラテン語でEndoplasmicは"細胞質内部の"，reticulumは"小さな網"を指す。小胞体は，細胞膜と同様にタンパク質が埋まっている脂質二重層からなる。小胞体は細胞内部を通じてシート状に何層も織り合わされ，その重なった層をつなげる通路がいくつもある(図5.13)。真核細胞の多くの区画のうちもっとも大きなものは，**内腔**(cisternal space)とよばれる小胞体の内部領域と小胞体の外部領域の**細胞質ゾル**(cytosol)である。

表5.2 真核細胞の構造物とその機能

構造	説明	機能
細胞壁	セルロースまたはキチンからなる細胞外構造；細胞壁がない細胞もある。	防御；支持
細胞骨格	タンパク質の繊維からなる網状構造	構造の支持；細胞運動
鞭毛(繊毛)	9＋2配置をした微小管対を含んだ細胞の突出部分	運動または細胞表面の液体を動かすこと
細胞膜	タンパク質を埋め込んだ脂質二重層	細胞の内外に出入するものを調節する；細胞間の認識
小胞体(ER)	内膜がつくる網状構造	区画と小胞をつくる；タンパク質と脂質の合成に関わる。
核	染色体を含み，二重膜で囲まれた構造体(普通は球状体)。	細胞のコントロールセンター；タンパク質合成と細胞の再生産を指示する。
ゴルジ体	扁平な小胞の重なり	細胞外へ輸送するタンパク質を詰め込む；分泌小胞を形成する。
リソソーム	ゴルジ装置由来の小胞で，加水分解酵素を含む。	使い古した細胞小器官や細胞の残骸を消化する；細胞死に役割を果たす。
ミクロボディ	脂質とタンパク質が合体してできた小胞で，酸化酵素とその他の酵素を含む。	特殊な化学反応を行う隔離された部域
ミトコンドリア	二重膜をもつ細菌様の小器官	細胞の発電所；酸化的代謝の工場
葉緑体	光合成色素クロロフィルを含む膜をもつ細菌様の小器官	光合成の場
染色体	タンパク質と複合体を形成したDNAの長い糸	遺伝情報を含む
核小体	rRNA合成の遺伝子部位	リボソームを合成する
リボソーム	タンパク質とRNAからなる小さくて複雑な集合体であり，しばしば小胞体に結合する。	タンパク質合成の場所

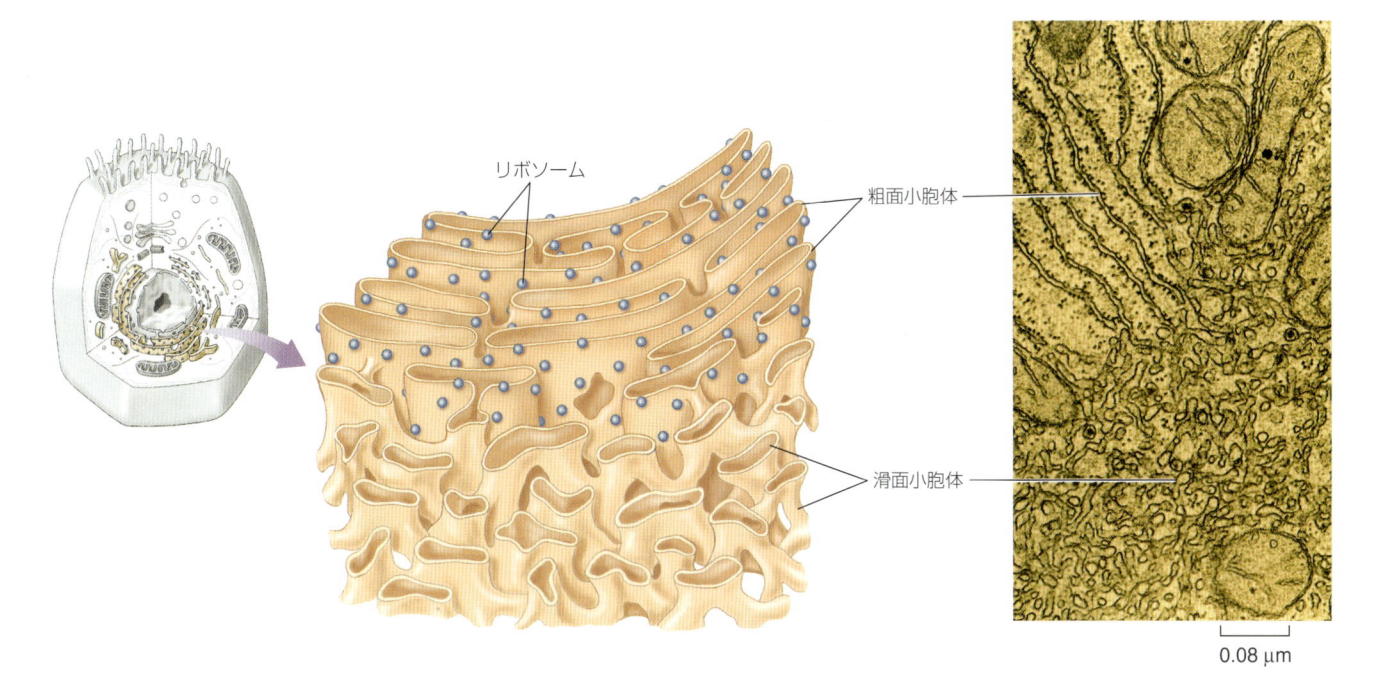

図 5.13
小胞体。 粗面小胞体では，膜の片側面だけにリボソームが付着している。もう一方の膜面は細胞の内部とは別の区画に面し，リボソームは新たにつくった分泌のためのタンパク質をこの区画のなかに注ぎ込む。滑面小胞体にはリボソームはほとんど結合しない。

粗面小胞体：輸送されるタンパク質を製造する　タンパク質合成に関与する小胞体の表面領域には，多数の**リボソーム**（ribosome）が散在している。リボソームはタンパク質とリボ核酸（RNA）からなる巨大分子の集合体であり，遺伝子からコピーされたRNAをタンパク質へと翻訳する（リボソームについては，本章の後半で詳しく述べる）。電子顕微鏡では，これらリボソームを多数もつ小胞体表面が紙ヤスリの表面のように見えるので，このような小胞体は**粗面小胞体**（rough ER）とよばれる（図5.13）。

粗面小胞体の表面で合成されるタンパク質は細胞外へ輸送されるか，リソソームあるいは液胞へ送られるか，あるいは細胞膜に埋め込まれることになる。輸送されるタンパク質は，**シグナル配列**（signal sequence）とよばれる特殊なアミノ酸配列をもっている。あるタンパク質が遊離リボソーム（膜に付着していないもの）によって新たにつくられる際，伸長しつつあるポリペプチドのシグナル配列部分が識別因子に結合すると，この識別因子はそのリボソームと部分的に形成されたタンパク質を小胞体の表面上にある「合体部位」へと運ぶ。タンパク質合成が進むにつれ，合成されたタンパク質は小胞体膜を通過し小胞体の内部区画，すなわち内腔へ入る。そして，そのタンパク質は小胞によって内腔からゴルジ体へと輸送される（図5.14）。そのあと，タンパク質は小胞に入ったまま細胞膜の細胞質側表面へと移動し，細胞の外部へ放出される。

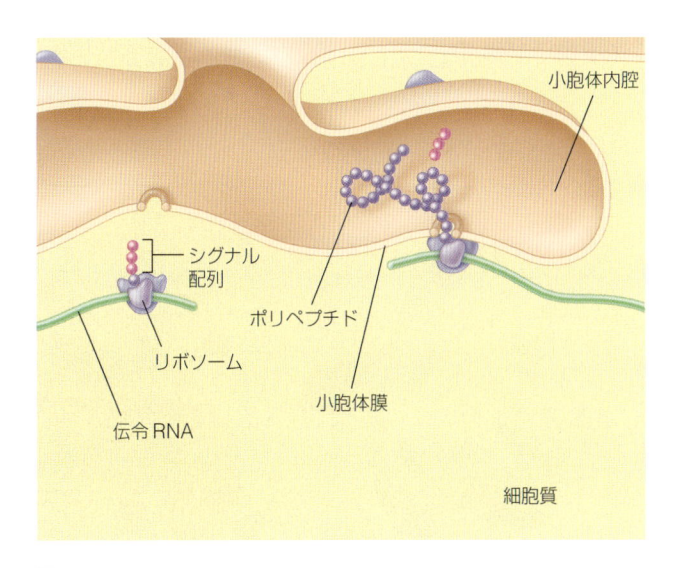

図 5.14
シグナル配列はタンパク質に細胞内での行き先を指示する。　この例では，分泌タンパク質についている疎水性のアミノ酸配列（シグナル配列）が分泌タンパク質（それを合成しているリボソームも）を小胞体膜に付着させる。分泌タンパク質は合成される端から小胞体の内腔へと通過する。分泌タンパク質の先端が内腔に入ったあと，シグナル配列は切断される。

滑面小胞体：細胞内活動を組織化する　ほとんどリボソームと結合していない小胞体の領域を**滑面小胞体**(smooth ER)とよぶ。滑面小胞体の膜には多数の酵素が埋め込まれている。小胞体に結合している酵素には，たとえば種々の炭水化物や脂質の合成を触媒するものがある。精巣や小腸，脳などの細胞のように脂質を大量に合成している細胞では滑面小胞体が特に多い。肝臓では，滑面小胞体の酵素はアンフェタミン，モルヒネ，コデイン，フェノバルビタールといった薬物の解毒にかかわっている。

　小胞のなかには，細胞内部への突出，すなわち飲食作用(第6章参照)とよばれる過程により細胞膜で形成されるものがある。そのあと小胞のいくつかは細胞質へ移動し，滑面小胞体と融合する。残りの小胞は二次リソソーム(後述)を形成するか，あるいは別の細胞内小胞を形成する。

ゴルジ体：細胞の配送システム

　細胞内膜系のさまざまな場所に，**ゴルジ体**(Golgi body)とよばれる扁平な形をした膜の重なりが存在し，しばしば複数のゴルジ体どうしが相互に連結している。この構造体はCamillo Golgiの名前にちなんで命名された。彼は19世紀のイタリアの内科医で，初めてゴルジ体に注目した。一つの細胞に含まれるゴルジ体の数は，原生生物では1個ないし数個，動物細胞では20個あるいはそれ以上，植物細胞では数100個に及ぶ。ゴルジ体は，物質を合成し分泌する腺細胞に特に多い。複数のゴルジ体をまとめて**ゴルジ装置**(Golgi apparatus)とよぶ(図5.15)。

　ゴルジ体の機能は，細胞内のある場所で合成され，ほかの場所で利用される分子を集め，包み込み，配送することである。ゴルジ体は前面と背面をもち，その両面の末端で膜組成がはっきりと異なる。前面，すなわち受け入れ末端はシス面(*cis* face)といい，通常は小胞体の近くに位置している。物質は小胞体から出芽してできた輸送小胞のなかに入り，シス面へ移動する。輸送小胞はシス面と融合し，その内容物をゴルジ体の内部，すなわち内腔へ移す。そのあと，小胞体が合成したこの分子はゴルジ体の経路を通過し，トランス面(*trans* face)とよばれる背面，すなわち放出末端に到達し，そこで分子は分泌小胞のなかに放出される(図5.16)。

　粗面小胞体および滑面小胞体でつくられたタンパク質と脂質はゴルジ体内へと輸送され，そこを通過しながら化学的な修飾を受ける。もっとも一般的な化学変化は，短い糖鎖の付加または修飾であり，糖がタンパク質と複合体を形成すると"糖タンパク質"ができ，糖が脂質と結合すると"糖脂質"ができる。多くの場合，ゴルジ体のなかに存在する酵素は小胞体のなかでつくられた糖タンパク質と糖脂質を修飾する。すなわち，糖鎖からある糖を切断したり，あるいは糖鎖の一つまたはそれ以上の糖を修飾したりする。

　新たにつくられた，あるいは化学的修飾を受けた糖タンパクと糖脂質は，ゴルジ体の末端で槽(cisternae：ラテン語で"水を集める容器"という意味)とよばれる扁平で重なり合った膜の袋のなかに集まる。槽の膜は周期的に押しだされ，糖タンパク質と糖脂質分子が含まれた小さな分泌小胞として切り離される。そのあと，分泌小胞は細胞のほかの場所へ移動し，新たに合成された分子を適切な目的地へ配送する。

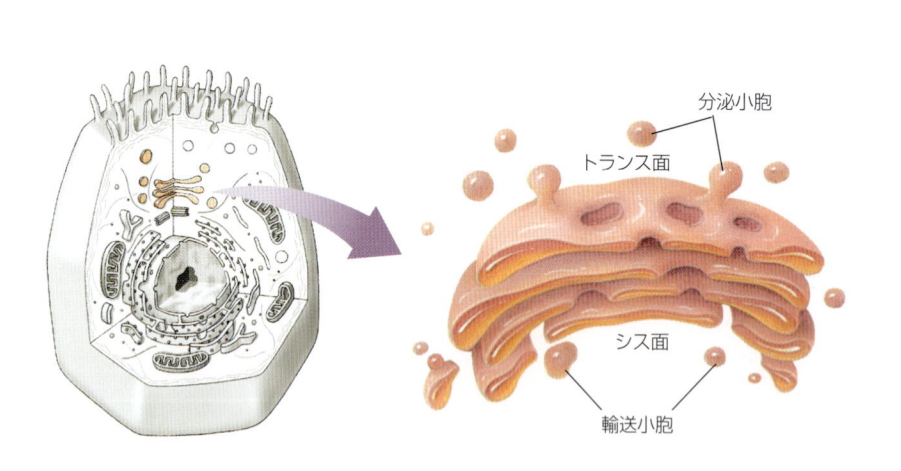

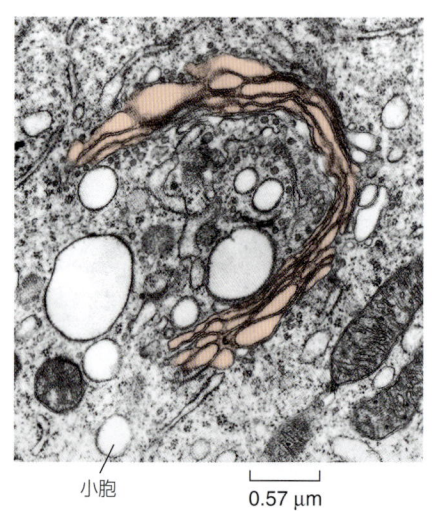

図 5.15
ゴルジ体。　ゴルジ体は平滑でくぼんだ形の膜構造をしており，細胞の中央付近に位置している。輸送小胞内で加工処理するための物質をシス面で受け取り，その物質を分泌小胞内に包んでトランス面から送りだす。小胞内の物質は細胞外へ輸送するためのもの，あるいは同一細胞内の別の場所へ配送されるものの両方を含む。

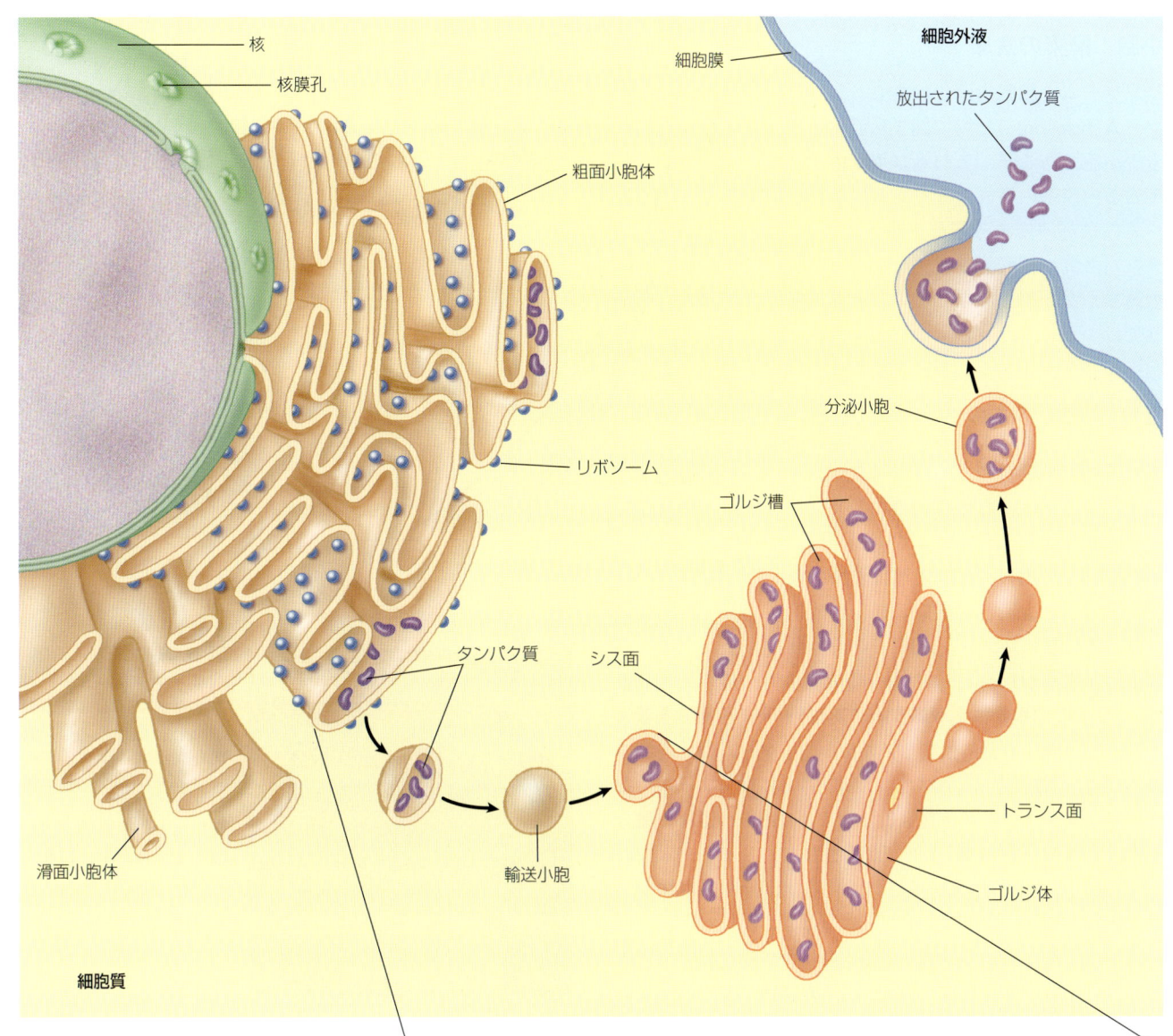

図 5.16
細胞内でタンパク質が輸送される方法。 リボソームで合成されたタンパク質は粗面小胞体の内部区画へと放出される。新たに合成されたタンパク質が細胞内の離れた場所または細胞外に輸送されることになっているなら，そのタンパクは粗面小胞体からちぎれた小胞内に移され，ゴルジ体のシス面もしくは受け入れ末端へと移動する。ゴルジ体でタンパク質は化学的修飾を受け，分泌小胞のなかで荷造りされる。その後分泌小胞はゴルジ体のトランス面，すなわち放出末端から離れて細胞内のほかの場所へ移動するか，あるいは細胞膜と融合して内容物を細胞外に放出する。

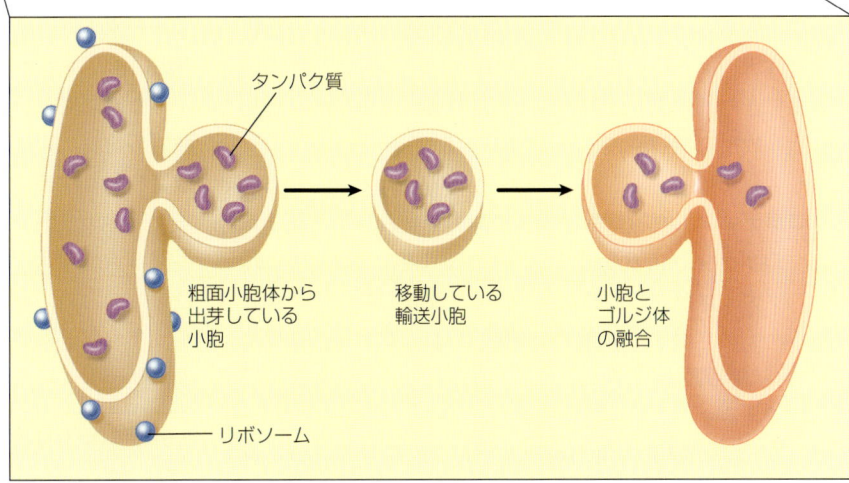

5.3 真核細胞の概観

小胞：酵素の倉庫

リソソーム：細胞内消化の中心 リソソーム(lysosome)は膜で囲まれ消化力をもつ小胞であるが，これもゴルジ体から生じる内膜系の構成要素である。リソソームには高濃度の分解酵素類が含まれ，タンパク質や核酸，脂質，炭水化物などの速やかな分解を触媒している。真核細胞ではつねにリソソームの酵素が古い細胞小器官を消化することによって，その細胞小器官を構成していた分子を再利用できるようにするとともに，新たに形成される細胞小器官のために空間をつくりだす。たとえば，ある組織のミトコンドリアは10日毎に入れかわっている。

リソソーム内の消化酵素類は酸性の条件下でもっとも活性が高い。活発に消化活動しているリソソームはH^+を内部へ汲み上げ，内部pHを低く維持することにより一群の加水分解酵素(分子の加水分解を触媒する酵素)が十分に活動できるようにしている。活発に機能していないリソソームは，内部のpHを酸性に維持していない。これを"一次リソソーム"とよぶ。一次リソソームが食胞またはほかの細胞小器官と融合するとリソソームのH^+ポンプが活性化し，リソソーム内のpHが低下し，その結果貯蔵されている加水分解酵素群が活性化する。これを"二次リソソーム"とよぶ。

リソソームは細胞小器官や細胞内のほかの構造体を消化するだけでなく，飲食作用(第6章参照)の特別な型の一つである"食作用"によって取り込まれたほかの細胞を消化し除去することもある。たとえば，白血球細胞が通りがかりの病原体を食作用によって取り込んだとき，リソソームは食作用によってできた「食胞」と融合し，自身のもっている酵素をその食胞に放出して病原体を解体する(図5.17)。

ミクロボディ 真核細胞は種々の酵素を含み，膜で囲まれた**ミクロボディ**(microbody)とよばれる小胞を含んでいる。ミクロボディは植物，動物，菌類，原生生物の細胞に存在している。ミクロボディに酵素を分配しておくことは，真核生物が自らの物質代謝を組織立てて遂行するための主要な手段の一つである。

リソソームが細胞内膜系から出芽して形成されるのに対し，ミクロボディは脂質とタンパク質を取り込んで成長し，さらには分裂して増える。植物細胞に見られる**グリオキシソーム**(glyoxysome)とよばれる特殊な型のミクロボディは，脂肪を炭水化物に転換する酵素を含んでいる。もう一つの型のミクロボディは，**ペルオキシソーム**(peroxisome)であり，

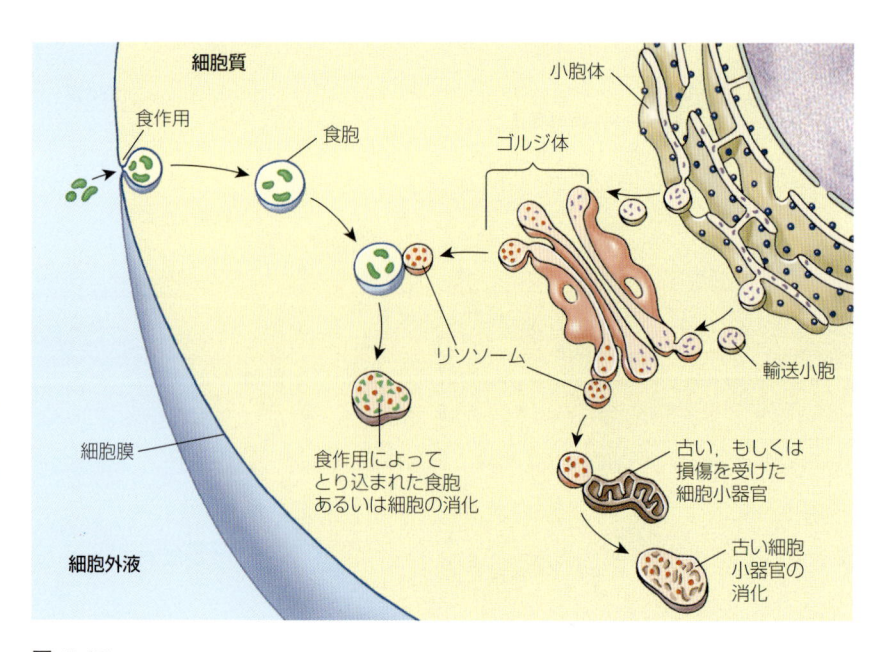

図 5.17
リソソーム。 リソソームは食作用によって，細胞内に取り込まれた粒子や細胞を消化する加水分解酵素を含んでいる。

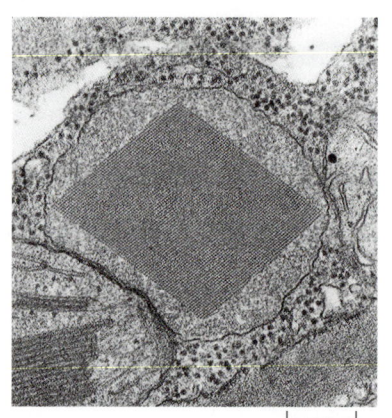

図 5.18
ペルオキシソーム。 ペルオキシソームは球形の細胞小器官でタンパク質からなる大きなダイヤモンド状の結晶構造を含む。また副産物として過酸化水素を生成する消化酵素や解毒酵素を含んでいる。

電子と水素原子を除去する反応を触媒する酵素を含んでいる(図5.18)。もしもこれらの酸化作用のある酵素がミクロボディのなかに閉じ込められていなかったら，これらの酵素は細胞質の物質代謝を短絡させてしまい，往々にして水素原子を酸素に付加することになる。ペルオキシソームという名は，ミクロボディ内で酸化作用をもつ酵素の活動の副産物として生じる過酸化水素に由来する。過酸化水素は激しい化学反応性をもつため，細胞にとって危険なものである。しかし，ペルオキシソームには過酸化水素を無害な水と酸素に分解するカタラーゼという酵素も含まれている。

> 小胞体(ER)は折りたたまれた膜が広範囲に広がった膜系であり，細胞内の生合成が混乱なく進行するように空間的に調整している。ゴルジ体は分子を集めて梱包し，修飾したあとに配送する。リソソームとペルオキシソームは，消化力のある酵素と解毒作用のある酵素を含む小胞である。このような酵素が小胞内に隔離されているため，内部で起こる化学反応の影響が小胞の外に及ばない。

リボソーム：タンパク質合成の場

　細胞核のなかにあるDNAがその細胞のもつタンパク質のアミノ酸配列を暗号化しているが，タンパク質が核で合成されることはない。このことは簡単な実験で示すことができる。放射性アミノ酸を短時間細胞に投与すると，その放射能は新しくつくられたタンパク質に付随して出現するが，それは核のなかではなく，細胞質のなかに現れるのである。このような実験から，タンパク質合成が核の外側にある**リボソーム**（ribosome）とよばれるRNAとタンパク質の複合体と結びついていることが発見された。

　リボソームは，リボソームRNA（またはrRNA）とよばれる特別な種類のRNA分子と，それらを複合体としてつなぎとめておく数十種類ものタンパク質から構成されている。リボソームは，細胞に存在するもっとも複雑な分子集合体の一つである。個々のリボソームは，二つのサブユニットから構成されている（図5.19）。二つのサブユニットは，伝令RNA（mRNA）とよばれる別の種類のRNAと結合すると，初めて互いに合体して一つの機能的なリボソームを形成する。mRNAは，核内のDNAに暗号化された遺伝情報を転写したコピーである。リボソームはmRNAの遺伝情報を用いてタンパク質の合成を行う。

　細胞質のなかで機能するタンパク質は，内膜と結合していない遊離リボソームによってつくられる。それに対し，膜に結合するタンパク質や細胞外に輸送されるタンパク質は粗面小胞体を形成しているリボソームによって合成される。

核小体はリボソームのサブユニットを製造する

　細胞が大量のタンパク質を合成しようとするとき，まず最初に多数のリボソームをつくらなければならない。このことを容易にするために，リボソームRNAをコードする遺伝子の何百ものコピーが染色体上で集団をつくっている。このような集団部分からRNAを転写することで，リボソームの生産に必要な多量の分子が速やかに合成されるのである。

　リボソームがつくられるとき，核のなかではリボソームRNA遺伝子群，その遺伝子からつくられたRNA，そしてリボソームタンパク質がすべてひとまとまりになっている。リボソームが組み立てられているこの領域は**核小体**（nucleoli，単数形はnucleolus）とよばれ，核のなかで1個あるいは複数個の濃染される領域として容易に観察できる（図5.20）。凝縮しているときにだけ観察できる染色体とは異なり，核小体は染色体が伸展しているときでも光学顕微鏡で観察できる。

> リボソームは細胞質におけるタンパク質合成の場である。

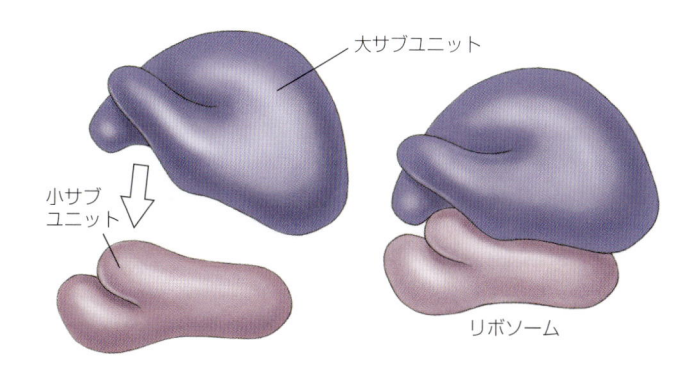

図 5.19
リボソーム。　リボソームは小サブユニットと大サブユニットからなり，どちらもrRNAとタンパク質で構成される。個々のサブユニットは核小体で合成され，核内から核膜孔を通って細胞質へ出る。細胞質で双方のサブユニットが合体してmRNAを翻訳する。リボソームはタンパク質合成の場として働く。

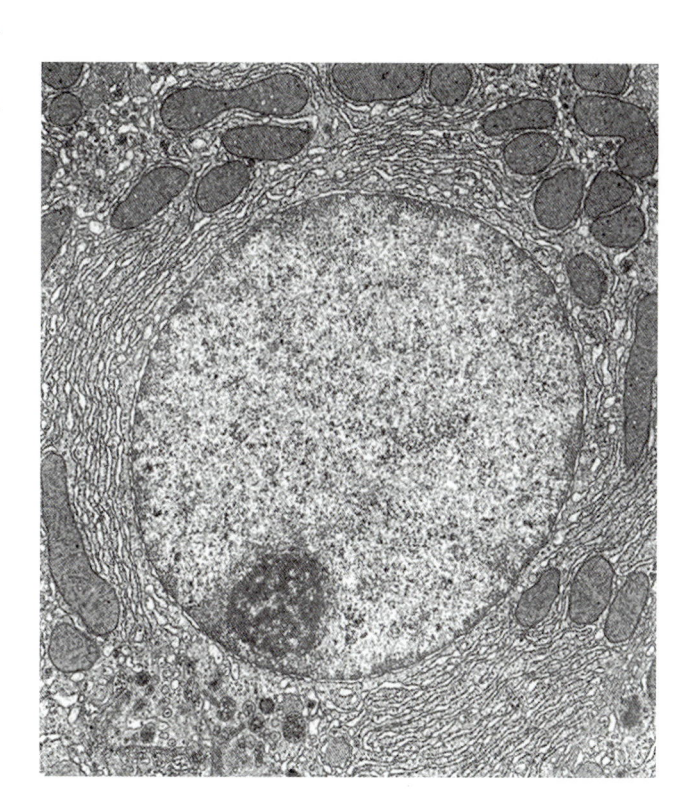

図 5.20
核小体。　約6000倍に拡大したラットの肝細胞の内部である。写真中央に1個の核がある。核内の左下にある電子密度の高い領域が核小体であり，リボソームの主要な成分が合成されている。

DNAを含む細胞小器官

大変興味深いことに，核と同じようにDNAを含んでいる細胞小器官がある。

ミトコンドリア：細胞の化学的溶鉱炉

ミトコンドリア(mitochondria，単数形はmitochondrion)は一般的に管状またはソーセージのような形をし，細菌類と同じくらいの大きさである。この細胞小器官はすべての真核細胞に存在する(図5.21)。ミトコンドリアは2枚の膜で囲まれている。一つは平らな外膜，もう一つは折りたたまれて重なり合った層をつくる内膜で**クリステ**(cristae，単数形はcrista)とよばれる。クリステは，ミトコンドリアを二つの区画に分割している。すなわち，内膜の内側空間を占める**マトリックス**(matrix)とミトコンドリアの内・外膜に挟まれた**膜間腔**(intermembrane space)である。内膜の表面に結合したり，あるいは内膜に埋め込まれているタンパク質によって酸化的代謝が行われている。酸化的代謝というのは酸素を必要とする反応系のことで，これによって高分子の内在エネルギーをATPとして貯蔵できる。

ミトコンドリアは自前のDNAをもっている。このDNAには，酸化的代謝においてミトコンドリアが果たす役割に必要不可欠なタンパク質をコードする遺伝子が含まれている。これらの遺伝子はすべてRNAに転写され，ミトコンドリア内でタンパク質を合成するために使われている。この過程で，ミトコンドリアは小さなRNA分子とリボソームの構成要素を用いるが，これらもまたミトコンドリアDNAにコードされている。このように多くの点でミトコンドリアは細胞内で一つの細胞のようにふるまっており，ミトコンドリア特有の機能を果たすためのタンパク質をコードした，自分自身の遺伝情報をもっている。しかし，酸化的代謝で使われる酵素をコードするほとんどの遺伝子は細胞核に存在している。したがって，ミトコンドリアが完全に自立しているというわけではない。

真核細胞は分裂するときに新規にミトコンドリアをつくりだすわけではない。そうではなく，ミトコンドリア自身が二つに分裂することによってその数を倍加させたのち，細胞分裂によってできる新しい細胞に分配されるのである。ミトコンドリアの分裂に必要とされるほとんどの要素は細胞核の遺伝子にコードされており，細胞質のリボソームによってタンパク質へと翻訳される。そのため，核のないところではミトコンドリアの分裂は不可能である。ミトコンドリアが無細胞系の培地で育たないのはそのためである。

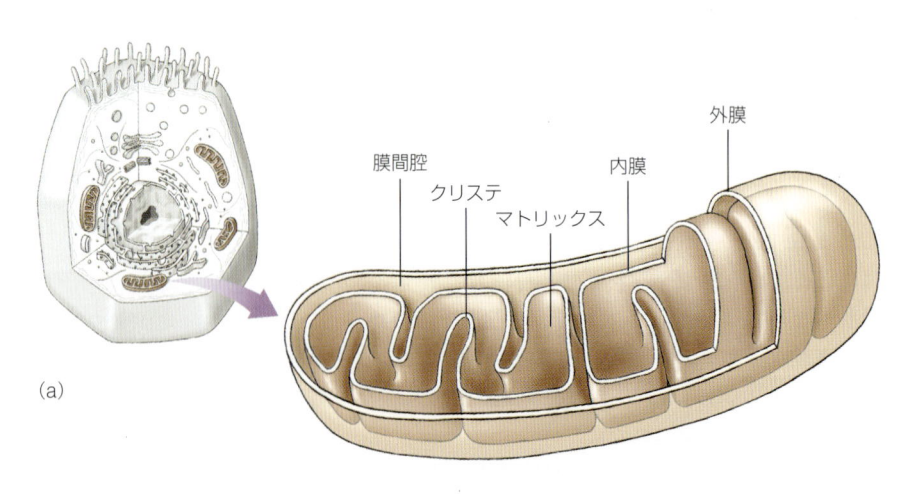

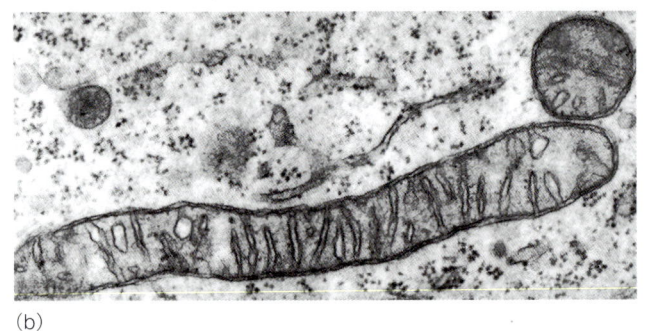

図 5.21
ミトコンドリア。(a) ミトコンドリアの内膜が形成するクリステとよばれるひだは酸化的代謝のための表面積を顕著に増大させる効果をもつ。(b) ミトコンドリアの横断面と縦断面(70,000倍)。

葉緑体：光合成が行われる場所

光合成を行う植物とほかのいくつかの真核生物は，一般的に1個から数百個の**葉緑体**(chloroplast)をもっている。葉緑体はそれをもつ生物に明確な利点をもたらしている：葉緑体は自分自身で栄養物を製造できるのである。葉緑体は光合成色素であるクロロフィルをもち，そのためほとんどの植物は緑色をしている。

葉緑体の本体はミトコンドリアと同じように2枚の膜で包まれ，また，その2枚の膜もミトコンドリアの二層膜とよく似ている(図5.22)。しかし，葉緑体はミトコンドリアよりも大きく複雑である。葉緑体には，互いに密接している外膜と内膜に加え，内膜の内側に**グラナ**(grana，単数形はgranum)とよばれる重なり合った膜からなる閉じた区画がある。一つの葉緑体には100ないしそれ以上のグラナがあり，個々のグラナは数枚から数十枚の円盤状の**チラコイド**(thylakoid)とよばれる構造からできている。チラコイドの表面には光を捕捉する光合成色素があるが，これについては第10章で詳細に述べることにする。チラコイドを囲んでいるのはストロマとよばれる流動性のある基質である。

ミトコンドリアと同様に葉緑体はDNAをもっているが，

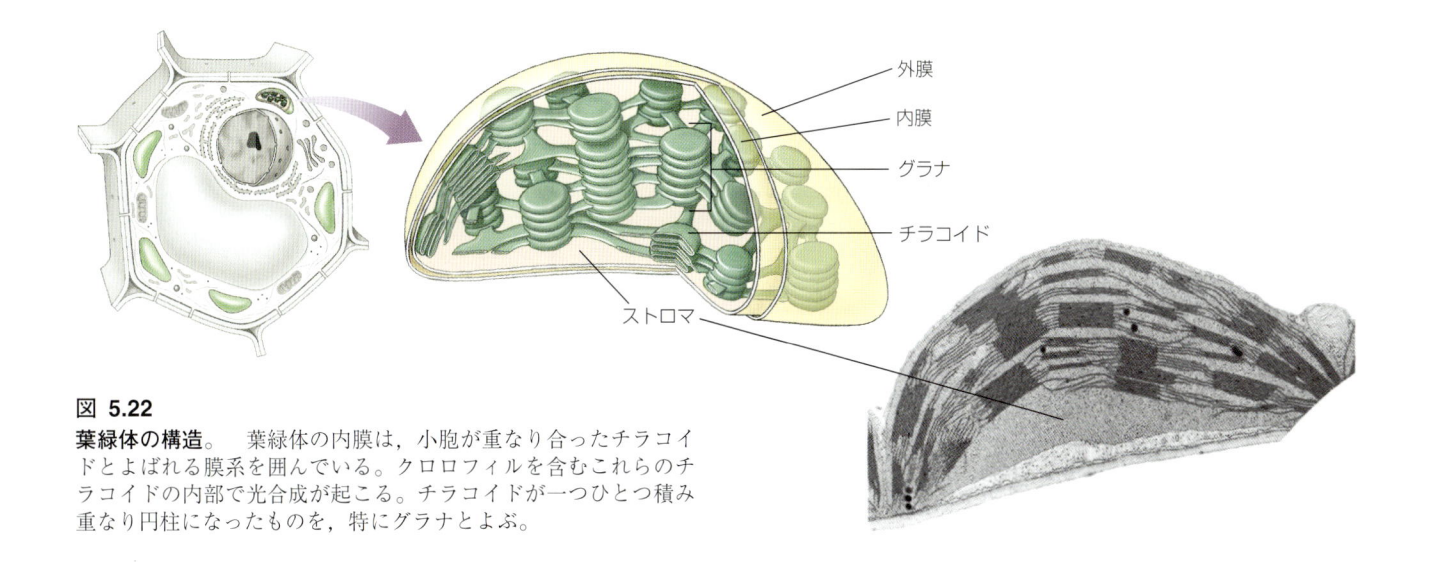

図 5.22
葉緑体の構造。 葉緑体の内膜は，小胞が重なり合ったチラコイドとよばれる膜系を囲んでいる。クロロフィルを含むこれらのチラコイドの内部で光合成が起こる。チラコイドが一つひとつ積み重なり円柱になったものを，特にグラナとよぶ。

葉緑体の構成要素をコードしている遺伝子の多くは細胞核に存在している。光合成反応に必要なタンパク質のなかには葉緑体内部で完全に合成されるものがある。

DNAを含む植物の細胞小器官としてはほかにも白色体があるが，これは色素も複雑な内部構造ももたない。根の細胞やほかのいくつかの植物細胞では，白色体はでんぷんを貯蔵する場として働いている。デンプン（アミロース）を貯蔵している白色体は**アミロプラスト**(amyloplast)とよばれることがある。これらの細胞小器官—葉緑体，白色体，アミロプラスト—は**色素体**(plastid)と総称される。色素体はすべて既存の色素体の分裂によって生じる。

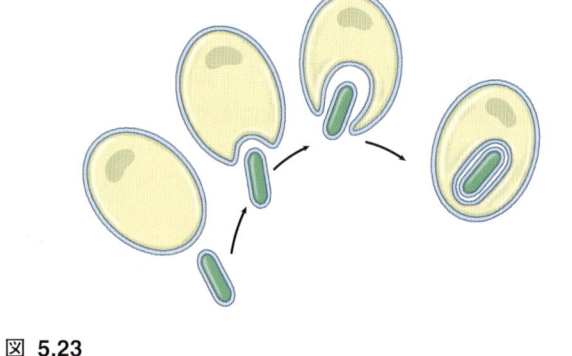

図 5.23
細胞内共生。 この図は，ミトコンドリアや葉緑体の共生初期に，小器官の二重膜がどのように創成されたかを示している。

細胞内共生

異種の生物が密接な関係をもって一緒に生活することを共生という。第4章で述べたように，**細胞内共生**(endosymbiosis)説では，今日の真核細胞の細胞小器官のいくつかが真核生物の先駆けとなった原核生物に別の原核生物が取り込まれた結果生じたものであると主張する（図5.23）。この説によれば，取り込まれた原核生物は共生の相手である宿主に対し，自らの特有の物質代謝能力に付随したいくつかの利点を提供したと説明される。真核細胞の二つの重要な細胞小器官が，これら細胞内共生した原核生物に由来すると信じられている。一つはミトコンドリアであり，酸化的代謝ができる細菌類を起源とすると考えられる。もう一つは葉緑体で，これは明らかに光合成細菌に由来する

細胞内共生説は数多くの証拠から支持されている。ミトコンドリアと葉緑体はともに2枚の膜で囲まれている。内膜はおそらく取り込まれた原核細胞の細胞膜に由来し，一方で外膜は宿主細胞の細胞膜または小胞体に由来している。ミトコンドリアは，ほとんどの細菌類とほぼ同じ大きさであり，ミトコンドリアの内膜が形成するクリステは，細菌類の種々のグループに見られる折りたたまれた膜と類似する。ミトコンドリアのリボソームもまた形と構造のうえで細菌類のリボソームとよく似ている。ミトコンドリアと葉緑体はどちらも原核生物と同様の環状のDNA分子を含んでいる。さらに，ミトコンドリアは原核細胞と同じように単純なくびれ込みによって二分裂し，原核生物とほぼ同じ方法でDNAを複製して分配する。

ミトコンドリアと葉緑体はいずれもその機能に関連するいくつかの特有のDNAをもっているが，これら小器官のそのほかの機能は核の遺伝子に依存している。

細胞骨格：細胞の内部骨格

真核細胞の細胞質中には，細胞の形態を保持し細胞小器官を決められた位置に固定する繊維状タンパク質がネットワークをつくって分布している。**細胞骨格**（cytoskeleton）とよばれるこのネットワークは，つねに新しく形成され分解される動的な系である。個々の繊維は**重合**（polymerization）によって形成される。すなわち単一のタンパク質のサブユニットが化学的に互いに引きつけ合い，自律的に長い鎖を組み立てる。同様に，繊維は鎖の一端からサブユニットが順次取り外されることによって解体する。

細胞骨格の繊維はそれを構成するサブユニットに従って次の三つのタイプに分けられる。

1. **アクチンフィラメント** アクチンフィラメントは直径約7 nmの長い繊維である。各フィラメントは真珠がつながった2本の糸のように2本のタンパク質の鎖が緩く巻きついたものである（図5.24）。鎖を構成する「真珠」，つまりサブユニットは**アクチン**（actin）という球状のタンパク質である。アクチン分子は試験管のなかでも自律的に繊維を形成する。細胞は，スイッチの役目をするほかのタンパク質によってアクチンの重合速度を制御しており，適切な時期に重合に切り替えている。アクチンフィラメントは，収縮，アメーバ運動，細胞分裂時のくびれ込み，細胞の伸展といった細胞運動において重要な役割を果たしている。

2. **微小管** 微小管は直径約25 nmの中空の管であり，リング状に並んだ13本のタンパク質原繊維からなる（図5.24）。"α-およびβ-チューブリン（tubulin）"サブユニットの二量体からなる球状タンパク質が，重合して13本の原繊維を形成する。原繊維は外側に並ぶことで管状構造の微小管をつくりあげている。多くの細胞では，微小管は細胞の中央にある形成中心から伸び，周辺に向かって放射状に配列している。微小管は動的な状態にあり，つねに重合と脱重合が行われている。1本の微小管の平均的半減期は，分裂していない細胞では10分程度，分裂している細胞では20秒程度である。微小管の一方の端は「プラス端」（形成中心から離れている側），他方は「マイナス端」（形成中心に向かっている側）とよばれる。微小管は細胞の運動の促進だけでなく，細胞内での物質輸送の役割もになっている。細胞内では特別なモータータンパク質が微小管のつくる"軌道"に沿って細胞小器官を動かしている。"キネシン（kinesin）"タンパク質が細胞小器官を「プラス端」（細胞の縁）側に動かすのに対し，"ダイニン（dyneins）"は「マイナス端」側に動かす。

3. **中間径フィラメント** 動物細胞においてもっとも丈夫な細胞骨格要素は，部分的に重なり合って配列し密接に結びついた強くて弾力性がある繊維状タンパク質

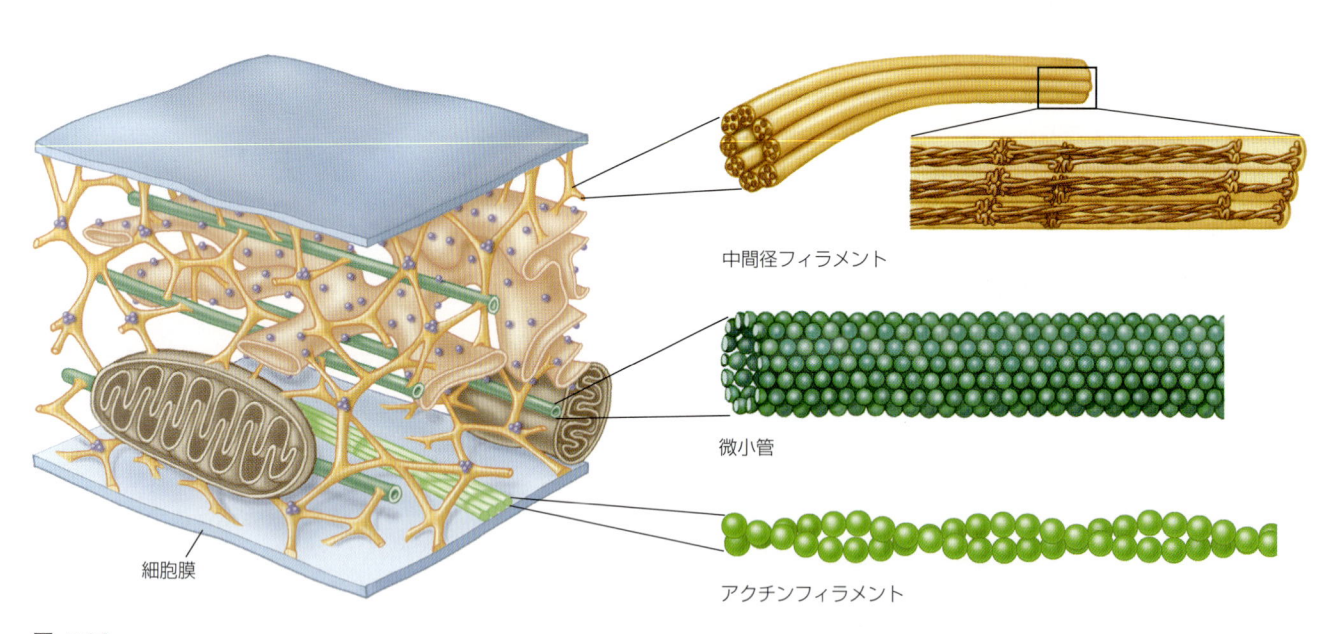

図 5.24
細胞骨格をつくりあげている分子。 "アクチンフィラメント"：球状タンパク質であるアクチンが連なって一緒にねじれた2本の糸からなり，通常束になっている。アクチンフィラメントは細胞内のいたるところに存在するが，収縮機能をもつストレスファイバーとして細胞膜の下に束になって蓄積している。"微小管"：チューブリンタンパク質のサブユニットが並んで管を形成したもの。微小管は分裂していない細胞では，代謝や細胞内の運搬を統御したり細胞構造の安定化に働く比較的硬い細胞骨格要素である。"中間径フィラメント"：重なり合い互い違いに配列したタンパク質の四量体からなる。このような分子配列により形成されるロープ状の構造が，細胞にきわめて強い機械的強度を与える。

の組織網である。このような繊維は直径が8〜10nmの特徴があり，アクチンフィラメントと微小管のちょうど中間の大きさである（中間径フィラメントとよばれる理由である）。中間径フィラメントは安定しており，一度形成されると分解されることはない。中間径フィラメントが形成する細胞骨格繊維にはさまざまなものがある。もっとも一般的なタイプはビメンチンとよばれるタンパク質のサブユニットからなり，さまざまな細胞に構造的な安定性をもたらしている。ケラチンもまた中間径フィラメントの1種で，上皮細胞（器官や体腔の表面を覆っている細胞）や毛髪，爪のような構造に存在している。神経細胞における中間径フィラメントはニューロフィラメントとよばれる。

図 5.25
中心粒。個々の中心粒は九つの3連微小管からなる。

中心粒：微小管形成中心

中心粒（centriole）は，動物やほとんどの原生生物の細胞に見られる樽型をした細胞小器官である。核膜の近くに対で存在し，通常互いに直交するように位置している（図5.25）。ほとんどすべての動物細胞では，このペアを取り囲んでいる領域は**中心体**（centrosome）とよばれている。中心粒は動物細胞においては微小管を形成させる手助けをしている。植物や菌類の細胞には中心粒はなく，細胞生物学者はこれらの細胞では微小管形成中心がどうなっているか未だに研究中である。

細胞内での物質輸送

アクチンフィラメントと微小管はしばしば共同して細胞活動にかかわっている。たとえば，細胞分裂の際（第11章参照）に新しく複製された染色体は分裂する細胞のそれぞれ反対側に移動するが，これは染色体が短くなりつつある微小管に付着しているからである。つづいて，動物細胞ではアクチンの帯が巾着の口を絞り込むように細胞を絞り込み，二つに分割する。筋肉細胞でもまたアクチンフィラメントは細胞骨格を収縮させるために使われている。まばたきしたり，ワシが空を飛んだり，あるいは赤ん坊が"はいはい"するのはいずれも筋肉細胞内のこのような細胞骨格の運動によるものである。

細胞骨格は細胞の形や運動に働くだけではなく，細胞質のごく限られた部域にある種の酵素やほかの巨大分子を局在させるための足場ともなる。たとえば細胞代謝に働く多くの酵素はリボソームと同様にアクチンフィラメントに結合している。細胞骨格は特別な酵素を動かしたりお互いに近くに繋ぎ止めたりすることによって，小胞体と同じように細胞の活動を円滑に調整している。

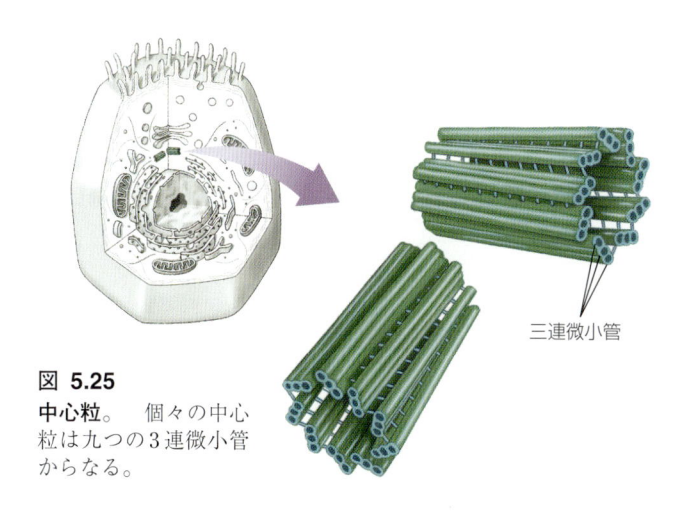

細胞内の分子モーター

真核細胞では，細胞質内で物質を移動させる必要があり，ほとんどの細胞は細胞内の交通路として細胞内膜系を利用している。たとえば，ゴルジ体は小胞体の導管を通って移動してきた物質を小胞内に梱包して細胞の離れた場所に送る。しかし，このような交通路は短い距離においてのみ有効である。神経細胞の軸索のように物質を長い距離にわたって運ばなければならない場合には，細胞内膜系のような交通路による輸送ではあまりに遅すぎる。このような場合のために，真核細胞は微小管に沿って走らせる高速の運搬機構を発達させた。

そのために必要なのが次の四つの構成要素である。（1）運ばれるべき小胞や細胞小器官，（2）エネルギーを使って動くモーター分子，（3）小胞をモーター分子に結合させる連結分子，そして（4）小胞がその上を動く微小管（ちょうど列車が走る線路のようなもの，図5.26）。たとえば，ERの小胞をモータータンパク質の**キネシン**（kinesin）に結合させるキネクチンとよばれるタンパク質が小胞体の膜内に埋め込まれている。自然界に存在するもっとも微小なモーターとして，これらのタンパク質は文字どおり輸送小胞を微小管に沿って牽引している。そのためにキネシンはATPを用いて小胞を細胞

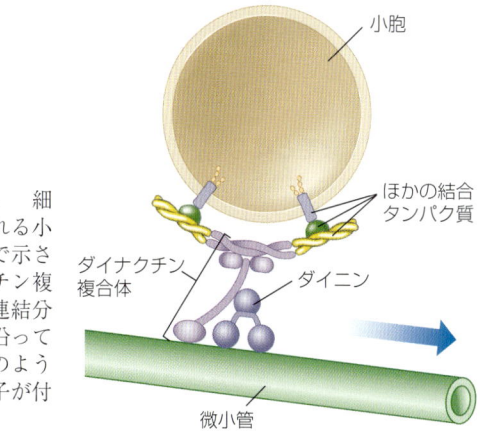

図 5.26
分子モーター。細胞内を輸送される小胞には，ここで示されるダイナクチン複合体のような連結分子，微小管に沿って動くダイニンのようなモーター分子が付着している。

5.3 真核細胞の概観

周辺に向けてひっぱっていく。小胞に存在しているタンパク質のもう一つのタイプとしてダイナクチン複合体があり、小胞をモータータンパク質であるダイニン(dynein)に結合させ(図5.26)，反対方向つまり細胞中心に向かって動かしている(あとで述べるように，ダイニンは真核細胞の鞭毛運動にも関与している)。このように特殊な小胞とその内容物の行き先は、小胞の膜に埋め込まれた結合タンパク質の性質によって決定されている。

細胞運動

　細胞運動はすべてアクチンフィラメント，微小管，あるいはその両方によって引きおこされる。中間径フィラメントは細胞内の腱として働き細胞の過剰な伸張を防ぐ。アクチンフィラメントは細胞の形の決定に重要な役割を演じており，きわめて簡単に重合と脱重合ができるため，細胞の形態を速やかに変化させることができる。

細胞のはいまわり　　細胞は文字どおり"はいまわる(crawl)"が、それを可能にしているのは細胞質でのアクチンフィラメントの配置である。このような運動は、炎症、血液凝固、傷の回復、がんの転移などに密接にかかわる重要な現象である。特に白血球はこの能力にたけており、骨髄でつくられた後に循環系のなかに放出され、**毛細血管**からはいでて原因となる病原菌を破壊するために組織に入り込む。

　はいまわっている細胞の先導部ではアクチンフィラメントが急速に重合しており、その領域伸張が細胞の前方部分に力を与えている。新しく形成された部分で微小管が重合すると、この伸張した部分は安定化される。細胞が前方に向かって動くのは、アクチンフィラメントに沿って存在するモータータンパク質のミオシンが収縮し、新しく伸張した前方部に向けて細胞の内容物をひっぱることによる。全体を通じてみると、細胞のはいまわる運動が首尾よく行われるのは、先導部の伸張と安定、細胞質の移動をもたらすモータータンパク質の収縮など一連の段階が連続的に行われることによる。細胞表面の受容体は細胞外部の情報を認識することができる。特定の方向への伸張が刺激されると、細胞は特定の標的に向かって移動することになる。

細胞の遊泳：鞭毛と繊毛　　本章の初めに原核生物の鞭毛構造について述べた。真核細胞はそれとは全く異なった鞭毛をもっている。2本の中央の微小管のまわりに環状に並んだ九つの2連微小管からなり、この配列は**9＋2構造**(9＋2 structure，図5.27)とよばれている。2連微小管が、モータータンパク質のダイニンからなる腕によって互いに滑り運動を起こすことにより、真核細胞の鞭毛は回転運動ではなく波打つように運動する。注意深く観察すると、鞭毛は細胞膜で包

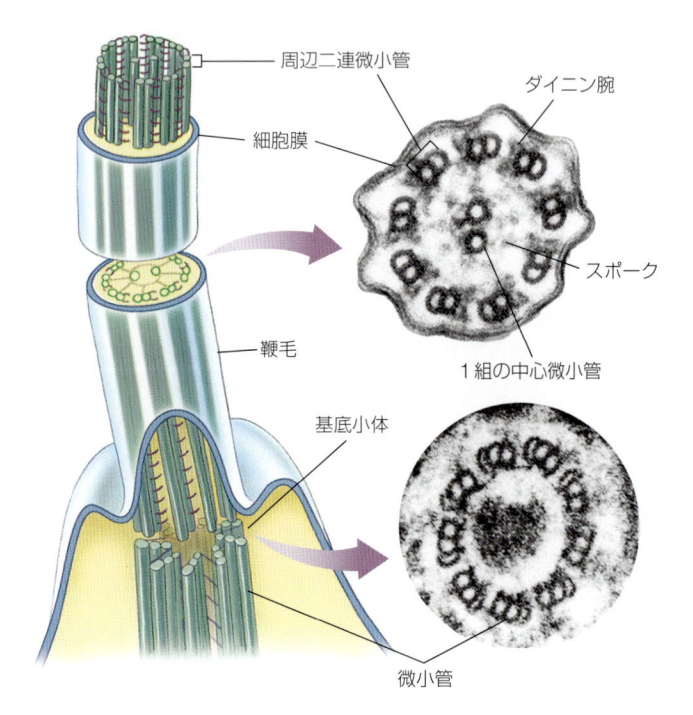

図 5.27
鞭毛と繊毛。　真核細胞の鞭毛は直接基底小体から伸びている。鞭毛には、中央に2本の微小管があり、それが放射状に突出したスポークによって、ダイニン腕をもつ9個の2連微小管に連結されている。基底小体は、短いタンパク質の分節によって連結した9個の3連微小管からなる。繊毛の構造は鞭毛のそれとよく似ているが、普通繊毛は鞭毛よりも短い。

まれた細胞質を含む突起であることがわかる。鞭毛の微小管は鞭毛の根元に存在している**基底小体**(basal body)から生じている。

　鞭毛の複雑な微小管装置は真核細胞の歴史のなかでも初期に生じた。多細胞生物の多くの細胞やいくつかの単細胞性の真核生物は今日では鞭毛をもたず運動性を失なっているが、微小管の9＋2配列によく似た構成物、すなわち**繊毛**(cilia，単数ではcilium)とよばれる構造が観察できる。繊毛は短い細胞突起物でしばしばいくつもの列をなして並び、細胞表面で鞭毛よりも多数存在しているが、後者と同じ内部構造をもっている。多くの多細胞生物では、繊毛は水のなかで細胞を推進させるという本来の機能からかなりかけ離れた仕事を行っている。たとえば、脊椎動物のいろいろな組織では、繊毛列の動きが組織表面の水を動かしている。哺乳類の耳の感覚細胞もまた繊毛を有しており、音波が繊毛を屈曲させ、聴覚における最初の感覚を生じさせている。このように鞭毛や繊毛の9＋2構造は真核細胞の基本的な構成要素とみなされる。

細胞骨格を構成する主要な繊維は、アクチンフィラメント、微小管、中間径フィラメントの三つである。これらの繊維は、相互に作用し合って細胞の形を調節したり、細胞運動をさせたり、細胞内で物質を輸送する働きをする。

5.4 すべての真核細胞が同じわけではない

液胞と細胞壁

液胞：貯蔵物質を保管するセンター

　ある種の真核細胞は特別な細胞小器官や構造を含んでいる。たとえば，植物細胞の中央部には巨大な**中心液胞**（central vacuole）が存在し（図5.28），そのなかには水や糖，イオン，色素といった物質が貯蔵されている。中心液胞は，また細胞膜に圧力をかけることにより植物細胞における表面積と体積の比を増大させることに一役かっている。細胞膜はこの圧力によって外に向かって拡張し，その結果表面積が増加する。液胞はまたいくつかの菌類や原生生物にも見られ，さまざまな機能をもっている。

細胞壁：保護と支持

　植物，菌類，および多くの種類の原生生物の細胞がもつ細胞壁は，細胞を保護し支持している。植物，原生生物，菌類の細胞壁は化学的にも構造的にも原核細胞の細胞壁とは異なっている。植物と原生生物では，細胞壁はセルロースとよばれる多糖類からできており，菌類ではキチンからできている。植物では細胞がまだ成長しているときには**一次壁**（primary wall）が存在し，隣り合った細胞の細胞壁のあいだは**中葉**（middle lamella）とよばれる粘着性の物質によってそれぞれ結びつけられている（図5.29）。一部の植物細胞では強固な**二次壁**（secondary wall）が形成され，十分に拡張した細胞の一次壁の内側に沈着している。

> 植物，菌類，およびいくつかの原生生物の細胞は，物質を巨大な中心液胞に貯蔵し，まわりは強固な細胞壁に包まれている。

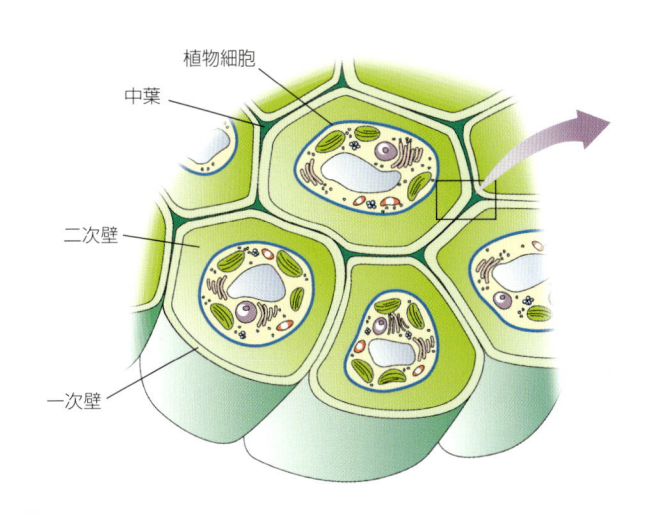

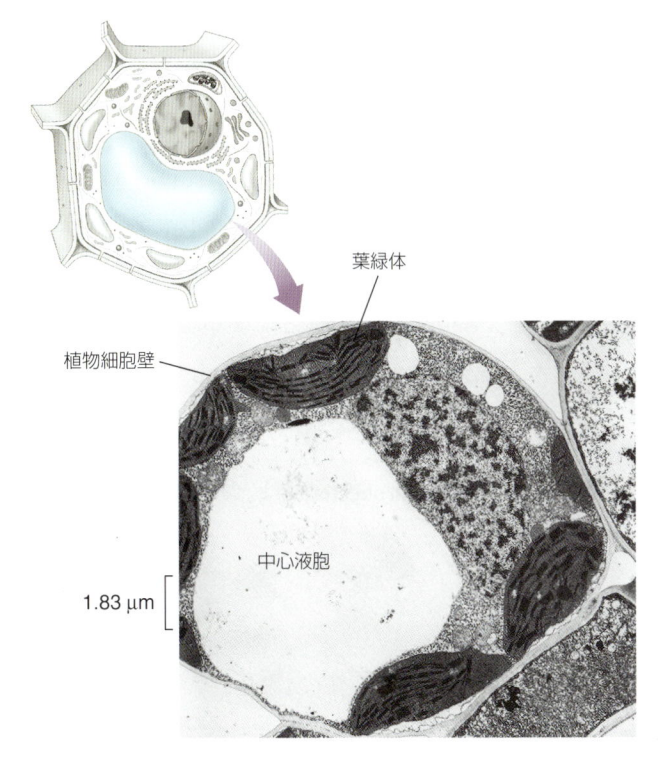

図 5.28
中心液胞。 植物の中心液胞は物質を溶液として貯蔵するとともに，細胞の表面積を増加させるために大きく拡張することができる。

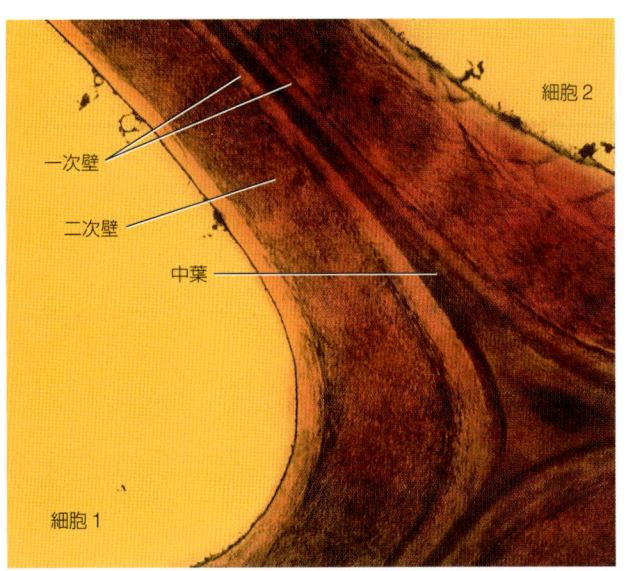

図 5.29
植物の細胞壁。 植物の細胞壁は厚く，丈夫で，硬い。一次壁は細胞が若いときに形成され，さらに厚い二次壁は細胞が十分に成長したときに付加される。

細胞外マトリックス

上述したように，多くの真核細胞は細胞を保護し，その形態を維持し，過剰な水の取り込みを防ぐために細胞膜の外側に細胞壁を有している。一方，動物細胞には，植物や菌類，原生生物に見られる細胞壁が存在しない。代わりに動物細胞は**糖タンパク質**(glycoprotein：短い糖鎖が付いたタンパク質)の混合物を細胞周囲に分泌し，**細胞外マトリックス**(ECM：extracellular matrix)を形成する。爪や髪の毛をつくっている繊維状タンパク質のコラーゲンはECMのなかでもとりわけ豊富なものである。コラーゲンの丈夫な繊維とエラスチンというもう一つの繊維状タンパク質が，プロテオグリカンとよばれるほかの糖タンパク質からなる複雑な網目構造のなかに埋め込まれ，細胞表面を覆う保護層を形成している。ECMは**フィブロネクチン**(fibronectin)とよばれる第三の糖タンパク質によって細胞膜に付着する。フィブロネクチン分子はECMの糖タンパク質だけでなく，細胞膜に局在する**インテグリン**(integrin)とよばれるタンパク質にも結合する。インテグリンは細胞質側に伸びており，そこで細胞骨格のマイクロフィラメントに付着する。ECMと細胞骨格を結びつけることによって，インテグリンは遺伝子発現の変化，物理的あるいは化学的なシグナル伝達の組合せによる細胞移動といった重要な面で細胞のふるまいに影響を与えることができる。このようにして，ECMは特定の組織におけるすべての細胞の行動を統合し制御する手助けをしている。

表5.3は三つのタイプの細胞の特徴を比較，概観したものである。

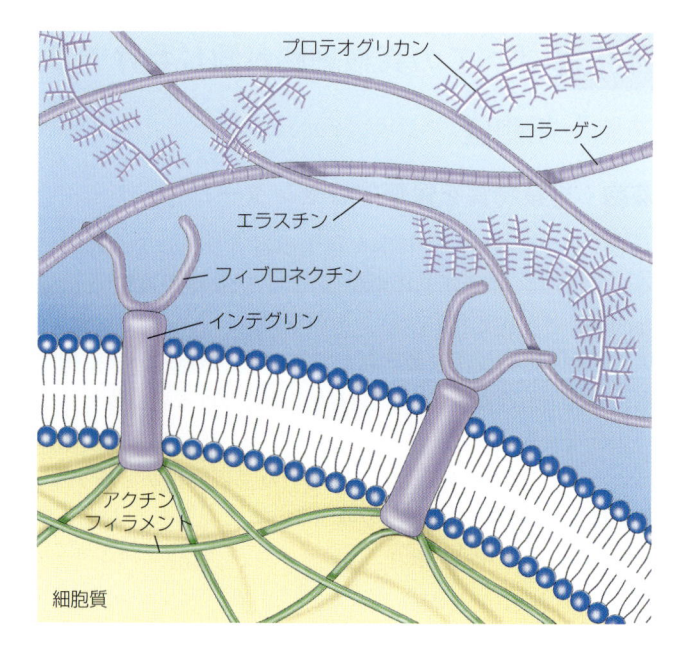

図 5.30
細胞外マトリックス。 動物細胞を取り囲む細胞外マトリックスは細胞に形態の維持，強度，弾性をもたせる働きをもつさまざまな糖タンパク質からなる。

細胞壁をもたない動物細胞では，細胞骨格はインテグリンによって細胞外マトリックスとよばれる網目状にはりめぐらされた糖タンパク質とつながっている。

表5.3 原核生物，動物，植物を構成する細胞の比較

	原核生物	動物	植物
外部の構造			
細胞壁	有(タンパク質と多糖の複合体)	無	有(セルロース)
細胞膜	有	有	有
鞭毛／繊毛	場合によって有(1本のひも)	場合によって有	いくつかの種の精子以外は無
内部の構造			
小胞体	無	普通は有	普通は有
リボソーム	有	有	有
微小管	無	有	有
中心粒	無	有	無
ゴルジ体	無	有	有
核	無	有	有
ミトコンドリア	無	有	有
葉緑体	無	無	有
染色体	1本の環状DNA	複数，DNAとタンパク質の複合体	複数，DNAとタンパク質の複合体
リソソーム	無	普通は有	有
液胞	無	無，あっても小さい	普通は一つの大きな液胞

第 5 章のまとめ

5.1 すべての生物は細胞からなる
"細胞の特徴"
- 原核細胞は環状のDNA分子を1個もち，真核細胞は膜で包まれた核の内部にDNAをもっている。(p. 80)
- 細胞質とは核を除いた細胞の内部を指し，まわりを取り囲む細胞膜によって周囲から隔てられている。細胞膜は細胞が外界と相互作用できるように多種類のタンパク質を含んでいる。(p. 80)
- 初期の細胞説は以下の三つの原則を含んでいた。(1) すべての生物は一つあるいはそれ以上の細胞からなる。(2) 細胞は最小の生命単位である。(3) 細胞は既存の細胞の分裂によってのみ生じる。(p. 81)
- 周囲の相互連絡の容易さから見て，表面積と体積の比が大きい小さな細胞は大きな細胞よりもずっと有利である。(p. 81)

"細胞の観察"
- 解像力は離れた2点をそれと識別できうる最小距離として表される。(p. 82)
- 複合顕微鏡は拡大レンズを用いることにより高倍率を達成し，鮮明さ，解像力を高めている。(p. 82)
- さまざまな染色技法とともに，透過型電子顕微鏡，走査型電子顕微鏡といったタイプの顕微鏡も細胞観察に用いられる。(p. 82〜83)

5.2 真核細胞は原核細胞よりも複雑な構造をしている
"原核細胞：複雑な生理機能をもつ単純な細胞"
- ほとんどの原核細胞は丈夫な細胞壁に包まれており，グラム染色の手法によって分類することができる。(p. 84)
- いくつかの原核生物は運動力として鞭毛を使う。(p. 84)
- 原核細胞は膜で囲まれた細胞小器官を欠いているため，細胞内での構成物質間のアクセスが大変よい。(p. 85)

"真核細胞：複雑な内部構造をもつ細胞"
- 真核細胞には，特有の機能をもつ多様な膜で囲まれた細胞小器官が発達し，広範囲にわたって細胞内部が区画化されている。(p. 86〜87)

5.3 真核細胞の概観
"核：細胞の情報センター"
- 核は細胞の活動を支配する遺伝情報の保管場所である。(p. 88)
- 核の表面は2枚のリン脂質二重層の膜からなる核膜で囲まれている。(p. 89)
- DNAは核のなかにある染色体に組み込まれている。(p. 89)

"内 膜 系"
- 小胞体は広範囲にわたり折りたたまれた膜系で，これによって細胞内部は区画化されている。(p. 90)
- ゴルジ体は分子を集め，修飾し，細胞全体に配送している。(p. 92)
- リソソームはタンパク質，核酸，炭水化物の速やかな分解を触媒する消化酵素を含んでいる。(p. 94)

"リボソーム：タンパク質合成の場"
- タンパク質合成を指示する伝令RNAと結合すると，二つのリボソームサブユニットは合体して1個の機能的リボソームとなる。(p. 95)

"DNAを含む細胞小器官"
- ミトコンドリアと葉緑体は，その独特な機能のためのタンパク質をコードする独自のDNAをもっている。(p. 96)

"細胞骨格：細胞の内部骨格"
- 真核細胞の細胞質には，細胞骨格とよばれるタンパク質繊維からなる網状組織が張りめぐらされており，細胞の形態を保持したり，細胞小器官をつなぎとめたりしている。(p. 98)
- 真核細胞は三つのタイプの細胞骨格があり，それらはアクチンフィラメント，微小管，中間径フィラメントである。(pp. 98〜99)

5.4 すべての真核細胞が同じわけではない
"液胞と細胞壁"
- 植物細胞は通常，物質を貯蔵するための大きな中心液胞を1個もっており，細胞壁で包まれ，時には強固な二次壁で囲まれる。(p. 101)

"細胞外マトリックス"
- 動物細胞は植物細胞のような厚い細胞壁をもたないが，糖タンパク質の混合物を分泌して細胞外マトリックスを形成し，特定の組織内でのすべての細胞の行動を統御することをはかっている。(p. 102)

質問のページ

自習問題

1. 5 nm の大きさのある細胞の構造物を観察するとき，どのようなタイプの顕微鏡が必要か？
   a. 光学顕微鏡
   b. 電子顕微鏡
   c. 複合顕微鏡
   d. 5 nm を識別できる解像力をもつ顕微鏡は存在しない。

2. 次の構造物のなかで原核細胞には見られないものはどれか？
   a. リボソーム　　b. 細胞壁
   c. 核　　　　　　d. 光合成膜

3. 次の記述のなかで正しくないものはどれか？
   a. 核中DNAは普通巻きついて染色体構造をとっている。
   b. 核小体はリボソームRNAを合成する場所である。
   c. ある種の物質は核を出入りすることができる。
   d. 赤血球はRNAを合成することができない。

4. 次の組合せのなかで正しくないものはどれか？
   a. リボソーム ── 粗面小胞体
   b. タンパク質合成 ── 滑面小胞体
   c. 粗面小胞体 ── 細胞外へのタンパク質輸送
   d. 滑面小胞体 ── 腸の細胞

5. 次のなかでゴルジ体で合成されないものはどれか？
   a. 糖脂質　　　b. 糖タンパク質
   c. リボソーム　d. 分泌小胞

6. 一次リソソームと二次リソソームの違いは何か？
   a. 一次リソソームは二次リソソームよりも大きい。
   b. 一次リソソームは活性があるが，二次リソソームは不活性である。
   c. 一次リソソームのpHは低いが，二次リソソームのpHは高い。
   d. プロトン濃度は一次リソソームでは低いが二次リソソームでは高い。

7. 細胞内にとどまるタンパク質はどこで合成されるか？
   a. 細胞質中の固着していないリボソーム
   b. 核小体の中
   c. 粗面小胞体に付着したリボソーム
   d. リボソームで合成された後にゴルジ体を通過したもの

8. 葉緑体とミトコンドリアの共通点は何か？
   a. 両者とも動物細胞に存在している。
   b. 両者とも独自の遺伝子を有している。
   c. 両者ともすべての真核細胞に存在している。
   d. 両者とも植物細胞に存在している。

9. 次の組合せのなかで正しいものはどれか？
   a. アクチン ── MTOC
   b. 中間径フィラメント ── 原繊維
   c. 微小管 ── "＋"／"－"端
   d. 中間径フィラメント ── 細胞運動

10. 真核細胞における細胞小器官のうち，細胞内共生によって生じたと考えられるものはどれか？
    a. 核とミトコンドリア　　b. ミトコンドリアと葉緑体
    c. 核と小胞体　　　　　　d. 葉緑体と小胞体

図解き問題

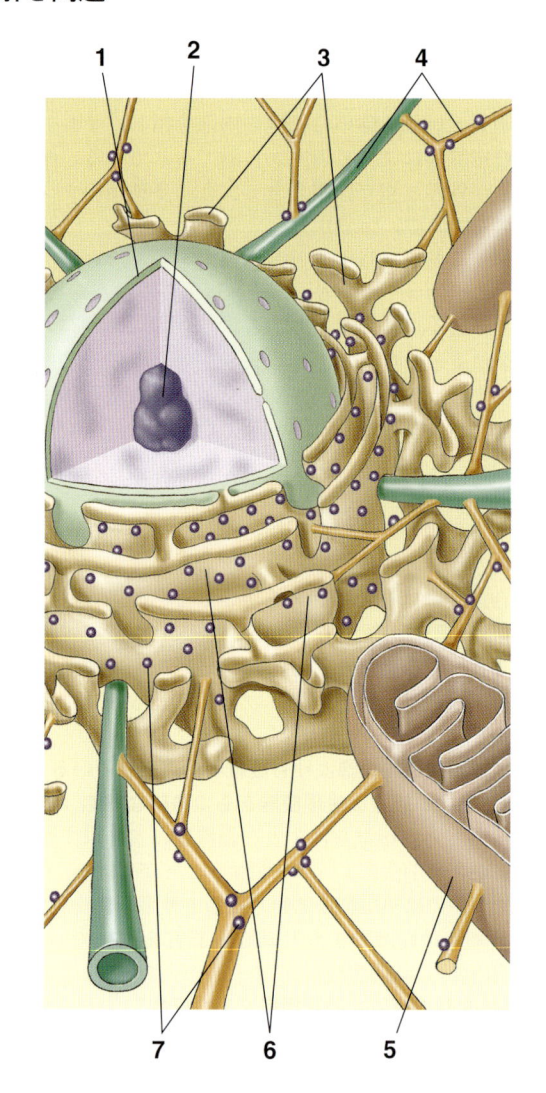

1. 図中の1～7で示された構造物は次にあげたどれと対応するか答えよ。次に真核細胞におけるこれら細胞小器官の機能について書きなさい。
   細胞骨格，ミトコンドリア，核膜，核小体，リボソーム，粗面小胞体，滑面小胞体

応用問題

1. 白血球は人体をくまなく循環している。単核白血球は全白血球の約6％を占め，好中球は約65％を占める。単核白血球の直径は15 μmであり，好中球は10 μmである。それぞれの細胞の表面積と体積を計算せよ。

6
膜

概　　要

6.1 生体膜は脂質の流動的な層である
リン脂質二重層　細胞はリン脂質の二重層からなる膜で包まれている。

脂質二重層は流動的である　個々のリン脂質分子は互いに弱く結合しているので，膜の脂質二重層は流動体である。

6.2 細胞膜内に埋め込まれたタンパク質が膜の性質を決める
流動モザイクモデル　さまざまなタンパク質が脂質二重層内を流動する。

細胞膜を調べる　細胞膜を見るためには強力な電子顕微鏡が必要である。

膜タンパク質の種類　膜内のタンパク質は構造維持や輸送，認識など，さまざまな機能を果たす。

膜タンパク質の構造　膜タンパク質は脂質二重層を貫く非極性領域を含んでいる。

6.3 受動的な膜輸送は濃度勾配に従って動く
拡散　ランダムな分子運動がより低濃度の領域への分子の移動を引きおこす。

促進拡散　膜を横切る受動的な移動は，しばしば特異的な輸送タンパク質を介して起こる。

浸透　水分子は膜を隔ててより多くの溶質分子が存在する側に向かって，自らの濃度勾配に従って動く。

6.4 大きなものの輸送には飲食作用を使う
細胞内外への大きなものの移行　大きな粒子を輸送するために，細胞膜は小胞を形成する。

6.5 膜を横切る能動輸送にはエネルギーが必要である
能動輸送　細胞はATPで動力を得て働く輸送タンパク質を用いて，濃度勾配に逆らい分子を輸送する。イオンの能動輸送は濃度勾配に逆らったほかの分子の共役した取り込みをも引き起こす。

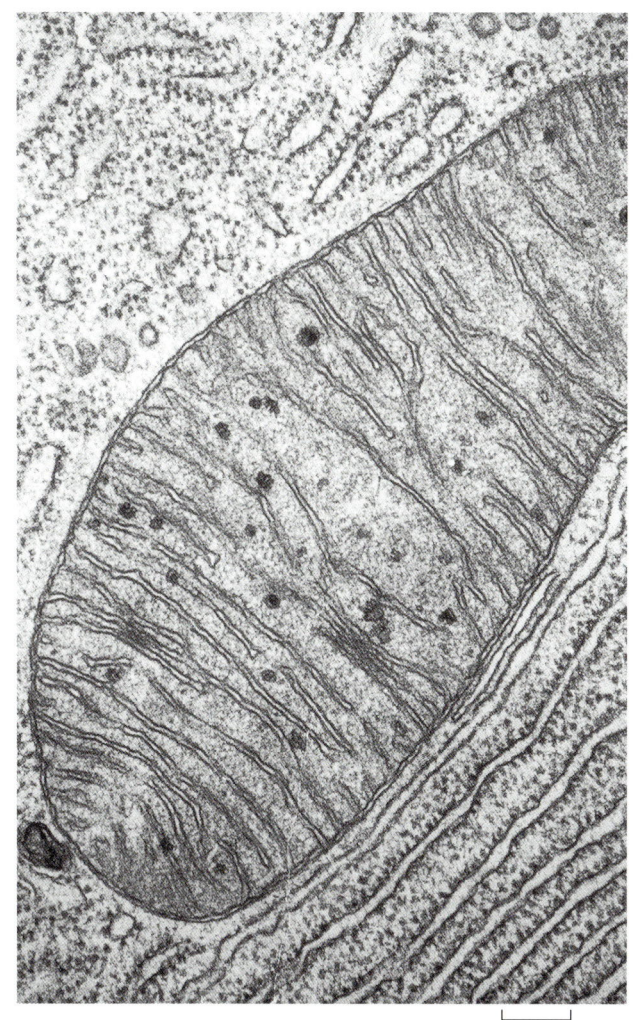

0.16 μm

図 6.1
ヒト細胞内の膜。　小胞体のシートが細胞内部のいたるところにからみ合うように存在する。大きな楕円形はミトコンドリアで，それ自身広大な面積を占める内部の膜で満たされている。

細胞のもっとも重要な活動の一つは外部環境との相互作用で，それは決して終わることのないやりとりである。それなしでは生命は存続できない。生きている細胞や真核細胞の細胞小器官（図6.1）は，水溶性物質がほとんど通過できない脂質の膜で包まれているが，その膜は特異的な物質を細胞内外へ移動させたり細胞の外部環境との情報交換を可能にするタンパク質の通路を含んでいる。このタンパク質分子が埋め込まれた脂質の繊細な膜を細胞膜（plasma membrane）とよぶ。本章では，この注目すべき膜の構造と機能について検討する。

6.1 生体膜は脂質の流動的な層である

リン脂質二重層

すべての生きた細胞を包んでいる膜はたった2分子の厚さの脂質のシートであり，このシートを10,000枚以上積み重ねたものが，このページ1枚の紙の厚さに等しい。細胞の膜の基本となる脂質層は，**リン脂質**(phospholipid)とよばれる分子からなる(図6.2)。

リン脂質

第3章で学んだ脂肪分子と同様に，リン脂質はグリセロールとよばれる三つの炭素からなる分子に由来する骨格をもつ。この骨格には，末端にカルボキシル基($-COOH$)を有する炭素原子の長い鎖である脂肪酸が結合する。脂肪1分子はそのような鎖を3本もち，骨格内のそれぞれの炭素には1本の鎖が結合している。これらの鎖は非極性であるので水と水素結合を形成せず，そのため脂肪分子は非水溶性である。対照的にリン脂質1分子は骨格に結合した脂肪酸鎖を2本しかもたず，代わりに骨格の三番目の炭素には水と容易に水素結合をつくる極性の強い有機アルコールが結合する。このアルコールはリン酸基を介して結合しているので，その分子はリン脂質とよばれる。

したがって，リン脂質分子の片端は強い非極性(疎水性すなわち「水を恐れる」)であるのに対し，もう一端は強い極性(親水性すなわち「水を好む」)である。2本の非極性脂肪酸は互いにほぼ平行に一方向に伸びており，極性のアルコール部分はそれとは逆の方向を向いている。この構造のため，しばしばリン脂質は非極性の2本のしっぽをぶらさげた一つの極性の頭として描かれる(図6.2b)。

リン脂質は二重層のシートを形成する

ひとかたまりのリン脂質分子を水中に入れると何が起こるだろうか。極性をもつ水分子は水素結合をつくるための相手を得ようとするので，リン脂質の非極性で長いしっぽを排除する。このため，リン脂質の非極性尾部は水からできる限り遠くに引き離されて互いに密に詰め込まれることになる。すべてのリン脂質分子は極性の頭部を水の方に向け，非極性の尾部はそれとは逆の方を向く。リン脂質の二つの層が尾部を互いに向かい合わせるように形成されると，尾部は水と全く接触しなくなる。その結果として生じる構造は**リン脂質二重層**(phospholipid bilayer)とよばれる(図6.3)。脂質二重層は水分子の水素結合をできる限り多数つくろうとする性質によって自然に形成される。

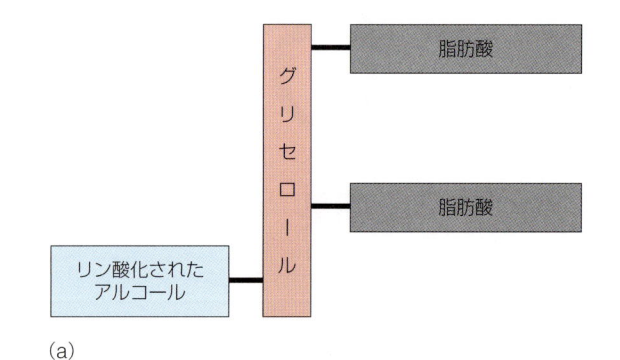

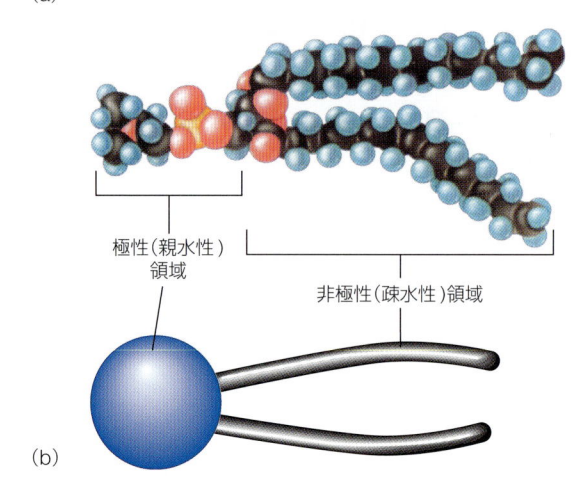

図 6.2
リン脂質の構造。 (a) 二つの脂肪酸のみがグリセロール骨格に結合し，リン酸化されたアルコールが骨格の第三の位置を占めることを除いて，リン脂質はトリアシルグリセロールに類似した複合分子である。(b) 通常，リン酸化されたアルコールは分子の一方の末端から伸び，二つの脂肪酸はもう一方の末端から伸びているので，リン脂質はしばしば2本の非極性の疎水性尾部をもった一つの極性の頭として図示される。

ちょうど一層の油が1滴の水の通過を妨げる(油と水は混ざらない)ように，脂質二重層の非極性内部はいかなる水溶性物質の通過をも妨害する。この水溶性物質の通過に対する障壁は脂質二重層の鍵となる性質である。リン脂質分子に加えて，すべての細胞の膜は脂質二重層を横切るように存在するタンパク質をも含んでおり，それらは膜を横切る通路として働く。

生体膜の基盤は自発的に形成される脂質二重層である。この層構造ではリン脂質分子の非極性の疎水性尾部は内側に向き，水溶性分子に対する非極性の障壁を形成する。

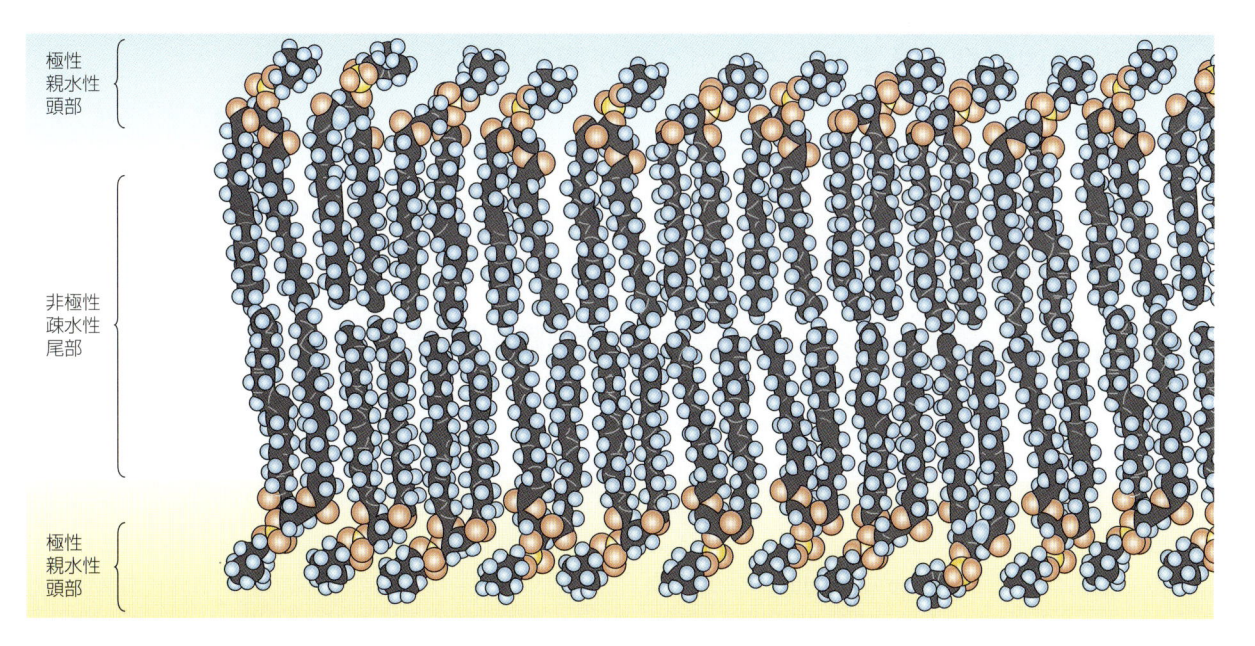

図 6.3
リン脂質二重層。 あらゆる細胞膜の基本的な構造は脂質の二重の層で，そこではリン脂質が非極性の内部をもつ二重層を形成するために集合している。リン脂質の尾部は完全には整列せずに互いに対する弱い引力だけをもっている。そのため，膜は「流動的」である。個々のリン脂質分子は膜内のあるところから別の場所に移動できる。

脂質二重層は流動的である

　水が水素結合をつくろうとする性質は決して失われることはないので，脂質二重層は安定である。ちょうど表面張力が石けんの泡を保つように，たとえそれが液体であったとしても，水の水素結合形成能は膜を保持する。水はリン脂質分子にこの構造の維持をたえず強制するが，二重層内で隣接するリン脂質を特定のものに固定するわけではない。リン脂質どうしの相互作用は比較的弱いので，個々のリン脂質や固定されていないタンパク質は膜内を比較的自由に動き回る。これは細胞を融合させて，それらに含まれるタンパク質の再配置を観察することから明確に証明される（図6.4）。

　一部の膜はほかの膜よりも流動性が高い。個々のリン脂質分子の尾部は，相互に密集して整列すると互いに引きつけ合う。これは膜の流動性を低下させることになる。なぜなら，整列した分子は，それらが膜内を動き回ることができるようになる前に，互いに引き離されなければならないからである。整列の度合いが高くなるにつれて膜の流動性は低下する。ある種のリン脂質は炭素原子間に一つないしはそれ以上の二重結合をもち，それが尾部にゆがみを入れてvan der Waals力を壊すので，これらの脂質の尾部はきれいに整列しない。そのようなリン脂質を含んだ膜はそれを含まない膜に比べて流動性がより高い。大部分の膜はコレステロールのようなステロイド脂質をも含み，そのため温度に依存して膜の流動性が上昇したりあるいは低下したりする。

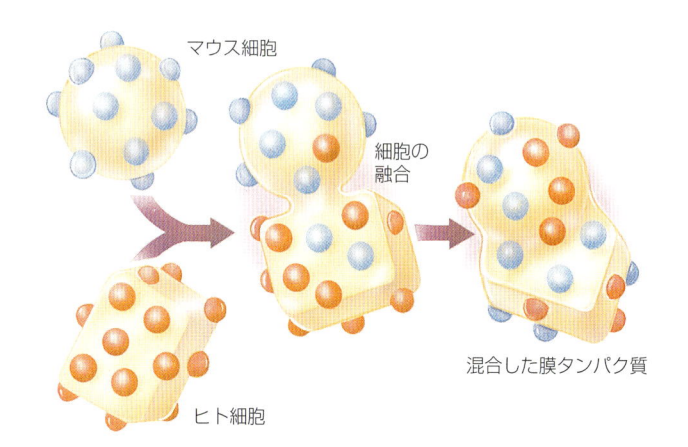

図 6.4
膜内でのタンパク質の移動。 タンパク質が膜内を動き回るようすは，マウス細胞の細胞膜タンパク質を蛍光抗体で標識したあと，その細胞をヒト細胞と融合させることで容易に確認できる。初めは，すべてのマウスタンパク質は融合した細胞のマウス側に位置し，ヒトタンパク質はすべて融合した細胞のヒト側にある。しかし1時間以内に，標識と非標識タンパク質はハイブリッド細胞の細胞膜のいたるところで混ざる。

脂質二重層は，ゴム風船のような固体というよりはむしろ石けんの泡のような液体である。

6.2　細胞膜内に埋め込まれたタンパク質が膜の性質を決める

流動モザイクモデル

　細胞膜は脂質と球状タンパク質の両方からできている。長いあいだ，生物学者はタンパク質の層が塗料のようにリン脂質二重層の内側と外側の表面を覆っていると考えていた。1935年に提案され，その後広く受け入れられたDavidson-Danielliモデルでは，膜は2層の球状タンパク質のあいだにリン脂質二重層がはさまれたサンドイッチのように描かれた。しかし，このモデルは研究者たちが膜タンパク質の構造について1960年代に明らかにしたこととは一致しなかった。細胞内に見られる大部分のタンパク質とは異なり，膜タンパク質は非極性の疎水性アミノ酸の長い鎖をいくつかもつために水にほとんど溶けない。Davidson-Danielliモデルが示唆したように，そのようなタンパク質が実際に脂質二重層の表面を覆っているならば，これらのタンパク質の非極性部分はリン脂質の極性部分を水から遠ざけることになり，二重層構造は壊れてしまう。これは実際には起こらないので，このモデルには明らかに何か間違いがある。

　1972年にS. SingerとG. J. Nicolsonは単純だが思慮に富んだ修正モデルを提案した。すなわち彼らは，球状タンパク質が非極性部分で脂質二重層の内側の非極性部域と接触し，極性部分を膜表面から突きだすようにして脂質二重層に"挿入されて"いることを提案した。**流動モザイクモデル**（fluid mosaic model）とよばれるこのモデルでは，モザイク状のタンパク質は池の上のボートのように流動的な脂質二重層を漂っている（図6.5）。

細胞膜の構成要素

　真核細胞は数多くの膜を含んでいる。それらはすべてが同じものではないが，同じ基本構造を共有している。細胞膜は次の四つの構成要素からつくられている（表6.1）。

1. **リン脂質二重層**　あらゆる細胞膜は二重層状態のリン脂質からできている。膜のほかの構成成分は二重層のなかに埋め込まれており，二重層は柔軟性のある基盤を供給すると同時に透過性に対する障壁となる。
2. **膜貫通タンパク質**　あらゆる膜の主な構成成分は，脂質二重層上あるいはその内を漂う一群のタンパク質である。これらのタンパク質はいろいろな物質や情報が膜を横切ることを可能にする通路を提供する。多くの膜タンパク質は存在位置が固定されておらず，リン脂質分子と同様に膜内を動き回ることができる。タンパク質の含量が高い膜もあれば，逆にその含量が低い膜もある。

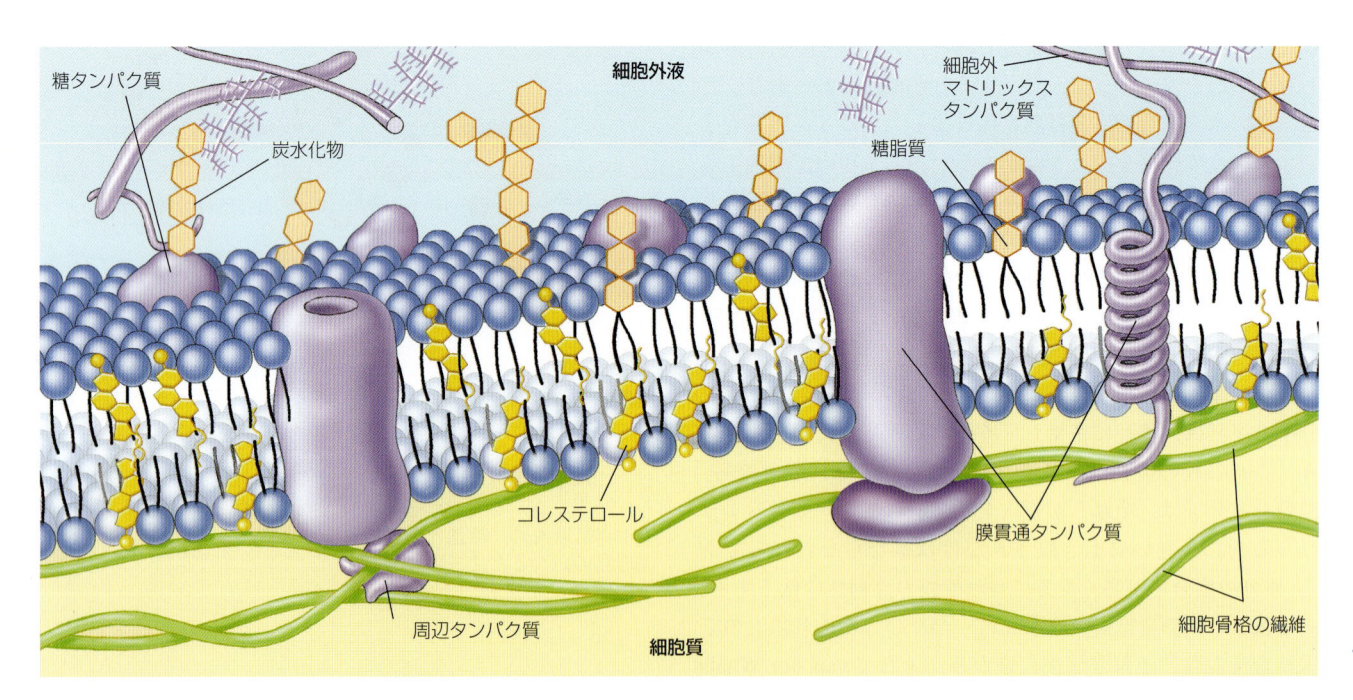

図 6.5
細胞膜の流動モザイクモデル。　いろいろなタンパク質が動物細胞の細胞膜を貫いて突きでており，そのようなタンパク質の非極性領域は膜の非極性内部に自らをつなぎ止めている。3種類の重要な膜タンパク質は輸送タンパク質，受容体と細胞表面マーカーである。炭水化物の鎖が，しばしばこれらのタンパク質の細胞外部分に，膜リン脂質に対してと同様に結合する。これらの炭水化物鎖はそれぞれの細胞に固有な差異を示す識別札として働く。

表 6.1 細胞膜の構成要素

構成要素	成分	機能	機能の果たし方	例
リン脂質二重層	リン脂質分子	透過性の障壁を提供する，タンパク質のためのマトリックス	二重層の非極性内部から水溶性分子を排除する。	細胞の二重層はグルコースのような水溶性分子に対して不透過性である。
膜貫通タンパク質	担体	膜を横切って能動的にそして受動的に分子を輸送する。	一連のコンフォメーション変化で膜を貫いて分子を護送する。	糖輸送のためのグリコホリン(glycophorin)担体：Na^+-K^+ポンプ
	チャンネル	膜を介して分子を受動的に輸送する。	膜を貫く通路として働くトンネルをつくる。	神経細胞におけるNa^+やK^+のチャンネル
	受容体	細胞内へ情報を伝達する。	シグナル分子が受容体タンパク質の細胞表面部分に結合する。これが受容体タンパク質の細胞内の部分を変化させて活性を誘導している。	特異的な受容体がペプチドホルモンや神経伝達物質と結合する。
内部タンパク質ネットワーク	スペクトリン	細胞の形を決める。	膜と細胞骨格の両方に固定されており，膜の下で支持足場を形成する。	赤血球細胞
	クラスリン	あるタンパク質を特定の部位，特に受容体依存性飲食作用において細胞膜外表面上に固定する。	タンパク質が被覆ピットに並んで，特異的な分子への結合を促進する。	被覆ピット内での低密度リポタンパク質受容体の局在化
細胞表面マーカー	糖タンパク質	自己認識	個体の特徴を示すタンパク質/炭水化物鎖の型をつくる。	免疫系で認識される主要組織適合性複合タンパク質
	糖脂質	組織認識	組織の特徴を示す脂質/炭水化物鎖の型をつくる。	A, B, O 血液型マーカー

3. **内部タンパク質ネットワーク** 膜は膜の外形を補強する細胞内タンパク質によって構造的に支えられている。たとえば，スペクトリンとよばれるタンパク質の骨組みが細胞膜内のタンパク質と細胞骨格内のアクチンフィラメントをつないでいるので，赤血球細胞は両側がくぼんだ特徴的な外形を保つ。いくつかの鍵となる膜タンパク質の水平方向の移動を調節するために，膜は別のタンパク質ネットワークを使って膜タンパク質を特定の位置に固定している。

4. **細胞表面マーカー** 膜は小胞体で組み立てられてゴルジ体に移り，そのあと細胞膜へと輸送される。小胞体は膜タンパク質や脂質に糖分子の鎖を添加して，膜から細胞の外側に向かって伸びる糖衣とよばれる「糖の被覆」をつくる。細胞は，そのタイプに応じて表面上に違った種類の糖タンパク質と糖脂質をもち，それらは細胞の特徴を表すマーカーとして働く。

高度に流動的で脂質とタンパク質のすみやかな水平方向の拡散が自由に起こるため，細胞膜は均一であると当初考えられていた。しかしそうではなく，細胞膜は異なる脂質とタンパク質からなる微小ドメインを含むことを示唆する証拠が過去10年間に蓄積してきた。微小ドメインの一つである"脂質ラフト"はコレステロールと飽和脂肪酸が顕著に豊富で，そのためにまわりの膜よりもしっかりとつまっている。脂質ラフトは，シグナル受容や細胞運動を含めた数多くの重要な生物学的過程に関係しているとみられる。複製しつつあるHIVウイルスの構造タンパク質は，感染した細胞内でのウイルス構築のあいだに細胞膜の脂質ラフト領域を目ざして集合する。

> 流動モザイクモデルは膜タンパク質が脂質二重層内に埋め込まれていることを提案する。膜は脂質二重層にタンパク質がつなぎ止められたつくりになっている。細胞膜はタンパク質の繊維状ネットワークで支えられており，その外表面は細胞に特有のマーカーで覆われている。

細胞膜を調べる

生物学者は数千倍まで明瞭に拡大することができる電子顕微鏡を用いて，細胞膜の繊細で薄い構造を調べる。第5章では二つのタイプの電子顕微鏡，すなわち透過電子顕微鏡(TEM)と走査電子顕微鏡(SEM)について述べた。細胞膜を電子顕微鏡で調べるときには，観察のための試料を調製しなければならない。

試料調製法の一つでは，任意の組織を固い基質，通常はある種のエポキシ樹脂のなかに包埋する。その後，信じられないほど薄い切片をつくる非常に鋭利な刃を備えたミクロトームという機械でエポキシ樹脂のかたまりを切断する。そのナイフは試料がそれに向かって前進する際に上下に動き，組織のかたまりから1μm以下の厚さの透明な薄片をはぎ取る。これらの薄片をグリッドにのせ，TEMのもとで電子線をそのグリッドを通してあてる。電子顕微鏡の高倍率な解像度により，膜の二重層構造は明瞭に示される。

試料の**凍結割断**(freeze–fracture)は，膜の内部を見るためのもう一つの方法である(図6.6)。組織を媒質中に入れて，液体窒素で急速冷凍する。凍結した組織はその後ナイフで「軽くたたかれ」て，膜のリン脂質層のあいだに割れ目が生じる。それにより，タンパク質，炭水化物，ピット(pit)，小孔(pore)，チャンネル(channel)または膜に付属するほかのあらゆる構造物は引き離され(通常は全体的に)，割れた膜の一方に固着する。その後，割断された膜上に白金を蒸着して非常に薄い被覆をつくる。その結果，割断面のレプリカあるいは「鋳型」ができあがる。いったん膜表面の形状がその鋳型に保存されたら，実際の組織を溶かし去り，その鋳型を電子顕微鏡で観察する。この方法によって膜の著しく異なった姿が見えてくる。

細胞膜を観察するためには非常に強力な電子顕微鏡が必要である。凍結割断は脂質二重層の内部のようすを見せてくれる。

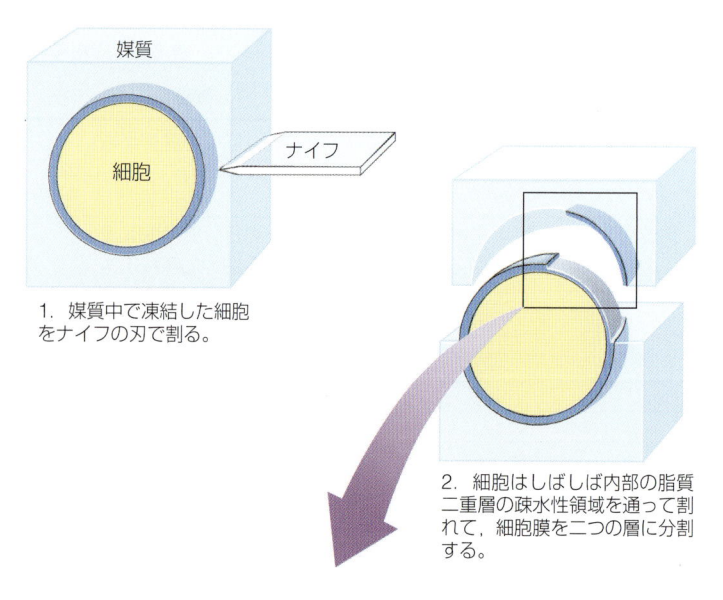

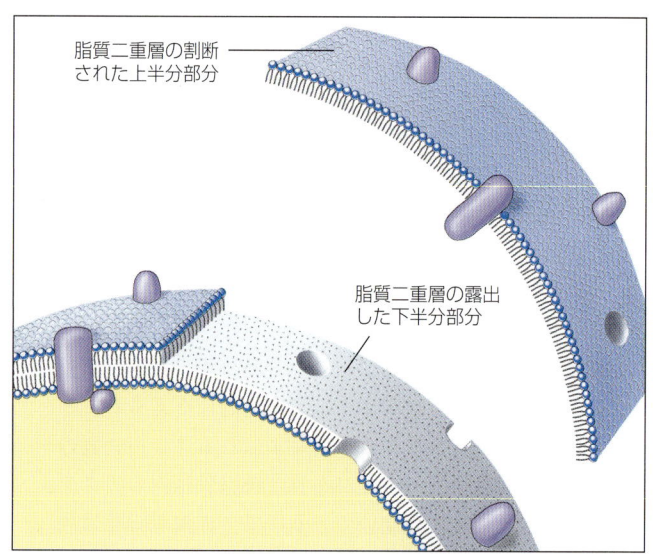

---

1. 媒質中で凍結した細胞をナイフの刃で割る。

2. 細胞はしばしば内部の脂質二重層の疎水性領域を通って割れて，細胞膜を二つの層に分割する。

3. 細胞膜はタンパク質やほかの埋め込まれた膜構造物が膜の二つの層の片方に残るように分かれる。

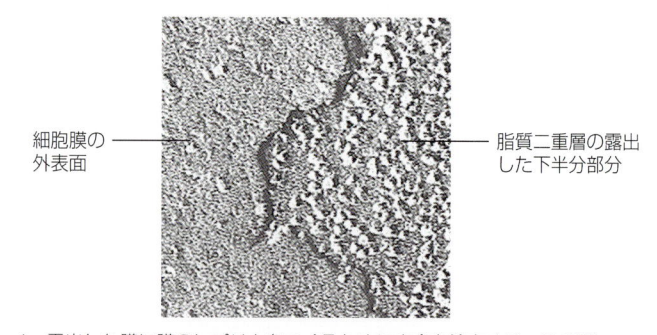

4. 露出した膜に膜のレプリカをつくるために白金を塗布する。その下にある膜を溶かし去り，その後電子顕微鏡で観察する。

図 6.6
凍結割断法による細胞膜の顕微鏡観察

膜タンパク質の種類

いままで見てきたように，細胞膜はリン脂質分子が整列した流動的な構造内にタンパク質がからまった複雑な集合体である。この非常に柔軟なしくみは，環境との広範囲な相互作用を可能にし，そのいくつかには膜タンパク質が直接関係している（図6.7）。細胞は多くの方法により細胞膜を通して環境と相互作用しているが，本章と次章（第7章）では鍵となる6種類の膜タンパク質に焦点を合わせる。

1. **輸送体** 膜はチャンネルあるいは担体(carrier)のどちらかを通じて，きわめて選択的に特定の物質のみの細胞への出入りを可能にする。
2. **酵素** 細胞は細胞膜の内部表面に付着した酵素を用いて多くの化学反応を行う。
3. **細胞表面受容体** 膜は化学的なメッセージに対してきわめて敏感で，それらを膜表面上の受容体タンパク質で感知する。
4. **特異的細胞表面マーカー** 膜は自らをほかの細胞と区別する細胞表面マーカーをもつ。ほとんどのタイプの細胞は，自らの名札として特異的な組合せの形で細胞タイプの特徴を示す細胞表面タンパク質を携えている。
5. **細胞接着タンパク質** 細胞は互いに接着するために特異的なタンパク質を用いる。あるものは一時的な相互作用によって働くが，ほかのものはより永続的な結合を形成する。
6. **細胞骨格への付着** ほかの細胞と相互作用する表面タンパク質は，連結するタンパク質により細胞骨格にしばしば固定されている。

> 膜内に埋め込まれたいろいろなタンパク質はさまざまな機能をになっており，それらの多くは膜を横切る物質あるいは情報の輸送に関係している。

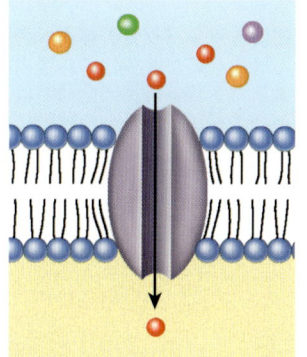

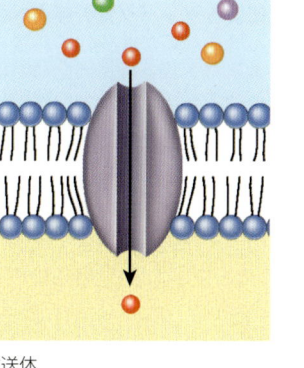

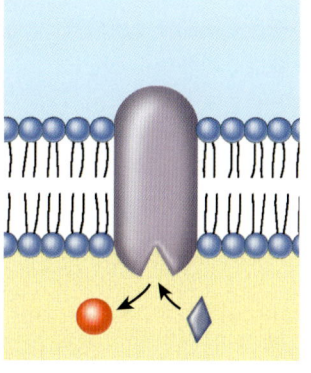

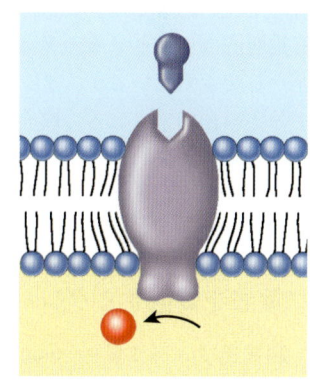

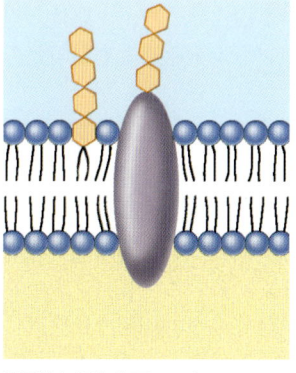

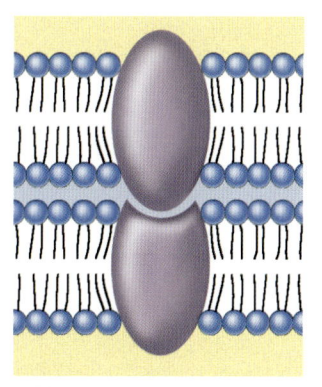

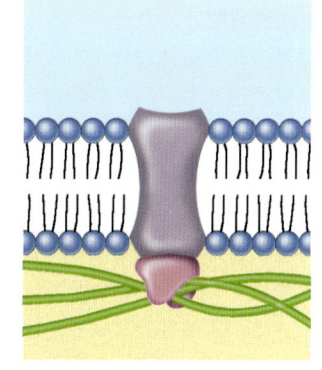

図 6.7
細胞膜タンパク質の機能。 膜タンパク質は，細胞間接着の援助と細胞骨格を堅固にすることのほかに，輸送体，酵素，細胞表面の受容体や細胞表面マーカーとして働く。

膜タンパク質の構造

ほかのタンパク質は自由に動けるのに対して，いくつかのタンパク質はどのようにして細胞膜の特定の位置に固定されているのだろうか。

二重層内でのタンパク質の固定

多くの膜タンパク質は，リン脂質と結合してタンパク質を膜に固定する特別な分子によって膜表面に付着している。浮きドックにつなぎ止められた船のように，これらのタンパク質はリン脂質につながれて膜の表面を自由に動き回る。これらの固定分子は修飾された脂質であって，(1) 脂質二重層の内部に入り込む非極性領域と，(2) タンパク質に直接連結する化学結合ドメインをもつ。

対照的に，ほかのタンパク質は脂質二重層を実際に貫通している。脂質二重層と接触して膜を貫通しているタンパク質の部分は，非極性アミノ酸のらせん構造またはひだ状のβシートからできている（図6.8）。水は非極性脂質鎖と同様に非極性アミノ酸を避けるので，タンパク質の非極性部分は脂質二重層内部にとどまる。タンパク質の極性末端部分は膜の両側から突きでているが，タンパク質自身はその非極性部分によって膜に固定される。膜から出ようとするタンパク質のいかなる動きもその非極性部分と水との接触を引きおこし，結果としてタンパク質を膜内部に押し戻すことになる。

二重層を貫通するタンパク質

膜貫通タンパク質（transmembrane protein）が脂質二重層を横断する様式はさまざまである。

1回貫通型アンカー あるタンパク質を膜内に固定するには単一の非極性部分があれば十分である。たとえば，このタイプの連結タンパク質の例は，細胞骨格のスペクトリンネットワークを細胞膜の内側に付着させる場合に見られる（図6.9）。細胞外シグナルに対する受容体として働く多くのタンパク質も1回だけ膜を突き通す「1回貫通型」アンカーをもつ。受容体の細胞表面から飛びでた部分は，特異的なホルモンやほかの分子と結合して細胞内にある同じタンパク質のもう片方の末端部分に変化を誘導する。このようにして細胞外の情報は細胞内での作用に変換される。細胞信号応答の機構は，第7章で詳しく述べられる。

複数回貫通型チャンネルと担体 ほかのタンパク質は膜をくり返し貫通する何本かのらせん構造をもち，ドーナツの穴のようなチャンネルを形成している。たとえば，バクテリオロドプシンは，細菌において光合成を行う鍵となる膜貫通タ

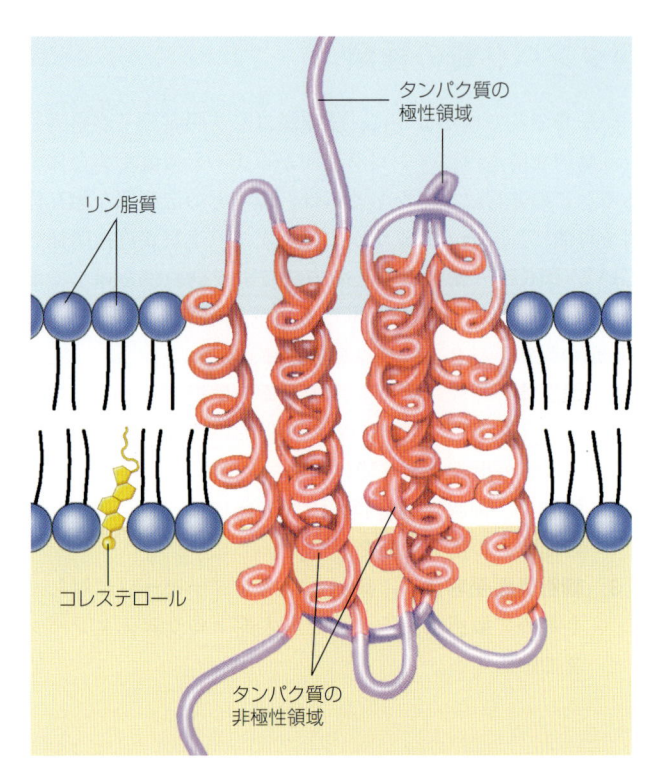

図 6.8
非極性領域によるタンパク質の膜内への固定方法。 非極性アミノ酸のらせん構造（赤）が非極性の脂質内部を貫いて伸びているのに対して，タンパク質の極性部分（紫）は二重層から突き出している。このタンパク質は膜内外への移動はできない。なぜなら，そのような動きはタンパク質の非極性部分を水と接触させることになるためである。

ンパク質の一つである。このタンパク質は膜を横断する7本の非極性らせんをもち，光駆動性のプロトン輸送のあいだにプロトンが通り抜けるチャンネルを形成している（図6.10）。ほかの膜貫通タンパク質は，さまざまな機構を用いた分子の膜輸送を行う担体として働く（6.5節参照）。細胞を出入りするすべての水溶性分子やイオンは，担体により輸送されるかまたはチャンネルを通過するかのどちらかである。

小孔 いくつかの膜貫通タンパク質は，αらせんの代わりにひだ状のβシートの二次構造をもった広範囲の非極性領域を有する。そのβシートは特徴的なモチーフを形成し，そのシートが樽の樽板のように配置するように円形状に前後に折りたたまれている。このβバレルとよばれる両端が空いたモチーフは，いくつかの細菌の外膜内に見られるポリンタンパク質の共通した特徴で，このタンパク質は分子の膜透過を可能にする（図6.11）。

> 膜貫通タンパク質は自らの非極性部分によって二重層に固定される。あるタンパク質は1回だけ膜を貫通するのに対し，多くのチャンネルタンパク質は二重層をくり返し貫通して丸い孔をつくる。

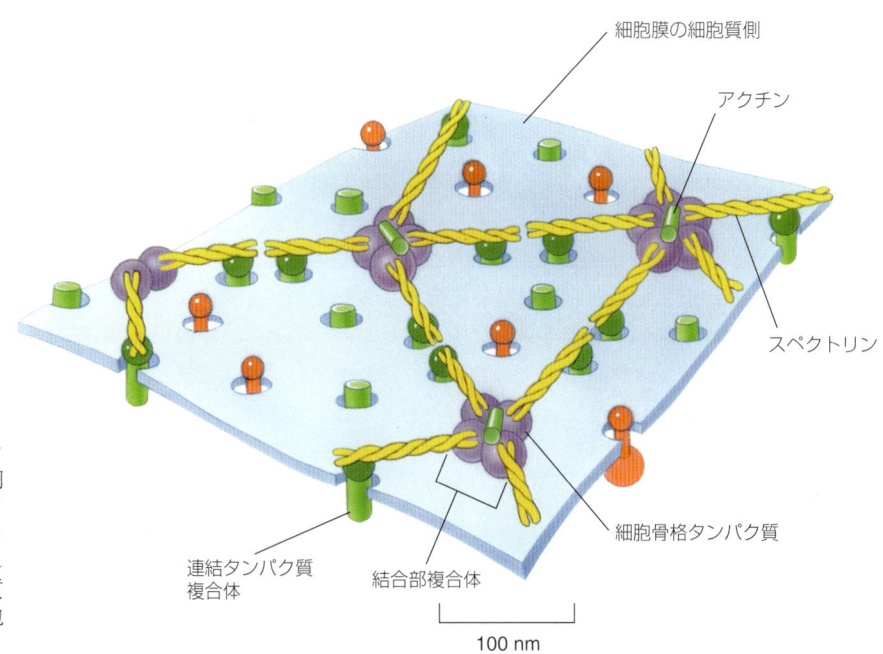

図 6.9
連結しているタンパク質。 スペクトリンは赤血球細胞膜の細胞質側に固定された網の目の形で広がっている。スペクトリンタンパク質は，特別な連結タンパク質によって膜に付着している，よじれた二量体として描かれている。この細胞骨格タンパク質のネットワークは赤血球細胞のような細胞に弾性を与える。

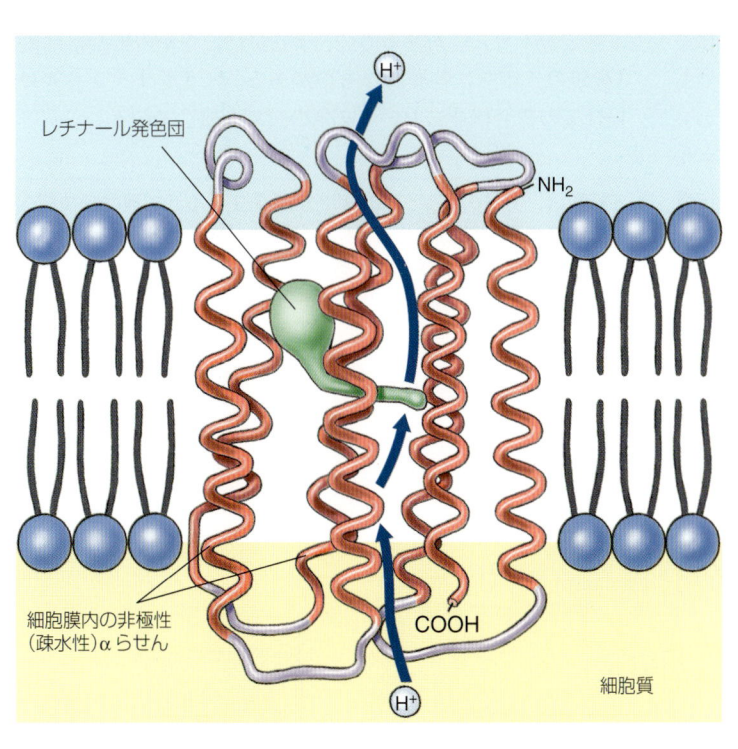

（図中ラベル：細胞膜の細胞質側／アクチン／スペクトリン／細胞骨格タンパク質／結合部複合体／連結タンパク質複合体／100 nm）

図 6.10
チャンネルタンパク質。 図に示された膜貫通タンパク質は細菌である *Halobacterium halobium* において光合成を仲介する。そのタンパク質は脂質二重層の疎水性中心部内にある疎水的ならせん構造で膜を7回横断している。このらせん領域は二重層を貫いたチャンネルを形成し，それを通してH$^+$がレチナール発色団（緑）によってくみ上げられる。

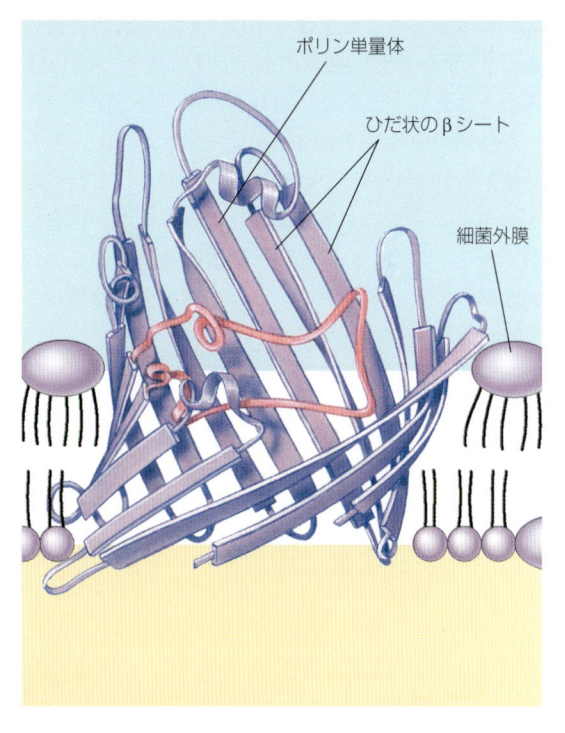

（図中ラベル：レチナール発色団／細胞膜内の非極性（疎水性）αらせん／細胞質）

図 6.11
小孔タンパク質。 細菌の膜貫通タンパク質であるポリン（porin）は，細菌の外膜内で小孔（pore）とよばれる大きく開口したトンネルをつくりだす。16のひだ状のβシートが互いに逆平行になって，細菌の外膜内でβバレル構造をつくりだしている。そのトンネルは水やほかの物質の膜透過を可能にする。

（図中ラベル：ポリン単量体／ひだ状のβシート／細菌外膜）

6.2 細胞膜内に埋め込まれたタンパク質が膜の性質を決める

6.3 受動的な膜輸送は濃度勾配に従って動く

拡 散

水に溶けた分子やイオンは，絶え間なくランダムに動き回っている。このランダムな動きは，これらの物質の濃度が高い領域から低い領域への正味の移動を引きおこし，この過程は**拡散**(diffusion)とよばれる(図6.12)。拡散による物質の正味の移動はすべての領域の濃度が同じになるまで続く。この現象は広口ビンをインクで満たしてふたをし，それを水の入ったバケツの底に移したあとで注意深くふたをとることにより確かめることができる。インク分子は，バケツとビンのなかが均一の濃度になるまでビンからゆっくりと広がりでるだろう。このように，分子の濃度が均一になることは，一つの平衡状態である。

膜輸送は選択的である

細胞が必要とする多くの分子は極性をもち，リン脂質二重層の非極性内部を通過できない。これらの分子は，細胞膜内の特異的なチャンネルを介した拡散により細胞に入る。そのチャンネルの内面は極性であり，そのため極性分子に対して「好意的で」，それらの膜輸送を促進する。細胞膜を貫いて輸送されるさまざまな生体分子は，それぞれのための輸送体をもつ。(すなわち，独自のチャンネルをもつということである。それとちょうどぴったり合った手袋と同じで，ほかの分子が使用できないものである。)このように，各チャンネルは輸送される分子について選択的である。また，細胞が保有するチャンネルによって運ばれる分子のみが細胞に入ることができる。このため，細胞は**選択的透過性**をもつ(selectively permeable)と表現される。一つの細胞の細胞膜は，いろいろなタイプの分子に対してそれぞれ選択的な多種類のチャンネルをもつ。

チャンネルを介したイオンの拡散

イオンとは，異なる数のプロトンと電子をもった溶質(水に溶ける物質)である。過剰のプロトンをもつイオンは正に荷電しており，"**カチオン**(cation)"とよばれる。プロトンよりも多数の電子をもつイオンは負に荷電しており，"**アニオン**(anion)"とよばれる。イオンは電荷をもつので，水のような極性分子とよく相互作用するが，リン脂質二重層の非極性内部にはじかれてしまう。したがって，イオンは膜輸送タンパク質の助けなしでは細胞質と細胞外液とのあいだを移動できない。**イオンチャンネル**(ion channel)は膜を貫く水和した内表面をもつので，イオンは膜リン脂質の疎水性尾部に接触することなく，そのチャンネルを介してどちらの方向にも拡散できる。二つの条件がイオンの正味の移動方向を決める。すなわち，膜のそれぞれの側における相対的なイオン濃度と膜を横切る電圧(電位差)である(下巻第45章で詳述)。そのようなチャンネルとして，カルシウム(Ca^{2+})，ナトリウム(Na^+)，カリウム(K^+)あるいは塩素イオン(Cl^-)のようなある特定のイオンに対するもの，またはいくつかの場合には2, 3種類のイオンに特異的なものがある。イオンチャンネルは神経系の信号伝達において必須の役割を演じている。

拡散は，分子のランダムな動きの結果生じる低い濃度の領域への正味の物質移動である。拡散は物質を均一に分布させようとする。膜輸送タンパク質はある特定の分子やイオンだけが細胞膜を介して拡散できるようにする。

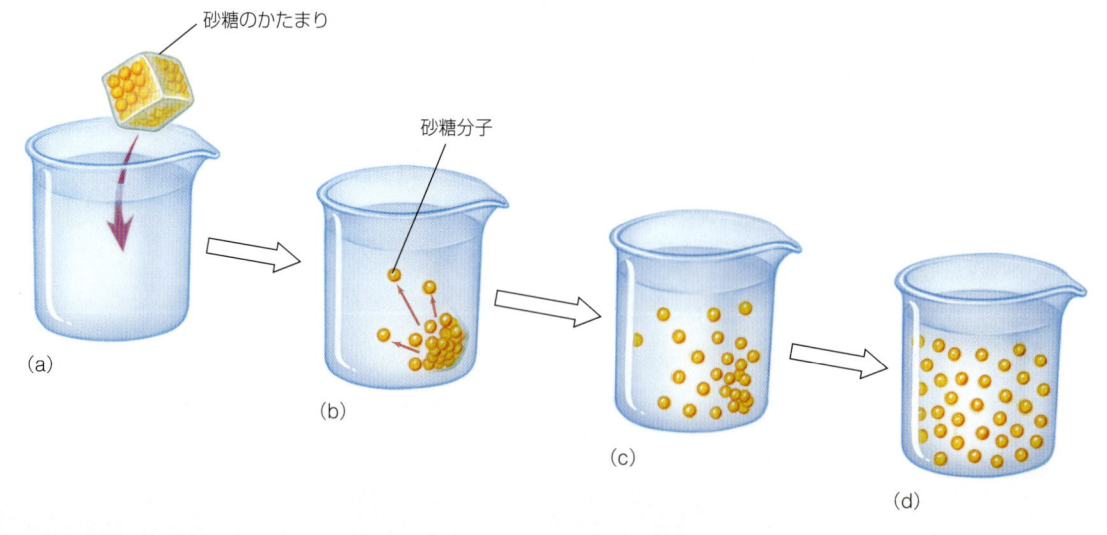

図 6.12
拡散。 ひとかたまりの砂糖をビーカーの水に落とし入れると(a)，その分子は溶解し(b)，拡散する(c)。最終的に，拡散は砂糖分子を水全体にわたって均一に分布させる(d)。

促進拡散

もう1種類の膜タンパク質である**担体**(carrier)は，糖やアミノ酸のようなほかの溶質と同様にイオンを膜輸送する。チャンネルと同様，担体はそれぞれの溶質に対して特異的で，どちらの方向にも物質を膜輸送できる。しかしチャンネルとは異なり，担体は輸送される物質と膜の一方の側で物理的に結合し，もう一つの側で遊離することで膜を横切る溶質の移動を促進する。さらに，溶質の正味の移動方向はその物質の膜を介した"濃度勾配"に単純に依存する。その濃度が細胞外よりも細胞質内で高ければ，担体はその分子を細胞の内側から外側へ輸送するだろう。これは，その溶質が膜の細胞質側で担体と結合する可能性が外側よりも高いからである。逆に，溶質濃度が細胞外液でより高ければ，その移動は外側から内側に向かう。したがって，まさに単純な拡散の場合と同様に，溶質の移動はつねに高濃度の領域から低濃度領域に向かって起こる。しかし，担体はその過程を促進する。このため，この輸送機構はしばしば**促進拡散**(facilitated diffusion)とよばれる（図6.13）。

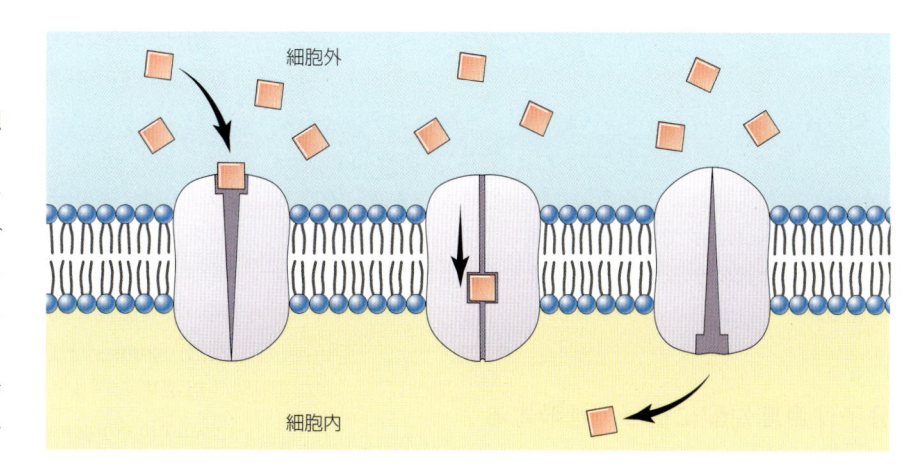

図 6.13
促進拡散は担体を介した輸送過程である。 分子は細胞の外側で担体と結合し，細胞膜を貫いて細胞内に導入される。

赤血球細胞における促進拡散

担体タンパク質による促進拡散のいくつかの例が，脊椎動物の赤血球（RBC）の細胞膜で見られる。たとえば，あるRBC担体タンパク質はCl^-とは逆方向に炭酸イオン（HCO_3^-）を輸送する。下巻第44章で学ぶように，この担体は血液における二酸化炭素の輸送という点で重要である。

RBCにおける第二の重要な促進拡散の担体の例として，グルコース輸送体があげられる。赤血球は，ある化学的なトリックによってグルコースの内部濃度を低く保っている。すなわち，この細胞では運びこまれたグルコース分子がリン酸基をすぐに付加され，膜を通って逆戻りできない高度に荷電したグルコースリン酸に変換する。これはリン酸化されていないグルコースの急な濃度勾配を維持することになり，細胞内へのグルコースの進入を促進する。細胞内へグルコースを運ぶグルコース輸送体は，グルコースが膜を通過するためのチャンネルを形成するのではないらしい。その代わりに，この膜貫通タンパク質はグルコースと結合するとその形が変わり，二重層を貫いてグルコースをひっぱりこんで細胞膜の内側で遊離させるようである。グルコース輸送体はグルコースを遊離すると同時にもとの形に戻る。その段階で，輸送体は細胞に近づく次のグルコース分子と結合可能になる。

担体による輸送の飽和

担体による輸送の一つの特徴は，その速度が飽和に達しうることである。いい換えると，物質の濃度勾配がしだいに大きくなるにつれて，輸送速度もあるところまでは増加するがその後は一定になる。濃度勾配をさらに増大させてみても，それ以上の輸送速度の上昇は全く起こらない。これは膜が限られた数の担体しか保有していないためである。輸送される物質の濃度が十分に高くなると担体のすべてが使われた状態となり，輸送系の処理能力は飽和に達するだろう。対照的に，単純な拡散（担体によらない二重層内のチャンネルを介した拡散）による膜輸送は飽和を示さない。

促進拡散の有用性としてあげられるのは，細胞内部での不必要な分子の蓄積を防ぎ，あるいは糖のように細胞外に高濃度で存在する必要な分子を取り込む手段になることであろう。促進拡散は次の三つの基本的な特徴をもつ。

1. **特異的である** ある定められた担体は特定の分子またはイオンのみを輸送する。
2. **受動的である** 正味の輸送方向は輸送される物質の細胞内外での相対的な濃度によって決まる。つねに高い濃度から低い濃度へ向かって移動する。
3. **飽和する** すべての担体タンパク質が使用中である場合，濃度勾配の増大は輸送速度を増加させない。

促進拡散は，特異的な担体を使って分子やイオンをより低い濃度へ運ぶ膜輸送である。

浸　透

　細胞質は水に溶けたイオンや糖やアミノ酸のような分子を含んでいる。これらの物質と水の混合物は"水溶液(aqueous solution)"とよばれる。その混合物中の最大の共通分子である水は**溶媒**(solvent)であり，水に溶けた物質は**溶質**(solute)である。水と溶質が膜を介して拡散する能力は重大な影響力をもつ。

分子は濃度勾配に従って拡散する

　水と溶質はともに高濃度の領域から低濃度の領域へ，すなわちその濃度勾配に従って拡散する。二つの領域が膜によって隔てられた場合，そこで何が起こるかは，溶質が膜を自由に通過できるか否かで決まる。イオンや糖を含むほとんどの溶質は脂質には溶けず，したがって膜の脂質二重層を横断できない。

　水分子でさえ非常に極性であるために，脂質二重層を容易には横断できない。水の流れは，水のための特殊化したチャンネルである**アクアポリン**(aquaporin)によって促進される。簡単な実験でこれは証明できる。両生類の卵を低張の淡水中に移すと，細胞内の溶質濃度はまわりの水よりも高いのに，卵は膨張しない。その卵にアクアポリンのmRNAを注入するとこのチャンネルタンパク質が発現し，水が卵内に拡散して卵を膨張させる。

　溶けた溶質は水分子と相互作用し，水分子は電荷をもつ溶質分子のまわりに水和殻を形成する。異なる溶質濃度の溶液が膜により隔てられているときには，膜の両側に異なる濃度の"自由"水分子が存在することになる。より高い溶質濃度の側では，より多くの水分子が水和殻中に拘束される。その結果，自由水分子はその濃度勾配に従って，より高い溶質濃度の方に向かって移動する。このように水が膜を介してより高い溶質濃度に向かって拡散により正味の移動を行うことを**浸透**(osmosis)という(図6.14)。

　溶液中の"すべての"溶質の濃度がその溶液の**浸透濃度**(osmotic concentration)を決める。二つの溶液の浸透濃度が違っている場合，より高い濃度の溶液は**高張**(hyperosmotic：ギリシャ語のhyperは"より高い"を意味する)であり，より低濃度の溶液は**低張**(hypoosmotic：ギリシャ語のhypoは"より低い"を意味する)である。二つの溶液の浸透濃度が同じならば，その二つの溶液は**等張**(isosmotic：ギリシャ語のisoは"同じ"を意味する)である。

　細胞では，細胞膜が二つの水溶液，細胞の内側(細胞質)と外側の水溶液(細胞外液)，を分けている。この膜を介した水の正味の拡散方向は，それぞれの側の溶液の浸透濃度によって決まる。たとえば細胞質が細胞外液に対して低張であるなら，水はより高い溶質濃度(したがって，より低い非結合水の濃度)の溶液に向かって細胞外へ拡散する。このような水の細胞質からの損失は，細胞質と細胞外液の浸透濃度が等しくなるまで細胞を収縮させる。

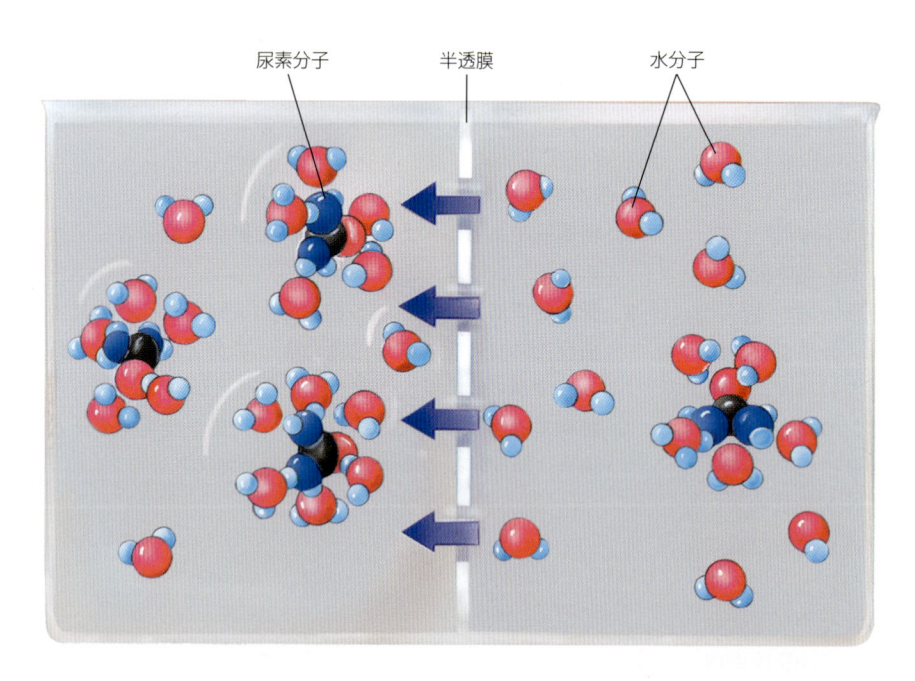

図 6.14
浸透。　荷電したあるいは極性の物質は，それらがまわりに群がる水分子と水素結合を形成して水和殻をつくるので，水に溶ける。ある極性溶質（この図では尿素）が膜の片側の溶液に加えられたとき，それぞれの尿素分子のまわりに集まった水分子はもはやその膜を貫いて自由に拡散しない。実際には，その極性溶質は自由な水分子の濃度を減少させてしまい，ある種の勾配をつくりだすことになる。水分子は右から左への拡散によりその勾配に従って移動する。

浸透圧

細胞質が細胞外液に対して高張であるなら何が起こるのだろうか。この状態では，水は細胞外液から細胞内に拡散して，細胞を膨張させる。細胞膜を押し広げようとする細胞質の圧力，または**静水圧**(hydrostatic pressure)が増す。一方，膜を横切る水の浸透的な動きを止めるために加えられる圧力として定義される**浸透圧**(osmotic pressure)も働く（図6.15）。膜が十分に強固ならば，細胞内に水を押しこもうとする浸透圧が細胞外に水を押しだそうとする静水圧とちょうど釣り合ったところで，細胞は一つの平衡状態に達する。しかしながら，細胞膜は単独では大きな内圧に耐えられず，そのような条件下で単離された細胞は膨らませすぎた風船のように破裂するだろう。したがって，細胞膜のみをもつ動物細胞にとって等張条件を維持することは重要である。対照的に，原核生物，菌類，植物や多くの原生生物の細胞は強固な細胞壁で囲まれており，破裂することなしに高い内圧に耐えることができる。

浸透バランスの維持

生物はまわりの環境に対して高張になることにより生じるジレンマの解決法を数多く発達させている。

排出　原生生物のゾウリムシ（*Paramecium*）のようないくつかの単細胞性真核生物は，水を排除するために**収縮胞**(contractile vacuole)とよばれる細胞小器官を用いる。各収縮胞は細胞質のさまざまな部分から水を集め，それを細胞表面近くの収縮胞の中心部分に運ぶ。その収縮胞は細胞外に開いた一つの小さな孔をもつ。律動的な収縮により，収縮胞は浸透により細胞内にたえず浸入してくる水をこの孔を通してくみだす。

等張液　海に生息するいくつかの生物は溶質の内部濃度をまわりの海水の濃度に合うように調節する。したがって，外部環境に対して等張であるので，水の正味の流れは細胞内へも細胞外へも全く起こらない。多くの陸上動物はこれに類似した方法でその問題を解決している。すなわち，液体を体中で循環させることにより，細胞を等張液に浸した状態にする。たとえば，あなたの体内の血液は，アルブミンというタンパク質を高濃度に含むことによって，その溶質濃度を細胞のそれに合わせている。

高張液　　　　　等張液　　　　　低張液

しなびた細胞　　正常細胞　　　　細胞は膨張し，最後に破裂する。

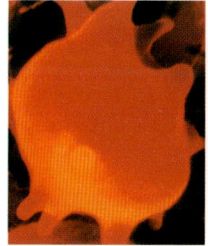

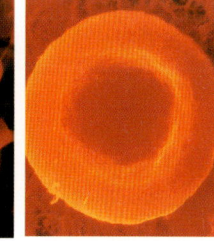

ヒト赤血球細胞

細胞本体が収縮して細胞壁から離れる　　弛緩状態の細胞　　正常な膨れた細胞

植物細胞

図 6.15
溶質による浸透圧のでき方。　高張液では，水はより高濃度の溶質に向かって細胞の外へ移動して細胞をしなびさせる。等張液では，細胞膜の両側にある溶質濃度は同じである。浸透はそれでも起こるが，水は細胞の内外に向けて同じ速度で拡散し，細胞は大きさを変えない。低張液では，溶質の濃度は細胞外よりも細胞内で高く，そのため水の正味の移動は細胞内に向かう。細胞は包み込まれた構造をもち，そこで水が低張液から細胞内に入ってくるので，細胞が破れるまで細胞膜に圧力がかかる。この静水圧は細胞内への水の流れを止めるために必要とされる力である浸透圧によって釣り合わされている。植物細胞は破裂から細胞を守るために十分な浸透圧をかけることができる強固な細胞壁をもつ。動物細胞にはそれがない。

膨圧　ほとんどの植物細胞はまわりの環境に対して高張であり，液胞内に高濃度の溶質を含んでいる。その結果生じる内部静水圧，すなわち**膨圧**(turgor pressure)は細胞に強度を与えている細胞壁の内側に向かって細胞膜を強く押しつける。ほとんどの緑色植物はその形の維持を膨圧に頼っており，そのため水が十分に得られない場合はしおれてしまう。

浸透とは膜を横切る水の拡散であり，溶質の拡散ではない。

6.4 大きなものの輸送には飲食作用を使う

細胞内外への大きなものの移行

飲食作用

細胞膜がもつ脂質としての性質は細胞に別の難問を提起する。細胞が成長のために必要とする物質はたいてい大きな、極性の分子であって脂質二重層がつくりだした疎水性の障害を通過できない。生物はこれらの物質をどのように細胞内に取り入れるのだろうか。その一つの方法は、細胞膜が食物の粒子を包み込む**飲食作用**(endocytosis)である。細胞はおもに三つのタイプの飲食作用を行う。すなわち食作用、飲作用および受容体依存性飲食作用である（図6.16）。

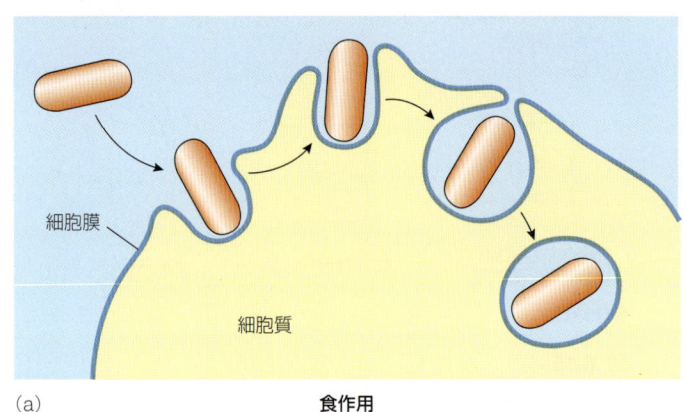

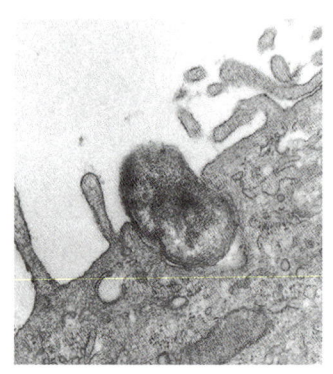

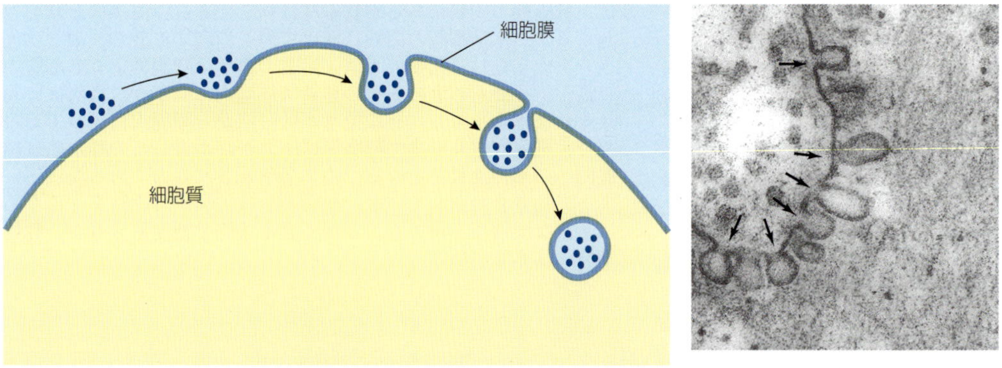

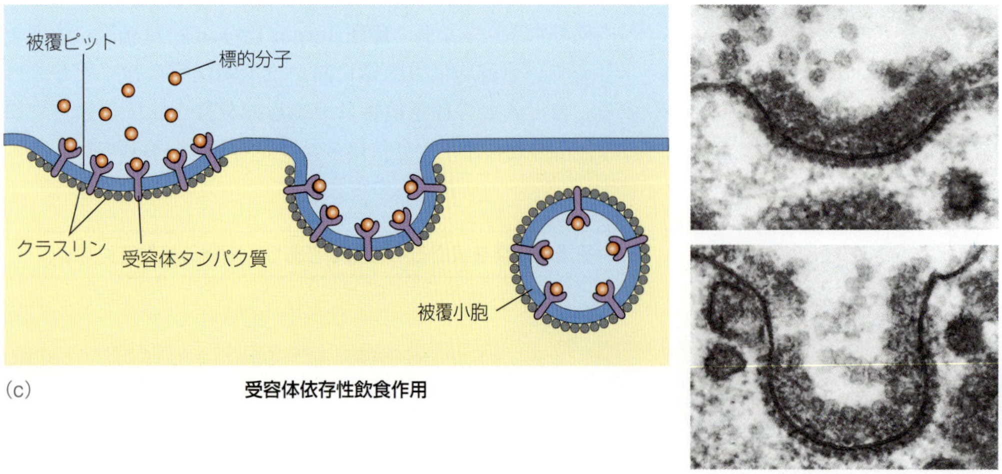

図 6.16
飲食作用。食作用(a)も飲作用(b)も共に飲食作用の一つである。受容体依存性飲食作用(c)では、細胞は標的分子が細胞膜内の受容体タンパク質に結合したときに飲食作用を開始するように働くクラスリンというタンパク質で覆われたピットをもつ。挿入写真：(a) マウス腹腔中皮腫細胞による細菌、*Rickettsia tsutsugamushi*、の食作用の透過電子顕微鏡(TEM)像。細菌は食作用により宿主細胞に入り、細胞質内で増える。(b) 平滑筋細胞における飲作用のTEM像。(c) 発達しつつある卵細胞の細胞膜内に一層のタンパク質で覆われた被覆ピットが見える(80,000倍)。対象となる分子が被覆ピット内に集まると、そのピットは深くくぼんで、閉じて最終的に小胞を形成する。

(a)　(b)

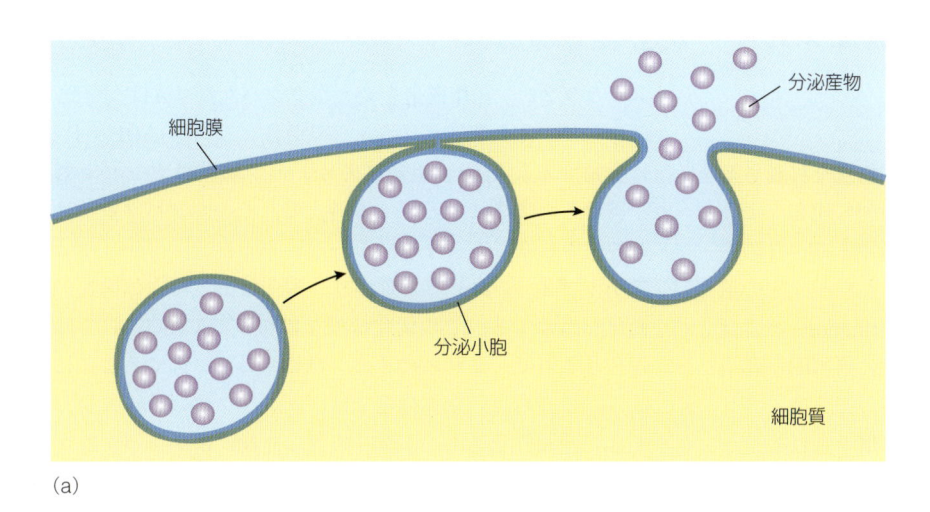

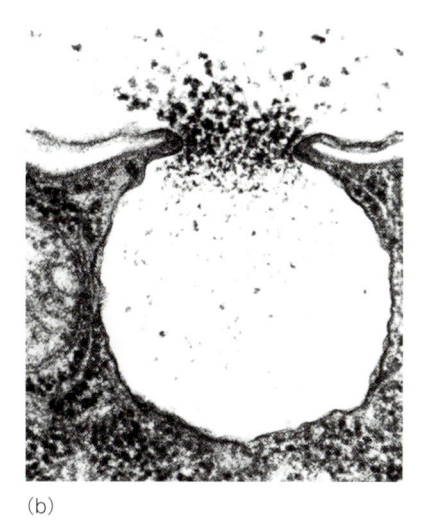

図 6.17
開口分泌。 （a）小胞とよばれる小袋内のタンパク質やそのほかの分子が細胞から分泌される際，小胞の膜は細胞膜と融合して細胞表面にその中身を放出する。（b）開口分泌を示す透過電子顕微鏡像。

食作用と飲作用　細胞が取り入れたものが一つの生物体あるいは有機物の破片のような粒子状（ばらばらの顆粒からなる）であるなら（図6.16a），その過程は食作用（phagocytosis：それぞれギリシャ語で"食べること"と"細胞"を意味するphageinとcytosを合わせたもの）とよばれる。同様にそれが液体なら（図6.16b），飲作用（pinocytosis：ギリシャ語でpineinは"飲むこと"を意味する）とよばれる。飲作用は動物細胞で普遍的に見られる。たとえば，哺乳類の卵細胞はまわりの細胞から「哺育」されており，成熟しつつある卵細胞は付近の細胞から分泌される栄養分を飲作用によって取り入れる。実際，すべての真核細胞は恒常的にこれらの飲食作用を行っており，小胞内に粒子や細胞外液を閉じ込めて，それらを摂取している。飲食作用の速度は細胞の種類によって異なる。驚くほど速い場合もあり，ある種の白血球細胞などは1時間ごとに細胞体積の25％に相当するものを摂取している。

受容体依存性飲食作用　特異的な分子はしばしば**受容体依存性飲食作用**（receptor-mediated endocytosis）によって真核細胞内に輸送される。輸送される分子は，まず細胞膜内の特異的な受容体に結合する。その輸送は受容体にきちんと適合する形の分子のみに特異的に起こる。ある特定種類の細胞では，細胞膜が異なった分子に対してそれぞれ特異性を備えた多様な受容体を特徴的な組合せで含んでいる。

膜内に埋め込まれる受容体分子は，クラスリンというタンパク質で覆われたくぼみ（ピット）のなかに罠として仕掛けられている。それぞれのピットはネズミ取りのように働き，正しい分子がピットに入ると閉じて内部小胞を形成する（図6.16c）。この罠を発動させるきっかけは，ピット膜内に埋め込まれた受容体とそれに正しく適合した標的分子との結合である。結合が起こると細胞は飲食作用を開始する。その過程は非常に特異的で迅速である。

受容体依存性飲食作用によって取り込まれる分子の一つに低密度リポタンパク質（LDL：low-density lipoprotein）がある。LDL分子はコレステロールの取り込みが可能な膜をもつ細胞内へコレステロールを運ぶ。コレステロールは膜の堅さを決める鍵となる役割を演じている。ヒトの遺伝病である高コレステロール血症では，その受容体は尾部を欠くので，クラスリン被覆ピット内に捕捉されることがなく，そのため細胞によって取り上げられない。このためコレステロールは患者の血中にとどまり，動脈を覆って心臓麻痺の原因となる。

飲食作用はそれ自身で物質を直接細胞質のなかへもち込むのではないことを注意しておきたい。このやり方で取り入れたものは小胞の膜によって細胞質と隔離されたままなのである。

開口分泌

飲食作用の反対は**開口分泌**（exocytosis），すなわち細胞表面の小胞からの物質の放出である（図6.17）。植物細胞では，開口分泌は細胞壁をつくるために必要な材料を細胞膜を介して搬出するための重要な手段である。原生生物における収縮胞排出は開口分泌の一つである。動物細胞では，開口分泌は多くのホルモン，神経伝達物質，消化酵素やほかの物質を分泌するための手段として使われる。

> 細胞が大きなものを取り入れる際に行う飲食作用では，対象物を細胞膜で包み込む。同様に，細胞は開口分泌を通じて物質を排出あるいは分泌する。

6.5 膜を横切る能動輸送にはエネルギーが必要である

能動輸送

拡散，促進拡散や浸透は濃度勾配に従って物質を移動させる受動的な輸送過程であるが，細胞は濃度勾配に逆らうように細胞膜を横切って物質を移動させることもできる。この過程はエネルギー，典型的にはATPからのエネルギー，の消費を必要とし，したがって**能動輸送**(active transport)とよばれる。促進拡散のように，能動輸送には高度に選択的な膜内のタンパク質担体がかかわっている。これらの担体はイオンや単純な分子(糖，アミノ酸，DNAの合成に用いられるヌクレオチドなど)と結合する。

能動輸送は，いかなる細胞にとってももっとも重要な機能の一つである。それは細胞外液よりも高濃度で細胞質内にすでに存在する物質を，細胞がさらに取り込むことを可能にする。たとえば，グルコース濃度はしばしば血漿中よりも肝細胞内部の方がより高いので，肝細胞は能動輸送なしでは血漿からグルコース分子を集めることができないだろう。能動輸送は，外部濃度がより高いにもかかわらず細胞が細胞質から細胞外液へと物質を移動させることも可能にする。

Na^+-K^+ポンプ

能動輸送において，ATPは直接的にも間接的にも使用される。ATPがどのように濃度勾配に逆らってイオンを移動させるのに直接使われるのかを初めに考えてみよう。活発に分裂していない動物細胞が消費する全エネルギーの3分の1以上は，ナトリウムイオン(Na^+)とカリウムイオン(K^+)の能動輸送に使われる。ほとんどの動物細胞はNa^+の内部濃度がまわりに比べて低く，逆にK^+は細胞内のほうが高い。これらの細胞はNa^+を細胞の外へ，そしてK^+をなかへポンプで能動的にくむことでこれらの濃度差を維持する。細胞膜を介してこれら二つのイオンを輸送する注目すべきタンパク質はNa^+-K^+**ポンプ**(sodium−potassium pump)として知られている(図6.18)。細胞はそのポンプを作用させるために要するエネルギーをアデノシン三リン酸(ATP)から得る。この分子については第8章でより詳しく学ぶ。

Na^+-K^+ポンプの重要な特徴は，それが低濃度領域から高濃度領域へNa^+やK^+を輸送する能動輸送の過程だということである。この濃度勾配に逆らう輸送は拡散における受動的な輸送とは正反対で，代謝エネルギーの定常的な消費によってのみ達成される。Na^+-K^+ポンプは以下に示すような膜貫通タンパク質における一連の立体構造の変化を通して働く。

ステップ1 3個のNa^+があるタンパク質の細胞質側に結合し，タンパク質の立体構造の変化を引きおこす。

ステップ2 立体構造を変えたタンパク質はATP分子と結合して，それをアデノシン二リン酸とリン酸($ADP + P_i$)に分解する。ADPは遊離するが，リン酸基はタンパク質に結合したままになる。この時点で，そのタンパク質はリン酸化されたことになる。

ステップ3 タンパク質のリン酸化は第二の立体構造の変化を誘導する。この変化は膜を横切って3個のNa^+を輸送させるので，これらのイオンは細胞外部に面することになる。この新しい立体構造では，タンパク質はNa^+に対して低い親和性をもち，3個の結合したNa^+はタンパク質から遊離して細胞外液内に拡散する。

ステップ4 その新しい立体構造はK^+に対して高い親和性をもち，Na^+がなくなるとすぐに2個のK^+がそのタンパク質の細胞外部の側に結合する。

ステップ5 K^+の結合はさらに新たな立体構造の変化を生じさせ，ここで結合したリン酸基が遊離する。

ステップ6 リン酸基をはずすとタンパク質は最初の立体構造に戻り，2個のK^+を細胞質に露出させる。この立体構造はK^+に対して低い親和性をもつので，2個のK^+はタンパク質から遊離して細胞の内部に拡散する。立ち戻った最初の立体構造はNa^+に対して高い親和性をもつ。Na^+が結合すると次のサイクルがはじまる。

各サイクルを経て3個のNa^+が細胞を出て2個のK^+が細胞に入る。サイクルのあいだに起こるタンパク質の立体構造の変化は迅速で，それぞれの担体は毎秒300個ものNa^+を輸送できる。Na^+-K^+ポンプは動物細胞で普遍的であるようだが，ポンプタンパク質の数は細胞によって大きく異なる。

共役輸送

いくつかの分子は別の分子が濃度勾配の形で保存しているエネルギーを使い自らの濃度勾配に逆らって移動する。この過程では，ある分子がその濃度勾配に従って移動する際に放出されるエネルギーが捕捉され，別の分子を濃度勾配に逆らって移動させるために使われる。先に学んだように，ATP分子に蓄えられたエネルギーは膜を介したNa^+とK^+の勾配を形成するために使用可能であるが，同時にこれらの勾配は膜を横切るほかの分子の輸送に動力を供給するために使用可能である。

たとえば，動物細胞におけるグルコースの膜輸送は，次の二つの理由からエネルギーを必要とする。第一に，グルコースは独力で膜を通って移動できない大きな極性の分子であり，第二に，細胞内のグルコース濃度は細胞外の濃度よりもしばしば高い。グルコース輸送体はNa^+-K^+ポンプがつくり

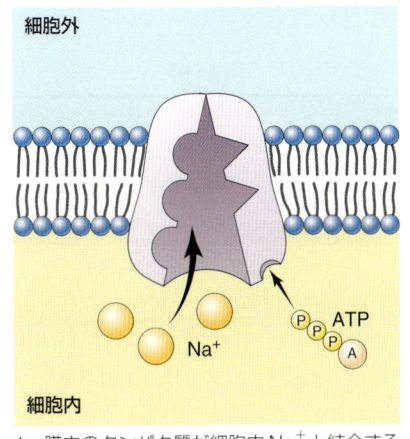

1. 膜内のタンパク質が細胞内 Na^+ と結合する。

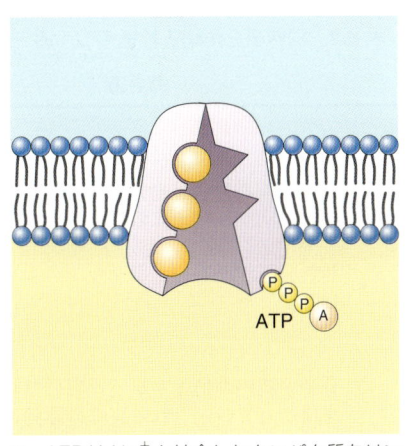

2. ATP は Na^+ と結合したタンパク質をリン酸化する。

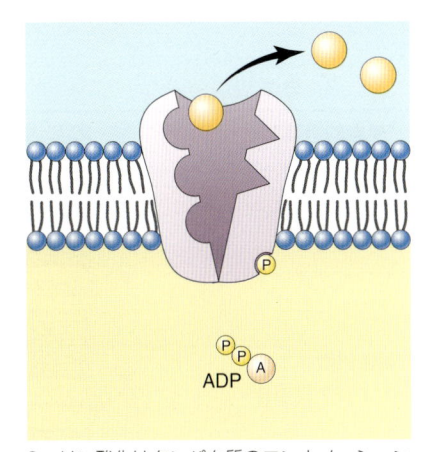

3. リン酸化はタンパク質のコンホメーション変化を引きおこして，Na^+ を遊離させる。

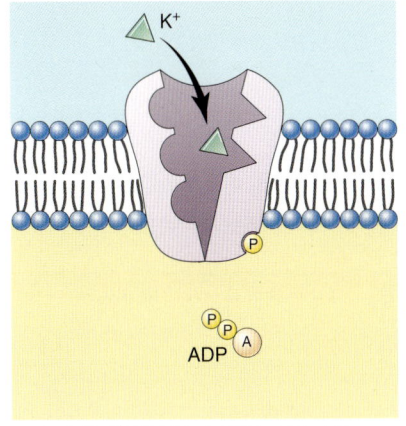

4. 細胞外 K^+ が露出した部位に結合する。

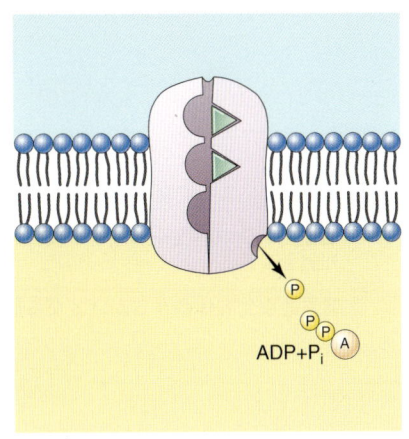

5. K^+ の結合はタンパク質の脱リン酸化を引きおこす。

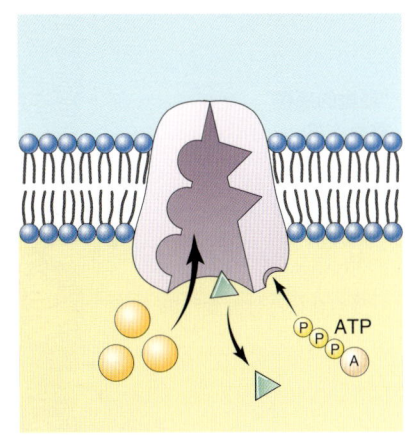

6. タンパク質の脱リン酸がきっかけとなって，もとのコンホメーションに戻り，K^+ が細胞内に移動して，サイクルがくり返される。

図 6.18

Na^+-K^+ ポンプ。 Na^+-K^+ ポンプとして知られるタンパク質担体は，細胞膜を介してナトリウムイオン(Na^+)とカリウムイオン(K^+)を輸送する。3個の Na^+ が細胞外に輸送されるたびに，2個の K^+ が細胞内に輸送される。Na^+-K^+ ポンプは ATP によってエネルギーを補給される。

だした Na^+ 勾配を細胞内へのグルコースの移動のためのエネルギー供給源として用いる。この系では，グルコースと Na^+ はともに輸送タンパク質と結合し，このタンパク質は Na^+ をその濃度勾配に従って通過させて，そのエネルギーを捕捉し，それをグルコースの細胞内への移動のために使う。この種の"共役輸送(cotransport)"では，両方の分子は膜を横切って同じ方向に移動しており，このためそれは"等方輸送(symport)"とよばれる(図6.19)。

図 6.19

共役輸送。 ある膜タンパク質は細胞内へ濃度勾配に従って Na^+ を輸送するのと同時にグルコース分子を細胞内へ輸送する。Na^+ の流入をうながす勾配が大きいとその分だけ糖分子がその濃度勾配に逆らって細胞内にもち込まれる。

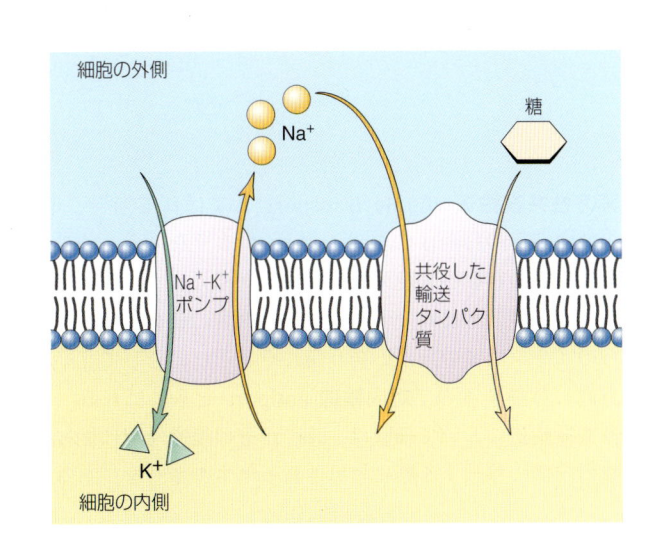

6.5 膜を横切る能動輸送にはエネルギーが必要である

表6.2 細胞膜を横切る輸送のしくみ

方法	働き方	例
"受動的過程"		
拡散		
直接	ランダムな分子運動により分子が低濃度の領域に向かって正味の移動を行う。	細胞内への酸素の移動
タンパク質チャンネル	極性分子がタンパク質チャンネルを通り抜ける。	細胞内外へのイオンの移動
促進拡散		
タンパク質担体	分子が膜内の担体タンパク質に結合し，膜を横切って輸送される正味の移動はより低い濃度の領域に向かう。	細胞内へのグルコースの移動
浸透		
アクアポリン	異なる透過性を示す膜を横切る水の拡散	低張液内にある細胞内への水の移動
"能動的過程"		
飲食作用		
膜小胞		
食作用	粒子は膜によって取り囲まれる小胞となる。	白血球による細菌の摂取
飲作用	液体の小滴が小胞を形成する膜によって取り囲まれる。	ヒト卵細胞の"哺育"
受容体依存性飲食作用	特異的な受容体がきっかけとなる飲食作用	コレステロールの取り込み
開口分泌		
膜小胞	小胞が細胞膜と融合して内容物を放出する。	粘液の分泌
能動輸送		
タンパク質担体		
Na^+-K^+ポンプ	担体は濃度勾配に逆らって物質を膜輸送するためにエネルギーを消費する。	濃度勾配に逆らったNa^+とK^+の移動
共役輸送	濃度勾配に従ったNa^+やH^+との共輸送により，分子はその濃度勾配に逆らって膜輸送される。	濃度勾配に逆らった細胞内へのグルコースの共役した取り込み

異方性共役輸送(countertransport)とよばれる過程では，Na^+の内向きの移動はCa^{2+}またはH^+のようなもう一つの物質の外向きの移動と共役する。等方輸送でのようにNa^+とほかのイオンはともに同一の輸送タンパク質に結合するが，これらのイオンは膜の向かい合う側にそれぞれ結合して互いに逆方向に移動するので**対向輸送**(antiport)ともよばれる。異方性共役輸送において細胞は，Na^+がその濃度勾配に従って細胞の内側に移動する際に放出されるエネルギーを，ある物質を濃度勾配に逆らって追いだすために使う。

細胞膜を横切る輸送のしくみを表6.2にまとめて示す。

> 能動輸送は膜を介して起こる濃度勾配に逆らった溶質の移動で，これを行うためにはタンパク質担体による化学エネルギーの消費が伴う。濃度勾配に従って移動するNa^+やH^+の動きに共役させることによって，分子を濃度勾配に逆らって細胞内に共輸送するしくみもある。

第6章のまとめ

6.1 生体膜は脂質の流動的な層である

"リン脂質二重層"
- 生体膜は親水性の極性頭部と疎水性の非極性脂肪酸尾部をもつリン脂質二重層からなる（p. 106）。
- リン脂質分子は極性頭部を水に向け，非極性尾部を水から遠ざけるように配向する。(p. 106)
- 脂質二重層の非極性内部は，その二重層を貫くいかなる水溶性物質の通過も妨げる。(p. 106)

"脂質二重層は流動的である"
- 水が水素結合をつくろうとする性質はきわめて強く，脂質二重層は安定である。そして，水素結合形成は膜の流動性を保たせる。

6.2 細胞膜内に埋め込まれたタンパク質が膜の性質を決める

"流動モザイクモデル"
- 流動モザイクモデルでは，モザイク状のタンパク質が流動的な脂質二重層を浮動する。(p. 108)
- 細胞膜は四つの成分，すなわちリン脂質二重層，膜貫通タンパク質，内部タンパク質ネットワークと細胞表面マーカーから構築される。(pp. 108〜109)

"細胞膜を調べる"
- 電子顕微鏡は細胞膜の構造を見るために必須である。(p. 110)
- 堅い基質内への組織の包埋や試料の凍結割断を含めたいろいろな手法が，細胞膜観察のための試料調製に採用されている。(p. 110)

"膜タンパク質の種類"
- おもな6種類の膜タンパク質をあげると，輸送体，酵素，細胞表面受容体，細胞表面同定マーカー，細胞接着タンパク質，細胞骨格への付着タンパク質，である。(p. 111)

"膜タンパク質の構造"
- 膜貫通タンパク質はその非極性部分によって脂質二重層内に固定される。(p. 112)
- 膜貫通タンパク質として，1回貫通アンカー，複数回貫通チャンネルや担体と小孔を含めたさまざまなものがある。(p. 112)

6.3 受動的な膜輸送は濃度勾配に従って動く

"拡 散"
- ランダムな分子運動が高濃度領域から低濃度領域への物質の正味の移動を引きおこし，この移動はすべての領域が同じ濃度になるまで続く。(p. 114)
- 細胞膜内の各輸送タンパク質は選択的な透過性を示し，そのためにある特定の分子のみの拡散を可能にする。(p. 114)

"促進拡散"
- 促進拡散は，分子が特異的な担体によって高濃度の領域から低濃度の領域に分子が移動するように起こる。(p. 115)
- 促進拡散の基本的な特徴は，特異性，受動性と飽和である。(p. 115)

"浸 透"
- 浸透のあいだ，水分子はより高い溶質濃度をもつ溶液に向かって膜を介して移動する。(p. 116)
- 膜を介した水の正味の拡散方向は，膜の両側にある溶液の浸透濃度によって決まる。(p. 116)
- 生物はまわりの環境に対して高張であることに対する解決策として，排出，等張液や膨圧を含めたしくみを発達させている。(p. 117)

6.4 大きなものの輸送には飲食作用を使う

"細胞内外への大きなものの移行"
- 飲食作用は細胞膜が食べ物粒子を包み，それらを細胞内部にもち込むときに起こる。飲食作用の主な三つのタイプは食作用，飲作用と受容体依存性飲食作用である。(pp. 118〜119)
- 開口分泌とは細胞表面で小胞から物質を排出することである。(p. 119)

6.5 膜を横切る能動輸送にはエネルギーが必要である

"能動輸送"
- 能動輸送とは濃度勾配に逆らった膜を横切る溶質の移動であり，ATPの消費を伴うタンパク質担体を用いる必要がある。(p. 120)
- 高度に選択的な膜タンパク質担体が能動輸送にかかわる。(p. 120)

質問のページ

自習問題

1. なぜリン脂質分子は細胞膜の主要な構造的成分として適しているのか？
    a. リン脂質は水に完全に不溶性である。
    b. リン脂質は分子間の強い化学結合を形成して安定な構造をつくる。
    c. リン脂質は選択的透過性の構造をつくる。
    d. リン脂質は膜タンパク質と化学結合をつくって膜内にそのタンパク質を保持する。

2. 細胞膜の流動性を高めるのは次のうちどれか？
    a. 多数の膜タンパク質の保有
    b. リン脂質の強固な配列
    c. 膜内に存在するコレステロール
    d. 脂肪酸尾部内での炭素原子間の二重結合

3. 細胞膜の構造をもっとも適格に記述しているのはどれか？
    a. 二層のリン脂質内に埋め込まれたタンパク質
    b. 二層のタンパク質のあいだにはさみ込まれたリン脂質
    c. 二層のリン脂質のあいだにはさみ込まれたタンパク質
    d. 一層のリン脂質の上の一層のタンパク質

4. 二重層内にすべての膜貫通タンパク質を閉じこめるのは次のうちどれか？
    a. リン脂質とタンパク質のあいだにできる化学結合
    b. タンパク質の非極性アミノ酸と細胞の水環境とのあいだの疎水相互作用
    c. 細胞骨格への付着
    d. 外部環境に面したタンパク質表面への糖分子の付加

5. 高濃度から低濃度領域へのNa^+の移動は____とよぶ。
    a. 能動輸送   b. 浸透
    c. 拡散   d. 食作用

6. 蒸留水中の細胞は____。
    a. しなびる
    b. 膨張する
    c. 水を失う
    d. 水分子の正味の拡散が全く起こらない

7. スクロースは赤血球細胞膜を通過できないが，水とグルコースは通過できる。赤血球細胞をもっとも縮ませる溶液は次のうちどれか？
    a. 高張のスクロース溶液
    b. 高張のグルコース溶液
    c. 低張のスクロース溶液
    d. 低張のグルコース溶液

8. 次の過程で膜タンパク質を必要とするのはどれか？
    a. 開口分泌   b. 食作用
    c. 受容体依存性飲食作用   d. 飲作用

9. 開口分泌は____にかかわる。
    a. 大きな有機分子や生物体の摂取
    b. ATPの使用
    c. 外部環境からの液体の取り込み
    d. 細胞小胞からの物質の排出

10. 濃度勾配に逆らって細胞内に輸送される分子の輸送方法は次のうちどれか？
    a. 促進拡散   b. 浸透
    c. 共役輸送   d. どれでもない

図解き問題

1. 膜貫通タンパク質の図のなかで，タンパク質のどの色の領域が非極性アミノ酸を含んでいるか？ どの色の領域が極性アミノ酸を含んでいるか？ どの色の領域が正または負の電荷をもつアミノ酸を含んでいるか答えよ。

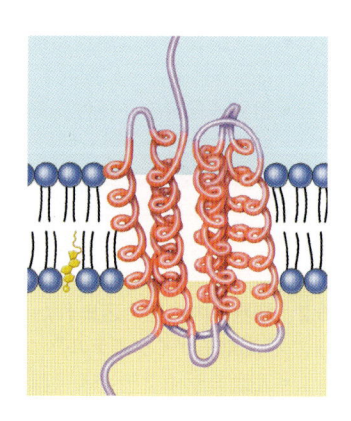

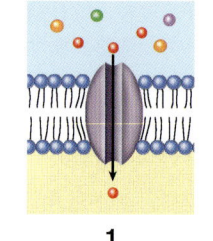

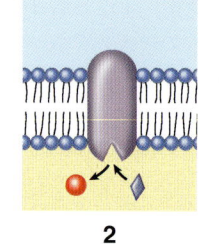

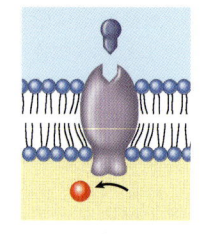

2. 次の膜タンパク質の機能に合う図の番号を答えよ。
    a. 細胞表面受容体
    b. 輸送体
    c. 特異的な細胞表面マーカー
    d. 酵素

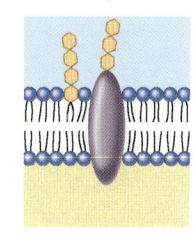

応用問題

1. Na^+-K^+ポンプの作用中に150分子のATPが使われるとしたら，何個のNa^+が膜を介して輸送されるか？

2. 細胞質が細胞外液に対して高張であるなら，細胞質の溶液濃度は細胞外液の溶液濃度に比べてどうなるだろうか。膜が水に対してのみ透過性であると仮定すると，水はどちらの方向に移動するか？

3. コレラ菌 *Vibrio cholera* の細菌感染により引きおこされる病気であるコレラは，脱水症状を導く重篤な下痢を起こす。その細菌により放出される毒素は小腸の細胞からCl^-を放出させ，細胞によるNa^+の取り込みを阻害する。細胞におけるこれらのイオン濃度の低下がどのように極度の脱水症状を起こすのかを説明せよ。

4. 嚢胞性繊維症は，肺内での空気の通過を妨害する厚い粘性物質の分泌を起こす遺伝病である。不完全なCl^-チャンネルが気道の細胞内のCl^-とNa^+を保ち，それらの細胞内濃度を上昇させる。これがどのようにして気道中の粘質物を厚くさせるのだろうか？

7
細胞間の相互作用

概　要

7.1 細胞は化学物質によって互いに信号を送る
受容体タンパク質と細胞間の情報伝達　細胞膜に埋め込まれている受容体タンパク質は，特異的なシグナル分子に結合したときに形を変える。これら受容体の単離や同定には新しい技術が力を発揮する。

細胞間情報伝達の種類　細胞間の情報伝達は隣接した細胞のあいだで起こる。ただしホルモンとよばれる化学シグナルは遠く離れた細胞に作用する。

7.2 細胞内あるいは細胞表面上のタンパク質はほかの細胞からのシグナルを受容する
細胞内受容体　受容体のあるものは細胞質中に存在し，ステロイドホルモンのような脂溶性シグナルに応答する。

細胞表面受容体　多くの細胞間シグナルは水溶性分子であって細胞膜を透過できず，細胞表面から突きでた膜貫通型タンパク質によって受信される。

7.3 細胞内への情報伝達の過程を理解する
細胞内シグナルの開始点　細胞表面の受容体はシグナルを細胞質に伝えるために，しばしば「第二メッセンジャー」を使う。

シグナルの増幅：タンパク質キナーゼのカスケード　細胞表面の受容体と第二メッセンジャーは受容したシグナルを増幅し，細胞の内部，多くの場合細胞核に伝える。

7.4 細胞表面のタンパク質が細胞間相互作用を仲介する
細胞の個性の発現　細胞はその表面に組織と個体の両方の特性を表す多様なマーカーをもっている。

細胞間接着　細胞はタンパク質でお互いに結びついている。その結びつきのあるものは大変強く，またあるものは一時的である。細胞間結合には密着結合，固定結合，連絡結合という三つのカテゴリーがあり，それぞれ異なった機能をもっている。

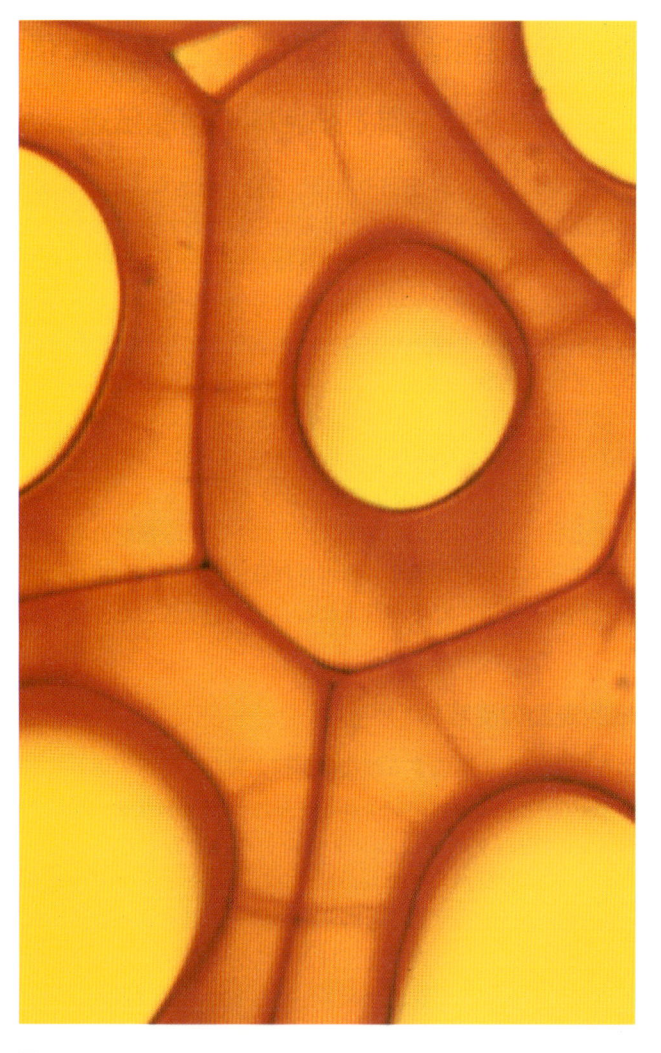

図 7.1
互いに密着し合っているカキの細胞。　この植物細胞に限らずすべての細胞はその機能にかかわりなくまわりの細胞を含めた環境と相互作用をしている。

　あなたの体の100兆の細胞それぞれが，トラやマルハナバチ，カキ(図7.1)などの細胞と共通するある重要な特徴をもつこと，そしてその特徴はほとんどの原核生物や原生生物にはまずないものであることを知っていただろうか？　あなたの体の細胞は互いに接触し連絡を取り合っているのである。体がばらばらに行動する個々の細胞の単なる集合体としてではなく統合された個体として機能するのは，細胞が多様な化学信号を送信・受信し合って行動を調整しているからである。細胞が互いに情報伝達をするという能力こそが多細胞生物の特徴である。この章では多細胞生物の細胞がどのようにして互いに情報伝達するのかを詳細に見てみよう。まず最初に，どうやってお互いに化学物質によって信号を送っているのかを探索しよう。ついで組織や体を構築するために細胞表面がどのように相互作用しているのかを調べていこう。

7.1 細胞は化学物質によって互いに信号を送る

受容体タンパク質と細胞間の情報伝達

　自然界において細胞間の情報伝達は一般的なことである。細胞間の情報伝達はすべての多細胞生物で行われており，これによって細胞が互いに影響を及ぼし合うしくみがつくりだされている。多細胞生物の細胞が信号（シグナル）として用いる分子はペプチドばかりでなく，大きなタンパク質，個々のアミノ酸，核酸，ステロイド，ほかの脂質など多様である。

　溶解した気体でさえも信号として利用される。一酸化窒素（NO）はさまざまな機能をもち，そのなかには男性器勃起も含む（バイアグラは一酸化窒素放出を刺激することにより機能する）。これらのなかにはシグナルを発する細胞の表面に結合するもの，細胞膜から分泌されるもの，開口分泌によって放出されるものなどが含まれる。

細胞表面の受容体

　多細胞生物を構成する細胞は，絶え間なく情報の流れにさらされている。いついかなるときも，細胞を取り巻く環境のなかには何百もの異なるシグナルが存在するだろう。しかし，ちょうど騒がしく混み合った部屋のなかでもごく少数の人との会話についていけるのと同様に，それぞれの細胞は特定のシグナルにのみ反応し，ほかのものを無視している。細胞はどのシグナルに応答すべきかをいかにして「選択」しているのだろうか？　細胞の表面や内部には，特定のシグナル分子にみあう三次元構造をもった**受容体タンパク質**（receptor protein）が存在する。シグナル分子がそれに合う形をもった受容体タンパク質に近づくと，両者は結合する。この結合は受容体タンパク質の形を変化させ，最終的には細胞内応答を引きおこす。それゆえ，細胞は自身がもつ特定の一群の受容体タンパク質に合うシグナルだけに応答し，対応する受容体のないシグナルを無視することになる。

受容体タンパク質の探索

　受容体タンパク質は，比較的少量しか細胞に存在しないので，その研究は技術的に困難を極めた。これらのタンパク質は細胞の総タンパク質の0.01％以下しか存在しないので，これらを精製するのはあたかも砂丘の砂のなかにある1粒の穀粒を探すようなものなのだ！　さらに悪いことに，ある特異的な受容体は体のなかのほんの一部の細胞で発現されるにすぎないのだ。しかし，最近開発された二つの技術——免疫化学と分子遺伝学——はこの分野の細胞生物学に急速な進歩をもたらした。

免疫化学　この方法では，受容体に結合する特異的分子を認識する抗体を使う。これらの道具を用いると，細胞集団の複雑なタンパク質の混合物のなかから選択的に特異的な受容体分子を精製することができる。ひとたび精製されると，受容体分子の特異的な化学的性質や構造を詳細に研究することができる。

　抗体は免疫系でつくられる特別なタンパク質であって，受容体と同じように特定の標的物質に特異的に結合する。体は免疫防御の一環として体に入ってくるあらゆる外来の分子に結合する抗体をつくる能力をもっており，免疫系の各抗体産生細胞は標的分子に特異的に結合する能力をもった独自の抗体をつくる。研究者は，特異的な受容体あるいはほかの標的分子を認識する抗体をつくる免疫細胞1個を単離することによってこれを有効利用している。たった1個の抗体産生細胞から出発して細胞集団に増やすこと（つまりその細胞をクローン化すること）によって，標的分子に特異的に結合するモノクローナル抗体を精製することができるのである。

分子遺伝学　第二の強力なアプローチが，受容体の構造と機能に関する研究に大きな進歩をもたらした。受容体は一般に微量しか存在せず直接精製するのは困難であるが，受容体の機能不全が起こると細胞は明瞭な機能障害を起こす。研究者は受容体の機能不全にもとづく特徴的な細胞機能の障害をもった遺伝子変異を意図的に起こさせることができる。このように変異を生じた遺伝子はさまざまな方法によって精製でき，その多くは今日利用可能な生物の全ゲノム配列情報の蓄積を利用したものである（第17章参照）。遺伝子の構造を調べることによって，それらがコードしているタンパク質の構造や機能について多くを知ることができる。さらに大切なことは，ある受容体に生じた機能の欠損が遺伝子内でのどの場所の変異にもとづくかを解析することにより，特異的なタンパク質の構造とそれらの細胞での機能の関係を決定できることである。

　意外なことに，これらの技術によって莫大な数の受容体タンパク質が多数の関連した受容体からなる一握りの「ファミリー」にグループ分けできることが明らかにされた。この章のあとの方で，これらの受容体ファミリーのメンバーについて学ぶ。

多細胞生物の細胞はほかの細胞の表面にある受容体タンパク質に結合するシグナル分子を放出することによって，情報を交換している。タンパク質の単離に関する近年の進歩により，これらの構造と機能に関する情報は飛躍的に増大した。

細胞間情報伝達の種類

細胞の情報交換の方法は主にシグナルを送る細胞と受けとる細胞のあいだの距離によって四つに分けられる（図7.2）。これら四つの基本的な機構のほかに，分泌したシグナルが自分自身の細胞膜にある特異的受容体に結合するというような細胞もある。この"自己分泌型シグナリング（autocrine signaling）"とよばれる過程は，個体発生過程における変化を増強するのに重要な役割をもつと考えられている。

直接接触

第6章でも見たように，真核生物の細胞表面ではたくさんのタンパク質，炭水化物や脂質が細胞膜に結合し，さらに外に向かって伸びている。互いの細胞が非常に近接すると，一方の細胞の細胞膜上のある分子が隣接した細胞の細胞膜上にある受容体によって認識される。発生初期の重要な細胞間相互作用の多くは，細胞表面の"直接接触（direct contact）"によって行われる（図7.2a）。接触による相互作用については，この章のあとの方で詳しく調べることにしよう。

図 7.2
四つのタイプの細胞シグナル。 細胞の情報交換にはいろいろある。（a）直接接触している二つの細胞はギャップ結合を通じてシグナルを送る。（b）傍分泌型シグナルではある細胞から分泌されたシグナルはそのすぐ近くでしか作用しない。（c）内分泌型シグナルではホルモンが個体の循環系に放出され標的細胞に達する。（d）化学シナプスシグナルでは神経伝達物質とよばれるシグナル分子がニューロンから標的細胞への狭いシナプス間隙を通して伝達される。

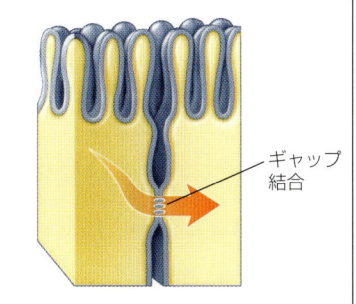

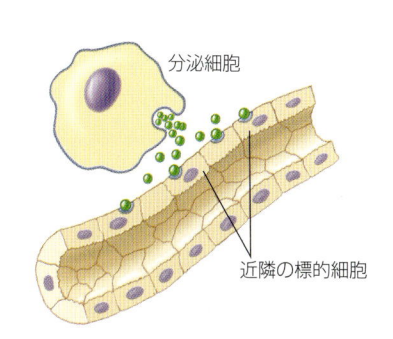

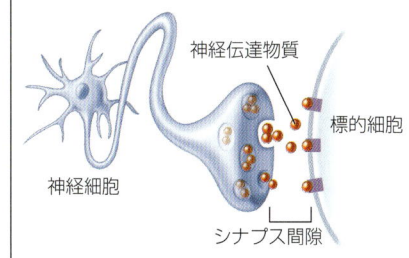

傍分泌型シグナル

放出されたシグナル分子は，細胞外液のなかをほかの細胞の方へと拡散する。これらのシグナルが近隣の細胞に取り込まれるか，あるいは細胞外の酵素によって分解されると，細胞外液から速やかに取り除かれることになる。したがって，そのシグナルの影響は放出した細胞にもっとも近接した細胞に限られることになる。このような短命の局所的効果をもつシグナルを"傍分泌型シグナル（paracrine signaling）"とよぶ（図7.2b）。傍分泌型シグナルは，ひとかたまりの近隣の細胞の働きを調整することによって，直接接触と同じように個体発生初期に重要な役割を果たす。

内分泌型シグナル

放出されたシグナル分子が細胞外液にとどまっているならば，それは個体の循環系に入って体内を移動するだろう。このような寿命の長いシグナル分子は**ホルモン**（hormone）とよばれ，放出元の細胞から遠く離れた細胞にも影響を及ぼしうる。この型の細胞間情報伝達は"内分泌型シグナル（endocrine signaling）"として知られている（図7.2c）。内分泌型シグナルについては下巻第47章で詳しく論じる。動物でも植物でも，この情報伝達機構は広く使われている。

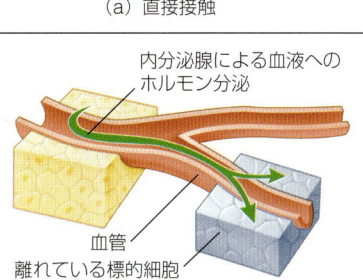

シナプス型シグナル

動物では，神経系の細胞は遠く離れた細胞とのあいだですばやい情報伝達をする。そのシグナル分子である**神経伝達物質**（neurotransmitter）は，内分泌系のホルモンとは異なり遠く離れた細胞まで伝わることはない。むしろ，長い繊維状に伸びた神経細胞がその先端から非常に近くの標的細胞へ神経伝達物質を放出する（図7.2d）。ニューロンとその標的細胞の結合は化学シナプス（chemical synapse）とよばれ，このタイプの細胞間情報伝達を"シナプス型シグナル（synaptic signaling）"とよぶ。傍分泌型シグナルが細胞間の液状部分を移動するのに対して，神経伝達物質はシナプス間隙を通りほんの短時間しか存在しない。シナプス型シグナルについては下巻第45章で詳しく見ていく。

細胞がほかの細胞に信号を送る方法としては，直接接触，局所的な拡散の傍分泌型シグナル，遠くの細胞まで移動するホルモン，あるいは神経細胞と神経細胞のあいだや神経細胞と筋肉細胞のあいだのシナプス型シグナルなどがある。

7.1 細胞は化学物質によって互いに信号を送る　**127**

7.2 細胞内あるいは細胞表面上のタンパク質はほかの細胞からのシグナルを受容する

細胞内受容体

　すべての細胞シグナル伝達経路に共通する因子としてあげられるのは，ある細胞からほかの細胞に伝達される化学シグナルおよび標的細胞内または表面上でシグナルを受け取る受容体である。われわれはある細胞からほかの細胞へ伝達されるいくつかのシグナルを見てきた。これからは，シグナルを受け取る受容体の実体を見ることにしよう。表7.1はこの章で取り上げる受容体の種類をまとめたものである。

　多くの細胞シグナルは，細胞膜を通過して細胞内に容易に透過できる脂溶性分子やきわめて小さな分子によってになわれている。シグナルは細胞内に入るとそこにある受容体と相互作用する。ある種のシグナルは細胞質に存在するタンパク質受容体に結合するが，ほかに核膜を通過して核内にある受容体と結合するものもある。これら細胞内受容体（intracellular receptor, 図7.3）は，それぞれの受容体に依存したさまざまな細胞内応答を引きおこすと考えられている。

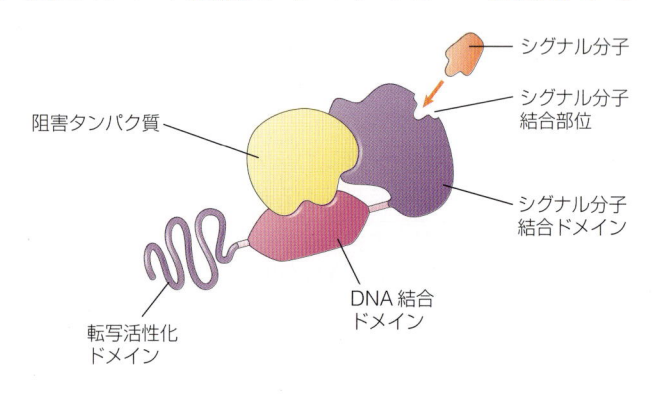

図 7.3
遺伝子発現調節の働きをもつ受容体の基本構造。 この受容体は細胞内部に存在し，ステロイドホルモン，ビタミンD，甲状腺ホルモンのようなシグナルを受容する機能をもつ。

遺伝子発現を制御する受容体

　ある種の細胞内受容体は遺伝子発現の制御に関与している。このような受容体には，コルチゾル，エストロゲン，プ

表 7.1　細胞内情報伝達機構

機構	構造	機能	例
細胞内受容体	細胞外にシグナル結合部位はなし。	脂溶性またはチャージをもっていない非極性の小さな分子からシグナルを受容する。	NO，ステロイドホルモン，ビタミンD，甲状腺ホルモン各受容体
細胞表面受容体			
イオンチャンネル型受容体	複数回の膜貫通領域を持つタンパク質によって，孔が形成される。	化学的刺激によって，チャンネルが開閉する。	ニューロン
酵素型受容体	1回膜を貫通する領域をもつ。	シグナルは細胞外で受容し，細胞内で応答する。	タンパク質キナーゼのリン酸化
Gタンパク質共役型受容体	7回膜を貫通する領域をもち，細胞質側にGタンパク質結合領域が存在する。	シグナルが受容体に結合することによって，GTPがGタンパク質に結合する，GTPが結合したGタンパク質が放出され，細胞内にシグナルが伝達される。	ペプチドホルモン，眼の視細胞
ほかの細胞への物理的接触			
表層マーカー	可変，膜に埋め込まれたタンパク質または細胞膜上の糖脂質。	自己と非自己の区別	MHC複合体，血液型，抗体
密着結合	ぴったりとくっついて，もれのないように細胞のまわりを取り囲んだ繊維状タンパク質の結合。	細胞間結合を形成，細胞をくっつけて，細胞間ではなく細胞を通してでないと物質は通ることができない。	腸の上皮細胞間の結合
デスモソーム	カドヘリンを介して隣接する細胞骨格同士を緊密に連結する中間径フィラメント。	固定結合。細胞同士を堅く連結。	上皮組織
接着結合	膜貫通型繊維状タンパク質	固定結合。細胞外マトリックスと細胞骨格を堅く連結。	皮膚のような高い機械的刺激を受ける組織。
ギャップ結合	コネクソンタンパク質。6回膜貫通領域を有しており細胞間連絡のための孔を形成する。	連絡結合。組織内の細胞間の小さな分子の移動に関与。	心筋のような興奮性組織。
プラスモデスム	隣接する植物細胞壁の隙間を埋める細胞質間連絡。	植物細胞間同士の連絡結合	植物組織

ロゲステロンのようなステロイドホルモンの受容体のほかに，ビタミンDや甲状腺ホルモンのような脂溶性の小さな分子と相互作用する受容体がある。これらの受容体の構造には共通性があって，それはおそらくこれら受容体をコードしている遺伝子が，単一の祖先遺伝子から派生して進化してきたためであろう。このような構造的類似性から，それらはすべて"細胞内受容体スーパーファミリー（intracellular receptor superfamily）"に分類されている。

各受容体はDNA結合部位をもっている。活性化されていない状態では，阻害タンパク質が受容体のDNA結合部位に結合しているため，受容体はDNAに結合できない。シグナル分子が受容体のほかの部位に結合すると，阻害タンパク質が受容体から離れ，DNA結合部位が分子の表面に露出するようになる（図7.4）。その後，発現調節部位に隣接したDNAの特異的な配列部分に受容体が結合し，ある遺伝子の発現が誘導される（あるいは例は少ないが抑制される）。

細胞内受容体が認識する脂溶性シグナル分子は，水溶性シグナルよりも比較的長時間血液中に存在する傾向がある。水溶性ホルモンのほとんどが数分以内に分解され，神経伝達物質は数秒あるいは数ミリ秒で分解されてしまう。一方，エストロゲンやコルチゾルのようなステロイドホルモンは数時間は分解されない。

脂溶性細胞シグナルに対する標的細胞の応答は，それぞれ標的細胞に依存して非常に多岐にわたっている。事実，同じ細胞内受容体をもっていても細胞のタイプが異なれば違った応答が生ずるのは二つの理由による：第一に標的となるDNAに結合する受容体の結合部位が細胞の種類によってそれぞれ異なるため，シグナル-受容体の複合体がDNAに結合する部位によって異なった遺伝子の発現に影響を与えることができる。第二に，真核細胞の遺伝子のほとんどは複雑な制御機構のもとにある。これらの制御については，第18章で詳しく論じることとするが，ここでは，真核細胞では1個の遺伝子の発現制御にいくつかの異なった制御タンパク質が関与していることを指摘しておけば十分である。このように，組織が異なれば細胞内受容体は異なったシグナルと相互作用している。組織ごとに異なる細胞特異的な制御に応じて，DNAに結合した細胞内受容体が生みだす効果は異なってくる。

酵素活性をもつ受容体

細胞内受容体には酵素のようにふるまうものがある。興味深い例として，シグナル分子である一酸化窒素（NO）の受容体をあげることができる。とても小さな気体分子であるNOは生産された細胞の外に容易に拡散し，近隣の細胞に入り込み，グアニル酸シクラーゼという酵素に結合する。NOの結合によって酵素は活性化され，サイクリックグアノシン一リン酸（GMP）を生成するようになる。GMPは平滑筋細胞の弛

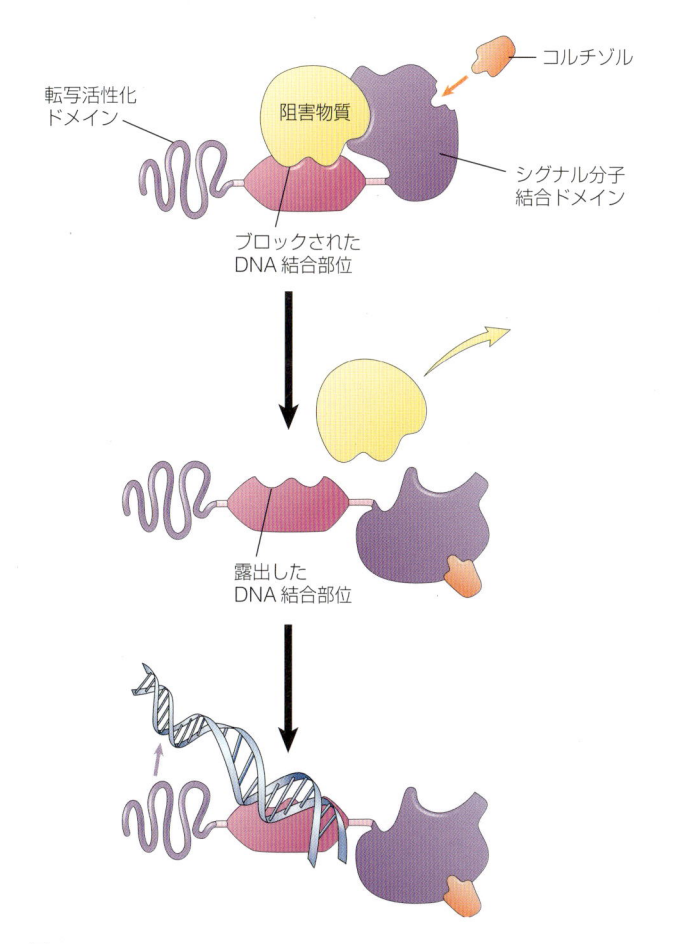

図 7.4
細胞内受容体が遺伝子発現を制御するしくみ。 このモデルでは，ステロイドホルモンであるコルチゾルがDNA調節タンパク質に結合することによって後者の変化が引きおこされる。阻害物質が受容体から離れ，調節タンパク質のDNA結合部位が露出する。この部位がDNAに結合し，ある決まった塩基配列が受容体の転写活性化ドメイン上に配置されると転写が開始される。

緩などの細胞特異的作用を産みだす細胞内メッセンジャー分子の一つである。

近年になってNOは脊椎動物においてシグナル分子と認識されるようになったが，すでに多岐にわたるさまざまな作用が報告されている。たとえば，脳が脊椎動物の血管壁に沿って存在している平滑筋を弛緩させるシグナルを送ると，筋肉近くの神経細胞によってシグナル分子であるアセチルコリンが放出される。しかしアセチルコリンは筋肉細胞に直接作用せず，代わりに内細胞にNOを産生させるのである。産生されたNOは平滑筋を弛緩させ，それによって血管が拡張し血流が増加するのである。

標的細胞にある細胞内受容体は，細胞膜を通過した物質によって活性化される。

細胞表面受容体

ほとんどのシグナル分子は水溶性で，神経伝達物質やペプチドホルモン，多細胞生物の発生段階の成長因子として働く多くのタンパク質がそれにあたる。これらの水溶性のシグナルは細胞膜を通過して細胞内に拡散できない。細胞内応答を引きおこすには細胞表面に存在する受容体タンパク質に結合する必要がある。これら**細胞表面受容体**（cell surface receptor，図7.5）は，細胞の外側に結合したシグナル分子に応答し，細胞内に何らかの変化を起こして細胞外シグナルを細胞内シグナルへと変換する。個々の細胞がもつ受容体はほとんどが細胞表面受容体であり，それらのほとんどが，イオンチャンネル活性を有する受容体（イオンチャンネル型受容体），酵素活性をもつ受容体（酵素型受容体），Gタンパク質と共役する受容体（Gタンパク質共役型受容体）の三つの受容体スーパーファミリーのいずれかに属す。

イオンチャンネル型受容体

イオンチャンネル型受容体は，イオンを細胞内外に通すための受容体タンパク質である。いろいろな神経伝達物質と結合する受容体タンパク質は，類似の基本構造をもつ（図7.5a）。それは，膜貫通型の構造で，アミノ酸鎖が数回膜を横切っている。タンパク質の中心部には細胞外と細胞質をつなぐイオンが通過できる大きさの小さな孔がある。そのため，**イオンチャンネル**（ion channel）として機能する。化学物質（神経伝達物質）が結合したときだけ扉が開くので，化学刺激に応答して開閉するイオンチャンネル型受容体といわれている。この型の受容体のイオンチャンネルが開くとき，どの種類のイオン（たとえば，Na^+, K^+, Ca^{2+}, Cl^-）がチャンネルを通って膜を通過するかは，チャンネルの電位差とタンパク質の形によって決まる。

酵素型受容体

多くの細胞に存在する細胞表面受容体は，酵素としてまたは酵素と直接連係して機能している（図7.5b）。シグナル分子が受容体に結合すると酵素を活性化する。ほとんどの場合，これらの酵素はリン酸基をたんぱく質に付加する**タンパク質キナーゼ**（protein kinase）である。またほとんどの酵素型受容体に共通する構造としてあげられるのは，1回膜貫通型タンパク質である。シグナル分子に結合する部分は細胞の外側に存在し，酵素活性を示す部分は細胞質側（細胞の内側）に露出している。

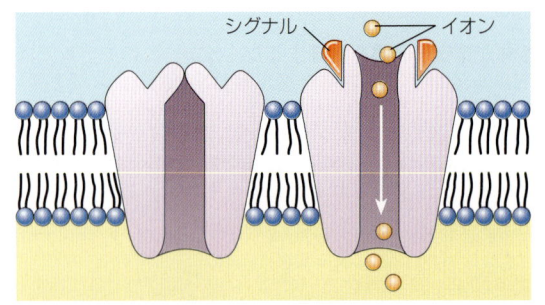

(a) 化学刺激により開閉するイオンチャンネル

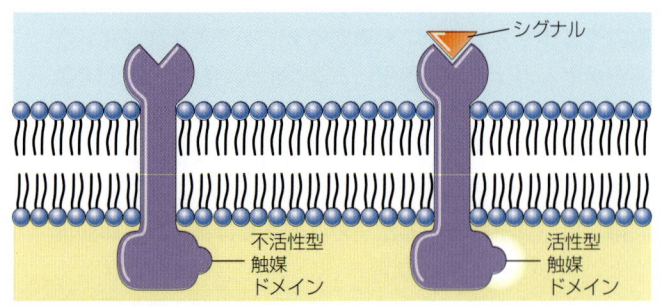

(b) 酵素活性を有する受容体

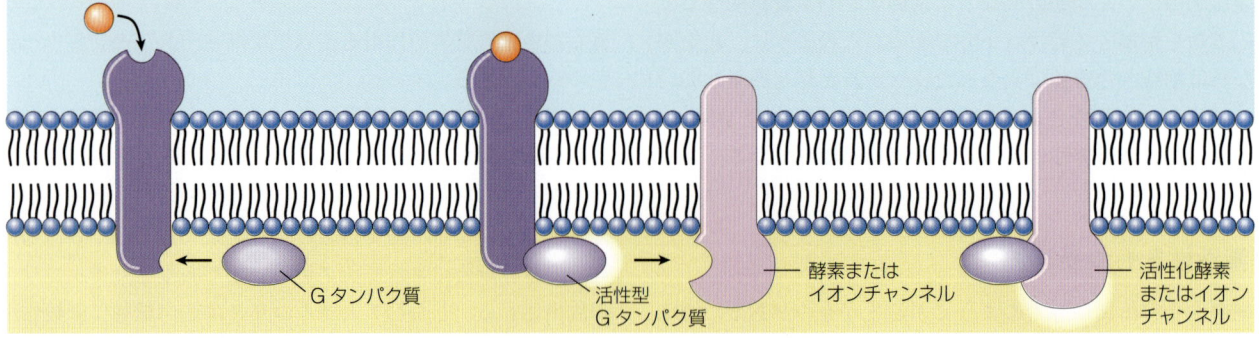

(c) Gタンパク質共役型受容体

図 7.5
細胞表面受容体。　(a) イオンチャンネル型受容体は，細胞膜に孔を形成する複数回の膜貫通領域を有するタンパク質である。この孔は化学シグナルによって開閉する。(b) 酵素型受容体は，細胞外表面でシグナルが結合する1回の膜貫通領域を有するタンパク質である。シグナルを受容すると細胞質側（細胞内側）の触媒領域は活性化され，酵素活性を現す。(c) Gタンパク質共役型受容体は細胞の外側でシグナルを受容し細胞の内側でGタンパク質と結合する。そのあとGタンパク質は酵素やイオンチャンネルを活性化し，細胞表面から細胞の内部へのシグナル伝達を仲介する。

Gタンパク質共役型受容体

　三つ目の細胞表面受容体は膜上の酵素やイオンチャンネルとは連係せずに，グアノシン三リン酸結合タンパク質または単にGタンパク質(G protein)とよばれる調節タンパク質と共役して働く(図7.5c)。この種の受容体はGタンパク質を利用して，細胞外のシグナルを細胞膜から細胞内に伝達する。

Gタンパク質共役型受容体はどのように機能しているか
Gタンパク質は，細胞質内に拡散するシグナルを正確に仲介する役割をもち，細胞質内のシグナル経路と細胞表面の受容体の仲立ちをする。重要な点は，このシグナルの存在時間は比較的短いということである。シグナルが到着すると，Gタンパク質共役型受容体の細胞質側にGタンパク質が接近する。シグナル分子が受容体に結合すると，受容体が形を変える。この構造の変化がGタンパク質を受容体に引き込み，GTPとの結合を誘起する。こうなるとGタンパク質は受容体から離れることができるようになる。GTPが結合した「活性型」Gタンパク質複合体は遊離状態となり，いくつかの事象を引きおこす。しかしながらGTPは比較的短時間で(数秒から数分)GDPとP_iに分解されてしまうため，この活性化は短時間で終了する。この精妙な取り合わせによって，Gタンパク質は非常に多くの経路を一過的に活性化できる。シグナル経路をつねに活性化状態に保つためには，細胞外シグナルがつねに受容されている状態でなければならない。細胞外シグナルが切れると，シグナル経路は遮断される。

　これまで100種を超えるさまざまなGタンパク質共役型受容体が同定されており，その数はほかのどの種類の細胞表面受容体をもはるかに超えている。非常に多岐の分子(ペプチドホルモン，神経伝達物質，脂肪酸，アミノ酸など)をシグナル源として，これらの受容体が仲介役を果たしている。この非常に多様性に富んだ特異性にもかかわらず，すべてのGタンパク質共役型受容体のアミノ酸配列はよく似た構造をもつ。それらは進化的に非常に近く，おそらく共通のアミノ酸配列から派生してきたものである。Gタンパク質共役型受容体は7個の膜貫通領域をもつタンパク質である(図7.6)。つまり，アミノ酸鎖が7回脂質二重膜を横切って，膜を貫通するチャンネルをつくりだしている。

Gタンパク質共役型受容体の進化的起源　Gタンパク質共役型受容体の構造を明らかにした多くの研究から，興味深い傾向が明らかになっている。7回膜貫通領域は，脊椎動物の眼に存在し，光によって活性化されるロドプシンタンパク質のようなセンサー受容体，細菌の光合成において中心的な働きをになう光によって活性化されるバクテリオロドプシン，酵母の接合因子タンパク質を認識する受容体，そのほか多くのセンサー受容体などにも同じように見つかる。脊椎動物の

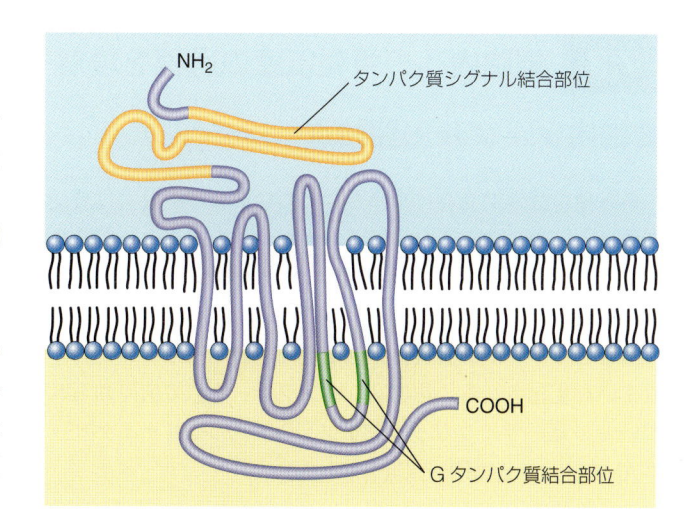

図 7.6
Gタンパク質共役型受容体。　Gタンパク質共役型受容体は7回膜を貫通する領域を有する。

ロドプシンはじつはGタンパク質共役型受容体でGタンパク質を利用するが，バクテリオロドプシンは違う。7回膜貫通領域が双方のタンパク質に見られ，そしてほかの多くのGタンパク質共役型受容体にそれが見られることから，このモチーフの起源は非常に古く，Gタンパク質共役型受容体はある先祖型の単細胞のセンサー受容体を起源として進化してきたと考えられる。

Gタンパク質の発見　国立環境健康科学研究所のMartin Rodbellとテキサス大学サウスウェスタン医学センターのAlfred Gilmanは，Gタンパク質の発見で1994年度ノーベル医学・生理学賞を受賞した。彼らの仕事は，それがもたらす次のような絶大な影響力が評価されたのである。Gタンパク質は今日使用されているすべての薬の半分以上の作用機序にかかわっており，Gタンパク質を研究することによって薬の作用機序をさらに深く理解できるようになるだろう。さらに，Gタンパク質を理解することは一般に細胞どうしがどのようにコミュニケートしているのか，それが生体全体の生理にどのように寄与しているのかを明らかにする助けとなるはずである。Gilmanが述べているように，Gタンパク質は「酵母の性からヒトの認知能力まで，すべての事象に関与している」のである。

受容体の多くは細胞膜に局在する。イオンチャンネル型受容体はシグナル分子が結合することでイオンチャンネルの扉を開閉し，特定のイオンを選択的に通過させる。酵素型受容体はリン酸化によって細胞内タンパク質を活性化する。Gタンパク質共役型受容体は中間体タンパク質を活性化し，そのことによって細胞内に変化をもたらす。

7.3 細胞内への情報伝達の過程を理解する

細胞内シグナルの開始点

ある種の酵素型受容体やほとんどのGタンパク質共役型受容体は，ほかの物質を介してシグナル分子のメッセージを標的細胞に送り届ける。これら**第二メッセンジャー**(second messenger)とよばれる小分子やイオンは特定のタンパク質に結合してタンパク質自体の形を変えさせ，結果的にそのふるまいを変化させる。第二メッセンジャーとして広く知られているのは，**サイクリックアデノシン一リン酸**(サイクリックAMPまたはcAMP)とCa^{2+}である。

cAMP

研究された限りすべての動物細胞は，cAMPを第二メッセンジャーとして利用している（下巻第47章でcAMPについて詳しく述べる）。cAMPのメッセンジャーとしての働きの典型例として，筋肉細胞のβアドレナリン受容体とよばれるGタンパク質共役型受容体にアドレナリンが結合する場合を見てみよう（図7.7）。アドレナリンがこの受容体に結合するとGタンパク質を活性化し，続いて活性化されたGタンパク質が**アデニル酸シクラーゼ**(adenylyl cyclase)という酵素を活性化し，細胞内に大量のcAMPを産出する（図7.8a）。するとcAMPはα-キナーゼという酵素に結合してそれを活性化し，細胞内のある種のタンパク質にリン酸基を付加する。このリン酸化が細胞機能にどんな影響を与えるかは，細胞あるいはリン酸化されたタンパク質によって異なる。たとえば筋肉細胞では，α-キナーゼが酵素タンパク質をリン酸化し，それによって活性化された酵素が筋肉細胞中のグリコーゲンをグルコースに分解するとともに，グルコースからグリコーゲンへの合成を阻害する。それによって，より多くのグルコースが筋肉細胞で利用できるようになる。

カルシウム

カルシウムイオン（Ca^{2+}）は第二メッセンジャーとして細胞内で広く機能している。細胞質内のCa^{2+}の濃度は一般にとても低い（10^{-7} M以下）。ところが，細胞外や小胞体では，Ca^{2+}の濃度は一般にとても高い（約10^{-3} M）。小胞体膜上のカルシウムチャンネルはスイッチとして機能している。そのチャンネルが開くとCa^{2+}は細胞質内に一気に流れ込み，Ca^{2+}に感受性のあるタンパク質に働いて，細胞内のさまざまな作用を活性化する。小胞体から放出されたCa^{2+}には，筋肉細胞を収縮させ，ホルモンを分泌させる作用がある。

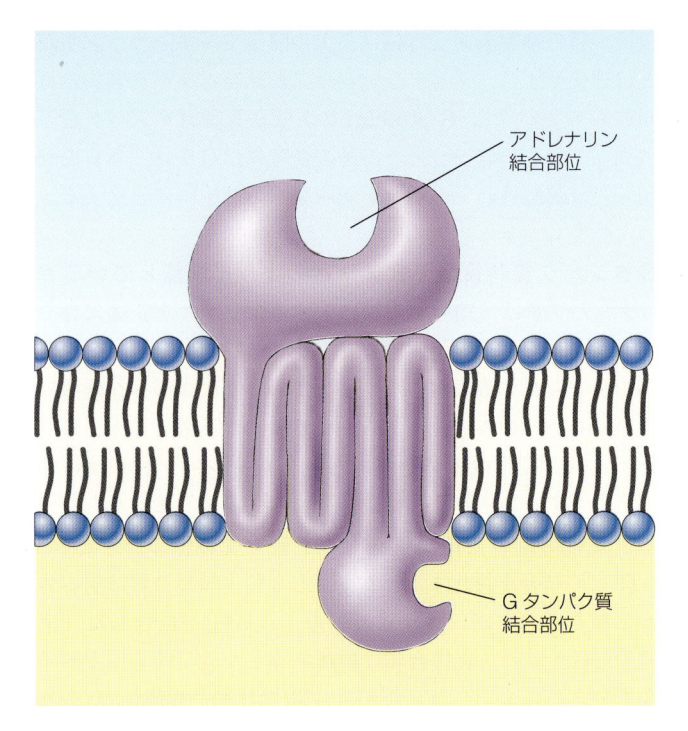

図 7.7
β-アドレナリン受容体の構造。 この受容体はGタンパク質共役型分子で，細胞外シグナルに結合すると細胞内に大量のcAMPを放出させて，細胞内の変化をもたらす。

Ca^{2+}チャンネルの扉は，Gタンパク質共役型受容体によって開かれる。ほかの細胞からのシグナルに反応した受容体はGタンパク質を活性化し，活性化されたGタンパク質はホスホリパーゼCを活性化する。この酵素は細胞膜上のリン脂質からイノシトール三リン酸（IP_3）を生成する作用をもつ。このIP_3分子は細胞質内に拡散し，やがて小胞体膜状のCa^{2+}チャンネルに結合する。この刺激によって扉が開けられ，小胞体内のCa^{2+}が細胞質内に放出されるのである（図7.8b）。

また，ある種の細胞内応答はCa^{2+}がカルモジュリンに結合することによって引きおこされる。カルモジュリンは148アミノ酸残基からなる細胞質内のタンパク質で，分子内に4か所のCa^{2+}結合部位をもっている（図7.9）。四つのCa^{2+}がすべてカルモジュリンに結合すると，そのカルモジュリンとCa^{2+}の複合体がほかのタンパク質に結合し，それらをさらに活性化する。

サイクリックAMPとCa^{2+}は，しばしば第二メッセンジャーとして働き，受容体から標的タンパク質へのシグナルメッセージを取り継いでいる。

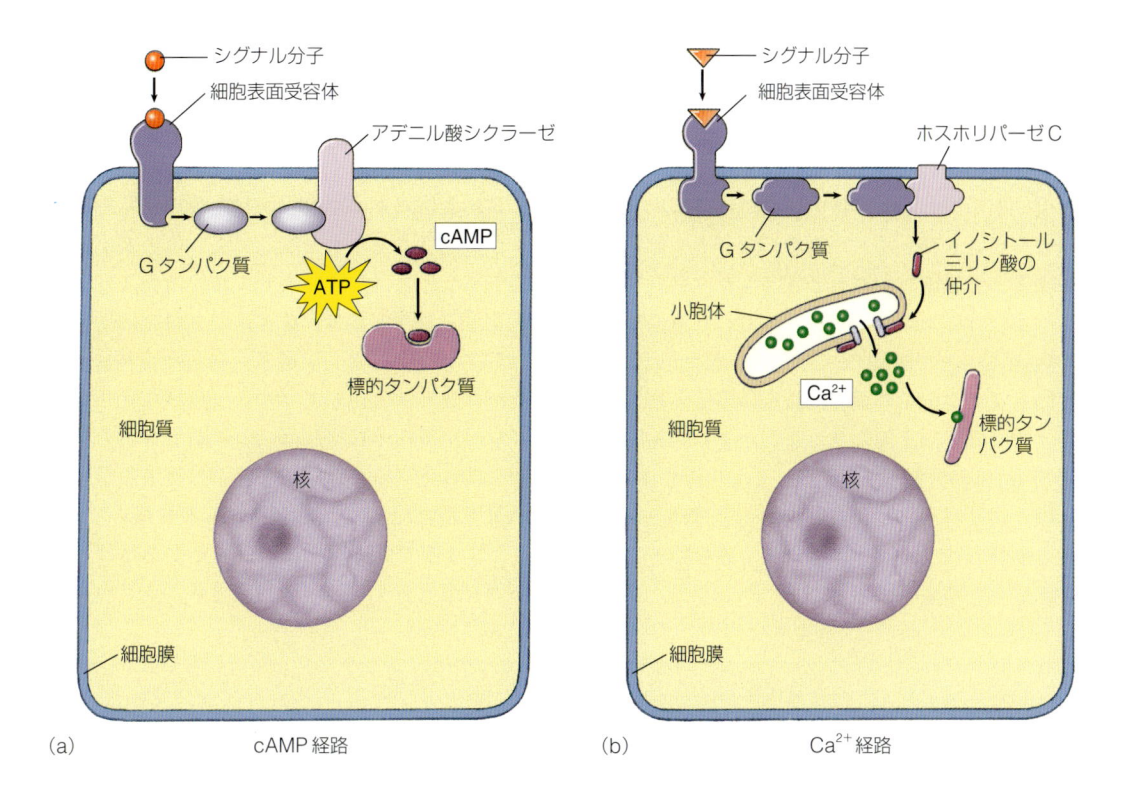

図 7.8
第二メッセンジャーが機能するしくみ。 (a) サイクリック AMP(cAMP) 経路。細胞外受容体にシグナル分子が結合すると，Gタンパク質を介して膜結合型アデニル酸シクラーゼを活性化する。この酵素は cAMP 合成を触媒し，cAMP は標的タンパク質に結合して細胞内に変化をもたらす。(b) カルシウムイオン(Ca^{2+})経路。細胞外受容体にシグナル分子が結合すると，ほかのGタンパク質を介してホスホリパーゼCを活性化する。この酵素はイノシトール三リン酸の生成を促進する。イノシトール三リン酸は小胞体膜上のカルシウムチャンネルに結合し，チャンネルを開放する。Ca^{2+} は細胞質に放出され，細胞内に変化をもたらす。

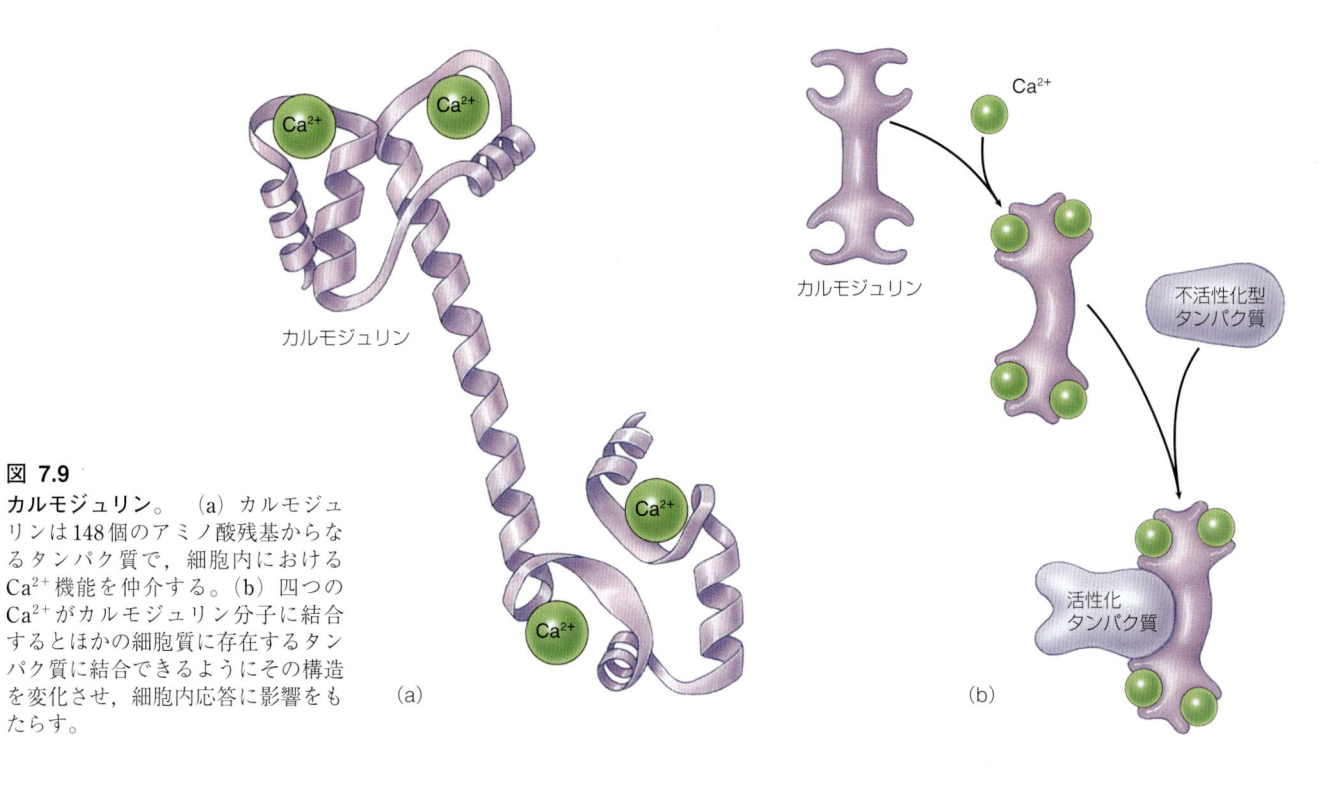

図 7.9
カルモジュリン。 (a) カルモジュリンは 148 個のアミノ酸残基からなるタンパク質で，細胞内における Ca^{2+} 機能を仲介する。(b) 四つの Ca^{2+} がカルモジュリン分子に結合するとほかの細胞質に存在するタンパク質に結合できるようにその構造を変化させ，細胞内応答に影響をもたらす。

7.3 細胞内への情報伝達の過程を理解する

シグナルの増幅：
タンパク質キナーゼのカスケード

　酵素型およびGタンパク質共役型受容体は，ともに細胞表面でシグナルを受け取る。しかし，標的細胞の応答はめったにその場では起こらない。ほとんどの場合，シグナルは第二メッセンジャーによって細胞質や核へと伝達され，第二メッセンジャーは一つまたは複数のタンパク質あるいは遺伝子の活性化に影響を与えることで細胞のふるまいを変化させる。しかしほとんどのシグナル分子の細胞内濃度は事実上著しく低いので，シグナルは細胞内で増幅されないかぎり，細胞内を拡がるのにとても長い時間がかかってしまう。それゆえ，ほとんどの酵素型およびGタンパク質共役型受容体は，ほかのタンパク質群を動員したシグナル増幅のしくみを使って核までシグナルが伝達されるようにしている。

　ではシグナルは細胞内でどのように増幅されるのだろう？次のようなリレー競争を考えてみよう。それぞれの区間の最後で，次の走者5人にタグを渡すとする。すると競争が進むにつれて走者の数は1，5，25，125，のように劇的に増加する。これと似たような過程が細胞表面から細胞質や核にシグナルが伝達される場合も起こっている。まず初めに，受容体が第1段のタンパク質をほとんどの場合，リン酸化によって活性化する。受容体は，Gタンパク質を活性化し，活性化されたGタンパク質がリン酸基を付加する機能をもつ2番目のタンパク質を活性化していく。一度活性化されると，第一段のタンパク質のそれぞれは次々に莫大な数の第二段のタンパク質を活性化する。続いてそれらは莫大な数の第三段のタンパク質を活性化し，という具合に順次続いていく（図7.10）。こうして1個でも細胞表面の受容体があれば，まずタンパク質キナーゼカスケードが活性化され，シグナルが細胞内で増

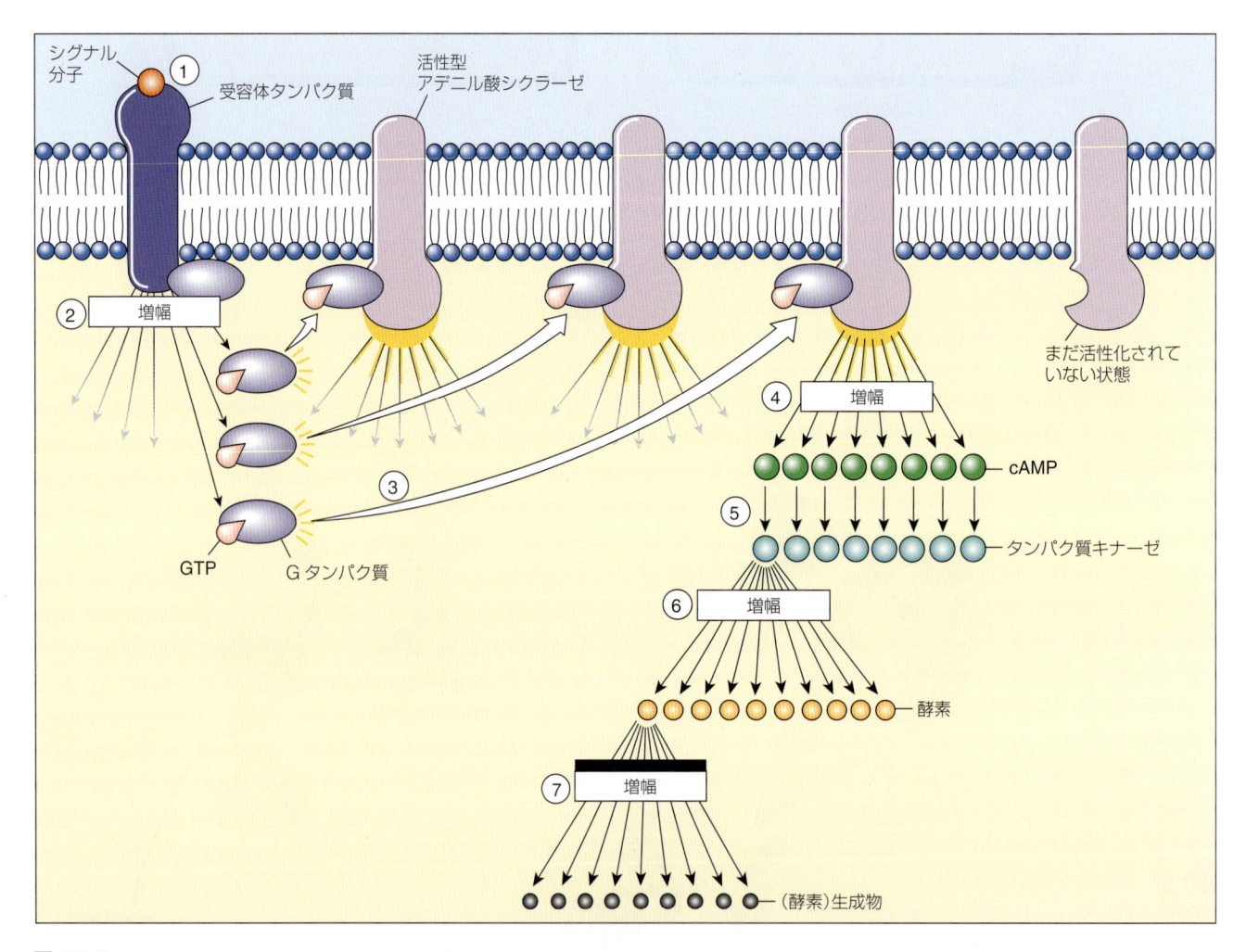

図 7.10

シグナルの増幅。　たとえば，ある細胞表面受容体（1）が多数のGタンパク質（2）を活性化する。活性化されたGタンパク質はアデニル酸シクラーゼ分子（3）を活性化し，その結果，莫大な数のcAMPが生成される（4）。cAMP分子は続いてタンパク質キナーゼ（5）を活性化し，活性化されたタンパク質キナーゼはタンパク質をリン酸化し，それによって多量の特異的な酵素を活性化する（6）。活性化されたそれぞれの酵素は多くの化学反応を触媒する（7）。10^{-10} Mのシグナル分子からはじまり，その刺激を受容した細胞表面受容体は最終的に 10^{-6} Mに及ぶ物質の生成を引きおこすことが可能で，これで刺激は 10^4 倍に増幅される。

幅されることによって細胞外でのごく微弱なシグナルに対してでも細胞の強い反応が引きおこされる。

このような連鎖反応すなわちシグナルカスケードは，受容体が活性化されたあとに共通して見られる過程で，いくつかの異なった種類のタンパク質が関与している。多くの場合それらはGタンパク質，ホスホリパーゼC，IP_3，カルシウムであるが，タンパク質キナーゼの場合もある。受容体によって引きおこされるそれぞれのシグナル伝達には，同じような中間体分子が利用されてもいるが，結局ある受容体反応によって活性化される分子の組合せが異なると細胞に特異的な応答がもたらされることになる。

視覚（光刺激）を増幅するカスケード

タンパク質増幅カスケードがどう機能しているか，実例を見てみよう。視覚では，単一の光によって活性化されるロドプシン（Gタンパク質共役型受容体）が，シグナル伝達の第一段で何百というGタンパク質であるトランスデューシン分子を活性化する。第二段では，それぞれのトランスデューシンが何千というcGMPとよばれる細胞内特異的な分子を修飾する酵素を活性化する（cGMPについては後述）。たった一つのロドプシンを介したシグナルはこの2段階のカスケードを経て，約1秒間に10^5（100,000）以上のcGMP分子として増幅されることになる（図7.11）。このしくみによってヒトの視細胞は，たった5個の光子の短時間の閃光でも感知できるほど鋭敏なのである。

細胞分裂のシグナルを増幅するカスケード

シグナルの増幅の一般原理は多くの種類の細胞や受容体で見られる。しかしながら，シグナルを増幅させるしくみは多様である。たとえば，細胞分裂は細胞外の多くのシグナルの統合によって調節されている。それに関与する受容体の一つは，タンパク質キナーゼとして機能している。この受容体は成長促進シグナルに応答してRasとよばれる細胞内タンパク質キナーゼをリン酸化し，リン酸化されたRasは相互に作用する5個以上の段階からなるリン酸化カスケードをさらに活性化する。もしRasタンパク質が何かの理由でつねに活性化された状態になってしまうと，細胞は恒常的に分裂促進刺激を受けている状態になってしまう。Rasタンパク質はがん細胞で最初に見つかった。Rasタンパク質をコードする遺伝子にRasタンパク質がつねに活性化された状態となるような変異を導入すると，その結果，細胞分裂が制御不能となってしまう。ヒトのがん細胞のおよそ3分の1では細胞内の*ras*遺伝子にこのような変異が起こっている。

一つのロドプシンが
一つのフォトンを吸収

↓

500個のトランスデューシン
分子が活性化

↓

500個のホスホジエステラーゼ
分子が活性化

↓

10^5個のcGMP分子
が加水分解

↓

250個のナトリウムチャネルが閉じられ，
1秒間に10^6〜10^7個のNa^+の
細胞内への流入がとまる。

↓

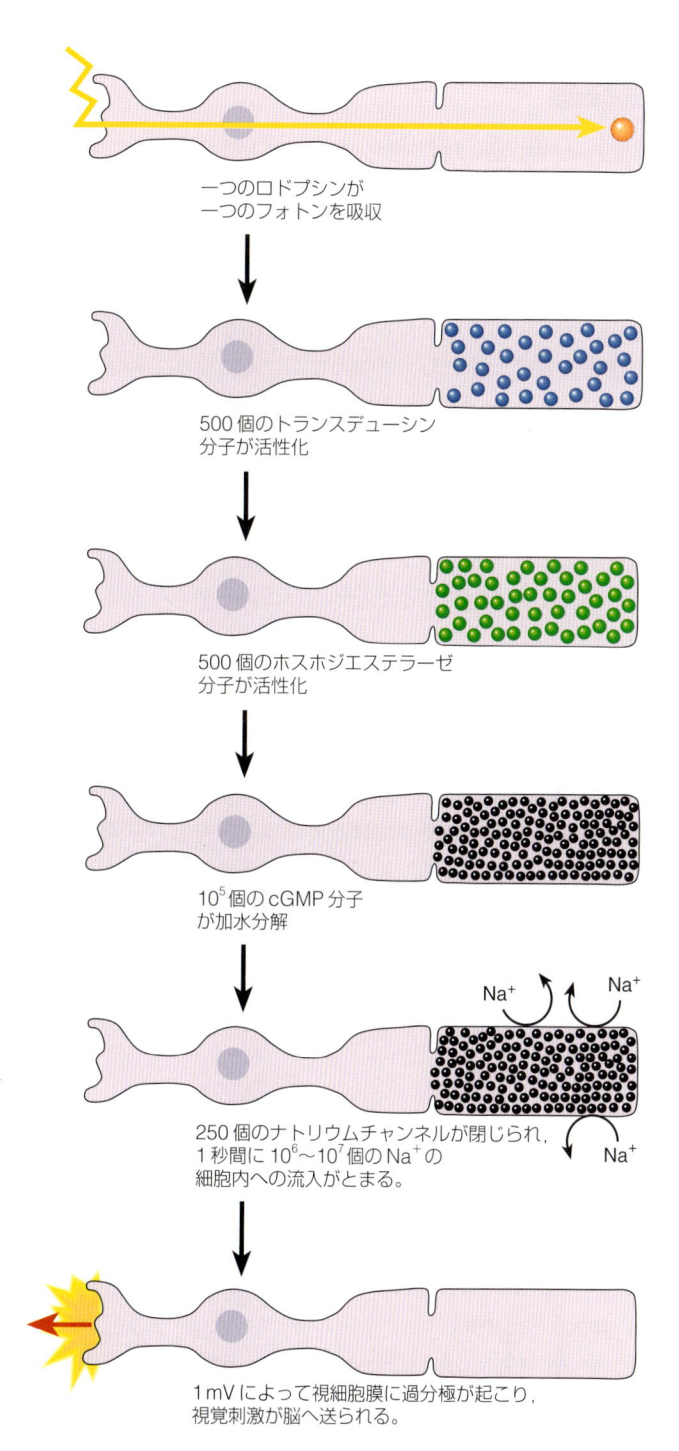

1mVによって視細胞膜に過分極が起こり，
視覚刺激が脳へ送られる。

図 7.11

視覚におけるシグナルの増幅。 脊椎動物の光を感知する視細胞では，1個のフォトン（光量子）による励起によって，1個のロドプシン色素が100,000個のcGMPを生成する。生成されたサイクリックGMPが視細胞の膜構造の変化を起こさせ，その刺激が個体に視覚刺激として感受される。

細胞表面の受容体が受け取ったわずかな刺激が，いくつものシグナル伝達過程の各段階で増幅されることによって，広範な細胞内応答を生じさせる。

7.4 細胞表面のタンパク質が細胞間相互作用を仲介する

細胞の個性の発現

ごく少数の原始的なタイプの生物を除けば，多細胞生物の特徴は血液や筋肉のように高度に特殊化した細胞の集まりである**組織**(tissue)をもつことにある．驚くべきことに，体のなかのすべての細胞はたった1個の受精した細胞に由来し同じ遺伝情報，すなわちゲノムのなかにあるすべての遺伝子をもつにもかかわらず，ある組織に属するとその組織の機能のみを果たすのである．生物が成長するに従って，細胞はそれぞれの細胞型に特徴的な機能をコードする一群の遺伝子を機能させるという巧みな遺伝子発現の**制御**によって，特異的な個性を獲得する．どのようにして細胞はその位置を知るのだろうか，また，どのようにして自分の細胞型を「知る」のだろうか？

組織特異的な個性のマーカー

一群の重要な遺伝子が，細胞表面に特定のタイプである事を認定するための標識を付けるという機能をもつ．細胞は接触すると，お互いの細胞表面のマーカーを「読み」それに従って反応する．同じタイプの組織に属する細胞がお互いを認識すると，互いに細胞表面で結合してより協調して機能を発揮する．

糖脂質 もっとも組織特異的な細胞表面のマーカーは，先端に糖をもつ脂質である糖脂質である．赤血球の表面にある糖脂質によって，ABO式血液型の分類がされている．

MHCタンパク質 細胞表面マーカーの役割の重要な例として，免疫系による「自己」と「非自己」の識別があげられる．この機能は自らと外来の細胞を区別することが重要な多細胞生物にとっては大事なものである．脊椎動物の免疫系では，**主要組織適合性複合体**(major histocompatibility complex：MHC)遺伝子にコードされた特殊な一群のマーカーを自己・非自己の識別に用いる．これらの遺伝子がコードする一群の細胞表面タンパク質は，個体に特異的でありまさに個性を有効に示す荷札となる．MHCタンパク質やほかの自己認識マーカーは細胞膜1回貫通型タンパク質であり，その多くは免疫グロブリンスーパーファミリー(図7.12)に属する受容体である．免疫系の細胞はつねに体のなかで出会うほかの細胞を調べていて，外来者あるいは非自己のマーカーをもつ細胞を破壊する．

細胞表面には一揃いの特異的なマーカータンパク質が存在し，これらのマーカーによって大変厳格にそれぞれの細胞型が同定される．

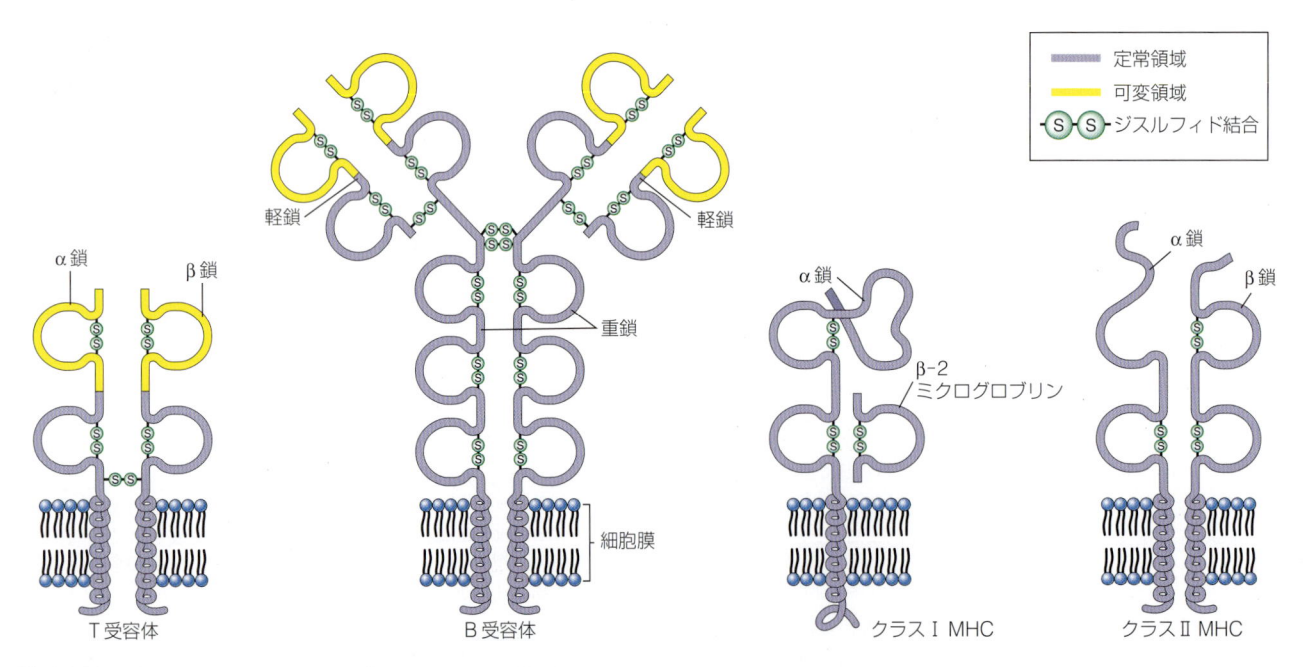

図7.12
免疫グロブリンファミリーに属する細胞表面タンパク質構造． T細胞やB細胞受容体は，外来の細胞マーカーを認識し結合することによって個体の免疫応答に役立っている．MHC抗原は細胞に付けられた「自己」のラベルで，これを目印にして免疫系は細菌やウイルスなどの侵入者，あるいは異なるMHC抗原をもつ移植された器官の細胞を識別して攻撃する．

細胞間接着

多細胞生物の細胞間に見られる物理的な結合は，短時間の接触というわけではない．実際，植物の葉や動物の肺，心臓，腸のなかに見られるようにほとんどの細胞がつねにほかの細胞と物理的な結合を保っている．これらの細胞とそれを取り巻くたくさんの細胞は長期のあるいは永久的な**細胞結合**（cell junction）とよばれる結合を形成している（図7.13）．組織のなかの物理的細胞間接着がどのようなものであるかによってその組織のおおよその性質が決まる．実際，組織が適切に機能しうるかどうかは，しばしば個々の細胞がそのなかでどのように配置されているかによって決まる．ちょうど家が釘やセメントなしではその構造を維持できないのと同じく，組織も適切な細胞結合なしではその特徴的な構造を維持することはできない．細胞結合はその機能に応じて三つのカテゴリーに分類される．それは，密着結合（tight junction），固定結合（anchoring junction），そして連絡結合（communicating junction）である（図7.14）．

密着結合

密着結合は，しばしば閉塞結合（occluding junction）ともよ

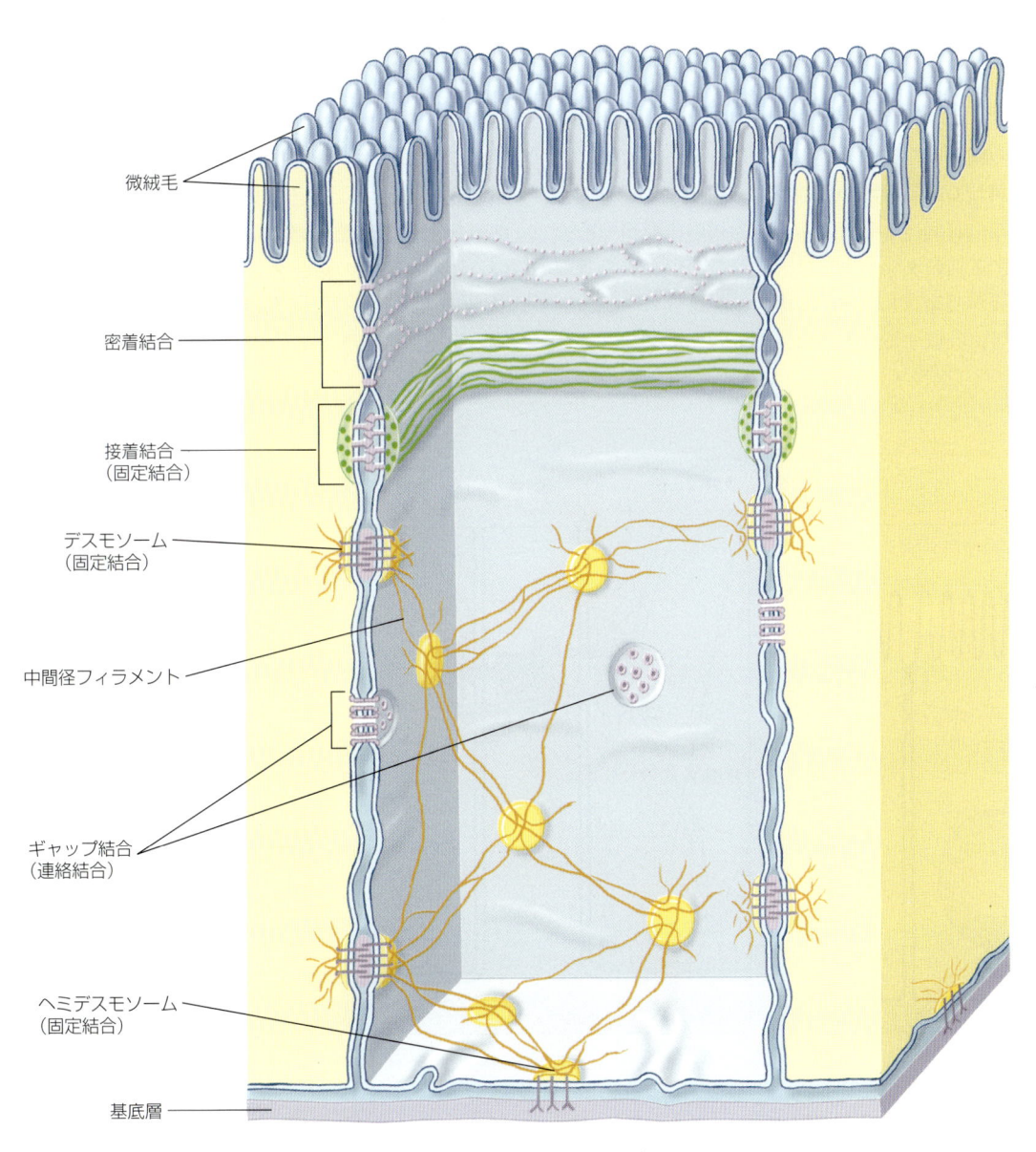

図 7.13
細胞結合の様式一覧． 腸の上皮細胞を例に一般的な細胞結合の構造と位置を示す．

ばれるように，隣接した細胞の細胞膜をぴったりとシート状にくっつけて，低分子物質でも細胞間に漏れるのを防いでいる．これによって細胞のシートは器官のなかで障壁の役割を果たし，分子を一方あるいは他方の側にとどめておく．

細胞シートの形成　動物の消化管に並ぶ細胞はわずか1細胞の厚さからなるシートを形成している．そのシートの一方は管の内側に向き，他方は血管が通る細胞外領域に面している．ちょうどヒトが腰のまわりをベルトで締めるように，密着結合はシートのなかのそれぞれの細胞を取り囲んでいる．隣接した細胞のあいだの結合はしっかりしているので，そこから何か漏れたりする余地はない．したがって，消化管のなかにある食物から吸収される栄養分は直接シートを形成する細胞のなかを通って血液に入らなければならない．なぜなら，それらは細胞間の隙間を通ることはできないからである．

シートの区分　消化管に並ぶ細胞のあいだにある密着結合は，その細胞の細胞膜を二つの区画に分ける効果をもつ．消化管の内側に面している領域の細胞膜にある輸送タンパク質は，栄養分を細胞質側へと吸収する．一方細胞のなかでその反対側に位置する別のタンパク質は，これらの栄養分を細胞質から細胞外液へと輸送し，やがて血液へと届ける．シートが栄養分を適切に吸収するためには，これら膜タンパク質が流動する膜のなかで的確に位置しなければならない．密着結合はシートの反対側のタンパク質を効率よく分離し，それらが一方から他方へと膜のなかを流れていくのを防いでいる．密着結合を実験的に破壊すると，このようなあってはならないタンパク質の移動が起こってしまうのである．

固定結合

固定結合は，細胞内の細胞骨格をほかの細胞の細胞骨格や細胞外マトリックスに機械的に結合させる．この結合は，筋肉や皮膚の上皮のような機械的なストレスにさらされる組織によく見られる．

カドヘリンと中間径フィラメント：デスモソーム　デスモソーム (desmosome) とよばれる固定結合は隣り合った細胞どうしの細胞骨格をつなぎ合わせるのに対して (図7.15)，"ヘミデスモソーム (hemidesmosome)" は上皮細胞を基底膜に固定する．カドヘリン (cadherin) とよばれるタンパク質はそのほとんどが1回膜貫通型タンパク質であるが，この分子が細胞間の結合に決定的役割を果たす．カドヘリンの短い細胞質側末端と細胞骨格の中間径フィラメントとのあいだを，いろいろな種類の結合タンパク質がつないでいる．そしてカドヘリン分子のもう一方の端は細胞膜から外側に突きでて，隣の細胞から突きでているカドヘリンと直接に結合し，結果

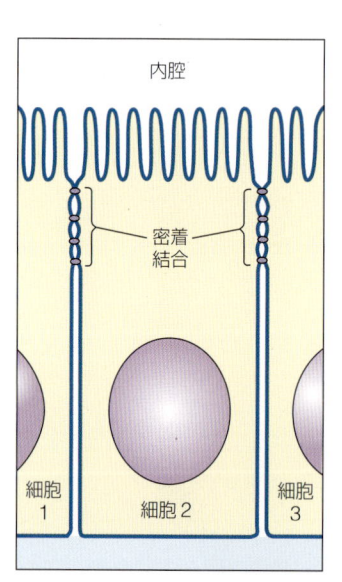

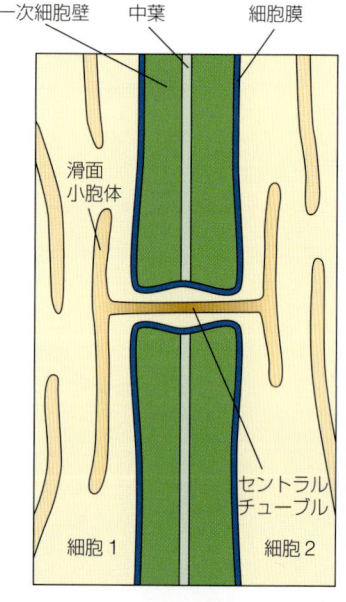

(a) 密着結合　　(b) 固定結合　　(c) 連絡結合

図 7.14
三つのタイプの細胞結合．　主要な三つのタイプの細胞接着がそれぞれどのような構造と機能をもつかについての最近の知見を示すモデル．(a) 密着結合；(b) 固定結合；(c) 連絡結合

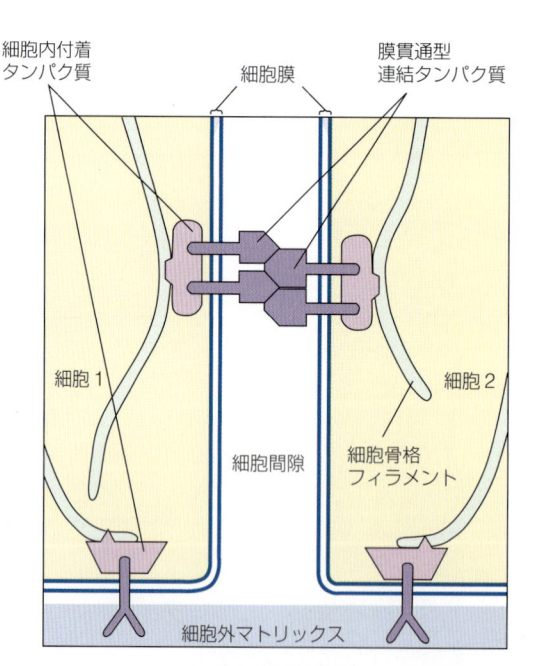

的に細胞どうしを結合させるのである。

　中間径フィラメントにつながれたタンパク質どうしの結合は，細胞膜上に漂っているタンパク質どうしの結合よりももっと強固である。第6章で述べたように，タンパク質はその無極性領域と膜脂質の比較的弱い相互作用によって細胞膜を漂っている。したがって中間径フィラメントなどにつながれていないタンパク質を細胞膜から完全に引き抜くには，さほどの力を要しない。

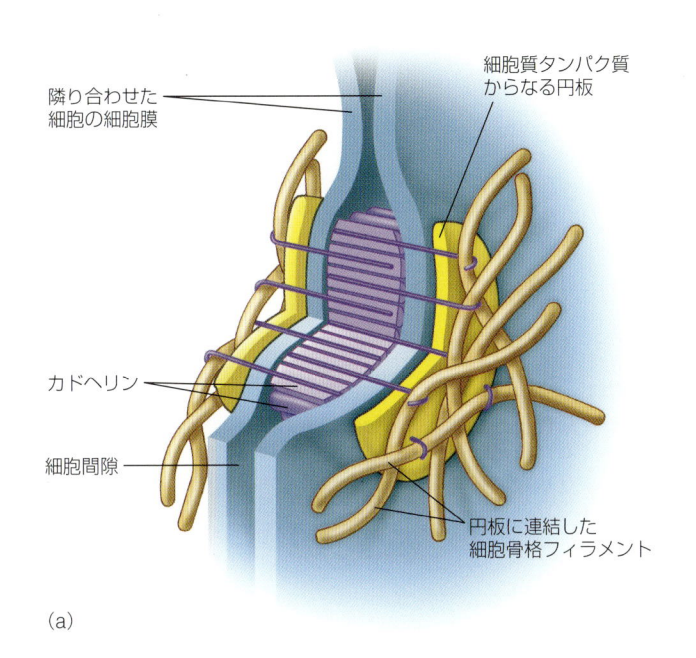

カドヘリンとアクチン繊維　　カドヘリンがほかの細胞のカドヘリンと結合すると，細胞内のアクチン骨格とも結合する（図7.16）。このときの細胞結合は，中間径フィラメントにつながった場合よりも弱い。組織ごとに異なる種類のアクチン結合カドヘリンが存在する。脊椎動物の発生では，胚のなかでのニューロンの移動は，その細胞表面で異なったタイプのカドヘリンが発現することに伴って起こる。このことは，遺伝子によって調節されたカドヘリンの発現の変化が，移動している細胞を進むべき方向に導く「ロードマップ」として機能することを意味している。

インテグリンを介した結合　　固定結合のうち**接着結合**（adherens junction）では，細胞のアクチン繊維が隣の細胞のアクチン繊維や細胞外マトリックスと結合する。この結合で働く連結タンパク質はインテグリンとよばれる細胞膜受容体の大きなスーパーファミリーに属し，細胞内マトリックスのタンパク質部分に結合する。20種類ものインテグリンがあり，それらはそれぞれ微妙に異なった形の結合領域をもつ。細胞がマトリックスのどの構成成分と結合するかはその細胞が細胞膜にもつインテグリンの組合せによって決まる。

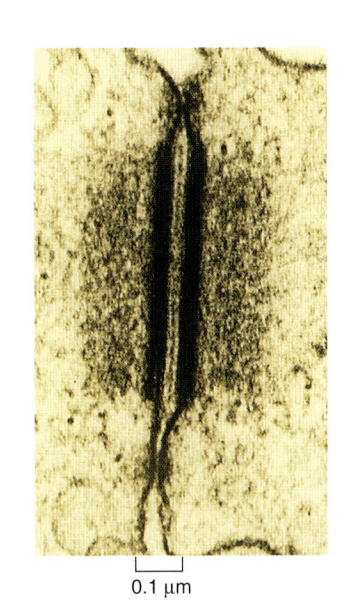

図 7.15
デスモソーム。　(a) カドヘリンタンパク質は隣り合った細胞のあいだに接着による結合を成立させる。(b) デスモソームは隣り合った細胞をつなぎとめる。

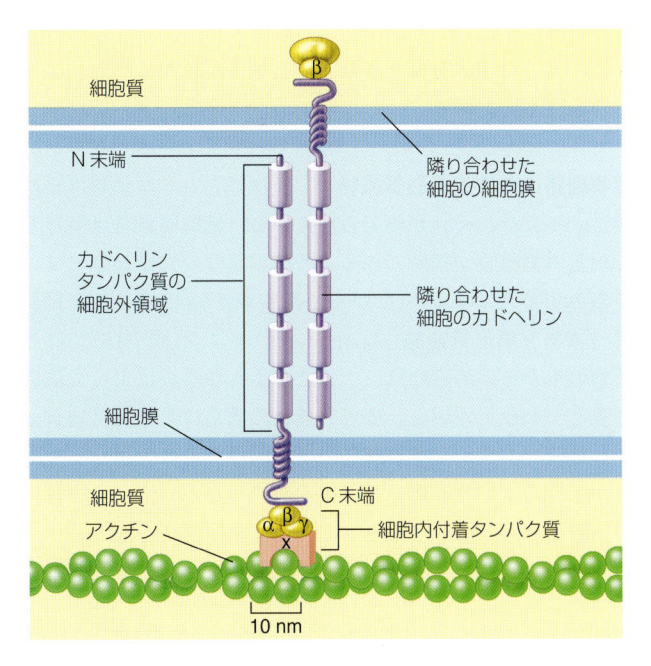

図 7.16
カドヘリンを介した結合。　カドヘリン分子は細胞内で細胞骨格のアクチンと結合し，他方細胞膜を貫通して隣の細胞のカドヘリンと結合する。

7.4　細胞表面のタンパク質が細胞間相互作用を仲介する

連絡結合

連絡結合(communicating junction)では化学的あるいは電気的なシグナルが直接ある細胞から隣の細胞へと伝わる。この結合では二つの細胞の細胞質をつなぐ直接の物理的な連結が成立し，低分子物質やイオンを一方から他方へと通すものである。この直接連絡を取り合う細胞間の通路を，動物細胞ではギャップ結合，植物細胞ではプラスモデスムとよぶ。

動物細胞におけるギャップ結合　ギャップ結合(gap junction)は6個の同一の膜貫通タンパク質の集合がつくるコネクソン(connexon)という構造からなる(図7.17)。コネクソンを構成するタンパク質は細胞膜を突き抜けて，細胞膜表面から数nm突きでた形の通路をつくるように円形に配置されている。ギャップ結合は二つの細胞のコネクソンが完全に一直線に並んで，両方の細胞の細胞膜を橋渡しする開いた通路となったとき初めて形成される。ギャップ結合は物質の通路となり，単純な糖やアミノ酸などの低分子物質を一つの細胞の細胞質から隣へと通すのに十分な大きさであるが，タンパク質などの高分子物質を通すには小さすぎる。密着結合が脂質二重膜のほぼ直接の結合であるのに対し，コネクソンでつながった細胞間では細胞膜は4nmほど離れている。

ギャップ結合の通路は，Ca^{2+}やH^+などさまざまな要因に反応して開閉する動的な構造である。この通路の開閉には非常に重要な機能がある。細胞が傷害を受けると細胞膜は漏れ穴が開いた状態になってしまう。たとえばCa^{2+}のような細胞外で高い濃度をもつイオンが傷害を受けた細胞に流入すると，ギャップ結合の通路は閉じられてしまう。これによって傷害を受けた細胞を孤立させ，その傷害がほかの細胞に広がるのを防ぐのである。

植物細胞における原形質連絡　植物においては細胞は細胞壁によってそれぞれが隔てられている。細胞間結合は隣接した細胞の細胞膜が接触できるような細胞壁の穴や通路によってのみ可能である。つながった細胞膜を通してできる細胞質の連結を**原形質連絡**(plasmodesm)とよぶ(図7.18)。高等植物の生きている細胞は，大抵このような結合によって隣の細胞とつながっている。原形質連絡の構造はギャップ結合よりも複雑であるが，その機能はほぼ同様である。ギャップ結合とは違って，原形質連絡は細胞膜でつながり，二つの細胞の小胞体どうしをつなぐセントラルチューブルをもつ。

細胞は細胞結合とよばれる持続性のある結合によって互いにくっついている。密着結合は隣接した細胞の細胞膜をシート状になるように密接につなぎ合わせる。固定結合は細胞の細胞骨格に結合する。連絡結合は細胞間の物質移動を可能にする。

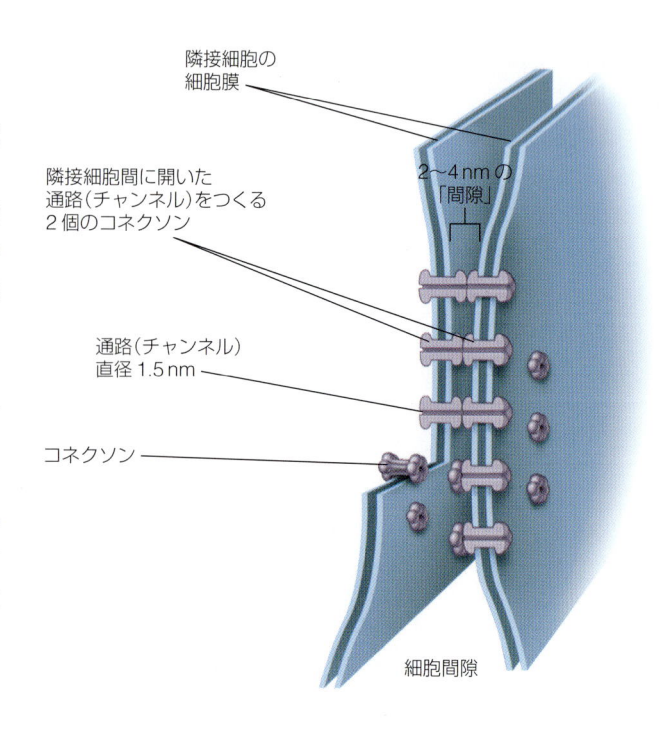

図 7.17
ギャップ結合。　ギャップ結合のコネクソンは隣接した細胞の細胞質をつなげる連絡通路となる。ギャップ結合は(心臓の組織におけるように)低分子物質やイオンのようにすばやい連絡に必要な分子は通すが，タンパク質のような大きな分子は通さない。

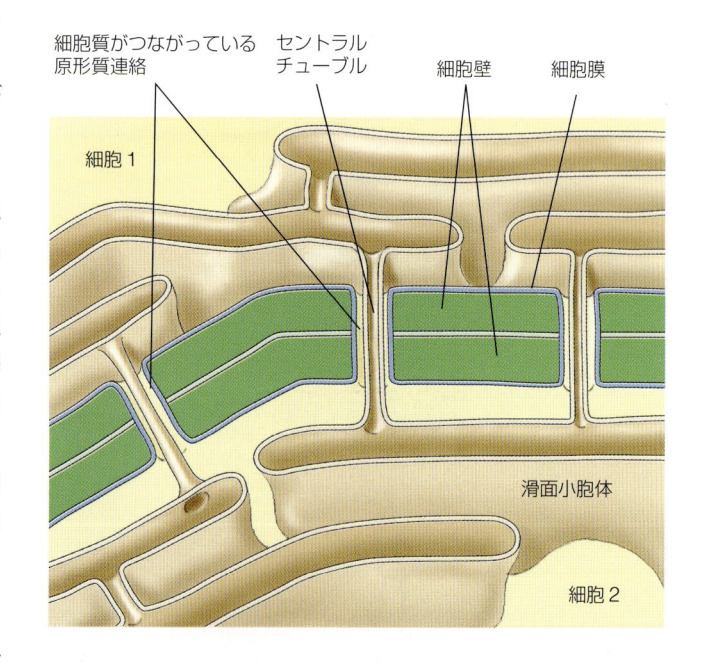

図 7.18
原形質連絡。　植物細胞の原形質連絡とよばれる構造は細胞壁にある特殊な穴で，ここを通じて隣どうしの細胞の細胞質がつながり合い連絡が成立する。

第7章のまとめ

7.1 細胞は化学物質によって互いに信号を送る
"受容体タンパク質と細胞間の情報伝達"
- 受容体タンパク質は細胞の表面ないしは内側に存在し,特異的なシグナル分子にぴったりするような三次元構造をもつ。(p. 126)
- シグナル分子が受容体タンパク質に結合するとタンパク質の構造変化を起こし細胞反応を誘引する。(p. 126)
- 免疫化学と分子遺伝学は受容体タンパク質の所在および機能を明らかにするのに有用性を発揮している。(p. 126)

"細胞間情報伝達の種類"
- 四つの基本的な細胞の情報交換機構とは直接接触,傍分泌型シグナル,内分泌型シグナル,そしてシナプス型シグナルである。(p. 127)

7.2 細胞内あるいは細胞表面上のタンパク質はほかの細胞からのシグナルを受容する
"細胞内受容体"
- すべての細胞シグナル伝達経路に共通する要素とは,ある細胞からほかの細胞に伝達される化学シグナル,あるいは標的細胞内または標的細胞表面上でシグナルを受ける受容体である。(p. 128)
- 細胞内受容体はそれぞれの受容体に特有のさまざまな細胞内応答を引きおこさせる。(pp. 128〜129)

"細胞表面受容体"
- 細胞表面受容体が細胞の外側に結合したシグナル分子に応答して,細胞内に何らかの変化を起こさせると,細胞外シグナルは細胞内シグナルへと変換する。(p. 130)
- 細胞に存在する細胞表面受容体は多くの場合,酵素としてまたは酵素と直接連係して機能する。(p. 130)
- Gタンパク質共役型受容体は仲介タンパク質を活性化し,そのことを通じて細胞内の変化をもたらす。(p. 130)

7.3 細胞内への情報伝達の過程を理解する
"細胞内シグナルの開始点"
- cAMPやCa^{2+}のような第二メッセンジャーは,受容体から標的タンパク質へのシグナルメッセージを取り継いでいる。(p. 132)

"シグナルの増幅:タンパク質キナーゼのカスケード"
- シグナル伝達経路のそれぞれのステージで次ステージへの変化が増幅されるので,わずかな表面受容体が大きな細胞内変化を引きおこすことができる。これが,カスケード効果である。(pp. 134〜135)

7.4 細胞表面のタンパク質が細胞間相互作用を仲介する
"細胞の個性の発現"
- 個体の発生が進むに伴って細胞ごとに異なった遺伝子発現調節を行ったり,それぞれの細胞型に特徴的な機能をコードする遺伝子セットを働かせることによって,各細胞は特異的な個性を獲得する。(p. 136)
- 各細胞は,その細胞型を特徴づける表面マーカータンパク質をもっている。(p. 136)

"細胞間接着"
- 細胞は細胞間結合によってお互いに密着している。(p. 137)
- 密着結合は近隣の細胞どうしをシート状につなげる。(p. 138)
- 固定結合は細胞の細胞骨格をほかの細胞の細胞骨格やあるいは細胞外マトリックスと機械的につなげる。(p. 138)
- 連絡結合は近隣の細胞を直接連結することにより,互いの情報交換を可能にする。(p. 140)

質問のページ

自習問題

1. 近年の受容体タンパク質研究に役立っている技術は次のうちどれか？
   a. タンパク質精製　　b. モノクローナル抗体
   c. シグナル分子の単離　d. これらすべて

2. 自己分泌型シグナルの説明で正しいものはどれか？
   a. シグナル分子が細胞から分泌され，細胞外液を通ってほかの細胞に達する。
   b. シグナル分子が個体の循環系に入り全身をまわる。
   c. シグナル分子が細胞から放出され，その細胞自身の受容体に結合する。
   d. シグナル分子がシナプスとよばれる狭い細胞間の隙間に放出される。

3. 細胞内受容体は一般に何に結合するか？
   a. 水溶性のシグナル
   b. シグナルとして働く巨大分子
   c. 細胞表面のシグナル
   d. 脂溶性シグナル

4. 以下のなかで表面受容体ではないものはどれか？
   a. 化学的に開閉されるイオンチャンネル（イオンチャンネル型受容体）
   b. 細胞内受容体
   c. 酵素型受容体
   d. Gタンパク質共役型受容体

5. 以下のなかで第二メッセンジャーでないものはどれか？
   a. アデニル酸シクラーゼ
   b. サイクリックアデノシン一リン酸
   c. カルシウムイオン
   d. cAMP

6. 細胞情報の増幅に用いられないものが一つある，それは次のうちどれか？
   a. 第二メッセンジャー
   b. DNA
   c. シグナル分子
   d. タンパク質リン酸化酵素のカスケード

7. MHCタンパク質とは，＿＿＿である。
   a. 個々人の血液型を決定する分子
   b. 膜を何回も通り抜ける大きな分子
   c. 個体の細胞の表面にある個性のマーカー
   d. 体内のそれぞれの組織の種類によって異なるもの

8. 細胞のシートはどのような細胞結合によって形成されるか？
   a. 密着結合　　b. 固定結合
   c. 連絡結合　　d. 以上のうちのどれでもない

9. カドヘリンが存在するのは次のうちどれか？
   a. 密着結合　　b. 固定結合
   c. 連絡結合　　d. 接着結合

10. 原形質連絡とは何の一種か？
    a. ギャップ結合　b. 固定結合
    c. 連絡結合　　　d. 密着結合

図解き問題

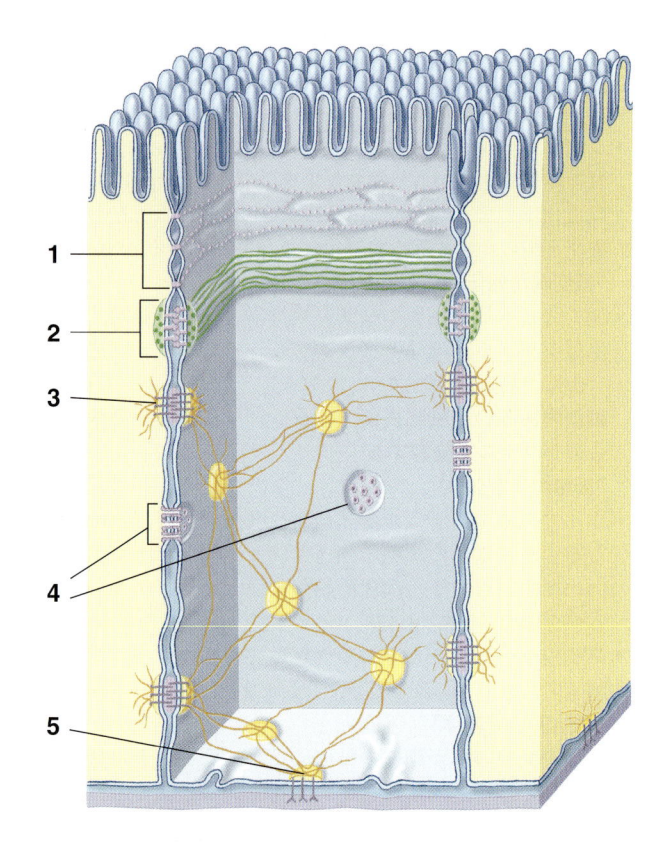

1. 以下の構造は図の何番にあたるものか，またそれぞれの結合はどのような場所で見られるものか説明せよ。
   - 接着結合
   - デスモソーム
   - ギャップ結合
   - ヘミデスモソーム
   - 密着結合

応用問題

1. 内分泌型シグナルではシグナル分子は6ミリ秒で酵素によって分解される。シグナルの細胞外液における拡散速度は2nm/ミリ秒である。細胞外液のなかでシグナルはどのくらい長く存在することができるか，またシグナルを発した細胞からシグナルを受け取ることができるもっとも遠くの標的細胞までの距離はどのくらいか？

2. シグナルシステムは細胞表面の受容体を含み，Gタンパク質や第二メッセンジャー，さらには何段階もの酵素反応が含まれるなど，一見したところ複雑で間接的であるように見える。この見かけ上複雑なシステムのメリットは何か？

3. *Shigella flexneri*は，細菌性赤痢を引きおこす細菌の一種である。最近の研究で*S. flexneri*は小腸上皮細胞でカドヘリンを発現していないものには感染できないということがわかった。なぜ感染できないのだろうか？

8

エネルギーと代謝

概 要

8.1 熱力学の法則はエネルギーの変化について述べている

生物におけるエネルギーの流れ 位置エネルギーは原子中の電子に存在し，分子から別の分子に伝達されることが可能である。

熱力学の法則 エネルギーは決して失われることはないが，伝達される過程で無秩序なエネルギーである熱として消費される。

自由エネルギー 化学反応において，放出あるいは供与されるエネルギーは，反応物と生成物の結合エネルギーの差を無秩序さで補正したものである。

活性化エネルギー 化学反応が開始されるためには，既存の化学結合を不安定にするための外的エネルギーの注入が必要である。触媒はこの活性化エネルギーを低下させ，発エルゴン反応を促進する。

8.2 酵素は生体触媒である

酵素 酵素とよばれる球状のタンパク質が細胞内の化学反応を触媒する。

酵素の働き方 酵素の表面は基質とぴったりと合う形をしており，化学的反応性に富む部位が反応促進に十分な距離に近づけるようにしている。

酵素の多様性 酵素には複合体を形成しているものもあれば，タンパク質ですらないものまである。

酵素活性に影響を及ぼす因子 酵素にはそれぞれ独自の至適温度やpHが存在し，その条件下でもっともよく機能するようになっている。ある種の酵素では，金属イオンやほかの物質が触媒反応の手助けをすることもある。

8.3 ATPは生物のエネルギー通貨である

ATP 細胞は生物のエネルギー通貨であるATPのリン酸結合にエネルギーを蓄えたり，結合からエネルギーを放出させたりする。

8.4 代謝は細胞の化学的な生命活動である

生化学プロセス：代謝の組織単位 一つの反応の生成物が次の反応の基質となる生化学プロセスが代謝の組織単位である。

図 8.1
食事中のライオン。 ライオンが餌であるキリンから取りだしたエネルギーは，ほえたり，走ったり，より大きな体になるために使われる。

　生命はとぎれることのないエネルギーの流れであり，この営みは生物から生物へと受け継がれている。秩序を保つ，成長する，自己を複製する，外的変化に応答する，それらをうまく制御する，どれも生命の定義となる特徴であるが，これらを行うためにはつねにエネルギーの供給が必要となる（図8.1）。エネルギー源の枯渇は生命活動の停止を意味する。そのため，包括的な生命科学の研究には"生体エネルギー論（bioenergetics：エネルギーがどのようにして生物の活動にかかわっているかについての研究理論）"の議論が欠かせないだろう。この章ではエネルギーに焦点を絞り，そもそもエネルギーとは何なのか，そして生物はそのエネルギーをどのように手に入れ，蓄え，利用しているのか，について述べることにする。

8.1 熱力学の法則はエネルギーの変化について述べている

生物におけるエネルギーの流れ

エネルギーは，ほかの物体に対して仕事ができる（物体を移動させたり変形させたりする）能力と定義され，二つの状態に分けられる（図8.2）。一つは**運動エネルギー**（kinetic energy）といい，運動中の物体がもっているエネルギーである。動いている物体はほかの物体を動かすという仕事ができるのである。もう一つは**位置エネルギー**（potential energy）といい，物体に蓄えられているエネルギーである。運動してはいないが運動できる可能性のある物体は位置エネルギーをもっている。たとえば，丘の上にある岩は位置エネルギーを蓄えていることになる。その岩が斜面を転がり落ちると，位置エネルギーは運動エネルギーに変換されるのである。生物が行う仕事の多くに，位置エネルギーから運動エネルギーへの変換が関与している。

エネルギーには多くの形態がある。力学的エネルギー，熱，音，電流，光，放射線などである。エネルギーは多様な形態をとるので，エネルギーの定量方法はいくつも存在する。そのなかで一番手軽なのは熱に置き換えることである。これは，ほかのすべてのエネルギーが熱に変換可能なためである。実際，エネルギーの研究は**熱力学**（thermodynamics）とよばれており，この言葉は「熱の変化」を意味している。生物学で使われる熱の単位は，**kcal**（kilocalorie：キロカロリー）である。1 kcalは1000 cal（calorie：カロリー）で，1 calは1 gの水の温度を1℃上昇させるのに必要なエネルギーにあたる。（ここで一つ注意する点がある。食事や栄養摂取における大文字ではじまる"Cal"と"cal"を混同しないでいただきたい。Calはkcalのことである。）物理学の世界でよく用いられるもう一つのエネルギー単位としてJ（joule：ジュール）があるが，1 Jは0.239 calに相当する。

酸化還元

生物界のエネルギーは，地球に降り注ぐ太陽の光から取り込まれる。太陽が地球に供給するエネルギー量は，1年間で13×10^{23} cal，1秒間に換算するとなんと4京（兆の1万倍）calにもなる。（訳者注：この数字に実感がわかない読者も多いと思うので，どのくらいのエネルギー量なのかを計算してみた。琵琶湖の水275億m^3を1秒にして1.5℃上昇させるエネルギーに相当するらしい。琵琶湖が1分で沸騰するという計算になる。）植物や藻類，ある種の細菌が，光合成によりこのエネルギーのほんの一部を生物界に取り込む。光合成では，光から得たエネルギーを利用し，小さな分子（水と二酸化炭素）をより複雑な分子（糖類）に化合させていく。つまり，得られたエネルギーは位置エネルギーとして糖分子の原子間結合に蓄えられるのである。ここで，第2章で述べたことを思いだしていただきたい。原子は原子核とその周囲を覆う電子からなっており，二つの原子核が価電子を共有したときに共有結合が成り立つ。この結合を分断するためには原子核を引き離すためのエネルギーが必要となる。実際，共有結合の強度はその結合を崩壊させるのに必要なエネルギー量で表される。たとえば，1 mol分（6.023×10^{23}）の炭素原子と水素原

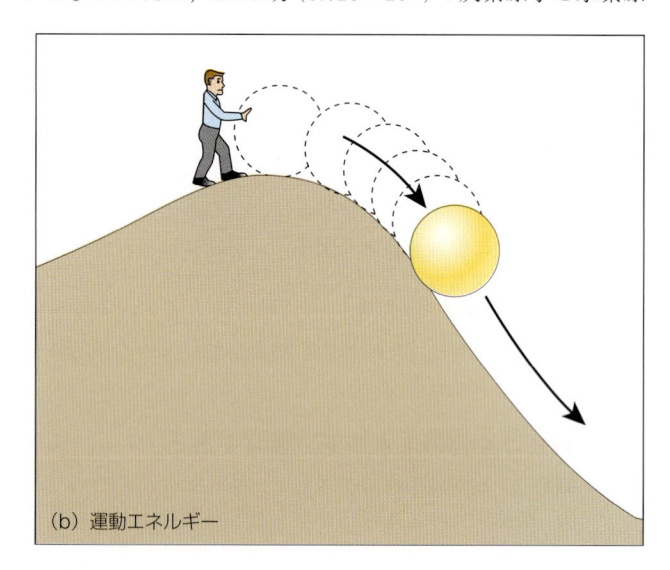

図 8.2
位置エネルギーと運動エネルギー。 (a) 運動してはいないが運動する潜在能力をもっている物体は，位置エネルギーをもっている。ボールを丘の上に動かすために必要だったエネルギーは，位置エネルギーとして蓄えられている。(b) 運動中の物体は運動エネルギーをもっている。ボールが丘を転がり落ちると，蓄えられていたエネルギーは運動エネルギーとして放出される。

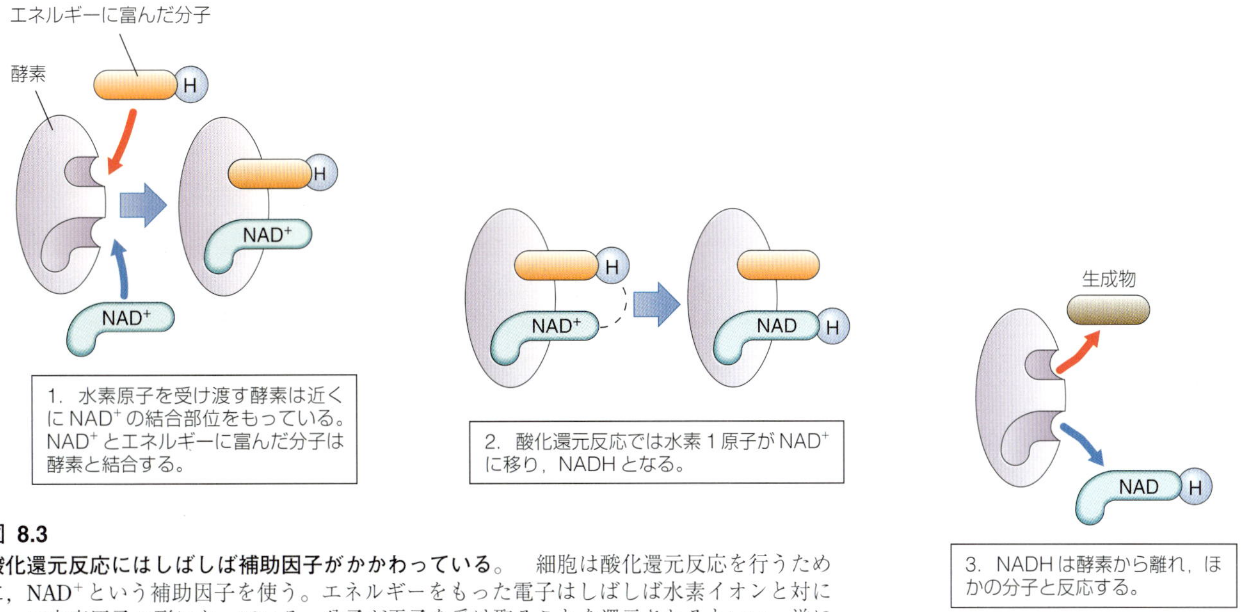

図 8.3
酸化還元反応にはしばしば補助因子がかかわっている。 細胞は酸化還元反応を行うために，NAD^+ という補助因子を使う。エネルギーをもった電子はしばしば水素イオンと対になって水素原子の形になっている。分子が電子を受け取ることを還元されるといい，逆に電子を失うことを酸化されるという。NAD^+ はエネルギーに富んだ分子から水素を奪うことでその分子を酸化し（この図で 1→2→3 と進行する），ほかの分子にその水素を与えることでその分子を還元する（この図で 3→2→1 と進行する）。

1. 水素原子を受け渡す酵素は近くに NAD^+ の結合部位をもっている。NAD^+ とエネルギーに富んだ分子は酵素と結合する。
2. 酸化還元反応では水素 1 原子が NAD^+ に移り，NADH となる。
3. NADH は酵素から離れ，ほかの分子と反応する。

子の共有結合を分解するためには 98.8 kcal が必要となる。

化学反応の過程では，化学結合に蓄えられたエネルギーが新しい結合に移動する。実際には，電子がある原子や分子からほかの原子や分子に渡される。原子や分子が電子を失うことを酸化されるといい，この過程を**酸化**（oxidation）とよぶ。このよび方は，生物において酸素原子がもっとも一般的な電子の受容体となっていることを反映している。逆に，原子や分子が電子を受け取ることを還元されるといい，この過程を**還元**（reduction）とよぶ。酸化によって原子から失われた電子は還元によって別の原子に受け取られるため，酸化と還元はつねに同時に起こることになる。このため，このような化学反応を**酸化還元反応**（oxidation-reduction（redox）reaction）とよぶ（図 8.3）。

酸化還元反応は生命におけるエネルギーの流れにおいて重要な役割をになっている。というのは，原子から原子へ受け渡される電子自体がエネルギーを運ぶからである。電子がもつエネルギーはその電子が原子核からどのくらい離れているか，原子核がどのくらい強くその電子を引きつけているかに依存する。一般的に，原子核に近く，原子核に強くひっぱられている電子ほどエネルギーが低く，原子核から遠く離れ，原子核からの引力が小さい電子ほどエネルギーは高くなる。光（ほかのエネルギー形態でもよいが）は電子にエネルギーを与え，より高いエネルギー状態へと引き上げることができる。この電子がある原子から飛びだし（酸化）ほかの原子に移動する（還元）と，電子に与えられたエネルギーも一緒に移動し，その電子は移動先の原子でエネルギーレベルの高い電子軌道に入ることになる。与えられたエネルギーは化学的な位置エ

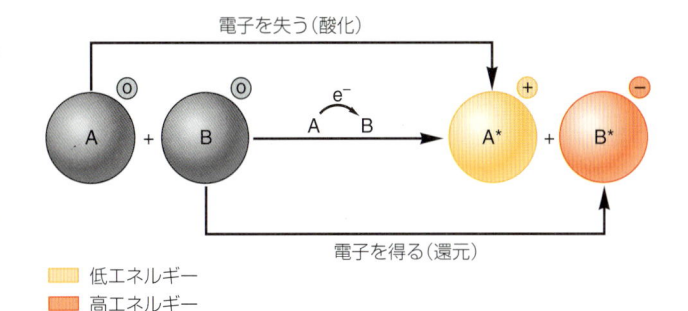

図 8.4
酸化還元反応。 酸化は電子の消失，還元は電子の取得である。この例では，分子 A と B の電価が各分子の右上の小さな丸のなかに書かれている。分子 A が電子を失いエネルギーを失う一方で，分子 B が電子を受け取りエネルギーを得ている。

ネルギーとして蓄えられ，その電子が本来のエネルギーレベルに戻るときに原子からエネルギーが放出されるのである。このように，エネルギーは酸化還元反応を介して分子から分子へと伝達されるわけである。よって，還元型の分子は酸化型の分子に比べて多くのエネルギーをもっていることになる（図 8.4）。生物が電子を伝達して分子内にエネルギーを蓄える能力を "**還元力**（reducing power）" といい，生命の基本的な性質である。

> エネルギーは仕事ができる能力であり，実際に活動中であったり（運動エネルギー），蓄えられたり（位置エネルギー）する。エネルギーは電子とともに移動する。酸化は電子を失うことであり，還元は電子を得ることである。

8.1 熱力学の法則はエネルギーの変化について述べている

熱力学の法則

生物の活動——走る，考える，歌う，この教科書を読むなど——は，すべてエネルギー変化をともなっている。熱力学の法則とよばれる二つの普遍的な法則は，核反応からハチの羽ばたきにいたるまで宇宙におけるすべてのエネルギー変化を支配している。

熱力学第一法則

熱力学第一法則（First Law of Thermodynamics）は，宇宙のエネルギー量に関係がある。第一法則を一言で述べると，「エネルギーは新たに生じたり，突然なくなったりはしない」ということになる。つまり形を変えるだけということである（たとえば，位置エネルギーから運動エネルギーへ，といったように）。宇宙の全エネルギー量はつねに一定ということになる。

図8.1に写っているキリンを食べているライオンは，まさにエネルギーを取得している状態にある。新しいエネルギーを生みだしたり，太陽光からエネルギーを取りだしたりするわけではなく，ライオンは単にキリンの体に蓄えられていた位置エネルギーを自分に移動させているだけなのである。もちろん，キリンのエネルギーも生前キリンが植物から得たものである。生物のなかでは，この化学的な位置エネルギーがほかの分子に移され，異なる化学結合として保存されるか，あるいはほかの形のエネルギー（運動エネルギー，光，電気など）に変換される。そのエネルギー変換の過程で，エネルギーの一部が**熱**（heat）として環境中に放出される。熱はランダムな分子運動であり，運動エネルギーの一つの形なのである。エネルギーはつねに生物界を一定方向に流れていき，熱として消費されるエネルギーはつねに注ぐ太陽からのエネルギーによって補われるのである。

熱は熱勾配が存在しないと，つまり二つの領域に温度の差が存在しないと，仕事をすることができない（これが蒸気機関の動く理由である）。細胞はそのなかに温度の差を維持できるような大きさではないので，熱エネルギーは細胞において仕事を行うことはできないのである。よって，宇宙のエネルギーの総量は一定ではあるが，エネルギーの多くが次第に熱として消費されていくにつれて，仕事に使えるエネルギーは減少していくことになる。

熱力学第二法則

熱力学第二法則（Second Law of Thermodynamics）は位置エネルギーから熱，つまりランダムな分子運動への変換に関係

「自然に」散らかっていく

かたづけるにはエネルギーがいる

図 8.5
エントロピー。　時間がたつとともに，こども部屋はどんどん散らかっていく。これをきれいにするにはかなりの労力を要する。

がある。この法則は宇宙の無秩序さ（正式には"エントロピー"という）はつねに増大するということを述べている。単純に考えて，秩序のある状態に比べて無秩序な状態の可能性の方が高くなる。たとえば，一列に積み重ねたレンガが何かの拍子に倒れてしまうことはあっても，適当に山積みにしたレンガが勝手に一列に積み重なったりはしない。一般的に，エネルギーは，物体を秩序のある不安定な状態から秩序のない安定な状態へと変化させるべく，自然に形を変えていくのである（図8.5）。

エントロピー

エントロピー（entropy）は系の無秩序さの尺度であり，このため熱力学第二法則は簡単に「エントロピーは増大する」と記載することができる。宇宙ができたとき，すべてのエネルギーが位置エネルギーだったのだろう。その後，エントロピーが増大する方向へとエネルギーの変換が起こり続け，無秩序になり続けているのである。

熱力学第一法則は，エネルギーが新たに生みだされたり忽然と失われたりしないということを述べている。エネルギーは単にある形から違う形へと変化するにすぎないのである。熱力学第二法則は，宇宙の無秩序さ（エントロピー）は増大しつづけていることを述べている。エネルギーが使われると，その多くは熱という分子のランダムな運動エネルギーに変換される。

自由エネルギー

分子内に原子をつなぎとめている化学結合を崩壊させるためには，エネルギーが必要である。熱エネルギーは原子の運動を増加させるので，原子を引き離すのが容易になる。化学結合と熱は分子中で互いに影響し合っているのである。結合は無秩序さを低下させ，熱は無秩序さを増大させるからである。その正味の効果が実際に化学結合を分解し次の結合を形成できるエネルギーであり，それを分子の**自由エネルギー**(free energy)という。より一般的な意味では，自由エネルギーとは系において仕事に利用できるエネルギーと定義される。細胞内の分子では，通常圧力と体積が変化しないので，自由エネルギーはGと表記される(「Gibbsの自由エネルギー」の頭文字のGで，系を限定している)。自由エネルギーは，分子の化学結合に含まれているエネルギー("エンタルピー"とよび，Hと表記する)から，無秩序さ("エントロピー"とよび，Sと表記する)のため利用できないエネルギーと絶対温度T(単位はケルビン：K＝℃＋273)の積を引いた値になる。

$$G = H - TS$$

化学反応は反応物中の化学結合を壊し，生成物中に新たな結合をつくりだす。その結果，反応は自由エネルギーの変化を生みだす。化学反応が一定温度，一定圧力，一定体積のもとで起こるとすると(多くの生物学的反応はそうであるが)，自由エネルギーの変化(△G)は以下のような式になる。

$$\Delta G = \Delta H - T\Delta S$$

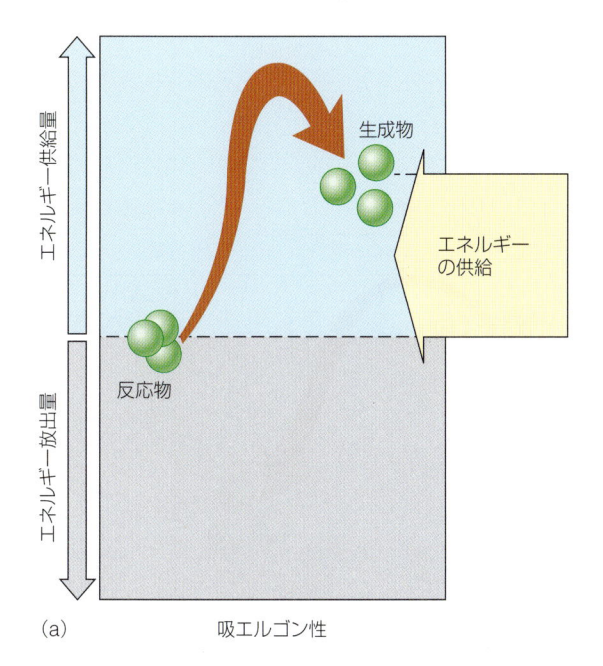

自由エネルギーの変化，つまり△Gは化学反応の基本的な性質である。ある反応で△Gが正であるということは，生成物が反応物よりも多くの自由エネルギーをもっているということになり，結合エネルギー(H)が高いか，あるいは系の無秩序さ(S)が低いということになる。そのような反応はエネルギーの供給を必要とするため，自発的に進行することはない。エネルギーの供給を必要とするような反応のことを**吸エルゴン性**(endergonic)という。

一方，△Gが負になる反応では，生成物の自由エネルギーが反応物よりも低いということになり，結合エネルギーが低いか，無秩序さが高いか，あるいはその両方ということになる。このような反応は自発的に進行する。反応前後の無秩序さの差(T△S)が反応物と生成物中の結合エネルギーの差(△H)よりも大きいと，化学反応は自発的に進行するのである。ここで一つ，"自発的"というのは"即座に"という意味ではないということに注意していただきたい。自発的な反応はとてもゆっくり進行するのである。これらの反応は余分な自由エネルギーを熱として放出するため，**発エルゴン性**(exergonic)という。図8.6に吸エルゴン反応と発エルゴン反応をまとめた。

> 自由エネルギーは仕事に利用できるエネルギーのことである。細胞内では自由エネルギーの変化(△G)は反応物と生成物との結合エネルギーの差(△H)から系の無秩序さの差(T△S)を引いた値になる。生成物の自由エネルギーが反応物よりも小さい(△Gが負になる)とき，反応は自発的に進行する。

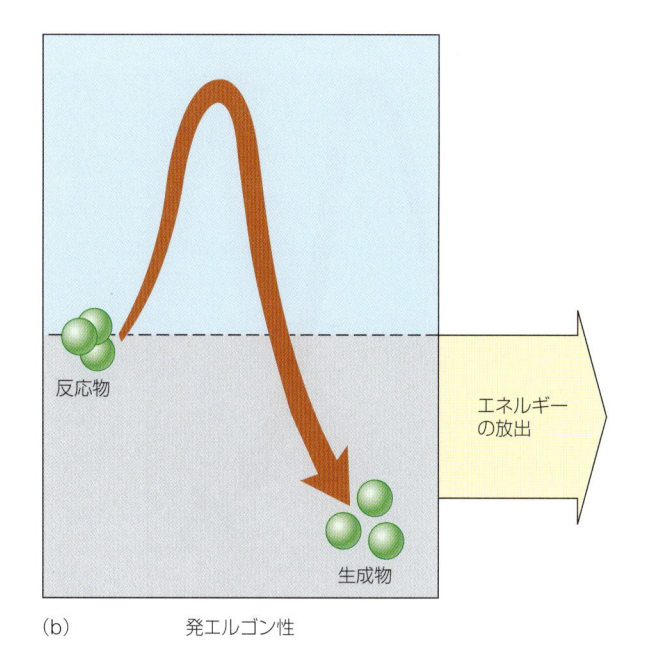

図 8.6
化学反応におけるエネルギー。　(a) 吸エルゴン反応では，生成物は反応物よりも多くのエネルギーをもっており，反応が進むためには外からエネルギーを供給しなければならない。(b) 発エルゴン反応の場合，生成物は反応物よりもエネルギーが低く，余分なエネルギーが放出される。

活性化エネルギー

自由エネルギーを放出するすべての反応が自発的に起こるのなら，なぜすべての反応がすでに起きてしまっていないのだろうか。一つの理由は，ほとんどの反応が開始するのにエネルギーの供給を必要とするからである。それがたとえ低いエネルギーをもつ結合であっても，新しい結合を形成する前に既存の結合を壊す必要があり，そのためにエネルギーが必要なのである。既存の化学結合を不安定にし，化学反応を開始させるために必要な余分なエネルギーを**活性化エネルギー**（activation energy）という（図8.7a）。

発エルゴン反応の効率は反応開始に必要な活性化エネルギーの量に依存する。活性化エネルギーを必要とする多くの反応は，ほとんどの分子が最初のハードルを越えることができないため，非常にゆっくり進むことになる。しかし，活性化エネルギーはつねに一定であるわけではない。特定の化学結合に負荷を与えることにより，その結合は壊れやすくなるのである。反応の開始に必要な活性化エネルギーを低下させるように化学結合に作用する過程を**触媒作用**（catalysis）といい，これを行う物質を触媒とよぶ（図8.7b）。

触媒は熱力学の法則の基本原則を破ることはない。たとえば吸エルゴン反応は自発的に進行することは決してない。活性化エネルギーを減少させることで，触媒は順反応も逆反応も同じように加速させるのである（訳者注：突然反応が二つになっているが，これは平衡反応の場合である）。したがって，最終的に生成物に変化する反応物の割合は変わらない。

これを踏まえて，丘の側面にある浅い窪みにはまっているボーリングのボールを想像してもらいたい。ボールの下側にある土の細い縁が，丘からボールが転がり落ちるのを防いでいるだけである。その縁の土を取り除いたらどうなるかを想像してみよう。十分な量の土を取り除いたら，ボールは丘を転がり落ちはじめるだろう。しかし，ボールが丘を転がり上がるようなことは決して起きない。土手を取り除くことは単にボールを自由に動けるようにするだけで，重力がボールの行き先を決めるのである。ボールの動きに対する抵抗を低くすることで，ボールの位置によって支配されるボールの運動を促進することができるだろう。

同様に化学反応の方向性も，反応物と生成物の自由エネルギーの差によって決められるだけである。丘の斜面にとどまっているボールの下の土を取り除くように，触媒は反応の進行を妨害しているエネルギー的なバリアを低くするのである。土手の除去によりボールが丘を転がり上がることがないように，触媒は吸エルゴン反応を進行させたりはしない。発エルゴン反応のみが自発的に進行するのであり，触媒はそれを変えるわけではない。触媒ができるのは反応速度を速くすることだけである。

反応の効率は反応が開始するために必要な活性化エネルギーに依存する。触媒は活性化エネルギーを低下させ反応効率を増加させるが，最終的な反応物と生成物の比率を変えたりはしない。

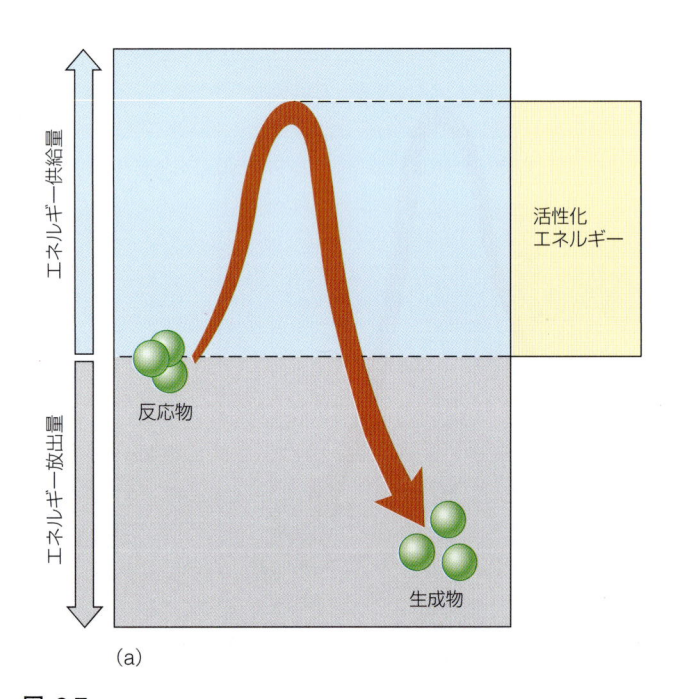

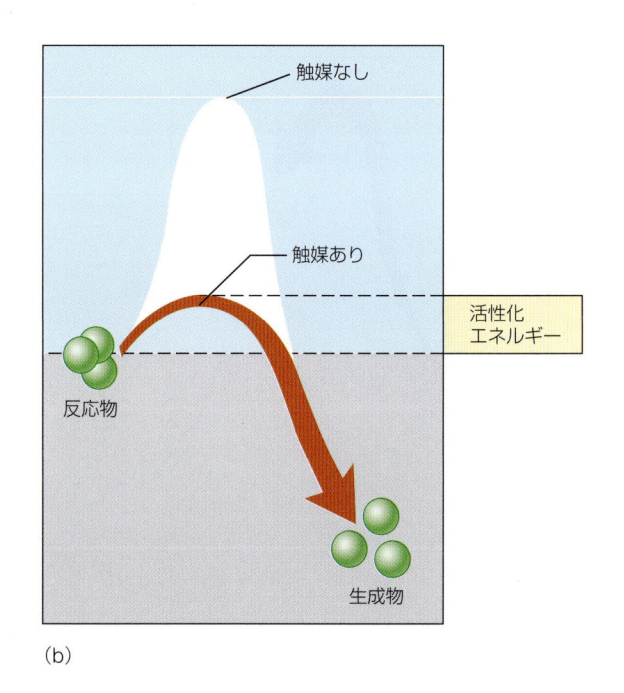

図 8.7
活性化エネルギーと触媒作用。 （a）発エルゴン反応であっても，化学結合を不安定にするためにエネルギーの供給を必要とするので，必ずしも速く進行するわけではない。この余分なエネルギーを活性化エネルギーという。（b）触媒は反応の開始に必要な活性化エネルギーを低下させることにより特定の反応を加速させる。触媒は反応物と生成物の自由エネルギーを変化させるわけではないので，反応により生みだされる自由エネルギーの変化は変わらない。

8.2 酵素は生体触媒である

酵素

生体内の化学反応は触媒反応の起こる場所をコントロールすることにより制御されている。よって，生命そのものが触媒反応によって制御されているといえる。生体内のほとんどの触媒反応を行っているのが，**酵素**(enzyme)とよばれるタンパク質である（もっとも，最近ではRNA分子によって行われる触媒反応も知られてきてはいるが）。酵素がもつ独特の三次元構造により，酵素と触媒作用を受ける分子である**基質**(substrate)との一時的な結合が安定となる。二つの基質を正しく配置させたり，基質の特定の化学結合に負荷を加えたりすることによって，酵素は新しい結合ができるのに必要な活性化エネルギーを低くするのである。その結果，反応は酵素がない状態に比べ，非常に速く進行することになる。反応の前後で酵素自体は変化したり消費されたりしないため，ほんの少しの酵素があるだけでよく，何度も再利用される。

酵素がどのように働くかの例として，二酸化炭素と水から炭酸ができる反応を見てみることにする。この反応は脊椎動物の赤血球で起こる重要な酵素反応である。

$$CO_2 + H_2O \rightleftharpoons H_2CO_3$$
二酸化炭素　　水　　　　炭酸

この反応はどちらの方向にも（右にも左にも）進行できるが，大きな活性化エネルギーが必要なため，酵素がない場合は非常にゆっくりとしか進行しない（おそらく，1時間で200分子程度の炭酸しか合成されないだろう）。こんなに遅い反応では細胞が利用できるわけがない。しかし，細胞は自らの細胞質に酵素をもつことによりこの問題を見事に解決している。その酵素の名前は"炭酸脱水酵素"(carbonic anhydrase：酵素の名前は通常末尾に「-ase」がつく)である。ほかの条件は同じで酵素が存在すると，1秒間におよそ60万分子もの炭酸が合成されることになる。つまり，酵素は反応効率を100万倍以上に増加させることができるのである（コラム8.1参照。触媒作用：炭酸脱水酵素の触媒機構）。

何千もの異なる酵素が知られており，それぞれ特定の化学反応を触媒している。特定の化学反応を促進することにより，酵素は細胞の代謝（すべての化学反応の集まり）の進行を制御している。異なるタイプの細胞には異なる酵素群が存在し，この違いが細胞のタイプによる構造や働きの違いを生みだしているのである。たとえば，赤血球で起きている化学反応は神経細胞で起きているものとは異なっており，それは赤血球と神経細胞の細胞質や細胞膜に異なる酵素が存在しているからである。

> 細胞は活性化エネルギーを低下させるための触媒として，酵素とよばれるタンパク質を利用している。

コラム8.1
触媒作用：炭酸脱水酵素の触媒機構

ヒトの体でもっとも素速く働く酵素の一つとして，炭酸脱水酵素があげられる。この酵素は血中で二酸化炭素を炭酸に（その後，炭酸は炭酸水素イオンと水素イオンに解離する）変えるという重要な役割をになっている。

$$CO_2 + H_2O \rightarrow H_2CO_3 \rightarrow HCO_3^- + H^+$$

血液によって運搬される二酸化炭素の70%が炭酸水素イオンとして運ばれている。この反応はエネルギーを放出する反応なので自然に進行してよいはずであるが，活性化エネルギーが大きいため炭酸水素イオンへの変化はほとんど起きない。しかし炭酸脱水酵素が存在すると，反応効率はじつに100万倍以上に増加する。

なぜ炭酸脱水酵素はこれほど反応を効率的に触媒できるのだろうか。酵素の活性部位は斧で切られたような酵素を横切る深い溝になっている。およそ1.5 nmの溝の奥に三つのヒスチジンがあり，イミダゾール基（窒素を含む環状構造）が溝の中心ですべて同じ方向を向くようになっている。そして，それらは一つの亜鉛イオン(Zn^{2+})を決まった位置に固定している。この亜鉛イオンが触媒反応の刃となる。

亜鉛イオンがどのようにして反応を触媒するかを以下に示す。溝のなかで亜鉛イオンに隣接したアミノ酸が二酸化炭素を認識して結合する。二酸化炭素がこの部位に結合すると，亜鉛イオンと相互作用し，溝平面に配置される。一方で，亜鉛イオンに結合した水分子が水酸化物イオンに変換される。この水酸化物イオンが二酸化炭素を攻撃できるように正しい位置に配置される。こうしてHCO_3^-が合成される。当然酵素が変化することはない（図8.A）。

炭酸脱水酵素は効果的な触媒である。なぜならば，二つの基質を近接させ，反応に適した配置をとらせるからである。ほかの酵素はまた別の機構を採用している。たとえば，多くの酵素は電荷をもつアミノ酸を使って基質を分極させたり，負に帯電したアミノ酸を使い特定の結合に負荷を加えたりする。しかし，反応機構の詳細はどうであれ，酵素の特定の立体構造により基質が正しい位置に配置されることが反応の鍵となっている。

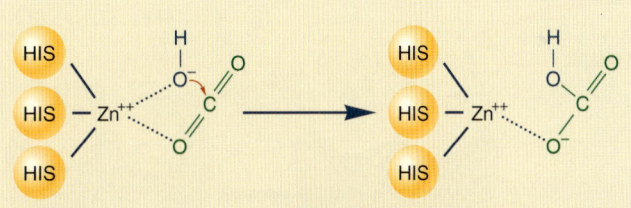

図 8.A

酵素の働き方

ほとんどの酵素は，表面に**活性部位**(active site)とよばれるくぼみや溝をもっている球状タンパク質である(図8.8)。基質はこの活性部位で酵素と結合して**酵素基質複合体**(enzyme-substrate complex)を形成する(図8.9)。複合体で触媒反応が起きるためには，基質が正確に活性部位にはまり込む必要がある。そうすることで，酵素のアミノ酸側鎖が基質の特定の結合部位と隣接することが可能となるのである。これらのアミノ酸側鎖は基質と化学的に相互作用し，多くの場合特定の結合に負荷を与えたり曲げたりして，結合の分解に必要な活性化エネルギーを低下させるのである。基質の結合が切断されるか，あるいは新しい結合が形成されると，基質は生成物に変換されたことになる。そして，生成物は酵素から解離する。

タンパク質は決して硬い物質ではない。基質の結合によりわずかな構造変化を起こすことが可能で，基質とより結合しやすくなるのである。この相互作用はほかの基質との結合を促進することもある。そのような場合，ある基質がほかの基質を受け入れられるように酵素を「活性化」するのである。

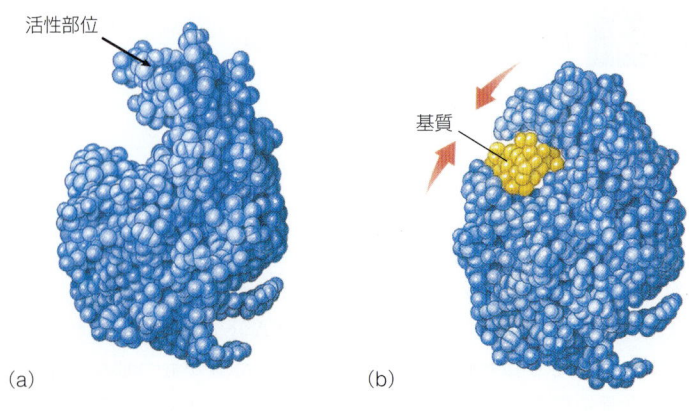

図 8.8
リゾチームの活性部位。 (a) リゾチーム上にある大きな溝が活性部位で，細菌の細胞壁を形成している多糖類の立体構造とかみ合う。(b) 黄色で示してあるように，糖が溝に入ると，タンパク質の構造がわずかに変化し，より強く基質をつかむようになる。このようなかみ合いにより，タンパク質中のグルタミン酸残基が糖と糖のあいだの結合に近づいて結合から電子を奪い，結合を崩壊させる。

> 酵素は基質の選択性に特異性がある。この特異性は，酵素の活性部位がある特定の基質分子だけに適合できるような形になっていることによる。

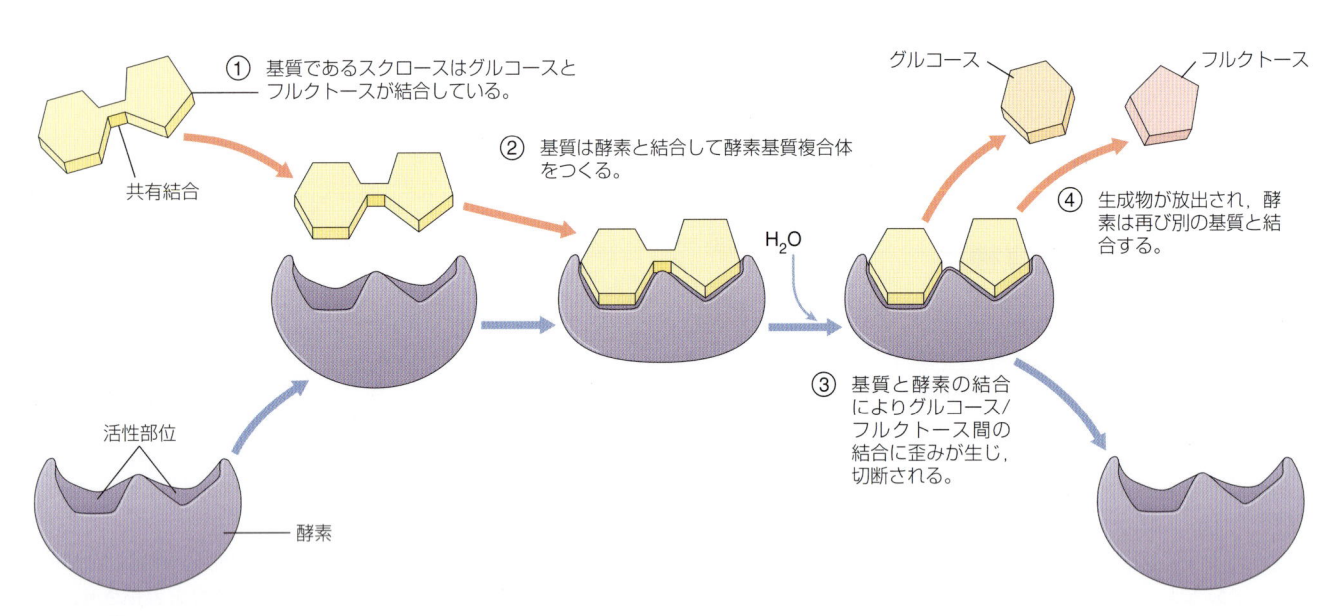

図 8.9
酵素の触媒サイクル。 酵素は化学反応が進む速度を増加させるが，反応そのものは変化させない。ここに描かれている反応では，スクラーゼがスクロース（ほとんどの飴に入っている糖）を二つの単糖，グルコースとフルクトースに分解している。(1) 最初に，スクロースが酵素の活性部位に結合し，酵素表面の窪みにはまり込む。(2) 活性部位にスクロースが結合することにより酵素基質複合体が形成され，スクラーゼの構造を変化させ，スクロースとより強くかみ合うようになる。(3) グルコースとフルクトースのあいだの結合に近づいた活性部位のアミノ酸残基が結合を切る。(4) 酵素は反応の生成物であるグルコースとフルクトースを放出し，新たなスクロース分子が結合できるようになり，次の触媒反応サイクルに入る。このサイクルは，よく次のような平衡式で示される。E＋S⇔[ES]⇔E＋P，Eは酵素，Sは基質，ESは酵素基質複合体，Pは生成物。

酵素の多様性

多くの酵素が何かの構造体に付着することなく細胞質に浮遊している一方で，細胞膜や細胞小器官の一部分として働いている酵素も存在する。

多酵素複合体

細胞内ではしばしば，ある一連の反応の異なる段階を触媒する複数の酵素が非共有結合性の集合体を形成している。このような集合体を"多酵素複合体"とよぶ。図8.10に示されている細菌のピルビン酸脱水素酵素多酵素複合体は，酸化的な代謝における連続する三つの反応を触媒する酵素を含んでいる。各々の複合体は3種類の酵素を複数個もっており，全部で60個のタンパク質サブユニットからなっている。これらのサブユニットはまるで小さな工場のようにいっせいに働くのである。

多酵素複合体には触媒効率に関して以下のような利点がある。

1. 酵素反応の効率は酵素が基質と衝突する頻度により制限されているため，一連の連続反応が多酵素複合体のなかで起こるようになると，一つの反応の生成物が放出されて拡散することなしに次の酵素に受け渡されることになる。
2. 反応中の基質は反応が終わるまでは複合体から出ることがないので，好ましくない副反応の可能性を排除することができる。
3. 複合体のなかで起こるすべての反応は，一つのユニットとしてコントロールが可能となる。

クエン酸回路（第9章参照）への入り口をコントロールしているピルビン酸脱水素酵素以外にも，細胞にとって重要な代謝経路のいくつかが多酵素複合体によって触媒されている。よく研究されているものとして，二炭素前駆体から脂肪酸を合成する脂肪酸合成酵素複合体があげられる。この複合体には七つの異なる酵素が存在し，反応中間物はすべての反応が終わるまで複合体に結合した状態を保つのである。

すべての生体触媒がタンパク質であるわけではない

数年前まで，ほとんどの生物学の教科書ではこう記載されていただろう。「酵素とよばれるタンパク質が生物の触媒である」と。しかし，もはやその表現は"ただし書き"なしに使うことはできないだろう。第4章で述べられているように，

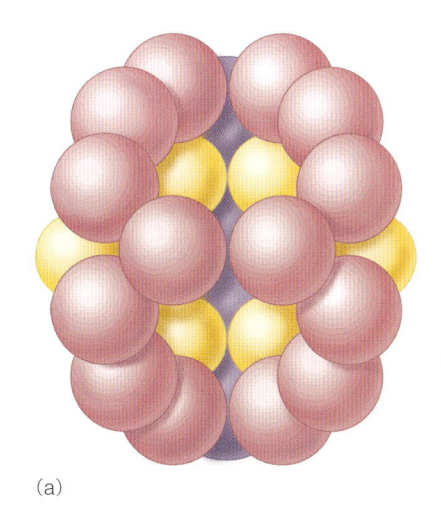

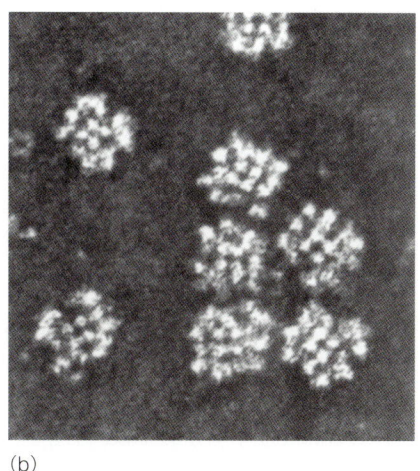

図 8.10
ピルビン酸脱水素酵素。 ピルビン酸の酸化を行う酵素はもっとも複雑な酵素の一つである。60個ものタンパク質サブユニットからできており(a)，その多くが電子顕微鏡でも確認できる(b, 倍率：20万倍)。

1981年にコロラド大学のTom Cechらのグループが，RNAに関するある種の反応は酵素ではなくRNAによって触媒されていると報告した。この最初の発見は，RNAが触媒作用を示すここ数年のほかの例の発見により，より確かなものとなっている。一般に「リボザイム」とよばれるこれらのRNA触媒は，酵素のように特定の化学反応効率を増加させ，非常に高い基質特異性を示す。

リボザイムには少なくとも二つの種類があると考えられている。一つは分子"内"触媒とよばれる反応で，自らの構造変化を自分自身で触媒するものである。もう一つは分子"間"触媒とよばれる反応で，自分自身は変化することなくほかの分子に働きかけるものである。転写されたRNAから不必要な部分を除去する反応，タンパク合成に必要なリボソームを用意する反応，ミトコンドリアDNAの複製を促進する反応など，細胞にとって重要な反応の多くに小さなRNA分子が関与している。これらの反応のすべてで，RNA触媒の関与の可能性が活発に研究されているのである。とりわけ，光合成のような複雑な反応系においては，酵素とRNAの両方が重要な触媒機能を果たしているようである。

情報分子であるRNAが触媒としての機能をもっているというシナリオは，生物学者に大きな興奮をもたらした。それは第4章で提出された問題に答えを与えうるかもしれないからである。「タンパク質と核酸，どちらが先に現われたのか？」という問題である。もしかすると，RNAが初めに現われ，最初のタンパク質の形成を触媒したという可能性の方が高いのかもしれない。

すべての生体触媒が細胞質中に浮遊しているわけではない。あるものはほかの構造物の一部となっているし，あるものはタンパク質ですらないのである。

8.2 酵素は生体触媒である

酵素活性に影響を及ぼす因子

酵素によって触媒される反応の効率は基質と酵素両方の濃度に影響される。また濃度以外にも，温度，pH，塩濃度，特定の調節分子の結合など，酵素の立体構造を変化させる化学的，物理的因子が酵素の触媒能力に影響を与えるのである。

温　度

非触媒反応では，温度が上がるほど反応効率も増加する。これは熱がランダムな分子運動の増加につながるからである。これが分子結合に負荷を与え，反応の活性化エネルギーに影響を及ぼすからである。酵素反応も温度の上昇とともに反応効率が増加するが，"至適温度(optimum temperature)"とよばれるある温度までである(図8.11a)。至適温度より低いと，酵素の構造を決めている水素結合や疎水相互作用が柔軟ではなく，触媒反応に適した構造変化を十分に起こせない。一方，至適温度よりも高くなると，酵素を構成する原子のランダム運動が盛んになりすぎ，酵素の構造を保つことができなくなってしまう。このような高い温度では，第3章で述べたように，酵素は変性してしまうのである。ヒトの酵素の至適温度は35～40℃のあいだになっており，通常の体温が含まれる値となっている。温泉に生息する原核生物は，より安定な酵素(つまりより強固に折りたたまれた酵素)をもっており，それらの酵素の至適温度は70℃以上にもなる。

pH

グルタミン酸(負に帯電)とリジン(正に帯電)のように，正反対に帯電したアミノ酸残基間のイオン相互作用も酵素どうしを結合させる。この相互作用は，酵素が溶けている液体の水素イオン濃度に感受性が高い。というのは，水素イオン濃度の変化が正と負に帯電しているアミノ酸残基のバランスを変えてしまうからである。このため，ほとんどの酵素は"至適pH"をもっており，たいていpH6～8のあいだになっている。非常に酸性の環境でも働ける酵素は，高濃度の水素イオン存在下でも立体構造を維持できるタンパク質ということになる。たとえば，ペプシンはpH2というとても酸性度の高い胃のなかでタンパク質を消化できる(図8.11b)。

阻害剤と活性化剤

酵素活性は酵素に結合して構造を変化させる特定の物質の存在にも影響を受けやすい。これらの物質により，細胞はある特定の時間に酵素の活性化・不活性化を制御することが可能なのである。これにより細胞は活動を高め，発生の過程で

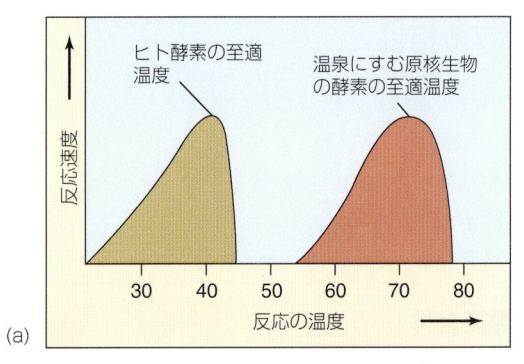

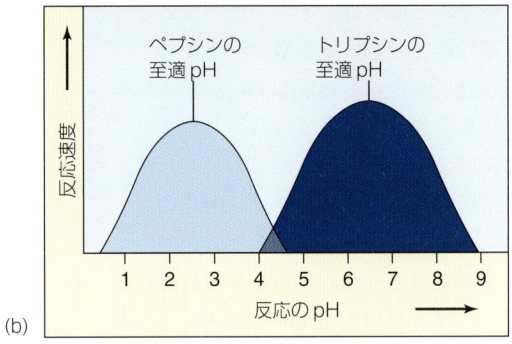

図 8.11
外環境に対する酵素の感受性。 酵素活性は温度(a)とpH(b)に影響される。タンパク質分解酵素であるトリプシンのように，ヒトの酵素のほとんどがおよそ40℃，pH6～8でもっともよくはたらく。

特徴を変化させることが可能となる。酵素に結合して活性を"減少させる"物質を**阻害剤**(inhibitor)という。生化学プロセスの最終生成物がプロセス初期段階の反応の阻害剤となっていることがよくあり，"フィードバック阻害"とよばれる(後ほど詳しく述べる)。

酵素の阻害は2通りの方法で起こる。一つは，**競争的阻害剤**(competitive inhibitor)が基質の結合すべき活性部位に競争的に結合して，基質分子と酵素の結合する確率を減少させるものである。もう一つは，**非競争的阻害剤**(noncompetitive inhibitor)が活性部位以外の場所で酵素に結合し，酵素の構造を変化させ，基質と結合できなくさせるものである(図8.12)。ほとんどの非競争的阻害剤は**アロステリック部位**(allosteric site：ギリシャ語でallosは"他の"，sterosは"形"を意味する)とよばれる酵素の特定の部位に結合する。この部位は化学的なスイッチとして働いている。この部位になんらかの物質が結合すると，酵素の立体構造を活性化状態と不活性化状態に切り替えることができる。アロステリック部位に結合して酵素活性を減少させる物質を**アロステリック阻害剤**(allosteric inhibitor)とよぶ(図8.12b)。逆に**活性化剤**(activator)がアロステリック部位に結合して酵素が活発に働く構造を維持すると，酵素活性が"増加"することになる。

酵素補助因子

酵素の機能はしばしば**補助因子**(cofactor)とよばれる化学成分によって手助けされる。たとえば，多くの酵素の活性部位には金属イオンが含まれており，基質分子から電子を引き離すのを助けている。亜鉛イオンはタンパク質を消化するカルボキシペプチダーゼのような酵素に使われており，共有結合内の電子を引き離し，結合を不安定化して崩壊しやすくする。モリブデンやマンガンなどのようなほかの元素も補助因子として使われている。亜鉛と同様に，これらの物質も微量ながらも摂取されなければならない(訳者注：微量元素という)。補助因子がタンパク質ではない有機化合物の場合，**補酵素**(coenzyme)とよばれる。多くのビタミンは補酵素である。

酵素によって触媒される多くの酸化還元反応において，電子は2個1組で酵素の活性部位から電子の受容体となる補酵素に受け渡される。電子を受け取った補酵素は，電子を次の酵素に受け渡し，その酵素は次の反応で基質にその電子(と電子がもっているエネルギー)を渡す。しばしば，電子は水素イオン(H^+)と結合して水素原子になっている。この場合，補酵素はエネルギーを水素原子の形で酵素から次の酵素へと移していくのである。

もっとも重要な補酵素の一つに，**ニコチンアミドアデニンジヌクレオチド**(nicotinamide adenine dinucleotide：NAD^+)がある(図8.13)。NAD^+分子は結合し合った二つのヌクレオチドからできている。第3章を思いだしてもらうとわかるだろうが，ヌクレオチドは五炭糖に1個以上のリン酸基と有機塩基が結合したものである。NAD^+を構成する二つのヌクレオチド，ニコチンアミドモノヌクレオチド(**NMN**)とアデノシン一リン酸(**AMP**)，がリン酸基により結合している。NAD^+分子の二つのヌクレオチドは異なる働きをになっている。AMPが分子の核として働き，多くの酵素に認識される構造を提供しているのに対し，NMNは還元されやすい(つまりは電子を受け取りやすい)分子の活性部分になっている。

NAD^+が酵素の活性部位から一つの電子と一つの水素原子(実際には二つの電子と一つの水素イオンである)を受け取ると，還元型のNADHになる。NADHはエネルギーをもった二つの電子と水素イオンをもち，ほかの分子にそれらを渡してその分子を還元できるのである。エネルギーをもった分子の酸化は細胞にエネルギーを供給するが，これにはその分子から電子をはぎ取りNAD^+に与えることがかかわっている。NADHのエネルギーのほとんどは，ほかの分子に移されるのである。

> 酵素はもっとも効率的に機能できる至適温度と至適pHをもっている。阻害剤は酵素活性を減少させ，活性化剤は逆に増加させる。酵素活性はしばしば金属イオンなどの補助因子によって促進される。非タンパク質性有機化合物の補助因子は補酵素とよばれる。

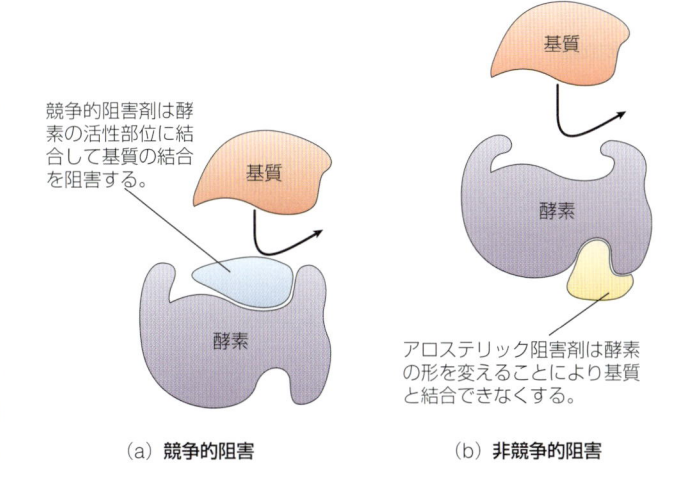

図 8.12
酵素はどのようにして阻害されるのか。 (a) 競争的阻害では，阻害剤が酵素の活性部位を占拠する。(b) 非競争的阻害では，阻害剤は活性部位から離れた場所に結合し，酵素の立体構造に変化をもたらして基質と結合できないようにする。

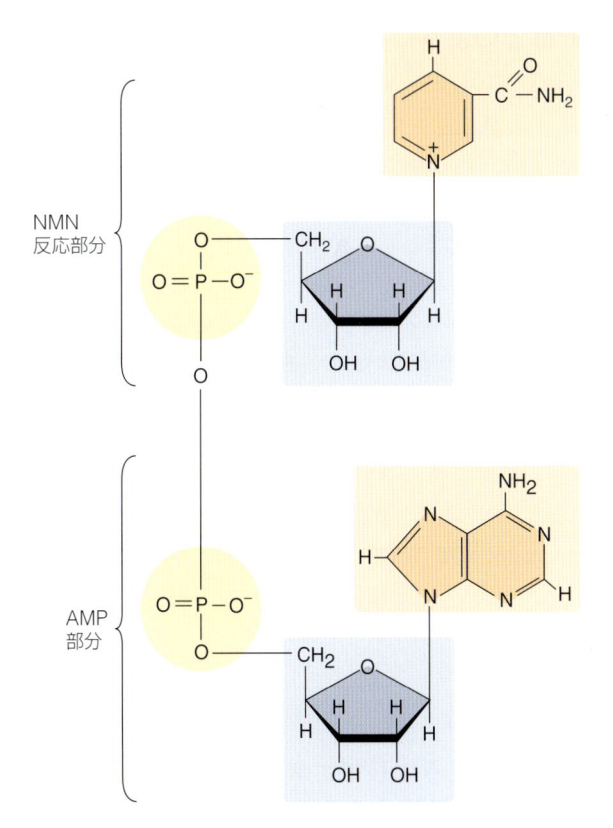

(a) 競争的阻害 — 競争的阻害剤は酵素の活性部位に結合して基質の結合を阻害する。

(b) 非競争的阻害 — アロステリック阻害剤は酵素の形を変えることにより基質と結合できなくする。

図 8.13
ニコチンアミドジヌクレオチド(NAD^+)の化学構造。 この重要な補酵素は二つのヌクレオチド，NMNとAMPが結合してできている。

8.3 ATPは生物のエネルギー通貨である

ATP

すべての細胞が使用している主要なエネルギー通貨は，**アデノシン三リン酸**(adenosine triphosphate：ATP)とよばれている分子である。細胞はエネルギーを必要とするほとんどすべての過程にATPを利用する。その過程とは，糖の合成，化学反応における活性化エネルギーの供給，細胞膜を通した能動輸送，運動や成長などである。

ATP分子の構造

ATP分子は三つの小さな部分から構成されている(図8.14)。一つ目は五炭糖のリボースで，ほかの二つの部分が結合する土台になっている。二つ目はアデニンで，これは2個の炭素−窒素混合環からなる有機化合物である。環のなかのそれぞれの窒素原子は非共有電子対をもっており，微弱ながら水素イオンを引きつける。そのため，アデニンは化学的に塩基としてふるまい，通常，窒素含有塩基とよばれる(DNA, RNAにはアデニン以外に三つの窒素含有塩基がある)。三つ目の構成要素は三リン酸(リン酸が3個つながった鎖)である。

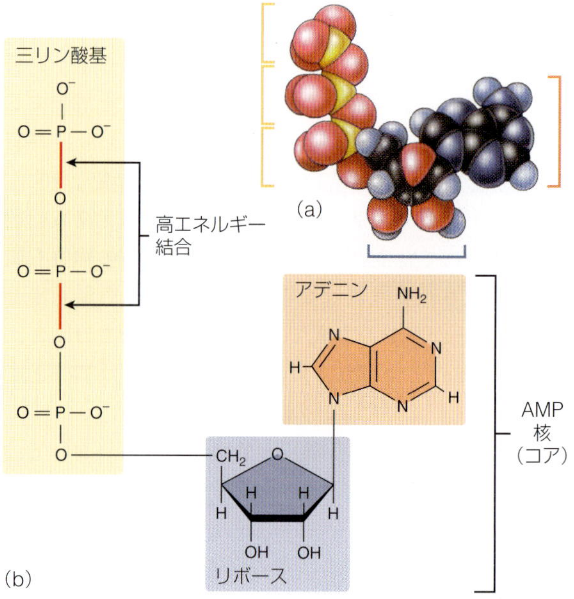

図 8.14
ATP分子。 モデル(a)と構造式(b)に示されているとおり，NAD^+のようにATPもAMPの核をもっている。ATPの場合，AMPのリン酸基に結合しているのはほかのヌクレオチドではなく，二つのリン酸鎖である。

ATPはどのようにしてエネルギーを蓄えるのか

ATPがエネルギーを蓄える鍵は，その三リン酸の部分にある。リン酸基は大きな負の電荷をもつために，互いに強く反発し合う。この静電気反発により，リン酸どうしを結びつけている共有結合は不安定なのである。リン酸がお互い離れようとしてひっぱっているので，ATP分子はしばしば「コイルバネ」とよばれる。

ATP分子中のリン酸をつなぎとめている不安定な結合は活性化エネルギーが低いため，容易に切断される。この結合が壊れるときに，かなりの量のエネルギーを放出する。ATPが関与する反応のほとんどは，ATPの一番外側の高エネルギーリン酸結合のみが加水分解され，リン酸が遊離することになる。このとき，ATPは**アデノシン二リン酸**(adenosine diphosphate：**ADP**)になり，7.3 kcal/molのエネルギーが放出される。遊離したリン酸は多くの場合，一時的に中間分子に結合する。その分子が脱リン酸化されると，無機リン酸(P_i)として放出される。

ATPはどのようにしてエネルギーを必要とする反応にそれを供給するのか

細胞は吸エルゴン反応を行うためにATPを使う。このような反応は，反応物の自由エネルギーが生成物よりも小さいため自発的には進行しない。しかし，ATPの高エネルギーリン酸結合の切断がほかの反応で消費されるよりも大きなエネルギーを放出する場合，二つの反応は共役して起こり，ATPの加水分解により放出されるエネルギーがもう一つの吸エルゴン反応に必要なエネルギーを供給できるようになる。つまり，これらの反応は全体では発エルゴン性になり，自発的に進行するようになる。ほとんどすべての吸エルゴン反応が，ATP分解により放出されるよりも小さなエネルギーしか必要としないため，ATPは細胞が必要とするエネルギーのほとんどを供給することが可能となる。

ATPを効果的なエネルギーの供与体にしている特徴，つまりリン酸結合は不安定なので，この分子は長期間のエネルギー貯蔵分子としては不向きである。長期エネルギー貯蔵分子としては，脂肪や炭水化物の方が優れている。ほとんどの細胞は多量のATPを蓄えてはいない。そのかわり，一般的にATPの合成には数秒しかかからず，細胞はADPと無機リン酸から頻繁にATPを合成している。

リン酸結合の不安定性がATPを優れたエネルギー供与体にしている。

8.4 代謝は細胞の化学的な生命活動である

生化学プロセス：代謝の組織単位

　生命化学，生体が行うすべての化学反応全体は，**代謝**（metabolism：ギリシャ語でmetaboleは"変化"を意味する）とよばれる。化学結合をつくったり変化させたりするためにエネルギーを消費する化学変化を**同化**（anabolism）という。逆に化学結合を切断してエネルギーを得る反応を**異化**（catabolism）という。

　生命体は何千もの異なる種類の酵素をもっており，それらは途方にくれるほどさまざまな反応を触媒している。細胞内でこれらの反応のほとんどは順序立てて起きるようになっており，これを**生化学プロセス**（biochemical pathway）という。この反応プロセスでは，ある反応の生成物が次の反応の基質になる（図8.15）。生化学プロセスは代謝の統合単位で，生命体が整合的な代謝活動を達成するための基礎になっている。生化学プロセスを構成する一連の酵素反応のほとんどが，細胞内の特定の部位で起こるようになっている。たとえば，クエン酸回路（第9章で述べる）はミトコンドリアのなかで動いている。多くの酵素が細胞のどの部域に局在しているかを決めることで，細胞の代謝過程のモデルを「図示」することができるようになる。

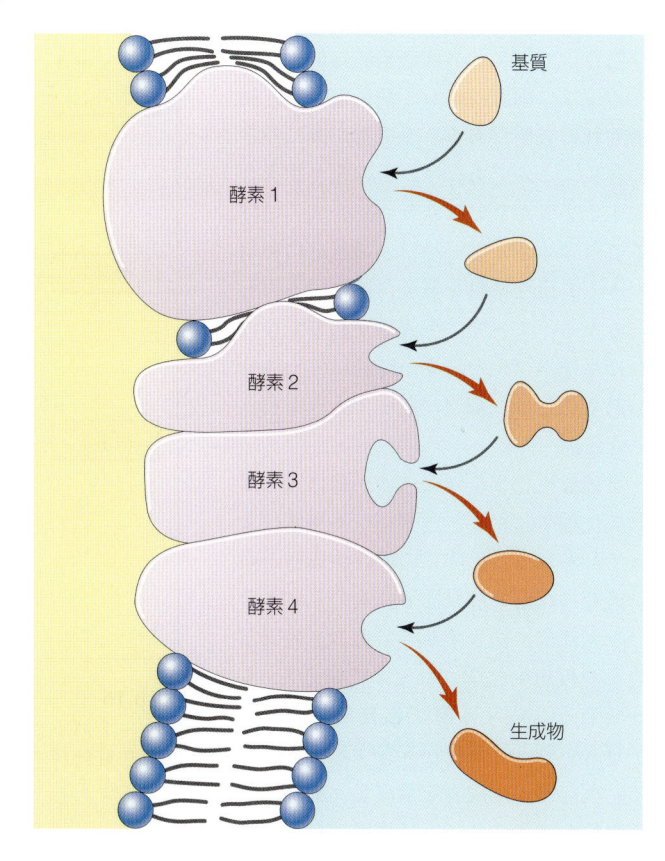

生化学プロセスはどのようにして生じたのか

　地球に生命が誕生して間もないころ，原始的な細胞では外環境からエネルギーに富んだ分子を集めることが最初の生化学プロセスだったのだろう。この過程に必要なほとんどの分子は，「有機化合物スープ」である原始の海に存在していただろう。最初の触媒反応は，いたって単純なものだったにちがいない。そのエネルギーに富んだ分子を集める一段階の反応だったのだろう。あるとき，外環境からそのエネルギーに富んだ分子がなくなったとき，環境中にあるほかの物質からその分子をつくりだす手段を進化させた生物だけが生き残れたのだろう。したがって，エネルギーに富んだ二つの分子（FとG）から化合物Hを生成し，エネルギーを放出する反応

$$\begin{array}{c} F \\ + \\ G \end{array} \longrightarrow H$$

は，環境中のFが枯渇すると，より複雑なものになる。枯渇した分子Fを環境中にあるほかの分子Eから合成する新しい反応が加わるのである。

$$E \longrightarrow \begin{array}{c} F \\ + \\ G \end{array} \longrightarrow H$$

図 8.15
生化学プロセス。　最初の基質は酵素1の作用により酵素2に認識される新しい基質に変化する。プロセスのそれぞれの酵素が一つ前のステップの生成物に作用する。

　次にEが枯渇すると，またほかの前駆体であるDからEを合成できる生物が生き残ることになる。Dが枯渇すれば，今度はさらに別の分子CからDを合成できる生物が生き残ることになる。

$$C \longrightarrow D \longrightarrow E \longrightarrow \begin{array}{c} F \\ + \\ G \end{array} \longrightarrow H$$

　このような仮説的な生化学プロセスは，長い時間をかけて進化したと思われる。最後の反応が最初に現われ，それより前の段階の反応はあとになって進化してきたわけである。反応全体を見ると，化合物Cから反応をはじめる生物は，一連の反応ステップによりHを合成できるといえる。これが，生化学プロセスは生物のなかでどのように進化してきたのだろうかという問題への答えである。すべてが一度にではなく，1ステップごとに逆戻りをして進化した，ということである。

生化学プロセスはどのようにして制御されるのか

　生化学的プロセスが効果的に機能するためには，細胞によって活動が調整，制御される必要がある。生成物が既に多量に存在するのであれば，その化合物を合成する必要がないばかりか，合成し続けることはエネルギーやほかの反応に利用できる有用な材料を無駄に消費することにもなる。よって，生成物が必要でなければ生化学プロセスを一時的に停止させられることは，細胞にとって大きな利点となる。

　単純な生化学プロセスの制御は，しばしば洗練されたフィードバック機構によって行われる。反応系の最終生成物が系の最初の反応を触媒する酵素のアロステリック部位に結合するのである。先ほど述べた仮想生化学プロセスでいうと，CからDを合成する酵素にHの結合するアロステリック部位が存在することになる。反応系が生成物を量産し，細胞内のHの量が増加すると，H分子がCからDを合成する酵素のアロステリック部位に衝突する確率も高くなる。生成物Hが酵素にとってアロステリック阻害剤になっている場合，この酵素への結合は基本的にC→Dの合成反応を停止させることになる。反応系の最初の反応となっているこの反応を停止させることは，反応経路全体を効果的に停止させることになる。したがって，細胞が生成物Hを多量につくりだすと，生産能力は自動的に抑制されることになる。このような制御機構を**フィードバック阻害**(feedback inhibition)という（図8.16）。

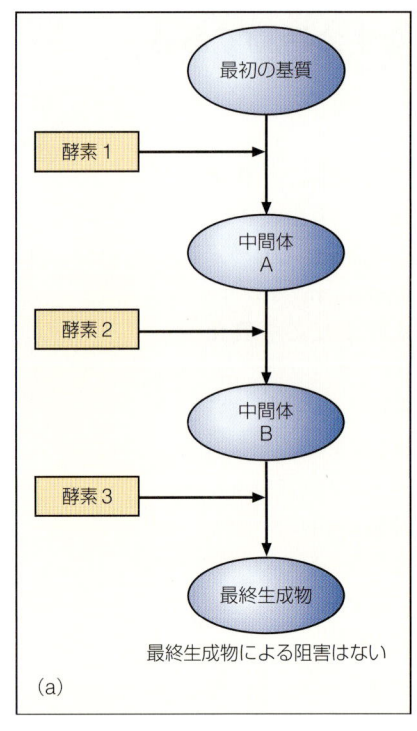

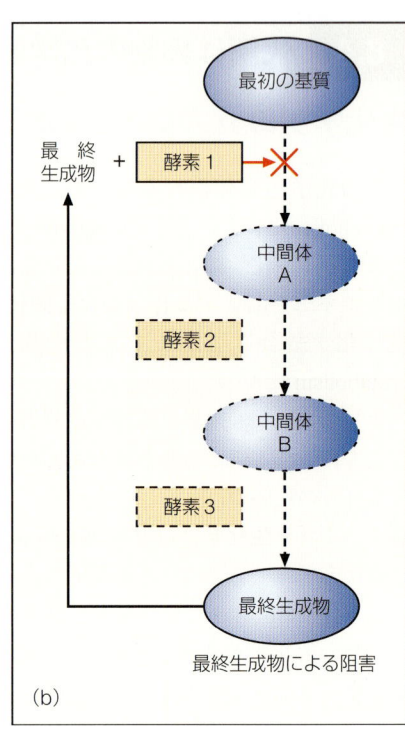

図 8.16
フィードバック阻害。（a）フィードバック阻害のかからない生化学プロセス。（b）最終生成物がプロセスの最初の酵素のアロステリック阻害剤になっている生化学プロセス。つまり，プロセスの最終生成物の生成がプロセスを停止させるのである。

> 生化学プロセスは1組の組織的な反応系であり，しばしば一つの単位として制御される。

コラム8.2 代謝に関する用語

エントロピー(entropy)　系の乱雑さ，無秩序さの指標。細胞においては，どれくらいのエネルギーが分散しているか（たいていは均等に分布している熱の量）の指標で，もはや仕事を行うことのできないエネルギー。

活性化エネルギー(activation energy)　化学結合を不安定にし，化学反応を開始させるために必要なエネルギー。

還元(reduction)　原子や分子が電子を得ること。酸化還元反応は生体系内でエネルギーのやり取りの手段として非常に重要である。

基質(substrate)　酵素が働く対象の分子。酵素反応の初期反応物。

吸エルゴン反応(endergonic reaction)　反応が進行するために外部からエネルギーが加えられなければならない化学反応。発エルゴン反応の逆。

キロカロリー(kilocalorie)　1000カロリー。1カロリーは1グラムの水を1℃上昇させるのに必要な熱量。

酸化(oxidation)　原子や分子から電子が失われること。ある原子や分子から失われた電子はほかの原子や分子に受け取られるので，酸化はほかの原子や分子の還元と同時に起こる。

自由エネルギー(free energy)　仕事に使えるエネルギー。

触媒作用(catalysis)　活性化エネルギーを低下させることにより化学反応の効率を増加させること。

代謝(metabolism)　細胞内や生体内で起きているすべての化学プロセスの総称。

発エルゴン反応(exergonic reaction)　エネルギーを得ることのできる反応。反応のはじめに活性化エネルギーが必要ではあるが，エネルギー放出反応は自発的に進行することができる。

補酵素(coenzyme)　酵素触媒反応において修飾的な役割をになう非タンパク質の有機分子。しばしば電子の供与体または受容体として働く。NAD^+がその例。

第8章のまとめ

8.1 熱力学の法則はエネルギーの変化について述べている
"生物におけるエネルギーの流れ"
- エネルギーはほかの物体に対して仕事ができる能力である。運動エネルギーは運動中の物体がもっているエネルギーである。位置エネルギーは物体に蓄えられているエネルギーである。(p. 144)
- 酸化とは原子や分子が電子を失う過程であり、還元とは原子や分子が電子を受け取る過程である。酸化と還元はつねに同時に起こることになる。(p. 145)

"熱力学の法則"
- 熱力学第一法則は、エネルギーは新たに生じたり、突然なくなったりはしない、つまりエネルギーは一つの形からほかの形に変わるのみであると述べている。(p. 146)
- エネルギー変換の過程で、一部のエネルギーが熱として環境中に放出される。(p. 146)
- 熱力学第二法則は、宇宙の無秩序さ(エントロピー)はつねに増大するということを述べている。(p. 146)
- エネルギーを使えば使うほど、さらに熱が生じるので、エントロピーはつねに増大しつづける。(p. 146)

"自由エネルギー"
- 実際に化学結合を分解し、次の結合を形成できるエネルギー量をその分子の自由エネルギーという。(p. 147)
- 生成物の自由エネルギーが反応物よりも低いような反応は自発的に進行する。(p. 147)

"活性化エネルギー"
- 既存の化学結合を不安定にし、化学反応を開始させるために必要なエネルギーを活性化エネルギーという。(p. 148)
- 触媒は活性化エネルギーを減少させることにより反応速度を増加させるが、最終的に反応物が生成物に変化する割合を変えることはない。(p. 148)

8.2 酵素は生体触媒である
"酵 素"
- 細胞は活性化エネルギーを減少させるためにタンパク質(酵素)を利用している。何千という酵素が知られ、それぞれが単一またはいくつかの化学反応を触媒している。(p. 149)

"酵素の働き方"
- ほとんどの酵素は一つまたはそれ以上の活性部位をもっている球状タンパク質であり、基質はこの活性部位で酵素と結合して酵素基質複合体を形成する。(p. 150)

"酵素の多様性"
- 多酵素複合体とは、異なる反応段階を触媒する複数の酵素が非共有結合性の集合体を形成しているもので、触媒反応効率を保つのに有効である。(p. 151)
- すべての生体触媒がタンパク質であるとは限らない。たとえば、ある種の反応はリボザイムによって触媒される。(p. 151)

"酵素活性に影響を及ぼす因子"
- 酵素活性に影響を与える因子としては、温度、pH、阻害剤、活性化剤、酵素補助因子などがある。(pp. 152〜153)

8.3 ATPは生物のエネルギー通貨である
"ATP"
- すべての細胞が使用している主要なエネルギー通貨はアデノシン三リン酸(ATP)とよばれている分子である。(p. 154)
- リン酸基間の共有結合は静電的な反発のため不安定であり、ATPはよいエネルギー供与体である。(p. 154)

8.4 代謝は細胞の化学的な生命活動である
"生化学プロセス:代謝の組織単位"
- 生体が行うすべての化学反応は、代謝とよばれる。(p. 155)
- ある反応の生成物が次の反応の基質になるとき、これを生化学プロセスという。(p. 155)
- 生化学プロセスが効果的に機能するためには、細胞によって活動が調整、制御される必要がある。このような制御は、しばしばフィードバック阻害として起こる。(p. 156)

質問のページ

自習問題

1. 原子がエネルギーを得るのは，＿＿＿ときである。
   a. 電子を失う b. 酸化反応を行う
   c. 還元反応を行う d. 酸化還元反応を行う
2. 宇宙のエネルギー量を規定しているのはどれか？
   a. 熱力学の第一法則 b. 熱力学の第二法則
   c. 熱力学 d. エントロピー
3. ΔG が負である化学反応とは，＿＿＿。
   a. 生成物は反応物よりも多くの自由エネルギーをもつ
   b. エネルギーを与えないと結合を切れない
   c. 反応は自然に進む
   d. 反応は発エルゴン反応である
4. 触媒とは，＿＿＿。
   a. 吸エルゴン反応を早く進ませる
   b. 活性化エネルギーを増加させて反応がより速く起こるようにする
   c. 反応が起こるのに必要なエネルギーを低下させる
   d. 発エルゴン反応が起こるのに必要である
5. 酵素に関する記載として誤っているのは次のうちどれか？
   a. 酵素は細胞内にある触媒である。
   b. 生体のすべての細胞は同じ種類の酵素をもっている。
   c. 酵素は基質同士を近づけて反応を起こりやすくする。
   d. 酵素は細胞内で自然に起こる反応の活性化エネルギーを低くする。
6. 多酵素複合体は次のうちどれか？
   a. 一種類の酵素が多数集まったもの
   b. 一つの酵素と一つの基質からなる
   c. 一連の反応を触媒する酵素群
   d. 一つの基質に対して別の反応を行う
7. 酵素触媒の速度に影響を与えない因子はどれか？
   a. 温度 b. pH
   c. 基質の濃度 d. それ以外
8. ATPはエネルギーとして細胞内でどのように使われるか？
   a. ATPは発エルゴン反応を進めるためにエネルギーとなる。
   b. ATPの加水分解は吸エルゴン反応と共役している。
   c. 放出されたリン酸基が別の分子と結合してエネルギーを生じる。
   d. ATPは負に帯電したリン酸基の反発によってエネルギーを蓄えている。
9. 同化反応とは次のどの反応か？
   a. 化学結合を切断する b. 化学結合を生じる
   c. エネルギーを得る d. 順番に起こること
10. 生化学プロセスはどのように制御されているか？
    a. 一つの反応の生成物が次の反応の基質となる。
    b. 最終生成物がその経路の最初の基質に置き換わる。
    c. 最終生成物が経路の最初の酵素をアロステリック部位に結合して阻害する。
    d. 上記のすべてを含む。

図解き問題

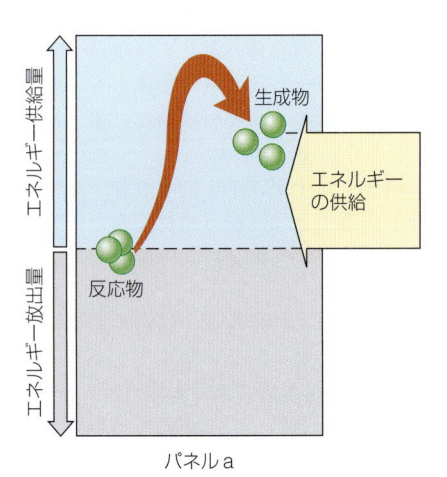

パネルa

パネルb

1. 二つの反応のうち自由エネルギー変化（ΔG）が正の反応はどれか？ この反応の生成物の自由エネルギーは反応物より大きいか小さいか？ この反応は何とよばれるか？
2. 二つの反応のうち触媒が反応速度を増加させる反応はどれか？ どのように触媒はこの反応の速度を増加させるか？ この反応は何とよばれるか？

応用問題

1. ある生化学プロセスで三つのATPが加水分解される。反応が起こるためには，プロセス内の吸エルゴン反応に17.3 kcal/molのエネルギーを必要とする。この経路全体の自由エネルギー変化量を求めよ。反応全体は発エルゴン性か吸エルゴン性か？
2. 酸化還元には多くの分子が関与する。生体系では水素や酸素を含む酸化還元反応がなぜ重要なのか？
3. 日光は深海には差し込みにくい。しかし，深海にすむ多くの魚は発光することによって捕食したり交尾したりする。この光はどう生じるのか？ 光を生じるのにエネルギーを必要とするか？

9

細胞はどのように エネルギーを獲得するか

概　要

9.1 細胞は化学結合からエネルギーを取りだす
　化学エネルギーを利用して代謝を行う　C－H, C－O, ならびにほかの化学結合中のエネルギーは捕捉され，ATP合成促進に使われる。

9.2 細胞呼吸は食物分子を酸化する
　グルコース異化の概観　糖の化学エネルギーは基質レベルのリン酸化と好気呼吸によって取りだされる。
　第一段階：解糖系　解糖系の10段階の反応で化学結合を再配置することによりグルコースからのエネルギーを捕捉する。
　第二段階：ピルビン酸の酸化　解糖系の生成物であるピルビン酸は，酸化されてアセチル-CoAになる。
　第三段階：クレブス回路　一連の反応により電子がアセチル-CoAから脱離する。
　電子引き抜きによるエネルギーの獲得　一連の酸化還元反応により電子がグルコースから脱離し，その電子エネルギーによりATPが合成される。
　第四段階：電子伝達系　グルコースから取りだされた電子は一連の膜タンパク質に受け渡され，H^+ をくみだすエネルギーとなる。H^+ 勾配を利用してATP合成酵素によるATP合成を行う。
　好気呼吸の収量のまとめ　真核生物の好気呼吸ではグルコースの酸化によってほぼ3ダースのATP分子が生産される。
　好気呼吸の制御　高レベルのATPは鍵となる反応を阻害することにより細胞呼吸を停止することができる。

9.3 タンパク質と脂肪の異化によりかなりのエネルギーを生産できる
　グルコースは唯一のエネルギー源ではない　タンパク質と脂肪は分解され，生成物は細胞呼吸に供給される。

9.4 細胞は酸素なしでも食物を代謝できる
　発酵　解糖で取りだした電子を有機分子に与えて，酸素のない条件下でも代謝を続けることができる。

9.5 細胞呼吸の諸段階は時とともに進化してきた
　代謝の進化　主要な代謝過程は，それまでにあったものに付け加える形で，長い期間にわたって進化した。

図 9.1
化学エネルギーの獲得。　このカヤネズミのような生物は，食物の化学結合中に蓄えられているエネルギーに依存して生命活動を維持している。

　生命はエネルギーにより営まれている。生物が営むすべての活動――細菌の遊泳，猫のごろごろ声，ここに書かれている言葉について考えをめぐらすことなど――はエネルギーを利用している。この章では，有機分子から化学エネルギーを引きだすため，またそのエネルギーをATPに変換するために細胞が利用している過程について論じる。そのあと，第10章において，光合成（これは化学エネルギーではなく光エネルギーを利用するものであるが）について検証する。化学エネルギーをATPに変換することを初めに考察するのは，すべての生物が，光合成生物であれ，それを餌にしている生物（図9.1のカヤネズミも含まれる）であれ，化学結合からエネルギーを獲得する能力をもつからである。しかしながら，これから見ていくように化学エネルギーのATPへの変換と光合成は多くの共通点をもっている。

9.1　細胞は化学結合からエネルギーを取りだす

化学エネルギーを利用して代謝を行う

　植物，藻類，そしてある種の細菌は光合成を通じて太陽光のエネルギーを獲得し，光子エネルギーを化学エネルギーへと変換する。これらの生物は，同様に化学エネルギーを用いるほかの生物とともに，**独立栄養生物**(自己食物供給者：autotroph)とよばれる。ほかのすべての生物は独立栄養生物が生産するエネルギーに依存して生き，それらを食物として利用し，**従属栄養生物**(被食物供給者：heterotroph)とよばれる。少なくとも地球上の生物種の95％——すべての動物および菌類，そして多くの原生生物と原核生物——は，従属栄養生物である。

　食物中のどこに化学エネルギーがあるのだろう？　従属栄養生物は生命にかかわる多くの仕事のために，どのように化学エネルギーを獲得しているのだろう？　多くの食物はたくさんの種類の炭水化物，タンパク質，そして脂肪を含んでおり，これらはすべてエネルギーをもった化学結合に富む。たとえば，炭水化物と脂肪は，多くの炭素—酸素結合(C—O)とともに，炭素—水素結合(C—H)を含む。こうした複雑な有機化合物からエネルギーを取りだす仕事は何段階かで行われる。まず，酵素が大きな分子をより小さな分子に分解する。この過程は**消化**(digestion)とよばれる。ついで，ほかの酵素がこうした断片を少しずつ分解し，それぞれの段階でC—Hあるいはほかの化学結合由来のエネルギーを獲得する。こうした過程は**異化**(catabolism)とよばれる。

細胞呼吸

　化学結合中のエネルギーはその結合を構成する電子の位置エネルギー中に含まれる。細胞はこの結合を破壊し，分子から分子へと電子を受け渡すことで，このエネルギーを獲得する。それぞれの授受のあいだに，電子はエネルギーのいくらかを失う。失われたエネルギーの一部は捕捉され，ATP合成のため，あるいはほかの化学結合生成のために使われ，さらに残りは熱として失われる。こうした過程の最終段階では，出発点の化学結合由来の高エネルギー電子はそのエネルギーの大部分を失い，引き抜かれた電子は最終電子受容体に渡される。その受容体分子が酸素であるとき，この過程は**好気呼吸**(aerobic respiration)とよばれる。最終電子受容体が酸素以外の無機分子であるとき，この過程は**嫌気呼吸**(anaerobic respiration)とよばれる。さらに，最終電子受容体が有機分子であるとき，この過程は**発酵**(fermentation)とよばれる。

　化学的には，細胞内の炭水化物の異化と，暖炉で木を燃やすことにほとんど違いはない。いずれの場合も反応体は炭水化物と酸素であり，二酸化炭素，水とエネルギーを生成する。

$$C_6H_{12}O_6 + 6O_2 \longrightarrow 6CO_2 + 6H_2O + エネルギー(熱かATP)$$

上記反応における自由エネルギー変化は，細胞内で見られる条件下では1 molのグルコースあたり-720 kcal(-3012 kJ)である。(よくいわれる-686 kcalや-2870 kJは室温，1気圧など標準状態を前提としている。)自由エネルギーのこうした変化は，主としてグルコース分子内の6個のC—H結合の切断による。負符合は生成物が反応体に比べより少ない自由エネルギーをもつことを示す。グルコースは異化されても燃やされても同量のエネルギーを遊離するが，燃やされた場合は多くのエネルギーが熱として遊離する。この熱は，細胞に仕事をさせるのには使えない。グルコースのような食物分子を異化して，有用なエネルギーを取りだすという細胞の能力の重要な点は，エネルギーの一部をより有用な形に変換できるところである。細胞はエネルギーの一部を細胞活動の推進体であるATPの生成に用いるため，このようなことを行っている。

ATP分子

　ATPは細胞内のエネルギー通貨であり，この分子が細胞呼吸の際に捕捉されたエネルギーを，細胞内の多くの場所へと転移している。ATPはどうしてそれほど容易にエネルギーを転移できるのか？　ATPは糖(リボース)が有機性塩基(アデニン)と3個のリン酸の鎖(三リン酸グループ)に結合したものからなることを，第8章から思いだしてほしい。図9.2に示すように，それぞれのリン酸基は負に荷電している。同じ荷電は互いに反発するので，隣接したリン酸基は反発し合い，互いをつなげている結合にストレスを与える。それゆえ，隣接したリン酸は互いをつなぐ結合中に静電的反発エネルギーを蓄えている。リン酸基をほかの分子に転移するとATPの静電的反発力は弱められ，同時にリン酸化された分子に反発力を生じる。リン酸化された分子は，その後，このエネルギーを用いて仕事に必要となるなんらかの変化を引きおこすことができる。

細胞はどのようにしてATPを使うのか

　細胞は，ATPを利用して仕事を必要とする活動の大部分を行う。もっとも顕著なものの一つは運動である。筋の収縮時には筋細胞内の細い繊維がひっぱり合う。ヒトの足と脊髄をつなぐ細い神経細胞に沿ってミトコンドリアは1 m以上も動く。細胞分裂時に染色体は微小管にひっぱられる。細胞のこれらの動きのすべては，ATPのエネルギーを必要としている。

　細胞がATPを使う2番目のやり方は，吸エルゴン反応を引きおこすことである。細胞の合成活動の多くは吸エルゴン的

である．分子の構築にはエネルギーが必要だからである．こうした反応の生成物の化学結合は，反応体に比べより多くのエネルギーを含むか，より整然さが増している．反応はそこに余剰エネルギーが供給されない限り進行し得ない．そのエネルギーを供給するのがATPである．

ATPはいかに吸エルゴン反応を引きおこすのか

ATPはどうやって吸エルゴン反応を引きおこすのか？吸エルゴン反応を触媒する酵素は，その表面に二つの結合領域をもつ．一つは反応物質に対して，もう一つはATPに対してである．ATP結合領域はATP分子を解離させ，7 kcal (30 kJ) 以上の化学エネルギーを遊離させる．このエネルギーが2番目の領域を活性化して，吸エルゴン反応を生じる．

ATP分子の解離が細胞内でエネルギー要求反応を引きおこすとき，二つの反応 —— ATP解離と吸エルゴン反応 —— は協調して起きる．ある場合は二つの反応は同じ酵素の表面で起こり，反応は物理的に関連するか共役している．ほかの場合はATP由来の高エネルギーリン酸が吸エルゴン過程を触媒するタンパク質に結合し，これを活性化する．エネルギー要求反応をこのようにATPの解離と共役させることは，細胞がエネルギーを扱うために用いる重要な手段の一つである．

ATP合成酵素：ATP生産にかかわる小型モーター

多岐にわたる代謝反応にエネルギーを供給する能力をもつため，ATPは細胞内の必要度が高く，大量に合成されなければならない．脂肪や糖を分解する酵素が基質の高エネルギー結合に由来するエネルギーから直接生成するATPは数分子にすぎず，細胞内で生産されるほとんどすべては**ATP合成酵素**(ATP synthase)によりつくられる．この酵素こそはすべての生体系のなかでもっとも重要な酵素の一つである．

ATP合成酵素は，原核生物の細胞膜およびミトコンドリアや葉緑体の内膜に組み込まれており，膜を隔てて形成されたH^+勾配に蓄えられたエネルギーでATPの合成を触媒する．このH^+勾配は一連の酸化還元反応由来のエネルギーを用い，膜を横切りH^+をくみだすことにより形成される．これらの反応を引きおこす電子は，異化過程で分解された高エネルギー分子から引きだされるか，光合成においてクロロフィルにあたる光によって活性化され生じる．

ATP合成酵素は，ATP合成のために驚くべき分子機構を採用している（図9.3）．酵素は膜に埋め込まれており，H^+が濃度勾配に従って膜内外を移動するチャンネルとなっている．H^+が膜を横切ると，遊離するエネルギーは酵素複合体の構成成分を回転させる．この回転の機械的なエネルギーが，その後ATPの三つ目のリン酸をつなぎとめる化学結合に変換される．このようにして，ATPの合成はH^+勾配により直

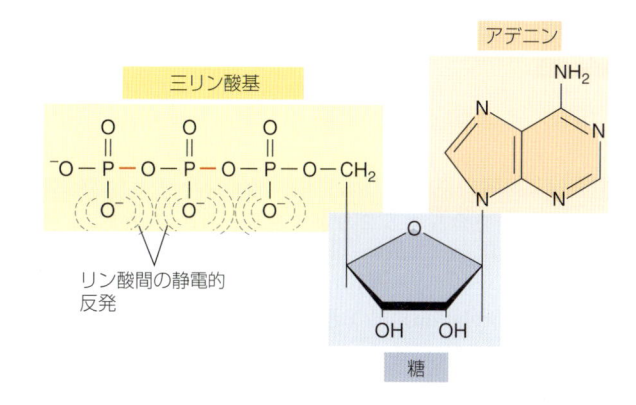

図 9.2
ATP分子の構造

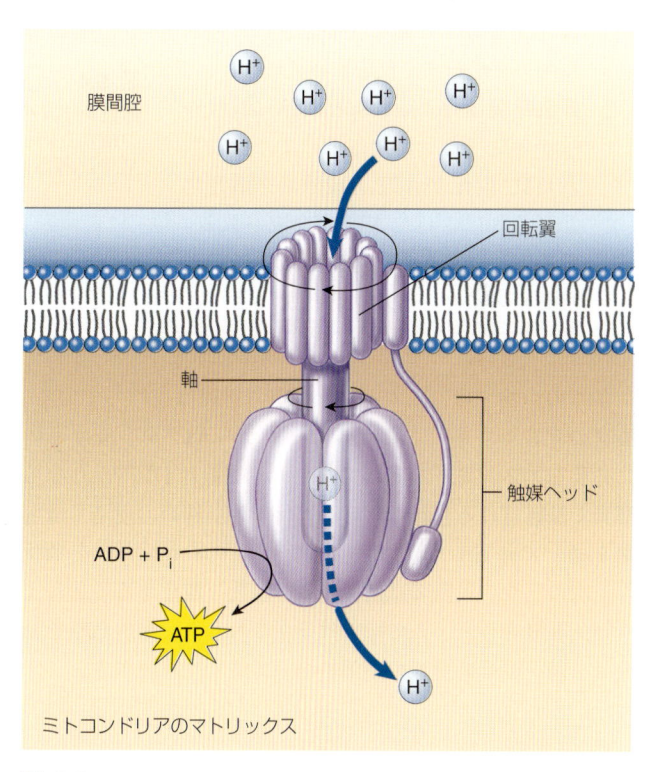

図 9.3
ATP合成酵素の働き． H^+は膜を横切って濃度勾配の低い方に動く．遊離したエネルギーは，回転翼と軸構造を回転させ，その機械的エネルギーがATP生成を伴う化学エネルギーに変換される．

接的に引きおこされる小さな回転モーターにより達成される．グルコースやほかのエネルギーに富んだ分子を分解するために細胞が用いる代謝機構の多くは，H^+をくみだすのに必要な力を供給し，この勾配を生じさせる高エネルギー電子を獲得するために費やされている．

生体におけるグルコースの二酸化炭素と水への異化は，グルコース1 molあたり約720 kcal (3012 kJ)のエネルギーを遊離する．このエネルギーはATP中に捕捉されるが，ATPは荷電したリン酸基を隣り合わせに結合させることでエネルギーを蓄える．ATPのリン酸結合が加水分解されると，エネルギーが遊離し仕事に使えるようになる．

9.1 細胞は化学結合からエネルギーを取りだす

9.2 細胞呼吸は食物分子を酸化する

グルコース異化の概観

細胞は2種類の異なる方法で有機分子の異化によりATPを合成することができる。

1. **基質レベルのリン酸化**(substrate-level phosphorylation)：リン酸含有中間体からリン酸基をADPに直接転移することによりATPが生成される（図9.4）。**解糖系**(glycolysis)においては，以下で議論するように，グルコースの化学結合はATP生成のために必要とされるエネルギーを供給する反応に移される。

2. **好気呼吸**(aerobic respiration)：有機分子から取りだされた電子により形成されたH^+勾配がATP合成酵素を活性化し，それによってATPが合成される。電子は，エネルギーを引き抜かれると酸素ガスに渡される。真核生物と好気的な原核生物はこの方法により大部分のATPを生産する。

図9.4
基質レベルのリン酸化。 ホスホエノールピルビン酸(PEP)のような分子はATP中の結合と同様な高エネルギーリン酸結合を有している。PEPのリン酸基が酵素的にADPに移されると，結合中のエネルギーが保存され，ATPが生成される。

多くの生物では，これらの2種類の過程は連結している。酸素の存在下で糖であるグルコースからATPを合成するのに必要なエネルギーを獲得するため，細胞は4段階からなる酵素で触媒される複雑な反応を遂行する。初めの段階では解糖を通して基質レベルのリン酸化によりエネルギーを捕捉し，次の三つの段階では解糖の最終産物を酸化することにより好気呼吸を行う。この項ではまずこれらの段階の概略を紹介し，続いてそれぞれの細部について詳しく検証する。

解糖

第一段階：解糖系 グルコース由来のエネルギーを取りだす最初の段階は，解糖とよばれる10の反応からなる経路で基質レベルのリン酸化によりATPを生成する。解糖反応を触媒する酵素群は細胞質に存在し，細胞の膜や細胞小器官には結合していない。この経路の初期に2分子のATPが消費され，基質レベルのリン酸化により4分子のATPが生成される。このため，1分子のグルコースが異化されるたびに，正味2分子のATPが合成される。加えて，グルコースの化学結合から取りだされた4分子の電子がNADHにより運ばれ，好気呼吸によってATP生成のために用いられる。しかし，ATPの全生産量は小さい。解糖過程が完了すると，生成された2分子のピルビン酸には依然として当初のグルコース中に保持されていたエネルギーの大部分が含まれている。

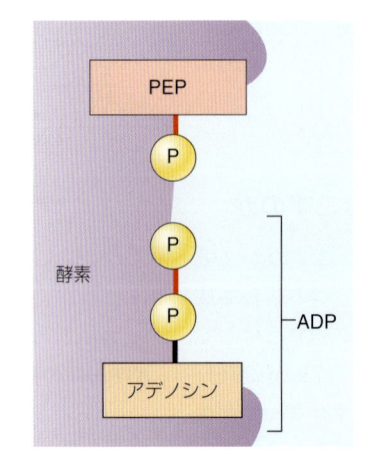

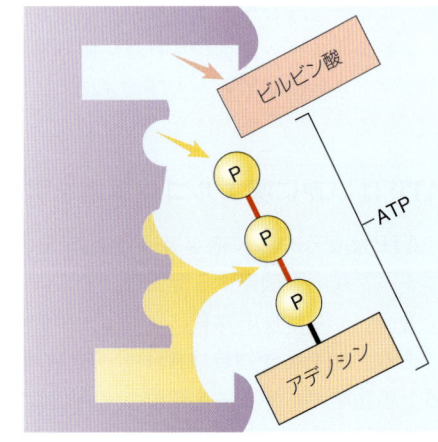

好気呼吸

第二段階：ピルビン酸酸化(Pyruvate Oxidation) 第二段階では，解糖の最終産物であるピルビン酸が二酸化炭素とアセチル-CoAとよばれる2炭素分子に変換される。1分子のピルビン酸が変換されるたびに1分子のNAD^+がNADHに還元され，ATP合成に用いられる電子を運ぶ。

第三段階：クレブス回路(Krebs Cycle) 第三段階では，アセチル-CoAがクレブス回路（発見者であるイギリスの生化学者Sir Hans Krebsにちなんで命名された）とよばれる九つの反応からなる反応系に引き込まれる（クレブス回路は"クエン酸回路"ともよばれる，というのはクエン酸が初めのステップで生成されるからである。また，あまり一般的ではないが，クエン酸は三つのカルボキシル基をもつため"トリカルボン酸回路"ともよばれる）。クレブス回路では基質レベルのリン酸化によりさらに2分子のATPが生成され，またNAD^+のNADHへの還元により多くの電子が引き抜かれる。

第四段階：電子伝達系(Electron Transport Chain) 第四段階では，NADHにより運ばれる高エネルギーの電子が一連の電子伝達体に渡され，電子がもつエネルギーが順次取りだされて，膜を隔てたH^+くみだしのために使われる。生じたH^+勾配を利用してATP合成酵素はATPを生成する。

ピルビン酸の酸化，クレブス回路の反応および電子伝達系によるATP生成は，多くの原核生物とすべての真核生物のミトコンドリア内で行われている。第5章で学んだように，

ミトコンドリアは細菌に由来すると考えられている。図9.5は好気呼吸の概要を示している。

嫌気呼吸

上で述べたように，酸素の存在下では，細胞は酸素を使って食物分子から得た電子を受け取り，好気的に呼吸することができる。しかし，酸素が全くない条件下でも，無機分子を用いて電子を受け取り，依然として"嫌気的"に呼吸できる生物も存在する。たとえば，多くの原核生物は酸素の代わりに硫黄，硝酸，あるいはそのほかの無機物質を電子受容体として用いる。

メタン生成菌 嫌気呼吸を行う従属栄養生物のなかには，第4章で論じたような好熱菌やメタン生成菌などの原始的な古細菌が存在する。メタン生成菌は，ほかの生物が生産する有機分子由来の水素を用いCO_2をCH_4（メタン）に還元することで，CO_2を電子受容体として用いる。

硫黄細菌 原始的な細菌が行っている嫌気呼吸過程のその他の証拠として，Woman River鉄鉱床として知られる27億年前の岩があげられる。この岩のなかの有機物質は硫黄の重い同位体^{34}Sに比べ軽い同位体^{32}Sに富んでいた。そのような同位体の富化は地質学的な過程としては知られていないが，生物的な硫黄還元はある種の原始的な原核生物により現在でも起きている。こうした硫酸呼吸においては，原核生物は無機硫酸（SO_4）の硫化水素（H_2S）への還元によりエネルギーを取りだす。その際水素原子はほかの生物が生産する有機分子から獲得される。それゆえこれらの原核生物はメタン生成菌が行うのと同じことを行っているが，酸化剤として（すなわち電子受容体として）CO_2の代わりにSO_4を用いている。

硫酸還元生物は，H_2Sに富んだ環境を形成することにより光合成の出現への段階を用意した。第10章で論じるように，初期の光合成では，太陽光のエネルギーを用いてH_2S由来の水素を獲得していた。

> 好気呼吸においては，解糖系，ピルビン酸酸化，クレブス回路，そして電子伝達系という一連の4種類の主要な経路により，細胞はグルコース分子からエネルギーを取りだす。酸素は最終電子受容体である。嫌気呼吸では獲得された電子をほかの無機化合物に渡す。

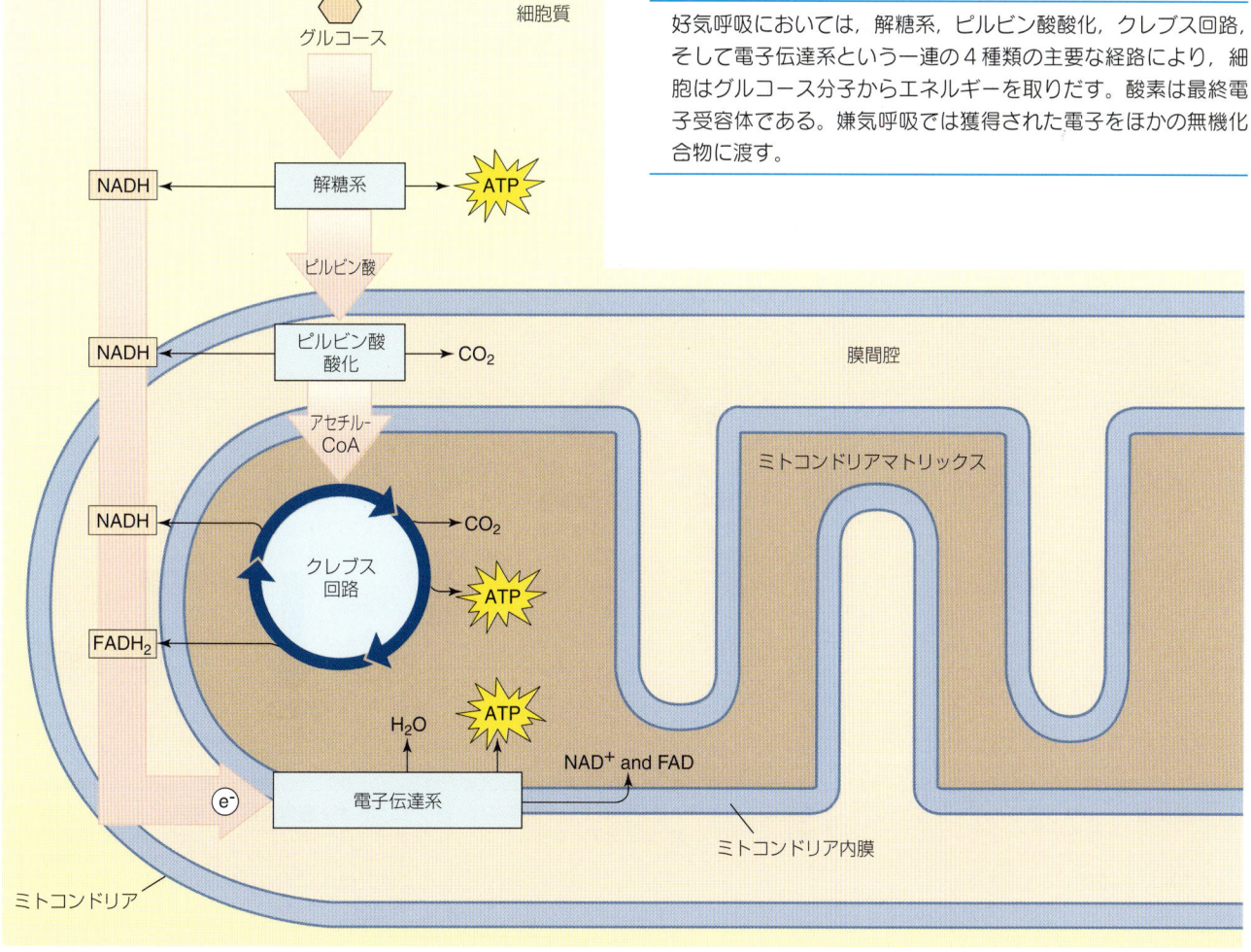

図 9.5
好気呼吸の概要

第一段階：解糖系

　原始的な生物の代謝はグルコースに集中していた。グルコース分子は多くの方法により分解されるが，原始的な生物はグルコースを異化して十分な自由エネルギーを遊離させ，それによって共役反応によりATP合成を引きおこすしくみを生みだした。解糖系とよばれるこの過程は細胞質内で進行する10段階の反応からなり，グルコースをピルビン酸という3炭素分子2個に変換する（図9.6）。この変換を経たグルコース1分子ごとに，細胞は基質レベルのリン酸化により純益で2分子のATPを得る。

準備反応

　解糖の前半は，グルコース1分子をグリセルアルデヒド-3-リン酸（G3P）という3炭素化合物2分子に変換する五つの連続した反応からなる。これらの反応はATPの消費を要求するため，エネルギー要求過程である。

ステップA：グルコースの準備反応　　グルコースを開裂して2分子のリン酸化された3炭素分子に変換するのを容易にするため，三つの反応がグルコース解糖の準備反応となっている。三つの反応のうち二つがATP開裂を必要とするため，この段階で細胞は2分子のATPを使う。

ステップB：開裂と再配列　　残りの二つの反応の初めでステップAの6炭素化合物が2分子の3炭素分子に分解される。一方はG3Pであり，もう一方は二番目の反応によりG3Pに変換される（図9.7）。

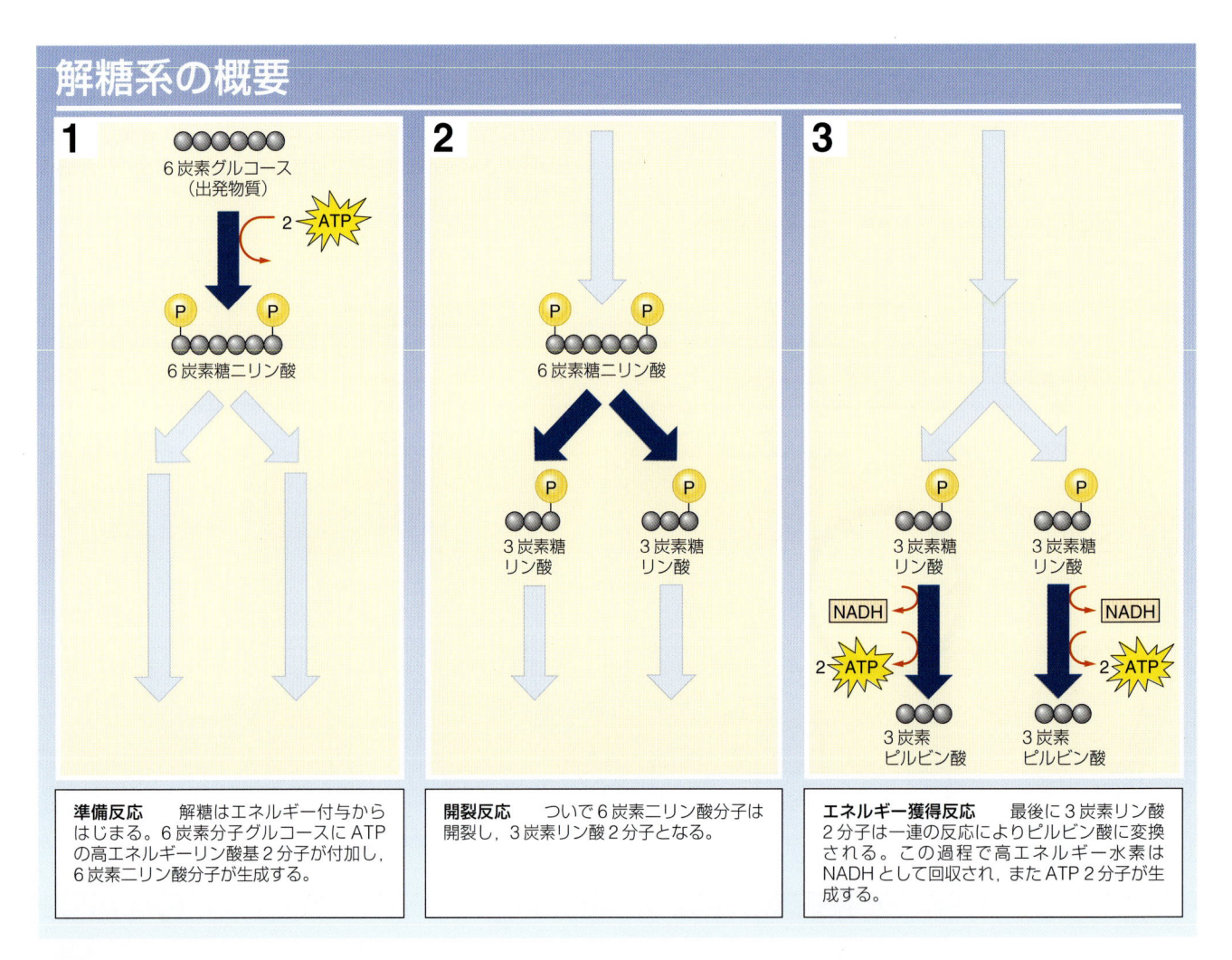

解糖系の概要

1　準備反応　　解糖はエネルギー付与からはじまる。6炭素分子グルコースにATPの高エネルギーリン酸基2分子が付加し，6炭素二リン酸分子が生成する。

2　開裂反応　　ついで6炭素二リン酸分子は開裂し，3炭素リン酸分子2分子となる。

3　エネルギー獲得反応　　最後に3炭素リン酸2分子は一連の反応によりピルビン酸に変換される。この過程で高エネルギー水素はNADHとして回収され，またATP2分子が生成する。

図 9.6
どのように解糖は働くか

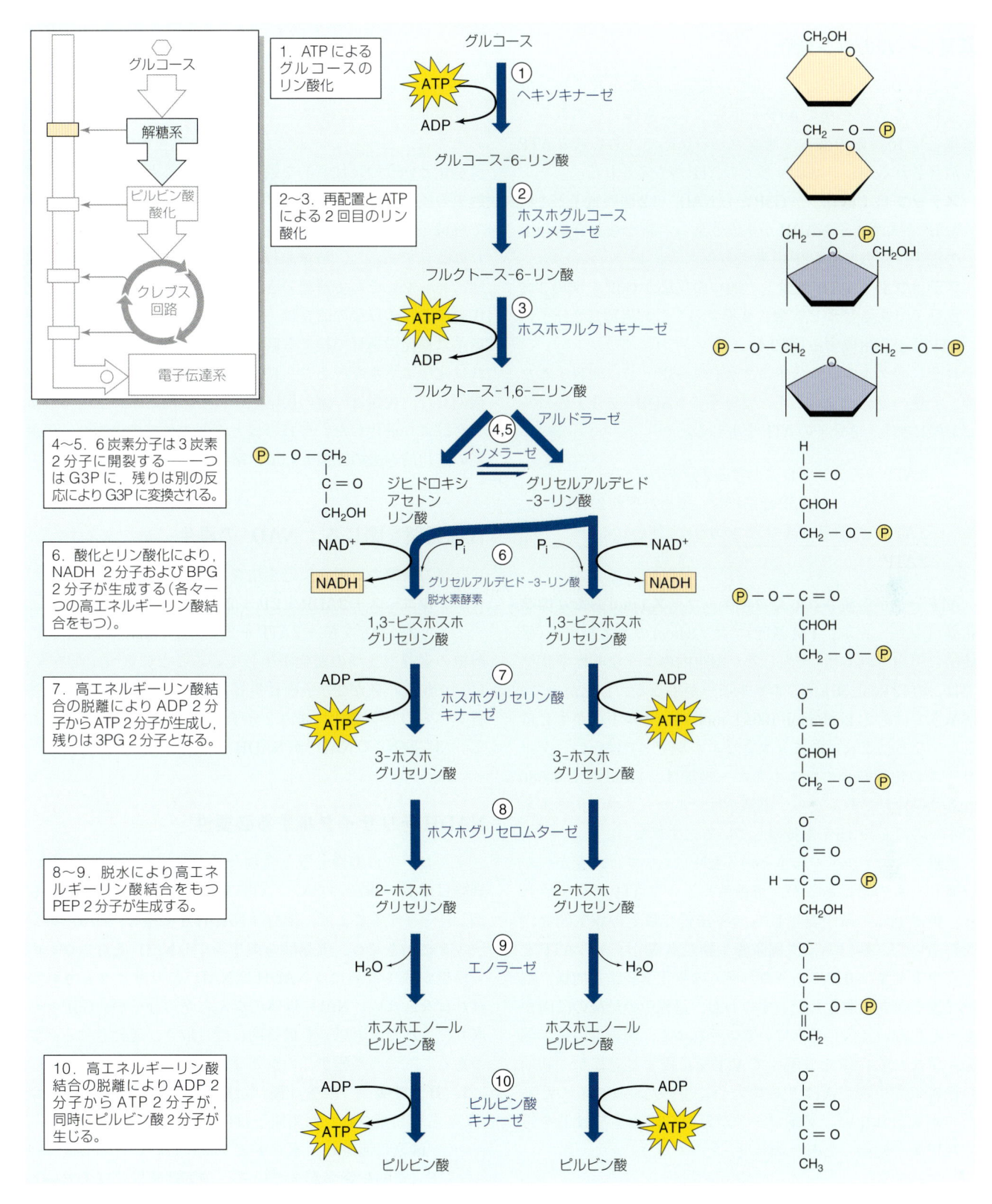

図 9.7
解糖系の経路。 初めの五つの反応で，1 mol のグルコースが 2 mol の G3P に変わる。次の五つの反応で G3P がピルビン酸に変わる。

基質レベルのリン酸化

解糖系の後半部分では，五つの反応がG3Pをピルビン酸に変換する過程を経てATPを生成する。全体としてみると解糖系は10段階の酵素で触媒される反応で，ある数のATPが消費されるが，それより多くのATPが生産される。

ステップC：酸化　G3PからNAD$^+$に2個の電子と1個のH$^+$が転移し，NADHが生成される。新たな共有結合中の電子は両方ともG3P由来である。

ステップD：ATP生成　四つの反応がG3Pを別の3炭素分子であるピルビン酸に変換する。この過程は2分子のATP分子を生成する（図9.4）。

それぞれのグルコース分子は2分子のG3P分子に開裂するため，一連の反応は全体として2分子のNADH，2分子のピルビン酸に加え，2分子のATPを生じる。

$$\begin{array}{r}4\,\text{ATP （ステップDにおける2分子の}\\ \text{G3P分子に対してそれぞれ2\,ATP）}\\ \underline{-2\,\text{ATP （ステップAの二つの反応で使われる）}}\\ 2\,\text{ATP}\end{array}$$

ATP分子が生産されるたびにグルコース1 molあたり標準状態（1気圧，室温，1 M濃度）では7.3 kcalのエネルギー（伝統的に引用される値）が生じるが細胞内のような非標準状態では，約12 kcal（50 kJ）のエネルギーが生じる。したがって，解糖系では約24 kcal/mol（100 kJ/mol）のエネルギーが生じることになる。これはあまり大きなエネルギーではない。グルコースの化学結合の全エネルギー含量は，1 molあたり686 kcal（2870 kJ）であるから，解糖系はグルコース中の化学エネルギーのほんの3.5％を獲得しているにすぎない。

遊離するエネルギーの量という意味においては理想からかけ離れたものではあるが，解糖系によってATPは生産される。地球上に生命が誕生してから10億年以上の嫌気的な段階のあいだ，解糖系は従属栄養生物が有機分子からATPを生成する主要な方法であった。多くの生化学経路と同様，解糖は後ろ向きに進化した。すなわち，過程中の最後の段階がもっとも古いと信じられている。それゆえ，解糖系の後半部分，すなわちG3Pを分解してATPを生成する過程が，初期の従属栄養生物がATP生成のために用いた最初のものだったのかもしれない。グルコースからのG3Pの生成はおそらくG3P源が枯渇したあとに出現したのだろう。

すべての細胞は解糖系を用いる

一連の解糖反応は，あらゆる生化学経路のなかでもっとも早くに生じたと考えられている。解糖系は分子状酸素によらず，嫌気的環境で速やかに進行する。反応のすべては細胞質で自由に起こり，細胞内小器官や膜構造に関連していない。すべての生きものが解糖を行うことができる。しかしながら，現在の生物の多くは好気呼吸によりグルコースからはるかに多くのエネルギーを取りだすことができる。

酸素非存在下におけるエネルギー収量がこれほどわずかであるのに，どうしていまでも解糖系は存在するのか？　答えは進化というのは加算的な過程だということである。変化は過去の成功を改良することにより生じる。異化的代謝において解糖系は一つの必須な進化的基準を満たしている——それは改良であった。解糖を行えない細胞は競争的に不利な状態にあった。そして解糖できる細胞だけが生き残った。異化代謝における以後の改良は，この成功のうえに築かれた。解糖系は進化の過程で捨てられることはなかった。むしろ，それは化学エネルギーをさらに取りだすための出発段階として機能した。代謝は一連の反応系がほかの反応系に加えられることにより進化した。今日のほとんどすべての生物が，代謝系の進化的過去の記憶として，解糖を行っている。

代謝循環を閉じる：NAD$^+$の再生

一連の解糖の正味の反応を精査してみよう。

$$\text{グルコース} + 2\,\text{ADP} + 2\,\text{P}_i + 2\,\text{NAD}^+ \longrightarrow$$
$$2\,\text{ピルビン酸} + 2\,\text{ATP} + 2\,\text{NADH} + 2\,\text{H}^+ + 2\,\text{H}_2\text{O}$$

解糖の過程で三つの変化が生じていることに気づくだろう。(1) グルコースが2分子のピルビン酸に変換される。(2) 基質レベルのリン酸化により2分子のADPがATPに変換される。(3) 2分子のNAD$^+$がNADHに変換される。

NADHをリサイクルする必要性

グルコースに変換しうる食物分子が利用できるあいだは，細胞は活動の維持のためにATPを連続的に量産できる。しかし，そうすることで，細胞はNADHを蓄積し，NAD$^+$のプールを枯渇させる。細胞はあまり多くのNAD$^+$をもたないので解糖が続くためにはNADHはNAD$^+$にリサイクルされなければならない。NAD$^+$以外のなんらかの分子が，G3Pから取りだされた水素原子を最終的に受け取り，還元される必要がある。二つの過程がこの重要な任務を遂行できる（図9.8）。

1. **好気呼吸**　酸素は優れた電子受容体である。G3Pから取りだされた水素原子は何段階かの電子伝達を通して酸素に渡され，水を生成する。このことが酸素存在下に真核生物で起きている。空気は酸素に富んでいるので，この過程は好気代謝ともいわれる。

2. **発酵**　酸素が利用できないとき，ワイン醸造におけるアセトアルデヒドのように，有機分子が代わりに水素原子を受け取ることができる。このような発酵は，好気呼吸が可能なものでも，多くの生物の代謝において重要な役割を果たしている。

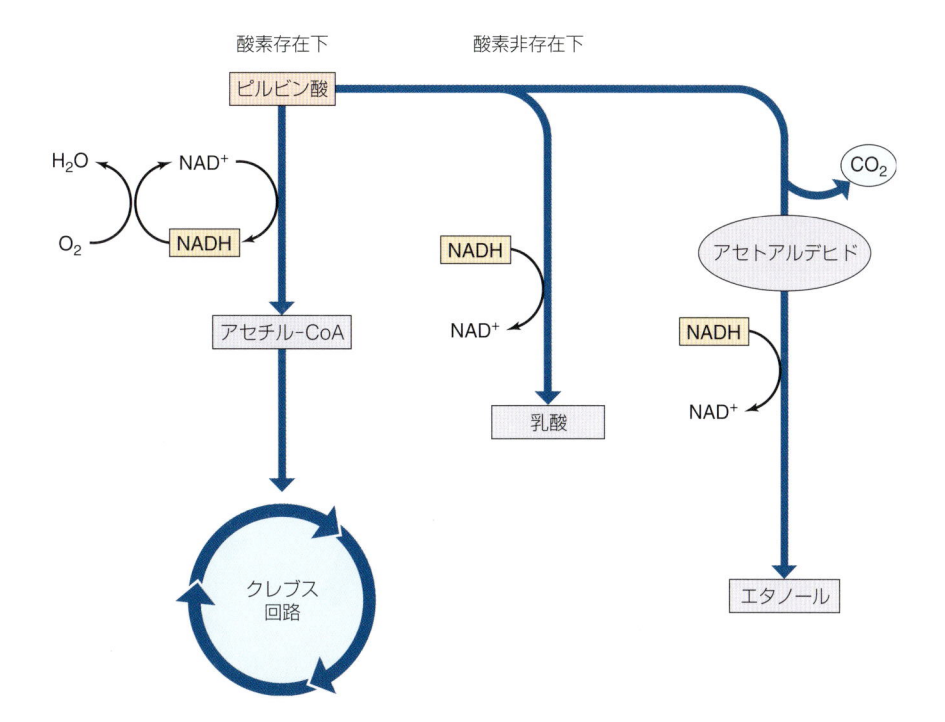

図 9.8
解糖の生成物であるピルビン酸に何が起こるか？ 酸素の存在下ではピルビン酸はアセチル-CoAに酸化され，アセチル-CoAはクレブス回路に入っていく。酸素のない条件下では，ピルビン酸は解糖中に引き抜かれ，NADHで運ばれた電子を受け取って反対に還元される。ピルビン酸が筋細胞におけるように直接還元されると，その生成物は乳酸である。はじめに二酸化炭素がピルビン酸から取り除かれ生成物であるアセトアルデヒドがその後還元される場合には，酵母細胞で起こるように，生成物はエタノールとなる。

解糖により生成されたピルビン酸の運命は，二つの過程のうちどちらが生じるかということに依存する。好気呼吸経路はピルビン酸のアセチル-CoAとよばれる分子への酸化ではじまり，アセチル-CoAはその後クレブス回路とよばれる一連の反応によりさらに酸化される。それに対して，発酵経路はピルビン酸のすべてあるいは一部の還元を含んでいる。以下では好気呼吸（第2段階から第4段階まで）を検証することからはじめ，その後，簡単に発酵を見てみよう。

図 9.9
ワインはどのようにつくられるか。 ピルビン酸のエタノールへの変換は，破砕したブドウが入った発酵おけのなかと同様に，つるに残されたブドウの中での発酵によっても自然に生じる。酵母はこの過程を推進するが，エタノール濃度が約12%にまで増加すると，アルコールの毒性効果により酵母細胞は死滅する。残ったものがワインである。

グルコース分子の結合を再配置することで，解糖系は少量のATPを生成する。解糖系においては，2分子のNAD^+がNADHに還元される。解糖系が低下しないようにNAD^+は再生成される必要がある。

9.2 細胞呼吸は食物分子を酸化する　**167**

第二段階：ピルビン酸の酸化

酸素存在下では，解糖系にはじまるグルコースの酸化はピルビン酸となり解糖系が終わるところでも続く。真核生物では，ピルビン酸からさらにエネルギーを取りだすことはミトコンドリア内で二段階で進行する：初めはピルビン酸のアセチル-CoAへの酸化，続いてクレブス回路でのアセチル-CoAの酸化がそれである。

アセチル-CoAの生成

ピルビン酸は，ピルビン酸の三つの炭素のうちの一つを脱離する1回の"脱炭酸反応"により酸化される。この炭素は生物から排出される必要がある廃棄物で，CO_2として離れていく（図9.10，最上部）。この反応はアセチル基とよばれる2炭素断片とNAD^+をNADHに還元する1組の電子およびH^+を生成する。これは三つの中間段階を含む複雑な反応で，ミトコンドリア内で多酵素複合体により触媒される。第8章で述べたように，このような複合体は化学中間体が拡散したり，ほかの反応を受けたりしないように一連の酵素反応を組織化している。複合体内では，構成要素であるポリペプチドは，基質を遊離することなく一つの酵素から次の酵素へと受け渡す。ピルビン酸からCO_2を遊離させる酵素複合体であるピルビン酸脱水素酵素は，既知の酵素のなかで最大のもので，60ものサブユニットを含む。反応の過程で，ピルビン酸から遊離したアセチル基は補酵素A（CoA）と結合し，**アセチル-CoA**（Acetyl-CoA）を形成する。

$$\text{ピルビン酸} + NAD^+ + CoA \longrightarrow \text{アセチル-CoA} + NADH + CO_2$$

ここで生成される1 molのNADHはあとでATPの生成に用いられる。しかし，NAD^+のNADHへの還元よりはるかに重要なのはアセチル-CoAの生成である（図9.10，下部）。アセチル-CoAは非常に多くの代謝過程で生成されるため，きわめて重要である。ピルビン酸の酸化だけでなく炭水化物異化における中間体もアセチル-CoAを生成し，タンパク質，脂肪，またほかの脂質の代謝的分解でもアセチル-CoAを生成する。じつに，エネルギー生成のために異化されるほとんどすべての分子はアセチル-CoAに変換される。ついでアセチル-CoAは，生物のエネルギー要求に応じて脂肪合成かATP生成に向けられる。こうしてアセチル-CoAは真核細胞の多くの代謝過程において鍵を握っている。

アセチル-CoAの利用

細胞はいろいろな方法によりアセチル-CoAを生成するが，それを利用するのはごく限られた数の代謝過程だけである。アセチル-CoAの大半はエネルギー貯蔵（たとえば脂質

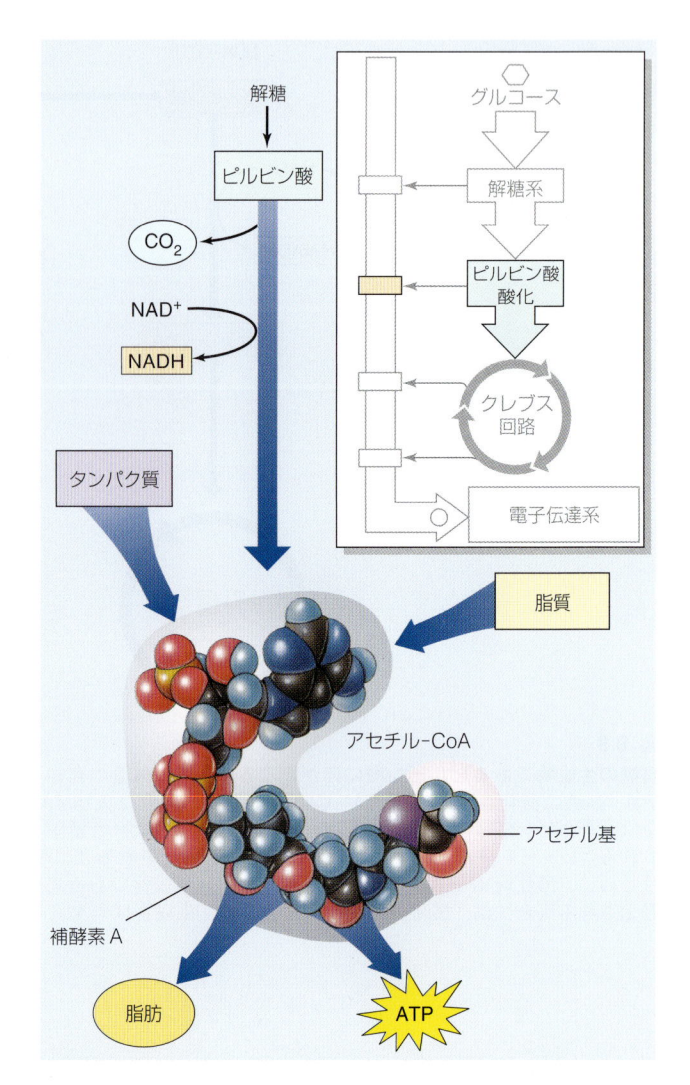

図 9.10
ピルビン酸の酸化。この複雑な反応はNAD^+のNADHへの還元を含んでおり，そのため代謝エネルギーの重要な源である。生成物であるアセチル-CoAは，クレブス回路の出発物質である。エネルギー生成のために異化される分子のほとんどすべてはアセチル-CoAに変換されるが，その後，アセチル-CoAは脂肪合成かATP生成に向けられる。

合成）かクレブス回路で酸化されATP生成に向けられる。どちらが採られるかは細胞内のATPレベルに依存する。ATPレベルが高いときは，酸化的な経路は阻害され，アセチル-CoAは脂肪酸合成に利用される。このことにより多くの動物（人間も含まれる）で体が必要とする以上の食物を消費すると脂肪の貯蔵が進むことの説明がつく。反対にATPレベルが低いときは酸化的経路が活性化され，アセチル-CoAはエネルギーを生成する酸化代謝に利用される。

グルコース異化の2段目のエネルギー獲得段階では，ピルビン酸が脱炭酸され，アセチル-CoA，NADHとCO_2を生じる。この過程はミトコンドリア内で進行する。

第三段階：クレブス回路

解糖によりグルコースがピルビン酸に代謝され，そしてピルビン酸が酸化されてアセチル-CoAが生成されたあとで，グルコースからエネルギーを取りだす第三段階がはじまる。この第三段階では，アセチル-CoAはクレブス回路とよばれる一連の9段階の反応で酸化される。これらの反応はミトコンドリアのマトリックスで起こる。この回路では，アセチル-CoAの2炭素のアセチル基はオキザロ酢酸とよばれる4炭素分子と結合する（図9.11）。残った6炭素分子は一連の電子を生成する酸化反応を受け，そのあいだに2個のCO_2分子を遊離しオキザロ酢酸を再生する。オキザロ酢酸は別のアセチル基と結合するように再循環される。回路の1回転ごとに，新たなアセチル基が失われた2個のCO_2分子に取って代わり，より多くの電子がATPを生成するH^+ポンプを動かすために取りだされる。

クレブス回路の概観

クレブス回路の九つの反応系は2段階からなる。

ステップA：準備段階　三つの反応によりエネルギーを取りだすための6炭素分子が用意される。まず，アセチル-CoAが回路に入り，それから化学基が再配列される。

ステップB：エネルギーの取りだし　この段階の六つの反応のうち四つは，電子が取り除かれる酸化反応であり，一つの反応では基質レベルのリン酸化により直接当量のATPが生成される。

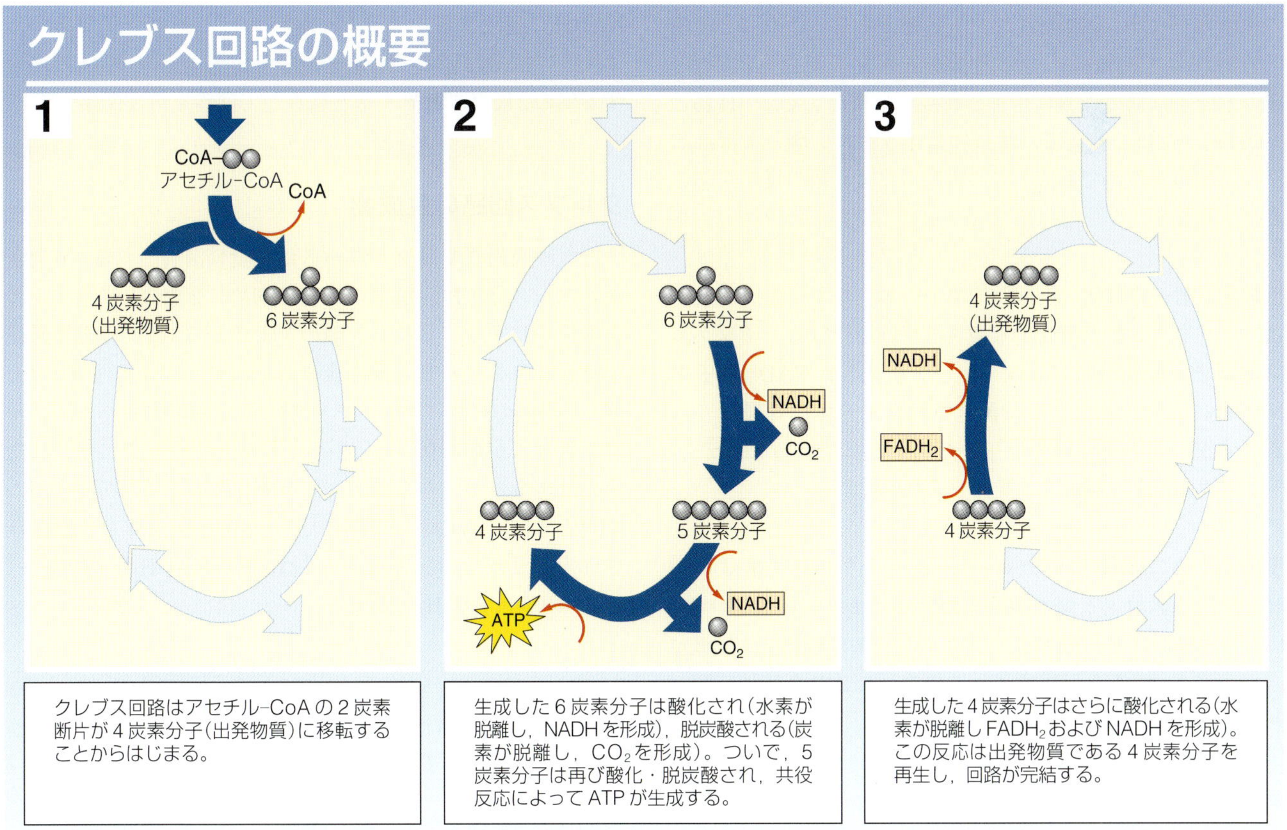
クレブス回路の概要
1
CoA-
アセチル-CoA
CoA
4炭素分子
（出発物質）
6炭素分子
クレブス回路はアセチル-CoAの2炭素断片が4炭素分子（出発物質）に移転することからはじまる。
2
6炭素分子
NADH
CO2
4炭素分子
5炭素分子
NADH
CO2
ATP
生成した6炭素分子は酸化され（水素が脱離し，NADHを形成），脱炭酸される（炭素が脱離し，CO2を形成）。ついで，5炭素分子は再び酸化・脱炭酸され，共役反応によってATPが生成する。
3
4炭素分子
（出発物質）
NADH
FADH2
4炭素分子
生成した4炭素分子はさらに酸化される（水素が脱離しFADH2およびNADHを形成）。この反応は出発物質である4炭素分子を再生し，回路が完結する。

図 9.11
クレブス回路はどのように働くか

クレブス回路の反応

クレブス回路は，細胞が高エネルギー電子を取りだしATP合成を行うための反応系で，九つの連続した反応からなる（図9.12）。初めに，アセチル-CoA由来の2炭素基が回路に入り，回路を経るうちに2個のCO_2分子と8個の電子が放出される。

反応1：縮合　アセチル-CoA由来の2炭素基は4炭素分子であるオキザロ酢酸と結合し，6炭素分子であるクエン酸を生成する。この縮合反応は不可逆であり，2炭素のアセチル基をクレブス回路に引き渡す。この反応は細胞のATP濃度が高いときに抑制され，低いときに促進される。それゆえ，細胞が十分な量のATPを有しているときにはクレブス回路は閉じられ，アセチル-CoAは脂肪合成へと向かう。

反応2と3：異性化　酸化反応がはじまる前に，クエン酸の水酸基（$-OH$）は再配置される必要がある。これは2段階で行われる。初めに一つの炭素から水分子が引き抜かれ，その水分子は別の炭素に付加される。結果として，$-H$基と$-OH$基が位置を変える。生成物はイソクエン酸とよばれるクエン酸の異性体である。この再配置により後の反応が起こりやすくなる。

反応4：第一の酸化　回路の第一のエネルギー生成段階では，イソクエン酸が酸化的な脱炭酸反応を受ける。イソクエン酸はまず酸化されて2個の電子を生成し，NAD^+分子をNADHに還元する。次いで酸化された中間体は脱炭酸される。すなわち中央の炭素原子がCO_2となって脱離し，α-ケトグルタル酸とよばれる5炭素分子を生成する。

反応5：第二の酸化　ついで，α-ケトグルタル酸はピルビン酸脱水素酵素と似た多酵素複合体により脱炭酸される。CO_2の脱離のあとに残されたスクシニル基はCoAと結合し，スクシニル-CoAを形成する。この過程で2電子が引き抜かれ，それらはNAD^+をNADHに還元する。

反応6：基質レベルのリン酸化　4炭素のスクシニル基とCoA間の連結は高エネルギー結合である。解糖で生じるのと同様な共役反応によりこの結合は切断され，放出されたエネルギーがグアノシン二リン酸（GDP）をリン酸化してグアノシン三リン酸（GDP）を生成する。GTPは容易にATPに変換され，また残った4炭素断片はコハク酸とよばれる。

反応7：第三の酸化　次に，コハク酸は酸化されてフマル酸になる。この反応の自由エネルギー変化はNAD^+を還元するほどには大きくない。その代わり，フラビンアデニンヌクレオチド（FAD）が電子受容体となる。NAD^+と異なり，FADはミトコンドリアのなかでは自由に拡散せず，ミトコンドリア内膜に局在する。還元型である$FADH_2$は膜の電子伝達系にのみ電子を渡す。

反応8と9：オキザロ酢酸の再生　この回路の最後の二つの反応では，水分子がフマル酸に加えられ，リンゴ酸を生成する。その後リンゴ酸は酸化され，4炭素分子であるオキザロ酢酸と，2個の電子を生成する。この電子がNAD^+分子をNADHに還元する。こうして回路のはじめの分子であったオキザロ酢酸はいまや遊離型となり，アセチル-CoAに由来する別の2炭素アセチル基と結合して回路を再び開始する。

クレブス回路の生成物

好気呼吸過程ではグルコースは完全に消費される。6炭素グルコース分子は，解糖の過程で初めに2個の3炭素ピルビン酸分子になる。ピルビン酸のアセチル-CoAへの変換過程でそれぞれのピルビン酸の炭素の一つはCO_2として失われ，残りの2個の炭素はクレブス回路の酸化中に失われる。グルコース分子が6個のCO_2分子へと分解していく際に残されたものはエネルギーのみであり，そのうちのある部分は4個のATPとして，あるいは12個の還元型電子伝達体として保存される。これらの伝達体のうち10個はNADH分子であり，残りの2個は$FADH_2$である。

クレブス回路は1分子のグルコースあたり2分子のATPを生成する点では，解糖系と同じである。重要なのは，クレブス回路とピルビン酸の酸化では，多くの高エネルギー電子が生まれることであり，この電子が電子伝達系に渡されて，より多くのATPの合成を引きおこすのである。

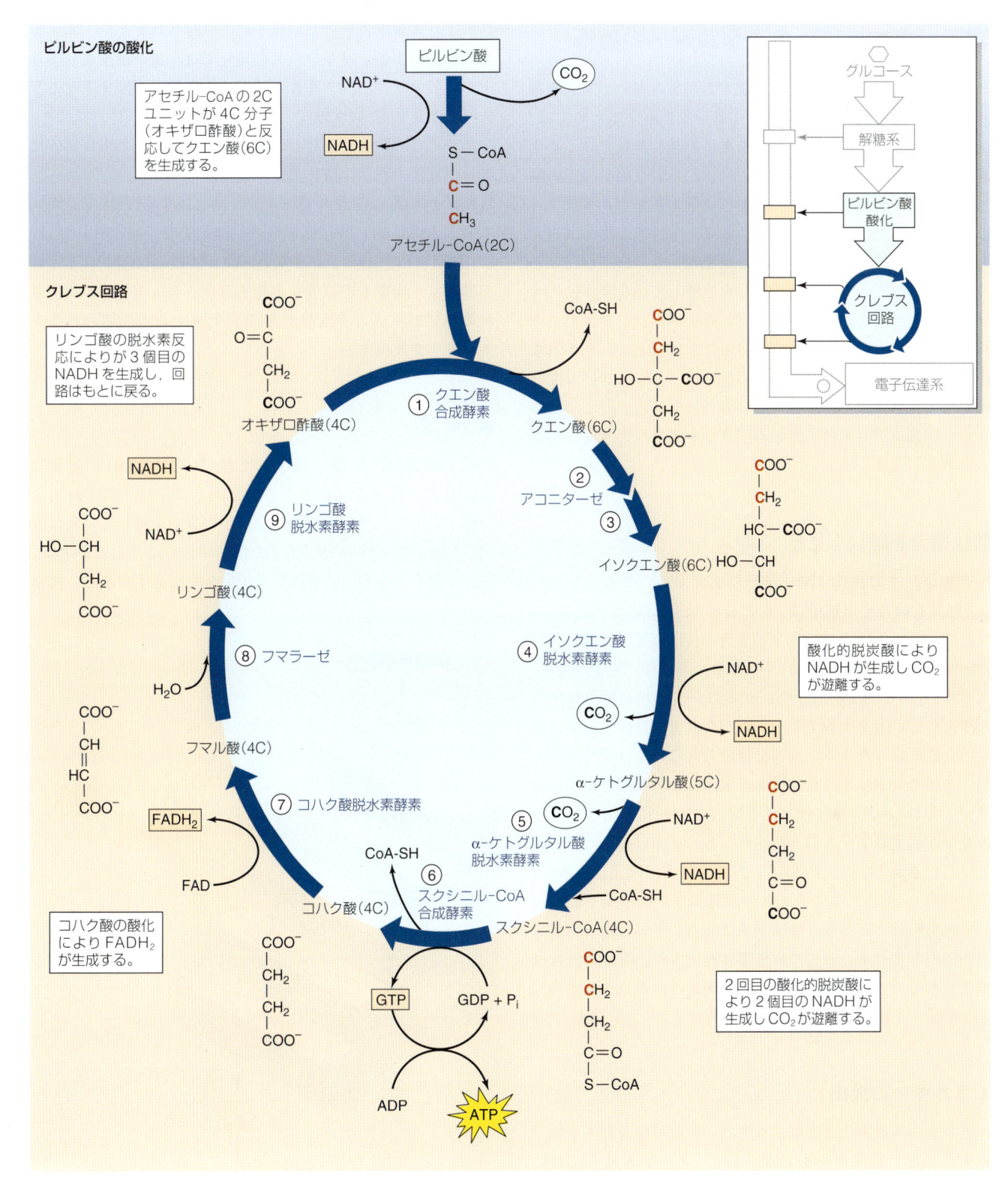

図 9.12
クレブス回路。 この一連の反応は，ミトコンドリアのマトリックス内で生じる。解糖とピルビン酸酸化により生じた2分子のアセチル-CoAは，それぞれクレブス回路に沿って回り，グルコース1分子を完全に酸化する。回路に沿って，異なった炭素をたどってみよう。そして，回路を進むにしたがって，分子の炭素骨格に起こる変化を見てみよう。

電子引き抜きによるエネルギーの獲得

グルコースを異化する際に遊離するエネルギーの一部を細胞がどのようにATP生成に利用するかを理解するためには，グルコース分子のC—H結合中の電子を詳しく見ていく必要がある．第8章では，電子がある原子から取り除かれ別の原子に受け渡されるとき，その電子の位置エネルギーも移されることを述べた．この過程では，電子を受け取る原子は還元される．その論議では，あたかも還元が一つの原子からほかの原子への電子の完全な受け渡しを意味しているように，すなわち還元をあたかも全か無かというように話してきた．それはまさしくしばしば起こっていることではある．しかしながら，時には還元が共有結合内の電子の"分かち合いの度合い"を変化させるだけになっていることもある．ここではこうした問題を取り上げ，電子の伝達が不完全なとき何が起こるか考察しよう．

酸化還元を詳しく見る

グルコースの異化は酸化還元反応である．グルコースのC—H共有結合中の電子は，CとHの原子にほぼ同等に分けられている．というのは炭素と水素の核は価電子に対してほぼ同じ親和性を有している(すなわち，同様な"電子陰性度"を示す)からである．しかし，グルコースの炭素原子が酸素と反応してCO_2を生成すると，新たな共有結合中の電子は異なった位置取りをする．同等に分けられるのではなく，グルコース中の炭素原子の軌道にある電子はCO_2の酸素原子の方に引き寄せられる(酸素はとても電気陰性度が高い)．これらの電子が炭素原子から引き抜かれると，グルコースの炭素原子は酸化され(電子の消失)，一方酸素原子は還元される(電子の獲得)．同様にグルコースの水素原子が酸素原子と結合して水を形成するとき，酸素原子は共有していた電子を自分の方に引き寄せる．ここでは酸素は還元され，グルコースは酸化される．この反応においては，酸素はグルコース中の原子を酸化する酸化剤(電子誘引)である．

エネルギーの放出

グルコースの酸化を理解する鍵は，各原子の共有する電子のエネルギーに焦点をあてることである．共有結合において，原子から電子を引き抜くためには，ちょうど丸い巨岩を転がして丘に上げるのにエネルギーを使わなければならないように，エネルギーが加えられなければならない．原子の電気陰性度が高ければ高いほど，そこから電子を引き抜くために上らなければならないエネルギーの丘はよりきついものとなる．しかしながら，ちょうど巨岩が丘を転がるときにエネルギーを放出するように，電子がより電気陰性度の低い原子からより電気陰性度の高い原子に受け渡されるとき，エネルギーを放出する．グルコースの異化では，電子が酸素により近く位置するため，エネルギーはグルコースが酸化されるときに放出される(図9.13)．

多くのC—H結合をもつため，グルコースはエネルギーに富んだ食物である．酸化還元の観点からすると，グルコースは原子から遠い配置の電子をたくさんもち，それらはすべて酸素の方に動く潜在性をもつ．酸化的な呼吸においては，C—H結合の水素原子がグルコースから酸素に渡されるからではなく，価電子の位置が変化するからエネルギーが放出されるのである．この変移がATPを生成するのに使われるエネルギーを放出する．

還　元　力

電子がNAD^+に受け渡されてNAD^+をNADHに還元しNADHにエネルギーを蓄えるのと同じように，NADHもその電子をほかの分子に渡して，ほかの分子を還元し自身は酸化される．高エネルギー電子を供給できるこうした能力は，脂肪や糖を含む多くの有機分子の生合成に必須である．動物

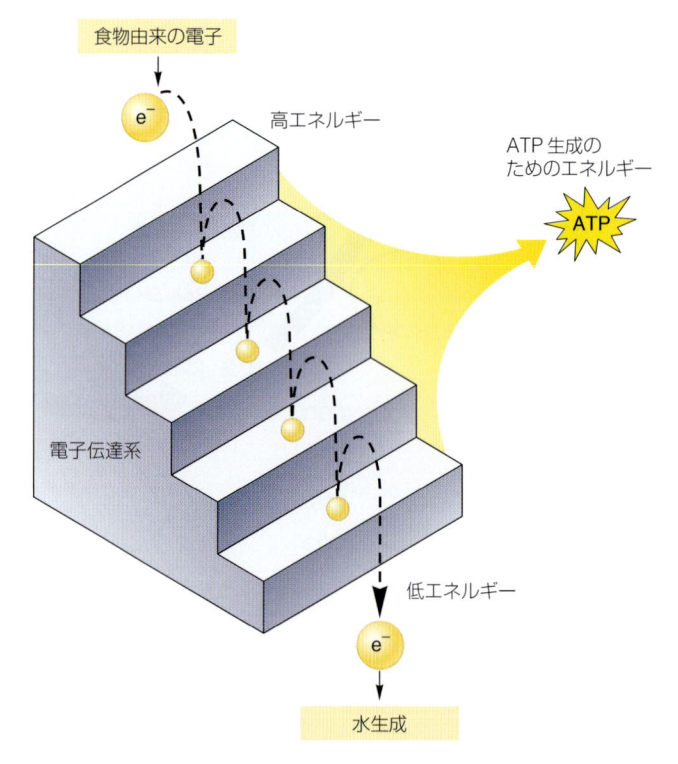

図 9.13
電子伝達系はどのように働くか． この図は，あるエネルギーレベルから別のエネルギーレベルへと電子が伝達されるとき，どのようにATPが生成されるかを示している．1回の爆発的なエネルギーの破裂ではなく，電子は段階的にだんだん低いエネルギーレベルへと落ちていき，もっともエネルギーの低い(電気陰性度の高い)電子受容体に転がり落ちるまで，それぞれの落下に伴い保存されたエネルギーを遊離する．

では，ATPが十分にあるとき，蓄積したNADHの還元力が高エネルギー電子をもつ脂肪酸前駆体の供給にまわされ，それらを還元して脂肪として電子のエネルギーを保存するのに供される。

段階的なエネルギーの取りだし

一般的なルールとして，ある反応で，エネルギーの放出が大きいほど，熱(無秩序な分子運動)として放出されるエネルギーは大きくなり，有用な経路に振り分けられる度合いは低くなる。ガソリンの燃焼を例にあげれば，車のガソリンタンクのなかのすべてのガソリンが一度に爆発しようがシリンダーのなかでごく小さな爆発をくり返すように燃やそうが，全く同じ量のエネルギーが遊離される。しかし，ガソリンのエネルギーを少しずつ放出させることにより，獲得効率はより大きくなり，ピストンを押し車を動かすために，より多くのエネルギーを使いうる。

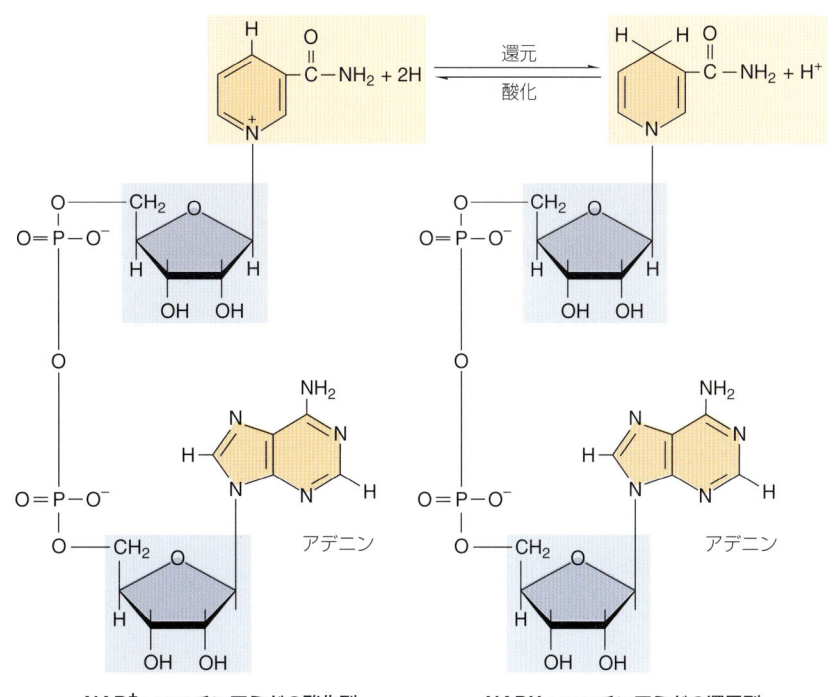

NAD$^+$：ニコチンアミドの酸化型　　　　**NADH：ニコチンアミドの還元型**

図 9.14
NAD$^+$とNADH。 このジヌクレオチドは細胞呼吸のあいだ，電子シャトルとして働く。NAD$^+$は異化された巨大分子から電子を受け取り，還元されてNADHになる。

細胞内でのグルコースの酸化についても同じ原理があてはまる。もし，ある一段階の爆発で一度に自由エネルギーを放出して，すべての水素が酸素に受け渡されたなら，細胞が有用な形で獲得するエネルギーはほんの少しであろう。ところが実際には細胞は自動車のように一度に少しずつ燃料を燃やしているのである。グルコースのC—H結合の6個の水素は解糖とクレブス回路と総称される酵素触媒反応を通じて段階的に取り除かれる。これらの反応についてはすでに本章で詳しく言及してきた。水素は補酵素伝達体であるNAD$^+$(図9.14)に渡されることにより取り除かれるということを思いだしてほしい。第8章で検討したようにNAD$^+$は非常に普遍的な電子受容体であり，エネルギーをもつ電子を細胞全体に行き渡らせている。グルコースのエネルギーの獲得においてNAD$^+$は重要な電子受容体として働いているのである。

電子を追跡する

これらの反応を検証するときには，電気的荷電の変化と混同しないようにしてほしい。つねに"電子を追いかける"ことである。酵素はグルコースから2個の水素，すなわち2個の電子と2個のH$^+$，を引き抜き，両方の電子と1個のH$^+$をNAD$^+$に受け渡す。もう一つのH$^+$はイオンとしてまわりの溶液中に放出される。この転移によりNAD$^+$はNADHに変換される。すなわち，2個の負の電子と1個の正のH$^+$が1個の正に荷電したNAD$^+$に付加されることにより，電気的に中性なNADHを生成する。

NADHにより捕獲されたエネルギーは一度に取りだされるわけではない。直接酸素に引き渡されるのではなく，NADHにより運ばれる2個の電子は**電子伝達系**(electron transport chain)に渡される。この系はミトコンドリアの内膜に埋め込まれた一連の分子で大部分はタンパク質である。NADHは電子伝達系の頂上に電子を運び，そして酸素は一番下で電子を捕捉する。電子を捕捉した酸素は水素と結合し水を形成する。系のそれぞれの段階で，電子は少しだけ電気陰性度のより高い伝達体に移り，位置も少し変化する。それゆえ，電子はエネルギー勾配を下に移動する。すべての過程を通して，標準状態では合計で53 kcal/mol(222 kJ/mol)を遊離する。この一連の電子伝達により，エネルギーは段階的に取りだされるのである。このエネルギーがATP生成を引きおこすためにどのように使われているかを次に論じよう。

グルコースの異化に含まれる一連の酸化還元反応は，電子をより酸素原子の近くに再配置することでエネルギーを遊離するという効果をもつ。こうして，NAD$^+$を電子運搬体として用いて，エネルギーは，段階的にグルコース分子から取りだされる。

9.2　細胞呼吸は食物分子を酸化する　**173**

第四段階：電子伝達系

好気呼吸の初期の3段階で形成されたNADHとFADH₂分子は，それぞれNAD⁺とFADが還元されるときに捕捉された1組の電子をもつ。NADH分子は，その電子をミトコンドリア内膜に運び，そこで電子を**電子伝達系**(electron transport chain)と総称される一連の膜結合タンパク質に移送する。

電子伝達系を通して電子を動かす

電子を最初に受け取るタンパク質は，**NADH 脱水素酵素**（NADH dehydrogenase）とよばれる膜に埋め込まれた複合酵素である。次にユビキノンとよばれる伝達体が，電子を"bc_1 複合体"とよばれるタンパク質—シトクロム複合体に渡す。呼吸鎖のほかの複合体と同様，この複合体もH⁺ポンプとして機能しH⁺を膜の反対側に排出する（図9.15）。

ついで，電子はシトクロムcという別の伝達体からシトクロム酸化酵素複合体に渡される。この複合体は1分子の酸素を還元するのに電子を4個用いる。それぞれの酸素は2個のH⁺と結合し，水を形成する。

$$O_2 + 4H^+ + 4e^- \longrightarrow 2H_2O$$

NADHが電子伝達系の最初のタンパク質NADH脱水素酵素に電子を渡すのに対して，ミトコンドリア内膜に結合しているFADH₂は電子をこの系のよりあとの部分であるユビキノンに供給する。

酸化的呼吸が可能になるのは，十分な電子-受容体（しばしば酸素）が利用可能な場合である。第10章で見るように，好気呼吸で使われている電子伝達系は，好気的光合成で用いられている鎖と似ており，おそらくそこから進化したのであろう。

電気化学的勾配の形成

真核生物では，好気呼吸はほとんどすべての細胞内に存在するミトコンドリア内で行われる。クレブス回路の反応を遂行する酵素群はミトコンドリア内部の区画であるマトリックスに含まれる。酸化的呼吸により取りだされた電子は電子伝達系に渡され，遊離されるエネルギーによりH⁺がマトリックスから膜間腔とよばれる外側の区画に運ばれる。ミトコンドリア内膜の3種の膜貫通タンパク質（図9.15参照）が実際に輸送を実行する。高エネルギー電子の流れはこれらのポンプタンパク質に形の変化を引きおこし，膜を横切るH⁺輸送が

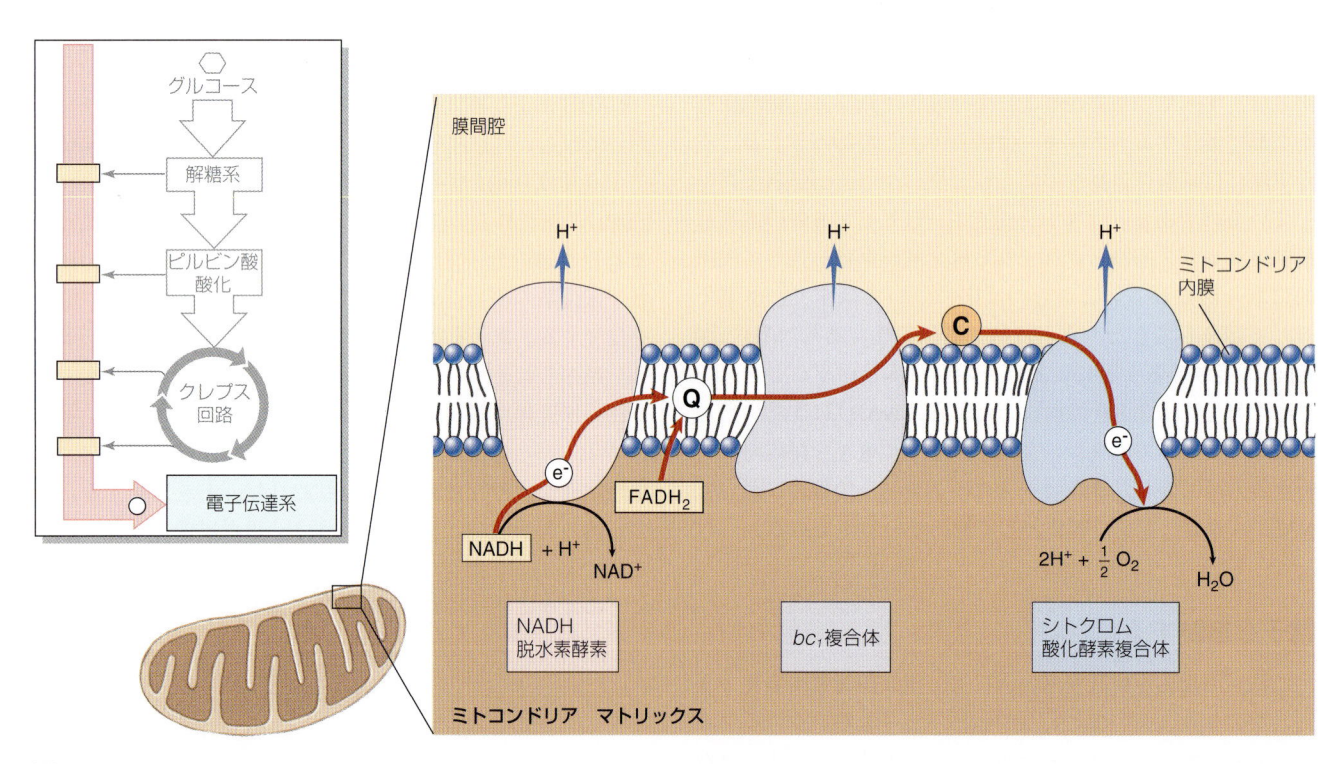

図 9.15
電子伝達系。 異化された分子から回収された高エネルギー電子は，可動性電子キャリア（Qとマークをつけたユビキノン，およびCとマークをつけたシトクロムc）によって，膜タンパク質鎖に沿って伝達される（赤矢印）。3種類のタンパク質が，マトリックスから膜間腔へH⁺をくみだす（青矢印）ために電子のエネルギーの一部を使う。電子は最後に酸素に渡され水を生成する。

生じる。NADH由来の電子はこれらのH⁺ポンプ3種すべてを活性化するが，FADH₂由来の電子は2種だけを活性化する。

ATP生成：化学浸透圧

マトリックスに比べ膜間腔のH⁺濃度が高くなると，マトリックスは電荷的に少し負となる。この内側が負であることが，正に荷電したH⁺を引き寄せ，それらが再びマトリックス内に流入することを促進する。外側の濃度が高いほど，拡散によりH⁺を引き寄せる傾向が高い。これは，膜はイオンに対しては透過性がなく，マトリックスに再び入るH⁺の大部分はATP合成酵素を通るからであり，このATP合成酵素が勾配のエネルギーを用いてADPとP$_i$からのATP合成を触媒する。それゆえ，グルコースに当初含まれていたエネルギーの大半は，究極的にはミトコンドリア内膜のH⁺勾配形成に用いられる。この勾配はATP合成を引きおこすために用いられ，合成されたATPは細胞の各所に拡散により運ばれて，エネルギーを必要とするいろいろな酵素反応に利用される。ATPの化学的生成は浸透と同様な拡散力により引きおこされているため，この過程は**化学浸透**（chemiosmosis）とよばれる（図9.16）。

このように，電子伝達系は好気呼吸により取得された電子を用いて，ミトコンドリア内膜を横切り数多くのH⁺を排出する。引きつづき起こるATP合成酵素を介したH⁺のマトリックスへの再侵入が，化学浸透によるATP合成を引きおこす。図9.17にこれらすべての過程を要約してある。

電子伝達系は一連の5種類の膜結合タンパク質を指す。NADHとFADH₂により運ばれた電子は，リレー競技のバトンのように，電子伝達系の鎖に沿ってタンパク質からタンパク質へと渡され，H⁺をミトコンドリアのマトリックスからくみだすのに用いられる。H⁺がマトリックスに戻ってくるとき，ATPが生成される。

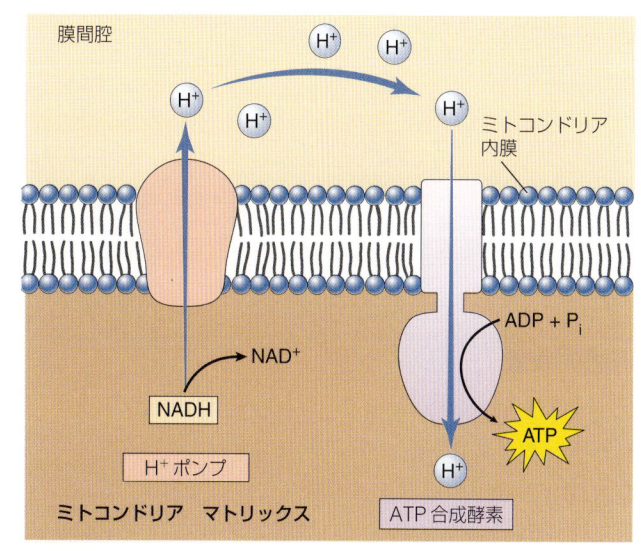

図 9.16
化学浸透圧。 NADHが巨大分子の異化により回収した高エネルギー電子をH⁺ポンプに輸送すると，これがミトコンドリアマトリックスからH⁺をくみだすためのエネルギーとして用いられる。結果として膜間腔のH⁺濃度は上昇し，H⁺のマトリックスへの逆浸透が誘導される。多くのH⁺は再突入の際にATP合成酵素の介入を受けてATP生成にかかわる。

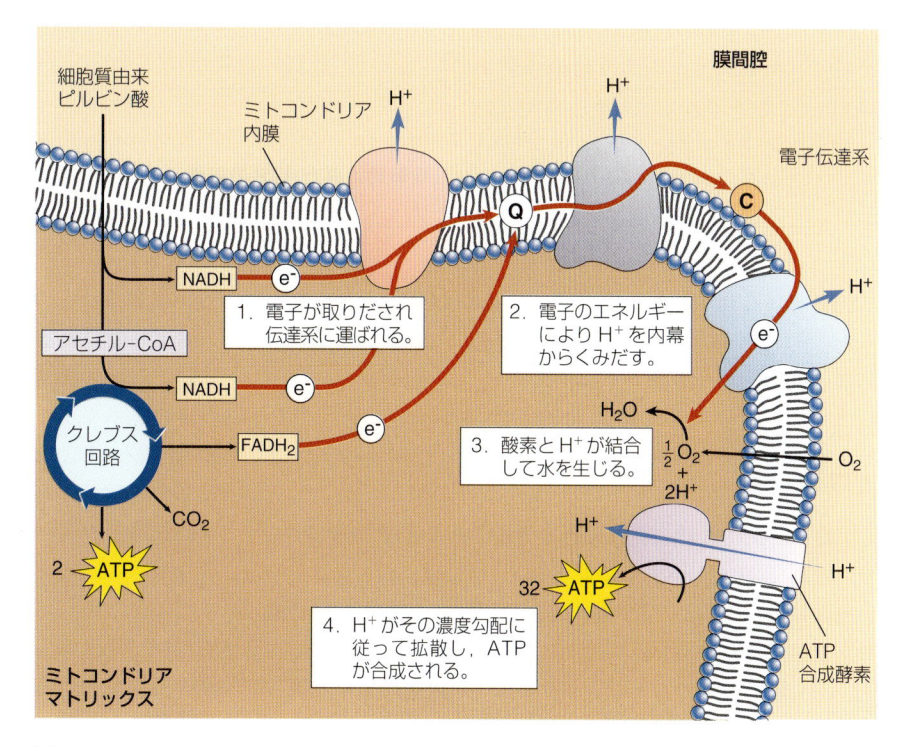

図 9.17
クレブス回路中のATP生成と電子伝達系。 この過程は解糖の生成物であるピルビン酸にはじまりATP生成で終わる。

9.2 細胞呼吸は食物分子を酸化する

好気呼吸の収量のまとめ

化学浸透によるATP生産のために電子伝達系を用いると，細胞は1分子のグルコースから獲得された電子から，実際にどのぐらいの代謝エネルギーを得るのだろうか？

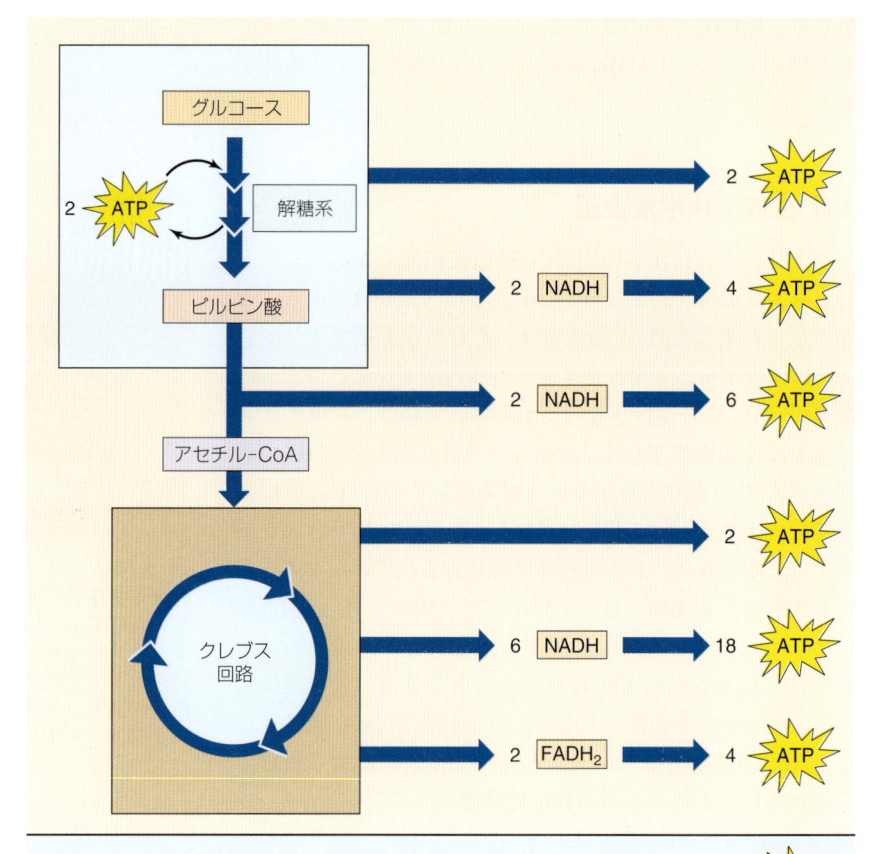

理論的収量

化学浸透説は，電子伝達系で活性化されたそれぞれのH^+ポンプあたり1分子のATPが生産されることを示唆している。NADH由来の電子は三つのポンプを，またFADH$_2$由来の電子は二つのポンプを活性化するので，NADHとFADH$_2$はそれぞれ3分子と2分子のATPを生成すると推定される。しかしながら真核生物は細胞質で解糖系を，ミトコンドリア内でクレブス回路を動かしているため，解糖により生じた2分子のNADHをミトコンドリア膜を隔てて輸送しなければならず，このため1分子のNADHあたり1ATPが必要とされる。したがって正味のATP生成は2分子減少する。したがって，好気呼吸により生じる理論的な全体のATP生成は，4（解糖時における基質レベルのリン酸化から）＋30（10分子のNADHそれぞれから3分子）＋4（2分子のFADH$_2$それぞれから2分子）－2（解糖系でのNADHの輸送）＝36分子のATPである（図9.18）。

実際の収量

実際に好気呼吸時に真核細胞で生産されるATPの量は，二つの理由で36よりわずかに少ない。一つには，ミトコンドリア内膜はH^+に対して多少漏れを生じ，H^+の一部はATP合成酵素を通ることなくマトリックスに再び入ってくるからである。二つ目として，ミトコンドリアは化学浸透により形成されたH^+勾配をしばしばATP合成以外の目的（ピルビン酸のマトリックスへの輸送など）に用いる。結果として，NADHとFADH$_2$で生成される実際のATPの測定値は，NADHに対しては2.5，FADH$_2$に対しては1.5に近くなっているからである。これらの補正によると，真核細胞における1分子のグルコースからの全体としてのATP収量は，以下の値に近い。4（基質レベルのリン酸化から）＋25（10分子のNADHそれぞれから2.5分子）＋3（2分子のFADH$_2$それぞれから1.5分子）－2（解糖系からのNADHの輸送）＝30分子のATP。

好気呼吸によるグルコースの異化は，解糖と異なり大変効率的である。真核細胞の好気呼吸では，グルコース中で利用可能なエネルギーの約$(7.3\times30)/686=32\%$を取りだしている（比較として，通常の自動車はガソリン中のエネルギーの25%を有効なエネルギーに変換しているにすぎない）。

好気呼吸の高い効率は，従属栄養生物の進化を促進した重要な要因の一つであった。ATP生産のためのこの機構をもっていたため，非光合成生物はほかの生物を酸化的に分解するだけで代謝エネルギーを引きだすことが可能となった。一群の生物が光合成によりエネルギーを得ている限り，ほかの生物はそれらを食するだけで生存可能となるのである。

図 9.18
理論的にみたATPの収量。 好気呼吸でグルコースから獲得されるATPの理論的収量は，全体で36分子である。

真核細胞では，好気呼吸によって1分子のグルコースから約30分子のATPが生成される。これはグルコースの化学結合中の3分の1のエネルギーに相当する。

好気呼吸の制御

細胞に十分な量のATPがあるときには，解糖，クレブス回路，および脂肪酸分解の鍵となる反応は阻害され，ATP生成が低下する．ATPレベルによるこれらの生化学経路の制御はフィードバック阻害の一例である．逆に細胞内のATPレベルが低いときにはADPレベルが高く，ADPは炭水化物の異化経路の酵素群を活性化して，より多くのATP生成を促す．

グルコース異化の制御は，異化経路の二つの重要なポイントで行われる(図9.19)．一つは解糖における制御で，フルクトースリン酸からフルクトース二リン酸への変換を触媒するホスホフルクトキナーゼという酵素である．これは解糖系の最初の方に出てくる不可逆に近い反応であり，基質を解糖系に引き渡す．ATPに比べてADPが高いレベルにあること(これは多くのADPをATPに変換する必要性を意味する)が，ホスホフルクトキナーゼを活性化し，異化経路により多くの糖を引き渡すことにつながる．低レベルのクエン酸も同様に働く(クレブス回路が全速力では回っていないこと，そしてより多くの入力を必要としていることを意味している)．ピルビン酸の酸化の主要な制御は，クレブス回路との引き渡し点であるピルビン酸デカルボキシラーゼで生じる．この酵素は高レベルのNADHで阻害されるが，NADHそのものはクレブス回路の鍵になる生成物であり，もうそれ以上は不要だということを意味している．

別の制御点はクレブス回路にあって，オキザロ酢酸とアセチル–CoAをクエン酸に変換するクレブス回路最初の反応を触媒するクエン酸合成酵素である．高濃度のATPは(ピルビン酸デカルボキシラーゼやほかの二つのクレブス回路の酵素と同様に)，クエン酸合成酵素を阻害して異化経路を遮断する．

> ADPとATPの相対的なレベルが，反応の鍵になるポイントで，グルコースの異化を制御している．

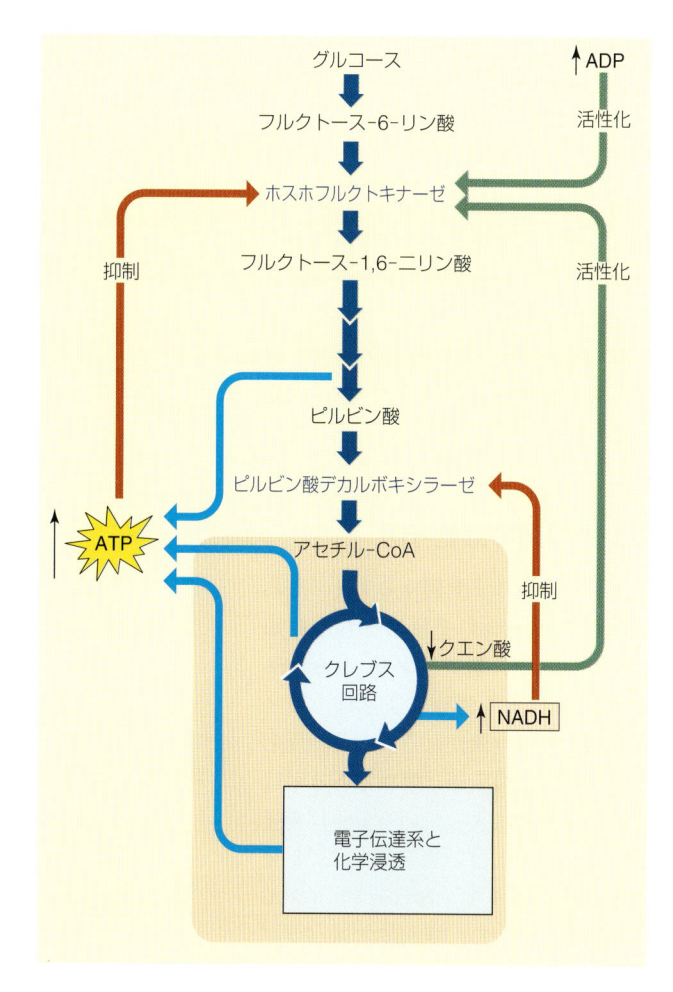

図 9.19
グルコース異化の制御。 ADPとATPの相対的なレベルが鍵となる二つの箇所 —— 解糖系とクレブス回路の入口 —— で異化経路を制御する。

コラム9.1
ATP生成に関する用語

化学浸透(chemiosmosis) 電子伝達系を経由して高エネルギー電子が通過することである．膜を横切るH^+の排出ならびにATP合成酵素を介したH^+の膜のもとの側への戻りが起こり，それに伴ってATPが生成される．

基質レベルのリン酸化(substrate-level phosphorylation) ほかのリン酸化された分子からADPへ直接リン酸基を転移することによるATP生成．

嫌気呼吸(anaerobic respiration) 酸素ではなく無機電子受容体が使われる細胞呼吸で，解糖系が含まれる．

好気呼吸(aerobic respiration) 酸素を電子受容体として使う細胞呼吸の一種で，ピルビン酸酸化，クレブス回路，および電子伝達系が含まれる．

光合成(photosynthesis) 光由来のエネルギーでまかなわれるATPと複雑な有機分子の化学浸透的生成．

細胞呼吸(cellular respiration) ATP生成のための有機分子の嫌気的酸化で最終電子受容体は有機物である：好気ならびに嫌気呼吸を含む．

酸化(oxidation) 電子を失うこと．細胞呼吸では，高エネルギー電子が食物分子から取り除かれ，食物分子を酸化する．どのような酸化もそれに対応する還元を伴う．

発酵(fermentation) 酸素が存在しない条件下にある種の細胞で行われるATP生成経路であり，最終電子受容体は有機分子である．

9.3 タンパク質と脂肪の異化によりかなりのエネルギーを生産できる

グルコースは唯一のエネルギー源ではない

ここまで生物が炭水化物の消化あるいは光合成から得るグルコースの好気呼吸について論じてきた。グルコース以外の有機分子，特にタンパク質と脂肪も重要なエネルギー源である（図9.20）。

タンパク質の細胞呼吸

タンパク質はまず個々のアミノ酸に分解される。ついで窒素を含む側鎖（アミノ基）が，**脱アミノ化**（deamination）とよばれる過程により個々のアミノ酸から取り除かれる。一連の反応により残った炭素鎖は解糖系あるいはクレブス回路に入っていく分子に変換される。たとえば，アラニンはピルビン酸に，グルタミン酸はα-ケトグルタル酸に（図9.21），そしてアスパラギン酸はオキザロ酢酸に変換される。その後，解糖系やクレブス回路の反応では，これらの分子から高エネルギー電子が生じ，ATP生成に利用される。

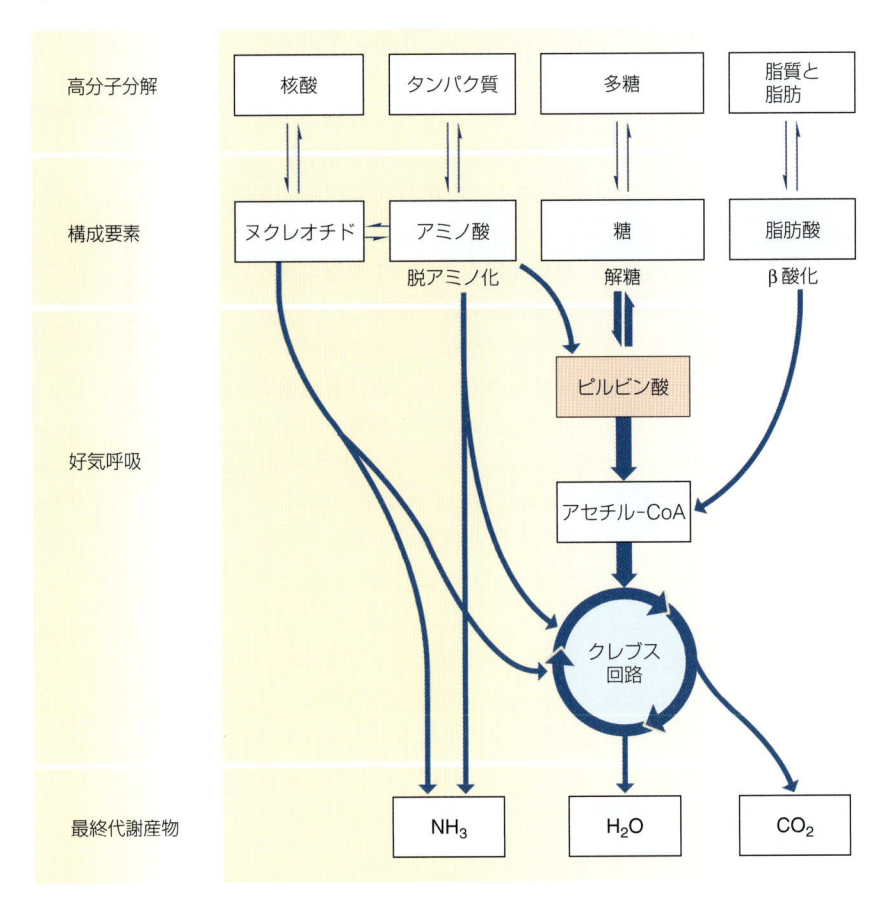

図 9.20
細胞はどのように化学エネルギーを取りだすか。 すべての真核生物と多くの原核生物は有機分子を酸化することでそこからエネルギーを取りだす。この過程の初めの段階である巨大分子を構成部品に分けることは，ほとんどエネルギーを生みださない。2段階目の酸化的あるいは好気呼吸が，エネルギーを主として高エネルギー電子の形で引き抜き，水と二酸化炭素を生産する。

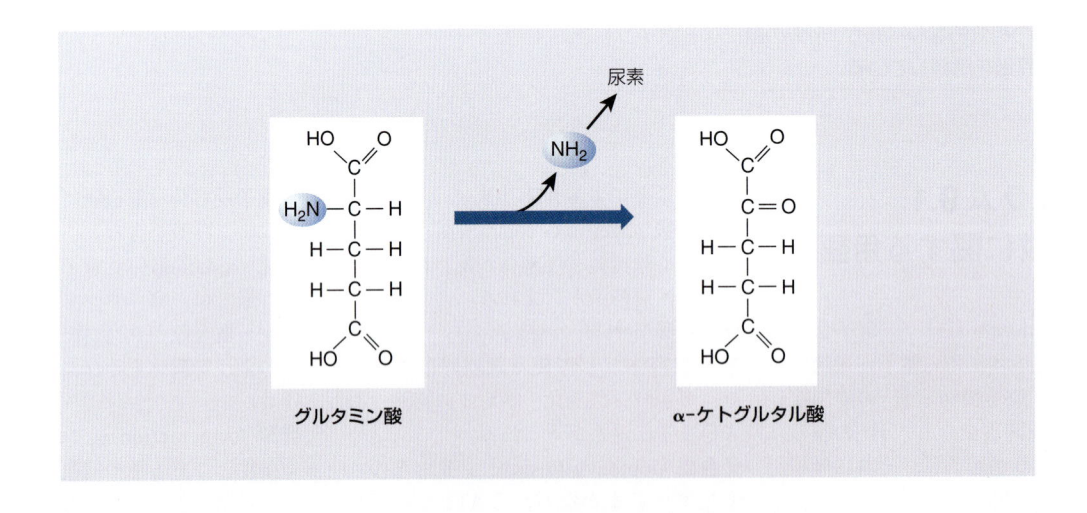

図 9.21
脱アミノ化。 タンパク質が構成成分であるアミノ酸に分解された後，アミノ基はアミノ酸から取り除かれ，解糖系やクレブス回路に関係する分子を形成する。たとえば，アミノ酸であるグルタミン酸は，アミノ基を失うとクレブス回路分子であるα-ケトグルタル酸となる。

脂肪の細胞呼吸

脂肪は脂肪酸とグリセロールに分解される。脂肪酸の尾部は通常16またはそれ以上つながった$-CH_2$からなり，この長い尾部にある多くの水素原子が豊富なエネルギー供給源となる。脂肪酸はミトコンドリアのマトリックスで酸化される。酵素はそこで，すべての脂肪酸がアセチル基に変換されるまでそれぞれの脂肪酸の尾部末端から2炭素のアセチル基を取り除いていく（図9.22）。その後，それぞれのアセチル基は，補酵素Aと結合し，アセチル-CoAを生成する。この過程は**β酸化**（β-oxidation）として知られている。

脂肪酸の異化は，どのぐらいのATPを生産するのだろうか？仮想的な6炭素脂肪酸と，真核細胞内で約30分子のATPを生成するとされる6炭素グルコースの場合を比べてみよう。2回のβ酸化により，脂肪酸は3分子のアセチル-CoAに変換される。各回ごとに準備段階で1分子のATPを必要とするが，1分子のNADHと1分子の$FADH_2$が生成される。これらの分子は合わせて4分子のATPを生産する（NADHあたり2.5ATP，また$FADH_2$あたり1.5 ATPと仮定）。クレブス回路における各アセチル-CoAの酸化により，さらに10分子のATPが生産される。全体として，6炭素脂肪酸のATP生産量はおおむね以下のとおりである。8（2回のβ酸化）－2（2回の準備段階）＋30（3個のアセチル-CoAの酸化）＝36分子のATP。それゆえ，6炭素脂肪酸の呼吸はグルコースの呼吸より20％多いATPを生産する。さらに，この大きさの脂肪酸はグルコースの3分の2以下の重さしかないので，1gの脂肪酸は1gのグルコースの2倍以上のキロカロリーをもつことになる。こうした理由で，脂肪は多くの種類の動物で余剰エネルギーの貯蔵分子となっている。もし余剰エネルギーが植物のように炭水化物として貯蔵されるとすると，動物の体はもっと大きなものとなるであろう。

タンパク質，脂肪，そのほかの分子もまた代謝されてエネルギー源となる。タンパク質のアミノ酸はまず脱アミノ化され，脂肪はβ酸化とよばれる過程を経る。

図 9.22
β酸化。 β酸化として知られる一連の反応により脂肪酸の尾部の最後の2炭素は補酵素Aと結合してアセチル-CoAを生成し，アセチル-CoAはクレブス回路に入っていく。2炭素分短くなった脂肪酸は，その経路に再び入り，アセチル-CoA分子形成のためにすべての炭素が使われるまで，それをくり返す。1回のβ酸化は1分子のATPを消費し，また$FADH_2$とNADHをそれぞれ1分子ずつ生成する。

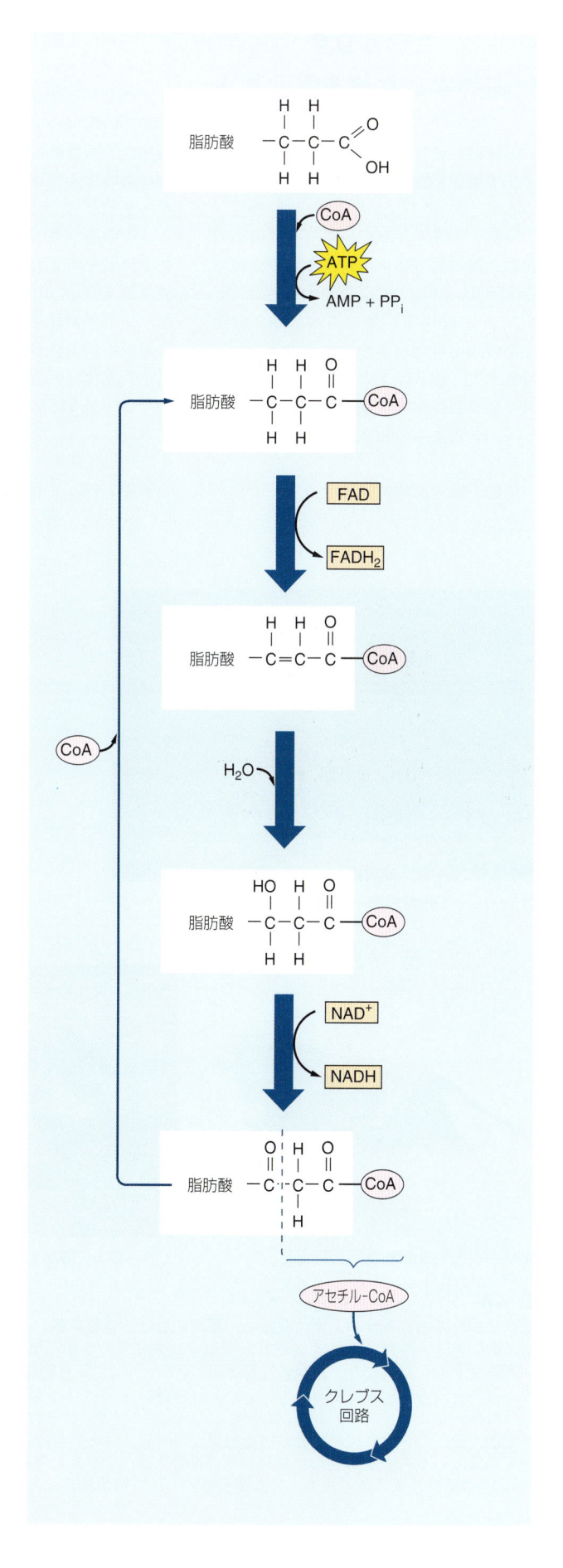

コラム 9.2
代謝効率と食物連鎖の長さ

　解糖のみを行う従属栄養生物は，食物として消費した独立栄養生物に含まれているエネルギーのうち3.5%しか捕捉していないと推定されている．それゆえ最初の従属栄養生物を消費する別の従属栄養生物は，最初の従属栄養生物中のエネルギーの3.5%を，またもとの独立栄養生物の利用可能なエネルギーの0.12%を解糖により捕らえていることになる．少数の従属栄養生物を支えるための基盤として，大変多くの独立栄養生物が必要となる．

　生物が酸化的代謝により有機分子からエネルギーを取りだせるようになると，この束縛はずっと緩くなる．というのは，酸化的呼吸効率は約32%と見積もられているからである．こうした効率の増加は，解糖系に比べ一つの栄養レベルから次の栄養レベルへより多くのエネルギーを伝えることとなる．(栄養レベルとは生態系を通して見たエネルギーの流れの段階を指す．)酸化的代謝の効率は，独立栄養生物が従属栄養生物に消費され，またその従属栄養生物がほかの従属栄養生物に消費される等々，という食物連鎖の進化を可能とした．食物連鎖については下巻第55章でもっと詳しく学ぶであろう．

　酸化的代謝をもってしても，それぞれの栄養レベルで利用可能なエネルギーの約3分の2は失われていき，これが食物連鎖の長さを規定する．多くの食物連鎖は，図9.Aに示されているように，三つあるいは，まれに四つの栄養レベルを含んでいるにすぎない．連鎖をそれ以上に長くすると，それぞれの段階で多くのエネルギーが失われすぎてしまう．たとえば，アフリカのセレンゲティ平原で捕らえられたライオンを食べることで，多数の人間が生存することは不可能であろう．つまりそこで利用可能な草の量は，人間の食用として必要なライオンの数を維持するために十分なシマウマやほかの草食動物を支えられないであろう．それゆえ，われわれを取り巻く自然の生態的複雑性は原則的に酸化的呼吸の特性に規定されているのである．

ステージ1：光合成者

ステージ2：草食動物

ステージ3：肉食動物

ステージ4：掃除屋

ステージ5：ごみ利用者

図 9.A
東アフリカにおけるサバンナ，開かれた草地における食物連鎖．　ステージ1：光合成者．このアカシアの木の下の草は暑い雨期のあいだ，太陽のエネルギーを捉えてそれをグルコース分子のなかに蓄える．そしてグルコースはデンプンに変換され草に蓄えられエネルギーを貯蔵することにより，活発に成長する．ステージ2：草食動物．この母シマウマとその赤ん坊は草を消費し，貯蔵されたエネルギーの一部を自分の体に変換する．ステージ3：肉食動物．ライオンはシマウマやほかの動物を餌にし，貯蔵されたエネルギーの一部を捉え，自分の体に蓄える．ステージ4：掃除屋．このハイエナやハゲワシは食物連鎖においてライオンと同じレベルにある．それらは，ライオンが捨て去ったシマウマの死骸の肉を消費している．ステージ5：ごみ利用者．大部分はチョウの一種(*Precis actavia*)である．これらのチョウは，ハイエナが消費した食物がその腸管を通って糞として残された物質を食べている．これらの四つのそれぞれの段階において，3分の1かそれ以下のエネルギーしか捕食者によって使われることがない．

9.4 細胞は酸素なしでも食物を代謝できる

発　酵

　酸素のない条件下では好気的代謝は起こり得ず，細胞がATPを生成するためには解糖系に頼らざるを得ない。このような条件下では，解糖系によって生成された水素原子は，**発酵**(fermentation)とよばれる過程を経て，有機分子に付加される。その際，解糖を進行させるために必要な電子受容体であるNAD^+が再生成される

　細菌は1ダース以上の種類の発酵を行うが，そのすべてでなんらかの形の有機分子を用いてNADHからの水素原子を受け取りNAD^+を再生成している。

$$\text{有機分子} + NADH \longrightarrow \text{還元型有機分子} + NAD^+$$

還元型有機物質は酢酸，酪酸，プロピオン酸，乳酸などの有機酸かアルコールであることが多い。

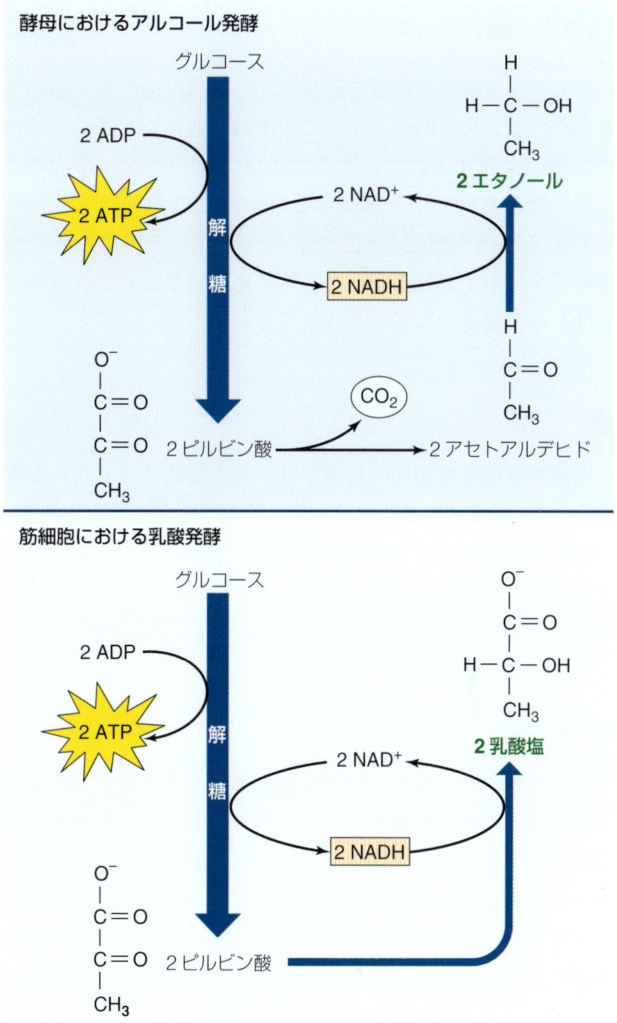

エタノール発酵

　真核細胞はごく数種類の発酵のみを行う。酵母とよばれる単細胞の菌類に見られる例では，NADHからの水素を受け取る分子はピルビン酸，すなわち解糖系の最終産物そのものである。酵母の酵素は脱炭酸によりピルビン酸から末端のCO_2基を取り除き，アセトアルデヒドとよばれる2炭素分子を生成する。酵母入りのパンでは遊離したCO_2がパンを膨らませるが，酵母なしのパン（パンだねの入っていないパン）ではそれは起きない。アセトアルデヒドはNADH由来の水素原子を受け取り，NAD^+とエタノール（エチルアルコール）を生じる（図9.23）。この型の発酵は，人間生活に大変かかわり深いものである。それは，この発酵がワインやビールのエタノール源であるからである。エタノールは実際には酵母にとって有害な発酵の副産物である。濃度が12%に近づくとエタノールは酵母を殺しはじめる。そのため自然に発酵したワインには，12%のエタノールしか含まれていないのである。

乳酸発酵

　多くの動物細胞は脱炭酸なしにNAD^+を再生成する。たとえば筋細胞はNADH由来の水素原子を解糖系で生成したピルビン酸に戻すために，乳酸脱水素酵素とよばれる酵素を用いる。この反応はピルビン酸を乳酸に変換し，NADHからNAD^+を再生成させる。それゆえ，この酵素は代謝サイクルを閉鎖し，グルコースが利用可能な限り解糖を進行させることができる。循環血は余分な乳酸塩（乳酸のイオン化した形）を筋肉から取り除くが，除去が生産に追いつかなくなると，蓄積した乳酸は筋肉の機能を妨害し，筋疲労をもたらす。

図 9.23
発酵。 酵母はピルビン酸をエタノールに変換する（図9.9参照）。筋細胞はピルビン酸を乳酸に変換するが，乳酸はエタノールより毒性は低い。しかし乳酸にも毒性があって，きつい運動によって筋肉の酸素が枯渇したとき，筋肉に痛みの感覚をもたらす。

酸素のない条件下で生じる発酵においては，グルコースの解糖的分解により生じる電子が有機分子に付加し，NADHからNAD^+を再生する。

9.5 細胞呼吸の諸段階は時とともに進化してきた

代謝の進化

われわれは細胞の呼吸を連続した一連の段階として話してきたが、これらは時間を追って段階的に進化してきた。地球の生命が進化するにつれ代謝は大きく変化した。このことは、生物が有機分子を構築するために太陽からのエネルギーを捉えて使う反応（同化）や、エネルギーを得るために有機分子を分解する反応（異化）に特にあてはまる。これらの過程は互いに関連しながら進化してきた。

分　解

生命のもっとも初期の段階では、非生物的につくられた有機分子の分解により化学エネルギーを得ていたと考えられる。

代謝の進化における初期の重要な出来事は、化学結合のエネルギーを利用する能力が生まれたことである。初期の段階で生物はこのエネルギーをATPの結合中に蓄積しはじめた。

解糖系

代謝の進化で二番目に重要な出来事は、グルコースの最初の分解過程である解糖系の出現である。タンパク質が多様な触媒機能をもつように進化するにつれ、多面的に化学結合を壊すことで有機分子中の化学結合エネルギーのより多くの部分を捉えることが可能になった。たとえば、解糖系の10の段階で、六炭糖グルコースを3炭素化合物に段階的に分解することにより、正味2分子のATPを生成する。

解糖系は疑いなく地球上の生命の歴史の初期に出現した、というのは、この生化学経路はすべての生物に保存されているからである。解糖系という化学過程は、20億年以上も変化していないように見える。

嫌気的光合成

代謝の進化で三番目に重要な出来事は嫌気的光合成である。生命の歴史の初期において、ある生物はATPを生成するのに光合成とよばれる新しい方法を進化させた。解糖のように化学結合の入れ替えでATP合成のためのエネルギーを得るのではなく、これらの生物は細胞からH$^+$を排出するのに光を用い、さらには、生じたH$^+$勾配を化学浸透によるATP生産に供給するという能力を獲得した。

光合成は酸素が存在しない条件下で出現し、十分に働く。海洋の酸素ガスのない環境よりさらに深海側に存在する溶存H$_2$Sが、有機物構築のための水素原子源として役に立った。この反応の副産物として遊離硫黄が生じた。

酸素発生型光合成

光合成においてH$_2$Sの代わりにH$_2$Oを用いることが、代謝の歴史で四番目に重要な出来事となった。酸素発生型光合成では、水素原子源ならびに関連した電子源としてH$_2$Sではなく H$_2$Oを用いる。酸素発生型光合成は還元型硫黄からではなく還元型酸素から水素原子を入手するので、遊離硫黄ではなく酸素ガスを発生する。

20億年以上前、この酸素発生型光合成を行うラン藻類のような小さな細胞が、地球上の主要な生命体となった。酸素ガスが大気中に蓄積されはじめた。これは地球の状態を永久に変える大きな変化のはじまりであった。われわれの大気の20.9％は酸素であるが、その分子すべてが酸素発生型光合成反応由来である。

窒素固定

窒素固定は代謝の進化において五番目に重要な段階であった。タンパク質や核酸は光合成産物からは合成され得ない。なぜなら、これら生物的に重要な分子は窒素を含んでいるからである。N$_2$ガスから窒素原子を得る窒素固定とよばれている過程では、N≡N間の三重結合の破壊を必要とする。この重要な反応は初期の地球の水素に富んだ（しかし酸素のない）大気中で生じた。酸素は窒素固定に毒として働くので、窒素固定は今日では酸素のない環境か、ある種の原核生物の酸素のない構造体内で生じているにすぎない。

好気呼吸

好気呼吸は代謝の歴史で六番目の、そして最後の出来事である。この細胞過程では有機分子からエネルギー化電子を奪うことによりエネルギーを獲得する。好気呼吸は光合成と同様なH$^+$ポンプを採用しており、基本的な光合成機構を修飾することで進化したものと考えられている。

生物学者は、H$_2$Sのない条件下で光合成を遂行する能力は、有機物質から水素を得る紅色非硫黄細菌で初めて出現したと考えている。こうした呼吸性光合成細菌の子孫のなかで、ある種が有機分子の分解に由来するエネルギーと水素だけに依存して生存し、まったく光合成無しで済むようになったことはおそらく必然的であったろう。真核細胞のミトコンドリアは、これらの細菌の子孫だと考えられている。

われわれが今日理解している代謝は、六つの主要な革新的進化によるものである。

第9章のまとめ

9.1 細胞は化学結合からエネルギーを取りだす
"化学エネルギーを利用して代謝を行う"
- 独立栄養生物は独自の化学エネルギーを生成するが，従属栄養生物は独立栄養生物が生産したエネルギーに依存して生活している。(p. 160)
- 化学結合のエネルギーは，その化学結合を形成する電子の位置エネルギーに含まれる。(p. 160)
- 細胞は食物を異化することにより得られるエネルギーの一部を用いてATPを生産する。(p. 160)
- ATPは荷電したリン酸基を互いに近づけて結合することでエネルギーを蓄える。(p. 160)
- 細胞は運動を促進するために，また吸エルゴン反応を遂行するためにATPを用いる。(p. 160)
- 細胞内で生成されるATPの大部分はATP合成酵素によりつくられる。(p. 161)

9.2 細胞呼吸は食物分子を酸化する
"グルコース異化の概要"
- 細胞は二つの方法すなわち基質レベルのリン酸化と好気呼吸により有機分子を異化してATPを生成する。(p. 162)
- 多くの生物においては，細胞は連続した四つの経路 ── 解糖系，ピルビン酸酸化，クレブス回路，電子伝達系 ── により，グルコース分子からエネルギーを獲得する。(pp. 162〜163)
- 嫌気呼吸では取りだされた電子は酸素にではなく，無機化合物に付加する。(p. 163)

"第一段階：解糖系"
- 解糖系はグルコース分子中の結合を移すことによりATPを生成する。2分子のNAD$^+$が還元されてNADHになる。(p. 164)
- 解糖が継続するためには，NAD$^+$が再生成されなければならない。(pp. 166〜167)

"第二段階：ピルビン酸の酸化"
- ピルビン酸はミトコンドリア内で脱炭酸され，アセチル-CoA，NADH，およびCO$_2$となる。(p. 168)

"第三段階：クレブス回路"
- クレブス回路は，ミトコンドリアのマトリックスでアセチル-CoAを酸化する一連の9個の反応である。(p. 169)
- クレブス回路は1分子のグルコースあたり，2分子のATPを生成する。(p. 170)

"電子引き抜きによるエネルギーの獲得"
- グルコース異化は一連の酸化還元反応を含んでおり，酸素原子のより近くに電子を再配置することによりエネルギーを遊離する。(pp. 172〜173)
- エネルギーは，NAD$^+$を電子伝達体として用いて，段階的に獲得される。(p. 172)

"第四段階：電子伝達系"
- 電子伝達系は一連の膜結合タンパク質である。NADHやFADH$_2$により運ばれた電子はタンパク質鎖に沿って受け渡され，電子伝達系を経由してミトコンドリアのマトリックスからH$^+$を排出するのに使われる。H$^+$がATP合成酵素経由でマトリックスに戻って来るときに，ATPが生成される。(p. 175)

"好気呼吸の収量のまとめ"
- 好気呼吸の理論的収量は36分子のATPであるが，実際の収率はおよそ30分子である。(p. 176)
- 好気呼吸ではグルコース中の利用可能なエネルギーの約32%が獲得される。(p. 176)

"好気呼吸の制御"
- ADPとATPの相対的なレベルによって，解糖系とクレブス回路の入口にあたる段階での異化反応が制御される。(p. 177)

9.3 タンパク質と脂肪の異化によりかなりのエネルギーを生産できる
"グルコースは唯一のエネルギー源ではない"
- タンパク質は初めに個々のアミノ酸に分解され，ついで脱アミノ化によりそれぞれのアミノ酸からアミノ基が取り除かれる。(p. 178)
- その後，解糖系とクレブス回路が脱アミノ化された分子から高エネルギー電子を取りだし，それらをATP生成に用いる。(p. 178)
- 脂肪はβ酸化により代謝される。(p. 179)

9.4 細胞は酸素なしでも食物を代謝できる
"発　酵"
- 発酵はグルコースの解糖によって生じた電子が有機分子に渡され，NADHからNAD$^+$が再生成される現象で酸素のない条件下で起こる。(p. 181)

9.5 細胞呼吸の諸段階は時とともに進化してきた
"代謝の進化"
- 代謝の進化過程で生じた六つの重要な革新とは，分解，解糖系，嫌気的光合成，酸素発生型光合成，窒素固定，そして好気呼吸である。(p. 182)

質問のページ

自習問題

1. 細胞呼吸でエネルギーを取り除かれた電子は無機分子に渡される。発酵では，どのような分子がこの電子を受け取るか？
   a. 酸素
   b. 有機分子
   c. 硫黄
   d. 酸素以外の無機分子

2. 次のうちどれが好気呼吸の段階ではないか？
   a. 解糖系
   b. ピルビン酸酸化
   c. クレブス回路
   d. 電子伝達系

3. 解糖系のどの段階がエネルギー投入を必要とするか？
   a. グルコース解糖の準備段階
   b. グルコースのリン酸化
   c. フルクトース-6-リン酸のリン酸化
   d. これらすべてがエネルギー投入を必要とする

4. ピルビン酸脱水素酵素は，一連の反応を触媒する多酵素複合体である。ピルビン酸脱水素酵素により触媒されないのは次のうちどれか？
   a. 脱炭酸反応
   b. ATP生成
   c. ピルビン酸からのアセチル基の生成
   g. アセチル基の補酵素との結合

5. 1分子のグルコースが解糖系とクレブス回路を通ると何分子のCO_2が生成されるか？
   a. 2   b. 3
   c. 6   d. 7

6. クレブス回路から生じた電子は ____ に渡され，そのあと ____ に移される。
   a. NAD^+／酸素
   b. NAD^+／電子伝達系
   c. NADH／酸素
   d. NADH／電子伝達系

7. 電子伝達系はH^+を ____ くみだす。
   a. ミトコンドリアのマトリックスから膜間腔へ
   b. 膜間腔からマトリックスへ
   c. ミトコンドリアから細胞質へ
   d. 細胞質からミトコンドリアへ

8. 細胞呼吸のどの過程がもっとも多くのATPを生成するか？
   a. 解糖系
   b. ピルビン酸の酸化
   c. クレブス回路
   d. 化学浸透

9. 酸化するともっとも多くのエネルギーが得られるのはどれか？
   a. タンパク質   b. グルコース
   c. 脂肪酸   d. 水

10. 乳酸発酵における最終電子受容体は，次のうちどれか。
    a. ピルビン酸
    b. NAD^+
    c. 乳酸
    d. 酸素

図解き問題

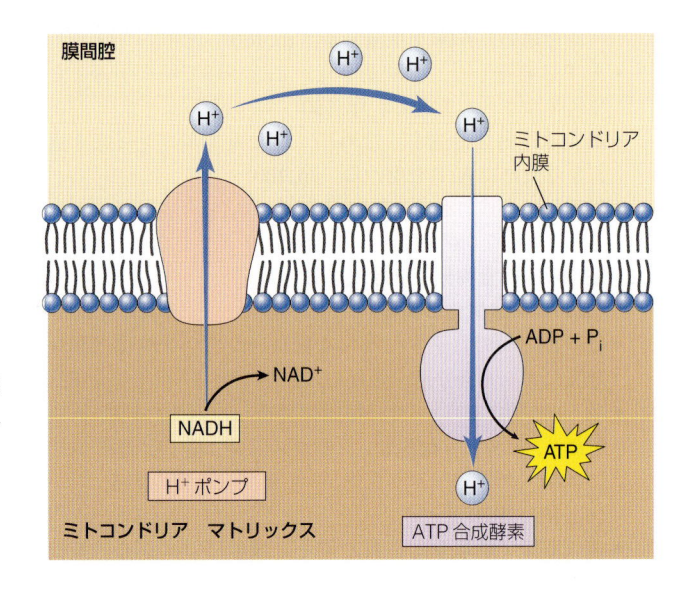

化学浸透の過程を示す。この図に関連した次の質問に答えよ。

1. 図では，H^+ポンプが膜を隔ててH^+を輸送している。このポンプの推進力は何か？ H^+ポンプとはどのようなタイプの膜輸送か？説明せよ。

2. なぜこの過程は化学浸透とよばれるのか？ ATP合成を推進する力は何か？ ATP合成の過程はどのようにして阻害され停止されるのか？

応用問題

1. グルコースではなくピルビン酸を消費した人の細胞ではどの程度のエネルギーが生成されるか？ モルあたりを基準にして生成されるエネルギーを計算せよ。

2. 第5章で説明したように，ミトコンドリアは初期の真核細胞に飲み込まれ共生的に暮らすようになった細菌に由来すると考えられている。今日の真核生物が，ミトコンドリアの遺伝子すべてを核に移してミトコンドリアの代謝機能を細胞質内で行えるようにしなかったのはなぜか？

3. なぜ植物は通常余剰エネルギーを脂肪ではなく炭水化物として保存するのだろうか？

4. もしミトコンドリアに穴を開けたとしたら，それでも酸化的リン酸化は起こるだろうか？ ミトコンドリアの断片は酸化的リン酸化を行うだろうか？

10
光 合 成

概　要

10.1 光合成とは何か？
　光合成装置としての葉緑体　光合成の機能には高度に発達した膜系が必要である。

10.2 研究の歴史から学ぶ光合成
　土と水の役割　植物の成長過程で獲得される質量は光合成の働きによる。植物では，水が二酸化炭素の固定に必要な電子を供給する。
　光非依存的反応の発見　光合成は多くの過程からなる。最初の過程だけが直接に光を必要とする。
　光の役割と還元力　緑色植物の場合，光合成によって発生する酸素は水由来であり，二酸化炭素の炭素原子は有機物に転換される。

10.3 色素は太陽の光エネルギーを捕捉する
　光の生物物理　太陽光のエネルギーは光子とよばれる「荷」に存在し，色素によって吸収される。
　クロロフィルとカロテノイド　光合成色素は光を吸収し，そのエネルギーを捕捉する。
　光化学系への色素の組込み　光化学系は光エネルギーを用い，電子を駆動する。
　光化学系はどのように光エネルギーを化学エネルギーに転換するのか　光合成細菌は1種類の光化学系でATPを生産する。植物では2種類の光化学系が協調してNADP$^+$の還元とATPの生産に必要なエネルギーを生みだす。
　植物ではどのようにして二つの光化学系が協調して働くのか　光化学系ⅠとⅡが，有機物の生産に必要なATPとNADPHを合成する。

10.4 細胞は光依存的反応によってつくられたエネルギーと還元力を用いて有機分子を合成する
　カルビン回路　カルビン回路は光依存的反応によって生産されたATPとNADPHを利用して有機分子を合成するが，これはミトコンドリアにおける反応と逆の過程である。
　光呼吸　炭素固定を触媒する酵素は，CO_2の放出にも関与する。

図 10.1
エネルギーの捕捉。　8月の太陽の下でめざましく成長するヒマワリは，光合成の働きによって光エネルギーを捕捉し化学エネルギーに転換している。

　地球上の生命の多様性は光合成（photosynthesis）なしにはありえない。われわれの呼吸に必要な空気中の酸素は，一度は水分子として存在した酸素が，光合成の働きで放出されたものである。石炭や薪，ガソリンや天然ガスを燃やしたときや，われわれが食べた食物が体内で燃焼されたときに放出されるすべてのエネルギーは，直接的にせよ間接的にせよ，その起源は光合成によって捕捉された光エネルギーである。この過程をになう光合成について理解するのは大変重要である。光合成の研究は，人口が増大する世界にとって重要な課題である農作物の生産性の向上や土地の有効利用を可能にするであろう。第9章では，細胞がどのようにして食物から化学エネルギーを取りだし，その化学エネルギーを生命活動に利用しているかを論じた。この章では，光合成が太陽の光エネルギーを捕捉し，化学エネルギーに富んだ分子をつくり上げる過程について調べる（図10.1）。

10.1 光合成とは何か？

光合成装置としての葉緑体

生命は太陽光からエネルギーを受ける。ほとんどすべての細胞が利用するエネルギーは，もとをたどると植物や藻類，細菌による光合成によって捕捉された太陽光エネルギーに由来する。生命の多様性はわれわれの惑星が太陽からのエネルギーの流れのなかにあるから実現できたのである。地球上には毎日，広島に落とされた原子爆弾約100万個分のエネルギーが降り注いでいる。この巨大なエネルギーの約1%が光合成によって利用されており（広島の爆弾約1万個分），すべての生命を支えるエネルギーを供給している。

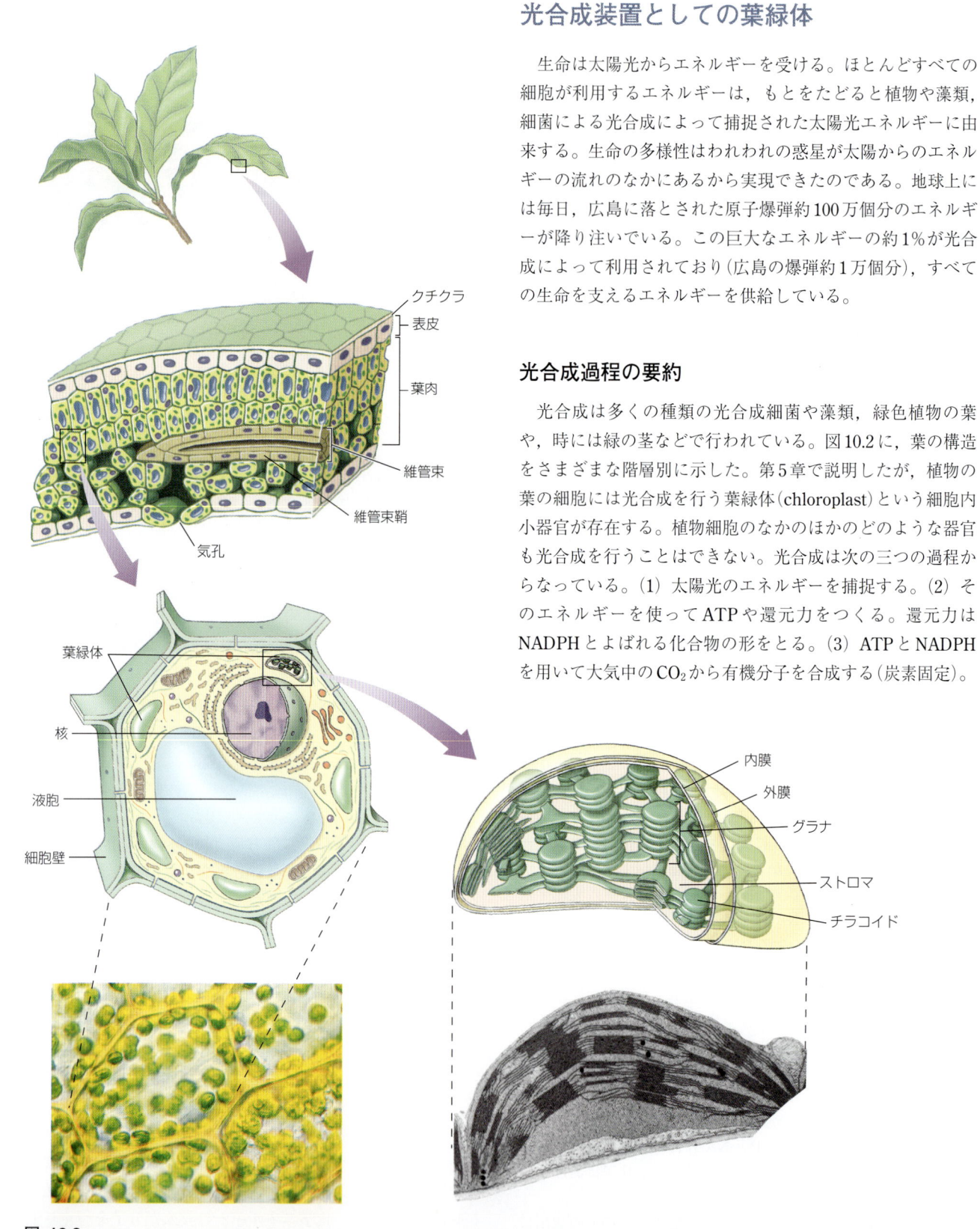

光合成過程の要約

光合成は多くの種類の光合成細菌や藻類，緑色植物の葉や，時には緑の茎などで行われている。図10.2に，葉の構造をさまざまな階層別に示した。第5章で説明したが，植物の葉の細胞には光合成を行う葉緑体（chloroplast）という細胞内小器官が存在する。植物細胞のなかのほかのどのような器官も光合成を行うことはできない。光合成は次の三つの過程からなっている。(1) 太陽光のエネルギーを捕捉する。(2) そのエネルギーを使ってATPや還元力をつくる。還元力はNADPHとよばれる化合物の形をとる。(3) ATPとNADPHを用いて大気中のCO_2から有機分子を合成する（炭素固定）。

図 10.2
葉の構造を見る。 植物の葉は葉緑体に富む細胞でできた厚い層（葉肉）をもっている。葉緑体にある扁平なチラコイドは筒状に重なりグラナとよばれている。

最初の二つの過程は光の下でのみ進行し，**光依存的反応**（明反応：light-dependent reaction）と一般的によばれている。最後の過程である大気中のCO_2からの有機分子の合成は，**カルビン回路**（Calvin cycle）によって行われる。ATPとNADPHがある限りカルビン回路は明所でも暗所でも行われるため，カルビン回路の諸反応は光非依存的反応（暗反応）とよばれている。（訳者注：光依存的反応は，厳密には色素による光の捕捉過程だけで，そのあとの励起エネルギー移動，電荷分離，電子伝達，ATP合成は光非依存的反応である。しかしこれらの反応は，酵素によるカルビン回路とは異なり，温度依存性はない。そのため，明反応，暗反応の用語は正確ではないが，ある本質を突いているので，現在もよく使われている。）

　光合成のすべての反応をまとめると，次のような単純な式になる。

$$6CO_2 + 12H_2O + 光 \longrightarrow C_6H_{12}O_6 + 6H_2O + 6O_2$$
二酸化炭素　　水　　　　　　　　グルコース　　水　　酸素

葉緑体の内部

　葉緑体の内部は，チラコイドとよばれる膜でできた袋状の構造が積み重なって，**グラナ**（grana）とよばれる構造をしている。チラコイド膜には光を捕捉する光合成色素とATPを合成する装置が存在する。チラコイド膜のまわりにはストロマとよばれる液状の物質がある。ストロマには，ATPと還元力NADPHを用いてCO_2から有機分子を合成するために必要な多くの酵素が存在する。チラコイド膜内では光合成色素は集団で存在し，**光化学系**（photosystem）を形成している。

　光化学系内のそれぞれの色素（pigment）は，エネルギーをもつ"光子"を捕捉する。色素はタンパク質内に組み込まれ，互いに近傍に位置している。適当な波長の光が光化学系のある色素によって捕捉されると，励起エネルギーはその色素分子からほかの色素分子へと受け渡される。この場合，電子ではなく，エネルギーが分子間を移動する。これは，玉突きの最初の段階に例えられる。もし，三角形状に並べられた15個の玉の頂点にボールが正確にヒットすると，もっとも離れた二角のボールだけが動き，そのほかのなかにある玉は移動しない。エネルギーは，なかのボールを伝わって，もっとも遠いボールまで到達したのである。

　最終的に光エネルギーは膜タンパク質に組み込まれた特別なクロロフィル分子に到達する。エネルギーはこのタンパク質内で電子の流れの駆動力に転換され，電子は次々とほかのタンパク質に受け渡される。この過程でATPとNADPHがつくられ，最終的に有機分子が合成される。このように光合成は，多くの色素が独自に光エネルギーを捕捉する巨大なアンテナとして働く。

光合成の光依存的反応は，葉の細胞がもつ葉緑体のなかのチラコイド膜で行われる。

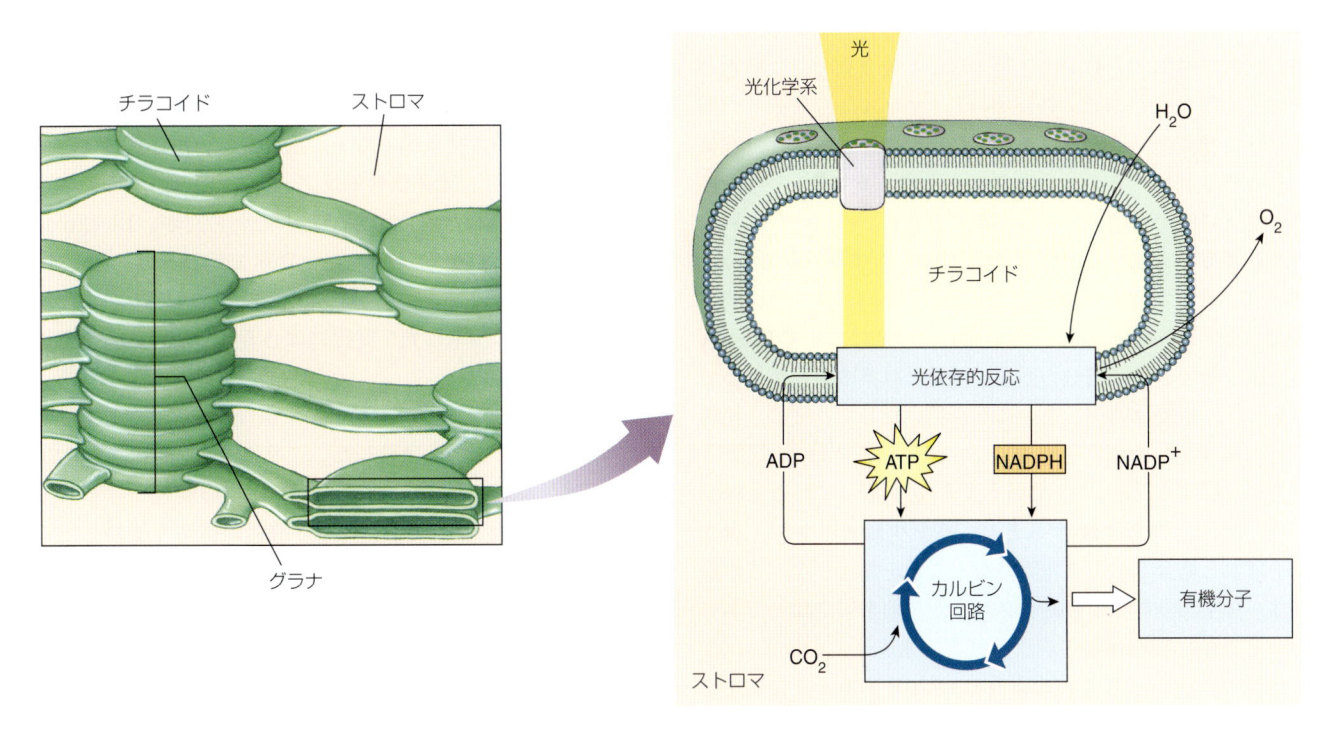

図 10.2（つづき）
光依存的反応はチラコイド膜で行われ，カルビン回路の駆動力であるATPとNADPHを合成する。葉緑体内部の液状マトリックスであるストロマにはカルビン回路の酵素が存在する。

10.1　光合成とは何か？

10.2 研究の歴史から学ぶ光合成

土と水の役割

　光合成の研究の歴史は科学のなかでもっとも興味深いものの一つで，複雑な光合成のしくみを理解するためのよい道案内になる。この歴史は，約300年前，ベルギーの医者 Jan Baptista van Helmont（1577〜1644）による単純でしかも注意深く計画された実験によってはじまった。ギリシャ時代から，植物は食料を土から得ている，すなわち根から食料を吸収していると考えられていた。van Helmont はこの考えを単純な実験によって確かめることを計画した。彼は小さな柳の重さをはかったあと，土を入れた鉢に植えた。柳は鉢のなかで数年間育った。このあいだ，van Helmont は水しか与えなかった。5年後，柳は大きくなり，重量は74.4 kg増えた。しかし，土は5年前に比べ，たった57 gしか減らなかった。増えた質量は土から吸収されたものでないことは明らかであった。この結果から，van Helmont は植物体を構成する成分は土壌から吸収されたものだけではないことを証明した。彼は，毎日与えた水が植物の増加した質量の主要な原因であるとの結論を導いたが，この結論は完全に正しくはなかった。

　原因がはっきりしたのは100年ほど経ってからである。鍵となった手がかりは，イギリスの科学者 Joseph Priestly の空気の性質に関する先駆的な研究によって得られた。1771年8月17日，Priestly は偶然，ろうそくを燃やしたときに失われた空気を回復する方法を見いだした。彼は，ハッカの小枝を，ろうそくを燃やした空気のなかに入れた。同じ月の27日に，同じ空気中でろうそくが再び燃えることを発見した。植物が空気を回復させたのだ。Priestly は，マウスはろうそくで消費された空気中では呼吸できないが，植物で回復された空気はある程度利用できることを見いだした。鍵は，「生きた植物が空気に何かを加えていること」である。

　どのようにして植物は空気を「回復」させるのだろうか。25年後，オランダの生理学者 Jan Ingenhousz はこの疑問を解決した。Ingenhousz は，何年間もの研究によって Priestly の実験を発展させ，空気の回復には光と緑葉の存在が必要であること，根では回復しないことを見いだした。彼は，植物の緑の部分が，太陽光を利用して二酸化炭素（CO_2）を炭素と酸素に分解する反応（いまでいう光合成）を行っていると提案した。彼は，酸素は O_2 ガスとして空気中に放出され，炭素原子は水と結合して炭水化物になることを提言した。この提言は，後半部分はその後修正されたが，的を射た推測であった。その後，炭水化物の炭素，酸素，水素原子の比率は（炭水化物の名前が示しているように）水1分子あたり炭素1原子であることが見いだされた。1804年に，スイスの植物学者がこの反応に水が必要であることを発見した。この世紀の末に，光合成の反応が次のように確定された。

$$CO_2 + H_2O + 光エネルギー \longrightarrow (CH_2O) + O_2$$

　しかし，光合成の反応はこの式のように単純ではないことがわかった。20世紀の研究者たちがこの過程をもっと詳細に調べたところ，光の働きは予想以上に複雑であった。

> van Helmont は，土壌は植物の獲得した質量を供給しないことを示した。Priestly, Ingenhousz, そのほかの研究者たちは，光合成の基本的な化学反応について研究を行った。

光非依存的反応の発見

　Ingenhousz によって初期に示された光合成の式の成分のうち，光に関してはまだ論じていない。光は光合成においてどのような役割をしているのだろうか。20世紀の初頭，イギリスの植物生理学者 F.F. Blackman は光合成における光の役割を探求した。1905年に彼は，光合成は多段階の過程で構成されており，そのうち一つだけが直接光を利用する，というその後の研究の出発点となる結論にたどり着いた。

　Blackman は，光の強度，CO_2 濃度，温度などの光合成に対する影響を調べた。弱光条件では，光の強度を上げると光合成は促進されたが，温度や CO_2 濃度を上げても促進されなかった（図10.3）。しかし強光条件の場合，温度や CO_2 濃度を上げると，光合成は大幅に促進された。Blackman は，光合成は最初に起こる温度に依存しない一連の，彼がいうところの明反応と，引き続き起こる光に依存しないが CO_2 によって制限される暗反応（光非依存的反応ともよばれた）から構成されていると結論した。注意しておきたいのだが，Blackman が表現したいわゆる"暗反応"は，明所で起こるのである（実際暗反応は光依存的反応の産物を必要としている）。暗反応というよび方は，単に光を直接には必要としないことを意味している。

　Blackman は，35℃までは，暗所で進行する炭素還元反応の速度が上がることを発見した。これ以上高い温度では暗反応の速度は急激に低下する。35℃は酵素の変性がはじまる温度であるため（触媒反応をになう酵素の構造を維持している水素結合が働かなくなる），Blackman は酵素が光非依存的反応をになっていると結論した。

> Blackman は光合成のエネルギーを得るためには光が必要であるが，有機物の合成には光は直接必要ないことを示した。

光の役割と還元力

光依存的反応と光非依存的反応における光の役割は，当時スタンフォード大学の院生だったC.B. van Nielによって研究された。van Nielは紅色硫黄細菌は光合成を行っても酸素を発生せず，その代わりに硫化水素（H_2S）を純粋な硫黄元素の顆粒として細胞内に蓄積することを発見した。van Nielが観察した光合成は次のとおりであった。

$$CO_2 + 2H_2S + 光エネルギー \longrightarrow (CH_2O) + H_2O + 2S$$

この式とIngenhouszの式が見事に一致することから，van Nielは次のような光合成の一般式を提案した。

$$CO_2 + 2H_2A + 光エネルギー \longrightarrow (CH_2O) + H_2O + 2A$$

この式において，H_2Aは電子供与体として機能している。緑色植物で行われる光合成では，H_2Aは水であり，紅色硫黄細菌では硫化水素である。産物AはH_2Aが分解して生成される。そのため，緑色植物の光合成で発生する酸素は，二酸化炭素ではなく，水の分解に由来する。

同位体が生物の研究に利用されだした1950年代の初めになって，van Nielの革命的な仮説を直接確かめることが可能になった。研究者は^{18}Oで標識した水を与え，緑色植物の光合成を調べた。その結果，van Nielの予測したとおり，彼らは^{18}Oが炭水化物ではなく，酸素ガスに取り込まれることを見いだした。

$$CO_2 + 2H_2{}^{18}O + 光エネルギー \longrightarrow (CH_2O) + H_2O + {}^{18}O_2$$

藻類や緑色植物の光合成でつくられる典型的な炭水化物はグルコースであり，これは6個の炭素原子をもっている。そのため，これらの生物の光合成の完全な式は次のように表される。

$$6CO_2 + 12H_2O + 光エネルギー \longrightarrow C_6H_{12}O_6 + 6O_2 + 6H_2O$$

現在では，光合成の光依存的反応では，光エネルギーを利用してNADPをNADPH（電子運搬分子）に還元し，ATPをつくることが知られている。光合成によってつくられたNADPHやATPは，次の段階であるカルビン回路で二酸化炭素の炭素を還元し，単純な糖に転換し，この糖の炭素骨格がほかの有機分子の合成に使われる。

van Nielは光依存的反応における先駆的な仕事を進めるなかで，水が分解してできる還元力（H^+）が二酸化炭素の有機物質への転換に利用されることを発見した。彼はこの過程を**炭素固定**（carbon fixation）とよんだ。この還元力はNADPHの高エネルギー電子を二酸化炭素のC—O結合の低エネルギー電子と置き換え，新しく合成される有機分子のC—H結合を形成する。

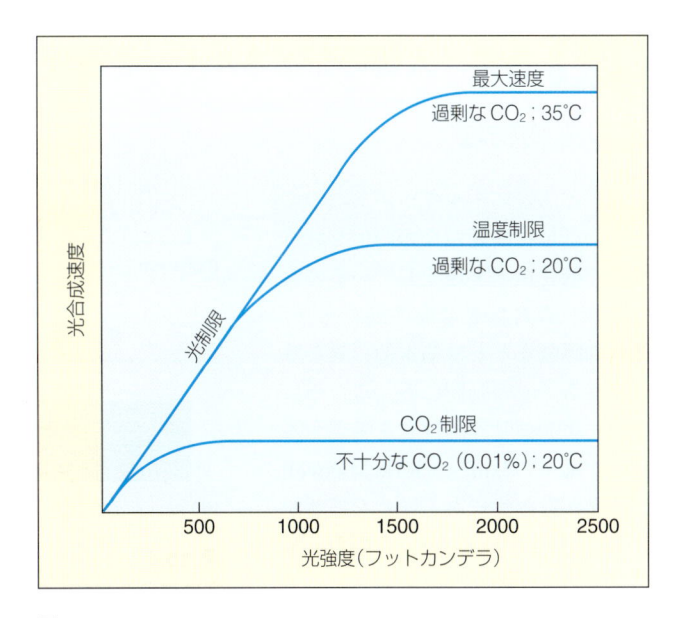

図 10.3

光非依存的反応の発見。 Blackmanは異なった光強度，CO_2濃度，温度下での光合成速度を測定した。このグラフが示すように，光強度が弱いときには光が制限要因であるが，強光下では温度とCO_2濃度が制限要因である。
Blackmanは2000カンデラまで光強度を上げると，もうそれ以上は光強度を上げても光合成速度は上がらないことを見いだした。この現象を説明する仮説を考えてみよう。

1950年代に，Robin Hillはvan Nielの提案が正しいこと，そして光エネルギーは還元力の形成に使われることを示した。葉の細胞から単離した葉緑体は，光に応答して外から与えた酸化剤を還元し酸素を発生した。その後の実験によって，水からの電子が$NADP^+$に伝達されることが示された。Arnonとその共同研究者たちは，CO_2を枯渇させた葉緑体を光照射するとATPが蓄積することを示した。CO_2を与えるとNADPHもATPも蓄積せず，CO_2は有機分子に同化された。これらの実験は次の3点において重要である。第一に，光合成が葉緑体で行われていることを明らかにした。第二に，光依存的反応が$NADP^+$を還元しATPを合成することを示した。第三に，光合成の最初の段階でつくられるATPとNADPHが次の光非依存的反応で使われて二酸化炭素が還元され単純な糖が合成されることを確認した。

> van Nielは，光合成は水分子を分解し，二酸化炭素ガスの炭素原子と水の水素原子を有機分子に組み込み，酸素ガスを発生させることを発見した。Hillは植物が光エネルギーを利用して還元力を生みだすことを示した。二酸化炭素を有機分子に取り込む光非依存的反応を炭素固定とよぶ。

10.3 色素は太陽の光エネルギーを捕捉する

光の生物物理

光のどこにエネルギーがあるのだろうか。植物は光のなかの何を利用して二酸化炭素を還元しているのだろうか。これは光合成の謎であり，細胞の呼吸などとは基本的に異なる点である。この疑問に答えるためには，まず光の物理的性質を考慮する必要がある。James Clerk Maxwellは，光が電磁波であることを理論的に示した。すなわち光は空気中を電場と磁場の振動が伝搬することにより進む。この証明は，1887年にドイツの研究室で行われた入念な実験によってなされた。若い物理学者Heinrich Hertzは，電磁波の存在を予測する数学的な理論の証明を試みた。このような波の存在を確かめるため，Hertzは巧妙な実験を計画した。部屋の片隅に，高く細い棒の上に金属球が載った装置2台を並べ，強力な放電装置とした。片方の金属球に非常に高い静電気を帯電させると，もう一つの金属球に放電した。

この装置を作成したあと，Hertzはこの放電が数学的理論によって予測された電磁波，いわゆる電波を発生するのかを調べる準備を行った。彼は部屋のもう一方の隅に世界で初めての電波の受信機である金属の輪を絶縁した台に置いた。金属の輪の下方には少しだけ隙間を空け，完全な輪にならないようにした。Hertzが反対側の放電装置にスイッチを入れると，わずかな放電が金属の輪の隙間に発生した。これは電波を初めて観察したものである。さらにHertzは見事な実験を行った。金属の輪の隙間に紫外線を照射すると，放電はもっと容易に起こることを発見したのだ。この予期せぬ効果は光電効果とよばれ，長年にわたり多くの研究者を悩ませることになった。

光電効果は，最終的には1901年にMax Planckによって提唱された概念によって説明された。Planckは，光やそのほかの放射は光子とよばれるエネルギーの単位としてふるまうとの仮定にもとづき，黒体放射曲線を予測する式を発展させた。1905年に，Albert Einsteinは光子の概念を用いて光電効果を説明した。紫外線は十分なエネルギーをもった光子であるため，金属の輪にあたると表面から電子を放出させてしまう。光子はそのエネルギーを電子に渡し，電子は金属の輪か

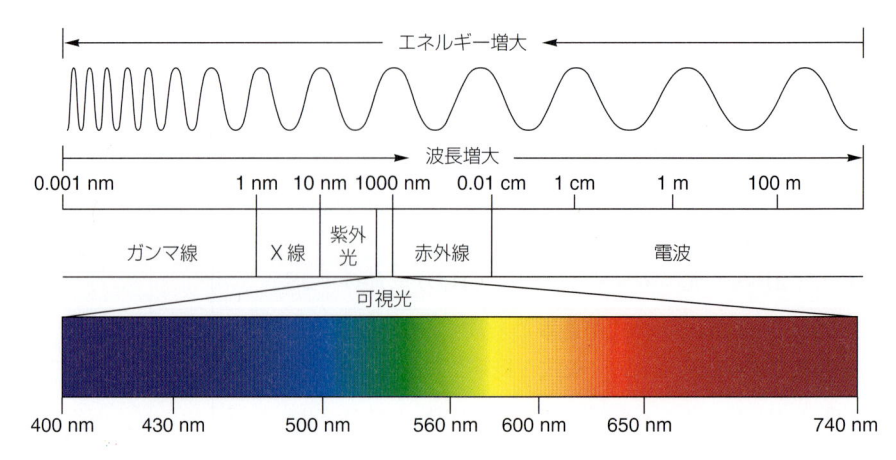

ら飛びだし，これが電波による放電を誘導する。可視光の光子は，金属の輪の端から電子を自由にするにはエネルギーが足りず，そのため電子を飛ばすことはできない。

光子のエネルギー

すべての光子が同じエネルギーをもっているわけではなく，光子のエネルギーは光の波長に反比例している。短い波長の光は，長い波長の光より高いエネルギーをもっている（図10.4）。非常に高いエネルギーをもっているX線は，可視光より非常に短い波長であり，そのため高い解像力をもった顕微鏡への応用を可能にしている。

Hertzは光電効果の強さが光の波長に依存していることに気づいた。すなわち，長波長に比べ短波長の光はより効果的に光電効果を引きおこす。Einsteinの光電効果に関する理論は，このことを説明した。太陽光には異なったエネルギーをもった多くの光子が存在する。そのなかのごく一部を私達の視覚は可視光として認識できる。もっとも高いエネルギーをもった光子は，電磁波のなかで一番短波長域であるガンマ線であり（図10.4参照），その波長は1nmより短い。一方，もっとも低いエネルギーをもった光子は波長数千mの電波である。可視光では，もっとも短波長の光は紫色で，もっとも高いエネルギーをもっており，長波長の赤色はもっとも低いエネルギーをもっている。

図 10.4
電磁波のスペクトル。 光は電磁波のエネルギーの一つの形態であり，波と考えられる。短い波長の光は高いエネルギーをもっている。可視光は電磁波のなかのごく狭い領域に対応し，400〜740nmの範囲である。

紫外光

地球表面に届く太陽光には多くの紫外（UV）光が含まれているが，これは短波長であるため，可視光より格段に高いエネルギーをもつ。紫外光は生命が生まれた初期の地球にとって重要なエネルギー源であった。今日の大気には酸素ガス由来のオゾン層があって，それが太陽光のほとんどの紫外光を吸収しているが，それでもかなりの量の紫外光が大気をくぐり抜けてくる。この紫外光はDNAの結合を破壊することができ，そのため変異を引きおこし皮膚がんの原因となっている。下巻第56章で論じるように，人間活動によって引きおこされたオゾン層の減少は，世界中での皮膚がんの急激な増加をもたらす脅威となっている。

色素の吸収スペクトル

分子はどのようにして光エネルギーを捕えるのだろうか。光子は非常に速く移動するエネルギーの「荷」と考えることができる。光子が分子に衝突すると，そのエネルギーは熱となって失われるか，または分子中の電子によって吸収され，その電子はより高いエネルギー状態へ移行する。光子のエネルギーが吸収されるかどうかは，光子のエネルギー（その波長によって決まっている）と，光子が衝突する分子の化学的性質に依存している。第2章で述べたように，電子は不連続なエネルギーをもった原子核のまわりの軌道を占めている。電子を高いエネルギー状態に引き上げるためには，適切な量のエネルギーを必要とする。これは，梯子の次の横木に足を乗せるとき，適切な高さに足を引き上げるのと同じである。このため，ある原子は光の特定の波長をもった光子を吸収する。吸収される光子は原子のなかで利用できる電子のエネルギーに対応しているのである。そのため，それぞれの分子は特徴的な**吸収スペクトル**（absorption spectrum），すなわち吸収できる光子の範囲と吸収効率をもっている。

可視光を効率よく吸収する分子は，**色素**（pigment）とよばれている。光合成生物は多様な色素を進化させたが，緑色植物の光合成系ではそのうち2種類の色素，カロテノイドとクロロフィルだけが利用されている。クロロフィルは狭いエネルギー範囲の光子を吸収する。植物の2種類のクロロフィル，

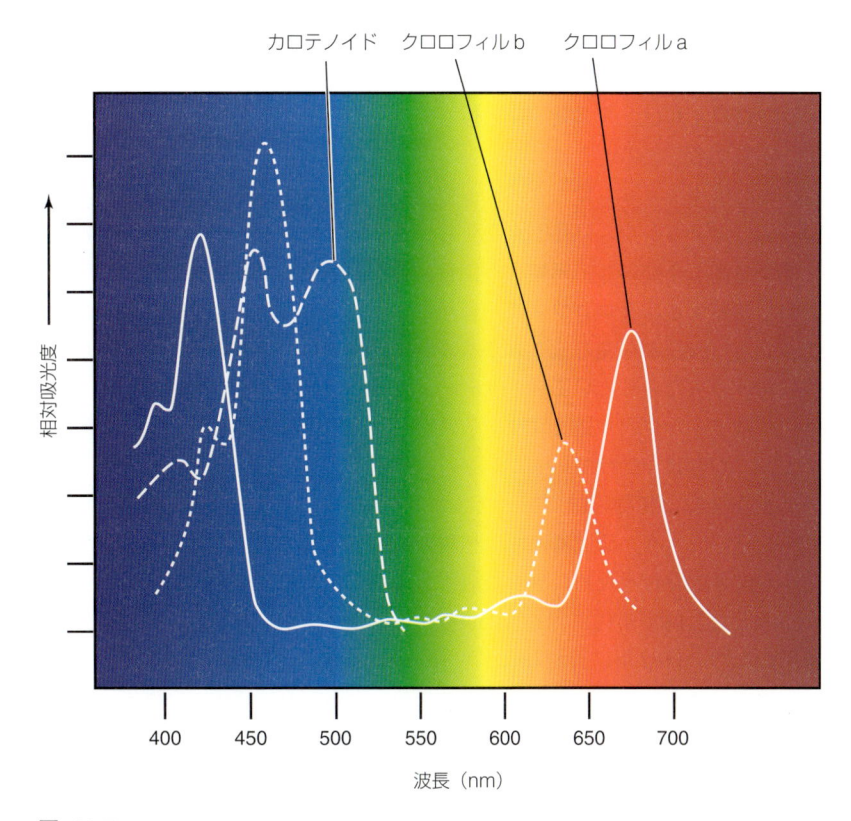

図 10.5
クロロフィルとカロテノイドの吸収スペクトル。 スペクトルのピークは，二つの一般的な光合成色素であるクロロフィルaとb，およびカロテノイドによって吸収される太陽光の波長を示したものである。クロロフィル類は，紫―青と赤色の狭い領域の光を吸収し，可視光の真中の緑色の光は吸収しない。カロテノイドは主に青と緑色の光を吸収し，オレンジと黄色は吸収しない。

クロロフィルaとクロロフィルbは紫から青，および赤色の光を吸収できる（図10.5）。これらの色素は500～600 nmの光子を吸収することができず，そのためこれらの光は植物によって反射されてしまう。これらの葉で吸収されなかった光子をわれわれの目の色素が吸収すると緑色に見える。

クロロフィルaは主要な光合成色素であり，光エネルギーを化学エネルギーに変換できる唯一の色素である。クロロフィルbは補助または二次的集光色素として働くが，これはクロロフィルaの光吸収の補完的な役割をになっている。クロロフィルbの吸収スペクトルは緑の側に移動しており，クロロフィルaでは吸収できない光子を吸収し，そのため，太陽光に含まれる光子のうち植物が捕捉できる範囲を広げている。重要な補助色素であるカロテノイドは，2種類のクロロフィルが吸収できない波長の光を捕捉することで，光合成に寄与している。

光合成では，光の光子は色素によって吸収される。吸収される光の波長は色素の種類によって決定される。

クロロフィルとカロテノイド

クロロフィルは，光電効果と類似した励起過程によって光子を吸収する。この色素は，単結合と二重結合が交互にくり返されたポルフィリン環とよばれる複雑な構造をもち，環の中央にはマグネシウム原子が存在する。色素に吸収された光子は環の電子を励起し，単結合と二重結合がくり返された炭素間を移動する。クロロフィルの種類によって環の外側にはいろいろな側鎖が存在し，これがさまざまなクロロフィルの吸収特性をもたらしている（図10.6）。実際の吸収スペクトルはクロロフィルが取り込まれているタンパク質の微小な環境によっても影響を受けている。

Ingenhouszが植物の緑の部分だけが「空気を回復する」ことを発見したとき，研究者たちは植物がもっているクロロフィルが光合成を行うために光を吸収する最初の色素ではないかと考えた。1800年代に行われた実験で，この考えが明瞭に証明された。1882年に行われたT.W. Engelmannによる実験は，簡潔に計画され，しかも明快な結果をもたらした特に素晴らしい例であった。Engelmannは光合成の**作用スペクトル**（action spectrum）を測定する実験を組み立てた。これは，異なった波長の光がもつ光合成に対する効率を相対的に示すものである。顕微鏡に1枚のスライドを載せた一連の実験を行った。彼は顕微鏡の下にプリズムを置いて分光し，異なった色の光がスライドに届くようにしておいて，そこに糸状の緑藻を光のスペクトルに沿って置き，異なった色の光が糸状藻類の異なる部域を照射するようにして光合成を行わせた。近代的な測定装置がなかったため，彼は酸素のある方向に運動する（酸素を求める）細菌をスライドに添加した。彼は細菌が藻類の紫と赤で照射された部分に集まることを発見したが，これらの色はクロロフィルにもっともよく吸収される領域である。

すべての植物や藻類，ラン藻は，クロロフィルaを主要な色素として利用している。なぜ光合成生物はレチナール（私達の眼の色素）のような500〜600 nmの光も含めた広い吸収帯をもつ色素を利用しなかったのか，との疑問がわく。もっともらしい仮説は吸収光効率である。レチナールは広い範囲の光を吸収するが，吸収の効率は比較的低い。これに対してクロロフィルは二つの吸収帯しかもっていないが，光を効率よく吸収できる。このため，植物やほかのほとんどの光合成生物は，クロロフィルaを採用することで全体としての光子の吸収効率を上げた。

カロテノイドは，炭素で構成された環が単結合と二重結合

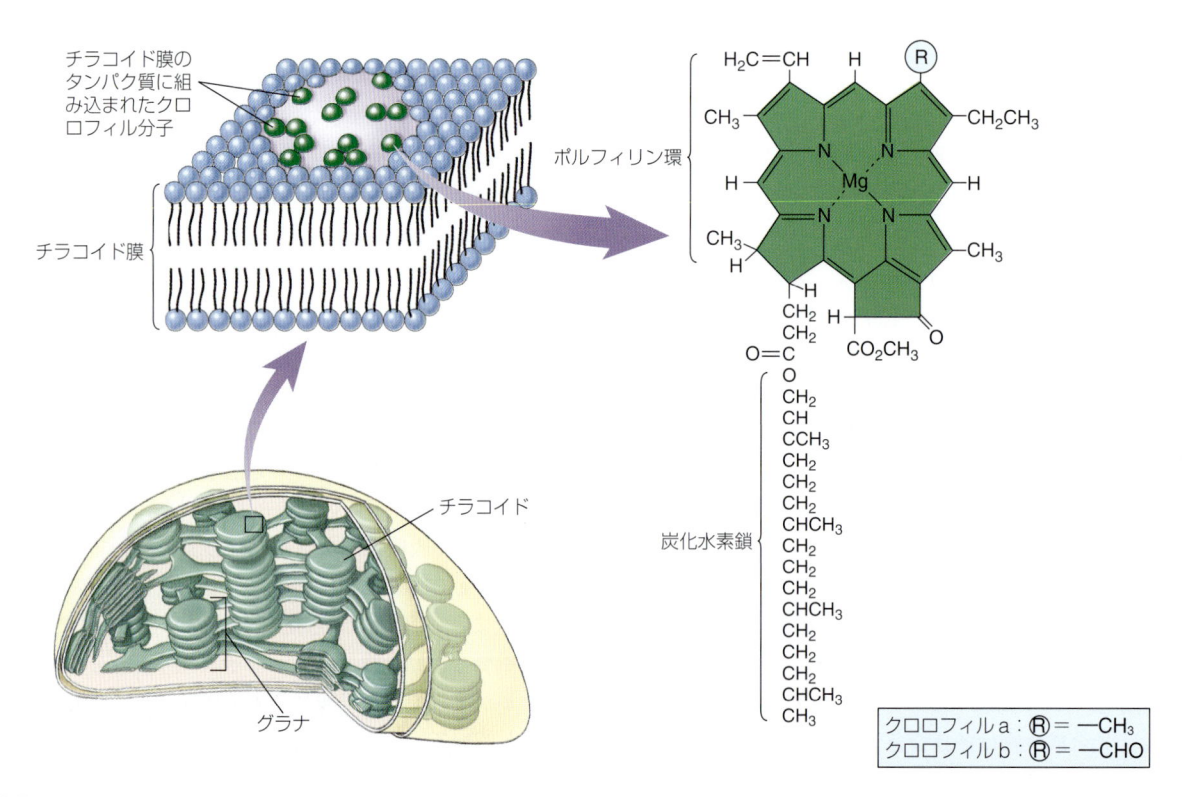

図 10.6
クロロフィル。 クロロフィル分子はポルフィリン環と炭化水素鎖からなっており，その炭化水素鎖がチラコイドの膜に埋め込まれているタンパク質の疎水性域につながっている。二つのクロロフィル分子の違いは，クロロフィルaには$-CH_3$（メチル基）が，クロロフィルbには同じ位置に$-CHO$（ホルミル基）が側鎖として存在することである。

酸素を求めるバクテリア

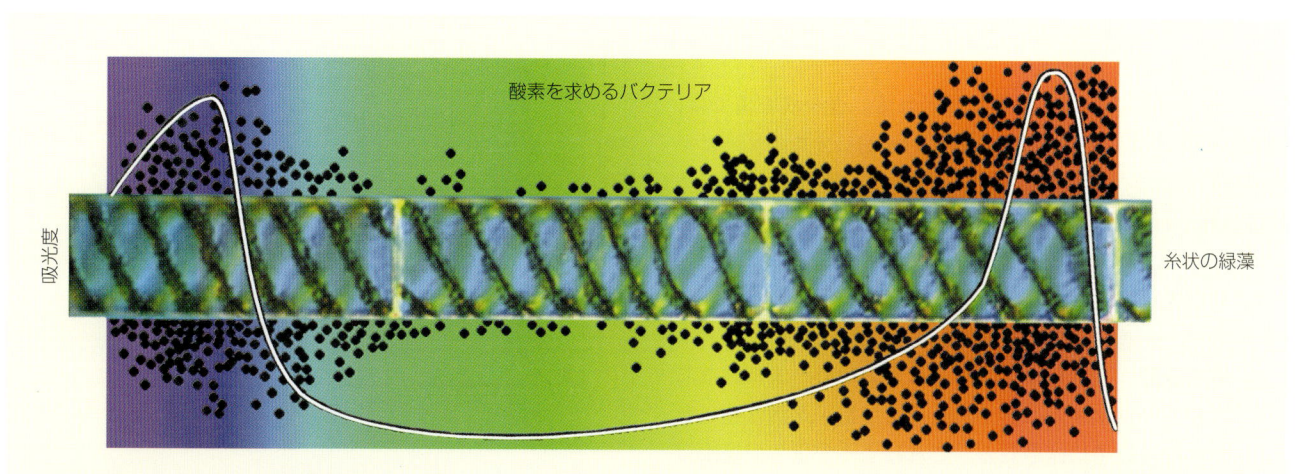

吸光度

糸状の緑藻

1882年にEngelmannは糸状性藻類アオミドロ（*Spirogyra*）を用いて，光合成の作用スペクトルを明らかにした。Engelmannは酸素発生速度を光合成速度の測定に用いた。酸素の量を示す指標として，彼は酸素に引きつけられる細菌を用いた。顕微鏡で対象の照射に用いる鏡と絞りの位置に，彼は"微小スペクトル装置"を装着した。これは，その名の示すとおり，顕微鏡のスライド上に小さい色のスペクトルをつくりだすものである。彼はそこに，糸状の藻類をすべての光があたるように置いた。酸素を求める細菌は，ほとんどが藻類の紫と赤で照射された周辺に集合した。

図 10.7
光合成の作用スペクトルを作成する。　図のように，Engelmannが実験的に明らかにした光合成の作用スペクトルは，クロロフィルの吸収スペクトルと一致している（図10.5参照）。

夏のオークの葉　　秋のオークの葉

図 10.8
紅葉はカロテノイドやほかの色素によってつくられる。　春から夏のあいだは葉にクロロフィルが存在するため，カロテノイドやそのほかの色素は目立たない。秋の寒い気温によりクロロフィルの合成が行われなくなると，葉は緑色を失い，カロテノイドやそのほかの色素で吸収されないオレンジや黄色になる。

を交互にくり返した炭素鎖に結合した構造をしている。カロテノイドは広いエネルギー範囲をもった光子を吸収することができるが，そのエネルギーをつねに高い効率で伝達することはしない。カロテノイドは，クロロフィルで効率よく吸収できなかった光を吸収することで，光合成に寄与している。

典型的なカロテノイドはβ-カロテンで，これは二つの炭素環が，単結合と二重結合を交互にくり返した18個の炭素鎖に結合したものである。β-カロテンを均等に二つに分解すると2分子のビタミンAができる。ビタミンAが酸化されるとレチナールが合成され，この色素は脊椎動物の視覚に利用されている。

色素は光を吸収する分子である。色素によって吸収される光の波長は，色素の電子を励起するのに使うことのできるエネルギーに依存している。

10.3　色素は太陽の光エネルギーを捕捉する

光化学系への色素の組込み

光合成の光依存的反応は膜で行われる。光合成細菌では，細胞膜そのものが光合成膜である。対照的に，この反応は植物や藻類ではラン藻類に由来する細胞内小器官である葉緑体で行われており，光合成膜は葉緑体内部に存在する。光依存的反応は，次の四つの過程からなっている。

1. **初期光過程**　光子が色素によって捕捉される。この最初の光過程は光による色素電子の励起である。
2. **電荷分離**　励起エネルギーは**反応中心**とよばれる特殊なクロロフィルに渡され，そこで電子が活性化され次の受容分子に渡される。これによって電子伝達がはじまる。
3. **電子伝達**　活性化された電子は，光合成膜内の一連の電子伝達分子を介して次々に運ばれる。その過程で，チラコイド膜を横切って水素イオンを輸送し，膜の内外に水素イオンの濃度勾配をつくる。
4. **化学浸透**　膜の片側に蓄積した水素イオンは，好気呼吸と同様，ATP合成酵素を介して再び膜を移動し，化学浸透的にATPを合成する。

光化学系の発見

光合成において色素が光を吸収し利用する機構を調べる方法の一つは，光合成の活性が光の強さにどのように依存するか，すなわちどれだけの光でどれだけの光合成が行われるかを測定することである。植物を用いてこの種の実験が行われた。光強度が弱いときは，光強度に比例して光合成速度は促進されたが，光強度が高い条件では，次第に速度の増加が少なくなり，最終的には一定の速度に落ち着く。強光条件では植物のすべての光捕捉能力が使われており，それ以上の光を吸収できないため，飽和状態に到達したと考えられた。

常識的には，飽和状態とはすべての色素分子が使われている状態である。1932年に植物生理学者のRobert EmersonとWilliam Arnoldは，この仮説を確かめるため，ある光合成生物を用いて光合成速度とクロロフィル分子の量の関係を調べる実験を行った。実験のなかで，彼らは数ミリ秒という大変短い閃光でクロレラ（単細胞緑藻）の培養液を照射し，光合成による酸素の発生量を測定した。彼らは色素飽和の仮説が正しいと想定し，すべてのクロロフィル分子が光を吸収するまでは，閃光の強度を増すにしたがって1閃光あたりの光合成速度が増加し，酸素の発生量が増加すると予想した。

しかし予想したことは起こらず，2500クロロフィル分子あたり1分子の酸素が発生するところで飽和した（図10.9）。このことから，EmersonとArnoldは一つひとつの色素が独立に光を吸収し機能するのではなく，光はクロロフィル分子と補助色素分子の集団によって吸収されるとの結論に達した。これが後に"光化学系"とよばれるものである（あとで詳しく説明）。光化学系の数百の色素集団のなかである分子が光を吸収すると，もっともエネルギーレベルの低いクロロフィル分子にエネルギーが伝達される。この最終的に励起エネルギーを受け取るクロロフィル分子が反応中心である。EmersonとArnoldが観察したのは，色素分子全体の飽和ではなく反応中心の飽和であった。

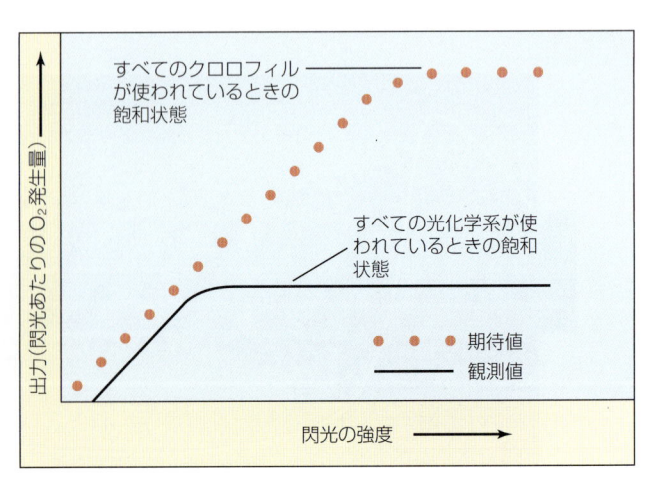

図 10.9
EmersonとArnoldの実験。　光合成が光飽和に達すると，それ以上光強度を上げても光合成速度は促進されない。
もし，クロロフィルの量が同じだとすると，どのような実験条件下で光合成の飽和レベルが上がると考えるか。

光化学系の構成

すべての光合成生物において，光は**光化学系**（photosystem）によって捕捉され利用される。それぞれの光化学系は光合成膜にあるクロロフィルa分子や補助色素，タンパク質などの集合体である。拡大鏡が光を特定の場所に集中させるように，光化学系ではどの色素分子で吸収された光エネルギーも，ある特別な分子，すなわち反応中心のクロロフィルに渡される。この分子はエネルギーを光化学系の外に渡し，ATPやそのほかの分子の合成を行う。

このように，光化学系は密接に関連した二つの成分からなっている。(1) 光子を捕捉し，捕捉した光エネルギーを反応中心に渡す数百の色素分子からなる"アンテナ複合体"。(2) タンパク質内に組み込まれ光化学系の外にエネルギーを渡す，1ないし数個のクロロフィル分子からなる"反応中心"。

アンテナ複合体　アンテナ複合体は太陽光を捕捉する（図10.10）。アンテナ複合体はクロロフィルとタンパク質の複合体であり，葉緑体ではチラコイド膜に存在している。アンテナ複合体には，補助色素であるカロテノイド類も存在する。タンパク質のなかで色素はエネルギー伝達が効率よく行える

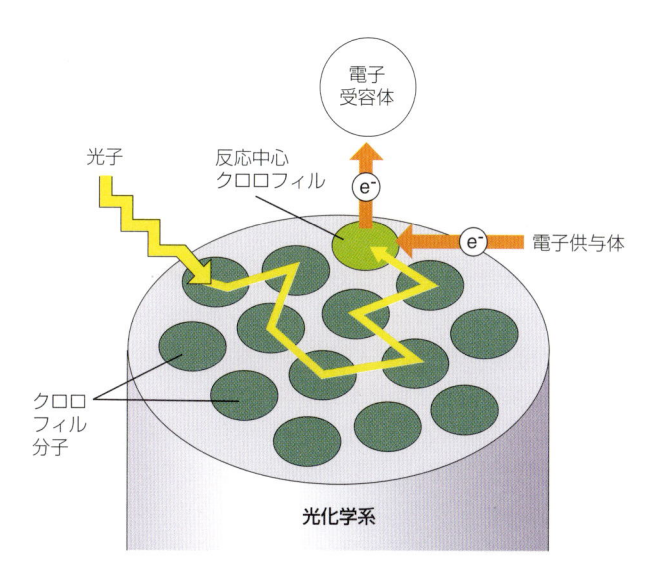

図 10.10
アンテナ複合体の働き。 光化学系のクロロフィル分子に適当な波長をもった光があたると，光は色素分子に吸収される。励起エネルギーは近傍のクロロフィルに次々に渡され，最終的には反応中心クロロフィルaに運ばれる。励起エネルギーが反応中心クロロフィルを励起すると，電子移動がはじまる。

ように配置されている。ある色素分子が光子を捕捉し，エネルギーが励起されると，その励起エネルギーは近傍の色素に渡され，次々に色素間を移動し，最終的に反応中心まで到達する。エネルギーを渡した色素の電子は，光子を受け取る前の低いエネルギー準位に戻る。このように，ある色素分子から次の色素分子にエネルギーが移動するのであって，励起された電子自体が動くのではない。アンテナ複合体では，このような過程を経て多くのエネルギーが反応中心に集中する。

反応中心 反応中心は，膜貫通型色素タンパク質複合体である。紅色硫黄細菌の反応中心には対になった2分子のクロロフィルからできた反応中心が存在し，エネルギーを受け取る。この反応中心クロロフィルが励起されると，活性化された電子を近傍の電子受容体に渡す。色素間で見られたエネルギー移動とは異なり，この場合は活性化された電子そのものが移動する。これは，光による励起エネルギーをクロロフィル分子から移動させる過程であり，光エネルギーを化学エネルギーに変換する鍵となる過程である。

図10.11は，反応中心のエネルギーが最初の電子受容体へ受け渡される過程を示したものである。反応中心クロロフィルの電子を活性化させることで，光はこれまでになかった強力な電子供与体をつくりだす。クロロフィルは励起された電子を最初の電子受容体であるキノン分子に渡し，キノンを還元する。還元されたキノンは強力な電子供与体である。弱い電子供与体は電子を失った反応中心クロロフィルに電子を渡し，クロロフィルをもとの状態へ戻す。葉緑体では水がこの弱い電子供与体である。水が電子を失い酸化されると，2個のH^+と同時に酸素が発生する。

光化学系の色素は光のエネルギーを捕捉する。色素はそのエネルギーを反応中心へ移動させる。反応中心では，そのエネルギーを電子移動に変え，化学反応を行う。

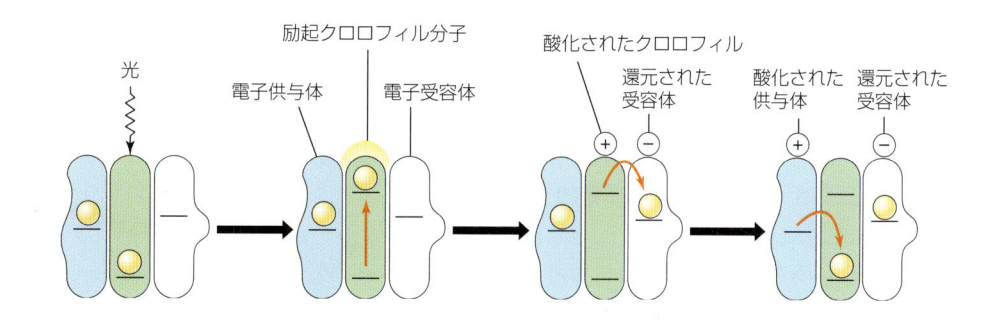

図 10.11
光の化学エネルギーへの転換。 反応中心クロロフィルは，光によって励起された電子を最初の電子受容体に渡し，その分子を還元する。酸化されたクロロフィルは，その電子の「穴」を電子供与体を酸化することで埋める。

10.3 色素は太陽の光エネルギーを捕捉する

光化学系はどのように光エネルギーを化学エネルギーに転換するのか

光合成細菌は1種類の光化学系を利用する

光合成色素の配置は，現存する硫黄細菌に似た細菌において，20億年以上前に生じたものと考えられている。光合成細菌の光化学系は2段階の過程からなる。

1. **電子がH^+と結合して水素原子となる** 光合成細菌の光化学系は870 nm（近赤外光，人の目には見えない）の光を吸収する。その結果，電子伝達系に沿って電子が流れ，最終的にH^+と結合し水素原子となる。硫黄細菌でも同様で，電子を硫化水素から奪い，その結果副産物として硫黄原子とH^+がつくられる。両方の場合とも，生産された水素原子は還元力として使われ，有機化合物が合成される。その後，進化したラン藻類や藻類，植物では酸素とH^+が副産物としてできる。

2. **電子が再びクロロフィルに戻ってくる** 細菌の反応中心から電子が一つ放出されると，反応中心に電子が一つ不足する。硫黄細菌の光合成が再び機能するためには，反応中心クロロフィルが再び電子を受け取らなければならない。この細菌では，第9章で説明したものと似た電子伝達系を通って，電子が再び反応中心クロロフィルへ戻る。この過程で，H^+ポンプを稼動し，化学浸透によりATPを合成する。この電子伝達系を三つの電子が流れると，1分子のATPが合成される。全体を見ると（図10.12），電子伝達は循環的になっている。このため，ATPを合成する電子伝達系は**循環的リン酸化**（cyclic photophosphorylation）とよばれている。注目すべきは，P_{870}反応中心から放出された電子は，光を吸収し高いエネルギーをもっているが，戻ってきた電子は光を吸収する前の低いエネルギー状態にあることである。この電子のエネルギーの差は光合成に使われH^+ポンプを駆動する。（訳者注：光合成細菌の光合成は，1種類の光化学系しかもっていないが，循環的リン酸化とともに非循環的電子伝達も行っていて，硫化水素などから得た電子は，NADH生成などに使われ，最終的に有機化合物の合成に使われる。）

植物は2種類の光化学系を利用する

硫黄細菌のあとに出現した光合成生物は既存の光化学系を改変し，また新しい機能を付加することで2種類の光化学系を生みだした。一つは**光化学系I**（photosystem I）であり，もう一つは**光化学系II**（photosystem II）である。

クロロフィルaが異なったタンパク質内に配置されているため，光化学系Iと光化学系IIのクロロフィルは異なったタンパク質複合体を形成しており，光化学系IIは光化学系Iより短波長のエネルギーの高い光を吸収することができる。先祖型の光化学系と同じように，光化学系のアンテナ複合体のなかでエネルギーはある色素から次の色素へ渡され，最終的には電子受容体の近くの反応中心クロロフィルに渡される。光化学系IIではこのクロロフィルの吸収極大（すなわち，もっともよく吸収する波長）はおよそ680 nmなので，この反応中心色素はP_{680}とよばれている。植物の光化学系Iの吸収極大は700 nmなのでP_{700}とよばれている。この二つが連続して働き，非循環的電子伝達を行っている。

2種類の異なった波長の光（一つは赤色光，もう一つは遠赤色光）を同時に照射して光合成速度を測定すると，赤色光と遠赤色光単独での光合成の和よりも大きい（図10.13）。この驚くべき結果は，**エマーソン効果**（Emerson effect）または増幅効果とよばれているが，これは2種類の光化学系が連続して働く（すなわち，ある光化学系に続いて次の光化学系が働く）ためである。一方の光化学系は主に赤色光を吸収し，他方は遠赤色光を吸収する。

2種類の光化学系を用いることによって，それらの二つの光化学系のエネルギーを組み合せて還元力を容易に，しかも多量に得ることに成功した。図10.14の模式図はそれぞれの光化学系で行われる電子伝達を示している。電子は，水素が

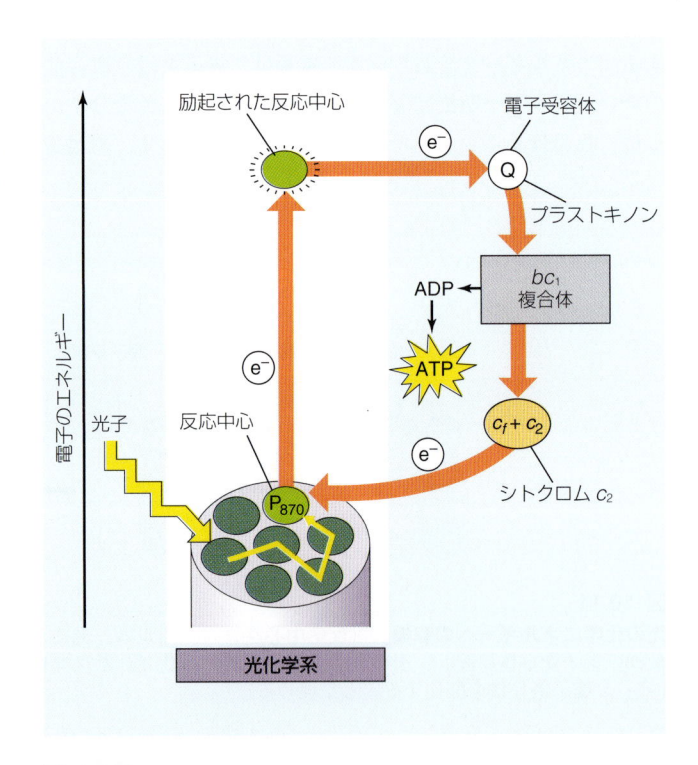

図 10.12

硫黄細菌の電子伝達系。 光化学系の反応中心（P_{870}）から光で活性化された電子が放出されると，その電子は循環経路を通って再びもとの光化学系へ戻る。硫化水素から電子を奪うときは，奪った電子はシトクロムc_2に渡される。NADHを生成するときは，プラストキノンからNAD^+に電子が渡される。

強く結合した水(酸化還元電位:＋820 mV)から電子が弱く結合したNADPH(酸化還元電位:−320 mV)へ渡される。(訳者注:すべての光合成細菌は1種類の光化学系しかもっていないが，それらを詳しく調べると，タンパク質構成やそれらのアミノ酸配列，反応中心の構造や電子伝達の特徴などの点で，ラン藻類や植物の光化学系Ⅰや光化学系Ⅱと高い類似性があった。光合成細菌のなかで，緑色硫黄細菌とヘリオバクテリアは光化学系Ⅰタイプ，紅色細菌と緑色糸状性細菌は光化学系Ⅱタイプである。これらの分子系統学的解析から，酸素発生型光合成生物は，光合成細菌の2種類の光化学系をもとに，現在見られる連続した光化学系ⅠとⅡをもつ光合成を進化させたと考えられる。)

硫黄細菌では1種類の光化学系しか働いていないが，植物では2種類の光化学系が連続して働き，ATPの合成とNADP$^+$のNADPHへの還元に十分なエネルギーを生産する。

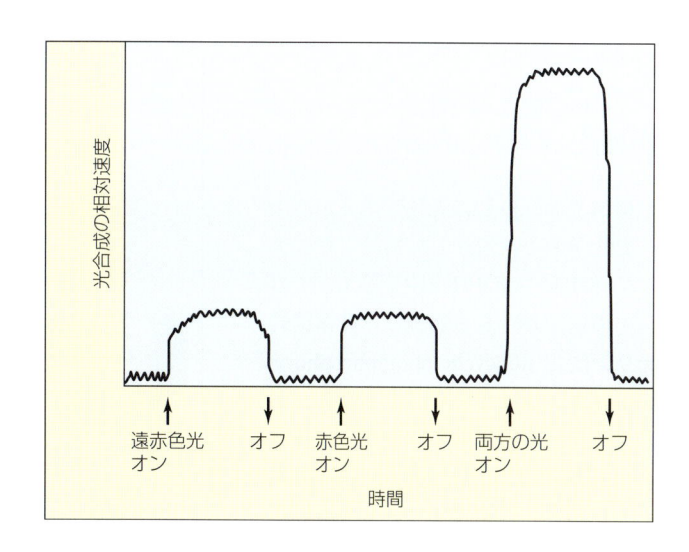

図 10.13
エマーソン効果。 赤色光と遠赤色光を同時に与えたときの光合成速度は，それらの光を別々に与えたときの速度の和よりも大きい。この結果は1950年代の研究者を困惑させたが，今日では，吸収極大が異なった2種類の光化学系が連続して(直列に)働いていることを示す証拠とされている。
もし両方の光をつけても相対的な光合成速度が変わらないとすると，どのような結論を出せるだろうか。

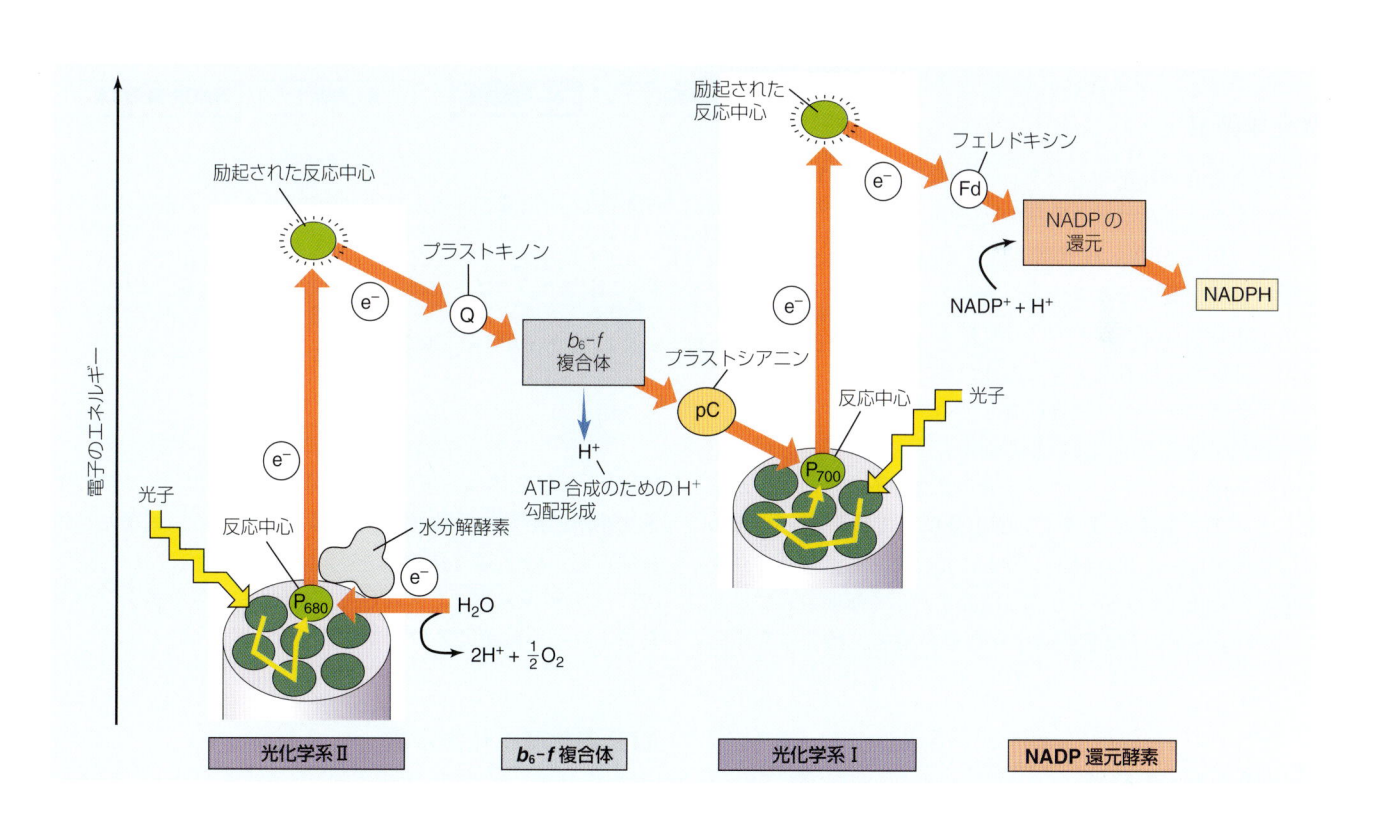

図 10.14
光化学系ⅠとⅡによるスキーム。 二つの光化学系は連続して働く。最初に，光の働きで光化学系Ⅱから活性化された電子が放出される。その電子は膜を介してH$^+$を輸送し，化学浸透的ATP合成のためのH$^+$勾配を形成する。電子はシトクロムを介して光化学系Ⅰに渡される。光化学系Ⅰが光を吸収すると，反応中心によって高いエネルギーをもった電子が供給され，NADPHが合成される。

10.3 色素は太陽の光エネルギーを捕捉する

植物ではどのようにして二つの光化学系が協調して働くのか

　植物では，最初に光化学系Ⅱが，次に光化学系Ⅰが連続して働くことによってATPとNADPHを生産する。この二つの段階からなる過程は，**非循環的光リン酸化**(noncyclic photophosphorylation)とよばれている。なぜなら，電子伝達経路は循環的ではなく，光化学系から放出された電子はもとに戻らず，かわりにNADPHにいくためである。必要な電子は水から光化学系へ供給される。光化学系Ⅱが最初に働く。光化学系Ⅱでつくられた高いエネルギーをもった電子は，ATPをつくるのに利用され，その後光化学系Ⅰによって再び励起され，NADPHを還元する。水の分解で得られる2個の電子は，1分子のNADPHと1分子より少し多くのATPをつくりだす。

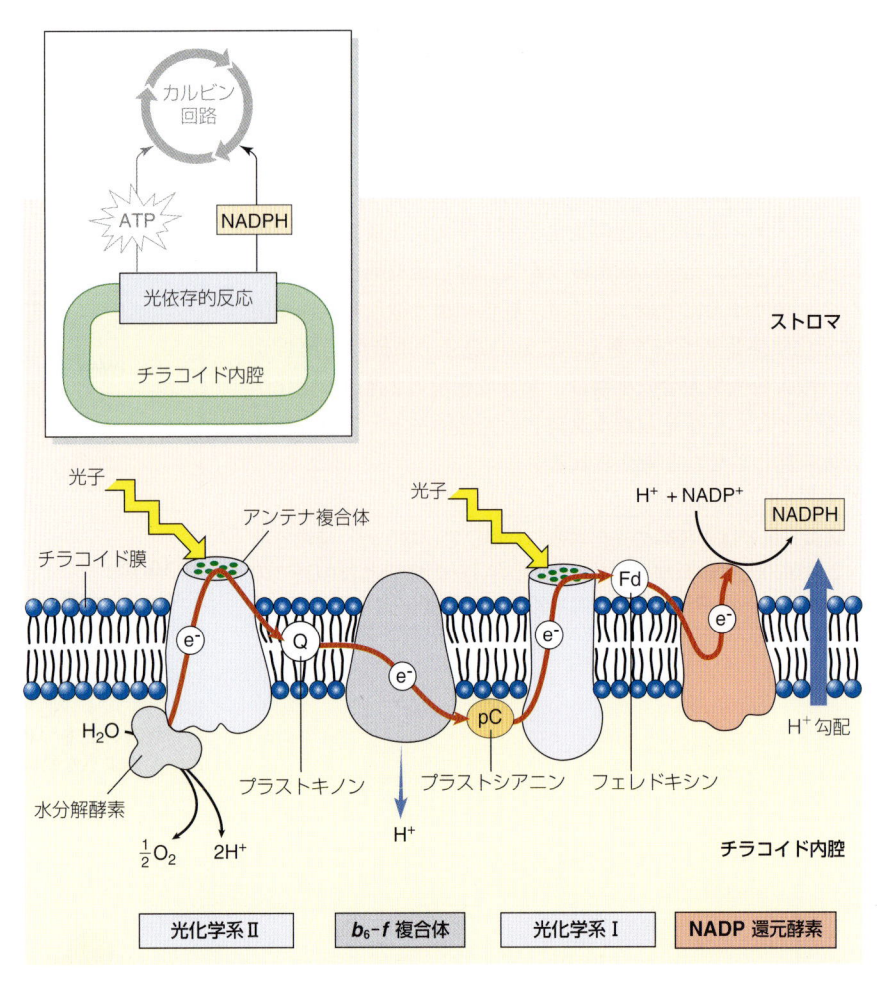

図 10.15
光合成の電子伝達系。 光が色素分子と衝突すると電子が励起される。この電子は電子伝達体である膜結合型シトクロムを介して運ばれる(赤い矢印)。水が分解すると，細胞から酸素が放出され，H^+はチラコイド内腔にとどまる。光子によって供給されたエネルギーは，H^+ポンプ(b_6-f複合体)でH^+をチラコイド内腔に輸送するのに使われる。これによっても内腔のH^+濃度はさらに高められる。光化学系Ⅰが光子を吸収すると，再び活性化された電子が次の還元酵素に渡され，NADPHが形成される。

光化学系Ⅱ

　光化学系Ⅱの反応中心はP_{680}とよばれているが，これは紅色細菌の反応中心とよく似ており，10種類以上の膜貫通タンパク質でできている。集光アンテナ複合体は250分子のクロロフィルaと補助色素で構成されており，これらの色素はタンパク質と結合している。光化学系Ⅱでは，反応中心近傍に存在する酵素のマンガンクラスターに2分子の水の酸素が結合している。酵素により水分子が分解して電子が一つ奪われ，空の反応中心に移動し，さらに光によって活性化され反応中心から出ていくが，この反応はまだよく解明されていない。2分子の水から4個の電子が奪われると，酸素が発生する。

光化学系Ⅰへの経路

　光によって活性化された電子を光化学系Ⅱから受けとる最初の電子受容体は，前に説明した光合成細菌の場合と同じように，キノン分子である。還元されたキノン(プラストキノン，Q)は強力な電子供与体であり，膜に埋め込まれたb_6-f複合体とよばれるH^+ポンプに励起された電子を渡す(図10.15)。この複合体は，第9章で説明したミトコンドリアの電子伝達系に見られるbc_1複合体とよく似ている。電子が供給されると，b_6-f複合体はH^+をチラコイド膜内に取り込む。次に，プラストシアニン(PC)とよばれる小さな銅タンパク質がこの電子を光化学系Ⅰに渡す。

ATPの生産：化学浸透

　それぞれのチラコイドは閉じられた空間をつくっており，b_6-f複合体によってストロマから送り込まれたH^+が貯められる。水の分解によってできたH^+も，H^+勾配の形成に寄与する。チラコイド膜はH^+に対して透過性がないため，H^+は例外なく"ATP合成酵素"のチャンネルによってチラコイド膜の外へ運ばれる。このチャンネルはチラコイド膜上にノ

ブのように突きでている。H$^+$がこのATP合成酵素のチャンネルを通じてチラコイド膜の外へ運ばれると，ADPがリン酸化されてATPに転換され，葉緑体の可溶性画分であるストロマへ放出される（図10.16）。ストロマには炭素固定の酵素が存在する。

光化学系I

光化学系Iは少なくとも13個の膜貫通タンパク質によって構成されており，その反応中心はP$_{700}$とよばれている。約100個のクロロフィルaと補助色素分子からなるアンテナ複合体によって，光エネルギーが反応中心に供給される。光化学系Iはプラストシアニンから電子を受け取り，空の反応中心を埋める。光化学系Iに到達した電子は活性化されたエネルギーのすべてを失っているのではなく，およそ半分のエネルギーは残っている。光化学系Iは光エネルギーを吸収し，電子を非常に高い活性状態にし，反応中心から放出する。光化学系IIとは異なり，光化学系Iはキノンを電子受容体としては利用せず，代わりに"フェレドキシン（Fd）"とよばれる鉄硫黄タンパク質に電子を渡す。

NADPHの生産

光化学系Iは，チラコイド膜のストロマ側（チラコイドの外側）でフェレドキシンに電子を渡す。還元されたフェレドキシンは非常に高い活性状態の電子をもっている。2分子の還元されたフェレドキシンは，1分子のNADP$^+$をNADPHに還元する。この反応は膜に結合した"NADP還元酵素"によって触媒される。この反応はチラコイドの外側で行われ，しかもNADPHの形成にはH$^+$の取り込みが必要なため，この反応も電子伝達でつくられたH$^+$勾配をさらにつくりだすことに寄与している。

ATPの生産

前に述べたように，水からNADPHへの非循環的光リン酸

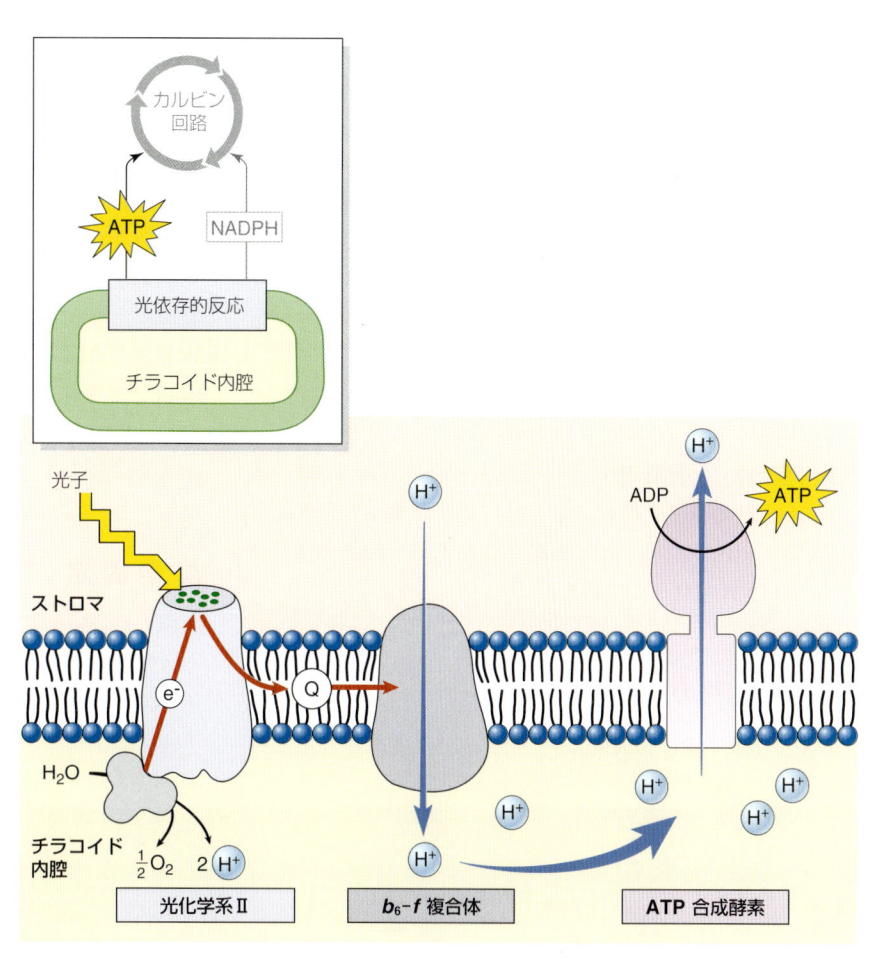

図 10.16
葉緑体における化学浸透。 b_6-f複合体はチラコイド膜に埋め込まれ，チラコイド内腔にH$^+$を輸送する。H$^+$がATP合成酵素のチャネルを通ってチラコイド内腔から外側へ輸送されるとき，ATPがチラコイドの外側（ストロマ側）で合成される。

化の電子伝達は，1分子のNADPHと1分子より少し多くのATPを生みだす。しかし後の章で学ぶように，有機物をつくるには，もっと多くのATPを必要とする。炭素を固定するには，1分子のNADPHあたり1.5分子のATPが必要である。必要なだけのATPをつくるため，多くの植物では，電子伝達を，光化学系Iのまわりを電子が回る循環的光リン酸化状態にすることができる。これによって，光化学系Iによって活性化された電子は再びb_6-f複合体に戻るため，NADPHの代わりにATPが合成される。b_6-f複合体はH$^+$を輸送し，さらにH$^+$勾配をつくりだし，化学浸透によるATPの合成を引きおこす。これらの植物における循環的と非循環的光リン酸化の割合は，有機分子をつくるときに用いられるATPとNADPHの比率によって決められる。

> 光合成の際に水が分解してできた電子は，ATPとNADPHの合成のためのエネルギーを提供する。水分子中の酸素原子は結合して酸素分子になる。

10.3 色素は太陽の光エネルギーを捕捉する

10.4 細胞は光依存的反応によってつくられたエネルギーと還元力を用いて有機分子を合成する

カルビン回路

光合成は二酸化炭素から有機分子をつくる手段である。有機分子はC−H結合を多くもち，二酸化炭素に比べより還元されている。有機分子を合成するため，細胞は光依存的反応でつくられたATPやNADPHを用いる。

1. **エネルギー**　ATP（循環的および非循環的光リン酸化反応によりつくられる）は，吸エルゴン反応を動かす。
2. **還元力**　NADPH（光化学系Ⅰで合成される）は，水素を炭素原子に結合させるのに必要な還元力を供給する。光化学系によって捕捉された光エネルギーは，糖のC−H結合として蓄えられる。

カルビン回路の発見

およそ100年前，Blackmanは光合成の温度依存性を調べた実験から，光合成には酵素が触媒する反応がかかわっていると結論した。酵素で触媒されるこれらの反応は，クレブス回路のように循環回路を形成している。この循環回路は，カリフォルニア大学バークレイ校のMelvin Calvinの名前にちなんで，カルビン回路（Calvin cycle）とよばれている。図10.17で示したように，カルビン回路はCO_2がRuBPと結合しPGAを形成することからはじまる。PGAは三つの炭素原子をもっているため，この経路は**C_3光合成**（C_3 photosynthesis）ともよばれる。

炭素固定

CO_2が特定の有機分子に結合する反応が，CO_2の還元を行うカルビン回路の鍵反応である。光合成を行う細胞は，糖代謝の二つの中間体であるフルクトース-6-リン酸とグリセルアルデヒド-3-リン酸から，高いエネルギーをもったこの有

カルビン回路

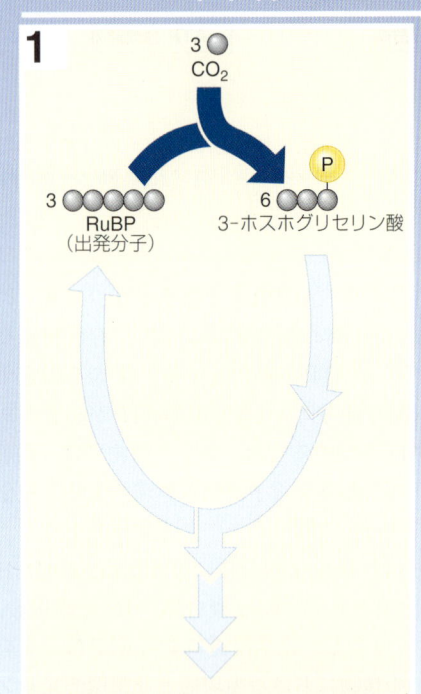

1　カルビン回路は，CO_2分子の5炭素分子（出発分子）への結合からはじまる。合成された6炭素分子は不安定であり，直ちに3炭素分子に分解される。

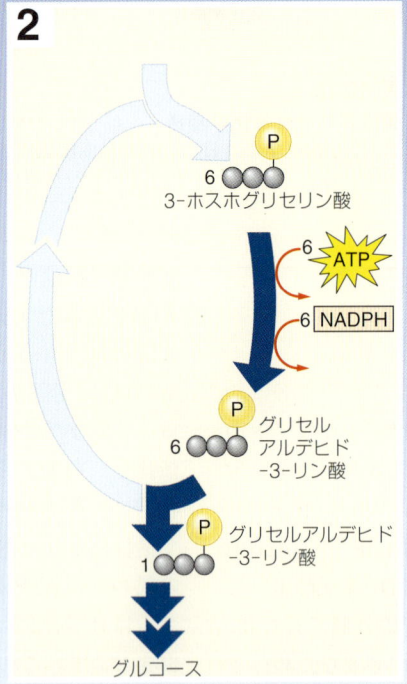

2　一連の反応によって，ATPのエネルギーやNADPHの還元力（光依存的反応の産物）が3炭素分子に供給される。還元された3炭素分子はグルコースに転換されたり，ほかの分子の合成に使われる。

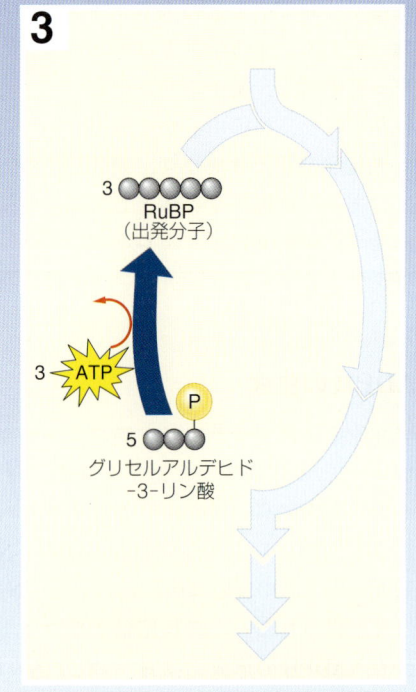

3　還元された3炭素分子の多くは，最初の出発分子である5炭素分子の再生に使われる。このようにしてサイクルが完結する。

図 **10.17**
カルビン回路の働き

図 10.18
カルビン回路の詳細。 カルビン回路に取り込まれたCO_2 3分子あたり，1分子の3炭素分子，グリセルアルデヒド-3-リン酸（G3P）がつくられる。反応には，光依存的反応でつくられたATPとNADPHのエネルギーを必要とする。この過程は，葉緑体のストロマで行われる。

機分子，五炭糖の"リブロース-1,5-ビスリン酸（RuBP）"を合成する。

CO_2のRuBPへの結合は**炭素固定**（carbon fixation）とよばれる反応であるが，これによって3炭素分子である"3-ホスホグリセリン酸（PGA）"を形成する。この反応を触媒する酵素"リブロースビスリン酸カルボキシラーゼ/オキシゲナーゼ（一般的に"ルビスコ"とよばれている）"は，16個のサブユニットをもった非常に大きな酵素で，葉緑体ストロマに存在する。

カルビン回路の反応

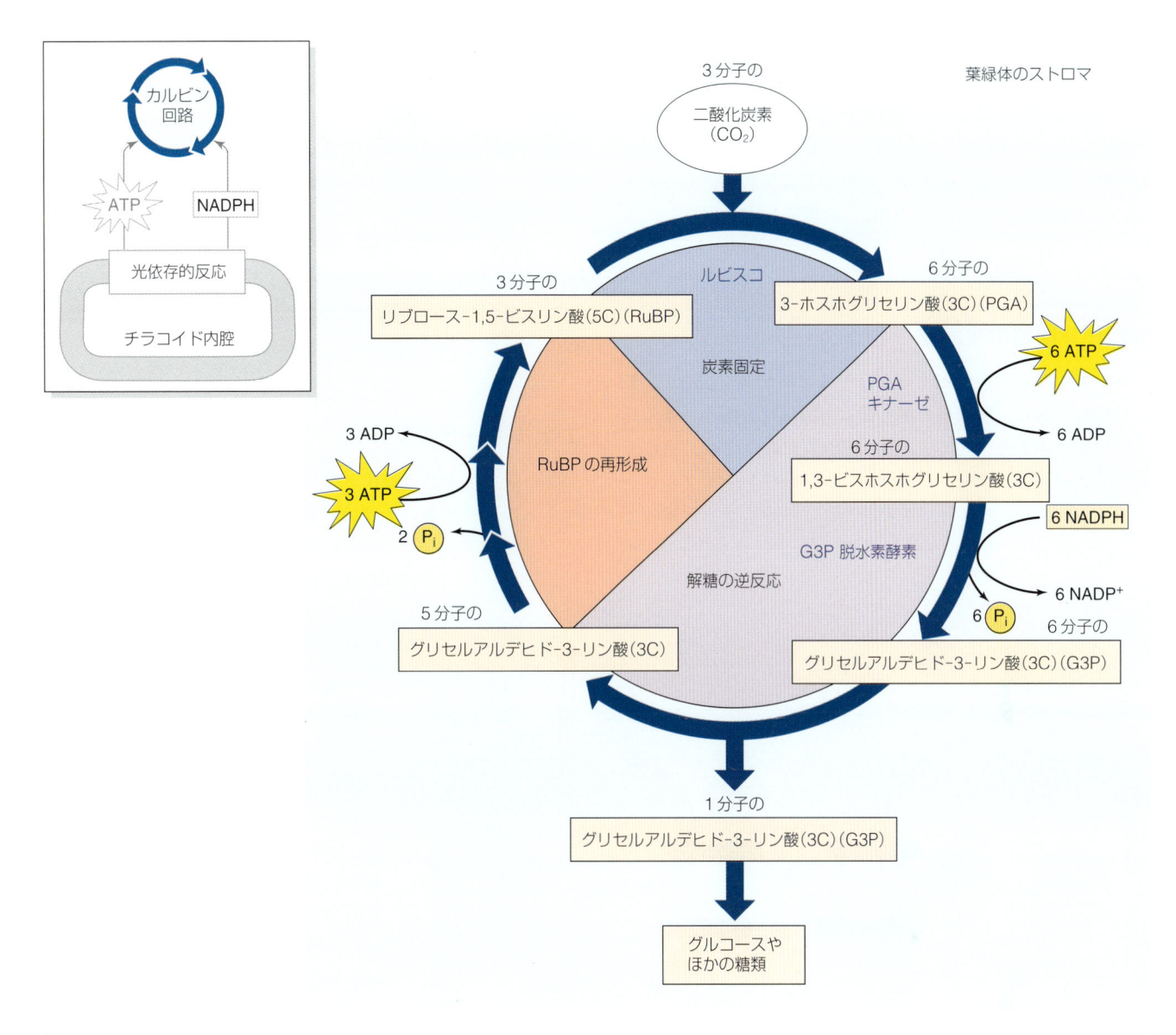

カルビン回路の一連の反応では，3分子のCO_2がルビスコによって固定され，6分子のPGAが合成される（全部で$6 \times 3 = 18$炭素原子。そのうち3個はCO_2から，15個はRuBPから）。18個の炭素は，反応サイクルに入り，最初の反応に利用される3分子のRuBPが再生産される（$3 \times 5 = 15$炭素）。この反応で，1分子のグリセルアルデヒド-3-リン酸が新たに合成される（3炭素原子）。

カルビン回路の式は以下のとおりである。

$$3CO_2 + 9ATP + 6NADPH + 水 \longrightarrow$$
グリセルアルデヒド-3-リン酸 $+ 8P_i + 9ADP + 6NADP^+$

このようにカルビン回路が3回完全に回ると，二酸化炭素が3分子取り込まれ，1分子のグリセルアルデヒド-3-リン酸（G3P）が合成され，3分子のRuBPが再生産される（図10.18）。

CO_2還元反応のいくつかのステップが光を"間接的に"必要とすることが知られている。ルビスコを含むカルビン回路の五つの酵素が光によって活性化される。すなわち，これらの酵素は光の下で機能したり効率的に働くようになる。光はカルビン回路の反応に必要な三炭糖の葉緑体膜輸送も促進する。光は葉緑体ストロマへのMg^{2+}の取り込みも促進し，ルビスコの活性をさらに高める。

カルビン回路の生産物

　カルビン回路の産物であるグリセルアルデヒド-3-リン酸は三炭糖であり，解糖系の鍵となる中間体でもある。多くのグリセルアルデヒド-3-リン酸は細胞質に輸送され，そこで解糖系の逆反応により，フルクトース-6-リン酸やグルコース-1-リン酸に転換され，さらにこれらの分子から，植物で主要な輸送形態であるスクロースが合成される。（スクロースは食卓で使われる砂糖であり，フルクトースとグルコースからできている二糖類である。）

　光合成が活発に行われているときには，グリセルアルデヒド-3-リン酸の葉緑体ストロマ内の濃度が上昇する。その結果，葉緑体のグリセルアルデヒド-3-リン酸は細胞質で起こるのと同じように，解糖に似たいくつかの反応を逆行し，グルコース-1-リン酸に転換される。次に，グルコース-1-リン酸は重合をくり返し，不溶性のポリマーが形成され，葉緑体内に大きなデンプン粒として蓄えられる。

エネルギーサイクル

　この章で学んだ葉緑体と第9章で学んだミトコンドリアでのエネルギー代謝は大変よく似ている（図10.19）。光合成は呼吸の生産物を，呼吸は光合成産物をそれぞれの最初の基質として用いる。カルビン回路は起源の古い解糖系の一部を逆行させて用い糖を合成する。また，電子伝達系のタンパク質はミトコンドリアのものとよく似ており，物によっては事実上同じである。

　光合成は植物科学の一側面にすぎないが，しかし重要な側面の一つである。下巻第35章から第41章にかけて，植物についてさらに詳しく調べるが，この章では光合成を細胞生物学の一部として取り扱った。なぜなら光合成は植物が生じるより昔に生まれたものであり，すべての生物は直接的，または間接的に生存のためのエネルギーを光合成に依存しているからである。

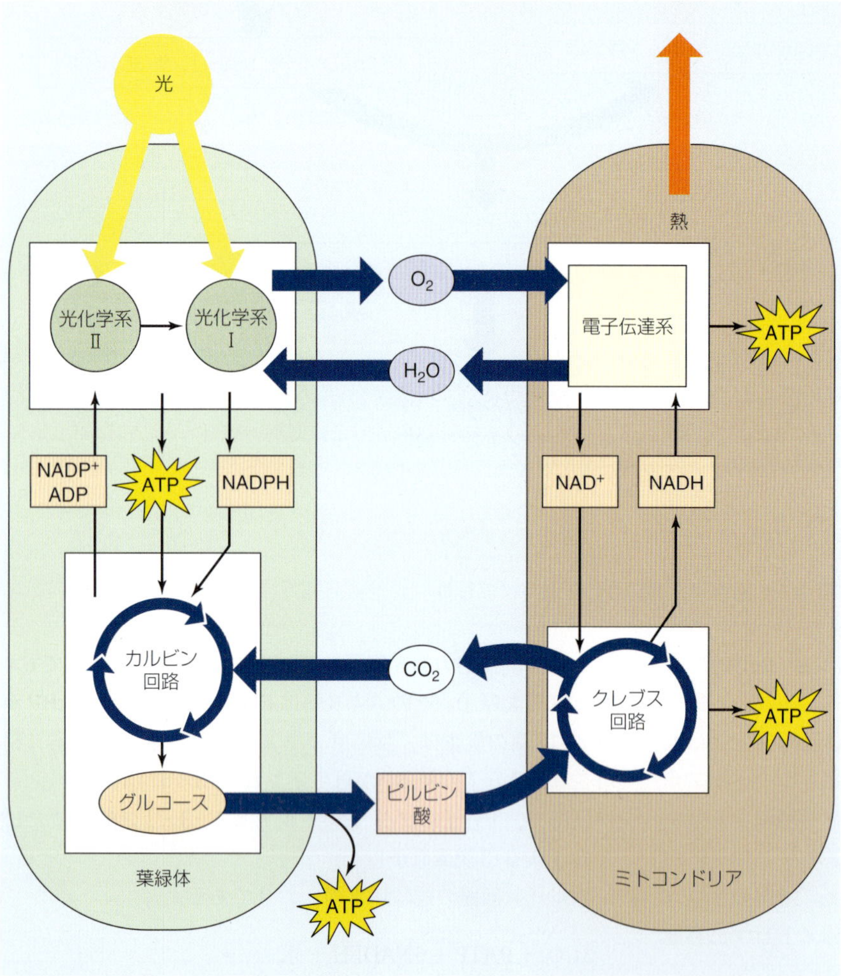

図 10.19
葉緑体とミトコンドリア：エネルギーサイクルの完結。 植物細胞の葉緑体とミトコンドリアにみられる，酸素ガスと水，およびグルコースとCO_2のサイクル。葉緑体をもった細胞は，外部のCO_2と水からグルコースと酸素を生産する。動物のように葉緑体のない細胞は，外部からグルコースと酸素を取り込み，CO_2と水にする。

植物は，光依存的反応によってつくられたATPとNADPHを用いて，カルビン回路によって二酸化炭素を糖に変換する。カルビン回路は基本的にはミトコンドリアでの糖分解の逆反応であり，太陽からエネルギーを取り込み熱と仕事に転換するサイクルを形成している。

光呼吸

　進化はいつでも最適の解答を与えてくれるわけではない。むしろ，すでに存在して機能できるものを利用する場合が結構多い。光合成も例外ではない。ルビスコは光合成の炭素固定の鍵となる酵素であるが，明らかに最高の選択をしたわけではない。この酵素にはもう一つ働きがあり，RuBPを"酸化する"ことによってカルビン回路を妨害する。**光呼吸**(photorespiration)とよばれるこの過程では，RuBPに酸素が取り込まれ，いくつかの反応を経て最終的にはCO_2が放出される。そのため基本的には，光呼吸は光合成によるCO_2の炭水化物への還元を台なしにする。

　RuBPに二酸化炭素を付加する反応とRuBPを酸化する反応は，ルビスコのなかの同じ活性部位で行われ，ここではCO_2とO_2が互いに競合し合っている。25℃の通常の条件ではCO_2付加反応は酸化反応速度の約4倍であるが，このことは光合成によって固定された炭素の約20%が光呼吸で失われることを意味している。この損失は温度が高いほど大きくなる。温度が高く，乾燥した条件では，水の損失を防ぐために"気孔"が閉じるためである。気孔が閉じるとCO_2の葉への取り込みが阻害され，さらに光合成でつくられた酸素を放出することもできない(図10.20)。その結果，細胞内のCO_2濃度は下がり，O_2濃度が上昇し，光呼吸に好適な条件となる。

　C_3光合成による炭素固定(カルビン回路)を行う植物をC_3植物とよぶ。C_3光合成では，RuBPはルビスコの働きでCO_2が付加し，3炭素化合物に転換される。ホスホエノールピルビン酸(PEP)に炭素が付加する**C_4光合成**(C_4 photosynthesis)では，PEPカルボキシラーゼの働きで4炭素化合物が合成される。この酵素は酸化反応を行わず，したがって光呼吸はない。しかも，PEPカルボキシラーゼはルビスコよりCO_2に対する親和性が高い。C_4経路では，4炭素物質がさらなる反応，脱炭酸反応を受ける。遊離されたCO_2はルビスコによって固定され，カルビン回路に入る。この有機物がCO_2を供給するため，O_2に比べCO_2の濃度が上がり，光呼吸が最小限に抑えられる。

　光呼吸による炭素固定効率の低下は些細なものではない。C_3植物では，光合成によって固定した炭素のおよそ25〜50%が光呼吸によって失われる。この速度は，温度に大きく依存する。しばしば気温が28℃以上になる熱帯ではこの問題は深刻であり，熱帯農業に重大な影響を与える。(訳者注：光呼吸はその生理学的役割が不明で，植物にとってはむだな反応と考えられてきた。そのため，光呼吸を抑える工夫がなされたが，結果は多くの場合，かえって光合成活性が阻害された。強光下では，明反応による電子の供給がCO_2の固定活性を超えてしまい，その結果，余剰な電子が分子状酸素に渡され活性酸素を発生させることが明らかになってきた。現在，

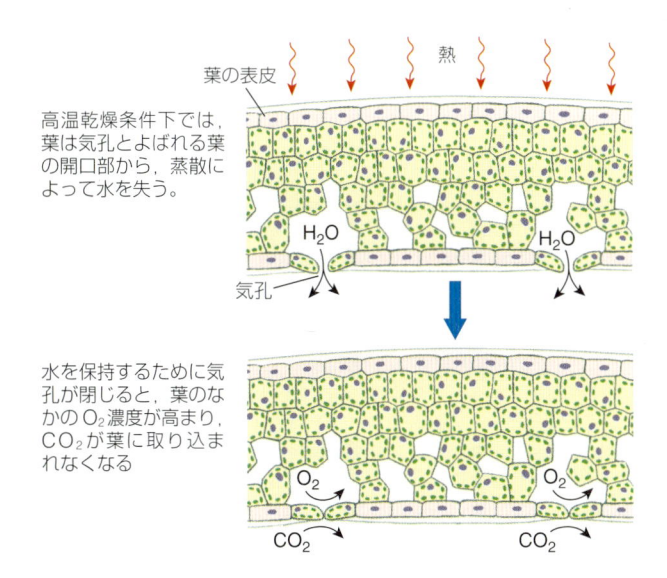

図 10.20
光呼吸に好都合な条件。 植物は，高温で乾燥した条件では，水の蒸散を防ぐため気孔を閉じる。その結果，CO_2の葉への取り込みおよび葉からのO_2の放出が阻害される。そのため，葉内が高濃度O_2/低濃度CO_2になり，光呼吸が起こりやすくなる。

光呼吸は余剰の電子を消費し活性酸素の発生を防ぐことによって，植物を光傷害から防御していると考えられている。)

C_4経路

　温暖な環境に適応した植物は，固定した炭素を大量に失う問題を解決するため，C_4経路を利用する二つの方法を進化させた。その一つは，植物がC_4光合成を葉肉細胞で，カルビン回路を維管束鞘細胞で行うようにしたことである。これは，ルビスコによるカルボキシル化反応に都合がよいように局所的なCO_2濃度を高めた。このような植物をC_4植物とよぶが，トウモロコシやサトウキビ，モロコシ，そのほか多くのイネ科植物がある。C_4経路では，3炭素代謝物のホスホエノールピルビン酸がカルボキシル化され，CO_2固定反応の最初の産物である4炭素分子のオキザロ酢酸が形成される(図10.21)。C_4植物では，オキザロ酢酸はさらに中間代謝物のリンゴ酸に転換され，隣の維管束鞘細胞に運ばれる。維管束鞘細胞のなかで，リンゴ酸は脱炭酸されてピルビン酸になり，CO_2を放出する。維管束鞘細胞はCO_2に対して透過性がないため，CO_2は高い濃度でその細胞内に留まる。ピルビン酸は葉肉細胞に戻り，ATPの高いエネルギー結合を利用して再びホスホエノールピルビン酸に戻り，サイクルが完成する。

　C_4植物でカルビン回路の酵素が働くのは維管束鞘細胞のなかであり，そこではCO_2濃度が高いため，光呼吸が抑えられている。CO_2分子が維管束鞘細胞に輸送されるためには，ATPの高いエネルギー結合を必要とする。またグルコース1分子あたり6個の炭素の固定が必要なので，グルコース1分

(a) C_4経路
(b) C_4とCAM経路

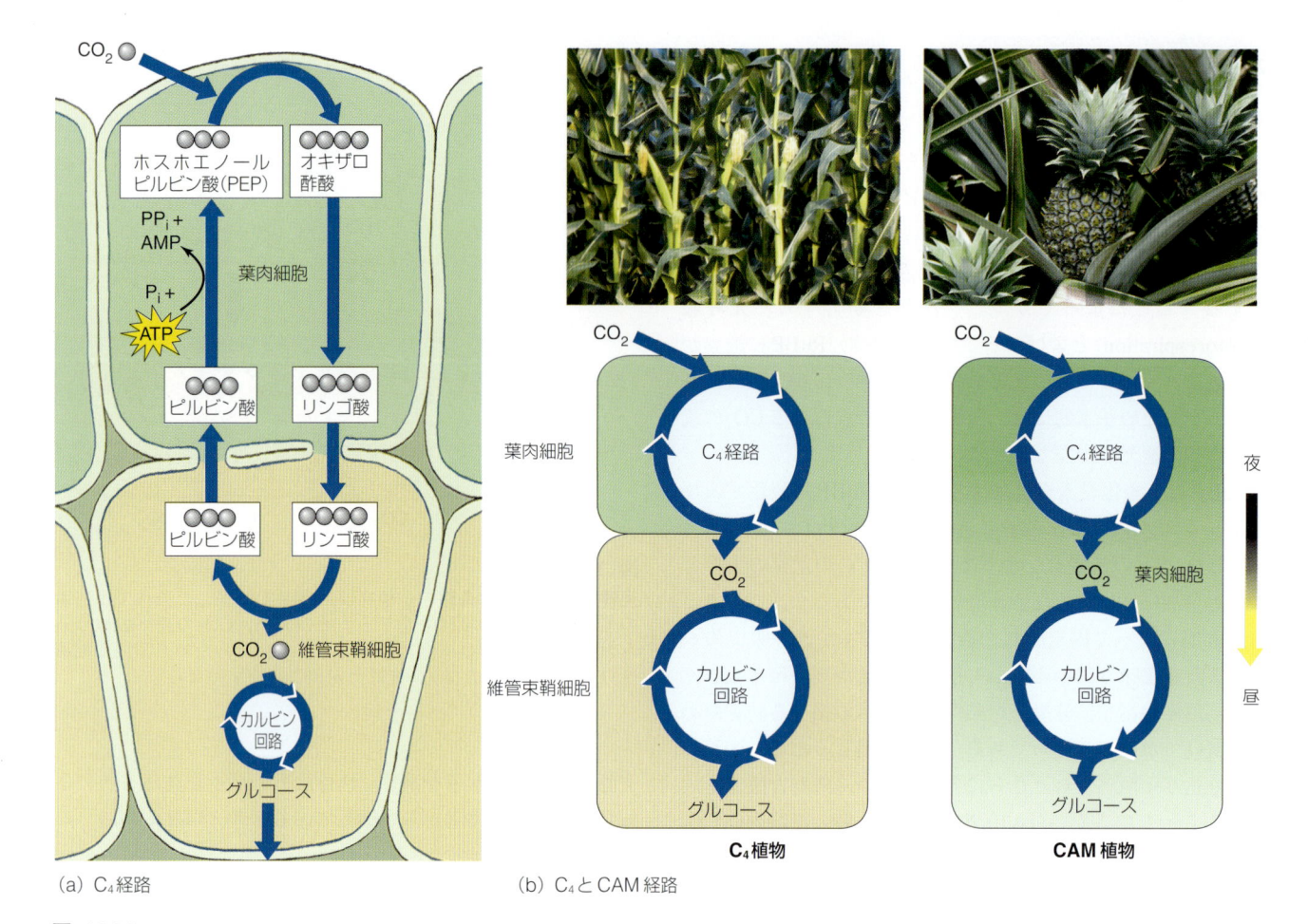

図 10.21
C_4植物の炭素固定。 (a) 最初に合成される分子が，炭素原子を4個もったオキザロ酢酸であるため，この過程をC_4経路とよぶ。(b) C_4植物とCAM植物の比較。両者ともC_4経路，C_3経路両方を利用する。C_4植物では，これらの回路は空間的に分離している。C_4経路は維管束鞘細胞で，C_3経路は葉肉細胞で起こる。CAM植物ではこれらの回路は時間的に分離されており，C_4経路は夜間に，C_3経路は昼間に利用される。

子を合成するためには12分子のATPが余分に必要である。C_4植物では，グルコースを合成するのに必要なエネルギーはC_3植物のおよそ2倍であり，C_3植物の18分子に対し，30分子のATPを必要とする。それにもかかわらず，C_4植物は暑い気候では有利であり，この条件ではC_3植物では固定した炭素の半分以上が失われる。

ベンケイソウ型有機酸代謝

暑い地域で光呼吸を抑制する第二の方法は，多くの多肉植物（水をためる植物），たとえばサボテンやパイナップルその他の20を超える植物のグループで発達した。この炭素固定は最初にベンケイソウ科植物で見つかったため，**ベンケイソウ型有機酸代謝**（crassulacean acid metabolism：CAM）とよばれている。植物は気孔を開くことによってCO_2の吸収や水の放出を行うが，この植物では気孔は夜開き昼間は閉じている。この気孔の開閉のパターンは，普通の植物とは異なっている。CAM植物では，夜間に気孔を開いてCO_2を取り込み，C_4経路を利用して有機物に固定する。これらの有機物は夜間を通じて蓄積し，昼間脱炭酸を受けてCO_2の濃度を高くする。昼間，この高い濃度のCO_2はカルビン回路を駆動し，光呼吸を低く抑える。CAM植物は，C_4植物のようにC_3経路とC_4経路両方を利用する。C_4植物と異なる点は，CAM植物が同じ細胞内でC_4経路を夜間に，C_3経路を昼間に利用することである。一方，C_4植物では，これらの経路は異なった細胞で行われる（図10.21b）。

光呼吸は光合成の効率を下げる。C_4植物とCAM植物は，葉の構造と代謝様式を変えて局所的にCO_2濃度を上げることにより，光呼吸による効率低下を回避している。CO_2生産をC_4植物は特定の場所で，CAM植物は特定の時間帯に行っている。

第 10 章のまとめ

10.1 光合成とは何か？
"光合成装置としての葉緑体"
- 光合成の式：二酸化炭素＋水＋光 ⟶ グルコース＋水＋酸素（p. 187）
- 光依存的反応は葉緑体のチラコイド膜で行われる。（p. 187）

10.2 研究の歴史から学ぶ光合成
"土と水の役割"
- Jan Baptista van Helmontは，土壌は成長する植物に増加した分の質量を直接供給してはいないことを示した。PriestlyやIngenhouszその他の化学者は，光合成の基本的な式を提案した。
- 二酸化炭素＋水＋光 ⟶ 糖＋酸素（p. 187）

"光非依存的反応の発見"
- 1900年の初頭，Blackmanは，光合成のエネルギーを得るためには太陽光を取り込む必要があるが，有機分子をつくるのには光が直接必要ないことを示した。（p. 188）

"光の役割と還元力"
- Van Nielは，光合成は水を分解し，二酸化炭素の炭素原子と水の水素原子を有機分子に取り込み，酸素ガスを発生させることを発見した。（p. 189）
- Hillは，植物が還元力をつくるために光エネルギーを利用することを示した。（p. 189）
- 炭素固定は光非依存的反応によって二酸化炭素が有機分子に取り込まれることをいう。（p. 189）

10.3 色素は太陽の光エネルギーを捕捉する
"光の生物物理"
- 短波長の光は長波長の光より高いエネルギーをもつ。（p. 190）
- 地球表面に到達する太陽光には，可視光より格段に高いエネルギーをもった紫外光が含まれている。（p. 191）
- 光合成では光は植物色素によって吸収される。色素はそれぞれ特有の吸収スペクトルをもっている。（p. 191）
- クロロフィル a は主要な光合成色素であるが，クロロフィル b やカロテノイドも重要な役割を果たしている。（p. 191）

"クロロフィルとカロテノイド"
- クロロフィルは励起過程を経て光を吸収する。（p. 192）
- 色素が吸収できる波長は，光によって励起できる電子のエネルギーレベルに依存している。（p. 193）

"光化学系への色素の組込み"
- 光依存的反応は，初期光過程，電荷分離，電子伝達，化学浸透の四つの過程からなっている。（p. 194）
- 光化学系の色素はエネルギーを反応中心に伝達し，そのエネルギーによって反応中心の電子が励起され，化学的な仕事を行う。（p. 195）

"光化学系はどのように光エネルギーを化学エネルギーに転換するのか"
- 植物は2種類の連続した光化学系を利用して，$NADP^+$を NADPH に還元する力を生み出す。（p. 196）

"植物ではどのようにして二つの光化学系が協調して働くのか"
- 植物は光化学系 II と I を連続して使う（非循環的光リン酸化）。（p. 198）
- 光化学系 II でつくられた高いエネルギーをもった電子は，ATP を合成したあと，光化学系 I に渡され，$NADP^+$を還元する。（p. 199）

10.4 細胞は光依存的反応によってつくられたエネルギーと還元力を用いて有機分子を合成する
"カルビン回路"
- カルビン回路は C_4 光合成ともよばれる。（p. 200）
- 炭素固定において，CO_2 は RuBP に結合し，2分子の PGA を合成する。（pp. 200～201）
- 植物では，光依存的反応によって合成された ATP と NADPH によってカルビン回路が駆動され，二酸化炭素が糖に転換される。（p. 202）

"光呼吸"
- 光呼吸は CO_2 を放出し，光合成効率を下げる。（p. 203）
- C_4 光合成は維管束細胞の CO_2 濃度を局所的に上げることにより光呼吸を回避している。（p. 203）
- CAM 植物は昼間ではなく夜間に気孔を開けて CO_2 を取り込んでいる。（p. 204）

質問のページ

自習問題

1. 葉緑体のなかで，カルビン回路が働く可溶性の画分を何とよぶか？
    a. ストロマ b. チラコイド
    c. グラナ d. 光化学系
2. 可視光は電磁波のなかでどの位置を占めるか？
    a. 全体
    b. 長波長側の半分
    c. 中心部分の狭い領域
    d. 短波長側全体
3. 光合成でもっとも有効な光は何か？
    a. 赤と青と紫
    b. 緑と黄色とオレンジ
    c. 赤外光と紫外光
    d. すべての色の光は同じ効率
4. 光化学系は何でできているか？
    a. クロロフィルの集団で，そのすべてのクロロフィルがATP合成のための励起電子をつくりだす
    b. クロロフィルa分子の対
    c. タンパク質によって保持されたクロロフィル分子の集団
    d. 一つのクロロフィルb分子にエネルギーを渡すクロロフィルの集団
5. どの光化学系がもっとも早く出現したか？
    a. 光化学系I
    b. 光化学系II
    c. 循環的光リン酸化
    d. 生物は異なるが，すべての光化学系が同時に出現した
6. 酸素は光合成のどの段階で発生するか？
    a. 炭水化物をつくるため二酸化炭素から炭素が引き抜かれたとき
    b. 水の水素原子が二酸化炭素に結合し炭水化物をつくるとき
    c. 光化学系I反応中心に電子を渡すため，水を分解するとき
    d. 光化学系II反応中心に電子を渡すため，水を分解するとき
7. 光合成のどの段階でATPがつくられるか？
    a. カルビン回路
    b. 化学浸透
    c. 電子伝達系
    d. 光によるクロロフィルの励起
8. カルビン回路全体の目的は，____ことである。
    a. ATPをつくる
    b. NADPHをつくる
    c. 動物のために酸素を発生させる
    d. 有機分子をつくる
9. カルビン回路の最終産物は次のうちどれか？
    a. RuBP b. G3P
    c. グルコース d. PGA
10. C_4植物はどのようにして高温と乾燥に適応しているか？
    a. CO_2を固定し，葉に蓄積する
    b. 水を茎に蓄積する
    c. 酸素を根に蓄積する
    d. 光エネルギーを葉緑体に蓄積する

図解き問題

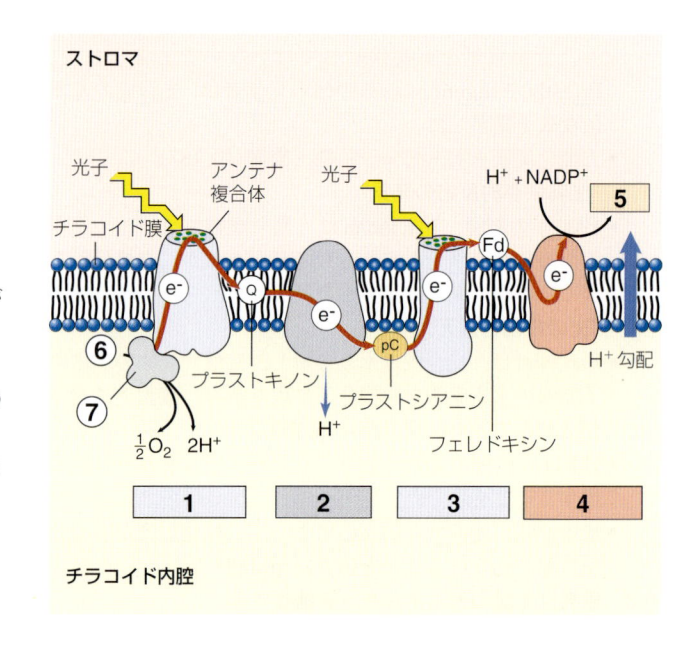

1. もっともふさわしい語句を選び，図に入れよ。
    a. b_6-f複合体 b. H_2O
    c. NADP還元酵素 d. NADPH
    e. 光化学系I f. 光化学系II
    g. 水分解酵素

応用問題

1. 光合成によって6分子の二酸化炭素を糖に還元するには，何分子のATPとNADPHが必要か？
2. 光化学系には多くの光合成色素が存在するが，反応中心が一つだけなのはなぜか？ すなわち，なぜ一つひとつの色素分子が電子を次の受容体に渡さないのか？
3. シアノバクテリアや藻類，植物は2種類の光化学系，P_{680}とP_{700}を使い，水を酸化するのに十分な酸化力をつくっている。もし，二つの光化学系が進化せず，すべての生物が硫黄細菌のように循環的光リン酸化だけを行うとしたら，細胞呼吸のその後の進化はどのようになったであろうか？
4. 植物が完全暗所でグルコースをつくれるとしたなら，理論的にはその植物にどんな分子を与えればよいのか？

11

細胞はいかに分裂するか？

概　要

11.1 原核生物は真核生物と比べてはるかに単純な分裂を行う

原核生物における細胞分裂　原核生物の細胞は二つに分離することで分裂する。

11.2 真核生物の染色体は高次構造をとる

染色体の発見　真核生物の細胞は染色体をもち，その数は種により異なる。

真核生物の染色体構造　DNAを染色体に収納するにはタンパク質が重要な役割をになう。

11.3 有糸分裂は細胞周期において鍵となる時期である

細胞周期　細胞周期は三つの成長期，一つの核分裂期，および一つの細胞質分裂期からなる。

間期：有糸分裂の準備　間期では細胞は成長し，DNAを複製し，細胞分裂の準備をする。

有糸分裂期　前期には染色体が凝縮し，微小管が細胞の両極から伸びて姉妹染色分体に結合する。中期には染色体は細胞の中央に整列する。後期には染色体が分離し，終期には紡錘体が消失して核膜が再構築される。

細胞質分裂　細胞質分裂で細胞質はほぼ同じ大きさに二分される。

11.4 細胞周期は厳密に制御されている

細胞周期制御の基本的なしくみ　細胞周期を進めるかどうかは細胞周期の3か所で，細胞からのフィードバックにより決められる。

細胞周期制御の分子機構　特定のタンパク質が細胞周期のチェックポイントを制御する。

がんと細胞増殖の制御　がんは細胞周期を制御するタンパク質をコードする遺伝子の損傷により生じる。

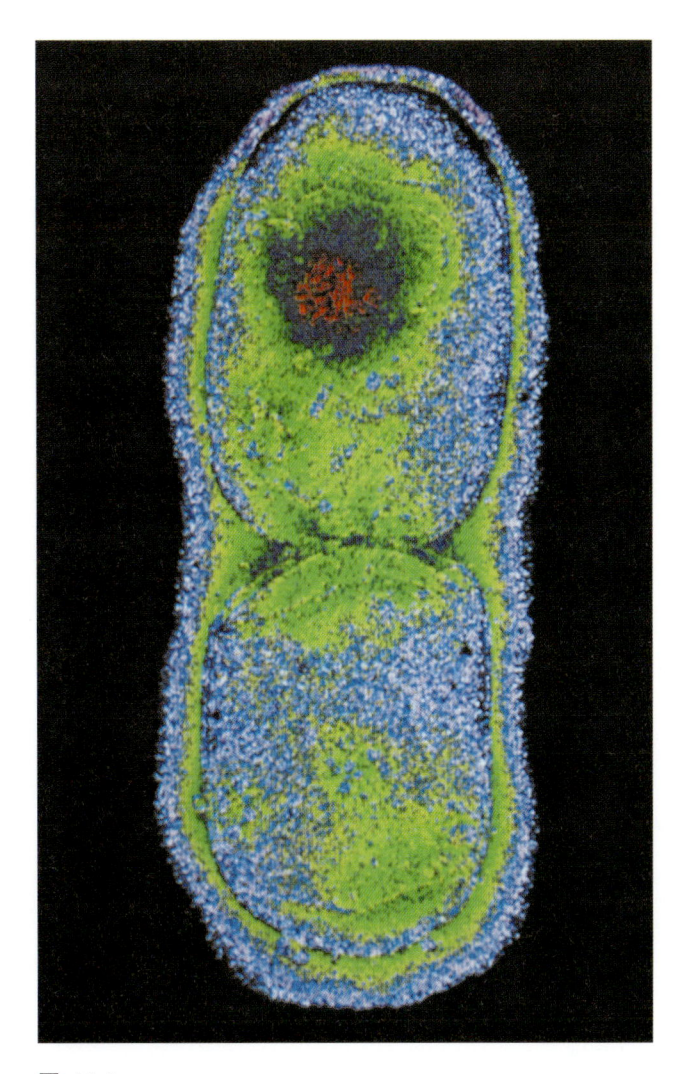

図 11.1
原核生物の細胞分裂。　糞便中の腸内細菌が美しいとは想像しがたいかもしれないが，この図は大腸や研究室にいる大腸菌の分裂するようすを見事に捉えたものである。

　細菌も，ワニも，芝生中の雑草も，すべての生物は成長し，繁殖する。サイズの大小を問わず生物は自分に似た子をつくり，それぞれの種を規定する遺伝情報を子孫に伝える。この章では，細胞がいかに分裂し増殖するのかを調べてみよう（図11.1）。細胞が分裂・増殖するしくみとその生物学的意義は，生命の進化過程で大きく変わってきた。真核生物の細胞分裂は染色体の複製や娘細胞への分配を含む複雑な過程である。この過程がいかに調節されているか，特に，すべての真核生物に共通するしくみである細胞が分裂する性質について理解することは，がんの発生原因を探る研究とも深くつながっているのである。

11.1 原核生物は真核生物と比べてはるかに単純な分裂を行う

原核生物における細胞分裂

原核生物でも真核生物でも，細胞分裂はもとの細胞と同じ遺伝情報をもつ娘細胞を生みだす。原核生物と真核生物では細胞分裂の過程は大きく異なるが，遺伝情報の複製と娘細胞への分配，および細胞内容物の分配といった細胞分裂の基本的な過程は共通している。まず，原核生物で行われる**二分裂**（binary fission）とよばれるより単純な分裂から見てみよう。

ほとんどの原核生物は，一つの環状DNAからなるゲノムをもつ。しかし，みかけ上は単純だが，大腸菌のDNA分子は大腸菌の長さの500倍も長い！ つまり，この「単純な」構造は細胞内にきわめて精巧に詰め込まれているのである。原核生物のDNAは，核ではなく，周囲の細胞質から明らかに区別される"核様体(nucleoid)"とよばれる密な構造のなかに存在する。

大腸菌のDNA分子は膜に結合しており，その膜が細胞の伸長に伴って伸びることでDNAは受動的に分離すると，長いあいだ信じられてきた。しかしごく最近明らかにされたところによると，DNA分子の分配と伸長した細胞を半分に分ける隔壁の形成を可能にする，より能動的で複雑なしくみが存在するらしい。詳細は種により異なるが，大腸菌と枯草菌といった異なる種でも共通して，複製されたDNA分子が分裂の過程で能動的に分配されることが知られている。この過程には染色体上の特定の部位とかなりの数のタンパク質の関与が必要である。

二分裂は原核生物のDNAが複製起点とよばれる特定の部位から複製されることからはじまる（第15章参照）。複製は環状DNAに沿って両方向に広がり，終点となる特定の部位で終わる（図11.2）。細胞は成長して伸び，新規に複製されたDNA分子は細胞の長さの4分の1と4分の3の位置に固定される。この過程には複製起点近くの塩基配列が膜に結合することが必要である。細胞自身も膜成分やほかの物質からなる隔壁とよばれる新たな構造により分離される（図11.2参照）。この隔壁形成過程も複雑で細胞による調節を受けている。

通常，隔壁形成は細胞の中央部で起こり，FtsZ分子からなる環状構造がつくられることからはじまる（図11.3）。次に膜に埋め込まれたタンパク質など，多くのタンパク質がそこに集合する。隔壁形成の正確なしくみは不明であるが，隔壁は放射状に内側に成長し，細胞を二つに切る。

FtsZ分子はいくつかの理由で興味深い。この分子は進化的によく保存されており，古細菌を含めたほとんどの原核生物で発見されている。この分子は真核生物のチューブリンに少し似た部分をもち，繊維と環をつくることができる。最近の三次元結晶構造解析も，この分子とチューブリンの類似性を支持する。真核生物に見られる精巧な紡錘体が，原核生物

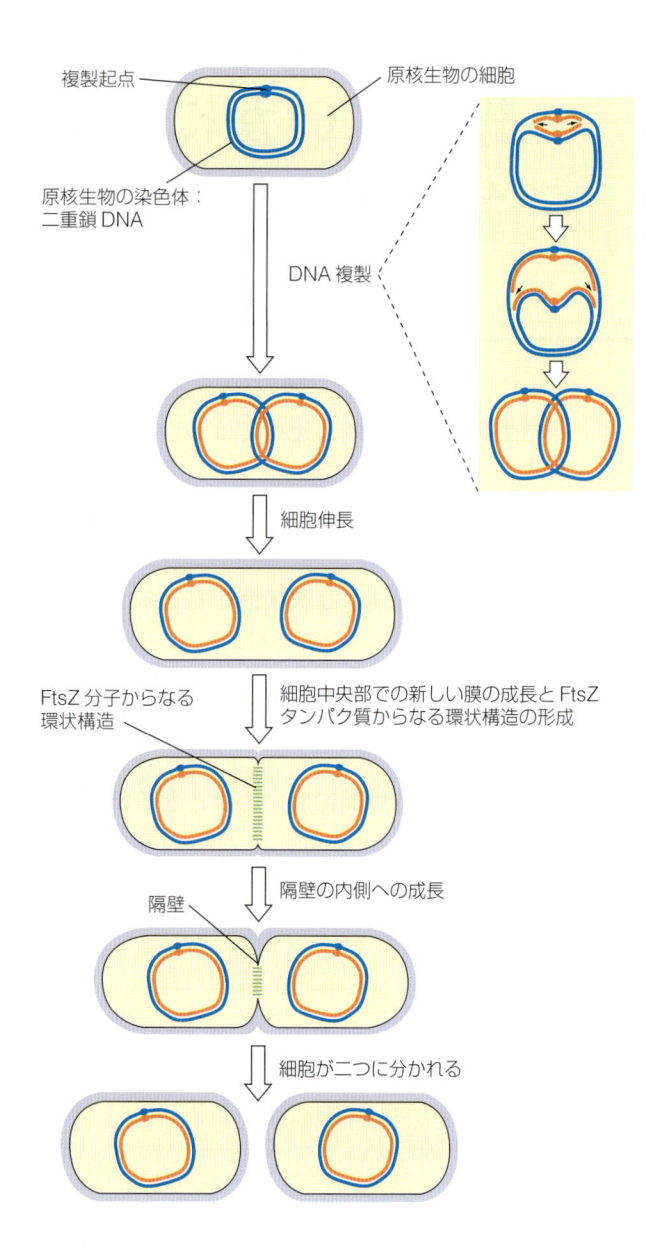

図 11.2 二分裂。 細胞分裂に先立ち原核生物のDNAは複製する。原核生物のゲノムを構成する環状二重鎖DNA（青色）は複製起点とよばれる特別な場所から複製を開始する。複製にかかわる酵素は起点から両方向に移動しながらDNAのそれぞれの鎖のコピー（赤色）をつくり，DNA上のもう一つの別な場所，複製終了点で出会う。DNAの複製後細胞は伸長し，DNAが分配される。その後，新しい細胞膜成分が成長しはじめ，細胞のほぼ中央部に隔壁をつくることで細胞の分離が起こる。このときFtsZとよばれるタンパク質が機能する。隔壁形成が終了すると細胞は二つに分かれ，それぞれが1セットの原核生物のDNAをもつ二つの娘細胞ができる。

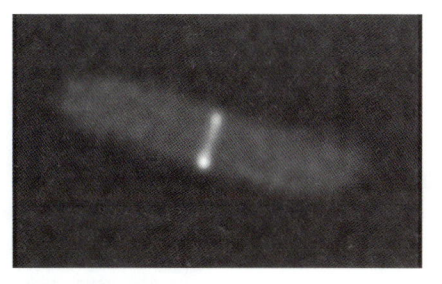

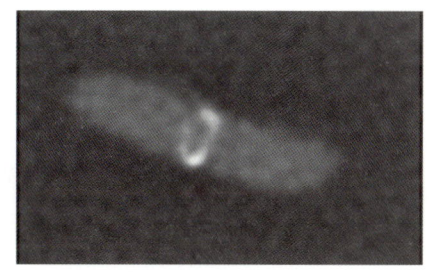

図 11.3
FtsZ タンパク質。 この図では分裂中の大腸菌のFtsZ タンパク質が蛍光を放っているため，二分裂におけるその局在を見ることができる。FtsZ タンパク質は細胞のほぼ中央部に集合して環状の構造をつくり，隔壁形成と細胞分裂を促進する。FtsZ タンパク質をコードする遺伝子に突然変異を起こした大腸菌は分裂することができない。

におけるこの単純な祖先分子と関連しているのかもしれないと想像するのは興味深いことである（図11.4）。

真核生物の細胞はきわめて複雑なゲノムを進化させた。すなわち，膜で囲まれた核に収容された複数の直線状の染色体からなる構造である。これらの染色体はとてつもなく長いDNAを含んでいるため，DNAをいかにコンパクトに詰め込むかという問題が生じた。この問題はDNAをタンパク質に結合させて，機能的に異なる複数の染色体に詰め込むことで解決された。しかし，このことはゲノムの複製と分裂時における分配をいかに正確に行うかという新たな難問を生みだすことになった。この難問を解決し，生みだされたしくみが有糸分裂である。

> 原核生物は二分裂で分裂する。分裂は細胞の中央ではじまる。能動的な分割過程により，ゲノムは娘細胞に確実に分配される。

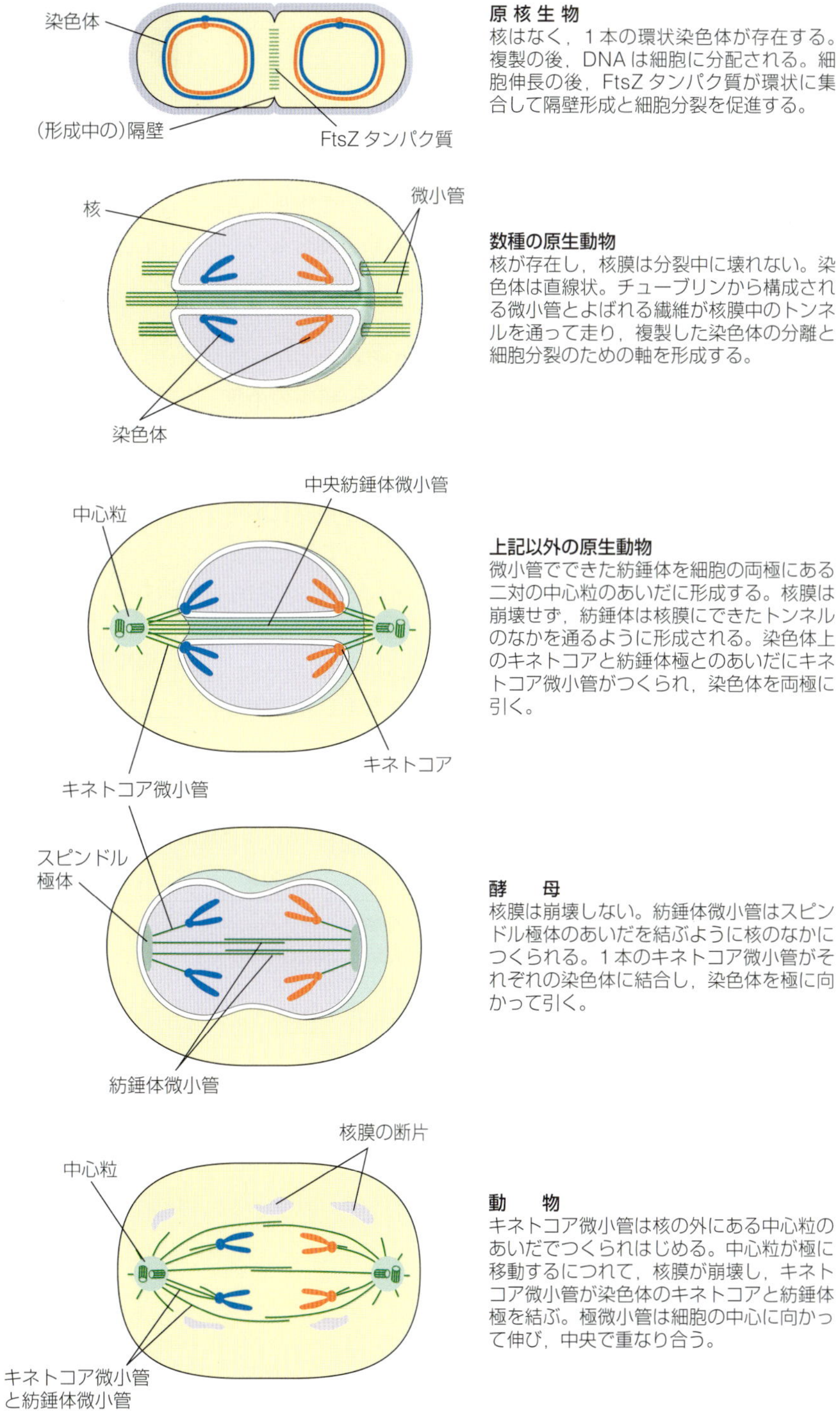

原核生物
核はなく，1本の環状染色体が存在する。複製の後，DNAは細胞に分配される。細胞伸長の後，FtsZ タンパク質が環状に集合して隔壁形成と細胞分裂を促進する。

数種の原生動物
核が存在し，核膜は分裂中に壊れない。染色体は直線状。チューブリンから構成される微小管とよばれる繊維が核膜中のトンネルを通って走り，複製した染色体の分離と細胞分裂のための軸を形成する。

上記以外の原生動物
微小管でできた紡錘体を細胞の両極にある二対の中心粒のあいだに形成する。核膜は崩壊せず，紡錘体は核膜にできたトンネルのなかを通るように形成される。染色体上のキネトコアと紡錘体極とのあいだにキネトコア微小管がつくられ，染色体を両極に引く。

酵母
核膜は崩壊しない。紡錘体微小管はスピンドル極体のあいだを結ぶように核のなかにつくられる。1本のキネトコア微小管がそれぞれの染色体に結合し，染色体を極に向かって引く。

動物
キネトコア微小管は核の外にある中心粒のあいだでつくられはじめる。中心粒が極に移動するにつれて，核膜が崩壊し，キネトコア微小管が染色体のキネトコアと紡錘体極を結ぶ。極微小管は細胞の中心に向かって伸び，中央で重なり合う。

図 11.4
さまざまな生物における細胞分裂の比較。 原核生物のFtsZ タンパク質は，真核生物においてチューブリンがつくる構造とよく似た構造をつくる。チューブリンは微小管の構成タンパク質である。微小管は繊維状で，真核生物の細胞分裂で重要な役割を果たす。

11.1 原核生物は真核生物と比べてはるかに単純な分裂を行う

11.2 真核生物の染色体は高次構造をとる

染色体の発見

染色体は1882年，ドイツの発生学者Walther Flemingにより初めて発見された。いまから見るとかなり原始的な光学顕微鏡ですばやく分裂するサンショウウオの胚細胞を観察して，彼は核内で縦に分裂するように見える微細な糸を見つけた。彼はギリシャ語の"糸"を意味するmitosにちなんで，その分裂を**有糸分裂**(mitosis)と名づけた。

染色体数

Flemingによる最初の発見以来，染色体は調べられたすべての真核生物の細胞で認められた。しかし，その数は生物種により大きく異なる。一対の染色体しかもたない生物種もあれば，ある種のシダのように500対以上もの染色体をもつものもある。一般的に，10～50本の染色体をもつものが多い（表11.1）。

ヒトの細胞は，ほぼ同一の染色体がそれぞれ対となった23対，計46本の染色体をもつ（図11.5）。これら46本の染色体のそれぞれには，どのように体をつくり，機能させるかの決定に重要な役割を果たす数百あるいは数千の遺伝子が含まれる。したがって，すべての染色体をもつことが生存に不可欠である。ヒトで染色体がたった1本欠けても（この状態を一染色体性あるいは"モノソミー"とよぶ），多くの場合，発生途中で死んでしまうし，どの染色体でも余計に一本多くもっていると（この状態を三染色体性あるいは"トリソミー"とよぶ），正常に発生しない。もっとも小さな染色体で起こる少数の例外を除き，三染色体性はすべて致死となる。また，致死とならないわずかな例外でも非常に重大な問題が生じる。たとえば，もっとも小さな21番染色体を1本余分にもつヒトの場合，通常よりも体の成長が遅れ，精神的な発達も遅れる。これはダウン症候群として知られる。

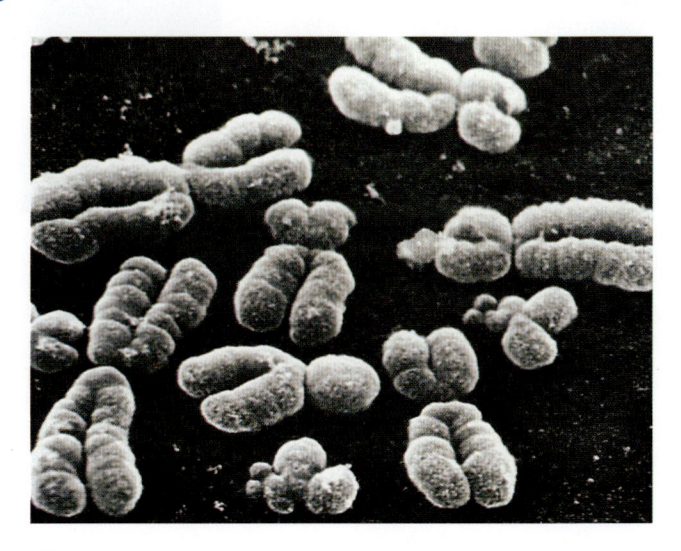

図 11.5
ヒトの染色体。 核分裂直前のヒトの染色体を950倍に拡大した写真である。それぞれの染色体のDNAはすでに複製され，コピーどうしがセントロメアとよばれるくびれでつながっている。

> 真核生物の細胞は染色体に遺伝情報を蓄えており，何本の染色体に情報を蓄えるかは種により大きく異なる。

表 11.1 代表的な真核生物における染色体数

生物種	全染色体数	生物種	全染色体数	生物種	全染色体数
菌類		**植物**		**脊椎動物**	
アカパンカビ(半数体)	7	*Haplopappus gracilis* (キク科)	2	オポッサム(有袋類)	22
出芽酵母	16	エンドウ	14	カエル	26
		トウモロコシ	20	マウス	40
昆虫		パンコムギ	42	ヒト	46
カ	6	サトウキビ	80	チンパンジー	48
ショウジョウバエ	8	トクサ	216	ウマ	64
ミツバチ	32	ハナヤスリ(シダ類)	1262	ニワトリ	78
カイコ	56			イヌ	78

真核生物の染色体構造

染色体の発見以来1世紀のあいだに，その構造と組成について多くのことがわかってきた。

クロマチンの構造

染色体はDNAとタンパク質の複合体である**クロマチン**（染色質，chromatin）から構成され，ほとんどの染色体で，DNAとタンパク質のおおよその割合は，それぞれ40％と60％である。染色体はRNA合成の場でもあるので，染色体にはかなりの量のRNAも存在する。染色体中のDNAは1本の非常に長い二重鎖で，染色体の全長にわたって分断されることなく伸びている。典型的な大きさのヒトの染色体1本には，およそ1億4千万（1.4×10^8）の塩基からなるDNAが含まれる。もし，それぞれの塩基が一つの単語に対応し，1ページ500語とすると，染色体1本あたりに含まれる情報量は1000ページの本，280冊に相当する。さらに1本の染色体に含まれるDNAをまっすぐに引き延ばすと，およそ5 cmの長さになる。これほどの長さのDNA繊維を核のなかに収納するということは，フットボール場の長さのひもを野球のボールのなかに押し込めるのに等しい。しかも，この話は46本ある染色体のたった1本についてだけ述べているにすぎない！ 実際，細胞内では，DNAは可能な限り小さな容積となるように，コイル状にきつく巻かれている。

染色体のコイリング

いったいどのようにして，こんなに長いDNA繊維をきつく巻くことができるのであろうか？ 真核生物の細胞核を穏やかに壊してDNAを電子顕微鏡で観察すると，それは一連のビーズのように見える（図11.6）。DNA二重鎖は200塩基ごとに8個のヒストンタンパク質からなる芯（ヌクレオソームコアあるいはヒストンコア）のまわりに巻きつけられており，**ヌクレオソーム**（nucleosome）とよばれる複合体を形成する。多くのタンパク質が分子全体としては負の電荷をもつのと異なり，ヒストンは塩基性のアミノ酸であるアルギニンやリジンに富むため正の電荷をもつ。したがって，ヒストンはDNAのもつリン酸基の負の電荷に強く引かれ，ヒストンコアが磁石のように働いてこれにDNAがコイル状に巻きつくのを促進するのである。

ヌクレオソームのひもはソレノイドとよばれるより高次の構造体として包み込まれることで，さらにコイル状に巻きつけられる。ソレノイドは30 nmの太さで，分裂間期のクロマチンの基本構造であり，分裂期ではこれがさらに凝縮する。クロマチンは分裂間期の核内でも特定の構造をとっているよ

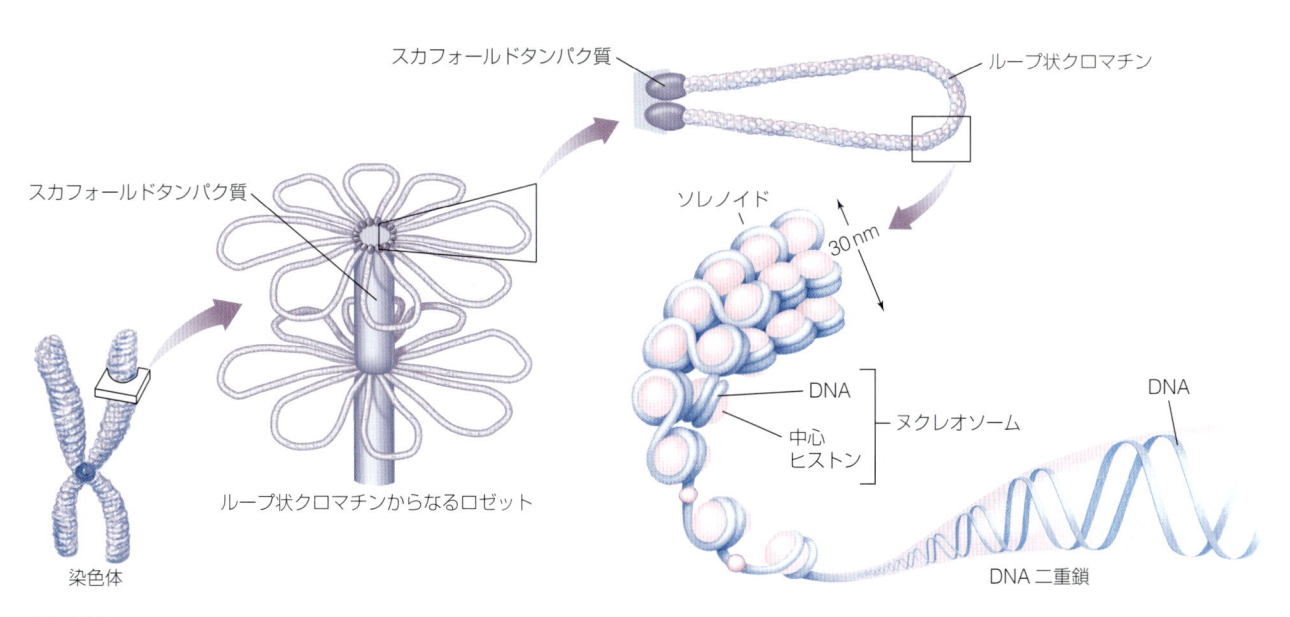

図 11.6
真核生物における染色体の構造。 ヌクレオチドが集合して長い二重鎖DNA分子となる。これを細胞核のなかに納める必要があるが，そのため，DNA二重鎖はヒストンとよばれるタンパク質に強く結合し，そのまわりに巻きついている。DNAが巻きついたヒストンはヌクレオソームとよばれる。ヌクレオソームはソレノイドというさらに強度にコイル化した構造となり，ソレノイドは次にループ状となる。染色体の最終的な組織構造はわかっていないが，足場の役割をするスカフォールドタンパク質のまわりに，クロマチンが放射状のループとなってロゼット様の構造をつくる過程が含まれると考えられている。図は多くの可能性の一つを示したものである。

うに思われるが，詳細はよくわかっていない。さらに，クロマチンには遺伝子として機能しない**ヘテロクロマチン**（異質染色質，heterochromatin）とよばれる部分と，遺伝子として機能する**ユークロマチン**（真正染色質，euchromatin）とよばれる部分が存在することが知られている。有糸分裂過程では，タンパク質が集合して足場をつくり（これをスカフォールドタンパク質とよぶ），そのまわりにソレノイドが配置されてクロマチンはさらに凝縮する。この凝縮過程の詳細は未だ不明だが，スカフォールドタンパク質がつくる足場のまわりにソレノイドが放射状のループをつくる過程がある。

核　型

染色体は種間で大きく異なり，時には同一種でも個体によって異なることがある。染色体の識別は，その大きさ，染色性，**セントロメア**（centromere：すべての染色体に1か所存在するくびれ，一次狭窄）の位置，セントロメアから両方向に伸びる二つの腕部分の相対的な長さ，ならびに腕に沿って存在するくびれ（二次狭窄）の位置などを基準にして行われる。個体がもつすべての種類の染色体を規則的に並べたものを**核型**（karyotype）とよぶ。図11.7に示した核型を見れば，ヒトの染色体の形態が染色体ごとに非常に異なることは一目瞭然である。

ある生物種における染色体の数を決めると，その種の**一倍体**（haploid, n）における染色体数（この数を半数とよぶ）が決まる。これは，その種を規定するのに必要な最小限の1セットの染色体数を表す。ヒトやほかの多くの種の正常な細胞は，**二倍体**（diploid, $2n$）の染色体数（この数を全数とよぶ）をもち，その数は一倍体の倍である。これは両親の遺伝子が子孫をつくる際に均等に貢献していることを示すもので，子供は母親由来と父親由来の2セットの染色体をもつ。母親由来の染色体と父親由来の染色体は**相同**（homologous）であり，各染色体には2本の**相同染色体**（homologue）が存在する。つまり，ヒトは母親から23本，父親から23本の染色体を受け取り，計46本の染色体（$2n=46$）をもっている。

減数分裂や（受精などによる）核の合体がいつ起こるかにより，生物は一倍体や二倍体として過ごす時間がさまざまに変化する多様なライフサイクルをもつことが可能である（図12.3，および下巻第28, 29, 30章参照）。ヒトは主として二倍体のライフサイクルをもつので，私達の体を構成する細胞で一倍体の細胞は生殖腺に存在する配偶子だけである。

核型に見られるような染色体は，細胞分裂の短い時期にのみ存在する。複製の前には，染色体1本あたり1個のセントロメアが存在する。複製後，1本の染色体は1個の共通のセントロメアでつながれた2本の姉妹染色分体（sister chromatid）からなるように見える（図11.8）。セントロメア部分のDNAは遅れて複製されるわけではないので，1本の染色体という

表現は分子レベルではたぶん正しくないのだが，便宜的に染色体数はセントロメアで数えるので，この状態の染色体を1本と数える。したがって，分裂期に入るとヒトの細胞は92本の染色分体と46個のセントロメアからなる46本の染色体をもつと記述できる。

> 真核生物のゲノムは原核生物のそれよりも膨大で複雑である。真核生物のDNAは染色体中にきつく詰め込まれて核内に収められている。一倍体の細胞は1セットの染色体をもつのに対し，二倍体の細胞は2セットの染色体をもつ。

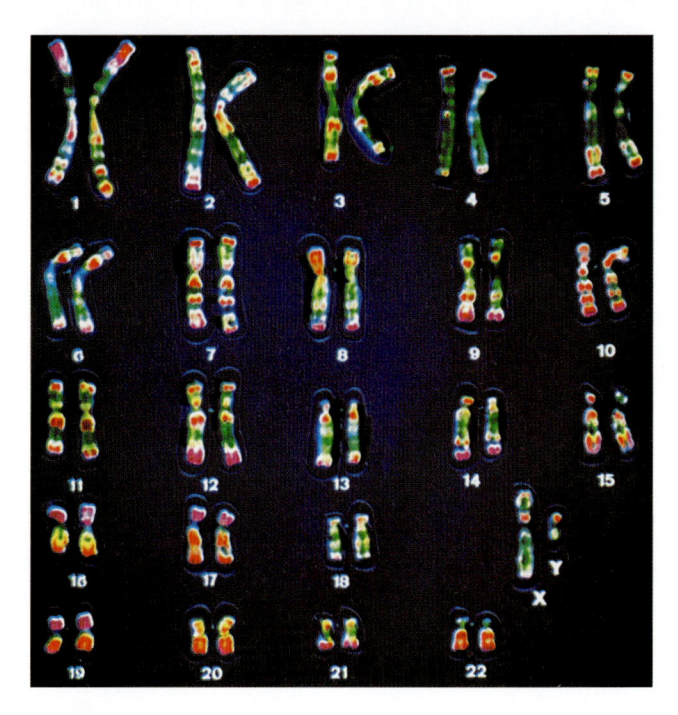

図 11.7
ヒトの核型。　23対からなるヒトの染色体は，それぞれ形やセントロメアの位置が大きく異なる。この図では特殊な染色を施すことにより個々の染色体の識別を容易にし，それぞれの染色体の構成の違いを明らかにしている。

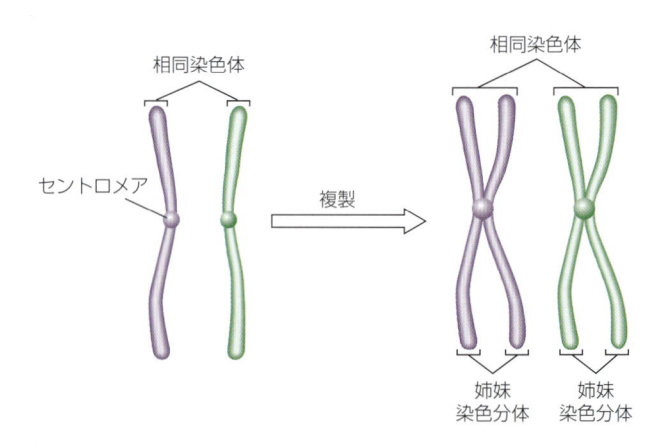

図 11.8
相同染色体と姉妹染色分体の違い。　相同染色体は同じ染色体（たとえば第16番染色体）のペアのことである。姉妹染色分体は，1本の染色体からDNA複製でできた2本の染色分体が，セントロメアで結合したものである。

11.3 有糸分裂は細胞周期において鍵となる時期である

細胞周期

原核生物に比べて真核生物ではゲノムサイズが増加し，その構成もより複雑になったため，複製したゲノムを細胞分裂の過程で娘細胞に分配する方法に根本的な変更を加える必要が生じた。この細胞分裂過程は細胞周期とよばれ，五つの期からなる（図11.9）。

五つの期

G_1 期は最初の成長期である。多くの生物では，この期は細胞の一生の大部分を占める。**S期**はゲノムを複製する時期である。**G_2 期**は2回目の成長期で，ゲノムを分配するための準備が行われる。この時期にミトコンドリアやほかの細胞小器官が複製され，染色体が凝縮し，微小管が紡錘体を形成するために集合をはじめる。G_1 期，S期，G_2 期は分裂の**間期**（interphase）を構成する。G_1 期と G_2 期はS期とM期を隔てるギャップ（gap）の時期という意味で名づけられた。

M期（有糸分裂 mitosis に由来する）は，微小管装置が集合し，染色体と結合して姉妹染色分体を引き離す時期である。（訳者注：有糸分裂と細胞質分裂をまとめてM期とする定義もある。）有糸分裂は複製されたゲノムを分配するために必須の過程である。この章では，動物や植物で起こる有糸分裂について述べる。これらの生物の有糸分裂はほぼ同じような過程を経るが，菌類やある種の原生生物では少し異なる分裂を起こす。有糸分裂は連続した過程であるが，伝統的に前期，中期，後期，終期の四つのステージに分けられる。

C期（細胞質分裂 cytokinesis に由来する）は細胞質が分裂し，二つの娘細胞をつくる時期である。動物細胞では，微小管でできた紡錘体がアクチンでできる収縮環のつくられる位置を決めるのに役立ち，収縮環はひもを引いて袋の口を閉めるように細胞を二つに絞り切る。植物のように細胞壁をもつ細胞では，娘細胞のあいだに細胞壁がつくられ，細胞を二つに分ける。

細胞周期の長さ

細胞周期が一周するのにかかる時間は生物種により大きく異なる。発生中の動物胚では，細胞周期は20分以内に完了する。動物の核分裂サイクルでもっとも短いものはショウジョウバエの胚で見られ，その時間は8分である。胚細胞のように，できる限り早く核を分裂させるような細胞では，細胞の成長を伴わずにDNAを複製できる。このような細胞では，

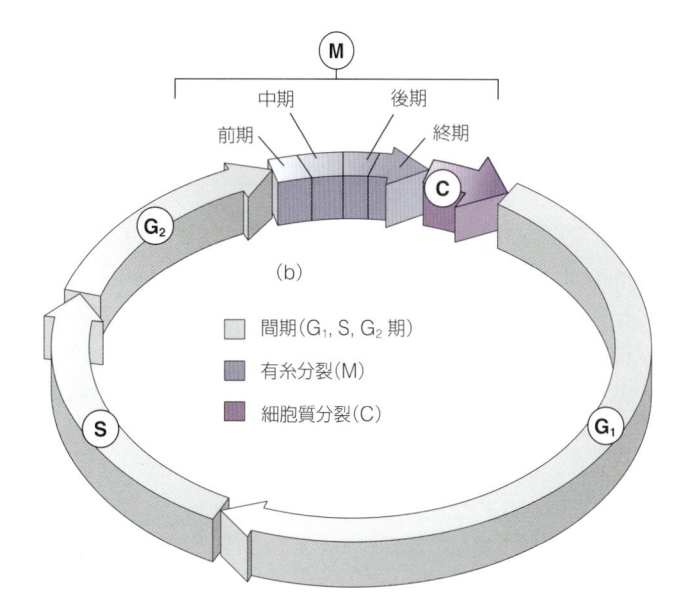

図 11.9
細胞周期。 培養条件下で増殖するヒト細胞の22時間周期の細胞周期を示す。G_1 期は1回目の成長期，S期はゲノムの複製がつくられる時期，G_2 期は2回目の成長期である。

細胞周期の半分はS期，残りの半分はM期で占められ，G_1 期や G_2 期は本質的に存在しない。通常の細胞では成長する時期が必要なので，細胞周期は胚細胞よりもずっと長い。たとえば，分裂中の哺乳類の細胞は約24時間の細胞周期をもつが，ヒトの肝細胞では1年を超える細胞周期をもつ。細胞の成長は G_1 期と G_2 期のほかにS期でも起こる。M期は1時間程度しかなく，細胞周期全体ではわずかな期間にすぎない。

生物の種類や組織で細胞周期の長さが異なるのは，多くの場合 G_1 期の長さが違うからである。細胞はDNA複製の前に G_1 期で停止し，**G_0 期**（G_0 phase）とよばれる休止期に進入する。細胞分裂を再開するまで，細胞は数日あるいは数年もこの期に留まることがある。任意の時間に観察すると，動物の体をつくる多くの細胞は G_0 期にある。筋肉や神経の細胞は G_0 期に永久にとどまるのに対し，肝臓の細胞などは傷から放出される因子に反応して G_1 期に入り，細胞周期を再開することができる。

大多数の真核生物の細胞は細胞周期とよばれる成長と分裂のサイクルをくり返す。細胞周期の長さは，数分から数年までさまざまである。

間期：有糸分裂の準備

間期（G_1期，S期，G_2期）に起こる出来事は，有糸分裂を完了させるのにきわめて重要である。細胞成長の大部分はG_1期で起こる。S期ではそれぞれの染色体が複製し，セントロメア（centromere）で付着し合った2本の姉妹染色分体がつくられる。セントロメアは染色体のくびれ（一次狭窄）の部分であり，そこには特殊なDNA配列が存在し，**キネトコア**（kinetochore）とよばれるタンパク質製の円盤状構造と結合する。この円盤状構造は細胞分裂を助ける微小管とよばれる繊維状構造の結合部位として機能する（図11.10）。セントロメアはそれぞれの染色体の特定の位置に存在する。（訳者注：学術用語集ではcentromereもkinetochoreも動原体となっている。本書では両者を区別して，それぞれセントロメアおよびキネトコアとカナ書きする。）

細胞は間期を通じて成長する。特にG_1期とG_2期は著しく成長する時期で，タンパク質が合成され細胞小器官がつくられる。細胞がもつDNAは細胞周期のS期でのみ複製される。

S期で複製されたばかりの染色体は伸びたままでコイル状に巻きついていないので，光学顕微鏡下で見ることはできない。G_2期になって**凝縮**（condensation）がはじまると，染色体は強くコイル状に巻きつくようになる。分裂期の初期に起こる染色体の素早い凝縮には特殊な"**モータータンパク質**（motor protein）"がかかわる。G_2期には，細胞は後の過程で染色体を両極に動かすのに使用する装置をつくりはじめる。

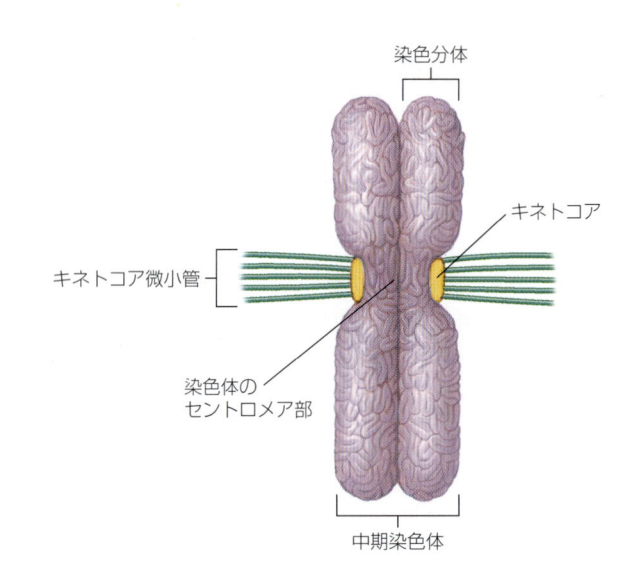

図 11.10
キネトコア。 中期の染色体で，キネトコア微小管はセントロメア部位にあるタンパク質に固定される。

動物細胞では，この時期に**中心粒**（centriole）とよばれる一対の微小管形成中心が複製する。すべての真核生物の細胞で，微小管の構成成分である"チューブリン（tubulin）"の合成がG_2期に活発に行われる。

> 染色体は間期にはまだ凝縮していないので光学顕微鏡では見えない。間期はG_1期，S期，G_2期を含み，G_2期で細胞は分裂のための最終的な準備を行う。

コラム11.1 細胞分裂に関する用語

キネトコア（kinetochore） セントロメアに結合し，分裂時に微小管と接着する円盤状の構造。それぞれの染色分体と紡錘体装置を結びつける。

クロマチン（染色質，chromatin） 真核生物の染色体を構成するDNAとタンパク質の複合体。

細胞質分裂（cytokinesis） 核の分裂後に起こる細胞質の分裂。

染色体（chromosome） 遺伝子を含む細胞内の構造体。真核生物では1本の直線状のDNA分子とそれに結合するタンパク質からなる。DNAはS期に複製し，M期に分離する。

染色分体（chromatid） 複製した染色体の二つのコピーのうちの一つ。二つの染色分体は1個のセントロメアで結合している。

セントロメア（centromere） およそ220塩基にわたる染色体のくびれた部分で，高度のくり返し配列を含むDNAが存在する。

相同染色体（homologues） 二倍体細胞で同一の遺伝子を運ぶ染色体のペアのこと。

二分裂（binary fission） 細胞が二つの均等またはそれに近い形に分裂することにより増殖する様式。原核生物は二分裂で分れる。

ヌクレオソーム（nucleosome） 真核生物の染色体の基本的な構造の単位で，DNA分子はヒストンタンパク質の集合体（コア）のまわりに巻きつけられている。クロマチンは一連のビーズ状のヌクレオソームの長いひもからできている。

微小管（microtubule） チューブリンタンパク質のサブユニットからなる中空の円筒で，25 nmの直径をもつ。チューブリンサブユニットが微小管の端に付加することによって伸び，端から除去されることにより短くなる。

ヘテロクロマチン（異質染色質，heterochromatin） つねに凝縮したままの状態にある染色体の部分で，したがってここからRNAは転写されない。セントロメア部分の大半はヘテロクロマチンである。

ユークロマチン（真正染色質，euchromatin） 細胞分裂期を除いて伸展した状態にある染色体の部分で，ここからRNAが転写される。

有糸分裂（mitosis） 複製された染色体が二つの遺伝的に同一の娘核を生じるように核が分裂する様式。細胞質分裂が伴うことにより二つの同一の娘細胞ができる。

有糸分裂期

前期：分裂装置の形成

G₂期に染色体の凝縮がはじまり，個々の染色体が光学顕微鏡で見えるようになるころがM期の最初のステージである**前期**（prophase）のはじまりである．染色体の凝縮は前期を通じて進行するので，最初は微細な糸のように見えていた染色体の何本かは，最後には非常に大きなものとなる．rRNA遺伝子が存在する染色体部位が凝縮すると，リボソームRNAの合成は止まる．

紡錘体の形成　前期には微小管でできた装置の形成も進行するが，これは後の過程で染色分体を分離する役割をもつ．動物細胞では，G₂期につくられた二つの中心粒のペア（中心体）は前期の初めに互いに離れはじめ，そのあいだに紡錘糸とよばれる微小管の軸が形成される．中心粒が細胞の両極に到着するころには，それらを結ぶ橋のように紡錘体とよばれる紡錘糸の束が完成する．植物細胞では中心粒は存在しないが，同様な微小管の橋が細胞の二つの極のあいだに形成される．

紡錘体の形成中に核膜は崩壊し，小胞体は断片化する．微小管でできた紡錘糸は細胞の端から端まで横切るように伸びる．紡錘体の方向は次に起こる細胞分裂の方向を決める．すなわち，紡錘体の軸に直角に細胞は中央で分裂する．（訳者注：核膜の崩壊から紡錘体の完成を経て中期に至る過程を前期と区別して**前中期**（prometaphase）とし，前期，前中期，中期，後期，終期の五つのステージに分けるのが一般的である．）

動物細胞の分裂では，中心粒が細胞の両極に達すると，そこから微小管が細胞膜に向かって放射状に伸びる．この構造は**星状体**（aster）とよばれる．星状体の機能はまだ十分にはわかっていないが，中心粒を細胞膜に向かって固定し，紡錘体が染色体を左右に分けるときに微小管の接着部位を安定化する役割があると考えられる．硬い細胞壁をもつ植物細胞では星状体は形成されない．

姉妹染色分体と両極との結合　それぞれの染色体は2個のキネトコアをもち，キネトコアは姉妹染色分体のセントロメア部分に1個ずつ接着している（図11.10）．前期が進行すると細胞の極からセントロメアに向かって伸びる第二の微小管グループが現れる．これらの微小管は，対をなす姉妹染色分体それぞれに存在するキネトコアと紡錘体の極を結ぶ．一方の極から伸びる微小管はセントロメアの片側（同側面）だけに接着するので，2本の姉妹染色分体はそれぞれ別方向の極と

つながることになる．この姉妹染色分体と微小管の配列はきわめて重要で，微小管の配置のいかなるミスも致命的な分裂異常をもたらす．たとえば，1個のセントロメアの両側に同じ極からの微小管が接着すると，対になった姉妹染色分体は分離することができず，2本とも同じ娘細胞に導入されてしまう．

中期：セントロメアの整列

有糸分裂の二番目のステージである**中期**（metaphase）には，染色体が細胞の中央に整列する．光学顕微鏡で観察すると，ちょうど赤道に沿うように染色体は細胞内部で環状に配列しているのがわかる（図11.11）．紡錘体の軸に直交し，染色体が配列した環を含む仮想的な面を"**赤道面**（metaphase plate）"とよぶ．赤道面は実際の構造物ではなく，そのあとの細胞分裂の軸を示すものである．セントロメア部のキネトコアに接着した微小管の作用で，すべての染色体は赤道面上に整列する．この時点が中期の終了で，セントロメアは細胞の両極から等距離の位置に環状に整列し，そこから微小管が両極に向かって伸びる．この構造は，その形状から紡錘体とよばれる．

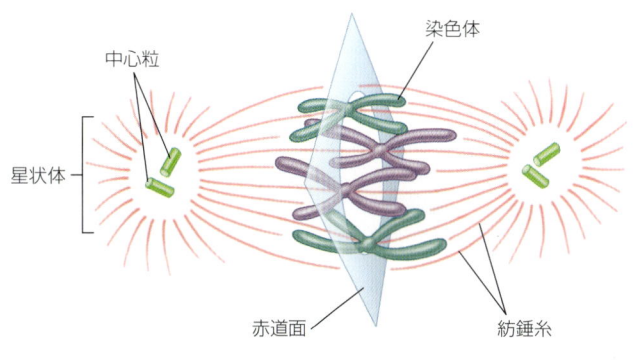

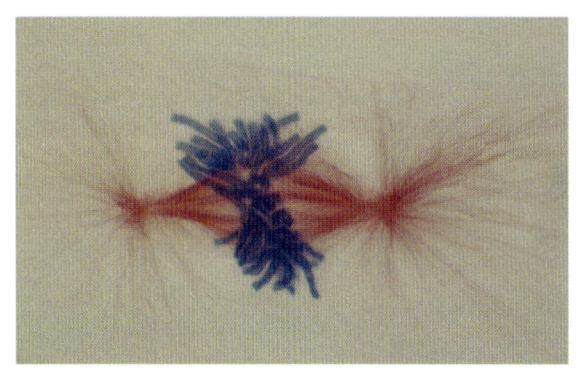

図 11.11
中期．中期には染色体は紡錘体の中央で環状に整列する．

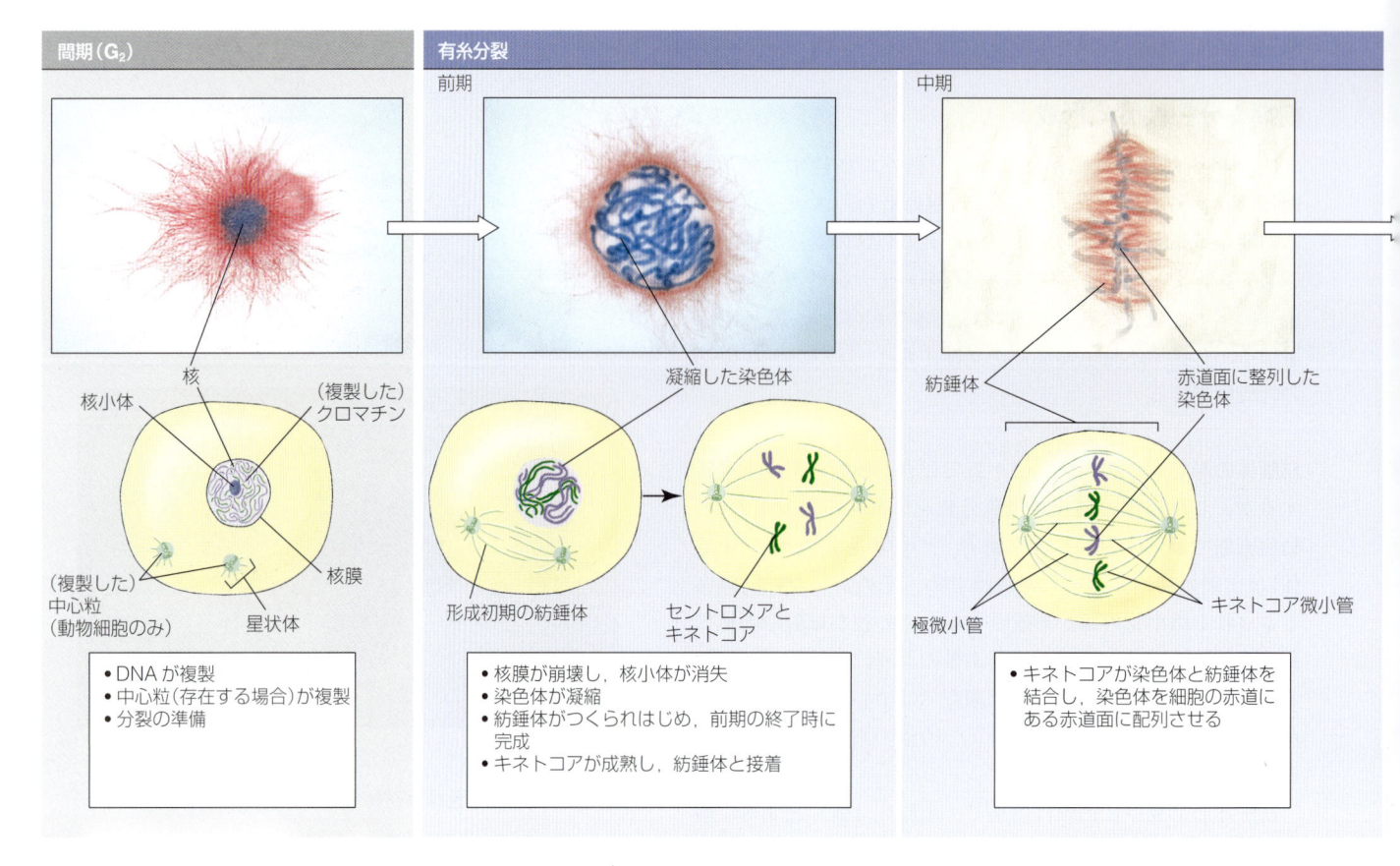

間期（G₂）	有糸分裂	
	前期	中期

核小体　核　（複製した）クロマチン

（複製した）中心粒（動物細胞のみ）　核膜　星状体

- DNAが複製
- 中心粒（存在する場合）が複製
- 分裂の準備

凝縮した染色体

形成初期の紡錘体　セントロメアとキネトコア

- 核膜が崩壊し，核小体が消失
- 染色体が凝縮
- 紡錘体がつくられはじめ，前期の終了時に完成
- キネトコアが成熟し，紡錘体と接着

紡錘体　赤道面に整列した染色体

極微小管　キネトコア微小管

- キネトコアが染色体と紡錘体を結合し，染色体を細胞の赤道にある赤道面に配列させる

図 11.12
植物（写真）と動物（描画）における核分裂と細胞質分裂。 核分裂（二つのゲノムの分離）には四つのステージ（前期，中期，後期，終期）があり，その後に細胞質分裂（二つの細胞に分離）が続く。写真ではユリの1種（African blood lily, *Haemanthus katharinae*）の染色体を青色で，微小管を赤色で染めている。

後期と終期：染色分体の分離と核の再形成

図11.12で示した有糸分裂のすべてのステージのうち**後期**（anaphase）がもっとも短く，観察していてもっとも目覚ましい時期である。後期はセントロメアの分裂からはじまる。各セントロメアは二つに分かれ，2本の姉妹染色体が分離可能となる。

この時期まで姉妹染色分体はコヒーシンとよばれるタンパク質複合体により結合し合ったままである。酵母では，タンパク質分解酵素の"セパラーゼ（separase）"によりコヒーシンサブユニット（Scc1p）が分解されることが，後期に染色分体が娘細胞に向かって動くのを可能にすると考えられている。脊椎動物では，ほとんどのコヒーシンは中期に入る前に染色体から消失する。しかし，少量のコヒーシンは残り，2本の染色分体をつなぎ止めている。特に重要なのはSCC1とよばれるサブユニットで，セパラーゼによるSCC1の分解はセント

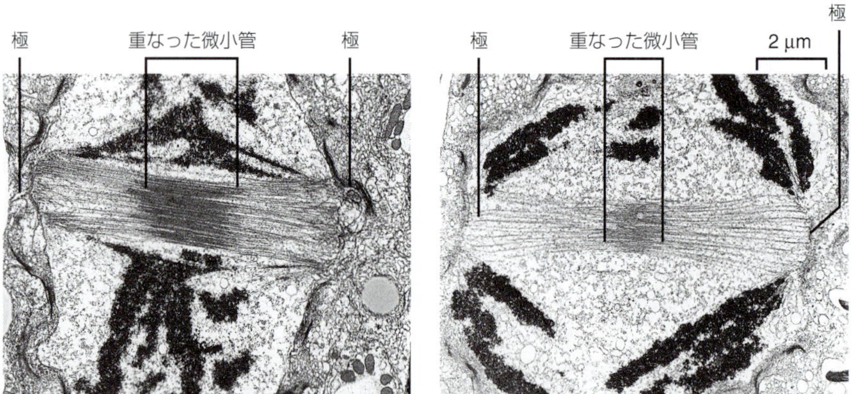

極　重なった微小管　極　　極　重なった微小管　極　2 μm

中期　　後期の遅い時期

図 11.13
染色体分離における微小管の滑り合い。 分裂中のケイ藻の電子顕微鏡写真。中期から後期にかけて紡錘体が伸びるにつれて，微小管の重なった部分が明らかに少なくなる。

有糸分裂		細胞質分裂
後期	終期	

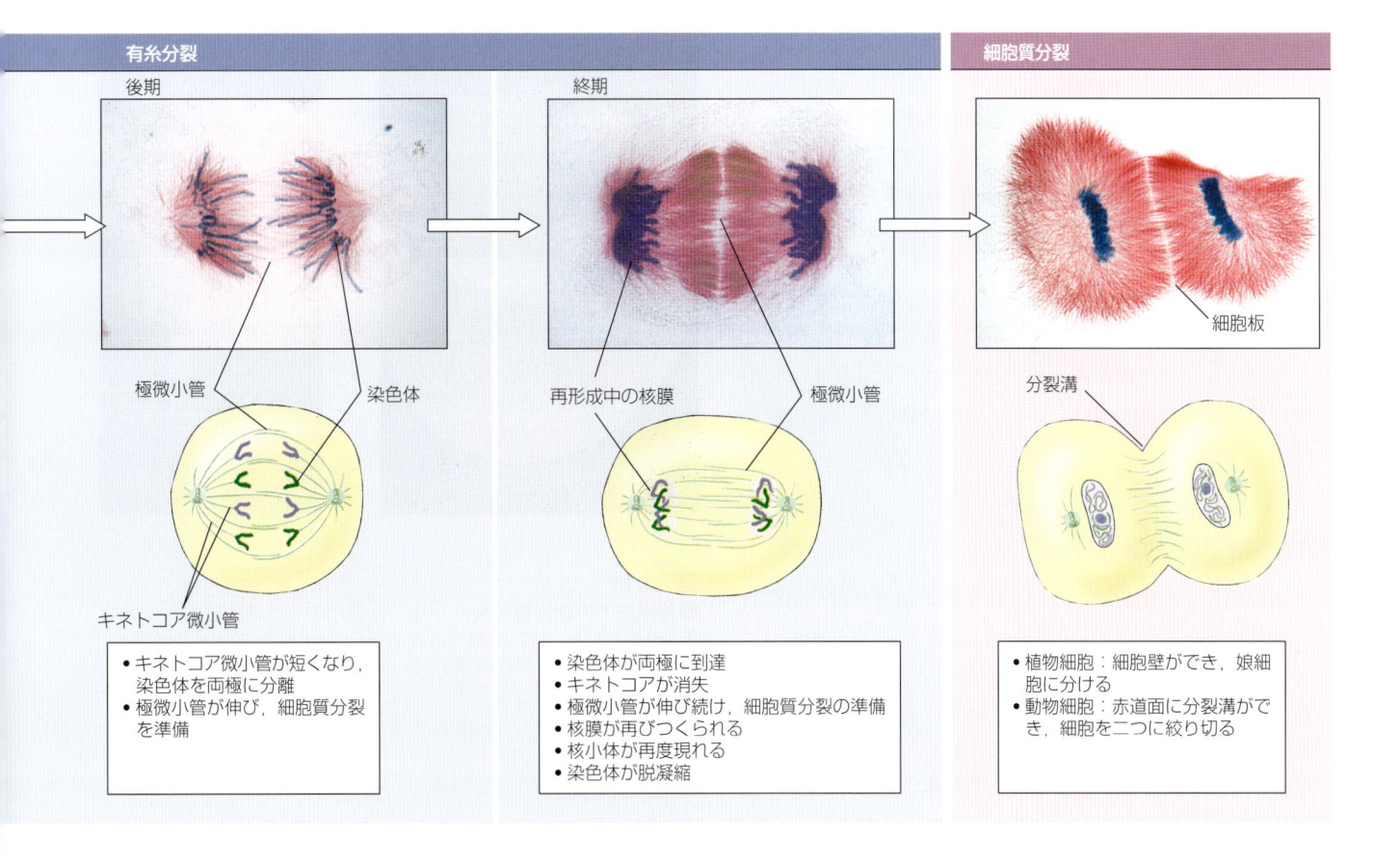

後期の図の説明:
- 極微小管
- 染色体
- キネトコア微小管
- キネトコア微小管が短くなり，染色体を両極に分離
- 極微小管が伸び，細胞質分裂を準備

終期の図の説明:
- 再形成中の核膜
- 極微小管
- 染色体が両極に到達
- キネトコアが消失
- 極微小管が伸び続け，細胞質分裂の準備
- 核膜が再びつくられる
- 核小体が再度現れる
- 染色体が脱凝縮

細胞質分裂の図の説明:
- 細胞板
- 分裂溝
- 植物細胞：細胞壁ができ，娘細胞に分ける
- 動物細胞：赤道面に分裂溝ができ，細胞を二つに絞り切る

ロメアの分裂と姉妹染色分体の分離に必須である。すべての染色体のセントロメアは同時に分裂する。この同時性を生みだすしくみはよくわかっていないが，分裂後期促進複合体 (anaphase-promoting complex：APC) により調節されるセパラーゼの活性化のタイミングがかかわると予想される。この点に関しては，あとでより詳細に記述する。

姉妹染色分体は互いに自由になると，キネトコアが接着している側の極にすばやく引かれる。この過程では微小管によって駆動される二つの運動が同時に起こる。

第一の運動は"両極が互いに離れる"運動である。これは両極を物理的に結ぶ紡錘糸が細胞の中央部で互いに逆方向に滑り合うことで起こる (図11.13)。ほかの微小管は染色体を極につなぎ止めたままなので，この運動により染色体も離れる。弾力性のある膜が細胞を包んでいると膜も伸びる。

第二の運動は，"セントロメアが極に向かって動く"運動であり，これはセントロメアと極を結ぶ微小管が短くなることによる。この過程は収縮ではない。微小管は収縮して太くはならない。チューブリンサブユニットが，キネトコアと結合している端の部分から除去されることで短くなるのである。サブユニットが除去されるにつれて染色分体をつなぐ微小管は徐々に消失し，染色分体は極方向に引かれることになる。

後期での姉妹染色分体の分離によって，複製されたゲノムを正確に分離するという有糸分裂でもっとも重要な出来事が完了する。**終期**(telophase)には，微小管が単量体のチューブリン(チューブリンモノマー)に分解することで紡錘体が消失する。単量体のチューブリンは娘細胞における細胞骨格の構築に再使用される。まわりに核膜が形成され，分離した姉妹染色分体はそれぞれに独自のセントロメアをもつこととなり，染色体とよばれるようになる。染色体はすぐにコイルがほどけ，伸展して遺伝子発現が可能な形態となる。rRNA遺伝子が早期に発現されるので，核小体が再び出現する。

前期には，微小管が姉妹染色分体のペアを結びつけるセントロメアと紡錘体の両極とを結びつける。中期には，セントロメアから紡錘体の二つの極に向かって伸長した微小管の作用で，染色体は細胞内で環状に配置される。後期には，微小管の滑りにより細胞の極がより遠く離れ，姉妹染色分体は接着する微小管が短くなるために別方向に引かれる。終期には，紡錘体が消え，核膜が再形成され，染色体に存在する遺伝子の発現が再開される。

細胞質分裂

　有糸分裂は終期で完了する。真核生物の細胞では，複製したゲノムが細胞の両端に配置される二つの核に分配される。ミトコンドリアや葉緑体(存在する場合)などの細胞小器官は，有糸分裂の進行中に娘細胞となる領域に再配置される。細胞小器官の複製は細胞質分裂の前，S期やG₂期で主に行われる。細胞分裂は有糸分裂が終了してもまだ完了してはいない。この時点では細胞の分割そのものがまだはじまっていないからである。細胞周期の過程で細胞が実際に分裂する時期を**細胞質分裂**(cytokinesis)とよぶ。通常，細胞質分裂は細胞をほぼ二等分する。

動物細胞での細胞質分裂

　動物細胞を含む細胞壁のない真核生物の細胞では，細胞質分裂はアクチンフィラメントの帯(収縮環)が細胞を締めつけるというやり方で行われる。繊維どうしが互いに滑り込むにつれて収縮環の直径は小さくなり，細胞を締めつけるように細胞の周囲に"分裂溝(cleavage furrow)"ができる。収縮が進行するにつれて溝は深くなり，最終的に細胞の中央で細胞は切り分けられ，二つに分裂することになる。

植物細胞での細胞質分裂

　植物の細胞壁は非常に硬いので，アクチンフィラメントで二つに絞り切ることはできない。そこで植物細胞では紡錘体に対して直角に膜成分を会合させ，細胞内に**細胞板**(cell plate)とよばれる隔膜をつくる。細胞板は細胞膜の内表面まで伸長し，細胞膜と融合して確実に細胞を二つに分割する。その後新しくできた膜の上にセルロースが敷き詰められて，二つの新しい細胞壁が形成される。娘細胞間の隙間はペクチンで満たされ，**中葉**(middle lamella)とよばれる部分となる。

菌類と原生生物での細胞質分裂

　菌類といくつかの原生生物では，核膜が崩壊しないため有糸分裂のすべてのことが"核内"で行われる。有糸分裂が完了したあとで，初めて核は二つの娘核に分かれ，その後の細胞質分裂の過程で娘細胞へ1個ずつ核が移行する。細胞周期におけるこのような独立した核分裂期は，植物，動物，およびほとんどの原生生物では見られない。
　どの真核生物の細胞でも，細胞質分裂の後二つの娘細胞は細胞がもつべきすべての細胞構成成分をもつ。娘細胞の双方が完全な染色体構成をもつことは有糸分裂により保障されているが，ミトコンドリアや葉緑体のような細胞小器官が娘細胞間で均等に分配されることを保障するようなしくみは存在しない。しかしながら，それぞれの細胞小器官の一部が細胞内に存在すれば，それらは複製してその細胞に適した数にまで戻ることができる。

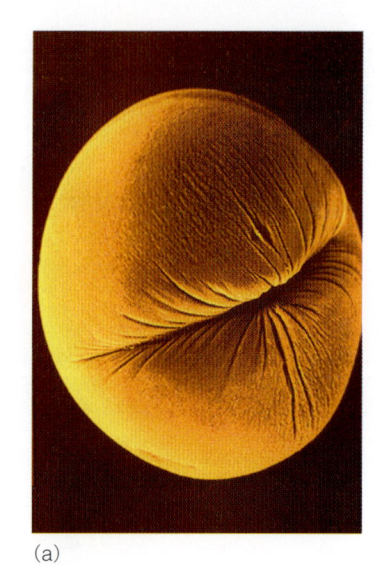

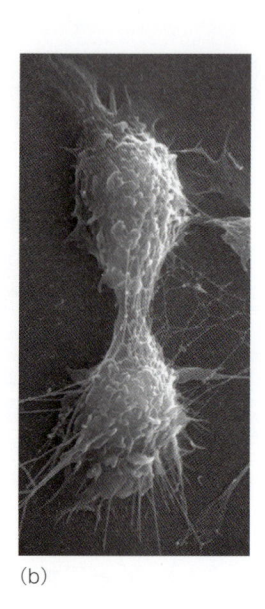

(a) (b)

図 11.14
動物細胞での細胞質分裂。　(a) 分裂中のウニ卵に見られる分裂溝(30倍)。(b) 動物細胞での細胞質分裂の完了。二つの娘細胞は主に微小管からなる細胞質の細い束でまだつながっている。

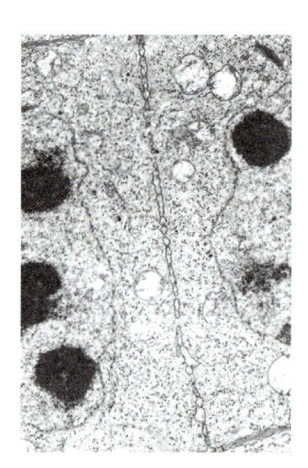

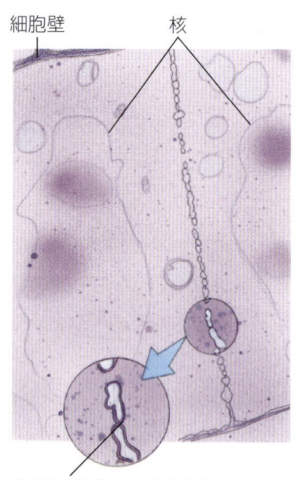

図 11.15
植物細胞での細胞質分裂。　娘核のあいだに細胞板が形成されているようすを示す電子顕微鏡像とその描画。細胞板形成が完了すると，二つの細胞になる。

細胞質分裂は真核細胞の細胞質が二つの娘細胞へと物理的に分かれることである。

11.4 細胞周期は厳密に制御されている

細胞周期制御の基本的なしくみ

　未だ不十分とはいえ，細胞周期の制御機構についての知見は，この20年間に膨大な量となっている。現在，細胞周期制御において二つの基本概念が確立している。第一は，細胞周期には遺伝物質の複製と姉妹染色分体の分配という二つの不可逆的なポイントがあること。第二に，細胞周期は"チェックポイント(checkpoint)"とよばれる特別なポイントで留まることができることである。どのポイントでも，細胞周期の正確な進行が評価され，もし間違いがあった場合には，細胞周期を停止させることができる。これにより，細胞周期の全過程にわたって非常に高い正確性が保持される。チェックポイント機構はまた，栄養状態や遺伝物質が完全に保たれているかといった細胞内の状態や，外界からのシグナルにも応答する。細胞は主要なチェックポイントでそれらの情報を統合し，分裂を進行させるかやめるか，適切な判断を下す。

制御システムの構成

　細胞は細胞内の状態を評価し，細胞外から得た複数のシグナルを統合するために，主に三つのチェックポイントを使う（図11.16）。すなわち，G_1/Sチェックポイント，G_2/Mチェックポイント，および中期の後半に存在する紡錘体チェックポイントである。これらのポイントの通過を制御するのはサイクリンを調節サブユニットとする**サイクリン依存性キナーゼ**(cyclin-dependent kinase：Cdk)とよばれる酵素である。サイクリンは有糸分裂にともない周期的に合成されて分解されるが，Cdkの活性こそが細胞周期を動かす。

G_1/Sチェックポイント

　G_1/Sチェックポイントは，細胞が分裂するかしないかを「決断」する最初のポイントで，細胞外のシグナルが細胞周期に影響を及ぼすことのできるポイントでもある。成長因子（この章の後半を参照）が細胞周期に影響を与えるのはこの段階である。また，ここは細胞分裂と細胞成長の分岐点でもあり，細胞は分裂に進むか成長するかをこのポイントで判断する。細胞周期の遺伝学的解析の大部分が行われた酵母の系では，このチェックポイントは「スタート」とよばれる。動物では制限点(Rポイント)とよばれる。すべての細胞は，ここでゲノム複製の運命づけをされると，必ず分裂に向かうことになる。このチェックポイントで，成長因子などの細胞外シグナルや栄養状態などの細胞内シグナルの情報を受け，細胞周期を進めるか否かの決定が行われる。また，ゲノムに損傷がないかということも判断要因となる。細胞が飢餓状態にある場合や，成長因子がない場合と同様に，DNAに損傷があった場合も，ここで細胞周期を停止させることができる。

G_2/Mチェックポイント

　G_2/Mチェックポイントは，その複雑さと有糸分裂を開始させるという重要性から非常に注目されてきた。このポイントにおけるCdkの活性は，減数分裂のG_2期で停止しているカエルの卵母細胞の分裂停止を解除する物質として最初に発見された。G_2期での分裂停止の解除はカエルの正常な卵成熟の一過程であるため，この物質は当初「卵成熟促進因子(maturation-promoting factor)」とよばれていたが，現在ではより広い意味で"M期促進因子(M-phase-promoting factor：MPF)"とよばれている。

　G_2/Mチェックポイントの通過は有糸分裂への移行を意味する。このチェックポイントではDNAの複製を評価し，正確に複製されていない場合，細胞周期を停止される。DNA損傷を起こさせる試薬を作用させると，G_1/Sチェックポイントと同様に，ここでも分裂は停止する。

紡錘体チェックポイント

　後期への準備段階として紡錘体チェックポイントでは，すべての染色体の紡錘糸への結合が確認される。細胞周期における二番目の不可逆的な過程は後期での染色体の分離で，これには染色体が中期板に正確に整列している必要がある。

細胞周期は3か所のチェックポイントで制御される。

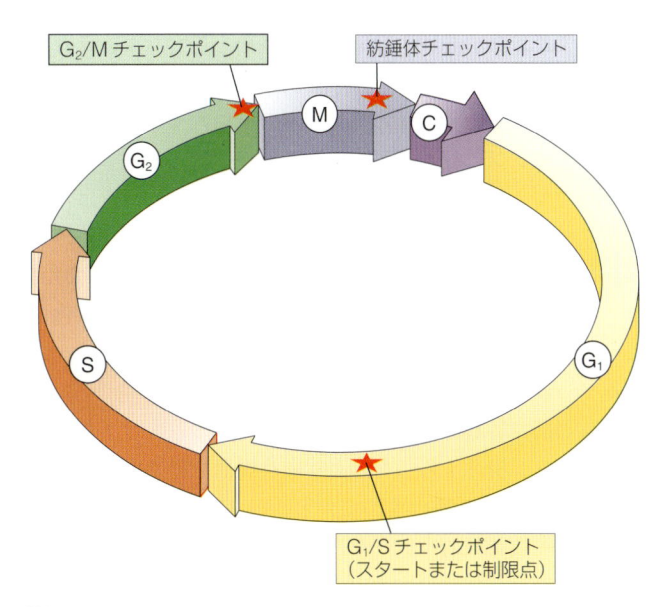

図 11.16
細胞周期の制御。 細胞は細胞周期における3か所の重要なチェックポイントで細胞が適切な状態にあるかどうかを調べる。

細胞周期制御の分子機構

これまでに細胞周期の制御機構の概略を述べたが，これからはその詳細を見てみよう．細胞周期制御の主要な分子機構は，タンパク質を構成するアミノ酸のうち，セリン，トレオニン，チロシンにリン酸基を付加するリン酸化である．リン酸を付加する酵素はキナーゼ，リン酸を取り除く酵素はホスファターゼとよばれる．タンパク質はその種類により，リン酸化によって活性化されたり不活性化されたりする．また，リン酸化によって不活性化されるタンパク質は脱リン酸化によって活性化される．リン酸化による細胞機能の制御は，この本で一貫して扱うテーマの一つである．

細胞周期に特異的なキナーゼは，細胞内のさまざまなタンパク質をリン酸化することにより細胞周期を動かす．その標的となるタンパク質のすべてがわかっているわけではないが，細胞周期特異的キナーゼの重要性は明確である．この酵素はサイクリン依存性キナーゼ(Cdk)であり，触媒サブユニットとこれに結合するサイクリンタンパク質からなる(図11.17)．サイクリンは，その合成と分解のパターンが細胞周期と一致するという特徴をもつ．Cdkはサイクリンと結合しているときにのみキナーゼ活性をもつ．もっとも重要なCdkは分裂酵母で同定され，cdc2と命名された．このCdkは細胞周期の異なるポイントで異なるサイクリンと結合できる．つまり，このCdkが特定のサイクリンと結合することで"スタート"のシグナルが生じ，同じCdkが別のサイクリンと結合すると有糸分裂の開始のシグナルが生じる．

重要な問題は細胞周期において何がCdkの活性を制御しているのかということである．当初の一般的な考え方としてサイクリンが細胞周期を動かす，つまり，周期的なサイクリンの合成と分解が細胞周期の時計として働くという見方があった．しかし最近では，cdc2キナーゼがリン酸化によって制御されることが明らかになっている．つまり，特定のアミノ酸残基のリン酸化によりcdc2は活性化し，別の場所がリン酸化されるとcdc2は不活性化する(図11.17参照)．このキナーゼが完全に活性化するためには，サイクリンと結合することと，適切な部位がリン酸化（あるいは脱リン酸化）することが必要である．Cdk制御の正確な分子機構はいまも盛んに研究されているが，主要なポイントは明らかである．

G_1/Sチェックポイント

G_1/Sチェックポイントでは細胞内外の多くのシグナルが関与する(図11.18)．細胞内シグナルには細胞の栄養状態や細胞の大きさがあり，細胞外シグナルには細胞の成長や分裂を促進する因子(本章の後半，がん抑制についての項を参照)がある．哺乳類の細胞では，網膜芽細胞腫タンパク質(後述)がこのチェックポイントで作用する．酵母では，このチェッ

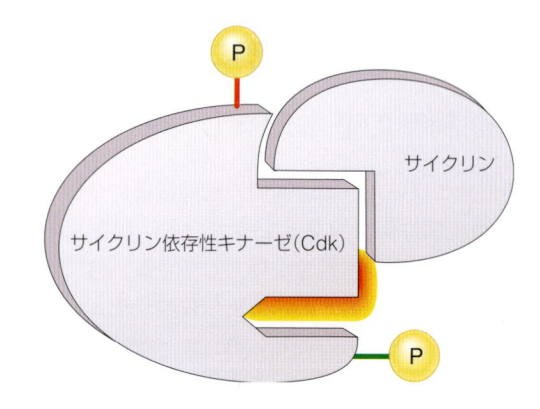

図 11.17
二つのタンパク質の複合体が細胞周期チェックポイント通過の引き金となる． Cdkはタンパク質キナーゼで，多くの細胞内タンパク質をリン酸化することにより，それらを活性化させる．サイクリンはCdkの活性化のために必要な制御タンパク質である．Cdkの活性はリン酸化のパターンによっても制御され，ある部位のリン酸化(赤で示す)はCdkを不活性化し，別の部位(緑で示す)でのリン酸化はCdkを活性化する．

クポイント(「スタート」とよばれる)にかかわるシグナル分子の実体として，S期特異的サイクリンの蓄積が見られる．S期特異的サイクリンとcdc2キナーゼとの複合体がG_1/S Cdkを形成する．このCdkは多数の標的をリン酸化し，結果としてS期に必要なタンパク質の合成が行われる．

G_2/Mチェックポイント

G_2/Mチェックポイントでは，有糸分裂へと向かう引き金にかかわる多くのシグナルが働く．このチェックポイントで働くCdkはMPFであり，さまざまな実験系において広く調べられてきた．MPFを制御する系はDNA複製を阻止したり遅らせたりする試薬やDNAに損傷を与える試薬に対して感受性がある．以前はMPFはM期特異的サイクリンの量によって制御されると考えられていたが，現在ではそうではないことが明らかになっている．M期特異的サイクリンはMPFの機能のために必要ではあるが，MPF活性はcdc2の阻害的リン酸化により制御される．この過程で重要なシグナルは，阻害的に働くリン酸基の除去である．このシグナルは活性型MPFが不活性型MPFを活性化するホスファターゼを活性化するという，正のフィードバックをもたらす分子スイッチを形成する．G_2/Mチェックポイントはリン酸基を付加するキナーゼとそれを取り除くホスファターゼのバランスを監視する．DNAの損傷は，損傷の検出やMPFの阻害的なリン酸化につながる反応などの複雑な経路を経て，細胞周期制御に作用する．動物細胞ではDNA損傷検出経路にp53タンパク質が必要で，ヒトのさまざまながんでこのタンパク質の変異が見つかっている(この章の後半のがん抑制遺伝子の項を参照)．

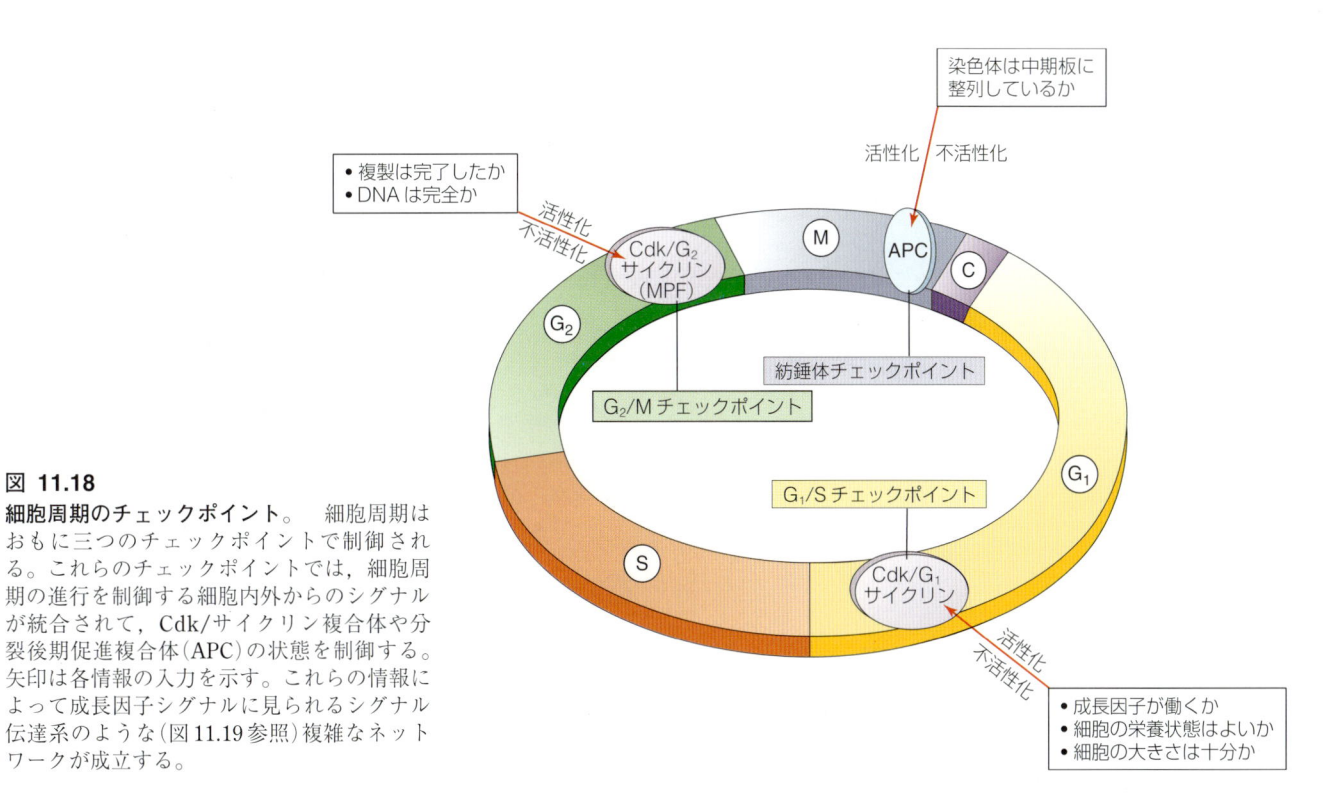

図 11.18
細胞周期のチェックポイント。 細胞周期はおもに三つのチェックポイントで制御される。これらのチェックポイントでは，細胞周期の進行を制御する細胞内外からのシグナルが統合されて，Cdk/サイクリン複合体や分裂後期促進複合体（APC）の状態を制御する。矢印は各情報の入力を示す。これらの情報によって成長因子シグナルに見られるシグナル伝達系のような（図 11.19 参照）複雑なネットワークが成立する。

紡錘体チェックポイント

紡錘体チェックポイントが働くのは，細胞周期で2回目の後戻りできないステップである後期での姉妹染色分体の分離の前である。このチェックポイントはすべての染色体が中期板に存在し，各姉妹染色分体のセントロメアが逆方向の極に向いて整列することを確実にする。このチェックポイントの詳しい分子的実体はわかっていないが，すべての染色体の存在と両極間での張力の双方が重要であるらしい。そのシグナルは分裂後期促進複合体（APC）を通して伝えられる。中期での姉妹染色分体はコヒーシンとよばれるタンパク質複合体によりまだ結合されている。APCはコヒーシン複合体を分解するプロテアーゼの阻害物質を除去する働きをする。姉妹染色分体からコヒーシンが除かれると，後期での姉妹染色分体の分離が起こる。

多細胞真核生物での細胞周期制御

細胞周期制御についての知見は，ほとんどが単細胞の菌類，つまり出芽酵母や分裂酵母の研究からもたらされた。動物細胞は組織や器官に組み込まれているため，その分裂や成長にはより多くの制約がある。しかし驚くべきことに，酵母の研究で得られた知見のほとんどは動物細胞にもあてはまる。菌類や原生生物のような真核生物と，動物との主な違いは二つある。一つ目は，動物細胞では細胞周期を制御するCdkは複数存在するが，酵母のCdkは一つであること。二つ目は，酵母は接合に必要なシグナルに主に応答するのに対し，動物細胞はより多くの種類の細胞外シグナルに応答することである。

多細胞真核生物を構成する細胞は，酵母の細胞のように個別に細胞が分裂を「決定」することは許されない。多細胞体の構造は細胞の増殖を厳密に制限することで維持されており，適切な時期に適切な細胞のみが分裂を行う。細胞が別の細胞の成長を阻害するしくみは，組織培養で増殖中の動物細胞を観察するとよくわかる。一層の培養細胞は，培養プレート上を広がりながら細胞群の縁が近くの細胞群と接触するまで増殖し，接触すると分裂を停止する。細胞群の一部分を取り除くと，隣の細胞群がすぐに増殖することでその部分を埋め，その後再び分裂は停止する。培養細胞はどのようにして自分の周囲の細胞密度を感知しているのだろうか？ 増殖中の各細胞は，わずかな量の**成長因子**（growth factor）とよばれる正の制御シグナル分子を受容している。MPFのように成長因子は細胞分裂を誘起するタンパク質である。隣接する細胞が成長因子を使い切ってしまい，成長因子がほとんど存在しない状態になると，1個の細胞でさえも分裂を起こすことができなくなる。

図 11.19
細胞増殖のシグナル経路。 成長因子が受容体に結合することにより細胞内シグナル伝達経路のカスケード反応（第7章参照）が動きはじめ，核にある細胞分裂を引きおこす制御タンパク質を活性化する。この図で示した例では，核タンパク質のRbがリン酸化され，別の核タンパク質（転写因子E2F）が遊離すると，Cdkタンパク質の生産が誘起される。

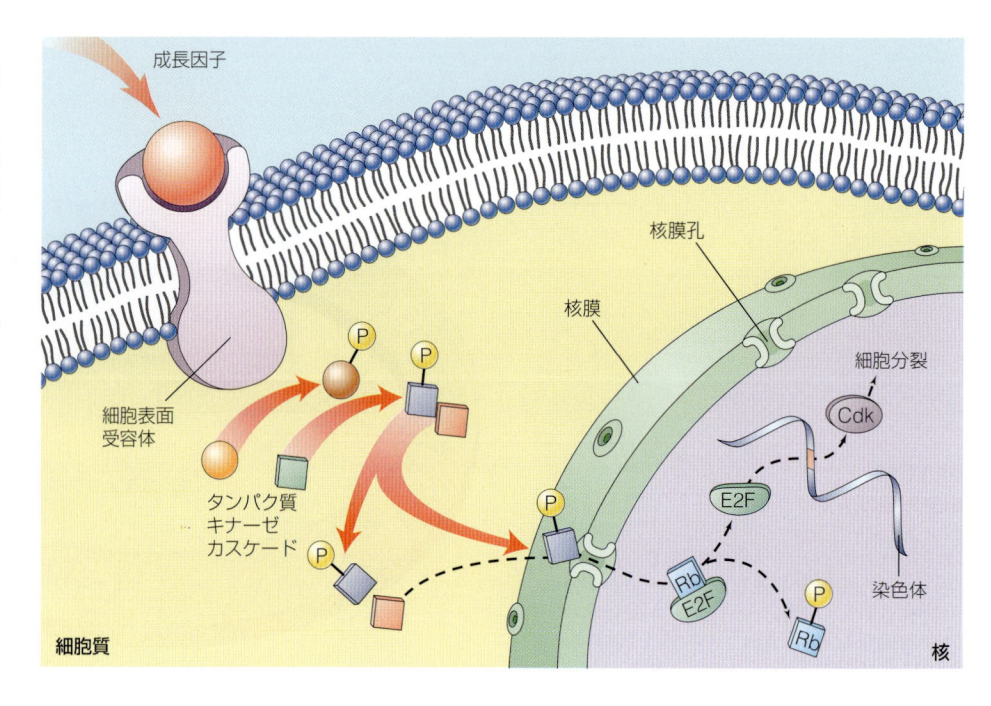

成長因子と細胞周期

第7章（細胞間の情報伝達）で述べたように，成長因子は細胞内シグナル系を動かす働きをする。たとえば，血小板由来成長因子（PDGF）は成長因子として最初に同定されたものの一つであるが，繊維芽細胞の細胞膜上にはPDGFの受容体が多数存在する。PDGFが膜受容体と結合すると，細胞分裂を引きおこすための一連の細胞内シグナルが増幅されはじめる。

PDGFが発見されたきっかけは，繊維芽細胞が血漿（血液を凝固させずに血液の有形成分を除いたもの）ではなく血清（血液が凝固した後に生じる液体部分）を含む培養液中で培養されたときにのみ，成長と分裂を起こすという現象であった。研究者たちは，凝血塊中の血小板が繊維芽細胞の増殖に必要な一つあるいは複数の因子を血清中に放出しているのではないかと仮説をたてた。そして実際そのような因子が単離され，PDGFと命名された。

PDGFのような成長因子は細胞分裂を阻害するような制御をも乗り越えて作用する。組織が傷つくと凝血塊ができて，PDGFが放出され，それにより隣接する細胞が分裂をはじめ，傷の修復を助ける。この際，PDGFは極微量（約10^{-10}M）で細胞分裂を誘起する。

成長因子の特性 すでに50種類以上のタンパク質が成長因子として単離されているが，さらに多数存在することは間違いない。細胞表面の特異的な受容体は，それぞれの成長因子をその形状から正確に「認識」する。成長因子が受容体に結合すると，受容体はそれに反応して細胞内の反応の引き金を引く（図11.19）。特定の成長因子に細胞が反応するかどうかは，標的となる細胞にその成長因子に特異的な受容体があるかどうかに依存する。PDGFのような成長因子や上皮細胞成長因子（EGF）のいくつかは，いろいろなタイプの細胞に作用するが，特定のタイプの細胞にしか作用しない成長因子もある。たとえば，神経成長因子（NGF）は特定の神経細胞の増殖を促進し，エリスロポエチンは赤血球の前駆細胞の分裂を誘導する。ほとんどの動物細胞において，細胞分裂を阻害するさまざまな制御を突破するためには，いくつもの異なる成長因子を組み合わせることが必要である。

G_0期 細胞が適切な成長因子にさらされない場合，その細胞は細胞周期のG_1チェックポイントで停止する。前にも述べたように，細胞の成長と分裂が停止すると細胞はG_0期に留まる。この非成長状態は，細胞周期の間期の状態，すなわちG_1期，S期，G_2期とは異なる。

いろいろな組織を比べると，細胞周期の長さに信じられないほどのばらつきがあるが，それは細胞がG_0期に入れるか否かによる。ヒトの腸内壁の上皮細胞は1日に2回以上分裂し，消化管の内壁はつねに更新されている。対照的に肝臓の細胞は1年に1回か2回しか分裂せず，ほとんどの期間をG_0期で過ごす。分化した神経細胞や筋肉細胞は，通常，G_0期から出ることはない。

サイクリンとCdkの二つのグループのタンパク質は相互作用をし合って細胞周期を制御する。細胞はまた，細胞分裂に影響を及ぼす成長因子とよばれるタンパク質シグナルを受け取る。

がんと細胞増殖の制御

抑制や制御を受けずに増殖する細胞をがんとよび、その詳細は第20章で述べる。しかしながら、がんはこの章でも取り上げる価値のある話題である。なぜなら、がんとは基本的に細胞分裂が制御されなくなった病気だからである。最近の研究から原因遺伝子の一つが同定された。別々に研究を行っていたため、がん研究者たちが原因遺伝子として報告していたものがじつはすべて同じ遺伝子であることがわかり、正式に*p53*（遺伝子名は斜体で表し、タンパク質名と区別する）と命名された。この遺伝子は細胞分裂のG_1/Sチェックポイントで重要な働きをする。この遺伝子の産物であるp53タンパク質は、DNAが損傷を受けていないかをチェックする。p53タンパク質が損傷を受けたDNAを検出すると細胞分裂を停止させ、特別な酵素を活性化して損傷を修復する。DNAが修復されると*p53*は細胞分裂を再開させる。DNAの修復が不可能な場合は、*p53*はアポトーシス（細胞自殺）プログラム（第19章のアポトーシスの項を参照）を活性化し、細胞を自殺させる。

損傷を受けた細胞の分裂を停止させることにより、*p53*は突然変異を起こした多くの細胞の増殖を妨げており、このことから（その活性はがんの抑制だけに限られてはいないが）*p53*はがん抑制遺伝子と考えられる。実験に用いたがん細胞のほとんどのもので、*p53*が完全に欠失していたり損傷を受けているのが見つかっている。これらのがん細胞がG_1チェックポイント（図11.20）で停止することなく細胞分裂をくり返すことができるのは、*p53*が機能していないからにほかならない。これを確かめるために培養皿で急速に分裂をしているがん細胞に完全なp53タンパク質を投与したところ、細胞はすみやかに分裂を停止し、そして死んだ。

さらに、Johns Hopkins大学医学部の科学者たちは、タバコの煙が*p53*の突然変異を引きおこすことを報告している。この研究は1995年に発表され、第20章で述べるように、喫煙とがんとの強い因果関係を裏づけるものとなった。

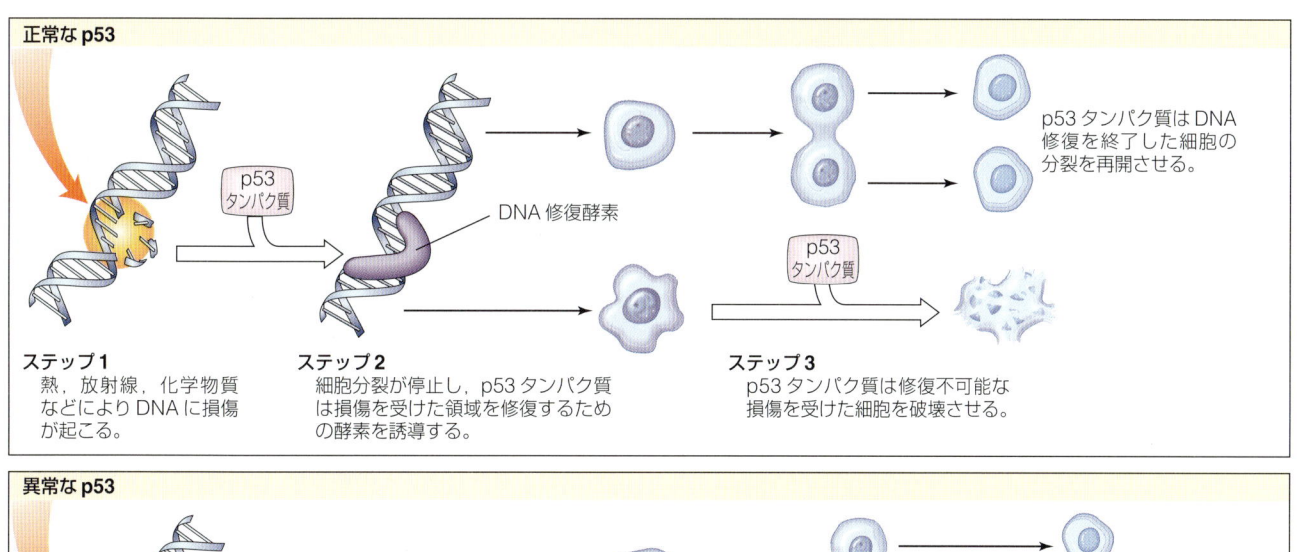

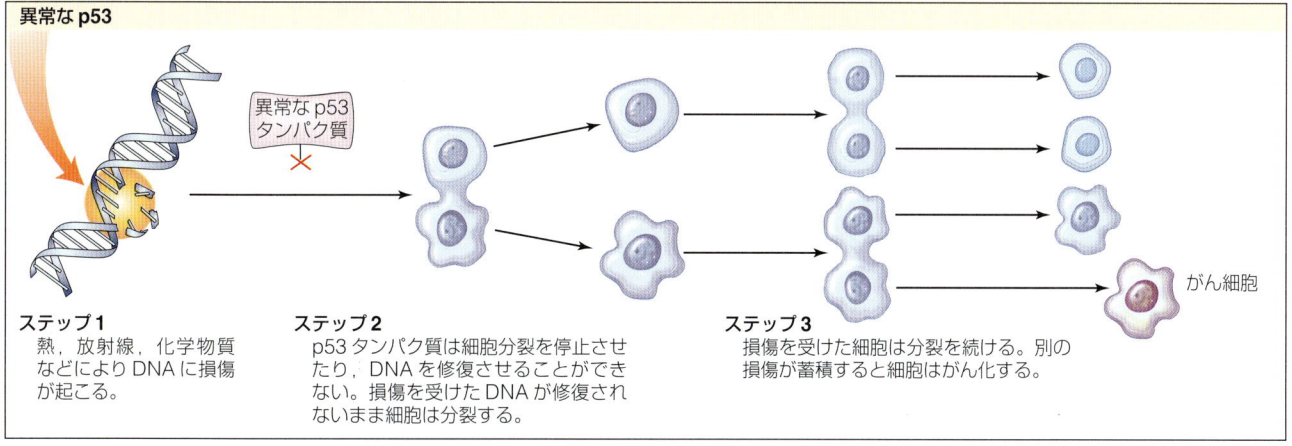

図 11.20
細胞分裂とp53タンパク質。 正常なp53タンパク質はDNAを監視し、DNAが修復不能な損傷を受けている場合には細胞を壊す。異常なp53タンパク質は細胞分裂を停止させたり、DNAを修復させたりすることができない。損傷を受けた細胞が増殖するとがんが発生する。

成長因子とがん

われわれが，がんとよんでいる病気は実際には発症した組織によってさまざまに異なる疾病である。それらすべてに共通するのは細胞周期制御の喪失である。

原がん遺伝子

細胞に導入されるとがん化を引きおこす，いわゆる"がん遺伝子（oncogene）"とよばれる遺伝子が多数同定されている。がん遺伝子の発見は**原がん遺伝子**（proto-oncogene）の発見に結びついた。原がん遺伝子は正常な細胞内に存在し，突然変異が起こるとがん遺伝子になる。原がん遺伝子はいくつかの方法で成長因子と相互作用をする。たとえば，それらは成長因子の受容体であったり，成長因子の受容体からのシグナルの下流にある多くの因子の一つであったりする。成長因子の受容体がつねに「オン」のままになってしまうような変異が起こると，成長因子がなくても細胞は分裂する。これはスイッチが入りっぱなしの灯りに似て，灯りがついたままの状態といえる。PDGFとEGFの受容体は，どちらも原がん遺伝子のカテゴリーに属する。

下流の情報伝達遺伝子には，成長因子と受容体の相互作用からはじまり，最終的に細胞周期を制御するCdkの働きに至るまで，そのあいだで働く多数のタンパク質をコードしている遺伝子が含まれる。このカテゴリーに入るものとして，rasのような情報伝達系にかかわるものや，myc, fos, junといった経路の最後で働く転写因子がある。これらの因子はすべて成長因子シグナルの初期反応として生産され，サイクリンやCdkを含め多くの重要なタンパク質の生産を誘導する。

これまでに同定された原がん遺伝子の数は50以上にのぼる。原がん遺伝子の研究により，がんの発生機構と細胞周期制御を支配する分子機構を関連づけられるようになった。

がん抑制遺伝子

原がん遺伝子の発見のあと，がんに関連する遺伝子の二番目のカテゴリーに属するものとして，がん抑制遺伝子が同定された。がん抑制遺伝子は非常に興味深い遺伝子で，通常は細胞周期を阻害する働きをするが，それらの遺伝子のコピーが2個とも機能しなくなると，細胞周期を阻害できなくなり，細胞はがん化する。これは，原がん遺伝子が一つの異常なコピーだけで，がんを起こすのと対照的である。つまり，原がん遺伝子は優性に，がん抑制遺伝子は劣性に作用する（第13章の優性と劣性の項を参照）。がん抑制遺伝子として最初に同定されたのは網膜芽細胞腫感受性遺伝子*Rb*で，これは眼の網膜に珍しい型のがんを誘発する。*Rb*は細胞レベルでは劣性の性質を示すにもかかわらず，家系内で優性に遺伝する。これは以下のように説明される。突然変異を起こした*Rb*のコピーを一つもつということは，患者はもう一つ別の

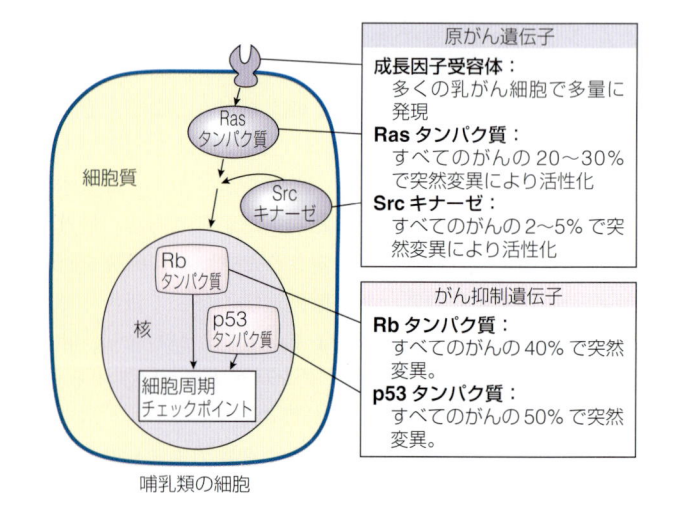

図 11.21
ヒトのがんに関連する主要なタンパク質。 細胞分裂のシグナル経路を構成する主要因子をコードする遺伝子の突然変異は，多くのがんの原因となっている。これらのなかには原がん遺伝子が含まれ，それらがコードするものとして成長因子の受容体，rasタンパク質のようなシグナル中継タンパク質，rasの機能を助けるsrcのようなキナーゼがある。Rbやp53のようながん抑制タンパク質を破壊する突然変異も，がんの発生を促進する。

「正しい」コピーをもっていることを意味する。しかし網膜ができ上がるまでに何百，何千回と分裂をくり返すあいだに間違いが生じ，残っている正しいコピーに欠失や損傷が起こり，細胞ががん化する。網膜で生じた1個のがん細胞が，やがて網膜芽細胞腫を形成する。

Rbタンパク質の細胞周期での役割は，成長因子からのシグナルの統合である。Rbタンパク質はほかのタンパク質と結合するためのポケットをもつので「ポケットタンパク質」とよばれる。Rbタンパク質は重要な調節タンパク質と結合し，それらが前述のサイクリンやCdkのような細胞周期に必須のタンパク質の生産を促進するのを妨げる。Rbタンパク質とほかのタンパク質との結合はリン酸化によって制御される。脱リン酸化されているとき，Rbタンパク質はさまざまな調節タンパク質と結合できるが，リン酸化されると結合能力を失う。成長因子がシグナル経路を活性化することにより，ある種のCdkによるRbタンパク質のリン酸化が起こる。このリン酸化で結合していた調節タンパク質が放出され，その結果，S期サイクリンが生産される。S期サイクリンはG_1/S境界を越えるために必須のCdkの活性化を促し，細胞周期が回るようになる。

図11.21に突然変異が生じたときにがんの原因となりうる遺伝子のタイプをまとめた。

原がん遺伝子のいくつかはサイクリンやCdkの働きを促進することにより細胞周期を進める。一方，がん抑制遺伝子はサイクリンやCdkの働きを阻害することにより細胞周期を止める。どちらのタイプの遺伝子に突然変異が起こっても，がんは発生しうる。

第11章のまとめ

11.1 原核生物は真核生物と比べてはるかに単純な分裂を行う
"原核生物における細胞分裂"
- ほとんどの原核生物は一つの環状DNA分子からなるゲノムをもち、二分裂によって増殖する。(p.208)
- 二分裂はDNA複製からはじまる。複製は開始点からはじまり、環状DNA上を双方向に進行し、特定の場所で終了する。(p.208)
- 真核生物の細胞は進化過程でゲノムをより複雑化させたため、細胞分裂の際のゲノムの複製や分離に原核生物とは異なる新しい方法を用いるようになった。(p.209)

11.2 真核生物の染色体は高次構造をとる
"染色体の発見"
- 染色体は1882年にWalther Flemingによって最初に発見された。(p.210)
- 染色体の数は種によって異なる。ヒトは23対のほぼ相同なペアからなる全部で46本の染色体をもつ。(p.210)

"真核生物の染色体構造"
- DNAは非常に長く、染色体の全長にわたって二重鎖の繊維が切れることなく伸びる。典型的なヒトの染色体には約1億4千万個のヌクレオチドが含まれる。(p.211)
- DNAの二重鎖は200塩基ごとに八つのヒストンタンパク質のコアのまわりに巻きつけられて、ヌクレオソームを形成する。(p.211)
- 個体がもつ染色体を整列させたものが核型である。(p.212)
- ある生物種がもつ染色体の数は半数（一倍性）で定義される。半数とは完全な1セットの染色体数と考えられる。(p.212)
- ヒトは母親と父親の双方の系統由来の相同染色体をもつ二倍体である。(p.212)

11.3 有糸分裂は細胞周期において鍵となる時期である
"細胞周期"
- 典型的な細胞周期には五つの期がある。G_1は最初の成長期であり、Sは複製期、G_2は二番目の成長期である（G_1、S、G_2で間期を構成する）。M（有糸分裂）は分裂装置が姉妹染色分体を分離する時期で、C（細胞質分裂）は細胞質を分割し、二つの娘細胞をつくる時期である。(p.213)
- 細胞周期にかかる時間は、8分から1年以上と、細胞の種類により大きく異なる。(p.213)

"間期：有糸分裂の準備"
- 細胞は間期に成長する。G_1期とG_2期は、タンパク質合成と細胞小器官の生産の時期であり、S期はDNA複製が起こる時期である。(p.214)

"有糸分裂期"
- 前期にかけても染色体の凝縮は続く。分裂装置が構築され、姉妹染色分体が微小管により細胞の両極と結びつけられ、核膜が崩壊する。(p.215)
- 中期には、染色体は細胞の中央で赤道面に沿って整列する。(p.215)
- 後期には、セントロメアが分割し、二つの姉妹染色分体どうしの結合が解かれる。姉妹染色分体は結合している微小管が短くなるのに伴い、両極に引かれる。(p.216〜217)
- 終期には分裂装置は消失し、核膜が再構成されはじめる。(p.217)

"細胞質分裂"
- 細胞質分裂とは細胞が実際に分裂する時期を指す。細胞質分裂は、通常、細胞をほぼ二等分し、2個の娘細胞を形成させる。(p.218)

11.4 細胞周期は厳密に制御されている
"細胞周期制御の基本的なしくみ"
- すべての細胞は細胞内の状態を評価し、かつ、外からのシグナルを取り込むため、三つのチェックポイントを使う。G_1/Sチェックポイントは細胞が分裂するかどうかを決める最初のポイントであり、G_2/Mチェックポイントは有糸分裂への移行を判断し、紡錘体チェックポイントは後期移行への準備のためにすべての染色体が紡錘体と結合することを確実にする。(p.219)

"細胞周期制御の分子機構"
- サイクリンとCdkという二つのグループのタンパク質が相互作用し、細胞周期を制御する。(p.220)
- 細胞は細胞の分裂に影響を与えるタンパク質シグナル（成長因子）を受けとる。(p.222)

"がんと細胞増殖の制御"
- がんは細胞分裂の制御の失敗により生じる。(p.223)
- *p53*が機能不全になると、適切なチェックポイントで分裂を停止できずに、細胞は分裂をくり返すようになると考えられる。(p.223)
- 原がん遺伝子は正常な細胞に存在する遺伝子で、これに突然変異が起こるとがん遺伝子になる。原がん遺伝子は成長因子、シグナル伝達にかかわるタンパク質、およびキナーゼをコードする。(p.224)
- がん抑制遺伝子もまた、それらに突然変異が起こったときにがんを誘導する。(p.224)

質問のページ

自習問題

1. 大腸菌の細胞は ＿＿＿ により分裂する。
   a. 有糸分裂
   b. 複製
   c. 細胞質分裂
   d. 二分裂

2. たいていの真核生物は細胞内に ＿＿＿ 本の染色体をもつ。
   a. 1〜5
   b. 10〜50
   c. 100〜500
   d. 1000 以上

3. それぞれの染色体の複製されたコピーは ＿＿＿ とよばれ，＿＿＿ で結合する。
   a. 相同染色体/セントロメア
   b. 姉妹染色分体/キネトコア
   c. 姉妹染色分体/セントロメア
   d. 相同染色体/キネトコア

4. 細胞周期でDNAが合成されるのはどの時期か？
   a. G_1
   b. G_2
   c. S
   d. M

5. 光学顕微鏡下で染色体が観察できるのはどの時期か？
   a. 有糸分裂期
   b. 間期
   c. 姉妹染色分体どうしが結合したとき
   d. a〜cのすべて

6. 有糸分裂期に姉妹染色分体が分かれ，両極に引かれるのはどの時期か？
   a. 間期
   b. 中期
   c. 後期
   d. 終期

7. 細胞質分裂についての記述で正しいものはどれか？
   a. 植物細胞と動物細胞で同じ過程である。
   b. 細胞質が分かれ二つの細胞が形成される。
   c. 有糸分裂の最後の過程である。
   d. キネトコアが動く時期である。

8. 真核生物の細胞周期はいくつかのポイントで制御されるが，以下の事柄で正しくないものはどれか？
   a. 細胞の成長はG_1/Sチェックポイントで評価される。
   b. DNA複製はG_2/Mチェックポイントで評価される。
   c. 環境条件はG_0チェックポイントで評価される。
   d. 染色体は紡錘体チェックポイントで評価される。

9. "多細胞の" 真核生物に特異的な細胞増殖を制御するために使われるタンパク質は何か？
   a. Cdk
   b. MPF
   c. サイクリン
   d. 成長因子

10. 細胞にがんを起こさせるものは何か？
    a. 遺伝子の損傷
    b. 薬品による細胞膜の損傷
    c. 紫外線による輸送タンパク質の損傷
    d. a〜cのすべて。

図解き問題

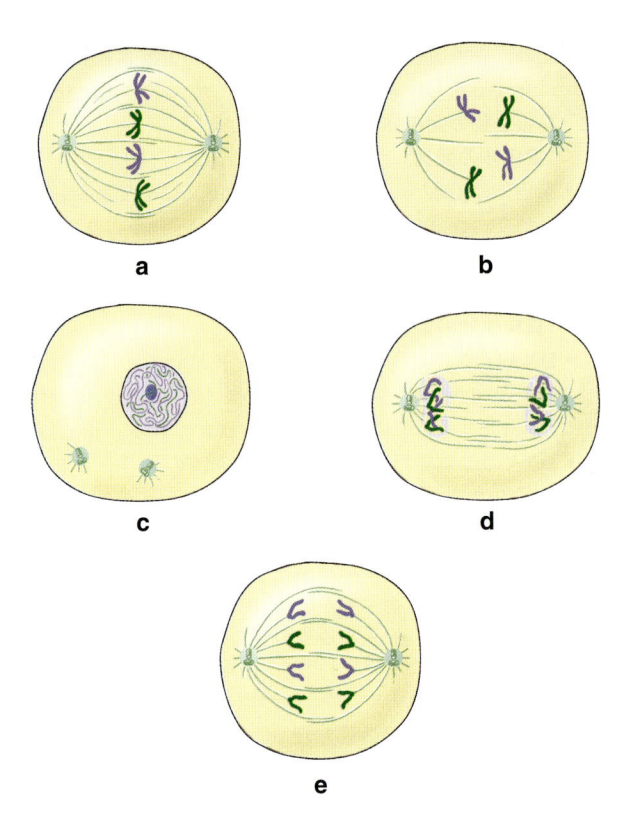

1. 対応する有糸分裂の時期を選びなさい。
   後期
   間期
   中期
   前期
   終期

応用問題

1. トクサとよばれる古い植物は，216本の染色体をもつ。その相同染色体の数はいくつか？ その細胞の中期には何本の染色体があるか？

2. コルヒチンはチューブリンと結合して微小管の構築を阻害する物質である。サイトカラシンはアクチンフィラメントの末端に結合し，伸長を阻害する。これら二つの物質の動物細胞の分裂に及ぼす影響は何か？

3. もし人工的に染色体をつくるとして，それが有糸分裂で正常に機能をするために，最小限どのような構成成分をそのなかに入れたらよいか？

12
有性生殖と減数分裂

概　要

12.1 減数分裂により二倍体細胞から一倍体細胞が生じる

減数分裂の発見　減数分裂による配偶子形成では染色体数が減少するので，有性生殖では染色体数は増加しない。有性生殖により生まれる個体は，両親から染色体を受け継ぐ。

12.2 減数分裂にはほかの分裂にはない特徴がある

減数分裂　減数分裂の三つの特徴は，染色体の対合，相同組換えおよび"還元分裂"である。

12.3 減数分裂では連続した2回の核分裂が起きる

第一減数分裂前期　2本の相同染色体が対合して，染色体の乗換えを行い，その結果遺伝子の組換えが起こる。

第一減数分裂中期　紡錘体の微小管が染色体を細胞の赤道面に整列させる。

減数分裂の完了　有糸分裂と第二減数分裂の機構は似ているが，分裂の結果生じる細胞は異なる。第一減数分裂後期に相同染色体は分かれるが，姉妹染色分体は分かれない。姉妹染色分体は第二減数分裂後期に分かれ，四つの一倍体配偶子ができる。

12.4 性の進化的起源は謎である

なぜ性がある？　性はDNA修復機構としてか，あるいは変異を広げるための要因として進化してきたであろう。いずれにせよ，有性生殖は遺伝子の組合せをシャッフルすることにより遺伝的多様性を増加させる。

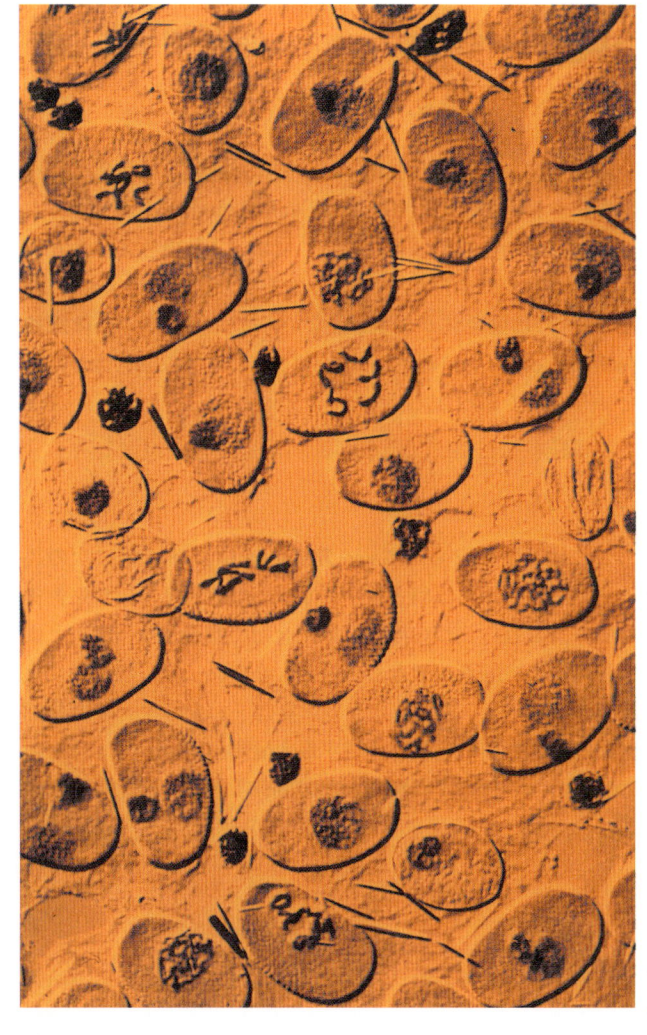

図 12.1
減数分裂を行っている植物細胞。　この標本はムラサキツユクサ (*Tradescantia*) の花粉を凍結割断して作製したもので，減数分裂期のいろいろな段階が観察できる (600×)。

ほとんどの動物と植物は有性生殖により子孫を残す。二つの異なる性の配偶子が融合し，一つの細胞ができる。それが有糸分裂をくり返すことにより最終的に数百兆個もの細胞からなる成体ができあがる。その最初の細胞をつくる配偶子は減数分裂という特別な細胞分裂の結果できる (図12.1)。この章ではこの減数分裂について述べる。有糸分裂に比べて減数分裂は複雑であり，基本的な過程は明らかになっているもののその詳細にはなお不明な点が多い。有性生殖がとても重要なことはいうまでもない。有性生殖は進化の立役者である遺伝的多様性を生みだす役割をになっているからである。

Part III　遺伝と分子の生物学

12.1 減数分裂により二倍体細胞から一倍体細胞が生じる

減数分裂の発見

1882年にWalther Flemingが染色体を発見して数年後，ベルギーの細胞学者Pierre-Joseph van Benedenはカイチュウ(*Ascaris*)の染色体を調べ，細胞の種類により染色体数が異なるという驚くべき発見をした。つまり，**配偶子**(gamete：卵と精子)には染色体が2本しかないのに，胚や成体の**体細胞**(somatic cell，生殖細胞以外の細胞)には4本の染色体があるというものであった。

受　精

この観察結果をもとにvan Benedenは，1887年に次の説を提唱した。それは卵と精子にはほかの細胞の半数の染色体があり，これら二つの配偶子が融合して**接合子**(zygote)とよばれる一つの細胞ができるというものであった。接合子には染色体が2セット含まれており，接合子由来のすべての体細胞にも同じ数の染色体が存在する。配偶子が融合して新しい細胞ができることを**受精**(fertilization)，もしくは**配偶子合体**(syngamy)という。

分　裂

配偶子を形成する際には染色体数を半減させるための何らかの機構が必要であるはずだ。なぜなら，もし染色体数が半減しないならば受精のたびに染色体数は倍化し，数世代後には非常に多くなってしまうからである。たとえばヒトの場合，46本の染色体が10世代後には47,000(46×210)本以上になってしまう。

実際には配偶子形成過程で特別な分裂(減数分裂)を行い染色体数を半減させるため，受精により子孫を残すやり方でも染色体数が増加することはなく，世代から世代へと一定した染色体数が継承される。**減数分裂**(meiosis)として知られるこの過程が，本章のテーマである。

生活環

減数分裂と受精により生殖サイクルができている。成体の体細胞には2セットの染色体がある。そのため，このような細胞を**二倍体**(diploid：ギリシャ語のdiploos(二倍)とeidos(体)の混成語)という。一方配偶子には1セットの染色体があり，**一倍体**(haploid：ギリシャ語のhaploos(一倍)とploion(器)の混成語)という。減数分裂と受精が交互にくり返される生殖のことを**有性生殖**(sexual reproduction)という。有性生殖の特徴は，こどもは両親から染色体を受け継ぐということである(図12.2)。われわれを例にとると，母親から卵によって23本の染色体を受け継ぎ(母方の相同染色体)，父親から精子によって23本の染色体を受け継ぐ(父方の相同染色体)。

有性生殖を行う生物の生活環では細胞(もしくは個体)は，二倍体と一倍体の状態を交互にくり返す。しかし，生活環の様式は生物種によって違いがある。藻類の多くは，接合子が減数分裂を行い一倍体となったあと，その状態で有糸分裂をくり返す。そのため，一生のほとんどが一倍体である(図12.3a)。

多くの動物は一生の大半を二倍体の状態で過ごす。接合子は最初有糸分裂を行って二倍体の細胞を増やす。その後，ある時期になるとある二倍体細胞が減数分裂を行い，一倍体の配偶子ができる(図12.3b)。植物や藻類のなかには，一倍体細胞群で構成された多細胞体と二倍体細胞群で構成された多細胞体の状態をくり返すものもいる(図12.3c)。

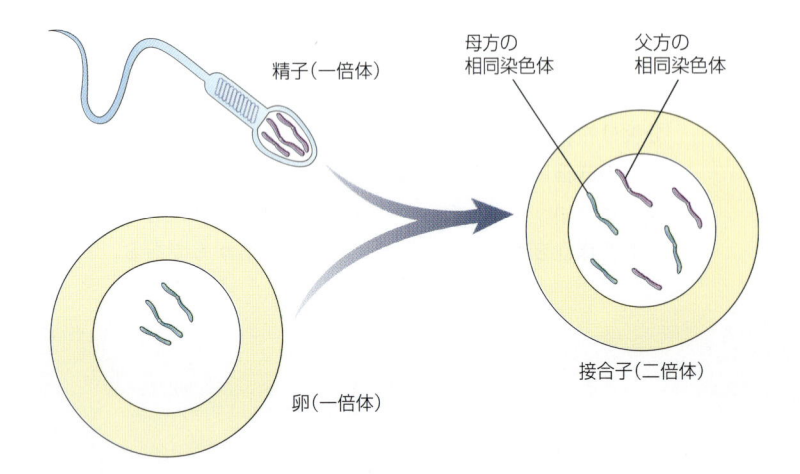

図 12.2
二倍体細胞には両親由来の染色体がある。 二倍体細胞は相同染色体をそれぞれ2本ずつもつ。1本は卵(一倍体)由来の母方の染色体，もう1本は精子(一倍体)由来の父方の染色体である。

(a) 藻類の一部

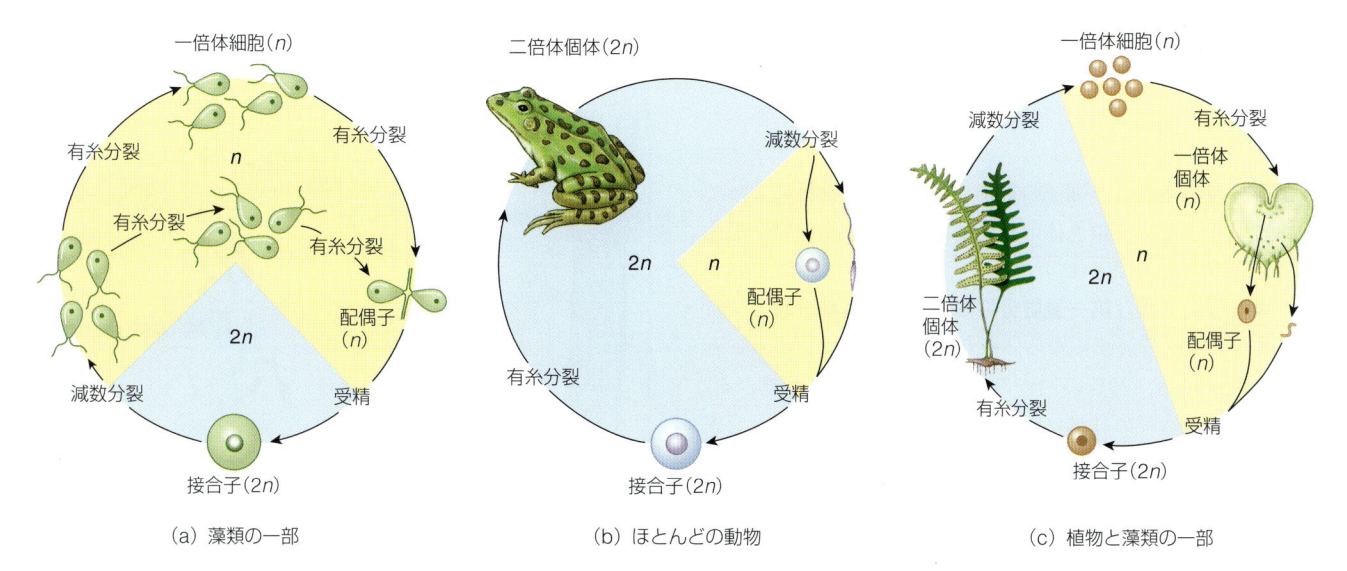

(b) ほとんどの動物

(c) 植物と藻類の一部

図 12.3
生活環の三つのタイプ。 有性生殖を行う生物では，細胞（または個体）が交互に一倍体になったり二倍体になったりする。

生殖系列細胞 動物の場合，成体を構成するすべての細胞は二倍体である1個の接合子が有糸分裂をくり返して生じる。このなかで配偶子に分化しない細胞を体細胞(somatic cell)という。この語源は，「体」という意味のラテン語に由来している。後に減数分裂を行い配偶子になる細胞は，発生の初めの頃から体細胞とは違った挙動を示し生殖系列細胞(germ-line cell)とよばれる。体細胞も生殖系列細胞も二倍体であるが，体細胞は有糸分裂を経て同じ遺伝子をもつ二倍体の娘細胞になる。それに対し生殖系列細胞は減数分裂を行い一倍体の配偶子になる（図12.4）。

> 減数分裂は配偶子形成過程で起こる細胞分裂であり，この分裂により染色体数が半減する。生活環には，二倍体の時期と一倍体の時期がある。

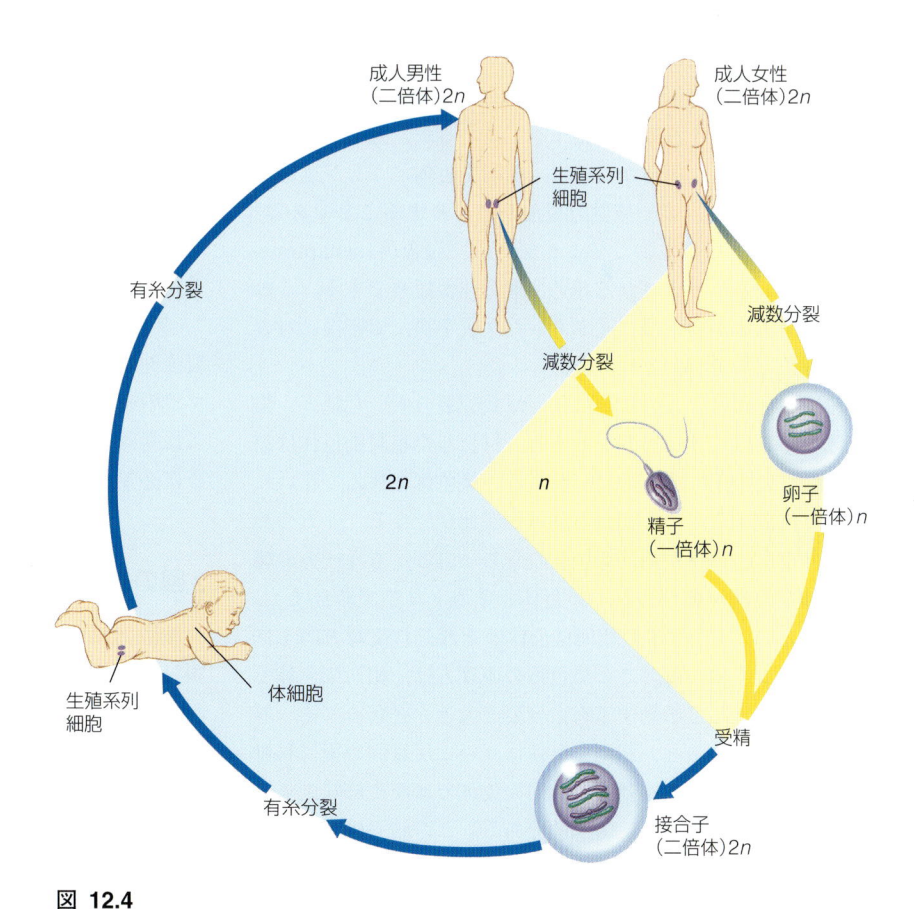

図 12.4
動物の生活環。 動物では，接合子が有糸分裂をくり返して身体を構成するすべての細胞になる。生殖系列細胞は発生の初めのころは身体づくりには参加せず，そのあと減数分裂を行って一倍体の配偶子（卵と精子）になる。それ以外の細胞を体細胞という。

12.1 減数分裂により二倍体細胞から一倍体細胞が生じる

12.2 減数分裂にはほかの分裂にはない特徴がある

減数分裂

減数分裂の機構は，細部の重要なところで生物種によって違っている。とくに染色体の分離機構は，動物や植物と原生生物や菌類では明らかに異なる。二倍体の核をもつ生物では，減数分裂過程は**第一減数分裂**および**第二減数分裂**とよばれる2回の細胞分裂からなる。それぞれの分裂は，さらに前期，中期，後期，終期の四つの時期に分けることができる。この減数分裂過程の詳細について説明する前に，まず，有糸分裂にはない減数分裂の特徴について述べる。

相同染色体の対合

有糸分裂と減数分裂の違いを理解する前に，それぞれの分裂過程で見られる染色体の挙動について知っておく必要がある。減数分裂に特徴的な染色体の挙動は，第一減数分裂前期の初期に見られる。それは互いに相同な2本の染色体が認識し合って密着する現象で，これをを**対合**（pairing もしくは synapsis）という（図12.5a）。この現象は古くから知られていたが，いまだに正確な分子機構はわかっていない。電子顕微鏡による観察，遺伝的交配，生化学的手法を用いた解析などにより対合に関する知見が集まってはいるが，完全な理解には至っていない。明らかなのは，相同染色体どうしが正確に相手を探しだし，第一減数分裂前期に対合することである。このとき，多くの生物で"シナプトネマ複合体（synaptonemal complex）"とよばれる精巧な構造体が観察できる。これは相同染色体が梯子状に並ぶタンパク質を挟んで密接に対合したものである（図12.7参照）。

相同染色体どうしの対合は第一減数分裂のあいだ続き，染色体の挙動に大きな影響を与える。対合した相同染色体は第一減数分裂中期に赤道面に移動する。染色体を挟んで互いに反対に位置する二つの極から紡錘体が伸びてくる。一方の極から伸びた紡錘体が相同染色体のうち一方と，もう一方の極から伸びた紡錘体が残りの染色体とキネトコアで結合する。このことにより，2本の相同染色体はそれぞれ反対方向を向いて並ぶようになる。この染色体の並び方は，相同染色体それぞれが独立して挙動する有糸分裂と大きく異なる。第一減数分裂後期になると，相同染色体は互いに反対側の極に移動する。この染色体の移動も，相同染色体ではなく姉妹染色分体が分かれる有糸分裂と対照的である。この結果娘細胞は相同染色体のうち1本だけを受け取ることになる。染色分体を数えた場合，その数は減少していないが，もとの細胞にあった染色体としては減少している。このことから，第一減数分裂は"還元分裂"ともよばれる。

減数分裂に特徴的なもう一つの現象が，第一減数分裂前期

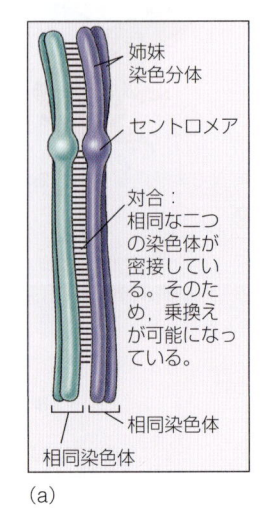

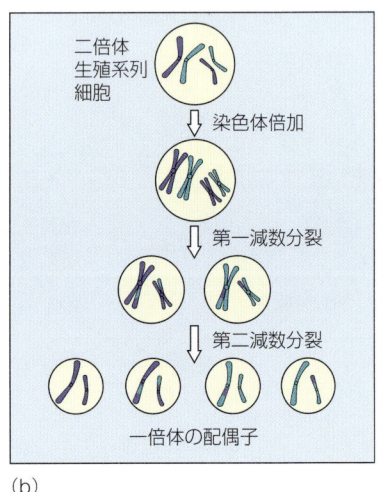

図 12.5
減数分裂の特徴。 （a）対合により相同な2本の染色体が寄り添う。それにより，お互いの染色体の一部を乗換えにより交換することができるようになる。（b）第一減数分裂で"還元分裂"を行い，第二減数分裂に入る前に複製が起きないので，一倍体の配偶子ができる。このことにより，生殖サイクルを通して一定の染色体数が保たれる。

の相同染色体対合期間中に起こる。それは遺伝子組換え，もしくは染色体**乗換え**（crossing over）とよばれる現象で，相同染色体間で文字どおり染色体の部分的な交換が起こる。この現象は細胞学的な観察では乗換え，遺伝学的な解析では遺伝子組換えとよばれている。この乗換えが起こっている場所を"**キアズマ**（chiasma）"といい，相同染色体対は第一減数分裂後期までこの場所で密着し続けることになる。このキアズマでの密着は，相同染色体それぞれがもつキネトコアを互いに反対側の極へ向かせ，後の相同染色体分離を正確に行うために必要不可欠である。

2回の細胞分裂と1回のDNA複製

減数分裂が有糸分裂と大きく異なる点として，1回目と2回目の分裂のあいだにDNA複製が起こらないことがあげられる。第一減数分裂に引き続いて起こる分裂は有糸分裂と似ているが，DNA複製は行わない。そのため，もとの半分の染色体しかもたない細胞ができる（図12.5b）。この点が，減数分裂を理解するための最後のポイントである。第二減数分裂は，染色体の倍加が起きないというだけであとは有糸分裂と似ている。減数分裂と有糸分裂の比較を図12.6に示した。

> 減数分裂では2本の相同な染色体が密着するようになり，また2回目の分裂の前にはDNA複製が起こらない。

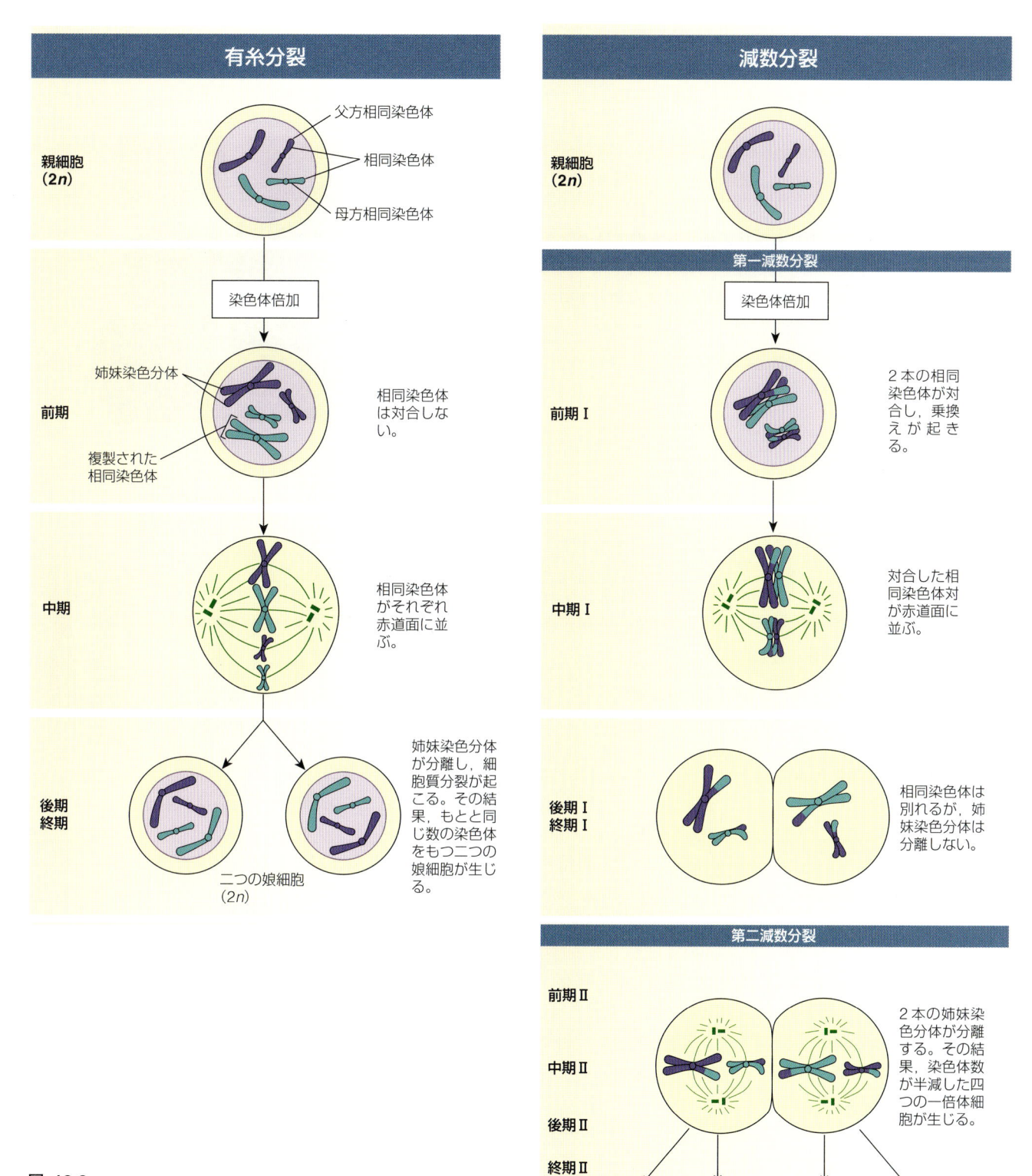

図 12.6

減数分裂と有糸分裂の比較。 減数分裂では2回の細胞分裂が起こり、1回目と2回目の分裂のあいだにDNA複製が起こらない。その結果、もとの半分の染色体しかもたない四つの娘細胞が生じる。第一減数分裂前期に染色体の乗換えが起こる。有糸分裂ではDNA複製後1回の細胞分裂が起きる。その結果、もとと同じ数の染色体をもつ二つの娘細胞が生じる。

有糸分裂

- **親細胞 (2n)**: 父方相同染色体、相同染色体、母方相同染色体
- 染色体倍加
- **前期**: 姉妹染色分体、複製された相同染色体 — 相同染色体は対合しない。
- **中期**: 相同染色体がそれぞれ赤道面に並ぶ。
- **後期・終期**: 姉妹染色分体が分離し、細胞質分裂が起こる。その結果、もとと同じ数の染色体をもつ二つの娘細胞が生じる。
- 二つの娘細胞 (2n)

減数分裂

- **親細胞 (2n)**

第一減数分裂
- 染色体倍加
- **前期I**: 2本の相同染色体が対合し、乗換えが起きる。
- **中期I**: 対合した相同染色体対が赤道面に並ぶ。
- **後期I・終期I**: 相同染色体は別れるが、姉妹染色分体は分離しない。

第二減数分裂
- **前期II、中期II、後期II、終期II**: 2本の姉妹染色分体が分離する。その結果、染色体数が半減した四つの一倍体細胞が生じる。
- 四つの娘細胞 (n)

12.3 減数分裂では連続した2回の核分裂が起きる

第一減数分裂前期

第一減数分裂前期(prophase I)には，DNAのコイルが密に巻かれるようになる。その結果，光学顕微鏡下で個々の染色体が細い糸として見えるようになる。DNA複製は減数分裂に先立って起こるので，これら糸状に見えるものにはセントロメア部分で結合した2本の姉妹染色分体が含まれている。姉妹染色分体は第一減数分裂では分離せず，あたかも1本の染色体であるかのように行動をともにする。第一減数分裂前期には相同染色体が対合を形成し，乗換えにより染色体の一部を交換し，そして分離する。

対合

前期のあいだ，染色分体の末端は核膜の特別な場所に付着している。相同染色体が付着する核膜の位置はちょうど隣り合わせになっており，そのため一対の相同染色体は互いに接近する。相同染色体はヘテロクロマチン部分の配列に平行に並ぶ。この過程のことを対合といい，姉妹染色分体が密着することを姉妹染色分体の接着という。

乗換え

第一減数分裂前期に形成されるシナプトネマ複合体(図12.7)に加えて，遺伝的組換えが起こる時期に合わせて別の構造物が現れてくる。この構造物は"組換え結節(recombination nodule)"とよばれ，相同染色分体を切ったり再結合させるために必要な酵素群を含んでいると考えられている。乗換えの機構について詳しくはわかっていないが，非姉妹染色分体間でDNA断片の交換が起こるのは確かである(図12.8)。それに対し，姉妹染色分体間では乗換えが起きないよう抑制されている。非姉妹染色分体間での相互乗換えは，染色体の長さには関係せずそれぞれ1か所から数か所で起こるように調節されている。ヒトの場合，1本の染色体あたり2か所か3か所で乗換えが起こる。

乗換えが終わるとシナプトネマ複合体は壊れ，染色体は核膜から離れる。また，シナプトネマ複合体により対合していたところも離れる。対合した状態の染色体には4本の染色分体(それぞれ2本の姉妹染色分体からなる父方および母方の相同染色体)がある。この4本の染色分体は，このときまだ完全には分離していない。それは，二つの機構により結合しているためである。(1) DNA複製により生じた相同染色体それぞれの姉妹染色分体は，キネトコア部分で結合している。(2) 相同染色体は，乗換えを行った部分で結合している。

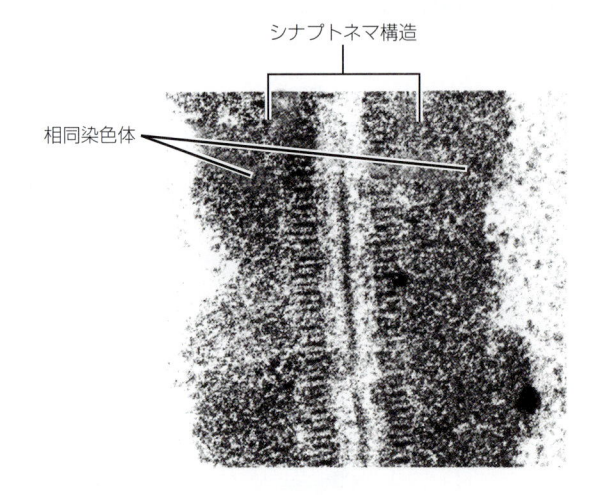

図 12.7
シナプトネマ複合体の構造。 子嚢菌類であるチャワンタケ(*Neotiella rutilans*)のシナプトネマ複合体の一部分。

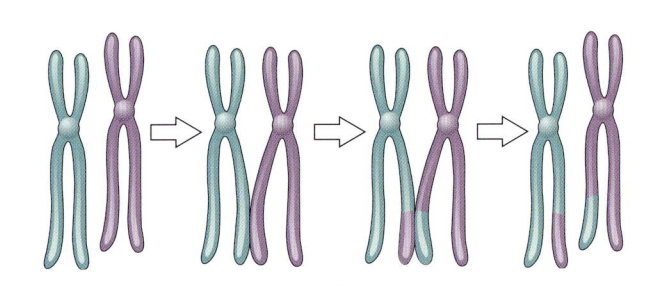

図 12.8
乗換えの結果。 2本の非姉妹染色分体は乗換えによりその一部分を交換する。

キアズマ形成

光学顕微鏡で観察すると，染色体がX字型になった部分がしばしば観察される。これは**キアズマ**(chiasma)とよばれ，乗換えが起きていることを示している(chiasmaはギリシャ語の"交差"を指す。複数形はchiasmata)。キアズマは非姉妹染色分体間で起きた乗換えであり，その構造は姉妹染色分体間の接着により安定化している。キアズマの存在は2本の染色分体(各相同染色体から一つずつ)間で乗換えが起こったことを示している。第一減数分裂中期の前になると，キアズマは，小さな輪が2本のロープを降りていくがごとく染色体の端に向かって動いていく。

対合は第一減数分裂前期の初期に起こる。乗換えは対合したDNA鎖のあいだで起こり，キアズマを形成する。2本の相同染色体は部分的な交換を行うとともにキアズマ部分で接着し，簡単には離れることができなくなる。

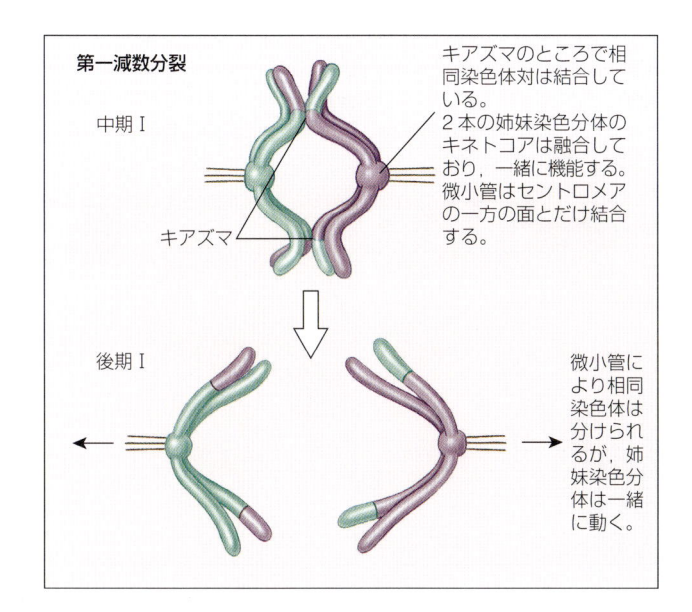

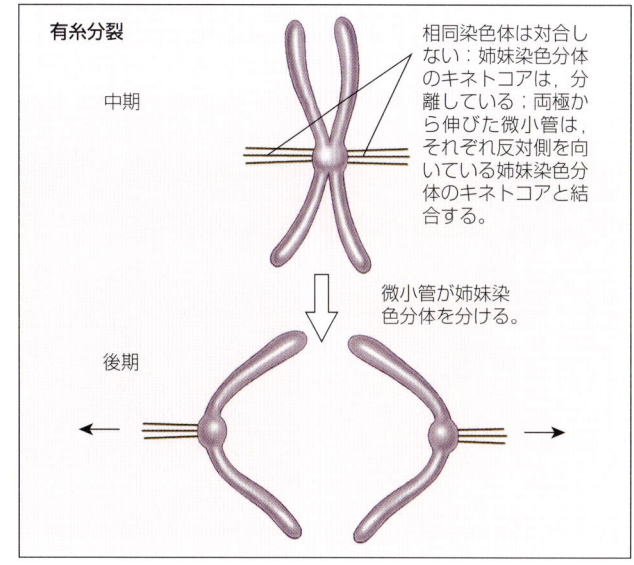

図 12.9
乗換えによりできたキアズマは第一減数分裂中期での染色体の並び方に重大な影響を及ぼす。　第一減数分裂中期において，キアズマは相同染色体を離れないようにしている。そのため紡錘体を構成している微小管はセントロメアの片側の面とだけ結合する。中期の終わりに微小管は短くなり，キアズマが壊れ，相同染色体が離れる。しかし姉妹染色分体はセントロメアの部分で結合しており，離れることはない。有糸分裂では，両極から伸びた微小管がセントロメアのそれぞれの面に結合する。微小管が短くなると姉妹染色分体は分かれ，それぞれ反対の極にひっぱられる。

第一減数分裂中期

　第一減数分裂中期（metaphase I）には，有糸分裂と同様に核膜が崩壊し微小管が紡錘体を形成する。第一減数分裂前期のあいだ，キアズマは乗換えを行った場所から染色体上を移動し染色体末端にまで達している。このときのキアズマを"末端キアズマ（terminal chiasma）"という。第一減数分裂中期には，相同染色体は末端キアズマのところで接合し，セントロメアの一方は複合体の外側を向き，もう一方は内側の対になっている相同染色体の方を向いている（図12.9）。その結果，紡錘体を構成している微小管はセントロメアの外側を向いた面に存在するキネトコアタンパク質とだけ結合できるようになる。また，相同染色体はお互いに反対の極から伸びてきている微小管と結合することになる。有糸分裂では微小管はキネトコアの両サイドで結合するが，第一減数分裂では一方の面とだけ結合する。このことが有糸分裂と異なるところである。

　接合した相同染色体対は赤道面上に並ぶ。このとき，紡錘体軸上で母方と父方の相同染色体のどちらがどちらの極に移動するかは，それぞれの相同染色体対でランダムである（図12.10, 図12.11も参照）。

> キアズマには染色体を赤道面上にきちんと並べる役割がある。

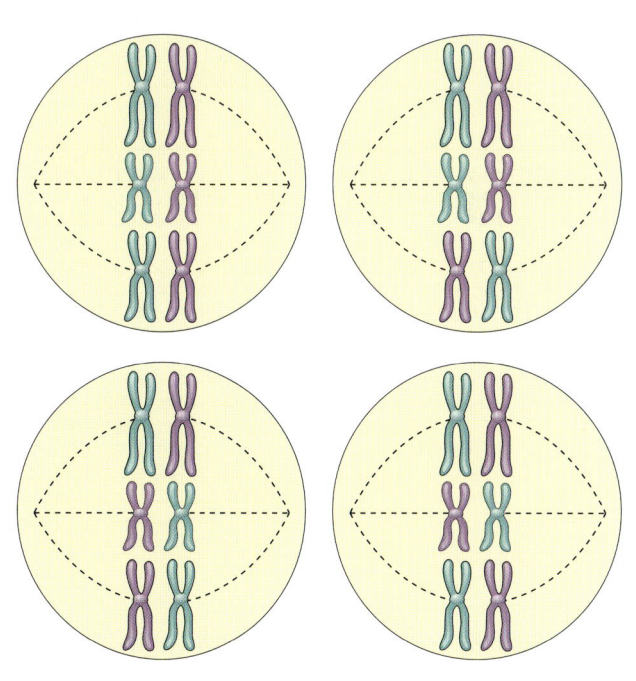

図 12.10
赤道面上での染色体のランダムな並び方。　染色体の並び方の組合せは，2を相同染色体の数と同じ回数掛け合わせた数だけある。3対の相同染色体をもつ細胞の場合，8（2^3）通りの組合せ方があり，そのうちの4通りを図示した。これらの細胞中の相同染色体の組を見ると，両親から受け継ぐ相同染色体の組合せがすべて異なっていることがわかる。

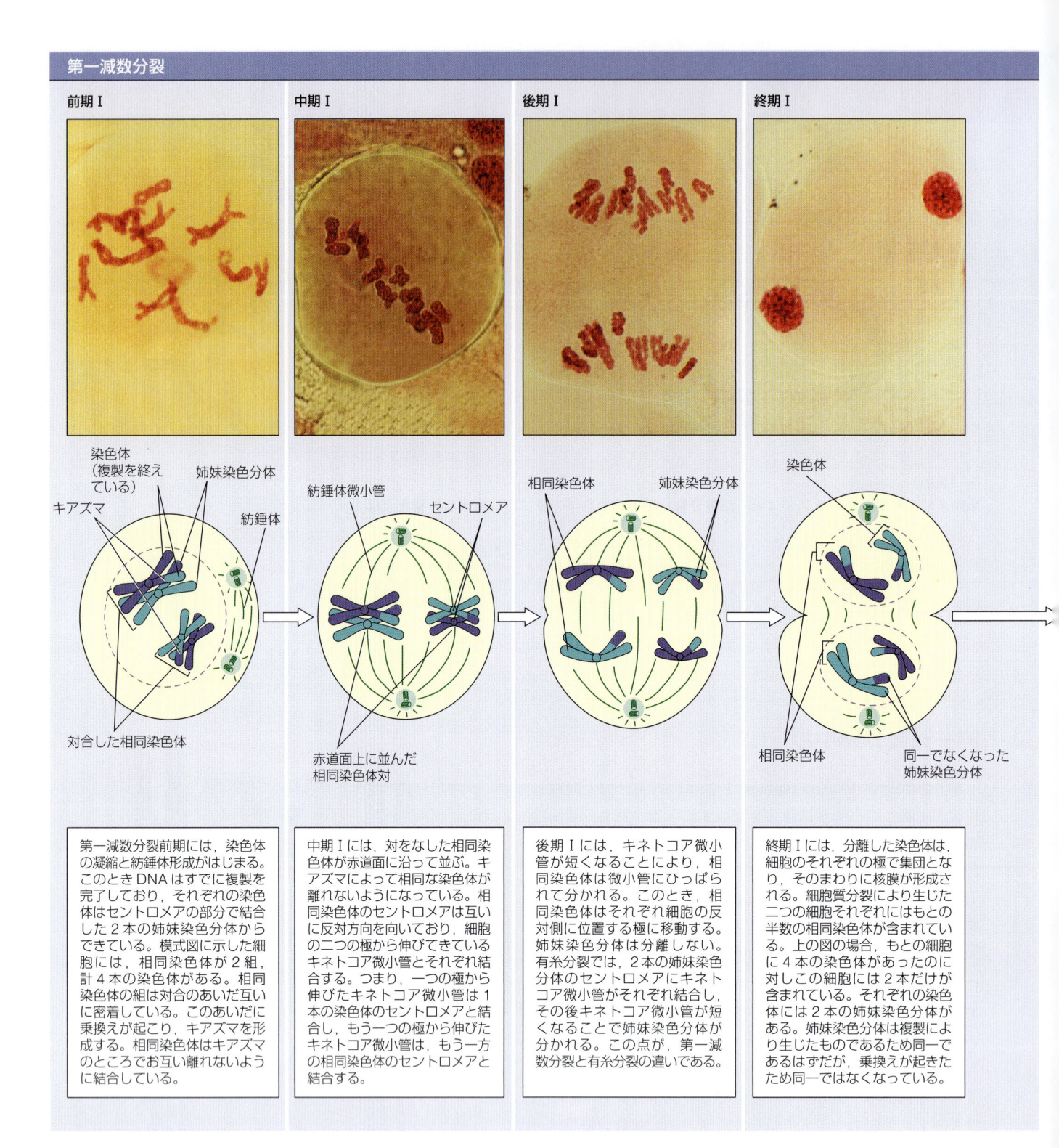

第一減数分裂

前期 I

第一減数分裂前期には，染色体の凝縮と紡錘体形成がはじまる。このとき DNA はすでに複製を完了しており，それぞれの染色体はセントロメアの部分で結合した 2 本の姉妹染色分体からできている。模式図に示した細胞には，相同染色体が 2 組，計 4 本の染色体がある。相同染色体の組は対合のあいだ互いに密着している。このあいだに乗換えが起こり，キアズマを形成する。相同染色体はキアズマのところでお互い離れないように結合している。

ラベル: キアズマ／染色体（複製を終えている）／姉妹染色分体／紡錘体／対合した相同染色体

中期 I

中期 I には，対をなした相同染色体が赤道面に沿って並ぶ。キアズマによって相同な染色体が離れないようになっている。相同染色体のセントロメアは互いに反対方向を向いており，細胞の二つの極から伸びてきているキネトコア微小管とそれぞれ結合する。つまり，一つの極から伸びたキネトコア微小管は 1 本の染色体のセントロメアと結合し，もう一つの極から伸びたキネトコア微小管は，もう一方の相同染色体のセントロメアと結合する。

ラベル: 紡錘体微小管／セントロメア／赤道面上に並んだ相同染色体対

後期 I

後期 I には，キネトコア微小管が短くなることにより，相同染色体は微小管にひっぱられて分かれる。このとき，相同染色体はそれぞれ細胞の反対側に位置する極に移動する。姉妹染色分体は分離しない。有糸分裂では，2 本の姉妹染色分体のセントロメアにキネトコア微小管がそれぞれ結合し，その後キネトコア微小管が短くなることで姉妹染色分体が分かれる。この点が，第一減数分裂と有糸分裂の違いである。

ラベル: 相同染色体／姉妹染色分体

終期 I

終期 I には，分離した染色体は，細胞のそれぞれの極で集団となり，そのまわりに核膜が形成される。細胞質分裂により生じた二つの細胞それぞれにはもとの半数の相同染色体が含まれている。上の図の場合，もとの細胞に 4 本の染色体があったのに対しこの細胞には 2 本だけが含まれている。それぞれの染色体には 2 本の姉妹染色分体がある。姉妹染色分体は複製により生じたものであるため同一であるはずだが，乗換えが起きたため同一ではなくなっている。

ラベル: 染色体／相同染色体／同一でなくなった姉妹染色分体

図 12.11
減数分裂の各段階。 植物細胞（写真）と動物細胞（描画）の減数分裂を示している。

第二減数分裂

前期 II
紡錘体
核膜崩壊

DNA複製を伴わない短い間期のあと，第二減数分裂がはじまる。前期IIのあいだ，新しい紡錘体がそれぞれの細胞で形成され，核膜崩壊が起きる。

中期 II
姉妹染色分体
染色体

中期IIには，紡錘体形成が完了する。セントロメアのところで結合した姉妹染色分体が，それぞれの細胞の赤道面に並ぶ。両極から伸びたキネトコア微小管がセントロメアのそれぞれの面に結合する。

後期 II
キネトコア微小管
姉妹染色分体

後期IIに微小管が短くなるとセントロメアの部分が分離し，姉妹染色分体はそれぞれ反対の極にひっぱられていく。

終期 II
一倍体細胞
核膜形成

終期IIには，四つの染色体集団それぞれのまわりに核膜が再形成される。細胞質分裂後，四つの一倍体細胞が形成される。第一減数分裂前期で遺伝的組換え（染色体の乗換え）が起きているため，そこには遺伝的に同じ組合せの細胞はない。

12.3　減数分裂では連続した2回の核分裂が起きる

減数分裂の完了

第一減数分裂に要する時間の90%以上を占める前期と中期が終わると，第一減数分裂はすぐに終結を迎える。後期と終期は速やかに進行し，第二減数分裂へと進んでいく。このあいだDNA合成は行われない。

第一減数分裂後期

第一減数分裂後期(anaphase I)には紡錘体を構成している微小管が短くなる。この微小管の短縮によりキアズマでの接着が解離し，セントロメアが紡錘体の一方の極へとひっぱられる。このことにより染色体自体も極へと運ばれる。この時期には染色体腕部分の接着も解離するが，セントロメア部分での接着はそのままである。染色体腕部分での接着の解離により，それまで接着していた2本の相同染色体が引き分けられる。セントロメアが一方の極に移動するため，2本の姉妹染色分体は同じ極へと移動する。紡錘体繊維が収縮し，それぞれの極に一倍体分の染色体セットが分配されることになる。中期Iで起こる相同染色体対の配置はランダムであるため，一つの極へ分配される相同染色体が母方由来か父方由来かは相同染色体によってさまざまである。そのため，異なった染色体上に存在する遺伝子はそれぞれ**独立に仕分け**(independent assortment)されることになる。このように，ある配偶子に母方相同染色体が分配されるか，それとも父方のものが分配されるかは，第一減数分裂で決まる。

第一減数分裂終期

第一減数分裂終期(telophase I)に入るまでに，染色体は二つの集団に分けられ細胞のそれぞれの極に運ばれている，核のまわりに新しい核膜が形成されはじめる。核内の染色体は第一減数分裂がはじまる前に複製されているので，それぞれの染色体は2本の姉妹染色分体からなり，互いにセントロメアで接着している。重要なことは，第一減数分裂前期に乗換えが起きているため"2本の姉妹染色分体はもはや同一ではない"ということである(図12.12)。細胞質分裂は第一減数分裂終期に起こる。生物によってはこの時期には細胞質分裂は起こらず，第二減数分裂終期後に起こる場合もある。第一減数分裂終了後，第二減数分裂は一定期間をおいてはじまるが，この期間の長さは生物種によりさまざまである。

第二減数分裂

一般的には，短い間期のあとに，DNA複製することなく第二減数分裂がはじまる。

第二減数分裂は，有糸分裂とよく似ている。前期II，中期II，後期II，終期IIと順々に短時間で進行していく(図12.11)。

第二減数分裂前期 短い第二減数分裂前期に入ると，核膜崩壊と紡錘体形成が起こる。

第二減数分裂中期 紡錘体繊維がセントロメアの両サイドに結合する。

第二減数分裂後期 紡錘系が収縮しセントロメアの部分で接着していた姉妹染色分体が離れ，2本の染色分体はそれぞれ反対の極に向かって動いていく。

第二減数分裂終期 四つに分配された染色体それぞれのまわりに，核膜が再形成される。

こうして一倍体分の染色体セットを含む四つの細胞ができる。第一減数分裂前期に乗換えが起きているため，これら四つの細胞のなかに同じものはない。染色体は核膜で覆われる。これら一倍体細胞は，動物の場合そのまま配偶子へと分化していく。植物，菌類および多くの原生生物ではさらに有糸分裂をくり返し，結果的に多数の配偶子になる。またある種の植物や昆虫では，有糸分裂をくり返して多様な染色体セットをもつ成体になるものもいる。

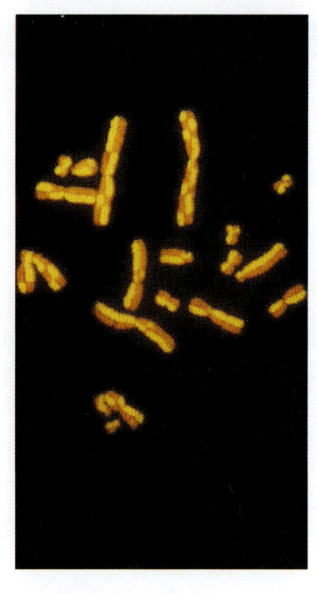

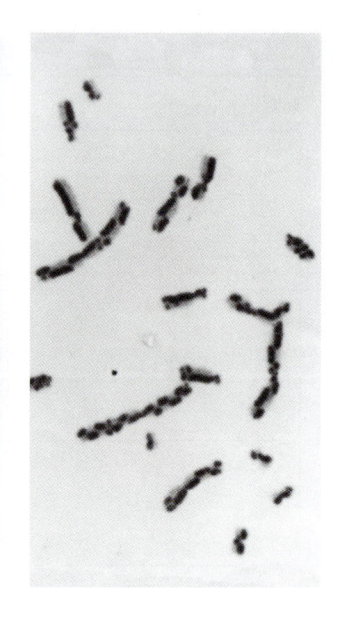

図 **12.12**
姉妹染色分体間の乗換え。 姉妹染色分体間での乗換えは，通常減数分裂の期間中は抑制されている。この抑制機構を解除すれば，第一減数分裂のあいだに姉妹染色分体のあいだでも遺伝物質の交換が起こり，いわゆる「ハーレキン」染色体ができる。この例では，一方のDNA鎖を蛍光物質で標識している。

相同染色体は第一減数分裂後期にそれぞれ反対の極に移動し，分配された染色体は終期Iにそれぞれの極に集まる。第二減数分裂が終わると1セットの染色体をもつ一倍体細胞が4個できるが，乗換えが起きているため同じ細胞は二つとない。これら一倍体細胞は動物では生殖細胞へと分化し，植物，菌類，および原生動物ではさらに有糸分裂を行って数を増やす。

12.4 性の進化的起源は謎である

なぜ性がある？

すべての生殖が有性生殖とは限らない。**無性生殖**(asexual reproduction)では、個体は単一の親からすべての染色体を受け継ぐので遺伝的に親と同一である。原核細胞は二分裂して同じ遺伝情報をもつ二つの娘細胞が生じる無性的な方法で繁殖する（第11章参照）。ほとんどの原生生物は普段は無性的に繁殖し、ストレス条件下で有性生殖を行うようになる。植物では無性生殖が一般的であり、またそのほかの多細胞生物にも無性的に繁殖できるものがある。動物のなかには、体を構成する細胞群の一部を出芽させ、その部分が有糸分裂をくり返して一つの新しい個体を形成するものもいる。

減数分裂で配偶子ができても、無性的に繁殖することがある。**単為生殖**(parthenogenesis)といわれる未受精卵から成体への発生は、節足動物によくある生殖方法である。ハナバチは、受精した卵が二倍体の細胞からなる雌個体へと成長するが、受精しなかった卵は一倍体の状態で細胞分裂をくり返し雄個体へと成長する。脊椎動物にも単為生殖を行うものがある。ある種のトカゲ、魚、両生類では、未受精卵が核分裂を行ったあと細胞質分裂をせず二倍体細胞になり、その後この二倍体細胞が有糸分裂をくり返して成体になる。

遺伝的組換えは新しい個体にとって必ずしも有利に働かない

無性的に繁殖できるのに、なぜ性があるのだろう？ この問題は、特に進化生物学者のあいだで盛んに議論されてきた。減数分裂で染色体の無作為な分配や乗換えが起きることにより遺伝的な多様性が生じるので、性の存在は集団もしくは種にとり進化的に有利である。しかし、進化は集団レベルではなく"個体の"生存性や繁殖のレベルでの変化で起こる。そして、有性生殖によって生まれてくる子孫にとって必ずしも利点ではない。事実、組換えは進化において有利にも、不利にも働く。減数分裂の際に起こる染色体分離は、より適応した組合せをもつ新しい個体を生みだすよりも不利な組合せになる可能性の方が高い。有性生殖により生みだされた子孫には親と同じ適応能力をもたない個体が出てくることもある。個体の適応方法がより複雑になれば、組換えが個体の適応にとって有利に働くより、不利に働くようになる。十分に適応した個体が無性生殖を行って繁殖したとすれば、すべての子孫はその適応した遺伝子の組合せをもち続けられるだろう。このように考えると、有性生殖が個体にとりどのような意味をもつのか理解し難くなる。

性の起源と存続

性がなぜ生じ、また存続しつづけているかについては、進化生物学者のあいだでも未だ共通の理解は出ていない。生物種が異なるに応じて違った角度で考えた仮説の方が正しいように思える場合が多い。

DNA修復説　もし組換えが子孫に不利益をもたらすとすれば、どの利益が有性生殖の進化を促進させたのだろう？ 答えは未だ得られていないが、原生生物における知見から予想はできる。有性生殖をときどき行う原生生物は減数分裂時に組換えを行わないことがある。ストレス条件下でのみ、二つの一倍体細胞は融合し、二倍体の接合子になる。

なぜ、ある種の原生生物はストレスに反応して二倍体細胞となるのだろう？ 遺伝学者の提唱によれば、二倍体細胞だけがある種の染色体損傷——とくにDNAの二重鎖切断——を効果的に修復できるため、ストレス時に二倍体になるという。放射線や化学物質もDNAの二重鎖切断を引きおこす。生物が大きくなり、また長く生きるようになったのに伴い、DNAが損傷を受けやすくなり、そのため損傷を修復する能力をもつ重要性が増えたのだろう。減数分裂の初期に相同染色体が正確に並ぶ対合複合体は、損傷のない相同染色体を鋳型として損傷を受けた染色体を修復するための機構として進化してきたのかもしれない。一時的に二倍体になるのは修復を行う機会を得るためなのかもしれない。染色体の二重鎖切断を修復する機構が不活性化している酵母の突然変異株では乗換えが抑制されるので、対合と修復過程には共通する機構があると考えられる。

感染説　一般的とはいえないが性の起源に関する興味深い仮説として、移動可能な遺伝因子が真核生物に広がった結果二次的に性ができたとするものがある。複製能力をもった移動可能な因子が、真核生物に広がったと想定してみる。もしその動く因子が感染していない細胞との融合と遺伝子の対合を促進するなら、この因子は容易に相同染色体上に自分自身をコピーすることができる。動く因子はすぐに広がり、集団内すべての細胞がこの因子をもつようになる。多くの菌類の奇妙な交配型遺伝子は、この説によりうまく説明できる。交配型を支配する遺伝子のなかには、対立遺伝子(allele)というより固有型(idiomorph)とよぶべきものがある。固有型とは、染色体上の相同な位置にありながら、対立するもう一つの遺伝子とは明らかに配列が異なり異なった起源をもつと考えられる遺伝子群である。これら固有型遺伝子群は過去に感染した動く因子のなごりかもしれない。

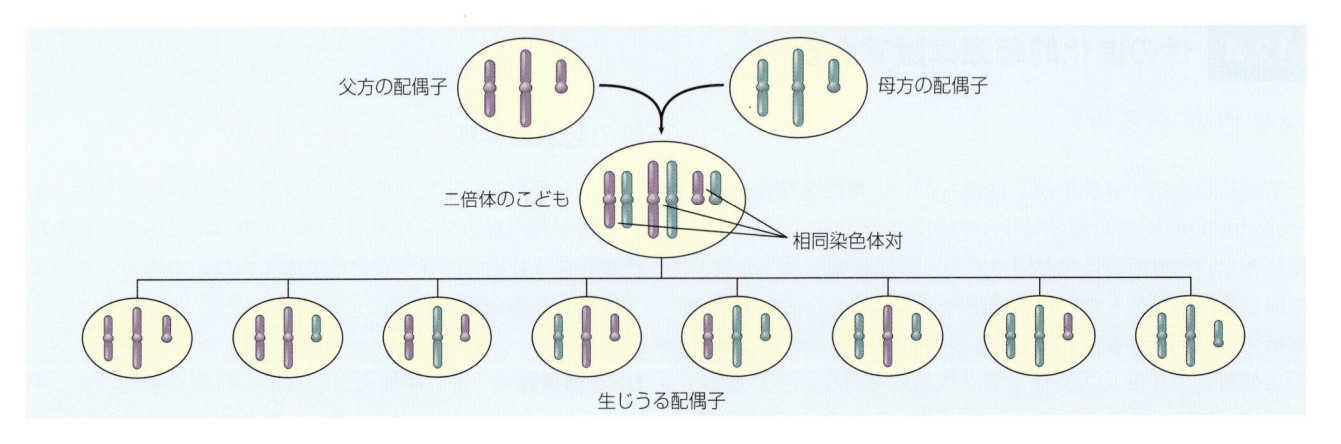

図 12.13
染色体の自由な組合せは遺伝的多様性を増加させる。 赤道面上での染色体の並び方がランダムであり個々の染色体がそれぞれ独自に分配されると，次世代に新しい遺伝子の組合せを生じる。3組の相同染色体対をもつ細胞を例にとると，染色体の組合せが異なる8通りの配偶子ができる可能性があることがわかる。

赤の女王説 性の進化的意義を証明するものとして，現在は悪い影響を与える劣性対立遺伝子でも将来使われる可能性があるので集団内に"貯えて"おく，というものがある。生物集団は変化してやまない物理的，生物的な環境要因によってさまざまな制約を受ける。そのため，劣性対立遺伝子に対してつねに淘汰が働く。しかし，有性生殖を行う生物種では異型接合体のなかに覆い隠された劣性対立遺伝子を取り除くことができない。事実，有性生殖を行う生物種の進化は，ほとんどの場合変化し続ける物理的，生物的な環境要因による制約とうまく足並みをそろえている。この「トレッドミル進化」は，しばしば「赤の女王仮説」とよばれる。これは，Lewis Carrollの"鏡の国のアリス"に登場する赤の女王がアリスにいった言葉「おわかりかな。ここでは同じ場所に留まるために必死で走らないといけないのですよ。」にちなんでいる。

Mullerの爪車 1965年に遺伝学者のHerman Mullerが無性生殖を行う生物集団では突然変異が蓄積されていくことを指摘した。有害な突然変異が起きても，無性生殖を行う集団はそれを取り除く方法をもたない。そのため時間とともに変異は蓄積していく。それは，あたかも一方向にしか回らない爪車が一刻み（一つの突然変異に対応する）ずつ回るように蓄積していくのである。一方，有性生殖を行う生物集団ではより少ない変異をもつ個体が生まれてくるように組換えを行い，選択を有利に行う。このことから，性は有害な突然変異を増やさない方法といえる。

性の進化的意義

どのように有性生殖が生まれ進化してきたのかについて，われわれはよく知らない。だが有性生殖によって新しい遺伝的組合せが急速にできることから，種の進化に大きな影響力をもつことは明らかである。個々の染色体が独立して分配されること（図12.13），染色体の乗換え，そして配偶子が任意の組合せで受精することにより遺伝的な多様性が増える。

有性生殖ができた原因が何だったにせよ，進化に果たした役割は大きい。遺伝的変化だけでは，それほど素早く多様化することはない。後の章でも述べるように，遺伝的多様性が進化の原動力，つまり進化を動かし進化方向を決める役割をになっている。多くの場合遺伝的多様性が増加すれば進化速度も増す。牛や羊などの家畜を例にとると，最初は短時間で大きな個体を選別できるが，その集団内に存在する遺伝的組合せをすべて試したあとは難しくなる。より大きな家畜を得る為には，新たな遺伝的組合せができるのを待つしかない。他の例として競走馬がある。サラブレッドの先祖はわずか数頭の馬の集団であり，遺伝的多様性に乏しい状況で足の速い子孫（個体）が選別されてきた。その結果，有名な大会で優勝した馬の記録を見ると，数十年前から伸び悩んでいる。

逆説的な表現をすれば，進化過程は革新的でもあり保守的でもあるといえる。革新的な面としては，遺伝的組換えにより進化速度が速められることがあげられる。それを引きおこす要因の多くが有性生殖である。保守的な面としては，選択される際に，生じた変化が必ずしも優位に働かないことがあげられる。その場合，既に存在する遺伝子の組合せが保たれることになる。このような保守的側面のもたらす作用は，無性生殖を行う生物のなかでも自由に動き回ることをせず厳しい環境で生活する生物にもっとも大きく現れる。一方，脊椎動物は，進化して多くの能力を獲得したように見える。そして，その主要な生殖方法は有性生殖である。

減数分裂の際に起こる相同染色体間の密接な結合は染色体損傷を修復するために進化してきたのかもしれない。性の起源についてはいろいろな説が提唱されている。

第12章のまとめ

12.1 減数分裂により二倍体細胞から一倍体細胞が生じる
"減数分裂の発見"
- 配偶子が融合して新しい細胞ができることを受精，もしくは配偶子合体という。(p. 228)
- 配偶子形成には，染色体数をもとの細胞の半分にする機構がある。(p. 228)
- 有性生殖では，減数分裂と受精を交互にくり返す。その結果，細胞は一倍体の時期と二倍体の時期を交互にくり返すことになる。(p. 228)

12.2 減数分裂にはほかの分裂にはない特徴がある
"減 数 分 裂"
- 二倍体生物の減数分裂では，第一減数分裂と第二減数分裂の2回の分裂が起こる。DNA複製は第一減数分裂に先立って起こるだけである。(p. 230)
- 第一減数分裂前期には相同染色体の対合および乗換えが起きる。その結果，非姉妹染色分体間で遺伝物質が交換される。(p. 230)

12.3 減数分裂では連続した2回の核分裂が起きる
"第一減数分裂前期"
- 前期のあいだ，染色分体の末端は核膜の特定の場所に結合し，相同染色体間の対合が起こる。(p. 232)
- 非姉妹染色分体間で乗換えが起こり，キアズマが形成される。(p. 232)

"第一減数分裂中期"
- 第一減数分裂中期に入るまでに核膜が崩壊し，微小管により紡錘体ができる。(p. 233)
- 相同染色体は末端キアズマの部分で結合し，赤道面で整列する。(p. 233)

"減数分裂の完了"
- 第一減数分裂後期になると紡錘体を形成している微小管が短くなり，セントロメアを細胞の極にひっぱる。その結果，染色体が極に移動する。(p. 236)
- 赤道面上での相同染色体の並び方は，それぞれランダムである。そのため，配偶子へ分配される相同染色体が父方由来のものか母方由来かは染色体によってさまざまである。(p. 236)
- 第一減数分裂終期になると，染色体はそれぞれの極に集まり，それらのまわりに新たな核膜が形成される。(p. 236)
- 第二減数分裂は有糸分裂と似ている。しかし分裂の結果を比較すると，有糸分裂では二つの娘細胞に2セットずつの染色体が分配されるのに対し，減数分裂では四つの配偶子それぞれに1セットの染色体が分配される。(p. 236)

12.4 性の進化的起源は謎である
"なぜ性がある？"
- 性の起源と存続については，DNA修復説，感染説，赤の女王仮説，Mullerの爪車説といった，いくつかの仮説が提唱されている。(pp. 237～238)
- 進化の過程は革新的な側面と保守的な側面の両方を兼ね備えている。(p. 238)

質問のページ

自習問題

1. 受精の結果どうなるのか？
   a. 接合子ができる。
   b. 二倍体細胞ができる。
   c. 新しい遺伝的組成をもつ細胞ができる。
   d. a〜cはすべて正しい。
2. ヒトの場合，二倍体の染色体数は46本である。では一倍体の染色体数は？
   a. 138本　　b. 92本
   c. 46本　　　d. 23本
3. 複製を終え対合を起こしているときの染色体の状態は？
   a. 相同染色体は全長にわたって結合している。
   b. 姉妹染色分体は動原体で結合している。
   c. 相同染色体は末端領域でのみ結合している。
   d. 姉妹染色分体は全長にわたって結合している。
4. 減数分裂のどの段階で染色体の乗換えが起きるのか？
   a. 第一減数分裂前期
   b. 第一減数分裂後期
   c. 第二減数分裂前期
   d. 第二減数分裂終期
5. 染色体の対合は，どのような過程か？
   a. 相同染色体対が分離して両極へと移動する。
   b. 相同染色体間で染色体を構成する物質を交換する。
   c. 相同染色体どうしが密着するようになる。
   d. 娘細胞は親細胞の遺伝物質の半分を受け継ぐ。
6. 末端キアズマは減数分裂のどの時期に見られるか？
   a. 第一減数分裂後期
   b. 第一減数分裂前期
   c. 第一減数分裂中期
   d. 第二減数分裂中期
7. 第一減数分裂後期に何が起きるか？
   a. 細胞の両極に染色体が集まる。
   b. 染色体の乗換えが起きる。
   c. 細胞の中央部に染色体が並ぶ。
   d. 相同染色体が分かれて両極へと移動する。
8. 有糸分裂により2個の ＿＿ 細胞ができるのに対し，減数分裂では ＿＿ 個の一倍体細胞ができる。
   a. 一倍体 / 4　　b. 二倍体 / 2
   c. 二倍体 / 4　　d. 一倍体 / 2
9. 遺伝的多様性がもっとも多くなるのは？
   a. 単為発生　　b. 有性生殖
   c. 無性生殖　　d. 二分裂
10. 性の進化にかかわりのない仮説はどれか？
    a. 損傷したDNAを修復するために進化した。
    b. 個体を排除する方法として進化した。
    c. 突然変異を排除する方法として進化した。
    d. 将来役に立つ可能性のある劣性の対立遺伝子を「貯える」しくみとして進化した。

図解き問題

1. 図中の番号にあてはまる語句を以下から選びなさい（複数回用いてもよい）。

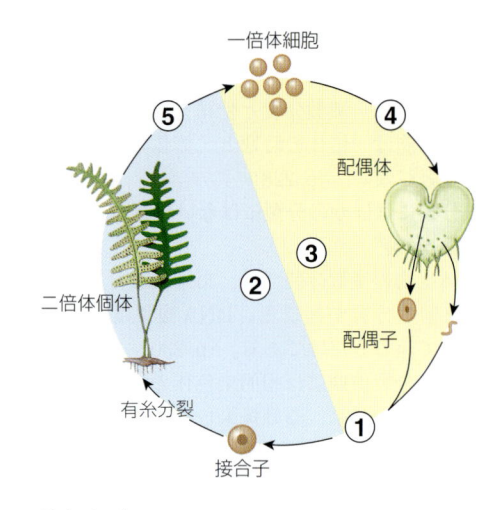

   a. 複相($2n$)
   b. 減数分裂
   c. 受精
   d. 単相(n)
   e. 有糸分裂
2. ヒトの細胞のほとんどは二倍体である。ごく一部の細胞だけが減数分裂を行って一倍体になる。生物のなかには，ほとんどの時期を一倍体で過ごすものもいる。テキスト下巻の図28.14，29.13，29.15，30.10に示した生物のうち，主に一倍体で過ごす生物はどれか？

応用問題

1. ある生物は二倍体期に56本の染色体をもっている。この生物は，以下の状態のときに何本の染色体をもっているか？その理由も含め述べよ。
   a. 体細胞
   b. 分裂中期（有糸分裂）
   c. 第一減数分裂中期（減数分裂）
   d. 第二減数分裂中期（減数分裂）
   e. 配偶子
2. ヒトは23対の染色体をもっている。染色体の乗換えが起こらないと仮定した場合，卵に分配される相同染色体がすべて母方のものになる確率はいくらか？
3. 有性生殖を行うトカゲの中には，単為発生によって個体群をつくることができるものがいる。この単為発生によりできた個体群は，雄，雌，中性のどの性の個体で占められているか？ その理由も含め述べよ。

13
遺伝の様式

概　　要

13.1 Mendelは遺伝の謎を解明した
遺伝に関する初期の考え方：Mendelまでの道筋
　　Mendel以前には遺伝のしくみは未知であった。
Mendelとエンドウ　　Mendelは食用のエンドウで遺伝の実験を行い、その結果を集計した。
Mendelは何を見つけたのか　　Mendelは異なる二つの特徴のある形質が第二世代で3：1の割合で分離することを発見した。
Mendelは得られた結果をどのように解釈したのか
　　Mendelは異型接合体では一方の対立形質がもう一方の対立形質の発現を抑制することを見つけた。
Mendel遺伝はいつも解析が容易であるとは限らない
　　多様な要因が対立形質のメンデル式分離に影響を及ぼす。

13.2 ヒトの遺伝はMendelの原則に従う
ほとんどの遺伝性疾患はまれなものである　　テイ・サックス病は劣性対立遺伝子により引きおこされる。
複対立遺伝子：ABO式血液型　　ヒトのABO式血液型は三つのI対立遺伝子によって決定される。
遺伝様式は家系図から推定できる　　家系図から遺伝様式が追跡できる。
遺伝子疾患はタンパク質の単純な変化によって引きおこされる　　鎌状赤血球貧血症は一つのアミノ酸残基の変化によって引きおこされる。
遺伝子の欠陥の修正：遺伝子治療　　遺伝子治療は突然変異遺伝子を正常な遺伝子に置き換えることである。
さらに有望なベクター　　新しいベクターにより遺伝子治療の成功率を上昇させることができるだろう。

13.3 遺伝子は染色体上に存在する
染色体：Mendel遺伝の媒介物　　Mendel式分離は減数分裂における染色体のランダムな分離に基く。
遺伝的組換え　　乗換えの頻度は遺伝子間の物理的な距離を表している。
ヒトの染色体　　ヒトは23対の染色体をもつ。
染色体数の変化によって引きおこされるヒトの異常
　　染色体の過不足は重大な障害をもたらす。
遺伝カウンセリング　　いくつかの遺伝性疾患は妊娠早期に検出することができる。

図 13.1
ヒトの外観は非常に多様である。　個体間の違いの一部は遺伝的なものであり、また一部は私たちを取り巻く環境要因に依存する。

　すべての生命体は地球における生命の長い進化の歴史の産物である。すべての生物がこの歴史を共有するのに、ヒトだけが自分たちの由来について関心をもち、その謎を解きたいという欲求をもつ。人類の起源はまだほとんど明らかにされていないが、私たちはこれまでに多くの知識を獲得してきた。あたかも部分的に完成されたジグゾーパズルのように多くの知識の断片は正しい場所に収まり、その本質的な全体像がかなり明らかになってきている。この章では、そのパズルの一部である遺伝の謎について議論する。なぜ世界の異なる地域の人々は異なった顔をしているのであろうか（図13.1）。なぜ同じ家族の人たちはほかの家族の人たちよりも似ているのであろうか。

13.1 Mendel は遺伝の謎を解明した

遺伝に関する初期の考え方：Mendel までの道筋

　書物に記録として残されるかぎりの古くから，ある特定の家族の構成員が如何に似ているかについての記録があり，その解説がなされていることがある(図 13.2)。家族がもつ特徴のめずらしい例としては，13世紀以降の絵画や記録で有名なヨーロッパ王室のハプスブルグ家の突きでた下唇のようなものもある。赤毛の両親から赤毛の子供が生まれるといったことはもっと一般的である(図 13.3)。この章では，遺伝的な特徴，すなわち進化を形づくる要因となるものについて取り上げる。

古典的な仮定 1：種の恒常性

　12世紀以前は，遺伝を考察するうえで二つの概念が基盤となっていた。一つは"遺伝は種のなかでのみ起きる"ということである。古くから大きく隔った種を交雑することによって，いろいろな特徴が混じり合った奇怪な動物をつくることができると信じられていた。クレタ島の神話に登場する雄牛の体と人の胴体と頭をもった創造物であるミノタウロスがその一つの例である。キリンの *Giraffa camelopardalis* という学名は，キリンがラクダとヒョウの交雑によって生まれた動物であると信じられていたことに由来する。しかしながら，中世以降，そのような極端な交雑は不可能であり，変異と遺伝は個々の種という枠のなかで見られるものであることがわかってきた。さらに，種はそれらが創造されたときから大きく変化することなく維持されてきたと考えられていた。

古典的な仮定 2：形質の直接的な伝達

　遺伝に関する当時の二つ目の概念は，"形質は直接伝達される"というものであった。変異が親からこどもに遺伝するとき，一体何が伝達されるのであろうか。古代ギリシャ人は，親の体を構成するそれぞれの部分から何らかの要素が直接こどもに伝達されるものと考えていた。Hippocrates は，この種の生殖物質を「種(たね)」を意味する "gonos" と命名した。したがって，奇形の手足のような特徴は，親がもつ異常な手足からもたらされる物質によって引きおこされると考えられた。体の各部分の情報はほかの部分の情報とは独立に伝達され，こどもの体は親の体のすべての構成部分に由来する遺伝物質によって形づくられると考えられていた。

　この考えはごく最近まで支配的なものであった。たとえば，1868年に Charles Darwin は，すべての細胞と組織は微細な顆粒あるいは「芽球(gemmule)」を分泌し，それらが

図 13.2
遺伝と家族の類似性。 家族は互いによく似ていて，遺伝のメカニズムが目に見える形で現れる好例である。この写真は Johnson 家の家族，すなわち著者の1人の妻と娘たちである。娘たちの容貌はそれぞれ異なるが，全員が彼らの母親に非常によく似ている。

図 13.3
遺伝的形質。 ヒトの家族では多くの異なる形質が遺伝している。この赤毛はその一つの表れである。

こどもに伝わり発生中の胚において対応する体の部分を発育させると主張した。遺伝物質の直接的な伝達という同様の学説のほとんどは，雄と雌からもたらされる遺伝物質はこどものなかで「融合する(blend)」と推定するものであった。したがって，赤い毛と茶色の毛をもつ親からは赤茶色の髪をもつこどもが生まれ，背の高い親と背の低い親からは中間の背丈をもつこどもが生まれると考えられていた。

Koelreuterは種間雑種を実際に作製してみせた

　これら二つの古典的な仮説はある矛盾を含んでいる。一つの種に外部から何も変異が導入されることがなく種内の変異が毎世代ごとに混じり合うのであれば、種を構成するすべての個体はほどなく同じ外観をもったものになってしまうだろう。明らかにこのようなことは起こらない。ほとんどの種において個体間には大きな違いが見られ、世代から世代に伝達される特徴にも違いが見られる。

　それではこの矛盾はいかにして解決することができたのであろうか。実際には、Darwinよりずっと以前にドイツの植物学者であるJosef Koelreuterによってその答えは得られていた。1760年、Koelreuterはタバコの異なる系統間で交雑を行い、稔性のある子孫を得ることによって植物の**雑種形成**（hybridization）に成功していた。雑種は両親系統とは外観が異なっていた。次に雑種世代の個体同士で交雑を行ったところ、その子孫は非常に変異に富んでいた。いくつかは交雑世代（その親個体）の個体に類似していたが、もとの系統（その祖父母）と類似しているものもわずかながら存在した。

古典的な仮説の誤り

　Koelreuterの研究は現代遺伝学のはじまりを意味している。つまり、現代の遺伝学説につながる最初の手がかりとなるものであった。Koelreuterの実験は遺伝がどのように働くかについて重要な手がかりを与えた。彼が研究対象とした形質は、一つの世代では現れず次の世代で再び現れるものであった。このパターンは従来の直接伝達説と相反するものである。それでは、どのようにして後代に直接伝えられた形質がいったん消え、そして再び出現したのであろうか。Koelreuterが用いた植物の形質は混じり合うことはなかった。当時の記録によると、三世代目に再び出現した形質は、「最初の系統がもっていたもとの能力と特性に完全に戻った」と述べられている。

　ここで強調したいのは、Koelreuterの交雑で生じた子孫が互いに同一のものでなかったことについて再度述べる必要がある。あるものは雑種世代に類似し、あるものは類似していなかった。Koelreuterが研究の対象にしていたいろいろな特性はその子孫のなかに分散していた。この遺伝する特徴を**形質**（character）とよび、遺伝学的にいえば、それぞれの形質がもつ異なる形態が交雑によって得られた後代のなかで**分離**（segregate）していたことになる。つまり、ある個体はある形質の一つの形態（たとえば毛の生えた葉）を発現しているが、同じ交雑から得られたほかの個体では別の形態（毛の生えていない滑らかな葉）を発現している。この一つの形質のなかでの異なる形態、すなわち**形質**（trait）の分離は、Gregor Mendelが遺伝の本質を理解するための手がかりを与えることになった。

Knightはエンドウで遺伝の研究を行った

　引き続き約100年以上にわたって、Koelreuterの研究成果にさらに詳細な検討が加えられた。なかでも、さまざまな農業用植物の改良に取り組んでいた英国の豪農たちは傑出していた。1790年代に行われた一連の実験の一つで、T. A. Knightは、エンドウ（*Pisum sativum*、図13.4）の二つの純粋品種（次世代においても形質が変化しない品種）の交雑を行った。これらの品種の一つは紫色の花を、一方の品種は白色の花をつけていた。この交雑によって得られた後代はすべて紫色の花をつけた。しかし、これらの雑種の次世代では、あるものは紫色の花をつけ、そのほかは、多くはないが白色の花をつけた。まさしく以前にKoelreuterが行った初期の実験と同様に、一方の親がもつ形質は一世代目で消え、次の世代で再び出現した。

　一見、人の目を欺くようでかつ簡潔なこれらの実験結果は、科学の革命のもととなるものであった。にもかかわらず、遺伝子の分離の意義が完全に認識されるまでに、さらにもう一世紀が費やされることになる。なぜそれほどまでに時間がかかったのであろうか。その一つの理由としては、初期の研究者たちは得られた結果について数量的な処理をしなかったことがあげられる。多くの実験結果を数量的に記録することは遺伝子の分離の過程を理解するうえで非常に重要であった。エンドウの交雑を行ったKnightとほかの実験者たちはある形質はほかの形質よりも「次世代に現れる強い傾向」をもつと述べているが、問題の形質が後代に現れる数については何も記録していなかった。当時の科学はまだ未熟であり、数というものが重要であることはまだ認識されていなかったのである。

図 13.4
エンドウ（*Pisum sativum*）。栽培しやすく、明確な形質をもつ数多くの品種を作出できることから、エンドウはGregor Mendelが実験を行った以前にも一世紀にわたり遺伝の研究に広く用いられていた。

初期の遺伝学者たちは、遺伝形質のなかには、(1) 一世代目には現れず次世代で変化することなくその形質が出現する、(2) 子孫の交雑によって分離する、そして (3) ある形質はほかの一方よりも強く現れる傾向をもつ、ものがあることを実証した。

Mendel とエンドウ

　遺伝に関する最初の定量的な研究は，オーストリアの修道士であったGregor Mendelによって行われた(図13.5)。1822年に小作農の家に生まれたMendelは，修道院で教育を受け，引き続きウィーン大学で科学と数学を学んだ。そこで正規教員採用試験の受験に失敗したあと，再び修道院に戻り，最後は大修道院長となって一生を終えた。修道院の庭(図13.6)で一連の植物の交雑実験を開始し，得られた実験結果はこれまでの遺伝に対する見方を根本的に変えるものとなった。

なぜMendelはエンドウを選択したのか

　実験を行うにあたってMendelは，Knightやほかの研究者たちが使用したのと同じエンドウを研究材料に選んだ。これはいくつかの点でよい選択であった。第一に，かつての多くの研究者たちが異なる品種を交雑して雑種のエンドウを作製していたことから，Mendelは子孫のあいだで形質の分離が観察できることを知っていた。第二の理由として，数多くの育種用の純粋品種が存在し実験に使用することができた。Mendelは最初に32の品種について調べた。それから将来の研究のために，たとえば丸い種子と皺のある種子やKnightも使用した紫色の花と白色の花のように，容易に識別できる七つの形質について異なる系統を選択した。三番目の理由としては，エンドウは小さくて栽培しやすく，そして世代時間が短いことがあげられる。したがって数多くの植物体を用いた実験が可能であり，また一年間に数世代を栽培することができるため，かなり迅速に実験結果を得ることが可能であった。

　エンドウを研究に用いることの四つ目の有利な点は，多くの顕花植物がそうであるように，雄の生殖器と雌の生殖器の両方が花のなかに包み込まれていることである(図13.7)。さらに，ほかの多くの顕花植物とは異なり，同じ花のなかの雄と雌の生殖器官から形成された配偶子が受精し，生存力のある子孫を生産することができる。何らかの操作を加えて妨害することがなければ，受精は個々の花の内部で自動的に起こり，その結果，後代は単一の個体だけから得られた子孫となる。したがって，個々の花に**自家受精**(self-fertilization)をさせることもできれば，受精前に葯を取り除き，異なる形質をもつ系統の花粉をほかの系統に"他家受粉(cross-pollination)"することにより**他家受精**(cross-fertilization)させることもできる。

図 13.5
Gregor Johann Mendel. オーストリアのブリン(現在，チェコ共和国のブルノー)にある修道院の庭でエンドウを栽培しながら，Mendelは異なる形質をもつ品種間の交雑によって形質の違いがどのように遺伝するかについて研究を行った。同様の実験は以前にも行われていたが，実験結果を数量的に処理しその意義を認識できたのはMendelが最初である。

図 13.6
Mendelが研究を行った場所。 エンドウの交雑実験は修道院のこの小さな庭で行われた。

Mendelの実験方法

　Mendelは用いる植物体間に見られるいくつかの特徴的な違いだけに注意深く焦点を絞り、それ以外の数え切れない違いについては無視した。彼はまた、解析用に選択した形質の違いが比較に値するものであることを見抜く洞察力をもっていた。たとえば、高い背丈に対して丸い形の種子の遺伝を研究することはむだであることを理解していた。

　Mendelは、主に以下の三つの段階に分けて実験を行った。

1. 最初に、特定のエンドウ品種を使って、数世代にわたり自家受精によってその後代を生産した。そして研究対象とする目的の形質はまさしく純系(pure-breeding)であり、世代から世代へ変化することなく伝達されることを彼自身確認することができた。たとえば、白色の花をもつエンドウを互いに交雑した場合、世代の数に関係なく白色の花をもつ子孫のみが生産された。

2. 次に異なる形質をもつ品種間で交雑を行った。たとえば、白色の花をつけるエンドウの花から葯を除去し、紫色の花をもつ個体から得られた花粉を受精させた。さらに白色の花の個体から得た花粉を紫色の花の個体に受粉させる逆交雑も行った（図13.8）。

3. 最後にこれらの交雑によって得られた雑種の子孫を数世代にわたり自家受精させた。そうすることによって、得られた後代で異なる形質を分離させた。これはずっと以前にKnightやほかの研究者たちが行ったのと同じ実験方法である。しかしMendelは、そのうえにさらに重要なことを行った。彼は子孫の世代ごとに各々の形質を示す個体が何個あるか数えた。Mendel以外にかつてこのようなことを行った者は誰もいなかった。Mendelが得た量的な実験結果は、遺伝のしくみを明らかにするうえでもっとも重要なものとなった。

> エンドウを用いたMendelの実験では、一世代以上にわたって自家受精が行われた純系のあいだで交雑が行われた。

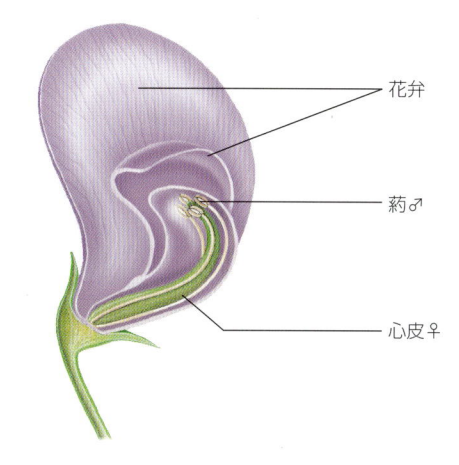

図 13.7
エンドウの花の構造（縦断面）。 エンドウの花の花弁は、雄の葯（一倍体の精子となる花粉粒を含んでいる）と雌の心皮（一倍体の卵細胞となる胚珠を含んでいる）を内側に包み込んでいる。この構造は、何らかの妨害がなければ自然に自家受粉するようにできている。

図 13.8
Mendelが行った実験の方法。 Mendelは、白色の花の花弁を脇に押しのけて葯から花粉を採取した。それからあらかじめ葯を取り除いた紫色の花の柱頭（心皮の一部）に花粉をつけて他家受精させた。この受粉で得られた莢のなかの種子は、すべて白色の花の雄親と紫色の花の雌親の雑種であった。Mendelはこれらの種をまき、発育したエンドウの観察を行った。この交雑で得られた雑種個体はすべて紫色の花をつけた。

Mendel は何を見つけたのか

Mendel が実験に用いた七つの形質には，互いに異なる二つの変異型があり，それらは容易に識別でき，数を数えることができるものであった（表13.1）。花の色に関する Mendel の交雑実験について詳しく眺めてみよう。ほかの形質についても同様に実験を行い，同じような結果が得られている。

F_1 世代

白色の花と紫色の花のような対照的な二つのエンドウ品種を交雑したとき，得られた雑種個体には融合遺伝の仮説から予想されるような中間型の色の花をもつものは存在しなかった。その代わりに，どの場合でも子孫の花の色は両親の一方の色と類似していた。これらの子孫を慣例的に**第一世代**（first filial generation）または F_1（ラテン語で filius は"息子"の意味）とよぶ。したがって，Knight やほかの研究者たちが以前に報告したとおり，白色の花の個体と紫色の花の個体との交雑では，F_1 世代の子孫はすべて紫色の花をもっていた。

Mendel は F_1 世代の個体が発現する形質を**優性**（dominant）とよび，F_1 個体に発現されないもう一方の形質を**劣性**（recessive）とよんだ。Mendel が調べた7対の対照的な形質のそれ

表 13.1　Mendel が研究した七つの形質と実験結果

形質				F_2世代	
優性型	×	劣性型		優性：劣性	比
紫色の花	×	白色の花		705：224	3.15：1
黄色の種子	×	緑色の種子		6022：2001	3.01：1
丸い種子	×	皺のよった種子		5474：1850	2.96：1
緑色の莢	×	黄色の莢		428：152	2.82：1
ふくれた莢	×	くびれた莢		882：299	2.95：1
腋性花	×	頂生花		651：207	3.14：1
高性	×	矮性		787：277	2.84：1

ぞれについて，一方の形質が優性でもう一方が劣性であることが証明された。

F_2 世代

F_1 個体を成熟させ自家受精をさせた後，Mendel は各個体から種子を採取して土にまき，**第二世代**(second filial generation)，あるいは F_2，で子孫がどのような形質を表すかを調べた。Knight が以前に見つけたように一部の F_2 個体が白色の花つまり劣性形質を発現していた。F_1 世代で隠れていた劣性形質が，一部の F_2 個体で再び出現したのであった。

遺伝のメカニズムを知るうえで，F_2 世代で見られる形質の比率が何らかの手がかりになると信じ，Mendel は F_2 個体におけるそれぞれの形質の型の数を数えた（図13.9）。紫色の花をもつ F_1 個体間の交雑で生じた計929の F_2 個体のうちで，705個体（75.9％）が紫色の花を，224個体（24.1％）が白色の花をつけた。F_2 個体のおおよそ1/4が劣性形質を表したことになる。Mendel は調べた六つの形質についても同じような数値を得た。すなわち，F_2 個体の3/4が優性形質を表し，1/4が劣性形質を表した。いい換えれば，F_2 個体における優性：劣性の比はいつも3:1に近いものであった。Mendel は，皺のよった種子と丸い種子（図13.10）のようなほかの形質についても同様の実験を行い，同じ結果を得た。

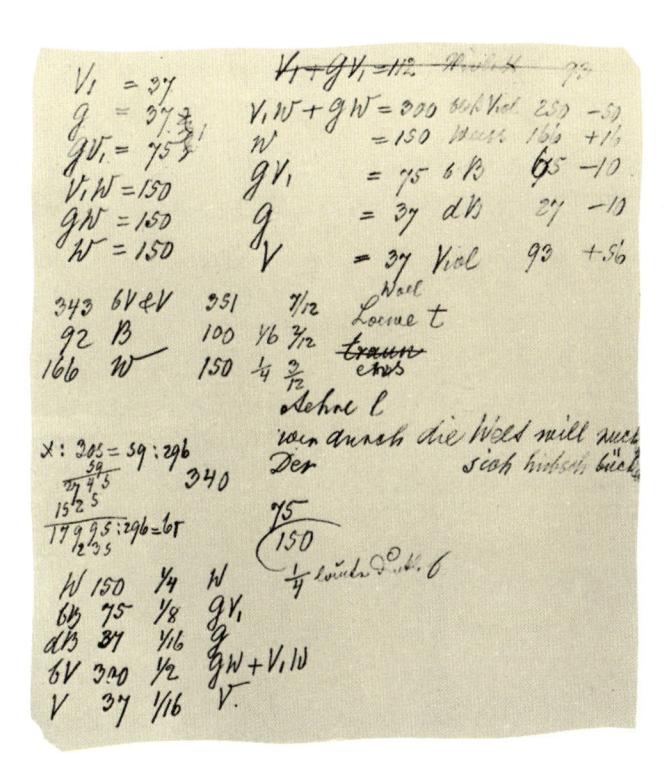

図 13.9
Mendel のノートのあるページ

図 13.10
種子の形：Mendel 形質の一つ。　Mendel が研究した異なる形質の一つにエンドウの種子の形がある。ある品種では種子の形が丸く，ほかの品種では種子に皺がよっていた。

隠された1：2：1の比

　Mendelは引き続き，F_2個体がどのようにして次の世代に形質を伝えるかについて調べた。1/4の劣性個体はいつも純系であることがわかった。たとえば白色の花の個体と紫色の個体の交雑では，自家受精を行ったとき白色の花のF_2個体は必ず白色の花の子孫を生みだした。対照的に，優性の紫色の花をもつF_2個体の1/3（つまり全F_2個体の1/4）だけが純系であり，ほかの2/3は純系ではなかった。後者の個体は第三（F_3）世代で3：1の比で優性と劣性の個体をもたらした。この結果は，Mendelが七つの形質に関して行った交雑実験で得たすべての試料において，F_2世代で観察された3：1の比は，まさしく隠された1：2：1の比にあたるものであった。つまり，1/4が純粋種の優性個体，1/2が純粋種でない優性個体，そして残る1/4が純粋種の劣性個体というわけだ（図13.11）。

Mendelの遺伝モデル

　以上の実験結果から，Mendelは遺伝の本質について次の四つのことを明らかにすることができた。(1) 交雑に用いた個体からは，融合遺伝仮説から推定されるような中間型の表現型をもつ個体は生まれなかった。代わりに各個体はそれぞれの形質を変化させることなく次世代に伝達し，それが特定の世代で目に見えるか見えないかは形質によって明確に異なる。(2) ある形質において二つの異なる形態が存在する場合，一方はF_1雑種では発現されなかったが，F_2個体の一部では再び発現が見られた。したがって，F_1個体で"消えた"形質は，存在するが発現していない"潜在的"なものであるに違いない。(3) 調べられた形質はある特定の交雑の後代において分離し，いくつかの個体は一方の形質を発現し，残りの個体はもう一方の形質を発現した。(4) これらの形質は，F_2世代において1/4の劣性個体に対して3/4の優性個体の割合で発現した。この特徴的な3：1分離は，**Mendel比**（Mendelian ratio）と一般によばれる。

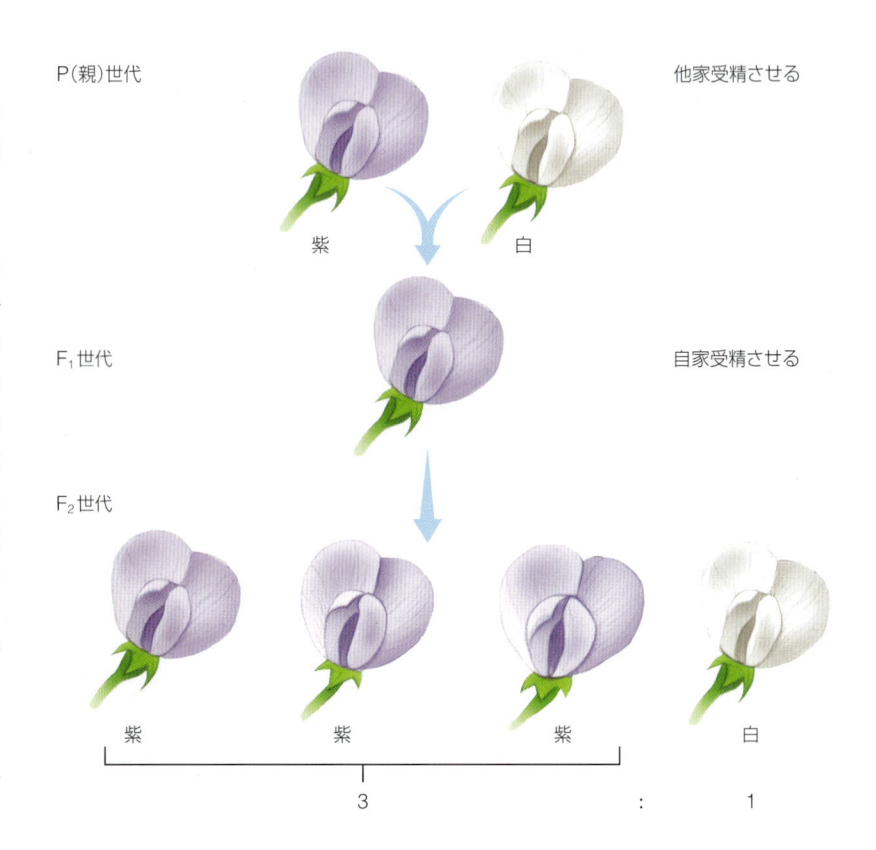

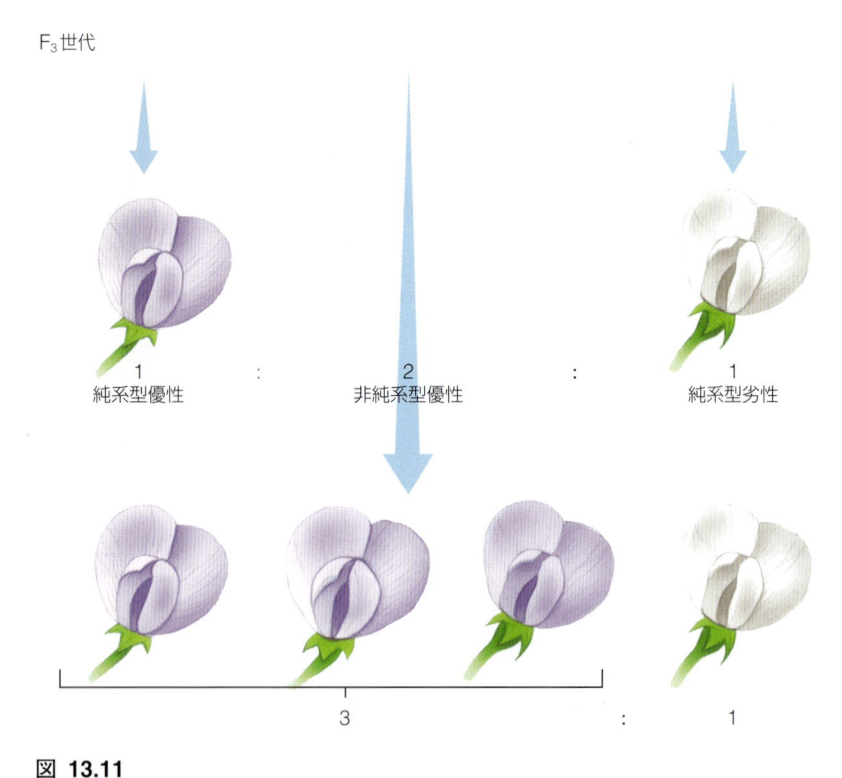

図 13.11
F_2世代は隠された1：2：1の比からなる。　F_2世代を自家受精させることによって，MendelはF_3世代の観察から，F_2個体は，優性の純系型個体一つ，優性を示す雑種型個体二つ，および劣性の純系型個体一つの割合からなることを見つけた。

表13.2　ヒトの優性形質と劣性形質

劣性形質	表現型	優性形質	表現型
白皮症	メラニン色素の欠損	指の中央部の毛	指の中央部の毛の存在
アルカプトン尿症	ホモゲンチジン酸の代謝不能	短指症	短い指
赤緑色覚異常	赤または緑の光の波長の識別不能	ハンチントン病	中年期にはじまる神経系の退化
嚢胞性線維症	肝臓の変性と肺の機能不全を引きおこす腺分泌の異常	フェニルチオカルバミド(PTC)の味覚感受性	PTC の苦味の感知
デュシェンヌ型筋ジストロフィー	幼児期における筋肉の衰弱	屈指症	小指をまっすぐ伸ばすことができない
血友病	血液の凝固不能	高コレステロール血症(ヒトのメンデル遺伝病の中でもっとも頻度が高い—500人に1人の割合)	血中コレステロールの上昇と心筋梗塞の危険性の増加
鎌状赤血球症	赤血球の湾曲と粘着を引きおこす欠陥ヘモグロビン		
		多指症	過剰な手の指と足の指

これらの結果を説明するために，Mendel は科学の歴史のなかでもっとも有名なものの一つとなったある簡単なモデルを提唱した。それは，簡単な仮定と明確な予測を含むものであった。このモデルは次の五つの原則からなる。

1. 親は子孫に生理学的な形質を直接伝達することはない。むしろ，形質に関する個別の情報，つまり Mendel が「因子(factor)」とよんだものを伝えている。これらの因子は子孫において形質を発現するのに働く。現代的な表現をすれば，個体が発現する形質に関する情報は親から受け取る因子によって"コード(code)"されている，ということができる。

2. それぞれの個体は，一つの形質に関して同じ形態あるいは二つの異なる形態を支配する二つの因子を親から受け取っている。これは形質を支配する因子は染色体に乗っていて個体は"二倍体(diploid)"であるという現代の理解と符合する。個体が配偶子(卵か精子)を形成するとき，配偶子は一方の染色体だけを含む"一倍体(haploid)"となる(第12章参照)。したがって，配偶子には成長した生物体がもつそれぞれの形質に関して一方の因子だけが含まれる。二つの因子のうち，どちらが最終的にある特定の配偶子に分配されるかはランダムに決定される。

3. 因子のすべてのコピーは同一ではない。現代の用語でいえば，因子の異なる形態，すなわち形質の異なる形態を決定するそれぞれの因子は**対立遺伝子**(allele)とよばれる。全く同じ対立遺伝子をもつ一倍体の配偶子どうしが受精して接合体を形成すれば，発生した子孫は**同型(ホモ)接合**(homozygous)であり，異なる対立遺伝子をもつ一倍体配偶子が受精した場合は**異型(ヘテロ)接合**(heterozygous)といわれる。現代用語では，Mendel の因子は**遺伝子**(gene)とよばれる。私たちは個々の遺伝子が特定の DNA 塩基配列から構成されることを知っている(第3章参照)。染色体上の遺伝子の特定の位置は**遺伝子座**(locus，複数は loci)とよばれる。

4. 雄と雌の配偶子から由来する二つの対立遺伝子は，それぞれ互いに影響を及ぼし合うことはない。新たな個体のなかで発生する細胞では，これらの対立遺伝子は別個のものである。それらは決して互いに混じり合うことはなく，また変化することもない(Mendel はそれらを「uncontaminated(汚されていないもの)」とよんだ)。したがって，個体が成熟し配偶子を形成する際，それぞれの対立遺伝子はランダムに分離する。

5. 粒子状の対立遺伝子の存在は，それによってコードされた形質が，個体で発現することを保証するものではない。異型接合体では一つの対立遺伝子(優性の遺伝子)のみが発現し，一方(劣性)の対立遺伝子は存在しても発現しない。対立遺伝子の存在とその発現を区別するために，現代の遺伝学者たちは個体がもつ対立遺伝子に対して個体の**遺伝子型**(genotype)とよび，個体での物理的な発現状態を**表現型**(phenotype)とよぶ。個体の表現型は遺伝子型が目に見える形で外に現れたものであり，遺伝子によってコードされた酵素やタンパク質が機能を発揮した結果である。別の言葉でいえば，遺伝子型は青写真であり表現型は目に見える形の結果にあたる。

これら五つの基本原則をまとめて，遺伝様式に関する Mendel のモデルが構成されている。ヒトにおける多くの形質も，Mendel がエンドウで研究したのと同様に，優性もしくは劣性の遺伝様式を示している(表13.2)。

Mendel が二つの対照的な品種を交雑したとき，第二世代の25%が優性形質の純粋種であり，50%が優性形質を発現する雑種であり，そして残りの25%が劣性形質の純粋種であった。

Mendelは得られた結果をどのように解釈したのか

　Mendelのモデルは彼が得た結果を予測できるものであったのだろうか。Mendelは自分のモデルを検証するため，まずそのモデルを簡単な記号のセットで表し，それらの記号を用いて得られた結果を説明した。この方法は非常に教訓的なものである。Mendelが行った白色の花と紫色の花の個体どうしの交雑についてもう一度考えてみよう。紫色の花に関する優性対立遺伝子にP，白色の花をつくる劣性対立遺伝子にpという記号をつける。慣例として，遺伝形質には，たとえばこの場合は紫色の花は「P」というように，より一般的な形態を表す文字の記号が用いられる。優性形質を表す対立遺伝子にはPというように大文字を，劣性形質(白色の花)を表す対立遺伝子は同じ記号の小文字pを用いて表記する。

　この方式によれば劣性の白色の花の形質の純粋種個体の遺伝子型はppで表される。この対立遺伝子のコピーを二つもつ個体は白色の花の表現型を示す。同様に紫色の花の純型系種個体はPPで異型接合体はPp(優性遺伝子を先に表記)で表される。これらの取り決めに従い，また二つの系統間の交雑を×で表記することによって，Mendelの最初の交雑を$pp\times PP$と記号化することができる。

F₁世代

　これらの簡単な記号を用いて，もう一度前に立ち戻ってMendelが行った交雑について再検討することができる。白色の花をもつ親個体(pp)はpの配偶子しか生産できず，また紫色の花の親個体(PP)はPの配偶子しか生産できないことから，両方の親に由来する卵子と精子の接合は，F₁世代においてPp型の異型接合体のみを生みだすことになる。対立遺伝子Pは優性であるため，F₁個体はすべて紫色の花をもつと予想される。p対立遺伝子はこれらの異型接合体に存在するが，表現型としては発現されない。これはMendelが劣性形質で見つけた形質の潜伏を説明するものである。

F₂世代

　F₁個体が自家受精する際，P対立遺伝子とp対立遺伝子は配偶子形成時にランダムに分離する。受精によって配偶子が接合しF₂個体が形成されるのもランダムであり，個々の配偶子がどちらの対立遺伝子をもつかによって影響を受けることはない。ではF₂個体はどのようなものになるのであろうか。組合せの確率は，Punnettスクエア(方区)(Punnett square)とよばれる簡単な図によって表すことができる(図13.12)。これは考案者である英国の遺伝学者Reginald Crundall Punnettにちなんで名づけられたものである。Punnettスクエアによ

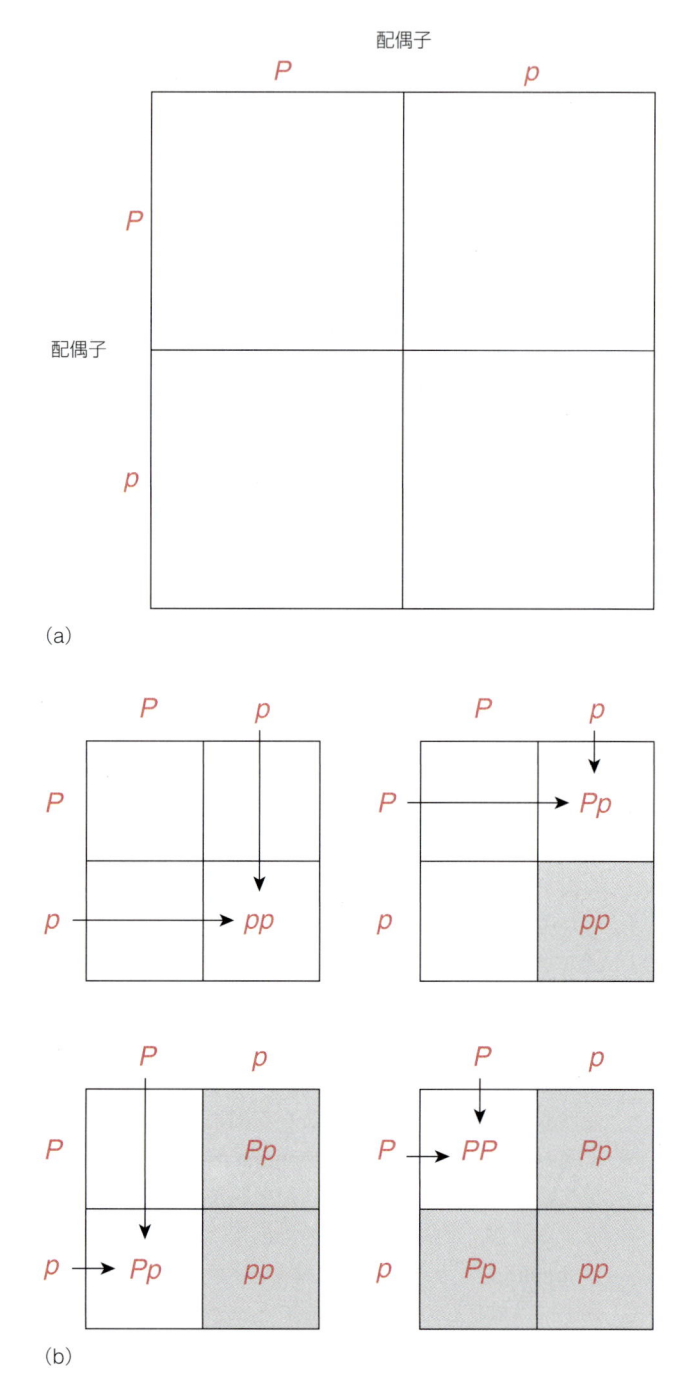

図 13.12
Punnettスクエア。(a) Punnettスクエアを作製するために，雌の配偶子の異なる対立遺伝子をスクエアの上に，雄の配偶子の対立遺伝子を横に置く。(b) それぞれの接合体の遺伝子型は垂直線と水平線で囲まれた区画として表される。

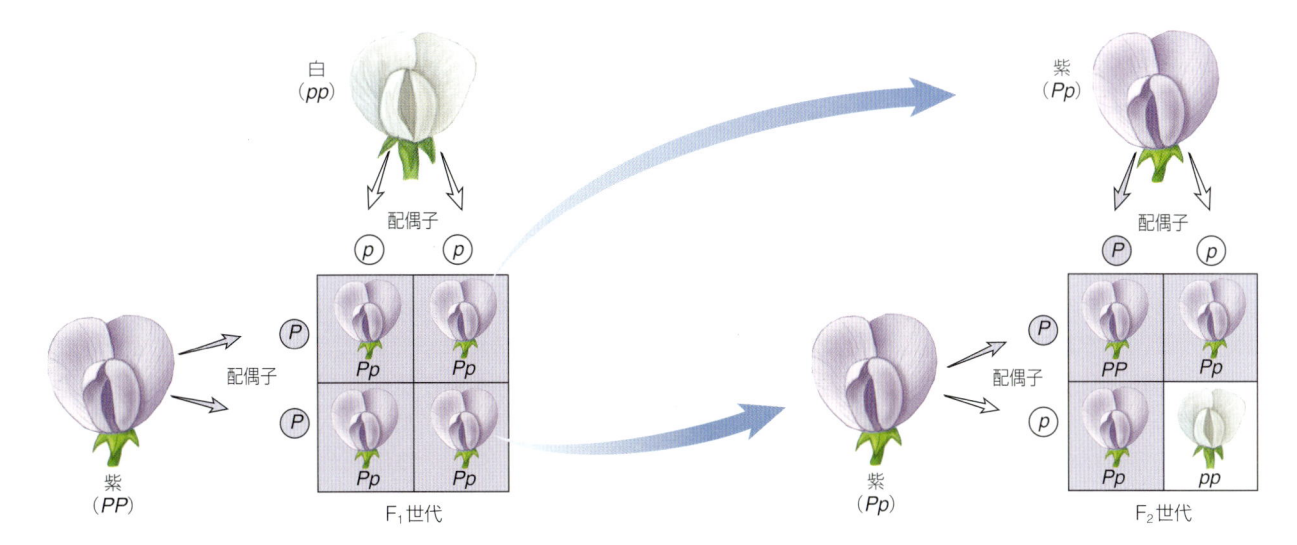

図 13.13
Mendel が行った花の色が異なるエンドウの交雑。 最初の交雑で得られた F_1 世代の個体はすべて紫色の花をもつ Pp 異型接合体である。二つの異型接合の F_1 個体を交雑または自家受精させたとき, PP 同型接合体(紫色の花), Pp 異型接合体(紫色の花), pp 同型接合体(白色の花)の3種類の F_2 個体が得られる。したがって, F_2 世代では, 優性と劣性の表現型の比は3:1となる。しかしながら, 遺伝子型の比は1:2:1($1PP:2Pp:1pp$)である。

って解析された Mendel のモデルは, F_2 世代は3/4が紫色の個体で, 1/4が白色の花の個体で構成され, 表現型の比は3:1になることを明確に示している(図13.13)。

確率の法則から Mendel の実験結果を予測できる

Mendel の結果を別の方法で表現すれば, F_2 個体が優性形質を発現する確率は4回に3回の確率(3/4)であり, F_2 個体が劣性形質を発現する確率は4回に1回の確率(1/4)であるといえる。実験結果を確率で表すことによって, 交雑の結果について簡単な予測をたてることが可能となる。もし親の F_1 個体が Pp 型(異型接合体)であれば, F_2 個体が pp 型(劣性同型接合体)となる確率は, 雄親から p の配偶子を受け取る確率(1/2)と雌親から p の配偶子を受け取る確率(1/2)の積となる。これは, 図13.12に表した Punnett スクエアで行った演算と同じものである。この確率理論を Mendel の実験結果の解析に用いる方法については p.253 で詳細に論じる(確率と対立遺伝子の分布を示したボックスを参照)。

図13.13でわかるように, 3種類の F_2 個体が存在する。すなわち, 1/4が白色の花の純粋種個体(pp), 1/2が紫色の花の異型接合個体(Pp), 1/4が紫色の花の純粋種個体である(PP)。3:1の表現型の比は, まさしく隠された1:2:1の遺伝子型の比である。

Mendel の遺伝の第一法則：分離の法則

Mendel のモデルは, 彼が観察した分離比をうまくかつ十分に説明できるものである。異型接合個体では, 異なった形質を表す二つの対立遺伝子が互いに分離して別個の独立したものとして存在するという仮定は, それ以後ほかの多くの生物においても証明されている。これは一般に Mendel の遺伝の第一法則あるいは**分離の法則**(Law of Segregation)とよばれる。第12章で述べたように, 二つの異なる対立遺伝子の分離は, 第一減数分裂中期の赤道面での染色体のランダムな配置と引き続いて起こる第一減数分裂後期での相同染色体の分離という単純な物理的な理由にもとづくものである。遺伝の細胞学的な機構に関する知識が皆無の時代, つまり染色体も減数分裂もまだ不明な時代に正しい遺伝のしくみの解釈に到達できた Mendel の知性は賞賛すべきものがある。

検定交雑

Mendelは自分の仮説についてさらに検討を行うために，**検定交雑**(testcross)とよばれる簡単でそして強力な方法を考えだした。紫色の花のエンドウについて考えてみよう。表現型を見ただけでは，単純にその植物体が同型接合であるか異型接合であるかを判定することは不可能である。遺伝子型を知るためには，目的の個体をほかの個体と交雑しなければならない。では，どのような交雑が答えを与えてくれるのであろうか。同型接合型の優性個体と交雑した場合は，調べる個体が同型接合でも異型接合でも，すべての後代は優性の表現型を示す。異型接合の個体と交雑した場合も，目的の個体がもつ想定しうる二つの遺伝子型を区別することは不可能ではないが困難である。しかし，調べたい個体を同型接合の劣性個体と交雑すれば，想定しうる二つの遺伝子型からは全く異なる結果が得られる(図13.14)。

ケース1：未知の個体が優性の同型接合(PP)の場合
　　$PP \times pp$：すべての子孫は紫色の花(Pp)となる。
ケース2：未知の個体が優性の異型接合(Pp)の場合
　　$Pp \times pp$：子孫の1/2は白色の花(pp)をもち，残る1/2は紫色の花(Pp)をもつ。

Mendelは検定交雑を行うために，異型接合のF_1個体を劣性形質が同型接合の親に戻し交雑を行った。優性形質と劣性形質が1:1の比で出現することを予測し，実際にそのとおりの結果が観察された。Mendelは，彼のモデルから予測されるとおり，調べた対立遺伝子についてF_2個体での表現型の比は3:1(図13.13を参照)となり，検定交雑ではほぼ1:1の比となることを観察した。

検定交雑は，二つの遺伝子についても，同時に個体の遺伝子型を決めることができる。Mendelは二つの遺伝子に着目した数多くの交雑を行った。彼は，特に優性形質を発現しているF_2個体の遺伝子型を明らかにするため，しばしば検定交雑を用いた。二つの遺伝子がともに優性形質を示すF_2個体($A\_B\_$)は，$AABB$, $AaBB$, $AABb$あるいは$AaBb$のいずれかの遺伝子型をもつと考えられる。優性形質を示すF_2個体と劣性同型接合個体を交雑($A\_B\_ \times aabb$の交雑)することによって，Mendelは形質のどちらか一方あるいは両方で純粋種になっているかどうかを明らかにし，F_2個体の遺伝子型を決定した。

$AABB$	形質Aが純粋種	形質Bが純粋種
$AaBB$	———	形質Bが純粋種
$AABb$	形質Aが純粋種	———
$AaBb$	———	———

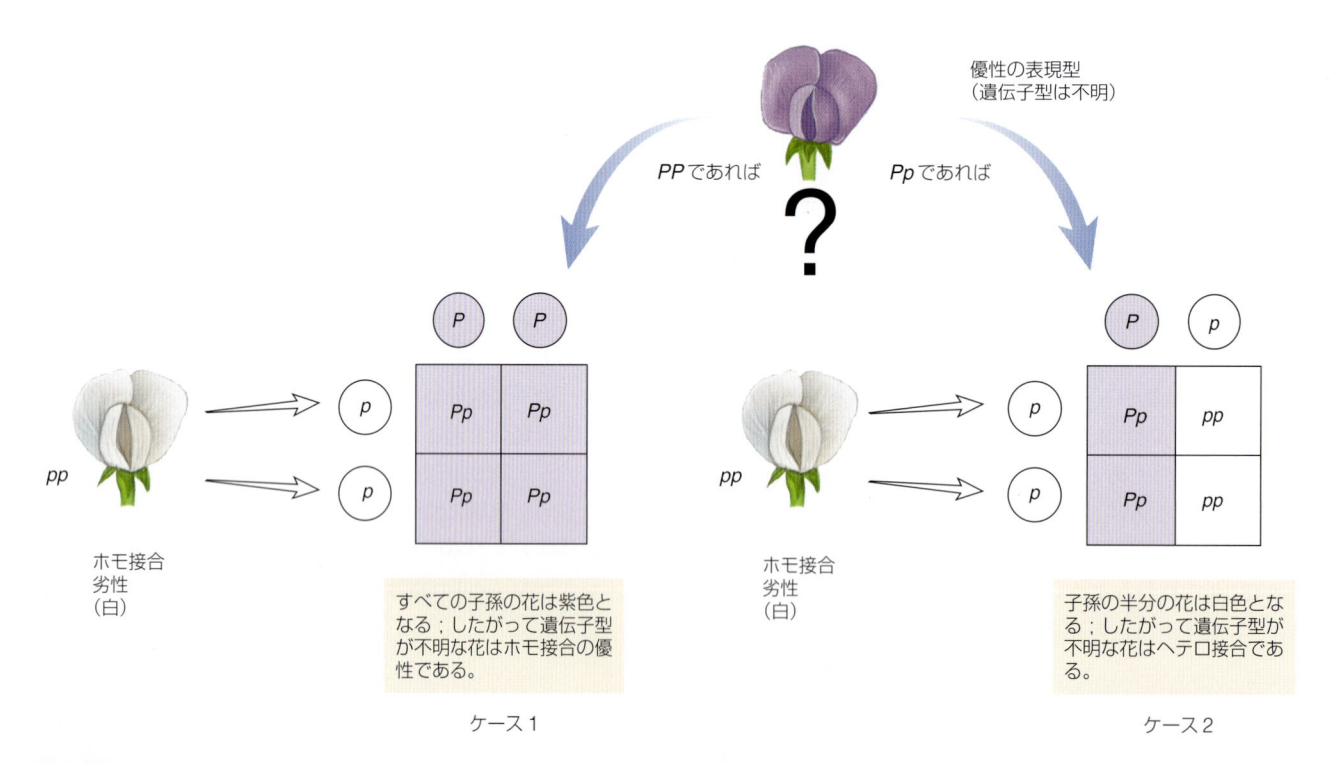

図 13.14
検定交雑。 紫色の花のように優性の表現型を示す個体が優性対立遺伝子の同型接合か異型接合かを決めるために，Mendelは問題の個体を，この場合は白色の花をもつ劣性の同型接合個体と交雑した。

コラム 13.1
確率と対立遺伝子の分布

すべてではないが，多くの対立遺伝子は明確に異なる表現型を発現する。Mendelが用いたエンドウは，背が高いあるいは低い，紫色の花か白色の花，丸い種子か皺がよった種子かといった違いをもつものであった。ショウジョウバエでは眼の色が赤色もしくは白色，そしてヒトの肌の色の場合は色素をもつかもたないかといったような違いである。ある形質に対して二つの対立遺伝子だけが存在する場合は，交雑によって得られた子孫の表現型の分布は**二項分布**(binomial distribution)とよばれる。

一例としてヒトの性別の分布について考えてみよう。ある夫婦が3人のこどもをもつとする。2人のこどもが男の子で1人が女の子である可能性はどのようなものであろうか。そのような可能性の頻度は，事象の"確率"とよばれる。出生児に男の子が生まれる確率をpとし，女の子が生まれる確率をqと表すことにしよう。女の子と男の子が生まれる確率は等しいと思われるため，

$$p = q = \frac{1}{2}$$

となる。

表13.Aは3人のこどもにおける八つの可能な性の組合せを示している。八つの可能な組合せの確率の合計は1となる。つまり，

$$p^3 + 3p^2q + 3pq^2 + q^3 = 1$$

となる。3人のこどものうち2人が男の子で1人が女の子である確率は，

$$3p^2q = 3 \times \left(\frac{1}{2}\right)^2 \times \left(\frac{1}{2}\right) = \frac{3}{8}$$

となる。

あなたの理解度を試すために，白皮症(albinism)の原因となる劣性遺伝子(a)を異型接合でもつ2人の親から生まれた3人のこどものうち1人が白皮症となる確率について計算してみよう。まず最初に，Punnettスクエアを作製する。

	母親の配偶子	
	A	a
父親の配偶子 A	AA	Aa
父親の配偶子 a	Aa	aa

こどもの4分の1が白皮症(aa)になると予想される。したがって，あらゆる出産に対して白皮症のこどもが産まれる確率は1/4となる。この確率はqで表すことができる。白皮症でないこどもの確率は3/4であり，pで表される。したがって，3人のこどものうち1人が白皮症になる確率は，

$$3p^2q = 3 \times \left(\frac{3}{4}\right)^2 \times \left(\frac{1}{4}\right) = \frac{27}{64},$$
または42%

これは，3人のこどものうち1人が白皮症になる見込みは42%であることを意味している。

表13.A ヒトの家族におけるこどもたちの性の二項分布

家族の構成	誕生の順番	計算	確率
3人の男児	bbb	$p \times p \times p$	p^3
2人の男児と1人の女児	bbg	$p \times p \times q$	p^2q
	bgb	$p \times q \times p$	p^2q $\}3p^2q$
	gbb	$q \times p \times p$	p^2q
1人の男児と2人の女児	ggb	$q \times q \times p$	pq^2
	gbg	$q \times p \times q$	pq^2 $\}3pq^2$
	bgg	$p \times q \times q$	pq^2
3人の女児	ggg	$q \times q \times q$	q^3

Mendelの遺伝の第二法則：独立の法則

Mendelは，ある特定の遺伝子の異なった形質つまり対立遺伝子が交雑によって互いに独立に分離することを明らかにしたあと，別々の形質をになう二つの遺伝子も互いに独立に分離するかどうかを調べた。彼は簡単な方法でこの疑問の解決を試みた。まず最初に，研究対象とした七つの形質のうち，二つの遺伝子によって支配される形質のみが異なる一連の純系系統を確立した。次に異型接合体を得るために，対照的な特徴をもつ純系系統どうしを交雑した。種子の形が異なる対立遺伝子(丸い豆，R，と皺のよった豆，r)と種子の色が異なる対立遺伝子(黄色，Y，と緑色，y)をもつ系統間の交雑では，F_1個体はすべて同一であり，種子の形(Rr)と色(Yy)においてそれぞれ異型接合であった。このような交雑で得られたF_1個体は**二遺伝子雑種**(dihybrid)とよばれ，両方の遺伝子についてともに異型接合である。

解析の第三段階で，Mendelはこれら二遺伝子雑種を自家受精させた。もし種子の形と種子の色に関する対立遺伝子が互いに独立に分離するとすれば，種子の形に関する対立遺伝子のある組合せと種子の色の対立遺伝子のある組合せが一緒に生じる確率は，それぞれの組合せが独立に生じる確率の積となる。したがって，皺のよった緑色の種子をもった個体($rryy$)がF_2世代で出現する確率は，皺のよった種子をもつ個体が観察される確率(1/4)に緑色の種子をもつ個体が観察される確率(1/4)を掛けた確率，1/16となる。

この二遺伝子雑種個体で，種子の形と色を支配する遺伝子それぞれ2種類の対立遺伝子の組合せは，RY, Ry, rYとryの4通りとなる。したがって，F_2世代では16種類の可能な対立遺伝子の組合せが存在し，それぞれが同じ確率で生じる。これらのうち九つは少なくともそれぞれの遺伝子の一つが優性の対立遺伝子である($R\_Y\_$と表され，下線を引いた部分がもう一方の対立遺伝子を示す)ため，丸くて黄色の種子をも

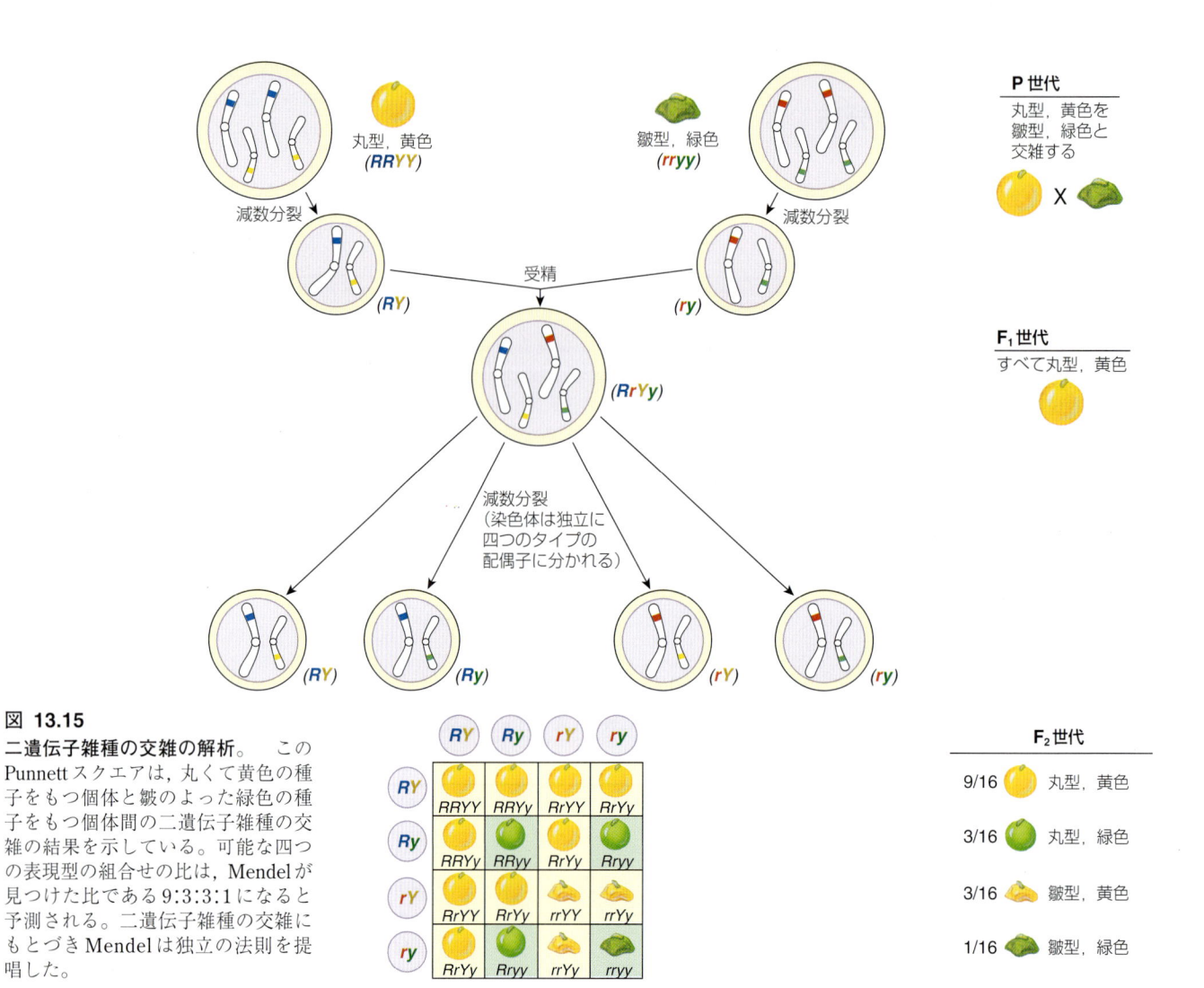

図 13.15

二遺伝子雑種の交雑の解析。 この Punnett スクエアは，丸くて黄色の種子をもつ個体と皺のよった緑色の種子をもつ個体間の二遺伝子雑種の交雑の結果を示している。可能な四つの表現型の組合せの比は，Mendel が見つけた比である 9：3：3：1 になると予測される。二遺伝子雑種の交雑にもとづき Mendel は独立の法則を提唱した。

P 世代: 丸型，黄色を皺型，緑色と交雑する

F₁ 世代: すべて丸型，黄色

F₂ 世代
- 9/16 丸型，黄色
- 3/16 丸型，緑色
- 3/16 皺型，黄色
- 1/16 皺型，緑色

つ。残りのうち三つは，種子の形に関して少なくとも一つの優性の R 対立遺伝子をもつが色に関しては劣性同型接合（R_yy）であり，ほかの三つは色に関して少なくとも一つの優性の Y 対立遺伝子をもつが，形に関しては劣性同型接合（rrY_）となる。そして，16 通りの組合せのうち，一つは両方の遺伝子が劣性同型接合（rryy）となっている（図 13.15）。種子の色と形の遺伝子は独立に分離するという仮説に従えば，F₂ 世代では 9：3：3：1 の比で表現型が出現する。つまり，9 個体は丸くて黄色い種子，3 個体は丸くて緑色の種子，3 個体は皺のよった黄色の種子，そして 1 個体は皺のよった緑色の種子をもつことになる。

Mendel の実際の観察結果はどうだったのだろうか。自家受精によって二遺伝子雑種から得られた合計 566 個の種子の内訳は，315 個が丸くて黄色い種子（R_Y_），108 個が丸くて緑色の種子（R_yy），101 個が皺のよった黄色の種子（rrY_），32 個が皺のよった緑色の種子（rryy）であった。これらの結果は 9：3：3：1（期待値は 313：104：104：35）の比に非常に近似していた。この結果，二つの遺伝子は，互いに完全に独立して次世代に分離したと考えられた。そして注目すべきは，この異なった遺伝子の独立した分離は，それぞれの対立遺伝子対の独立な分離に何も影響を及ぼさないことである。丸い種子と皺のよった種子は，ほぼ 3：1（423：133）の割合で出現し，黄色の種子と緑色の種子の比（461：140）も同様であった。Mendel はほかの形質の組合せについても同様の結果を得た。

この発見は，Mendel の遺伝の第二法則あるいは**独立の法則**（Law of Independent Assortment）とよばれる。対立遺伝子の分離と同様に，異なる遺伝子の独立した分離は減数分裂期の染色体の行動を調べることによって理解することができる（図 13.15 参照）。第一減数分裂中期に，相同染色体は相対する二つ極に分かれ，異型接合個体では対立遺伝子の分離が起きる。個々の染色体が独立に行動することが，異なる染色体上に存在する遺伝子座の独立した分離を引きおこす。

Mendel は，遺伝に関する彼の発見を二つの法則に要約した。第一法則は一つの形質の対立遺伝子が独立に分離すること，第二法則は異なる染色体上に存在する遺伝子が互いに独立して分離することである。

Mendel遺伝はいつも解析が容易であるとは限らない

　Mendelの研究成果は彼の生存中にはほとんど注目されなかったが，死後16年経った1900年に3人の研究者によって独立に再発見された。彼らは成果を論文にまとめるために文献を検索していて，Mendelの論文に出会ったのである。彼らの研究成果は30年以上も前にMendelが報告したものと非常によく似ていた。Mendelの理論が再発見されて以後数十年にわたり，多くの研究者がその真偽を明らかにすることを試みた。しかし，Mendelの学説を追試した科学者は彼が報告したのと同様の簡単な分離比を得るのに苦労した。多くの場合，遺伝子型の発現が単純ではなかったからである。ほとんどの表現型は多くの遺伝子の作用を反映しており，また環境による要因だけでなく完全優性を示さない対立遺伝子によっても影響される。

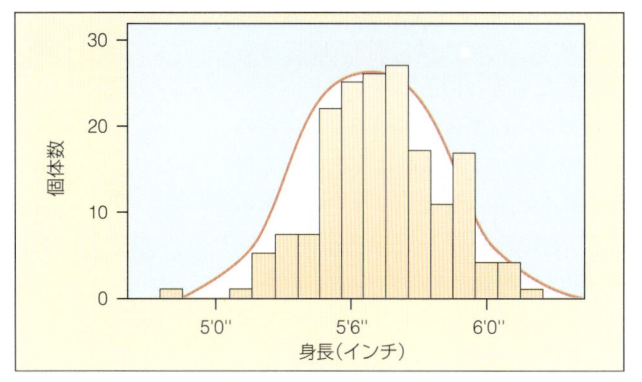

図 13.16
身長は連続的な変異形質である。　写真は，コネチカット農業大学における1914年のクラスの学生間にみられた身長の変異を示している。数多くの遺伝子が身長に関与し，互いに独立して分離する傾向があるため，異なる対立遺伝子の組合せが累積的に影響して身長の分布パターンは連続的なものとなる。両極端の値を示す数は中間的な値のものよりずっと少ない。

連続変異

　表現型がたった一つの遺伝子の作用でもたらされることはほとんどない。代わりに，ほとんどの形質で，いくつかの遺伝子による複数の付加的な効果が表現型に影響する。複数の遺伝子が共に身長や体重のような形質に影響を与えるとき，形質の違いは小さな範囲に収まることが多い。身長や体重のような表現型を決めるすべての遺伝子は独立に分離するため，多くの人を調査したときの違いの程度は連続的である。この連続的な違いを**連続変異**(continuous variation)とよび，そのような形質を"量的形質"という。形質に影響を与える遺伝子数が多いほど，期待される形質の分布はより連続的になる。

　図13.16に示した身長のような形質の変異はどう表すことができるだろう。ヒトには非常に背の低い人も背の高い人もいるが，平均的な身長の人が多い。このような変異は，個人の身長を四捨五入することによって，グループ分けすることができる。各個人の身長は別々の表現型のグループとなる。図13.16のように，それぞれの高さのグループをプロットしてヒストグラムを作製すると，ヒストグラムは理想的分布を示す釣り鐘型の曲線に近似し，変異は平均値と曲線の広がりによって特徴づけられる。

多面効果

　単一の遺伝子が表現型に対し一つ以上の効果をもつことがある。そのような対立遺伝子は**多面的**(pleiotropic)といわれる。フランスの遺伝学者Lucien Cuenotがマウスの優性形質である黄色の毛色を研究していたとき，黄色のマウスどうしの交配で黄色の毛色をもつ純系を得られなかった。対立遺伝子の多面発現により黄色の対立遺伝子を同型接合にもつ個体が死亡するのが原因であった。この遺伝子は毛色を黄色にするとともに発生上の致死的な欠陥をもたらしたのである。この多面的な対立遺伝子は黄色の毛色という形質に関しては優性であるが，致死的な欠陥に関しては劣性であると考えられる。数多くの遺伝子が一つの形質に効果をもたらすポリジーン遺伝とは対照的に，多面発現では一つの遺伝子が多くの形質に影響を与える。一つの形質を支配する遺伝子が未知の機能を発揮することがしばしばあるため，多面効果の予測は難しい。

　多面効果は13.2節で議論する囊胞性繊維症や鎌状赤血球症を含む数多くの遺伝疾患の特徴でもある。これらの疾患では複数の症状が一つの遺伝子の欠陥に起因する。囊胞性繊維症の患者は血管の閉塞，過度に粘性の高い粘液，塩分の多い汗，肝臓や膵臓の機能不全のほかにも多くの症状を示す。これらは単一の膜貫通型Cl^-チャンネル遺伝子の突然変異によるものである。鎌状赤血球症の患者では，酸素を運搬するヘモグロビン分子の欠陥が貧血，心臓の機能不全，肺炎に対する感受性の増加，腎臓の機能不全，脾臓の肥大など多くの症状の原因となっている。広範囲にわたる遺伝子の多面的効果から主要な欠陥の本質を明らかにすることは難しい。

不完全優性

すべての対立遺伝子の一方が，完全に優性または劣性であるとは限らない。対立遺伝子のなかには，異型接合で互いの親の形質の中間的な表現型（不完全優性）あるいは両方の親の表現型（13.2項で議論する共優性）を表すことがある。たとえば，図13.17に示したような赤色と白色のオシロイバナの交雑では，F_1個体はすべてピンク色の花をつける。この結果は赤色の花も白色の花もともに優性ではないことを示している。この不完全優性の例はMendelが間違っていたことを示すものであろうか。いや少しも間違ってはいない。ピンク色の花のF_1個体どうしを交雑すれば，赤色，白色，ピンク色の個体が1:2:1の比で出現する。単に異型接合体が中間的な花の色を発現しているにすぎない。

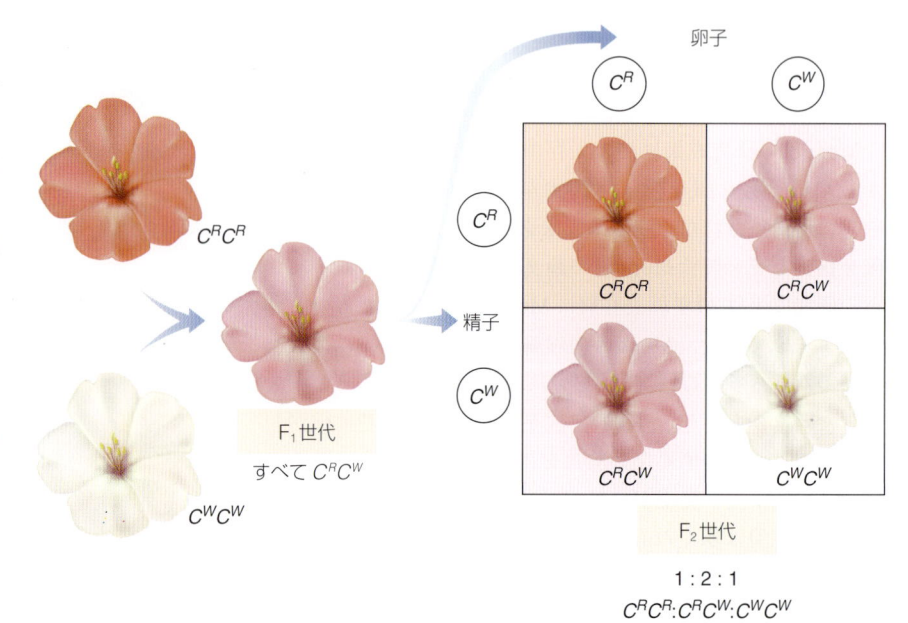

図 **13.17**
不完全優性。赤色の花（遺伝子型 $C^R C^R$）と白色の花（$C^W C^W$）のオシロイバナの交雑では，どちらの対立遺伝子も優性ではない。異型接合の後代はピンク色の花をもち，遺伝子型は$C^R C^W$である。これらの異型接合個体を交雑すれば，後代の表現型は，赤色，ピンク色，白色の花が1:2:1の比で生じる。

環境効果

対立遺伝子の発現の程度が環境に依存することがある。たとえば，対立遺伝子のなかには熱に感受性が高いものがある。そのような対立遺伝子に支配される形質は，ほかの遺伝子の産物よりも熱や光に対して感受性が高い。図13.18に示した北極キツネは気候が温暖なときにだけ毛皮に色素を沈着させる。同様にヒマラヤウサギやシャムネコのch遺伝子は温度感受性型のチロシナーゼをコードしている。暗い色の色素であるメラニンの生産を媒介するこの酵素の温度感受性は，33℃以上の温度で不活性化する。胴体や頭の表面では，温度が33℃を越えるとこの酵素は不活性となるが，温度が33℃以下となる耳や尻尾の先のような体の先端部では活性がある。この酵素が産生するメラニン色素はヒマラヤウサギやシャムネコの耳，口吻，足，尻尾を黒くする。

図 **13.18**
対立遺伝子の発現に及ぼす環境効果。（a）冬の北極キツネは全身がほとんど白色の毛皮をもち，雪を背景にすると個体を識別するのは難しい。（b）夏には，同じキツネの毛皮は赤茶色になり，その色はまわりのツンドラの色とよく似ている。温度感受性の対立遺伝子はこのように毛色の変化を制御している。

上下位性

Mendelの研究の再発見に引き続いてMendelの理論の再検討が行われたが，科学者たちはMendelが観察した単純な分離比を得るのに苦労した。二つの異なる遺伝子に関して異型接合である二遺伝子雑種の交雑では特に困難であった。二遺伝子雑種の交雑を行った場合，両方の遺伝子で優性の表現型を示す個体，どちらか一方ずつの遺伝子で優性の形質を示す2種類の個体，そして両遺伝子とも優性の表現性を示さない個体，の四つの異なる表現型が現れる。しかしながら，表現型の二つ，もしくはそれ以上のものが類似しているために，必ずしも四つの表現型のそれぞれをはっきりと同定できない場合がある。そのような現象はMendelに続く研究者たちを大いに混乱させた。

そのような表現型の同定の困難さの例として，トウモロコシ(*Zea mays*)のある品種の解析例があげられる。一般に出まわっている品種のなかには，アントシアニンとよばれる紫色の色素を種子の表面に発現するものと発現しない品種がある。1918年に遺伝学者のR. A. Emersonはアントシアニン色素を発現しない二つのトウモロコシの純粋品種を交雑した。その結果，驚いたことにF₁の個体はすべて紫色の種子を生産した。

これらの色素を産生しているF₁個体を交雑してF₂世代を得たところ，56％が色素を産生し，残りの44％は色素を産生しなかった。何が起こっていたのであろうか。Emersonは，色素の産生には二つの遺伝子が関与していて，後者の交雑は二遺伝子雑種の交雑であることを正しく推定した。Mendelは16通りの配偶子の組合せが存在することをすでに予測していた。これらの内のいくつがEmersonが得た二つのタイプにそれぞれあてはまるのであろうか。彼は色素を産生した個体の頻度(0.56)に16を掛けて9という値を出し，残りの個体の頻度(0.44)に16を掛けて7という値を得た。そしてEmersonは通常の9:3:3:1の比の代わりに9:7という**変更された比**(modified ratio)を得た。

なぜEmersonの分離比は変更されたのか 生化学的な反応経路のように複数の遺伝子が連続的に発現する場合，欠陥のある酵素の対立遺伝子が反応経路の早期に発現すれば，残りの経路を介した物質の流れを止めてしまうことになる。このことは後半の経路が正しく機能しているかどうかを判定することを不可能にする。一つの遺伝子がほかの遺伝子の発現を阻害してしまうような遺伝子の相互作用が，**上下位性**(エピスタシス，epistasis)とよばれる現象の基本原理である。

アントシアニン色素は二段階の生化学的な反応経路で産生される。

$$\underset{(無色)}{最初の分子} \xrightarrow{酵素1} \underset{(無色)}{中間体} \xrightarrow{酵素2} \underset{(紫色)}{アントシアニン}$$

色素を産生するためには，それぞれの酵素遺伝子の少なくとも一つの遺伝子コピーをもっていなければならない(図13.19)。優性の対立遺伝子は機能をもつ酵素をコードするが，劣性の対立遺伝子は機能をもたない酵素をコードしている。ランダムな分離から予測される16の遺伝子型のうち，9の遺伝子型は両方の遺伝子について少なくとも一つの優性対立遺伝子をもち，それらは紫色の色素を産生する。残りの7(3＋3＋1)の遺伝子型は，一方あるいは両方の遺伝子座で優性の

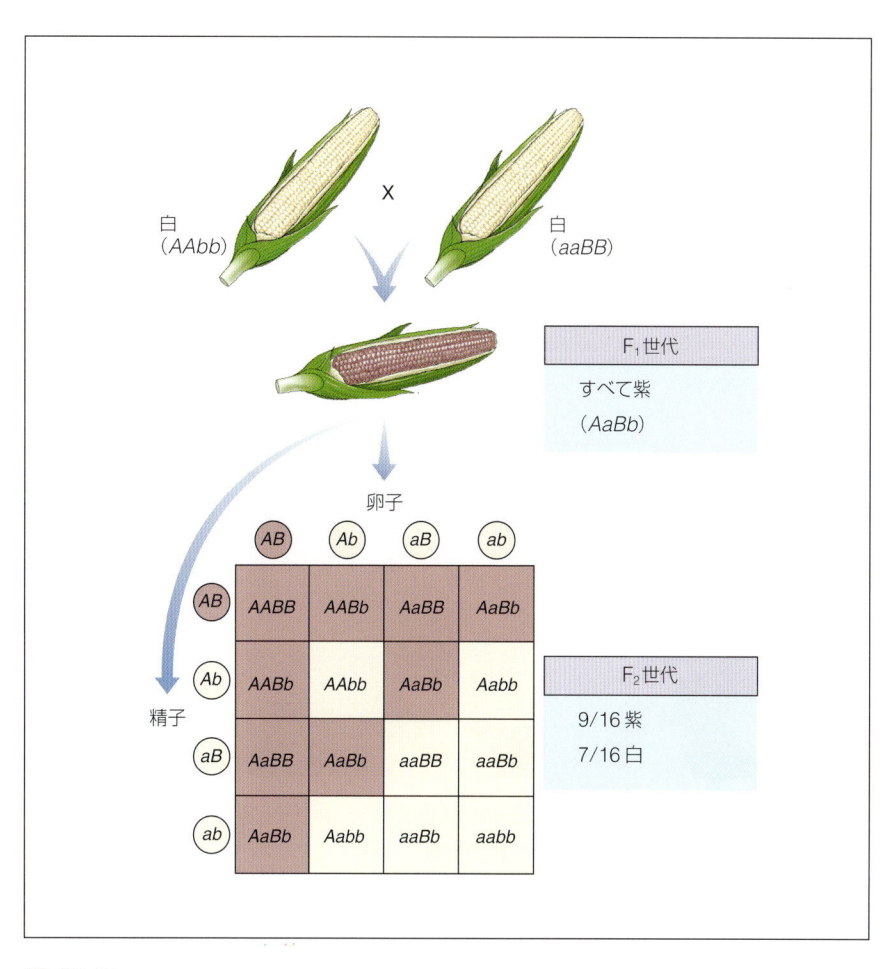

図 **13.19**
上下位性が種子の色に及ぼす影響。 トウモロコシのいくつかの品種にみられる紫色の色素は，二段階の生化学的反応経路で生みだされる。両方の遺伝子が活性をもたなければ，つまり二つの遺伝子のそれぞれの一方が優性の対立遺伝子($A\_B\_$)でないかぎり，色素は発現されない。

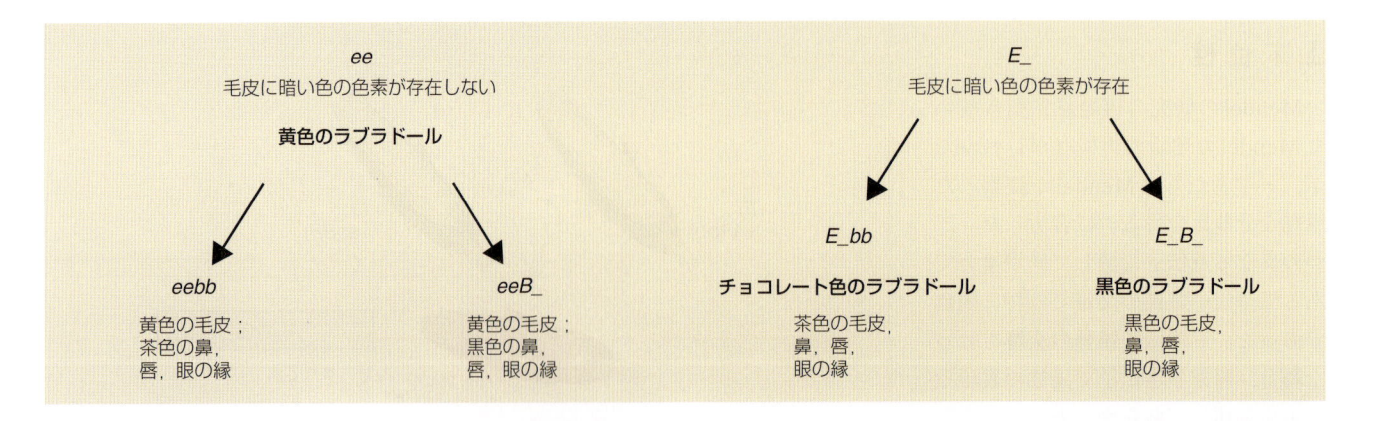

```
    ee                                              E_
毛皮に暗い色の色素が存在しない                     毛皮に暗い色の色素が存在

       黄色のラブラドール

    ↓              ↓                      ↓                      ↓
   eebb           eeB_                   E_bb                   E_B_
                                  チョコレート色のラブラドール     黒色のラブラドール
  黄色の毛皮；    黄色の毛皮；             茶色の毛皮，             黒色の毛皮，
  茶色の鼻，      黒色の鼻，               鼻，唇，                 鼻，唇，
  唇，眼の縁      唇，眼の縁               眼の縁                   眼の縁
```

図 13.20
イヌの毛色に及ぼす上下位性の相互作用の影響。 ラブラドールリトリバーの毛色は，2種類の対立遺伝子をもった二つの遺伝子間の相互作用の一つの例である。E遺伝子は色素が毛皮に沈着するか否かを，B遺伝子は色素が黒くなる程度を決めている。

対立遺伝子をもたないため表現型としては色素を産生せず，結果的にはEmersonが観察した9:7の表現型の比となる。このように酵素1が機能をもたないとき酵素2が機能を発揮できないというのが，上下位性の一つの例である。

上下位性のほかの例

多くの動物では，毛色は遺伝子間の上下位的な相互作用の結果として発現される。イヌの品種の一つであるラブラドールリトレバーの毛色は，主に二つの遺伝子の相互作用によって決定される。E遺伝子は暗色の色素（ユーメラニン）を毛皮に沈着させるかどうかを決めている。もしイヌがeeの遺伝子型をもっていれば，毛皮に色素は沈着せず毛皮は黄色となる。もしEEかEe（$E\_$）の遺伝子型をもっていれば色素は毛皮に沈着する。

二つ目の遺伝子であるB遺伝子は色素をどの程度暗くするかを決める。この遺伝子は毛におけるメラノソームの分布を制御する。E_bbの遺伝子型をもつイヌは茶色の毛皮をもちチョコレートラブとよばれる。遺伝子型$E\_B\_$の遺伝子型をもつイヌは黒い毛皮をもつ。しかし黄色のイヌにおいてもB遺伝子はいくつかの効果をもっている。$eebb$の遺伝子型をもつイヌは鼻，唇，目の縁に茶色の色素をもち，一方$eeB\_$の遺伝子型をもつ黄色のイヌはこれらの領域に黒い色素をもつ。これらの対立遺伝子間の相互作用は図13.20に示されている。この品種の毛色を支配する遺伝子はすでに発見され，遺伝的な交雑試験によって子犬の毛色を決めることができる。

> いろいろな要因が対立遺伝子のMendel式分離を覆い隠すことがある。それらのなかには，多くの遺伝子が一つの形質に関与する連続変異，どちらの親にも類似しない異型接合体を生みだす不完全優性，表現型の発現に影響を及ぼす環境要因，上下位性を生みだす遺伝子の相互作用などがあげられる。

13.2 ヒトの遺伝はMendelの原則に従う

遺伝子の偶然の突然変異はたえず生じている。遺伝子の変化がタンパク質の機能を変化させることはまれであるが，新たな対立遺伝子を生みだす源となっている。ゲノムについて多くのことが明らかになるに伴い，生物に存在する変異の量が重要な研究課題となった。ヒトの突然変異に関するデータベースであるthe Human Gene Mutation Databaseには，全ゲノムの3%にあたる1163の遺伝子で臨床的な症状を呈する突然変異が登録されている。しかし，ヒトの突然変異のほとんどは，臨床的な症状が現れないのでまだ研究されていない。

ほとんどの遺伝性疾患はまれなものである

ヒトは遺伝病の危険にさらされていると考えられていたが，実際には遺伝病はまれである。病気の対立遺伝子が集団中に存在していても，その一つが遺伝病となって現れる頻度は非常にまれだからである。神経系に異常をもたらす不治の遺伝病"テイ・サックス病"のこどもは，誕生時には正常であるが，最初の発達障害の症状が現れるのは約8か月齢からである。退行変性は次第に進み，5歳までにたいていは失明と死に至る。この病気はMendel遺伝する単一の劣性対立遺伝子に起因する。テイ・サックス病の遺伝子は，脳細胞のリソソームにあってガングリオシドを分解するヘキソサミニダーゼA酵素の突然変異型をコードしている。ガングリオシド分解機能を失うと，リソソーム内にそれが蓄積し，リソソームが破裂して毒性のある内容物が細胞中に放出され，細胞を死に至らしめる。

テイ・サックス病はまれな病気でアメリカでは新生児30万人あたり1例程度の発症率であるが，ヨーロッパ東部や中部起源のユダヤ系アメリカ人には高頻度に発症する。この集団では発症率が3,500人に1人という高さで，対立遺伝子を保有している人は28人に1人と算定される。このことは遺伝病に関して二つの重要なことを示す。異なる歴史をもつ集団ごとに病気の発生頻度は多様であり，致死的な劣性遺伝子でも自然選択により集団から完全に除かれることはない。テイ・サックス病の対立遺伝子は閾値効果によって集団内に残される。この対立遺伝子を同型でもつ人は酵素の活性をほぼ完全に欠失しているが，異型接合の人は50%の酵素活性を維持している。このレベルの酵素活性で十分に細胞死を防ぐことができる。

すべての遺伝子の欠陥が劣性であるとは限らない

ほとんどの遺伝疾患は劣性である。酵素遺伝子は，解析された900遺伝子の30%を占めるもっとも大きなカテゴリーに属する。多くの酵素の場合，テイ・サックス病に見られるように，異型接合個体では正常な片方の対立遺伝子によって生産される酵素の活性量で十分である。したがってこれらの突然変異遺伝子は劣性である。

いくつかの遺伝病のなかには優性の対立遺伝子によるものがある。"ハンチントン病"は，脳の神経細胞に見られるハンチンチンとよばれるタンパク質の変異型をコードする優性対立遺伝子に起因する遺伝性疾患である。ハンチントン病の対立遺伝子をもつ患者では，変異タンパク質の蓄積がおそらく原因となって，ニューロンが次第に失われ，神経が退行変性し死に至る。ハンチントン病遺伝子の探索は数多くの研究者により多くの年月を費やして行われた。この病因遺伝子を高頻度にもつベネズエラの集団を対象とした遺伝子マッピングの手法により驚くことが判明した。突然変異遺伝子の位置が決定されその遺伝子の解析が行われた結果，新たなタイプの突然変異であり，突然変異を起こしている遺伝子は起こしていない遺伝子に比べてCAGが何度も重複し伸長していた。現在，「3塩基伸長」として知られるこれらの突然変異については第20章で議論する。

アメリカではおよそ24,000人に1人がハンチントン病を発症する。この病気は致死となる優性の対立遺伝子が原因なので，一つの疑問が生じる。優性の致死遺伝子がどのように集団内で維持されるのであろうか。ハンチントン病の場合，病気の発症は年齢に依存する。ハンチントン病の遺伝子をもつ人は，中壮年期まで何も症状を示さない。したがって，この優性致死遺伝子をもつ人には十分な生殖期間がある。優性遺伝子の遺伝の特徴を考えると，ハンチントン病遺伝子をもつ人のこどもの50%はハンチントン病遺伝子を受け継ぐことになる。これは保因者に倫理上の深刻な問題を提起する。歌手のWoody Guthrieはハンチントン病で死亡したが，彼の息子のArloは自分が保因者であるか知ることなく，こどもをつくらない決心をした。もっとも広く知られているタイプのハンチントン病の対立遺伝子は，検査によってその存在の事実を知ることができるが，その遺伝子を保有する可能性に直面した人に全く異なる別の深刻な問題が生じる。あなたは自分が保因者であるか知りたいですか？ もし保因者であることを知ったら，あなたはこれからどうしますか。この章の後半で遺伝検査の考えにもう一度立ち戻ろう。

ほとんどの遺伝子の欠陥はまれにしか見られず劣性であるが，なかには優性のものも存在する。

複対立遺伝子：ABO式血液型

ほとんどの遺伝子では集団内にいくつかの異なる対立遺伝子を保有しているが，しばしば優性の対立遺伝子が単一でないことがある。その場合，それぞれの対立遺伝子はそれ自身の機能を発現するので，これらの対立遺伝子は**共優性**（codominant）であると考えられる。共優性は両方の対立遺伝子の効果がともに優性の形で見られることを意味し，13.1節で議論された不完全優性とは区別される。

一つ以上の共優性の対立遺伝子をもつヒト遺伝子の一例がABO式血液型である。この遺伝子は赤血球の膜表面の脂質に糖分子を付加する酵素をコードしている。これらの糖は免疫システムにおける認識マーカーとして機能している。この酵素を支配する遺伝子はIで表され，三つの対立遺伝子をもっている。I^Bの酵素はガラクトースを付加し，I^Aがガラクトサミンを付加し，そしてiはどの糖も付加できない酵素タンパク質をコードしている。

各個人はI遺伝子の存在する染色体を2コピーもっていて，どれかの対立遺伝子が同型接合となるかあるいは二つの異なる対立遺伝子が異型接合になるかのいずれかであるため，I遺伝子の三つの対立遺伝子から六つの異なった組合せが生じる。I^A遺伝子とI^B遺伝子を異型接合にもつ個体は両方の型の酵素を産生し，赤血球の膜表面にそれぞれガラクトースとガラクトサミンを付加する。異型接合体では両方の対立遺伝子が同時に発現するため，I^AとI^B遺伝子は共優性である。I^A遺伝子とI^B遺伝子はともに糖の付加を行い，i対立遺伝子は糖の付加ができないため，I^AとI^Bはi対立遺伝子に対してともに優性である。これら三つの対立遺伝子の組合せに従い，以下の四つの表現型が生じる（図13.21）。

1. A型個体はガラクトサミンのみを赤血球の膜表面に付加する。彼らはI^AI^A同型接合体かI^Ai異型接合体である。
2. B型個体はガラクトースのみを付加する。彼らはI^BI^B同型接合体かI^Bi異型接合体である。
3. AB型の個体は両方の糖を付加し，I^AI^B異型接合体である。
4. O型個体はどちらの糖も付加せず，ii同型接合体である。

これらの四つの細胞表面の表現型は**ABO式血液型**（ABO blood group）とよばれている。ヒトの免疫システムはこれらの四つの表現型を識別できる。もしA型の人がB型の血液を輸血されたとしたら，輸血を受けた側の免疫システムはB型の血液細胞が「異物の」抗原（ガラクトース）をもっていることを認識し，供与された側の血液を攻撃して血栓や凝固を引きおこす。供与された血液型がAB型であっても同様のことが起こる。しかし，供与された血液型がO型であれば，O型の赤血球表面にはガラクトース抗原が存在しないため免疫的な攻撃を受けることはない。一般にどの個体の免疫システムもO型の血液の輸血を許容する。ガラクトースもガラクトサミンもこれら二つの糖を産生するAB型の個体にとっては異物とならないため，AB型個体はすべての型の血液を受け入れることができる。

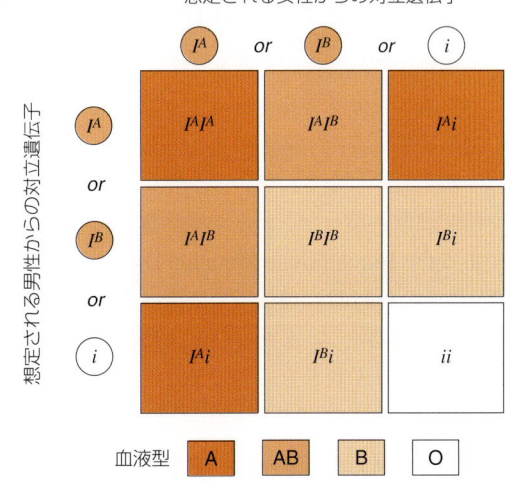

図 13.21
複対立遺伝子がABO式血液型を支配する。 三つのI対立遺伝子の組合せによって，A型（I^AI^A同型接合体かI^Ai異型接合体），B型（I^BI^B同型接合体かI^Bi異型接合体），AB型（I^AI^B異型接合体），O型（ii同型接合体）の四つの異なる表現型の血液型が生まれる。

Rh式血液型

ヒトの赤血球上の細胞表面マーカーのほかの例として，**Rh式血液型**（Rh blood group）抗原がある。この名前は，この血液型が最初に決められたアカゲザル（rhesus monkey）にちなんでつけられた。成人の約85%は赤血球表面にRh細胞表面マーカーをもっており，Rh陽性とよばれる。Rh陰性の人は，この細胞表面抗原をコードする遺伝子が劣性の同型接合となっているため，この細胞表面のマーカーを欠いている。

Rh陰性の人がRh陽性の人の血液に曝された場合，その血液のRh表面抗原がRh陰性の人の免疫システムによって外部からの侵入者として認識され，Rh抗原に対して抗体が産生される。このような例は，Rh陰性の女性が，Rh陽性の男性を父親にもつRh陽性の子供を出産する場合によく見られる。誕生時に胎児の血液細胞が子宮の血液関門を通して母親の血流のなかに入り込んだ場合，体内で「抗Rh」抗体が産生される。再びRh陽性の胎児を妊娠した場合，母親がもつ抗体が胎盤を通して新しい胎児のなかに入り込んで赤血球を凝固させ，胎児赤芽球症という致死的な状態を引きおこすことがある。

血液型遺伝子は複数の共優性の対立遺伝子をもつことが多い。これらの対立遺伝子のいくつかは集団内に広く存在している。

遺伝様式は家系図から推定できる

ヒトの遺伝を調べたくても，Mendelがエンドウを用いて行ったような意図的な交配をすることはできない。それではどのようにしてヒトの遺伝を解析するのであろうか。答えはすでに行われた交配の結果を利用する，つまり家族と家族の歴史を調べることである。系統立った解析方法は**家系図**（pedigree）を描くことである。家系図とはある特定の形質に関して数世代にわたる結婚や親子関係を図式的に表したものである。この家系図の情報を用いて，目的形質の遺伝様式を導きだすことができる。

一例として，ヨーロッパ王家の血友病の遺伝を示す家系図があげられる。**血友病**（hemophilia）は血液の凝固にかかわるタンパク質のカスケードのなかの，ある一つのタンパク質に影響を及ぼす病気である。したがって，治療を受けていない血友病患者ではほんの小さな切り傷であっても出血が止まらない。一般に血友病はX染色体連鎖の劣性対立遺伝子によって引きおこされる。したがって異型接合の女性は症状が現れない保因者であり，この遺伝子を受け継いだ男性がこの形質を発現する。血友病のもっとも有名な例はイギリスのVictoria女王にさかのぼる王家の血友病とよばれるものである（図13.22）。Victoria女王以降の5世代にわたり，図13.23に示したように10人の男性の子孫に血友病が発症している。皮肉にもVictoria女王の息子であるEdward 7世王は血友病の遺伝子を受け取らず，以後のイギリスのすべての統治者は彼の子孫であることから血友病が英国の王室には何ら悪い影響を与えることはなかった。しかし，ロシアのロマノフ王室は不運であった。Nicholas皇帝の息子はVictoria女王の孫である母親を通して血友病の遺伝子を受け継いだ。ロシア革命のさなかに家族全員は処刑された。最近になって，長年にわたり自分を生き残った皇帝の娘Anastasiaであると主張していた女性は，近代的な遺伝解析手法を用いた彼女の遺物（手術で切除された病理組織）の調査結果からロマノフ王室の人間でないことが判明した。

図 13.22
子孫たちに囲まれた1894年のイングランドのVictoria女王。こどもをもうけるまで生存したVictoria女王の4人の娘のうち，AliceとBeatriceの2人は王家の血友病の保因者であった。Aliceの2人の娘が，羽毛の襟巻きをつけたVictoria女王の後ろに立っている。プロシアのIrene王女（右側）と，後にロシア皇后となったAlexandra（左側）である。IreneとAlexandraも血友病の保因者であった。

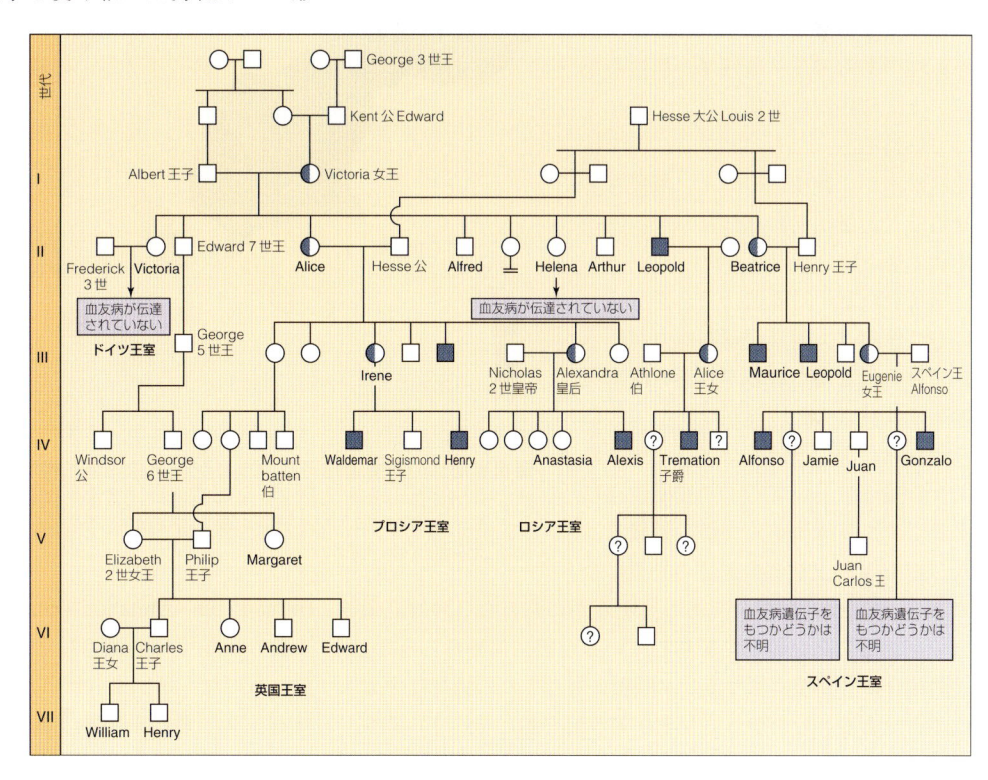

図 13.23
王家の血友病の家系図。Victoria女王の娘のAliceはロシアとオーストリアの王室に血友病をもち込み，そしてもう1人の娘であるBeatriceはスペイン王室にそれをもち込んだ。Victoriaの息子のLeopoldは，彼自身が血友病の発症者であり，この家系の第3世代にこの病気を伝えた。半分を黒くぬった印は正常な遺伝子と異常な遺伝子を一つずつもつ保因者を表し，黒く塗りつぶした印は病気を発症した個体を表す。

家族の家系図から特定の遺伝形質の遺伝様式を明らかにすることができる。

13.2　ヒトの遺伝はMendelの原則に従う

遺伝子疾患はタンパク質の単純な変化によって引きおこされる

タンパク質中の一つのアミノ酸残基の変化でも重大な臨床症状を引きおこす。第14章で述べたように，たった一つの塩基の変化でもこの原因となる。そのような変化が起こっていることが最初に示された病気は**鎌状赤血球貧血**(sickle cell anemia)である。この病気は，酸素を運搬するヘモグロビンの欠陥が原因で組織への酸素の運搬に異常をきたす。この欠陥ヘモグロビン分子は，分子どうしが粘着して固い棒状の構造物を形成し，赤血球の形を変えてしまう。この赤血球はその特徴的な形態から「鎌状赤血球」と名づけられた（図13.24）。鎌状赤血球をもつ個体は間欠脈症を患い，寿命が短くなる。この欠陥はどのような分子的な変化により生じるのであろうか。鎌状赤血球では146個のアミノ酸残基よりなるβ-グロビンの一つのアミノ酸残基がグルタミン酸からバリンに変化している。このアミノ酸残基はタンパク質の酸素結合領域には存在しないが，その機能には重大な影響を及ぼす。細胞の表面の極性のあるアミノ酸残基が極性のないアミノ酸残基に置換されることによって粘性をもったものとなる。この粘着性が水中で非極性のアミノ酸残基を凝集させ，鎌状赤血球に見られる固い棒状の構造物の形成をもたらす。

鎌状赤血球の対立遺伝子を異型接合にもつ個体は，酸素の運搬能力が低下しているにもかかわらず普通の酸素環境下では健常人と区別がつかない。この鎌状赤血球の遺伝子はアフリカ系の人々の集団において特に高頻度に存在する。アフリカのいくつかの地域では人口の45%以上がこの形質の異型接合であり，6%が同型接合である。明らかに有害なこの対立遺伝子を極端に高い頻度で維持している要因は何であろうか。異型接合の有利な点はマラリア原虫に対して高い抵抗性をもつことである。したがってマラリアが地方病となっている中央アフリカでは，鎌状赤血球の対立遺伝子も高頻度になっている（図13.25）。

β-ヘモグロビンに異常をきたすのは鎌状赤血球の対立遺伝子だけではない。ほかにも数多くの種類の変化によって貧血が引きおこされる。実際に，二つのα-グロビンと二つのβ-グロビンで構成されるヘモグロビンにおいて700種以上の構造変化が知られている。全世界の人口の7%が何らかの遺伝性ヘモグロビン疾患の保因者であると見積もられている。

前にも取り上げたヒト遺伝子突然変異データベース(the Human Gene Mutation Database)には，鎌状赤血球の遺伝子を含む数多くの病気の対立遺伝子の特徴が記載されている。これらの対立遺伝子のほとんどは単純な変化であると考えられる。ヒト遺伝子突然変異データベース中の28,000近くの対立遺伝子の約60%が一塩基置換によるものである。そして23%が20塩基以下の小さな挿入か欠失である。残りの対立遺伝子はさらに複雑な変化からなっている。これらの結果は，単純な変化が遺伝子の発現に大きな作用をもたらしていることを示している。

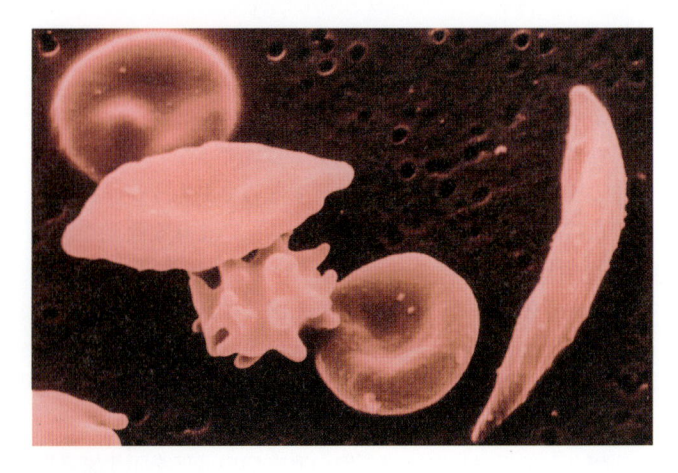

図 13.24
鎌状赤血球貧血。 鎌状赤血球の形質を同型接合でもつ個体では，赤血球細胞の多くが，一番右側の細胞のように鎌形か不規則な形態をもっている。

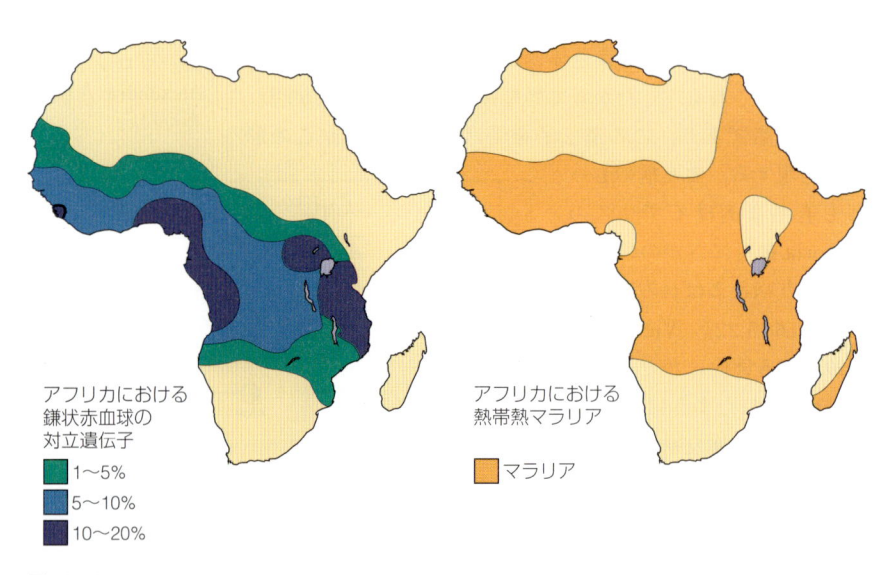

図 13.25
鎌状赤血球の対立遺伝子はマラリアに対する抵抗性をもたらす。 中央アフリカでは鎌状赤血球貧血の分布とマラリアの発症には密接な関係がある。これは偶然の一致ではない。鎌状赤血球の対立遺伝子を異型接合でもつ場合，非常に危険な病気であるマラリアに対する抵抗性が増す。

アフリカにおける鎌状赤血球の対立遺伝子
- 1〜5%
- 5〜10%
- 10〜20%

アフリカにおける熱帯熱マラリア
- マラリア

鎌状赤血球貧血はヘモグロビンの遺伝子に生じた単一のヌクレオチドの変化によって引きおこされる。この変化によって表面に非極性アミノ酸残基をもったタンパク質が産生され，それらの分子どうしが固まりをつくりやすくなる。

遺伝子の欠陥の修正：遺伝子治療

40年近くにわたり「健康な」遺伝子をそれを失った人に導入する方法が研究がされてきた。1964年の3人のノーベル賞受賞者(Ed Tatum, Joshua Lederberg, Arthur Kornberg)は，欠陥遺伝子を機能遺伝子に置き換えることで嚢胞性繊維症，筋ジストロフィー，多発性硬化症などの致死的な遺伝性疾患が治療できるようになるにちがいないと指摘した。

初期の成功例

1990年，アデノシンデアミナーゼ酵素の欠陥遺伝子に起因する血液疾患の治療が，2人の少女に実施された。正常な機能遺伝子のコピーが，遺伝子導入治療(gene transfer therapy)により骨髄細胞に導入された。遺伝子改変された骨髄細胞を増殖させ，それぞれの少女の体内に注射によって戻した。その結果，二人の少女は回復し，以後健康を保った。遺伝性疾患が遺伝子治療によって治療できた初めての例である。

嚢胞性繊維症の治療への取組み

重大な致死的遺伝疾患の一つである"嚢胞性繊維症(cystic fibrosis)"に対しても新たにアプローチが試みられた。*cf*と表記される欠陥遺伝子が1989年に単離された。それから5年後には，正常な*cf*遺伝子が欠陥遺伝子をもつマウスに導入され，マウスで嚢胞性繊維症の治療に成功した。*cf*遺伝子をマウスの肺に感染するウイルスに挿入し，マウスの肺細胞に導入することで，この画期的な成果が得られた。「遺伝子の運び屋(ベクター)」として使用されたウイルスは，肺細胞に非常に感染しやすく風邪の原因となるアデノウイルスであった。複雑な生体反応を防ぐため，この実験用マウスの免疫系は不活化されていた。

マウスを用いた予備実験の結果に触発されて，1995年初めにはいくつかの研究室で健康な*cf*遺伝子をヒトの嚢胞性繊維症患者に導入する治療が試みられた。自信満々で研究者たちはヒトの*cf*遺伝子をアデノウイルスに挿入し，その遺伝子をもつウイルスを嚢胞性繊維症の患者の肺に注入した。導入後の8週間は遺伝子治療が成功したかに思われたが，思いがけない障害に見舞われた。患者の肺中の遺伝子改変細胞が患者自身の免疫系に攻撃されて，"健康な"*cf*遺伝子は失われ，それとともに治癒の可能性も完全に失せてしまった。

ベクターがもつ問題点

そのほかの初期の遺伝子治療の試みも失敗に終わったが，初期の試みの問題点は予測できるはずのものであった。アデノウイルスは風邪の原因となる。過去にひいた風邪によって

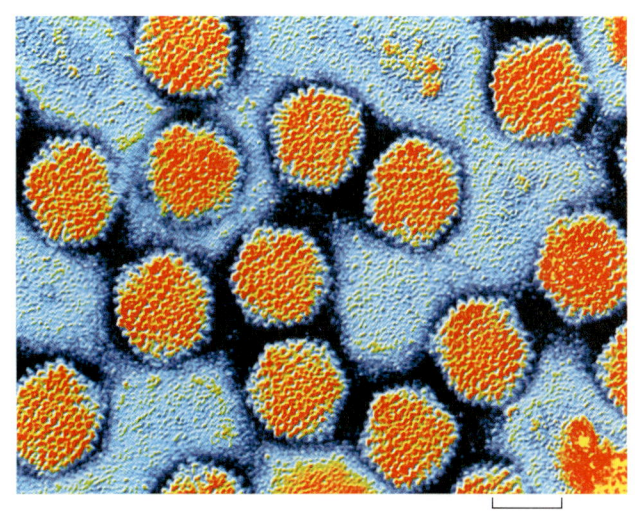

図 13.26
アデノウイルス。　一般的な風邪の原因となるこのウイルス(200,000×)は，遺伝子治療の臨床試験で正常遺伝子を運ぶ道具として使用されてきた。しかし，宿主の免疫システムによって攻撃され破壊されるため，ベクターとして使用するには問題がある。さらに，激しい免疫反応を引きおこしたり，宿主のDNA中にランダムに入り込んで突然変異の原因となることがある。

私たちすべての人間はアデノウイルスに対する抗体をもっている(図13.26)。そのため，正常遺伝子を導入するのに用いたベクター自身が破壊されたのであった。

1995年に新たに国立衛生研究所(NIH)の所長に任命されたノーベル賞受賞者のHarold Varmusは，ヒトの遺伝子治療の試みについて総括的な再検討を行い，次の三つの問題点が明らかとなった。(1) ほとんどの実験に用いられたアデノウイルスベクターは強い免疫反応を引きおこし，結果的に導入された遺伝子が拒絶された。(2) アデノウイルスの感染は，死に至らしめるような非常に激しい免疫反応をまれに引きおこすことがある。(3) アデノウイルスを細胞に感染させた場合，ウイルスDNAが染色体に取り込まれることがある。まずいことにDNAが挿入される位置はランダムなので，ウイルスが遺伝子のなかに取り込まれて突然変異が引きおこされ遺伝子が不活化される可能性がある。突然変異のなかには，がんというとうてい容認できない結果を引きおこすことも考えられる。

この調査結果にもとづき，Varmusはヒトに対するあらゆる遺伝子治療の臨床試験を停止しうまく機能するベクターが得られるまでは基礎的研究を行うようよびかけた。

原理的には，正常な遺伝子を患者に導入することによって嚢胞性繊維症のような遺伝性疾患を治療することは可能である。しかし，アデノウイルスをベクターとして用いた初期の遺伝子治療の試みはほとんど成功することはなかった。

さらに有望なベクター

わずか数年のあいだにより有望なベクターが見つけだされた。この新たな遺伝子の運び屋である"アデノ随伴ウイルス（AAV）"とよばれる微小なパルボウイルスは、たった二つの遺伝子をもつだけであり、複製にはアデノウイルスを必要とする。遺伝子導入の際のベクターにするため、AAVの二つの遺伝子が取り除かれた。この遺伝子を欠くウイルスの殻は、まだ感染能とヒト遺伝子を患者の体内に運ぶ能力を保持していた。重要なことは、AAVはアデノウイルスに比べてヒトDNAのなかに入り込む頻度が極めて低いことである。したがって、がんの原因となる突然変異を引きおこす可能性はずっと低いと考えられる。さらに、AAVは強い免疫反応を引きおこさない。つまり、AAVに感染した細胞が患者自身がもつ免疫機構によって除去されることはない。このようにAAVは決して危険な強い免疫反応を引きおこすことがないため、安全に患者に投与することができる。

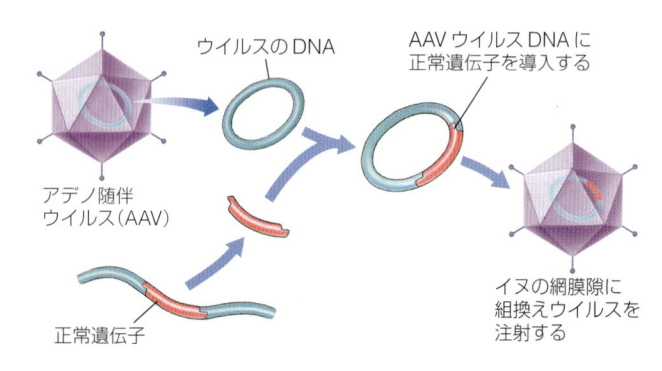

図 13.27
AAVを用いたイヌの網膜の退行変性の治療。 正常な網膜の遺伝子をAAVのDNAに挿入し、網膜の退化変性を起こしたイヌの網膜の空隙に注入した。その結果正常遺伝子が働き、イヌの網膜は治癒した。

AAVベクターを用いた成功例

1999年に、AAVを用いたアカゲザルの貧血の治療が成功した。サルでは、ヒトやほかの哺乳動物と同様に、赤血球はエリスロポエチン（EPO）とよばれるタンパク質による刺激を受けて生産される。貧血、いわゆる赤血球数の少ない人々は、透析患者と同様に定期的にEPOの注射を受けている。機能性を高めたEPO遺伝子をAAVを用いてサルの体内に導入することによって、赤血球数を大幅に増加させて貧血のサルを治療し、さらにその状態を継続させることができた。

AAVを用いた同様の実験で、網膜の退化と失明をともなう遺伝疾患のイヌを治療することができた。これらのイヌは、眼の網膜に結合する変異型タンパク質を産生する欠陥遺伝子が原因で失明していた。必要な正常遺伝子をもったAAVをこのイヌの網膜の裏側の液腔に注入することによって視力を回復させることができたのであった（図13.27）。

いまやヒトの臨床試験が再開されている。2000年には、筋ジストロフィー患者の最初の遺伝子治療の実験が行われ、サウスダコタの35歳の男性に遺伝子が導入された。彼は、いまでは広く用いられるようになった遺伝子治療の初期の被験者であった。表13.3には、今後遺伝子治療が実施されることが予想される遺伝性疾患をあげてある。現在、嚢胞性繊維症、慢性関節リウマチ、血友病、そして広範囲にわたるがんに対して試験的治療が実施されている。遺伝子治療の道は開かれてはいるが、どの程度進展するかはまだ不確定である。

> AAVのような新たなウイルスは、初期に使用されたベクターがもつ問題点を克服し、遺伝子導入治療の将来性をもたらしている。

表13.3　ヒトの重要な遺伝性疾患

病気	症状	欠陥	優性/劣性	ヒトの出生児あたりの頻度
嚢胞性線維症	粘液が肺、肝臓、膵臓の管を詰まらせる	塩素イオンの輸送機構の欠陥	劣性	1/2500（白人）
鎌状赤血球症	血液の循環が不十分である	異常なヘモグロビン分子	劣性	1/625（アフリカ系黒人）
テイ・サックス病	幼年期に中枢神経系の退化が起こる	酵素の欠陥（ヘキソサミニダーゼA）	劣性	1/3500（ヨーロッパ系ユダヤ人）
フェニルケトン尿症	幼年期に脳の発達が阻害される	酵素の欠陥（フェニルアラニン水酸化酵素）	劣性	1/12,000
血友病	血液が凝固できない	血液凝固第8因子の欠陥	伴性劣性	1/10,000（白人男性）
ハンチントン病	中年期に脳組織が次第に退化する	脳細胞の代謝抑制物質の産生	優性	1/24,000
筋ジストロフィー（デュシェンヌ型）	筋肉が衰弱する	筋肉を刺激する神経を被うミエリンの退化	伴性劣性	1/3700（男性）
高コレステロール血症	血液中の過度のコレステロールにより心臓疾患が生じる	コレステロール細胞表面の受容体の異常	優性	1/500

13.3 遺伝子は染色体上に存在する

染色体：Mendel遺伝の媒介物

真核細胞の分裂時に規則正しく分離するのは染色体だけではない。ミトコンドリアや葉緑体（この構造体をもつ細胞では）と同様、中心粒も規則正しく分割し分離する。このように、染色体が遺伝情報の運び手となることは、20世紀初期には全く知られていなかった。

遺伝の染色体説

遺伝における染色体の中心的な役割が、1900年にドイツの遺伝学者Karl Corrensにより、Mendelの研究の再発見について報告した論文のなかで初めて述べられた。その直後の1902年に、アメリカのWalter Suttonは減数分裂において似た染色体どうしが対をつくるという観察結果にもとづき**遺伝の染色体説**(chromosomal theory of inheritance)を提唱した。

いくつかの断片的な証拠がSuttonの説を支持した。一つは、生殖が卵と精子たった二つの細胞の合体にはじまるというものである。Mendelモデルが正しければ、これら二つの配偶子は同等の遺伝的役割をになうはずである。しかし、精子は細胞質をほとんど含まない。これは遺伝物質が配偶子の核中に存在することを示す。さらに、二倍体の個体は相同染色体をそれぞれ2コピーもつのに、配偶子は1コピーもつだけである。この観察結果は、二倍体の個体は遺伝子を2コピーずつもち配偶子は1コピーだけもつというMendelモデルとよく一致する。染色体は減数分裂期に分離し、それぞれの相同染色体対はほかの染色体対とは独立に赤道面上で両極に分かれる。分離と独立は、Mendelモデルにおいて遺伝子が示す二つの特性である。

染色体説の問題点

すぐにこの学説に一つの問題点が指摘された。Mendel形質が染色体上の遺伝子により決定されるなら、そしてMendel形質の独立の分配が減数分裂における染色体の独立の分離を反映するなら、なぜ独立に分離する形質の数がその生物がもつ染色体数を大きく上回るのであろうか。これは決定的な反対理由なので、当時の研究者たちはSutton説に対して慎重にならざるを得なかった。

Morganの白眼のハエ

遺伝の染色体説が本質的に正しいことは、この謎の解決以前にすでに示されていた。たった1匹の小さなハエが決定的

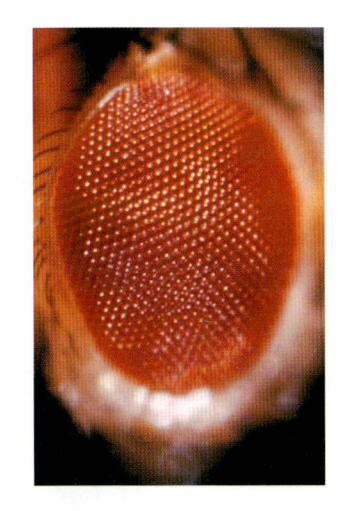

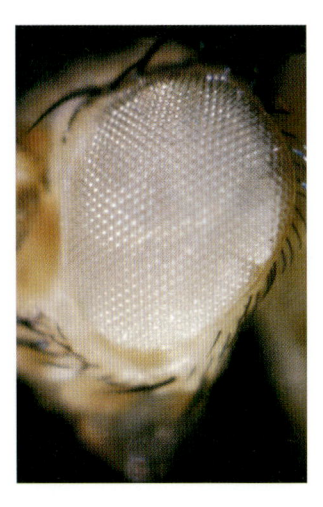

図 13.28
ショウジョウバエの赤眼（正常）と白眼（突然変異）。白眼はX染色体上に存在する遺伝子に生じた突然変異による遺伝的な欠陥に由来し、遺伝性である。この突然変異の研究によってMorganは初めて遺伝子が染色体上に存在することを証明した。

証拠を提供した。ショウジョウバエ(*Drosophila melanogaster*)を研究していたThomas Hunt Morganは、1910年、同種の正常なハエとは全く異なる眼の色が赤ではなく白い雄の**突然変異体**(mutant)を見つけた(図13.28)。

Morganはこの新しい形質がMendel式の遺伝をするかを決める実験にすぐに取りかかった。彼は突然変異個体の雄と正常の雌をかけ合わせ、赤と白の眼のどちらが優性か調べた。Morganは、すべてのF_1個体は赤眼をもつので赤眼は白眼に対して優性であると結論した。Mendelが確立した実験方法に従い、次にF_1世代の赤眼のハエどうしを交雑したところ、4252匹のF_2個体のうち782匹（18％）は白眼をもっていた。F_2個体の白眼に対する赤眼の割合は3:1よりずっと大きな値となったが、この交雑結果は眼の色が分離する明白な証拠となった。しかし結論は、F_2世代の"白眼の個体はすべて雄である！"という奇妙なもので、Mendelの説からは予測できないものであった。

この結果はどう説明できるのだろう。白眼の雌は何らかの理由で存在しないと考えられる。それを検証するためMorganはF_1の雌ともとの白眼の雄とのあいだで検定交雑を行い、Mendelの説から予想されるとおり、白眼の雄と雌そして赤眼の雄と雌がそれぞれ1:1:1:1の比となった。したがって、雌も白眼をもつことができる。では、なぜ最初の交雑で得られた子供に白眼の雌が存在しなかったのか。

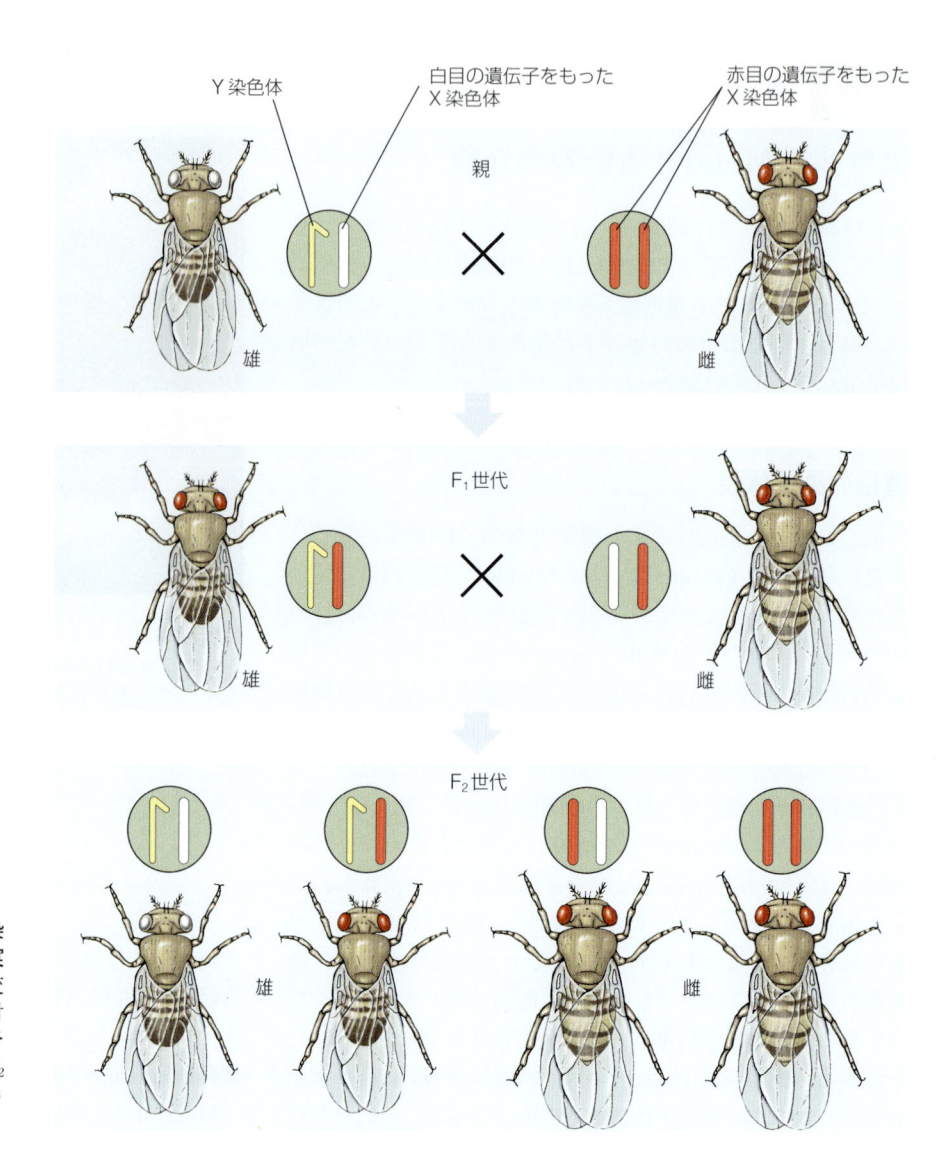

図 13.29 ショウジョウバエにおける伴性遺伝の染色体基盤を明らかにしたMorganの実験。 白眼の突然変異雄を正常の雌と交雑した。F₁世代のハエは、白眼の劣性対立遺伝子が異型接合となっているため予想どおりすべて赤眼であった。しかしF₂世代では、白眼のハエはすべて雄であった。

伴　性

この疑問は性に関係していた。ショウジョウバエの個体では、性が特殊な染色体である**X染色体**(X chromosome)数により決まる。2本のX染色体をもつハエは雌に、1本だけの個体は雄になる。雄では、X染色体は減数分裂時に**Y染色体**(Y chromosome)という形の異なる染色体と対合する。雌はX染色体をもつ配偶子のみを、雄はX染色体をもつ配偶子とY染色体をもつ配偶子をつくる。X染色体をもつ精子の受精でXX染色体の接合体ができ雌となるが、Y染色体をもつ精子の受精では、XY染色体の接合体ができ雄となる。

Morganの疑問の答えは、ショウジョウバエの白眼形質の原因遺伝子がX染色体上にだけあり、Y染色体上にはないことである（いまではハエのY染色体上に機能遺伝子があまりないことがわかっている）。X染色体上の遺伝子が決定する形質を**伴性**(sex-linked)という。白眼の形質は赤眼に対して劣性なので、Morganの結果は染色体のMendel式分離の当然の答えであった（図13.29）。

Morganの実験は、Suttonがかつて提唱したように、Mendel形質を決める遺伝子が染色体上に存在する明らかな証拠を初めて示したもので、遺伝学の歴史上もっとも重要な実験の一つである。白眼形質の分離はX染色体の分離と1:1に対応する。すなわち、染色体が独立分離するため、ショウジョウバエの眼の色のようなMendel形質も同様に独立に分離する。Mendelがエンドウで二つの形質の独立分離を観察したとき、彼はまさしく減数分裂における染色体の分離の結果を観察していたのである。

> Mendelの形質は独立に分離する。それは、形質を決める遺伝子の乗っている染色体が減数分裂時に独立に組合せをつくるからである。

遺伝的組換え

Morganの実験はSuttonの遺伝の染色体説を広く認めさせた。その後，独立分離する遺伝子がなぜ染色体数より多いのかについての説明が試みられた。明らかに，個々の染色体は一つ以上の遺伝子をもつ。二つの遺伝子が同じ染色体に存在するなら，それらはどのように独立分離するのだろう。1903年，オランダの遺伝学者Hugo de Vriesは，相同染色体が減数分裂時にその構成要素を交換すると仮定するだけで説明できることを示した。1909年，フランスの細胞学者F. A. Janssensはこれを支持する証拠を示した。両生類の減数分裂で形成されるキアズマの研究から，彼は個々のキアズマ形成には4本の染色分体がかかわり，そのうち二つが交差するが残りの二つは交差していないことに気づいた。彼は，この染色分体の交差は雌雄の相同染色体のあいだに生じた染色体腕の入れ替わりを反映したもので，その交換にはそれぞれの相同染色体の一つの染色分体がかかわるのではないかと推定した。しかしどうやって2本の染色分体が同じ位置で切れてつながるかを確認できず，彼の提言は広くは認められなかった。

乗換え

後の実験結果によりJanssensの考えが正しかったことが立証された。例の一つとして，1931年のアメリカの遺伝学者Sternの実験を図13.30に示す。Sternは，X染色体の両端に目に見える異常をもつショウジョウバエの系統を用い，眼の伴性形質二つについて研究した。彼は多くのハエを調べ，眼の二つの形質に交換が起きているものを同定した。次にこれらの染色体を調べ，X染色体に染色体腕の交換が生じているか観察し，眼の形質に交換を生じた個体はすべて異常な末端を交換した染色体をもつことを見いだした。これは必然的なもので，眼の色の形質の遺伝的な交換は染色体腕の物理的な交換をともなっていた。この現象は**乗換え**（crossing over）とよばれる。乗換えは

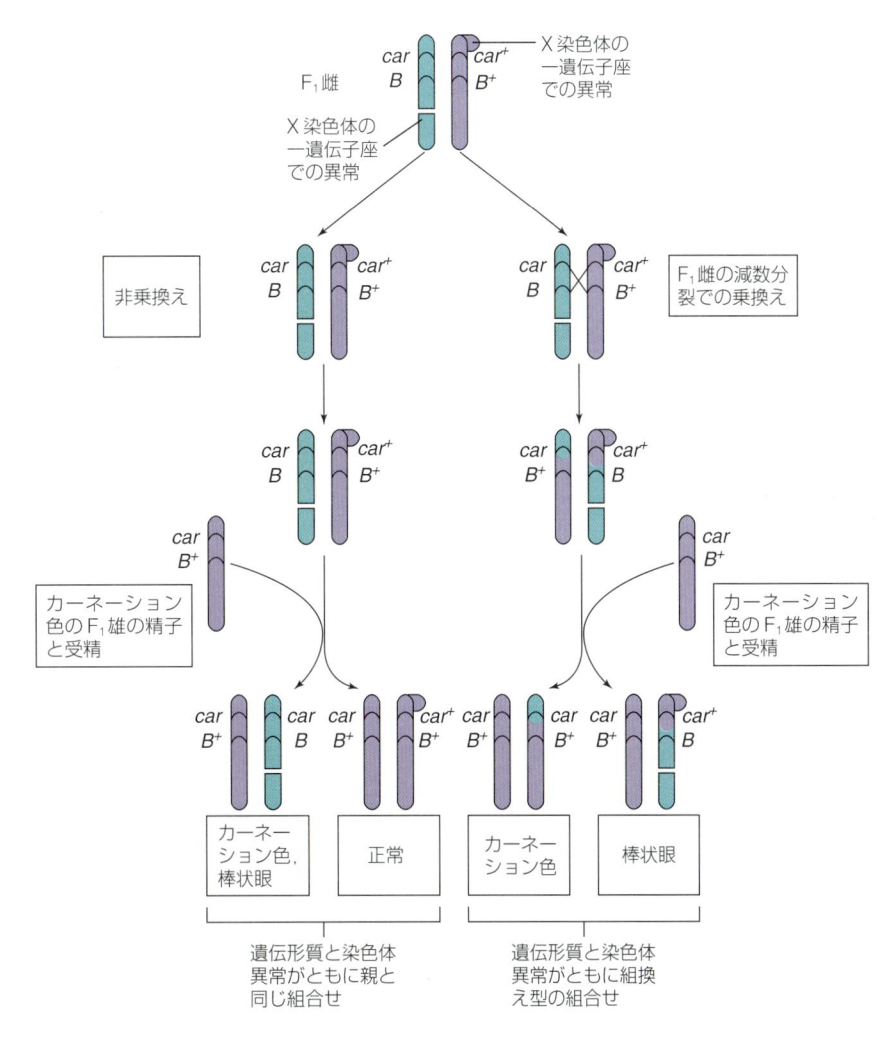

図 13.30
乗換えの際に染色体腕が物理的に交換することを明らかにしたSternの実験。 Sternは劣性のカーネーション色の眼（car）と優性の棒状眼（B）の二つの遺伝子が顕微鏡下で識別できる構造的な特徴をもつ染色体上に存在することを利用して，これら二つの遺伝子間に生じる乗換えを調べた。これらの遺伝子が乗換えを起こして組み換わるときにはいつでも染色体が同様に組み換わっていた。したがって，遺伝子の組換えは染色体腕の物理的な交換を反映している。対立遺伝子の上の「＋」の表記は，ある遺伝子についてもっとも広く存在する対立遺伝子である野生型を表す。

遺伝子の新たな組合せを生じ，**遺伝的組換え**（genetic recombination）が目に見える形になったのである。

相同染色体間の乗換えが染色体全域のどこにでも起こり，その位置は任意であることから，Sternが立証した染色体の交換はMorganの疑問に対する答えを与えるものであった。二つの遺伝子が染色体上で相対的に遠くにあれば，近くにある遺伝子間よりも乗換えが起こりやすい。二つの遺伝子が同じ染色体上でも遠くにあれば，通常はこれらの遺伝子間で乗換えが起こり，結果的には独立分離することになる。

組換えを用いて遺伝地図をつくる

　Mendelが研究した形質は，異なる染色体上か同一染色体上でも乗換えが起こるだけの遠い距離に位置していたと考えられるため，独立分離を観察できた（図13.31）。相対的に離れた遺伝子間では近接する遺伝子間より高頻度に乗換えが起こるため，乗換えの頻度で染色体上の遺伝子間の相対的な距離が測れる。交雑実験で二つの遺伝子間に交換があったことを示す後代の個体の割合は，乗換えの頻度を表す物差しであり，遺伝子間の相対的な距離を表す。このような交雑の結果は，組換えの頻度によって遺伝子間の距離を示す**遺伝地図**（genetic map）の作製に用いることができる。1"地図単位"は，配偶子の平均1%に乗換えが起きているであろう距離である。現在では，地図単位を，Thomas Hunt Morganにちなみ**センチモルガン**（centimorgan）とよぶ。

　遺伝地図のほかにもさまざまな物理地図がつくられている。それには，DNA切断制限酵素（DNA-cleaving restriction enzyme）により切断される部位，ポリメラーゼ連鎖反応（PCR：polymerase chain reaction）により増幅される部位，配列認識部位（STS：sequence-tagged site）や細胞学的地図（第16章参照）などが含まれる。遺伝学の最大の威力は，組換えを基本とした遺伝地図と物理地図を統合できる点にある。

三点交雑　遺伝地図をつくる際，同一染色体上の三つまたはそれ以上の遺伝子間の組換えが同時に調べられる。遺伝子が独立に分離しないほどに近接している場合，それらは"**連鎖**"しているという。三つの連鎖している遺伝子間の交雑実験は**三点交雑**（three-point cross）とよばれる。Morganの弟子のA. H. Sturtevantは，ショウジョウバエのX染色体上の遺伝子が支配する形質についてのMorganのデータを用い，最初の遺伝地図をつくった（図13.32）。慣例的な取決めにしたがい，図13.30に示すように，もっとも広く存在する対立遺伝子を「＋」で表記し，**野生型**（wild type）とよぶ。ほかのすべての対立遺伝子は特別な文字で表記される。

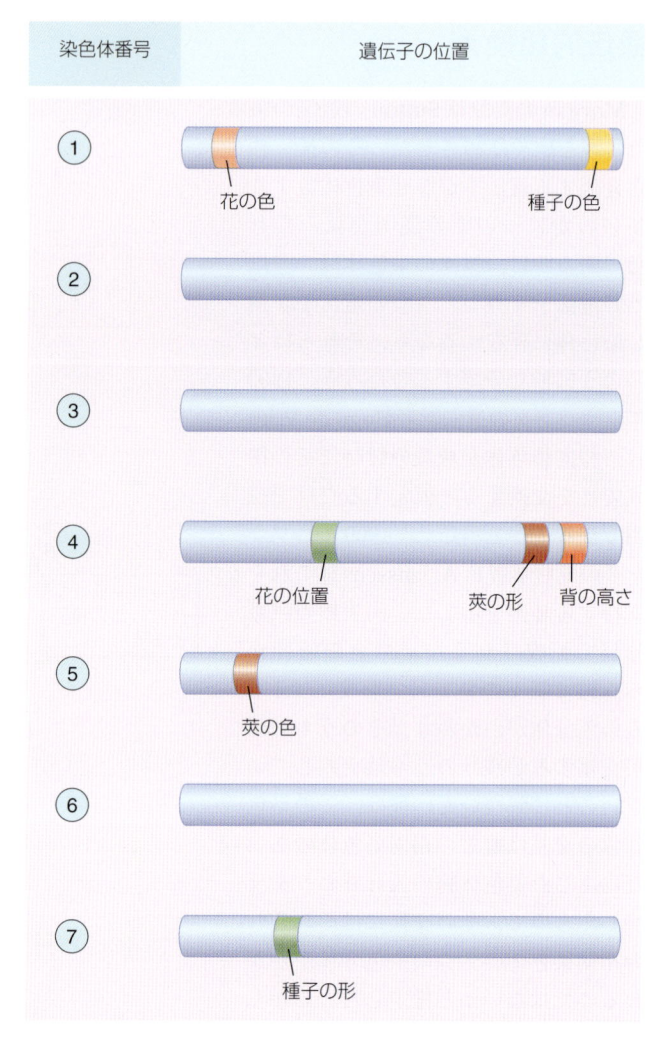

図 13.31
Mendelによって研究に用いられたエンドウの七つの遺伝子の染色体上の位置。　背丈と莢の形の遺伝子は互いに非常に近接して存在し，組換えはまれにしか起こらない。しかし，背丈と莢の形はMendelが二遺伝子雑種の交雑で調べた形質の組合せには含まれていなかった。彼がこれらの形質を一緒に取り上げて実験を行ったとすれば，必ず見つけたであろう連鎖を，彼はどのように理解したのであろうか。

図 13.32
最初の遺伝地図。　このショウジョウバエのX染色体の地図は，Morganの弟子であるA. H. Sturtevantによって1913年に作製された。彼は，遺伝的な交雑で生じる組換えの相対的な頻度を算出することによって，伴性の五つの劣性形質の相対的な位置をこの地図に示した。組換え頻度が高くなればなるほど，二つの遺伝子はより離れて存在することになる。

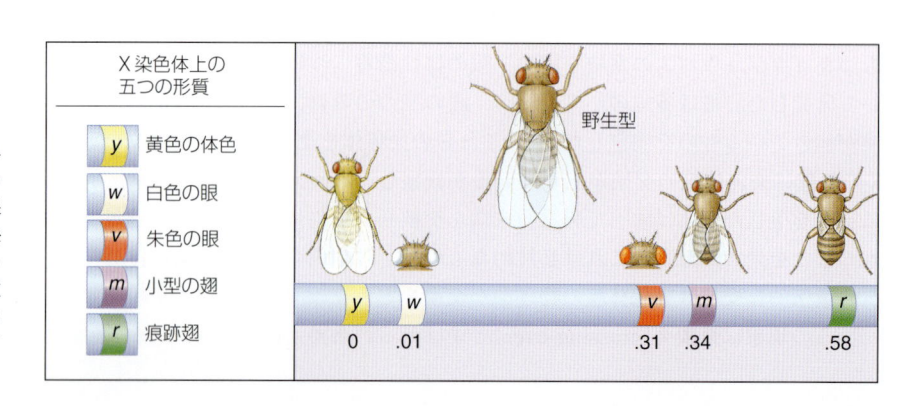

ヒトの遺伝地図

意図的な交配を行えないヒトでも，遺伝地図はつくれるのだろうか。答えは「はい」である。それには家系図から得た結婚や親子関係のデータを用いる。遺伝的な距離が組換え頻度に比例するのは同じであるが，解析には複雑な統計処理が必要となる。方法的には，一対の遺伝子に着目し，連鎖している場合と連鎖していない場合のモデルを考えて家系図にあてはめる。観察された遺伝子型の尤度を比較し，"オッズ比の対数（log of odds ratio）"である LOD とよばれる統計値を算出する。LOD 値は，二つの遺伝子が連鎖していない場合と連鎖している場合の確率の比にあたる。この方法によって，連鎖している遺伝子を検出し，それらのあいだの遺伝距離を決める（図13.33）。この方法に必要な複数のくり返し計算は，現在，計算機プログラムによって自動化されている。

ヒトの遺伝地図作製作業が膨大であるのを知るには，少しだけ研究の歴史を知る必要がある。すでに大規模な遺伝地図ができている動物では，遺伝マーカーのほとんどがショウジョウバエの眼の色，体色，翅の形の変異といった形態的な変化を生じる対立遺伝子である。ヒトではそのような対立遺伝子は一般に疾病に対応する。そのため 1980 年代初期までは，ヒトゲノムのマーカー数は 100 程度であった。ヒトのゲノムサイズからすれば，これは決して高密度ではない。これらは染色体上にマップすることが望まれた遺伝子であるが，疾病の対立遺伝子は集団中には低い頻度でしか存在しない。さらに，マッピングできるほど多くの疾病対立遺伝子が一つの家系中に存在していた例はない。

ヒトの遺伝地図作製は，任意の DNA マーカー，つまり分子生物学的手法では検出できるが表現型は検出できないマーカーの発展により大きく変革した。これらのマーカーの質は，長い歳月にわたり技術の発展と共に変わってきた。現在では，ゲノム全体に分散する標準化マーカーのセットを用い，自動化された技術によって，ほとんどゲノム全域にわたる高密度な遺伝子マッピングが可能である。これらのマーカーのほとんどは，2 あるいは 3 個の塩基配列の縦列重複を含み，PCR によって増幅できるゲノム領域である。そのくり返し数は個体により異なるが，表現型には変化をもたらさない。こうして，これまで数百程度だったのが，現在では数千ものマーカーが得られ，25 年前には考えられなかった遺伝地図が作製されている。

特定の遺伝子について研究したい研究者は，第 16 章で述べる技術を用いて遺伝子ライブラリーを調べ，どの断片が対象とする遺伝子を含むか迅速に決める。そして目的の遺伝子断片を詳細に解析することができる。

次の段階では，ヒトゲノムの全塩基配列決定から得られた情報を用いて，個体間で異なる一つの塩基配列を同定し，そ

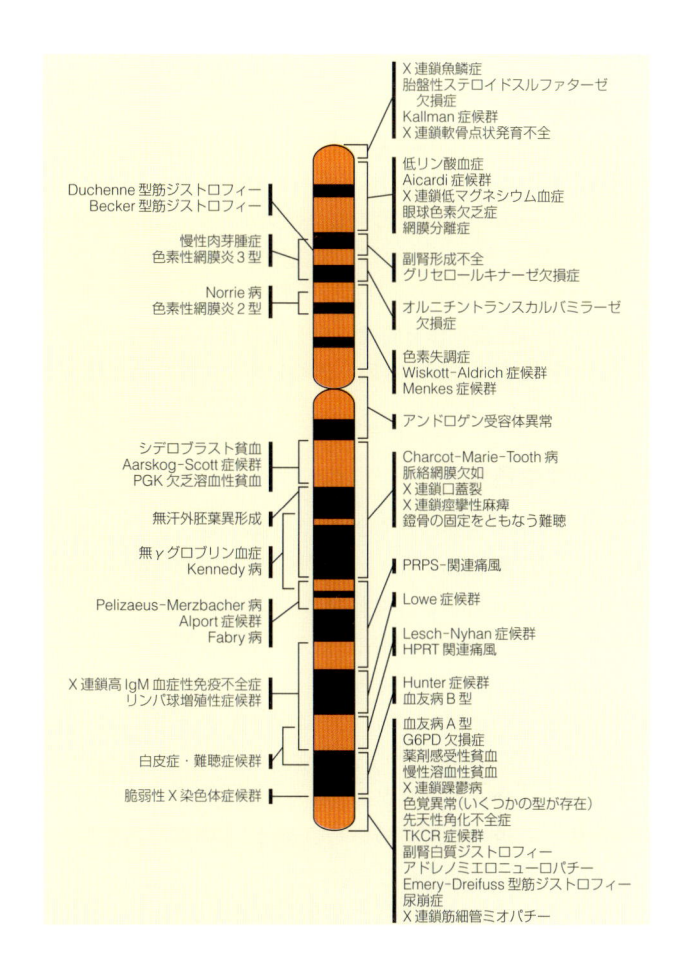

図 13.33
ヒトX染色体の遺伝地図。 59 種類以上の病気がX染色体の特定の領域に位置づけられている。これらの病気の多くはほかの染色体上の遺伝子によっても影響を受ける。

の染色体上の位置を同定できるようになった。集団内の個体間の違いを**多型**（polymorphism）といい，現在ではこれらを単一ヌクレオチド多型あるいは SNP とよぶ。このような違いがすでに 200 万以上も同定され，遺伝地図上とヒトゲノム配列上に位置づけられている。このような一連の技術は極めて高い解像能をもつ遺伝解析を可能にする。

最近急速に発展した遺伝子マッピングの方法は，単純な Mendel 遺伝をする比較的少数の遺伝子よりもほかの多くの遺伝子に対して利用されている。高い解像度をもつ遺伝地図の作製と数百万もの SNP の開発は，複雑な量的形質の精密な遺伝解析を可能にした。

> 遺伝地図は，生物の染色体上に異なる遺伝子の相対的な位置を示している。遺伝地図はこれまで伝統的に遺伝的交配により生じる組換えの相対的な量を調べることで作製されていたが，新たな技術を用いることで，ますます詳細なものとなってきた。

ヒトの染色体

ヒト体細胞の染色体数は46本で，減数分裂時に23の染色体対を形成する。命名規約によりヒトの染色体は大きさや形態にもとづきAからGと記す七つのグループに分けられる。染色体を核型で順に並べれば，染色体間の違いが明確にわかる（図13.34）。染色体の部分部分を異なる色素で染め分ける技術を使えば，染色体を間違いなく識別できる。指紋のように，個々の染色体はいつも同じ色の分染バンドを示す。

ヒトの性染色体

23対のヒト染色体のうち22対は男女のあいだで完全に一致し，**常染色体**（autosome）とよばれる。残りの1対の**性染色体**（sex chromosome）は，女性では二つの類似した染色体で，男性では異なる染色体で構成される。女性はXX，男性はXYと表記される。男性の性染色体の一方（Y染色体）は高度に凝縮している。Y染色体上の遺伝子はほとんど発現せず，男性がもつ1本のX染色体上の劣性対立遺伝子は，対になるもう一方の"活性のある"対立遺伝子をY染色体上にもたない。Y染色体上の活性遺伝子のいくつかは，「男性であること」の特徴を決める遺伝子として働いている。そのため，"少なくとも"1本のY染色体をもつ個体が男性となる。

ほかの生物の性染色体

性染色体の形と数は生物によりさまざまである（表13.4）。ショウジョウバエでは，ヒトや多くの脊椎動物と同様に，雌がXX，雄がXYである。一方，鳥類では，雄は2本のZ染色体を，雌は1本のZ染色体と1本のW染色体をもつ。バッタなどいくつかの昆虫はY染色体をもたず，雌はXX，雄はXOとして特徴づけられる（Oは染色体が存在しないことを表す）。

性決定

ヒトでは，*SRY*として知られるY染色体上の特殊な遺伝子が，男性の特徴を形成する鍵となる。この遺伝子は発生の早期に発現し，交尾器と二次的な生殖器官を男性化する。この遺伝子が働かなければ女性となる。Y染色体を欠く女性にはこのような変化はない。

魚類やいくつかの爬虫類の種では環境要因がこの性決定遺伝子の発現を変化させ，個体の性を変化させることができる。

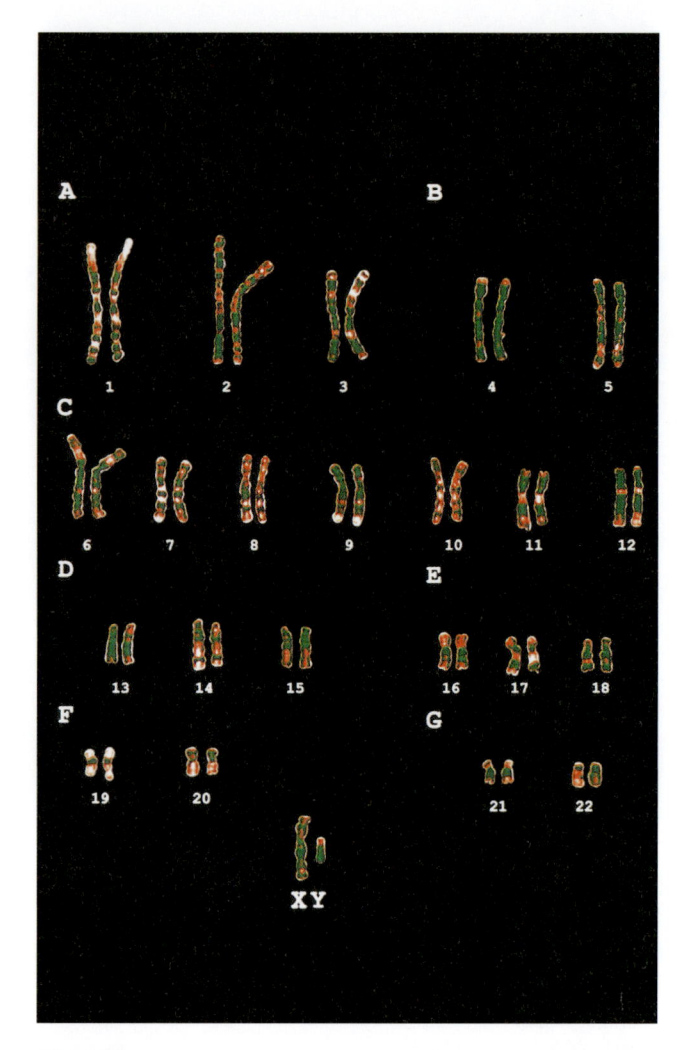

図 13.34
ヒトの核型。 この核型は色づけされた分染パターンを示し，A群からG群に分けて並べられている。

表13.4　いくつかの生物における性決定

	雌	雄
ヒト，ショウジョウバエ	XX	XY
トリ	ZW	ZZ
バッタ	XX	XO
ミツバチ	二倍体	一倍体

バール小体

　男性はX染色体を1コピーだけ，女性は2コピーもつが，X染色体上の遺伝子がコードするタンパク質が女性で2倍量産生されるわけではない。女性のX染色体の1本は，胚の性決定後まもなく発生初期に不活性化される。不活性化されるX染色体は任意で，細胞ごとに異なる。ある女性が伴性形質を異型接合でもつ場合，ある部分の細胞は一方の対立遺伝子を，ほかの細胞はもう一方の遺伝子を発現している。不活性化され高度に凝縮したX染色体は，核膜に張りつき暗く染まる**バール小体**(Barr body)として観察できる。

なぜX染色体とY染色体は異なるのか？

　ほかの22対の染色体と同様，X染色体にも数千の遺伝子が詰め込まれている。女性が2コピーのX染色体と常染色体をもつ理由は，DNAの損耗や化学物質による損傷，複製の誤りなどにより絶え間なく生じる遺伝子損傷を修復するためであると考えられている。

　細胞は，いかにしてDNA鎖に存在するたった一つあるいは数個のヌクレオチドの突然変異を見つけだし，校正するのか。また，どうして2本鎖のどちらが「正しく」どちらが間違いかわかるのだろう。この巧妙な作業は各染色体の同じコピーを二つもつ細胞で可能となる。二つのものの比較により，細胞は「誤植」を見つけ，それらを修復する。

　細胞が2本のDNA鎖間に違いをもつ二重らせんを検出した場合，その二重らせんはDraco流の厳密な方法によって，異常を含む全領域がDNA分子の両方の鎖から切りだされ「修復」される。この場合どちらのDNA鎖が正常か決める必要はなく，両方が除去される。こうして形成された隙間は，もう一方の染色体上にあるその領域の塩基配列を複製することによって埋められる。この過程は**遺伝子変換**(gene conversion)とよばれる。この型のDNA校正は，減数分裂の早期に相同な染色体が互いに対合する際に起きる。

　ほとんどの生物学者は，DNA修復の必要性が性を生みだした原因であると考えている。減数分裂を行わない無性生殖動物では，突然変異の損傷の蓄積によって，集団遺伝学者がMullerの爪車（一方向にしか回転しない歯車）とよぶ不可逆的な遺伝的退化，つまり遺伝子の消滅に至る漸進的な遺伝子の欠失が起きる（第12章参照）。

　では，雄をつくりだす要因は何だろう。雄は雌と異なり，X染色体を一つだけもつ。雄では対になる一方の染色体はY染色体であり，この染色体はX染色体よりかなり小さい。最近まで，Y染色体には活性のある遺伝子が数個しかないとされていた。減数分裂で対となるべきもう1本のY染色体がないので，その上の遺伝子のほとんどはMullerの爪車の犠牲となって退化し，その結果，Y染色体は残ったわずかな活性遺伝子だけをもつ遺伝的に不毛な染色体であると考えられてきた。

　この見解は単純すぎた。2003年6月，ヒトのY染色体上の全遺伝子配列が報告された。それは，これまでの予測とは全く異なっていた。ヒトのY染色体は，一つや二つではなく，78個の遺伝子を含んでいた。その一つが雄性化にかかわるもので，ほかのほとんどは精子の生産や妊性に関するものであった。残りのいくつかは性とは何の関係もなかった。後者の遺伝子群の一つは，細胞がタンパク質を合成するためのエンジンにあたるリボソームの構成成分をつくっている。そのため，男性の体のリボソームは女性のそれとはわずかに異なる。

　すべての遺伝子について考慮すると，男性と女性ではゲノムの1〜2％に違いがあることになる。これはヒト男性と雄のチンパンジー（あるいはヒト女性と雌のチンパンジー）との違いに相当する。われわれは，両性のあいだの違いはどこにあるのかについて考えざるを得ない。この違いの多くは，私たちがこれまで想像していた以上に遺伝子にもとづくようである。

　Y染色体はX染色体よりずっと小さく，X染色体とは先端部の小さな部分だけで対合できる。したがってX染色体とY染色体は，減数分裂において一部の対合できる部分のみでDNAの校正と修復が行われる。そこで，進化はX染色体と78個の遺伝子をもつY染色体の対合を阻害すべく機能してきたという非常にうまい理由付けができる。密接な対合が起こると，小さな染色体領域と同様に広い染色体部分でも交換が可能になるから，もしX染色体とY染色体のあいだで対合が起こりさえすれば遺伝子の交換を生じ，Y染色体の雄性決定遺伝子がX染色体に移ってすべてを雄にしてしまうことになる。

　ここで一つの謎が残る。Y染色体がX染色体と対合できなければ，遺伝子コピーの校正なしにどのようにして突然変異の蓄積を防ぐのだろう。Mullerの爪車がずっと昔に雄を絶滅に押しやることはなかったのか。その答えはまさにY染色体の塩基配列そのものであり，簡潔をきわめるものである。Y染色体の78個の活性遺伝子のほとんどが八つの巨大なパリンドローム中に存在する。この領域は，"たけやぶやけた"という文章のように，同じ配列が逆向きに並んでいる。

　パリンドロームは非常に整然とした特徴，DNA鎖自身が湾曲し二つのDNA鎖が同じ配列どうしで並び合うヘアピン構造，を形成している。染色体のほぼ同じ配列をもつ領域が整列することで，減数分裂時にX染色体のDNAの校正が可能になるのと同じ状態である。したがってY染色体では，突然変異が起こっても，パリンドロームの一方の腕で障害を受けずに保存されている配列を鋳型とし，遺伝子変換によって「校正」される。その結果，損傷が蓄積されず，Mullerの爪車が働かず，雄を存続させることができる。

ヒトでは性はY染色体の存在によって決定され，Y染色体上には少なくとも78個の転写される遺伝子が存在する。

染色体数の変化によって引きおこされるヒトの異常

減数分裂時の相同染色体や姉妹染色分体の分離の失敗を，**不分離**(nondisjunction)という。これは染色体数の増加や欠失をもった配偶子を形成し，**異数性**(aneuploidy)とよばれる状態を生じる。ヒトでは異数性の頻度が驚くほど高く，妊娠の5％にあたるという。

図 13.35 ダウン症候群。（a）この男性の核型に見られるように，ダウン症候群は21番染色体のトリソミーを伴っている。（b）父親の膝の上に座っているダウン症候群のこども。

常染色体を含む不分離

同性のヒトのほとんどは，同じ核型をもつ。ある常染色体の1コピーだけでも欠いている人は**一染色体性の個体**(monosomics)とよばれ，発生段階で生存できない。過剰な常染色体を一つもつ**三染色体性の個体**(trisomics)も，わずかな例を除いて生存できない。臨床的に確認された自然流産のデータは流産胎児における数的異常の頻度が35％にものぼることを示す。しかしながら，小さい染色体とされる五つの常染色体，13, 15, 18, 21, 22番染色体については，3コピーもつ人が存在し，ある期間生存もできる。過剰な13, 15あるいは18番染色体は重度の発達障害の原因となり，そのような遺伝構成をもつ乳児は数か月以内に死亡する。対照的に21番染色体，あるいはまれに22番染色体を1本多くもつ人はたいていは成人まで生存できる。これらの人々は骨格系の成熟が遅れるので，一般に背が低く筋肉の発達も不十分である。精神の発達にも影響があり，21番トリソミーあるいは22番トリソミーのこどもは必ず精神遅滞を伴う。

ダウン症候群　21番トリソミー（図13.35a）により生じる発達障害は，J. Langdon Downが最初に報告したので，**ダウン症候群**(Down syndrome，以前はDown's syndrome)とよばれる。ダウン症候群は約750人に1人の割合で出現し，その頻度はすべての民族で類似する。同様のことはチンパンジーやほかの類人猿でも起きている。ヒトでは，21番染色体の一部の小さな断片が2コピーではなく3コピー存在する場合も，その異常が生じる。これまで調べられたヒトのダウン症候群の97％は21番染色体全体を3コピーもつ。残りの3％では発症にかかわる領域を含む21番染色体の一部が"転座"（第21章参照）によりほかの染色体に付加され，2コピーの正常な21番染色体に21番染色体の断片が加わった形の異常をもつ。この状態は"転座型ダウン症候群"として知られる。

過剰なコピーがどの遺伝子に影響を与えてダウン症候群を引きおこすかについて最近の研究から手がかりが得られてはきたが，まだあまり多くは知られていない。一部の研究者は，ダウン症候群の原因遺伝子ががんやアルツハイマー病に関係するいくつかの遺伝子と同一かあるいは類似していると推測している。ヒトのがんの原因遺伝子（第20章で述べる）の一つとアルツハイマー病の原因遺伝子がダウン症候群の発症にかかわる21番染色体の特定領域に存在することが，その根拠である。さらに，がんはダウン症候群のこどもによく見られる。たとえば，白血病の発症はダウン症候群のこどもでは同年齢のこどもと比べて11倍高い。

ダウン症候群はどのようにして生じるのだろう。ヒトではほとんどの場合，卵形成時の第一減数分裂で起きる21番染色体の不分離が原因となる。第一減数分裂で不分離が起こる原因は不明であるが，がんの場合と同様に発症率は母体年齢とともに増加する（図13.36）。20歳より若い母親からダウン症候群のこどもが産まれる危険率は約1700人に1人であるが，20～30歳の母親では，その危険率は1400人に1人となる。しかし，30～35歳の母親では，その危険率は750人に1人に上昇し，45歳までには16人に1人にまで達する。

ある女性が一生のあいだにつくる卵は，すべて胎児の体内にあるときすでに第一減数分裂の前期まで進行しているため，女性がこどもをもつまでのあいだに卵は母体と共に年齢を重ねる。対照的に，男性では精子が毎日生産されている。したがって，女性の配偶子は男性の配偶子と比較してより多くの時間を経過しており，染色体不分離を含めてさまざまな種類の問題が生じる確率がずっと高い。このような理由で，出産を意図する夫婦にとって母親の年齢は父親の年齢より重要な意味をもつ。

性染色体を含む不分離

性染色体の過剰あるいは欠失個体では，常染色体の同様の変化によるほど重度の発達障害は一般に見られない。そのような個体は，何らかの異常な特徴はもつが，たいていは成熟期まで成長できる。

X染色体　　減数分裂の際にX染色体が分離に失敗すると，ある配偶子は両方のX染色体をもつXX配偶子に，もう一方配偶子は性染色体をもたない「O」配偶子になる（図13.37）。XX配偶子がX配偶子と受精して生じたXXX個体は，機能のある1本のX染色体と二つのバール小体をもつ女性になる。その女性は不妊であるが，そのほかの点はほぼ正常である。XX配偶子がY配偶子と受精すると，生じるXXY個体の男性は，多くの女性的な体の特徴と，ときに不妊症や知的能力の低下を示す。"Kleinfelter症候群"とよばれるこの異常は約500人の出生男児に1人の割合で生じる。

O配偶子とY配偶子の受精により形成されるOY接合体は，X染色体上の遺伝子を欠くため生存することができず，発生途中に失われる。一方，O配偶子とX配偶子の受精によるXO接合体は，背が低く，翼状頸や思春期における生殖器官の未成熟などの特徴をもつ不妊の女性となる。XO個体の知的能力は標準範囲内の低いところにある。この異常は"Turner症候群"とよばれ，おおよそ5,000人の出生女児に1人の割合で生じる。

Y染色体　　Y染色体の分離異常も減数分裂の際に生じ，YY配偶子をつくる。この配偶子がX配偶子と受精したXYY接合体は外観が正常で妊性のある男性となる。XYY遺伝子型（Jacob症候群）の頻度は約1,000人の新生男児あたり1人の割合であるが，受刑者や精神病患者の施設ではその頻度がおおよそ20倍高い。この観察結果は，XYY男性は遺伝的に反社会的であるという多くの議論をよんだ。この説はいくつかの研究結果により支持されているが，ほかの研究は否定している。いずれにせよ，ほとんどのXYY男性は反社会的な行動パターンを示さない。

遺伝子量は発生に非常に重大な影響をもち，ヒトでは染色体の欠失や付加が起きるとさまざまな障害が起こる。常染色体の欠失はつねに致死的であり，わずかな例外を除いて常染色体の過多も致死的である。一方，性染色体の過剰は不妊を伴うが，それほど大きな障害とはならない。

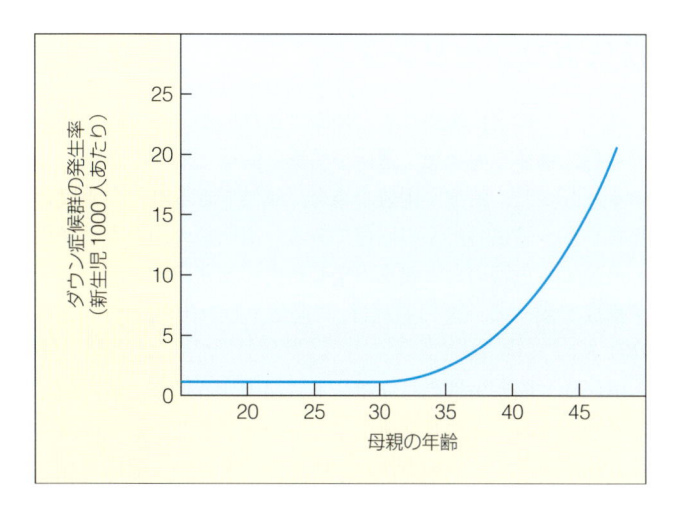

図 13.36
母親の年齢とダウン症候群の発生率との関係。　女性の年齢とともにダウン症候群のこどもが生まれる確率が増加する。女性が35歳を過ぎると，ダウン症候群の頻度は急激に高くなる。20歳と25歳のあいだの5年間ではダウン症候群の発生率は1,000人あたり0.1増加するのに対し，35歳と40歳のあいだの5年間では1,000人あたり8.0の増加率を示し，80倍の増加率となる。両者間の時間的な長さは同じである。何がこの変化をもたらしているのであろうか。

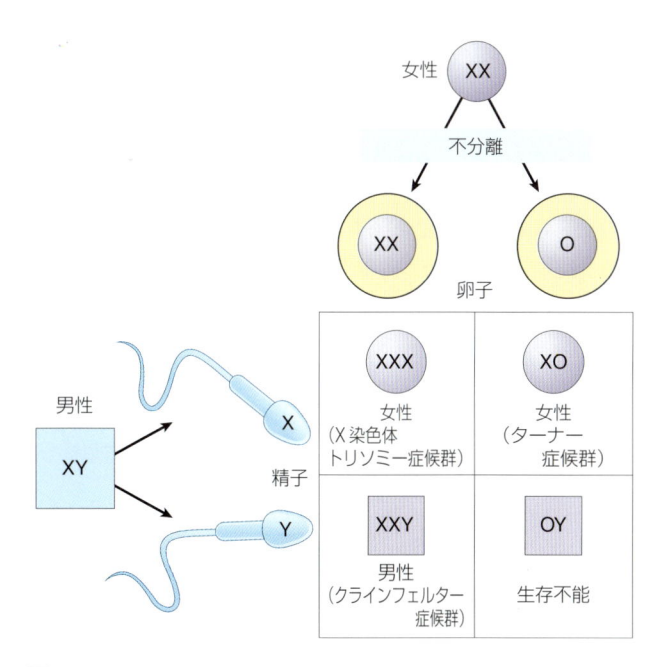

図 13.37
染色体の不分離が性染色体の数の異常を引きおこすしくみ。　女性の配偶子の生産時に染色体の不分離が起こった場合，二つのX染色体をもつ配偶子（XX）はKleinfelter症候群の男性（XXY）と3本のX染色体をもつ女性（XXX）を生みだす原因となる。一方，X染色体をもたない配偶子（O）はターナー症候群（XO）とX染色体を一つももたず生存できないOY型男性を生みだす。

13.3　遺伝子は染色体上に存在する

遺伝カウンセリング

ほとんどの遺伝疾患はまだ治療できないが，多くの知識が得られ，数多くの疾患で遺伝子治療に向けた研究が進展している。しかし，治療が困難な場合，対処できる唯一の手段は異常をもつ子供の出産の回避である。遺伝的欠陥をもつ子供を出産する危険のある親を同定し胎児の初期段階でその遺伝子構成を調べる一連の過程は，"遺伝カウンセリング"とよばれる。

遺伝的欠陥が劣性の対立遺伝子に起因する場合，潜在的可能性のある親がその対立遺伝子をもつ確率をどのように調べられるだろう。一つの方法は，家系分析を行い，遺伝カウンセリングを利用することである。個人の家系の解析により，遺伝病の保因者である可能性がわかる。たとえば，親戚の1人が嚢胞性繊維症のような劣性の遺伝疾患をもてば，その人はその遺伝疾患の劣性遺伝子を異型接合にもつ保因者である可能性がある。こどもが欲しい夫婦が，家系分析の結果両者ともに重度の遺伝疾患の原因となる劣性対立遺伝子を異型接合でもつ保因者でありうるとき，妊娠は高い危険性を伴う。そのような場合，こどもが臨床的な異常を発症する可能性は非常に高くなる。

高い危険性をもつ妊娠のそのほかの事例は，母親が35歳を越えている場合である。すでに述べたが，ダウン症候群の幼児の頻度が高齢女性の妊娠では劇的に増加する（図13.36参照）。

妊娠が高い危険性をもつと診断された場合，多くの女性は，遺伝疾患の出生前診断の方法である**羊水穿刺**（amniocentesis）を選択する。妊娠4か月目に，無菌の皮下注射針を母親の子宮に刺して胎児を浸す羊水の試料を少量採取し（図13.38），羊水中の胎児から遊離した浮遊細胞を増殖させる。羊水穿刺は，超音波を用いて針を刺す位置と胎児の位置を確認しながら行う。超音波診断で用いる波長は母親や胎児には無害であり，胎児に障害を与えず羊水が採取できる。超音波は目立った異常の有無を調べるのにも使用できる。

最近では，より障害の少ない**絨毛採取**（chorionic villi sampling）という新しい遺伝スクリーニング法が多く用いられる。絨毛膜つまり胎児に栄養を与える胎盤の膜の一部から細胞を採取するこの方法は，妊娠の早期（妊娠8週まで）に使用でき，羊水穿刺よりもずっと早期に結果が得られる。

遺伝疾患の検査を行うため，遺伝カウンセラーは，羊水穿刺で採取・培養した細胞あるいは採取した絨毛により，次の三つの項目を調べる。まず，核型分析で数的異常（過剰染色体と染色体の欠失）と染色体構造異常の有無を明らかにする。次に，多くの場合酵素の機能を直接調べる。正常な酵素活性を欠けば疾患の存在が示唆されることになる。フェニルアラニンの分解に関与する酵素の欠失はPKU（フェニルケトン尿症），ガングリオシドを分解する酵素の欠失はテイ・サックス病を示す，などである。

ヒトゲノム計画（第17章参照）によるヒト遺伝学の変革は，より多くの疾患の検査を可能にした。疾患の原因となる対立遺伝子の数や頻度を明らかにすることはまだ困難であるが，克服できないものではない。現在では，臨床的な症候群を引きおこす少なくとも13の疾患原因遺伝子の検査法が存在する。この数は増加しており，そのなかには病状に直結はしないがヒトをある特定の病気にかかりやすくするような対立遺伝子も含まれる。第17章では遺伝的カウンセリングによって生じる多くの倫理的な疑問点について扱う。

> 多くの遺伝子の欠陥は妊娠の早期に検出することができ，その可能性をもつ親に対して適切な検査を実施することができる。

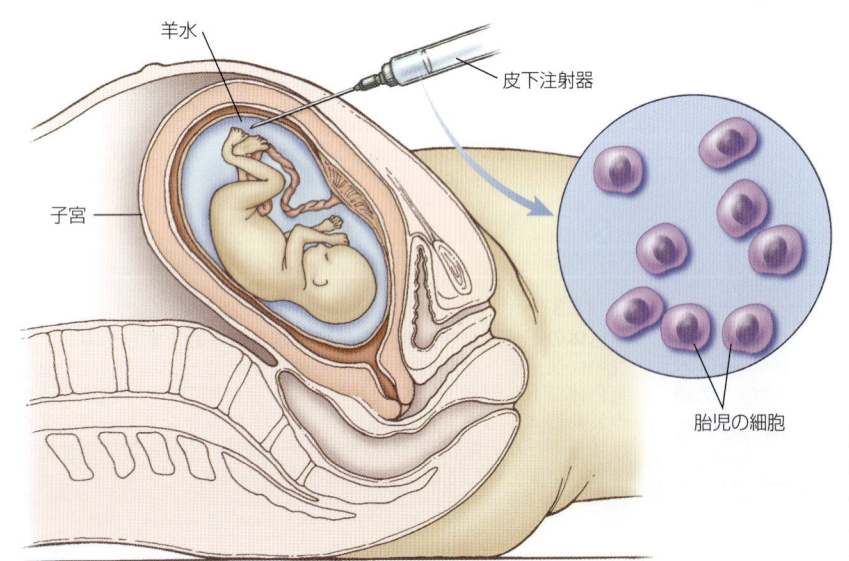

図 13.38
羊水穿刺。 針を羊膜腔に刺し，胎児に由来する遊離細胞を含む羊水を注射筒の中に採取する。そして胎児の細胞を培養して，核型と多くの代謝機能について調べる。

第13章のまとめ

13.1 Mendelは遺伝の謎を解明した

"遺伝に関する初期の考え方：Mendelまでの道筋"

- 遺伝に関するMendel以前の考え方は，種は不変であり，形質は直接伝達される，というものであった。(p.242)
- 初期の研究者は，遺伝形質には一度消えて後の世代で再出現するものがあり，ある形質は子孫のあいだで分離し，あるものはほかの形質より出現しやすいことを発見した。(p.243)

"Mendelとエンドウ"

- オーストリアの修道僧であったGregor Mendelは，修道院の庭でエンドウの交雑実験を行った。(p.244)
- Mendelは次のような理由でエンドウを選択した。異なる品種の交雑で雑種をつくれる。多くの品種が存在し，栽培が容易で世代交代も早い。単独にしておけば花は自家受粉できる。(p.244)
- Mendelは以下の三段階の実験を行った。(1) すべての植物体を自家受精させ純粋種の個体を作製した。(2) 異なる形質をもつ品種間で交雑を行った。(3) 雑種の子孫を数世代にわたり自家受精させた。(p.245)

"Mendelは何を見つけたのか"

- Mendelは遺伝に関する次の四つの結論を導いた。(1) 交雑では中間的な外観をもつ後代は出現しなかった。(2) 形質が異なるものどうしの交雑では，ある一方の形質がF_1世代では発現せずF_2世代で発現した。(3) 1組の異なる形質は交雑によって後代で分離した。(4) 二つの異なる形質はF_2世代で3:1の比で分離し，それらは実質的に1:2:1の優性の純系型個体:純系型ではない優性個体:劣性の純系型個体の比に対応した。(p.248)
- Mendelの遺伝モデルの五つの基本要素：(1) 親は生理学的な形質を直接後代に伝えない。(2) 各個体は同じ形質か2種類の異なる形質の因子を二親から受け取る。(3) 因子のコピーはすべてが同じものとは限らない。(4) 二親から受け取った対立遺伝子は決して互いに影響し合わない。(5) ある対立遺伝子の存在はその形質の発現を保証しない。(p.249)

"Mendelは得られた結果をどのように解釈したのか"

- 優性形質を大文字で，劣性形質を小文字で表わし，Punnettスクエアに入れると簡単に解析できる。(p.250)
- Mendelは二つの遺伝の法則を提唱した。分離の法則(二つの対立遺伝子は独立に分離する)と独立の法則(異なる染色体上の遺伝子は独立に分離する)である。(pp.251〜253)

"Mendel遺伝はいつも解析が容易であるとは限らない"

- 大半の表現型は多くの遺伝子の働きを反映する。(p.255)
- 量的形質は連続変異を生みだす。(p.255)
- 多面発現する対立遺伝子は表現型に対して一つ以上の効果を及ぼす。(p.255)
- 不完全優性は対立遺伝子が完全に優性か劣性でない場合に生じ，子孫は両親の表現型を発現する。(p.256)
- 環境効果は対立遺伝子の発現に影響を与え，多様な表現型を生みだす。(p.256)
- 上下位性は一つの遺伝子がほかの遺伝子の発現に干渉するときに生じる。(pp.257〜258)

13.2 ヒトの遺伝はMendelの原則に従う

"ほとんどの遺伝性疾患はまれなものである"

- ほとんどの遺伝疾患は劣性であるが，優性のものもある。(p.259)

"複対立遺伝子：ABO式血液型"

- ABO式血液型やRh式血液型の遺伝子のように個々の対立遺伝子が独自の効果を表す共優性のものがある。(p.260)

"遺伝様式は家系図から推定できる"

- 家系図はヨーロッパの王室の血友病のように形質の家系を通した遺伝様式の推定に用いられる。(p.261)

"遺伝子疾患はタンパク質の単純な変化によって引きおこされる"

- 鎌状赤血球貧血はヘモグロビン遺伝子のたった一つのヌクレオチドの変異に起因する。(p.262)

"遺伝子の欠陥の修正：遺伝子治療"

- 理論的には，いくつかの遺伝性疾患は損傷のある遺伝子の正常なコピーの発症者への導入によって治療できる。初期の試みはさまざまな予期せぬ結果に終った。(p.263)

"さらに有望なベクター"

- AAVのような新しいベクターは遺伝子治療をさらに有望なものにしている。(p.264)

13.3 遺伝子は染色体上に存在する

"染色体：Mendel遺伝の媒介物"

- Mendel形質は，それを決める遺伝子が後代に独立して分配される染色体上に存在するので，独立に分離する。(p.266)

"遺伝的組換え"

- 乗換えは新たな遺伝的組合せを生みだす。二つの遺伝子が染色体上で遠く離れて存在すれば，近傍に位置する場合より乗換えはより起こりやすい。(p.267)
- 遺伝地図は，遺伝子間の距離を組換えの頻度にもとづき測ることによって作製される。(p.268)

"ヒトの染色体"

- ヒトの23番目の染色体は性決定遺伝子をもつ。Y染色体は78個の遺伝子を含む。(pp.270〜271)

"染色体数の変化によって引きおこされるヒトの異常"

- 染色体の不分離は減数分裂における相同染色体の正確な分離の失敗によって生じ，異数性(間違った染色体数)を引きおこし，ダウン症候群のようなさまざま遺伝的な病気の原因となる。(p.272)

"遺伝カウンセリング"

- 多くの遺伝的な異常は，羊水穿刺や絨毛採取および多くの新しい検査技術で妊娠の早期に検出ができる。(p.274)

質問のページ

自習問題

1. 実験に用いる純粋種の植物体を確実に得るために，Mendelは＿＿。
   a. 個々の品種を互いに他家受精させた
   b. 数世代にわたりそれぞれの品種を自家受精させた
   c. 植物体から雌しべを除去した
   d. 植物体から雄しべを除去した

2. 異なる2種類の親を交雑したとき，その後代は＿＿とよぶ。
   a. 劣性
   b. 検定交雑
   c. F_1世代
   d. F_2世代

3. 2個体を交雑して4種類の表現型が9:3:3:1の比で出現する場合，これは以下の交雑例にあたる。
   a. 二遺伝子雑種の交雑
   b. 一遺伝子雑種の交雑
   c. 検定交雑
   d. a〜cのいずれでもない

4. ヒトの身長は，連続的な変異を示す。身長は＿＿にもっとも支配されていると考えられる。
   a. 上下位性遺伝子
   b. 環境要因
   c. 伴性遺伝子
   d. 複対立遺伝子

5. ヒトのABO式血液型における四つの血液型はA，B，ABとO型である。血液タンパク質AとBは，＿＿である。
   a. 単純な優性形質と劣性形質
   b. 不完全優性形質
   c. 共優性形質
   d. 伴性形質

6. 鎌状赤血球貧血の症状を記載しているものはどれか？
   a. 異常なヘモグロビン分子による血液の循環機能の低下
   b. 女性の不妊
   c. 血液の凝集機能不全
   d. 塩化イオンの運搬機能の不全

7. 遺伝子が染色体上に存在することを最終的に決定づけた発見は次のうちどれか？
   a. 毛色を決める酵素の熱感受性
   b. ショウジョウバエの伴性の眼の色
   c. 完全優性の発見
   d. 家系図の確立

8. 遺伝地図は＿＿を決定するのに用いられる。
   a. 染色体上の対立遺伝子の相対的な位置
   b. 染色体上の制限酵素認識部位
   c. 二つの遺伝子間の組換え頻度
   d. a〜cのすべて

9. バール小体とは，＿＿である。
   a. 第一減数分裂に生じた染色体の不分離によるもの
   b. 不活性化されたY染色体
   c. 雄の決定に重要な働きをする遺伝子
   d. 不活性化されたX染色体

10. ヒトのダウン症候群は以下の原因によって生じる。
    a. 3コピーの21番染色体
    b. モノソミー
    c. 2本のY染色体
    d. 3本のX染色体

図解き問題

F_2世代

比	表現型
9/16	丸型，黄色
3/16	丸型，緑色
3/16	皺型，黄色
1/16	皺型，緑色

	RY	Ry	rY	ry
RY	RRYY	RRYy	RrYY	RrYy
Ry	RRYy	RRyy	RrYy	Rryy
rY	RrYY	RrYy	rrYY	rrYy
ry	RrYy	Rryy	rrYy	rryy

1. この図は，Mendelが種子の形（Rとr）と種子の色（Yとy）の二つの形質の遺伝を調べるために行った二遺伝子雑種の交雑の結果を示している。もし三つの形質を調べるとどのような結果になるか考察せよ。これら二つの形質に加えて植物の背の高さ（Tとt）の形質を用いた場合，以下の事を推定せよ。
   a. 親の遺伝子型と表現型
   b. F_1世代における遺伝子型と表現型の比
   c. 卵子と精子の遺伝子型
   d. F_2世代の表現型の比

応用問題

1. フェニルケトン尿症（PKU）は，細胞中のフェニルアラニンを分解する酵素であるフェニルアラニン水酸化酵素の突然変異によって引きおこされる遺伝疾患である。もしこの疾患を誕生時に検出できれば，食事制限によって病気をコントロールすることができる。検出できなければ，フェニルアラニンの蓄積が脳の発達を阻害することになる。集団におけるPKUの頻度は，12,000誕生児あたり1人である。250,000人の集団ではPKUの人が何人いると予想できるか？

2. Mendelが研究のために選択した形質が不完全優性か共優性を示す対立遺伝子によって支配されていたとしたら，彼の実験結果と彼が法則化したモデルはどのように違っていたであろうか？

Mendel遺伝学に関する質問問題

1. この挿し絵はMendelが行った皺のよった種子と丸い種子の形質の交雑を描いたものである。この図の何が間違っているか（ヒント：莢のなかのすべての種子が同じであると予想するか）？

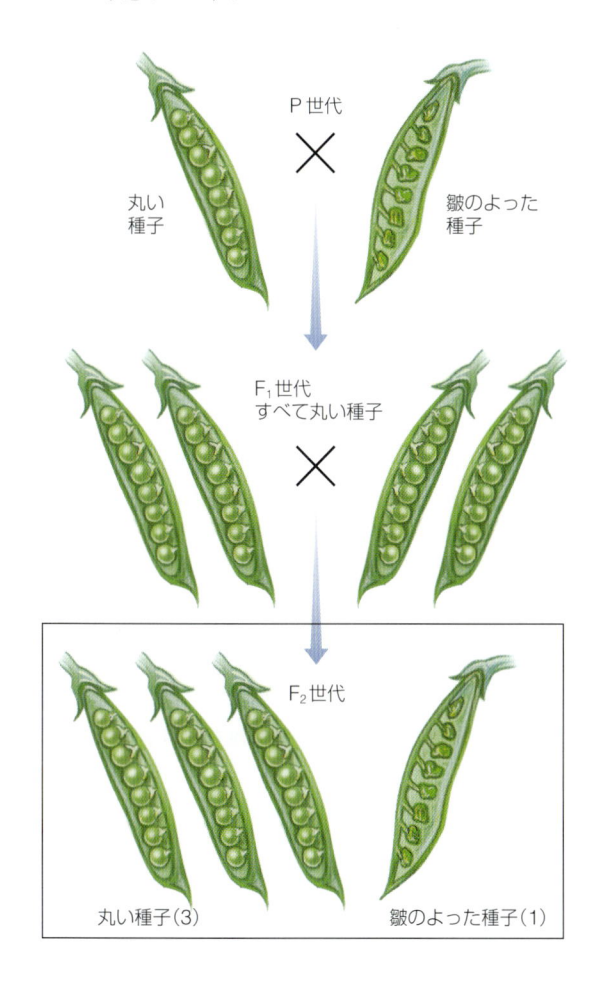

   P世代
   丸い種子 × 皺のよった種子

   F₁世代
   すべて丸い種子
   ×

   F₂世代
   丸い種子（3）　皺のよった種子（1）

2. 1年生植物である *Haplopappus gracilis* は二対の染色体をもっている（1番と2番染色体）。この種において，任意に選択された二つの形質 a と b が同一染色体上にある確率は，両方が1番染色体上に存在する確率（$1/2 \times 1/2 = 1/4$，あるいは0.25）に両方が2番染色体上に存在する確率（$1/2 \times 1/2 = 1/4$，あるいは0.25）を加えた計 1/2 あるいは 0.5 の確率となる。一般に，任意に選択された二つの形質が同一の染色体上にある確率は，n を染色体数とすると $1/n$ となる。ヒトは23対の染色体をもっている。任意に選択されたヒトの二つの形質が同じ染色体に存在する確率はどれくらいになるか？

3. ヘレフォード牛には，"pooled" とよばれる優性対立遺伝子がある。この対立遺伝子をもつ個体は無角となる。角のない牛の群を手に入れ，群の中に角をもつ個体がいないことを注意深く確かめたとしよう。しかし，その年に生まれた子牛のなかに角の生えているものがあった。これらの子牛を群から除外し，角をもつ個体が放牧地に存在しないことを確かめたとする。しかしその努力にもかかわらず，翌年にはさらに多くの角をもつ個体が生まれた。角のある子牛が出現した理由は何か？　すべて角のない牛からなる群を維持するためにはどうすればよいか？

4. ノルウェーの人々がもつ遺伝形質の一つに，羊毛状のものと似かよったところのある強い波状の髪の毛がある。"woolly" とよばれるこの形質は家族内でもはっきりわかる。少なくとも一方の親がこの形質をもっていなければ，羊毛状の髪の毛をもつこどもは現れない。あなたがノルウェーの裁判官であったとしよう。羊毛状の髪の毛をもつ男があなたの前に現れ，妻とのあいだに生まれた最初のこどもが羊毛状の頭髪をもち，二番目のこどもは普通の髪の毛をもつという理由で妻に離婚を求めたとしよう。このことが妻の不貞の証拠であるとこの夫は主張する。あなたはこの主張を受け入れるであろうか？　あなたの決定を理由つきで述べよ。

5. ヒトでは重度の発達異常であるダウン症候群は，21番染色体が通常の2コピーではなく3コピー存在することが原因となって発症する。ダウン症候群の女性が健常人男性と結婚した場合，どのくらいの頻度で彼女の子供に影響が現れるのであろうか？

6. 多くの動物や植物は "白皮症（albinism）" の劣性対立遺伝子をもち，この対立遺伝子を同型接合にもつと，ある色素を欠く。たとえば，白皮症の植物はクロロフィルを欠いて白くなり，白皮症の人はメラニンを欠いている。白皮症の対立遺伝子を異型接合にもち正常な色素をもつ2人の男女が結婚した場合，彼らのこどもがどのような割合で白皮症になると予想されるか？

7. 競走馬を相続し，それを種馬に用いることにしたとする。しかしながら，血統記録を調べると，そのウマの祖父は骨がもろくなるまれな疾患をもっていたことが判明した。この疾患は遺伝性であり，劣性対立遺伝子を同型接合でもつ場合に発症する。あなたのウマがその遺伝子を異型接合でもっていれば，遺伝的欠陥が次代に伝達されるかもしれないため，種馬に用いることはできないであろう。あなたはそのウマがこの対立遺伝子をもっているかどうかをどのようにして決めるか？

8. ショウジョウバエ（*Drosophila*）では，先端がくびれた短い翅（d）は正常な長い翅の対立遺伝子（d^+）に対して劣性であり，白眼の対立遺伝子（w）は正常な赤眼の対立遺伝子（w^+）に対し劣性である。$d^+d^+w^+w \times d^+dww$ の交雑では，どのくらい割合のこどもが正常（長い翅と赤眼）であると予想されるか？　短い翅と白眼はどれくらいの比で現れると予想されるか？

9. 白眼のショウジョウバエの系統と赤眼の対立遺伝子を同型接合にもつ系統と共に，赤眼のショウジョウバエが与えられた。あなたはショウジョウバエの白眼が同型接合の劣性遺伝子によって引きおこされることをすでに知っている。与えられた1匹の赤眼の個体が白眼の遺伝子と異型接合であるかどうかをどのようにして決めるか？

Mendel遺伝学に関する質問問題（つづき）

10. こどもたちのなかには，両親ともに劣性形質を発現していなくても，その劣性形質をもって生まれてくることがある（したがって，この個体はある形質を特定づける劣性対立遺伝子を同型接合でもつはずである）。このことをどのように説明できるか？

11. 2匹の若いショウジョウバエを採集し，1匹は雄であり，もう1匹は未交配の雌である。両方の個体はともに典型的な赤眼であった。2匹のハエを同じ瓶に入れ交雑した。2週間後，得られた子孫は全個体が赤眼であった。それらから雄と雌を含む100個体を選択した。これらを各個体ごとに，同型接合のときに眼が黒くなる劣性対立遺伝子 sepia を同型接合にもつ個体と交雑した。100の交雑の結果，交雑の半分では赤眼のハエだけが生まれた。しかし，残りの半分では個々の交雑ごとに得られた後代の50%が赤眼で50%が黒眼であった。もとの2匹のハエの遺伝子型はどのようなものであったか？

12. 血友病は，血液の凝固が正常に行われなくなる劣性で伴性の血液病である。血友病の一つの例はイングランドの王室に遡ることができ，血友病はそこからヨーロッパの王室に広まった。それは，Albert皇太子か彼の妻であるVictoria女王に生じた突然変異が起源であると推定されている。

    a. Albert皇太子は血友病をもっていなかった。もしこの病気が性に連鎖する劣性の異常であれば，性連鎖の劣性形質を発現すると予想される男性のAlbert皇太子がいかにして起源となり得るのであろうか？

    b. ロシアの皇帝Nicholas 2世とAlexandra女王（Victoria女王の孫娘）の息子であるAlexisは血友病であったが，彼らの娘Anastasiaはそうではなかった。Anastasiaは子供をもつ前にロシア革命の犠牲となって死亡した。Anastasiaがこの病気の保因者であったことを推定できるであろうか？ もしNicholas2世やAlexandraがこの病気をもっていたとしたら答えは異なってくるであろうか？

13. 1986年，国立地理学誌は，読者に対して香りをかぎ分ける能力の調査を行った。その結果，アメリカ合衆国の7%の白人は麝香の香りをかぎとることができなかった。親もその香りをかぎとることができなければ，彼らのこどももその香りを感じ取ることができなかった。一方，2人の両親が麝香の香りをかぎとることができれば彼らのこどもたちもたいていはその香りを感じとることができるが，彼らの家族の一部のこどもはその香りを感知することはできなかった。一対の対立遺伝子がこの形質を支配していると仮定すると，麝香の香りをかぎとる能力は優性あるいは劣性遺伝のどちらの例として説明できるか？

14. 新生児が両親のどちらにも似ていないという問題が生じた。その夫婦は，病院内で取り違えの混乱が起こったことを予想し，幼児の血液型を調べた。その結果，血液型はO型であった。父親はA型で母親はB型であったことから，彼らは病院で間違いがあったに違いないと結論した。彼らは正しいであろうか？

15. Mabelの姉は嚢胞性繊維症でこどものときに死亡した。Mabelはこの病気をもっておらず彼女の両親も共にもっていなかった。Mabelは最初のこどもを妊娠した。もしあなたが遺伝カウンセラーであったら，彼女のこどもが嚢胞性繊維症を発症する可能性についてどのように説明するか？

16. ターナー症候群の人の核型には何本の染色体が見られるか？

17. ある女性が二度目の結婚をした。彼女の最初の夫の血液型はA型であり，その夫とのあいだのこどもはO型である。彼女の新しい夫の血液型はB型であり，彼らのこどもの血液型はAB型である。その女性の遺伝子型と血液型は何か？

18. そばかすの非常に多い両親から5人のこどもが産まれた。3人はそばかすが多く，2人はそうではなかった。この形質が一対の対立遺伝子で支配されていると仮定すれば，この濃いそばかすは優性あるいは劣性遺伝の例として説明できるであろうか？

19. 全色盲はヒトではまれな遺伝性障害である。全色盲の人は，色が識別できず単なる灰色の色調が見えるだけである。これは劣性対立遺伝子を同型接合にもつ個体に起こり，伴性ではない。全色盲の父親をもつ男性が全色盲の母親をもつ女性と結婚しようとしている。全色盲のこどもが生まれる可能性はどの程度か？

20. 正常に色素をもつ男性が白皮症の女性と結婚した。彼らは3人のこどもをもち，そのうちの1人は白皮症を発症した。父親の遺伝子型は何か？

21. 4人の赤ん坊が病院で産まれた。それぞれ異なる血液型をもち，A型，B型，AB型とO型であった。これらの赤ん坊の両親は次のような血液型の組合せ，A型とB型，O型とO型，AB型とO型，B型とB型であった。どの赤ん坊がどの親のこどもか？

22. ある夫婦は原子力発電所で働いていて，毎日低レベルのバックグラウンド放射線を浴びている。数年後，彼らのあいだに，X染色体上の突然変異によって引きおこされる劣性遺伝疾患であるデシャンヌ型筋ジストロフィーのこどもが産まれた。両親もその祖父母もこの病気をもっていない。その夫婦は原子力発電所に対して訴訟を起こし，彼らのこどもの異常は彼らの配偶子に生じた放射線誘発突然変異が直接の原因であり，会社は放射線から彼らを守るべきであったと訴えた。判決に至る前にこの事例を聞いた裁判官は，こどもの性別を調べるように主張した。どちらの性が障害の裁定を受けやすいか，そしてそれはなぜか？

14

DNA：遺伝物質

概　要

14.1　何が遺伝物質なのか？
Hammerling の実験：細胞は遺伝情報を核に貯えている

移植実験：どの細胞も完全な一揃いの遺伝情報をもつ

Griffith の実験：遺伝情報は個体間を伝わることができる

Avery と Hershey-Chase の実験：活性の本体は DNA である

14.2　DNAの構造とは？
核酸の化学的性質　　核酸は4種類のヌクレオチドからなる重合体である。

DNAの三次元構造　　Watson と Crick は，DNA分子が互いに塩基対で結ばれている2本の逆平行鎖がつくる二重らせんだと結論した。

14.3　どのようにして DNA は複製するのか？
Meselson-Stahl の実験：DNA複製は半保存的である

複製の過程　　DNA は DNA ポリメラーゼⅢ がほかの多くのタンパク質と協同作業することによって複製される。DNA はそれぞれの鎖の相補的コピーを半不連続的に集めることによって複製する。

真核生物の DNA 複製　　真核生物の染色体は複数の複製起点をもつ。

14.4　遺伝子とは何か？
一遺伝子/一ポリペプチド仮説　　一つの遺伝子は一つの機能的タンパク質の発現に必要なすべての情報を符号化している。

DNAはどのようにタンパク質の構造を符号化しているのか？　　遺伝子の塩基配列はタンパク質のアミノ酸配列を指示する。

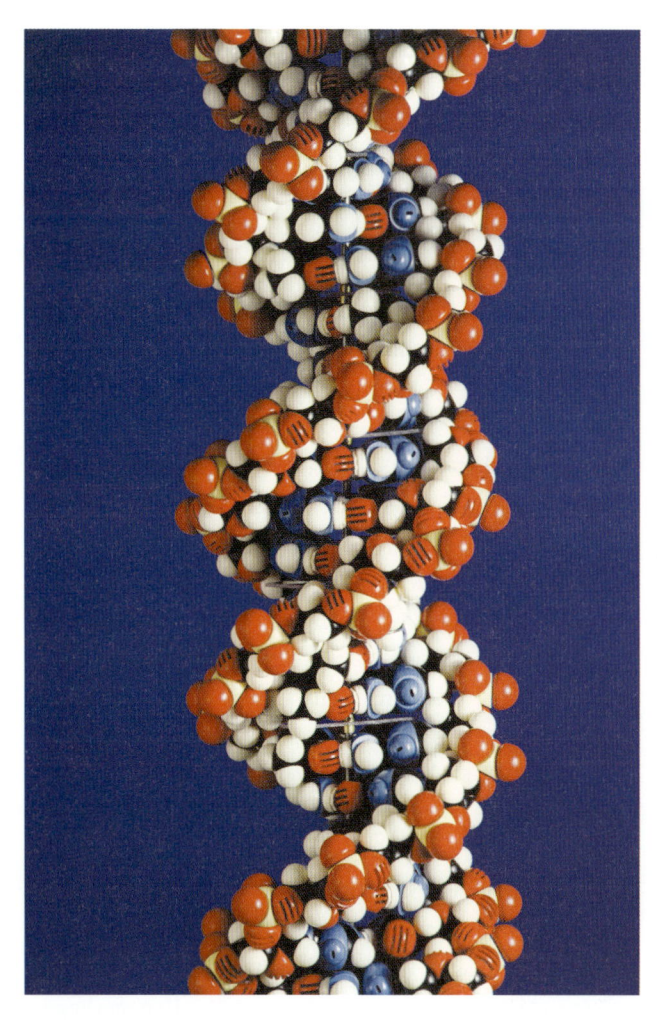

図 14.1
DNA.　すべての生物のどの細胞にもある，遺伝形質の青写真は，デオキシリボ核酸(DNA)とよばれるとても長くて細い分子である。

　遺伝の様式が減数分裂時の染色体の分離のしかたで決まることがわかって以来，50年以上にわたって，生物学者の頭を占めてきたある疑問があった。それは遺伝形質と染色体はいったいどう結びついているものかということであった。本章では，DNAと遺伝の分子機構に関して現在の理解にいたるまでになされた一連の実験について学ぶ(図14.1)。これらは科学史のなかでももっとも洗練された見事な実験でもある。それはちょうど優れた推理小説で，一つの発見がまた新たな疑問を生みだすのと同じである。真の理解へと導く道はいつもまっすぐだとは限らず，疑問はつねに明快に答えられるとは限らない。気まぐれでよろめきながら進む旅行ではあるが，遺伝に対する理解は着実に明瞭なものになり，その実体はますますはっきりと見えてきている。

14.1 何が遺伝物質なのか？

Hammerlingの実験：
細胞は遺伝情報を核に貯えている

　遺伝情報についてもっとも基本的な疑問はそれがどこに貯えられているのかということであろう。1930年代に，ベルリンのマックスプランク海洋生物学研究所で働いていたデンマークの生物学者Joachim Hammerlingは，この問いに答えるため細胞を切り刻み，どの部分が遺伝情報を発現できるのかを調べてみた。実験をはじめるにあたって，Hammerlingはそれぞれの部分が区別できるくらいに大きくかつ分けられた断片が区別できる特徴を備えた細胞を探した。その結果，モデル細胞として彼が選んだのは5cmまで成長する単細胞アオサ藻類（*Acetabularia*，カサノリ）であった。それは特定の疑問に答えるのにふさわしく，得られた結果がほかの生物にも適用できるモデル生物だったという意味で，ちょうどMendelのエンドウ，Sturtevantのショウジョウバエに匹敵するものだった。

　カサノリの個体は明確に柄足（foot），柄（stalk），およびカサ（cap）に分けることができる。すべては一つの細胞のうち分化した一部分であった。そして核は柄足にあった。予備実験としてHammerlingは，ある細胞のカサの部分を切断してみたところ新しいカサは細胞の残りの部分（柄足と柄部）から再生した。ところが，細胞の柄足を切除したところ，カサと柄部からは柄足は再生しなかった。そこで，Hammerlingは遺伝情報はカサノリの柄足にあるという仮説を立てた。

単一細胞の外科手術

　仮説を試すために，Hammerlingは*Acetabularia*属からカサの違いがひと目で区別できる二つの種を選んだ。*A. mediterranea*のカサは円盤状で，*A. crenulata*のカサは花のつぼみのような形をしている。*A. crenulata*の柄を*A. mediterranea*の柄足に移植したところ（図14.2），再生したカサは全く同じではなかったけれども*A. crenulata*のカサと似ていた。

　そこで，Hammerlingがこの再生したカサを切除し続けたところ，その次以降に再生した円盤状のカサは*A. mediterranea*のものと酷似することを発見した。この実験結果は，カサの種類を決める指令は細胞の柄足に蓄えられており，その指示は柄足から柄を通ってカサにまで伝わるのに違

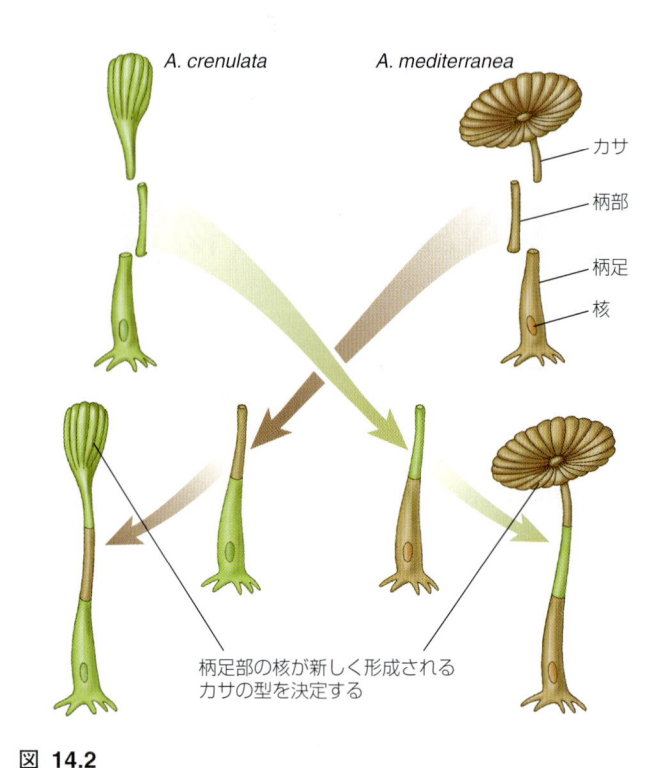

図 14.2
Hammerlingによるカサノリ（*Acetaburalia*）の相互移植実験。Hammerlingは2種類のカサノリの柄部を互いの柄足部に移植した。その結果，いずれの場合も柄部ではなく核を有する柄足部が新たにできたカサの形を決定した。

いないというHammerlingの仮説を支持していた。

　この実験における最初の花形のカサは，そのあとに続く円盤型のカサとは違いやや中間的な形をとっていた。Hammerlingはこの最初の*A. crenulata*と類似の花形のカサは，*A. crenulata*の細胞から切り離された柄部にすでにあった指令に従って形成されたのではないかと推測した。そしてこれとは対照的に，続いて再生したすべてのカサは柄部を移植した*A. mediterranea*の柄足からの新しい情報を使ったのだと。どのようにしてかはわからないが，柄部にあったもとの指令は使い果たされてしまっていたのであろう。現在の理解では，柄足の核から遺伝情報（第15章に記述する伝令RNAの形態で）が柄部を通って上方に移り，形成されるカサに伝わったということになる。

カサノリの遺伝情報は核をもつ柄足部に蓄えられている。

移殖実験：
どの細胞も完全な一揃いの遺伝情報をもつ

カサノリの核は柄足部にあるので，Hammerlingの実験は細胞の核が遺伝情報の入れ物であることを示唆するものであった。この仮説を直接証明する実験が1952年に米国の発生学者であったRobert BriggsとThomas Kingによって行われた。BriggsとKingは先端を細く引いたガラスピペットを使い，顕微鏡下でカエルの卵細胞から核を取りだした。この核のない卵細胞が発生することはなかった。しかし，無核の卵細胞にさらに発生の進んだ胚の細胞から取りだした核を入れたところ，卵は正常に発生を続けカエルになった。この結果は核が卵の発生を指示することを明快に示している（図14.3）。

核移殖の成功

では生物のどの細胞の核も完全な成体への発生を指示できるのだろうか。BriggsとKingの実験はこの疑問に答えることはできなかった。というのはカエルの胚から取りだした核を移殖され卵はしばしば異常な発生をしたからである。しかし，そのあとすぐに二つの実験が実施されこの疑問に回答を与えた。一つ目の実験はオックスフォード大学で別の種類のカエルを使って研究していたJohn Gurdonにより行われた。Gurdonはオタマジャクシの細胞から取りだした核をあらかじめ核を除去しておいた卵に移殖した。この実験は困難で，核の供与細胞と受容細胞の細胞分裂時期を同調させる必要があった。しかし多くの実験で核を移植された卵は，正常に発生した。これにより，発生の後期にある細胞の核でも個体を構成するすべてのほかの細胞にまで分化させるのに必要な遺伝情報をもっていることが示された。

植物の全能性

二つ目の実験は，1958年にコーネル大学のF. C. Stewardによって行われた。Stewardは完全に発生したニンジンの組織断片（師部：維管束の一部）を液体培地の入ったフラスコに入れた。そして組織断片の細胞をばらばらにするとしばしば細胞分裂が進行し，多細胞性の根にまで発生が進むことを観察した。さらにその根を固体培地の上に置いたところ完全な成熟植物体にまで正常に発生した。F. C. Stewardの実験によって成長した細胞組織でも核は"全能性"をもつ，すなわち完全な一揃いの遺伝情報をもっていて完全な成体をつくることができることが明らかになった。第19章で学ぶように，植物と同様に動物細胞も全能性をもち，単一の成体組織細胞は完全な成体を形成することができる。

真核細胞において遺伝情報は核に納められている。どの細胞の核も完全な一揃いの遺伝情報をもっている。

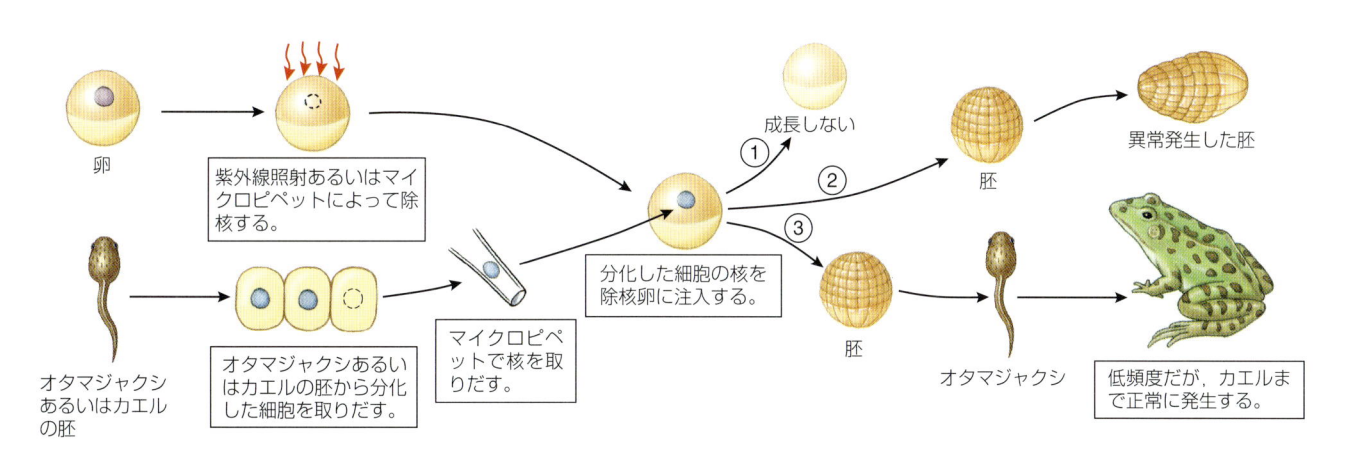

図 14.3
核の移植実験。 マイクロピペットによる吸引か，紫外線照射によってカエルの卵から核が除かれた。この除核卵に別のカエルの胚あるいは分化の進んだオタマジャクシの細胞から取りだした核が移植された。こうして作成された卵の発生のようすは次の3通りであった。(1) 成長しない。これは核移植中に卵を損傷させてしまったためと思われる。(2) 初期胚の段階までは正常に成長し，そのあと発生が正常に進まず異常となり死に至る。(3) 正常に成長し，カエルになる。そのカエルの遺伝形質は卵ではなく核が決定する。この三番目の結果が得られることは少なかったが，核がカエルの発生を指示していることを明確に示している。

Griffithの実験：
遺伝情報は個体間を伝わることができる

　遺伝情報が核にあることが判明したことによって，すでにMendel遺伝の情報運搬体として目がつけられていた染色体に注目が集まった。とくに，生物学者たちは遺伝子(gene)—— Mendelによって研究された遺伝情報の単位 ——が染色体のなかで実際にどのように並んでいるのか疑問に思った。当時，染色体にはタンパク質とデオキシリボ核酸(DNA)が含まれていることがわかっていた。いったいどちらが遺伝子なのか？　1920年代後半にはじまり，以後30年間にわたってこの疑問に焦点をあてた一連の実験が行われた。

　1928年，英国の微生物学者であったFrederick Griffithは病原性細菌を使った実験で次々と予期しない結果に直面していた。彼は病原性の肺炎双球菌 *Streptococcus pneumoniae*(当時，*Pneumococcus*)をマウスに感染させるとそのマウスは血液毒性で死ぬことを観察した。しかし，多糖莢膜が欠損した肺炎双球菌の変異株を同様のマウスに感染させたときは，マウスは死ななかった。そこで，多糖莢膜が毒性に必要らしいと考えられた。病原性をもった正常な肺炎双球菌は平板培地上でなめらかなコロニーを形成することから，S型とよばれる。これに対して，莢膜多糖の合成酵素を欠損した非病原性変異株は粗面のコロニーを形成することからR型とよばれる。

　多糖莢膜自身に毒性があることを示すために，Griffithは熱殺菌した病原性のS型株をマウスに注射した。その結果，マウスは完全に健康であった。比較実験としてそれぞれ単独ではマウスに害を及ぼさない熱殺菌したS型株と莢膜をもたない生きたR型株を混ぜて注射してみた(図14.4)。その結果，予想外にもマウスは発症し，多くのものは死亡した。死んだマウスの血液中には病原性のS型細菌が多数生育していることが確認された。つまり両者を混ぜたときに，莢膜多糖の合成に必要な遺伝情報が何らかの方法で殺菌したS型細菌から生きたR型細菌に伝えられたのである。そしてその遺伝情報は莢膜のないR型細菌を病原性のS型亜種に永久に変えてしまった。このようにある細胞から別の細胞に遺伝物質が運ばれて受容細胞の遺伝形質が変わることを**形質転換**(transformation)とよぶ。

> 遺伝情報は死んだ細胞から生きた細胞へ伝えられ，その形質を変換させる。

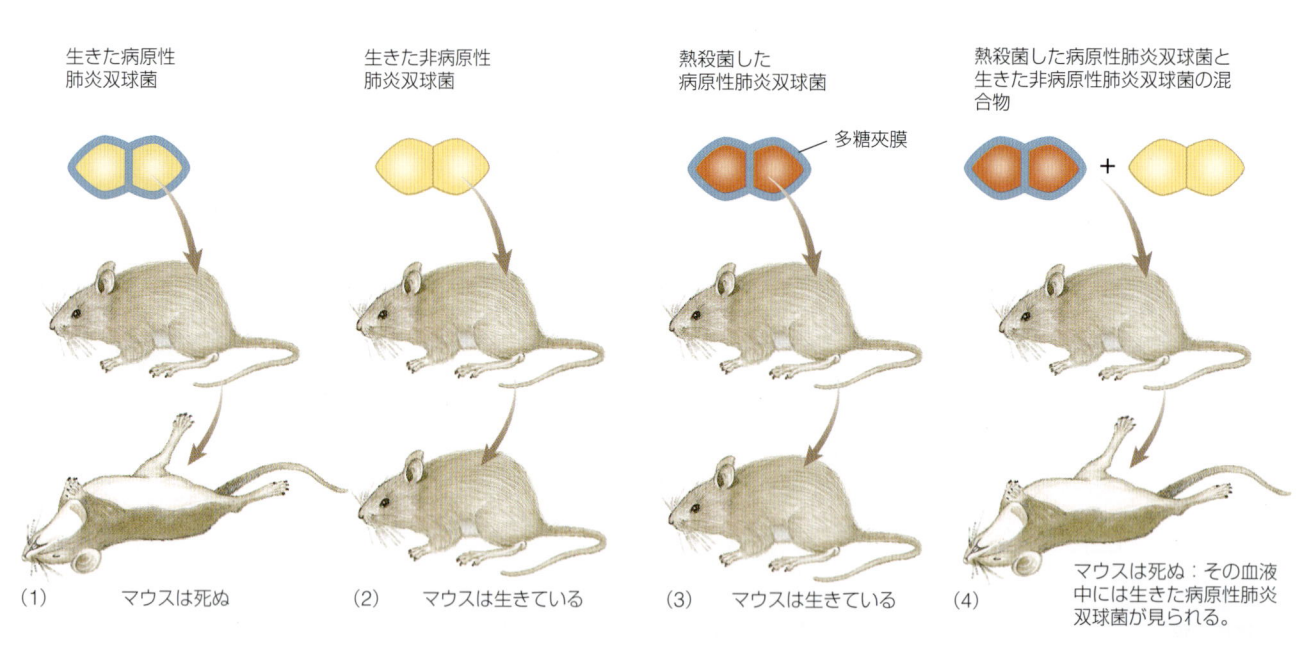

図 14.4
Griffithの形質転換実験。　(1) 病原性肺炎双球菌 *Streptococcus pneumoniae* はマウスを死に至らしめる。この病原性細菌の細胞は自らが合成する莢膜多糖で包まれている。(2) 莢膜をもたない肺炎双球菌を注射してもマウスは死なない。(3) 莢膜多糖をもつ細菌を熱殺菌して注射してもマウスは死なない。(4) 莢膜をもつ細菌の死骸と莢膜をもたない細菌を混合して注射したところマウスの多くは死亡し，その血液中には莢膜をもつ病原性細菌が多数見つかった。Griffithは細菌の死骸が生きた細胞を"形質転換"したのであろうと結論した。すなわち，莢膜多糖を合成するのに必要な遺伝情報が死んだ細菌から莢膜をもたない生きた細胞に伝えられた。

AveryとHershey-Chaseの実験：活性の本体はDNAである

Averyの実験

肺炎双球菌を形質転換させた本体は1944年になってようやく判明した。Oswald Averyと彼の共同研究者であったColin MacLeodとMaclyn McCartyたちはGriffithの実験で「形質転換素(transforming principle)」と名付けたものの特徴を明らかにした。彼らはまずGriffithと同じようにS型細菌の死がいと生きたR型細菌の混合物を準備した。そして次にその混合物からタンパク質をできる限り除去し，99.98%の純度まで精製した。こうしてほとんどすべてのタンパク質を除去したにもかかわらず，形質転換活性は低下しなかった。さらに，形質転換素はいくつかの点においてDNAと類似していた。

1. 精製した形質転換素を化学分析したところ，そのつくりはDNAとほぼ一致した。
2. 平衡密度勾配超遠心機で高速遠心してみるとDNAと同じ密度の位置に移動した。
3. 脂質とタンパク質を抽出した精製物でも形質転換活性が低下しなかった。
4. タンパク質分解酵素もRNA分解酵素も活性に影響しなかった。
5. DNA分解酵素は形質転換活性をすべて失わせた。

これらの証拠は十分なものであった。そこで研究者たちは「デオキシリボース型の核酸が*Pneumococcus* III型肺炎双球菌の形質転換素の基本単位である」と結論した。つまりDNAがこの細菌の遺伝物質である。

Hershey-Chaseの実験

Averyの結果は最初のうちは広く受け入れられなかった。というのは，当時の多くの生物学者たちは遺伝情報がタンパク質に格納されていると信じていたからである。Averyの結論を支持する新たな証拠が提出されたのは，1952年に発表された細菌を攻撃するウイルスである**バクテリオファージ**(bacteriophage)を使ったAlfred HersheyとMartha Chaseの実験であった。ウイルスは（下巻第33章で詳述），DNAあるいはRNA(リボ核酸)がコートタンパク質に包まれたものである。"溶菌（細胞を破裂させる潜在能力がある）"ファージが細菌細胞に感染すると，まず細胞の外表に結合し，その遺伝情報を細胞に注入する。注入された遺伝情報は細菌細胞のなかで何千もの新しいウイルスを生産するよう指示する。そして細胞は破壊あるいは溶菌し，新しく生産されたウイルスを放出する。

感染の初期に送り込まれる遺伝物質を追跡するために，HersheyとChaseはRNAではなくDNAをもつT2ファージ

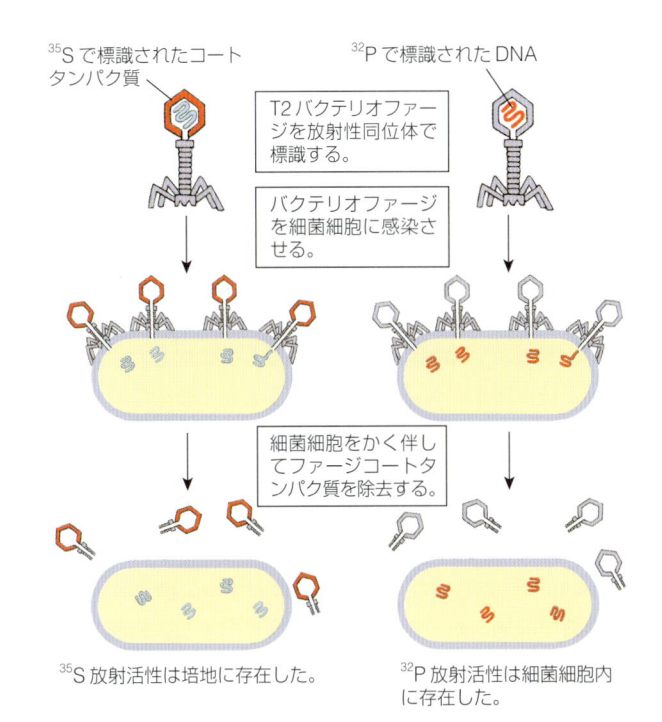

図 14.5
Hershey-Chaseの実験。 HersheyとChaseは^{35}S放射活性は細胞には取り込まれず，^{32}P放射活性のみが取り込まれることを発見した。彼らはタンパク質ではなく，ウイルス（バクテリオファージ）のDNAが新しいウイルスの生産を指令すると結論した。

を使った。トレーサーとして使える2種類の放射性同位体を使って，彼らはDNAとタンパク質コートを別々に標識した。まず，リンの放射性同位体^{32}Pを含む培地でウイルスを増殖させ，新しく合成されたDNA分子のリン酸基に^{32}Pを取り込ませた。リン酸はタンパク質に含まれないので，この標識はDNAに特異的であった。続いて，硫黄の同位体である^{35}Sを含む培地でウイルスを増殖させ，新しく合成されるコートタンパク質のアミノ酸に取り込ませた。硫黄はDNAに含まれないのでこの標識はタンパク質に特異的であった。^{32}Pおよび^{35}S同位体は，崩壊時にエネルギーが異なる電子線を放出するので，両者は容易に区別することができる。

標識したウイルスを細菌に感染させたあと，細菌細胞を激しく撹拌して付着したウイルスを細胞表層から取り除いた。この処理によって細胞からほぼすべての^{35}S標識活性（すなわち，ほぼすべてのウイルスタンパク質）が除去された。しかし，^{32}P標識活性（すなわちウイルスDNA）は細菌細胞の内部に移行し，続いて感染細菌から放出された新しいウイルスに検出された。このようにして，細菌に注入され新しいウイルスを規定した遺伝情報はDNAであって，タンパク質ではないことが示された。

> Averyの実験はDNAがGriffithの形質転換活性物質であることを決定的に示している。バクテリオファージの遺伝物質はDNAであり，タンパク質ではない。

14.2　DNAの構造とは？

核酸の化学的性質

ドイツ人化学者Friedrich Miescherは，Mendelが研究成果を発表したわずか4年後の1869年にDNAを発見した。Miescherはヒト細胞と魚の精子の核から白色の物質を抽出し，その窒素とリンの比率が細胞のどの成分とも異なっていたので，新しい生体物質を発見したことを確信した。彼はこの物質が核と密接に関連しているように見えたので「ヌクレイン(nuclein)」と名づけた。

Leveneの分析：DNAは重合体である

Miescherが発見したヌクレインはわずかに酸性だったので，**核酸**(nucleic acid)とよばれるようになった。細胞での機能が不明だったので，それから50年間この物質についての研究はほとんど行われなかった。1920年代に核酸の基本構造がP. A Leveneによって決定された．彼はDNAが三つの主成分からなることを見いだした(図14.6)。それは，(1) 五炭糖；(2) リン酸(PO_4)基；(3) 含窒素塩基である。塩基には**プリン**(purine：アデニン，AあるいはグアニンG)と**ピリミジン**(pyrimidine：チミン，TあるいはシトシンC)がある。RNAはチミンの代わりにウラシル(U)を含む。五炭糖，リン酸，塩基の成分比がほぼ同等だったので，LeveneはDNAとRNAはこの3成分のくり返し単位から構成されると結論した。その単位はリン酸と塩基に糖が結合しており，**ヌクレオチド**(nucleotide)とよばれる。ヌクレオチドは塩基の違いによって区別される。

DNAとRNAに含まれるさまざまな化学基を特定するには，塩基と糖の炭素原子に番号を付け，化学基が結合している炭素の番号で表すのが通例である。糖は四つの炭素原子と一つの酸素原子で5員環を形成している。図14.7に模式化したとおり，それぞれの炭素原子には酸素原子から時計方向に1′から5′までの番号が付けられている。「′」の記号は塩基の炭素番号と区別するためのものである。この番号の付け方では，リン酸基は糖の5′位炭素に，そして塩基は1′位の炭素に結合している。さらに，水酸基(—OH)は3′位の炭素に結合している。

5′-リン酸と3′-水酸基により，DNAとRNAは長いヌクレオチド鎖を形成することができる，というのはこれらの二つのグループは互いに化学的に反応できるからである。一つのヌクレオチドのリン酸基と別のヌクレオチドの水酸基の反応は脱水縮合であり，水分子が除かれて両者のあいだに共有結合が形成される。その結合はリン酸基が二つのエステル(P—O—C)結合で二つの糖を連結するので，**ホスホジエステル結合**(phosphodiester bond)とよばれる(図14.8)。その反

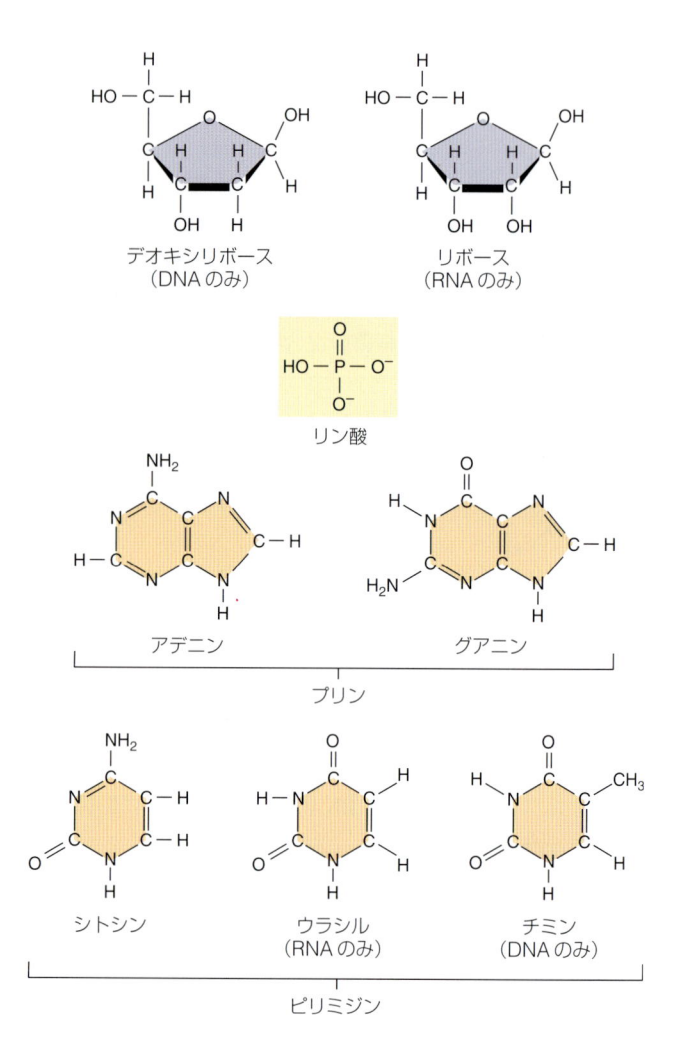

図 14.6
DNAとRNAのヌクレオチド構造。 DNAとRNAのヌクレオチドは三つの単位からなる。(上段)五炭糖(DNAではデオキシリボース，RNAではリボース)，(中段)リン酸基，(下段)塩基(プリン型あるいはピリミジン型)

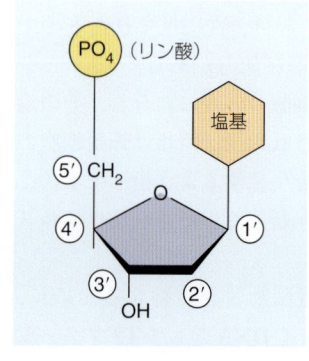

図 14.7
ヌクレオチドの炭素原子番号。 炭素原子は糖の酸素原子の右隣から時計方向に1′から5′の番号が付けられている。「′」はその炭素が塩基でなく糖に含まれることを示す。

表14.1 Chargaffが分析したDNAの塩基組成

生物種	塩基組成（モル％）			
	A	T	G	C
大腸菌（K12）	26.0	23.9	24.9	25.2
結核菌	15.1	14.6	34.9	35.4
酵母	31.3	32.9	18.7	17.1
ニシン	27.8	27.5	22.2	22.6
ラット	28.6	28.4	21.4	21.5
ヒト	30.9	29.4	19.9	19.8

（E. Chargaff and J. Davidson (editors), *The Nucleic Acids*, 1955, academic Press, New York, NY. より）

応でできる2単位のポリマーには，自由な5′リン酸基と3′水酸基が残っているので，さらに別のヌクレオチドと連結することができる。このようにして，何千ものヌクレオチドが互いに結びついて長い鎖が形成される。

DNAやRNAの直鎖は，どんなに長くても一方の端に5′リン酸基，他方に3′水酸基を有する。そのため，どのDNA分子もRNA分子も内在的な方向性をもち，われわれは分子の両端を明確に示すことができる。慣例により，塩基配列は通常5′から3′方向に書き表される。つまり塩基配列GTCCATは，

5′ pGpTpCpCpApT－OH 3′

となる。ここで「p」はリン酸である。これは逆方向からの配列の分子とは違うことに注意したい。

5′ pTpApCpCpTpG－OH 3′

Leveneの初期の研究によれば，4種類のDNAヌクレオチドはおおよそ等量ずつ存在した。この結果は，あとに誤りであることが証明されたが，DNAは単純なくり返し（たとえば，GCAT....GCAT....GCAT....GCAT....）であるという誤った考えをもたらした。もしその配列に変異がないのだとすれば，どのようにしてDNAに遺伝情報が含まれるのかを説明

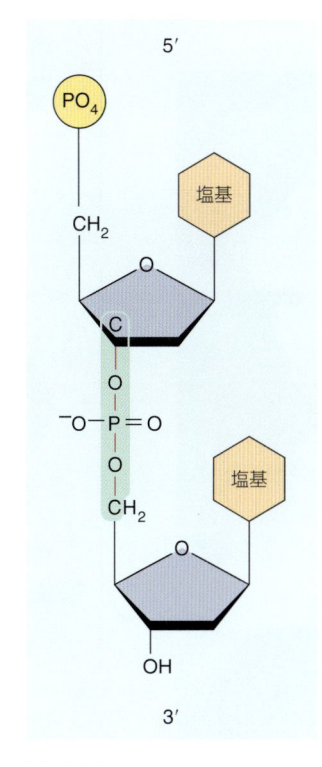

図14.8 ホスホジエステル結合

するのは困難であった。このことが，DNAが形質転換素であるというAveryの結論が当初すぐに受け入れられなかった理由である。DNAは単に染色体の構造単位でありタンパク質が遺伝の中心的役割を果たす，という方がよりもっともらしいと考えられた。

Chargaffの分析：
DNAは単純なくり返し構造の高分子ではない

第2次世界大戦後に利用できるようになった，より精密な方法を使ってLeveneのDNAの化学分析が追試され，まったく異なる結果が得られた。すなわち，四つのヌクレオチドはDNA分子のなかに等量ずつ含まれなかったのである。Arvin Chargaffは慎重に実験を行い，DNA分子のヌクレオチド組成はDNAを提供した生物によってまちまちであることを示した（表14.1）。このことはDNAが単純なくり返し構造の高分子ではなく，遺伝物質が必要とする情報を符号化している可能性を強く示唆するものであった。DNAの複雑性にもかかわらず，ChargaffはDNA二本鎖の重要な規則性に気づいた。"DNAに含まれるアデニンの量はつねにチミンと同じであり，グアニンの量はつねにシトシンと同じである。"この発見は**Chargaffの規則**（Chargaff's rule）とよばれる。

1. AのはつねにTと同じであり，GのはつねにCと同じである。

$$A = T, \quad G = C$$

2. プリン（AとG）とピリミジン（CとT）の割合はつねに一定である。

DNAとRNAはヌクレオチドが連なってできた長い鎖である。自然に見られるすべての二本鎖DNA分子において，AとTの割合は同じ，GとCの割合も同じである。

DNAの三次元構造

DNAに遺伝情報が含まれることが明らかになるにつれ，単純に見える分子がどうしてそんなに複雑な機能を果たせるのかという疑問が，研究者たちを悩ましはじめた。

Franklin：DNAのX線回折像

Chargaffによって指摘された規則性の重大さはすぐには気づかれなかった。しかし，英国の化学者Rosalind Franklin（図14.9）が，DNAのX線回折像の解析を行ったときにその意味が明らかになった。X線回折では，分子に照射されたX線が原子に出合うと，その軌道は曲がるかあるいは分散される。そして分散パターンは写真用フィルムに記録される。そのパターンはおだやかな湖面に石を投げ入れたときの波紋に似ている。注意深く解析すると，それらは分子の三次元構造に関する情報を与える。X線回折像を得るためには，分子が規則正しく並んだ完全な結晶が必要である。しかし，当時Franklinが天然のDNAから真の結晶を得ることは困難であった。そこで彼女は繊維状のDNAを使わなければならなかった。Franklinは英国の生化学者Maurice Wilkinsのところで研究を行った。彼は当時誰よりも均一に配向したDNA繊維を作成することができた。これらのDNA繊維を使って，Franklinは天然型DNAについての大まかな回折情報を得ることに成功した。その回折パターンは，DNA分子が直径2 nmで3.4 nmごとに一回転するらせんあるいはコルク栓抜きの形状であることを示唆していた（図14.9）。

WatsonとCrick：二重らせんモデル

Franklinの結果が1953年に公表される前に，ケンブリッジの若い研究者であったJames WatsonとFrancis Crickはその結果を非公式に知り，すみやかにDNA分子の予想構造モデル（図14.10a）を組み上げた。それは現在よく知られているとおり，基本的に正しい。彼らのモデルの要点はどのDNA分子もヌクレオチドによって架橋された2本のよじれた鎖，す

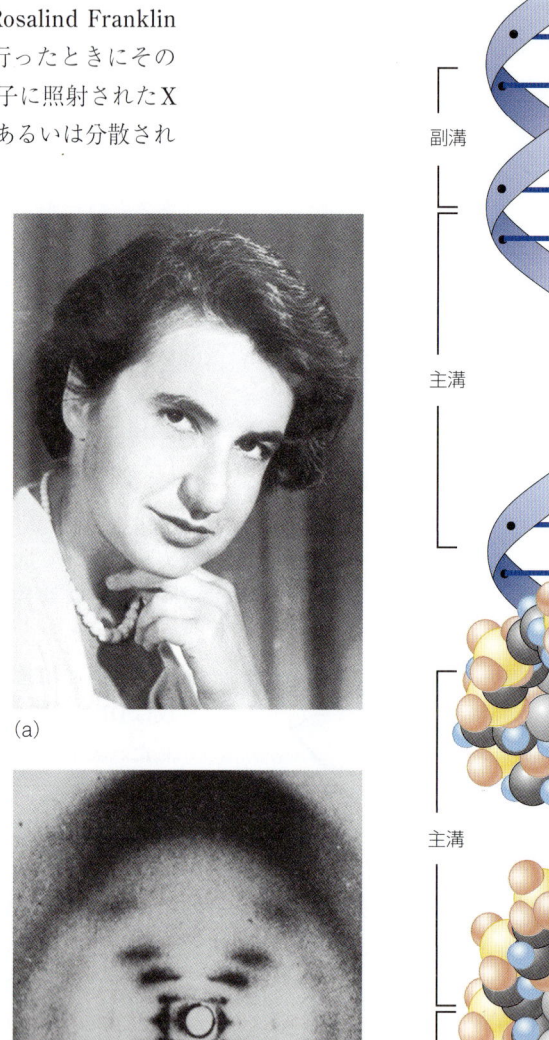

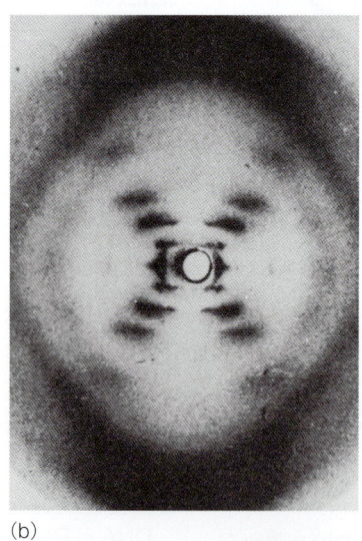

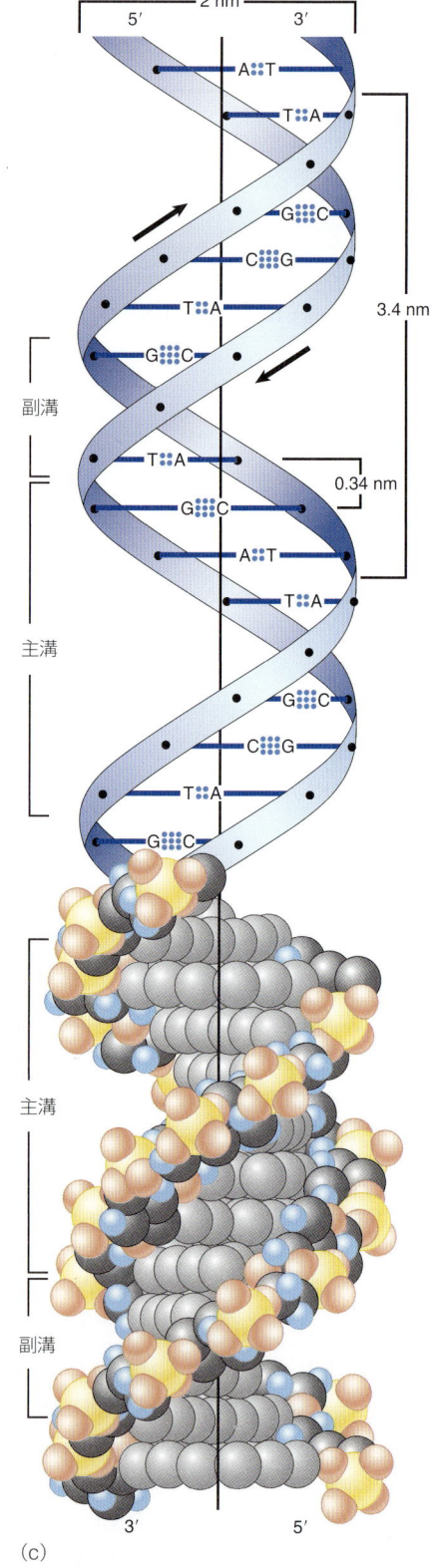

図 14.9
Rosalind FranklinのX線回折像。（a）Rosalind Franklin。（b）1953年にFranklinがWilkinsの研究室で撮影したDNA繊維のX線回折写真（この写真がWatsonとCrickに漏洩した）。（c）FranklinのX線解析にもとづき，DNAの二重らせん構造のサイズが推定された。

なわち二重らせんである，ということにある。

骨格　第3章で述べたように，二重らせんの2本の鎖はヌクレオチドの長い重合体である。それぞれの鎖はリン酸ジエステル結合によって連結された糖とリン酸のくり返し単位からなる。これらの二本鎖は共通の軸に巻きつき二重らせんを形成する(図14.9c)。らせんは，しばしばらせん階段に例えられ，そこでは二本の鎖は階段の手すりにあたる。

相補性　2本の鎖をつなぎとめているものは何だろう。WatsonとCrickは塩基が特定の水素結合を形成し，「塩基対」になると提案した。このようにして，アデニン(A)はチミン(T)と二つの水素結合を介してA-T塩基対を形成し，グアニン(G)はシトシン(C)と三つの水素結合を介してG-C塩基対を形成する(図14.10b)。この配列はいずれの場合も2員環のプリンと1員環のピリミジンが対を成しているので，塩基対の直径は同じであることに注目したい。これらの組合せを**相補的**(complementary)とよぶ——たとえばATGCという配列をもった鎖はTACGという配列鎖と相補的である。この一見単純なコンセプトは重大な意味を含んでいる。それはもし一方の鎖の配列を知れば，自動的に反対の鎖の配列を知ることができるということだ。だから一つの鎖にAがあれば，他方にはTがあり，Gがあればその反対側はCである。これはDNAがどのように複製され発現するのかということを論ずる際に極めて重要である。

Watson-CrickモデルがChargaffの結果を説明した：二重らせんにおいて，アデニンはチミンと二つの水素結合を形成するが，シトシンとは形成しない。同様にグアニンはシトシンと三つの水素結合を形成するが，チミンとは形成しない。この塩基対を形成するアデニンとチミンはどんなDNA分子においてもつねに同じ比で存在する。グアニンとシトシンについても同様である。

逆平行な立体配置　1本のリン酸ジエステル鎖には方向性がある。一方の端は3′OHで他方は5′PO$_4$で終わる。そこで鎖の方向を5′から3′あるいは3′から5′という。2本の鎖を合わせる方法には2通りある．一つは同方向(平行)，もう一つは逆方向(逆平行)である。天然の二本鎖DNAはつねに逆平行な立体配置をとり，一方の鎖は5′から3′方向，他方は3′から5′へ延びている(図14.10b)。これはDNAの複製に重要な意味をもつ。

Watson-CrickのDNA分子　WatsonとCrickが示したDNA分子の全体構造を総合すると，それぞれのDNA分子は相補的な配列をもった2本のリン酸ジエステル鎖からなる。そして2本の鎖は共通の軸をもつらせん(helix)構造である。さらにこれらの鎖はらせんの内側方向に塩基が伸びた逆平行であり，向かい合った鎖の塩基同士が対合して1組の相補鎖を形成する(図14.9c，14.10b)。それぞれの塩基対は低エネルギー結合であるが，多数の塩基対が形成されるとその結合エネルギーの総和は十分に大きく，分子は全体として非常に安定な構造になる。もう一度DNAをらせん階段に例えてみると，リン酸ジエステル骨格は手すりで塩基対が踏み板に相当する。

DNA分子は二重らせん構造をもち，2本の鎖は塩基対で結ばれている。

図 14.10
DNA二重らせん。　(a) 1953年，James Watson(左)とFrancis Crick(右)はChargaffの規則とFranklinのX線回折像からDNAの構造を推定した。(b) アデニン(A)とチミン(T)およびグアニン(G)とシトシン(C)の塩基対のみがDNA二本鎖分子の形成を可能にする。それぞれA-T対は2個，G-C対は3個の水素結合をつくる。

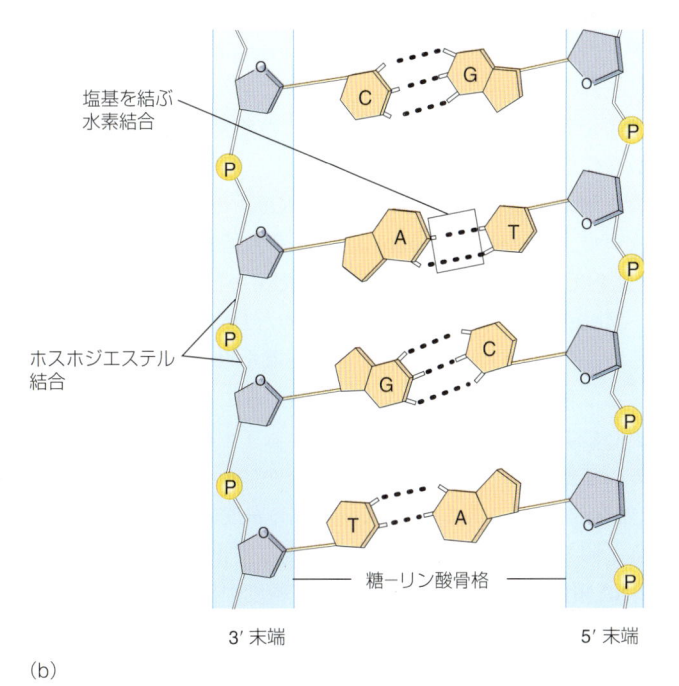

14.3 どのようにしてDNAは複製するのか？

Meselson-Stahlの実験：
DNA複製は半保存的である

　Watson-Crickモデルは，遺伝情報をコピーするための原理が**相補性**(complementarity)にあることを必然的に示唆していた。DNA分子の一方の鎖はどのような塩基配列もとりうるが，この配列がもう一方の鎖の配列を完全に決めてしまうのである。たとえば片方の鎖の配列が5′-ATTGCAT-3′であれば，その相手方の鎖は3′-TAACGTA-5′となる。このように，二本鎖におけるそれぞれの鎖は他方の鎖に対して相補的でなる。

　DNA二本鎖の相補性は，簡単で正確な分子の複製方法を提供する。二本鎖をほどいたならば，同じ配列をもつ2組の娘二本鎖を合成するためには露出された一本鎖部分に相補的なヌクレオチドを適切に並べるだけでよい。この様な形式のDNA複製は**半保存的**(semiconservative)といわれている。それは1回のDNA複製のあと，もともとの鎖の塩基配列は保存されているが，二本鎖分子そのものではないためである。そのかわり，複製の前に使われた二本鎖の各々は複製後にできる二本鎖の一方として存続する。

　DNA複製に関しては，半保存的複製モデル以外に二つのモデルが提唱された。一つは"保存的"複製モデルで，もともとの親DNAは完全な状態で残り，そのコピーが全く新しい分子としてできあがるというものである。もう一つのモデルは"分散型"複製モデルで，親DNAは娘分子ができるときに分散してしまい，すべての娘分子には古いDNAと新規に合成されたDNAが混在すると予想していた。

　DNA複製に関する三つの仮説が，1958年にカルフォルニア工科大学のMatthew MeselsonとFranklin Stahlによって検証された。彼らは窒素の重い同位体である^{15}Nを含む培地で細菌を育て，細菌DNAの塩基にこの元素を取り込ませた。数世代後に，これらの細菌のDNAは，より軽い同位体^{14}Nを含む培地で培養を続けた細菌のDNAより高密度になった。次いで，MeselsonとStahlは^{15}Nを含む培地で育てた細菌を^{14}Nを含む培地に移し，時間を追って菌からDNAを集めた。

　MeselsonとStahlは，彼らが集めたDNAを塩化セシウムという重い塩の液に溶解し，超遠心機を用いて高速回転することで密度の異なるDNA鎖を分離することに成功した。超遠心によって生じた遠心力がセシウムイオンを遠心管の底の方へ移動させ，その結果遠心管のなかにセシウム濃度の勾配(密度勾配)ができる。DNA鎖はこの密度勾配の中をみずからと同じ密度をもつところまで移動して止まる。^{15}Nを含むDNA鎖は^{14}Nを含むDNA鎖よりも密度が高いので，セシウム密度勾配の高い方，つまりより遠心管の底に向かって動く。

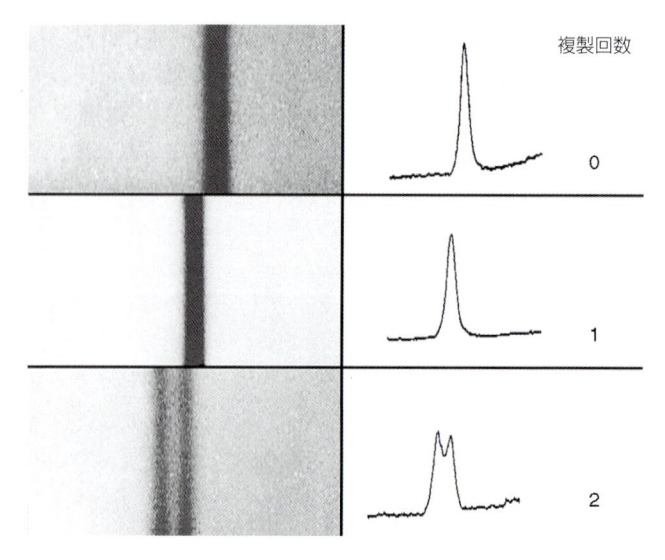

図 14.11
Meselson-Stahlの実験の要点。 密度勾配遠心により分画されたDNA分子を写真に撮ったものが左側のパネルで，右側にはそれをスキャンしたものである。0世代ではすべてのDNAは重い。1回複製されるとすべてのDNAはハイブリッドに相当する中間密度になる。2回複製されると中間の密度か低密度になる。

　^{14}Nを含む培地に移された直後に集められたDNA分子はすべて高密度だった。しかし，細菌が^{14}Nを含む培地で1回目の複製を終えたあとはDNAの密度は減少し，ちょうど^{15}Nを含むDNAと^{14}Nを含むDNAの中間になった。2回目の複製を終えたときは2種類の密度のDNAが認められた。つまり一つは中間の位置，もう一つは^{14}Nを含むDNAの位置と同じところである(図14.11)。

　MeselsonとStahlは自分たちの結果を次のように解釈した。1回目の複製が終わったとき，娘DNA二本鎖は親分子の重い二本鎖のうちの片方ともう片方は軽い分子になっている。このハイブリッド二本鎖(雑種分子)が複製されるときは，重い鎖は軽い鎖と別のハイブリッド二本鎖を形成することになり，軽い鎖は軽い鎖だけからなる二本鎖を形成することになる(図14.12)。つまりこの実験から，WatsonとCrickが予測した半保存的な方法でDNAは複製されるというモデルが正しいということが確認された。

DNA複製がきわめて正確に行われる理由は相補性にある。DNA分子を構成する二本鎖は，お互いが相補的に鏡像関係にあるため，どちらの鎖ももう一方の鎖を合成するための鋳型として用いられる。

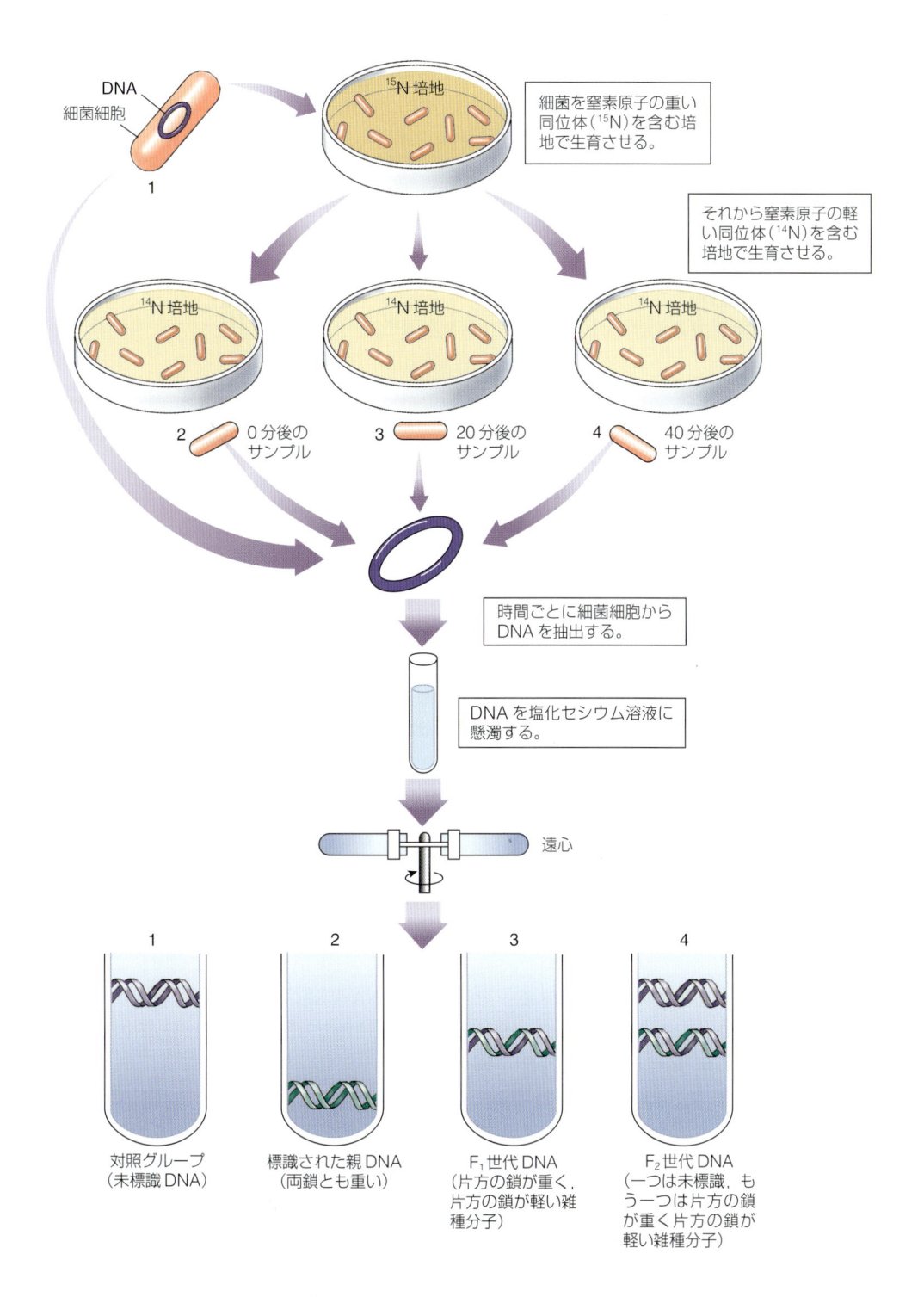

図 14.12

Meselson と Stahl の実験：半保存的複製を示す証拠。 細菌細胞を窒素の重い同位体(^{15}N)を含む培地で数世代培養したのち軽い同位体である ^{14}N を含む培地に植え継いだ。その後，いろいろな時間間隔で細菌サンプルを回収し，DNA を塩化セシウム溶液に溶かし，超遠心分離した。セシウムイオンは重いので遠心機にかけると遠心管の底へ動こうとする。その結果，セシウムの密度勾配ができあがる。DNA は密度勾配の中を自分自身の密度とセシウムの密度が同じになるところまで動き，その場所でとどまる。^{15}N を含む DNA は ^{14}N を含むものよりも重く，セシウム密度勾配のなかを底へと沈んでいく。^{14}N を含む培地に移して 1 世代後，細菌から DNA を回収して調べると ^{14}N-DNA と ^{15}N-DNA のあいだの密度をもった単一のバンドへと収束していた。このことは 1 世代後にできた二本鎖 DNA には片方の鎖にのみ ^{15}N が含まれることを示している。^{14}N を含む培地に移して 2 世代経つと，二つのバンドになった。一つは中間の密度のもの（一方の鎖に ^{15}N を含むもの）で，もう一つは低い密度のもの（二本鎖のどちらにも ^{15}N を含まないもの）である。以上の実験結果から，Meselson と Stahl は DNA 二本鎖が複製する際には鎖を分離した後それぞれを鋳型として新しい相補鎖分子を構築する，と結論した。

複製の過程

　DNA複製は速くかつ正確に行われて初めて効力を発揮する。DNA複製の過程は過去40年にわたり大腸菌(*E. coli*)とそのウイルスを用いて詳細に研究されてきた。これら多くの研究は，現代の生物学で利用できるかぎりの生化学，遺伝学，顕微鏡技術，分子生物学といった分野のすべての手法を用いて行われている。その結果複製過程の詳細が描かれるようになってきた。ここではその概要を取り上げたい。

複製の起点

　大腸菌の複製はある特定の起点(*OriC*とよばれる)ではじまり，ある特定の終点で終わる。もし細胞分裂と同調した複製を考えるなら，特定のところで複製の開始とその回数を調節するということは極めて理にかなったことである。*OriC*の配列は複製を開始するときにあるタンパク質が結合する反復配列と，開始時にすぐに二本鎖がほどけるATに富む配列からなっている。(ATからなる塩基対はわずか二つの水素結合をもつが，GCからなる塩基対には三つの水素結合があることを思いだしてほしい。) 複製プロセスが開始されると，DNA複製はこの特異的な起点から終点に向けて両方向に進行する(図14.13)。完全な染色体と複製起点は"レプリコン"とよばれ，染色体の複製のための機能的な単位と考えられている。

ポリメラーゼ

　大腸菌から最初に得られた核酸を合成するポリメラーゼは，DNAポリメラーゼI(pol I)とよばれた。当初はこれが複製時にまるごとDNAを合成するポリメラーゼだと予想されていた。ところが，pol Iの活性をもたないにもかかわらず複製能力を有する変異株が分離された。大腸菌のこの株から得られた二つのポリメラーゼはDNAポリメラーゼII(pol II)およびDNAポリメラーゼIII(pol III)とよばれた。これら三つの酵素はポリヌクレオチド鎖の合成能も含めて多くの性質を共有しており，また予想外のいくつかの特徴をもっていた。まず，すべての既知のDNAポリメラーゼは**プライマー**(primer)を必要とすることである。プライマーというのは水素結合で鋳型に結合する短い一本鎖のRNAあるいはDNAのことである。このようにDNAポリメラーゼは単独で新しい鎖の合成を開始することはできず，現存する領域の一部分に結合するプライマーにつけ加えるように新しい鎖を合成していく。二番目にこれらの酵素は一方向にしか合成することができない。鋳型DNAを3′から5′の方向にコピーすることで，5′から3′方向にDNAを合成し伸長させる(相補性を思いだしてほしい：図14.14)。つまりDNAポリメラーゼの働きはプライマーの3′OHに新しいヌクレオチドを追加することである。興味深いことにこれらの酵素はヌクレオチドを取り除く活性ももっており，「ヌクレアーゼ」とよばれる。ヌクレアーゼは**エンドヌクレアーゼ**(endonuclease：DNAの内部を切断)と**エキソヌクレアーゼ**(exonuclease：DNAを末端から切断)のどちらかに分類される。これらの酵素は"プルーフリーディング活性(proofreading function)"といわれる3′→5′のエキソヌクレアーゼ活性を有している。この活性により間違って形成された塩基対は除去され，DNA複製の反応がより正確なものになっている。pol I酵素は5′→3′の方向のエキソヌクレアーゼ活性も有しており，このことはあとに述べるが，DNA複製においては大切なことである。

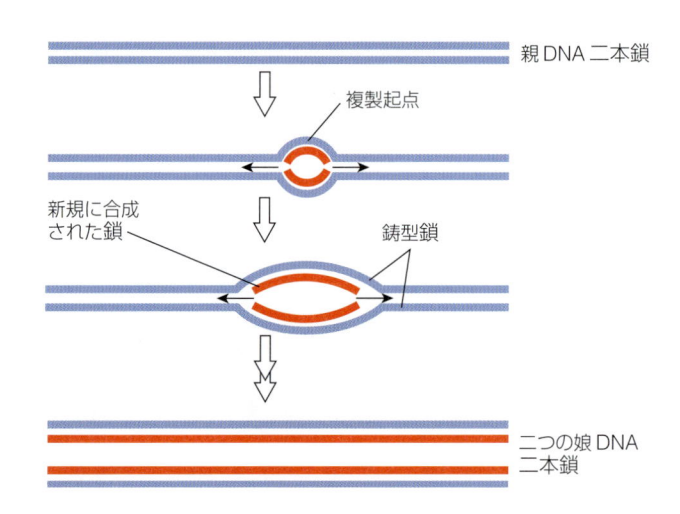

　長年にわたって，大腸菌にあるのはこれら三つのDNAポリメラーゼだけだと思われてきたが，最近いくつかの新しいポリメラーゼが発見された。現在では合計5種類のDNAポリメラーゼが知られているが，そのすべてが複製時に機能しているわけではない。これらの役割については複製の特徴について述べたあとにふれたいと思う。

　ポリメラーゼの方向性とDNAの逆平行構造が示されたことから，複製はDNAのそれぞれの鎖で同じではないことが明白になった。DNAの二重らせん構造が開くと，鎖は逆平行となるため，鎖の"両方"が5′から3′方向に1本の連続鎖として複製できるわけではない。

リーディング鎖とラギング鎖

　DNA鎖のうち，3′から5′の方向へ向いている鎖は，その3′末端のところにプライマーを受け入れることができるので，DNA鎖は5′から3′の方向に1本のつながった連続的なものとして合成されうる。この鎖は**リーディング鎖**(leading

図 14.13
複製起点。 複製起点とよばれている場所では，DNA二本鎖は新しい鎖をつくりだすために開き，それぞれが新しい鎖の鋳型として使われる。

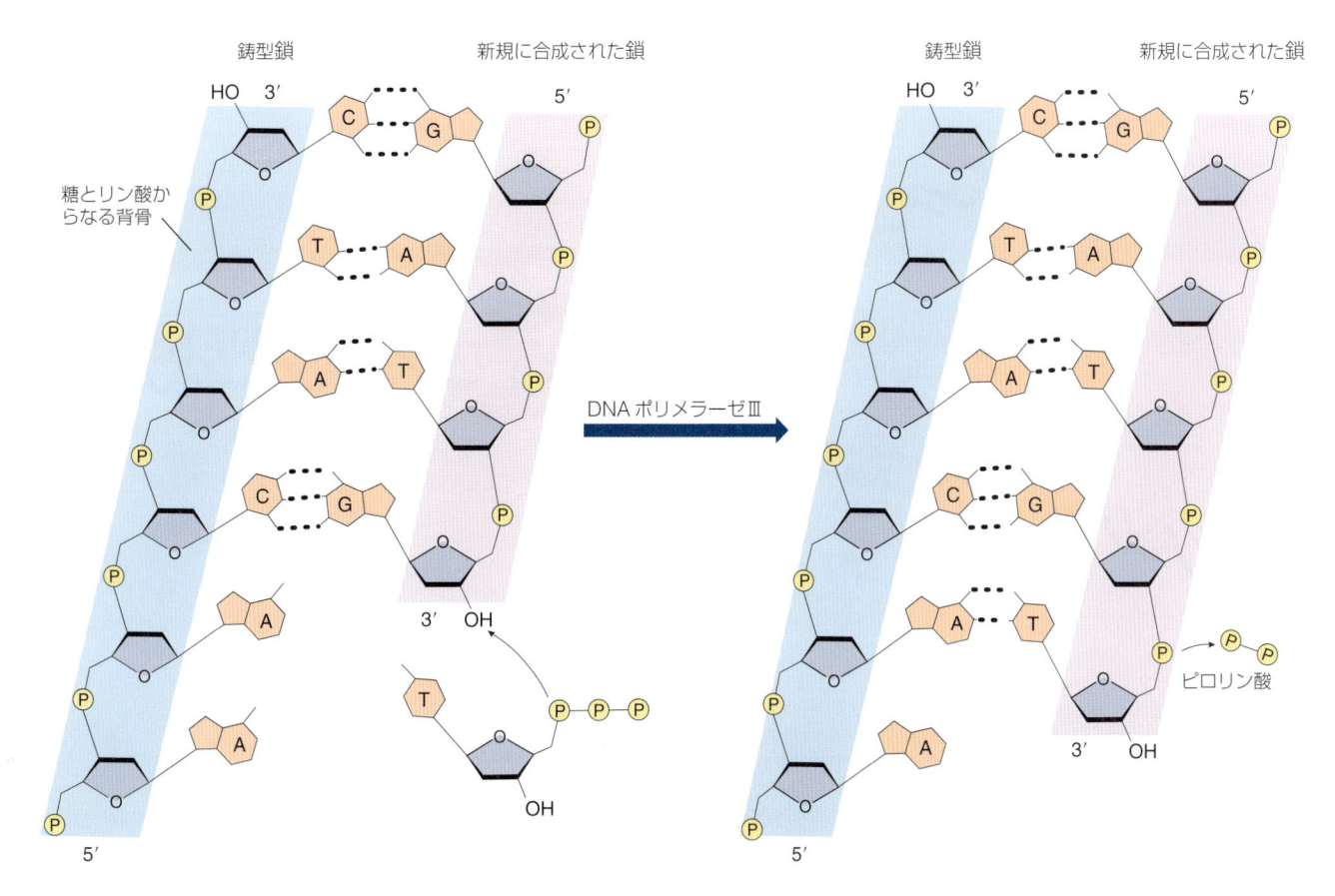

図 14.14
いかにして複製時にヌクレオチドは加えられるか。　DNAポリメラーゼⅢはほかの酵素と協同して伸長しているDNA相補鎖にヌクレオチドを付加する反応を触媒する。ヌクレオチドが加えられると二つのリン酸はピロリン酸として除かれる。

strand)とよばれている。もう一方の鎖はらせんの開いた部分から端に向かって鎖を埋めるように5′から3′方向の短いこまぎれの断片として複製されてくる。ヘリックスが開くにつれて複製も進むが，鎖全体はこの不連続なやり方で複製される。この鎖は**ラギング鎖**(lagging strand)とよばれる。ラギング鎖で新規に合成された短い鎖は，実験的にこれを発見した科学者の名にちなんで**岡崎フラグメント**(Okazaki fragment)と命名されている(図14.15)。

ほかの酵素活性

DNAを複製するにはDNAポリメラーゼに加え，ほかの多くの酵素の活性が必要である。第一にリーディング鎖上で複製を開始するためのプライマーを合成する酵素が要求される。またラギング鎖においてもたえずプライマー合成が必要である。これらの活性をになう酵素が"DNAプライマーゼ(DNA primase)"であり，DNA鋳型に対して相補的な短いRNAプライマーをつくりだす。プライマーがRNAであることは理にかなっている。RNAポリメラーゼ(RNA分子を合成する酵素)は，合成の開始にプライマーを必要としないからである。DNAプライマーゼは実際にはRNAポリメラーゼなのである。二番目に，ポリメラーゼの前面でらせんを開く酵素が必要である。この作業をになう酵素が"**DNAヘリカーゼ**(DNA helicase)"で，DNA鎖をほどくのにATPを加水分

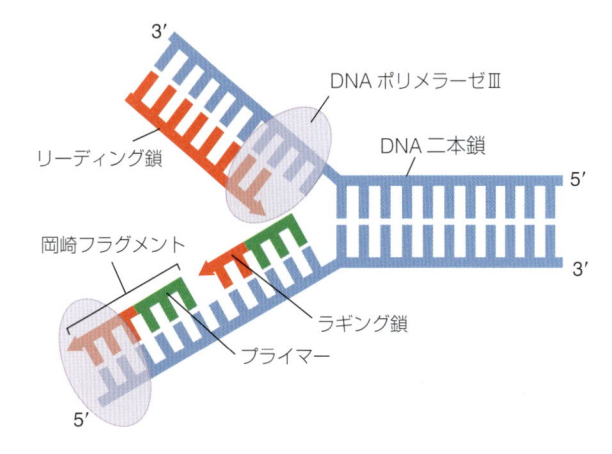

図 14.15
リーディング鎖とラギング鎖の合成。　DNAポリメラーゼⅢはリーディング鎖を連続的な鎖として合成する。一方ラギング鎖は岡崎フラグメントとよばれるプライマーにはじまるこまぎれとして合成される。

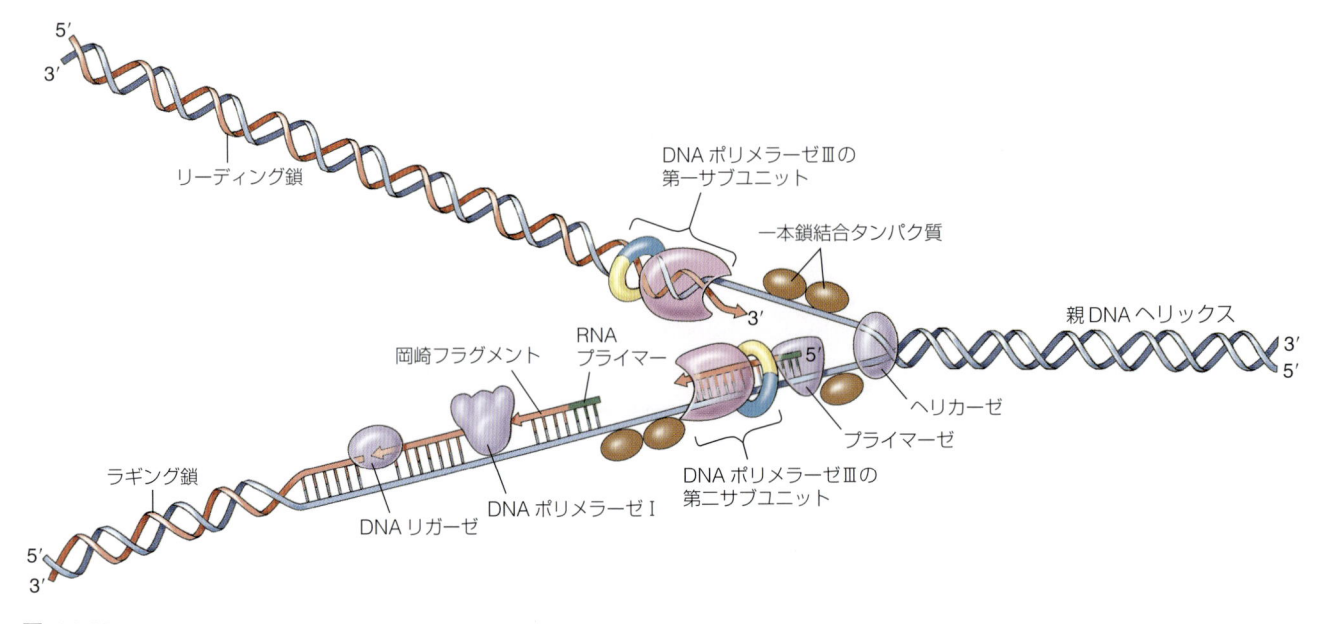

図 14.16
DNA複製フォーク。 ヘリカーゼが二重らせんを分離し，一本鎖結合タンパク質が一本鎖部分を安定化する。複製は二つのメカニズムにより行われる。(1) 連続的合成：リーディング鎖ではプライマーゼが短いRNAプライマーをつくると，DNAポリメラーゼⅢがその3′末端にヌクレオチドを付加していく。その後DNAポリメラーゼⅠがRNAプライマーをDNAヌクレオチドに置換する。(2) 不連続合成：プライマーゼが短いRNAプライマー（緑色）をラギング鎖の5′末端の前に合成する。その後，DNAポリメラーゼⅢはギャップを埋めるまでヌクレオチドを加えていく。DNAポリメラーゼⅠがプライマーをDNAと置き換え，DNAリガーゼがこの短いヌクレオチドの断片について結合させることでラギング鎖を完成させる。

解してエネルギーを得ている。三番目に，二重らせんを開くことによって生じた構造上のひずみを除くための酵素が必要である。ロープをほどくように二重らせんを開くことを想像してほしい。ロープをむりやりひっぱり放そうとすると，生じたひずみでロープは絡まりコブをつくったりする。このひずみはDNAらせんを開こうとするとき取り除かねばならない。これを行う酵素が"DNAジャイレース（DNA gyrase）"である。これはトポイソメラーゼの一種でDNAの位相状態を変えることのできる酵素である。四番目に，ほどかれた一本鎖は細胞内の水溶液環境では二本鎖分子のようには安定ではない。塩基は疎水性であり，それが水にさらされるからである。この問題を解決するため，DNAがほどかれたときに，さらけだされた一本鎖が"一本鎖結合タンパク質（single-strand binding protein, ssb）"によって覆われる。五番目にリーディング鎖の最初のところとラギング鎖のそれぞれの岡崎フラグメントの最初についているプライマーを除去し，ラギング鎖に沿って断片をつなぐ必要がある。この二つの作業のそれぞれはDNA pol ⅠとDNAリガーゼによって行われる。DNA pol Ⅰは3′→5′エキソヌクレアーゼ活性によってプライマーを除き，この除かれた部分をDNAに置き換える。一方，DNAリガーゼは岡崎フラグメント間にホスホジエステル結合を形成させる。表14.2にまとめるように複製にはじつに多くの酵素が関係している。

複製フォーク

初めは単純な過程に見えたことがかくも複雑な諸活性でまかなわれていることをどう理解すればいいのであろうか？これら多くの酵素を別々に考えるのではなく，複製が起こっているDNA鎖の開いている部位，すなわち**複製フォーク**（replication fork）を考えるのがよい。さきほどから述べているすべての活性は確認されており，複製フォークには不可欠である。図14.16は，関係するすべてのタンパク質が複製に向けてお互いどのように協同作業していると考えられているかを模式的に表している。一連の反応が順調に進むには，複製に関与するタンパク質が協同的に機能することもまた重要である。それについてはこのあとに詳しく考察する。

ポリメラーゼの役割

細胞分裂時のDNA複製に3種のDNAポリメラーゼすべてが必要なわけではない。pol Ⅲとpol Ⅰはいずれも重要な役割を果たすが，pol Ⅱは複製ではなく，主にDNA修復のために働いていると考えられる。pol Ⅰは単純なタンパク質で，最初に見つかったDNAポリメラーゼではあるが，複製フォークにおいては主要なポリメラーゼではない。むしろその役割はDNA合成に必要な随所に存在するプライマーを取り除く

ことにある。複製フォークで見つかったDNAポリメラーゼは複数のサブユニットからなる巨大なpol IIIである。活性に重要なものはαサブユニットで，ほかの二つのタンパク質とともに酵素の活性中心を形成する。コア酵素はDNAを合成することができるが，鋳型に長いあいだくっついて合成を続けることはできない。この性質を"プロセッシビティ（processivity）"という。コア酵素にβサブユニットが加わるとプロセッシビティは大幅に向上する。βサブユニットの構造解析から，それはスライディングクランプ（滑る輪）とよばれる興味深い形状であることがわかった。それは文字どおり鋳型となるDNA鎖のまわりをリング状に囲み，活性中心を鋳型に向けて保持している（図14.17）。完全なpol IIIは少なくとも七つのタンパク質からなる巨大な複合体である。

表14.2　大腸菌のDNA複製酵素

タンパク質	役割	大きさ (kd)	1細胞あたりの分子数
ヘリカーゼ	二重らせんをほどく	300	20
プライマーゼ	RNAプライマーの合成	60	50
一本鎖結合タンパク質	一本鎖領域の安定化	74	300
DNAジャイレース	ねじれの軽減	400	250
DNAポリメラーゼIII	DNA合成	≈900	20
DNAポリメラーゼI	プライマーを除去しギャップを埋める	103	303
DNAリガーゼ	DNAのこまぎれを連結する。DNAの修復	74	300

レプリソーム

大腸菌の複製はこのように大きな巨大分子複合体で行われる。これは，リボソームがタンパク質合成のための細胞小器官であるのと同様，複製のための小器官といえる。この複合体は**レプリソーム**（replisome）とよばれている。レプリソームは細胞分裂のあいだにDNAの速くて正確な複製を実現させるための巨大分子タンパク質装置である。レプリソームは二つの主要な成分からなる。すなわち"プライモソーム（primosome）"と二つのDNA pol IIIの複合体である。この二つのpol IIIはそれぞれの鎖に付いている。プライモソームはプライマーゼとヘリカーゼおよび多くの付属タンパク質で構成されている（図14.16参照）。二つのpol III複合体には二つのコアサブユニットがあり，それぞれがβサブユニットや複

図 14.17
DNAポリメラーゼIII複合体。 (a) 複合体は10種類のタンパク質を有する。DNA二本鎖の両方の鎖が同時に複製されなければならないため，このタンパク質は二量体となっている。触媒サブユニット（α），校正サブユニット（ε），スライディングクランプ・サブユニット（β₂，黄色と青色）を示した。(b) スライディングクランプは鋳型DNAを取り囲み，(c) 指輪がロープを滑るように触媒サブユニットを通って動く。

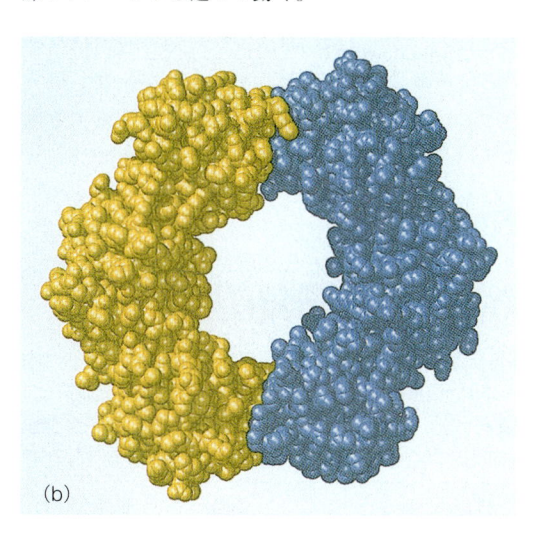

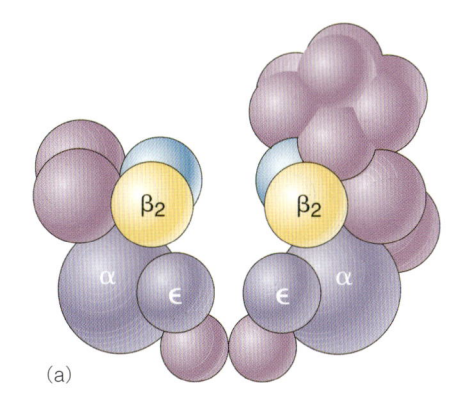

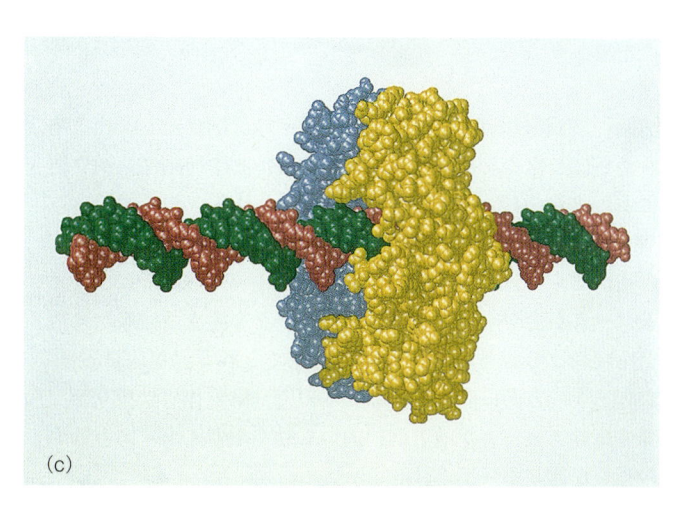

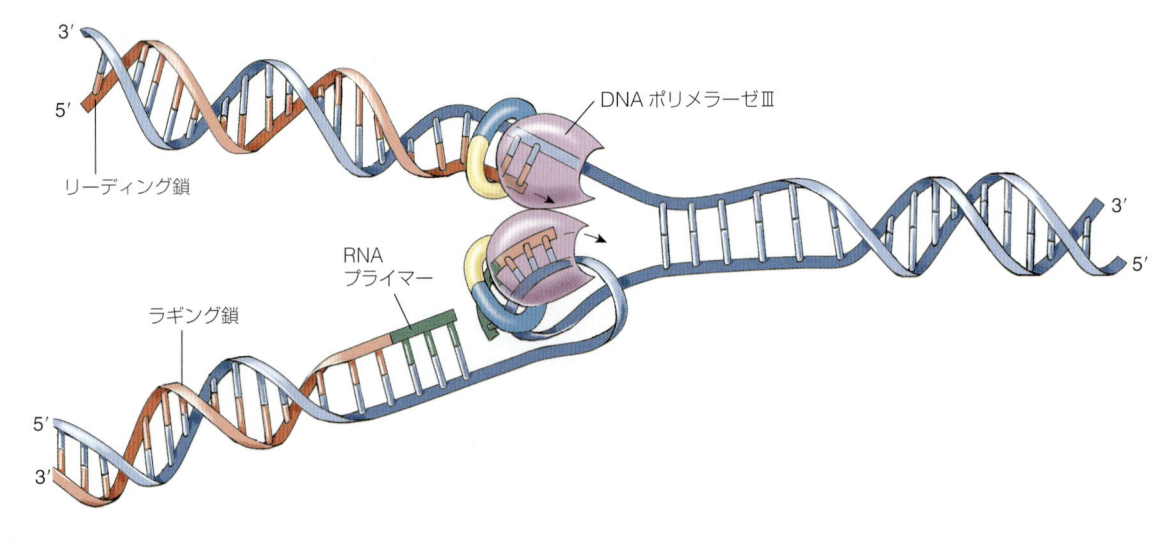

図 14.18
どのようにDNAポリメラーゼⅢは機能しているか． この図はDNAポリメラーゼがどのように機能しているかを示している．ラギング鎖のDNAは曲がっており，その結果二量体のDNAポリメラーゼⅢ分子が鋳型(親)DNAの両方の鎖を同時に複製できるようになっていることに注目してほしい．このことによりそれぞれの岡崎フラグメントの3′末端は次のフラグメントの開始部位に近接する．

合体全体の形成にあずかる多くのタンパク質からなる．レプリソームや複製フォークで見つかったpolⅢは14以上のタンパク質でできている(図14.17a参照)．ラギング鎖の合成には難しいところがあるが，レプリソーム上の二つのpolⅢは，ラギング鎖，リーディング鎖の両方で同時に活性がある．ラギング鎖でつねに複製開始反応が行われるには，複製フォークにある完全なレプリソームの一部としてのプライモソーム複合体が必要になる．2本の鎖はどうやって同じ方向に複製されるのであろうか？ 最初に提案されたモデルでは，ポリメラーゼが同一方向に動けるようにラギング鎖でループが形成されることが示された(図14.18)．

複製の段階

以前に有糸分裂をいくつかの段階に分けた．同様に連続的なプロセスである複製も，いくつかの段階に分けて考えることができる．

開始 複製の開始(initiation)はいつも*OriC*とよばれる場所からはじまる．複雑な反応であるが，まず開始タンパク質によって*OriC*内の特定の部位が認識される．この開始タンパク質がほかのタンパク質と結合すると*OriC*内部のATに富む領域でらせんを開かせる．開いた状態のDNA鎖にプライモソームが会合し，さらに複製フォークを完成させるための完全なレプリソーム複合体が組み立てられる．複製は*OriC*から二つの方向に向けて行われるので，染色体のまわりを二つの複製フォークが逆方向に向いて動くかのように両方向への複製が起こる．

伸長 複製過程の大部分の時間は伸長(elongation)に費やされる．このあいだ，polⅢ分子は鋳型鎖に対して相補的に新規のヌクレオチドを付加している．この反応はリーディング鎖上では単純である．なぜなら一つのプライマーが必要なだけだからである(ただ，複数箇所での開始は起こるかもしれないが)．ラギング鎖上では，この反応はかなり複雑である．らせんが開くと新しいプライマーが合成され，polⅢは複製が完了した鋳型を離し，"新しい"鋳型と作業をはじめなければならない．複合体が進むと，polⅠの5′→3′エキソヌクレアーゼ活性によりプライマーは除去され，できあがった鎖のあいだはDNAリガーゼでつなげられる．合成は，大腸菌の環状染色体を両方向に進行し，最終的に二つのDNA分子が生み出される．

終結 終結(termination)反応の詳細は明らかになっていないが，環状染色体のなかで*OriC*のほぼ反対側に特異的な複製終結部位が局在することが知られている．二つの新しい分子が複製プロセスで絡み合わないようにすることも必要である．このためにはDNAジャイレースのようなトポイソメラーゼが必要になる．

大腸菌のDNA複製には多種多様なタンパク質が関与する．これらの働きをあげるとDNA二重らせんを開き，らせんをほどき，一本鎖を安定化し，RNAプライマーを合成し，さらけ出された鋳型DNA(親鎖)に対して相補鎖を伸長し(そのうち一つは不連続であるが)，RNAプライマーを取り除き，ラギング鎖においては新規につくられた不連続な断片を連結する，などである．

真核生物の DNA 複製

真核生物と原核生物の複製のもっとも大きな違いはそのDNA量といかに収納されているかである。真核生物はふつう複数の染色体をもち，その各々が大腸菌の染色体よりもはるかに大きい（図14.19）。複製のメカニズムは基本的に同じだろうが，各染色体に単一の複製起点が存在するとすれば，複製に要する時間は非常に長くなってしまうであろう。この問題はそれぞれの染色体に複数の起点が存在することで解決されている。つまり複数の"レプリコン（replicon）"，個々の起点から複製されるDNAの部域，が存在する（図14.20）。この起点は$OriC$のように配列特異的ではなく，むしろクロマチンの構造に依存するらしい。機能する起点の数も細胞のおかれている発生段階に合わせて調節される。細胞分裂が急速に行われなければならない発生初期には多くの起点が活性化する。

酵素の名称など微細な違いはあるが，真核生物における複製フォークは研究者が大腸菌で描いた模式図とそっくりである。真核生物における主要な複製酵素はDNAポリメラーゼαとよばれている。真核生物にもスライディングクランプになるサブユニットが存在しているが，これはPCNA（Proliferating Cell Nuclear Antigen）とよばれている。この名前は，PCNAがもともと活発に増殖している細胞で抗原タンパク質として同定されたことに由来する。真核生物におけるプライモソームの構成は大腸菌のプライモソームとは細かい点で異なるが，その役割は同じである。同様に，大腸菌で説明してきた複製フォークのほかの役者たちが真核生物でも登場する。

真核生物の染色体は複数の複製起点をもっている。

図 14.19
ヒトの1本の染色体からのDNA。 この染色体は大部分の収納タンパク質を取り除き解放したものである。写真の下方にある黒くみえる部分に残ったタンパク質が見られる。

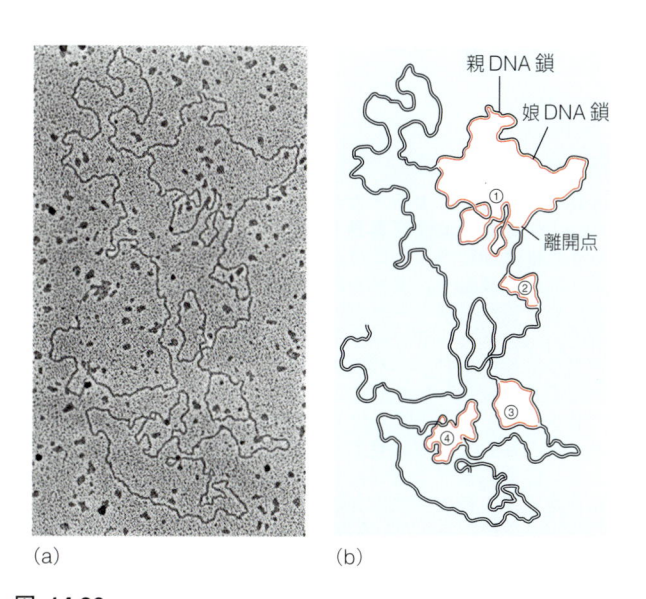

図 14.20
真核生物の染色体はその長さに応じてたくさんの複製フォークをもっている。 四つの複製単位（各々は二つの複製フォークをもつ）が娘鎖をつくりだしているところを示す電子顕微鏡写真（a）とその模式図（b）。（b）の赤は娘鎖を示す。

14.4 遺伝子とは何か？

一遺伝子/一ポリペプチド仮説

DNAの構造が調べられているあいだにも，ほかの生物学者たちはMendelが述べた遺伝子がDNAとどう関係しているのかで頭を悩ませていた。遺伝子型と表現型の関係はどうなっているのだろうか？

Garrod：遺伝性疾患は特異的な酵素によって引きおこされる

1902年，英国の内科医Archibald Garrodは，ちょうどMendel派遺伝学者で同郷人でもあるWilliam Batesonと一緒に仕事をしていたころに彼の患者のなかのある病気が特定の家族に限って多くみられることに気づいた。この家系を数世代にわたって調査してみると，病気のいくつかは単純な劣性対立遺伝子に起因しているかのように発症していることに気づいた。Garrodはこれらの疾患がメンデル形質であり，異常をもつ家系の祖先から遺伝情報の変化が受け継がれた結果，発症していると結論づけた。

Garrodはこのような遺伝性疾患についてより詳しく研究を続けた。アルカプトン尿症では，患者はホモゲンチジン酸（アルカプトン）を尿中に排出する。この物質は空気中でただちに酸化され，尿を黒くする。健常者ではホモゲンチジン酸はより単純な物質へと分解される。熟考を重ねた結果，Garrodはアルカプトン尿症の患者はこの分解を触媒するのに必要な酵素を欠いていると結論した。彼はほかの多くの遺伝性疾患も酵素の機能欠損が原因ではないかと推測した。

BeadleとTatum：遺伝子が酵素を決定づけている

Garrodの発見があったにもかかわらず，染色体のDNAにコードされている情報が酵素の機能を決定づけているという結論にたどりつくには，時間を要した。実際，1941年にスタンフォード大学の遺伝学者George BeadleとEdward Tatumによる一連の実験によって決定的な証拠が示されるまで，目立った進展はなかった。BeadleとTatumは慎重に染色体にメンデル突然変異を導入し，これら変異が生物に与える影響を研究した（図14.21）。

限定されたシステム BeadleとTatumの実験が明快な結果をもたらした理由の一つとして，彼らが実験材料を選ぶにあたって賢い選択を行ったことがあげられる。彼らはアカパンカビ *Neurospora* を選んだ。このカビは実験室で限定培地

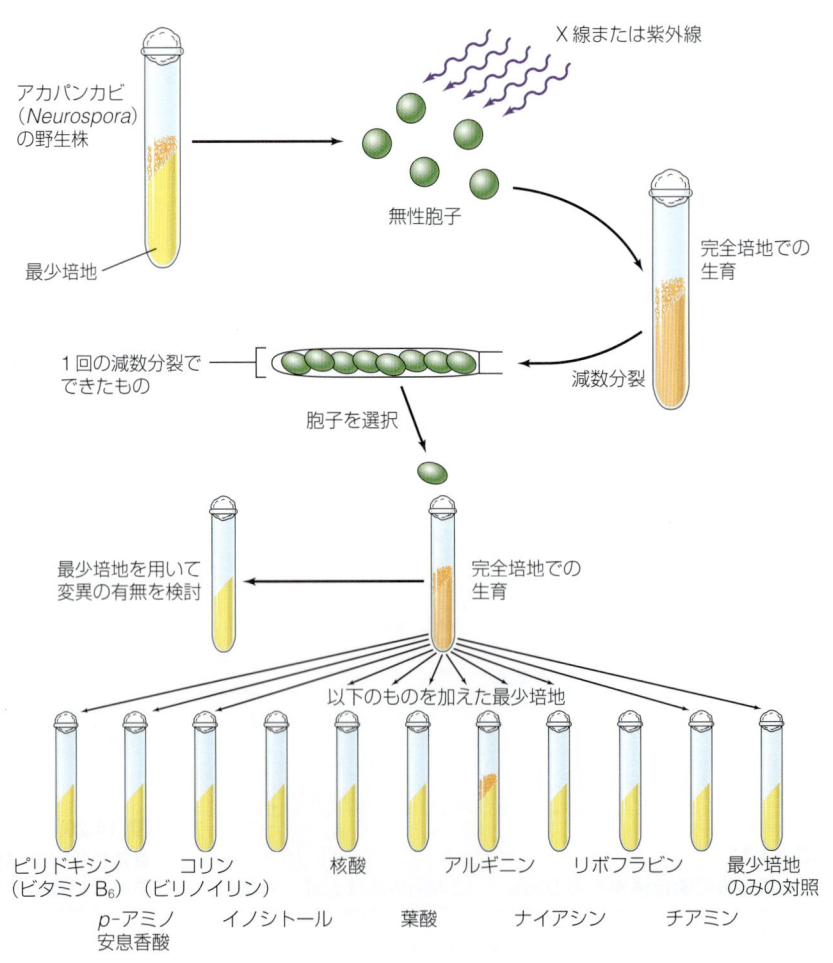

図 14.21
BeadleとTatumによるアカパンカビ（*Neurospora*）の栄養要求性変異株を分離する実験。このカビは試験管内の合成培地で簡単に培養できる。実験では胞子に変異が起こりやすくなるように放射線照射がなされた。照射後に胞子はすべての栄養素を含む"完全"培地に植えられた。完全培地でコロニー形成を確認したそれぞれの胞子を"最少"培地とよばれる培地に移した。最少培地とは，正常なカビ（野生型）ならつくりだすことのできる栄養素が欠けている培地である。完全培地では生育し，最少培地で生育しない胞子は，最少培地で欠けている栄養素を自分でつくりだすことのできない変異株である。どの遺伝子が変異したのかを決めるために，最少培地に特定の栄養素を加えたものが調製された。ここに示した図では，アルギニンをつくることのできなくなったアルギニン要求性変異株の取得方法を示している。この変異株は最少培地では生育できないが，アルギニンを含む最少培地で生育できる。

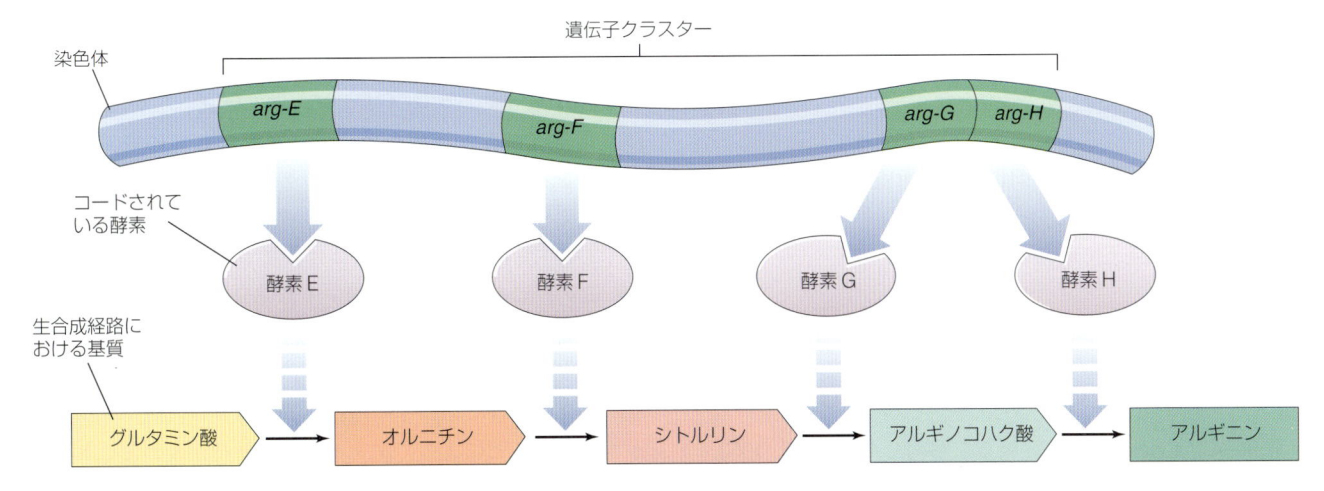

図 14.22
一遺伝子/一ポリペプチド説の証拠。 BeadleとTatumによって分離されたアルギニン要求性変異の染色体上での位置は三つの場所に集っていた。アルギニン生合成を行う酵素に対応して、それぞれをコードする遺伝子の位置も並んでいた。

（酵母の抽出液のような組成がよくわからない基質の混合物ではなく、グルコース、塩化ナトリウムのような既知のものだけを含む培地）で簡単に培養できる。BeadleとTatumはアカパンカビの胞子にX線照射を行い、生育に必須な栄養素を合成する能力をコードしているDNAに損傷を与えようとした（図14.21）。

生育能欠損変異株の分離 放射線照射を行った胞子の子孫中に代謝異常欠損変異が含まれているか検討するため、BeadleとTatumは「最小培地」中で継代培養を行った。この培地は、糖質、アンモニア、無機塩類、数種のビタミン、そして水だけを含む。生育に必要なほかの化合物を合成する能力を欠いた細胞はこのような培地では生き残れない。BeadleとTatumはこの手法により、多くの栄養要求性生育欠損変異株を得ることに成功した。

機能欠損の同定 次に彼らは、変異株の生育に必要な物質を見つけるために、最小培地にさまざまな化学物質を加えてみた。この方法により、彼らは変異株の生化学的な機能欠損の特徴を特定することができたのである。たとえばアルギニンの添加により、*arg*変異株とよぶことになるいくつかの変異株が生育を回復した。染色体上での局在を調べると、*arg*変異は三つの場所に集まっていた。

一遺伝子/一ポリペプチド

アルギニン合成経路のそれぞれの酵素について、BeadleとTatumは機能欠損変異株を分離することができた。その変異は染色体上のいくつかの特定の場所の一つにあった。もっと重要なのは、それぞれの酵素が別々の位置にあることを見つけたことである。彼らが調べたそれぞれの変異株は、ある染色体上の特定の場所の変異に起因する酵素の欠損をもっていたのである。BeadleとTatumは、遺伝子は酵素の構造を規定することによってその機能を現し、各々の遺伝子は一つの酵素の構造をコードしていると結論した。彼らはこの関係を**一遺伝子/一酵素仮説**（one-gene/one-enzyme hypothesis）とよんだ（図14.22）。酵素は複数のタンパク質またはポリペプチドサブユニットからなる場合が多くそれぞれのポリペプチドは一つの遺伝子によって符号化（コード）されているので、今日では一般的に**一遺伝子/一ポリペプチド**（one-gene/one-polypeptide）として理解されている。これは遺伝子型と表現型の関係を分子レベルで明瞭に述べている。

酵素は生物個体のあらゆる部分を合成するための触媒反応をになっている。酵素は核酸、タンパク質、炭水化物、および脂質の組立てに関与する。それゆえDNAは酵素やタンパク質の構造をコードすることで、生物それ自身の構造を決めているといえる。

ゲノムや遺伝子発現についてさらに多くのことを学ぶと、この明確な関係がすべての場合にあてはまるわけではないことがわかる。第15章ではmRNAにおきるスプライシングの違いにより、一つの遺伝子から異なる産物をつくりだしていること、およびmRNAは編集されうることを取り上げる。ただ、ここでいっておきたい基本原理は、遺伝子はタンパク質をコードしており、いかなる単一のmRNAも単一のタンパク質産物をコードしているということである。

遺伝形質は主に酵素の活性の結果として発現する。生物は、酵素やほかのタンパク質の構造をDNA中に符号化することにより、遺伝情報を貯える。

DNAはどのようにタンパク質の構造を符号化しているのか？

遺伝子がタンパク質を特定するために使っている情報とはどのようなものか。この疑問に対する明確な答えはしばらくのあいだ得られなかった。その理由はタンパク質の構造があまりにも複雑に見えていたからである。

Sanger：タンパク質は一定のアミノ酸配列からなる

WatsonとCrickがDNAの構造を解明したのと同じ1953年に事態は変わった。英国の生化学者Frederick Sangerは長年の研究の末に，小さなタンパク質ホルモンであるインスリンの完全アミノ酸配列を発表した。これはアミノ酸配列が決定された最初のタンパク質であった。Sangerの成果の何にも増して重要な点は，タンパク質が一定のアミノ酸配列をもつ―― すなわち，どんなインスリンでもみな同一のアミノ酸配列をもつことを示したことである。Sangerの仕事に続いて，多くのタンパク質のアミノ酸配列が決定された。そして，すべての酵素やタンパク質はある一定の配列に従ってアミノ酸がじゅず状につながったものであることが判明した。したがって，酵素などタンパク質を特定するのに必要な情報はアミノ酸の配列順序表ということになる。

Ingram：たった一つのアミノ酸の変化でもタンパク質に重大な影響をもたらす

Sangerの先駆的な仕事のあと，1956年にVernon Ingramは鎌状赤血球貧血症の分子機構を解明した。この病気はメンデル型遺伝によって受け継がれる一つのタンパク質の欠陥によるものであった。ケンブリッジ大学で研究していたIngramは，正常赤血球と鎌状赤血球のヘモグロビンの構造解析から，タンパク質のたった1か所のグルタミン酸残基がバリン残基に変化することが鎌状赤血球貧血症病の原因であることを示した(図14.23)。ヘモグロビンをコードする対立遺伝子は，この一つのアミノ酸を指定する部分のみが異なっていることになった。

このような実験によって遺伝単位が明確になった。鎌状赤血球貧血症をはじめ多くの遺伝形質の変異は，アミノ酸配列が変化することによってタンパク質の構造が変わることに起因する。この配列は染色体上のある特定領域の塩基の順序によって規定されている。たとえば，鎌状赤血球貧血症を引きおこす決定的な変異は，1か所でチミンがアデニンに変わることによって生じるグルタミン酸残基からバリン残基への変化である。タンパク質のアミノ酸配列を指定している塩基配列を**遺伝子**(gene)とよぶ。ほとんどの遺伝子はタンパク質あるいはタンパク質のサブユニットをコードしているが，いくつかの遺伝子はタンパク質合成に重要な役割を果たす特別なタイプのRNAをコードする。

> 半世紀にわたる実験の積み重ねによって，DNAが遺伝形質をになう分子であることが明らかとなった。この分子は遺伝子とよばれる複数の機能領域に分けられている。

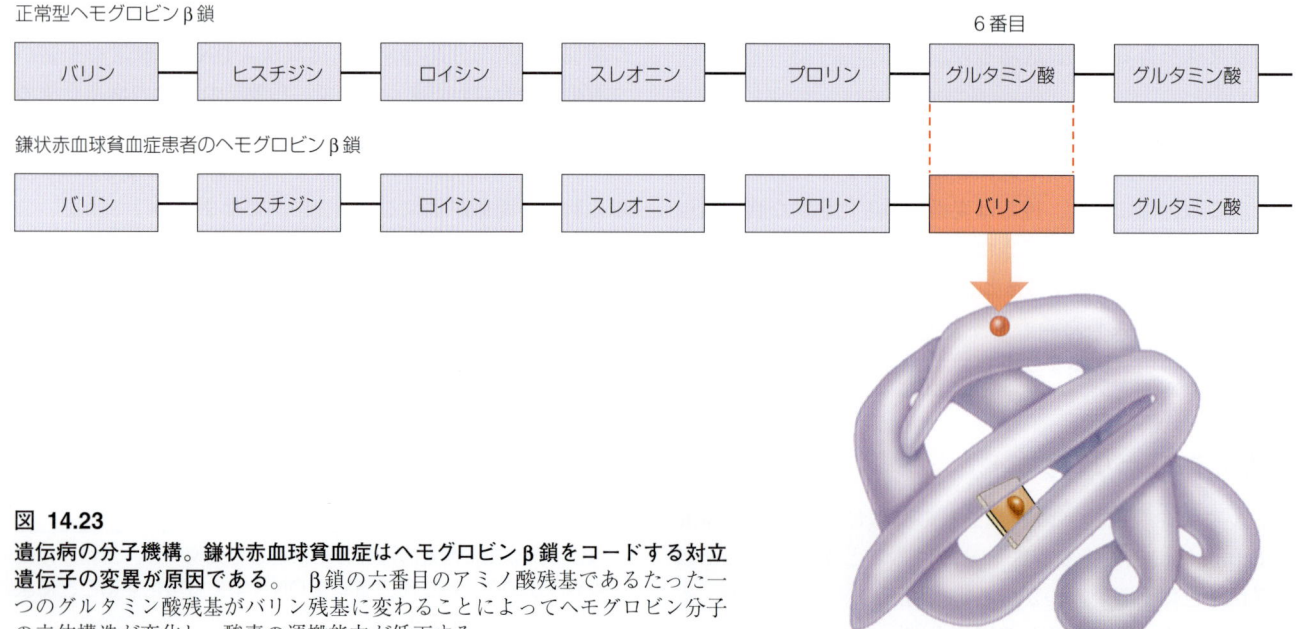

正常型ヘモグロビンβ鎖

バリン ― ヒスチジン ― ロイシン ― スレオニン ― プロリン ― グルタミン酸(6番目) ― グルタミン酸

鎌状赤血球貧血症患者のヘモグロビンβ鎖

バリン ― ヒスチジン ― ロイシン ― スレオニン ― プロリン ― バリン ― グルタミン酸

図 14.23
遺伝病の分子機構。鎌状赤血球貧血症はヘモグロビンβ鎖をコードする対立遺伝子の変異が原因である。β鎖の六番目のアミノ酸残基であるたった一つのグルタミン酸残基がバリン残基に変わることによってヘモグロビン分子の立体構造が変化し，酸素の運搬能力が低下する。

第 14 章のまとめ

14.1 何が遺伝物質なのか？
"Hammerlingの実験：細胞は遺伝情報を核に貯えている"
- Hammerlingは一連の実験を通して，カサノリの遺伝情報が核の存在場所である柄足部にあることを発見した。(p. 280)

"移植実験：どの細胞も完全な一揃いの遺伝情報をもつ"
- 1950年代の半ば，真核細胞の核には完全な一揃いの遺伝情報が含まれていることが示された。(p. 281)

"Griffithの実験：遺伝情報は個体間を伝わることができる"
- Griffithは遺伝物質が細胞から（死んだ細胞からでも）細胞へと伝えられることによって形質転換が起こることを発見した。(p. 282)

"AveryとHershey-Chaseの実験：活性の本体はDNAである"
- Averyは細菌の遺伝物質がDNAであるという決定的な証拠を示した。(p. 283)
- HersheyとChaseはバクテリオファージの遺伝物質がタンパク質ではなくDNAであることを証明した。(p. 283)

14.2 DNAの構造とは？
"核酸の化学的性質"
- DNAもRNAも鎖状につながったヌクレオチドから構成されている。ヌクレオチドは五炭糖，リン酸基，そして窒素を含む塩基からなる。(p. 284)
- 塩基に関するChargaffの規則によれば，アデニンはチミンと，グアニンはシトシンとつねに対を形成する。そのため，DNAに含まれるプリン（アデニン，グアニン）とピリミジン（チミン，シトシン）の量はつねに等しい。(p. 285)

"DNAの三次元構造"
- Franklinは1953年にX線回折法を使ってDNAを初めて観察した。一方，WatsonとCrickはDNAが互いに逆向きで平行な二重らせん構造であると立論した。(pp. 286〜287)
- DNAの構造をらせん階段に例えると，手すりは糖―リン酸からなる骨格部分，踏み板は水素結合で結ばれた塩基対にあたる。(p. 287)

14.3 どのようにしてDNAは複製するのか？
"Meselson-Stahlの実験：DNA複製は半保存的である"
- MeselsonとStahlはDNAの二本鎖の1本ずつが新しく合成された二本鎖に含まれることから，DNA複製は半保存的に起こることを示した。(p. 288)

"複製の過程"
- 大腸菌のDNA複製はある決まった起点から両方向に進行し，別の決まった終点で終わる。(p. 290)
- DNA複製には以下のような多くの酵素がかかわっている。DNAプライマーゼ：鋳型DNAに相補的な配列をもった短いプライマーRNAを合成する；DNAヘリカーゼ：DNAポリメラーゼの進行に先立ってヘリックス構造をまき戻す；DNAポリメラーゼ：ヌクレオチドを付加することにより鎖を伸長して新しいDNAを合成する；DNAリガーゼ：岡崎フラグメントのあいだにホスホジエステル結合を形成させる。(pp. 292〜293)
- DNA複製は三段階に分けられる。開始，伸長，そして終結。(p. 294)

"真核生物のDNA複製"
- 原核生物と真核生物のDNA複製の大きな相違点は，真核生物の染色体には複製起点が複数あるが，原核生物では一つしかない点である。(p. 295)

14.4 遺伝子とは何か？
"一遺伝子/一ポリペプチド仮説"
- BeadleとTatumは遺伝子の機能は酵素の構造を指定することであり，一つの遺伝子は一つの酵素の構造を符号化（コード）していると結論した。今日ではこれは一遺伝子/一ポリペプチドの関係とみなされている。(p. 297)

"DNAはどのようにタンパク質の構造を符号化しているのか？"
- 50年以上にわたる研究によってDNAは一つの世代から次の世代へ伝えられる形質を決定するのに必要な分子であること，そしてDNAは染色体にあっていくつかの機能的サブユニットあるいは遺伝子からなることが明確に証明された。(p. 298)

質問のページ

自習問題

1. 遺伝情報が核にあることを示したのは次のどの実験か？
   a. カサノリを使ったHammerlingの実験
   b. 肺炎双球菌を使ったGriffithの実験
   c. バクテリオファージを使ったHersheyとChaseの実験
   d. FranklinのX線回折実験

2. HersheyとChaseがDNAとタンパク質を別々に放射活性標識したバクテリオファージを細菌に感染させた際にファージは何を細菌に移入したか？
   a. 放射活性のあるリン酸と硫黄
   b. 放射活性のある硫黄
   c. DNA
   d. bとcの両方

3. DNAの一方の鎖の配列がATTGCATだとすると，その相補性鎖の配列は以下のどれか？
   a. ATTGCAT   b. TAACGTA
   c. GCCATGC   d. CGGTACG

4. DNAの構成単位は以下のどれか。
   a. タンパク質   b. 塩基
   c. ヌクレオチド   d. デオキシリボース

5. DNAの構造決定につながったX線回折実験を行ったのは誰か？
   a. Francis Crick
   b. James Watson
   c. Erwin Chargaff
   d. Rosalind Franklin

6. MeselsonとStahlは何を証明したか？
   a. DNAが遺伝物質であること。
   b. DNAはヌクレオチドからできていること。
   c. DNAは半保存的に複製すること。
   d. DNAは塩基対で結ばれた二重らせん構造体であること。

7. DNAポリメラーゼIIIは既存の鎖にのみ塩基を付加することができる。つまり____が必要である。
   a. RNAプライマー
   b. DNAポリメラーゼI
   c. ヘリカーゼ
   d. DNAプライマー

8. 岡崎フラグメントは，____。
   a. 3′から5′方向へ合成される
   b. ラギング鎖に見られる
   c. リーディング鎖に見られる
   d. 会合して連続複製する

9. BeadleとTatumの実験はそれぞれの酵素の構造が単一の何に明記されていることを示したか？
   a. 染色体   b. 遺伝子
   c. ヌクレオチド d. 突然変異

10. 鎌状赤血球貧血症に関するIngramの研究は何を明らかにしたか？
    a. ヘモグロビンの遺伝子が欠損していること。
    b. タンパク質がアミノ酸の鎖でできていること。
    c. 一つのアミノ酸の変化がタンパク質の構造に影響を及ぼしうること。
    d. 一つの遺伝子が一つのタンパク質を符号化していること。

図解き問題

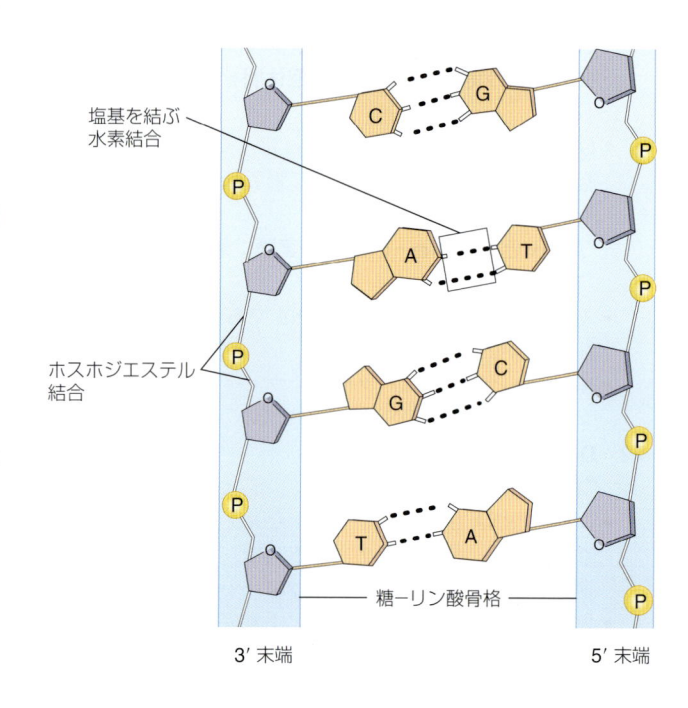

1. この図の情報から，なぜピリミジンやプリンどうしがお互いに塩基対を形成できないのか説明せよ。
2. 同じくなぜアデニンがシトシンと，あるいはチミンがグアニンと塩基対を形成しないのか説明せよ。

応用問題

1. ヒトゲノムは約30億（3×10^9）ヌクレオチド対からなる二本鎖DNAである。それぞれのヌクレオチドが約0.34 nm（0.34×10^{-9} m）とすると，ヒトゲノムは引き伸ばすとどのくらいの長さになるか？

2. 組織培養で増殖したヒト細胞の抽出物から白い繊維状物質を得た。これがDNA，RNAあるいはタンパク質のいずれなのかをどのようにして判別するか？

3. ウイルスに感染した患者の細胞からDNAを抽出したところ，二本鎖のヒトDNAと一本鎖のウイルスDNAが含まれていた。それぞれのDNA塩基組成は以下のとおりである。

	A	C	G	T
塩基組成1	22.1%	27.9%	27.9%	22.1%
塩基組成2	31.3%	31.3%	18.7%	18.7%

どちらがウイルスのDNAでどちらがヒト由来のDNAだろうか？ 理由も述べよ。

15
遺伝子とその働き

概　　要

15.1 セントラルドグマは遺伝子のもつ情報の流れを示す

細胞はRNAを使ってタンパク質をつくる　遺伝子の情報は2段階で発現する。最初はRNAへの転写で，次にRNAがタンパク質に翻訳される。

15.2 遺伝子は三つの塩基が1組となって情報を暗号化している

遺伝暗号　タンパク質のアミノ酸配列はDNAのヌクレオチド配列として暗号化されている。これは三つの塩基が一つのアミノ酸を指定する方法で行われている。

15.3 遺伝子はまず転写され，次に翻訳される

原核生物での転写　RNAポリメラーゼとよばれる酵素がDNAのらせん構造をほどき，DNAの片方の鎖に対するRNAのコピーを合成する。

真核生物での転写　真核生物での転写は原核生物の転写に比べてずっと複雑である。いろいろな種類の酵素が必要であるし，転写後のRNA修飾も必要である。

翻訳　mRNAはアミノ酸とそれに対応するtRNAを選びだす活性化酵素によって翻訳される。タンパク質はリボソーム上で合成され，リボソームはtRNAとmRNAが相互に作用し合う場となっている。

15.4 真核生物の遺伝子転写産物はスプライシングを受ける

イントロンの発見　真核生物の遺伝子には翻訳されない広大な領域が含まれる。

原核生物と真核生物における遺伝子発現の違い　原核生物と真核生物の遺伝子発現はおおむね似ているが，いくつかの点で異なっている。

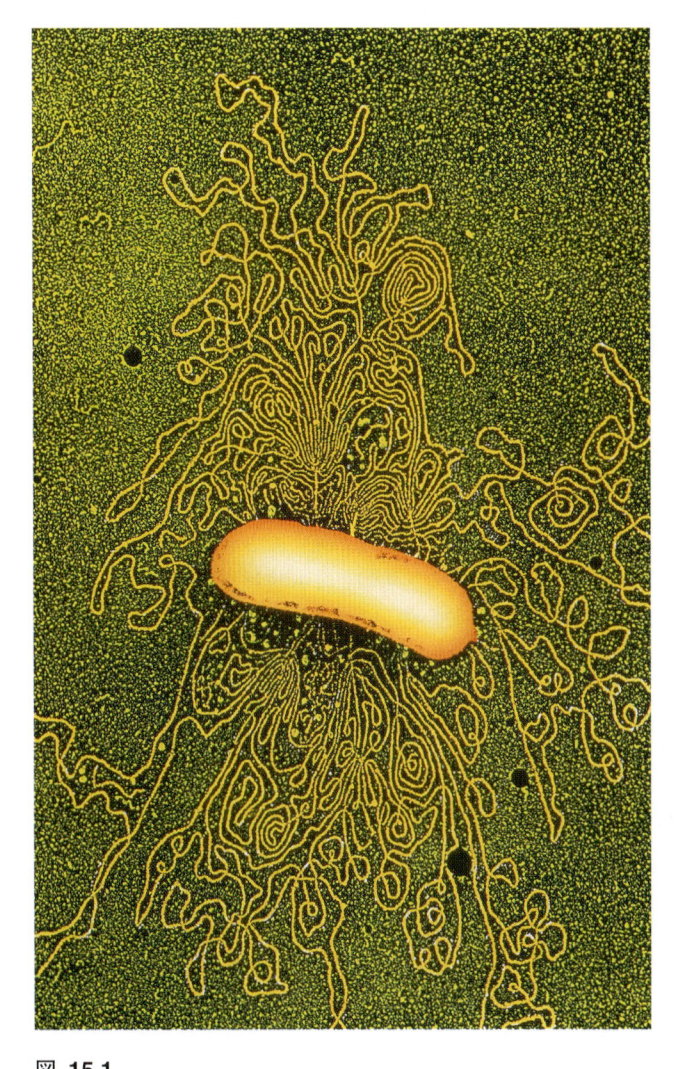

図 15.1
ほぐれた大腸菌の染色体。　この複雑なもつれ合ったDNAが，大腸菌が生きていくために必要なすべての指令をもっている。

　体を構成するすべての細胞は，水かきではなく腕を，羽毛ではなく毛を，一つではなく二つの眼をもつといったような遺伝的な設計図をもっている。眼の色や爪の質感そのほかの両親から受け継いだすべての特徴が，体を構成する細胞に記録されている。これまで見てきたように，この情報はDNAという長い分子に含まれている(図15.1)。遺伝の本質は，細胞がDNAの情報を使って特定のタンパク質をつくり，それによって特定の働きをもてるようになる能力といえる。この意味において，タンパク質は遺伝の道具である。この章では，DNAの情報からどのようにしてタンパク質がつくられるのかについて，原核生物と真核生物の両方について考えていこう。

15.1 セントラルドグマは遺伝子のもつ情報の流れを示す

細胞はRNAを使ってタンパク質をつくる

　真核細胞においてDNAが特定のタンパク質の合成をどのように指示しているかを知るためには，まず細胞のどこでタンパク質がつくられるのかを知らなくてはならない．この質問に対する答えは，放射標識されたアミノ酸を含む培地で細胞を短時間培養することにより得られる．標識されたアミノ酸は細胞に取り込まれ，タンパク質に組み込まれるはずだ．そこで放射活性のあるタンパク質が細胞中で最初に現れる場所を調べてみると，放射活性はDNAが存在する核ではなく細胞質中の**リボソーム**（ribosome）とよばれるRNAとタンパク質の集合体上に現れることが見いだされる（図15.2）．このポリペプチドをつくる工場はとても複雑であり，二つのサブユニットからできている．これらは小サブユニット（原核生物では30S，真核生物では40Sとよばれる）と大サブユニット（原核生物では50S，真核生物では60S）で，それぞれがRNAとタンパク質からできている．小サブユニットは20種類以上のタンパク質と1本のRNAから，大サブユニットは30種類以上のタンパク質と2本のRNAからできている（図15.3）．最近，原核生物のリボソーム全体と二つのサブユニットそれぞれの3次元構造が解析された．これらの構造は，主にRNA分子が触媒活性を行い，リボソームタンパク質は構造を維持する役割をになうという考え方を支持する．タンパク質合成はP部位，A部位，E部位とよばれるリボソーム表面の三つの部位で行われるが，これについては本章の後半で述べる．

RNAの種類

　リボソーム中に見つかるRNAは，**リボソームRNA**（ribosomal RNA，rRNA）とよばれる．ポリペプチドを合成しているあいだ，rRNAはポリペプチドが組み立てられる場所を提供する．細胞内にはrRNA以外に2種類の主要なRNAが存在する．**転移RNA**（transfer RNA，tRNA）分子は，ポリペプチドを組み立てるためのアミノ酸をリボソームに運び，伸長中のポリペプチド鎖に対して各アミノ酸を正確な位置に並べる働きがある（図15.4）．ヒトの細胞には約45種類のtRNA分子がある．**伝令RNA**（messenger RNA，mRNA）分子はDNAから転写されてリボソームに移動する長いRNA鎖であり，ポリペプチドを組み立てるのに必要なアミノ酸の正確な順番を指示している．

　これらのRNA分子は，リボソームタンパク質やいくつかの酵素と一緒になってDNAの塩基配列としてコードされた遺伝情報を読みとり，その配列が指定するポリペプチドをつくるためのシステムを構成する．第18章で述べるように，RNAは遺伝子がいつどのように使われるかを調節するためにいろいろ重要な役割を果たしていることが最近になってわかってきた．多くのRNAの情報を読みとることにより，遺伝子とは何であるか，遺伝子がどのようにタンパク質の運命を決めることができるのか，いつタンパク質がつくられるのか，といった問題について明確な姿を描けるようになってきている．

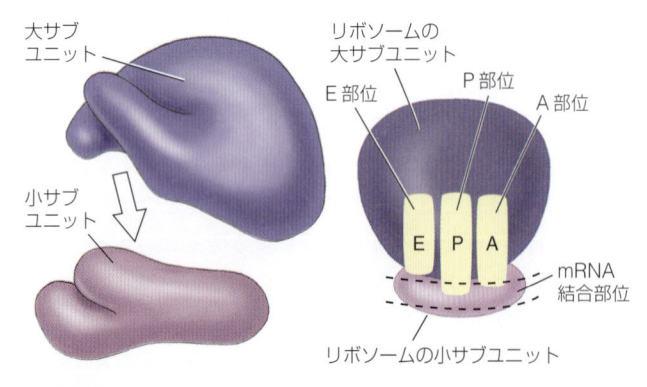

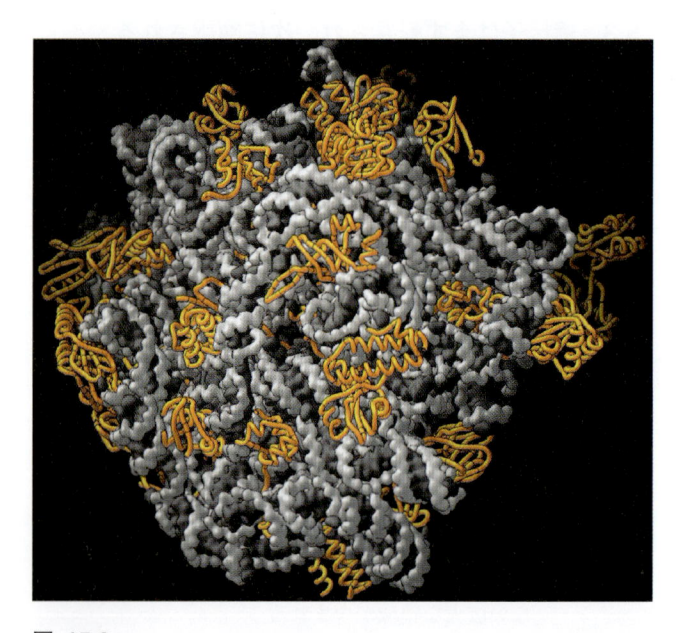

図 15.3
リボソームは非常に複雑な装置である． 原核生物の大サブユニットの完全な原子構造が2.4Åの解像度で決定された．サブユニットのRNAは灰色で，タンパク質は金色で示してある．RNAは三次元のジグソーパズルのように不規則な形にねじれている．タンパク質合成においてペプチド結合を形成する化学的反応は，RNAによって奥の方で行われる．つまりリボソームはリボザイムである．タンパク質は触媒部位には存在しないが，表面の大部分を占めている．タンパク質は近くのRNA鎖と相互作用することによって構造を安定化している．

図 15.2
リボソームは二つのサブユニットからできている． 小サブユニットは大サブユニットの表面にあるくぼみにはまり込む．本章の後半で述べるように，A部位，P部位，E部位がタンパク質合成において重要な役割を果たす．

セントラルドグマ

もっとも単純な細菌から複雑なヒトまで，すべての生物は遺伝子を読みとり発現するために基本的に同じ機構を使っている。この機構は生命にとって基本的かつ普遍的なもので，**セントラルドグマ**(central dogma)と表現される。情報は遺伝子(DNA)からRNAへとコピーされ，遺伝子からコピーされたRNAの情報はアミノ酸の順番を指定する(図15.5)。簡単に示すと次のようになる。

$$\text{DNA} \longrightarrow \text{RNA} \longrightarrow \text{タンパク質}$$

転写：概観

セントラルドグマの最初の段階は，情報のDNAからRNAへの移動である。これは遺伝子のコピーとしてmRNAがつくられることによって行われる。遺伝子のDNA配列はRNA配列に書き替えられるので，この段階は**転写**(transcription)とよばれる。転写の開始は，**RNAポリメラーゼ**(RNA polymerase)という酵素が遺伝子の最初の部分にある**プロモーター**(promoter)とよばれる部分に結合することである。RNAポリメラーゼは遺伝子内部へとDNA鎖に沿って移動していく。DNAのそれぞれのヌクレオチドに対して相補的なRNAのヌクレオチドを付加していくことにより，mRNAの鎖は伸びていく。DNAの各塩基であるグアニン(G)，シトシン(C)，チミン(T)，アデニン(A)は，それぞれmRNAにおいてC, G, A, ウラシル(U)を付加していくシグナルになる。

RNAポリメラーゼが遺伝子の反対側にある転写の「終止」シグナルに到達すると，RNAポリメラーゼがDNAから離れるとともに，新しく合成されたRNA鎖が遊離する。このRNA鎖はコピー元のDNA鎖と相補的である。

翻訳：概観

セントラルドグマの次の段階は，情報をRNAからタンパク質に移すことである。この移動は，リボソームでタンパク質が合成される際にmRNAに含まれる情報がアミノ酸の配列を指定することによって実現される。mRNAの塩基配列がポリペプチドのアミノ酸配列に置き換えられるので，この過程は**翻訳**(translation)とよばれる。翻訳は，リボソームに含まれるrRNA分子がmRNA中の「開始」配列を認識して結合することによりはじまる。その後，mRNAはリボソーム上を3塩基ずつ移動する。三つの塩基からなる各グループは合成中のポリペプチドに付加されるアミノ酸を特定する暗号となっている。このような様式でmRNAは「終止」シグナルに至るまで移動し続ける。終止シグナルに到達するとリボソームはmRNAを離し，完成したポリペプチドを解放する。

セントラルドグマの二つの段階を合わせると，活性化した

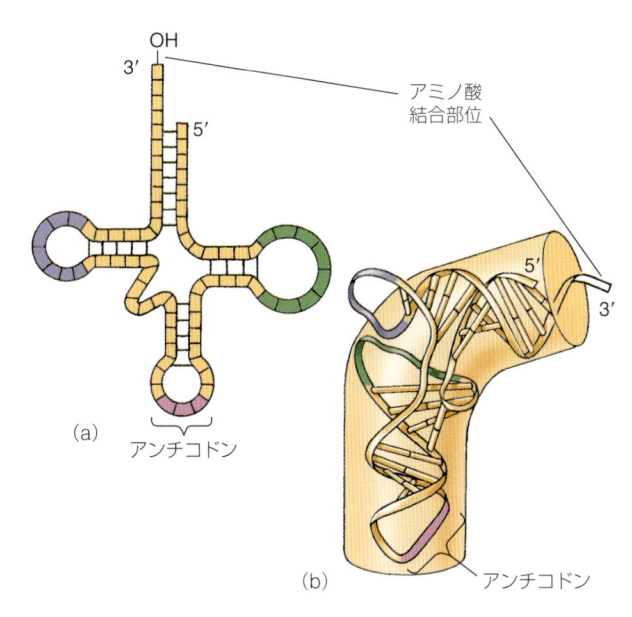

図 15.4
tRNAの構造。 (a) 2次元的に現したこの図では，tRNAの三つのループは開かれている。タンパク質合成中には，二つのループがリボソームに結合し，三番目のループはmRNAの三つの塩基に相補的なアンチコドン配列をもっている。アミノ酸は一本鎖部分の－OH端に結合する。(b) 3次元の構造では，tRNAのループは折りたたまれている。

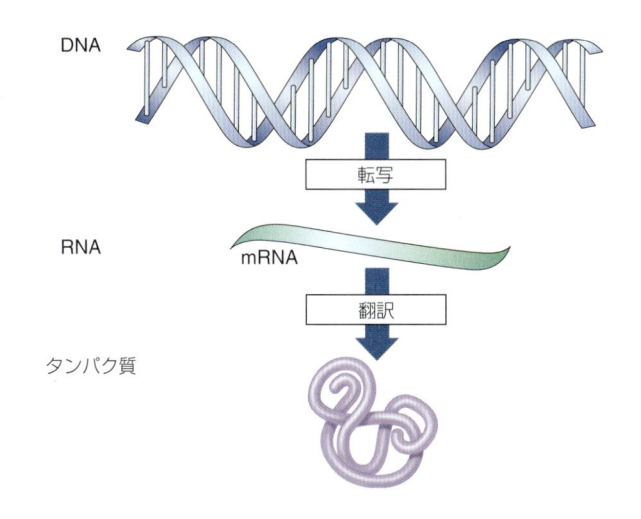

図 15.5
遺伝子発現のセントラルドグマ。 DNAは転写されてmRNAをつくり，mRNAは翻訳されてタンパク質をつくる。

遺伝子の発現にかかわる出来事の簡潔な要約ということができる。この過程を**遺伝子発現**(gene expression)とよぶ。

> 遺伝子に書き込まれた情報は二つの段階を経て発現する。一つは遺伝子のDNA配列に相補的な配列をもつmRNA分子がつくられる転写，もう一つはmRNAのヌクレオチド配列が指示するアミノ酸配列に従ってポリペプチドが組み立てられる翻訳である。

15.1 セントラルドグマは遺伝子のもつ情報の流れを示す

15.2 遺伝子は三つの塩基が1組となって情報を暗号化している

遺伝暗号

遺伝子発現の本質的な問題は、「DNA分子のヌクレオチドの"配列"がどのようにしてポリペプチドのアミノ酸配列を決めているか」ということである。この解答は1961年にFrancis Crickの実験により得られた。この実験は非常に巧みなものであり、遺伝暗号を理解する上で決定的な結果を導きだしたので、これからその詳細について見ていこう。

遺伝暗号が三つの文字からできていることの証明

Crickとその共同研究者たちは、遺伝暗号がタンパク質を構成するそれぞれのアミノ酸に対応した**コドン**(codon)とよばれる一群の情報からできあがっているという考え方を提唱した。さらに、一つのコドンの情報は三つの塩基からできており、一つのコドンが一つのアミノ酸を指定していると考えた。なぜなら、二つの塩基からなるコドンでは、通常タンパク質中に存在する20種類のアミノ酸を指定するための組合せをつくれないからである。4種類の塩基(G、C、TとA)から二つを選んだ場合、4^2つまり16通りしか組合せがない。しかし、三つの塩基を使うと4^3つまり64通りの組合せができ、20種類のアミノ酸の暗号として十分である。

遺伝子中の暗号は転写されるヌクレオチドの連続した配列として、隙間なく並んでいるという考え方ができる。一方、文章中の単語のあいだの隙間のように、コドンのあいだに転写されない塩基が所々に存在する可能性も考えられる。DNAがどちらの形式で転写されるかにより翻訳の過程に違いが生じるので、細胞がどちらの方法をとっているかを決めることは重要であった。

これらの二つの方法のどちらが使われているか調べるため、Crickたちはウイルスの DNA分子から一つか二つ、もしくは三つの塩基を化学的に欠失させ、この欠失した塩基より下流の遺伝子が正確に転写されるかどうかを調べた。一つもしくは二つの接近した塩基が欠失すると、遺伝情報の読み枠がずれて下流の遺伝子は意味をもたない形で転写された。しかし、三つの塩基を欠失すると正しい**読み枠**(reading frame)に戻り、下流の配列は正しく転写された。一つか二つ、もしくは三つの塩基を付け加えたときにも、同じ結果が得られた。図15.6に示すように、もしコドンが転写されない塩基によって分断されているものであったらこのような結果は得られない。このようにして、Crickたちは遺伝暗号が三つの塩基(いい換えれば**トリプレット暗号：triplet code**)として読みとられ、三つの塩基の単位のあいだには隙間がないと結論した。

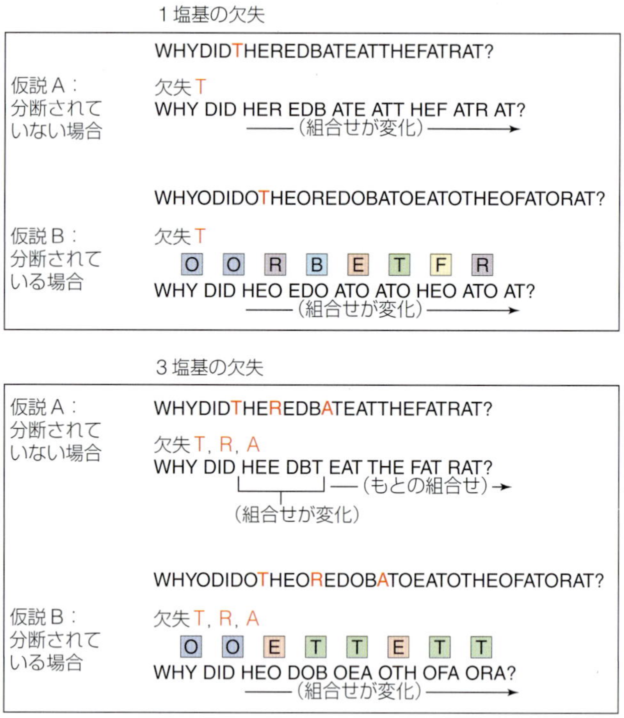

図 15.6
遺伝暗号が分断されているのかを決めるためのDNAのフレームシフト変化実験。　ここに示した仮想の遺伝情報は「Why did the red bat eat the fat rat?」である。情報が分断されているとする仮説Bでは、三つの文字からなる単語が読まれない塩基(Oで示している)によって離れている。

遺伝暗号の解読

Crickの実験と同じ年に、ほかの研究者たちは特定の三つの塩基単位で指定されるアミノ酸を同定することに成功した。Marshall Nirenbergは1961年に、Uだけからできている合成mRNA(polyU)を細胞の抽出物に加えると、フェニルアラニンだけからなるポリペプチドが合成されることを示した。この実験により、UUUという三つのヌクレオチド配列がフェニルアラニンを指定することが示された。1964年にはNirenbergとPhilip Lederが、**トリプレット結合解析**(triplet binding assay)という有力な手法を開発した。これは、特定のトリプレットが放射活性をもつどのアミノ酸と(実際はアミノ酸とtRNAの複合体として)結合するかを調べる方法である。64種類の可能なトリプレットのうち、47種類については明確な結果が得られた。残りの17種類については、Har Gobind Khoranaが特定の配列をもつ人工的なmRNAを用い、どんなポリペプチドが合成されるか調べることによって決定した。このような方法で三つの塩基からできる64種類の組合せがすべて調べられ、完全に遺伝暗号が決定された(表15.1)。

表 15.1　遺伝暗号

最初の塩基	二番目の塩基 U		二番目の塩基 C		二番目の塩基 A		二番目の塩基 G		三番目の塩基
U	UUU UUC	フェニルアラニン	UCU UCC UCA UCG	セリン	UAU UAC	チロシン	UGU UGC	システイン	U C
	UUA UUG	ロイシン			UAA UAG	終止 終止	UGA UGG	終止 トリプトファン	A G
C	CUU CUC CUA CUG	ロイシン	CCU CCC CCA CCG	プロリン	CAU CAC	ヒスチジン	CGU CGC CGA CGG	アルギニン	U C A G
					CAA CAG	グルタミン			
A	AUU AUC AUA	イソロイシン	ACU ACC ACA ACG	トレオニン	AAU AAC	アスパラギン	AGU AGC	セリン	U C
	AUG	メチオニン：開始			AAA AAG	リシン	AGA AGG	アルギニン	A G
G	GUU GUC GUA GUG	バリン	GCU GCC GCA GCG	アラニン	GAU GAC	アスパラギン酸	GGU GGC GGA GGG	グリシン	U C A G
					GAA GAG	グルタミン酸			

三つの塩基からなる暗号（コドン）とその読まれ方（対応するアミノ酸）を示す。たとえば，ACU はトレオニンを意味する。最初の文字である A は一番目の文字列，二番目の文字 C は二番目の文字列，三番目の文字 U は三番目の文字列から探すことで調べたいコドンを見つけられる。mRNA のそれぞれのコドンは tRNA 分子のアンチコドン配列によって認識される。いくつかの tRNA 分子は mRNA の二つ以上のコドンを認識するが，これらのコドンは同じアミノ酸を指定している。たとえば，トレオニンは 4 種類のコドンで指定されるが，三番目の塩基が異なっているだけである（ACU，ACC，ACA，ACG）。

遺伝暗号は事実上普遍的である

遺伝暗号はほとんどすべての生物で同じである。たとえば，AGA というコドンは細菌，ヒト，そしていままで遺伝暗号が調べられたすべての生物において，アルギニンを指定している。遺伝暗号の普遍性は，すべての生物が進化的に共通な歴史をもつことを示す強力な証拠である。暗号が普遍的であるので，ある生物で転写される遺伝子がほかの生物で翻訳されたとしても，機能的に完全なタンパク質をつくることができる。同様に，遺伝子はある生物からほかの生物に移動し，移動先の生物内で転写と翻訳を完全に行うことができる。この遺伝子発現の普遍性こそが，遺伝子工学を進歩させる原動力の中核をなすものである。多くの商業的な産物，たとえば糖尿病の治療に使うインスリンなどがヒトの遺伝子を細菌のなかで働かせることにより生産されている。ここでは細菌がばく大量のインスリンを生産する小さな工場となっているのである。

…しかし完全にではない

1979年に，ヒト，ウシ，マウスで，ミトコンドリアのゲノム全体を対象とした塩基配列決定がはじまった。ところがこれらの哺乳類のミトコンドリアにおいて，それまで一般に認められていた「普遍なコドン」と完全には一致しない遺伝暗号が見つかった。このことは生物学者にとって大変な驚きであった。ミトコンドリアのゲノムでは，いままで「終止」コドンとして知られてきた UGA がアミノ酸のトリプトファンを指定し，AUA がイソロイシンではなくメチオニンを指定し，AGA と AGG がアルギニンではなく「終止」コドンとして機能していた。さらに葉緑体や繊毛虫類（原生生物のある群）のゲノムで使われているコドンにも，普遍的なコドンと少し違いがあることがわかった。

このように，遺伝暗号は完全に普遍的なわけではない。たぶんミトコンドリアや葉緑体が共生をはじめたあとのあるとき，これらの細胞小器官中でコドンの読み方が違ってきたのだろう。この変化はとくに「終止」シグナルに関係したコドンで起きている。

> タンパク質情報をもつ遺伝子内において，DNA のヌクレオチド配列は三つの連続した塩基のかたまりとして読みとられる。このかたまりは分断されずに並び，それぞれのかたまり，つまりコドンは一つのアミノ酸を指定している。

15.3 遺伝子はまず転写され，次に翻訳される

原核生物での転写

遺伝子発現の最初の段階は，遺伝情報をもつDNA配列に対するRNAのコピーをつくることである．この過程は**転写**(transcription)とよばれる．転写の機構を理解するためには，まずその過程がよくわかっている原核生物について見るのが有効である．

RNAポリメラーゼ

原核生物のRNAポリメラーゼは五つのサブユニットからできており，とても大きな複合体である．二つのαサブユニットが調節タンパク質と結合し，β′サブユニットは鋳型のDNAと，βサブユニットはRNAのヌクレオシドと結合する．そしてσサブユニットはプロモーターを認識し，合成を開始する．2本のDNA鎖のうち**鋳型鎖**(template strand)とよばれる一方のみが転写される(すなわち転写されコピーされる)．転写されたRNA配列は鋳型鎖に相補的である．転写されない方のDNA鎖を**コード鎖**(coding strand)とよぶ．コード鎖の配列はUの代わりにTが使われている以外，転写されたRNAと同じである．コード鎖は"センス(+)鎖(sense strand)"，鋳型鎖は"アンチセンス(−)鎖(antisense strand)"ともよばれる．

原核生物において，ポリメラーゼは伸長しているRNA鎖の3′端にリボヌクレオチドをつなげる．DNA複製と同様に合成は5′から3′の方向に進むが，プライマーは必要ない．

プロモーター

転写は，DNAの鋳型鎖上で**プロモーター**(promoter)とよばれる部分にRNAポリメラーゼが結合することからはじまる．プロモーターは短い配列で，自分自身に結合したRNAポリメラーゼによっては転写されない．多くのプロモーターの配列には驚くべき共通性がある．たとえば，多くの細菌のプロモーターには2種類の6塩基配列が共通に存在する．TTGACA配列は**−35配列**(−35 sequence)とよばれ，実際に転写がはじまる場所から35塩基上流に存在する．TATAAT配列は**−10配列**(−10 sequence)とよばれ，実際に転写がはじまる場所から10塩基上流に存在する．

細菌のプロモーターの転写効率はいろいろである．強いプロモーターでは2秒に1回といった頻度で転写を開始する．弱いプロモーターでは10分に1回しか転写を開始しない．もっとも強いプロモーターは先に示した−35配列や−10配列に完全に一致する配列をもつが，弱いプロモーターではこれらの配列にしばしば塩基置換がある．

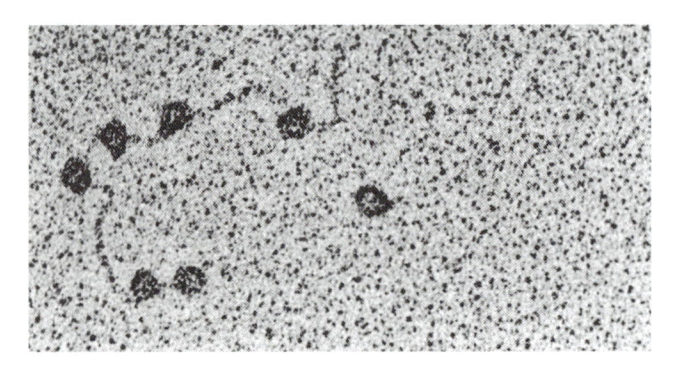

図 15.7
RNAポリメラーゼ． この電子顕微鏡写真では，細菌ウイルスDNA上の複数のプロモーター領域に結合したRNAポリメラーゼが黒い粒として観察される．

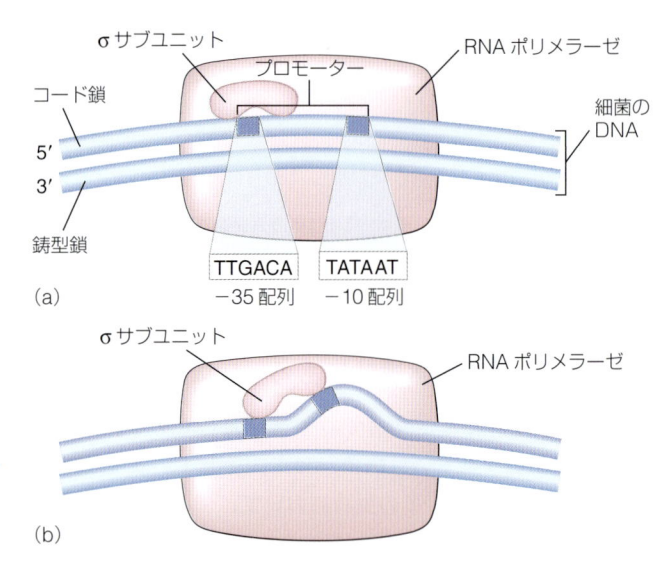

図 15.8
σサブユニットによる転写の開始． (a) σサブユニットをもったRNAポリメラーゼはDNAに沿って移動し，プロモーターを見つけるとそこに結合する．(b) 結合と同時にσサブユニットは−10配列の部分でDNAの二重らせんをほどきはじめ，転写のための鋳型鎖を露出させる．

開 始

転写はプロモーターにRNAポリメラーゼが結合することによりはじまる．原核生物では，σとよばれるRNAポリメラーゼのサブユニットがプロモーター中の−10配列を認識し，そこにRNAポリメラーゼを結合させる．重要なことは，このサブユニットはDNAの二本鎖が巻き戻されていなくても−10配列を見つけられることである．

プロモーターに結合すると，RNAポリメラーゼはDNAのらせんを巻き戻しはじめる(図15.8)．細菌のRNAポリメラーゼはおよそ17塩基対のDNAを巻き戻すが，これはDNA

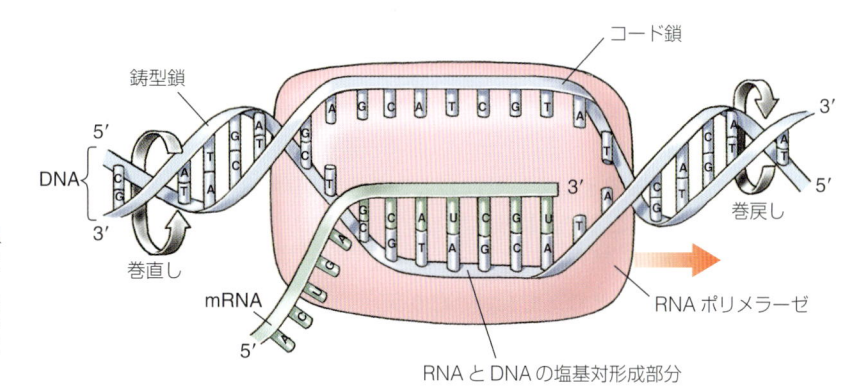

図 15.9
転写バブルのモデル。 DNAの二本鎖はRNAポリメラーゼの複合体に取り込まれると同時に巻き戻され，離れていくときに巻き直される。DNAの片方の鎖が鋳型として働き，この鋳型をもとにしてヌクレオチドがRNAへと組み立てられていく。

の二重らせんのおよそ2回転分にあたる。これがRNA鎖を組み立てる場を提供する。

伸　長

　原核生物では，RNA鎖の転写は一般にATPかGTPによってはじまる。RNA鎖の5′端が形成されると，5′から3′方向にリボヌクレオチドが加わり伸長していく。DNA合成と違って，プライマーは必要とされない。RNAポリメラーゼ，DNA，伸びつつあるRNA転写産物を含んだ領域を**転写バブル**(transcription bubble)とよぶ。これは部分的に巻き戻されたDNAを含み，そのようすが「バブル(泡)」に似ているためである(図15.9)。このバブルのなかでは，新しく合成された12塩基のRNA鎖が鋳型のDNA鎖と一時的にらせんを形成する。12塩基というのは，ちょうどらせんの1回転というわけではないが，このことがRNAの3′端を所定の位置に保持し，次のリボヌクレオチドと結合できるようにしている。RNA—DNA対のらせんはヌクレオチドが一つ付加されるごとに回転し，RNAの3′端がつねに触媒部位に存在するようにしている。

　転写バブルは細菌のDNAに沿って1秒あたり50塩基という一定の速度で移動し，バブルからは合成されつつあるRNA鎖が突きでていく。転写バブルが通り過ぎたあとで，転写されたDNAは二本鎖に戻る。

　DNAポリメラーゼと違って，RNAポリメラーゼは校正能力をもっていない。したがって，転写産物はDNAの複製産物より間違いを多く含むと思われる。しかしこれらの間違いは子孫には伝わらない。たいていの遺伝子は何度も転写されるので，間違いを含む転写産物が時に生じたとしても悪影響を与えない。

終　結

　細菌遺伝子の終端はリン酸ジエステル結合の形成を止める「終止」配列である。終止配列のところでは，転写バブル内に存在するRNA—DNA間の対合が壊され，DNAは二本鎖

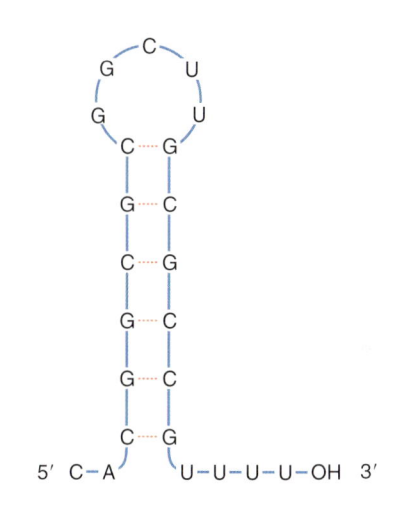

図 15.10
GCヘアピン。 この構造が遺伝子の転写を止める。

に戻る。RNAポリメラーゼはDNAから離れていく。もっとも単純な「終止」信号は，一続きのG—C対に一連のA—T塩基対がつながった配列である。このような終止部位ではRNA転写産物がGCのヘアピン構造をとり，その後ろに四つかそれ以上のUリボヌクレオチドを付けた状態になる(図15.10)。どのようにしてこのような構造が転写を終結させるのだろうか。ヘアピン構造はその直後でRNAポリメラーゼの移動を一時停止させる働きがあるので，ポリメラーゼは四つのウラシル塩基を合成した位置にとどまることになる。RNAのUとDNAのAのあいだの対合はほかの塩基対に比べて弱く，この対合が四つ存在しても，長い一時停止のあいだ中，RNAとDNAの対合を保っておくことはできない。したがって，RNA鎖は転写バブルのなかでDNA鎖から離れ，転写が終わることになる。ヘアピンループ構造の形成を助ける働きをもついろいろなタンパク質因子が特定の遺伝子の転写終結について見つかっている例がある。

原核生物の転写はRNAポリメラーゼとよばれる酵素により行われる。この酵素はDNAの二本鎖を巻き戻し，転写を行う。

真核生物での転写

RNAポリメラーゼによる転写の基本的な機構は，真核生物でも原核生物と同じである。しかし，両者の過程を詳細に見てみると，別々に考えてよいだけの大きな違いが存在するのも事実である。ここでは真核生物のシステムにおいて，原核生物のシステムと異なる部分について見ていこう。これ以外の部分は両者同じと考えてもいいだろう。

複数のRNAポリメラーゼ

1種類のRNAポリメラーゼしかない原核生物と異なり，真核生物は構造や機能の異なる3種類のRNAポリメラーゼをもっている。RNAポリメラーゼⅠとよばれる酵素はrRNAのみを転写し，特定のプロモーターしか認識しない。RNAポリメラーゼⅡはmRNAと何種類かの核内低分子RNA（核内に存在する短いRNA分子群）を転写する。この酵素は細胞内のすべてのmRNAを転写するという点で重要なので，あとで詳しく見てみよう。RNAポリメラーゼⅢはtRNAとほかの低分子RNAを転写する。この酵素で転写される遺伝子は特別なプロモーター構造をもっている。とにかく真核生物の核では，これらの3種類の酵素によりすべての転写が行われている。

プロモーター

3種類の異なるRNAポリメラーゼの活性を制御する方法の一つは，それぞれに対応するプロモーター構造の違いである。RNAポリメラーゼⅠのプロモーター構造は当初よくわからなかった。その理由は，異なる生物間のrRNA遺伝子の配列を比較しても，転写領域以外に共通配列が見つからなかったためである。現在では，このプロモーターは生物種によってそれぞれ特異的であり，したがって生物種間の比較では共通性が見いだされなかったと考えられている。

RNAポリメラーゼⅡのプロモーターは，3種類の真核生物のプロモーター中でもっとも複雑である。これはたぶん，このポリメラーゼにより転写される遺伝子が多様を極めることの反映であると考えられる。「コアプロモーター」は，細菌の−10配列に類似した**TATAボックス**（TATA Box）とよばれる配列を含んでいる。すべてではないが多くのRNAポリメラーゼⅡで転写される遺伝子に保存されているほかの配列も見つかっている。たとえば，CAATボックスは2番目のコアプロモーターとしてほとんどの遺伝子で見つかっている。基本的な転写因子がこれらの領域に結合して，開始複合体を形成する。遺伝子の上流にはそれぞれの遺伝子に特有の配列が存在し，各遺伝子特有の調節領域として機能している。調節領域の配列に転写因子が結合することにより，組織特異的な

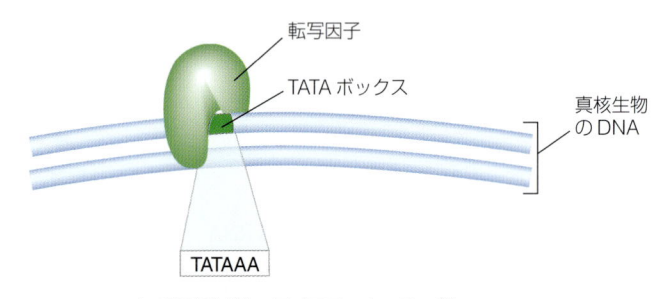

1. 転写因子はコアプロモーターの一部であるTATAボックス配列を認識して結合する。

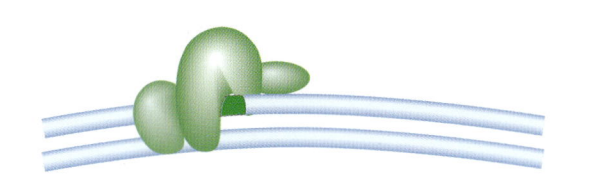

2. ほかの転写因子群が加わり，開始複合体の形成がはじまる。

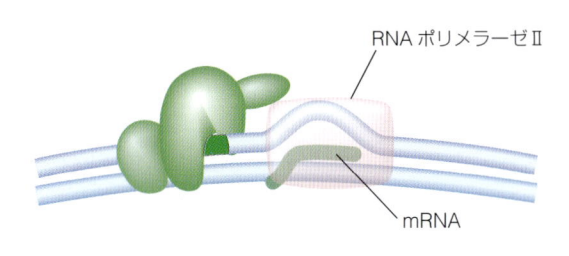

3. 最後に，転写因子群とDNAにRNAポリメラーゼⅡが加わり開始複合体が完成すると，転写がはじまる。

図 15.11
真核生物の開始複合体。 RNAポリメラーゼがプロモーターを認識して結合する原核細胞の転写と異なり，真核生物の転写ではRNAポリメラーゼⅡがDNAに結合する前に転写因子群がプロモーターに結合することが必要である。プロモーターでの転写因子群とRNAポリメラーゼの集合体は開始複合体とよばれる。

遺伝子発現や発生の各時期に特異的な遺伝子発現が調節されている。

RNAポリメラーゼⅢのプロモーターも，初期に遺伝子発現の調節について研究をしていた生物学者にとっては驚きの種であった。調節領域を解析する一般的な手法として，遺伝子の5′端からどこまでの配列を欠失させたら転写が起こらなくなるかを調べる方法がある。原核生物の実験から，調節領域は遺伝子の5′側に見つかるだろうと考えられていた。tRNAの遺伝子の場合，5′側の配列を欠失しても発現に何の影響もなかった。事実は，プロモーターが遺伝子自身の内部に存在するということであった。

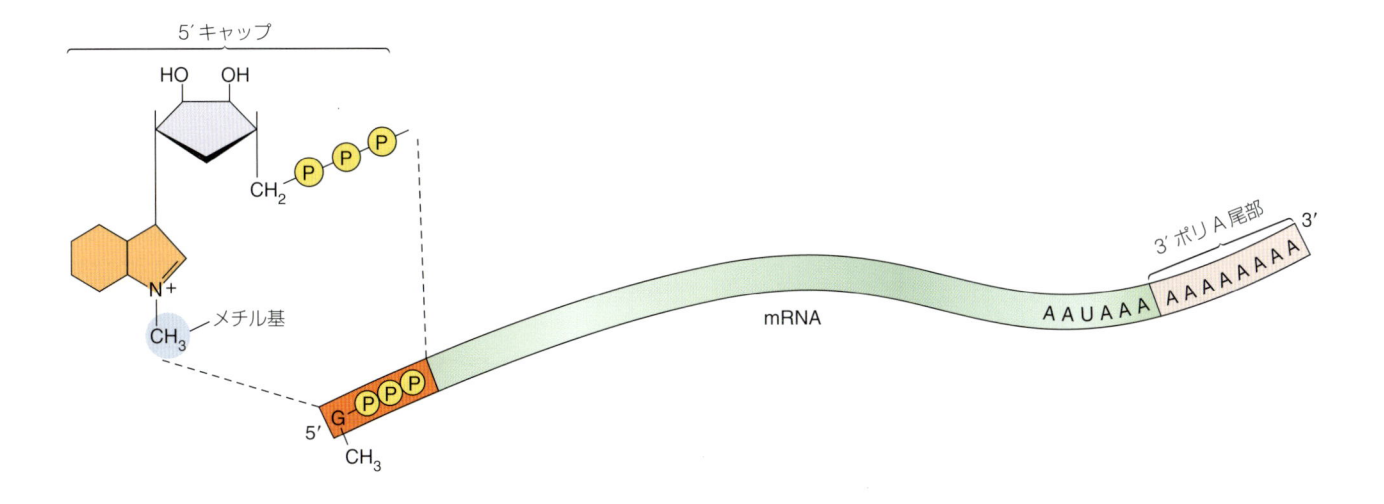

図 15.12
転写後の修飾。 真核生物のmRNAは核内で修飾を受ける。一つは5′キャップとよばれる転写産物の5′端にメチル化したGTPが付加されること、ほかはポリA尾部とよばれるアデニンがつながった長い鎖が3′端に付加されることである。

開　始

プロモーターのところでのRNAポリメラーゼIIによる転写の開始は、原核生物における転写の開始と類似しているがずっと複雑である。原核生物のようにポリメラーゼが単にプロモーターを認識して結合するかわりに、多くの基本的な転写因子がプロモーターおよびRNAポリメラーゼIIと相互作用し"開始複合体"を形成する（図15.11）。この部分の詳細は遺伝子発現の制御を考える第18章で述べる。

転写後の修飾

原核生物と真核生物のmRNAの転写には多くの違いがある。この違いのいくつかは、真核生物のDNAが核内に詰め込まれていることにより生じる。しかしほかにも、想像しえないような違いが発見された。核でRNAポリメラーゼIIにより転写された一次転写産物は、成熟したmRNAとして細胞質まで輸送されるあいだに、いろいろな修飾を受けるのである。

5′キャップ　　真核生物のmRNAは5′端に付加された特別な構造をもつ。転写産物の最初の塩基は通常アデニン（A）かグアニン（G）であるが、この最初の塩基の5′リン酸基に、GTPが結合して **5′キャップ**（5′ cap）とよばれる構造ができる（図15.12）。この結合は5′と5′がつながるという独特のものであり、この「キャップ」構造にしか見られない。GTPのG塩基はメチル基が付加するという修飾を受け、そのためにメチル-Gキャップとよばれることもある。このキャップは転写が行われているあいだに付加される。キャップ構造はmRNAを分解から保護する働き以外に、翻訳の開始にも関係している。

3′ポリA尾部　　原核生物と真核生物の転写の大きな違いは、真核生物では転写の終結点がmRNAの末端ではないということである。真核生物の転写産物は特定の配列（AAUAAA）の下流で切断されるが、これは転写の終止部位ではない。RNAポリメラーゼII以外の酵素で切断された端に、**3′ポリA尾部**（3′ poly-A tail）とよばれるアデニン（A）残基のつながりが付加される。このように、mRNAの端はRNAポリメラーゼIIによってつくられた転写産物の端ではない（図15・12）。複数のAを付加する酵素は便宜的にポリAポリメラーゼとよばれる。3′ポリA尾部はmRNAを分解から守り、安定化する役割を果たしているようである。mRNAの安定性についても第18章で考える。

真核生物の転写では原核生物の転写と異なって、3種類のRNAポリメラーゼが存在し、プロモーターで開始複合体が形成され、また転写後にRNAが修飾を受ける。

翻訳

　原核生物の翻訳は，mRNAの開始部位がリボソームのrRNAに結合することではじまる．mRNAは，つねに一つのコドンのみがポリペプチドを合成する部位に露出されるような形でリボソーム上に位置する．tRNA分子はmRNAのコドンに相補的な3塩基配列，すなわちアンチコドンでmRNAの露出したコドンと結合する．

　tRNAは特定のアミノ酸を運んでいるので，上に述べた部位でこの特定のアミノ酸のみがポリペプチドに付加される．mRNA分子がリボソーム上を移動するにしたがい，mRNAのコドンが順々に露出し，露出されたコドンに対応するtRNA分子が順番に結合していく．各tRNA分子は，伸長中のポリペプチド鎖の端に付加されるアミノ酸を付けて運んでいる（図15.13）．

　約45種類の異なったtRNAが存在するが，どうして45種類であり64種類（それぞれのコドンに対して1種類）ではないのだろうか．いくつかのtRNAは2種類以上のコドンを認識しているからである．これはアンチコドンの3番目の塩基による対合が，「揺らぎ(wobble)」を許容しているからである．

　どのようにして特定のアミノ酸が特定のtRNAに結合するのだろうか．三つの塩基配列と特定のアミノ酸が対をなすという翻訳の鍵となる部分は，"活性化酵素(activating enzyme)"とよばれる一群の酵素によってまかなわれている．

活性化酵素

　特定のtRNA分子と特定のアミノ酸との結合は，**アミノアシル-tRNA合成酵素**(aminoacyl-tRNA synthase)とよばれる活性化酵素の働きで行われている．この酵素は20種類存在し，通常使われている20種類のアミノ酸それぞれに対応している（図15.14）．したがって，これらの酵素は特定のアミノ酸に対応するとともに，特定のアンチコドン配列に対応する必要がある．ある活性化酵素は1種類のアンチコドン，つまり1種類のtRNA分子のみに対応する．ほかの酵素は2, 3, 4, もしくは6種類の異なったtRNA分子を認識する．これらのtRNAは同じアミノ酸のコードに対応するがアンチコドンの配列自身は異なっている（表15.1）．mRNAの配列を暗号化された情報と考えると，20種類の活性化酵素がこの情報を読み解いているといえる．別のいい方をすると，tRNAへの特定のアミノ酸の結合こそが，実際の翻訳過程であるといえる．

「開始」シグナルと「終止」シグナル

　64種類のコドンのうち，3種類(UAA, UAG, UGA)については相補的なアンチコドンをもつtRNAが存在しない．これらのコドンは**ナンセンスコドン**(nonsense codon)とよばれ，

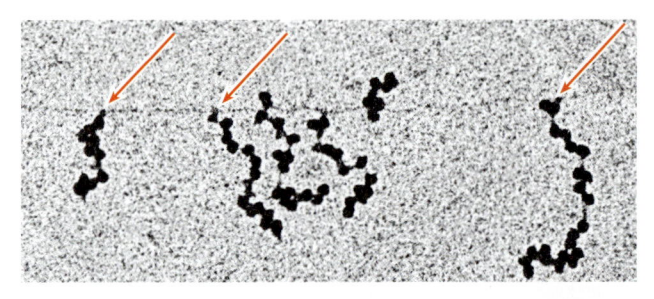

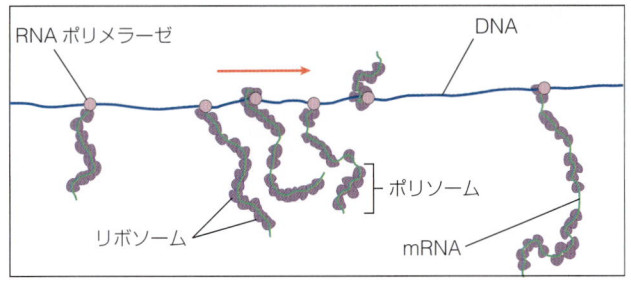

図 15.13
翻訳中のようす． 細菌には核がないのでDNAと細胞質のあいだに障壁がない．この電子顕微鏡写真は転写中の大腸菌の遺伝子を示しており，いろいろな段階を見ることができる．矢印はRNAポリメラーゼを指す．DNAからぶらさがったそれぞれのmRNA分子から，リボソームがひとつながりとなってポリペプチドを合成している．このようなリボソームのかたまりをポリソームとよぶことがある．

mRNA中の「終止」シグナルとして働くことにより，ポリペプチドの末端を決めている．ポリペプチドの「はじまり」を決めるmRNA中のシグナルはAUGというコドンである．このコドンはメチオニンの暗号としても利用されている．リボソームは，通常mRNA中で最初に出会ったAUGを翻訳開始のシグナルとして使う．

開　始

　原核生物におけるポリペプチドの合成は，**開始複合体**(initiation complex)の形成によってはじまる．最初に，N-ホルミルメチオニンとよばれる化学修飾されたメチオニンをもつtRNA($tRNA^{fMet}$)がリボソームの小サブユニットに結合する．**開始因子**(initiation factor)とよばれる複数のタンパク質がリボソーム表面の"P部位(peptidylのP)"にtRNA^{fMet}を配置する．ここはペプチド結合が形成される場所である．近くには，アミノ酸をもつtRNAが順番に結合していく"A部位(aminoacylのA)"と，アミノ酸がはずれたtRNAがリボソームから出ていく"E部位(exitのE)"の二つの部位が形成される（図15.15）．この開始複合体は，ほかの開始因子の働きによりmRNAのAUGコドンに結合する．mRNAが正確な位置に結合することは，翻訳の鍵になる部分である．なぜなら結合した位置により，読み枠が決定されるからである．つまり，塩基配列中のどの三つ組の塩基をコドンとして読みとるかに関係してくる．さらに，転写された遺伝子を完全に翻訳

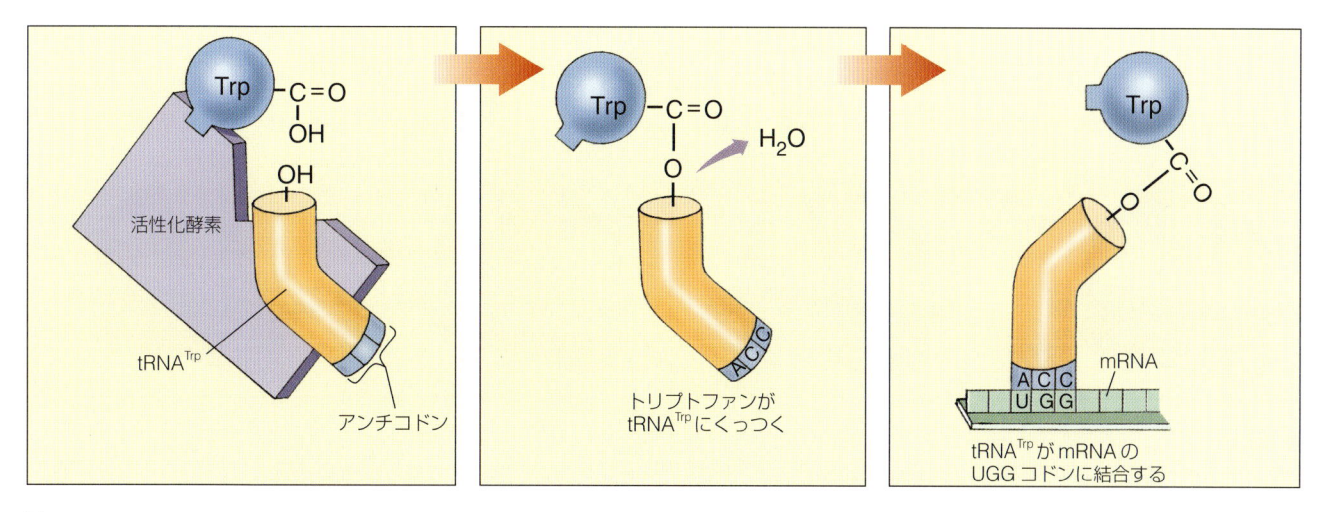

図 15.14
活性化酵素が遺伝コードを「読み解く」。 それぞれの活性化酵素は特定のアミノ酸を認識して結合する（ここではトリプトファン）と同時に，結合するアミノ酸を指定するためのアンチコドン（ここではトリプトファンなのでACC）をもつtRNA分子とも結合する。こうして，活性化酵素は特定のtRNAと特定のアミノ酸を結びつける。

するには，複合体がmRNA分子の翻訳開始部位に結合しなくてはならない。原核生物では，それぞれのmRNAの開始部位は，リボソームに含まれるrRNA分子の一つと相補的なmRNA中の"リーダー配列"によって決められている。この相補性がmRNAを開始部位から読みとることを保証している。原核生物ではしばしば一つのmRNA転写産物に複数の遺伝子からの情報が含まれる（多シストロン性mRNA）が，真核生物の各遺伝子は別々のmRNA（単シストロン性mRNA）として転写される。

真核生物における開始の機構も似ているが，二つの重要な違いがある。一つ目は，真核生物の最初のアミノ酸はN-ホルミルメチオニンではなくメチオニンだという点である。二つ目は，開始複合体が原核生物のものよりずっと複雑だという点である。9種かそれ以上のタンパク質因子からできており，これらの因子の多くはいくつかのサブユニットからできている。真核生物の開始複合体の詳細については第18章で論じる。

伸　長

開始複合体が形成されると，mRNAのAUGコドンの隣のコドンが露出するような形で，リボソームの大サブユニットが結合する。この露出したコドンが次のアミノ酸をもったtRNAの結合する場所である。適切なアンチコドンをもつtRNAが存在すると，A部位で露出しているmRNAのコドンにこのtRNAが結合する。この結合には"伸長因子"とよばれるタンパク質が必要である。二番目のtRNAがリボソームに結合すると，このtRNAのもつアミノ酸は最初のメチオニンのすぐ隣に配置されることになる。この段階ではメチオニンはtRNAに結合しており，したがってそのtRNA分子はま

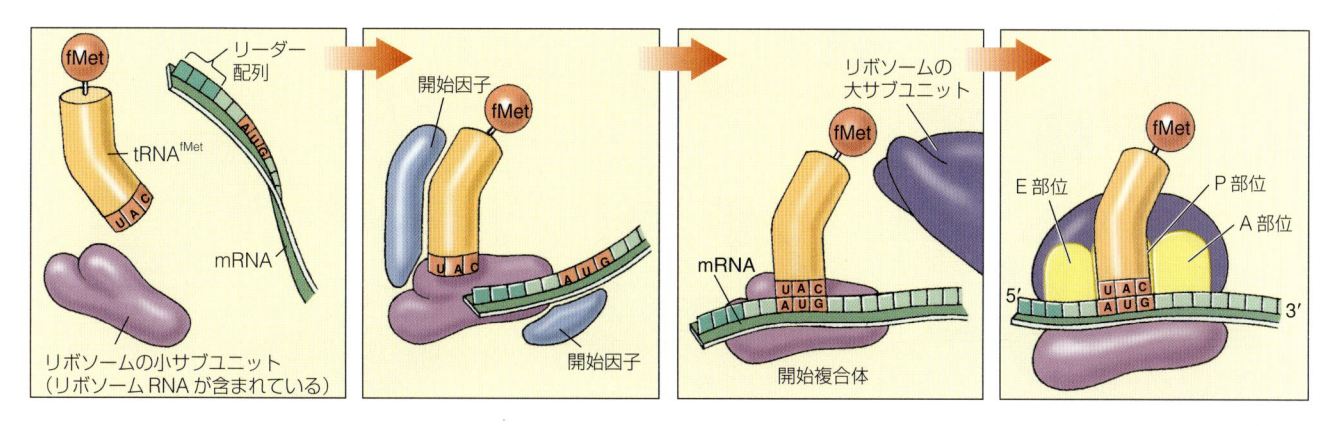

図 15.15
開始複合体の形成。 原核生物では，リボソームの小サブユニットとN-ホルミルメチオニンtRNA, すなわちtRNA^{fMet}, をmRNAの開始部位に配置する。これには開始因子とよばれる一群のタンパク質が重要な役割を果たす。mRNAの最初のAUGコドンにtRNA^{fMet}が配置されると，リボソームの大サブユニットが結合し，tRNA分子が順番に結合していくリボソームのP部位，A部位，E部位が形成されて，ポリペプチドの合成がはじまる。

15.3　遺伝子はまず転写され，次に翻訳される

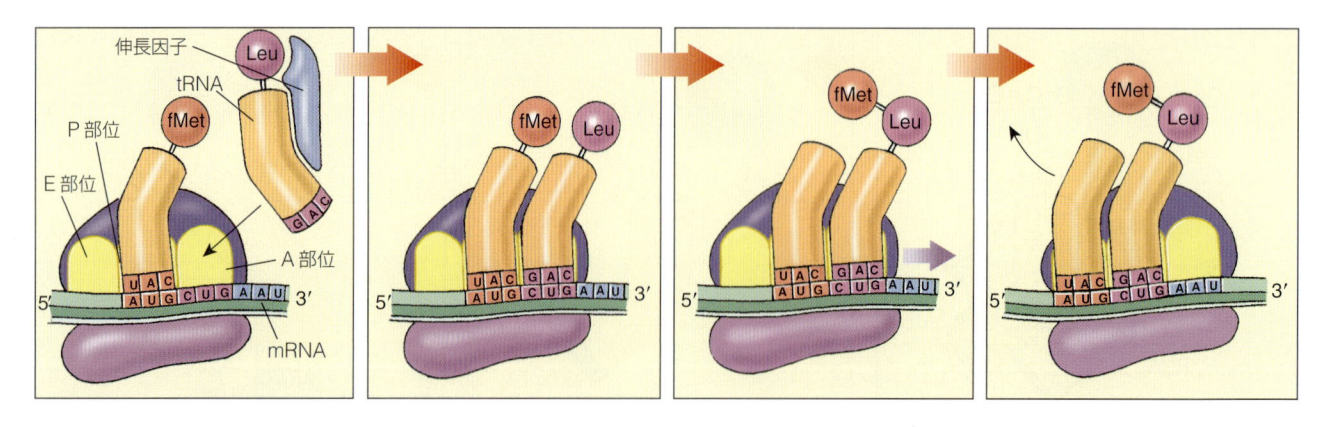

図 15.16
トランスロケーション。　原核生物では開始のtRNA^fMet(真核生物ではtRNA^Met)がP部位を占める。そして露出したmRNAのコドンに相補的なアンチコドンをもつtRNA分子がA部位に結合する。リボソームがmRNAを3塩基分動かすと，ホルミル化されたメチオニン(fMet)は次に入ってきたアミノ酸(ここではロイシン，Leu)に移される。fMetがはずれたtRNA^MetはE部位に移動し，リボソームから出ていく。伸長中のポリペプチド鎖はP部位に移動し，A部位は空になって，次のアミノ酸を運んでくるtRNAが結合する準備ができる。

だリボソームに結合していることになる。リボソームの大サブユニットが触媒する化学反応が二つのアミノ酸に起こり，最初のメチオニンはtRNAから離されるとともに二番目のアミノ酸とペプチド結合を形成する。

トランスロケーション

トランスロケーション(translocation，転位と訳すこともある)とよばれる過程(図15.16)で，リボソームはmRNAを5′から3′方向に3塩基分移動する。この移動にはほかの伸長因子の働きが関係している。この移動によって最初のtRNAはE部位に移り，リボソームから離れる。伸長したポリペプチド鎖(この時点では2個のアミノ酸)はP部位に移動し，mRNAの次のコドンがA部位で露出される。新しいtRNA分子がAサイトの露出したコドンを認識して結合し，次のアミノ酸が伸長中の鎖の横に並ぶ。そして鎖は新しいアミノ酸に移動する。この一連の過程がくり返される。

終　止

鎖の終わりを意味するナンセンスコドン(たとえば図15.17ではUAA)が現れるまで，上記の様式による伸長がくり返される。ナンセンスコドンにはtRNAが結合せず，かわりに**終結因子**(release factor)によって認識される。この因子は新しくつくられたポリペプチドをリボソームから遊離させる。

> タンパク質合成の最初の段階は開始複合体の形成である。リボソーム上の反応が一つ進むたびに新しいコドンが露出され，そこに相補的なアンチコドンをもつtRNAが結合する。各tRNAによって運ばれてくるアミノ酸は伸長中のポリペプチド鎖の端につけ加えられる。

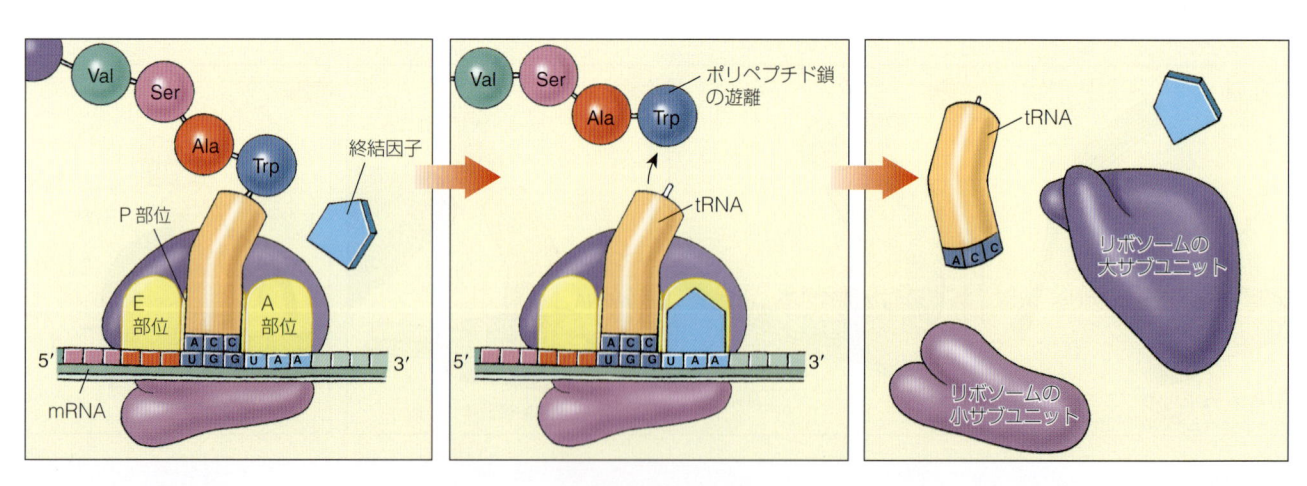

図 15.17
タンパク質合成の終止。　3種類の終止コドン(ここではUAAというナンセンスコドンを示している)に相補的なアンチコドンをもつtRNAは存在しない。リボソームが終止コドンに出会うと，トランスロケーションが止まる。終結因子とよばれる特定の因子がP部位にあるtRNAとポリペプチド間の共有結合を壊し，ポリペプチド鎖を遊離させる。

15.4 真核生物の遺伝子転写産物はスプライシングを受ける

イントロンの発見

遺伝子として最初に単離されたのは，大腸菌と大腸菌のウイルスから見つかった原核生物の遺伝子であった。真核生物の遺伝子がクローニングされる以前に，これら大腸菌のシステムを使った研究から遺伝子の特徴や発現制御機構についての明快な考え方がつくられていた。真核生物の遺伝子発現についても，細かい部分に違いがあるとしても，概略は同じであろうと予想されていた。しかし真核生物から初めて遺伝子が単離されたとき，生物学者たちは非常に驚いた。多くの遺伝子がmRNAには存在しない配列を含んでいたのだ。この予期せぬ発見は言葉に現せないほどのものであった。大腸菌の研究にもとづく分子生物学の原則では，遺伝子はその産物であるタンパク質と完全に対応しているはずだった。これは，遺伝子の塩基配列はmRNAの塩基配列に即対応し，ひいてはタンパク質のアミノ酸配列に対応することを意味している。ところが真核生物の場合，遺伝子はmRNAやタンパク質には存在しない配列で分断されていた。「分割化された遺伝子（split gene）」という言葉がこのときに使われたが，この言葉は予想もしなかった遺伝子の配列に当惑したことを反映している。現在では，遺伝子配列を分断する翻訳されないDNAを「介在配列」もしくは**イントロン**（intron）とよび，翻訳される配列を**エキソン**（exon）とよぶ（図15.18）。

このように，真核生物の遺伝子の基本的な構造は原核生物のそれと大きく異なっている。一方，翻訳に使われる真核生物のmRNAがタンパク質と完全に対応する関係にあることも事実であり，この点で遺伝子とタンパク質の関係とは異なっている。人工衛星からハイウェイを眺めたと想像してみよう。コンクリートの糸にそってランダムに散らばっているのは自動車で，何台かは数珠繋ぎになっているが，ある車は1台だけで走っている。しかし道路の大部分には車が存在しない。これは，真核生物の遺伝子において非常に長い配列であるイントロンのなかにエキソンが散らばっている状態に似ている。ヒトではゲノムのたった1～1.5％がタンパク質をコードするエキソンにすぎず，24％がイントロンとして存在している。

RNAスプライシング

真核生物の細胞では暗号をもたないイントロンはどう取り扱われているのか，という疑問が当然生じてくる。答えは，一次転写産物とよばれる転写産物が，キャップ構造とポリA尾部が付加される外に，切断されつなぎ合わされて成熟したmRNAになる，というものである。この後半の過程は"RNAスプライシング"とよばれ，mRNAが細胞質に運ばれる前に核内で起こる。イントロンとエキソンのつなぎ目はいくつかのsnRNP（「スナープ」と発音される）とよばれる小さな核内のリボ核タンパク質（低分子RNAとタンパク質の複合

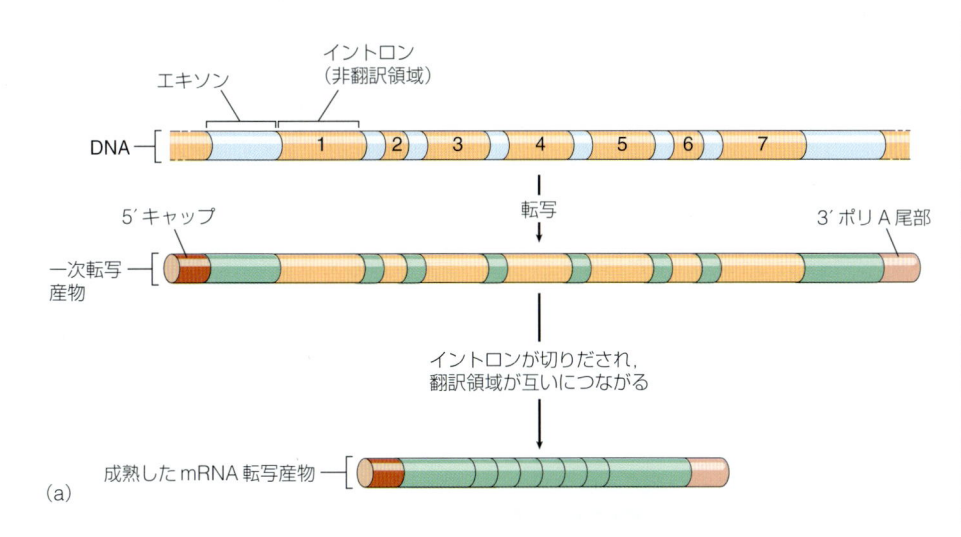

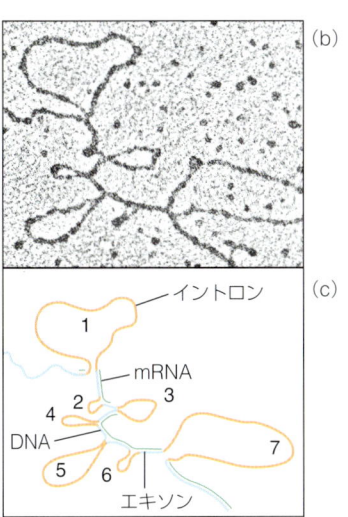

図 15.18
真核生物の卵アルブミン遺伝子は分断化されている。 (a) 卵アルブミン遺伝子とその一次転写産物は，リボソームでのタンパク質合成に使われるmRNAには存在しない七つの断片を含む。酵素がこれらの断片（イントロン）を切りだし，残った断片（エキソン）をつなぎ合わせる。(b) DNAとイントロンが除かれた転写産物をハイブリッド形成させると，DNA配列中のイントロンが直接観察できる。電子顕微鏡写真中の七つのループは模式図(c)に示すように七つのイントロンを表している。

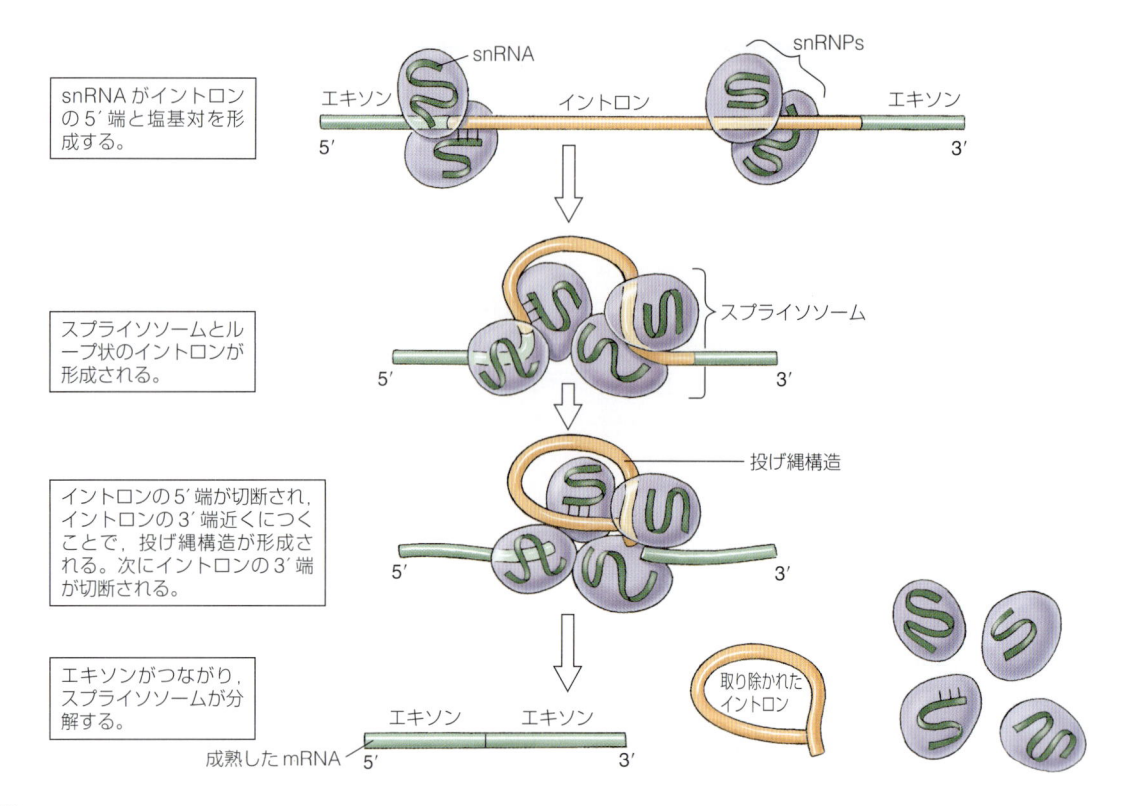

図 15.19
スプライソソームはどのようにRNAを加工するか。 snRNAを含むsnRNP粒子はイントロンの5′端に作用する。一群のsnRNPが集まりスプライセオソームを形成する。イントロンはループ状になり，5′端が切断されてイントロンの3′端近くの部位に連結する。投げ縄構造を取ったイントロンは切りだされ，エキソン同士がつながる。スプライソソームは構成成分に分かれ，成熟したmRNAから離れる。

体)によって認識される。snRNPは寄り集まって**スプライソソーム**(spliceosome)とよばれる大きな複合体をつくる。スプライセオソームはスプライシング，つまりイントロンの除去をになっている。スプライシングの過程は次のようになっている。まず，イントロンの5′端を外し，それをイントロン中にあるアデニンヌクレオチドの2′OHにくっつけ，"投げ縄(lariat)"とよばれるループ状の構造を形成する(図15.19)。次に，最初のエキソンの3′端がイントロンの3′端と置き換えられ，二つのエキソンがつながってイントロンが切りだされる。

遺伝子当たりのイントロンの数やイントロンとエキソンの大きさには規則性がない。ある遺伝子はイントロンをもたないし，ある遺伝子は50ものイントロンをもつ。エキソンの大きさは数塩基から7500塩基といろいろであり，イントロンの大きさも同様にいろいろである。イントロンの存在は，実際に「タンパク質情報をもつ配列」がゲノムのごく一部にしかすぎない理由を，部分的に説明している(ヒトゲノム計画の結果が第17章に述べられている)。

「どのようにして」スプライシングが起こるかという問いに比べて，「なぜ」イントロンが存在するかという問題はずっと難しい。実際，「なぜイントロンが存在するか」という疑問は現在も不明である。真核生物の進化過程でイントロンは早い時期に生じたか遅くに生じたかという問題に対しても，共通の認識はない。どちらか一方のみが正しいといった結果にはおそらくならないであろう。どのようにして，また，なぜイントロンが進化したかといった疑問に対してはいろいろな考え方が提唱されている。興味をそそるものの一つに，エキソンはタンパク質の機能的なドメインを表しているという説がある。遺伝子に見つかるイントロンとエキソンの配置は，進化の長い期間にタンパク質の機能単位がかきまぜられた結果を示しているという考え方である。"エキソンのかきまぜ(exon shuffling)"とよばれるこの仮説はいくつかの遺伝子の構造によって支持されているが，ほかの遺伝子の構造からは支持されない。このかきまぜが進化の機構としてどの程度貢献したかは不明確なままである。

選択的スプライシング

スプライシングがもたらす効能の一つは，真核生物の遺伝子発現が非常に複雑になるということである。同一の一次転写産物からスプライシングによって異なったmRNAが生じる事がある。これは異なったエキソンの組合せによって起こるもので，**選択的スプライシング**(alternative splicing)とよば

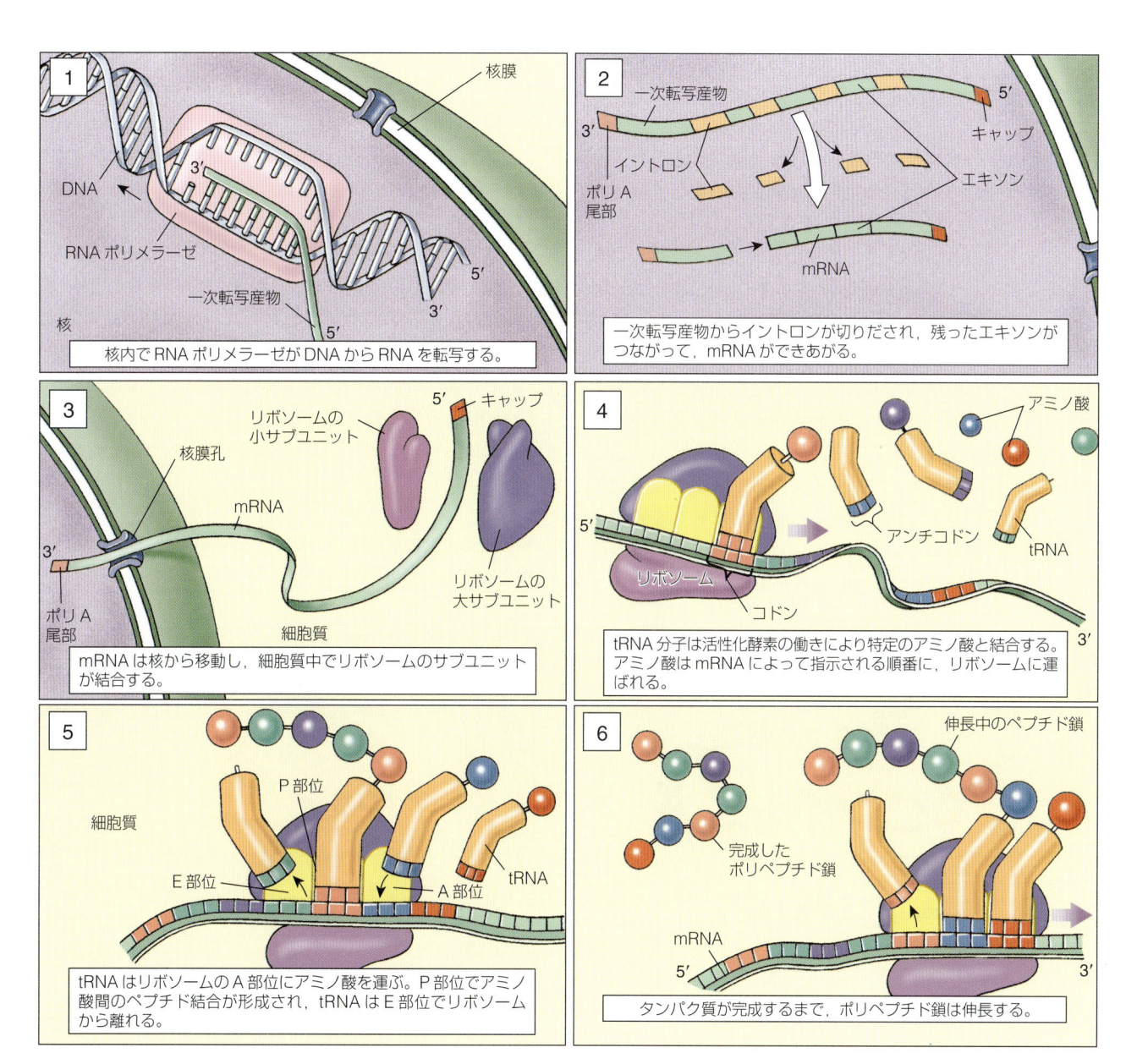

図 15.20
真核生物における遺伝子発現の全体図

図中のテキスト：

1. 核内でRNAポリメラーゼがDNAからRNAを転写する。（核膜、DNA、RNAポリメラーゼ、一次転写産物、核）

2. 一次転写産物からイントロンが切りだされ、残ったエキソンがつながって、mRNAができあがる。（一次転写産物、キャップ、イントロン、エキソン、ポリA尾部、mRNA）

3. mRNAは核から移動し、細胞質中でリボソームのサブユニットが結合する。（核膜孔、mRNA、ポリA尾部、キャップ、リボソームの小サブユニット、リボソームの大サブユニット、細胞質）

4. tRNA分子は活性化酵素の働きにより特定のアミノ酸と結合する。アミノ酸はmRNAによって指示される順番に、リボソームに運ばれる。（アミノ酸、アンチコドン、tRNA、リボソーム、コドン）

5. tRNAはリボソームのA部位にアミノ酸を運ぶ。P部位でアミノ酸間のペプチド結合が形成され、tRNAはE部位でリボソームから離れる。（細胞質、P部位、E部位、A部位、tRNA）

6. タンパク質が完成するまで、ポリペプチド鎖は伸長する。（伸長中のペプチド鎖、完成したポリペプチド鎖、mRNA）

れる。多くの選択的スプライシングの例が報告されてきたが、最近決定されたヒトゲノムの全塩基配列のデータと発現している配列に関する膨大な量のデータを使うことにより、ゲノム配列とmRNAの配列を大規模に比較することが可能になった。コンピューターを使用した三つの異なった解析例が報告され、その結果はおおむね一致した。これらの解析での評価によれば、ヒトの遺伝子の35〜59％がなんらかの選択的スプライシングを受けている。もし中間の40％という値を採用したとしても、ヒトゲノム中の26,500の遺伝子によってコードされうるタンパク質の数は大きく増加する。これらの解析は完全にコンピューター上で行われたものであり、実験的に証明されてはおらず、可能性として考えられたスプライシング産物の機能が研究されているわけではないという点には、注意が必要である。しかしこの解析結果は、ヒトのゲノムで見つかった26,500の遺伝子が、どうやってヒトの細胞内で翻訳されていると報告されている120,000もの異なったmRNAをコードしうるかということを説明するものである。プロテオミクスという新しい分野が、ヒトゲノムにコードされているタンパク質の数と機能を解明していくだろう。図15.20に真核生物の転写と翻訳についてまとめた。

> 真核生物の遺伝子の多くの部分は翻訳されない。イントロンとよばれる翻訳されない領域が遺伝子全体に散らばっており、mRNAとして翻訳される前に一次転写産物から取り除かれる。

原核生物と真核生物における遺伝子発現の違い

1. ほとんどの真核生物の遺伝子はイントロンをもつ。古細菌の少数の遺伝子を除き，原核生物の遺伝子はイントロンをもたない（図15.21）。
2. 原核生物の各mRNA分子は複数の遺伝子の転写産物をもっていることが多い。同一のmRNA上に機能的に関係したいくつかの遺伝子を配置することにより，原核生物はこれらの機能の制御を協調的に行っている。真核生物のmRNA分子は二つ以上の遺伝子の転写産物をもつことは滅多にない。真核生物の遺伝子発現の制御は別の方法で行われている。
3. 真核生物は核をもっているので，mRNAは合成が完了した後翻訳される前に核膜孔を通って移動しなくてはならない。核がない原核生物では，mRNAは転写が終了する前に翻訳がはじまることが多い。
4. 原核生物の翻訳の開始は，特定の配列に続くAUGコドンからはじまる。真核細胞では，転写されたmRNAの5′端にメチル化されたグアノシン三リン酸という5′キャップが結合する。キャップはリボソームの小サブユニットにmRNAを，普通は最初のAUGの位置で結合させることにより翻訳を開始させる。
5. 真核生物のmRNA分子は翻訳される前に次のような修飾を受ける：イントロンが切りだされ残ったエキソンがつながるスプライシング；5′キャップの結合；200程のアデニン(A)ヌクレオチドからなる3′ポリA尾部の付加。これらの修飾は細胞内の酵素による分解からmRNAを守る働きがある。
6. 真核生物のリボソームは原核生物のものより少し大きい。

原核生物と真核生物において遺伝子発現はおおむね同じだが，細かな部分で違いがある。

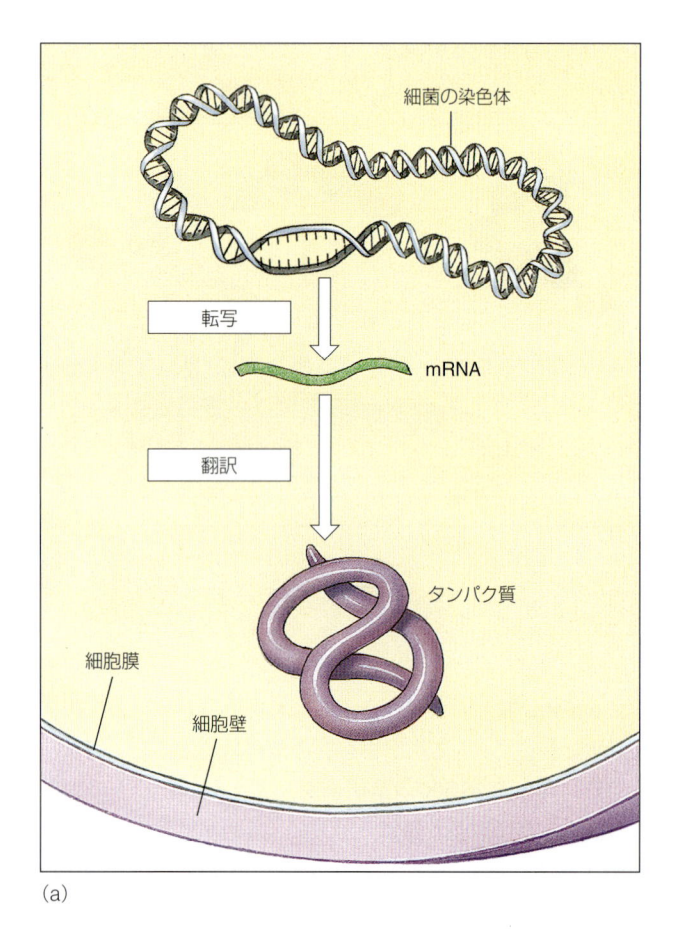

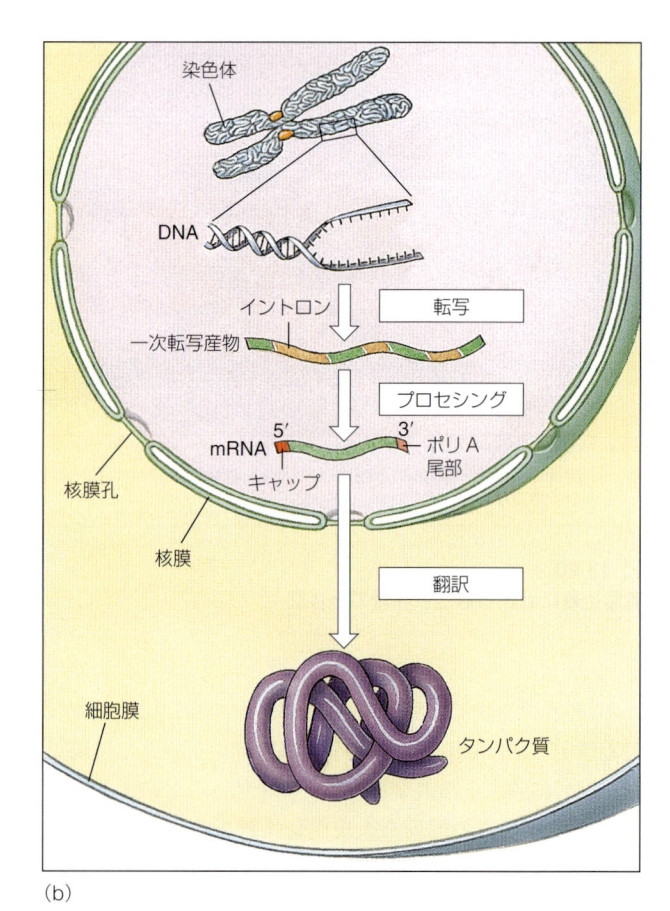

図 15.21
遺伝情報は原核生物と真核生物では異なった方法で処理される。 (a) 原核生物の遺伝子はmRNAに転写され，直ちに翻訳される。したがって，遺伝子におけるDNAのヌクレオチド配列はその遺伝子がコードしているポリペプチドのアミノ酸配列に正確に対応する。(b) 真核生物での代表的な相異点はイントロンとよばれる長いヌクレオチド配列をもつことで，この部分は遺伝子がコードするポリペプチドのアミノ酸配列に対応しない。イントロンは遺伝子の一次転写産物から除かれる。mRNAは5′キャップと3′ポリA尾部が付加されて初めてポリペプチド合成を指令する。

第15章のまとめ

15.1 セントラルドグマは遺伝子のもつ情報の流れを示す
"細胞はRNAを使ってタンパク質をつくる"

- リボソームは大サブユニットと小サブユニットからできている。(p. 302)
- リボソームRNA(rRNA)はポリペプチド合成に関与している。転移RNA(tRNA)はポリペプチドの部品となるアミノ酸をリボソームに運ぶ。伝令RNA(mRNA)はDNAから転写されリボソームに移動し、ポリペプチドの組立てを指令する。(p. 302)
- セントラルドグマは、情報がDNAからmRNAへ受け継がれ(転写)、mRNAはタンパク質中のアミノ酸の並ぶ順番を指令する(翻訳)、という現象を示している。(p. 303)

15.2 遺伝子は三つの塩基が1組となって情報を暗号化している
"遺伝暗号"

- 遺伝暗号は事実上普遍的である。暗号はmRNAの三つの塩基で構成されるコドン(もしくはトリプレットとよぶ)として解読され、それぞれのコドンがアミノ酸を指定している。(pp. 304〜305)
- 20種類のアミノ酸を指定するために、64種類のコドンが存在しうる。(p. 304)

15.3 遺伝子はまず転写され、次に翻訳される
"原核生物での転写"

- DNAの鋳型鎖のみが転写され、コード鎖は転写されない。(p. 306)
- 転写はプロモーター部位ではじまり、転写バブルはDNAに沿って移動する。この移動は終止配列に到達するまで続き、終止配列ではRNA鎖の解離とDNAの巻き直しが起こる。(pp. 306〜307)

"真核生物での転写"

- 真核生物の転写と原核生物の転写には違いがある。真核生物では、3種類の異なったRNAポリメラーゼが存在し、開始複合体がプロモーターで形成され、転写後にRNAが修飾を受ける。(pp. 308〜309)

"翻　　訳"

- 翻訳は、リボソームのrRNA分子にmRNAの開始部位が結合することによりはじまる。(p. 310)
- リボソーム上での反応が一つ進むたびにコドンが順番に現れて、それと相補的なアンチコドンをもったtRNA分子が結合する。tRNAにより運ばれてきたアミノ酸は伸長中のポリペプチド鎖の端に結合していく。(pp. 311〜312)

15.4 真核生物の遺伝子転写産物はスプライシングを受ける
"イントロンの発見"

- 真核生物の遺伝子は、成熟したmRNAやタンパク質には表れない配列によって分断されている。イントロンとはこの翻訳されない配列で、暗号をもつ配列つまりエキソンを分断するかたちで存在する。(p. 313)
- スプライソソームはmRNAが翻訳される前にスプライシングを起し、イントロンを取り除くのに役割をになう。(p. 314)

"原核生物と真核生物における遺伝子発現の違い"

- 原核生物と真核生物における遺伝子発現は似ているが、たとえばリボソームの大きさの違いやイントロンの有無などいくつかの無視できない相違点も存在する。(p. 316)

質問のページ

自習問題

1. RNAの塩基のうち，DNAの塩基と違うのはどれか？
   a. シトシンの代わりにシステイン
   b. チミンの代わりにウラシル
   c. グアニンの代わりにシトシン
   d. アデニンの代わりにウラシル

2. 次にあげたなかで，RNAの種類とはいえないものは何か？
   a. nRNA（核RNA）
   b. mRNA（伝令RNA）
   c. rRNA（リボソームRNA）
   d. tRNA（転移RNA）

3. タンパク質中の各アミノ酸は何により指定されているか？
   a. いろいろな遺伝子   b. プロモーター
   c. mRNA分子   d. コドン

4. 三つの塩基からなるコドンには何種類の組合せがあるか？
   a. 16   b. 20
   c. 64   d. 128

5. 真核生物のTATAボックスとは何か？
   a. コアプロモーター
   b. −35配列
   c. −10配列
   d. 5′キャップ

6. RNA合成を開始するためにRNAポリメラーゼが結合するDNAの領域は次のうちどれか？
   a. プロモーター   b. エキソン
   c. イントロン   d. GCヘアピン

7. mRNAは核から移動したあと何と会合するか？
   a. タンパク質
   b. リボソーム
   c. tRNA
   d. RNAポリメラーゼ

8. mRNAのコドンがUACであった場合，相補的なアンチコドンはどうなるか？
   a. TUC   b. ATG
   c. AUG   d. CAG

9. DNAの塩基配列のうち，アミノ酸配列の情報を実際にもっている領域は次のうちどれか？
   a. イントロン   b. エキソン
   c. UAA   d. UGA

10. 原核生物の遺伝子発現を正しくいい表しているのは次のうちどれか？
    a. 原核生物のmRNAはイントロンをスプライシングしなくてはならない。
    b. 原核生物のmRNAは転写が完了する前に翻訳を開始することが多い。
    c. 原核生物のmRNAは一つの遺伝子のみをもっている。
    d. ここで述べた事はすべて正しい。

図解き問題

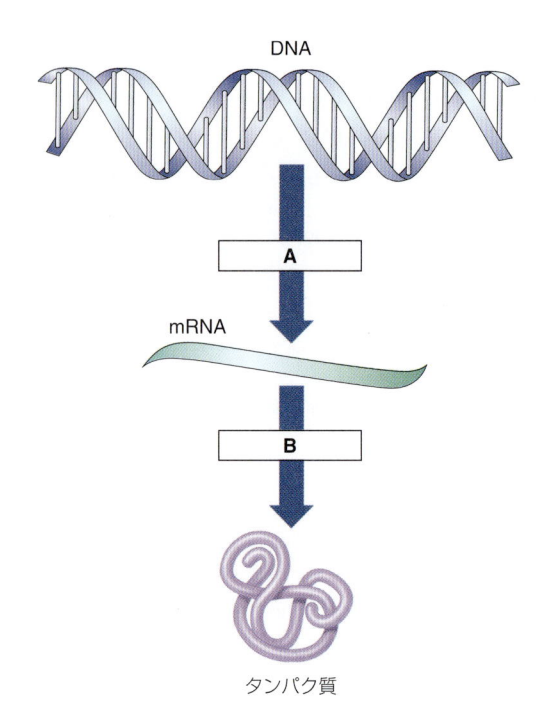

1. 次の中から図中のAとBにあてはまる言葉を選びなさい（すべての言葉を使うわけではない）。
   複製
   RNAプロセシング
   転写
   翻訳
   a. この図は何を現しているか？
   b. 真核細胞ではAの過程はどこで起きるか？
   c. 真核細胞ではBの過程はどこで起きるか？

応用問題

1. インスリンは2本のポリペプチド鎖からできている総数51アミノ酸残基のタンパク質である。このポリペプチドをつくる成熟したmRNAが細胞あたり4コピー存在し，mRNAには20塩基ごとに一つのリボソームがつくとする。そして，一つのアミノ酸は60ミリ秒で翻訳されるとする。以上の条件では，3分間に何分子のインシュリンができあがるか？

2. 次のような真核生物の遺伝子配列があったとする。
   TACATACTAGTTAC G TCGCCCGGAAATATC

   もし15番目のヌクレオチド（青いボックスで示したヌクレオチド）がグアニンからチミンに変化したら，この遺伝子の発現にどんな影響が生じうるか？

16
遺伝子組換え技術

概　　要

16.1 分子生物学者はDNAを操作し，遺伝子を単離することができる

遺伝子操作のための道具箱　DNAを特定の部位で切断し，異なる生物からのDNA断片をつなぎ合わせることを可能にする酵素。

宿主/ベクター系　制限酵素によって切断されたDNAの断片はプラスミドやファージ，あるいはほかのベクターにつながれ，宿主細胞のなかにもち込まれる。

ベクターを使い遺伝子を導入する　プラスミドは比較的短いDNA断片を宿主に導入するために用いられる。ほかのベクターはより大きな断片を導入するために用いられる。

DNAライブラリー　DNAライブラリーは，ある生物のゲノムに対応するDNA断片の総体である。

16.2 遺伝子組換えにはわかりやすい技術が使われている

遺伝子組換え実験の四つの段階　DNAの切断，ベクターとの結合，細胞への導入，目的の遺伝子が導入された細胞の選択。

クローン化された遺伝子を使ってできること　遺伝子組換え技術は，DNA操作のさまざまな工程に用いられる。

16.3 バイオテクノロジーは科学に革命をもたらしている

医療への応用　遺伝子組換えによって多くの薬やワクチンがつくられ，また遺伝子操作技術は遺伝病の治療にも用いられている。

農業への応用　遺伝子操作技術によって，農薬や害虫に強い作物や商品価値の高い動物がつくりだされている。

リスクと規制　遺伝子操作技術は危険性と個人情報の保護について重要な問題を提起している。

図 16.1
プラスミド。　この電子顕微鏡写真に写っている環状の分子は，pSC101という脊椎動物の遺伝子を最初にクローン化するのに用いられたプラスミドである。その名前はStanley Cohenが分離した101番目のプラスミドであることに由来している。

　この数十年，DNAを研究し操作するための強力で新しい技術の発展は，遺伝学に革命をもたらした。図16.1に示した遺伝子のクローン化に用いられるプラスミドは，現在利用可能になっている手段の一例である。この技術は，生物学者が生物の遺伝的な運命に介入することを初めて可能にした。この章では，この技術について調べ，それが実用的に重要な具体的問題にどのように応用されているかを考える。生物学のなかで私たちの将来の生活にこれほど大きな影響を与える分野は，ほかにほとんどないであろう。

16.1 分子生物学者はDNAを操作し，遺伝子を単離することができる

遺伝物質を分離し直接操作することができるようになったことは，20世紀後半における生物学分野でのもっとも大きな変化の一つである。21世紀のいま，私たちは数種の生物の全ゲノム情報を見ることができる。一つの遺伝子を単離（クローン化）するところから，どのようにしてヒトの全ゲノムの配列を決定するまでに至ったのだろうか？ この疑問に答えるにあたって遺伝子をクローン化するために必要な技術とそれがどのように用いられるかを述べることからはじめよう。

遺伝子操作のための道具箱

遺伝子のクローン化とDNA配列の操作技術の開発は，1975年に最初の組換えDNA分子がつくられたころからはじまった。最初の試験的な段階から，この技術は生物学のあらゆる分野を変えるほどに発展した。この技術を理解するためには，まずDNAを扱うために必要とされる道具について知らなければならない。次に単純な遺伝子組換え実験の段階を経て最後にこれらの技術が医療や農業にどのように応用されているかを見ることにしよう。

DNAを操作するために必要とされるもっとも基本的な道具は，一揃いの酵素である。分子生物学者の道具箱はそんな酵素で満たされている。この道具箱は，年々新たに分離されるより多くのDNAを改変するための酵素によって，複雑になってきている。重要なことは，これらすべての酵素は自然界に存在し，したがって，すべての操作は細胞がそうしているのを単にまねしているにすぎないということである。

制限エンドヌクレアーゼ

生物学に革命を起こすことになった酵素は，決まった部位でDNAを切断することのできる**制限エンドヌクレアーゼ**（restriction endonuclease）である。最初の制限酵素が分離されるよりも前から，多くのDNA分解酵素があることは知られていた。しかし，制限エンドヌクレアーゼはDNAを決まった部位で切断するという点で異なっている。この活性は，なぜ細菌に感染するウイルスはある細胞には感染し別の細胞には感染しないのか，という疑問に対する分子生物学者の長年の基礎研究から見いだされた。この「宿主制限」に関する分子的基礎が，DNAを決まった部位で切断することのできる酵素にあることが立証された。宿主細胞は自身のDNAの同じ部位をメチル化によって修飾することで，切断から逃れることができる。このような制限エンドヌクレアーゼが最初に精製されて以来，異なった**制限部位**（restriction site）を認識して切断する何百という制限酵素が分離されている。

DNAを特定の位置で切断する活性は，二つの点で重要である。第一に，以前には不可能であったDNAの物理地図をつくることを可能にし，第二に，組換え分子をつくりだすことを可能にした。DNAの物理地図は，複数の制限酵素の切断部位の位置関係によって成り立っている。このような制限酵素地図は，DNA分子を同定し取り扱うために必要な本質的な情報を提供する。組換え分子をつくりだす能力は，より一層重要である。なぜなら，クローン化とDNAの操作の過程では，由来の異なる分子を一つにすることが必要だからである。

制限酵素はどのようにして組換え分子をつくりだすことを可能にするのか？ 答えは酵素の性質そのもののなかにある。制限酵素には二つのタイプがあり，タイプIの酵素は認識配列の近くをでたらめに切断し，遺伝子のクローン化やDNA操作に用いられることはほとんどない。タイプIIとよばれる酵素はDNAの4塩基から12塩基の配列を認識し，その配列中の特定の塩基のところでDNAを切断する。タイプII酵素が認識する部位には，"2回対称（dyad symmetry）"，あるいは2回回転対称とよばれる配列がある。それは，片方の鎖を5′から3′の方向へ読んだ配列を，反対の鎖で同じように，5′から3′方向に読むことができるような配列である。この配列があると，両方の鎖で同じ塩基を切断することによって，いわゆる「接着末端（sticky end）」を生じる。この短い，水素結合をつくっていない配列は，同じ制限酵素で切断されたどのDNA断片にも共通で，由来の異なるDNA同士を簡単に結合することが可能になる（図16.2）。

リガーゼ

タイプII制限酵素で切断されたDNAの二つの末端は相補的な配列のため，容易に水素結合をつくって二本鎖になる。しかし二つの断片から安定したDNA分子をつくるためには，分子同士を結合するための酵素が必要である。**DNAリガーゼ**（DNA ligase）という酵素は，DNA中の隣り合うヌクレオチドのリン酸基と水酸基のあいだをリン酸ジエステル結合で結ぶ反応を触媒する。その結合のためには，どちらの鎖にも隙間（ギャップ）があってはならず，「切れ目」（ニック：水素結合をつくった2本の鎖の片方にのみ切れ目があるがギャップはない状態）がある必要がある。リガーゼの働きは片方あるいは両方の鎖の切れ目を閉じることである。この酵素は，DNA複製（第14章参照）においてラギング鎖合成で生じる岡崎フラグメントを結合する酵素と同じものである。分子生物学者の道具箱には，制限酵素によってつくることが可能になった組換え分子を安定化するために，リガーゼが必要なのである。

> DNAを切断して断片化する酵素，逆にそのDNAを結合して完全な一つの分子にする酵素は，分子生物学者の道具である。

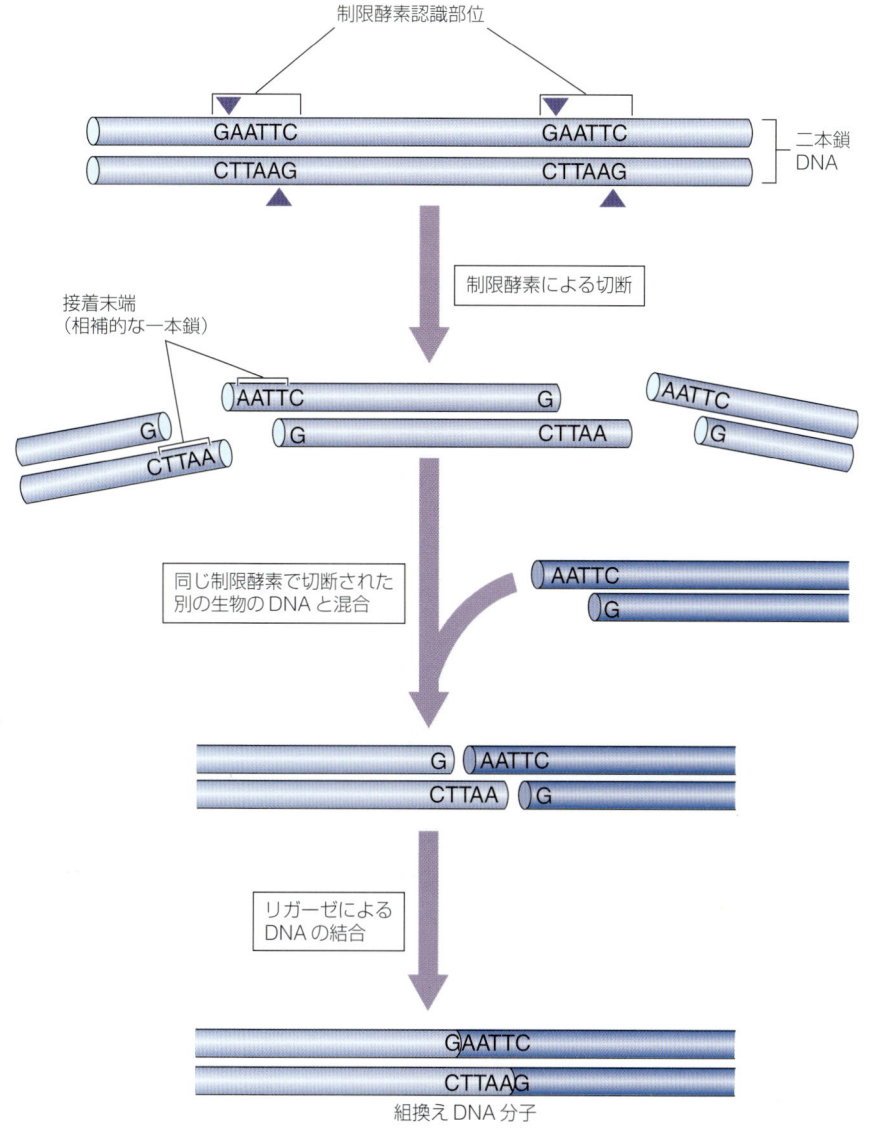

図 16.2
多くの制限酵素は接着末端をもつDNA断片を生じる。 制限酵素 *Eco*RI は，必ずDNAのGAATTC配列のなかのGとAのあいだを切断する．両方の鎖に同じ配列があるので両鎖とも切断されるが，その配列は方向が反対である．切断の結果，お互いに相補的な「接着性」とよばれる一本鎖の末端を生じる．

宿主/ベクター系

いまでは，短いDNAを試験管内で合成することは可能である．しかし長い未知の配列をクローン化するためには，細胞内で組換えDNAを増やすことが必要である．そこで，道具箱の酵素類とともに，組換えDNAを大量に合成する工場として，分子生物学者はいろいろな細胞を用いる．宿主の細胞のなかでDNAを増殖させるには，宿主に入り込み複製するベクター(vector：組換えDNA分子を運搬する物)が必要になる．このような宿主/ベクター系は分子生物学には必須である．

一般的なクローン化に，もっとも広く，さまざまな場面で使われている宿主が大腸菌 *E. coli* である．しかし，大腸菌が唯一の宿主というわけではない．いまではしばしば，哺乳動物の培養細胞，酵母，昆虫細胞を使って，真核生物のDNAがクローン化されている．それぞれの宿主/ベクター系は，クローン化DNAを用いた特定の目的の実験に使われる．

もっとも一般的に使われるベクターは，プラスミド(plasmid)とファージ(phage)である．"プラスミド"は，細胞にとってはなくてもよい，染色体とは別の小さなDNAである．一方，"ファージ"は細菌に感染するウイルスである．ベクターの本質的な性質は宿主にとってなくてもよいものであると同時に抗生物質耐性のような直接的に選択可能なマーカーをもっていることである．

プラスミド

プラスミドベクター(小さな環状のDNA)は，一般的に10キロベース(kb：核酸の長さの単位)くらいまでの比較的短いDNA断片をクローン化するのに用いられる．プラスミドベクターは，(1)大腸菌のDNAとは独立して複製ができる複製起点，(2)多くは抗生物質耐性のような選択マーカー，をもっていなければならない．選択マーカーは，選別の過程を通じて，プラスミドの存在の判別を容易にする．つまり，マーカーのあるプラスミドをもつ細胞は抗生物質を含んだ培地でも増殖できるが，プラスミドをもたない細胞は生存できない(抗生物質によって死ぬ)．DNA断片は，図16.2に示す方法によって，プラスミドのマルチクローニング部位(multiple cloning site：MCS)とよばれる部位に挿入される．このMCSには，プラスミドを1か所でしか切断せず，それで切るとプラスミドが1本の線状DNAになるような多くの異なる制限酵素切断配列がある．目的のDNAはこの領域に挿入され，細胞のなかにもち込まれる．

次の段階では，目的のDNAをもっていることを確かめる必要がある．一般的な方法としては，別の遺伝子の不活性化が選別に用いられる．たとえば，DNAが挿入されることによって *lacZ′* 遺伝子を不活性化するという方法が用いられる．*lacZ′* 遺伝子の不活性化は，それがコードする酵素の基

質であるX-galを含む寒天培地に大腸菌を植えることで検出できる。活性のある lacZ' 遺伝子をもっている細胞は酵素をつくり、この基質を分解して青くなる。一方、活性のある lacZ' 遺伝子をもたない細胞は白いままである（図16.3a）。これは「選択（淘汰）」ではなく「選別（screen）」である。すべての細胞が生き残るからである。選択を用いるか選別にするかは実験しだいである。二つの方法は、その能力において相対的に違いがある。選択は極めてまれな現象をも見つけだすことができる。なぜなら、適した表現型をもつ細胞だけが生き残るからである。遺伝的選別では、細胞はすべて保存されているが、二つの表現型を判別できる数には限度がある。選択が生き残ったものだけを探せばよいのに対し、選別では一つひとつのクローンについて判定する必要がある。

ファージ

ファージベクターはプラスミドベクターより大きく、40 kbくらいまでのDNAを取り込むことができる。ほとんどのファージベクターは、性質のよくわかっているλファージを基本にしている。λベクターは今日主として、cDNAライブラリー（調べたい細胞のmRNAに相補的なDNA断片の集合）の作成に用いられる。λベクターは、大きな断片のクローン化に用いられるベクターとして、プラスミドベクターにはない二つの特徴をもっている。第一に、λファージのDNAを細胞に導入し複製させるためには、ファージ粒子を細胞に感染させる必要がある。第二にλファージのゲノムは直線状で、ベクターとして用いるときにはプラスミドの環状DNAを開くのとは違ってゲノムの中央部分を取り除き、その部分を挿入DNAと置き換えるのである。したがって、挿入DNAがλの二本の「アーム」のあいだに結合されたあと、DNAは試験管内でファージの頭部に詰め込まれ、感染によって大腸菌に導入する必要がある。2本のアームは、挿入DNAがない状態ではファージ頭部にうまく詰め込むことができない。アームだけでは増殖することができないので、このことも組換えファージの選択に働いている（図16.3b）。

> プラスミドやファージベクターを用い、大量の組換えDNAの合成が可能になった。目的の遺伝子はベクターDNAに挿入され、細胞に導入後、複製される。

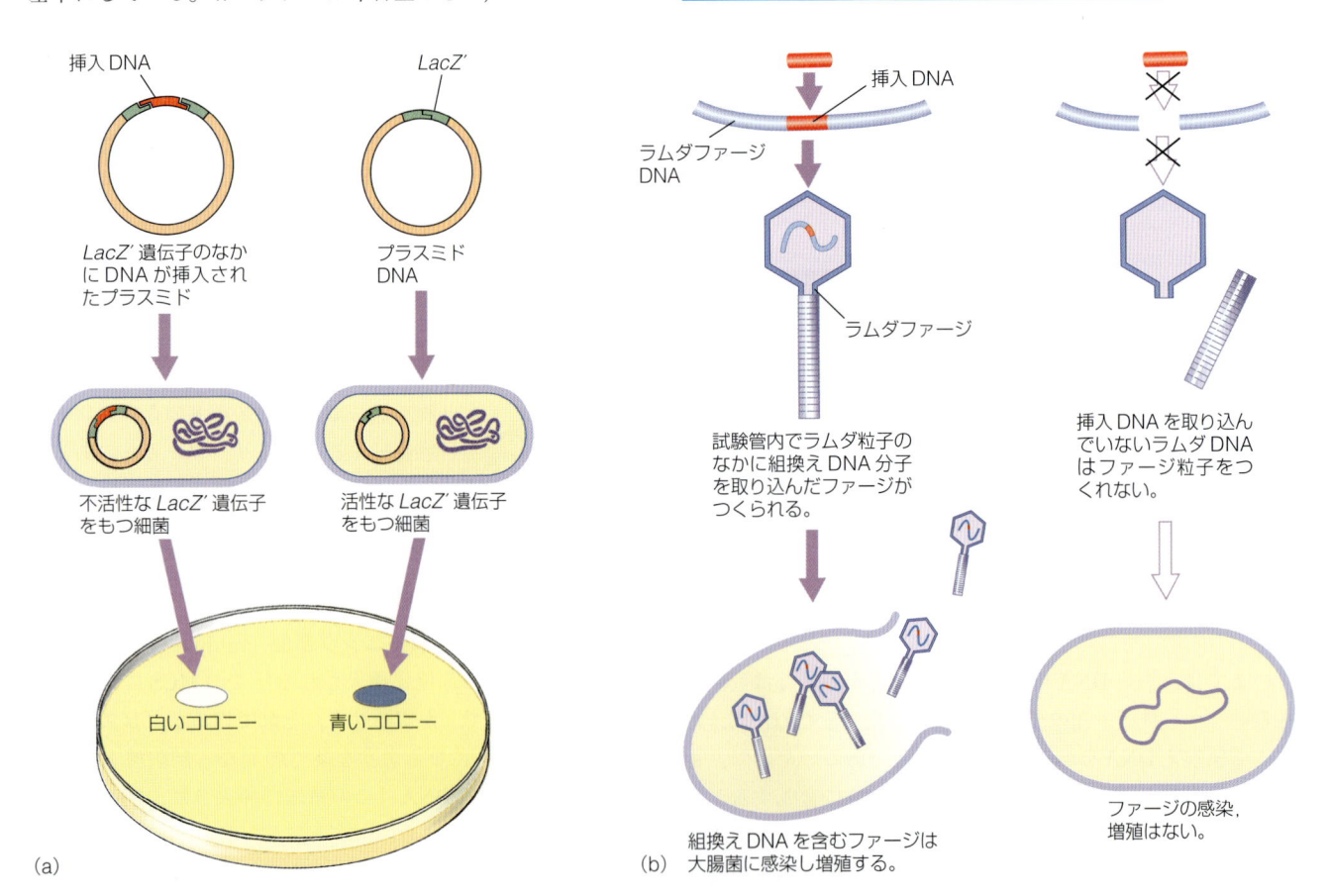

図 16.3
プラスミドベクターとファージベクター。（a）宿主の細菌がX-galを含む培地上で青い色になるか否かというように、宿主の表現型を調べることによって組換えプラスミドをもっているかどうかを判別できる。（b）ファージベクターは、試験管内でファージになり宿主に感染して増殖できるか否かで、組換えDNAをもっているかどうかが選択される。

ベクターを使い遺伝子を導入する

キメラは，頭がライオン，体がヤギ，尾が毒ヘビの姿をした神話のなかの生き物である。いまだかつて自然界にそのような生き物は存在しなかったが，生物学者は遺伝子組換えによってより穏当なキメラをつくりだしたのである。

pSC101 の構築

遺伝子組換えによってつくられた最初のキメラ(chimera)の一つは，1973年にアメリカの遺伝学者 Stanley Cohen と Herbert Boyer によって細菌の耐性因子とよばれるプラスミドからつくられた。Cohen と Boyer は，大腸菌から得られた EcoRI とよばれる制限酵素を使ってプラスミドを切断した。9,000塩基の長さの断片には，プラスミドを複製するために必要な複製起点と，テトラサイクリンという抗生物質に抵抗性になるための遺伝子(tet^R)が含まれていた。この断片の両端とも同じ制限酵素で切断されていたので，それらは環状に結合し，Cohen が pSC101 と命名した小さなプラスミドになった。

pSC101 を使って組換え DNA がつくられた

Cohen と Boyer は，EcoRI を用いてアフリカツメガエル(Xenopus laevis)の成体から得られた rRNA をコードする DNA を切断した。次にこの DNA 断片を EcoRI で開いた pSC101 プラスミドと混ぜ，細菌に取り込ませた(図16.4)。いくつかの細菌の細胞はただちにテトラサイクリンに抵抗性になり，抗生物質耐性遺伝子をもつ pSC101 を取り込んだことを示した。さらに，これらの pSC101 プラスミドをもつ細菌のいくつかでは，カエルの rRNA がつくられはじめていた。Cohen と Boyer は，カエルの rRNA 遺伝子が細菌の中の pSC101 プラスミドに取り込まれたと結論した。いい換えれば，EcoRI で切断された pSC101 プラスミドの二つの末端と，同じく EcoRI で切断された rRNA 遺伝子を含むカエルの DNA の二つの末端とが結合したということである。

カエルの rRNA 遺伝子をもつ pSC101 プラスミドはまさしくキメラであり，それまで自然には決して生じることのなかったまったく新しいゲノムである。これこそ，異なったゲノムの断片を結合することによって実験室でつくられた新しい組合せをもつ DNA，**組換え DNA**(recombinant DNA)である。

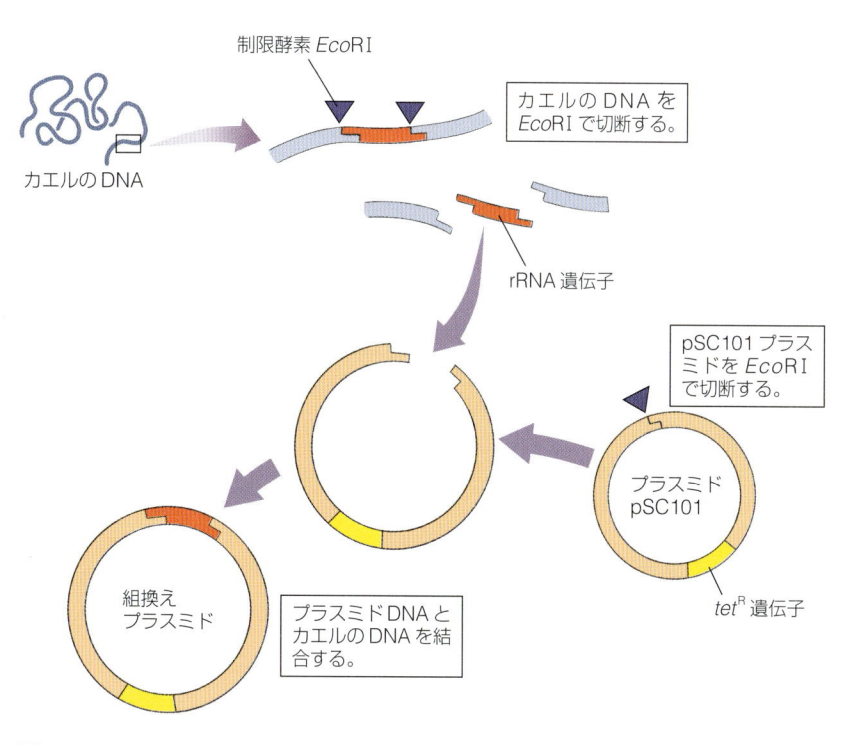

図 16.4
最初の遺伝子組換え実験。 この図は，Cohen と Boyer がカエルの rRNA 遺伝子をどのように pSC101 に挿入したかを示している。プラスミドには制限酵素 EcoRI で切断される配列がただ一つだけあり，同時にテトラサイクリン耐性遺伝子 tet^R をもっている。pSC101 とカエルの DNA を EcoRI で切断し両者を混合すると，相補的な水素結合が形成される。こうして rRNA 遺伝子が pSC101 に挿入される。

そのほかのベクター

宿主に外から DNA を導入することは，分子遺伝学では普通のこととなった。前述のように，宿主に外から DNA を導入するために用いる DNA をベクターという。pUC18 プラスミドなどのベクターは，宿主のなかで数百コピーにも増えることができ，したがって，それに挿入された外来の DNA も同じように増えるわけである。より大きな DNA は，プラスミドの代わりに YAC(酵母の人工染色体)に挿入される。すべてのベクターを細菌に遺伝子導入するため用いるわけではない。動物のウイルスはサルやヒトの細胞に遺伝子を導入することに使われる。動物の遺伝子が植物に導入されたことすらある。

遺伝子組換えによってつくられた最初の組換え分子の一つは両生類の rRNA 遺伝子が挿入された細菌のプラスミドである。ウイルスや人工染色体も宿主に外来の DNA を導入し組換え遺伝子をつくるのに用いられる。

16.1 分子生物学者は DNA を操作し，遺伝子を単離することができる

DNAライブラリー

特定の遺伝子やDNAをベクターのなかに入れようとすると，まずその配列を含むDNA試料が必要である。その代表例として，**DNAライブラリー**（DNA library）とよばれるある生物のすべてのDNA断片を含む集合体があげられる。普通DNAライブラリーとは，宿主中で増やすことが可能な特定のDNA試料全体を指す。プラスミドの場合であれば，ある生物の全ゲノムを含むような異なった挿入DNAをもつプラスミドを取り込んだ細菌の集団のことである。ファージの場合には，全ゲノムに対応するような異なった挿入DNAをもつファージの集合（混合物）のことである（図16.5）。

ゲノムライブラリー

もっとも単純なライブラリーは**ゲノムライブラリー**（genomic library）である。ゲノムライブラリーでは，ベクターにある生物の全ゲノムを含むようにDNAが挿入されている。全ゲノムは無作為に断片化され，ベクターに挿入され，宿主に導入される。ゲノムライブラリーをつくることは，DNAを本当の意味で無作為に断片化することが難しいために，想像以上に難しい。最良の方法は，DNAを注射針に通すことによって物理的に切断することである。切断後，DNAの末端にリンカーという小さな合成DNAを結合する。リンカーには制限酵素認識配列が含まれており，ベクターへの結合に使われる。より長いDNAが挿入可能なため，ゲノムライブラリーは通常λファージベクターを用いてつくられる。したがってゲノムライブラリーは，ある生物の全ゲノムに対応する任意の挿入配列をもつファージのセットになっている。

cDNAライブラリー

ゲノムライブラリーのほかに，"発現している"遺伝子に関する実験がしばしば必要になる。この目的には，全ゲノムよりは少ない量のDNAを扱うことになる。発現している遺伝子ライブラリーの作製は，**逆転写酵素**（reverse transcriptase）とよばれる別の酵素を使うことによって可能になる。逆転写酵素はレトロウイルスとよばれるウイルスから分離された。レトロウイルスの生活環には，ウイルスのRNAゲノムからDNAのコピーをつくる過程が含まれる。このレトロウイルスの酵素を利用して私たちはmRNAからDNAのコピーをつくることができる。このようにしてつくられたDNAのコピーはcDNAとよばれる（図16.6）。cDNAライブラリーをつくるためには，まずmRNAを分離し，次にmRNAから逆転写酵素を使ってcDNAを合成する。最後にcDNAは通常λファージベクターを使ってライブラリーにされる。このようにしてつくられたcDNAライブラリーは大変有用で，特定の組織や細胞で発現している遺伝子について作製される。

> DNAライブラリーはプラスミドまたはファージベクターを用いてつくられる。DNAライブラリーは，もとの試料（生物または特定の組織や細胞）DNAのすべてを含むような組換えDNAを取り込んだ宿主細胞の集団からできている。

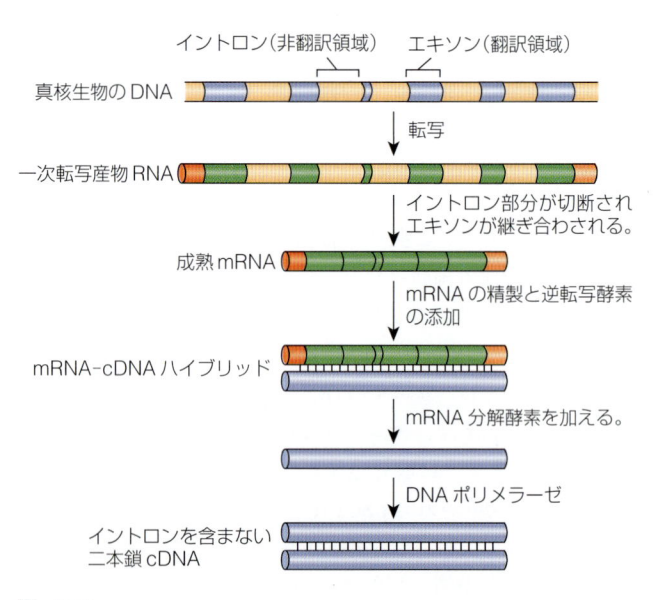

図 16.5
DNAライブラリーの作製。 DNAライブラリーは(a)プラスミドベクターや(b)ファージベクターを用いてつくられる。

図 16.6
cDNAの合成。 成熟mRNAを細胞質から分離し，逆転写酵素を使って相補的DNAを合成する。新しくつくられたDNA鎖は，DNAポリメラーゼによる相補的DNA合成の鋳型となり，mRNAの写しとなるイントロン領域のない二本鎖のDNAがつくられる（訳者注：DNA合成にはプライマーが必要なので実際の反応はこれより複雑であるが，省略して示してある）。

16.2 遺伝子組換えにはわかりやすい技術が使われている

遺伝子組換え実験の四つの段階

CohenとBoyerの実験と同様に、ほとんどの遺伝子組換え実験は四つの段階から成り立っている。DNAの切断、組換えDNAの調整、クローン化、選別である。

ステージ1：DNAの切断

制限酵素を使って試料DNAを断片化する。酵素の認識部位は試料DNAのなかにいくつも存在するので、長さの異なる多くのDNA断片が生じる。異なる部位を切断する制限酵素を用い、異なったセットのDNA断片がつくられる。DNA断片は、図16.7に示すゲル電気泳動法により大きさに従って分離される。

ステージ2：組換えDNAの調整

DNA断片を、同じ制限酵素で切断されたプラスミドあるいはファージベクターに組み込む。

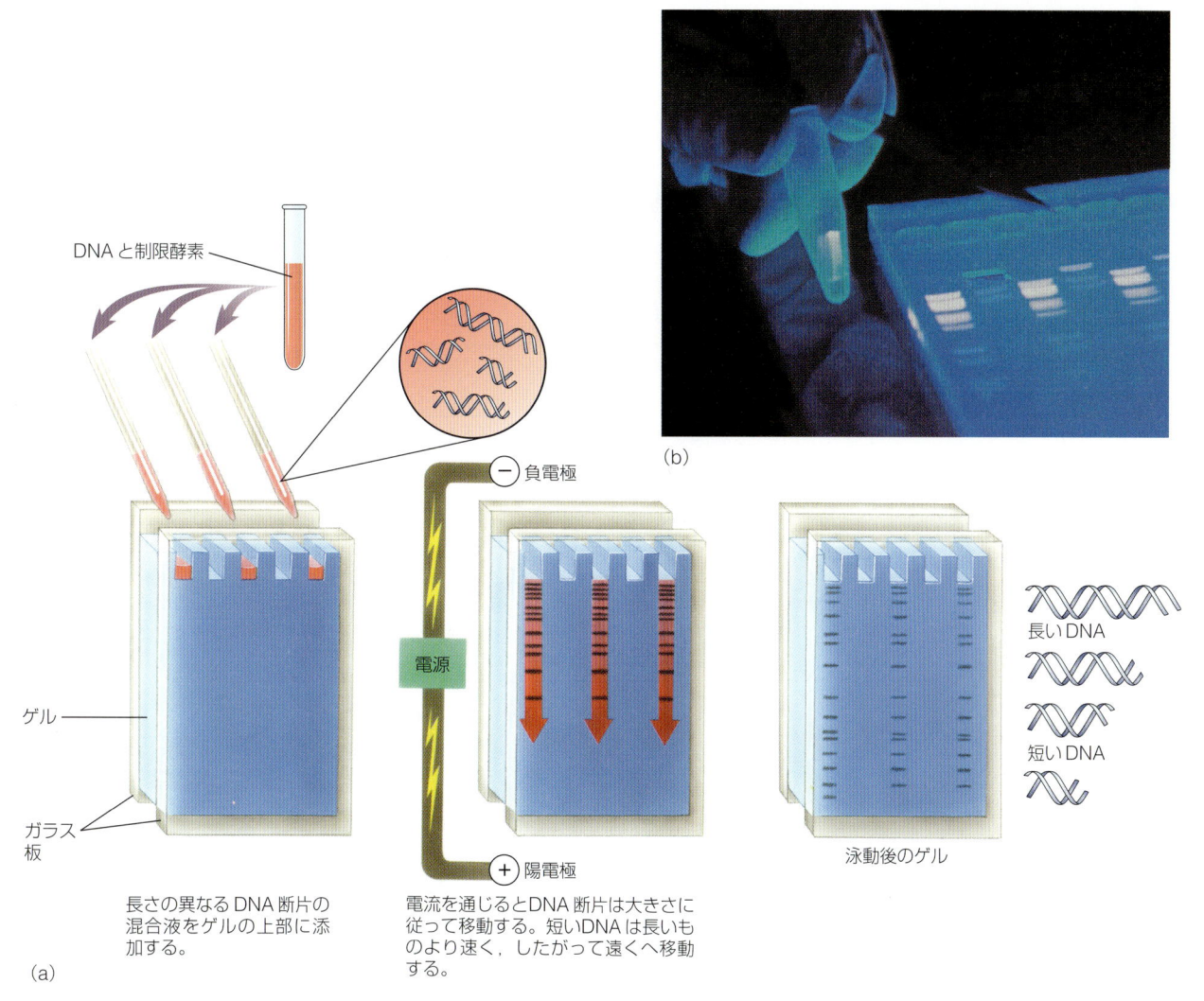

図 16.7
ゲル電気泳動。（a）DNAを制限酵素によって切断したあと、切断された断片をゲルに添加し通電する。DNA断片はゲル中を移動するが、大きなものほどよりゆっくり移動する。エチジウムブロマイドで染色することによって、DNAは紫外光下で蛍光を発する。（b）写真では、解析のためゲルから切りだされたDNAのバンドが、実験者がもつチューブのなかで光っている。

ステージ3：クローン化

DNA断片を細胞 —— 通常は細菌だがいつもとは限らない —— に導入するためのベクターとして，プラスミドやウイルスを用いる（図16.8）。それぞれの細胞は増殖し，同じDNAをもった細胞からなるクローンができる。

ステージ4：選別

目的の遺伝子を含むような特定のDNAをもつクローンを，ライブラリーから同定する。このステージについては，より詳しく見ていこう。というのは，通常，遺伝子組換え実験のなかで，このステージがもっとも難しいからである。

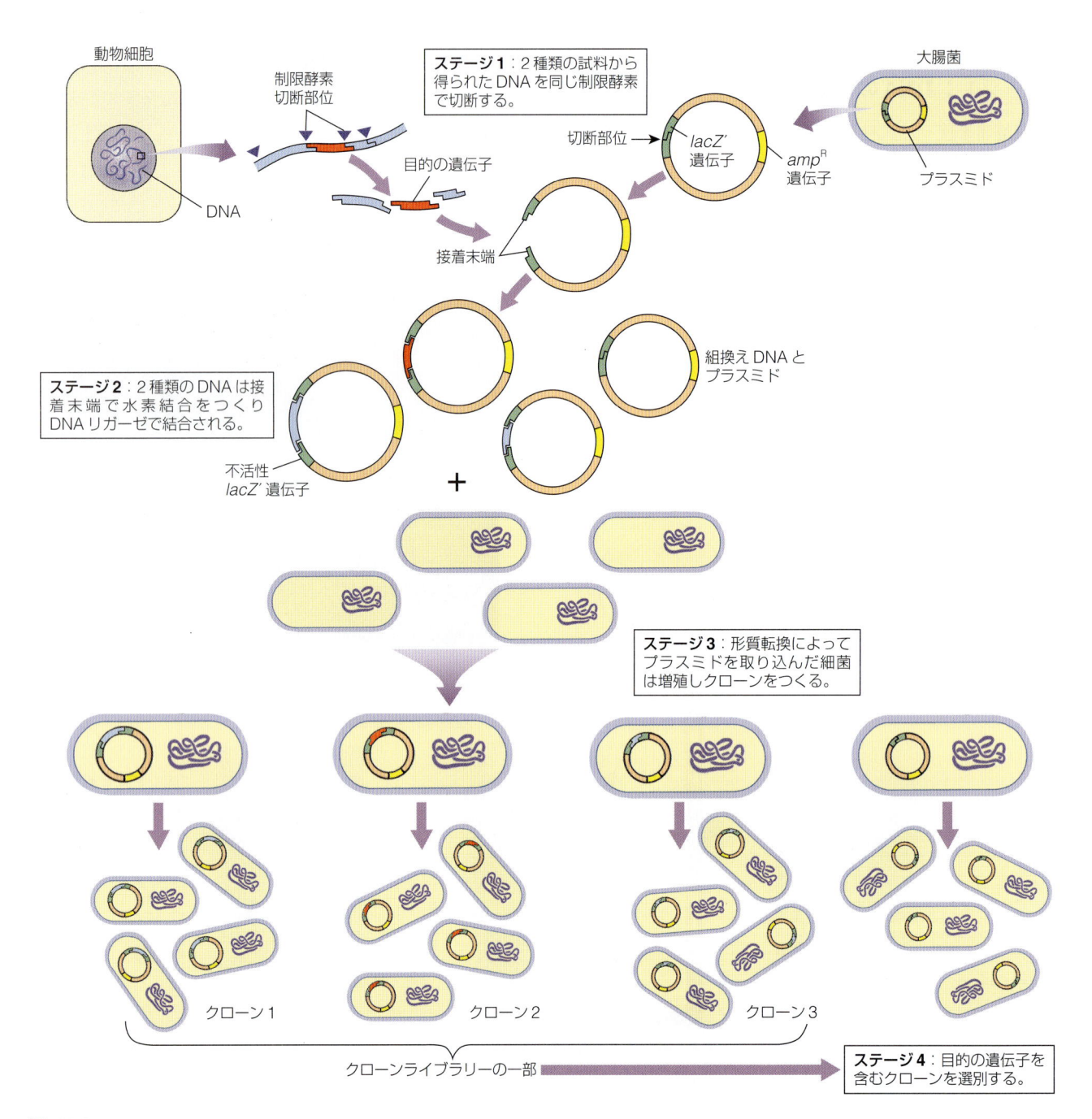

図 16.8
遺伝子組換え実験の段階。 ステージ1では，目的の遺伝子を含むDNA（この場合，動物細胞のDNA）とプラスミドDNAを同じ制限酵素で切断する。プラスミドは，クローンの選択（ステージ4）に使われるアンピシリン耐性遺伝子と$lacZ'$遺伝子をもっている。ステージ2では，二つのDNAを混ぜ合わせ，接着末端で水素結合をつくる。ステージ3では，組換えDNAを細菌の細胞に導入し，増殖させ，クローンをつくる。ステージ4では，目的の遺伝子を含んでいる細菌のクローンを選別する。

4-I：クローンの一次選別　研究者は，ベクターを含まないクローンや，挿入DNAを含まないようなベクターだけのクローンを，ライブラリーから最初に除去しようとする。前者はベクターにテトラサイクリン，ペニシリン，アンピシリンなどの抗生物質に対する抵抗性を付与した遺伝子をもつベクターを用いることによって除くことができる。図16.9aでは，アンピシリン耐性遺伝子（amp^R）がプラスミドに含まれており，細胞をアンピシリン抵抗性にする。クローンを培地中の抗生物質にさらすと，ベクターをもっているクローンだけが増殖する。これが，プラスミドをもった細胞の遺伝的選択法の一例である。一度はこの方法で選択ができるように，実験を計画するのが望ましい。

挿入DNA断片をもたないクローンを除く一つの方法は，抗生物質耐性遺伝子のほかに，X-galを分解できるβ-ガラクトシダーゼをつくるのに必要なlacZ'遺伝子を使うことである。X-galが分解すると，青色を呈する産物ができる。したがって，X-galの存在下では，活性のあるこの遺伝子をもつどのようなプラスミドを含んだ細胞も青くなる（図16.9b）。しかしlacZ'遺伝子のなかに認識配列があるような制限酵素を用いれば，組換えDNAがつくられたときには遺伝子は分断されることになり，細胞はX-galを分解できなくなる。目的の生物のDNA断片が挿入されたベクターをもつ細胞は，X-gal存在下でも白いままである。これが遺伝的選別の一例である。挿入DNAがあろうとなかろうとすべての細胞は生き残るので，選択とは異なっている。われわれは，しばしば特定の表現型（ここではX-gal存在下で青くなる）にもとづいて選別を行う。

抗生物質を含む培地で増殖することができるがX-galを含む培地で青くならない細胞はすべて，目的の細胞のDNA断片をもったプラスミドを取り込んでいる。ある"特定の"断片だけをもった細胞を同定する方法は次のクローンの選別で述べる。

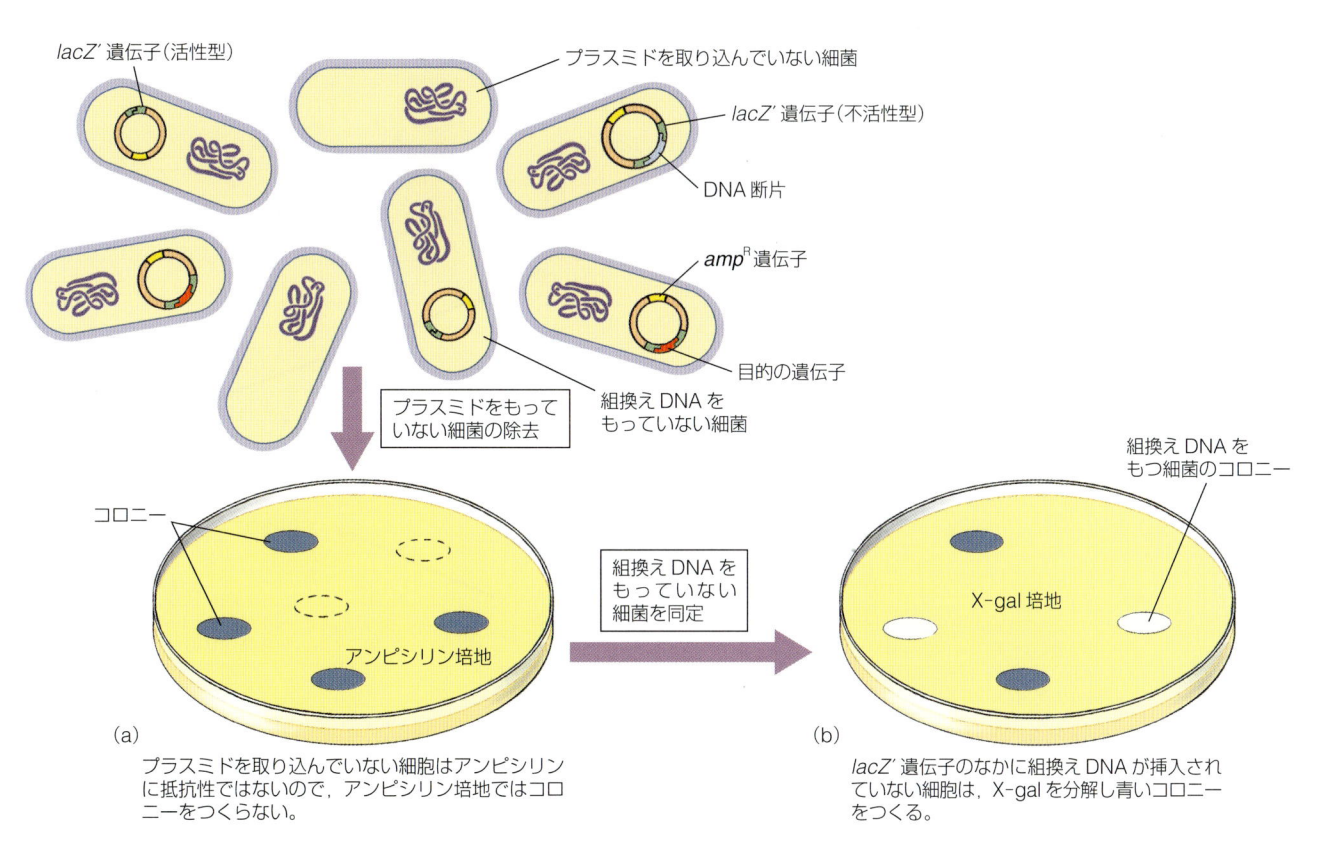

図 16.9
ステージ4-I：組換え体のクローン化。　大腸菌に，アンピシリン抵抗性に関する遺伝子（amp^R）をもつプラスミドを導入する。このプラスミドはさらに，ラクトースの代謝にかかわるβ-ガラクトシダーゼをコードするlacZ'遺伝子をもっている。人工基質X-galがこの酵素で分解されると青い色素を生じる。(a) amp^Rでの選択：プラスミドを取り込んだ大腸菌だけがアンピシリンを含む培地で増殖できる。(b) β-ガラクトシダーゼ活性による選別：挿入DNAによりlacZ'遺伝子が分断されると，活性のあるβ-ガラクトシダーゼはつくられない。X-galを含む培地で増殖させると，lacZ'遺伝子に挿入のないプラスミドをもつ菌は青くなり，挿入のあるプラスミドをもつ菌は白くなる。

4-II：目的の遺伝子を見つけだす

ゲノムライブラリーはどれでも，試料DNAの個々の断片を数十から数千含んでいる。それらの断片の多くは同じものであり，したがって試料の全ゲノムを含む完全なライブラリーであるためには，何十万クローンが必要になる。たとえば，*Drosophila*（ショウジョウバエ，ミバエともいう）の完全なライブラリーは40,000の異なったクローンを含んでいるし，ヒトの完全なライブラリーは，平均20 kbの長さで100万クローンを含む。このような莫大なライブラリーから特定の遺伝子に対応する断片を含むクローンを，探すには工夫が必要になる。目的の遺伝子を見つけるためにライブラリーを選別するもっとも一般的な方法は，**ハイブリッド形成**(hybridization)である（図16.10）。この方法では，クローン化された遺伝子と別の核酸の相補的配列とで塩基対をつくらせる。その相補的な核酸は，目的の遺伝子の存在を探るために使われるので，**プローブ**(probe)とよばれる。プローブをつくるためには少なくとも，目的の遺伝子の一部の配列はわかっていなければならない。

この選別の方法では，寒天培地の上に挿入配列をもつ細菌のコロニーをつくる。培地をフィルターに押しつけることによって細菌をフィルターに移しとり，レプリカをつくる。フィルターを細菌のDNAを変性するための溶液で処理したあと，放射標識されたプローブを含む溶液のなかに入れる。プローブは，細菌のDNAのうち，相補的な一本鎖の配列とハイブリッドを形成する。

フィルターをX線フィルムに重ねると，フィルムの放射能のあるところにあたる部分が感光する（オートラジオグラフィー）。目的の遺伝子を含むコロニーだけが放射活性のあるプローブとハイブリッドを形成し，フィルムを放射能で感光させる。そして，フィルム上のパターンをもとになったマスタープレート（寒天培地）と比較すると，その遺伝子を含むコロニーを特定できる。

> 遺伝子組換えは一般に四つの手順を含んでいる：試料DNAの切断，組換え分子の調整，組換え分子のクローン化，目的の遺伝子をもつクローンの選別である。選別を行うには抗生物質に対する耐性や簡単に検出することのできる性質を利用する。

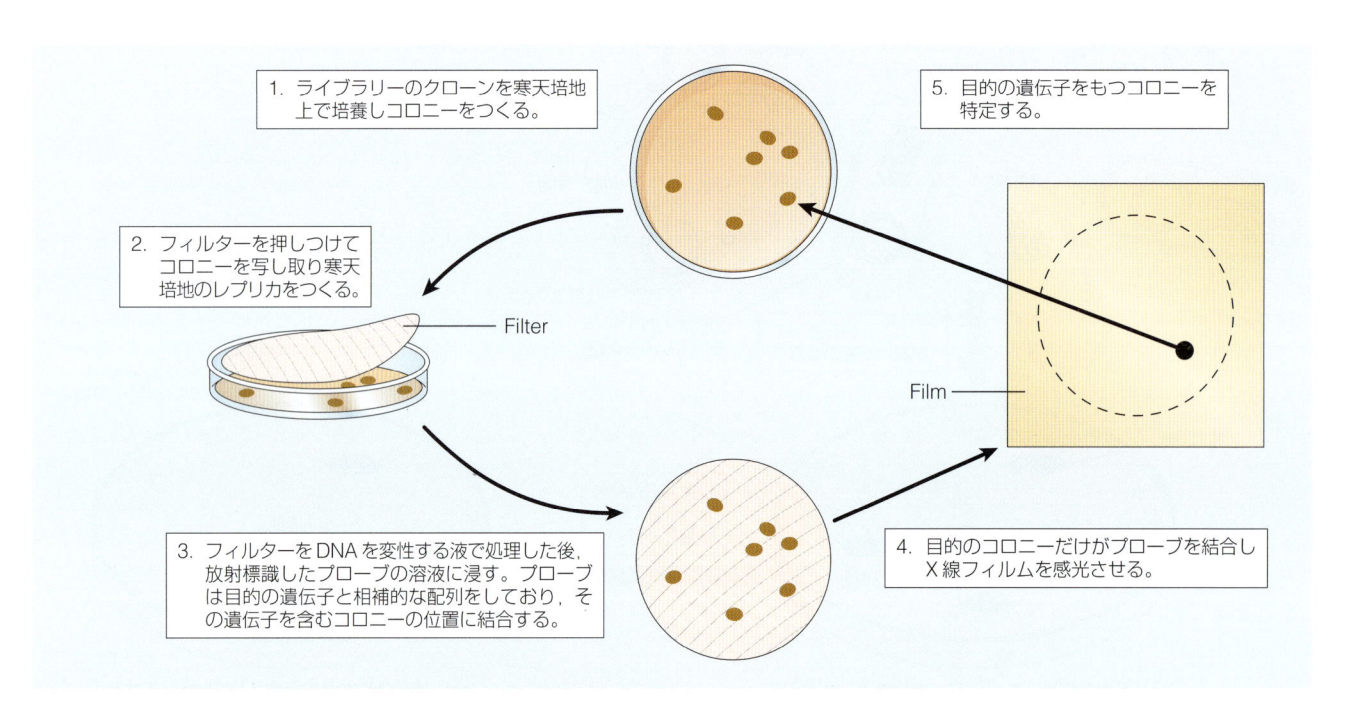

図 16.10
ステージ4-II：目的の遺伝子を見つけだすためにハイブリッド形成を行う。 (1) 寒天培地上のそれぞれのコロニーは，ただ一つの細胞から増殖した何百万という細胞からなる。ある遺伝子がどのクローンにあるかを調べるためには，その遺伝子と相補的なDNA配列をもつプローブが，どのコロニーのDNAとハイブリッドを形成するか知る必要がある。(2) マスタープレートにフィルターを押しつけると，それぞれのコロニーの細胞がフィルターに移しとられる。(3) フィルターを，DNAを変性する溶液，ついで放射能で標識されたプローブを含む溶液で処理する。(4) 目的の遺伝子を含むために，プローブとハイブリッドを形成するDNAをもつコロニーだけが，オートラジオグラフィーでフィルムを感光させる。(5) フィルムをマスタープレートと比較して，目的の遺伝子を含むコロニーを同定する。

クローン化された遺伝子を使ってできること

ひとたび遺伝子がクローン化されると，遺伝子を解析するためのさまざまな手法が使えるようになる。

必要なDNAを十分量得る：ポリメラーゼ連鎖反応（PCR）法

DNAライブラリーのなかから目的の遺伝子がいったん特定されると，次の目標はそのDNAをたくさん得ることである。このための一つの方法は，目的のDNA断片を導入した細菌を何回も細胞分裂させて，たくさんのDNA断片を含む何百万という細胞にまで増殖させることである。さらにより直接的な方法は，目的の遺伝子配列を複製するためにDNAポリメラーゼを用いる**ポリメラーゼ連鎖反応**（polymerase chain reaction：PCR）**法**である（図16.11）。Kary Mullisは，彼がCetus社の化学研究員であった1983年にPCR法を開発し，1993年にはこの仕事によってノーベル化学賞を受賞した。PCR法では，目的の配列を増幅することができるとともに，特定の配列（たとえば制限酵素の認識配列のような）をDNAのクローン化のために付け加えることもできる。PCR法の原理は次の三段階からなっている。

ステップ1：変性　過剰のプライマー（一般的には20～30ヌクレオチドの合成DNA）と増幅したいDNAとを混ぜる。次に，98℃に加熱する。この温度で二本鎖のDNAは一本鎖に解離する。

ステップ2：プライマーの結合（アニーリング：焼き戻し）　溶液を60℃まで冷却する。冷却することによって，一本鎖のDNAは会合して二本鎖になる。このとき，過剰のプライマーがあるので，それぞれの鎖は増幅すべき領域の外側の領域で相補的なプライマーと水素結合をつくり，残りの部分は一本鎖のままになる。

ステップ3：プライマー伸長　Taqポリメラーゼ（それを提供した好熱菌*Thermus aquaticus*にちなんで）とよばれる耐熱性のDNAポリメラーゼを加え，同時に基質を加える。（訳者注：実験的には，酵素も基質もステップ1から加えられている。）ポリメラーゼはDNA複製と同じように，プライマーを起点に残りの部分を複製する。反応が終了したとき，酵素は一本鎖領域の残りの部分全体の相補鎖を合成している。DNAの両方の鎖が複製されるので，もとのDNAが2コピーできることになる。

ステップ1から3をくり返すことで，2コピーは4コピーになる。加熱のステップはこの特別な酵素を損なうことはないので，酵素をさらに加える必要はない。それぞれの加熱と冷却のサイクルは1分か2分で，DNAを2倍にすることができ

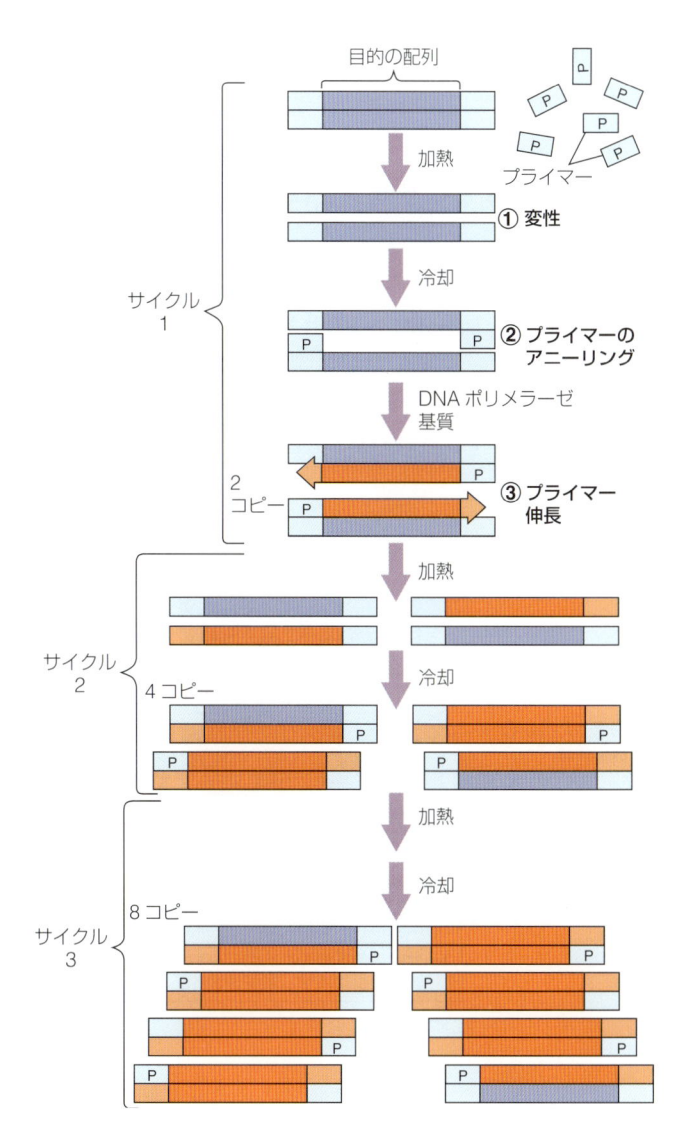

図 16.11 ポリメラーゼ連鎖反応。（1）変性：目的のDNAとプライマーを含む溶液を加熱し，DNAを一本鎖にする。（2）プライマーの結合：溶液を冷却し，DNAの増幅しようとする領域の外側の領域に相補的な配列のプライマーを結合させる。（3）プライマー伸長：DNAポリメラーゼが，プライマーを出発点にして残りの領域を複製する。ステップ1から3を何度もくり返すと，分析に必要な十分量のDNAを得ることができる。

る。20サイクルを経ると，一つの断片が100万（2^{20}）コピー以上にもなる！　ほんの2～3時間で1,000億コピーの断片にもできる。

現在完全に自動化されているPCR法は極微量のDNA試料を扱えるので，科学と医療の多くの分野において革新的であった。犯罪捜査では，乾いた血液の小さな染みのなかの細胞や，ヒトの1本の毛髪の根元の細胞から，DNAフィンガープリントがつくられる。小児医療では，医者は脱落したわずかな羊水中の細胞を集めDNAを増幅することで，非常に初期の胚の遺伝的な欠陥を検出することができる。PCR法はまた歴史上の人物たち，たとえばAbraham Lincolnや，いまは

完全なDNAがごくわずかしか残っていないような絶滅した種の試料でさえ調べることができる。

DNAを特定する：サザンブロット法

遺伝子がクローン化されると，それを別の試料中の同じ，あるいは類似の遺伝子を同定するためのプローブとして用いることができる（図16.12）。この**サザンブロット法**（Southern blot）とよばれている方法では，制限酵素で切断したDNA試料を電気泳動によって分離し，ゲル中のpHをアルカリにすることで変性して二本鎖のDNAを一本鎖にする。その後，ゲルをニトロセルロースのシートに「ブロット（吸い取らせる）」し，シートにDNAを写し取る。次に，特定の遺伝子（またはその遺伝子から転写されたmRNA）に対応する精製された一本鎖DNAのプローブをシート上に注ぐ。プローブの配列と相補的な塩基配列をもつすべての断片は，プローブとハイブリッドを形成（塩基対を形成）する（図16.13）。もしプローブが放射性の ^{32}P で標識されていれば，プローブとハイブリッド形成した相補的な断片のところに放射能のバンドが見られる（訳者注：化学発光や発色などの放射能を使わない方法も可能になっている）。

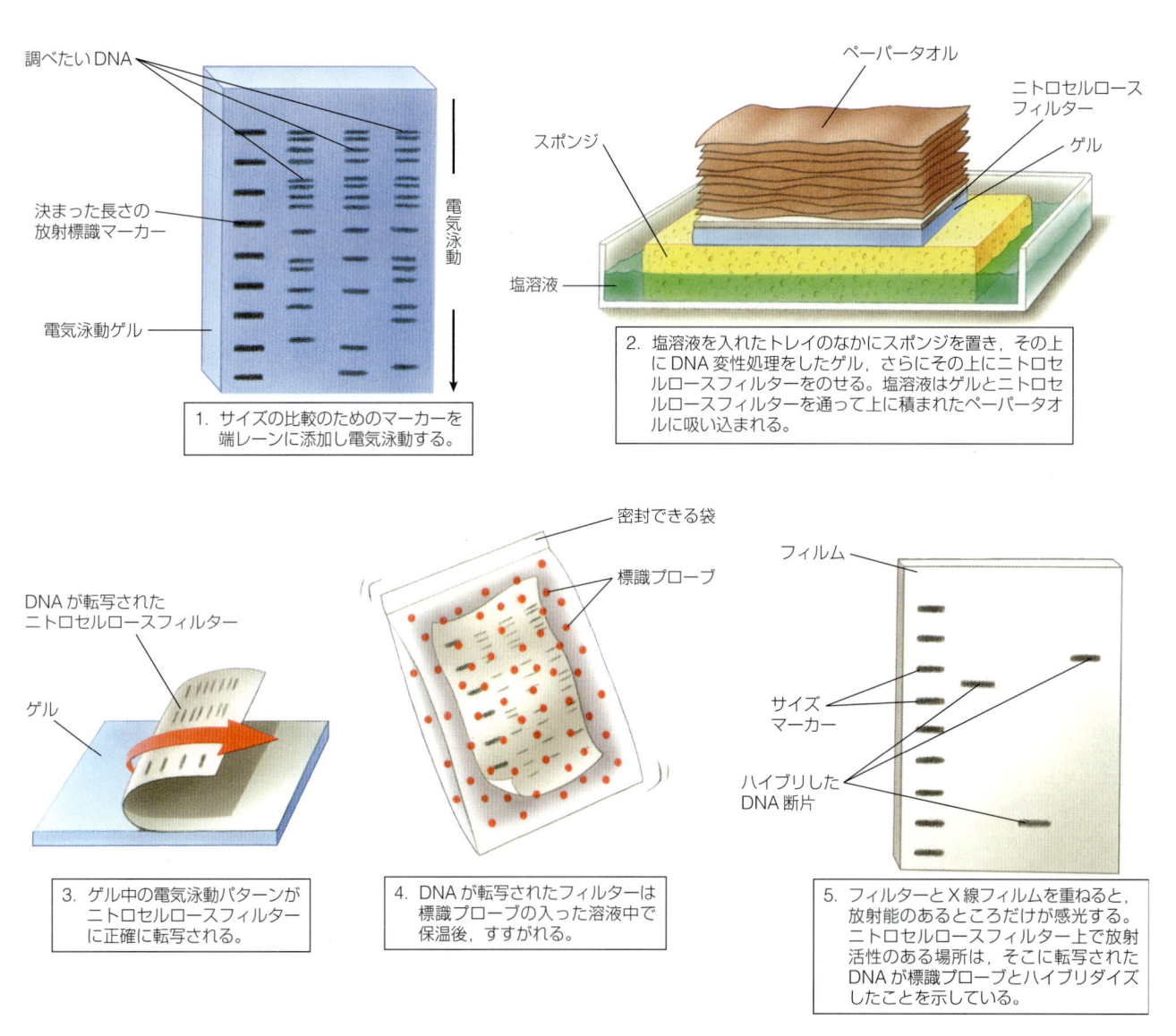

1. サイズの比較のためのマーカーを端レーンに添加し電気泳動する。

2. 塩溶液を入れたトレイのなかにスポンジを置き，その上にDNA変性処理をしたゲル，さらにその上にニトロセルロースフィルターをのせる。塩溶液はゲルとニトロセルロースフィルターを通って上に積まれたペーパータオルに吸い込まれる。

3. ゲル中の電気泳動パターンがニトロセルロースフィルターに正確に転写される。

4. DNAが転写されたフィルターは標識プローブの入った溶液中で保温後，すすがれる。

5. フィルターとX線フィルムを重ねると，放射能のあるところだけが感光する。ニトロセルロースフィルター上で放射活性のある場所は，そこに転写されたDNAが標識プローブとハイブリダイズしたことを示している。

図 16.12
サザンブロット法。 E. M. Southernは，1975年に，大きさの似た多くのDNA断片を含む複雑な混合試料中の，目的のDNA断片を検出する方法を開発した。ゲル電気泳動でDNAを分離し，ニトロセルロースやナイロン膜のような固体の支持体に「ブロット」する。それを，目的の遺伝子をコピーして放射標識した一本鎖の核酸と一緒にし，保温する。標識核酸は相補的な配列を含む断片のあるところにハイブリッドを形成する。放射活性のあるバンドの位置が目的のDNA断片の位置にあたる。

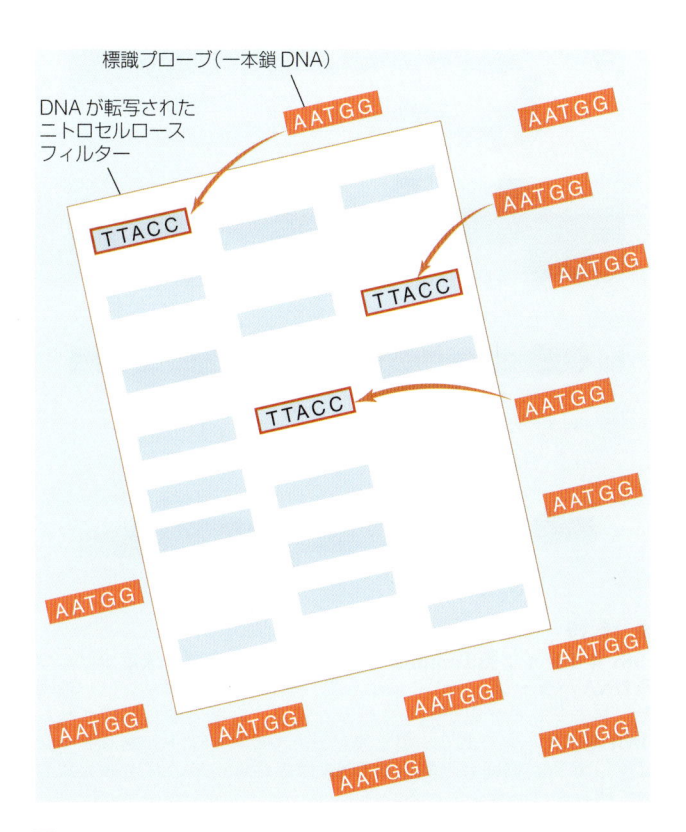

DNA間の差異を識別する：
制限酵素切断長多型（RFLP）解析

研究によっては，個々の遺伝子を分離するよりはむしろ，特定の個体を識別するためのマーカーとして遺伝子を用いる場合がある。このための強力な方法の一つが，**制限酵素切断長多型**（restriction fragment length polymorphism：RFLP）**解析**である（図16.14）。制限酵素認識配列のなかや，そのあいだに，突然変異，重複，トランスポゾンの挿入（第20章参照）などが起こると，制限酵素処理で生じるDNA断片の長さが変化する。別々の個体から得られたDNAにおいて，制限酵素の切断部位と切断部位間の距離が全く同じということはまれである。こういう場合，その集団は制限酵素の切断パターンに関して多型（さまざまな型をもっている）であるという。DNAをある制限酵素で切断し，断片を電気泳動でその長さにしたがって分け，標識プローブを使ってゲル中の断片の位置を検出することによって，解析するDNAの領域に特徴的なバンドのパターンを得ることができる。これが先に述べた，犯人捜査において法廷での証拠として用いられる**DNAフィンガープリント**（DNA fingerprints）である。また，RFLPは特定の集団の人々の遺伝病の危険度を判定する目印として役に立つ。この方法は，PCR法よりたくさんのDNAを必要とするが，大変信頼のできる方法である。PCR法を使用した場合には，より少ない試料を解析することが可能になる。

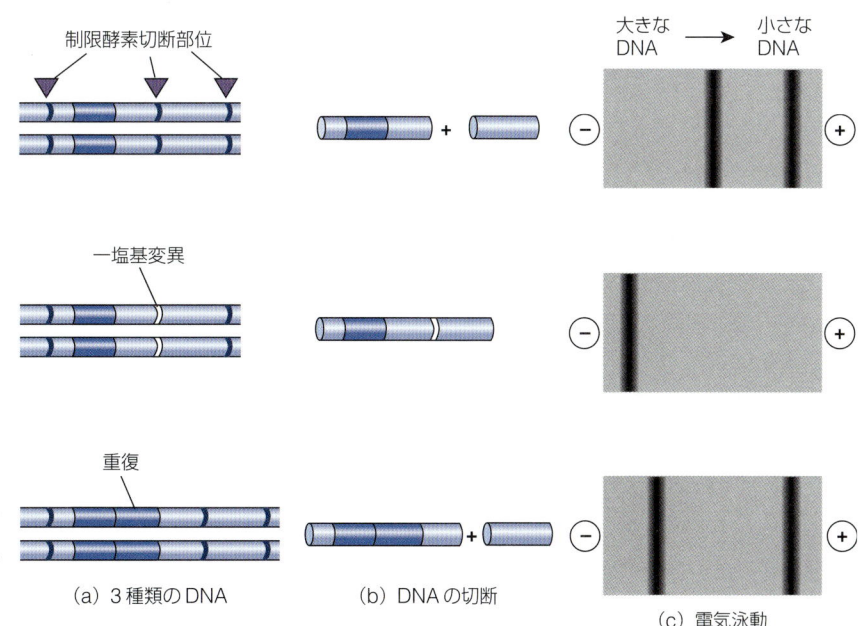

図 16.13
サザンブロット法でのハイブリッド形成。 一本鎖のプローブ（通常は数百塩基の長さ）DNA（あるいは目的の遺伝子に相補的なmRNA）を，DNA断片が複写されたニトロセルロースシートに注ぐ。プローブと相補的な配列を含むすべてのDNA断片が，プローブと結合する。

図 16.14
制限酵素切断長多型（RFLP）解析。 (a) 制限酵素切断部位が異なる三つの試料，対照（上）に対し，一つ（中）は塩基置換があり，ほかの試料（下）では重複がある場合。(b) 試料を制限酵素で切断すると，異なった数または異なった長さの断片が生じる。(c) ゲル電気泳動によってDNA断片を分けると，異なったバンドパターンが生じる。

(a) 3種類のDNA　　(b) DNAの切断　　(c) 電気泳動

16.2　遺伝子組換えにはわかりやすい技術が使われている

DNAフィンガープリント法

前述したように，二人の人間が全く同じRFLPの結果になることはまれなので，DNAフィンガープリント法は犯罪捜査に使われる。図16.15は，1987年にレイプ犯罪を裁く法廷で検察官が提出したDNAフィンガープリントである。それはX線フィルムに焼きつけられた平行な線からなるパターンで，食料品店や雑貨店で見られる価格を示すバーコードのような線状のパターンに似ている。それぞれの線は，図16.7や16.14で説明した方法と同様の方法を用いて得られたDNAの制限酵素切断片の場所を示す。たくさんの線が見られるレーンは，標準となるマーカーである。断片を検出するために，二つの異なるプローブが用いられている。被害者の女性の腟から犯行の数時間以内に精液と腟の細胞とが採取され，DNAの制限酵素パターンが解析された。

容疑者のAndrewsのそれと，採取した精液の制限酵素切断パターンを比較してみよう。容疑者のどちらのパターンも，犯人のパターン（被害者のそれとは全く異なる）と一致することがわかるだろう。明らかに，被害者から採取したレイプ犯の精液と，容疑者の血液は同じ人物のものである。容疑者Tommie Lee Andrewsは，1987年11月6日，有罪と評決された。Andrewsは，DNAを証拠として有罪が宣告された，アメリカで最初の人間である。

Andrewsの判決以来，DNAフィンガープリントは2,000以上の裁判において証拠として認められている（図16.16）。多くの人間で同じパターンを示すプローブもあるが，別のプローブまで一致することはまれである。複数のプローブを用いれば，同一性は完全に認められるか全く排除されるかとなる。

指紋が1900年代初めに裁判での証拠に革命をもたらしたように，今日ではDNAフィンガープリントがその役割を果たしている。1本の毛髪，血液のわずかな染み，1滴の精液でも，容疑者を有罪にしたり，逆に容疑をはらしたりするDNAの源となりうる。AndrewsのDNAを分析した係官は"これはまるで，犯罪の現場に名前と住所と社会保険者番号とを残していくようなものだ"と語った。もちろん，実験室でのDNA試料の分析は正しく行われなければならない。いいかげんな方法は不当な誤審を生むことになる。公表されている多くの疑わしい方法に代わって，標準の方法が開発されている。

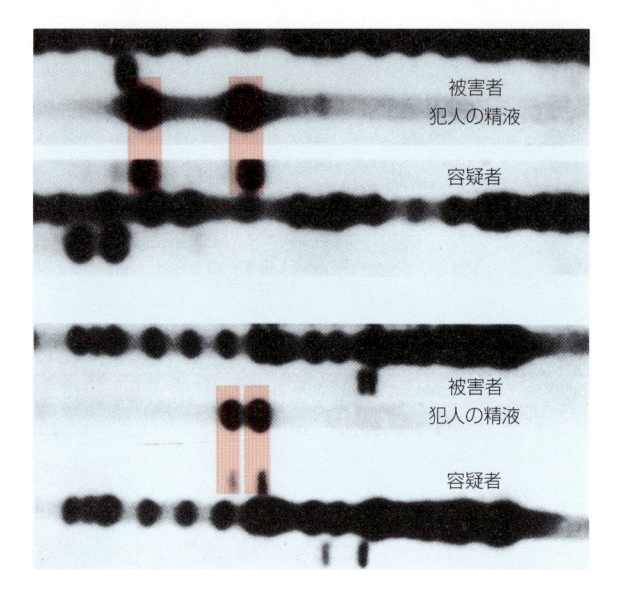

図 16.15
1987年にレイプ犯Tommie Lee Andrewsの有罪を決定づけ二つのDNAパターン。　ここに示した二組のDNAパターンは，被害者，およびレイプ犯が残して行った精液，容疑者から採取されたDNAのパターンである。黒く連なった多くのバンドがあるレーンはマーカー。容疑者と犯人のDNAはこれら二つのパターンにおいて明らかに一致している。

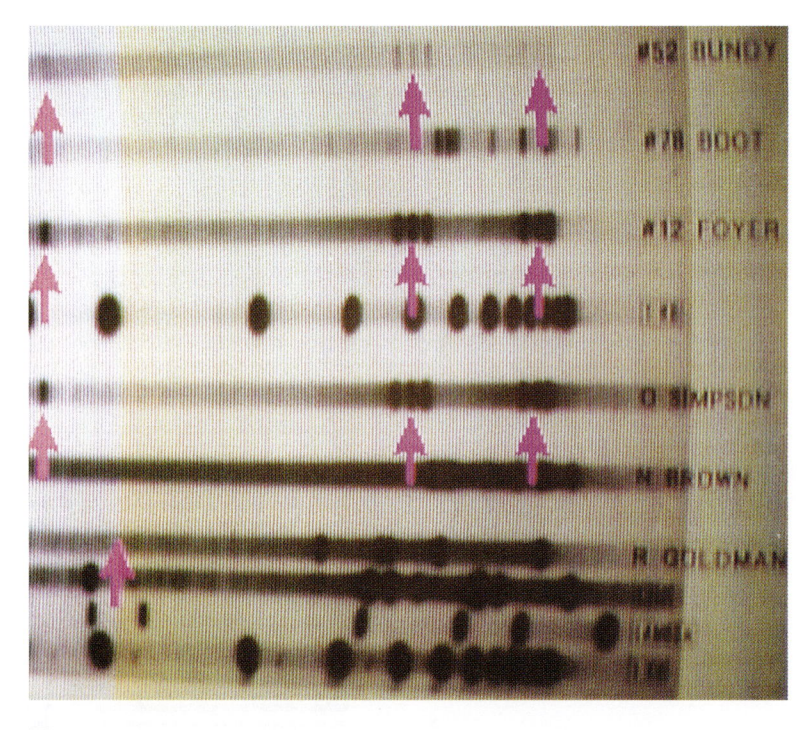

図 16.16
O. J. Simpsonと前妻の殺人現場に残された犯人の血液のDNAパターン。　これらのパターンは，注目を集め議論になった1995年の殺人事件の裁判の証拠として用いられた。

> サザンブロット法やPCR法のような技術は，特定の遺伝子を同定し大量に増やすことを可能にした。一方，RFLP解析とDNAフィンガープリント法は個体や未知の遺伝子を識別することを可能にする。

16.3 バイオテクノロジーは科学に革命をもたらしている

医療への応用

薬　剤

　遺伝子組換えの最初のもっとも明白な商業上の応用は，細菌に医療上重要なタンパク質をコードした遺伝子を導入したことであった。細菌の細胞は（酵母でビールをつくるように大きな醸造用のタンクを用いて）安価で大量に増殖させることができるので，組換え遺伝子を導入した細菌を用いて，遺伝子がコードする特定のタンパク質を大量に合成することができる。この方法は，ヒトインスリンやインターフェロン，そのほかの商業的に価値のあるタンパク質 ―― たとえば成長ホルモンや赤血球の生産を促進するエリスロポエチン ―― を合成するのに用いられている。

　このような手法でつくられているタンパク質のなかで，**心房性利尿ペプチド**（atrial peptide）は高血圧と腎不全に対する新しい治療法を提供することになるだろう。体内では極少量しか合成されないが，血栓を溶解し，心臓発作の治療や予防に効果があるのではないかと考えられているヒトのタンパク質，**プラスミノーゲン活性化因子**（tissue plasminogen activator）もこの方法でつくられている。

　この一般的な方法の問題点は，細菌がつくったほかのタンパク質から目的のタンパク質を分離することである。そのような混合物のなかから目的のタンパク質を分離するのは，手間と費用のかかることである。それでも，以前それらのタンパク質を得ていたように，動物（たとえばインスリンはブタの膵臓からとられていた）の組織からそのタンパク質を精製することよりは，はるかに容易である。最近では，科学者はクローン化した遺伝子からRNAを合成することに成功した。彼らは転写されたRNA，リボソーム，補助因子，アミノ酸，tRNA，ATPを加えた試験管のなかでそのタンパク質だけを合成できるようになった。

遺伝子治療

　1990年に初めて遺伝病の治療のために，ヒトに遺伝子を導入することが計画された。ある遺伝病が一つの異常な遺伝子によって生じているのなら，その異常を治療する明らかな方法は，その遺伝子の正常なコピーを加えてやることである。この方法は囊胞繊維症との戦いに使われ（第13章参照），筋ジストロフィーやほかのさまざまな遺伝病（表16.1）の治療に潜在的な有効性のあることが示された。最初の成功例は，酵素が欠損して起こるまれな血液の遺伝病の，二人の女の子の骨髄細胞に，アデノシンデアミナーゼをコードする遺伝子を導入したことである。しかし，多くの医療上の試みはいまだ途上にあり，まだほかの病気には成功例はない。（訳者注：ク

図 **16.17**
ヒト成長ホルモンの遺伝子組換え。　この2匹のマウスは，遺伝的には全く同一である。大きなマウスにはヒトの成長ホルモンをコードする遺伝子が一つだけ余分に追加されている。その遺伝子は，遺伝子組換えによってマウスのゲノムに導入され，その結果マウスの安定した遺伝的形質になっている。

表 **16.1**　遺伝子治療が試みられている病気

病名
がん（黒色種，腎臓，卵巣，神経芽腫，脳，頭部および頸部，肺，肝臓，乳がん，大腸，前立腺，中皮腫，白血病，リンパ腫，骨髄腫）
免疫不全症
囊胞繊維症
ゴーシェ症
家族性高コレステロール血症
血友病
プリンリン酸化酵素欠損症
α-1 アンチトリプシン欠損症
ファンコニ貧血症
ハンター症
慢性肉芽腫症
リューマチ
末梢血管障害
エイズ

ローン化した遺伝子を用いた広い意味での遺伝子治療にはさまざまな方法が工夫されており，ここであげた例以外にも効果の報告されているものもあるが，なお多くが試験段階にある。また，成功例としてあげられているアデノシン欠損症の治療についても，遺伝子を導入された細胞が原因で白血病になった例が報告されている。）このおおいに有望な方法には，より多くの努力が払われる必要がある。遺伝子治療については第13章に，より詳細に説明してある。

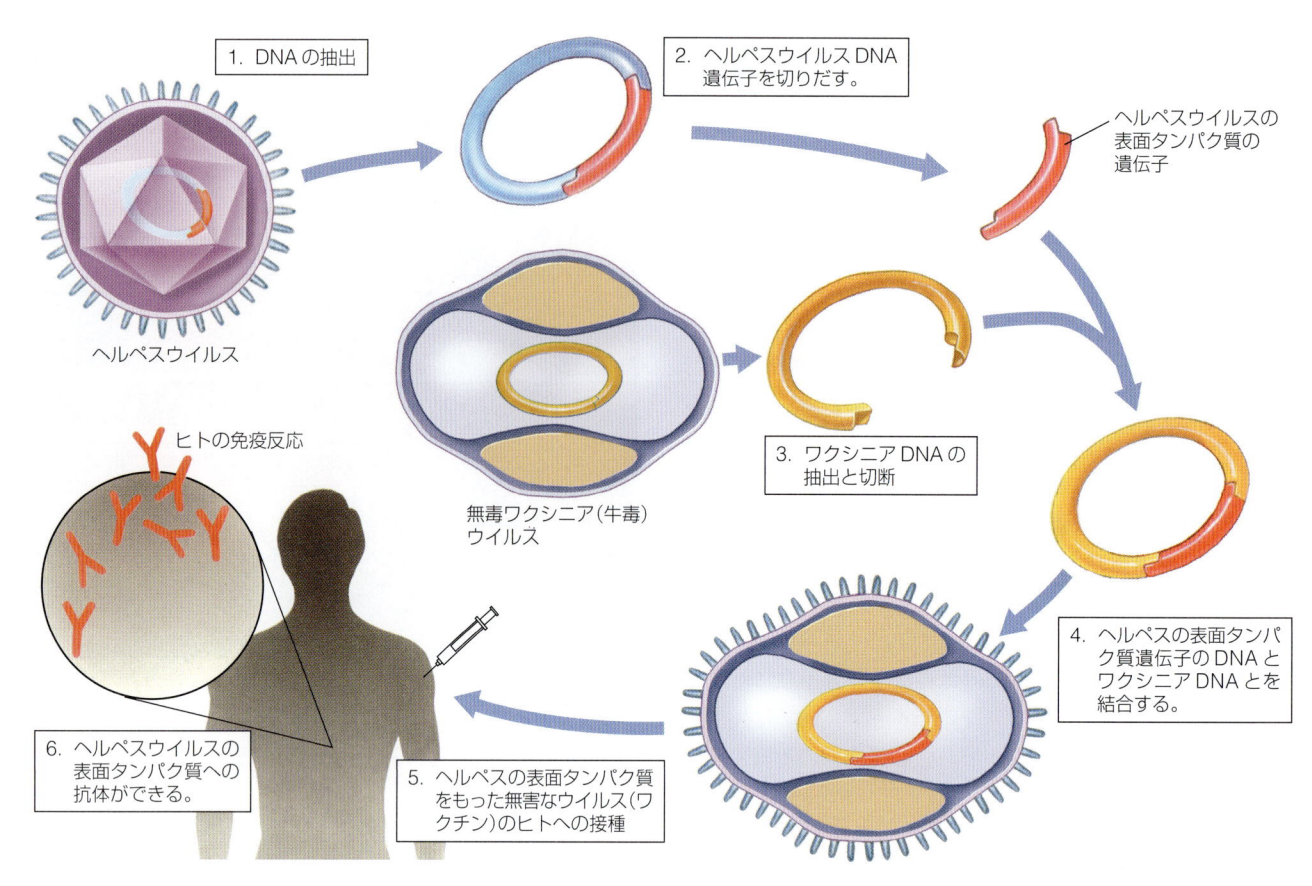

図 16.18
ヘルペスウイルスに対する組換えワクチンを作製する手順

組換えワクチン

　遺伝子組換えが役に立ちそうなもう一つの分野は，ヘルペスウイルスや肝炎ウイルスなどに対する**組換えワクチン**（subunit vaccine）の生産である．単純ヘルペスウイルスや肝炎ウイルスは，多糖が結合したタンパク質の殻をもっており，このタンパク質の一部をコードする遺伝子を，ワクシニアウイルス（牛痘）ゲノムに組み込む（図16.18）．ワクシニアウイルスは，約200年前に天然痘の予防のために種痘をはじめた先駆的なイギリス人医師 Edward Jenner が用いたもので，いまではヘルペスウイルスや肝炎ウイルスの殻タンパク質遺伝子を動物の培養細胞に導入するためのベクターとして使われている．これらの細胞では，ヘルペスウイルスや肝炎ウイルスの表面タンパク質でできた殻をもつ組換えウイルスが多数つくりだされる．この組換えウイルスをマウスやウサギに注射すると，動物の免疫系は組換えウイルスの殻に対する抗体をつくりだす．したがって，ヘルペスウイルスや肝炎ウイルスの表面タンパク質に対する免疫ができる．ワクシニアウイルスは無毒であり，病気を引きおこすウイルスのDNAの一部しか注入しないので，この方法でつくられたワクチンは無害である．

　この方法の大変魅力的なところは，それが個々のウイルス病の性質に依存しないということである．将来は，さまざまなウイルス病に対する抵抗性を付与するために，組換えワクチンが人に注射されることになるかもしれない．

　1995年に，新しいタイプの**DNAワクチン**（DNA vaccine）の働きを調べる臨床試験がはじまった．これは抗体によるのではなく，体の免疫機構のもう一つのシステムである細胞免疫とよばれるシステム —— 血液中には感染した細胞を攻撃するキラーT細胞という細胞がある —— を利用したものである．細胞の表面に本人以外のタンパク質の断片が露出するとそれがT細胞によって認識され，T細胞は感染した細胞を攻撃して破壊する（感染細胞がこの現象を引きおこすことを発見した Peter Doherty と Rolf Zinkernagel は，1996年にノーベル医学生理学賞を受賞した）．最初のDNAワクチンは，インフルエンザウイルスの内部の核酸結合タンパク質の遺伝子をプラスミドに連結したもので，マウスに注射された．このマウスは，インフルエンザに対する強力な細胞免疫能力を発揮した．この手法は新しいため異論もあるが，大きな可能性をもっている．

> 遺伝子組換えによって商業的に価値のあるタンパク質が生産され，遺伝子治療も行われている．また，有効なワクチンの産生にも役立つことだろう．

334　16　遺伝子組換え技術

農業への応用

遺伝子組換え技術のもう一つの大きな対象は，主要作物の遺伝子操作である。植物では当初，組換えDNAを導入するための適当なベクターを探すことが困難であった。植物細胞は細菌ほど多くのプラスミドをもっていないため，選択肢は限られていた。いままでのところ，もっとも成功しているのはトマトやタバコ，ダイズなどに感染するアグロバクテリア（*Agrobacterium tumefaciens*）がもつ**Ti**（腫瘍誘導：tumor-inducing）**プラスミド**を用いた場合である。Tiプラスミドの一部は植物の染色体に挿入されるので，プラスミドのこの部分にほかの遺伝子を連結することにより，植物に遺伝子を導入することができたのである（図16.19）。多くの植物の性質がこの方法で変えられ，作物や森林を改良するのに役立つだろう。研究者は，種々の性質のなかでも病気や凍結そのほかのストレスに対する抵抗性，また，栄養のバランスやタンパク質含量，除草剤に対する抵抗性を変えたいと考えている。残念なことに，アグロバクテリアは一般に，トウモロコシ，イネ，コムギなどの穀物には感染しない。しかし別の方法が，それらの穀物に遺伝子を導入するために使われるだろう。（訳者注：1994年にイネ，1996年にトウモロコシ，1997年にコムギでのアグロバクテリアを介した形質転換法が成功している。）

遺伝子操作された作物の最近の好例は，カルジーン社の「Flavr Savr」というトマトである。このトマトは，アメリカ農務省（USDA）によって認可されている。このトマトでは，細胞のエチレン合成に関係する遺伝子の働きを阻害するような操作が行われた。トマトでもほかの植物でも，エチレンは果実の成熟を早める効果がある。Flavr Savrでは，エチレン合成の阻害が成熟を遅らせ，トマトを収穫まで長くおくことや，市場への輸送途中での過熟を避けることもできる。トマトペーストの生産に使われる品種では，生産性を上げ廃棄物を減らすために，ポリガラクタロニダーゼをコードする遺伝子のアンチセンスRNAが発現するように操作されている。

窒素固定

農業における遺伝子操作の最終目的の一つは，ダイズやほかのマメ科植物で窒素固定を可能にしている遺伝子を，主要な作物に導入することである。これらのいわゆる**窒素固定遺伝子**（*nif* gene）はある種の共生根粒菌に見いだされる。これらの細菌はマメ科植物の根の小瘤中で空気中の窒素ガスの強力な三重結合を切断し，N_2をNH_3（アンモニア）に変える。植物はこのようにしてできたアンモニアをアミノ酸やほかの窒素含有分子に変換する。ほかの植物にはこの細菌はなく窒素を固定することができないので，窒素を土壌から吸収しなければならない。このような作物を植えられた農地は窒素肥料

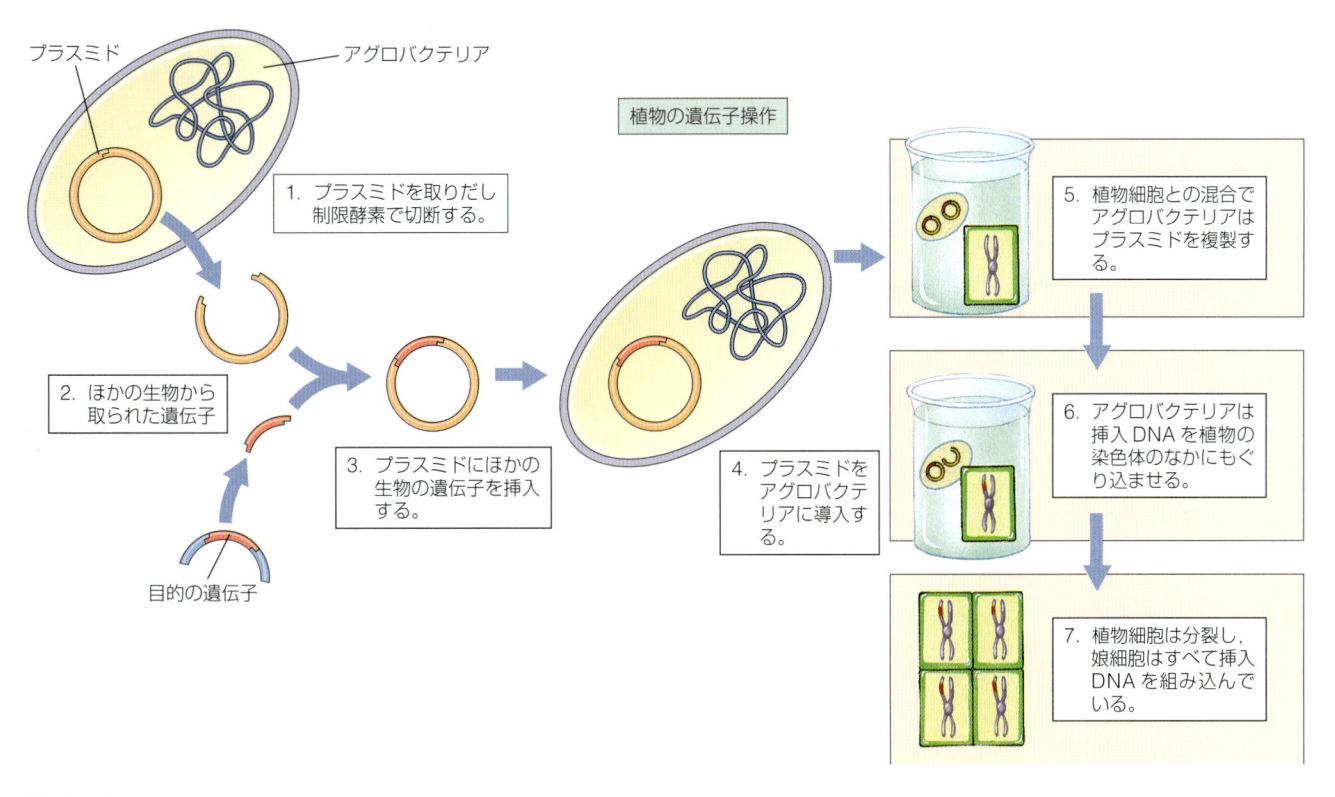

図 16.19
Tiプラスミド。 植物の遺伝子組換えには，アグロバクテリアのTiプラスミドが用いられる。

が施されなければすぐに窒素が枯渇してしまう。1987年には，世界中で年間6,000万t以上の窒素肥料が使われ，大きな負担となっている。もしコムギやトウモロコシなどの主要作物に遺伝子操作で窒素固定能力をもたせることができれば，耕作費用ははるかに少ないものになることであろう。しかし，細菌の窒素固定遺伝子を植物で働かせることは，困難なことが既に示されている。どうやら，ニトロゲナーゼを酸素から保護することができず，真核細胞のなかでそれらの遺伝子が正しく働かないためらしい。研究者は，植物の細胞中でよりうまく働く窒素固定細菌がないか懸命に試している。

除草剤抵抗性

　最近，**グリフォセート**（glyphosate）という化合物に耐性になるように，双子葉植物の遺伝子が操作された。グリフォセートは，活発に成長する植物を殺す強力で生分解性の除草剤ラウンドアップ（Roundup）の有効成分で，植物が芳香族アミノ酸を合成するときに必要なEPSP合成酵素とよばれる酵素を阻害する（図16.20）。ヒトはもともと芳香族アミノ酸を合成しないので，仮に食物からグリフォセートを取り込んだとしても，それによって影響を受けることはない。グリフォセート耐性の植物をつくりだすには，Tiプラスミドを用いて植物に余分のEPSP合成酵素遺伝子が導入された。この組換え植物はEPSP合成酵素の活性が通常の20倍にもなり，グリフォセートが酵素の活性を少しくらい阻害してもタンパク質を合成し成長することができる。あとには，Tiプラスミドを用い，グルフォセートでは全く阻害されない細菌のEPSP合成酵素遺伝子が植物に導入された。

　このような進歩は農家にとっては大変関心の深いものであった。ラウンドアップに耐性の作物であれば，農地にただ除草剤を散布するだけで，もう草取りの必要がなくなるのだ。ラウンドアップは有効範囲の大変広い除草剤なので，農家はもう一部の雑草にしか効果のない多種類の除草剤を組み合わせて使う必要がなくなる。さらに，グリフォセートは，農業で一般に使用されているほかの多くの除草剤とは違って，環境中で容易に分解される。穀物にEPSP遺伝子を導入しグリフォセート耐性にすることのできるプラスミドを，探す努力が活発に行われている。

害虫に対する抵抗性

　多くの実用上重要な作物が害虫の被害を受けており，被害に対する伝統的な防御方法は農薬の散布である。今日使われている化学農薬の40％以上が，メキシコワタミノゾウムシやワタキバガ，そのほかのワタの実を食べる害虫に対するものである。研究者は，害虫に抵抗性の植物をつくり，農薬散布の必要をなくそうとしている。

図 **16.20**
遺伝子操作によってつくられた除草剤耐性植物。 これら四つのペチュニアは，同じ量の除草剤ラウンドアップで処理されている。上の二つはラウンドアップの有効成分であるグリフォセートに耐性になるように遺伝子操作され，下の二つは遺伝子操作されていない。

　計画では，昆虫には有害だがほかの生物には無害なタンパク質の遺伝子を作物に導入する。そのような殺虫タンパク質の一つが，土壌中の枯草菌の仲間（*Bacillus thuringiensis*）から見いだされた。トマトスズメガの幼虫がこれを食べると，幼虫の腸のなかで酵素が働きタンパク質が昆虫特異的な毒に変化する。その酵素はほかの動物にはないので，ほかの動物には無害である。Tiプラスミドを使ってこのタンパク質の遺伝子をトマトやタバコに導入してできた**遺伝子導入**（transgenic）植物は，普通はそれらを食べる害虫の被害から守られることが実際に確認された。1995年，アメリカ環境保護省（EPA）は，遺伝子操作されたジャガイモ，ワタ，トウモロコシを認可した。遺伝子操作されたジャガイモは，ありふれた害虫であるコロラドハムシを殺した。遺伝子操作されたワタはオオタバコガやワタキバガなどに抵抗性になり，トウモロコシもアワノメイガやその他のガの仲間に抵抗性をもった。

　モンサント社は植物や土壌中の天然化合物をしらみつぶしに調べ，あるカビから殺虫性の成分を発見した。それはコレステロール酸化酵素であった。その酵素は見事に昆虫の腸の細胞膜を破壊した。その遺伝子は後に発見者にちなみBollgard遺伝子と名付けられ，さまざまな作物に導入され，ワタの害虫やコロラドハムシなどの重大な害虫に広く効果があった。野外試験は1996年からはじめられている。

　ある種の害虫は植物の根を害するが，枯草菌の仲間*Bacillus thuringiensis*はこの脅威に対抗するように働く。この細菌は通常は植物の根で増殖することはないが，この細菌の殺虫タンパク質遺伝子が特定の系統の根粒菌*Pseudomonas*属に導入された。EPAはこの有望な方法の野外実験を認可した。

植物の遺伝子操作の真の将来性

この10年で，アメリカでは遺伝子操作されたトウモロコシ，ワタ，ダイズを栽培することはありふれたことになった。アメリカでは1999年に，7,200万エーカーの農地に除草剤耐性の遺伝子操作されたダイズが栽培された。その結果，より少ない農地で十分になり，土壌の劣化は大きく減少した。これらの改良された作物は主に農家に利益を与え，作物をより安価に効率的につくることを可能にし，一般の消費者が手にするときにも同様に安価に食卓にのぼることになる。

芝居の第一幕と同じように，これまでの成果は本格的な進行のために舞台を組み立てているようなものであり，植物の遺伝子組換えははじまったばかりである。植物の遺伝子操作で有望なのは，消費者に直接的な利益をもたらす望ましい性質をもった組換え植物をつくりだすことである。

最近の進歩の例として，栄養成分の改善されたイネがあり，これからどのようなことが起こるかを示唆している。開発途上国では，多くの人々がビタミンやミネラル（植物学者が"微量栄養素"とよんでいる）の乏しい粗末な食物で生活している。世界規模で欠乏している二つの微量栄養素の一つは鉄分で，14億人の女性（世界人口の24％）が影響を受けており，もう一つはビタミンAで，4千万人の子供（世界人口の7％）に影響を与えている。これらの栄養の欠乏は，米を主食としている発展途上国で特にひどい。スイスのチューリッヒにある植物学研究所のIngo Potrykusと彼のチームは，この問題を解決するために長いあいだ研究を行って来た。Rockefeller財団の支援を受けたこの研究の成果を，発展途上国の人々は自由に使用することができる。彼らが開発した「黄金のイネ（golden rice）」は，植物の遺伝子操作が何を成し得るかの一つのモデルである。

米を主食とする人々の鉄分欠乏の問題を解決するために，Potrykusはまず，米はなぜ鉄分に乏しい食物なのかを調べた。問題点とそれに対する答えは，以下の3点であることがわかった。

1. **非常に少ない鉄分**　イネの胚乳のタンパク質に含まれる鉄分は，異常に少ない。この問題を解決するために，マメのフェリチン遺伝子をイネに導入した（図16.21）。フェリチンは非常に高い鉄分含有タンパク質で，これを導入することで米の鉄分含量が増加した。

2. **腸での鉄分吸収の阻害**　イネは腸での鉄の吸収を阻害するフィチン酸という物質を非常にたくさん含んでおり，これが米から鉄を吸収するのを妨げる。これを解決するために，フィチン酸を分解する酵素の遺伝子をカビからイネに導入した。

3. **効率的な鉄分吸収に必要な硫黄が極度に少ない**　鉄分の吸収のために必要とされる硫黄が，米にはほんのわずかしか含まれていない。これを解決するため，野生のイネから特別に硫黄の多いメタロチオニンタンパク質の遺伝子を導入した。

ビタミンA欠乏の問題を解決するために，同様の手法が用いられた。まず，問題点を明らかにした。イネはβ-カロテン（ビタミンA前駆体）を合成する経路を一部しかもっておらず，最後の四段階を触媒する酵素を欠いていた。そこでこれら四つの酵素の遺伝子を，おなじみのラッパスイセン（daffodil）からイネに導入した。

Potrykusが栄養欠乏と戦うために開発した遺伝子組換え米は，どのような難解なトリックも用いず，まっとうな遺伝子組換え法によりつくりだされたものである。彼が開発した「黄金の」イネは，何百万という人々の生活を直接改善するであろう。彼の研究は，新世紀の課題に立ち向かううえで遺伝子工学が役立つことを間違いなく期待させるものである。

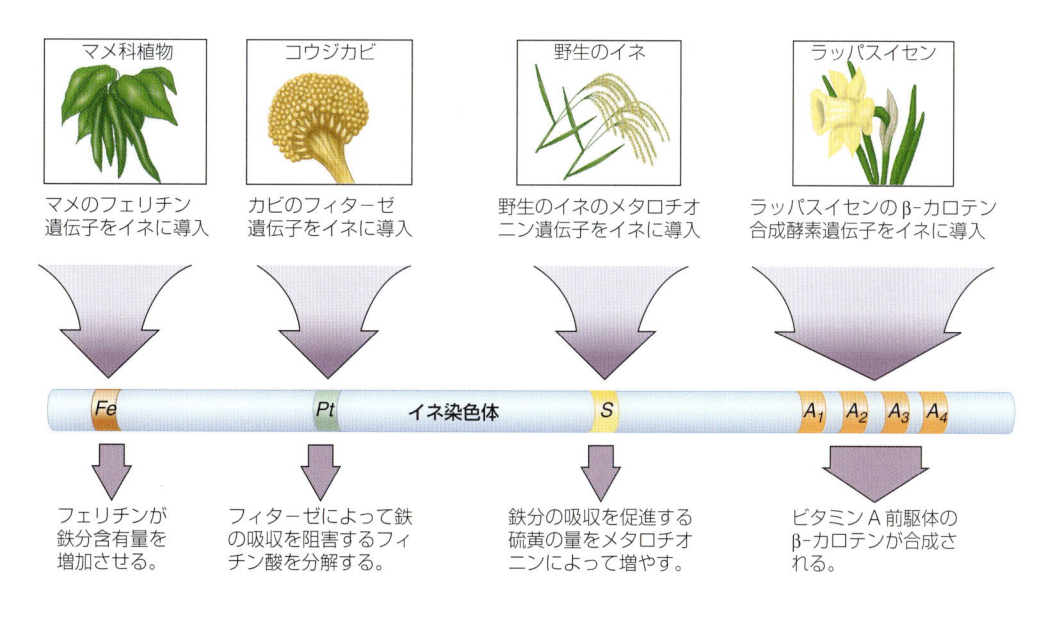

図 16.21 イネの遺伝子組換え。　スイスの生物学者Ingo Potrykusが開発した組換え体の米は，鉄分やビタミンAの欠乏が重大な問題になっている発展途上国の人々の栄養の改善に有用である。

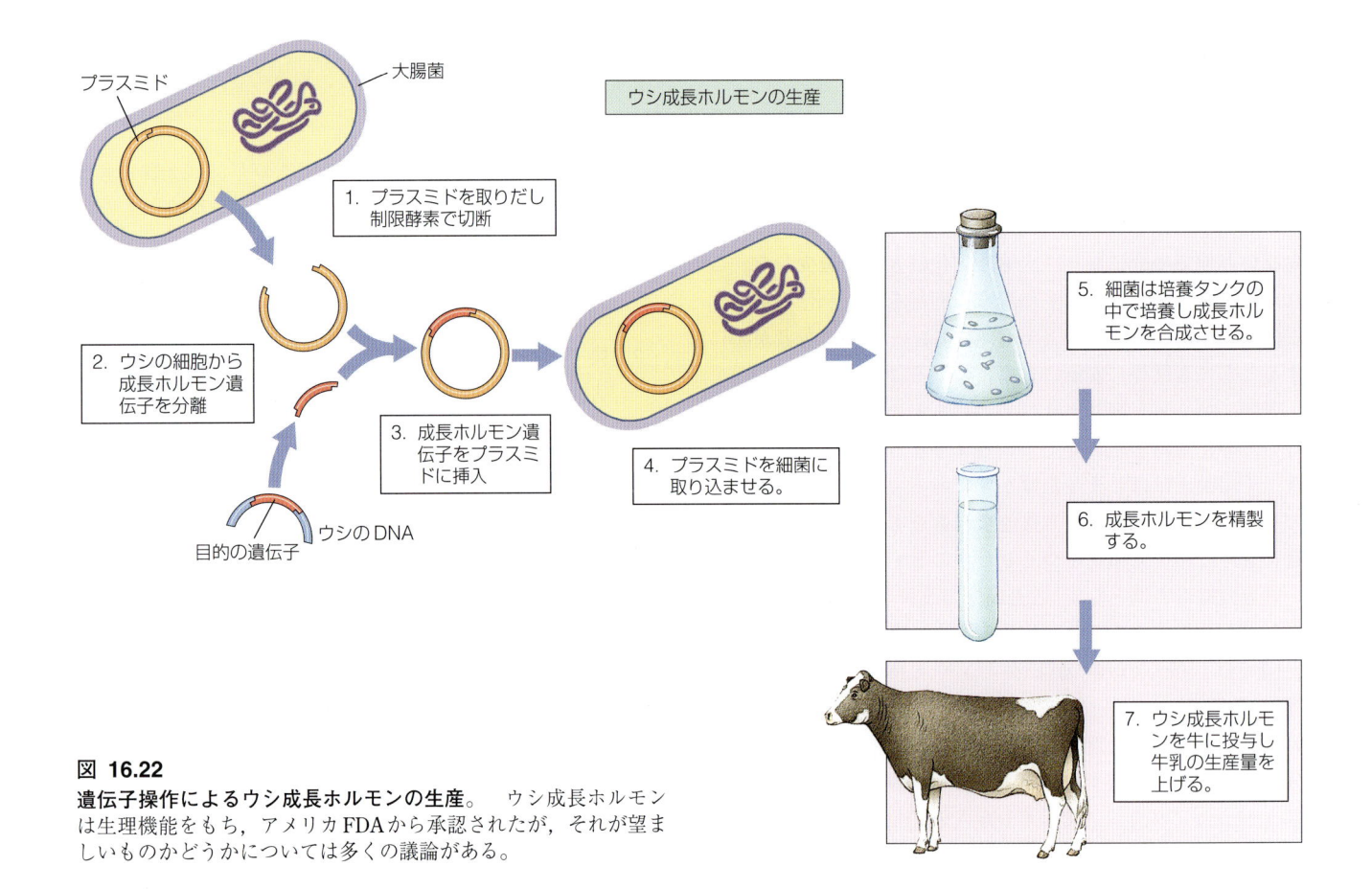

図 16.22
遺伝子操作によるウシ成長ホルモンの生産。 ウシ成長ホルモンは生理機能をもち，アメリカFDAから承認されたが，それが望ましいものかどうかについては多くの議論がある。

今後は消費者に直接的に役に立つ遺伝子組換え体のリストが増える一方だろう。オランダの研究者は，植物を"ワクチン生産工場"にするための遺伝子操作を行っていると述べている。彼らはイヌのパルボウイルスに対する抗体の遺伝子を，ペチュニアに導入した。その遺伝子はペチュニアの遺伝子の花蜜をつくりだす遺伝子のなかに隠されている。薬は花蜜として分泌され，ハチによって集められ，蜂蜜から抽出される。これがサイエンスフィクション（空想科学小説）でないとは信じ難い。植物の遺伝子操作の成果は目の前にあるように見える。

家　畜

成長ホルモンの遺伝子は，もっとも初期にクローン化された遺伝子の一つである。1994年に，モンサント社は組換えウシ成長ホルモンの販売を連邦政府から認可された。世界中の酪農家が牛の餌にそのホルモンを栄養補助剤として加えはじめるに従い，ミルク生産量は増加した（図16.22）。遺伝子組換えによって合成された成長ホルモンが肉牛やブタの体重を増加させるか，同様に脳下垂体が十分な量の成長ホルモンをつくれないために起こるヒトの病気，小人症を治療できるか，といった試験が行われている。ミルクや肉を食べることにより取り込まれた成長ホルモンはタンパク質なので胃で分解されてしまうためヒトに対しては何の影響もないとされている。（訳者注：牛海綿状脳症，いわゆる狂牛病の原因物質プリオンはタンパク質であるにもかかわらず，摂食によって感染することがわかっている。）しかし，ウシ成長ホルモンは遺伝子操作技術に対する懸念のために，多くの人たちの反対運動にあっている。その人たちは，ミルクそのものは全く同じであるにもかかわらず，遺伝子操作を通じて生産されたミルクを信じていない。遺伝子操作技術は私たちの生活にとても大きな影響を与えるので，一般の人々の理解は避けて通ることのできない問題である。

特定の望ましい遺伝子をもった遺伝子組換え動物は，酪農家にとって手近なものになりつつある。いまや，何代にもわたって選抜繁殖をして質のよい競走馬や種牛をつくりだす代わりに，その過程を縮めてただ遺伝子操作をするだけで，最初からそのような動物をつくりだすことができるように思われているが，問題がないわけではない。

遺伝子操作技術は農業を革新し，生産性を上げ，作物の害虫への抵抗性を増し，栄養的価値を改善し，望ましい性質をもった動物をつくりだせると考えている研究者もいる。

リスクと規制

遺伝子操作が生みだす利益は，私たちの生活を大きく変えつつある。ところで，遺伝子操作による潜在的な代償や危険性など不利益は何かあるだろうか？ 科学者や影響力のある人たちを含む多くの人々が，遺伝子操作は，遺伝子に干渉して「神を演じる行為」であるという懸念を表明している。ところで，がん細胞のDNAを断片化し，無作為にベクターにつないで細菌の細胞のなかで増やしたとして，何が起こるだろう？ 細菌のいくつかが，伝染性のがんを感染させる危険性があるだろうか？ 遺伝子操作を施された植物や動物が何世代かあとに，消費者にとって危険なものに変わることがあるだろうか？ 改良された作物が生態系に何か予測できない種類の影響を与えるだろうか？ ヒトも含めて"遺伝的に優秀な"生物をつくりだすことは，倫理的に許されるであろうか？

遺伝子組換え作物の潜在的な危険性をどのように評価したらよいか？

遺伝子操作技術には，大きな有用性があるということには十分な証拠があるが，同じ技術が研究者と反対者のあいだのあつれきを生みだしている。1999年6月には，イギリスの反対者たちは遺伝子組換え(GM)テンサイの実験圃場を襲撃した。8月には，彼らはGMキャノーラ(ナタネの一種で調理用油や飼料になる)の試験圃場を破壊した。アメリカの消費者の遺伝子組換え作物への容認と，ヨーロッパや日本の人々の遺伝子組換え食品に対する不信は際立っている。論争によって生みだされたこの強烈な感情は，植物の遺伝子操作に伴う危険性をどのように評価するか，ということを理解する必要があることを指摘している。

2種類の懸念について考慮する必要がある。一つは遺伝子組換え食物を食べることに対する抵抗であり，もう一つは潜在的な生態系への影響である。

遺伝子組換え食品を食べることは危険か？ 反対者は遺伝子組換え食品はとにかく危険なものではないかと心配している。これを否定するには，研究者は，二つの全く異なる方法で作物を組み換えるということに着目したい。つまり遺伝子組換えの一つの方法は作物の栽培をより容易にすることであり，ほかの方法は食物そのものを改良することである。

ラウンドアップ抵抗性のダイズのヨーロッパへの導入は，最初の例である。この組換えダイズはアメリカの農家には大変人気があり，1999年にはダイズ畑の半分に組換えダイズが植えられた。彼らにはGMダイズは好ましいものであった。労力をかけずに栽培でき(雑草はラウンドアップで殺すことができた)，費用の節約と土壌の劣化を少なくできる。ところで，そのダイズはいままでのダイズと栄養的に何か違うところがあるだろうか。何もないのである。ダイズにラウンドアップ耐性を付与する遺伝子は，芳香族アミノ酸とよばれるアミノ酸の植物での合成能力を保護している。保護されていない雑草はラウンドアップでこの合成過程を阻害され，殺される。ヒトは芳香族アミノ酸(私たちはそれを食物から得ている)を合成しないので，ラウンドアップが私たちを害することはない。私たちの食べるGMダイズは栄養学的には「有機栽培」のそれと全く同じであり，ただより安価に生産されるだけである。

二つ目のタイプの改良では，食品の栄養価を改善するために遺伝子が加えられるもので，その食物は栄養価が異なったものになっている。どちらの場合でも，消費者が導入された遺伝子の産物に対してアレルギーを起こす可能性を考慮する必要がある。たとえばメチオニン強化のためにダイズ(このアミノ酸に乏しい)にブラジルナッツの遺伝子を導入した場合には，ブラジルナッツに対してアレルギーを示す8人のうち6人がGMダイズに対する抗体を生じ，逆反応の可能性もあったので，この計画は中止された。その代わりに，ヒマワリの遺伝子を使ってダイズのメチオニン含量が増やされた。アレルギーに関する試験は，いまや決まった手順となっている。

どちらの目的で改変された食品でも，遺伝子操作の危険性は大変小さなものに見える。GM食品は，これまでの試験結果からは安全だとされている。

GM作物は環境に有害か？ GMトウモロコシの畑から飛散した花粉を食べてオオカバマダラ(渡りで有名なチョウ)が死んだかもしれないというよく知られた報告について，私たちはどのように考えたらよいだろう？ まず，それは驚くべきことではない。GMトウモロコシ(Btコーン)は，トウモロコシの害虫を駆除するために，殺虫タンパク質(ヒトには無害な)を含んでいる。もちろん，それは畑のすぐ傍らにいるチョウやほかの昆虫を殺すことがあるかもしれない。しかし，GMトウモロコシの畑には害虫を駆除するために殺虫剤を散布する必要がないという点に着目してみよう。アメリカでは，農薬の散布によって年間90億ドルの被害が出ていると推計されており，6,700万羽の鳥と何十億という虫や動物が毎年殺されているのである。農薬によって引きおこされるこの野生生物の殺害は，GM作物のチョウに対する考えうるどんな影響よりも，生態系に対してははるかに悪い影響を与えている。

害虫がGM毒に対して抵抗性を獲得するだろうか？ 私たちがいま作物に散布している農薬に対して害虫はとても早く抵抗性を獲得しているが，GM毒に対しては少なくともそれほど早く抵抗性を獲得するようなことはないだろう。

GM作物に導入した遺伝子がその野生種や近縁の雑草に移る可能性はあるだろうか？ この種の遺伝子流動はいつでも自然に起こるので，これはもっともな質問である。しかし仮に，除草剤ラウンドアップに抵抗性の遺伝子が，ヨーロッパ

CAVIN AND HOBBES © 1995 Watterson. Dist. by Universal Press Syndicate. Reprinted with permission. All rights reserved.

で栽培されたテンサイから野生のテンサイに移ったとして，何が起こるだろう？ GM作物から操作された遺伝子を受け取るような潜在的な近縁種は，そこいらにはないし，ダイズの野生の近縁種もヨーロッパにはないのだ。したがって，ヨーロッパでGMダイズから遺伝子が飛びだすなどということは，私たちの遺伝子が，他の動物のなかに入り込むということよりもありえないことである。

いずれの点からも，遺伝子操作が環境に与える危険は非常に小さいように思える。むしろ，耕作や農薬によって生じている環境への悪影響を減らしさえするだろう。

遺伝子組換え食品には表示が必要だろうか？

遺伝子組換え食品にはほとんど現実的な危険性はないが，その危険性が注意深く検討されていることを公表するのは重要である。遺伝子組換え食品の表示の問題以上に植物の遺伝子操作に関する議論が加熱する議題はほとんどない。アメリカの農業生産者は，どのような明白な危険もない以上，表示は消費者の不安をあおるだけの機能しかないと主張している。一方消費者の代表は，消費者は決定する権利もそれに必要な情報を入手する権利ももっている，と反論する。

この問題を検討するには，表示の必要性と知る権利という二つの異なった問題を分けることが重要である。GM食品の危険性に対するどのような科学的に厳密な調査も ── いまのところ，ダイズの場合でも，その他の栽培を容易にした組換え作物でも，食品そのものには何の変化もなく ──，どのような栄養学的検査も，「有機栽培」のそれと区別することはできなかった。したがって，遺伝子組換え食品にGMと標示する健康上の理由は，ほとんどないように思える。

人々がどのようなものを食べているかを知る権利がある，というのは全く別の問題である。ヨーロッパの消費者は，遺伝子操作がなじみのものではないという理由で恐れを感じている。ヨーロッパの人々はアメリカの消費者のようには，自国の政府機関を信じることができない。なぜなら，彼らの政府機関は彼らを保護することにおいて悪い前歴があるからである。イギリスの監督機関が，狂牛病に感染した牛の肉から消費者を守ることに失敗したことを，彼らは覚えている。

ヨーロッパの人々に対して恐れを正当化するどのような証拠もないし，GM作物の危険性を支持する検査結果もないといったところで無駄というものだ。ヨーロッパの消費者はただ単に，害が明らかでないものに反応しているだけである。人々は，心配するものについて周知されるべきあらゆる権利を有しているのだから，GMの表示を義務化しようとすることも同様である。

いったいこのラベルには，どのように表示すべきだろう。たとえば，銘柄か何かのように「遺伝子組換え食品」とだけだろうか。あるいは，潜在する危険性を警告するために「毒物」とでも表示すべきだろうか。むしろ消費者の役に立つように，その生産物に関する，たとえば以下のような情報を表示すべきではないだろうか？

"Btトウモロコシ"：この商品は害虫に抵抗性になる遺伝子を組み込み，今までよりも少ない農薬量で生産されました。
"ラウンドアップ抵抗性ダイズ"：除草剤抵抗性の遺伝子を導入。除草の手間を省き，土壌の浸食をおさえました。
"高β-カロテン米"：ビタミンA欠乏症に有効。β-カロテンの含有量を高めるための遺伝子が導入されています。

それぞれの具体例におけるGM食品の表示は，遺伝子組換え作物はどのように手を加えられたかを記載し，それによって台所での遺伝子組換え技術の容認を消費者に任せることであろう。（訳者注：遺伝子組換え技術の応用に関する本書の記述はやや楽天的にすぎる。この問題については，現在でも安全性，環境への影響，倫理等の観点から，さまざまな議論がある。たとえば，本書ではGM作物の導入が生態系におよぼす影響は小さいと述べられているが，生態系の一貫に人為的な操作が加わることが，時に深刻な問題を生みだしてきたことを忘れるわけにはいかない。また，組換え成長ホルモンを投与されたウシでは一過性に牛乳の生産量が増加したが，投与されたウシの老化が早まったし，クローン羊ドリーは若死にしている。こうしたマイナス面にも十分に留意し，検討することが必要であろう。）

多くの人々が危険性について関心をもっているが，遺伝子組換え技術は，医療と食糧生産に大きな発展の機会を与えている。危険性は少なく，潜在的な有用性は極めて大きいと思われる。

第16章のまとめ

16.1 分子生物学者はDNAを操作し，遺伝子を単離することができる

"遺伝子操作のための道具箱"

- 制限酵素は特定の部位でDNAを切断できる。(p.320)
- DNAリガーゼは，DNAのヌクレオチド間のリン酸ジエステル結合形成反応を触媒し，DNA断片を結合する。(p.320)

"宿主/ベクター系"

- 宿主細胞のなかでDNAを増やすためには，宿主に入り込み複製できるベクターを必要とする。(p.321, p.324)
- ベクターを使って細胞に目的の遺伝子を導入すると，細胞のなかで，組み換えられたDNAが複製する。(p.322)

"ベクターを使い遺伝子を導入する"

- ウイルスや人工染色体も，外部のDNAを宿主の細胞にもち込むために使われ，組換えDNAや遺伝子組換えゲノムがつくられる。(p.323)

"DNAライブラリー"

- DNAライブラリーとは，特定の試料（生物や組織など）のDNAを含む組換え体の総体である。(p.324)
- ゲノムライブラリーは，ある生物のゲノムに対応するような組換え体のコレクションのことである。(p.324)

16.2 遺伝子組換えにはわかりやすい技術が使われている

"遺伝子組換え実験の四つの段階"

- 遺伝子組換え実験の四つの段階は (1) 試料DNAの切断，(2) 組換えDNAの調整，(3) 組換え体のクローン化，(4) 目的の遺伝子をもったクローンの選別，である。(pp.325〜328)

"クローン化された遺伝子を使ってできること"

- 必要な十分量のDNAを得るための一つの方法は，DNAポリメラーゼを使って目的の遺伝子をコピーするPCR法である。(p.329)
- PCR法の三つの段階は，変性，プライマーの結合，プライマー伸長反応である。(p.329)
- 20回の反応後には1本のDNA断片が100万以上のコピーになっている。(p.329)
- サザンブロット法では，DNAを制限酵素で切断し，電気泳動によって分離したあとフィルターに転写し，目的の遺伝子を含む断片を放射線標識プローブで検出する。(p.330)
- 制限酵素切断長多型（RFLP）解析やDNAフィンガープリント法は，個体の特定や，配列が未知のDNAの同定に使われる。(pp.331〜332)

16.3 バイオテクノロジーは科学に革命をもたらしている

"医療への応用"

- 製薬，遺伝子治療，組換えワクチンの製造には，遺伝子組換え技術の進歩から生みだされた技術が用いられている。(pp.333〜334)

"農業への応用"

- 窒素固定の増加，除草剤耐性，害虫抵抗性，栄養価の改善は，どれも近年遺伝子工学によって取り扱われている課題である。(pp.335〜338)

"リスクと規制"

- 遺伝子工学は医療と農業に大きな発展をもたらす潜在的な可能性をもっているが，多くの人々が，遺伝子組換え技術や組換え体のもつ潜在的危険性について関心をもっている。(p.340)
- 簡単にいうと，遺伝子工学の潜在的な有用性は，考えうるリスクよりはるかに大きい。(p.340)
（訳者注：しかし，p.340の訳者注も参照のこと。）

質問のページ

自習問題

1. ある特定の遺伝子をDNAから切りだすために使われる特別の酵素は？
    a. 核酸分解酵素　　b. 制限酵素
    c. 真核生物の酵素　d. ウイルスの酵素
2. 以下のものでベクターとして使えないのは？
    a. ファージ　　　　b. プラスミド
    c. 細菌　　　　　　d. a～cのすべて
3. CohenとBoyerのDNA組換え実験において，制限酵素が用いられたのは＿＿のためである．
    a. クローン化されたプラスミドの断片を分離する
    b. rRNA遺伝子を含むカエルのDNA断片を分離する
    c. プラスミドを切断する
    d. a～cのすべて
4. DNAライブラリーとは？
    a. これまでに塩基配列の決定されている全遺伝子の総体
    b. ある生物の全ゲノムに相当するDNA断片の総体
    c. ベクターに挿入されたDNA断片
    d. 特定のプローブで検出されたすべてのDNA断片
5. プローブは遺伝子操作のどの段階で用いられるか？
    a. DNAの切断　　b. 組換えDNAの作製
    c. クローンの作製　d. スクリーニング
6. PCRに用いられる酵素は次のうちどれか？
    a. 制限酵素
    b. 逆転写酵素
    c. DNAポリメラーゼ
    d. RNAポリメラーゼ
7. ある個人のDNAを別の人のDNAと区別するために使われる方法は次のうちどれか？
    a. PCR　　　　　b. cDNA
    c. 逆転写酵素　　d. 制限酵素切断長多型
8. 病原微生物の表面タンパク質の遺伝子を挿入された無害なウイルスがつくりだすのは次のうちどれか？
    a. 組換えワクチン　b. 有害なウイルス
    c. 病原菌　　　　　d. 薬効のあるヒトタンパク質
9. Tiプラスミドは植物の遺伝子操作に革新をもたらしたが，その限界の一つは次のうちどれか？
    a. 双子葉植物に感染しない．
    b. 果樹植物に使用できない．
    c. 原核生物の遺伝子を導入できない．
    d. トウモロコシやコメなどの穀類に感染しない．
10. 植物の遺伝子操作と無関係なことは次のうちどれか？
    a. 窒素固定
    b. DNAワクチン
    c. グリフォセート耐性
    d. 殺虫タンパク質の生産

図解き問題

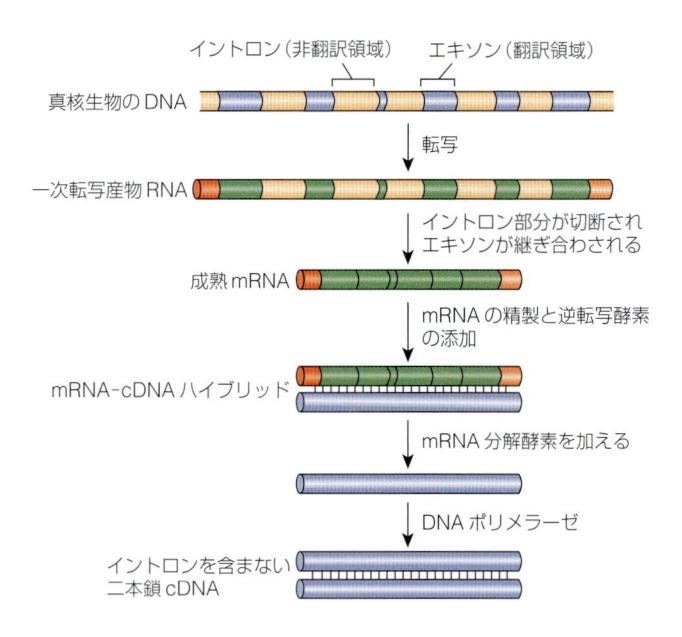

1. この図に示されているのは何の過程か？　一次転写産物RNAがあるのは細胞のどの部分か，また，成熟mRNAがあるのはどの部分か？
2. この過程を含む実験によって，実験者は何をしようとしているのか？

応用問題

1. ヒトのゲノムは約30億塩基対の大きさである．あなたはいま，さまざまなベクターを用いてヒトの全ゲノムをクローン化しようとしている．ベクターには下のリストのようにそれぞれ挿入できるDNAの長さに制約がある．おのおののベクターを使用してヒトゲノムのライブラリーを作製するとき，どれだけのベクターが必要か計算してみよ．
    a. バリテリアプラスミド ―― 18 Kb
    b. ファージ ―― 25 Kb
    c. YAC（酵母の人工染色体） ―― 250 Kb
2. 遺伝子操作における重要な課題の一つは，遺伝子を細菌に組み込むことによって微量にしかないヒトのタンパク質を大量生産することである．まさに，細菌をタンパク生産工場にすることである．ヒトインシュリンや，そのほかの多くのタンパク質がこの方法でつくられている．しかしながら，この方法はヒトのヘモグロビン生産には使うことができない．たとえヘモグロビン遺伝子を含む断片がうまくプラスミドに挿入された適当なクローンが得られたとしても，そして，そのプラスミドを細菌に導入したとしても，細菌ではヘモグロビンはつくられない．なぜ，この実験はうまくいかないのか？

17
ゲノム

概　　要

17.1　ゲノムは遺伝的にも物理的にも地図にできる

ゲノム地図　最初の遺伝地図は染色体上の遺伝子間の位置関係を明らかにしたが，それらを特定の遺伝子の配列情報に結びつけることはできなかった。物理地図では，DNA断片が染色体上の特定の領域にマップされる。

17.2　ゲノムの配列を解読することにより最終的な物理地図をつくる

配列決定　クローン法やショットガン法を行い，自動シーケンサーと計算機プログラムを用いることでゲノム全体の塩基配列を決定できる。シーケンサーはゲノム中の比較的短い断片を一度に解読することができる。ジグソーパズルのようにこれらの断片を組み合わせ，全ゲノムの配列を決定する。

17.3　複雑化するために特に多くの遺伝子は必要ない

ヒトゲノム計画　ヒトゲノム配列のドラフトが2001年2月に公開された。意外にもわれわれのゲノムには予想よりもはるかに少ない遺伝子しかなかった。

ゲノム地理学　機能的な遺伝子に加え，ゲノムにはさまざまな反復DNAのパターンがあり，これらはもともとほかの生物に由来するものかもしれない。

比較ゲノミクス　近縁種間で保存されている大きなDNA配列をシンテニーとよび，これを利用して他種のゲノムの研究を行なうことができる。

17.4　ゲノミクスは生命に新しい窓を開ける

機能ゲノミクス　DNAマイクロアレイ法の利用と生物への遺伝子導入は，新たに同定された遺伝子の機能の研究を可能にする。

プロテオミクス　ゲノムはプロテオーム，すなわち生物個体のすべてのタンパク質をつくりだす。プロテオミクスとはこれらのタンパク質とその機能を研究する学問である。

ゲノム情報の利用　同種間および異種間でゲノムを比較することは進化，作物の改良，遺伝病研究についての洞察を深める。

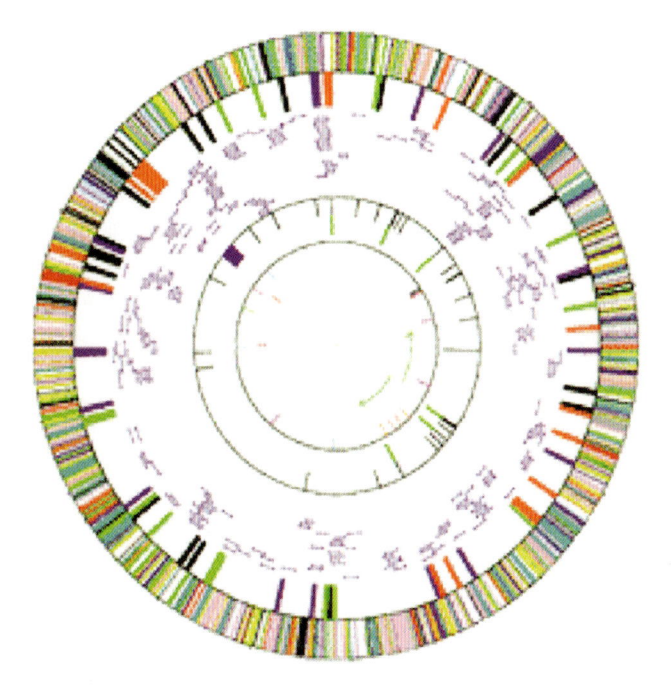

図 17.1
インフルエンザ菌 *Haemophilus influenzae* のゲノム。　1995年に配列が解読されたインフルエンザ菌 *H. influenzae* の180万bpのゲノム。このバクテリアは空気感染し，子供の場合は髄膜炎を引きおこすこともある。自発的に生存している生物としては初めてゲノム配列が決定された。そのゲノムは，以前に配列が読まれていたいくつかのウイルスゲノムの10倍ほど大きかった。ちょうどその5年後にヒトゲノムの全配列が解読された。各色は類似した機能をもつ遺伝子を表す。（訳者注：以前，この菌がインフルエンザの原因であると考えられていた。現在，インフルエンザの原因はウイルスであることがはっきりしている。）

地図は目的とする場所を見つけるのに大変役立つ。世界地図には各国が掲載され，細かいものでは都市や有名な目印となる地点までを正確に示す。ゲノム地図も同じような役割をもつが，それは直線状である。ゲノムとは一つの細胞の核に含まれるすべてのDNAのことである。このDNAワールド内で，染色体は特有の塩基配列をもつ遺伝子を含んでいる。ほぼ一世紀にわたり遺伝学者は遺伝子を一つずつ同定し，その染色体上の位置を決めてきたが，より包括的で詳細な地図をつくるには，DNAの配列を決定する技術の進歩が必要であった。現在では100種類にものぼる生物ともっと多くのウイルスのゲノムについて，塩基配列が解読されている（図17.1）。さらなるゲノム地図づくりを進めていくために，また機能的な生物をつくり上げるのにどうやってゲノムが利用されているのかを理解するためには，より多くの境界標が必要とされている。

17.1 ゲノムは遺伝的にも物理的にも地図にできる

ゲノム地図

　ヒトやイネゲノムを含む多くのゲノム地図作製の話題がニュースの見出しとしてよく取り上げられる。遺伝子地図の作製自体は新しい話題ではない。しかし全ゲノムの地図作製ができるようになったのはごく最近であり，驚くべき成果である（図17.1）。ゲノム地図がどのようにしてつくられるのかを知るためには，ゲノム地図に異なる二つのタイプがあることを理解せねばならない。それぞれのタイプの地図は，異なる情報を提供する。**遺伝地図**（genetic map）は連鎖地図ともよばれ（第13章参照），組換え頻度によって染色体上にある遺伝子間の相対的な位置を決定するものである。**物理地図**（physical map）は特定のDNA配列内にある境界標（landmark）の相対的な位置を示す図である。境界標には特有のDNA配列と制限酵素により切断される部位が含まれ，ゲノム中から関心のある領域を探しだすのに大変役立つ。

遺伝地図

　世界で最初に遺伝（連鎖）地図がつくられたのは，Sturtevantがショウジョウバエの五つの遺伝子を染色体上に位置づけた（マップした）1911年のことである（第13章，図13.32）。遺伝地図上の距離は，遺伝学者Morganに敬意を表してセンチモルガン（cM）で表される。1 cMは組換え頻度が1％であることを示す。現在では13,744もの遺伝子がショウジョウバエのゲノムにマップされているが，連鎖地図は遺伝子のDNA配列がわからなくてもつくれる。計算機プログラムを用いれば，一度に1,000もの遺伝子の連鎖地図をつくることが可能である。遺伝地図をつくる際に制限は少ない。遺伝子間の距離は組換え頻度から算出されるため，染色体上の物理的な距離には対応しない。遺伝子のあいだにあるDNAの構造はさまざまであり，それが組換え頻度に影響する。また，分離交配を行っても，すべての遺伝子が明らかな表現型を示すわけではない。

物理地図

　物理地図では境界標間の距離を塩基対の数（base-pair, bp；1,000 bpは1 kb）で表す。物理地図をつくるため，あるいはあるDNAが特定の遺伝子をコードしているのかを知るためには，DNA断片の塩基配列を知る必要はない。最初の物理地図はゲノムDNAをさまざまな制限酵素で切断したあと（図17.2），切断された断片のサイズやオーバーラップする領域をもとに各断片をつなぎ合わせ，ゲノムを**コンティグ**（contig）とよばれる連続した断片にしてつくられた。第16章で述べたように，各制限酵素はDNAの特異的な配列を認識し

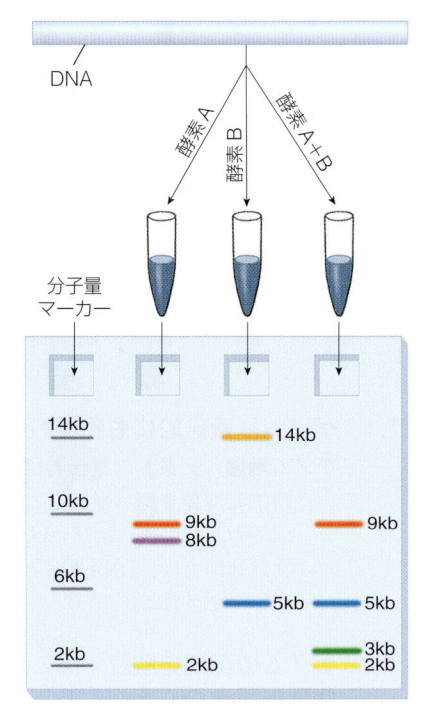

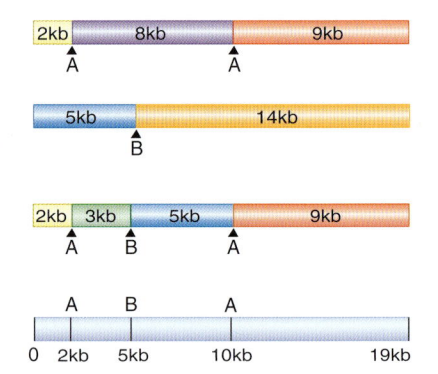

図 17.2
物理地図を作製する際に制限酵素が利用される。　2種類の制限酵素により同時に切断されたDNA断片と，同じ2種類の制限酵素により別々に切断された各DNA断片のサイズを比較し，つなぎ合わせることにより制限酵素がDNAのどの部分を切断したのかを推測する。

切断する。世界で最初に分離された制限酵素は*Haemophilus*から得られたもので，これは自由生活を営む生物種として初めて配列が解読されたゲノムでもあった（図17.1参照）。

　DNAの相同領域には，同一集団の個体間にでも塩基対の構成にわずかな変異が生じている。個体間で相同性をもつ一連のDNAを制限酵素で切断すると，異なるサイズの断片が得られることがある。これらの断片は制限断片長多型（restriction fragment length polymorphism：RFLP，図16.14）とよばれている。遺伝的形質とともにRFLPが分離するとき，遺伝地図（遺伝的形質によって表される）と物理地図（特異的RFLPとして表される）を結びつけることができるように

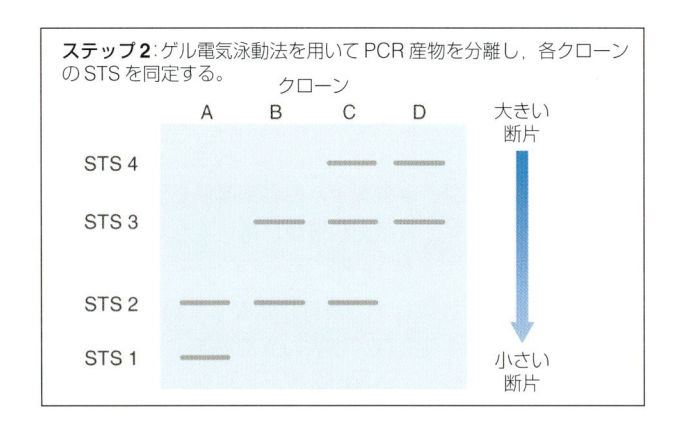

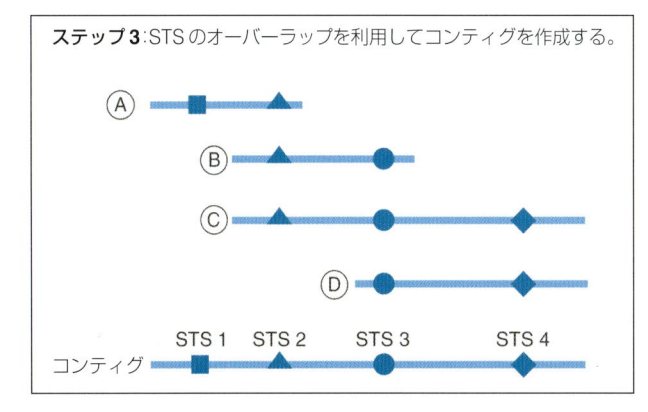

図 17.3
配列タグ部位を用いた物理地図の作製。 配列タグ部位あるいはSTSとよばれる境界標がヒトゲノムに存在し，これらを利用することにより全ゲノム配列を決定するための物理地図をつくることができる。(1) 固有のSTSを認識するプライマー（矢印で示している）をクローン化されたDNA断片に加え，PCR法によりDNAを複製する。(2) 各反応から得られたPCR産物をゲルでサイズに応じて分離し，各クローンに含まれているSTSを同定する。(3) コンティグを作成するため，クローン化されたDNA断片はSTSのオーバーラップをもとに並び替えられる。

なる。ゲノムにはさまざまなタイプの物理的境界標があるが，RFLPはそのうちの一つである。

広範囲にわたるゲノムの物理地図をつくるには，多くの研究室の努力が必要となる。仮に二つの研究グループがDNA断片をクローン化する（複製能を有するウイルスかバクテリアのゲノム中にDNA断片を挿入する）作業を行ったが，塩基配列は解読しなかった場合を想定してみよう。この二つの研究グループは，彼らのクローンのDNA配列がオーバーラップしているかどうかをどのように伝え合うのだろうか？ 考えられる第一の方法としては，皆が同じタイプの境界標を使用すれば大変有効である。第二の方法としては，これらの境界標やタグをデータベースに登録し共有することができれば，研究者たちはDNAクローンを郵送でやりとりしなくても済む。実際には，いくつかのチームに分かれて同一の種からDNAをクローン化する場合，**配列タグ部位**（sequenced-tagged site：STS）を用いることでこの問題を解決している。一つのSTSは，あるクローンの100〜500 bpほどの配列である。クローン自体のサイズはタグよりもはるかに長く，完全なDNA断片として配列を解読するには時間がかかる。STSクローンはシングルコピーのDNAからつくられるため，ゲノム中にある特異的な配列をもつ。PCR（polymerase chain reaction：ポリメラーゼ連鎖反応法，図16.11参照）のプライマーはSTSをもとに設計される。境界標の一部の配列がわかったら，クローン化されたDNAの一部がSTSを含んでいるかをPCR法により決定することができる。すでに各STSをPCR法で増幅するためのプライマーが設計されており，これを用いればSTSを含む配列を増幅することができる。プライマーの伸長により形成された断片をゲル電気泳動により分離し，エチジウムブロマイドで染色し，そのサイズをもとに断片を同定できる。各断片中のSTSと重複部位を同定することにより，各断片をつなぎ合わせ物理地図を作製する。ヒトのゲノムはSTSの密度が高くDNAクローン中に含まれるSTSの同定が比較的容易なことから，1990年代の半ばから3.2ギガベース（Gb）もの物理地図をつくることが可能となった（図17.3）。STSはゲノム配列解読の足場をつくったともいえる。

遺伝地図は遺伝子間の相対的な距離の情報を提供し，その距離はセンチモルガンで表される。物理地図はゲノム中の境界標を示し，その距離はbp（塩基対の数）で表される。物理地図と遺伝地図を組み合わせることが，全ゲノム配列解読の足場となる。

17.1 ゲノムは遺伝的にも物理的にも地図にできる

17.2 ゲノムの配列を解読することにより最終的な物理地図をつくる

配列決定

最終的な物理地図とは全ゲノムの塩基配列を記載したものである。大規模なゲノムの配列解読に用いられる基本的なアプローチ法については第16章で述べているが，多くは自動シーケンサーと計算機による解析に依存している（図17.4）。自動シーケンサーを使えば，一人の人間の手で1年間に解読できる配列と同じ長さ，50,000 bp以上の配列をたった数時間で解読することができる。配列決定の自動化なしには，ヒトゲノムのような真核生物の大きなゲノムの配列解読は不可能であった。

自動シーケンサー

ある器官からDNAを分離してシーケンサーに加えれば，1〜2週間でその生物のゲノム配列を計算機がプリントアウトしてくれる。理想をいえばこうなるが，現実はこれほど簡単ではない。シーケンサーは500 bp程度までならDNA断片の配列を正確に読んでくれる。しかし時にはエラーも生じる。そこで，エラーをなくすために，5〜10コピーのゲノムの配列を解読する。

塩基配列を読むために，蛍光色素で標識したアデニン（A），シトシン（C），チミン（T），グアニン（G）を蛍光標識していないヌクレオチドと混ぜ合わせて，目的とする配列のコピーを多量に作製する（第14章参照）。蛍光色素で標識した各ヌクレオチドはそれぞれの蛍光色で識別することができる。これらの標識ヌクレオチドは3′側の−OHが欠落しており，ヌクレオチドをそのあとに付加できない。DNAが複製されると標識ヌクレオチドはランダムに取り込まれ，その結果としてさまざまな長さのDNA配列がつくられる。2枚のガラ

図 17.4
自動配列決定。 このシークエンス設備では複数の自動シーケンサーが同時に作動する。各シーケンサーは，一度に96サンプルを処理することができる。

ス板を重ねたわずか0.5 mmの隙間につくられたゲルに96個の穴が空いており，この穴の一つひとつに標識されたDNAを流し入れる。各穴を標識されたDNAサンプルで満たす。（新しい機械では，人の髪の毛ほどの細いキャピラリーチューブを使う。）（訳者注：現在ではこちらが主流である。）DNAはサイズによって分けられ，短い断片から順番に検出器のレーザービームを通過していく。検出器は色の情報を計算機に送り，その情報を配列情報に変換する。もっとも短い断片がAで標識されていたら，最初に検出器を通過するのでAが最初の配列として記録される。もっとも大きい断片がGで標識されていたら，最後の配列はGと記録される。図17.5を見れば，どのように配列が決定されるのかわかるであろう。

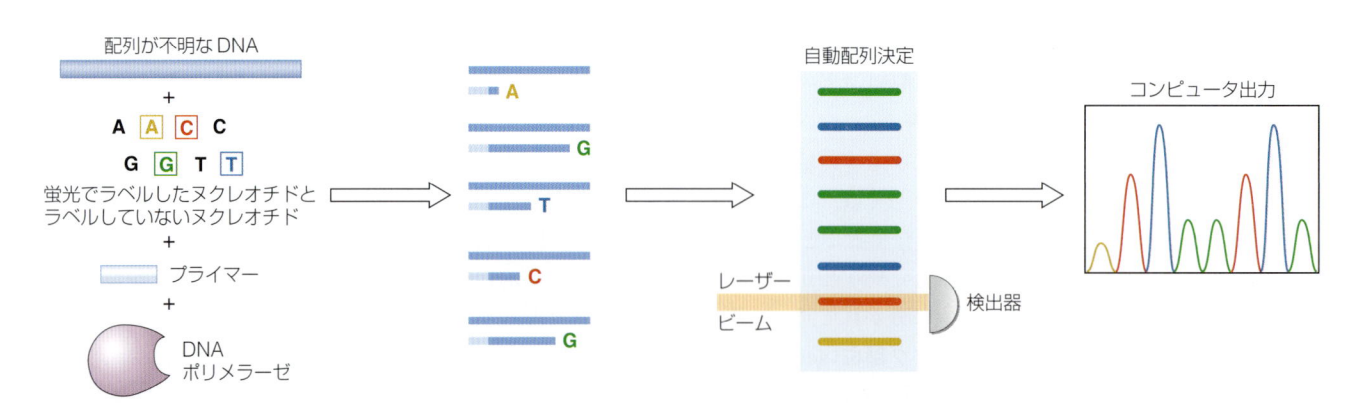

図 17.5
DNAの配列決定。 DNAが複製され，蛍光標識された塩基が配列中に取り込まれると複製が停止する。自動シーケンサーで塩基対の配列を決定する。
複製段階でプライマーが相補鎖とハイブリッドを形成したかどうか確認することはなぜ重要なのか？

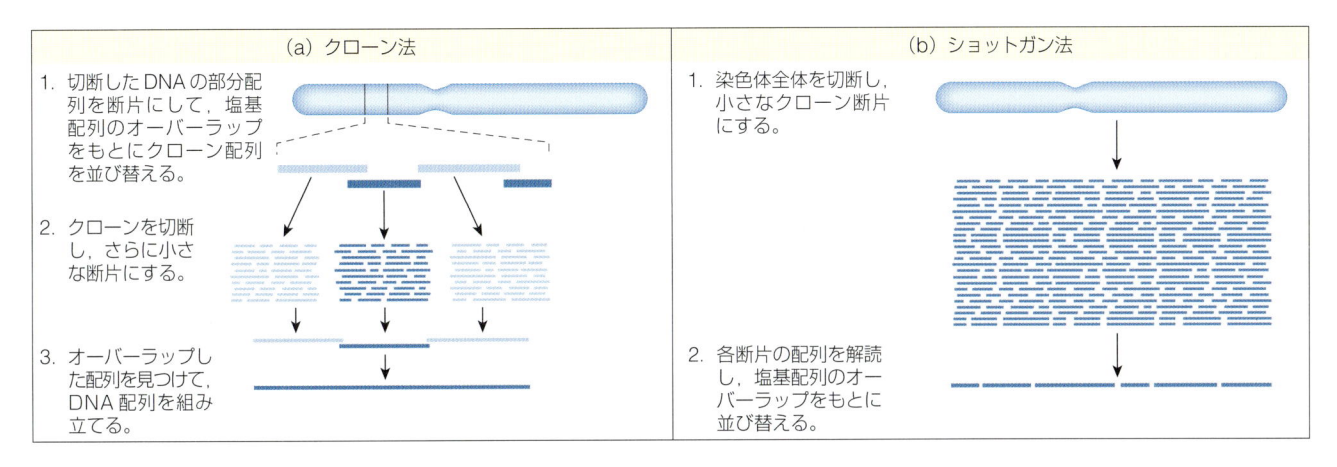

図 17.6
配列決定法の比較。 (a) クローン法では多数のクローニングと，最終的なDNA配列を決定する前にDNA断片の並び替えが必要である。(b) ショットガン法では染色体全体の断片化とクローニングが必要であり，塩基配列のオーバーラップをもとに最終的なDNA配列を組み立てるのに計算機を用いる。

人工染色体

人工染色体とよばれる新しいタイプのベクターの開発により，より大きいDNA断片をクローン化できるようになった。これら新しいベクターのうち，最初に登場したのは**酵母人工染色体**（yeast artificial chromosome：YAC）である。このベクターは酵母の複製起点とセントロメアの配列を用いてつくられており，ほかの生物種のDNAをこの構成物に加える。複製起点は残りのゲノムとは独立して人工染色体を複製し，セントロメア配列もそれらを分裂の際に安定化させる。YACはより大きいサイズのDNA断片をクローン化するのに有効であるが，構造変化を起こしやすい，あるいは欠失が生じDNAの一部が抜けてしまうなどの欠点がある。難点はあるものの，最近では，YAC DNAを制限酵素で切断することにより，物理地図を作製するのに利用されている。

現在では，大腸菌からつくられた人工染色体が一般的に広く使用されている。これらは**バクテリア人工染色体**（bacterial artificial chromosome：BAC）とよばれる。大きなDNA断片を含むバクテリアのプラスミドを用いれば，第二のバクテリアの染色体であるかのように正確に複製する。これらBACベクターには100〜200 kbほどのDNAを挿入できる。

全ゲノムの配列決定

クローン（clone-by-clone）法 大きなDNA断片をBACに挿入する手法は全ゲノム解析の進行を促進した。もっとも一般的な方法は最初に物理地図をつくり，次に配列決定したBACクローンの位置をその地図を使って決めるというものである。クローン間でオーバーラップしている領域を確認するために，染色体の広い領域を整列化する必要がある。これについては各BACクローンの制限酵素地図をつくる，あるいはクローン間のSTSを同定することにより解決できる。もし二つのBACクローンが同じSTSをもっていたら，これらBACクローンがオーバーラップしていることを意味する。

いったん多くのBACクローンを整列化できれば，コンティグを形成するあるいは近接するDNAを伸長させる。各BACクローンについて一度に500 bpずつの配列を読み，コンティグ全体の配列を決定する（図17.6a）。こうして物理地図をつくる方法をクローン（clone-by-clone）法とよぶ。

ショットガン法 ショットガン法の原理は，単純にクローン化されたDNA断片すべての配列を読み，計算機でその配列情報からオーバーラップ領域を探すものである。この方法はクローン法よりも実験にかける労力は少ないが，最終的な塩基配列を集約するための強力な計算機と，オーバーラップ領域を見つけるのに大変効果的なアルゴリズムが必要である。クローン法とは異なり，ショットガン法による配列解読はその配列とゲノムに関するその他の情報とを結びつけることはない。多くの研究者たちはクローン法とショットガン法の両方を用いており，両技術の併用が一般的となっている。これは，塩基配列と物理地図を強く結びつける一方，労力の大きな削減となる。二つの方法について図17.6に示した。

共通配列（consensus sequence）を集約するために，集約プログラムを用いて配列が解読された領域の多数のコピーを比較する。共通配列を決定することにより，配列上のエラーを少なくすることができる。計算機による集約は驚くほど強力であるが，クローン法あるいはショットガン法のどちらを用いた場合も，研究者たちが実際にゲノムの配列を利用するためには，最終的な人の手による解析が必要である。

ゲノムは小さなDNA断片に切られ，自動シーケンサーで配列が読まれる。ショットガン法では小さなDNA断片の配列を読むことからはじまり，計算機解析を用いてオーバーラップした断片から全配列を決定する。クローン法では，多くの境界標をもつ物理地図をつくることからはじまり，地図上の位置がわかっているDNA断片の配列を読む。

17.3 複雑化するために特に多くの遺伝子は必要ない

ヒトゲノム計画

　ゲノム科学(ゲノミクス)の特徴の一つとしてあげられるのは，その研究計画の規模である。巨大な数字(たとえば計算機は120GBのハードドライブをもつ)があたり前の時代では，3.2Gb(32億塩基)あるヒトのゲノムの地図作製と配列を決定するという膨大な作業が過小評価されても不思議はない。その研究方法は1977年に手作業でφX174ウイルスの5,386塩基のゲノムの配列を解読したときと理論的に何ら変わりはない。第17.2節を読めばわかるが，実際に変わったのは，巨大なゲノムの配列を決定し集約する作業が早くなったことである。配列決定計画の限定要因は，ゲノムの大きさであった。ゲノムの配列が決定された100種以上の生物のほとんどは細菌である。自動シークンエンサーと新しい計算機アルゴリズム，STSマップ，長いDNA断片が挿入できるBACなどのすべてがヒトの巨大なゲノム，最近ではより巨大なイネゲノムの配列の解読も可能とした。ヒトゲノム解析から得られたとりわけ驚くべき発見は，生物の複雑さが必ずしもゲノム中に含まれる遺伝子の数を反映しているとはかぎらない，という点であろう。ヒトはショウジョウバエの約2倍の遺伝子量をもつが，イネより少ない(図17.7)。

　広大な規模のゲノミクスは，大きなチームを組むといったことを含めて新しい生物学的研究の先駆けとなった。単独で研究を行っている研究者は小さなゲノムしかクローン化できないが，ヒトのような巨大なゲノムを解析するには，数百人もの研究者の協力が必要となる。このようなチームワークの一つとして，ヒトゲノム計画があげられる。その成果は新たなゲノムの概念を導く鍵となり，病気の遺伝的原因を理解し，また進化の謎を解き明かす可能性を提供した。

　ヒトゲノム計画は1990年にアメリカの科学者たちのグループが国際ヒトゲノム配列決定協会(International Human Genome Sequencing Consortium：IHGSC)を結成したのがはじまりである。IHGSCの目標はクローン法でヒトゲノムの配列を決定することだった。遺伝地図，物理地図両方の作製を進めて1990年代にその成果を発表し，各染色体の配列を読む足場として使われた。そして1998年5月，インフルエンザ菌 *Haemophilus influenza* のゲノム配列を解読したCraig Venterが，ヒトゲノムの配列決定を行う会社を結成すると発表した。彼はショットガン法を使えば，たった2年で3.2Gbのゲノムを解読することができると提言した。IHGSCはこの挑戦に挑み，ヒトゲノム解読の競争がはじまった。その結末は互角であった。2000年6月26日，二つのグループは統合を宣言し，2001年に同時に各チームの成果を発表することになった。IHGSCの配列の草案には248人の名前が掲載されていたが，これは関係者のほんの一部である。

　ヒトゲノムのおおよその配列が決まったということは，ことのはじまりに過ぎない。配列中の隙間を埋める努力が続けられ，地図の作製も完成に向かっている。注目すべき点は，全ゲノム研究は配列決定からさらに先に進もうとしていることである。最終的な物理地図と遺伝地図の照合が進められているいま，糖尿病のような一つあるいはそれ以上の遺伝子の傷害により発症する病気に焦点があてられている。また，ほかのゲノムと比較することにより，ゲノム進化についてのわれわれの理解に変化をもたらしている(第24章参照)。

> ヒトゲノム計画を含め巨大ゲノムの配列を決定することにより，複雑な体制や行動をとる生物は単純な生物よりも多くの遺伝子をもつという常識が覆された。

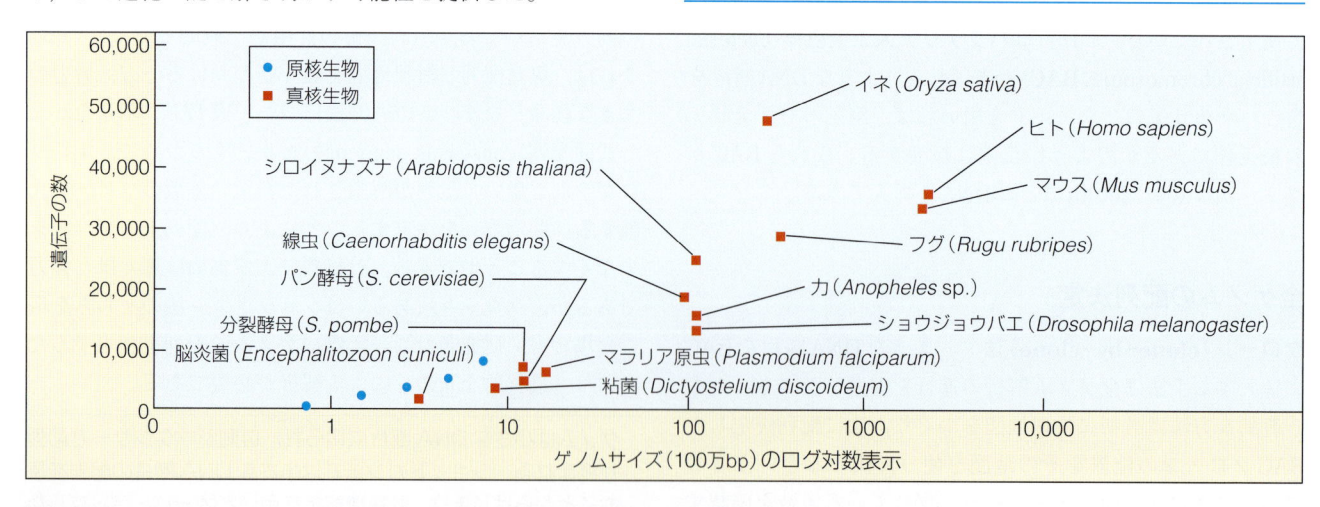

図 17.7
ゲノムのサイズと複雑さ。　一般的に真核生物のゲノムは原核生物に比べ大きく，遺伝子の数も多いといわれているが，それが生物のサイズにより決められるわけではない。マウスのゲノムはヒトのゲノムとほぼ同じ大きさであり，イネのゲノムはヒトのゲノムよりも多くの遺伝子を含んでいる。

ゲノム地理学

ゲノム中から遺伝子を探す

　ゲノムの配列が一度わかれば，次にゲノム中のどの領域に遺伝子が含まれているのか，またその遺伝子は何をしているのかを決める段階に入る．塩基配列データには多くの情報が含まれる．物理地図のマーカーと遺伝地図の情報を用いることにより，表現型として表れる突然変異の原因となるわずかな遺伝子の配列を見つけることができる．また，塩基配列の情報自体が遺伝子を探すのに利用できる．遺伝子はATGのような「開始」コドンからはじまり，十分な長さをおいてタンパク質をコードする領域の最後に「停止」コドン（UAA, UGA, UAG）をもつ．このコード領域を**翻訳領域**（open reading frame：ORF）とよぶ．この配列は遺伝子である可能性が高いが，それが実際に機能的なタンパク質に翻訳されるかどうかはわからない．何らかの機能をもつと考えられる遺伝子については，機能をもっているか実験的に調べる必要がある．また，これらの配列が他種の生物ですでに知られている遺伝子と相同性をもつかをゲノムデータベースで調べることもできる．計算機プログラムを使って遺伝子を調べ，ゲノムを比較，集約することはゲノミクスの新しいアプローチ法であり，**バイオインフォマティクス**（bioinformatics）とよばれる．

　生体で実際に発現している遺伝子を見つけるほかの方法として，**発現遺伝子配列断片**（expressed sequence tag：EST）とよばれるSTSを使用する方法がある．ESTを得るにはmRNAを分離し，逆転写酵素によってmRNAからcDNAを合成し，cDNA末端の片側あるいは両側から塩基配列を読む．STSの場合と同様に，EST配列を含むゲノムDNAやcDNAのコピーを複製できるようにPCRプライマーが設計されている．STSと違う点は，STSがゲノム中の物理的な境界標でしかないのに対し，ESTはRNAをつくるために転写されている機能遺伝子を同定できることである．ESTを用いてヒトのさまざまな組織で87,000のcDNAが同定されており，そのうち80%が未知のものであった．この方法は新規遺伝子の情報をゲノム地図と直接結びつけさせるものである．

　ヒトのゲノムには26,500の遺伝子しか存在しないのに，ヒトの組織では87,000ものmRNAが発現しているのはなぜだろう．これは，ヒトのゲノムには100,000近い遺伝子が含まれると予想していたゲノム研究者にとって難問であった．その答えは，エキソンがイントロンをはさんで散在しているという真核生物の遺伝子の特徴にある．翻訳に続いてイントロンは取り除かれ，エキソンがつなぎ合わされる．細胞によってはいくつかのスプライス部位が飛ばされ，一つあるいはそれ以上のエキソンがイントロンと一緒に取り除かれる．この過程は**選択的スプライシング**（alternative splicing）とよばれ（図17.8），異なる機能をもった異なるタンパク質をつくりだす．このように，ヒトに見られるタンパク質の複雑さは，新たな遺伝子を追加するのではなく，既存の遺伝子を分割して使う新しい方法によって得られている．

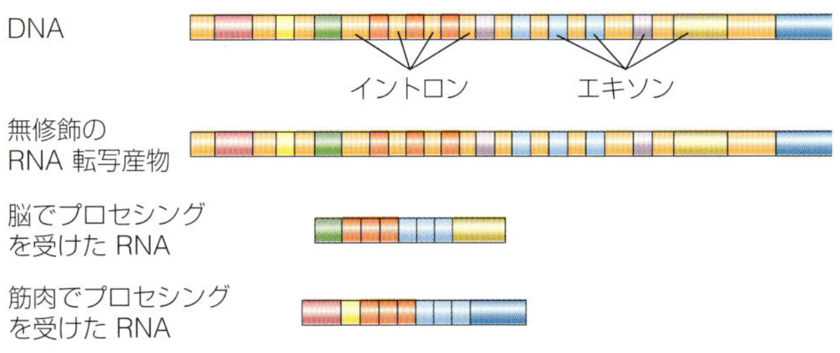

図 17.8
選択的スプライシングは同じ遺伝子から異なるmRNAをもたらす． いくつかの細胞では，隣接するイントロンに伴ってエキソンが削除され，結果的に異なるタンパク質が翻訳される．選択的スプライシングにより，26,500のヒトの遺伝子はその3倍から4倍のタンパク質をコードすることができる．

真核生物ゲノム中の遺伝子の構成

　真核生物のゲノムは，遺伝子のコピー数によりタンパク質をコードする遺伝子を四つのタイプに分けることができる．

シングルコピー遺伝子　多くの遺伝子はシングルコピーで各染色体上に存在する．これらの遺伝子に生じた突然変異の多くは，メンデルの劣性の法則に従う．突然変異により不活性化した沈黙遺伝子は，"**偽遺伝子**（pseudogene）"とよばれる．

重複断片　複数の遺伝子がかたまりで複製され，ほかの染色体に移動して"**重複断片**（segmental duplication）"となる．重複断片内の遺伝子はその順序も同じであることが，ヒトゲノムから発見されている．19番染色体は重複断片がもっとも多く，ほかの染色体と遺伝子のかたまりを16個も共有している．

多重遺伝子族　真核生物のゲノム研究が進むにつれ，多くの遺伝子は"**多重遺伝子族**（multigene family）"の一部だということが明らかになった．これらの遺伝子は時にはクラスターを形成しているが，明らかに異なる遺伝子である．これらの遺伝子は一つの祖先遺伝子から派生しており，減数分裂時の不均等な乗り換えにより重複し，ある染色体では追加されたり，ある染色体では差し引かれたりする．

タンデムクラスター（縦列集団）　同一遺伝子のコピーはタンデムクラスターのなかにも存在し，すべてが同時に転写されるため，タンパク質の産生に働くmRNAの量が増加する．典型的な例として，リボソームRNAをコードする遺伝子は数百コピーもがクラスターをつくって存在する．

バイオインフォマティクスによる研究は，配列が決定されたゲノム中から遺伝子の配列を同定することができる．真核生物のゲノム中の遺伝子には，シングルコピーのものもあれば密接に関連したものあるいは全く同一のコピーが整列して存在するものもある．

表 17.1 ヒトゲノム中に存在する DNA の分類

分類	頻度	特徴
タンパク質をコードしている遺伝子	1%	26,500の遺伝子が染色体上に散在している
イントロン	24%	ヒトの各遺伝子を構成している非コードDNA
重複断片	5%	重複したゲノム領域
偽遺伝子（不活性化遺伝子）	2%	配列中に遺伝子の特徴をもっているが，機能遺伝子ではないもの
構造DNA	20%	セントロメアやテロメア付近に存在する構成ヘテロクロマチン
単純反復配列	3%	CGGなどの少ない塩基が数千回もくり返している配列
転移性因子	45%	21％：活性化トランスポゾンである広範囲散在反復配列（LINE） 13％：活性化トランスポゾンである短散在反復配列（SINE） 8％：末端反復配列（LTR）を含むレトロトランスポゾン 3％：転移因子のなごり

真核生物ゲノム中の非翻訳 DNA

いくつかの真核生物のゲノム配列がほぼ完璧に決定されて浮かび上がってきたのは，大量の非翻訳DNAの存在である．最近のヒトゲノムの配列決定によりとりわけ驚くべきことが明らかとなった．われわれの各細胞には約180 cmのDNAが詰め込まれているが，遺伝子領域はそのうちの3 cm以下でしかない．細胞中のほぼ99％近くのDNAが，ほとんどあるいは全く働いていないのである．

本物の遺伝子は，ヒトのゲノム中で大量の非翻訳DNAのあいだに砂漠のなかに取り残された集落のようにかたまりをつくって散在している．ヒトの非翻訳DNAには主要なものが6種類ある（表17.1）．

遺伝子中の非翻訳DNA　第15章で論じたように，ヒトの遺伝子は単純にDNAを伸長したものではなく，単語を構成している文字のようなものである．ヒトの遺伝子はタンパク質をコードした情報（エキソン）をもつ大量の断片が，非翻訳DNA（イントロン）中に包埋されている．イントロンはヒトゲノム中の約24％を占め，エキソンは1.5％以下である．

構造DNA　染色体には，きつく巻きついて凝縮したまま細胞周期を通じて転写されない領域がいくつかある．この領域を"構成的ヘテロクロマチン（constitutive heterochromatin）"とよぶ．これらの部域はセントロメアや染色体の末端部分に近いテロメアに存在する傾向がある．

単純反復配列　"単純反復配列（simple sequence repeat：SSR）"が染色体上に散在している．SSRではCAやCGGのような1〜3個の塩基配列が数千回もくり返されている．SSRはDNAが複製される際に生じるエラーによってつくられ，ヒトゲノム中の約3％を占める．

重複断片　10,000〜300,000 bpのゲノム配列断片が重複し，相同染色体上あるいは非相同染色体上を移動する．

偽遺伝子　突然変異により機能を失い，不活性化している遺伝子．

転移因子　ヒトゲノムの少なくとも45％が移動可能なDNA小片で構成されており，これを転移因子とよぶ．1950年にBarbara McClintockにより発見された（彼女はその発見でノーベル賞を受賞した）．転移因子はある場所からほかの染色体へ移動することができるDNA小片である．

転移因子（トランスポゾン）はどうやってこのような性質をもつようになったのだろうか？いくつかの例では，トランスポゾンは重複され，重複されたDNAがゲノム中の新しい場所へ移動し，その結果トランスポゾンのコピー数が増加していく．ほかのタイプのトランスポゾンは，重複されることなくゲノムのあちこちで切り取られ移動している．

ヒトの染色体には4種類の転移因子が存在する．ゲノムの少なくとも21％が"広範囲散在反復配列（long interspersed repetitive sequence：LINE）"である．LINEは原始的だがうまく生き残った因子で，長さは約6,000 bp，転移するのに必要なものがすべてそろっている．LINEは逆転写酵素をコードしており，LINE RNAを転写することによりcDNAのコピーをつくりだすことができる．二本鎖になるため，タンパク質に翻訳されるよりもゲノムに再挿入されやすい．

"短散在反復配列（short interspersed element：SINE）"はLINEとよく似ているが，LINEの転移機構を使うことなしには転移することができない．ゲノムのLINEのなかに入れ子状態で，50万コピー以上のAluとよばれるSINE配列があり，これはヒトゲノムの10％を占める．イヌにつくノミのように，AluはLINEのなかに入り込み，LINEとともに移動する．時にはジャンプしてほかのイヌに飛び移るノミのように，AluはLINEの酵素を使って新しい染色体へと移動する．Aluが遺伝子のなかに飛び込むと，有害な突然変異の原因となる．

ほかの二つの異なる転移因子もヒトゲノム中に存在する．ヒトのゲノムの8％が長い末端反復（long terminal repeat：LTR）とよばれるレトロトランスポゾンである．転移の機構はLINEとそれほど変わりはなく，LTRもまた逆転写酵素を用いて二本鎖のコピーを確実につくり，ゲノム中に再挿入さ

コラム17.1
ゲノミクスに関する用語

BAC バクテリア人工染色体。ゲノムDNA（約150 kb）をバクテリアDNA中に挿入し、多くのコピーをつくることができる。

EST 発現遺伝子配列断片。部分的に配列が読まれているcDNAで、ゲノム配列中の遺伝子を同定するのに利用する。

PCR ポリメラーゼ連鎖反応法。DNA断片のコピーを迅速かつ大量につくる手法。

RFLP 制限断片長多型。DNAを制限酵素で切断した際、異なる長さのDNA断片。集団中に存在するDNA配列の多様性を反映する。RFLPは物理地図作製のためのよい境界標をつくる。

SNP 一塩基多型。同種の個体間を区別するのに利用できるような、一塩基対の変異。

STS 配列タグ部位。地図作製に利用できるゲノム中の特異的な塩基配列。ESTやSNPはSTSの一タイプである。

アノテート（annotate） 配列決定されたゲノム中のコード領域を定めること。

遺伝地図（genetic map） 連鎖解析、すなわち減数分裂時に起きる組換えの頻度、をもとにして遺伝子の相対的な位置を表した地図。

クローンによる配列決定（clone-by-clone sequencing） 階層的なゲノム配列決定法。物理地図、遺伝地図の作製からはじまり、すでに染色体上の位置がわかっているDNA配列を細かな断片にし、配列を決定して整列化する。

ゲノム（genome） 細胞中にあるすべての遺伝情報（DNA）。真核生物のゲノムは一倍体細胞の全染色体と等しい。これらの細胞にはこれらのほか動物細胞ではミトコンドリアゲノム、植物細胞では葉緑体が含まれる。

コンティグ（contig） 小さなDNA断片間で重なりを検出し、整列化させたDNA配列。コンティグという言葉は「contiguous：近接した」からきている。

最終配列（finished sequence） ギャップの数が最小限になり、配列が正確な順序に並べられ、配列エラーが1万塩基中に1個以下となっているゲノム配列。

ショットガン法（shotgun sequencing） ゲノム中の全DNAを細かな断片にし、配列を読み、計算機プログラムによって配列を整列化する方法。

シンテニー（synteny） 遺伝子の順序が異なる種間でも保存されているDNA領域。シンテニーは、ゲノム地図が作製された生物と系統的に近い生物のゲノムを研究するのに有効。

制限酵素（restriction enzyme） 特異的なDNA配列を認識し、その部位を切断する酵素。

整列化（assembly） 配列を読んだDNA断片のゲノム中の正確な順番への並びかえ。

選択的スプライシング（alternative splicing） エキソンのさまざまなパターンの組み合わせで、一つの遺伝子から複数のタンパク質を産生できる。

ドラフト配列（draft sequence） いくつかのギャップがあるものの、研究に利用できるゲノムの塩基配列。

反復DNA（repetitive DNA） 同じDNA配列の複数コピー。配列の長さはさまざま。真核生物ゲノムのほとんどは反復DNAで構成されている。

プロテオーム（proteome） ゲノムからつくられるすべてのタンパク質。

れる。ゲノムの3％は死んだトランスポゾンで、複製の機能を失い、もはや転移することができない。

ヒトゲノムの変異

ヒトゲノムの解析から明らかとなってきた事実の一つは、ヒトには膨大な数の遺伝的変異が存在しているということである。この情報はヒトゲノムにおける**一塩基多型**（single nucleotide polymorphism：SNP）として実用的に用いられている。SNPは各個人によって異なる一塩基置換である。多型として類別されるためには、そのSNPが少なくとも人口の1％に存在しなければならない。現在では、国際SNP地図ワーキンググループがゲノムの翻訳領域に5万個のSNPを発見し、さらに非翻訳領域上に140万個を発見している。これは約10％の変異が得られる計算になる。

これらSNPを利用すれば、遺伝子間の関係を探ることができる。減数分裂中に生じる遺伝的組換えは、緊密に連鎖している遺伝子以外のすべてをランダムに配置すると予想される。遺伝子の配置がランダムにならないようにしている現象を**連鎖不平衡**（linkage disequilibrium）とよぶ。この現象は、遺伝子をマップする際に利用することができる。SNPに関する予備的な解析では、その多くが連鎖不平衡であることがわかっている。この予想されなかった結果から、ゲノムハプロタイプ、すなわち組換えによって交換されない染色体上の領域、があるという考えが生じている。これらハプロタイプの解析がより進めば、疾患原因遺伝子の地図作製に多大な助けとなる。ヒトゲノム計画はいまでもゲノムのハプロタイプ地図作製を進めている。

真核生物の遺伝子配列はコピー数に大きく変異があり、たった1回から数千回にわたるさまざまな回数の複製が生じている。ヒトゲノム中のたった1％だけがタンパク質をコードしている領域である。残りのほとんどは転移因子で構成されている。

比較ゲノミクス

多くの生物のゲノム配列決定とともに，遺伝子レベルとゲノムレベルの両方での比較が可能となった（図17.7参照）。ヒトゲノムの配列から得られた印象的な教訓は，ほかの生物とヒトとの驚くべき高い類似性である。ショウジョウバエの遺伝子の半分以上がヒトの遺伝子と対応している。哺乳類のあいだでは違いはもっと少ない。ヒトとマウスのゲノム間では，対応しない遺伝子はたった300しかない。

異なるゲノムから得られた情報の洪水は，**ゲノミクス**（genomics）という新しい学問分野を生みだした。現在では，100種類近い細菌ゲノムの完全な配列が得られている。真核生物で完全ゲノム配列がわかっているものとしては，遺伝学で用いる二種類の酵母，パン酵母（*S. cerevisiae*）と分裂酵母（*S. pombe*），原生生物のマラリア原虫（*Plasmodium*），無脊椎動物ではショウジョウバエと線虫，そして脊椎動物ではフグ，マウス，ヒトがあげられる。植物界では，シロイヌナズナ（*Arabidopsis*）とイネのゲノムが完全に解読されている。しかし，これらゲノム配列のほとんどは高頻度反復DNA配列中に多くのギャップを含む**ドラフト配列**（draft sequence）である。

ゲノミクスのなかの活発な分野に，1個の細胞をつくるのに必要な最低限のゲノムを決めるという研究がある。この研究にはさまざまな方法が用いられている。それには，ゲノム量が大幅に少なくなっている寄生性細菌遺伝子の解析を，既知ゲノム中の同族遺伝子の解析と併せて進めるアプローチなどが含まれている。生命を維持するために必要な最小限の遺伝子の数はまだ推定されていないが，ゴールは間近である。

比較ゲノミクスは進化の謎を説くために，有用である。この理由から，動物ゲノムの次のラウンドで対象になるのは，ヒトにもっとも近い現存種のチンパンジーである（訳者注：2005年9月にチンパンジーの全ゲノム配列が決定された）。ヒトとチンパンジーのゲノムを比較することにより，われわれとの関係がより明確になるだろう。多くの原核生物のゲノムを比較することにより，これまで推測されていたよりも遺伝子の水平移動が多いことが明らかとなっている。

シンテニー

異種間でよく保存されている遺伝子の類似と相違の度合いは，遺伝子単位で研究されている。ゲノム科学では，**シンテニー**（synteny）の概念を取り入れることにより，ゲノムを比較するためのより大規模なアプローチが可能となった。シンテニーとは異種のゲノム間で保存されたDNA断片のことである。物理的な地図作製法を用いれば，配列を読まなくてもゲノム中に保存されているDNA断片を探すことができる。他種と相同的な断片の配列を比較することは非常に有効である。右に図示したのは，すでに配列が読まれているイネを中心に，すべてのゲノム配列が明らかになっているわけではない穀物のトウモロコシ，オオムギ，コムギのゲノムである。これらの植物は5千万年以上前に分岐したにもかかわらず，イネ，トウモロコシ，コムギ，およびほかの穀草類の染色体は非常によく保存された断片（シンテニー）の配置をもつ（図17.9）。ゲノム的には，「イネはコムギ」ともいえる。興味深いことに，イネゲノムはヒトゲノムよりも多くの遺伝子をもっている。しかし，イネのゲノムサイズはヒトの主食となる穀物のなかではもっとも小さい。イネゲノムをDNA配列レベルで理解することにより，大きなゲノムをもつ穀物から遺伝子を同定，単離することがより容易になる。穀物のDNA配列解析は病気に対する耐性，生産性，栄養価，成長能力などに関係する遺伝子を同定するために，大変重要となるであろう。

細胞小器官のゲノム

ミトコンドリアと葉緑体は，内部共生の結果として真核生物中で生活するようになった細菌の親類と考えられている。これらのゲノムはいくつかの種で配列が決定され，原核生物のゲノムと非常によく似ている。約100の遺伝子をもつ葉緑体のゲノムは，37,000の遺伝子をもつイネのゲノムと比べ非常に小さい。

葉緑体は光合成の機能をもつ植物の細胞小器官である。自分自身のゲノムをもっているため，植物細胞のなかで独自に複製可能である。あらゆる陸性植物の葉緑体のDNAは同じ数の遺伝子をもち，ほぼ同じ順序で染色体上に存在する。植物細胞中の核DNAの進化と対照的に葉緑体のDNAはゆっくり進化してきたため，DNA配列の類似性が高く，より説明しやすい進化のパターンをしている。また，葉緑体のDNAでは，転移因子や組換えによる突然変異などによる再構成は起こらない。

長いあいだに核ゲノムと葉緑体ゲノムのあいだにはいくつかの遺伝的な交換が起こったらしい。たとえば光合成のカルビン回路で使われる酵素（ルビスコ）は大小のサブユニットからなるが，小サブユニットは核ゲノム中にコードされている。核ゲノムにコードされているタンパク質は葉緑体内に入り，大サブユニットと結合するための標的配列をもつ。大サブユニットは葉緑体のゲノムにコードされており，ここから生産される。これら遺伝子の存在部位の進化史は大きな謎である。核と葉緑体の比較ゲノミクス，また進化的な知見については第24章で詳しく述べる。

全ゲノム地図を比較することにより，生物の遺伝子のあいだには驚くほどの共通点があることが明らかとなった。真核生物のゲノムDNAのうちほんの一部だけが機能をもつタンパク質をコードしている。

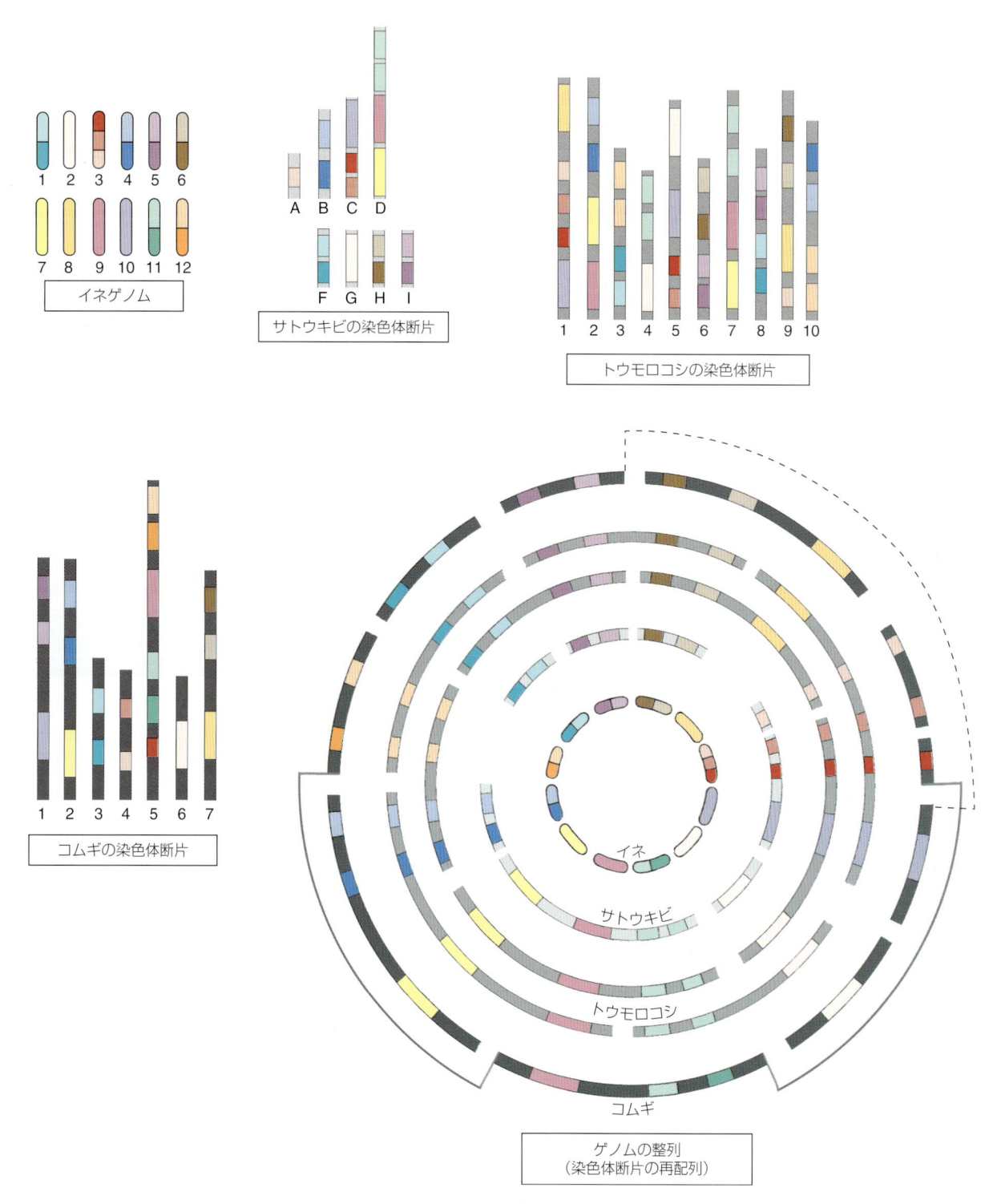

図 17.9
穀物ゲノムでは類似の染色体断片の再配列が起こっている。 種が異なってもよく保存されたまま再配列を起こしているDNA断片を同じ色で示している。主要なイネ科植物種の各染色体を切断して並び替えると，イネ，サトウキビ，トウモロコシ，コムギなどのゲノムの構成はよく保存されていることがわかる。これはイネ科の祖先種のゲノムに組換えによる再配列が生じてイネ科植物が進化してきたことを意味する。

17.3 複雑化するために特に多くの遺伝子は必要ない

17.4 ゲノミクスは生命に新しい窓を開ける

機能ゲノミクス

　ヒトとイネのゲノム配列が解読されたことは，主要なテクノロジーが達成されたことを意味する．バイオインフォマティクスの新しい分野では，最新の計算機テクノロジーを利用して充実しつつある遺伝子のデータベースを解析し，ゲノム間の関係を探り，配列をもとに遺伝子の機能を推測する努力を続けている．ゲノミクスは，現在は**機能ゲノミクス**（functional genomics）という遺伝子の機能とその産物の研究に移行している．バイオインフォマティクスの研究手法は，遺伝子とその機能を解析するために新しく開発されたテクノロジーと結びついている．全ゲノムの配列を決定するのと同様に，これらゲノムの働きを調べるには大きな組織の努力が必要である．たとえば，研究者の国際コミュニティーは20,000～25,000のシロイヌナズナ遺伝子すべての機能を2010年までに決定する計画を立てている（プロジェクト2010）．最初の段階は，これら遺伝子がいつ，どこで発現しているかを決めることである．各段階において，さらなるテクノロジーが必要とされるだろう．

DNAマイクロアレイ

　電子情報であるデータベースを利用する以外に，研究者たちはどうやってDNA配列を手に入れることができるのであ

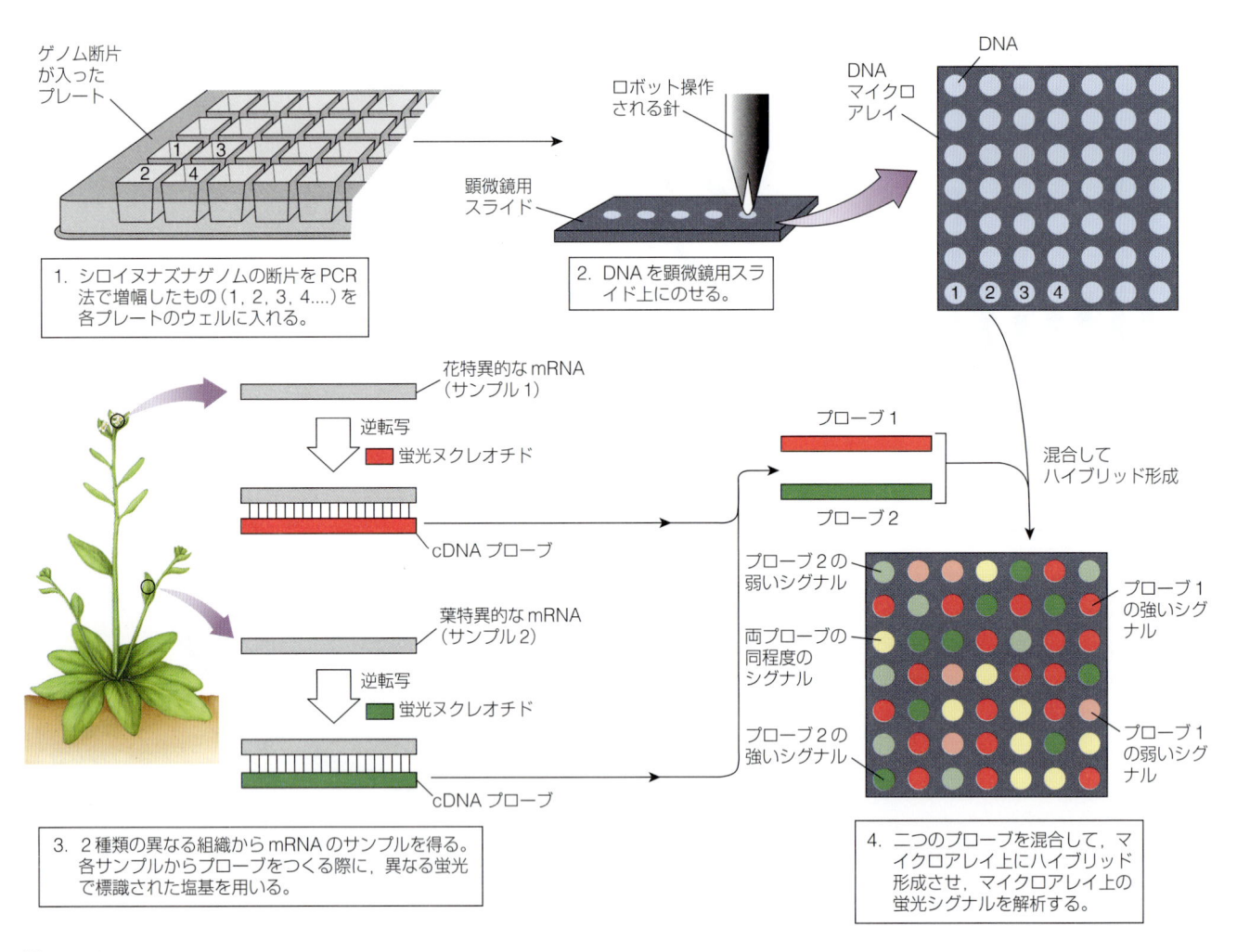

図 17.10
マイクロアレイ．　マイクロアレイは機械的にDNAを顕微鏡用スライド上におくことによりつくられる．発現しているDNAを同定するために目的の組織から得たRNAをプローブとして与えると，プローブとハイブリッド形成したマイクロアレイは疑似カラーイメージを表示する．強く発現している遺伝子を含むサンプルがあれば，マイクロアレイ上でその遺伝子の位置するスポットが強い蛍光シグナル（赤あるいは緑）を発する．弱く発現している遺伝子を含むサンプルは，そのシグナルが弱い（ピンクあるいは明るい緑）．黄色に光るスポットは，各サンプルで遺伝子が同じレベルで発現していることを示す．

図 17.11
形質転換植物の成長。 薬物耐性の遺伝子を含むDNAをコムギ（*Triticum aestivum*）に挿入する。DNAは*GUS*遺伝子も含んでおり，この遺伝子は染色溶液を透明色から青色に転換させる酵素をつくりだすので，タグあるいはラベルとして使われる。(a) 外来遺伝子を胚芽組織に導入する。(b) DNAの転移により，外来遺伝子を含むようになったカルスの細胞は，*GUS*遺伝子により発色（青色のスポット）するので識別できる。(c) 形質転換植物の苗条形成は選択的培養液中で行われる。ここでは，薬物耐性の遺伝子が形質転換植物中で働くので，薬物を含む選択的培養液中でも成長している。(d) 選択的培養液中で薬物耐性遺伝子をもつ形質転換植物（左）と非形質転換植物（右）の成長の比較。

ろうか？ DNAマイクロアレイ（図17.10）は遺伝子の機能を調べる目的のために，多くの研究者がDNA配列を利用できるようにする方法である。特定のマイクロアレイをつくるには，ロボットによって顕微鏡用スライド上の決まった位置に，DNA断片を付着させる。スライドの代わりにシリコンチップを使うこともある。最近の例では，24,000のシロイヌナズナ遺伝子がのっているチップがつくられ，研究者達はこれらチップを用いてある組織に発現しているあるいは環境要因に反応して発現している遺伝子を同定している。マイクロアレイのプローブはこれら組織からRNAを分離してつくるため，組織中で発現している配列だけがマイクロアレイ中に存在している配列とハイブッドを形成する（図17.10）。

マイクロアレイはまた，同種の個体間に存在する遺伝的差異を検出するためにも利用される。前に述べたように，ヒトはそれぞれ個有のSNPプロファイルをもち，それをアレイによってあるいはほかの技術をアレイと融合させて判別できる。膨大なSNPデータベースがヒトゲノムのために構築されている。約142万のSNPがわれわれのゲノム中に存在している。平均すると，1,200 bpごとに約1個のSNPがある計算になる。しかもSNPの突然変異率は大変低い。SNPは遺伝子の機能を変化させたり，反復DNA中にあるマーカーとして役立つ。SNPの医学への応用については，第20章で述べる。SNPはまた，ヒトの移動と進化について研究するのにも役立つ。

形質転換生物

異なる種から得られた二つの遺伝子がよく似た配列をもっていた場合，同じ機能をもっているかどうか，どうやって決めればよいのだろうか？ あるアノテーションプログラム（ゲノム情報に遺伝子と機能を割りあてるプログラム）をもとにして生体内における遺伝子の実際の機能をどうやって確定することができるだろうか？ これらの疑問に答える一つの方法は，形質転換生物をつくることである。形質転換生物をつくりだす技術については第16章で述べており，植物体の例を図17.11に紹介する。シロイヌナズナのある遺伝子がイネの遺伝子と相同であるかどうかテストするために，その遺伝子をイネの細胞中に挿入し，イネ植物中で再生するかを確認する。形質転換植物では，異なるマーカーを遺伝子のなかに組み込むことにより，その遺伝子がコードしているタンパク質の生産を可視化し，単離できるようにする。いくつかの場合，導入遺伝子（挿入された外来遺伝子）は目に見える表現型に影響する。当然ながら，形質転換体は遺伝子の機能について答えを導いてくれる多くの方法のうちの一つにすぎない。

ゲノミクスにより100万もの新規遺伝子を発見することができた。これら未知の遺伝子の機能を見つけることができるかどうかは，マイクロアレイなどのように多くの遺伝子を迅速にスクリーニングできるテクノロジーに依存している。

プロテオミクス

遺伝子の働きを十分に理解するためには，遺伝子がつくりだすタンパク質の特徴をつかむ必要がある。この情報は細胞科学，生理学，発生学，進化学を理解するうえで不可欠である。異なる植物が似たような遺伝子を用いながら，いかにして生化学的にも形態的にも異なる個体をつくりだすのであろうか？対象としているレベルは大きく異なるが，Mendelが抱いていた同じ疑問をわれわれも問いかけ続けているのである。

タンパク質は研究対象としてDNAよりもはるかに難しい。なぜならば，タンパク質には翻訳後の修飾と複合体の編成が生じるからである。選択スプライシングにより，一つの遺伝子は複数のタンパク質をコードすることができる(図17.8)。ゲノム中のすべてのDNAは一つの細胞から単離することができるが，タンパク質では"プロテオーム(ゲノムにコードされているすべてのタンパク質)"の一部のみが一種類の細胞あるいは組織で発現している。このようなタンパク質の複雑さは**プロテオミクス**(proteomics：プロテオーム研究)という分野において研究されている。遺伝子は特定の時期に細胞のなかでRNAに転写されるが，この転写産物が同時にタンパク質へと翻訳されるわけではない。よって，プロテオーム研究の中途段階として，特定の時期に細胞あるいは組織に存在しているすべてのRNAについて研究する"トランスクリプトーム"という研究がある。

多種類のタンパク質を迅速に同定し特徴づけるためにプロテオミクスにおいて利用される新しい手法は，古くから使われているタンパク質生化学の手法と区別される。理想としては，研究者は遺伝子の塩基配列とその遺伝子がどんな種類の機能タンパク質をコードしているかを調べたい。ゲノム計画で行われたのと同様に，データベースを利用して異なる生物のタンパク質構造を調べることによって，遺伝子の配列のみからその構造と機能を推測する。遺伝子の配列とタンパク質の形と機能をどのように関連づけるのか，その全体像が明らかになりつつある。膨大な数のDNA配列を利用すれば，出現し続けるタンパク質グループの共通構造のパターンを詳細に比較し，同定することが可能となる。

幸運にも，100万種もの異なるタンパク質が存在するにもかかわらず，タンパク質の多くは一握りの典型的なモチーフの変化形にすぎない。同じ共有構造のモチーフとして，バレル，らせん，分子ジッパーなどが植物，昆虫，ヒトのタンパク質で見つかっている(図17.12，タンパク質のモチーフについては第3章参照)。区別できるモチーフの数は，最大でも5,000以下と見積もられている。これらのモチーフのうち1,000はすでに一覧が作製されている。世界のさまざまな研究グループが，共通モチーフすべての形態を詳細に調べることに現在力を注いでいる。

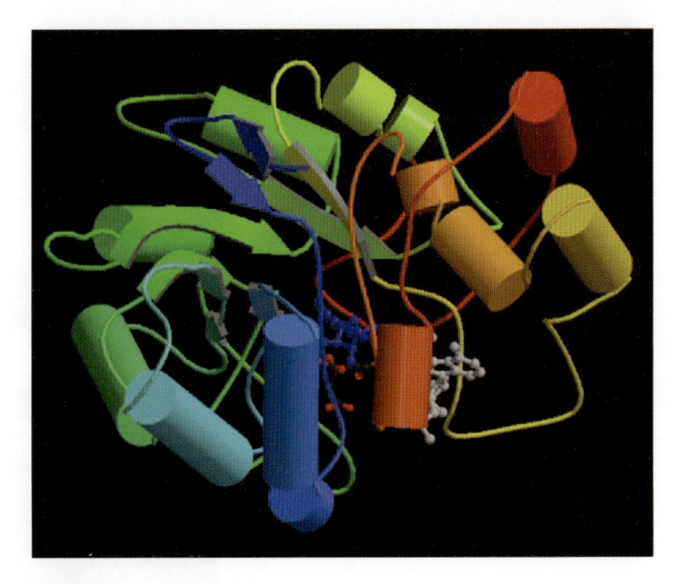

図 17.12
計算機で作製された酵素のモデル。 既知タンパク質の構造が登録されているデータベースで探索できる。ここではヒトのアルドース還元酵素を示す。

タンパク質アレイは，DNAアレイと同様，タンパク質を同時に解析することができる。タンパク質アレイは細胞や組織からトランスクリプトームを単離することからはじまる。次にcDNAを合成し，それらを細菌かウイルスに組み込み，クローン化する。転写と翻訳が原核生物の宿主中で起こり，マイクロモル量のタンパク質が単離，抽出される。これらをガラススライド上にスポットする。タンパク質アレイには少なくとも三つの検出法がある。一つ目の方法では，特異的なタンパク質に対する抗体を用いてスクリーニングする。抗体は検出できるように標識され，タンパク質アレイのパターンは計算機解析によって決定される。二つ目の方法では，あるタンパク質をプローブとしそれと結合するか否かでそのタンパク質との相互作用を検出する。この方法により，多数の相互作用を一度に調査することができる。たとえば，カルモジュリン(Ca^{2+}機能を仲介する。図7.9参照。)を標識し，5,800のタンパク質をもつ酵母のプロテオームアレイに対してプローブとして用いられた。その結果，39のタンパク質がカルモジュリンに結合していることがわかった。39のタンパク質のうち33は未知のものである！三つ目の方法では，小さな分子をプローブとしてアレイ上のいくつかのタンパク質にこの分子が結合するか否かを評価する。このアプローチは病気を進行させるタンパク質を抑える新薬の開発に有効である。

プロテオミクスはゲノムにコードされている大量のタンパク質を同定し，研究する。ウェブを基本としたデータベースを用いれば，新規のDNA配列を既知の配列と比較し，そのDNAにコードされているタンパク質の構造を予測することができる。新規のタンパク質は，タンパク質のアレイスクリーニングにより同定される。

ゲノム情報の利用

遺伝子の海を泳ぐ

　ゲノミクス革命は，研究対象となる数百万もの新しい遺伝子をもたらした。医療診断を通した人類の健康と，農業を通した人類への栄養供給に貢献できるゲノミクスの潜在能力は計り知れない。たとえば，一つの遺伝子に生じる突然変異のうち，いくつかは病気として受け継がれる。ゲノム全体を調べることは，ヒト，動物，植物がかかる病気の治療に大きく貢献することができる。プロテオミクスは新しい医薬品の開発につながり，ゲノミクスは診断に直接的な影響を及ぼす。技術の開発と遺伝子の発見の両者が遺伝子の異常を診断する助けとなる。各個人を区別する際にもこの診断が使われることがある。たとえば，SNPは法医学診断の手段として使われており，ニューヨークの国際貿易センターで起きたテロ事件の犠牲者の身元確認に利用されている。

　9月11日のテロ事件により，生物兵器への恐怖と関心が高まった。2001年の秋ごろから炭疽菌感染者が確認されたが，ゲノム配列の解読により，このような死をもたらす細菌の由来を探すこともできれば，炭疽菌が遺伝的操作により感染による死亡率を高めるように改変されたかどうかを判定することもできるようになった。実際に感染者がでた場合，それが自然に感染したのかあるいは意図的に発症を激増させたのかを区別するために遺伝的な手法が利用されている。米国疾病管理予防センター (The Centers for Disease Control and Prevention : CDC) はバイオテロリズムの標的となるような細菌とウイルスを優先的に研究している (表17.2)。小さなゲノムをもつ原核生物は迅速にゲノム配列を決定することができ，より毒性が強いものへと容易に変えることができる。病原体への関心はバイオテロリズムを越えたところにまで及んでいる。エボラウイルスや重症急性呼吸器症候群 (Severe Acute Respiratory Syndrome : SARS) などを含めウイルス出現の拡大はヒトの世界的な交流がより頻繁になっている現代，深刻な問題となっている。

　ヒトの進化の歴史と移動のパターンは科学者のあいだで活発に議論が交わされている課題である。化石から得られたミトコンドリアDNA配列と，現在のSNPデータの比較は，かなりあいまいな進化の図式を明らかにしようとしている。世界的に見て現在のSNPのパターンからすると，ユーラシアの集団とアフリカの集団とのあいだには差がある。しかしながら，DNAの非翻訳領域におけるユーラシア集団のSNPパターンはアフリカ集団の一部に見られる。これはほかの研究から得られている「ヒトの起源はアフリカにある」という説を支持する。一方で，このようなSNPデータから，SNPプロファイルを用いた医学診断を行う際には個人の地理的な起源を十分考慮せねばならないことがわかる。

表17.2　ゲノム研究が最優先されている病原体

病原体	病名	ゲノム解読の状況*
Variola major (痘瘡ウイルス)	天然痘	完了
Bacillus anthracis (炭疽菌)	炭疽病	完了
Yersinia pestis (ペスト菌)	ペスト	進行中
Clostridium botulinum (ボツリヌス菌)	ボツリヌス中毒	進行中
Francisella tularensis (野兎病菌)	野兎病	完了
Filoviruses (フィロウイルス)	エボラ出血熱，マールブルグ熱	両者とも完了
Arenaviruses (アレナウイルス)	ラッサ熱，アルゼンチン出血熱	両者とも完了

* これらのウイルスやバクテリアには複数の系統がある。「完了」は複数ある系統のうち，少なくとも一つの系統のゲノム配列が決定されたことを意味する。たとえば，炭疽菌ではFlorida系統の配列が最初に決定された。

図 17.13
水田。　世界中で米はヒトにより直接消費され，20億人の人口の主食となっている。

世界の食糧問題

　世界的に，食糧供給は人類の最大の問題である。イネゲノム計画の注目すべき点は，米とほかの穀物の産生量を増加させ，栄養価を向上させる可能性にあった。第16章で述べられているゴールデンライスの開発は，遺伝的なアプローチにより栄養価が改良されたよい例である。世界人口の約3分の1が米からカロリーの2分の1を摂取している (図17.13)。ある地域では，1日に1人あたり1.5 kgの米を消費する。毎年，5億t以上の米が生産されているが，これは将来的には十分な数字ではない。現在の世界人口は60億人であるが，2070年にはピークを迎え90億人にのぼり，2100年には84億人になると予想されている。90億人が生きていくための十分な食糧を生産することが，人類の主要な課題である。世界には農耕に適した土地が不均等に分布していることが，食料の配給に問題を投げかけている。解決法の一つは，理想的な土壌と気候をもたないような環境の土地にも適応する作物を育てることである。

作物育種と農耕技術に関する科学が大きく進歩したおかげで，世界の農耕地は9％しか増加していないのに，食糧生産は2倍以上に増えている。世界では現在，南アメリカと同じ面積の土地を農耕地としているが，40年前からの科学の進歩がなければ，世界の人々に十分な食料を供給するのには西半球全体を耕地にせねばならなかったであろう。不幸にも作物のために使う水は当時の3倍になっており，また，農耕地の質は土壌の浸食のために低下している。従来型の作物育種のプログラムは限界に達しているかもしれない，と多くの人は懸念している。問題は，地球環境を破壊せずに増加する人々にどうやって食料を供給できるか，である。科学者たちはまた，世界的な気候の変化が世界の農業に与える影響を憂慮している。人類のためにも家畜のためにも作物の生産量と品質を高めることは，多くの要因に依存している。ゲノム計画から得た発見のうえに成り立っている遺伝的エンジニアリングは，その解決に大きく寄与できるはずである。

　アメリカで育てられる作物のほとんどは，環境ストレス（塩，水，温度），草食動物による摂食，病原体などの影響で，本来もっている遺伝的な潜在能力の半分以下の収穫しか得られない（図17.14）。ストレス耐性，害虫抵抗性に関与する遺伝子の同定は多くのゲノム研究プロジェクトの焦点となっているが，多くの形質と同様に複数の遺伝子が関係している可能性が高い。全ゲノム配列を解読することが重要な遺伝子を同定する可能性を高めるであろう。

誰がゲノムを所有するのか？

　ゲノム科学はまた，倫理的な挑戦とジレンマをかかえている。一つの例として遺伝子特許の問題がある。実際には，特許の対象になるのは遺伝子そのものではなく遺伝子の利用である。遺伝子の特許をとるためには，その遺伝子の産物と機能を知らねばならない。合衆国連邦の基金によりサポートされているパブリックゲノムコンソーシアムは，ゲノムの配列はすべての人が自由に利用できるべきであり特許の対象にすべきではない，という信念のもとに運営されている。民間企業は遺伝子機能の特許を取るが同時になんらかの制限をもうけて配列データを利用できるようにすることが多い。物理学の分野では研究のもたらす公共性と私利益性について議論を重ねてきた歴史があるが，これは生物学では新しい事態である。

　ほかの倫理的な問題は，プライバシーとのかかわりである。配列データをどのように利用するかは十分に考慮する必要があるし，活発に議論が交わされている。ヒトゲノムと人権に関する世界宣言ではこう述べている。「ヒトゲノムは基本的に全人類に共通するものであり，同様に人類に固有の尊厳と多様性の認識の基礎である。いい換えれば，人間性の相続財産である。」われわれは"ヒト"のゲノムとして話をするが，実際に一人ひとりが微妙に異なったゲノムをもっており，そ

図 17.14
干ばつによりトウモロコシが本来もつ生産性を発揮できない。成長期の乾燥した天候による干ばつがトウモロコシの生産性を低下させる。地球レベルの気候変動が，トウモロコシの主要な産地における干ばつ圧を増す可能性がある。
トウモロコシゲノムはまだ決定されていない。トウモロコシの干ばつ耐性を改善するためにイネゲノムの情報をどう利用できるだろうか？

の違いから各個人を認識できる。囊胞性線維症やハンチントン病などの代表的な遺伝的疾患のスクリーニングはすでに行われているが，ゲノミクスによりスクリーニングできる形質は大幅に増加するであろう。行動性ゲノミクスもまた，多くの可能性とジレンマをかかえた研究分野である。一つの遺伝子により支配されている行動は非常に少ない。脆弱X染色体症候群には二つの遺伝子が，早期発症型アルツハイマー病には三つの遺伝子が関係している。複数のゲノムを比較することにより行動を支配する複数の遺伝子を同定することができるかもしれない。

　ある雇用主あるいは契約している保険会社が，特定個人のSNPプロファイルを手に入れたらどうだろうか？　薬物中毒や心臓病になる遺伝的傾向が強いという理由で差別を受けるだろうか？　実際にSNPを有効利用している例をあげると，アメリカの軍隊では不慮の事故に対処するため各人からDNAサンプルを得ている。またDNAを元にした身元判別は，国際貿易センターテロ事件の犠牲者の家族に対し心の平穏をもたらした。

　アイスランドでは，全国民について医学，遺伝学，系図的な情報を集めてデータベース化する案に，議会で賛成票が投じられた。アイスランドのある地方では800年前から人の移出入がほとんどなく，データベースから得られるアイスランド人特有の情報は重要なものである。そのデータの取り扱いにあたっては，個人あるいは集団に対していかなる差別や非難も生じないように，注意せねばならないことはいうまでもない。

ゲノミクスは人類の健康におびただしい利益をもたらすが，同時にプライバシーやほかの新たな問題を提起している。

第17章のまとめ

17.1 ゲノムは遺伝的にも物理的にも地図にできる
　"ゲノム地図"
- 遺伝地図は組換え頻度によって決定された染色体上の遺伝子の相対的な位置を示す。遺伝地図の距離はセンチモルガンで表される。(p. 344)
- 物理地図は特異的なDNA配列中にある境界標の相対的な位置を示し、その距離はベースペア(塩基対の数)で表される。

17.2 ゲノムの配列を解読することにより最終的な物理地図をつくる
　"配列決定"
- 大規模なゲノムの配列決定は自動シーケンサーと計算機プログラムに依存するが、エラーを減らすためにゲノムを短い断片に切断して複製させる。(p. 346)
- クローン法による配列解読は多くの境界標を用いて物理地図をつくることからはじまり、次いで、すでにわかっている位置の配列を解読する。(p. 347)
- ショットガン法ではクローン化された断片の配列を決定し、計算機解析によりオーバーラップしている配列を探し、全ゲノムの配列を決定する。(p. 347)

17.3 複雑化するために特に多くの遺伝子は必要ない
　"ヒトゲノム計画"
- ヒトゲノム計画は1990年にはじまり、2001年に終了宣言がなされた。(p. 347)
- 真核生物のゲノムは原核生物のゲノムより大きいが、ゲノムの大きさが生物の体の大きさを反映しているわけではない。(p. 348)
　"ゲノム地理学"
- バイオインフォマティクスの研究方法は遺伝子の配列を同定するのに利用される。(p. 349)
- 選択的スプライシングにより、異なる機能をもった異なるタンパク質が生じる。(p. 349)
- 真核生物のゲノム中でタンパク質をコードしている遺伝子は4種類ある。(1) シングルコピー遺伝子、(2) 重複断片、(3) 多重遺伝子族、(4) タンデムクラスター。(p. 349)
- ヒトゲノムのうちたった1%がタンパク質をコードしている遺伝子である。(p. 350)
- ヒトの非翻訳DNAは大きく六つに分けることができる。(1) 遺伝子中の非翻訳DNA、(2) 構造DNA、(3) 単純反復配列、(4) 重複断片、(5) 偽遺伝子、(6) 転移因子。(p. 350)
　"比較ゲノミクス"
- 近縁種間のゲノムで保存されたDNA断片をシンテニーとよぶ。(p. 352)
- シンテニー領域の配列を異種と比較することは進化の関係を探る手助けとなる。(p. 352)

17.4 ゲノミクスは生命に新しい窓を開ける
　"機能ゲノミクス"
- ゲノミクスは遺伝子の機能とその産物を研究する機能ゲノミクスへと移行している。(p. 354)
- DNAマイクロアレイは迅速に大量の遺伝子をスクリーニングする方法である。(p. 355)
　"プロテオミクス"
- タンパク質には翻訳後の修飾と複合体の編成が生じるため、タンパク質の研究はDNAの研究よりもはるかに難しい。(p. 356)
- プロテオミクスとはゲノムにコードされているタンパク質を同定し、その機能を解析する試みであるが、多数のタンパク質を迅速に同定し、特徴づける新しい手法を利用する点で、従来のタンパク質生化学とは区別される。(p. 356)
　"ゲノム情報の利用"
- 医学診断を通じた人類の健康促進と農業を通じた栄養価の改良に貢献するゲノミクスの可能性ははかりしれない。(p. 357)
- ゲノム科学は患者の人権や個人のプライバシーといった倫理的な挑戦とジレンマをも抱えている。(p. 358)

質問のページ

自習問題

1. 多くの研究チームの研究者達が協力し合ってヒトのゲノム配列を決定している。これらの研究チームは，互いに同じDNA断片を重複して解析することを避けるためどのような工夫をしているか？
    a. プロジェクトを分けるために，各研究チームは決まった染色体からDNAを単離する
    b. 制限断片長多型を利用して，各研究チームは別のチームと同じ断片の配列を読まないようにしている。
    c. クローンの短い配列である配列標識部位(STS)を利用することにより，ほかの研究グループがすでに解析した断片を確認する。
    d. 各研究チームが決定した配列を比較することにより，同じ断片を解読しないようにする。

2. あなたの友人たちが自分たちのゲノムを解読しようとしている。彼らの手助けをするために，われわれの染色体を都市を結ぶ高速道路のシステムに例えたアナロジーを開発した。このアナロジーでは各都市間道路を各染色体と考える。このアナロジーを使って染色体と遺伝子の関係を友人達に説明するにはどうすればよいか？
    a. 各メートル標識を遺伝子に例える。
    b. 各都市を遺伝子に例える。
    c. 各県を遺伝子に例える。
    d. 曲がりくねった高速道路を遺伝子に例える。

3. お母さんのお気に入りの花瓶を割ってしまい，その破片をつなぎ合わせてつくり直すことになった。破片の割れ目のパターンを比較することによって破片をつなぎ合わせた。この過程にもっとも近いものはどれか？
    a. ショットガン法　　b. コンティグシークエンス法
    c. クローン法　　　　d. マニュアルシークエンス法

4. 全ゲノム配列を知ることのメリットは何か？
    a. 生物における全遺伝子の機能を完璧に理解できる。
    b. 生物すべての病気の遺伝的原因を予測できる。
    c. 人工生物をつくるための鋳型を開発できる。
    d. 特異的な遺伝子を同定するための生データとして使用できる。

5. 染色体全体の塩基配列を見て，遺伝子を含む領域を検出するにはどうすればよいか？
    a. タンパク質をコードする翻訳領域を同定する。
    b. 発現遺伝子配列断片(EST)と一致する領域をさがす。
    c. 転写の開始を制御している配列をさがす。
    d. これらすべての方法で遺伝子を同定できる。

6. あなたが新しい生物，*Undergraduatus genomicus*のゲノムを解析したとする。あなたはゲノム全体を占める10^6bpの配列を解読し，この生物には約1万種類の遺伝子があると予想した。しかし，このプロジェクトの共同研究者は約2万個の発現遺伝子配列断片を同定した。この不一致はどのように説明できるのか？
    a. 共同研究者が間違えてすべての遺伝子を2回数えてしまった。
    b. 共同研究者は選択的スプライシングによって同じ遺伝子から生じる複数のアイソフォームを同定した。
    c. あなたはその生物が二倍体で各遺伝子が2コピーあることを忘れていたため，共同研究者が予想した数の半分となった。
    d. あなたは翻訳領域をもつ遺伝子のみを数えたが，多くの遺伝子はタンパク質をコードしておらず，実際の遺伝子の数より低い結果がでた。

7. 私たちのゲノムがもつ配列には，タンパク質をコードしている配列のほかにどのようなものがあるか？
    a. 遺伝子中にある非コード領域（たとえばイントロン）
    b. テロメアやセントロメにある構造DNA
    c. 単純反復配列
    d. ゲノム中を動き回る転移性因子のDNA

8. ゲノム中のタンデム反復配列にはその長さに多様性があり，DNAフィンガープリント法により各個人を判別することができる。その理由は何か？
    a. これは正しくない。このような多様性は決して便利な武器にはならない。
    b. 反復配列の長さが変わることによってDNA合成のパターンも変わる。よって，細胞周期の長さも変化し，各個人の細胞はさまざまな大きさになる。
    c. 反復配列の長さが変わることはまれにしか生じないので，反復配列の長さには一つのパターンしかない。
    d. 反復配列の長さが変わることは頻繁に生じるので，いくつかの反復配列を調べてみるとさまざまな長さの各個人特異的なパターンが見つかる。

図解き問題

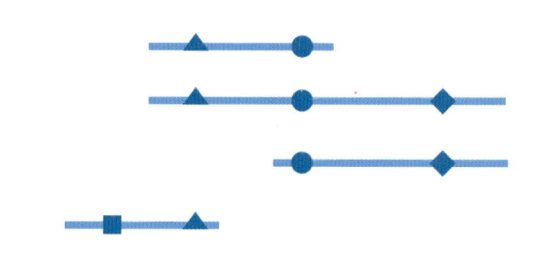

1. 上図から得られる情報よりコンティグ地図を作成せよ。

応用問題

1. あなたの身体にあるすべての細胞は同じゲノムDNAをもっているのに，組織でのプロテオームは各組織特異的である。この現象はどのように説明できるか？

2. 染色体は都市を結ぶ高速道路のシステムによく例えられる。この例えで染色体と対応するものは何か？
    a. 特定の高速道路のはじまりから終わりまで。
    b. 高速道路に沿った都市。
    c. 荒野を横切ってのびる高速道路。

3. どの生物から得たのかわからないDNAサンプルがあるとする。どうやってその生物を特定すればよいか？

18
遺伝子発現の制御

概　要

18.1 遺伝子発現は転写の調節によって制御されている

転写制御の概観　原核生物では，転写はRNAポリメラーゼのプロモーターへの接近を制御することで柔軟かつ可逆的に調節されている。対照的に真核生物では，より永続的な方法で多くの遺伝子のスイッチをオン/オフにして調節されている。

18.2 調節タンパク質はDNAを巻き戻さずに読み取る

巻き戻さずにらせんを読み取る方法　調節タンパク質はDNAらせんの主溝に沿ってDNA結合モチーフとよばれる特殊な部分を滑らせ，塩基の側面を読み取る。

四つの重要なDNA結合モチーフ　DNA結合タンパク質はヘリックス-ターン-ヘリックスモチーフのようなDNAらせんの主溝のなかにはまり込む構造的モチーフをもっている。

18.3 原核生物は転写開始の制御によって遺伝子を調節する

原核生物における遺伝子調節　抑制因子タンパク質はRNAポリメラーゼのプロモーターへの接近を阻害し，活性化因子はその結合を助ける。

18.4 真核生物の転写制御は離れたところから行われる

真核生物における転写制御　真核生物では複雑な転写因子やエンハンサーの集合体を用いてポリメラーゼによる遺伝子の転写が行われる。

遺伝子発現に対するクロマチン構造の影響　真核生物の遺伝子発現は，DNAがヌクレオソームに詰め込まれているにもかかわらず邪魔をせずに行われる。

真核生物における転写後制御　遺伝子発現は転写後の，さまざまな段階で制御される。タンパク質と低分子RNAが遺伝子転写産物の安定性や発現の調節に主要な役割を果たしている。

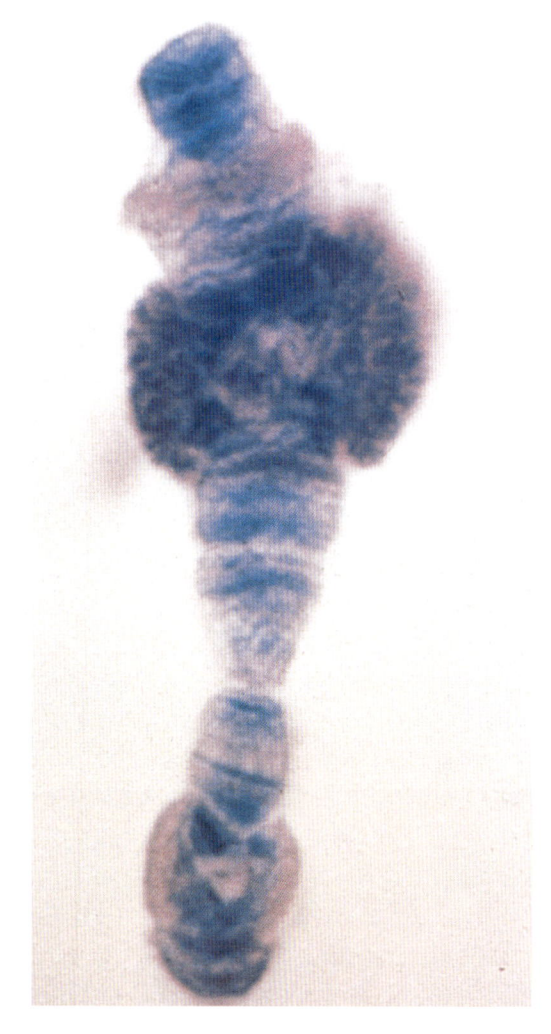

図 18.1
染色体のパフ。　ショウジョウバエ（*Drosophila melanogaster*）のこの染色体では，染色体中での個々の活性化状態の遺伝子を「パフ」として見ることができる。DNAから転写されたRNAは放射標識されており，染色体上で黒い小さな点で示されている。

　オーケストラの演奏では，すべての楽器が同時に音を出すことはない。そんなことをしたら，雑音にしか聞こえないだろう。そうならないように，楽譜はオーケストラのなかでどの楽器がいつ音を出すかを決めている。同じように，ある生物体ですべての遺伝子がコードしているタンパク質を同時に全速力で発現することはない。そうならないように，DNAの調節領域に書き込まれている遺伝子の譜面によってどの遺伝子がいつ発現するかを決め，さまざまな遺伝子がさまざまなタイミングで発現するようになっている（図18.1）。

18.1 遺伝子発現は転写の調節によって制御されている

転写制御の概観

遺伝子発現の制御はすべての生物に不可欠なものである。それは原核生物では，変化する環境条件を巧みに利用することを可能にし，多細胞の真核生物では発生や恒常性の維持に重要である。

プロモーターへの接近の調節

遺伝子発現を制御する一つの方法は，転写開始を調節することである。遺伝子が転写されるためには，RNAポリメラーゼがDNAらせんに近づき遺伝子上の**プロモーター**（promoter）に結合できなければならない。プロモーターは遺伝子の一方の端に位置し，ポリメラーゼにどこから転写をはじめるべきかを伝える特異的なヌクレオチド配列である。転写開始はどのように調節されているのだろうか？ DNA上のタンパク質結合ヌクレオチド配列は，RNAポリメラーゼがプロモーターに結合する能力を変化させることによって転写開始を調節している。これらタンパク質結合部位は通常わずか10〜15ヌクレオチドの長さしかない（大きな調節タンパク質の場合でも，せいぜい20ヌクレオチド程度の"フットプリント"領域，または結合領域しかない）。何百種類というこれらの調節配列それぞれを特異的に認識して結合できるタンパク質が存在していることがわかっている。調節配列へのタンパク質の結合は，時にはRNAポリメラーゼの進路に入り込んで転写を妨げたり，また，ある時はRNAポリメラーゼのプロモーターへの結合を助けることによって転写を促進する。

原核生物の転写制御

原核生物における遺伝子発現の制御は，真核生物の細胞におけるそれとは大きく異なる。原核生物の細胞はできる限りの速さで増殖分裂するようになっており，そのため，一時的に蓄積された資源を活用することが可能になっている。原核生物のタンパク質は急激に代謝される。このことは，彼らが外環境変化にすばやく対応し遺伝子発現パターンを変えることを可能にした。原核生物における遺伝子制御の主要な役割とは，すぐまわりの環境に細胞の活動を適応させることである。利用可能な栄養素の量やタイプ，存在する酸素の量などに応じて遺伝子発現を変化させることにより，細胞内で働く酵素を変化させるのである。ほとんどすべてのこれらの変化は完全に可逆的なので，環境変化に応じて細胞がその酵素量を増減させることが可能である。

真核生物の転写制御

一方では，多細胞生物の細胞は自らを取り囲む環境の急激な変化から守られる方向へと進化してきている。彼らのほとんどはかなり安定した条件に置かれている。実際，恒常性（homeostasis：安定した内部環境の維持）は多細胞生物の顕著な特徴として広く認められている。そのような生物の細胞も，（原核生物と同様に）遺伝子発現を変えることによって成長因子やホルモンのような隣接する環境からの信号に応答しているが，そうすることにより細胞は身体全体の調節にかかわっている。比較的穏やかな内部環境の下にある多細胞生物における細胞内の遺伝子制御の主な役割は，細胞を直接取り囲む環境に応答することではなくむしろ身体全体の調節にかかわっているのである。

遺伝子発現の変化のいくつかは身体の生理的状態の変化を補う役割をになう。別の場合には体づくりの決定に関わり，発生の過程である特定の遺伝子が特定の細胞でタイミングよく発現するよう働きかける。多細胞生物の成長や発生には，特異的な酵素によって各々触媒される一連の生化学反応が伴う。いったん発生におけるある変化がはじまると，これらの酵素はあとに続く出来事を中断させないように不活性状態になる。これらの酵素を生産する場合には，あらかじめ決められた遺伝的プログラム（それがプログラムされた細胞死に導くものであってすら）にもとづいて遺伝子は注意深く定められた順番とタイミングに従って転写される。そのようなプログラムを取りしきる一過的遺伝子発現は，原核細胞が環境に対して行う可逆的代謝調節とは根本的に異なるものである。多細胞生物においては，一細胞における遺伝子発現の変化は個々の細胞の生存のためというよりはむしろ個体全体の必要性を満たすものなのである。

転写後の制御

遺伝子発現はさまざまな段階で調節されている。原核生物と真核生物の双方で圧倒的に一般性の高い調節は，**転写制御**（transcriptional control）すなわちRNAポリメラーゼによる特定の遺伝子の転写を制御することである。一般性においては劣るがほかの制御形式として転写後に行われるものがあり，遺伝子からつくられるmRNAやmRNAにコードされたタンパク質の活性が影響を受ける。これらの制御は正確には**転写後制御**（posttranscriptional control）とよばれていて，あとでふれることにする。

> 遺伝子発現は転写時および転写後の各段階において制御されている。転写制御は一般性が高く，DNA中の調節配列へのタンパク質の結合によって引きおこされる。

18.2 調節タンパク質はDNAを巻き戻さずに読み取る

巻き戻さずにらせんを読み取る方法

DNAの特異的な調節配列にタンパク質が結合するか否かは，転写制御を左右する鍵であり，遺伝子調節の基本的手段である．細胞が遺伝子発現をどのように制御するかを理解するには，まず，その分子認識の過程についてはっきりとしたイメージを想い描けることが必要である．

主溝を覗き込む

以前は，調節タンパク質が特定のDNA配列を識別して塩基対のあいだの水素結合に近づけるにはDNAらせんが巻き戻される必要があると考えられていた．現在は，タンパク質が塩基対の一端が露出しているDNAの外側表面に結合できるので，らせんを解かなくてよいことがわかっている．DNA分子を詳しく見てみると分子を取り囲む二つのらせん状の溝があり，一方が他方より深くなっていることがわかる．**主溝**（major groove）とよばれるこの深い溝のなかには，ヌクレオチドの疎水性メチル基，水素原子，水素結合の供与基と受容基が突きでている．これらの残基によって形づくられるパターンは4種類の可能な塩基対構成それぞれによって特徴があり，溝に接近したタンパク質はそれを読んで塩基の配列をきちんと識別できるのである（図18.2）．

DNA結合モチーフ

タンパク質-DNA認識は活発に研究され，これまでに30種類以上の調節タンパク質の構造が解明されている．詳細はそれぞれのタンパク質ごとに特徴的であるが，DNAに直接結合するタンパク質部分はさほど多様ではない．これらタンパク質のほとんどは，DNAらせんの主溝に結合することが可能な特殊な曲がりくねった構造，すなわち**DNA結合性モチーフ**（DNA-binding motif）の一つを利用してDNAに結合する．

> 調節タンパク質がDNA二重らせんの特異的配列を見つけだすにはらせんを巻き戻す必要はなく，塩基の一端が突きでている二重らせんの主溝の中にDNA結合モチーフを挿入することによって行われる．

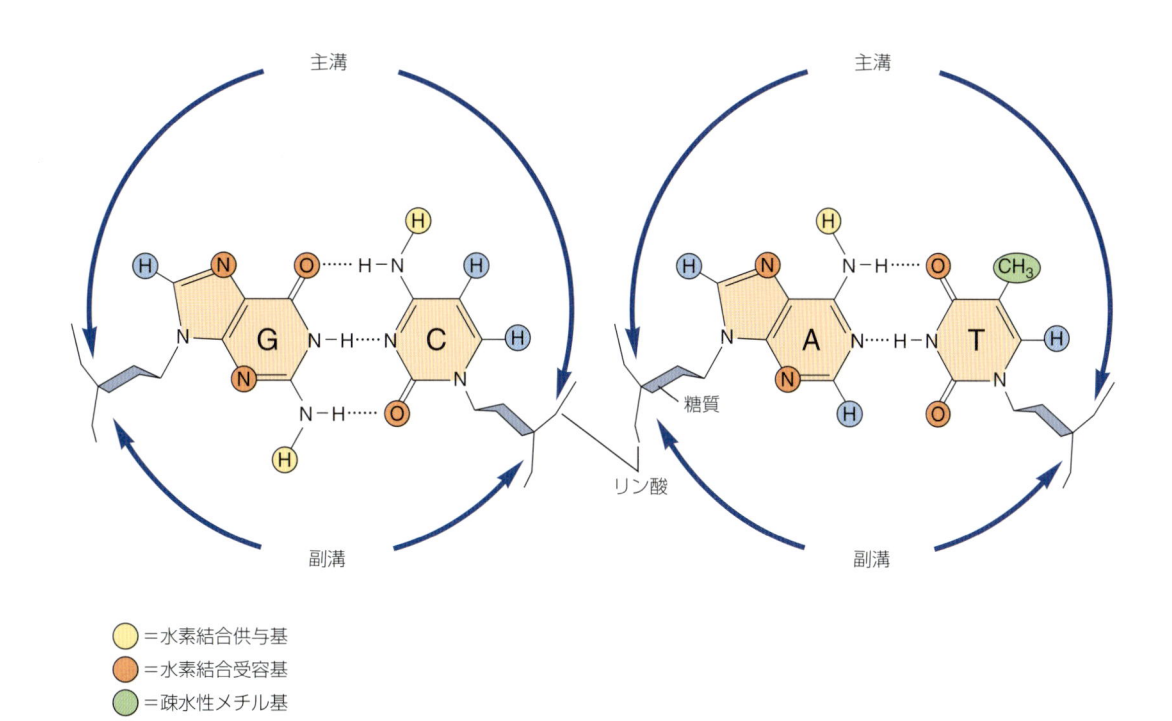

図 18.2
DNAの主溝の読み取り． DNAらせんの主溝を覗いてみると，その溝のなかに露出している塩基の端を見ることができる．四つの可能な塩基対の列（ここでは二つを示す）が独特の化学残基を溝のなかに伸ばしており，この図では異なる色の丸で示されている．調節タンパク質はこの特徴的なしるしによって塩基対合の列を認識している．

四つの重要なDNA結合モチーフ

ヘリックス–ターン–ヘリックスモチーフ

　もっとも広く見られるDNA結合モチーフは，ヘリックス–ターン–ヘリックス(helix–turn–helix)で，タンパク質の二つのαヘリックス部分が「ターン」とよばれる短い非らせんの部分をはさんでつながれた構造をとっている(図18.3)。DNA結合モチーフとして最初に認められたあと，何百ものDNA結合タンパク質においてヘリックス–ターン–ヘリックスモチーフが見つかっている。

　ヘリックス–ターン–ヘリックスモチーフの構造を見ると，このモチーフを有するタンパク質がどのようにDNAの大きい溝と相互作用できるかがわかる。二つのヘリックス部分間の相互作用によって両者はおおまかに決まった角度でお互いを固定する。このモチーフがDNAに押しつけられると，認識ヘリックスとよばれるヘリックス部分の一つがDNAの主溝にぴったりとはまり込み，もう一方はDNA分子の外側に突きだして，認識ヘリックスによる適切な場所決めのための確認を助ける。ヘリックス–ターン–ヘリックスモチーフに認識されるほとんどのDNA調節配列は，対照的な対をなしている。そのような配列には，DNAらせんの1回転に必要な距離である3.4 nmを隔てて，二つのヘリックス–ターン–ヘリックスモチーフを含むタンパク質が結合する(図18.4)。二

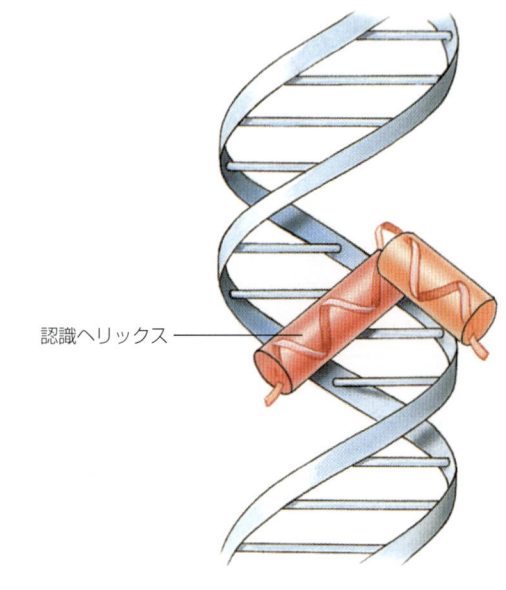

認識ヘリックス

図 18.3
ヘリックス–ターン–ヘリックスモチーフ。 認識ヘリックスはこのモチーフの一らせん領域で，DNAの主溝にピッタリとはまり込む。そこで塩基対の端に出会い，DNA塩基の特異的配列の認識に至る。

つのタンパク質–DNA結合部位をもつことで，タンパク質とDNAが接触する区間が2倍になり，それらのあいだの結合を非常に強固なものにする。

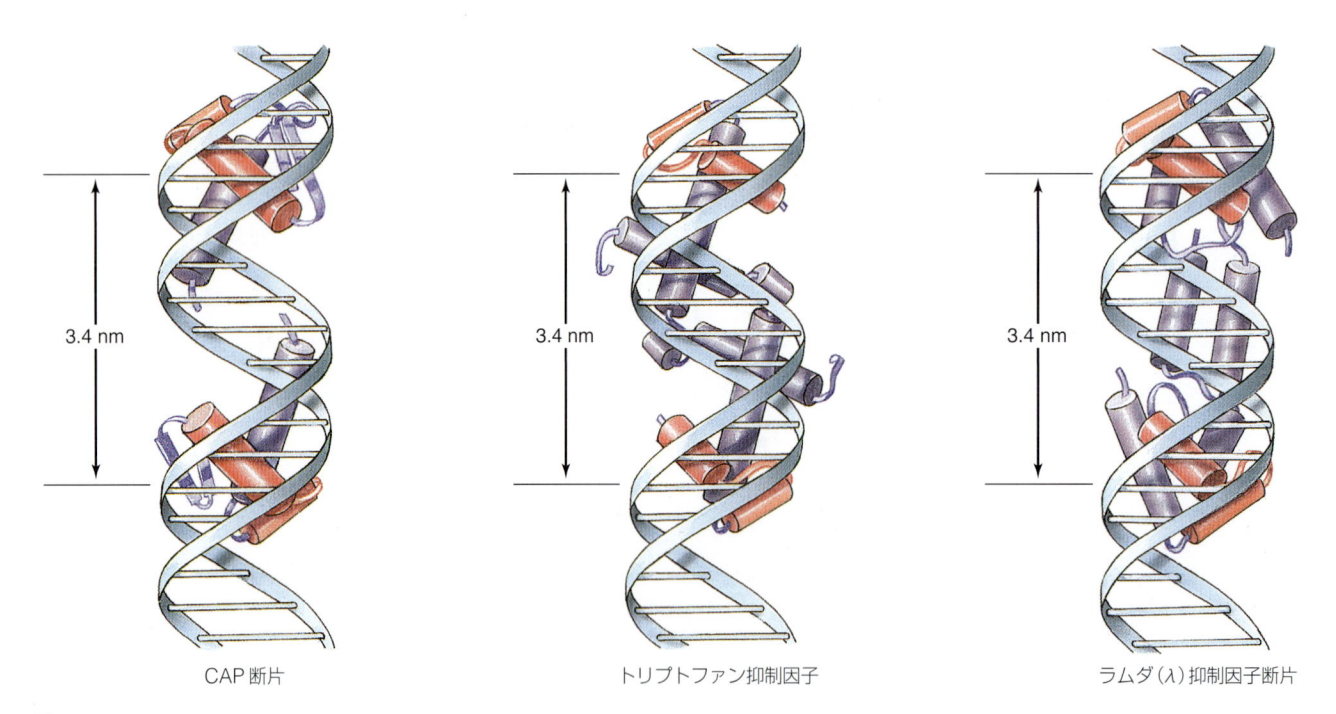

CAP断片　　　　　トリプトファン抑制因子　　　　　ラムダ(λ)抑制因子断片

図 18.4
ヘリックス–ターン–ヘリックス結合モチーフの働き方。 ここに描かれた3種の調節タンパク質(紫色)は，すべて一対のヘリックス–ターン–ヘリックス結合モチーフを用いてDNAに結合する。いずれの場合も，2コピーのモチーフ(赤色)は正確にDNAらせんの一回転の間隔に相当する3.4 nmだけ隔たっている。このことが，この調節タンパク質がDNAの主溝の隣接した二つの場所に滑り込み，強く結合できるようにしている。

ホメオドメインモチーフ

ヘリックス-ターン-ヘリックスモチーフの特殊な種類のものが，ヒトを含む広範な真核生物の発生において重要な役割を果たしている。この特殊なモチーフは，ショウジョウバエのホメオティック突然変異(体の構造，器官などが本来あるべき場所でないところに形成される突然変異)の研究の際に発見された。この突然変異遺伝子がコードするのは調節タンパク質で，その本来の機能は，発生のスイッチポイント遺伝子に結合することによって発生の鍵になる段階を開始させるというものであった。50種類以上ものこれら調節タンパク質が解析され，それらすべてがほぼ同一の60アミノ酸からなる配列，**ホメオドメイン**(homeodomain，図18.5b)をもっていた。ホメオドメインの中央にはDNAに結合するヘリックス-ターン-ヘリックスモチーフがある。ホメオドメインの内部には，このモチーフを取り囲んでモチーフとDNAの位置関係をつねに同じようにする領域がある。

ジンク(Zn)フィンガーモチーフ

別の種類のDNA結合モチーフとして，DNA結合を調整するために一つもしくは複数の亜鉛原子を利用するものがある。**ジンクフィンガー**(zinc finger)または**Znフィンガー**(図18.5c)とよばれるこのモチーフにはいくつかの型が存在する。ある型では，一原子の亜鉛がαヘリックス部分をβシート部分につなげることによりDNAの主溝にヘリックス部分をはめ込む。この種のモチーフはしばしば集合体を形成し，βシート部分がヘリックス部分どうしの隙間を埋めて各々のヘリックスが主溝に接触するようにする。集合体中のZnフィンガーが多ければ多いほど，タンパク質はDNAに強く結合する。別の型のZnフィンガーモチーフには，βシートの場所がもう一つのヘリックス部分に置き換わったものもある。

ロイシンジッパーモチーフ

もう一つのDNA結合モチーフでは，二つの異なるタンパク質サブユニットが協力して一つのDNA結合部位を形づくる。このモチーフはいくつかの疎水性アミノ酸(多くの場合ロイシン)を含む一つのサブユニットの一部域が，似たような部域をもつほかのサブユニットと相互作用することで形づくられる。この相互作用により二つのサブユニットはその部分で結合するが，サブユニットのほかの部分は離れ離れである。**ロイシンジッパー**(leucine zipper)とよばれるこの構造はY字型で，その二つの腕はDNAの主溝のなかにはまり込むヘリックス領域になっている(図18.5d)。2種類のサブユニットの結合が全く異なるヘリックス領域をモチーフにもたらすので，ロイシンジッパーは遺伝子発現の制御に大きな柔軟性をもたらす。

(a) ヘリックス-ターン-ヘリックスモチーフ
(b) ホメオドメイン
(c) Znフィンガー
(d) ロイシンジッパー

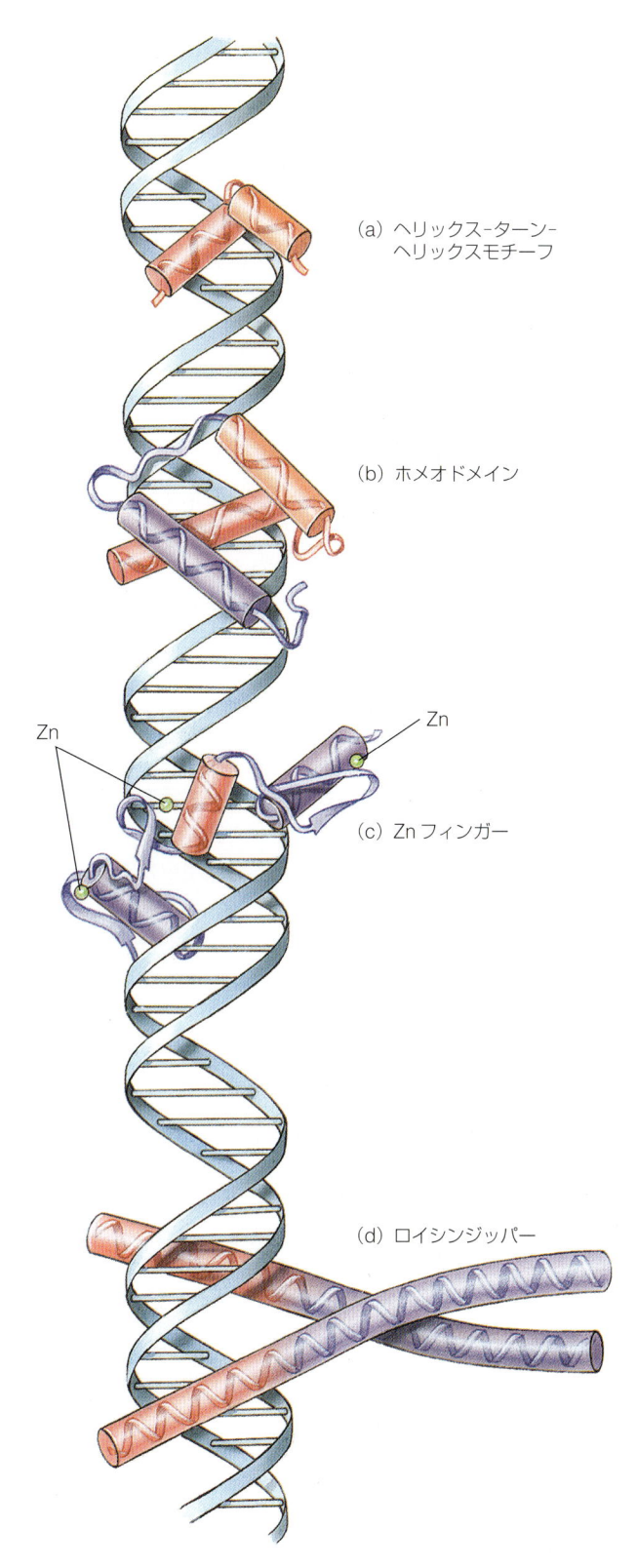

図 18.5
主要なDNA結合モチーフ

調節タンパク質は，DNAの主溝に露出した塩基対の一端に結合し，ほとんどがヘリックス-ターン-ヘリックス，ホメオドメイン，Znフィンガー，ロイシンジッパーのような構造的(DNA結合性)モチーフを含んでいる。

18.3 原核生物は転写開始の制御によって遺伝子を調節する

ほとんどの生物は転写開始を制御することで遺伝子発現を調節している。これはDNAの調節配列にタンパク質が結合することによってなされる。原核生物と真核生物にはいくつかの共通する部分もあるが、いくつかの大きな違いも存在する。まず最初に原核生物のシステムを中心に説明し、次にどのように真核生物のシステムと異なるかについて説明する。

原核生物における遺伝子調節

細菌やほかの原核生物は環境の変化に応じて、しばしば遺伝子発現を変化させる。原核生物が環境の変化にどのように対応するのかは、遺伝子にコードされたタンパク質の性質により異なる。一般に同化(分子の合成)系路に関与するタンパク質をコードする遺伝子は、異化(分子の分解)系路に関与するタンパク質をコードする遺伝子とは逆方向に応答する。仮に細菌が、エネルギー獲得に役立つ糖質であるラクトースのような分解を受ける分子に出会ったならば、細菌はラクトースを利用するのに必要なタンパク質をつくりはじめる。しかしラクトース非存在下ではこれらのタンパク質をつくる必要は全くない。したがって、このタンパク質はラクトースの存在によって"誘導される"という。もし環境中に多く存在する分子が、アミノ酸であるトリプトファンのような生合成経路の最終産物である場合、細菌はその環境下ではトリプトファンを合成するのに必要なタンパク質を合成しない。トリプトファンが不足するようになると、細菌はその合成に必要なタンパク質をつくりはじめる。細菌が生合成に必要なタンパク質をつくらないとき、これを"抑制"とよぶ。誘導、抑制いずれの場合でも、細菌はまわりの環境に順応して最適のタンパク質をつくるように行動する。

誘導と抑制は原核生物のさまざまな遺伝子系に見られる。これらの適応はどんな遺伝的制御回路によりまかなわれているのだろうか？その制御がおそらく転写開始レベルでなされるということを知っているだけでは、その制御の性質をわかったことにはならない。制御は正、負いずれの方向にも起こるだろう。ある調節分子は開始速度を上昇(正)させることも、また減少(負)させることもできる。一見すると抑制は負に、誘導は正に見えるが、実はいずれにも負の制御がかかわっている。

いずれのしくみが働くにせよラクトースやトリプトファンのような環境中の分子は調節されるべき遺伝子にきちんとした効果を与えねばならない。誘導の場合、負の調節因子が調節配列に結合するのを妨げるためにラクトースの存在が必要である。逆に、抑制の場合には、トリプトファンの存在が負の調節因子の調節配列への結合を促さなければならない。これらの応答は、細胞の必要性が同化と異化という逆経路に向いていることから逆になっているのである。

オペロン

原核生物の遺伝子は、しばしばオペロンを形成している。**オペロン**(operon)とは、一つの遺伝子発現ユニットのなかにある複数の遺伝子のことである。一つのオペロンのなかにある遺伝子群はすべて同一のmRNAの一部であり、同一のプロモーターで制御されている。細菌では、同一の代謝系路に関わる遺伝子群はしばしばこのような方法で組織化されている。たとえば、ラクトースを利用するのに必要なタンパク質

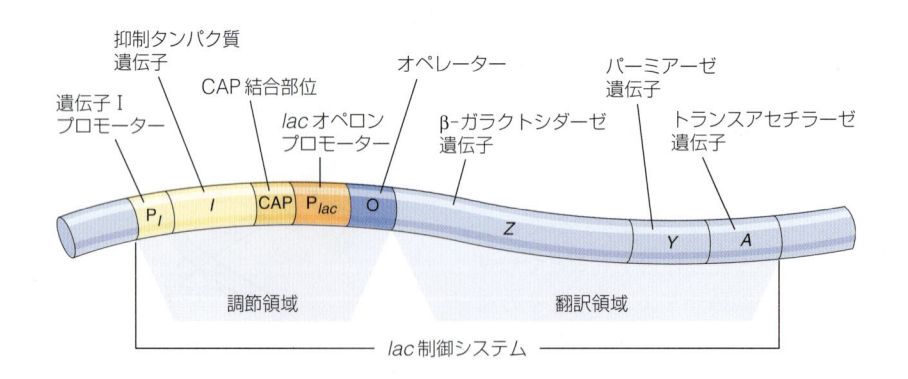

図 18.6
大腸菌染色体の*lac*領域。 *lac*オペロンは、プロモーター、オペレーター、ラクトース代謝に必要なタンパク質をコードする三つの遺伝子からなる。これに加え、RNAポリメラーゼがプロモーターに結合するかどうかに影響するカタボライト活性化因子タンパク質(CAP)の結合部位がある。遺伝子Iは、オペレーターに結合して*lac*遺伝子群の転写を妨げる抑制因子タンパク質をコードしている。遺伝子Z, Y, Aはラクトース代謝に関わる二つの酵素とパーミアーゼをコードしている。

図 18.7
***trp* オペロンはどのように調節されるか。**
トリプトファン抑制因子は，トリプトファンと結合しなければオペレーター（プロモーターの中に局在する）に結合できない。それゆえ，トリプトファン非存在下ではプロモーターが機能してRNAポリメラーゼはオペロンを転写している。トリプトファン存在下ではトリプトファン-抑制因子複合体がオペレーターに強く結合するので，RNAポリメラーゼは転写を開始できない。

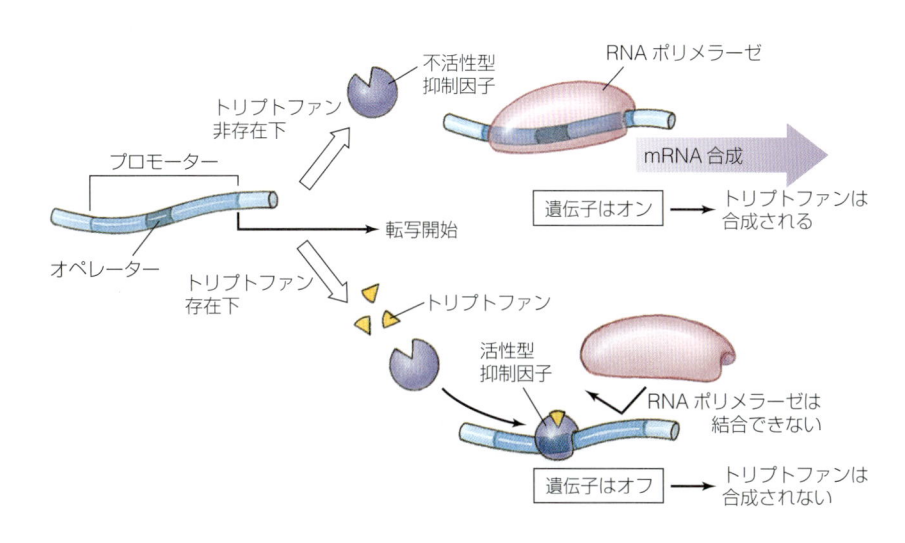

図 18.8
トリプトファン抑制因子はどのように働くか。 トリプトファンが抑制因子と結合すると，抑制因子の二つの認識ヘリックスの距離が増加し，DNAの主溝の隣り合った二つの場所に抑制因子がピッタリとはまり込めるようになる。

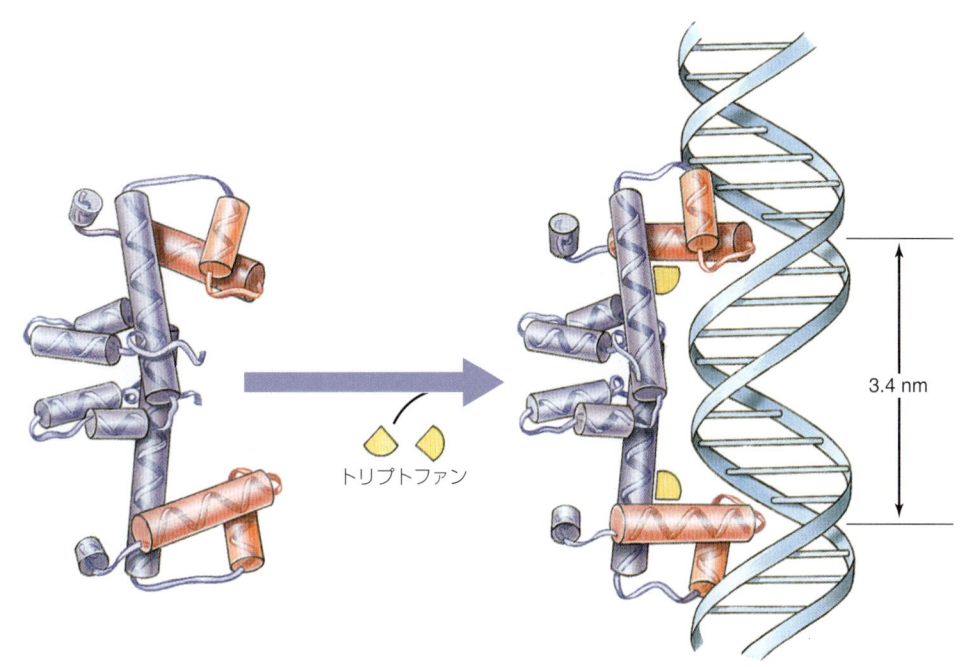

質群は *lac* オペロンにコードされ（図18.6），トリプトファン合成に必要なタンパク質群は *trp* オペロンにコードされている。これら両オペロンは負の調節システムによって制御されている。

抑制因子はオフスイッチ

抑制因子（repressor）はDNA上の調節部位に結合するタンパク質で，転写の開始を妨げたり，減少させたりする。誘導と抑制はどちらも抑制分子によって仲介されている。抑制因子は単独で働くのではなく，それぞれ特異的なエフェクター分子に応答する。エフェクター分子が結合すると，抑制因子の立体構造に変化がもたらされ，そのDNAへの結合が強化したり消失したりする。これら抑制因子タンパク質はアロステリックタンパク質であって，DNAに結合する活性部位とエフェクターが結合する調節部位をもつ。

trp オペロン

trp オペロンは，トリプトファン存在下で抑制され，トリプトファン非存在下で抑制が解除される。細菌を取り巻く培地にトリプトファンが存在すると，細胞のなかでは，ヘリックス-ターン-ヘリックス調節タンパク質であるトリプトファン抑制因子が *trp* プロモーター中に局在するオペレーター部位に結合し *trp* 遺伝子群の転写を遮断する（図18.7）。オペレーターへの抑制因子の結合は，RNAポリメラーゼのプロモーターへの結合を妨げる。この調節機構が機能するうえで鍵となるのはトリプトファン抑制因子に初めから2分子のトリプトファンが結合していなければDNAに結合できないということである。この抑制因子へのトリプトファンの結合が抑制因子中のヘリックス-ターン-ヘリックスモチーフ対の向きを変えさせ，近傍のDNAの主溝に，認識ヘリックスをはめ込ませる結果となる（図18.8）。

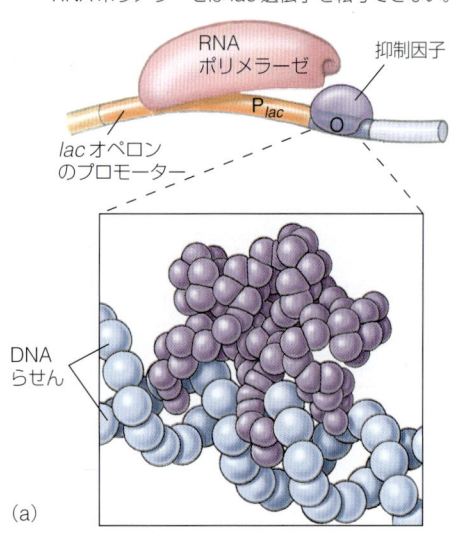

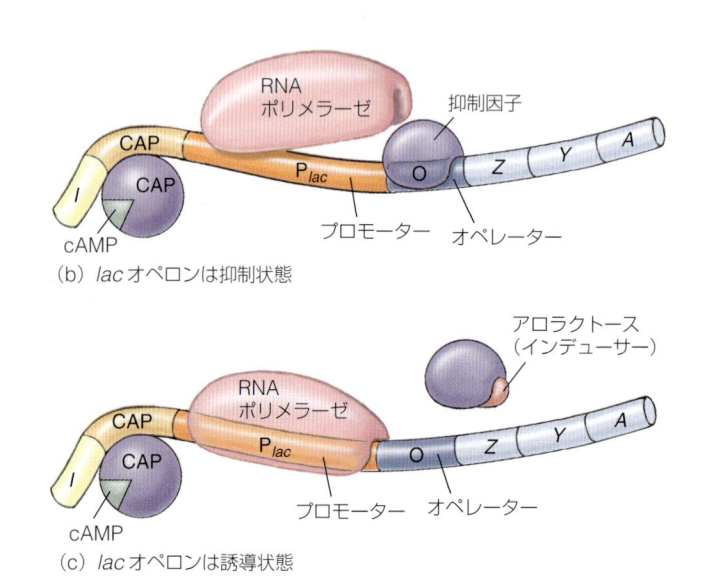

図 18.9

lac 抑制因子はどのように働くか。 (a) lac 抑制因子。抑制因子は DNA らせんの主溝をふさぐので，RNA ポリメラーゼがプロモーターに十分に接着できず，転写が妨げられる。(b) lac オペロンは，抑制因子タンパク質がオペレーター部位に結合している時に抑制される。プロモーターとオペレーター部位が重なっているので，RNA ポリメラーゼと抑制因子は一つの椅子に二人が同時に座れないのと同様に同時に結合できない。(c) lac オペロンが転写されるのは CAP が結合し，アロラクトースとの結合により抑制因子が変形してもはやオペレーター部位に結合できず，したがって RNA ポリメラーゼ活性を抑制できないときである。

このように，細菌におけるトリプトファン合成は環境中のトリプトファンの欠如に依存している。環境からトリプトファンが失われると抑制因子を活性化するものはなくなり，抑制因子は RNA ポリメラーゼが trp プロモーターに結合するのを妨げられなくなる。trp 遺伝子群は転写され，細胞はほかの分子からトリプトファンを製造し続ける。一方で，環境中にトリプトファンが存在するとそれが抑制因子に結合し，抑制因子は trp プロモーターに結合できる。trp 遺伝子群の転写は妨げられ，細胞のトリプトファン合成は停止する。

lac オペロン

lac オペロンにコードされている酵素群は，ラクトースが存在するときにのみ必要である。lac 抑制因子はラクトースが存在するときではなく，欠乏しているときに DNA に結合する。この抑制因子の DNA への結合は，ラクトースの代謝産物であるアロラクトースによって解除される。ラクトースが欠乏するとオペロンは抑制され，一方ラクトースが存在すると，このオペロンにコードされているタンパク質群の合成が誘導される。ラクトース濃度が低下するにつれ，アロラクトースは抑制因子に結合しなくなり，再び抑制因子の DNA への結合を許してしまう（図 18.9）。

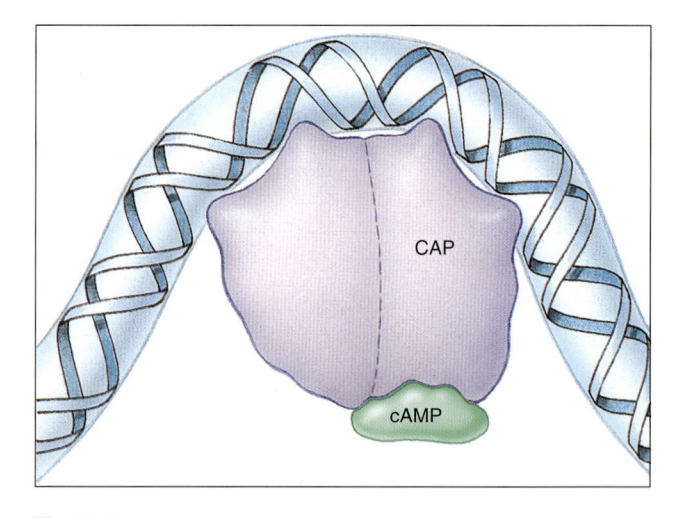

図 18.10

CAP はどのように働くか。 カタボライト活性化因子タンパク質（CAP）が DNA と結合すると，そのまわりを囲むように DNA が折れ曲がる。これが RNA ポリメラーゼの活性を高める。

活性化因子はオンスイッチ

抑制因子に加え，DNA に結合して転写開始を刺激する働きをもつ**活性化因子**（activator）とよばれるタンパク質群がある。これらのアロステリックタンパク質は理論的にも実体としても抑制因子とは正反対の性質をもつ物質であり，抑制因子について説明されたすべての論理が活性化因子については

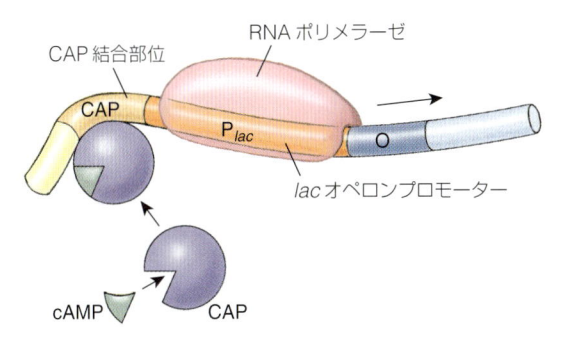

(a) グルコースは低濃度，プロモーターは活性化状態

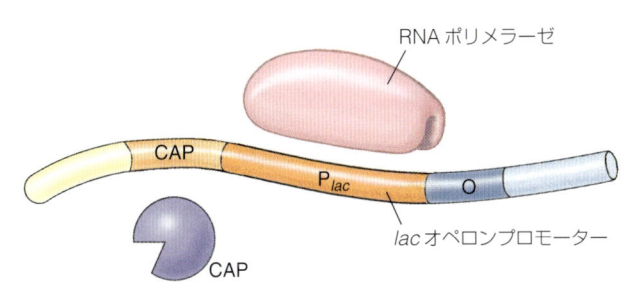

(b) グルコースは高濃度，プロモーターは不活性状態

図 18.11
CAP部位はどのように働くか。 CAP分子はcAMPと結合しているときだけCAP結合部位につく。(a) グルコース濃度が低いとき，cAMPは多量にあって，CAPに結合する。cAMP-CAP複合体はCAP部位に結合して，DNAを折り曲げ，RNAポリメラーゼがプロモーターに付着できるようにする。(b) グルコース濃度が高いとき，cAMPは欠乏し，CAPはプロモーターを活性化できない。

逆になる。たとえば，エフェクター分子は異化オペロンへの活性化因子の結合を強化し，転写を増加させる。

活性化因子は，ほかの糖質の存在下でのグルコースの優先利用であるグルコース抑制の現象において鍵となる役割を果たす。グルコース抑制は，その名から受ける印象と異なるのだが，**カタボライト活性化因子タンパク質**（catabolite activator protein：CAP）によって仲介されており，この活性化因子は糖質の異化に必要なタンパク質群をコードしているすべてのオペロンの転写を刺激する。CAPも，アロステリックタンパク質で，そのDNAへの結合はエフェクター（この場合cAMP）によって制御されている（図18.10）。細胞内のcAMP量はグルコースの濃度に反比例している。したがって，グルコース濃度が高いときにはcAMP濃度は低く，逆の場合には高い（図18.11）。CAPはDNAに結合するためにcAMPと結合しなければならないので，ほかの異化オペロンの活性化を妨げるのである（グルコース抑制）。

スイッチの組合せ

すでに見たように，lacオペロンは，正と負の両方の制御下にある（図18.12）。負の制御はlac抑制因子によって引きお

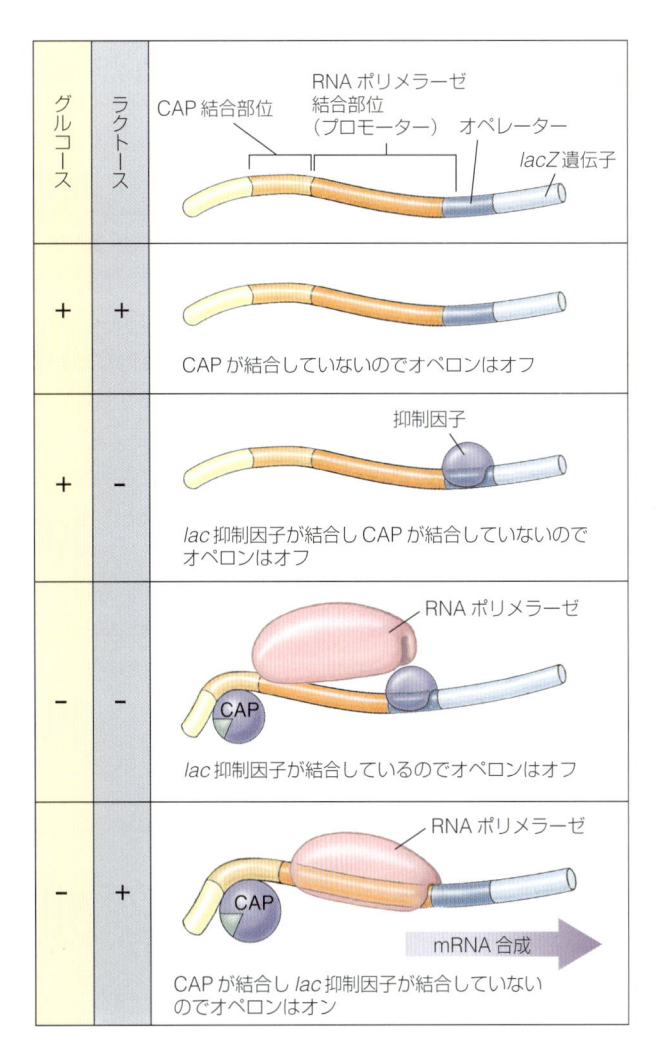

グルコース	ラクトース	
+	+	CAPが結合していないのでオペロンはオフ
+	−	lac抑制因子が結合しCAPが結合していないのでオペロンはオフ
−	−	lac抑制因子が結合しているのでオペロンはオフ
−	+	CAPが結合しlac抑制因子が結合していないのでオペロンはオン

図 18.12
二つの調節タンパク質が lac オペロンを制御する。 lac抑制因子とCAPが協調して，細胞がラクトース代謝系酵素を利用するために，敏感に応答することを可能にする。

こされ，正の制御はCAPによって引きおこされている。この正と負の制御の組合せが，さまざまな環境におけるラクトース利用に必要なタンパク質濃度の精密な制御を細胞に保証している。ラクトース欠乏下では抑制因子が転写開始を妨げるので，このタンパク質は全くつくられない。ラクトース存在下では抑制因子はもはやDNAに結合せず，転写開始がはじまる。しかしながら，グルコースも存在する場合はcAMPの濃度は低くなり，CAPはlacプロモーターに結合できないので転写は起こるが低いレベルである。グルコース欠乏下ではcAMP濃度は高く，CAPはlacプロモーターに結合して最大速度での転写を引きおこす。

細菌およびほかの原核生物は，抑制因子および活性化因子という「スイッチ」を使って転写段階で遺伝子発現を調節する。ある種の遺伝子クラスターの転写は，抑制因子および活性化因子の両者によって調節されている。

18.4　真核生物の転写制御は離れたところから行われる

真核生物における転写制御

　真核生物における転写制御は原核生物より，はるかに複雑である。タンパク質-DNA相互作用を基にした概念は依然として通用するが，相互作用するタンパク質の性質や数は真核生物と原核生物の明白な違いからしてずっと大きい。第一に，真核生物では，DNAをクロマチンへと組織化しているため，相当に複雑なタンパク質-DNA相互作用が生じる。第二に，真核生物では転写は核内で，翻訳は細胞質で起こる。このことは，これらの過程が空間的にも時間的にも共役している原核生物における場合と対照的である。結果として真核生物の転写装置は原核生物のRNAポリメラーゼと比べるとかなり複雑であり，真核生物の遺伝子調節に関与する遺伝子の数はずっと多い。洗練された融通性に富む制御の必要性は，複雑な発生プログラムと多様なタイプの組織をもつ真核生物にとって極めて大きい。では，この複雑さのなかから浮かび上がってくる一般的なテーマを見てみよう。

真核生物の転写因子

　真核生物の転写に必要とされるさまざまなタンパク質や因子は二つのカテゴリーに分けられる。基本転写因子と特異的転写因子である。基本転写因子は転写装置の組立てやプロモーターへのRNAポリメラーゼ（第15章参照）のよび込みに必要となる。特異的転写因子は，ある細胞種においてあるいは特異的信号に応答して，転写活性を上昇させる。

基本転写因子　RNAポリメラーゼIIの鋳型（すなわちタンパク質産物をコードする遺伝子）の転写開始には，RNAポリメラーゼII以外の多くのものが必要である。多くの**基本転写因子**（basal transcription factor）群も効率的な開始に必要である。これらの因子は転写を起こすには必要であるが基底速度を上昇させるわけではない。それらはRNAポリメラーゼIIの転写因子TFIIに続く記号をつけて区別されているという命名に準じて記号がつけられている。そのなかでもっとも重要なものはTFIIDで，プロモーター中のTATAボックス配列（図18.13）を認識するTATA結合タンパク質を含んでいる。TFIIDの結合に続いてTFIIE, TFIIF, TFIIA, TFIIBおよびTFIIHなどが結合し，さらに転写関連因子（TAF）とよばれる多くの補助因子も結合する。これらによってつくられる開始複合体（initiation complex）は，単独のRNAポリメラーゼホロ酵素にすぎない細菌のRNAポリメラーゼに比べて間違いなくはるかに複雑である。そして，さらにもう一つ別のレベルの複雑さが存在する。開始複合体は基底レベルの合成を開始できるが，高レベルの転写はほかの特異的因子の助けなしには達成できない。

特異的転写因子　特異的転写因子（specific transcription factor）は，組織・時間依存的に働いて，基底レベルというよりはむしろ高レベルの転写を刺激する。これらの因子の数や種類の多さは計りしれない。これらの因子の研究からわかってきた重要な共通点としてあげられるのは，活性化因子とよばれる特異的転写因子がある種の領域（ドメイン）構成を有しているということである。すなわち，それぞれの因子はDNA結合領域とは別に転写装置と相互作用しうる活性化領域をもっている。これらの領域はそのタンパク質のなかにあ

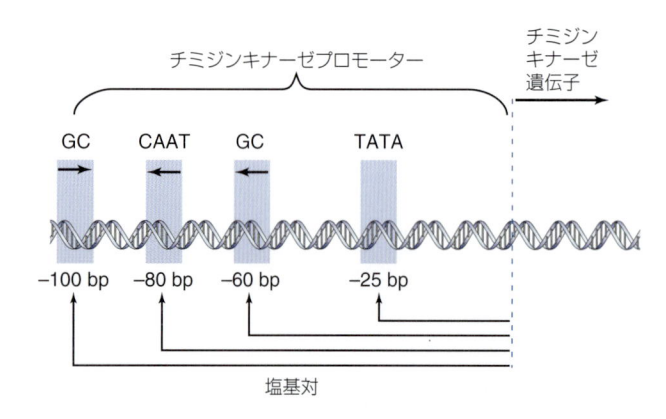

図 18.13
真核生物のプロモーター。 酵素チミジンキナーゼをコードする遺伝子のプロモーターは転写因子の結合するTATAボックスのほか転写装置のほかのエレメントの結合を指示する三つのDNA配列を含んでいる。

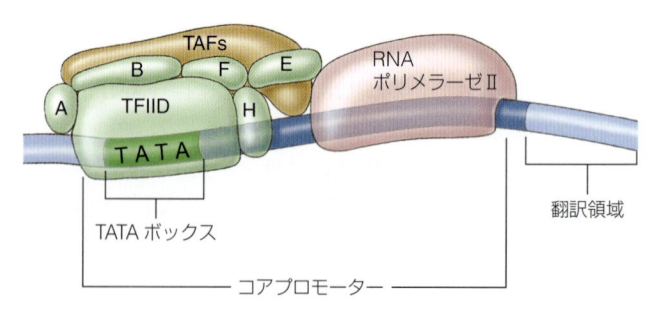

図 18.14
真核生物における開始複合体の形成。 基本転写因子TFIIDはTATAボックスに結合し，ほかの基本因子であるTFIIE, TFIIF, TFIIA, TFIIBやTFIIHなどとつながっている。この複合体には，さらに多数の転写関連因子（TAF）が結合し，これらが一緒になってRNAポリメラーゼII分子をコアプロモーターにつれてくる。

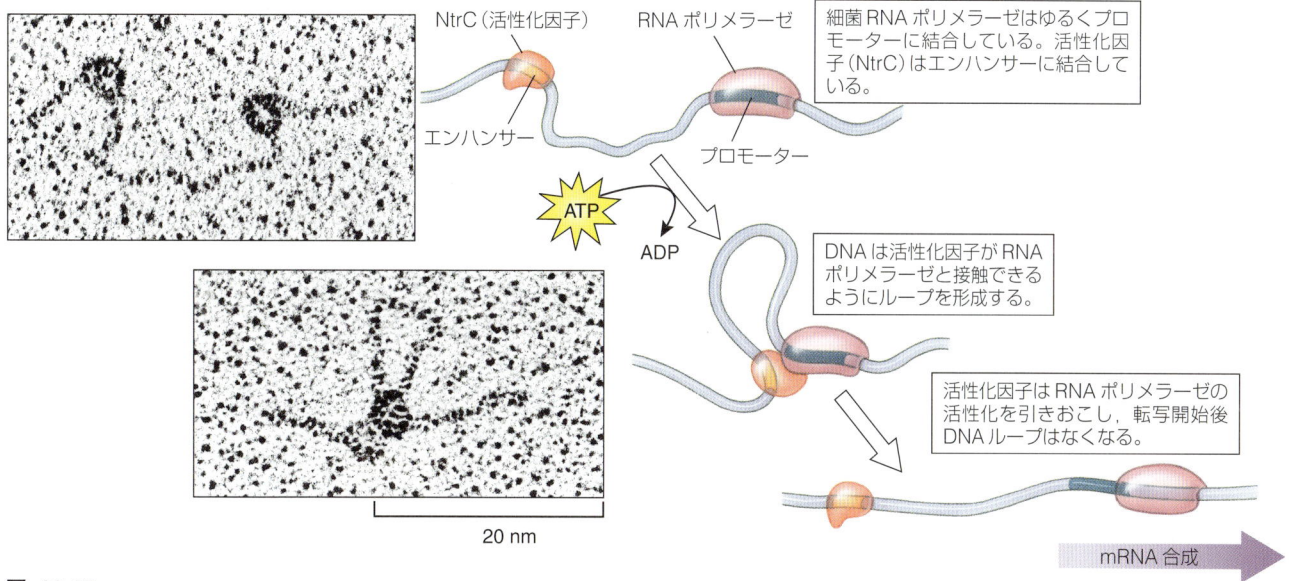

図 18.15
作動中のエンハンサー。 細菌の活性化因子NtrCがエンハンサーに結合すると，RNAポリメラーゼが結合している離れた部位とのあいだでDNAループを生じさせ，転写を活性化する。エンハンサーは原核生物ではめったに見られないが，真核生物ではごく一般的である。

って基本的には独立しており，その機能を保持したまま異なる因子間で交換可能である。このことは，ある因子の活性化領域を別の因子のDNA結合領域とつなぎ合わせる領域交換実験によって実証された。でき上がったハイブリッド因子は，DNA結合領域から予想されるDNA結合特性を示し，活性化領域から予測される程度に転写を活性化する。

エンハンサー エンハンサー(enhancer)はもともと高レベルの転写に必要なDNA配列でDNA上の位置や向きに関係なく作用するものとして定義された。当初は，細菌の系で確立していた，制御領域とは遺伝子のコード領域のすぐ上流にあるものという常識からはこの定義は受け入れ難く思えた。しかし，後にエンハンサーは特異的転写因子の結合部位であることがわかった。遠く離れた部位に作用するエンハンサーの能力は最初のころ分子生物学者にとって謎であった。現在では，DNAが折れ曲がることによってループをつくり，プロモーターにエンハンサーを近づけることになると考えられている(図18.15)。染色体上の隔たった二つの部位の距離を，そのまま大きな物理的距離と解釈する必要はない。なぜならDNAは柔軟性に富んでいて，エンハンサーや活性化因子を転写因子に接着させるように折れ曲がりやループを形成することが十分に可能だからである(図18.16)。

活性化補助因子とメディエーター 転写因子の作用を特異的に仲介する別の因子群が存在する。これら"活性化補助因子"や"メディエーター"も転写因子による転写活性化に必

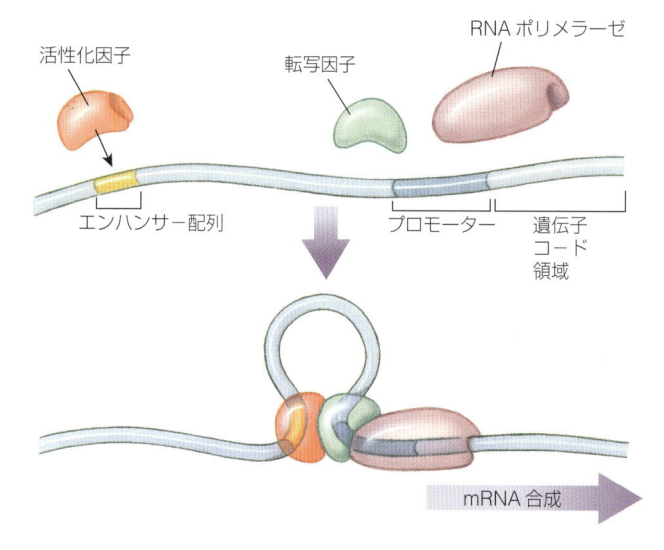

図 18.16
エンハンサーはどのように働くか。 エンハンサー部位は，調節の対象となる遺伝子部位からははるかに離れて局在している。エンハンサーと活性化因子(赤色)との結合は活性化因子とRNAポリメラーゼに結合した転写因子(緑色)との相互作用を可能にし，転写を活性化する。

要とされる。これらは転写因子に結合し，ついで転写装置の別の場所に結合することにより作用をおよぼす。これらメディエーターはすべての転写因子にとって必要というわけではないが，いくつかの転写因子の機能にとって不可欠である。活性化補助因子は転写因子に比べるとかなり数が少な

18.4 真核生物の転写制御は離れたところから行われる

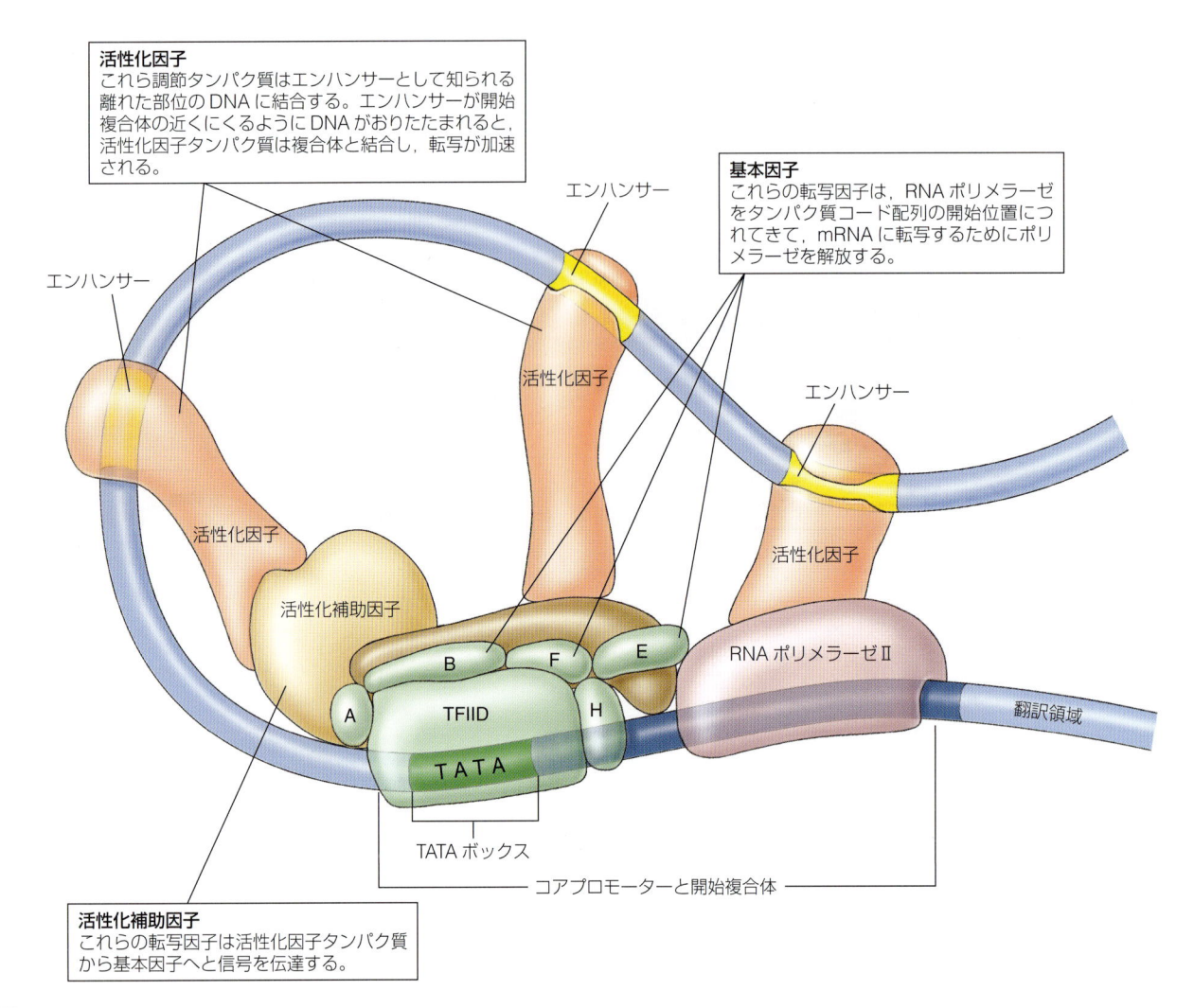

活性化因子
これら調節タンパク質はエンハンサーとして知られる離れた部位のDNAに結合する。エンハンサーが開始複合体の近くにくるようにDNAがおりたたまれると、活性化因子タンパク質は複合体と結合し、転写が加速される。

基本因子
これらの転写因子は、RNAポリメラーゼをタンパク質コード配列の開始位置につれてきて、mRNAに転写するためにポリメラーゼを解放する。

エンハンサー
活性化因子
エンハンサー
活性化因子
エンハンサー
活性化因子
活性化補助因子
A B F E
TFIID H
TATA
RNAポリメラーゼⅡ
翻訳領域
TATAボックス
コアプロモーターと開始複合体

活性化補助因子
これらの転写因子は活性化因子タンパク質から基本因子へと信号を伝達する。

図 18.17
転写複合体内におけるさまざまな因子間の相互作用。 すべての特異的転写因子はプロモーターから離れたエンハンサー配列に結合している。これらのタンパク質群は、DNAループ形成によって開始複合体の近くに近づき、開始複合体と相互作用できるようになる。本文中に詳しく述べるように、活性化因子とよばれるいくつかの転写因子はRNAポリメラーゼⅡまたは開始複合体と直接相互作用するが、ほかにはさらに活性化補助因子を必要とするものもある。

い、なぜなら同じ活性化補助因子が複数の転写因子とともに役割を果たしうるからである。

すべてを統合する　この極端に複雑な状況をどのように把握したらよいだろうか？　全般にわたってあてはまるいくつかの一般則はあるが、ほとんどすべての真核生物の遺伝子または協調的に制御を受ける遺伝子群はそれぞれ独特なふるまいを示すといってよい。実際RNAポリメラーゼⅡによって転写されるすべての遺伝子が、開始複合体を形成するうえで同じ一揃いの基本的転写因子群を必要とはするが、この複合体形成およびそれにもとづく最終的な転写速度はそれぞれ"転写複合体"を形成するのに関与するほかの特殊な因子群に依存している（図18.17）。真核生物のプロモーターの構成は、開始複合体に何が必要かだけを考えるかぎりは非常に単純であるが、転写にかかわり影響するすべての因子を含めて考えるととてつもなく複雑となる。この種の複合的な遺伝子調節は遺伝子発現制御に大幅な柔軟性をもたらす。なぜなら、このことが細胞が受け取り、転写に影響を与える多くのシグナルに対する応答の大幅な柔軟性をもたらすからである。

転写因子とエンハンサーは、真核生物の遺伝子発現制御に大幅な柔軟性を与えている。

遺伝子発現に対するクロマチン構造の影響

　真核生物では，DNAがクロマチンに詰め込まれているという事実は，これまで解説してきたことが，さほど複雑ではないと思わせるほど難解な問題を提起する。DNAがまずヌクレオソームへ(図18.18)，さらに高次クロマチン構造へと詰め込まれることは遺伝子発現制御と直接かかわっていると現在考えられている。クロマチン構造の第一歩は，DNAとヒストンタンパク質群とによるヌクレオソームへの組織化である。ヌクレオソームは転写因子やRNAポリメラーゼIIのプロモーターへの結合を阻害するであろう。クロマチンのより高次の組織化は，完全にはわかっていないがヌクレオソーム中のヒストンの状態に依存するらしい。ヒストンは修飾を受けてクロマチンの極端な凝縮がもたらされ，プロモーター上でのタンパク質-DNA相互作用が一層難しくなる。一方DNAをより近づきやすい状態にできるクロマチンリモデリング複合体というのもある。

DNAのメチル化

　DNAのメチル化(methylation)は，以前脊椎動物の細胞の遺伝子調節において主たる役割を演じていると考えられた。シトシンへのメチル基の付加は5-メチルシトシンを生成するが，これはグアニンとの塩基対形成には全く影響しない(図18.19)。このことは，ウラシルへのメチル基の付加によって生じたチミンがアデニンとの塩基対形成について影響を受けないことと同じである。多くの不活性な哺乳類の遺伝子がメチル化されているということから，メチル化がこの不活性化の原因とされてしまった。しかし，現在では，メチル化は「スイッチオフ」されている遺伝子が偶発的に転写をはじめるのを抑えるという間接的な役割を果たしているとみなされている。脊椎動物の細胞は，5-メチルシトシン集合体に結合して転写活性化因子がDNAに接近するのを妨げる働きをもつタンパク質をもっているようである。このように脊椎動物におけるメチル化は，一度スイッチオフされた遺伝子をオフ状態にし続けさせるのである。

クロマチンの構造と転写活性化因子

　原核生物と同様，すべての遺伝子調節に転写の抑制が関係しているわけではない。少なくともいくつかの例においては，特異的遺伝子の転写は活性化を受けている。しかし転写因子の活性化ドメインによる転写の活性化はさほどよく調べられているわけではない。いくつかの活性化因子は，開始複合体ないしは開始複合体に結合する活性化補助因子と直接相互作用しているようである。ほかの場合についてはあまりはっきりとはわかっていないが，最近得られつつある共通の理解によれば，活性化補助因子がアミノ酸にアセチル基を付加することによってクロマチンの構造が修飾を受け，DNAに

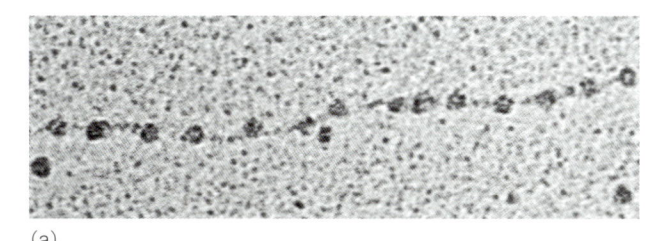

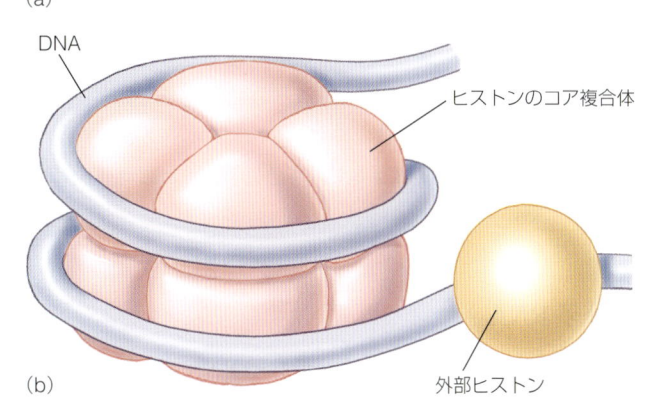

図 18.18
ヌクレオソーム。　(a) 電子顕微鏡下では，個々のヌクレオソームの直径は約10 nmである。(b) ヌクレオソームの模式図では，八つのヒストンからなるコアヒストンの周りをDNA二重らせんが取り巻き，もう一つ別のヒストンがヌクレオソームの外側でDNAに結合している。

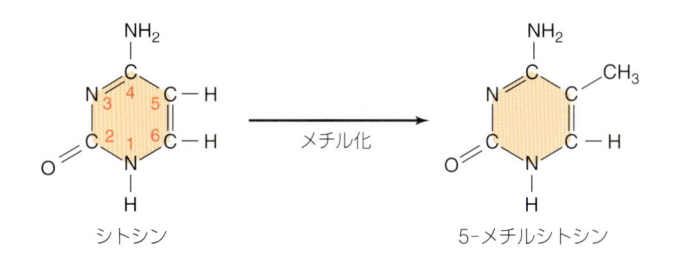

図 18.19
DNAのメチル化。　シトシンはメチル化されて5-メチルシトシンができる。メチル基は側面に位置しているので，G-C塩基対の水素結合に影響を与えない。

転写因子が接近しやすくなるという。このように，DNAが転写されることとヌクレオソームのヒストンがアセチル化されることとは深い関係がある。最近，いくつかの活性化補助因子はヒストンアセチル化酵素であることが示された。この場合，転写はそれを妨げる高次のクロマチン構造の除去によって増加するようである。同様に，いくつかの抑制補助因子がヒストン脱アセチル化酵素であることが判明した。このことはヒストンの修飾がクロマチン構造に影響を与え，活性化補助因子と抑制補助因子がこの効果を修飾しているという見解を支持するものである。

> 遺伝子発現の転写レベルでの制御は，DNAがヌクレオソームにぎっしり詰め込まれているにもかかわらず，真核生物で起きている。

真核生物における転写後制御

　ここまでは遺伝子調節について，もっぱら転写開始，すなわちいつどれくらいの頻度でRNAポリメラーゼが特定遺伝子を"読み"はじめるか，について論じてきた。たいていの遺伝子調節はこの段階で起こっているようである。しかし転写後にも原理的には遺伝子発現が調節されうる多くの段階が存在するし，さらにそれらすべてが少なくともいくつかの真核生物の遺伝子において制御段階として機能している。一般にこれらの転写後調節過程には，調節タンパク質や低分子RNA分子が一次RNA転写産物の特異的配列を認識することが関係している。

低分子RNA

　最近の研究から，おおまかに**低分子RNA**とよばれている一群のRNA分子が，一次転写産物と直接相互作用することによって遺伝子発現の調節に主要な役割を果たしていることがわかった。低分子RNAは，21〜28ヌクレオチドの長さの短いRNA断片である。はるかに長い伝令RNA(mRNA)，転移RNA(tRNA)およびリボソームRNA(rRNA)に注目していた研究者たちは，このような小さなかけらに気がつかず実験に際しては取り除いていた。低分子RNAの存在に初めて気づいたのは1993年で，線虫の一種(*Caenorhabditis elegans*)においてどんなタンパク質もコードしていない，ちっぽけなRNA分子の存在が報告されたときのことである。これら低分子RNAが *C. elegans* の特異的遺伝子の活性を調節しているようにみえたのである。

　研究者らはすぐに，ほかの生物にも似たような低分子RNAが幅広く存在することを見つけた。植物のシロイヌナズナ(*Arabidopsis thaliana*)においては低分子RNAは初期発生に重要な遺伝子の調節に関与し，一方酵母では，ゲノムの領域をしっかりと折りたたんで遺伝子を沈黙させておくための因子として同定された。繊毛虫のテトラヒメナ(*Tetrahymena thermophila*)においては，発生過程でのDNAの大きな塊の消失が低分子RNA分子によって引きおこされているらしい。

RNA干渉　いったい何が起こっているのだろう？　どのようにして小さなRNA断片が遺伝子発現を調節しているのだろう？　最初のきっかけは，研究者が短い二本鎖RNAを *C. elegans* に注入した1998年にもたらされた。二本鎖RNAは一本鎖がヘアピンループ状に折れ曲がったときにできる。なぜなら，鎖の両端が相補的ヌクレオチド配列になっている場合には，DNA二本鎖ができる場合と同様に，塩基対にもとづき二本鎖が形成されるからである(図18.20)。結果として，この二本鎖RNAは，同じ二本鎖RNAを生産する遺伝子の発現を強く抑制した。この種の遺伝子の沈黙化はショウジョウバエやほかの生物でも観察されて，**RNA干渉**(RNA interference)とよばれている。

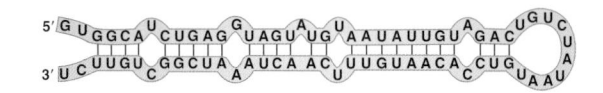

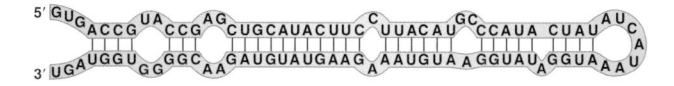

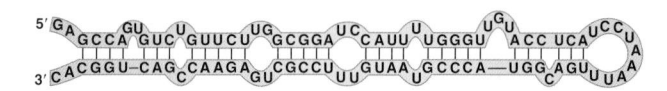

図18.20
低分子RNAによる二本鎖ループの形成。　これら三つのRNA分子は左右半分ずつの配列が相補的で塩基対を形成するので，折り返してヘアピンループを形成している。

低分子RNAはどのように遺伝子発現を調節するのか　2001年，細胞内で低分子RNAを産みだすとみられる"ダイサー(dicer)"と名づけられた酵素が同定された。ダイサーは二本鎖RNAを小断片に刻み，**ミクロRNA**(micro RNA：miRNA)と**低分子干渉RNA**(small interfering RNA：siRNA)とを生成する。

　miRNAはmRNAに直接結合してタンパク質への翻訳を妨げているらしい。これまでに100種類以上の異なったmiRNAが同定され，さらにそれぞれがどのように機能し，どのmiRNAがどの生物種に見られるかが調べられようとしている。

　siRNAはRNA干渉の主要な物質で，特定のmRNAが転写後リボソームで翻訳される前にこれを分解するように作用するとみられている。特定の遺伝子転写産物を分解に導く正確なしくみは明らかでない。これまでのデータからすると，ダイサーの役割は，相補的配列をもつmRNAを見つけて分解するRISCとよばれる酵素複合体にsiRNAを配達することにあるらしい(図18.21)。

　RNA干渉は，"エピジェネティックな変化(後成的変化，epigenetic change)"，すなわち遺伝子のDNA配列の変化によらないで起こる特定遺伝子の発現変化に主要な役割を果たしているらしい。エピジェネティックな調節とは，多くの場合DNAが異なった状態で核内に詰め込まれた結果である。第11章でふれたように，真核生物のDNAは細胞核の中にピッタリと収まるようにきわめて高密度な形で詰め込まれている。DNAはヒストンタンパク質をしっかりと包み込みながらヌクレオソームの鎖を形成し(図18.18参照)，そのヌクレオソームの鎖はさらに高次の繊維の中にねじ込まれる。siRNAは，この鎖のねじれの度合いを変えることによって，遺伝子発現を完全な抑制状態にしたり，活性化させたりすることができる。しかし，どのようにsiRNAがクロマチン構造を変えるかは，よくわかっていない。

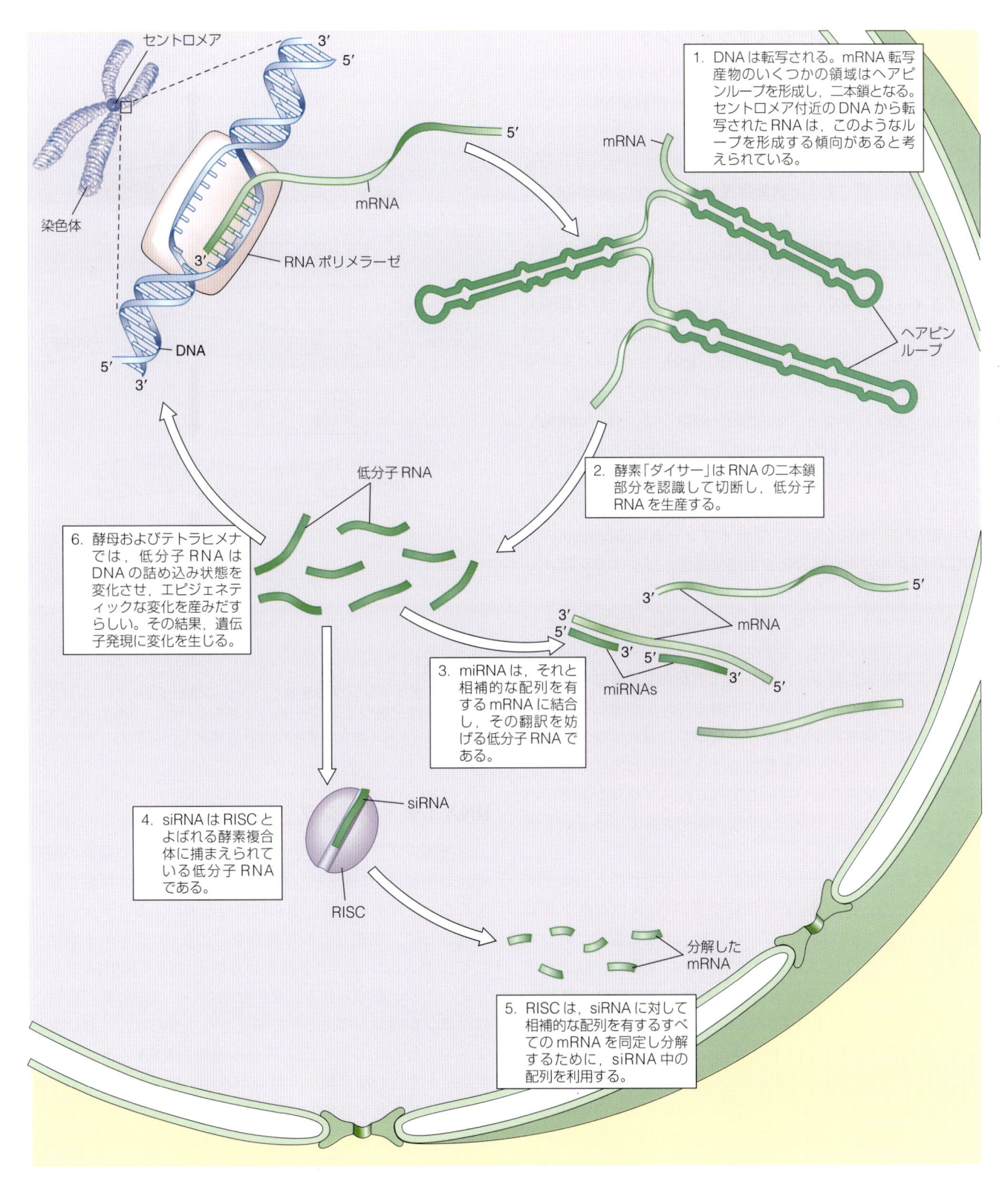

図 18.21
低分子 RNA はどのように遺伝子発現調節に関与するのか。 低分子 RNA は RNA の二本鎖状のヘアピンループが切断されたときにつくられる。詳しいことは不明だが，miRNA と siRNA という 2 種類の低分子 RNA が核内の遺伝子発現を mRNA 遺伝子転写産物のレベルで抑制していると考えられており，この過程は RNA 干渉とよばれている。上図が示すように，低分子 RNA はある種の生物においてクロマチンの詰め込みにも関与していると考えられている。

図中ラベル:
- セントロメア
- 染色体
- RNA ポリメラーゼ
- DNA
- mRNA
- ヘアピンループ
- 低分子 RNA
- miRNAs
- siRNA
- RISC
- 分解した mRNA

1. DNA は転写される。mRNA 転写産物のいくつかの領域はヘアピンループを形成し，二本鎖となる。セントロメア付近の DNA から転写された RNA は，このようなループを形成する傾向があると考えられている。

2. 酵素「ダイサー」は RNA の二本鎖部分を認識して切断し，低分子 RNA を生産する。

3. miRNA は，それと相補的な配列を有する mRNA に結合し，その翻訳を妨げる低分子 RNA である。

4. siRNA は RISC とよばれる酵素複合体に捕まえられている低分子 RNA である。

5. RISC は，siRNA に対して相補的な配列を有するすべての mRNA を同定し分解するために，siRNA 中の配列を利用する。

6. 酵母およびテトラヒメナでは，低分子 RNA は DNA の詰め込み状態を変化させ，エピジェネティックな変化を産みだすらしい。その結果，遺伝子発現に変化を生じる。

18.4 真核生物の転写制御は離れたところから行われる

一次転写産物の選択的スプライシング

　第15章で学んだように，ほとんどの真核生物の遺伝子は，継ぎはぎ構造をとっていて，長く伸びた非翻訳配列（イントロン）のなかに多くの短い翻訳配列（エキソン）が埋め込まれている。RNAポリメラーゼによって遺伝子から複写された最初のmRNA分子である**一次転写産物**（primary transcript）は，エキソンとイントロンを含む遺伝子全体の正確なコピーである。一次転写産物が翻訳される前に，転写産物の平均90％を占めるイントロンは，"RNAプロセシング"あるいは**RNAスプライシング**（RNA splicing）とよばれる過程で取り除かれる。"低分子リボ核タンパク質"または"snRNP"（より口語的にはスナープ）とよばれる粒子が，RNAスプライシングをになっていると考えられている。これらの粒子は細胞の核に存在し，タンパク質と"低分子核RNA"または"snRNA"とよばれる特殊なRNAとからなる。snRNPのある種のものに含まれるsnRNAは，イントロン内の相補的配列と塩基対を形成することでイントロンの5′末端に結合できる。複数のsnRNPが一緒になって**スプライソソーム**（spliceosome）とよばれるより大きな複合体を形成すると，イントロンはループ状にはみだし切りだされる（第15章参照）。

　RNAスプライシングは，遺伝子発現制御に働く可能性を秘めている。というのは，エキソンがいろいろ異なったパターンでスプライスされると，同じ遺伝子からでも多様な異なるポリペプチドを産みだせるからである。単一の遺伝子から二つないしは三つの異なるタンパク質がつくられる選択的スプライシングは，昆虫や脊椎動物ではよく見られる。さまざまな発生段階や組織の違いに応じて起こるスプライシングのパターンの変化によって遺伝子発現が調節されているという例は多い。

　選択的スプライシングの好例が，ヒトの甲状腺と視床下部で見つかった。甲状腺（下巻第47章参照）は代謝速度を制御するホルモン生産に関与している。視床下部は脳内にあって体内からの情報（たとえば塩濃度バランス）を集め，脳下垂体（下巻第47章参照）などの器官からのホルモン放出を調節するホルモンを放出している。これらの器官の生産物一つにカルシトニン（甲状腺）とCGRP（カルシトニン遺伝子関連ペプチド，視床下部）がある。カルシトニンは食物からのカルシウムの吸収量や骨や歯のような組織でのカルシウムバランスを制御している。CGRPはさまざまな神経系や内分泌系の機能に関与している。このように非常に異なる生理学的な目的に使われるのに，両者は同じ転写産物からつくられる（図18.22）。どちらか一方の生産物のみが生じるのは，一次転写産物のプロセシングを調節する組織特異的因子の働きによる。このプロセシングの能力は，微妙な違いをもったタンパク質群から全く関連のないタンパク質群までの多岐にわたる遺伝子産物の発現を制御する有力な方法を提供している。

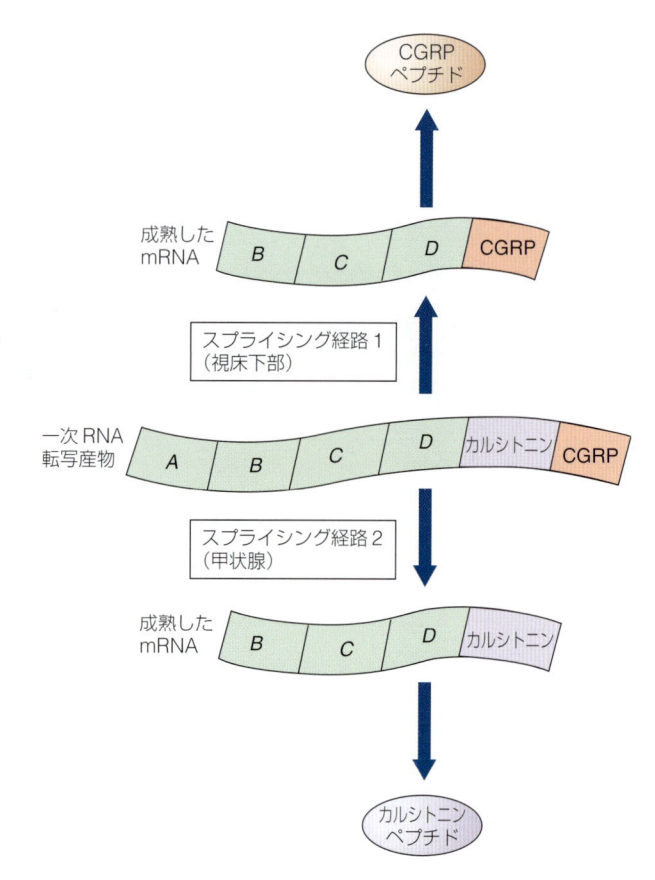

図 18.22
選択的スプライシングの産物。　一つの遺伝子からつくられた同じ転写産物が異なるスプライシングを受けて，カルシトニンとCGRPという全く異なるタンパク質産物を生みだす。

RNAエディティング

　選択的スプライシングによる同じ遺伝子からの複数の転写産物の生産は，"遺伝子"の数よりタンパク質の種類を多くすることを可能にした。さらに意外ともいえるメッセージの変更として，成熟した転写産物を"校正（エディティング）"して，ゲノムにコードされているのとは違うmRNAにしてしまうことがあげられる。原生動物のいくつかの転写産物へのウラシル残基の挿入として発見された当初は，これは異常なものととらえられたが，異なる種類のRNAエディティングがヒトを含む哺乳類でも見つかった。後者ではエディティングは塩基を化学修飾して塩基対の特性を変えてしまう。すなわちシトシンは脱アミノ化してウラシルへ，アデニンは脱アミノ化してイノシン（イノシンは翻訳時にGとして対合に参加する）へと変換する。

　RNAエディティングの一例が，コレステロールやトリグリセリドの輸送に関与するアポリポプロテインBというヒトのタンパク質に見られる。このタンパク質をコードする遺伝子（*apoB*）は巨大で複雑であり，ほぼ50 kbのDNA中に散らばった39のイントロンからなる。このタンパク質には，全

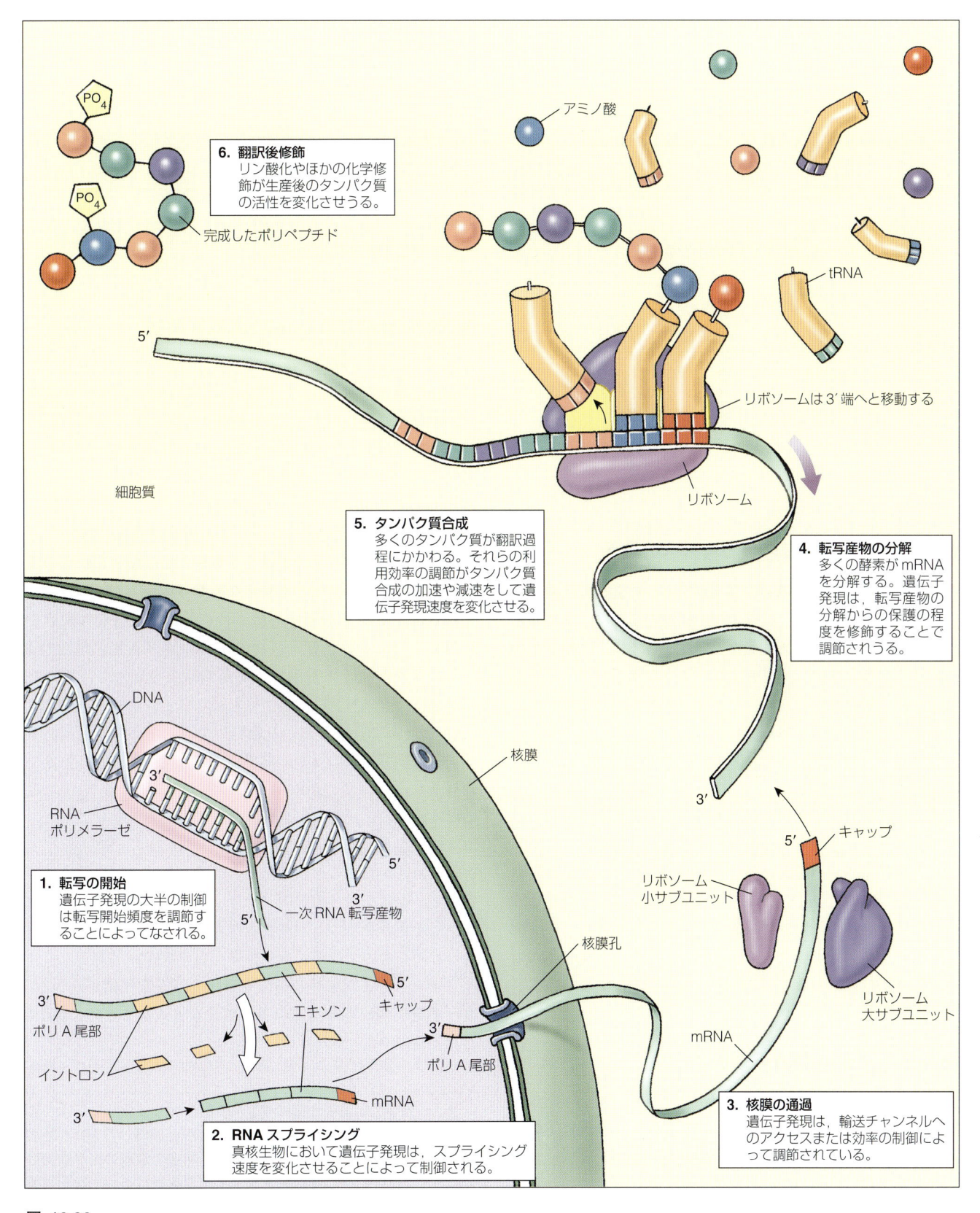

図 18.23
真核生物で遺伝子発現の制御が可能な六つのレベル

長を含むAPOB100型とその一部を失ったAPOB48型という二つのアイソフォームがある。後者はグルタミンのコドンが"終止"コドンに変化するというRNAの改変によって生じる。さらにこのエディティングは組織特異的に起こり，エディティング型は腸だけでみられる一方，肝臓は全長型だけを合成している。全長のAPOB100型はコレステロールを運ぶLDL粒子の一部で，高濃度の血清LDLはヒトのアテローム性動脈硬化の主要な予測因子と考えられている。エディティングは腸特異的な転写産物の量には全く影響を与えないようである。

RNAエディティングはヒト脳内の伝達物質受容体にも見られる。その一つ，セロトニン(5-HT)受容体は，多くの部位でエディットされて全部で12の異なるアイソフォームからなるタンパク質となる。どれくらい広くこのようなエディティングの様式が存在するかは明らかでないが，遺伝子にコードされた情報がタンパク質生産への流れの最終的な形ではないという証拠が生まれつつある。

加工処理された転写産物の核外への輸送

加工処理されたmRNAは，第5章でふれたように核膜孔を通って核から出ていく。転写産物の核膜の通過は，能動的過程であって核膜孔の内側に並んでいる受容体による転写産物の認識を必要とする。ポリA尾部のような転写産物の特殊な部分が，この認識に役立っているようである。処理が不十分な転写産物が細胞質に輸送されることがないように，まだスプライシング酵素などが結合した状態の転写産物は孔を通って移動することができない。

この段階で遺伝子発現が調節されるという証拠はきわめてわずかであるが，ありえないことではない。平均すると転写された遺伝子の約10%がエキソン配列であり，一次転写産物としてつくられたmRNAのわずか5%が細胞質へとたどり着く。このことはエキソンの一次転写産物のうちの約半分は核から外に出ていかないことを示唆しているが，このmRNAの消失が選択的に行われているかどうかは明らかでない。

翻訳を受けるmRNAの選択

細胞質のリボソーム上で起こる加工処理されたmRNAの翻訳には，"翻訳因子"とよばれるタンパク質の複合体が関与している。少なくともいくつかの場合，遺伝子発現は一つかそれ以上のこれら因子の修飾によって調節されている。ほかの例では，**翻訳抑制タンパク質**(translation repressor protein)が転写産物の先頭付近に結合して転写産物がリボソームに近づけないようにすることによって翻訳を停止させている。ヒトでは，フェリチン(鉄含有タンパク質)の生産は通常アコニターゼとよばれる翻訳抑制タンパク質によって停止させられている。アコニターゼはフェリチンmRNAの先頭の30ヌクレオチド配列に結合してリボソームが結合できない安定なループを形成する。細胞が鉄に出くわすと，鉄はアコニターゼに結合し，フェリチンmRNAからのアコニターゼの解離を引きおこしてmRNAが自由に翻訳されてフェリチン生産は100倍に増加する。

選択的に分解されるmRNA転写産物

遺伝子発現に影響を与えるもう一つの側面は，細胞質におけるmRNA転写産物の安定性である(図18.21参照)。半減期約3分の典型的な原核生物のmRNAと異なり，真核生物のmRNA転写産物は非常に安定である。たとえばβ-グロビン遺伝子の転写産物は，細胞の非常に速い代謝時間にとって永遠ともいえる10時間以上もの半減期をもつ。しかし，調節タンパク質や成長因子をコードする転写産物は普通かなり不安定で，半減期は1時間以下である。ではなぜこれらの特定の転写産物はそれほど不安定なのだろうか？ 多くの場合，それらはmRNAを分解する酵素の標的となる特別な配列を3′側にもっている。転写産物の3′側のポリA尾部付近のAとUのヌクレオチド配列が，尾部の除去を促進し，それがmRNAを不安定化する。たとえばヒストンの転写産物は，DNAを盛んに合成している細胞中では約1時間の半減期を示すが，細胞周期のほかの期ではポリA尾部が失われ数分で分解される。ほかのmRNA転写産物の例では，3′末端付近に転写産物の迅速な分解を引きおこすエンドヌクレアーゼの認識部位の配列がある。調節遺伝子の場合はmRNA転写産物の半減期が短いことが遺伝子の機能にとって決定的に重要である。なぜなら，細胞内における調節タンパク質の量をすばやく変化させることが肝要だからである。脱アデニル化を含むものを含めてほかにも多種多様な分解経路がある。シスエレメントもまた転写産物の安定化や不安定化にかかわる。遺伝子発現の転写後調節のさまざまな方式をまとめて図18.23に示す。

遺伝子発現の転写後制御はタンパク質と低分子RNAによって行われる。タンパク質は低分子核RNAと協同してRNA転写産物の選択的スプライシングを行う。特定の塩基の化学修飾によってRNA転写産物はエディティングを受ける。一次転写産物が修飾された後，翻訳の抑制やmRNA産物の選択的分解などによる遺伝子発現のさらなる制御が行われる。

第18章のまとめ

18.1 遺伝子発現は転写の調節によって制御されている
"転写制御の概観"
- 遺伝子発現を制御する一つの方法は，プロモーターへの接近を調節することによる転写開始の制御である。(p. 362)
- 遺伝子発現は転写および転写後の段階で制御され，そのうち転写制御がもっともよくある制御の形である。(p. 362)

18.2 調節タンパク質はDNAを巻き戻さずに読み取る
"巻き戻さずにらせんを読み取る方法"
- 調節タンパク質は塩基対の端が露出している主溝にDNA結合モチーフを挿入して，らせんを巻き戻すことなくDNA配列を同定する。(p. 363)

"四つの重要なDNA結合モチーフ"
- もっとも重要なDNA結合モチーフは四つあって，ヘリックス-ターン-ヘリックス，ホメオドメイン，Znフィンガー，ロイシンジッパーである。(pp. 364〜365)

18.3 原核生物は転写開始の調節によって遺伝子を制御する
"原核生物における遺伝子調節"
- 原核生物が外界の変化にいかに応答するかは，関連する遺伝子にコードされたタンパク質の性質に依存している。(p. 366)
- 原核生物の遺伝子は，複数の遺伝子が単一の遺伝子発現単位を形成するオペロンの一員として存在することが多い。(p. 366)
- 抑制因子はDNAの調節部位に結合するタンパク質で，転写開始を妨げたり減少させたりする。(p. 367)
- 活性化因子はDNAに結合して転写開始を刺激する。(p. 368)

18.4 真核生物の転写制御は離れたところから行われる
"真核生物における転写制御"
- 真核生物の転写因子は二つのカテゴリーに分けられる。基本的転写因子と特異的転写因子である。エンハンサー，活性化補助因子，メディエーターとともに，これらの因子は真核生物の遺伝子発現の制御に柔軟性をもたらしている。(pp. 370〜372)

"遺伝子発現に対するクロマチン構造の影響"
- DNAを詰め込むことにより複雑さが増すにもかかわらず，遺伝子発現の転写制御は真核生物でも起こっている。(p. 373)

"真核生物における転写後制御"
- 遺伝子発現の転写後制御は，タンパク質と低分子RNAによってなされている。(p. 374)
- miRNAやsiRNAのような低分子RNAは，RNA干渉やある場合はDNAの詰め込み方を変えることを通して遺伝子発現を調節していると考えられる。(pp. 374〜375)
- タンパク質は低分子核RNAと相互作用してRNA転写産物の選択的スプライシングを行っている。(p. 376)
- RNA転写産物のエディティングは特異的塩基の化学的変換が原因で起こることが可能である。(pp. 376〜378)
- 一次転写産物の修飾に続いて，翻訳の抑制やmRNA転写産物の選択的分解によってさらなる遺伝子発現制御がなされる。(p. 378)

質問のページ

自習問題

1. 原核生物と真核生物は遺伝子発現を調節するためにいくつかの方法を用いるが，もっとも広く用いるのはどれか？
   a. 翻訳制御 b. 転写制御
   c. 転写後制御 d. 核からのmRNA通過の制御

2. ロイシンジッパーの二つのサブユニットは，どのようにお互いにくっつき合うか？
   a. Y字型になる
   b. アミノ酸のロイシンどうしの相互作用による
   c. 疎水基間相互作用による
   d. 上記すべてが正しい

3. ヘリックス-ターン-ヘリックスモチーフは二つのらせん状の断片を含み，このモチーフがDNAと結合するためには，＿＿がDNAの主溝にはまり込む。
   a. ホメオドメイン b. 認識ヘリックス
   c. Znフィンガー d. ロイシンジッパー

4. ＿＿は，一つの単位として一緒に転写される一群の遺伝子を含むDNAの一部分である。
   a. プロモーター b. 抑制因子
   c. オペレーター d. オペロン

5. 抑制された*lac*オペロンに，ラクトースを添加するとどのような効果がでるか？
   a. オペロンのオペレーター部位が移動する。
   b. その遺伝子の抑制を強化する。
   c. lacオペロンが転写される。
   d. 何の効果もない。

6. 遺伝子からはるかに離れた場所にあるタイプのDNA配列であるが，その遺伝子の発現を促進できるものはどれか？
   a. プロモーター b. 活性化因子
   c. エンハンサー d. TATAボックス

7. 真核生物の転写複合体中に存在しないものは，次のうちどれか？
   a. 活性化因子 b. RNA
   c. エンハンサー d. TATA結合性タンパク質

8. 遺伝子のDNAメチル化は，＿＿。
   a. メチル化されたシトシンとグアニンの塩基対形成を邪魔することで転写を阻害する
   b. ウラシルとアデニンとの塩基対形成を邪魔することで転写を阻害する
   c. TATA配列を抑えることで転写を妨げる
   d. スイッチオフになっている遺伝子がオフであり続けるようにする

9. 下記の文章で，組合せが正しくないのはどれか？
   a. RNAスプライシング —— 核内で起こる
   b. snRNP —— 転写産物からスプライシングされたエキソン
   c. ポリA尾部 —— 転写産物の安定性の向上
   d. すべて正しい組合せである。

10. 真核細胞の転写後制御の方法でないのは次のうちどれか？
    a. 転写産物のプロセシング
    b. 翻訳されるmRNA分子の選択
    c. 翻訳直後のDNAの分解
    d. mRNA転写産物の選択的分解

図解き問題

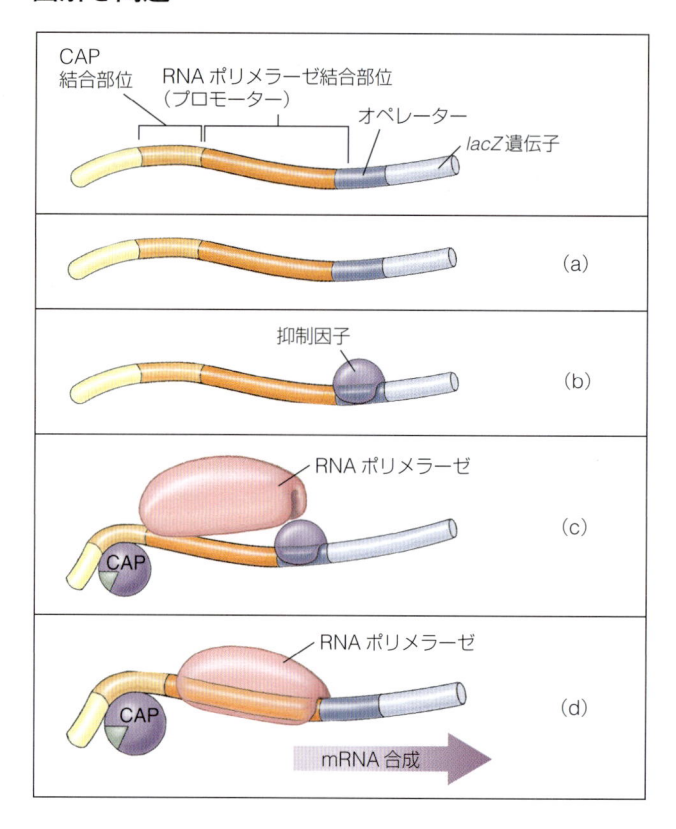

1. 下記の文章と図中のアルファベットを付したパネルとを適切に組み合わせ，オペロンが不活性状態の場合はそれを活性化するのに何が必要かを説明せよ。
   i. *lac*抑制因子が結合しているので，オペロンはオフ。
   ii. CAPが結合していないので，オペロンはオフ。
   iii. CAPが結合し，*lac*抑制因子が結合していないので，オペロンはオン。
   iv. *lac*抑制因子が結合し，CAPが結合していないので，オペロンはオフ。

応用問題

1. 転写後制御の一つの方法はmRNA転写産物の選択的分解である。成長因子をコードしているある転写産物の末端配列はAAGCUUGAAUであり，半減期は40分である。もう一つの免疫グロブリンをコードする転写産物は末端配列がGGAUCGCCAGGであり，半減期は約2時間である。半減期と分解速度の関係は：$t_{1/2} = 0.693/K$として示される。ここで$t_{1/2}$は半減期で，Kは分解速度である。二つの転写産物の分解速度を比較せよ。

2. すべての人類は自らの大腸内で大腸菌（*E. coli*）を盛んに増殖させている。ラクトース（乳糖）を含む一切の物を食事としてとることを制限されているラクトース感受性のヒトの体内では，細菌の*lac*オペロンは活性化されているか不活化されているか，説明せよ。

19 発生の細胞機構

概　要

19.1 発生は制御された過程である

発生について　細胞機構の研究は，マウスやショウジョウバエ，顕花植物，そして線虫を材料に進められてきた。

脊椎動物の発生　脊椎動物の発生はとても複雑であるが大変秩序立っている。

昆虫の発生　昆虫の発生は特殊化しており，融合しあった細胞の集塊として進行する。

植物の発生　環境の変化を受けにくい動物の発生とは異なり，植物の発生は環境からの影響を受けやすい。

線虫の発生　線虫の体を構成するすべての細胞の発生過程が明らかにされている。

19.2 多細胞生物の基本的な発生機構は共通である

細胞運動と誘導　動物の細胞は，伸ばしたタンパク質のケーブルをたぐり寄せ，自らをひっぱりながら，周囲の細胞のあいだを通りぬけ移動する。遺伝子の転写はほかの細胞から分泌されるシグナル分子によって影響を受ける。

決定　細胞は特定の発生経路を進むよう可逆的に方向づけされる。

パターン形成　ショウジョウバエの胚におけるパターン形成は，拡散する化学物質によって誘導，決定される。

ホメオティック遺伝子　ホメオティック遺伝子はどの体節を形成するかを決める上位の遺伝子である。

プログラムされた細胞死　活性化すると自らの細胞を殺してしまう遺伝子が存在する。

19.3 老化は発生過程の一部である

老化の理論　なぜ細胞は老化するのかについては諸説あるが，定説となっているものはまだない。

図 19.1
発生する魚の胚。　透明な卵が1個の細胞から数百万個にも増えて，眼・ひれ・えらなどがつくられ，魚の体ができあがる。

第18章では，特定の遺伝子の転写を制御するために使われる多様な機構を調べながら，細胞レベルでの遺伝子発現を考えた。この章では，さらに視点を広げ，細胞1個から多種多様な細胞で構成される個体へと発生する過程（図19.1）における遺伝子発現の問題を考えることにしよう。発生過程で細胞がどの道筋をたどって分化するかは，遺伝子の転写によって決まる。そしてその転写は，さまざまな因子が織りなす，複雑に絡みあった網目のような相互関係によって制御されている。しかし，遺伝子制御がこのように複雑であるにもかかわらず，発生のプログラムは驚くほど正確に進行する。この章では，多細胞生物が駆使する発生の制御とそれを正確に行う機構について学ぶ。

19.1 発生は制御された過程である

発生について

　三つの多細胞生物界，菌類・植物・動物に属するすべての生物は，よく統制された遺伝子発現によって細胞の分化を実現する。すなわち，異なる細胞は異なる時期に異なる遺伝子を発現している。発生を理解するためには，どの遺伝子をいつ活性化させるのかを細胞がどのように決めているのかに的を絞る必要がある。

　菌類では細胞の分化は主に生殖細胞に限られる。担子菌類と子嚢菌類（いわゆる高等菌類）では，ほかの細胞に影響をおよぼすフェロモンを産生する細胞もあるが，菌類の基本体制はとても単純である。生活史の大半は平面的な構造をしており，菌体はそれぞれが完全には分離していない長い菌糸細胞で構成されている。菌体の成熟は分化というよりは基本的には成長の結果といえる。

　植物の発生は菌類よりはかなり複雑である。成長した個体にはさまざまに分化した細胞があり，組織や器官を形成している。植物の発生の特徴は柔軟性である。植物が育つとき，植物体を構成する各組織の配置は周囲の環境に応じて決まっていく。

　動物の発生は複雑で厳密に制御されていて，分化した細胞が入り組んだ配置をとるが，これは環境にそれほど影響を受けない機構によって達成される。ここ10年程の精力的な研究によって，動物の発生についての理解がかなり進んできた。

　ここでは，よく研究されている四つの発生システムについて説明する。(1) 体の構造がとても複雑な脊椎動物，(2) 体の構造はそれほど複雑ではないが入り組んだ発生史をもつ昆虫，(3) 顕花植物，(4) たいへん単純な体制をもつ線虫の四つである（図19.2）。

　まず，これら四つの非常に異なる生物の発生過程の全体像を把握する必要がある。なぜなら，それぞれの発生過程を比較して違いを整理することで，裏に隠された基本的な分子機構の共通性を明らかにしたいからである。最初は，動物のなかでも一番よく調べられている脊椎動物の発生から説明をはじめる。次に，脊椎動物の発生とはずいぶん違う発生様式をもつが，遺伝学がいろいろ有益な視点を提供してくれている昆虫について吟味する。さらに，これらとは全く異なる体制をもつ植物の発生について見てみよう。最後に，線虫の発生について紹介する。

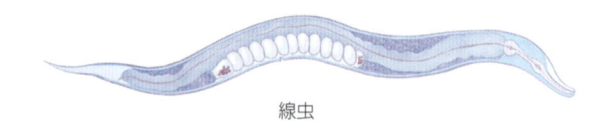

図 19.2
代表的な四つのモデル生物。 これら四つの生物を材料にして発生のしくみが詳しく研究されてきた。

　ほぼすべての多細胞生物は発生という過程を経る。この過程は植物や動物，特に脊椎動物や昆虫そして線虫において詳しく調べられている。

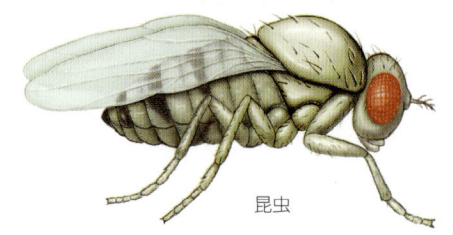

脊椎動物の発生

脊椎動物の発生はダイナミックである。細胞は盛んに分裂し，基本的な体の構造ができはじめるころには動き回るようになる（図19.3）。続いて，細胞はそれぞれの場所で体を構成する各器官を形成するようになる。さらに，生きていくために十分な大きさになるまで体は成長していく。以下に示すように，発生過程はいくつかの段階に分けることができるが，細胞分裂の場合のように各段階の境界はいささかあいまいで，実際には各段階は重なり合っている。脊椎動物の発生の全体像については下巻第51章でさらに詳しく述べる。

卵 割

脊椎動物の発生は，1個の接合子（受精卵）からはじまる。接合子は受精後1時間以内に分裂を開始し，以後次々と分裂をくり返し，小さな細胞が多数集まった球状のかたまりとなる（図19.4）。この最初のころの細胞分裂を特に**卵割**（cleavage）とよび，卵割によって生じた細胞を**割球**（blastomere）とよぶ。卵割では胚全体の大きさは変化せず，接合子はどんどん小さな細胞へと分割されていく。接合子の上下両端をそれぞれ**動物極**（animal pole）と**植物極**（vegetal pole）とよぶ。一般的に，動物極の割球は体の外側の組織を形成し，植物極の割球は体の内側の組織を形成する。受精したときに精子核が卵へ侵入した位置にもとづいて，胚の最初の上下方向（背腹軸）が決まる。そしてその位置は将来腹部になる部分とおおよそ一致している。約12回の分裂を経て，それまで爆発的な勢いだった卵割は速度を落とし，胚を構成する細胞内では発生にかかわる遺伝子群の転写が開始される。

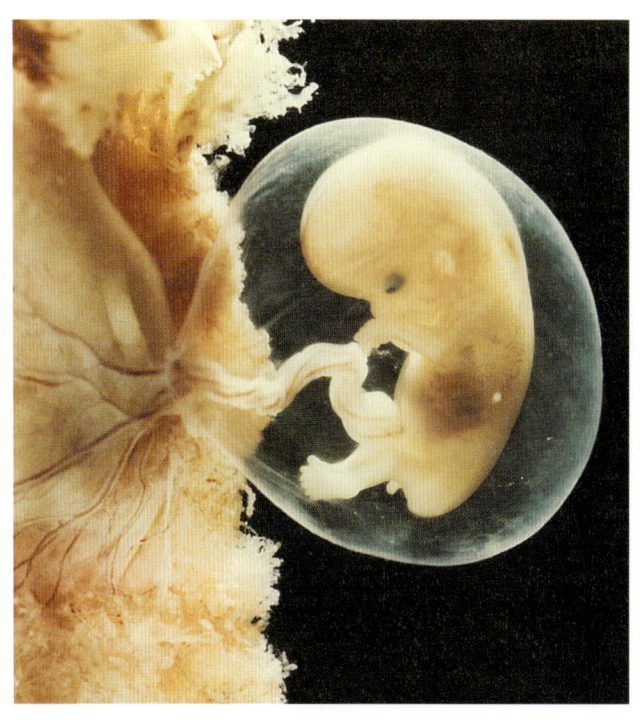

図 19.3
発生の驚異。 ここに示す9週目のヒトの胎児ももとをたどれば1個の細胞，接合子（受精卵）からはじまったものだ。接合子は分裂をくり返し，分化して胎児としての特徴を備えた体をつくりだす。

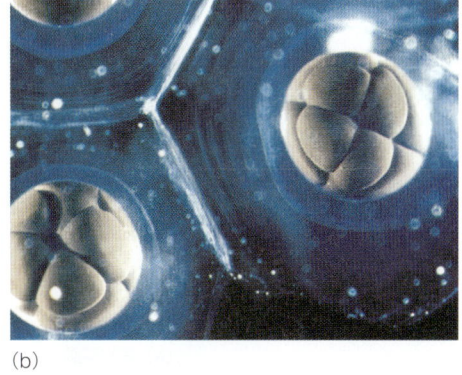

図 19.4
卵割するカエルの胚。　(a) 上から見た最初の卵割。(b) 卵割がくり返されて，胚の上側にできた割球。(c) さらに卵割が進み，小さな細胞がかたまりとなった胚。(d) 細胞が胚の内側へ陥入し，原腸胚そして神経胚へと進む。

19.1　発生は制御された過程である

図 19.5

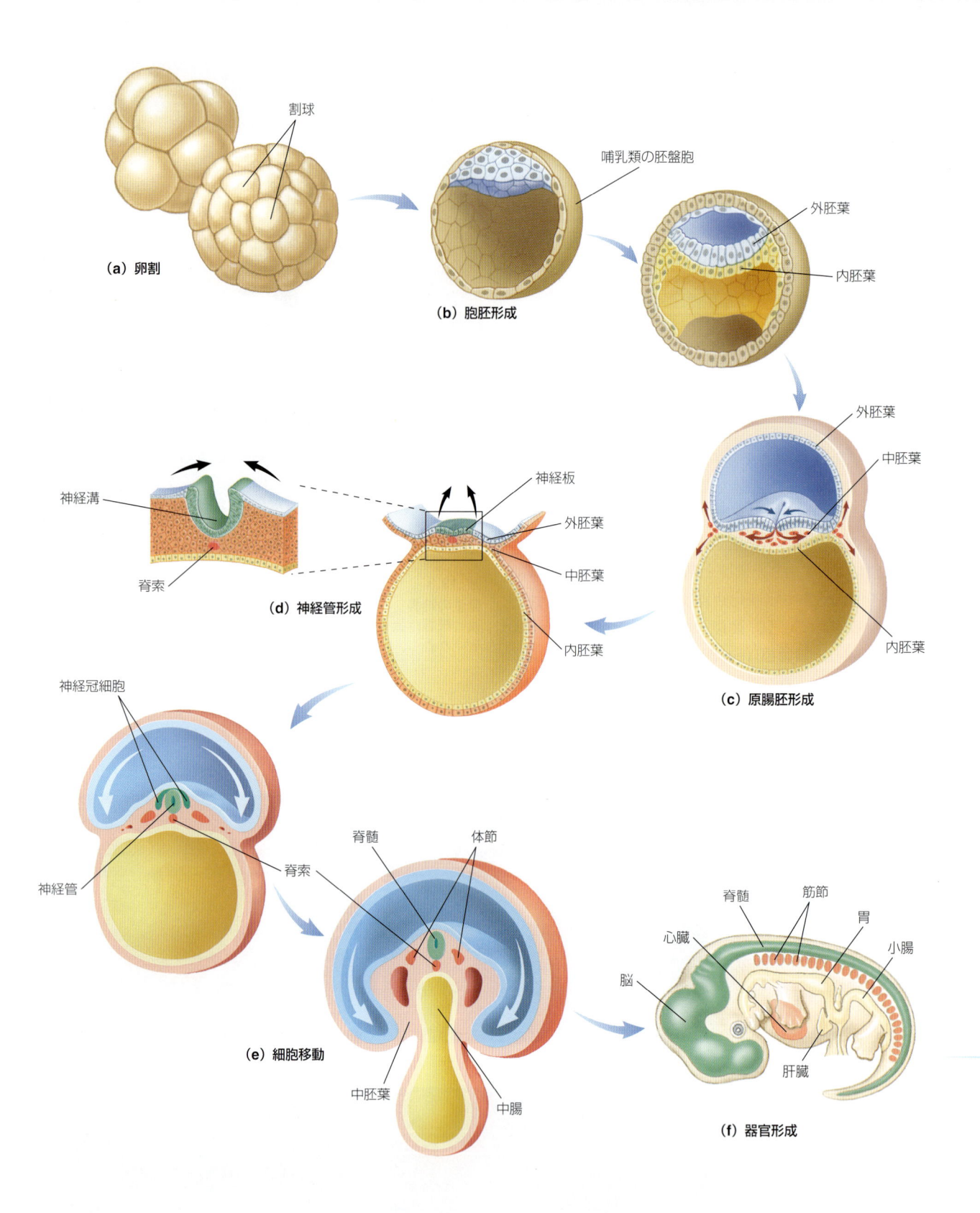

脊椎動物の発生。 マウス（*Mus musculus*）の発生の主要な出来事。(a) 卵割，(b) 胞胚形成，(c) 原腸形成，(d) 神経管形成，(e) 細胞の移動，(f) 器官形成，(g) 成長。

胞胚形成

卵割によって生じた割球のうち，一番外側の割球どうしは密着結合によって互いにしっかりとくっついている（図19.5a）。第7章で述べたように，密着結合は細胞を取り囲むタンパク質のベルトで，隣の細胞を強固に結びつける。この密着結合によって胚の内側の細胞は外側の環境から隔離されている。16細胞期になると，細胞塊の内側の細胞はNa^+を細胞質内から細胞間隙へと排出しはじめる。その結果生じた浸透圧の勾配によって水分が胚の中心へと集まり，隙間は大きくなっていく。やがて隙間はつながり，胚の中心に一つの大きな腔所ができる。こうしてできた中空の胚を**胞胚**（blastula），あるいは哺乳類では**胚盤胞**（blastocyst）とよぶ（図19.5b）。

原腸胚

胞胚の細胞の一部は，内側に落ち込む陥入によって**原腸胚**（gastrula）を形成する。細胞は膜状仮足とよばれる突起を使い，まわりの細胞をかきわけて移動する。そのとき，まわりの細胞も膜状仮足をつくって反応する。そしてすぐに，一層のシート上にならんだ細胞は縮むと同時に内側へと落ち込みはじめ，陥入が始まる。**原腸胚形成**（gastrulation）とよばれるこの過程では，脊椎動物の主たる体軸が決まり，原腸を中心とした左右対称の胚へと変化する（図19.5c）。この時期から，胚は三つの**胚葉**（germ layer）をもつようになる。それぞれの胚葉からは，それぞれに決まった器官が発生する。陥入して原腸管を形成する細胞は内胚葉で，胃・肺・肝臓・その他の内臓諸器官へと分化していく。外側に残った細胞は外胚葉で，体の外側を覆う皮膚や神経系へと分化していく。陥入した細胞からこぼれ落ちた細胞は，原腸と外側の壁のあいだに侵入し，中胚葉を形成する。中胚葉からは脊索や骨・血管・結合組織および筋肉ができる。

神経管形成

原腸胚の形成が終わるとすぐに，胚の背側の広い範囲にわたる外胚葉細胞が肥厚しはじめる。これはその下にある脊索の存在が引き金となって起こる。肥厚は特定の外胚葉細胞の伸長によるものである。これらの細胞の一端がアクチンフィラメントによってひっぱられてくさび形になる。このような形の変化によって神経板が巻き込まれて神経溝ができる。やがて管状に閉じ，外胚葉組織から切り離されて，脳や脊髄へと発生していく。この管を**神経管**（neural tube），神経管ができる過程を**神経管形成**（neurulation）とよぶ（図19.5d）。

細胞の移動

脊椎動物の次の発生段階では，さまざまな細胞が特定の道筋を通って胚の特定の場所に移動し，組織を形成していく（図19.5e）。**神経冠**（neural crest）の細胞は神経管からちぎれて分離し移動して，感覚器官を含むいろいろな器官を形成する。また，**体節**（somite）とよばれる筋組織の中心部から移動する細胞は骨格筋，そして血球細胞や配偶子の前駆細胞を形成する。目的地へ到着した細胞の細胞骨格は，細胞の表面にある受容体とまわりの細胞表面にあるタンパク質との相互作用によって変化し，それによって細胞は動きを止める。

器官形成と成長

細胞が移動し定着する一連の過程が終わるころになっても，胚の大きさはたった数mmで，細胞の数もわずか10万くらいしかないが，基本的な脊椎動物の体制プランはできあがっている。これ以降の発生では，組織は器官へと発達し（図19.5f），胚も100倍くらいの大きさに成長し，細胞の数も100万倍に増える。

(g) 成長

脊椎動物は高度に統合された過程を経て発生する。接合子は速やかに分裂をくり返し，中空の球体となる。細胞は内側へと落ち込み，胚の基本軸ができあがる。その後組織ができ，細胞の移動が起こり，器官が発達してくる。

昆虫の発生

ほかの動物と同様，昆虫も統制のとれた一連の細胞の変化により発生するが，その過程は脊椎動物とはかなり異なる。多くの昆虫は発生の過程で2種類の違った体をつくりだす。一つ目が，細長い管状をした食べる機械，**幼虫**(larva)。そして次が，脚と翅をもった生殖のための機械，成虫である。幼虫から成虫へと変わる過程は**変態**(metamorphosis)とよばれ，その過程は劇的である。ここでは，図19.6に示すショウジョウバエ(*Drosophila*)の発生について見ていく。

母性遺伝子

ショウジョウバエを含む昆虫の発生は，受精前の卵をつくる段階からはじまっている。卵の成長を助ける保育細胞は自分自身のmRNAの一部を隣接する卵へと送り込む(図19.7a)。その結果，母親の遺伝子(母性遺伝子)によってつくられたmRNAが卵のなかのそれぞれ決まった場所に配置されることになり，結果として胚の細胞はそれぞれ異なる組合せの母性転写産物を受け取ることになる。つまり，発生の初期段階では，接合子自身がもつ遺伝子ではなく，母性遺伝子の働きが発生を決めている。

多核性胞胚

受精後，細胞質分裂を伴わない12回の核分裂で約6,000個の核ができるが，それらは同じ細胞質内にある。この**多核性胞胚**(syncytial blastoderm，図19.7b)内のそれぞれの核は，互いに自由にコミュニケーションをとることが可能である。しかし，その位置に応じて異なる母性遺伝子産物の作用も受ける。やがて核は胞胚の表面へと移動し，等間隔に並ぶと，それぞれの核を隔てるように細胞膜が形成される。続いて，細胞層が陥入し，胚葉が形成される。この過程は脊椎動物の発生で起こることと基本的には同じである。受精からおよそ1日で管状の体をした幼虫が孵化してくる。

幼虫期

孵化した幼虫はすぐに餌を食べはじめ，大きくなっていく。しかし，幼虫の表皮を覆うキチンでできた外骨格はあまり伸びないので，1日のうちに脱皮する。脱皮後，新しい外骨格が硬化するまえに，幼虫は体を大きくする。脱皮から脱皮までの期間を**齢**(instar)とよび，孵化してから4日ほどで3齢幼虫になる(図19.7c)。

図 19.6 キイロショウジョウバエ(*Drosophila melanogaster*). 背側から見たショウジョウバエ。発生についてもっとも詳しく研究された生物の一つ。

成虫原基

胚の成長のあいだに，**成虫原基**(imaginal disc)とよばれる10数グループの細胞集団が幼虫の体内に生じる(図19.7d)。成虫原基は将来成虫の体をつくり上げるよう定められており，幼虫のあいだは何もしない。

変　態

最後の幼虫期が終わると，外側に堅い殻ができ，幼虫は**蛹**(pupa)になる(図19.7e)。蛹のなかでは，幼虫の細胞が壊され，成虫原基(複眼・翅・脚などの原基)の発生と成長のための栄養として利用される。成虫原基は互いにつながり，成虫の体をつくり上げていく(図19.7f)。ショウジョウバエでは，幼虫から蛹そして成虫へと変態していくのに4日ほどかかり，その後，蛹の殻を破って成虫が出てくる。

ショウジョウバエの発生過程は二つの異なる時期に分かれる。最初が幼虫の時期で，もっぱら餌を食べつづける。その次が成虫の時期で，飛びまわり，生殖に従事する。

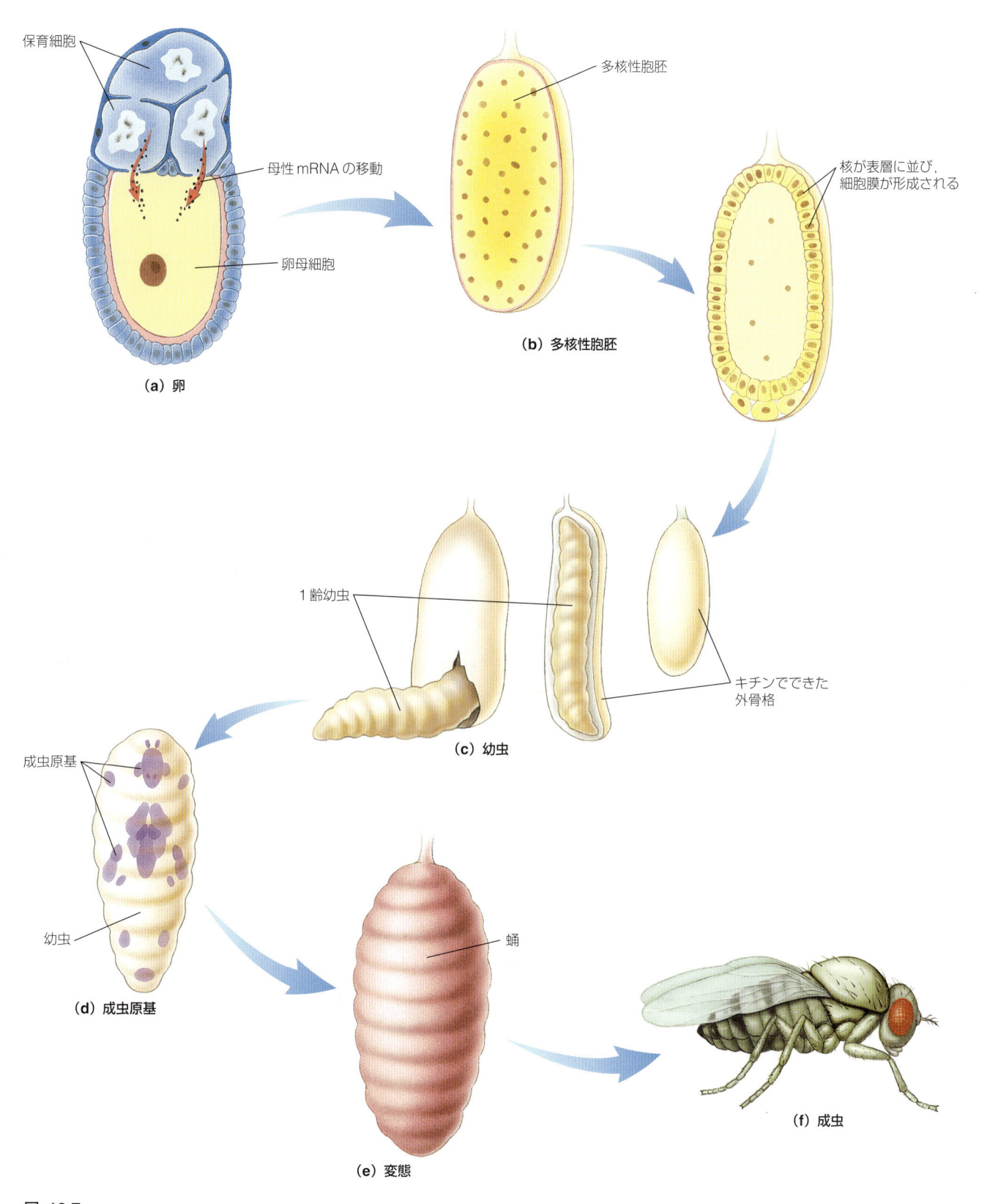

図 19.7
昆虫の発生　ショウジョウバエ (*Drosophila melanogaster*) の発生過程。(a) 卵，(b) 多核性胞胚，(c) 幼虫，(d) 成虫原基，(e) 変態，(f) 成虫。

植物の発生

もっとも基礎的なレベルでは，植物と動物の発生の道筋が多くの主要な因子を共有している．しかし，体の形をつくるために使われている機構はかなり異っている．動物では，発生過程に統制のとれた一連の細胞移動を伴うが，セルロースでできた細胞壁に囲まれている植物細胞は動くことができない．植物細胞は生まれたときの位置のまま固定されている．したがって植物は細胞を移動させる代わりに分裂組織で活発に細胞をつくりながら，外側に向かって新しい組織を積み重ねていくことで発生を進める．このように分裂能力を保持する細胞集団である**分裂組織**(meristem)が，植物の各組織に分化する細胞を生産しているのである．

動物と植物のもう一つの大きな違いは，多くの動物は個体として移動可能だという点である．動物は好ましくない環境を避けられるが，植物は1か所に固着していて，直面するどんな環境にも耐えなくてはならない．植物は，周囲の状況に柔軟に対応できるように発生のルールを緩やかにすることでこのハンデを克服している．つまり，動物のように体の各部分すべてをある決まった大きさや配置になるようつくっていくのではなく，植物は葉・根・枝・花などといった少数の種類のモジュールによって体を構成していく．それぞれのモジュールの構造と形はしっかりと決まっているが，モジュールの使い方にはかなりの柔軟性がある．植物はモジュールを付け加えていくことによって成長する．どのモジュールをいくつ，どれだけの大きさで，どの位置に付加するかはそのときの環境に応じて決められる．このような方法で植物は直面する限られた状況に対応した体の形を選択していく．

初期の細胞分裂

顕花植物では，受精卵の最初の分裂が等分でないため，片方の娘細胞は小さく，細胞質の密度が高い(図19.8a)．この細胞は将来の胚で，くり返し分裂し，球状のかたまりとなる．もう片方の娘細胞も分裂をくり返し，**胚柄**(suspensor)とよばれる縦に細長い構造となる．これは胚と種子の栄養組織とを結ぶ役割をもつ．胚柄は胚が成長するための栄養を運ぶ通り道でもある．動物の胚が体軸を獲得するのと同じように，植物の胚でもこの時期，シュートから根に向かう上下軸を形成する．胚柄側の細胞は将来の根になり，その反対側の細胞がシュートになる．

組織形成

初期細胞分裂の後まだ胚体が細胞のかたまりである時期に，細胞は移動することなく動物胚で見られる三つの胚葉に似た三種の基本的組織に分化する(図19.8b)．植物胚の外側の細胞は**表皮細胞**(epidermal cell)となる．胚の内側の大半を占める**基本分裂組織**(ground tissue)は栄養や水分の貯蔵に働く細胞となる．胚の中心にある細胞は**維管束組織**(vascular tissue)へと分化していく．

種子形成

三つの基本組織が形成されるとすぐに，顕花植物の胚は1枚もしくは2枚の**子葉**(cotyledon)を発達させる．この時点で胚発生は休止し，胚のまわりに栄養組織が形成されて子葉に養分が蓄積されるようになる(図19.8c)．こうしてできた種子は乾燥などの厳しい環境に耐えることができる．種子は，休眠した状態の胚を遠くに運び，植物体が生きていけないような環境でも生き残れるようにする乗り物といえる．

発　芽

水分や温度などの環境要因の変化に反応して種子は発芽する．発芽すると，種子のなかの胚は発生を再開し，急激に成長する．根は下へと伸び，葉のついているシュートは上へと伸びていく(図19.8d)．

分裂組織による発生

体を構成するモジュールを形成していく過程で，植物は見事な柔軟性を示す．根とシュートの先端にある頂端分裂組織は膨大な数の細胞を産みだし，葉や花などの構造すべてを形成する(図19.8e)．それと同時に，茎や根の中心を取りまいて存在する分裂組織は木質などの組織をつくり，軸の径を太くする．植物組織がつくるさまざまなホルモンは，分裂組織の活動に影響を与え，植物体の発達にも影響を与える．環境に応じた成長を可能にする道具として植物ホルモン(下巻第41章参照)は働く．

形態形成

細胞は，分裂組織から形成されたあと，浸透圧により容積を増す．植物体の形は，このとき細胞がどのような形に変化するかによっておおよそ決まる(図19.8e)．植物の成長を調節するホルモンは細胞膜の内側にある微小管の束が伸長する方向を決める．細胞の外側に細胞壁ができるとき，微小管に沿ってセルロースは沈着すると考えられる．したがって，細胞が容積を増すとき，セルロース繊維の方向によって細胞の拡張のしかたが決まり，細胞の最終的な形も決まる．

植物の発生において，葉や花，枝は，環境から強い影響を受けながら，成長する植物体に付け加えられていく．

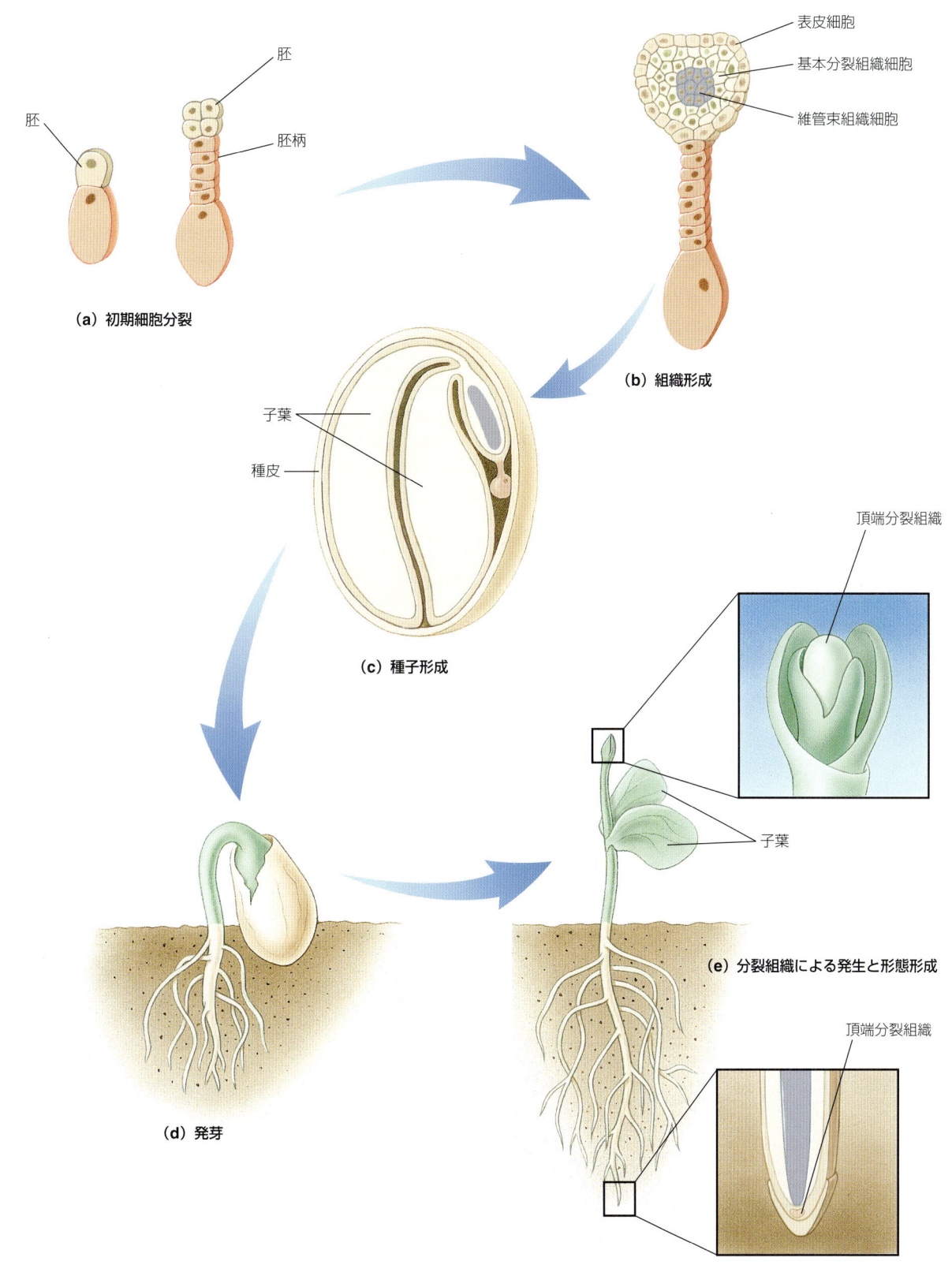

図 19.8

植物の発生。 シロイヌナズナ(*Arabidopsis thaliana*)の発生過程。(a) 初期細胞分裂，(b) 組織形成，(c) 種子形成，(d) 発芽，(e) 分裂組織の発生と形態形成。

線虫の発生

もっとも詳細に調べられた発生のモデル系の一つが線虫(*Caenorhabditis elegans*)である。体長はたった1mmで，959個の体細胞からなり，ショウジョウバエと同じくらいのゲノムDNAをもつ。ゲノム全体は，一連の互いにオーバーラップしたDNA断片としてマッピングされ，全塩基配列が決定されている。

線虫の体は透明で，分裂していく個々の細胞を追跡することが可能である。これを利用して，線虫の体を構成するすべての細胞一つひとつが，受精卵から出発してどのような分裂過程をたどるのかが調べられた。図19.9aの細胞系譜は，受精卵が分裂し，さらにその娘細胞が分裂をくり返していく過程を示している。図の水平の線は1回の細胞分裂を表している。垂直の線の長さは細胞分裂までの時間を表していて，垂直の線の末端は細胞が分化を完了したことを表している。図19.9bの線虫の模式図で，色分けされた主な器官は，細胞系譜上の同じ色でグループ分けした細胞群に対応している。

これらの分化した細胞，たとえば体表を覆うクチクラを分泌するいくつかの細胞は8回の細胞分裂で分化してしまうが，14回の分裂が必要な細胞もある。線虫の摂食器官である咽頭をつくる細胞は9ないし11回の分裂で分化を完了するが，生殖腺の細胞は分化するまでに17回の分裂を要する。

302個ある神経細胞は線虫の神経系へと確実に分化するし，131個の細胞は分裂して数分の内にプログラム細胞死を起こす。卵と精子になる細胞以外の細胞の運命はどの線虫の個体でも全く同じである。

線虫の体は959個の体細胞からできていて，1個の受精卵から巧妙に統制された一連の細胞分裂を経て発生する。全過程が正確に調べられている。

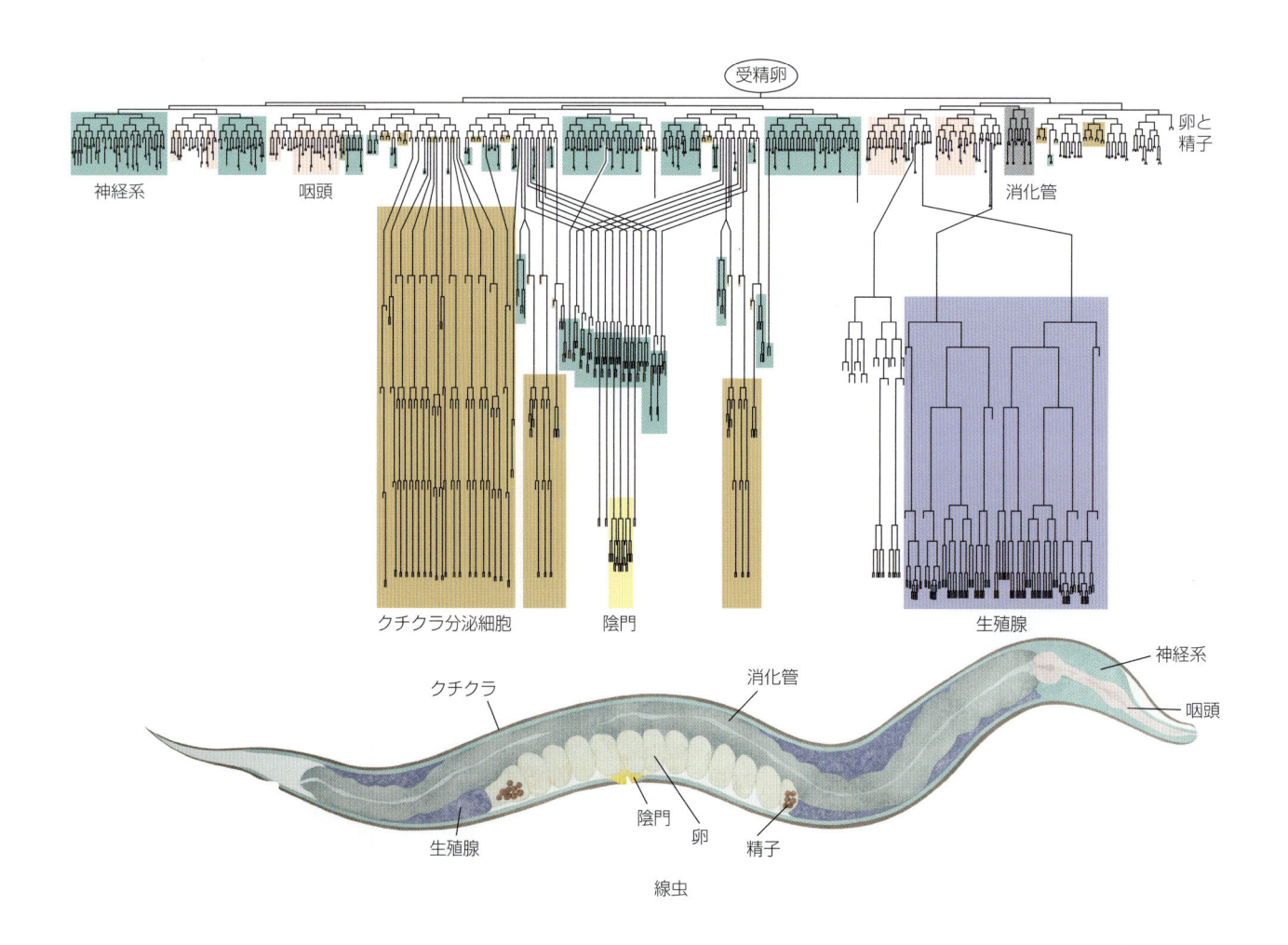

図 19.9
線虫の発生。 線虫(*C. elegans*)では1個の卵細胞に由来するすべての細胞の発生運命が明らかにされている。(a) 細胞系譜。細胞分裂のようすを示す。(b) 成体の模式図。色分けされた器官は上の細胞系譜で色で示した細胞群に対応する。

19.2 多細胞生物の基本的な発生機構は共通である

これまで述べてきた四つの発生経路には一見多くの違いがある。しかし多細胞生物の発生を制御する分子機構は基本的によく似ている。これは多細胞生物の進化のごく初期段階で，この機構が確立したことを意味している。ここでは，生物の発生にとって特に重要と考えられる細胞運動，誘導，決定，パターン形成，ホメオティック遺伝子，プログラムされた細胞死の6項目を取り上げよう。

細胞運動と誘導

細胞運動

細胞運動は，原腸形成の初期段階から形態形成期の神経系構築まで，発生の多くの場面で重要な役割をになっている。細胞運動には接着と脱接着の両方が関係している。細胞接着には「ひっぱる力」が不可欠だが，場所を離れる際には接着は不要である。細胞運動には細胞間相互作用と細胞―基質間相互作用の両方が関与する。前者は主にカドヘリン（第7章参照）を介して行われ，細胞―基質間相互作用にはしばしばインテグリンと細胞外マトリックス（extracellular matrix：ECM）が関わっている。インテグリンは初めECM分子の一つフィブロネクチンの受容体と考えられていた。

ヒトゲノムでは80以上のカドヘリン遺伝子が大きな遺伝子ファミリーを形成している。カドヘリンは4種類のサブファミリーに分類され，ショウジョウバエ・線虫・ヒトのゲノムにはそれらのすべてが存在する。このサブファミリーは機能や系統進化的にさらに細分できる。カドヘリン遺伝子が酵母やタマホコリカビ（*Dictyostelium*）には見つからないのは，それが後生動物の進化に伴い獲得されたことをうかがわせる。カドヘリンはいずれも膜貫通型タンパク質で，110アミノ酸残基からなる"カドヘリン領域"を細胞外にもつ。この部分はCa^{2+}依存的な同族カドヘリン分子間の結合にかかわる。

細胞培養を用いた選別実験によりカドヘリンの機能を示すことができる。同じカドヘリンをもつ細胞同士は特異的に接着し，カドヘリンが異なれば細胞は接着しない。そこで，異なるカドヘリンをもつ2種類の細胞をそれぞれ独立に培養し細胞塊をつくらせる。次にそれぞれをいったんバラバラにし，その後2種の細胞を混合する。すると膜表面のカドヘリンの違いに応じて二つの細胞塊を再形成する。この実験をカドヘリン分子の発現量が異なる2種の細胞で行うと一つの細胞塊が形成されるが，このときカドヘリン発現量の多い細胞が細胞塊のより内側に，発現量の少ない細胞ほど外側に位置するようになる。

カドヘリンの働きは脊椎動物の神経系の発達にも重要である。神経管が形成されるとき神経細胞特異的なN-カドヘリンが神経外胚葉で発現する。N-カドヘリンは神経管の形成それ自体に必須ではないが，将来の神経細胞と外胚葉の選別に関与する。これ以外にも多くの細胞で神経特異的カドヘリンが発現し，神経系形成における細胞選別にかかわる。カドヘリン発現の空間的制御は発生学における大きな問題の一つであるが，この発現パターンが原因なのかあるいは単なる状況の一致なのかは明らかでない。この解明を目指し「ノックアウト実験」などが行われたが，一つの遺伝子の機能破壊でさえ多岐にわたる異常を引きおこすため，結果の解釈は容易でない。

結合組織などでは，"細胞間隙"が全体の容積に占める割合が大きい。この間隙は周辺細胞が分泌したマトリックスのネットワークで満ちている。これらは主にタンパク質と共有結合した長い多糖類（プロテオグリカン）であり，コラーゲン，エラスチン，フィブロネクチンなどの繊維性タンパク質である。ここを移動する細胞は膜表面のインテグリン（第7章参照）でマトリックスに結合する。インテグリンは，一方で細胞骨格のアクチンフィラメントに付着し，細胞表面に2本の手のように突き出している。この「手」がコラーゲンやフィブロネクチンなどマトリックスの分子を捉えることを通じて，細胞骨格がマトリックスに連結される。こうした結合が細胞骨格の成長やマトリックス中への物質の分泌の変化を引きおこす。

以上のように，細胞移動は主として細胞接着パターンの変化として考えることができる。移動中の細胞はしきりに突起をのばし周囲のようすを探る。細胞は文字どおり手探りで最終目的地に向かって進む。

誘　　導

ショウジョウバエでは卵割で生じる初期細胞が異なる発生シグナルをすでにもっている。卵由来のこのシグナル，**決定因子**（determinant）は，各細胞を異なる発生経路に向かわせる。このような発生のパターンを**モザイク発生**（mosaic development）とよぶ。これに対し哺乳類では，すべての割球が同等の決定因子を受け取るので，体の形は細胞間相互作用により決定される。このようなパターンを**調節発生**（regulative development）とよぶ。

発生における細胞間相互作用の重要性は初期胞胚細胞を分離し，別々に発生させてみればわかる。このとき動物極側細胞は外胚葉の特徴を，植物極側細胞は内胚葉の特徴を示すが，中胚葉の特徴をもつ細胞は現れない。しかし動物極細胞と植物極細胞を隣り合わせておけば，動物極細胞から中胚葉細胞が生まれる。二つの異なる細胞の相互作用が細胞の発生経路

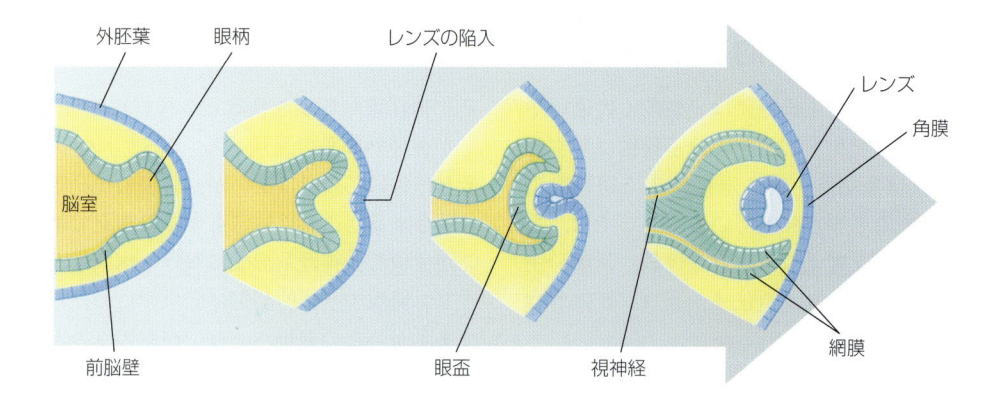

図 19.10
誘導による脊椎動物の眼の発生。 前脳の伸張により形成された眼柄が成長して外胚葉に接触する。この接触により外胚葉からレンズが誘導される。

のスイッチを入れたのである．近接する細胞との相互作用の結果，発生過程が変更されることを**誘導**(induction)という（図19.10）。

誘導する側の細胞は，細胞内シグナルとして機能するタンパク質を分泌している．シグナル分子（詳しくは第7章参照）は遺伝子の転写に劇的な変化を及ぼす．

形成体(organizer)とよばれる一群の細胞はある種の拡散性のシグナル分子を生産し，ほかの細胞に位置情報を伝える．形成体は周辺細胞に形成体からの距離の情報を与えることにより，組織の発生に大きな影響を及ぼす（下巻第51章参照）．形成体に近い細胞ほど，より高濃度のシグナル分子にさらされる（図19.11）．このシグナル分子は**モルフォゲン**（morphogen）とよばれ，発生過程に広くに見られる相対位置決定機構である．

形成体と細胞の距離がどれだけ離れているかによって，一つのモルフォゲンが異なる効果をもつことができる．モルフォゲンの一つアクチビンは，低濃度のときはツメガエル初期胚の動物極細胞を表皮細胞に分化させるが，わずかに濃度が上がると同じ細胞を筋肉細胞へ誘導する．さらに高濃度では背索が形成される（図19.12）．

図 19.11
形成体がつくるモルフォゲンの勾配。 形成体から離れるほどモルフォゲンの濃度は減少する．モルフォゲンは濃度によって異なる器官の発生を促す．

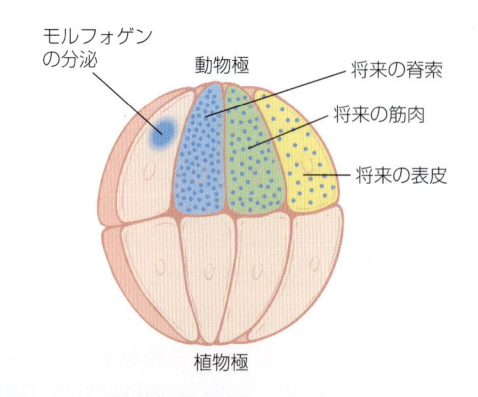

図 19.12
ツメガエル初期胚の細胞の運命。 各細胞の発生運命は細胞周囲のモルフォゲン濃度に左右される．

細胞は隣の細胞に伸ばした触手をたぐり寄せて移動する．発生経路は細胞同士の相互作用に大きく影響される．誘導性の細胞が分泌するシグナル分子は，これと接触した細胞の遺伝子転写のパターンを変更させる．

決　定

　哺乳類の卵は形も内容物も左右対称で，8細胞期に至るまで胚盤葉のすべての細胞間に差がない。この時期の胚の細胞はいずれも潜在的にゲノム中の全遺伝子が発現可能，すなわち**全能**(totipotent)であって，ばらばらにしてもそれぞれの細胞が完全に正常な個体に成長できる。事実，商業的価値のある牛の繁殖法としてこの方法が用いられ，遺伝的に同じ4匹，あるいは8匹が生産されている。逆も可能で，二つの8細胞期胚の細胞を組み合わせても正常な1個体となる。後者は遺伝的に異なる細胞を含み，**キメラ**(chimera)とよばれる（図19.13）。

　脊椎動物の細胞は，前節で取り上げた細胞間相互作用の結果として，8細胞期以後に初めて違いが生じる。細胞の将来の発生運命はこの時点で決定される。細胞を一つの特殊な発生経路に拘束することを**決定**(determination)という。両生類の初期原腸胚では脳予定域の細胞はまだ決定を受けていない。ほかの部位に移植すれば隣の細胞と同じように発生する（下巻第51章参照）。しかし原腸胚後期までには決定が起こり，それ以後はどこに移植されても神経組織に成長する。決定は**分化**(differentiation)とは異なる。分化は発生過程の最終段階で細胞に起こる特殊化である。細胞は，実際に何らかの組織に分化するはるか以前にその決定を受けることもある。たとえば，ショウジョウバエ幼虫の複眼成虫原基は，成虫の眼を形成するよう完全に決定されているが，幼虫期のあいだは未分化な状態にとどまっている。

決定のしくみ

　決定の分子機構は何か？発生過程の変化は遺伝子調節タンパク質（第16章参照）の働きによる。調節タンパク質が発現すると，まずそれ自身をコードする遺伝子がさらに活性化する。この結果，細胞を特定の発生経路へ導く一連の反応が決定的になる。一群の調節タンパク質が発現しても，後に別の調節タンパク質がほかの遺伝子を活性化するまで分化しないこともある。しかし，いったん「スイッチ」がオンになれば，細胞の発生経路は完全に決まる。

　分化経路が完全に決まる前の段階として，**位置標識**(positional label)の獲得というある程度"拘束された"状態がしばしば見られる。位置標識は細胞が胚のどこにあるかに関係し，以後の発生パターンに大きな影響をもつ。ある時期のニワトリ胚では前肢と後肢の肢芽は，見かけ上は同じ形だが，後肢の肢芽基部（正常なら腿になる）を前肢肢芽の先端（正常なら羽の先端になる）に移植すると腿ではなく爪になる。移植細胞はすでに後肢として決定されていたが，後肢のどの部分かは決まっていないので，前肢の位置シグナルの影響により前肢の先端に（この場合後肢の）爪を形成する。

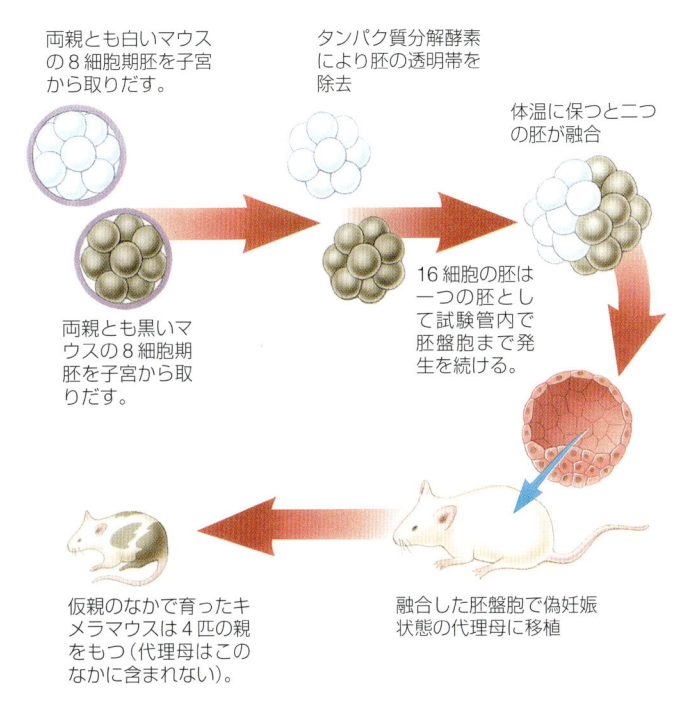

両親とも白いマウスの8細胞期胚を子宮から取りだす。

両親とも黒いマウスの8細胞期胚を子宮から取りだす。

タンパク質分解酵素により胚の透明帯を除去

体温に保つと二つの胚が融合

16細胞の胚は一つの胚として試験管内で胚盤胞まで発生を続ける。

融合した胚盤胞で偽妊娠状態の代理母に移植

仮親のなかで育ったキメラマウスは4匹の親をもつ（代理母はこのなかに含まれない）。

図 19.13
キメラマウスの作成。　二つの8細胞期の胚を融合させ1個体を形成する。

決定は不可逆的か？

　最近まで，決定は不可逆的と考えられてきた。1950～60年代，John Gurdonらによってそれを裏付ける実験が行われた。たとえば微細なガラス管を用いてカエルの卵から核を吸いだし，代わりにほかの個体の核を移植した（図14.3参照）。発生の進んだ胚の核を移植した場合，卵はオタマジャクシになるが，成体にまで成長する前にほとんどが死ぬ。

　こうした核移植実験はずっと失敗続きだったが，1984年にデンマーク人発生学者Steen Willadsenが，初めてヒツジ初期胚の核を用いてクローン作成に成功した。彼の成功の鍵はごく初期の胚の核を用いたことだった。この驚くべき結果は，ほかの研究者によって追試され，すぐにブタやサルのクローンが得られた。

　これら成功例はいずれも初期胚の核に限られ，動物の核は数回の細胞分裂を経ると不可逆的に決定を受けると考えられた。

　しかし，現在ではそうではないことがわかっている。スコットランドの遺伝学者Keith CampbellとIan Wilmutは，卵と移植核が同じ細胞周期にあることが必要かもしれないと考えた。彼らは6歳の雌ヒツジから乳腺細胞を取りだし培養した。クローン化に先立って，培養液中の栄養血清を5日間かけて徐々に減らして細胞を飢餓状態にし，細胞分裂を停止させた。これと並行して雌ヒツジから得た脱核卵を用意した（図19.14）。

分裂を停止した乳腺細胞が脱核した卵に外科的に挿入されたのが，1996年の1月。そしてその年の7月5日，ドリーという名前の子ヒツジが生まれた。ドリーは完全に分化した動物細胞の核からつくられた初めてのクローン動物だった。ドリーの誕生によって，決定は可逆的であり分化した細胞の運命は変更できることが明らかになった。

　ドリー以降，マウス，ウシ，ブタ，ヤギ，ネコ，ウサギのクローンがつくられた。いずれも何らかの成体細胞に由来しているが，核移植された卵が成体まで成長する確率はわずか3〜5%である。成体細胞の核を胚の核にプログラムし直すために解明すべき問題はまだ多い（詳しくは第20章参照）。

細胞を特定の発生運命に導く決定は可逆的である。

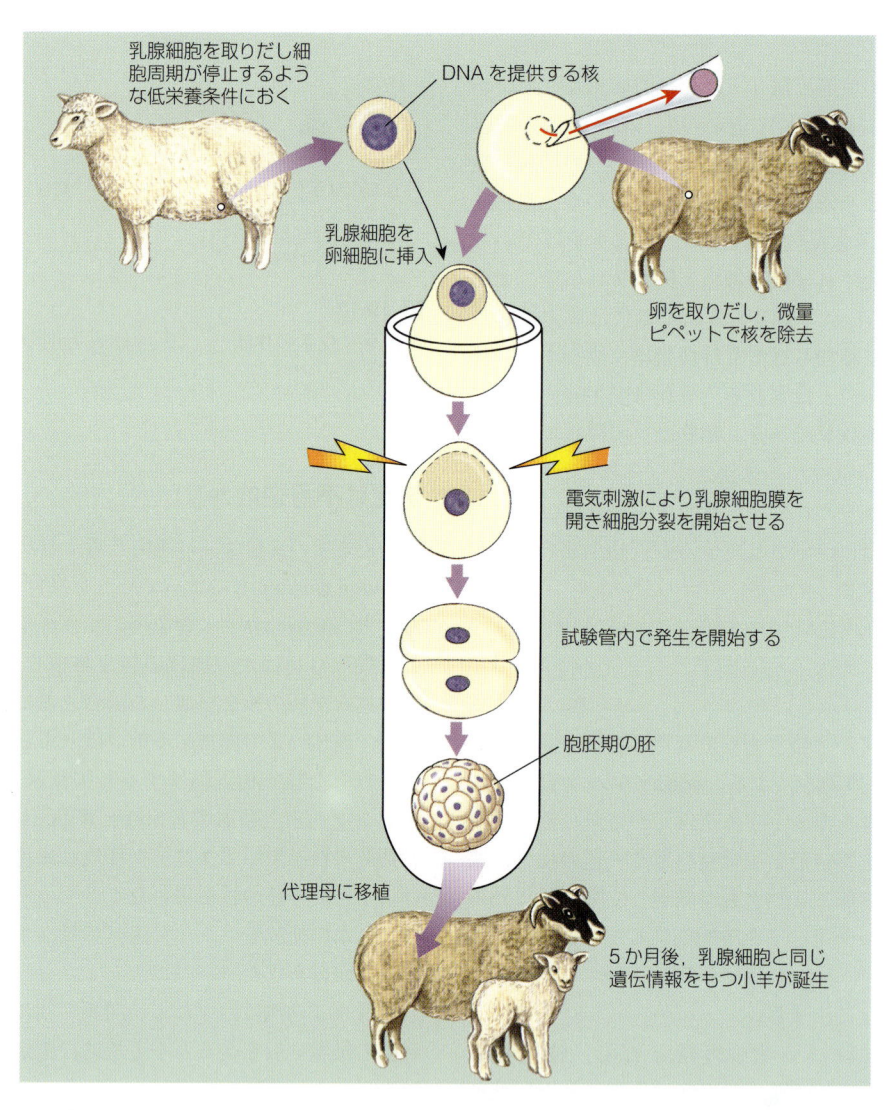

図 19.14
決定が可逆的である証拠。 CampbellとWilmutが成体まで成長した動物のクローン作成に初めて成功し，分化した細胞も全発生過程を行えることが示された。

パターン形成

動物は，体の基本パターンの決定や成体の構造構築のために位置情報を用いる。その情報はどのようなもので，細胞はそれをどう認識するか？この問題に答えるため，ショウジョウバエのパターン形成における位置情報を考えよう。1995年のノーベル医学生理学賞は，この謎の解明に対して授与された（図19.15）。

パターン形成は発生における一種の展開過程である。パターン形成は器官の形態形成にも関与するが，発生初期には前後（A/P）軸や背腹（D/V）軸の確立という基本的体制の構築をになう。これは放射相称の卵に二つの直行する軸を与え，左右対称とする過程である。旧口動物と新口動物では発生の様式が大きく違うので，これらのパターン形成は根本的に異な

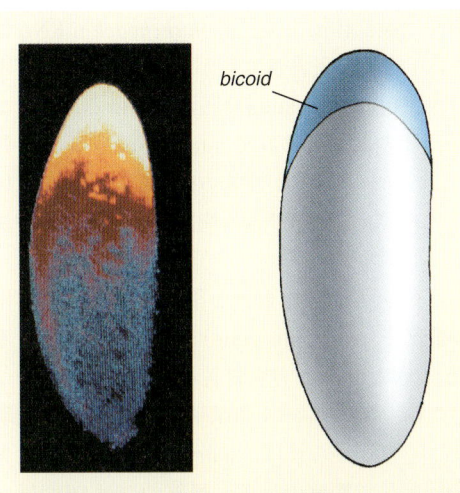

胚の極性の確立：受精によって卵内部の *bicoid* mRNA からタンパク合成がはじまる。bicoid タンパク質は卵内部を拡散し勾配ができる。この濃度が高い領域（写真では黄色から赤の部分）が頭部や胸部側となり胚の極性を決定する。

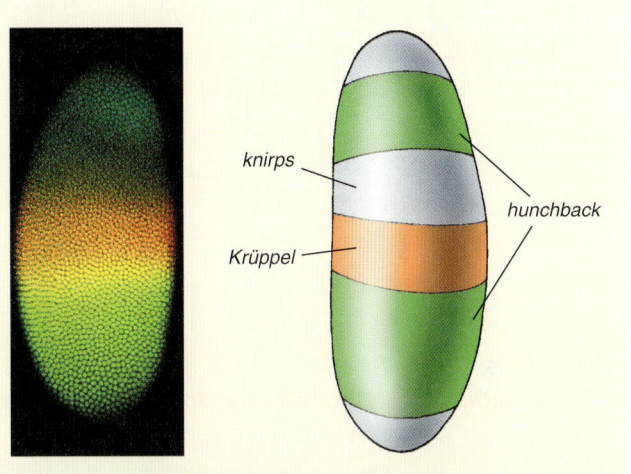

体節構造決定の準備：受精後2時間半，bicoid タンパク質はギャップ遺伝子からの一連のシグナルを活性化する。ギャップタンパク質群により胚はいくつかの領域に分割される。写真では蛍光標識された抗体により，kruppel タンパク質が赤で，hunchback タンパク質が緑で示され，分割された領域がわかる。黄色の部分は二つのタンパク質が重複して発現する領域。

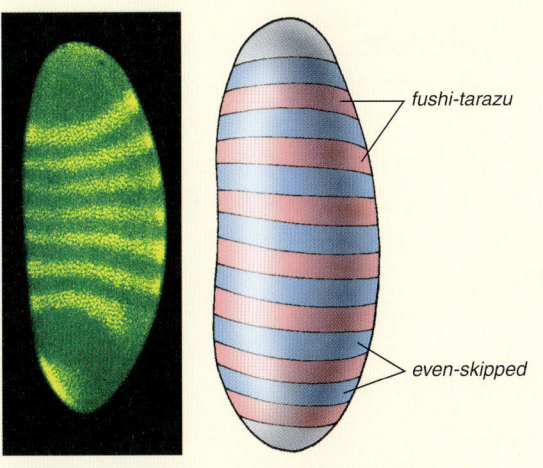

基本領域の構築：さらに30分後，ギャップ遺伝子はペアルール遺伝子の一つである *hairy* を活性化する。hairy タンパク質は各領域の境界で発現し，胚に基本的な七つの体節構造を与える。

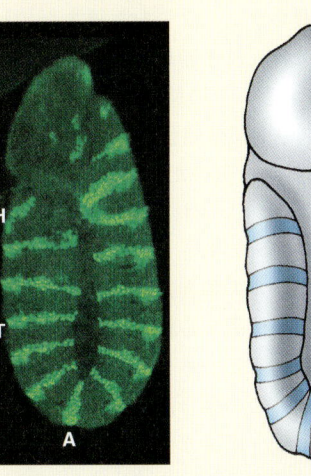

体節の形成：体節形成の最終段階では，*engrailed* とよばれる体節極性遺伝子が七つの体節をそれぞれ前後に分割し，14の区画を形成する。各区画は将来の体節に対応する。頭部3体節（H：左上），胸部3体節（T：左下），腹部8体節（A：下から右上）。

図 19.15
ショウジョウバエ初期胚の形態形成。 ショウジョウバエ初期胚で，基本となる体節構造が確立する過程。これらの図は1995年のノーベル賞受賞者 Christiane Nüsslein-Volhard と Sean Carroll の手による。

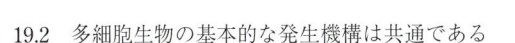

ると考えられてきた。脊椎動物でも，一見して両生類のツメガエルと哺乳類の卵はまったく違う。前者は極性が顕著だが，後者は外見上の極性はなく高度に調整的な発生様式を示す。しかし，この考えは誤りであることが明らかになってきた。

ショウジョウバエのパターン形成

軸の形成　初期のパターン形成は，ショウジョウバエでもっとも詳しく調べられている。ショウジョウバエでは，母性発現遺伝子にはじまって次々に起こる階層的な遺伝子発現によって発生が制御されている。二つのシグナル伝達系が前後や背腹の極性を確立する。前後軸は**bicoid**タンパク質の濃度勾配により形づくられる。まず，雌親の卵巣内で卵が形成される過程で，卵母細胞を取り囲む濾胞細胞に*bicoid* mRNAが母性発現し，卵の前極側に固定される。このような転写産物の空間的局在が後に翻訳され，前後軸に沿ったタンパク質の濃度勾配をつくりだす。後極側決定タンパク質**oskar**も，それに先立つ*oskar* mRNAの局在に起因する。これら両方のmRNAの局在は微小管への結合を足がかりにしている。また，*bicoid* mRNAの局在には運動性タンパク質ダイニンも必要であり，*oskar* mRNAの局在には運動性タンパク質キネシンが必要である。bicoidタンパク質はこの後，接合子におけるギャップ遺伝子の発現制御に働く（詳しくは後述）。

前後軸は決定因子bicoidの濃度勾配によって決められるわけだが，背腹軸はまた別の方法で決定されている。その方法とは，卵母細胞の核を起点とした一連の反応からなり，最終的には卵母細胞の表面にある種のタンパク質を蓄積することにより実現している。具体的には，まず卵母細胞の核の上側周辺に*gurken* mRNAが蓄積する。その結果，翻訳されたgurkenタンパク質は卵母細胞の上部細胞膜に局在するようになる。この領域が将来の背側となるのだが，gurkenが直接背側を決めているわけではない。じつは，gurkenの作用を受けた濾胞細胞が背側を決めるためのあるシグナルを発するようになる。最終的にこのシグナルの働きによって，多核性胞胚期に転写因子dorsalが腹側に位置する核のなかへと選択的に運ばれていく。そして，bicoidによるシグナル系と同様に，あるタンパク質の濃度勾配，この場合は腹側から背側にかけての勾配がこの転写因子の働きによりつくりだされる。

前後軸と背腹軸の確立機構は異なるが，*gurken*も*bicoid*もどちらも母性発現する遺伝子である。したがって胚における将来の前後と背腹の極性は，母親ゲノム由来の情報により卵母細胞のときすでに決まっている。どちらの軸も卵母細胞と濾胞細胞の相互作用に起因する。すなわちショウジョウバエ胚のパターンは，卵母細胞と濾胞細胞の相互作用により卵母細胞内に生じたモルフォゲン濃度勾配が接合子の遺伝子発現を制御することにより形成される，と要約できる。階層的遺伝子調節と細胞相互作用はすべての発生現象の基礎である。

体制の構築　bicoidタンパク質は，受精直後に転写される遺伝子を介して胚形成に重大な影響を及ぼす。多核性胞胚において細胞が区画化されはじめる前の受精後2時間目までに，6個の**ギャップ遺伝子**（gap gene）が転写を開始する。これらの遺伝子が胚をおおまかな領域に分ける（図19.15）。*hunchback*（この遺伝子を欠くと胚に胸部が形成されない）はその一つで，mRNAは胚全体に分布するが，翻訳は母性mRNA由来のnanosタンパク質により制御される（*nanos*遺伝子欠損突然変異は腹部体節を欠く）。*hunchback* mRNAはnanosの結合により翻訳が阻害されるが，nanosの濃度が十分でなければ翻訳が起こる。nanosは胚の後端ほど高濃度なので，この結果，胚の前端部のみでhunchbackタンパク質がつくられる。このタンパク質が後端方向へ拡散することにより第二のモルフォゲン勾配ができ，胸部や腹部の体節が決定される。

ほかのギャップ遺伝子は胚のもっと後方で働き，11個以上の**ペアルール遺伝子**（pair-rule gene）を次々に活性化する（ペアルール遺伝子のどれかに突然変異が生じると体節一つおきに異常が起こる）。ペアルール遺伝子*hairy*は帯状に発現し，胚を7領域に区切る。これは，hairyタンパク質を蛍光標識すれば縞模様として観察できる。最終的には16個以上の**体節極性遺伝子群**（segment polarity gene）がこの領域をさらに細分する。たとえば*engrailed*遺伝子は，*hairy*が形成した七つの領域を前後の区画に分ける。こうして形成された14の区画が，将来の頭部3体節，胸部3体節，腹部8体節に相当する。

体節極性遺伝子が連続的に統制のとれた活性化を行うことによって，受精後3時間でショウジョウバエ胚の基本的な体制ができ上がる。ここで取り上げたものも含め，発生にとって重要な遺伝子（図19.16）の活性化は，形態形成因子が胚の中を自由拡散できるという多核性胞胚ゆえに可能だといえる。区画化された細胞からなる哺乳類の胚では，異なる機構を必要とする。

脊椎動物の体軸形成

脊椎動物の発生は，ツメガエルで見るかぎり予想以上にショウジョウバエと共通点が多い。ツメガエルの卵母細胞には動物極と植物極が内在する。両極は将来の前後軸や背腹軸と直接の関係はないが，細胞質中の決定因子の局在を示唆している。背腹軸はSpemannの形成体とのかかわりから発生学者の注目を集めてきた。1920年代，SpemannとMangoldは胚を二つに分割すると背側の半分を含むものだけが正常に発生することを示した。これは原口背唇部だけを移植して二次的な体軸を形成する実験によっても裏付けられた。形成体の

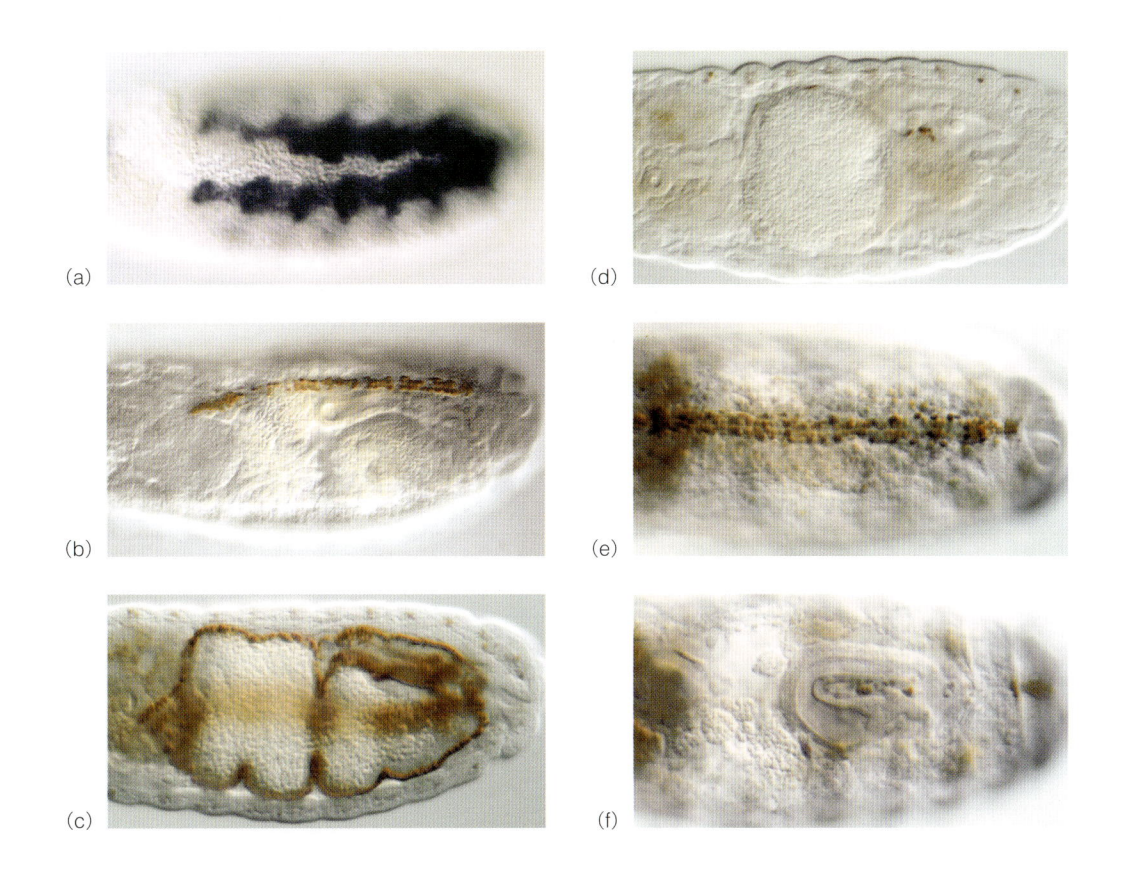

図 19.16

ショウジョウバエの器官形成を支配する遺伝子。 *tinman* 遺伝子は消化管の筋肉系と心臓の器官形成をになっている。(a) 受精後5時間，ショウジョウバエ初期胚の tinman タンパク質の染色。(b) 同，受精後17時間。(c) 正常胚では消化管筋肉が現れるが，(d) *tinman* 突然変異体には染色が見られない。(e) 正常胚では胚の中央部に心臓が形成されるが，(f) *tinman* 突然変異体には見られない。

発見以来，その分子機構に関心が寄せられてきた。背腹軸決定の最初の段階は受精現象に関係している。卵は受精すると回転し，精子の侵入点から微小管が放射状に伸びる。その結果，背側決定因子が植物極から精子侵入点の反対側へと移動する。こうして卵は精子侵入点からのシグナルにもとづいて再構築される。最終的に精子侵入点の反対側が将来の背中側になり，その表面に形成体が形成される。これに続くシグナル伝達系には，形質転換成長因子の経路と Wnt シグナル伝達経路が関与する。これらのシグナル伝達系は，ショウジョウバエでも背側を決定する転写因子の下流で働いている。

細胞質中に決定因子をもたない哺乳類の卵は，細胞間の相互作用により調節発生をする好例と考えられてきた。しかし哺乳類のパターン形成はじつはかなり早期に起きている。マウス胚では，割球破壊，極細胞質除去，8細胞期以前の割球除去などのいろいろな操作を施しても発生が進行する。しかし最近，精子の侵入点が「記憶」され，以後の発生に影響を及ぼすことが示された。精子侵入点の情報は，発生初期の栄養芽層からのシグナルにより，その点からの遠近情報として記憶される。発生現象の見かけ上の差異は系統進化を反映するが，実際にはごく少数の機構がさまざまな方法で用いられているにすぎない。この点は，本章でホメオボックス遺伝子について述べるときに，さらに明らかになる。

ショウジョウバエでは化学物質の拡散が胚の基本的体制を構築し，遺伝子の連続的働きにより14個の区画が形成される。

19.2 多細胞生物の基本的な発生機構は共通である

ホメオティック遺伝子

ホメオティック遺伝子の役割

　前に述べた機構によってショウジョウバエに体節ができ，前後軸と背腹軸をもつ体制プランが設定されると，次の段階は各体節にそれぞれの特徴を与えることである。これに関与するのがホメオボックスをもつ遺伝子である。ホメオティック遺伝子に突然変異が起きると，見かけは正常な器官が全く異常な場所に現れる。たとえば，*bithorax*突然変異（図19.17）では，あたかも胸部が重複したように一対の余分な翅ができ，*Antennapedia*突然変異では触角の位置に脚が出現する！1950年代，遺伝学者Edward Lewisは，*bithorax*を含む多くのホメオティック遺伝子がショウジョウバエの第3染色体の狭い領域にかたまって存在することを発見した。この領域を**bithorax遺伝子複合体**（bithorax complex）とよぶ。これらの遺伝子の突然変異は胸部あるいは腹部のどこかに異常を引きおこすことから，Lewisはbithorax遺伝子複合体は胸部の後半と腹部全体の発生を支配すると結論した。興味深いことに，bithorax遺伝子複合体の遺伝子が染色体上に並んでいる順序と，それぞれの遺伝子が支配する体節の体軸上の順序は一致している。まるで各遺伝子が並んだ順に発現するかのようである。実際，初めに複合体の一方の端にある遺伝子が胸部で働き，次に中程にある遺伝子が腹部前半の制御を始め，そして反対の端にある遺伝子が腹部後端の発生に関与する。もう一つの複合体である**Antennapedia遺伝子複合体**は1980年にThomas Kaufmannにより発見された。体の前半部を制御するAntennapedia遺伝子複合体でも，やはり遺伝子は染色体上で支配する体節の順に並んでいる（図19.18）。

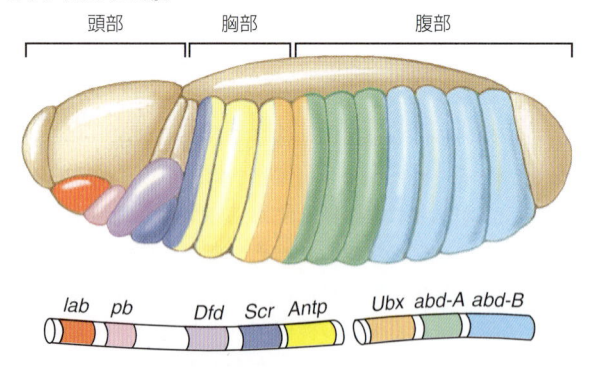

図 19.17
ホメオティック遺伝子の突然変異。　*bithorax*遺伝子の三つの突然変異をあわせもつ個体は，翅を備えた胸部体節を余分にもつ。図19.6にある正常な個体と比較してほしい。

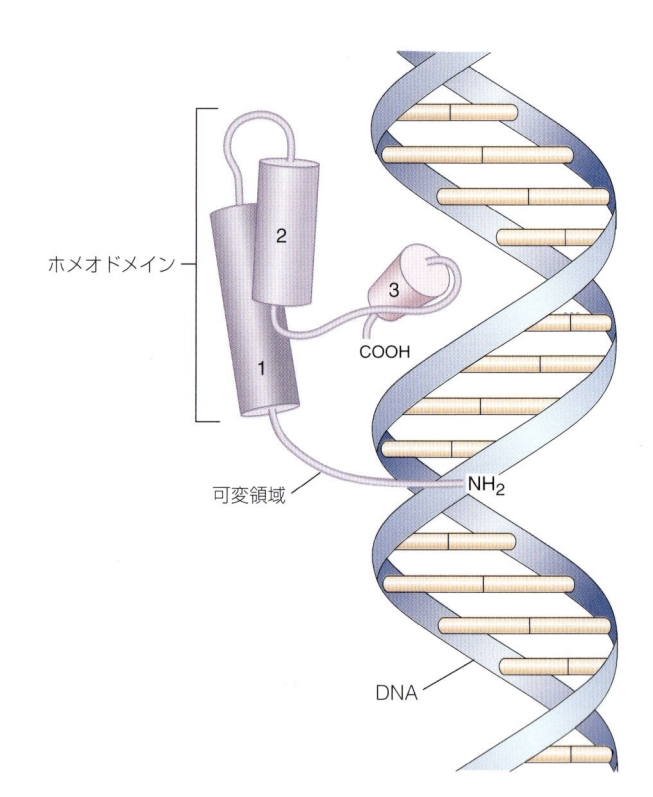

図 19.18
ショウジョウバエのホメオティック遺伝子。　ホメオティック遺伝子複合体またはHOM遺伝子複合体は前方のAntennapedia遺伝子複合体と，後方のbithorax遺伝子複合体に分けられる。

図 19.19
ホメオドメインタンパク質。　これらはさまざまな遺伝子に結合し発現調節をになう重要なタンパク質である。可変領域のアミノ酸配列が活性の強さを決める。このタイプのタンパク質は60アミノ酸残基からなるホメオドメインという共通配列をもつ。この内部に三つのαヘリックスがあるが，標的遺伝子の塩基配列を認識し結合するのはヘリックス3の働きによる。ホメオドメインは各遺伝子のホメオボックス領域にコードされている。

ホメオボックス

ショウジョウバエでは，ほとんどのホメオティック遺伝子は180塩基対からなる**ホメオボックス**(homeobox)をもつ。これはホメオドメインという60アミノ酸残基からなるDNA結合領域をコードしている(図19.19)。第18章で見たように，ホメオドメインをもつタンパク質は転写因子として働くので，発生現象に関連する遺伝子を適切な時期に発現させることができる。体節極性遺伝子である*bicoid*や*engrailed*もホメオボックスをもつ。ホメオボックスはパターン形成を支配する遺伝子の特徴といえる。

ホメオボックスをもつ遺伝子の進化

これまで多くの生物種でホメオボックスをもつ遺伝子(まとめて**Hox遺伝子**とよぶ)が研究され，これらの進化についてもかなりよくわかってきた。いまではショウジョウバエのbithorax遺伝子複合体とAntennapedia遺伝子複合体は，ある一つの複合体の片割れ同士であることがわかっている。脊椎動物のゲノムにはHox遺伝子の複合体が4組存在する。ショウジョウバエ同様，Hox遺伝子の空間的発現パターンは染色体上の遺伝子の並び方と一致する(図19.20)。脊椎動物が四つのHox遺伝子複合体をもつのは，脊椎動物が進化したとき，ゲノム全体の重複が二度起きたからに違いない。Hox遺伝子複合体の起源を探るため，より原始的な生物が次々に調査された。原始的な脊索動物である"ナメクジウオ(*Branchiostoma*)"にHox遺伝子複合体が1組しかないという発見は，脊椎動物ではこれまでに，Hox遺伝子複合体の重複が二度起きたことを裏付ける。節足動物にもHox遺伝子複合体は一つだから，すべての左右対称動物の共通祖先はHox遺伝子複合体を一つだけもっていたことがわかる。では刺胞動物と有櫛動物はどうか。これまでに多くの刺胞動物種でHox遺伝子が見つかったが，それらの構成は不明である。分析を難しくしているのはHox遺伝子以外にもホメオボックスを含む遺伝子が見つかるからである。このような遺伝子は脊椎動物にもショウジョウバエにも存在するが，Hox遺伝子複合体との関係はわかっていない。

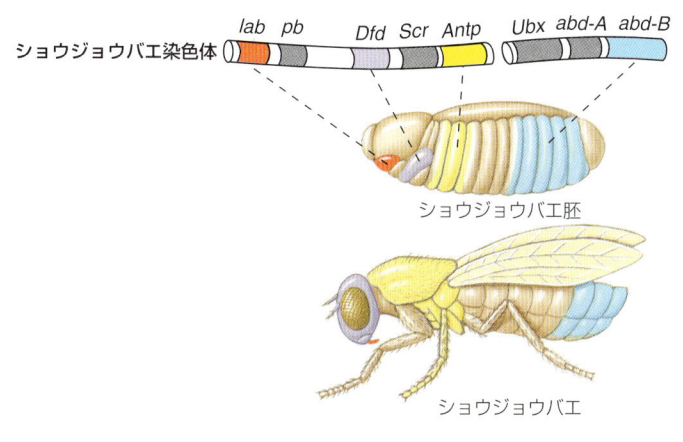

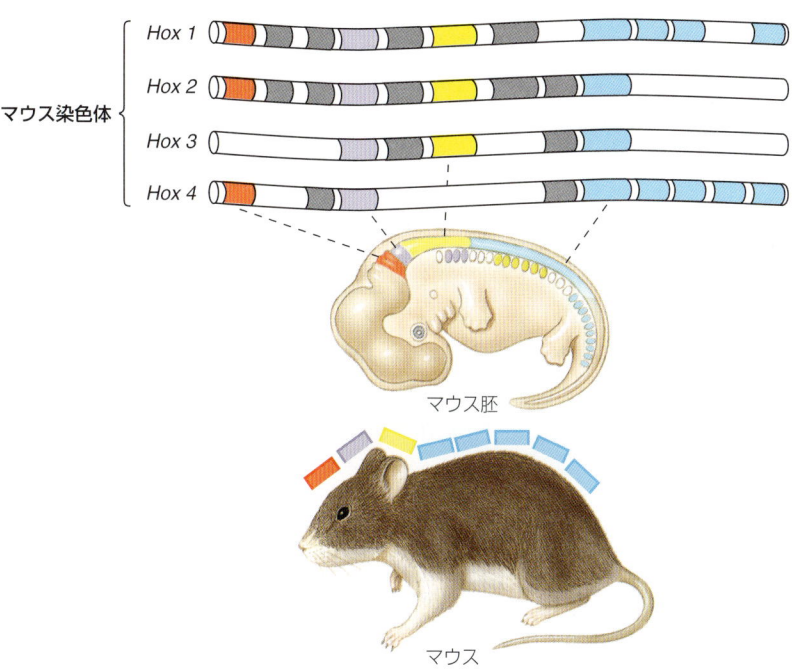

図 19.20
ショウジョウバエとマウスのホメオティック遺伝子複合体の比較。 体の前後軸に沿ってよく似た遺伝子群，ショウジョウバエHOM遺伝子群とマウスHox遺伝子群が働く。前者は1個の後者は4個の染色体に局在する。各遺伝子の発現部位を色の違いで示してある。

ホメオティック遺伝子は転写因子をコードしており，体の部位を特徴づける遺伝子群を活性化する。

プログラムされた細胞死

発生過程で生じた細胞のすべてが生き残るわけではない。たとえばヒトの指のあいだの細胞は死ぬ。そうでなければわれわれには水かきがあるだろう。脊椎動物の胎児にはすべてのシナプス結合を形成するのに十分な膨大な数のニューロンがあるが、その半数以上は神経系の発達とともにほかのニューロンと連絡することなく順次死んでいく。傷害などによる偶然の細胞死と違い、これらの細胞死は正常な発生のために不可欠で、あらかじめ計画され、遺伝的にプログラムされている。傷害により死ぬ細胞はたいてい、膨らみ、破裂し、内容物をまき散らす。これを**壊死**(necrosis)とよぶ。一方、プログラム細胞死では、細胞は**アポトーシス**(apoptosis: ギリシャ語で"落葉")とよばれる過程をたどって萎びていき、死骸は周囲の細胞に吸収される。

アポトーシスの遺伝子制御

発生過程における制御された細胞死は「死のプログラム」による。動物細胞は例外なくこのプログラムをもつと考えられる。たとえば線虫の発生では、ある決まった131個の細胞がアポトーシスによって死ぬ。この過程は3個の遺伝子により制御される。2個の遺伝子($ced-3$ と $ced-4$)が細胞死の命令に直接かかわっており、どちらかに突然変異が起きると、131個の細胞は死なずに神経やその他の器官を形成する。3個目の遺伝子($ced-9$)は先の二つを抑制する(図19.21a)。同じようなしくみがヒトにも見られる。bax遺伝子が死のプログラムをにない、$bcl-2$という発がん遺伝子がこれを抑制する(図19.21b)。アポトーシスの機構は動物進化の過程でよく保存されている。ヒトの$bcl-2$遺伝子と線虫の$ced-9$遺伝子の産物を比べると、アミノ酸配列の25%が一致している。あらかじめ$ced-9$遺伝子を破壊した線虫にヒトの$bcl-2$遺伝子を導入すると、$ced-3$と$ced-4$による細胞死を食い止めることができる！

baxはどうやって細胞を殺すのだろう？ baxタンパク質がミトコンドリアの透過性細孔に結合すると、ミトコンドリア膜の透過性が高まり、アポトーシスを招く。一方、$bcl-2$による抑制機構はあまりよくわかっていない。"フリーラジカル"は細胞にとってきわめて有害であるが、$bcl-2$タンパク質は**酸化防止剤**(antioxidant)として働き、これを分解することができる。いろいろある酸化防止剤も$bcl-2$と同様にアポトーシスを阻害することが知られている。

動物の発生にはプログラムされた細胞死(アポトーシス)が関わる。数個の遺伝子の活性化により細胞死は起きる。

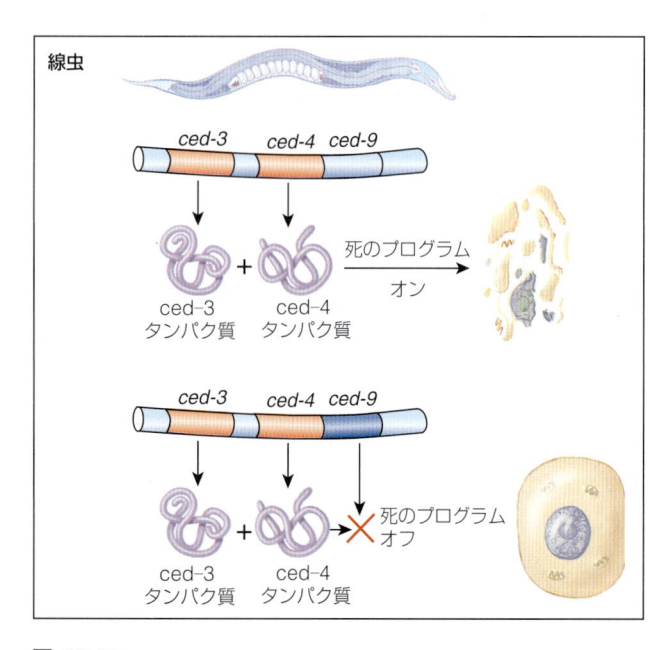

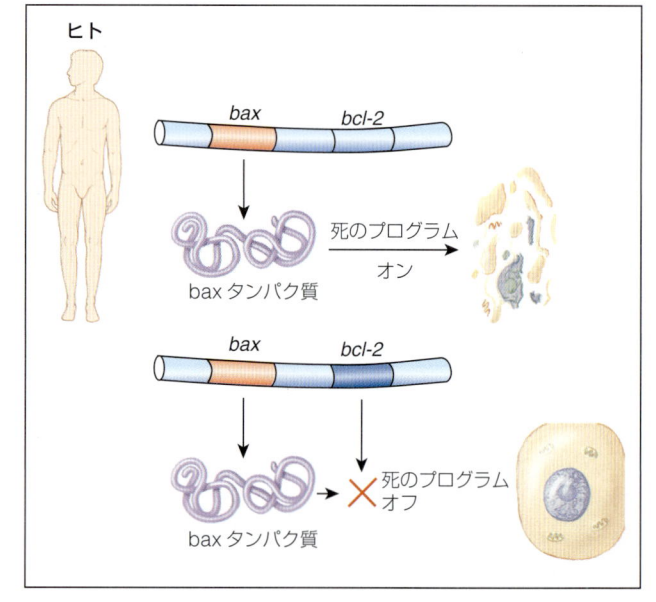

図 19.21
プログラムされた細胞死。 アポトーシスは動物の正常な発生に不可欠である。(a) 線虫の発生過程では$ced-3$と$ced-4$タンパク質によって131個の細胞にプログラム細胞死が起こる。それ以外の線虫細胞では、$ced-9$遺伝子の産物が$ced-3$と$ced-4$遺伝子を抑制する。(b) ヒトでアポトーシスが起こる細胞ではbax遺伝子が死のプログラムをにない、それ以外の細胞では$bcl-2$遺伝子がその働きを抑制している。

19.3 老化は発生過程の一部である

老化の理論

人間はみんな年を取りやがては死ぬ。図19.22が示すように，もっとも安全な年代は10歳から15歳までのいわゆる思春期である。それ以後，死亡率は加齢に伴って指数関数的に増加する。図19.22は死亡率を対数軸にプロットしたもので（いわゆるGompertz曲線），死亡率は15歳から90歳まで直線的に上昇し8年ごとに倍増する（Gompertz数）。100歳では1年間の死亡率が50%にも達する。

ヒトも含め動物がなぜ老化するのか，まだ定説はない。もっともよく研究されてきた次の五つの仮説について述べる。

突然変異蓄積仮説

もっとも一般的なのは，加齢に伴い突然変異が蓄積し，最後には細胞に致死的な損傷を与えるというものである。体細胞の突然変異は加齢とともに増加することがわかっている。たとえば年老いた細胞ほど，グアニン塩基にOH基が一つ付加された8-ハイドロキシグアニンが多くなる傾向がある。しかしこれらの突然変異が老化の"原因"という直接的な証拠はない。広島や長崎の原爆被爆者では突然変異率が明らかに高いが，老化の進行は見られない。このことは突然変異と老化の関係を否定するものだ。

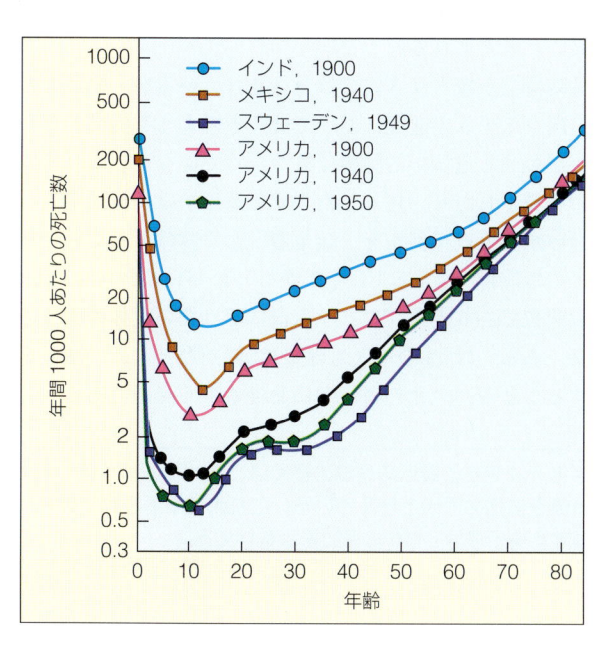

テロメア短縮仮説

1961年Leonard Hayflickは，神経芽細胞を培養する実験から，細胞はある決まった回数しか分裂しないことを発見した（図19.23）。それによると，細胞は約50回倍加すると分裂が止ってしまう。細胞周期がDNA合成の手前で停止してしまうのだ。また，細胞を20回分裂した後に凍結すると，解凍後にはもう30回しか分裂しない。

この「Hayflickの限界」は，1986年にHoward Cookeが染色体末端に存在する余分なDNAに目を向けるまで謎だった。染色体末端は**テロメア**（telomere）とよばれ，TTAGGGのくり返しからなる。Cookeは，加齢した体細胞ではテロメアが明らかに短く，DNA複製のたびにテロメア末端が約100 bpずつ失われることを発見した。50回の複製を経るとテロメアはすっかりなくなり，細胞はもはや増殖しない。しかし，がん化した細胞のテロメアは短縮していかないらしい。

1998年にテロメア短縮と細胞老化の因果関係が証明され，Cookeの仮説が確かめられた。遺伝子工学的な手法によって，ヒト由来の初代培養細胞にテロメラーゼ遺伝子が導入された。この酵素はTTAGGGのテロメア末端を合成する働きをもつ。その結果，染色体末端に新たなテロメアが付加され，この細胞は「Hayflickの限界」を超えても老化せず，さらに20世代以上も正常に分裂し続けた。

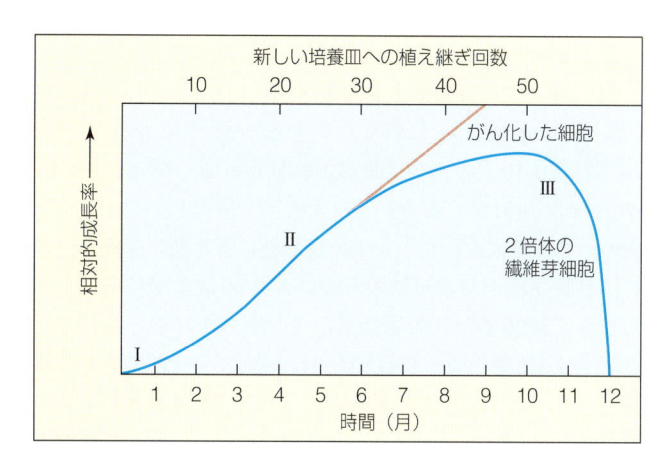

図 19.22
Gompertz曲線。 思春期以前の死亡率はヒト集団間で25倍もの差があるが，その後の曲線の傾きはあまり違わない。なぜか？

図 19.23
Hayflickの実験。 繊維芽細胞を培養すると約50回の分裂後に成長が停止する。第I段階，第II段階は急速に増殖するが，第III段階に入ると加齢に伴い成長が鈍り，最終的には成長しなくなる。しかしがん化した細胞は老化することがない。
がん細胞は，どのようにして分裂50回の壁（Hayflickの限界）を乗り越えるのか？

すりきれ仮説

　時の経過が細胞を消耗させ，最後には損傷の蓄積が細胞機能を停止させるという考えが注目されている。「すりきれ仮説」と総称されるこの考え方によれば，細胞には本来決まった寿命というものは存在せず，あるのは統計的な偶然に支配された寿命だけということになる。すなわち，時間とともに増加する消耗・破壊・傷害などが細胞の正常な働きをむしばむと考える。

　老化した細胞には確かに傷害が蓄積する。なかでも興味深いのは，自由電子をもった原子や分子の一部であるフリーラジカルとの関連である。フリーラジカルは化学的反応性が高く，細胞にとって非常に有害である。フリーラジカルは酸化的代謝の副産物として普通に生成し，そのほとんどは特殊な酵素の働きで除去される。

　フリーラジカルのかかわるもっとも有害な反応が，グルコースとタンパク質を酵素反応なしで結合してしまうグリケーション（glycation）反応である。関節の結合組織ではコラーゲンとエラスチンが頻繁にグリケーションされる。グリケーションされた分子はお互いに結合しやすいので，関節の結合組織の柔軟性が失われるなどさまざまな老化症状の原因となる。

遺伝子時計仮説

　あるいくつかの老化現象に遺伝子が直接関与することは確実である。発生同様，老化の速度も遺伝子に制御されている。寿命を伸ばす遺伝子がいくつか知られている。たとえば，100歳以上の人は，*C150T*とよばれるミトコンドリアDNAの突然変異の保有率が5倍も高い。

　老化を早める遺伝子も存在する。ウェルナー症候群（Werner's syndrome）は若くして老化が進行するもので，100万人あたり10人の割合で世界中に見られる。発見者のOtto Wernerは1904年にあるドイツ人家系を研究し，これを遺伝病の一つと考えた。ウェルナー症候群は青年期に発症し，患者は心臓発作か結合組織のがんにより50歳までに死亡してしまう。1996年，この原因遺伝子が明らかになった。この遺伝子は第8染色体の短腕にあり，1432アミノ酸残基からなるヘリカーゼをコードしていた。これまでに4種類の突然変異が知られている。ヘリカーゼは複製，修復，転写に先だってDNAの二重らせん構造をほどくために必要である。ウェルナー症候群の患者に特定のがんが多発することから，ヘリカーゼの異常ががん抑制遺伝子の活性化を妨げる可能性が考えられる。老化とヘリカーゼの関係が注目される。

　動物実験もこの仮説を支持する。ショウジョウバエの突然変異*Indy*（I'm not dead yetの頭文字に由来）では，平均寿命が通常の37日から70日に延びる。ゲノム計画により明らかになったヒトの塩基配列と*Indy*遺伝子の塩基配列を比較したところ，ヒトのジカルボン酸共輸送体遺伝子と50％の一致を示した。ヒトではジカルボン酸共輸送体は，食物の一次代謝産物（クレブス回路からのジカルボン酸など）を細胞膜越しに次の反応場所へ運ぶ機能をもつ。*Indy*突然変異体ではジカルボン酸の移動が滞るので，食物から十分な代謝エネルギーを得られないと考えられる。*Indy*突然変異は"遺伝的カロリー制限"に等しい。飢餓により寿命が延びることは線虫でも知られているが，*Indy*突然変異体は，正常なハエと同程度によく食べ活動的で，*Indy*によるカロリー制限を受けても飢餓感を味わっているわけでもなく，しかも長生きなのだ。

最近の老化理論

　上のカロリー制限に関する結果を説明する手がかりが最近得られた。ショウジョウバエと線虫で，老化とインスリン様受容体によるシグナル伝達との関連が明らかになった。どちらの生物もインスリン様受容体のシグナル伝達を阻害する突然変異が寿命を延ばす。これはインスリンがカロリー摂取の複雑な経路を制御することに関係がある。ショウジョウバエではこの効果は雌に限られることから，繁殖力と寿命は両立しないと考えられる。

　計時機構が概日リズムでは発見されているが，繁殖力と寿命の両システムの研究においては，そのような機構の存在をうかがわせる遺伝学的証拠は見つかっていない。これまでに寿命を長くしたり，短くしたりする遺伝子は多数同定されたが，いずれも直接何かを"数える"しくみはもたない。テロメアの短縮は"数える"しくみかもしれないが，対象はDNA複製回数であり老化プログラム自体ではない。体の大きさと寿命，あるいは（少なくとも雌では）繁殖力と寿命の関係を解明することが，老化の遺伝学における中心課題であろう。

老化を説明する最近の理論の多くは，徐々に蓄積するDNAの損傷を老化の原因と考えている。これまで単離された老化に影響する遺伝子はDNA修復に影響を与える。

第19章のまとめ

19.1 発生は制御された過程である
"発生について"
- 三つの多細胞生物界に属するすべての生物では，いつどの細胞でどの遺伝子を発現させるかによって細胞の分化が支配されている。(p. 382)

"脊椎動物の発生"
- 脊椎動物の胚では，それぞれ異なる場所で，特定の細胞集団が体を構成する各組織や器官を形成する。それに続いて，十分な大きさになるまで体が成長する。(p. 383)
- 脊椎動物の受精卵は迅速に卵割を繰り返し，胞胚を形成する。その後，原腸胚，神経管形成，細胞移動，器官形成，成長へと続く。(pp. 383〜385)

"昆虫の発生"
- 多くの昆虫は幼虫から生殖可能な成虫へと変態する。(p. 386)
- ショウジョウバエの発生は卵から多核性胞胚，そして幼虫期へと進む。幼虫は成虫原基をもち，蛹を経て成虫へと変態する。(pp. 386〜387)

"植物の発生"
- 植物細胞はセルロースでできた細胞壁に囲われている。細胞移動という手段を使わず，植物は分裂組織によって体の各部分を新しくつくりながら，外側に向かって成長する。(p. 388)
- 植物は周囲の状況に合わせて構成単位の形や数・大きさ・位置などを選択し，環境の変化に対処している。(p. 388)
- 植物の基本的な三つの組織とは，表皮細胞・基本分裂組織・維管束組織である。(p. 388)
- 種子は水分や温度などの環境要因の変化に反応して発芽する。(p. 388)

"線虫の発生"
- 線虫の体は決まった数の体細胞からできていて，1個の受精卵から巧妙に制御された細胞分裂を経て発生する。(p. 390)

19.2 多細胞生物の基本的な発生機構は共通である
"細胞運動と誘導"
- 細胞運動は主として細胞接着パターンの変化を伴う。移動中の細胞はしきりに突起を伸ばし，周囲のようすを手探りしながら進む。(p. 391)
- 形成体とよばれる一群の細胞はある種の拡散性のシグナル分子を生産し，ほかの細胞に位置情報を伝える。(p. 392)
- 近接する細胞との相互作用の結果，発生経路が変更されることを誘導という。(p. 392)

"決　　定"
- ゲノム中の全遺伝子が潜在的に発現可能な細胞は全能であるという。(p. 393)
- 細胞を一つの特定な発生経路に拘束することを決定という。(p. 393)
- 最近の研究によって，細胞の決定は可逆的であることがわかってきた。(p. 394)

"パターン形成"
- 動物は体の基本パターンの決定や成体の構造構築のために位置情報を用いる。(p. 395)

"ホメオティック遺伝子"
- ホメオティック遺伝子は転写調節因子をコードしており，体の各部位を特徴づける遺伝子群を活性化する。(p. 399)

"プログラムされた細胞死"
- 細胞が傷害により膨張，破裂し死ぬ場合を壊死とよび，プログラムされた細胞死はアポトーシスとよぶ。(p. 400)
- アポトーシスの機構は動物進化の過程でよく保存されている。(p. 400)

19.3 老化は発生過程の一部である
"老化の理論"
- どのようにして老化は起こるのかについてはいくつかの仮説があり，研究が進められている。たとえば，突然変異蓄積仮説・テロメアの短縮化説・すりきれ仮説・遺伝子時計仮説・体の大きさと寿命の関係・繁殖能力と寿命の関係などである。(p. 402)

自習問題

1. 以下のうち脊椎動物の正しい発生過程の順序で並べたのはどれか？
   a. 胞胚形成，卵割，神経管形成，細胞移動，原腸形成，器官形成，成長
   b. 胞胚形成，卵割，原腸形成，神経管形成，細胞移動，器官形成，成長
   c. 卵割，胞胚形成，原腸形成，神経管形成，細胞移動，器官形成，成長
   d. 卵割，原腸形成，胞胚形成，神経管形成，細胞移動，器官形成，成長

2. ショウジョウバエの発生についての記述で正しくないものはどれか？
   a. 変態する前に四つの幼虫期を経る。
   b. 多核性胞胚期中に核は卵の表面に並ぶようになる。
   c. 成虫原基の細胞は将来成虫の体を構成するために準備された細胞群である。
   d. 接合子がもつ遺伝子ではなく，母性遺伝子によってショウジョウバエの初期発生は支配されている。

3. もし植物の胚が基本分裂組織を十分に形成できなかった場合，成体において直接影響を受ける機能はどれか？
   a. 種子形成   b. 分裂組織の発達
   c. 子葉形成   d. 栄養と水分の貯蔵

4. 線虫が発生学の有用な実験動物である理由はどれか？
   a. 線虫のからだはとても小さいので，研究室で大量に維持するのが容易だから。
   b. すべての細胞の発生過程がわかっているから。
   c. 卵と精子になる細胞の運命が予め決っているから。
   d. 線虫はショウジョウバエと同じ量のゲノムDNAをもっているから。

5. モルフォゲンの説明として一番正しいのはどれか？
   a. 拡散する細胞の運命決定に働くシグナル分子を分泌する細胞
   b. 拡散する細胞の運命を決めるシグナル分子
   c. 細胞間相互作用の仲介を助けるタンパク質
   d. 細胞を全能にするタンパク質

6. ニワトリの胚を使った実験で，前肢になるよう決定を受けた細胞を除去し，そこに後肢になるよう決定を受けた細胞を移植した場合，どうなるか？
   a. 前肢ができる場所に後肢ができる。
   b. 後肢ができる場所に前肢ができる。
   c. 正常とかわらず，前肢ができる。
   d. 既に決定を受けた細胞なので前肢も後肢もできない。

7. Nusslein-VolhardとCarollによって発見された遺伝子群のうち，ショウジョウバエの胚において体節形成の最終的な段階で働く遺伝子群はどれか？
   a. モルフォゲン勾配をつくる遺伝子
   b. ギャップ遺伝子
   c. セグメントポラリティー遺伝子
   d. ペアルール遺伝子

8. ショウジョウバエを使って突然変異を誘発し，得られた突然変異を観察していたとき，頭部から脚がはえているハエを見つけた。どの遺伝子群に変異が生じたと考えられるか？
   a. *Bicoid*   b. *Hunchback*
   c. *Bithorax*   d. *Antennapedia*

9. *bcl-2*遺伝子の突然変異はアポトーシスにどのような影響を与えるか？
   a. 変化なし
   b. アポトーシスが減少する。
   c. アポトーシスが増加する。
   d. はじめ増加するが，その後減少する。

10. 遺伝子時計仮説の説明としてあてはまるものはどれか？
    a. グアニン塩基へOH基が付加されることによって突然変異が蓄積される。
    b. 寿命を伸ばすために働く特定の遺伝子がある。
    c. フリーラジカルは，特に睡眠中，遺伝子に突然変異を引きおこす。
    d. カロリー制限は寿命を伸ばす効果がある。

図解き問題

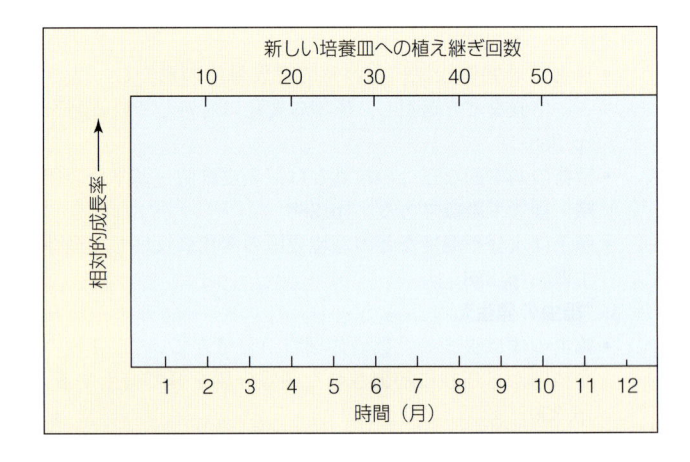

1. Hayflickの実験は，がん化していない細胞は決まった寿命をもつが，がん細胞は寿命に制限がない，ということを明らかにした。これら両種の細胞の成長パターンをグラフに描いてみよう。

応用問題

1. 正常とは異なるカドヘリンを発現する培養細胞株をつくった。この突然変異カドヘリンは，ほかのカドヘリンと相互作用するための110アミノ酸残基からなる細胞外領域はもっているが，膜貫通領域を欠いている。もし，この細胞株と正常なカドヘリンを発現している細胞株を混ぜて培養したら，二つの細胞集団は互いに凝集するだろうか，しないだろうか？その理由を述べよ。また，突然変異株どうしでは凝集するだろうか？

20

がんの生物学と細胞操作技術

概　要

20.1 組換えは遺伝子の位置を変える
　遺伝子の移動　プラスミドは細菌細胞間を移動し、細菌の遺伝子の運搬者として働く。
　相互組換え　相互組換えにより、いろいろなやり方で遺伝子が変化する。

20.2 突然変異は遺伝情報の変化である
　突然変異の種類　ある種の突然変異は、遺伝子本体を変化させ、別の突然変異は遺伝子の位置を変える。
　DNA修復　細胞はDNAに起こる傷害をさまざまな方法により効果的に修復する能力をもつ。

20.3 ほとんどのがんは細胞増殖を制御する遺伝子の突然変異から生じる
　がんとは何か？　がんとは細胞の増殖異常である。
　がんの原因　がんの多くはDNAを変異させる化学物質によって引きおこされる。
　がんと細胞周期　がんは細胞増殖を制御する遺伝子の突然変異から生じる。
　喫煙とがん　喫煙は肺がんの原因である。
　がんの治療　新しいアプローチによりがん治療の可能性がでてきている。

20.4 動物の生殖クローニングは以前は不可能と考えられたが、いまやそうではない
　クローニングへの挑戦　1997年以前には成体の細胞からクローン動物をつくるのは不可能であると考えられていた。いまやこれは正しくない。

20.5 治療クローニングは将来性があるが、議論の余地もある
　幹細胞　胚性幹細胞は体のいかなる組織をも形成することができる。成体の組織特異的な幹細胞は胚性幹細胞の代替手段となる。
　治療クローニング　体細胞の核移植による胚性幹細胞の作成は、成功の見込みのある治療法であると考えられる。

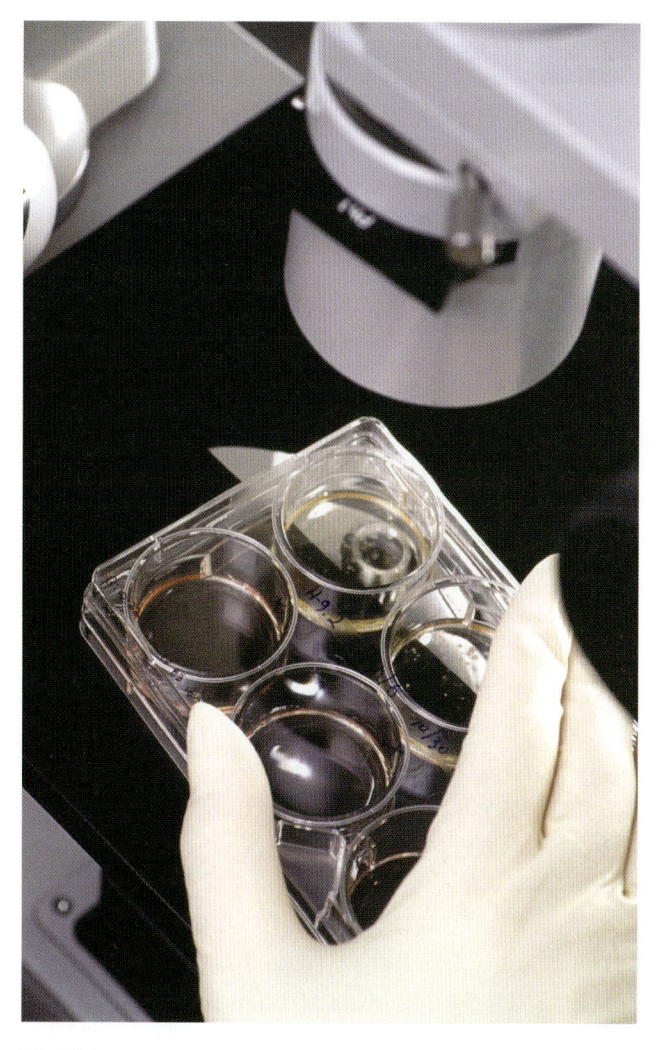

図 20.1
胚性幹細胞の組織培養。　ヒトの初期胚に由来する胚性幹細胞は、組織培養条件下で無限に生育する。胚性幹細胞は移植されると移植部位で成体組織を構成する新しい細胞に分化することが可能なので、治療への利用が期待される。

　幹細胞研究と倫理問題　現代科学において幹細胞研究ほど倫理上の多くの問題を抱えている研究はない。

　ここ10数年間に、がん発症の分子機構に関するわれわれの理解には著しい進歩が見られた。本質的には、がんは細胞増殖を制御している遺伝子への傷害から発症する。この傷害は、組換えにより誘導される遺伝子の位置の変化や、より一般的には突然変異によって誘導される遺伝子の化学的変化によって生じる。この章ではこの二つの過程を簡単に紹介した後、がんについてわかってきたことを詳しく解説する。ついで、著しい進歩を遂げてきた分野である細胞工学技術について紹介する。クローン動物、遺伝子治療、幹細胞の研究（図20.1）はそれぞれ独立に三つの章で扱われてきたが、本章ではそれらを一括して取り扱い、現在何が起こっているかをより一層理解する助けにしたいと思う。細胞を取り扱う技術の進歩によって、生物学と医学は文字どおり急速な変革を遂げつつある。

20.1 組換えは遺伝子の位置を変える

遺伝子の移動

遺伝子の組換えには，遺伝子移動と相互組換えという2種類の異なるしくみがある。初めに遺伝子移動を見よう。

遺伝子は，染色体上や原核生物の環状DNA上で固定されているわけではなく動き回る。**プラスミド**（plasmid）とよばれる遺伝子は，染色体DNAとは別の小型の環状DNAで，移動できる。プラスミドは，主に原核生物に存在し，自身の塩基配列に対応するゲノム配列がある特定の場所で，ゲノムに出入りする。細胞中では，ゲノムDNAはほかのDNA断片と容易に相互作用できる。細菌のDNAの約5%はプラスミドDNAである。プラスミドには，きわめて小型で1個あるいは数個の遺伝子しかもたないものもある一方，極めて複雑で多数の遺伝子をもつものもある。**トランスポゾン**（transposon）のなかにある遺伝子も移動する。トランスポゾンは，原核生物と真核生物の両方において，ゲノム上のある位置からほかの位置に任意に跳ぶ。

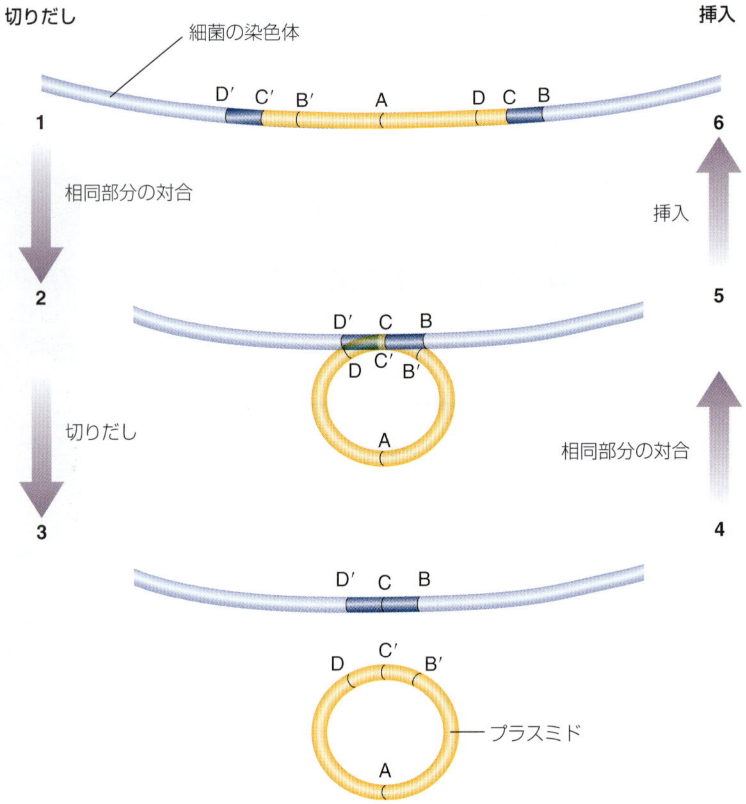

プラスミドの移動による遺伝子の移動は，1947年にJoshua LederbergとEdward Tatumが発見した。3年後に，Barbara McClintockがトランスポゾンを発見した。彼女の成果は，ゲノム上で遺伝子の位置が一定である必要はないことを意味していた。ところが，遺伝子は糸に通したビーズのように固定されているという考えに慣れた研究者達にとって，トランスポゾンの概念は受け入れ難かった。そのため，LederbergとTatumは1958年にノーベル賞を受賞したが，McClintockはトランスポゾンの発見に対するノーベル賞を1983年まで待たねばならなかった。

図 20.2 プラスミドの切断と組込み。 細菌のゲノムの二つの配列の末端（D′, C′, B′とD, C, B）が同じであると二つの末端は対合することができる。ステップ1～3は対合形成時に鎖を交換した結果，ループの切除が起こり環状のDNA，すなわちプラスミドが遊離することを示す。ステップ4～6は，プラスミドが細菌のゲノム中に組み込まれる順序を示す。

プラスミドの誕生

プラスミドがどのように生成されるか理解するため，同一のヌクレオチド配列を2コピーもつ細菌のDNA配列を仮定してみよう。その2コピーが互いに塩基対をつくり，一時的なループ，すなわち二重の二本鎖構造を形成することがある。細胞には，二重の二本鎖DNA間においてDNA鎖の**相互交換**（reciprocal exchange）を可能にする組換え酵素がある。その相互交換の結果，ループがDNA分子のそれ以外の部分から切断され，プラスミドになる（図20.2，ステップ1～3）。重複した配列のあいだに存在する遺伝子はまるごと（図20.2の遺伝子Aのような）プラスミドに移される。

相互交換によっていったんプラスミドが形成され，プラスミドが複製起点をもてば，細胞本体のゲノムの複製のように細胞分裂あたり1回に限定せずに，DNAポリメラーゼはプラスミドを複製する。

挿　入

組換えによりできたプラスミドは，ゲノムから出たのと同じ方式でゲノムに戻ることができる。もともと相互交換に関与したプラスミドDNAの**認識部位**（recognition site）の配列がたまたま本体のゲノム上の対応する配列と並びそこで組換えが起これば，プラスミドはゲノムのなかに挿入される（図20.2，ステップ4～6）。配列を共有する領域ならどこにでも挿入が可能なので，プラスミドは本体のゲノム上のもともとあった場所とは異なる場所に挿入されることもある。こうしてプラスミドは，遺伝子を新しい場所に移動したことになる。

接合による遺伝子の移動

LederbergとTatumの発見の一つに，細菌から別の細菌へのプラスミドの移動がある。彼らが研究したプラスミドは，大腸菌 *E. coli* のゲノムの一部で，稔性因子にちなみFの名を与えられた。このプラスミドをDNA中に組み込んでいる細胞のみが，プラスミドの供与体として働けるからである。この細胞は，Hfr細胞(Hfrは高頻度組換えの略)とよばれる。FプラスミドはDNAの複製起点とほかの細胞への転移を促進するいくつかの遺伝子をもつ。これらの遺伝子がコードするのは細菌の表面で集合するタンパク質サブユニットで，**線毛**(pilus，図20.3)とよばれる中空の管を形成する。

細胞(F^+)の線毛がFプラスミドをもたず線毛を欠く細胞(F^-)の表面と接触すると，その線毛により二つの細胞は接近し，DNAの交換が可能になる(図20.3)。はじめにFプラスミドは，F^+細胞の内部の線毛直下の部域("接合ブリッジ"とよばれる)に結合する。ついで，**ローリングサークル複製**(rolling-circle replication)とよばれる過程により，Fプラスミドが結合場所でプラスミドDNAの複製をはじめる。DNAの複製とともにプラスミドの一本鎖コピーは他方の細胞に移動し，そのDNA鎖に相補鎖が付加され，安定な新しいFプラスミドが形成される(図20.4)。こうして，細菌から細菌へと遺伝子が移される。この細菌間の遺伝子の転移を**接合**(conjugation)とよぶ。

Hfr細胞では，Fプラスミドは細胞質内に遊離しているのではなく，細菌のゲノム本体に組み込まれている。しかし，Fプラスミドは遺伝子の移動に関与できる。この場合，Fプラスミドが組み込まれた領域が線毛下部に結合し，細菌ゲノムの複製を開始し，新たに複製されたDNAを受容細胞に転移させる。DNAの転移は，細菌ゲノムがFプラスミドの一部であるかのように進行する。この現象を解析することで，細菌ゲノム中の遺伝子の位置が決定されている(図20.5)。

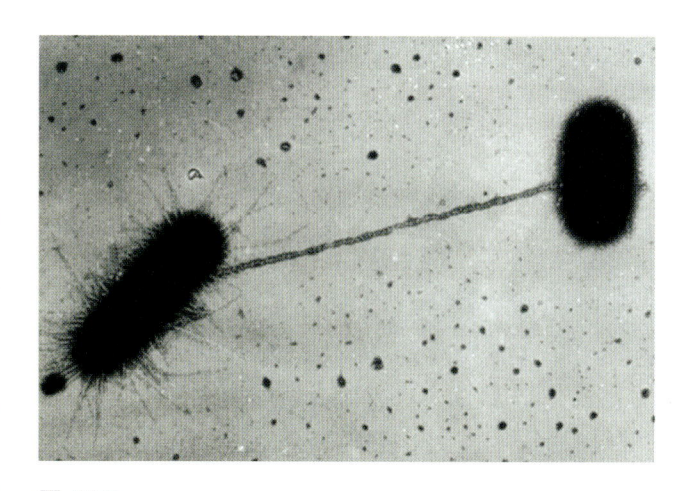

図 20.3
線毛による接触。 F^+細胞の線毛がF^-細胞に連結し，二つの細胞が引き合って接近してDNAの移動が起きる。

転移による遺伝子の移動

トランスポゾン(図20.6)はゲノム内のある所からほかに移動できるDNAの小断片で，同じ場所で何代も過ごした後，さまざまな遺伝子を伴いゲノム内の新しい場所に移動する。トランスポゾンは，**トランスポゼース**(transposase)とよばれる酵素をコードしている。この酵素は，トランスポゾンをゲノムに挿入する酵素で，その過程は**転移**(transposition)として知られる(図20.7)が，通常はゲノム上の特定の配列を認識しないので，トランスポゾンは任意の場所に移動するように見える。

トランスポゾンの移動は比較的まれな現象で，10万細胞世代に1回生じる程度である。この確率は低いが，任意に突然変異が起きる確率の約10倍もある。さらに，細胞には多数のトランスポゾンがある場合が多いため，長いあいだには

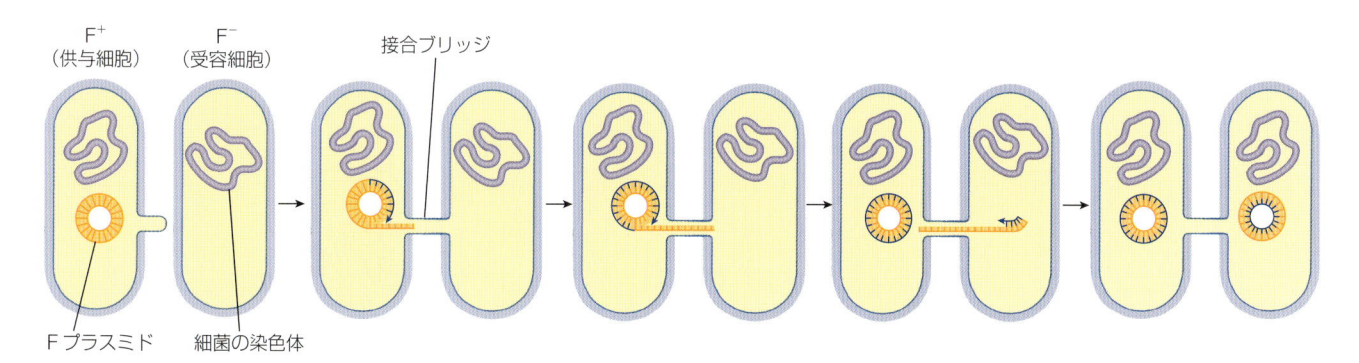

図 20.4
細菌間の遺伝子の移動。 供与細胞(F^+細胞)は，受容細胞(F^-細胞)にはないFプラスミドをもつ。Fプラスミドは複製し，そのコピーは接合ブリッジを通って移動する。プラスミドの残った鎖は補充鎖をつくるための鋳型となる。受容細胞に入った一本鎖は，二本鎖のプラスミドを組み立てる鋳型となる。その過程が完成すると，両細胞はプラスミドの完全なコピーをもつことになる。

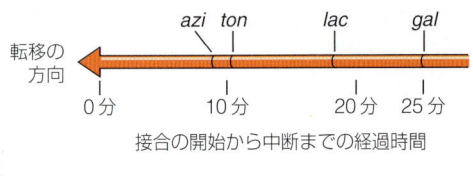

図 20.5
大腸菌の染色体の接合地図。 細菌の懸濁液をブレンダーで急速に撹拌すると大腸菌 *E. coli* の接合ブリッジを切断することができる。接合開始後のさまざまな時間に撹拌することによって，細菌のゲノム中のさまざまな遺伝子の局在場所を決めることができる。（a）遺伝子が複製起点に近いほど，その遺伝子の移動を止めるためにはより早くブレンダーを動かしはじめなければならない。（b）この方法により明らかにされた大腸菌ゲノムの地図。

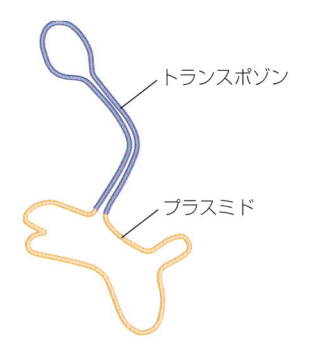

図 20.6
トランスポゾン。 トランスポゾンは両端に逆方向の反復配列のヌクレオチド鎖をもつので，「lollipop（キャンディー）」とよばれる棒と輪をもつ特徴的な構造をつくる。この逆方向反復配列が対合して，キャンディーの棒となるのである。

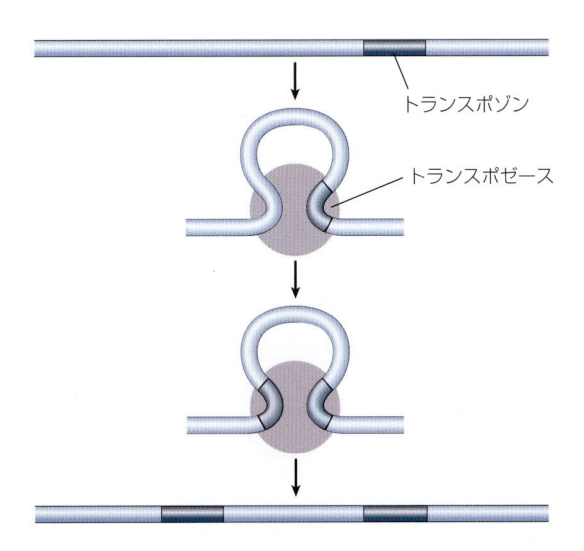

図 20.7
転移。 トランスポゼースは特定のDNA配列を認識するわけではなく，DNAをランダムに選びトランスポゾンをランダムな場所に移動させる。トランスポゾンには，移動するときに，それ自身のコピーを残していくものがある。

進化過程に大きな影響を与えうる。

トランスポゾンの絶大な効力は，突然変異として表れる。ある遺伝子にトランスポゾンが挿入されると遺伝子機能が破壊され，**挿入不活性化**（insertional inactivation）とよばれる現象が起きる。この現象は，自然界で起こる膨大な自発的突然変異の原因と考えられ，がんの原因である可能性もある。

転移は**遺伝子の移動**（gene mobilization）を促進し，通常はゲノム上の異なる場所にある遺伝子を1か所に集める結果をもたらす。たとえば細菌では，ペニシリンのような抗生物質に対して耐性をもたらす酵素をコードする遺伝子の多くがプラスミド上にある。医療現場でよく起こる細菌が多種の抗生物質に同時にさらされるというこの状況は，複数の耐性遺伝子を獲得したプラスミドの生存に有利に働く。転移によって数個のプラスミドから一つのプラスミドに抗生物質耐性遺伝子が移動し，**抵抗性伝達因子**（resistance transfer factor, RTF）とよばれる複合プラスミドが速やかに生成される。こうしてRTFをもつ細菌はさまざまな抗生物質による治療にも生き残る。黄色ブドウ球菌 *Staphylococcus aureus* による院内感染や，薬剤耐性をもつ新しい結核菌の治療が直面する困難の多くに，このRTFが関係していると考えられている。

> プラスミドは細菌の遺伝子（ゲノム全体さえも）のコピーを細菌からほかの細菌に移す。転移はゲノム内の任意の場所への一方向性の遺伝子の移動である。遺伝子の移動にはトランスポゾンという移動性の遺伝子の成分がかかわっている。

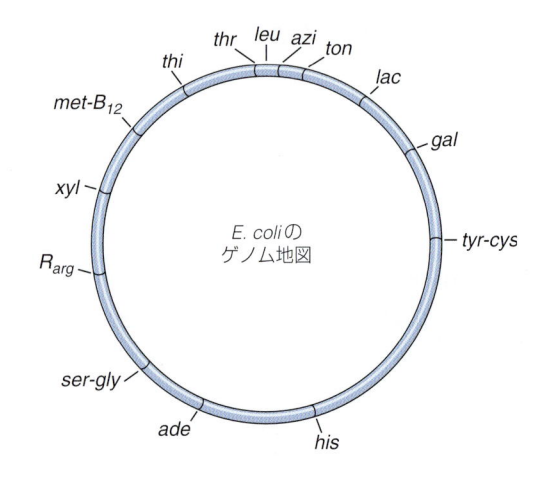

相互組換え

遺伝的な組換えを生みだす二番目の重要な機構，すなわち真核生物における相互組換えでは，減数分裂の際に二つの相同染色体が，そのすべてあるいは一部分を交換する。

乗換え

第12章で見たように，乗換えは減数分裂の第一分裂前期に生じる。そのとき，二つの相同染色体はシナプトネマ複合体をはさんで整列し，1か所あるいはそれ以上の箇所でDNA鎖を交換する。このDNA鎖の交換により，対立遺伝子の新しい組合せをもつ染色体ができる。

キリンが，1本の染色体上の二つの異なった遺伝子座に首の長さと脚の長さをコードする遺伝子をもつと仮定しよう。さらに，首の長さを決める遺伝子座に劣性の突然変異が生じ，何回かの独立した組合せのあと，変異型の「長首」遺伝子座がホモ接合である個体群が生じたと考えよう。同様に，脚の長さを決める遺伝子座の劣性突然変異により，ホモ接合の「長脚」個体群が生じてきたとしよう。

これら二つの突然変異が同一個体で同時に起こることはありそうにない。なぜなら，二つの独立事象が同時に生じる確率は個々の確率の積だからである。1個体内で両突然変異が同時に起きることが長い首と長い脚をもつキリンを生みだす唯一の方法であるなら，そのような個体が出現することは滅多に起こらないことであろう。しかし，二つの遺伝子のあいだで乗換えが生じれば，ある1回の減数分裂で，両方の遺伝子座に変異をもつ染色体をつくることは可能である。遺伝子を混ぜ合わせて速やかに新しい組合せをつくることができるこの乗換えは，自然界における多様性の形成にとってきわめて重要である。

不等乗換え

類似した配列をもっていて密接な対合ができる二つの相同染色体があれば，相互組換えはどの領域でも起きる。たまたまある配列の複数のコピーが1本の染色体上の異なった場所にあると，間違った対合が生じる。つまりある配列が，相同染色体の対応する配列とではなく複数あるコピーの一つと対合することがある。その結果対合がずれ，後述するように小規模な欠失やフレームシフト突然変異が生じる。対合する領域で乗換えが起きれば，2本の相同染色体が異なる長さの領域を交換することになり，不等乗換えが生じる。

不等乗換えにより，一方の染色体は複数コピーを含む配列を過剰にもち，ほかの染色体はその配列のコピーを失う（図20.8）。この過程は，ある特定の遺伝子のコピーを数百個も連ねた染色体を生みだすことになる。

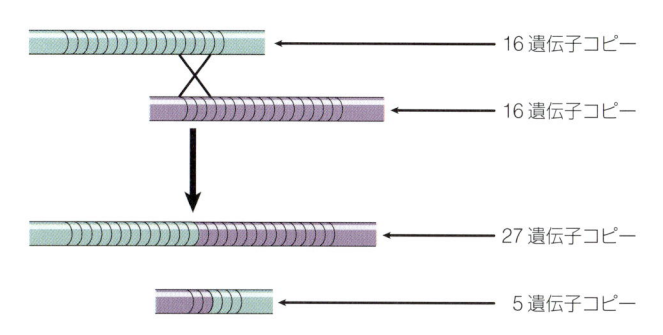

図 20.8

不等乗換え　反復配列の対合がずれると，その領域の乗換えにより染色体の一方の遺伝子コピーは少なくなり，他方はより多くなる。真核生物の進化過程で生じてきた遺伝子重複の多くは不等乗換えにより生じたものであろう。

ほとんどの真核細胞で染色体中にトランスポゾンのコピーを多数もつので，離れた場所にあるトランスポゾンのコピー間で不等乗換えが生じると，真核細胞の遺伝子構成に大きな影響が出る。後述するように，真核細胞の遺伝子のほとんどは進化の過程で一度またはそれ以上の回数の重複を経験してきたと考えられている。

遺伝子変換

シナプトネマ複合体内で対合する二つの相同染色体は全く同一とはいえないので，一方の染色体のヌクレオチドは，その一部が他方の対をなす染色体の部分と相補的ではない。このように時折みられるヌクレオチドの非対応対合は**ミスマッチ対**(mismatch pair)とよばれる。

もちろん細胞にはミスマッチ対を検出してエラーを修復する機構が存在する。減数分裂中にミスマッチが検出されると，複製により新しくできたばかりのDNAを校正する酵素がそのミスマッチを修正するのである。相同染色体の一方のミスマッチヌクレオチドは切り取られ，他方の染色体のヌクレオチドに相補的なヌクレオチドに置き換えられる。そして一番目の相同染色体の対合する塩基のパートナーが置き換えられ，同じ配列をもつ二つの染色体が形成される。このエラー修復機構により，ミスマッチ配列が他方の配列に変換されることになる。この過程を**遺伝子変換**(gene conversion)とよぶ。

不等乗換えは，ヌクレオチド配列が類似しているが相同ではない染色体の領域間で起こる。遺伝子変換は，細胞がエラーを検出し修復するシステムを使って相同染色体の一方を他方の染色体と似たものに変化させることをいう。

20.2 突然変異は遺伝情報の変化である

突然変異の種類

突然変異は生体の遺伝情報の変化である。突然変異が体細胞に生じると個体に著しい影響があるが，それが遺伝するのは生殖細胞系列に起きたときのみである。突然変異はDNAのあらゆる場所で任意に起こりうるので，計算機プログラムや楽譜のなかの任意の変化が演算や演奏を損なうのと同様に多くの場合有害である。有害な突然変異がもたらす結果は変化した遺伝子の機能に応じて些少なものから大きな影響をもたらすものまでいろいろである。

突然変異の影響は，それが生じる細胞の種類に依存する。多細胞生物の胚発生過程では，配偶子を形成するよう定められた細胞(生殖細胞系列)が体のほかの細胞(体細胞)から分離する時期がある。突然変異は生殖細胞系列の細胞で生じて初めて，配偶子の遺伝資質の一部として次世代に伝えられる。

生殖細胞系列における突然変異は生物学的にきわめて重要である。なぜなら，これらの突然変異は自然選択が進化的な変化を生みだすための素材を提供するからである。体細胞でも，突然変異が個体に大きな影響をもたらすことがある。それは，突然変異が変異を起こした細胞由来のすべての細胞に伝えられるからである。たとえば，後述するように肺細胞の体細胞突然変異はヒトの肺がんの主要な原因である。

突然変異は二つのタイプに分けられ，一つはDNAのヌクレオチド配列の変化，したがって遺伝情報そのものが影響を受ける。二番目の種類の突然変異は遺伝子の存在する位置の変化により生じる。表20.1に突然変異の原因と種類を示す。

表20.1 突然変異の種類

突然変異		結果の例
突然変異なし A B C		B遺伝子によって正常なBタンパク質が産生される。
配列の変化 塩基置換 A B C	塩基対形成エラーまたは化学修飾による1塩基ないし数塩基の置換	変化したアミノ酸が機能を破壊するので，Bタンパク質は不活性になる。
トリプレットの拡張 ×200 CCGCCGCCGCCG	反復トリプレットのコピーの追加	挿入された物質が正しい構造を破壊するのでBタンパク質は不活性である。
欠失 A C	電離放射線またはずれによる誤塩基対形成による1塩基または数塩基の喪失	タンパク質の一部が欠けるのでBタンパク質は不活性である。
遺伝子の位置の変化 染色体の再配列 A C B		染色体上の新しい位置のために，B遺伝子が不活性化または，異なる制御を受ける。
挿入による不活性化 A B C	遺伝子内へのトランスポゾンの付加	挿入された物質が遺伝子の翻訳やタンパク質機能を破壊するので，Bタンパク質は不活性化される。

DNA配列を変える突然変異

DNAの突然変異による変化には少なくとも五つの様式がある。

1. **塩基置換** DNA複製の際偶発的に対合形成の誤りやポリメラーゼの失敗が生じる。通常これは翻訳配列中の1あるいは数塩基対の範囲に限られて起こり，点突然変異とよぶ。

2. **化学的修飾** 塩基が突然変異誘発剤により化学的な変化を受けることがある。これも点突然変異の一種である。

3. **DNA切断** 放射線がDNAの二本鎖に切断を起こさせることがあり，しばしば小断片の欠失が起きる。

4. **ずれによる誤塩基対形成** 欠失はずれによる誤った塩基対形成からも生じる。染色体上に1コピー以上存在する配列がずれて塩基対をつくると，この誤りにより形成されるループが修復酵素によって除去され，短い欠失を生じることがある。こういった欠失の多くはコドンの中途で起こり，その結果読み枠が1あるいは2塩基ずれる。このような"フレームシフト突然変異"によって遺伝子が間違った3塩基単位で読まれることになり，遺伝情報がゆがめられることになる。

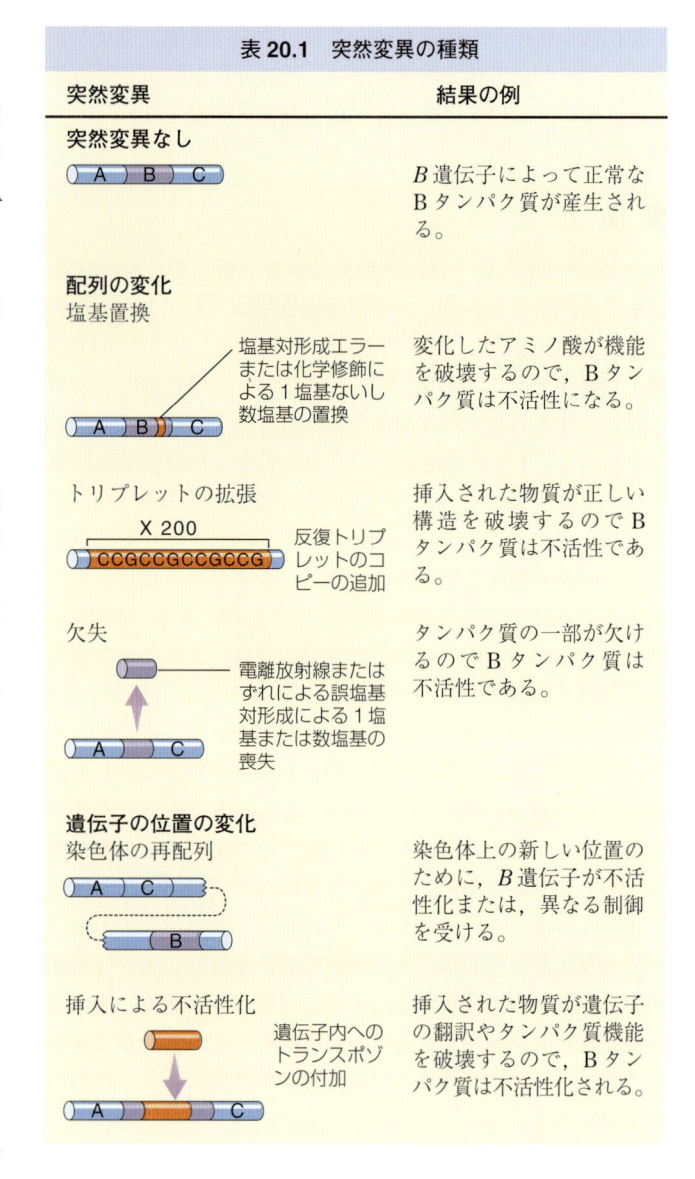

5. **トリプレットの拡張** 3塩基の配列が遺伝子中に何回もくり返し存在すると，反復数が増えることがある。たとえばCAGの反復が増えると，その突然変異を起こしたタンパク質ではグルタミンが多数並ぶ領域が形成される。15種類以上のヒトの病気が遺伝子中のトリプレット反復の拡張とかかわる。

遺伝子の位置の変化から生じる突然変異

遺伝子が転写されるかどうかの決定には，染色体上の位置が重要な要因になる。染色体のほかの位置では正常に転写されるのに，染色体がきつく巻かれている領域付近では，転写されない遺伝子がある。転写はこのように染色体の領域によって左右される。すなわち，特殊なタンパク質の結合が染色体の局所領域のコイル状態を制御し，その領域にある遺伝子への RNA ポリメラーゼの近づき易さを決めているのである。

染色体の再配列

染色体はさまざまな物理的変化を受け，その結果遺伝子の位置に著しい影響がでる。それには主に2種類の変化がある。一つは転座で，染色体の一部がほかの染色体に移る。他の一つの逆位では，染色体の一部の向きが逆転する。転座は遺伝子発現に著しい影響を与えることが多い。一方，逆位はふつうは遺伝子発現に変化をもたらさないが，減数分裂に重大な障害を招く(図20.9)。すなわち，交叉のあとに生じた染色分体には，完全な遺伝子セットは含まれない。

ほかの染色体の変化では，個々の染色体がもつ遺伝子のコピー数が変化する。**重複**(duplication)では，染色体全体が倍になる。**欠失**(deletion)には，以前に述べた小規模の欠失にくらべて，はるかに大量の遺伝物質の欠失が伴う。**異数性**(aneuploidy)では，染色体全体が失われたり，逆に獲得される。**多倍数体**(polyploidy)では，染色体一式が追加される。二倍体の生物においてさえ，欠失のほとんどが有害である。欠失は二倍体のゲノム中の遺伝子コピー数を半分にし，転写レベルに重大な影響を与えるからである。重複は遺伝子を不均衡にし，同様に有害であるのが普通である。

挿入による不活性化 20.1節で述べたように，トランスポゾンは酵素を用いて自分自身を切り取り遺伝子上に新たに張り付けることで，ゲノム上のある場所から別の場所に移動できる。任意に新しい場所を選択し染色体のあちこちの部域に入り込むので，トランスポゾンのあるものは当然遺伝子の内部に挿入され，たいていの場合遺伝子を不活性化する。遺伝子がコードするタンパク質は内部に意味のない配列を大量に含み，その構造も破壊されている。この"挿入による不活性化"とよばれる突然変異は，自然界で普通に見られる。また，トランスポゾンが新しい場所に挿入され，近くの遺伝子の制御に影響を与えることによって突然変異を誘起する場合もある。これは，トランスポゾンが強力なプロモーターを含み，トランスポゾンの挿入がなければ発現しない遺伝子を活性化するからである。

さまざまなヒト遺伝子の欠陥が，転移によりもたらされることが明らかになっている。たとえば"*Alu*"とよばれるヒトのトランスポゾンが凝固因子IX遺伝子のなかに入ると，不完全な「終止」コドンを形成してX染色体に連鎖した血友病が発症する。この"*Alu*"因子は，低密度リポタンパク質(LDL)受容体遺伝子の中に挿入されると遺伝性高コレステロール血症を生じる。ほかの例では，"*Mariner*"とよばれるショウジョウバエのトランスポゾンがすねや足の筋肉と神経が退化する Charcot-Marie-Tooth 病とよばれる珍しいヒトの神経病の原因となる。トランスポゾン"*Mariner*"は第17染色体上の"*CMT*"という重要な遺伝子中に入り，染色体が切断されやすい部分を形成する。ショウジョウバエのトランスポゾンがどのようにヒトのゲノムに入ったかは不明である。

突然変異は，遺伝子のヌクレオチドの配列の変化や遺伝子の染色体上の新しい場所への移動により生じる。

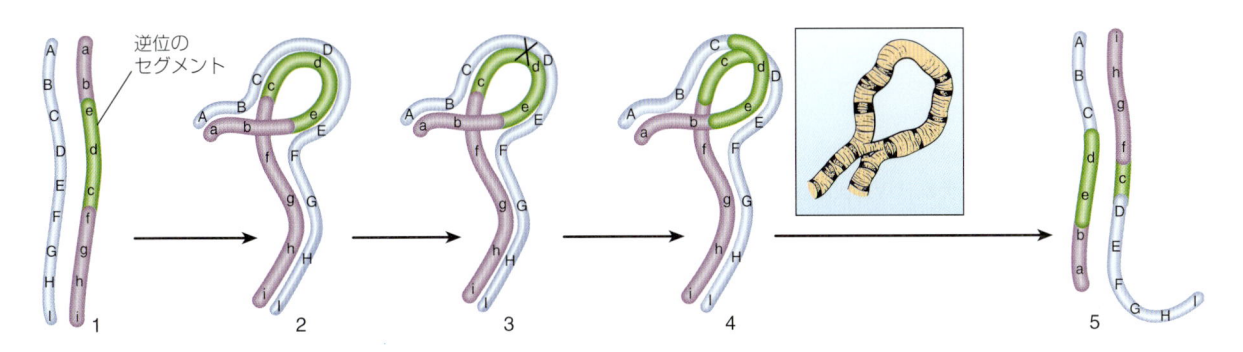

図 20.9
逆位により引きおこされる結果。 (1) 染色体の1か所が逆転していると，(2) 減数分裂の際に内部でループ構造を形成して初めて相同染色体と対合することができる。(3) 逆位がある領域で交叉が生じる配偶子は生育できない。すなわちある遺伝子は各々の染色体から失われ，別の遺伝子は重複することになる(4と5)。わかりやすくするために二本鎖のみが図示されているが，実は交叉は染色体が4本のときに起こる。逆位の領域で生じる対合は，顕微鏡下で特徴的なループとして観察できる場合がある(挿入図)。

DNA修復

複製の際に生じる誤りやDNAに傷害を与える可能性のある要因がいかに多いかを見ると，DNA傷害を修復するシステムが発達したのも不思議ではない。これらのシステムはいろいろなやり方で細胞の遺伝情報を守る役割を果たしている。

ミスマッチ修復

ミスマッチ修復は大腸菌において最初に発見され，今ではほとんどの生物で普通に見られる。このシステムはDNA複製中に生じる誤りを修正する働きをもつ。校正機能だけでは追いつかないぐらいDNAポリメラーゼが誤る割合はかなり高い。ミスマッチ修復システムは異常に高い突然変異率をもつ大腸菌の系統で最初に同定され，この変異にかかわる遺伝子は*Mut*と名づけられた。

ミスマッチ修復システム(mismatch repair system)は，巧妙な方法で突然変異の場所を見つける。特異的な酵素がDNAのGATC配列を認識し，その配列中のAにメチル基を付加する。(ミスマッチ修復突然変異はこのアデニンをメチル化できないので*dam*(deficient in adenine methylation)突然変異とよばれる。)このメチル化により，DNA複製後でもコピーの鋳型となった親DNA鎖，すなわち，GATC-メチル化鎖を判別することができる。複製後すぐに，新しく合成された娘DNA鎖のアデニンもメチル化酵素によりメチル化されるが，メチル化が起こる前の短かいあいだに細胞のミスマッチ修復酵素が作用する。すなわち，(1) 二本鎖間の塩基のミスマッチがゆがめたらせん構造を修復酵素が複製の場所として特定する。ついで，(2) ミスマッチ修復酵素は複製の鋳型となった親DNA鎖(メチル化された鎖)を同定する。そして，(3) メチル化されたDNA鎖に相補的な反対側のDNA鎖を修復するのである。

特異的修復システム

細胞はDNAの傷害に対する特異的な修復システムを多数備えている。**UVR光修復システム**(UVR photorepair system)は，紫外線により生じた障害を修復する。紫外線のエネルギーをチミンが吸収し，そのエネルギーで隣接したチミン間をシクロブタンで架橋する。チミン二量体は複製されないので，チミン二量体形成により突然変異が誘発される。この傷害は可視光の光子を吸収し，その光エネルギーを用いる酵素がシクロブタン結合を開裂し修復する。

ほかの特異的修復システムでは，チミンの代わりにウラシル(RNAをつくるヌクレオチド)がDNA中に存在する誤りを修復する。ウラシル-N-グリコシラーゼという酵素が，DNA鎖を破壊せずにウラシルを切り離し，塩基対を欠いた**ピリミジン欠如**(apyrmidine：AP)**部位**を生みだす。ついで，特異的ヌクレアーゼがこのAP部位を見つけだし，対をなさないヌクレオチドを除去する。生じた1塩基分の間隙は，修復ポリメラーゼによって修復される。そのほかの化学的に変化した塩基も，これによく似た二つの段階によって修復される。

除去修復

DNAの複製エラーや化学的な傷害は，DNAの広範な傷害を修復する非特異的なシステムである**除去修復**(excision repair)によっても修復される。簡単に述べると，除去修復は二つの段階からなる。すなわち (1) 傷害を受けたDNA領域が検出され除去される。(2) 除去によってDNA領域に生じた間隔を修復ポリメラーゼが埋めていく。大腸菌では，この除去修復過程がUVR光修復システムによって制御される。この修復にかかわるタンパク質の遺伝子が紫外線に対する感受性異常によって発見され，*uvr* A，B，CおよびD遺伝子と名づけられた。

この非特異的な修復システムは，傷害を受けた塩基によるらせん構造のゆがみにのみ作用するためで，幅広いDNA傷害に対処することができる「誤りのない」システムである。傷害を受けた塩基が除去され，DNAは野生型に復元される。

複製後修復

複製後修復(post-replication repair)は，DNAの二本鎖切断を修復する唯一のシステムである。こういった傷害を修復するには，傷害を受けたDNAと同じ配列をもつ完全な二本鎖DNA分子が必要である。原核生物はDNA複製期以外は1コピーのDNA分子しかもたないので，この型の修復は原核生物では複製期にのみ可能である。真核生物ではこの修復プロセスは**組換え修復**(recombinational repair)と名づけられ，第一減数分裂の前期，すなわち2本の染色体が密接して正確に対合するときに機能する。組換え修復に関与する酵素の多くは減数分裂の組換えにおいても機能する。

細胞は，塩基置換による対合のミスマッチ，傷害を受けた箇所，あるいは間違った塩基を検出し，多くの潜在的な突然変異を修復することができる。

20.3 ほとんどのがんは細胞増殖を制御する遺伝子の突然変異から生じる

がんとは何か？

　がんとは細胞の無秩序な成長である。それは見かけは正常な細胞が無制限にかつほかへ浸潤するように成長しはじめることではじまり（図20.10），どんどん成長して**腫瘍**（tumor）とよばれる細胞塊となる。細胞が腫瘍から離れて体のほかの場所で新たな腫瘍を形成することを，**転移**（metastasis）という（図20.11）。がんはもっとも致命的な病気といえる。1999年に誕生したこどもの3分の1がいつかはがんにかかり，男の子の4分の1と女の子の3分の1ががんで死ぬだろう。この病気にかかった家族または友人をもつ人は多い。2002年には，推定で550,000人のアメリカ人（日本では320,000人）ががんで亡くなった。

　この病気の原因を知るための努力は当然続けられてきた。過去20年間の分子生物学的研究から，いまではがんのおおよそが理解できるようになってきた。私たちは，いまではがんが体細胞の遺伝子に起こった変調であり，異常になった遺伝子が細胞増殖をうまく制御できなくなることを知っている。細胞分裂周期は，第11章で記述されたきわめて複雑な一群のタンパク質によって制御されている。がんはこれらのタンパク質をコードする遺伝子の突然変異に起因する。

　DNAに突然変異をもたらす化学物質や細胞の正常な増殖を惑わすことがあるウイルスが，がんを引きおこす。しかし，直接の原因がなんであろうと，すべてのがんの特徴は成長や分裂の抑制解除である。がん化した細胞株では細胞分裂は決して止まることがない。がん細胞は事実上不死である――がん細胞がすみついている個体が死ぬまで生き続ける。

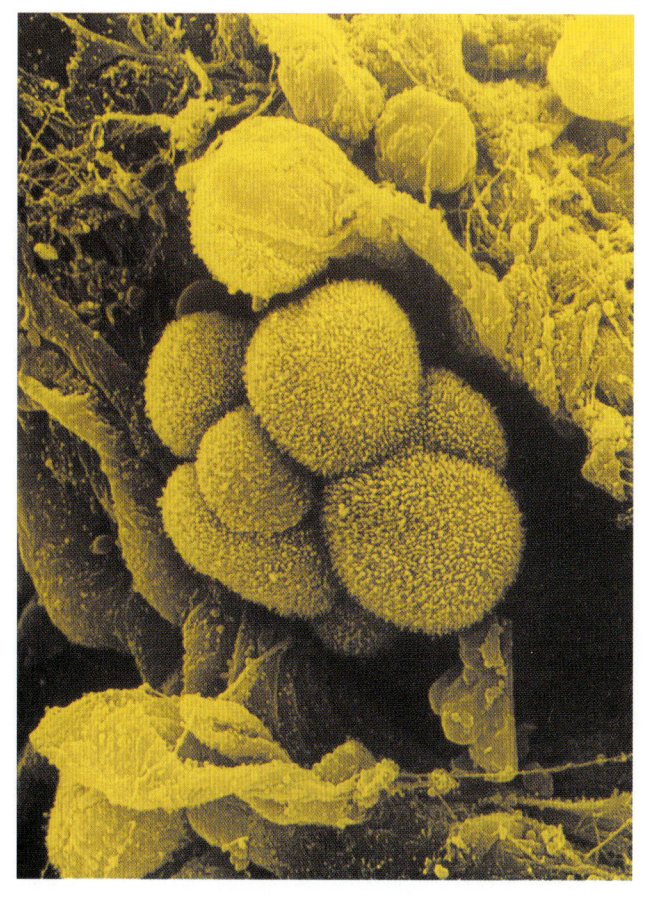

図 20.10
肺がん細胞。 肺の気嚢に局在する腫瘍細胞（530倍）である。

> がんは細胞分裂周期を制御する遺伝子の損傷によって生じる抑制の効かなくなった細胞増殖である。

図 20.11
がん細胞の姿。 球状の細胞塊はヒト肺の内側を構成する上皮細胞から生じるがん腫（がん腫瘍）である。細胞塊は成長するにつれて周囲の組織に侵入し，ついには肺に多数あるリンパ管や血管を通り抜ける。これらの血管は転移能をもつがん細胞を体中に分配し，そこでがん細胞が定着して成長し，その結果新たながん組織の塊を形成する。

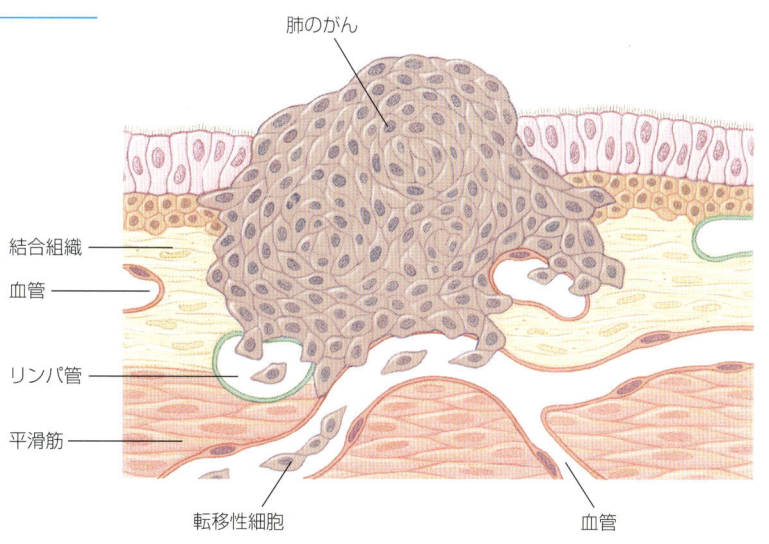

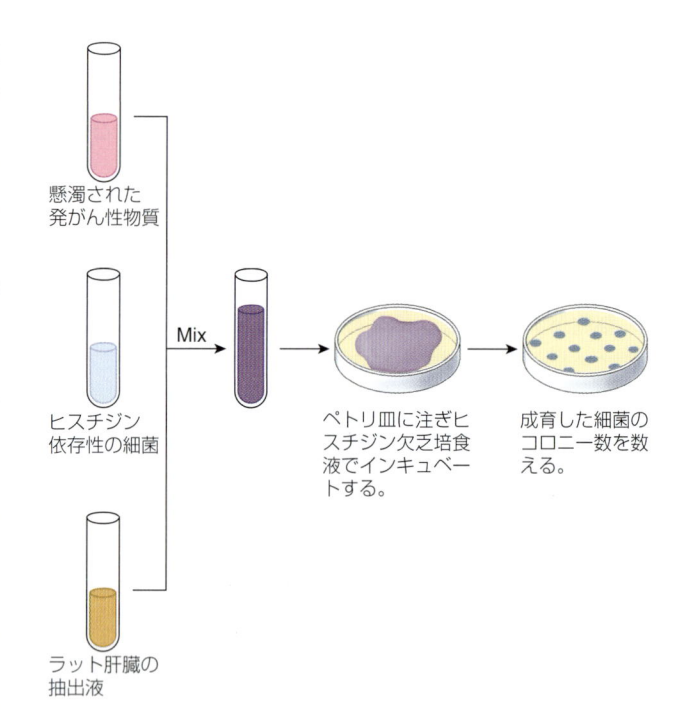

がんの原因

がんは，ほとんどの組織に生じるので，たいへん多くの異なるがんが存在し得る。結合組織，骨，あるいは筋肉の細胞から生じた腫瘍は**肉腫**(sarcoma)，他方，皮膚のような上皮組織に源を発する腫瘍は**がん腫**(carcinoma)とよばれる。アメリカで致死率の高い三つのがんは，肺がん，結腸がんおよび直腸がん，乳がんである（表20.2）。死亡数がもっとも多い肺がんは大部分が回避できる（ほとんどが喫煙による）。結腸がんおよび直腸がんはアメリカで好まれる肉の多い食事により助長されているらしい。1994年と1995年には，遺伝的に乳がんにかかりやすい特性を決める二つの原因遺伝子，*BRCA1*および*BRCA2*（ヒト17番と13番染色体に局在する乳がん遺伝子#1および#2）が研究者によって単離されたが，乳がんの原因はいまなお謎である。これらの遺伝子の発見は，乳がん全体の約3分の1に相当する遺伝性乳がんの根本的な機構がまもなく解明されるという期待を抱かせる。

特定の化学物質，とくに突然変異原の可能性がある化学物質とがんの関連性から，研究者は，初期のころ，少なくともがんの一部は化学物質によって引きおこされるという疑いを抱いた。いわゆる**化学発がん説**(chemical carcinogenesis theory)である。がんの原因になると思われる薬品を**発がん物質**(carcinogen)とよぶ。化学物質が突然変異原性をもつかどうかを調べる簡単で効果的な方法は，その開発者Bruce Amesに因んで名づけられたエイムス試験である（図20.12）。この試験では，ヒスチジン合成遺伝子に欠陥をもつサルモネラ菌のある種の株を用いる。この菌株はヒスチジンをつくることができないので，ヒスチジンを含まない培地では生育しない。ヒスチジンをつくる能力を回復するような復帰突然変異が起こったとき，初めて生育するようになる。したがって，ヒスチジンを欠く培地で生育する細菌のコロニー数が，復帰突然変異の頻度を示す度合いとなる。復帰突然変異の原因となる化学物質の大多数が発がん物質であり，逆も同様である。試験の感受性を高めるため，DNAの修復機構を不能にした細菌株を用いる。がんの原因の探索では，一部，化学発がん物質やX線などの電離放射線を含むほかの環境因子に焦点があてられてきた。

表20.2 2002年のアメリカにおけるがんの発症率*

がんのタイプ	新たな患者	死亡数	がんによる死亡の割合（%）
肺がん	169,400	154,900	28
結腸がんおよび直腸がん	148,300	56,600	10
白血病/リンパ腫	91,700	47,500	9
乳がん	205,000	40,000	7
前立腺がん	189,000	30,200	5
すい臓がん	30,300	29,700	5
卵巣がん	23,300	13,900	3
肝臓がん	16,600	14,100	3
神経系/眼のがん	19,200	13,300	2
胃がん	13,100	12,600	2
膀胱がん	56,500	12,600	2
腎臓がん	31,800	11,600	2
頸部がん/子宮がん	52,300	10,700	2
口腔がん	28,900	7,400	1
悪性黒色腫	53,600	7,400	1
肉腫（結合組織）	10,400	5,800	1
その他のすべてのがん	145,500	87,200	16

* 2002年のアメリカでは，推定1,284,900人の新たながんの症例と，555,500人のがんによる死亡が報告された。これは，がんを発症した人のおよそ半数ががんで死亡したことを示している。
出典：the American Cancer Society, Inc., 2002のデータ。

図 20.12
エイムステスト。 このテストでは，突然変異のため成長培地にヒスチジンを要求するサルモネラ菌株が用いられる。もし発がん物質の疑いのある物質に突然変異原性があるなら，この突然変異をもとに戻すことができるはずである。発がん物質を突然変異原に変換できる酵素が含まれているラット肝臓の抽出液を加えヒスチジンを欠いた培地で生育する細菌のコロニー数を数えると，発がん物質の突然変異原性を定量化できる。

化学物質によって引きおこされるがんがある

化学発がん説は，1761年，嗅ぎタバコ愛好者の鼻にできる異常な腫瘍に気づき，タバコがこのがんを発症させることに気づいた英国の内科医John Hillによって初めて提案された。1775年，ロンドンの外科医Percivall Pottは，同じような発見をした。すなわち，煙突掃除人をしていた男性にしばしば陰嚢がんが見られることに気づき，そのがんが煤煙とタールによるのかも知れないと考えた。そのほか多くの観察から，化学物質が体に作用した結果がんが生じるという仮説が立てられた。

化学物質ががんをもたらしうるという証明

この仮説が直接に検証されるまでに，1世紀以上が過ぎた。1915年，日本人医師の山極勝三郎は，137羽のウサギの皮膚に2〜3日毎に3か月間コールタールの抽出液を塗り，何が起こるか観察した。1年後に7羽のウサギで塗布した場所にがんができた。これが化学発がんに関する初めての直接証明となった。これに続く数十年間で，このアプローチにより多くの化学物質ががんをもたらすことが証明された。重要なことに，それらのほとんどが強力な突然変異原であった。

実験室における研究であったため，これらの結果が人にもあてはまるものであるとは必ずしも受けとられなかった。タールは実際に人にがんを誘発するのか？ 1949年，アメリカの内科医Ernst Winderと英国の伝染病学者Richard Dollは，独立に，肺がんは肺のなかにタールを取り込む喫煙と深い関連性があることを報告した。Winderは684人の肺がん患者および600人の正常人と面接し，喫煙経験を確かめた。がんの割合は非喫煙者よりヘビースモーカーにおいて40倍も高かった。Dollの研究はもっと説得力があった。彼は多くの英国の内科医と面接して誰が喫煙しているか記録し，誰が肺がんを発症するか経時観察した。がんを発症した，その圧倒的多数は喫煙者だった。こうして，タバコの煙に含まれるタールやほかの化学物質により長年にわたる喫煙者の肺にがんが誘発されることは50年も前にすでに明らかだった。タバコの煙が含む化学物質ががんを引きおこすことは疑いない。

発がん物質の共通点

過去50年以上にわたる調査によれば，数百もの合成化学物質が実験動物にがんをもたらしうる。それらのなかにはトリクロロエチレン，アスベスト，ベンゼン，塩化ビニル，ヒ素，アリルアミド，そしてベンゼン環に似た化学構造をもつ多数の石油製品がある。職場で働く人々は，毎日，化学物質に遭遇している（表20.3）。

表20.3 職場における化学発癌物質

化学物質	がん	暴露の危険性のある労働者
普通の暴露		
ベンゼン	骨髄性白血病	塗装工；染料使用者；家具仕上げ工
ディーゼル廃棄ガス	肺	鉄道およびバスの車庫労働者；トラック運転手；坑夫
ミネラルオイル	皮膚	金属機械工
殺虫剤	肺	霧吹き作業者
タバコのタール	肺	喫煙者
特殊な暴露		
アスベスト	中皮腫 肺	ブレーキライニング，断熱処理工
合成鉱物繊維	肺	壁とパイプの断熱剤および輸送管包装材料使用者
髪の染料	膀胱	ヘアードレッサーと理髪師
塗料	肺	塗装工
ポリ塩化ビフェニール	肝臓，皮膚	油圧液，潤滑剤，インク，接着剤，殺虫剤の使用者
煤煙	皮膚	煙突掃除人；れんが職人；消防士；暖房装置サービス工
まれな暴露		
ヒ素	肺，皮膚	殺虫剤/除草剤の霧吹き作業者；なめし革業者；オイル精製業者
ホルムアルデヒド	鼻	木工品，紙，織物，および金属製品製造業者

潜在的な危険性のある物質の同定および発がん作用のある可能性をもつ物質の研究から，がんの本質について私達は何を学んだのか？ がんを引きおこす化学物質は何を共通にもっているのか？ "それらはすべて突然変異原であり，DNAに変異をもたらす能力をもつ。"

> がんはすべての組織で生じる。DNAに突然変異を引きおこす化学物質は，しばしば強力な発がん物質である。タバコの煙にあるタールは，ほとんどの肺がんの直接的原因である。

がんと細胞周期

第11章では細胞周期とその制御について学んだ。細胞周期を制御する分子間に複雑な相互作用があることをふまえれば，この制御システムを乱す突然変異によって制御のない細胞の成長，すなわちがんが生じることは不思議でない。一般に2種類の遺伝子がそのような突然変異の影響を受ける。原がん遺伝子とがん抑制遺伝子である。体細胞DNAの発がん性突然変異の影響を阻止する最近の試みについて見る前に，細胞周期制御遺伝子に起こる突然変異がどのようにしてがんの基本的性質である悪性の形質転換をもたらすかを考えてみよう（表20.4）。

がん遺伝子

正常細胞に導入したとき，その細胞をがん細胞にする原因遺伝子を**がん遺伝子**（oncogene：ギリシャ語でonkoは"腫瘍"）とよぶ。一つの細胞から単離したDNAをほかの細胞に導入することを**トランスフェクション**（transfection）というが，がん遺伝子はこの研究で発見された。腫瘍由来の細胞から抽出したDNAのトランスフェクションで，正常細胞からがん細胞への形質転換が起きた。すぐに，同じ遺伝子の変異型がさまざまな腫瘍から単離された。これらの遺伝子の突然変異を起こしていない正常型は**原がん遺伝子**（pro-oncogene），すなわち，腫瘍をつくるがん遺伝子を突然変異によって生じうる遺伝子，とよばれるようになった。これらの遺伝子はすべて成長にかかわる外部信号を細胞内に伝えるタンパク質をコードしていることが後に示された（図20.13）。第11章で示したように，これらの信号は細胞がG_0期を脱し，G_1期のチェックポイントを通過するのに必要である。原がん遺伝子に起きた突然変異は，これらの信号を増幅することにより細胞周期を加速する。

もし成長因子受容体が成長因子との結合に関係なくつねに「オン」となるように突然変異すれば，受容体の遺伝子はがん遺伝子として作用する。同様に，細胞表面から核への情報伝達に必要なタンパク質の遺伝子のすべては突然変異により，信号を大きく増幅させうる。情報伝達系の遺伝子ががん遺伝子に変化しうるのである。

がん遺伝子は正常な「分裂」の信号がなくても作用を及ぼすので，優性の対立遺伝子として伝えられる。すなわち，突然変異のがん遺伝子は異型接合体の細胞においてさえ，がんを引きおこす効果を現わす。

染色体異常は原がん遺伝子の活性化をもたらしうる。ある一つの原がん遺伝子の近傍に強力なエンハンサーを移してやると，原がん遺伝子の過剰発現または正常に発現していない組織での異所的発現のいずれかをもたらすことができる。これは第9番と第22番染色体が遺伝情報を交換して形成され

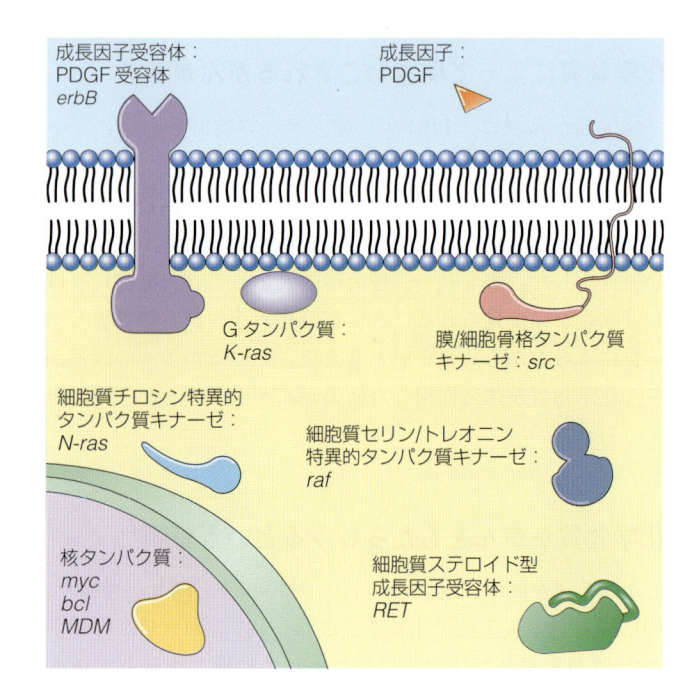

図 20.13　がん遺伝子。　突然変異によりがん誘引状態に変わる前段階のがん遺伝子は，原がん遺伝子（すなわちがん遺伝子となりうる遺伝子）とよばれる。この図は典型的な代表例をあげて，主要なタイプの原がん遺伝子を図解する。

成長因子受容体：PDGF受容体　erbB
成長因子：PDGF
Gタンパク質：K-ras
膜/細胞骨格タンパク質キナーゼ：src
細胞質チロシン特異的タンパク質キナーゼ：N-ras
細胞質セリン/トレオニン特異的タンパク質キナーゼ：raf
核タンパク質：myc　bcl　MDM
細胞質ステロイド型成長因子受容体：RET

るフィラデルフィア染色体とよばれる異常染色体で初めて観察された。この場合，染色体の一部の転座により原がん遺伝子*c-ABL*を含むキメラ遺伝子が新たにつくられ，その結果*c-ABL*が発現し慢性骨髄性白血病が発症する。

*myc*と*ras*はもっともよく研究されているがん遺伝子である。*myc*の発現は，細胞分裂のチェックポイントを制御している重要な構成要素であるサイクリンとサイクリン依存性タンパク質キナーゼ（Cdk）の生産を促す。

*ras*遺伝子産物はEGFを含む種々の成長因子，すなわち細胞増殖を正常に開始させる細胞間シグナルに対する細胞応答にかかわる。EGFが上皮細胞の膜上の特異的受容体に結合すると，細胞質中に出ている受容体の一部がRasタンパク質のGTPへの結合を促す。Rasタンパク質/GTP複合体は，今度はRafとよばれるタンパク質を細胞膜の内側表面に集合させて活性化し，これがさらに細胞質のキナーゼを活性化し，このようにして細胞内情報伝達系の引き金を引く（第7章参照）。最終段階は細胞増殖の引き金を引く転写因子の活性化である。がんの原因となる*ras*突然変異によって，細胞増殖を開始させるために必要なEGFの量が大きく減少する。

がん抑制遺伝子

がんを誘導する突然変異の一番目が，細胞分裂の「アクセルを踏む」ことであるとすれば，その二番目は，「ブレーキ

表 20.4　人の癌に関係する遺伝子

遺伝子	産物	がん
がん遺伝子		
成長因子あるいはそれらの受容体をコードする遺伝子		
erb-B	表皮成長因子の受容体	グリオブラストーマ（脳のがん）；乳がん
erb-B2	成長因子受容体（neuともよばれる遺伝子）	乳がん；卵巣がん；唾液腺がん
PDGF	血小板由来増殖因子	グリオーマ（脳のがん）
RET	成長因子受容体	甲状腺がん
細胞内シグナル経路における細胞質リレー因子をコードする遺伝子		
K-ras	タンパク質キナーゼ	肺がん；結腸がん；卵巣がん；膵臓がん
N-ras	タンパク質キナーゼ	白血病
成長促進遺伝子の転写を活性化に関わる転写因子をコードする遺伝子		
c-myc	転写因子	肺がん；乳がん；胃がん；白血病
L-myc	転写因子	肺がん
N-myc	転写因子	神経芽細胞腫（神経細胞のがん）
その他のタンパク質をコードする遺伝子		
bcl-2	細胞自殺を阻止するタンパク質	濾胞B細胞リンパ腫
bcl-1	細胞周期時計を刺激するサイクリンD1（PRAD1ともよばれる遺伝子）	乳がん；頭部および首のがん
MDM2p	53腫瘍抑制タンパク質のタンパク質アンタゴニスト	多様な肉腫（結合組織のがん）
がん抑制遺伝子		
細胞質タンパク質をコードする遺伝子		
APC	伝達経路のステップ	結腸がん；胃がん
DCP4	細胞分裂を阻害する伝達経路のリレー	膵臓がん
NF-1	細胞分裂促進タンパク質Rasの阻害因子	神経線維腫；骨髄性白血病
NF-2	Rasの阻害因子	髄膜腫（脳のがん）；シュワン細胞腫（末梢神経支持細胞のがん）
核タンパク質をコードする遺伝子		
MTS1	細胞周期時計を遅らせるp16タンパク質	広い範囲のがん
p53	G1チェックポイントで細胞分裂を停止させるp53タンパク質	広い範囲のがん
Rb	細胞周期の主たるブレーキとして作動するRbタンパク質	網膜芽細胞腫；乳がん；骨がん；膀胱がん
細胞局在が不明のタンパク質をコードする遺伝子		
BRCA1	?	乳がん；卵巣がん
BRCA2	?	乳がん
VHL	?	腎臓細胞がん

を外す」ことである．正常細胞では，細胞分裂はサイクリンのCdkへの結合を妨げるタンパク質によって止められている．このタンパク質をコードする遺伝子をがん抑制遺伝子（tumor-suppressor gene）とよぶ．突然変異を起した対立遺伝子は，遺伝的には劣性である．

最初に発見されたがん抑制遺伝子は，第11章で議論した*Rb*遺伝子であった．Rbの役割は転写因子E2Fに結合してその活性を阻止することである．転写因子E2Fは多くの細胞周期特異的遺伝子の発現に必要である．正常な細胞周期の過程では，サイクリン依存性キナーゼはRbをリン酸化する．リン酸化されたRbはE2Fに結合できないので，E2Fによる阻害が解除され細胞周期が進行する．

正常なRbの機能喪失は，細胞周期全体にわたる制御不能をもたらす（図20.14）．しかしこの制御が外れるのは正常な*Rb*遺伝子が二つとも失われた場合に限られる．このように，*Rb*のがん誘導突然変異は遺伝的には劣性である．

よく調べられているもう一つのがん抑制遺伝子は*p53*で，ヒトのがんの多くにおいて突然変異が起きている。*p53*の役割はG_1期とG_2期のあいだでのDNAの損傷を感知するシグナルの統合である（図20.15）。重大なDNA損傷が検出されると*p53*は損傷細胞を除去するためにアポトーシスを誘導する。*p53*の欠損は正常なら除去される突然変異の蓄積をもたらし，その結果がんの成長につながる形質転換を阻止できなくなる。喫煙のくり返しが容赦なく肺がんを発症させる理由の一つは，それが*p53*の突然変異を誘発するということである。事実，すべてのがんのほぼ半数に*p53*遺伝子の突然変異がかかわっている。

後成的な出来事とがん

染色質の構造と遺伝子発現の調節との関係も悪性の形質転換の発生に深いかかわりをもつ。第18章で議論したメチル化とヒストンの脱アセチル化の役割はがんにも関係する。哺乳類のDNAに見られるメチル化の大多数が，DNA配列上でグアニンをすぐ後ろにもつシトシンで起きる（CpG反復部位とよばれる）。ヒトではCpG反復のほとんどがメチル化されており，「CpGアイランド」とよばれるメチル化されていない部位では遺伝子が発現している。最近，CpGアイランドの過度のメチル化が多くのヒトのがんで観察されている。この過剰のメチル化ががんの結果か直接の原因かはまだ不明である。だが，重要ながん抑制遺伝子が過剰にメチル化されているらしいという発見は，この後成的な過程ががんの原因であるという主張を支持する。たとえ過剰のメチル化が発がんの引き金ではないとしても，がん細胞における異常なメチル化はさらにこの遺伝子を不活性化し，がん化を促進するであろう。こうして，がん抑制遺伝子を不活性化するしくみの一

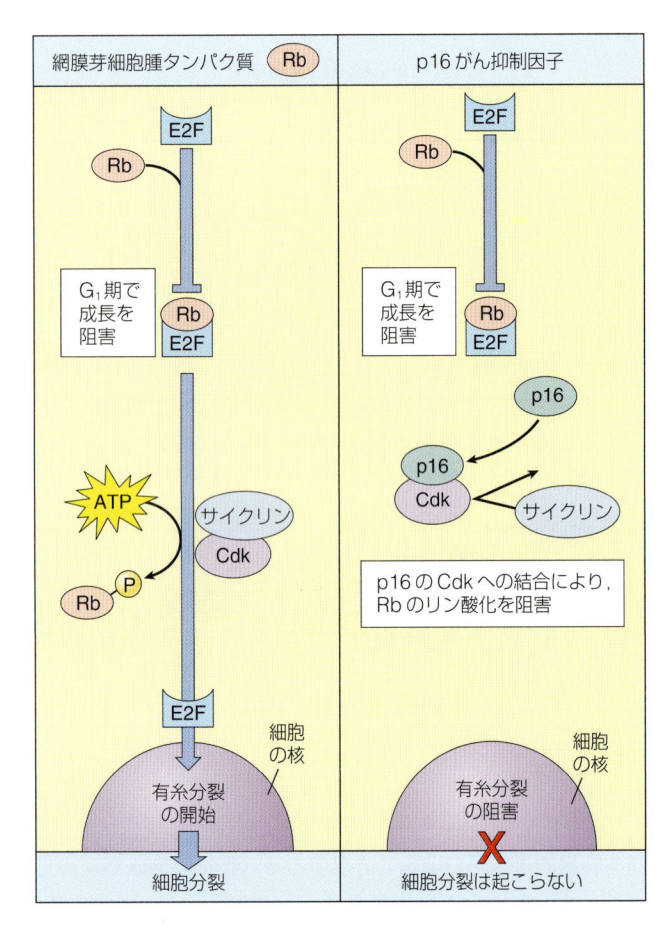

図 20.14
がん抑制遺伝子*Rb*と*p16*は，細胞分裂を制止するためにどのように相互作用するか。 網膜芽細胞腫タンパク質（Rb）は，核内で遺伝子を活性化する転写因子（E2F）に結合して有糸分裂がはじまらないようにする。Cdkがサイクリンと相互作用してRbがリン酸化されG_1チェックポイントを通過すると，E2Fは解放される。p16がん抑制タンパク質は，リン酸化されたRbが利用できないようにCdkに結合することによって，Rbの阻害作用を強化する。

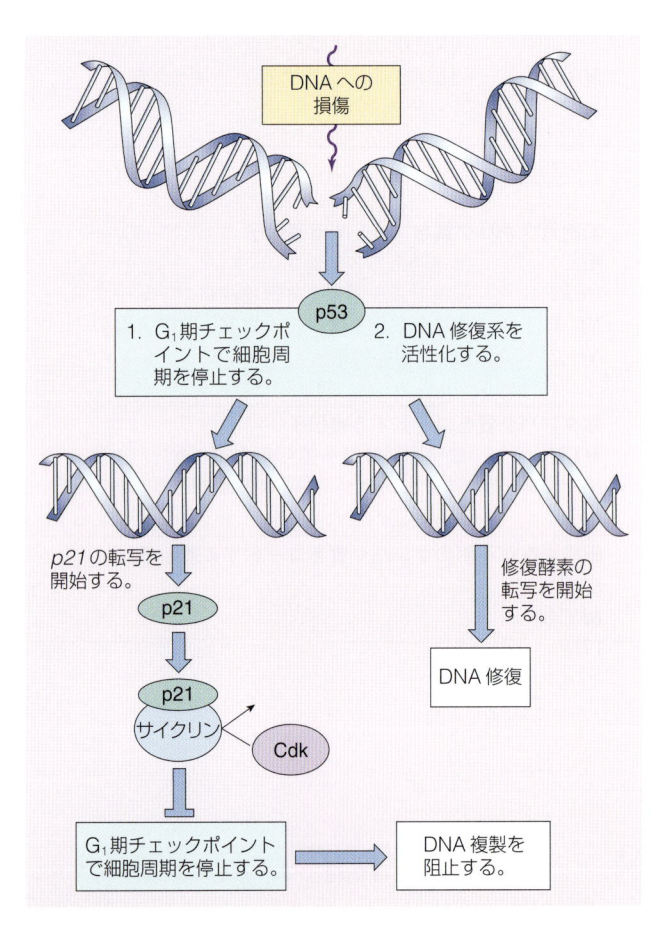

図 20.15
細胞周期の制御におけるがん抑制遺伝子*p53*の役割。 p53タンパク質はG_1チェックポイントで働き，DNAの損傷がないかを監視する。もしDNAが損傷を受けると，p53はDNA修復系を活性化しG_1チェックポイント（DNA複製の前）で細胞周期を止める。これによって修復のための時間ができる。p53は*p21*の転写を誘導して細胞周期を止める。p21タンパク質はサイクリンに結合しサイクリンがCdkと複合体を形成することを阻止する。

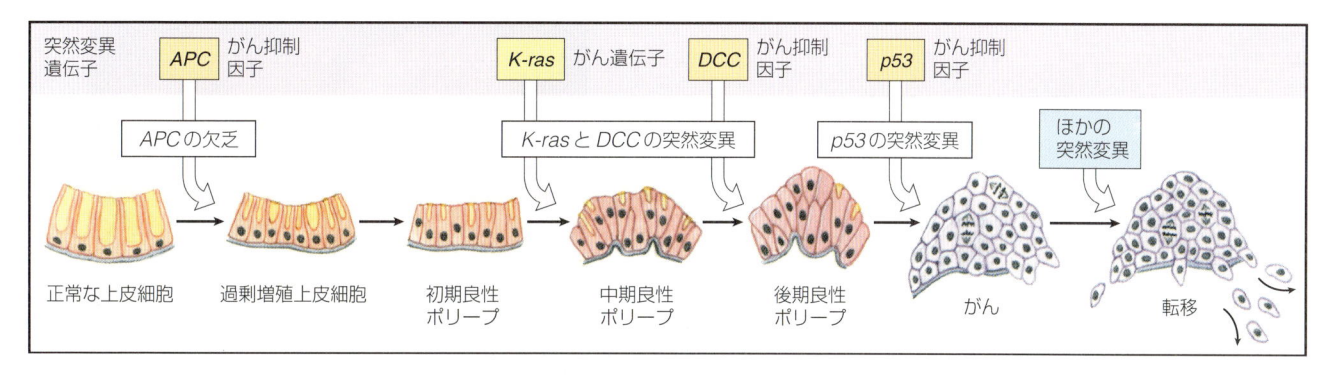

図 20.16
結腸直腸がんをもたらす突然変異の進行過程。 致命的な転移は直腸内面の上皮細胞で起こる六つの連続する変化の最終段階としてやってくる。これらの一つは原がん遺伝子の突然変異により生じ，三つはがん抑制遺伝子が不活性化される突然変異と関連する。

つとして，点突然変異，染色体の構造変化に加えて遺伝子発現の後成的な制御をあげることができる。

がんは複数の段階からなるプロセスである

細胞増殖はいくつかのチェックポイントで制御されている。発がんには，これらの制御すべての休止状態が必要である。そのため，ほとんどのがんの誘発に多く（通常4〜6個）の遺伝子の突然変異がかかわる（図20.16）。がんの研究に用いられる培養細胞系ではほとんどの制御がすでに休止状態にあり，一つまたは少数の遺伝子突然変異によって形質転換を起こしがんとして増殖する。いくつかの制御遺伝子の不活性化が必要であることは，たいていのがんが40歳以上の人に生じる理由を端的に説明している（図20.17）。年配の人には，多数の突然変異を蓄積するチャンスがそれだけ多かったのである。いまでは，潜在的にがんの原因となる遺伝子の突然変異を含めて，突然変異が時間とともに蓄積することは明らかである。1994年，がんをもたない63人の血液細胞を用いPCRによってあるがん関連遺伝子の突然変異を探したところ，60歳以上の人では，突然変異が20歳以下の人より13倍も多く起きていた。

がんは細胞増殖の制御が作動しない病気のことである。がんの成長は，ある場合には細胞周期を制御するタンパク質の不当な活性化によりはじまり，別の場合には，細胞分裂を抑えるタンパク質を不活性化することによりはじまる。

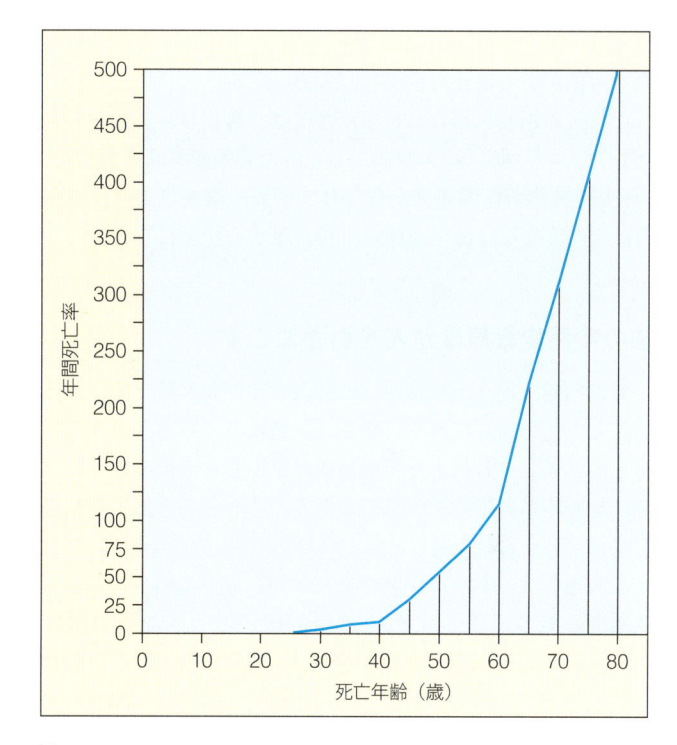

図 20.17
がんの年間死亡率は年齢とともに上昇する。 がんの死亡率は40歳以降に急激に増し，60歳以降にはさらに増加する。これはがんの発生にはいくつかの独立した突然変異の蓄積があるに違いないことを示唆している。

喫煙とがん

どうしたら，がんにかからずに済むだろう？ 明々白々な戦略は突然変異による障害を最小限にすることである。突然変異原への暴露は正常な遺伝子をがん遺伝子に突然変異させる可能性があるので，それを少なくすることならどのようなことでもがんの発生率を減らすことにつながる。ある物質の発がん性に対するもっとも信頼できる試験が，その物質の突然変異誘発能の測定であるのは偶然ではない。

喫煙は肺に突然変異を誘発する

アメリカにおけるがんの全症例の約3分の1は紙巻タバコによる。喫煙とがんの関係は肺がんで特に著しい（図20.18）。男性の喫煙者では，1日あたりの紙巻タバコの喫煙数と肺がんの発生率のあいだに高い正の相関がある（図20.19）。別の研究は，紙巻タバコの喫煙と平均余命の短縮とのあいだに明白な関係があることを示す（図20.20）。

これらの紙巻タバコから出た煙には，塩化ビニル，ベンツピレン，ニトロソ-n-ニコチンといった突然変異原を含めて，約3,000種類の化学成分が含まれている。喫煙により，これらの突然変異原は肺の組織に直接に接する状態になる。

肺の突然変異原はがんを引きおこす

肺の内側を覆う上皮細胞は，強力な突然変異原を肺に入れることで化学物質に直ちに曝され，遺伝子におおがかりな損傷を受ける。それによって突然変異を生じる遺伝子には，平時に細胞増殖を制御するものがある。これらの遺伝子が損傷を受け，肺がんになる。

この過程は，タバコが含むタールから煙中に出される強い突然変異原の一つ，ベンツピレン（BP）について証明されている。肺の上皮細胞はタバコの煙からBPを吸収し，ある化学的誘導体に変化させる。この誘導体，すなわちBP-ジオレポキシド（BPDE）が直接がん抑制遺伝子 $p53$ に結合し，不活性型に突然変異させる。$p53$ 遺伝子がコードするタンパク質は，第11章に記した細胞周期の G_1 チェックポイントを監視し，無秩序な細胞増殖を阻止する機構の一つである。肺の上皮細胞における $p53$ の破壊は，肺がんの発症を顕著に促進する。$p53$ は肺がんの70％以上で不活性型に突然変異している。調べてみると，$p53$ のがん細胞における突然変異のほとんどは三つの「ホットスポット」のうちの一つで起きている。紙巻タバコ由来のBPDEが原因で生じた $p53$ の突然変異が同じ三つの特異的な「ホットスポット」で起きるということは，がんが喫煙と関連するという重要な証拠である。

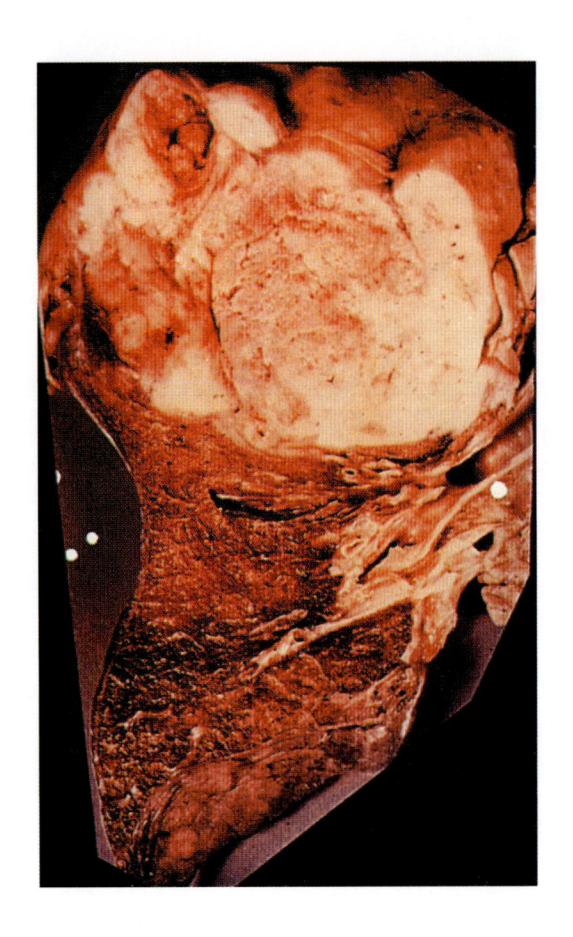

図 20.18
がん性のヒト肺の写真。 この肺の下半分は正常であるが，上半分はがん性の腫瘍により占められている。がん細胞は最終的にはリンパや血管に侵入して体全体に広がるであろう。

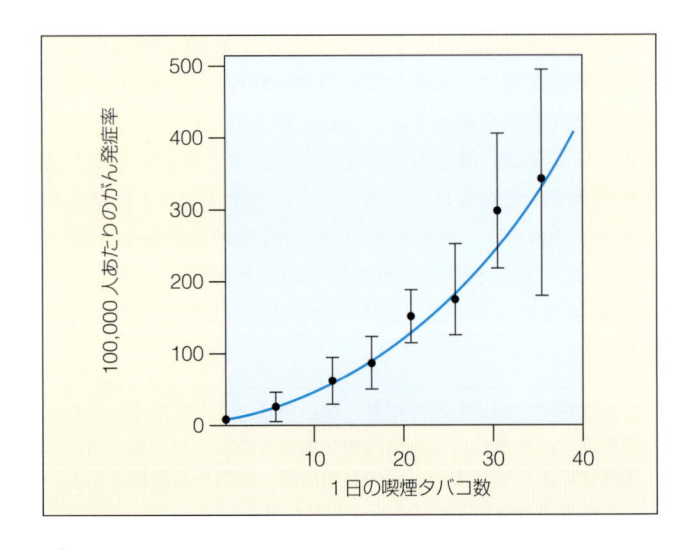

図 20.19
喫煙はがんの原因になる。 男性100,000人あたりの肺がんの年間発症率は1日あたりの喫煙タバコ数とともにはっきりと増加している。

がんの発症率は喫煙を反映する

喫煙とがんとのあいだの因果関係は証明できないという主張もあるが，図20.21に示されたデータを注意深く見ればこの主張に賛成できるかどうかわかる。図20.21の上図はアメリカ人男性の1900年から1990年までの喫煙と肺がんのデータを示す。1920年には肺がんはまれな病気であったが，喫煙率が増加しはじめた約20年後，肺がんもまた一般的になりはじめたのである。

図20.21の下図はアメリカ人女性のデータを示している。多くの社会習慣が変化する第二次世界大戦のあとまで，それまでの社会的慣習から大多数のアメリカ人女性は喫煙していなかった。1963年になると男性の肺がん発症率は現在のレベルに達しているが，女性では肺がんは依然としてまれな病気で，この年，アメリカではわずかに6,588人の女性が肺がんで死亡しただけであった。しかし，より多くの女性が喫煙するようになると，男性の場合と同様，約20年の遅れで多くの肺がんが女性にも発症するようになった。今日ではアメリカ人女性の吸う紙巻タバコの数は男性と同等になり，肺がんによる死亡率が男性の死亡率に近づいている。2002年には65,000人以上の女性が肺がんで死亡した。男性および女性喫煙者における現在の肺がんによる年死亡率は，100,000人あたり180人，すなわち，2人/喫煙者1000人/年である。

> がんにかからないもっとも簡単な方法は，突然変異原に身をさらすのを避けることである。長命のための単純でもっとも効果のある方法は喫煙しないことである。

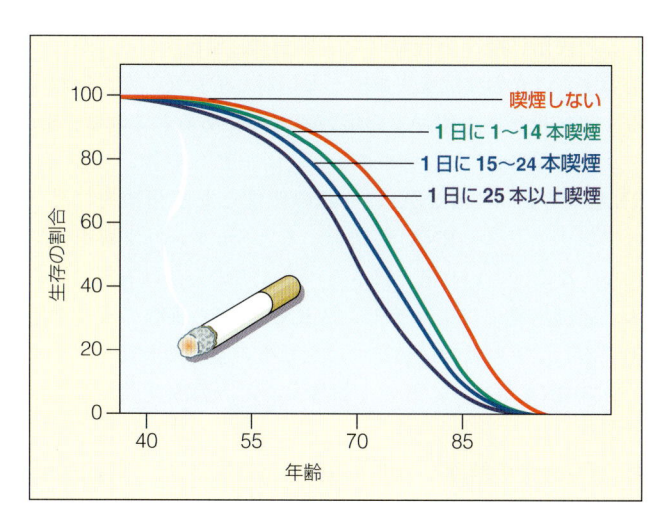

図 20.20
紙巻タバコは平均余命を減少させる。 1951年以来英国で行われている喫煙に関する世界最長の調査によれば，35～69歳までの男性では，1994年までに喫煙者の死亡率が非喫煙者の死亡率の3倍に増加したことが明らかになった。

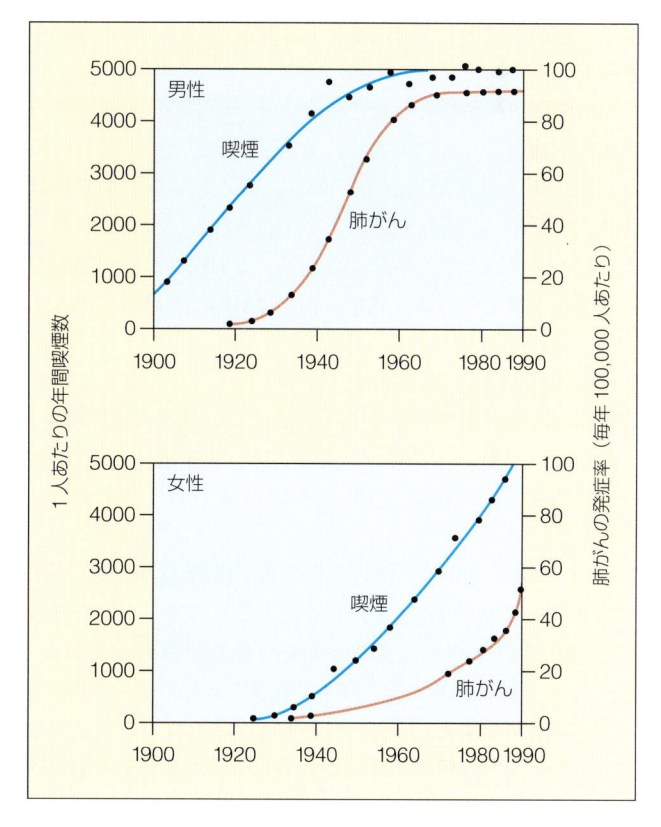

図 20.21
男性と女性における肺がんの発症率。 喫煙と肺がんの関係について，これらのグラフは何を示しているか？

がんの治療

最新の有力ながん治療法として開発されつつあるもの八つについてここで記載し，図20.22に示す。治療法のあるものは細胞内でがんの開始を阻止するように作用する。また，ほかの治療法はがん細胞の外で作用し，腫瘍の成長と転移を阻止しようとするものである。

がんの開始の阻止

有望ながん治療法の多くは，がんになる可能性のある細胞内での"分裂してもよいか？"という分裂決定過程に焦点をあてている。

1. 分裂のための信号の受容 決定過程の最初の段階は，「分裂」の信号，すなわち隣接する細胞から放出される成長因子という小さなタンパク質の受容である。成長因子は細胞表面のタンパク質受容体により受け取られる。細胞表面の受容体数を増加させる突然変異は分裂信号を増幅してがんを誘発することになる。たとえば，乳がんの20％強が上皮成長因子受容体と結合したHER2とよばれるタンパク質を過剰生産している。

この段階に照準を合わせた治療法は，がん細胞を攻撃する免疫系を利用したものである。遺伝子工学的につくられるモノクローナル抗体が治療薬である。モノクローナル抗体はHER2を探索して結合するように設計される。赤い旗を振るようにモノクローナル抗体の存在によりHER2をもつ細胞が免疫系の攻撃を受ける。乳がん細胞はHER2を過剰に生産するので選択的に殺される。最近承認された「ハーセプチン（herceptin）」とよばれるジェネンティック社のモノクローナル抗体が臨床試験で有望な結果を出した。ほかの試験では，上皮成長因子受容体に対するモノクローナル抗体C225が進行性の結腸がんの治療に効果を発揮し，その臨床試験がはじまった。

2. リレースイッチ 決定過程の第二段階は，細胞内，すなわち細胞質中への情報伝達にかかわるもので，正常な細胞では中継器の一つとしてRasタンパク質が機能している。EGFのような成長因子が受容体に結合すると，近くのRasタンパク質が形を変え，「活性化」される。この新たな形は化学的に活性をもち，核内に「分裂」情報を伝える一連の反応の引き金となる。Rasタンパク質の突然変異型は，分裂してはいけないときでも絶えず細胞に分裂の指示を出すべく，「オン」の状態であり続ける。がんの30％に突然変異型Rasが見つかる。

この段階に照準を合わせた治療法では，もともと正常なRasタンパク質は不活性であるということを利用する。"ファルネシルトランスフェラーゼ"という特別の酵素によって修飾を受けたあとでだけ，Rasタンパク質が中継器として機能できるようになるのである。動物実験では，ファルネシルトランスフェラーゼの阻害剤が腫瘍の退縮を引きおこし，新しい腫瘍の形成を妨げる。

3. 情報の増幅 決定過程の第三段階は，細胞質内の情報の増幅にかかわる。テレビ信号を遠方で受信するには増幅する必要があるように，「分裂」信号も細胞内で核に到達させるためには増幅しなければならない。なぜなら，それは分子の尺度で見ると非常に長い旅だからである。細胞は情報を増幅するために巧妙なしかけを用いる。Rasは「オン」のとき，タンパク質キナーゼという酵素を活性化する。このタンパク質キナーゼは，ほかのタンパク質キナーゼを活性化し，活性化されたキナーゼがさらにほかのキナーゼを活性化する。こうしてキナーゼによって活性化されるキナーゼはどれも同じようにふるまい，絶えず効果が増大するカスケードとしてさらに多くのものを活性化していく。中継の段階毎に情報は1,000倍に増幅される。タンパク質キナーゼのどれかを刺激する突然変異は，すでに増幅された情報を危険なまでに増大させて，がんへと導く。がんの5％に過度に活性化された突然変異のタンパク質キナーゼSrcが見つかる。

この段階に照準を合わせた治療法は，Srcあるいはがんを誘導するほかの突然変異キナーゼに対して特異的な，いわゆる「アンチセンスRNA」を用いるものである。これは，Srcタンパク質をつくるためのsrc遺伝子転写産物（「センス」RNA，すなわちmRNA）にそれの鏡像となる相補的コピー（「アンチセンス」RNA）が結合するとSrcタンパク質をつくれなくなる，という考えにもとづく。この方法は有望に見える。組織培養ではアンチセンスRNAはがん細胞の成長を阻害するし，実験動物に植えつけたヒトの腫瘍の成長をアンチセンスRNAが妨げるという報告もある。臨床試験が進行中である。

4. ブレーキの解除 決定過程の第四段階は，細胞が細胞分裂の抑制に使う「ブレーキ」を解除するというものである。正常細胞ではこのブレーキ，すなわちRbとよばれるがん抑制タンパク質がE2Fとよばれる転写因子タンパク質の活性を抑えている。E2Fが束縛されないとき，細胞はDNAを複製できる。正常な細胞分裂はRbの阻害がきっかけとなってはじまり，E2Fが解放される。Rbを破壊する突然変異によってE2Fの抑制が外れ，止むことのない細胞分裂が導かれる。欠陥のあるRbががんの40％に見つかっている。

この段階に照準を合わせた治療法がいまようやく試されようとしている。治療法としては，不活性なRbが原因で生じた腫瘍の成長を止めるE2F阻害薬物に焦点をあてている。E2F遺伝子が破壊されたマウスは，そのような薬物を研究するためのモデル系を提供している。

5. 準備完了の確認 決定過程の最終段階は，DNAに損傷がなく分裂の準備が整っていることを保証する細胞機構にかかわる。正常細胞では，この役目をDNAの健全さを点検するがん抑制タンパク質p53が行う。p53が損傷DNAや外来

DNAを検出すると，細胞分裂を止め，細胞のDNA修復系を活性化させる．もし損傷が妥当な時間内に修復されないと，p53は細胞を殺す反応を開始させる．こうしてがんの原因となるような突然変異を修復するか，あるいは突然変異のある細胞を排除することになる．もしp53自身が突然変異によって破壊されると，その後の損傷が修復されずに蓄積することになる．このような損傷ががんをもたらす突然変異の一つである．がんのほぼ50％で機能しないp53が見つかる．じつに肺がんの70〜80％に突然変異のある不活性なp53がある．タバコの煙に含まれる化学物質ベンツピレンは，p53の強力な突然変異原なのである．

アデノウイルス（軽い風邪の原因となる）を利用した将来有望な治療法は，突然変異p53をもつがんを標的としている．アデノウイルスは自らの遺伝子 *E1B* の産物を用いて宿主細胞のp53の働きを妨害し，宿主細胞内で自身のDNAの複製が可能になっている．このことは，突然変異により *E1B* をもたないアデノウイルスは正常細胞では成長できないが，欠陥のあるp53をもつがん細胞では確実に成長できがん細胞を破壊することができるということを意味する．そこでヒトの結腸がんと肺がんの細胞を免疫系欠失マウスに導入して実質的な腫瘍をつくらせ，*E1B* 欠損アデノウイルスで処理すると，じつに腫瘍の60％が消失しその後も再出現することはない．最初の臨床試験の開始がたいへん待たれる．

6. アクセルを踏むこと 細胞分裂はDNAの複製から始まる．正常細胞では，もう一つのがん抑制因子がテロメラーゼという酵素の生産を阻害することにより，DNA合成に対して「燃料タンクをほとんど空にさせる」効果をもつ．この酵素がなければ，細胞はテロメアとよばれる染色体成分をその先端から失う．染色体の複製ごとにさらに先端の染色体成分が失われ，約30回の分裂後にはもはや複製できないほどになる．成人の組織細胞は典型的には25回あるいはそれより多くの分裂を行う．がん細胞はそれほど多く分裂することができず，せいぜい残りの5回の分裂を行うだけである．そのような理由から，テロメラーゼの阻害ががんの増殖のたいへん効果的な自然のブレーキとなる．ほとんどすべてのがんにテロメラーゼ阻害因子を破壊する突然変異が関与しており，このブレーキが外れるとがんができる．この阻害を再び作動させることでがんを阻止できるはずである．テロメラーゼの働きを阻害するというがん治療の臨床試験ははじまったところである．

がんの広がりの予防

7. 腫瘍成長 細胞が一度がん性の成長をはじめると，肥大していく腫瘍を形成する．腫瘍はより大きくなるにつれて，血液から得られる養分と栄養の供給をますます要求するようになる．腫瘍は必要な養分の取得を容易にするために，血管新生，すなわち小さな血管の形成を促す物質を周囲の組

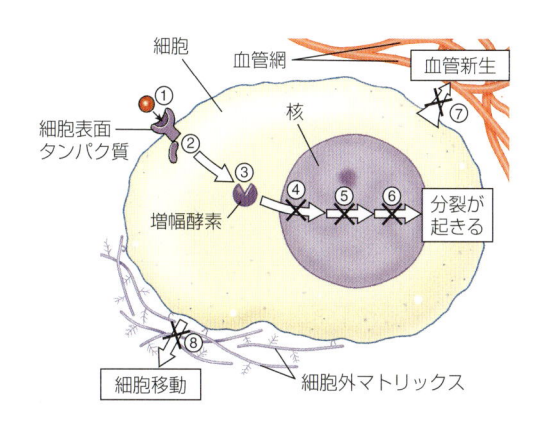

図20.22
がん治療の標的． 新しい分子治療が標的にしているがん化過程の八つのステージ．(1) 細胞表面で，成長因子は細胞に分裂するように信号を送る．(2) 細胞のすぐ内側でタンパク質リレーのスイッチが分裂の信号を伝える．(3) 細胞質で酵素は信号を増幅する．核で (4) DNAの複製を抑制している"ブレーキ"が解除され，(5) タンパク質が複製されたDNAが損傷を受けていないことを確認し，(6) ほかのタンパク質はDNAが複製できるように染色体の両端を復元する．(7) 新しい腫瘍は血管新生，すなわち成長を促進する血管の形成を促す．(8) あるがん細胞は細胞外マトリックスを破壊して離脱し体のほかの部位に浸潤する．

織に漏出する．この過程を阻害する化学物質は血管新生阻害物質とよばれる．マウスでは，アンギオスタチンとエンドスタチンという二つの血管新生阻害物質が腫瘍を顕微鏡でなければ見えないサイズにまで退縮させた．この画期的な結果は論議の的となったが，人を用いた最初の試験は見込みがありそうである．

8. 転移 もしがん性の腫瘍が生じたところに止まって成長し続けるだけなのであれば，多くのものは外科的に除去できるし，ほとんど致命的となることはない．不幸にも，多くのがん性の腫瘍が最終的には転移する．すなわち，個々のがん細胞はつなぎ止められている場所を壊し細胞外マトリックスに侵入して体のほかの場所へと広がっていき，そこで2次的腫瘍の形成を開始する．この過程にかかわる分子として，(1) 細胞とマトリックスの結合を切断する金属要求性のタンパク質分解酵素，(2) 数種の非がん性細胞で細胞の移動を促進するフィブロネクチンのような細胞外マトリックス構成成分，(3) 必要とするGTPを供給して細胞移動を促進するGTP加水分解酵素 RhoC があげられる．これらのすべての成分が転移には必要であり，将来の対がん治療の有望な標的となる．

ここに記載した療法は，開発と臨床試験の最中であり今後に可能性のある治療法のほんの一部である．臨床試験は完了までに数年を要するが，これからの10年間でがんが治療可能な病気になると期待される．

突然変異がどのようにしてがんをつくるかということに対する私たちの理解は進み，将来の有望で可能性のある治療法について検証するという段階にまできた．

20.4 動物の生殖クローニングは以前は不可能と考えられたが，いまやそうではない

クローニングへの挑戦

　遺伝子工学が約束する成果は，期待された医学の一分野—生殖— にはほとんどもたらされなかった。家畜のクローン化で驚くべき進展があり，この状況はいまや変わりつつある。家畜の改良に遺伝子工学を用いることの難しさは得られる動物の数の少なさにある。遺伝的に改良された動物の繁殖では，性的に成熟するまでに時間がかかる。理想的には望ましい系統をそのまま複製したコピーをたくさん得たいのだが，成体の動物からクローン化することはできない —— いや，できる？ かつては不可能とされていたが，いまや可能になっている。

Wilmutのヒツジ

　成体の細胞を用いてクローンをつくるという初期の試みは失敗に終わっていたが，家畜を使って細胞周期を研究していたスコットランドの遺伝学者Keith Campbellが重要な進展を成し遂げた。Campbellは「おそらく卵とドナーの核は細胞周期の同じステージにある必要がある」と推論した。これが重要なことが証明された。1994年にNeil Firstが，そして1995年には生殖生物学者Ian Wilmutと共同研究していたCampbell自身が，細胞周期のG_1チェックポイントの初期に休止するように細胞を飢餓状態におき，発生の進んだ胚から家畜動物をクローン化することに成功した。飢餓状態におくことによって，細胞周期の同じ時点で同調した細胞核を用いたのが成功の鍵だったのである。

　Wilmutは，その後，重要な難問，すなわち59年前にSpemannが提唱して以来解決できないでいた実験に挑んだ。彼は，除核卵に分化した成体細胞の核を移して胚を成長させ，代理母の体内で健康な動物をつくりたいと考えた。

　彼は6歳のヒツジから乳腺細胞を取りだした（図20.23）。（このクローンはカントリー歌手Dolly Partonにちなみドリーと名づけられた。）培養によって細胞を成長させ，一部の細胞を，将来つくるクローンの遺伝的同定に使えるように凍結した。

　クローン化に備えて，Wilmutのチームはヒツジの乳腺細胞の培地の血清濃度を下げて5日間生存させた。それと平行してほかの雌ヒツジから得られた卵から微量ピペットを用いて核を注意深く除いた。

　次に，乳腺細胞を卵細胞を含む被膜層内部に挿入し外科的に乳腺細胞と卵細胞を接触させて，電気ショックを与えた。このトリックで，二つの細胞を囲む細胞膜を漏れやすくし乳腺細胞の核を含む内容物が卵細胞に入るようにした。またこのショックにより細胞周期が活性化され細胞分裂がはじまった。

　6日後に，試みた277個のうち30個の分裂胚が中空の胞胚期に達し，そのうちの29個が代理母のヒツジに移植された。おおよそ5か月後の1997年7月5日に1頭のヒツジが子ヒツジを産んだ。こうしてドリーは分化した動物細胞からつくられた初めてのクローンとなった。

　十分に分化したヒツジ細胞からクローンをつくるというWilmutの成功は，遺伝子工学の分野で画期的な出来事である。低い成功率（1/277）とはいえ，成体の動物細胞からクローン化が可能であるという重要事項を確立したのである。その後の数年で研究者はクローン化の効率を大きく向上させることに成功したが，残念ながら以下でわかるように，クローン動物ではしばしば問題が生じる。

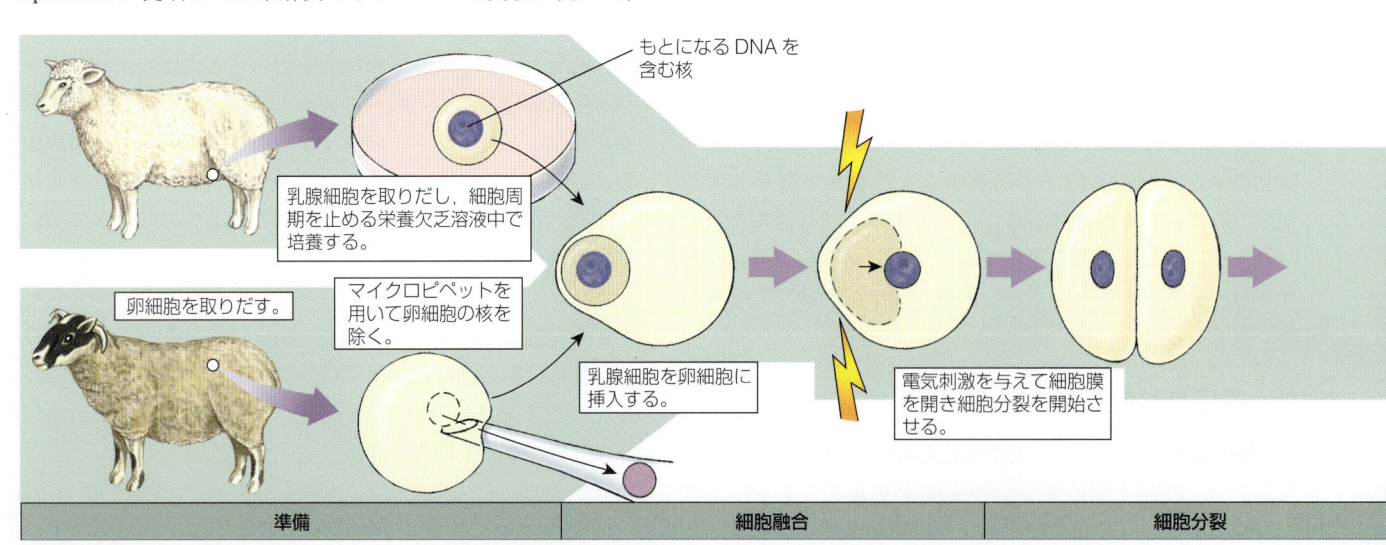

図 20.23
Wilmutの動物クローン実験。 Wilmutは乳腺細胞由来の核を除核卵細胞と合わせて，ドリーと名づけたヒツジのクローン化に成功した。このヒツジは正常な成体に成長し，健康な子を出産した後2003年に肺の病気で死んだ。

生殖クローニングの問題

1997年のドリーの誕生以来，ヒツジ，マウス，ウシ，ヤギ，そしてブタでクローン化に成功した。しかし，移植された胚のうち，ほんのわずかしか妊娠期間を生き延びることができず，ほとんどのものは妊娠後期に死ぬ。出生まで生き延びたものでも通常はその後まもなく死ぬ。多くは，体のサイズが大きくなるlarge offspring syndromeを呈する。

誕生したクローン動物が幼年期に達すると，成長につれて予期せぬ狂いが出てくる傾向が見られ，不安定な前途に直面するのである。

遺伝的刷り込みの重要性

何がおかしくなるのか？　ヒトの卵と精子が成熟するとき，それらのDNAが女親あるいは男親によって条件づけられることがわかっており，この過程はリプログラミングとよばれている。DNAに化学的変化が起こり，それが原因となってDNA配列には変化がなくても特定の遺伝子の発現が変わる。

ドリーから数年のうちにリプログラミングについて多くのことがわかってきた。それは"遺伝的刷り込み"とよばれる過程で起こるようである。詳細は複雑であるが，遺伝的刷り込みの基本的メカニズムは単純である。

本と同じで，遺伝子は読まれなければ何にもならない。遺伝的刷り込みが起こると，細胞はある遺伝子を読む能力を失う。シトシンのいくつかにメチル基が付加するメチル化が起こると，その遺伝子を"読む"ことになっている合成酵素タンパク質はもはや認識できず，遺伝子は停止状態になる。

遺伝的刷り込みは，遺伝子を「オン」の位置で動けなくして，つねに活性化された状態にもする。この過程でもメチル化が使われる。この場合には，しかしながら，妨げられるのはその遺伝子ではない。むしろ普段はその遺伝子が読まれないようにしているあるDNA配列が妨害される。

なぜクローン化はうまくいかないのか

ヒトの正常な発生は正確な遺伝的刷り込みに依存する。成人の生殖組織で行われるこの化学的なDNAのリプログラミングは，精子では数か月，卵では数年かかって起こる。

対照的に，クローン化では供与DNAのリプログラミングが2，3分以内に起きなければならない。供与体の核をあらかじめ除核した卵に加えると，再構成された卵は数分以内に分裂しはじめ，新しい個体をつくり上げる過程を開始する。

クローン化がうまくいかないのは，リプログラミングをきちんとするためにはこの数分では不十分だという単純な理由による。たとえば，スコットランドのRoslin研究所（ドリーの誕生の地）のLorraine Youngは，2001年にlarge offspring syndromeにかかったヒツジは，多くの遺伝子がきちんとメチル化されていなかったと報告した。

ヒトのクローン化が現実のものとなるのは，われわれの体のなかで精子や卵のDNAに起きていると同じように供与体の核をリプログラムする方法を把握してからであろう。このリプログラミングは，供与体の核を除核卵に加えたあとに細胞分裂の開始を遅らせる方法を見いだすのと同じように容易かもしれないし，もっとはるかに複雑な過程であるかも知れない。

最近の実験によって，分化した哺乳類組織をクローン化できる可能性が示された。成体組織からの生殖クローニングは，核供与体の遺伝子の条件づけを正しく行う方法がないためにうまくいかないことが多い。

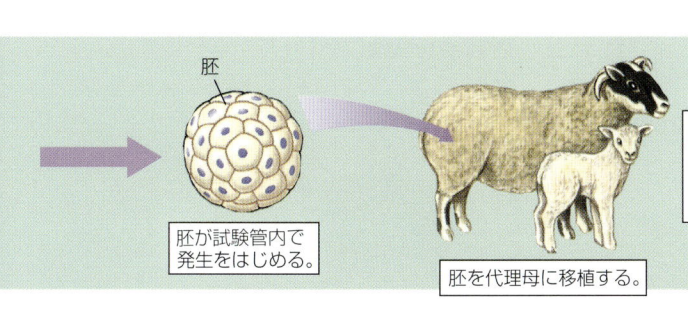

20.5 治療クローニングは将来性があるが，議論の余地もある

幹細胞

胚性幹細胞

　1981年に，マウスで幹細胞が多能性であることが初めて発見された。すなわち，成体の動物を含む体のいかなる組織も形成できる能力をもつことがわかった。この発見が幹細胞研究の新しい時代をスタートさせたのである。多年にわたる失敗のあと，1998年にウィスコンシン大学のJames Thomsonによってヒト胚性幹細胞が単離された。

　胚性幹細胞とはどんな細胞であるのか？　ヒトの一生がはじまるとき，精子と卵は合体し，子供となる単一の細胞が生じる。その細胞は分裂を開始し，4，5日あとには胚盤胞とよばれる数百の細胞でできた小さな球形の固まりができる。下巻第51章で紹介されるように，胚盤胞は，胎盤になることが決まっている外層の保護細胞層と，それに取り囲まれ**胚性幹細胞**（embryonic stem cell）となる内部細胞塊からなる（図20.24）。胚性幹細胞は各々が，健康な1個体に発生することを保証する一揃いの遺伝子を備えている。たとえば，ウシの繁殖では，これらの細胞の核は，繁殖家によって頻繁に単離され，有益な子孫の多数のクローンをつくるために用いられる。

　胚性幹細胞はどのような組織にも発生できるので，傷害を受けた組織，たとえば筋肉や神経などの修復に，大きな可能性を与えるものである（図20.25）。マウスを用いて次のような実験がすでに行われている。胚性幹細胞から心臓の筋肉細胞がつくられ，個体のマウスの心臓組織に組み込むことに成功している。この結果は，心臓病の発作で傷害を受けた心筋を幹細胞を用いて治療できることを示唆している。別の実験では，脳でパーキンソン病の原因となるドーパミン産生ニュ

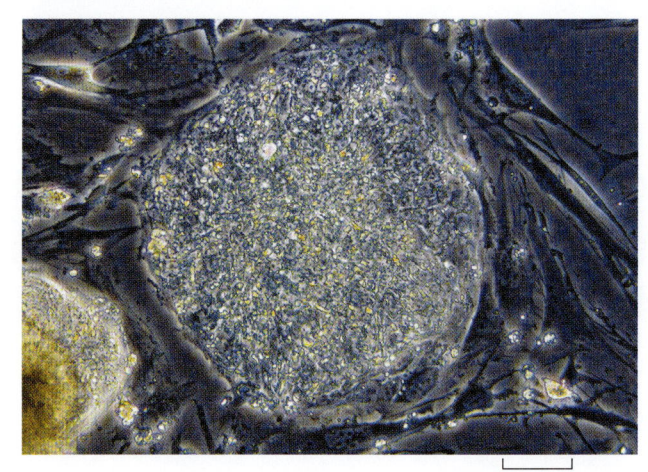

図 20.24
ヒト胚性幹細胞（20×）。　6日目の胚盤胞から取り出された幹細胞を，培養条件下で無限に生存させることができる。中央のかたまりは繊維芽細胞（細長い細胞）に取り囲まれた未分化のヒト胚性幹細胞のコロニーである。繊維芽細胞はフィーダー層として用いられている。

ーロンの減少を，あるいは若年性の糖尿病の発症に結びつく膵臓のランゲルハンス島細胞の欠損をも，胚性幹細胞で置き換えることに成功している。

　マウスにおける実験から，傷害や組織の欠損を含むさまざまなヒトの病気を治療するうえで，胚性幹細胞による治療は大きな将来性をもつことが示唆される。しかし，この研究については，かなりの議論の余地がある。というのは，生殖医療の医療機関においては，体外受精により母親の子宮に着床させる数を超えるヒト胚が余分につくられ，そこで廃棄され

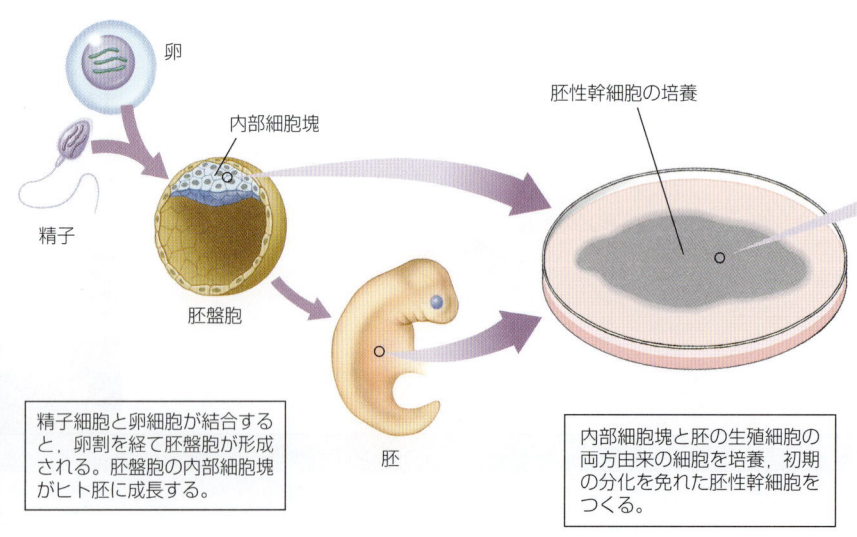

図 20.25
胚性幹細胞を用いて傷害を受けた組織を回復させる。　胚性幹細胞は体のいかなる組織にも分化することができる。組織を成長させ，成体において傷害を受けた組織，たとえば脳梗塞の患者の脳細胞，心筋や脊髄神経などを修復するために用いる方法が開発されつつある。

精子細胞と卵細胞が結合すると，卵割を経て胚盤胞が形成される。胚盤胞の内部細胞塊がヒト胚に成長する。

内部細胞塊と胚の生殖細胞の両方由来の細胞を培養，初期の分化を免れた胚性幹細胞をつくる。

る胚から胚性幹細胞が単離されるのが普通だからである。このような状況は，生命は受精時にはじまると考える人々のなかに大きな倫理的疑問を巻きおこしている。

　二番目の重大な問題は，欠陥があったり失われた組織を置き換えるために胚性幹細胞を用いることと関係がある。これまでに紹介してきた成功例はすべて免疫機構を不活性化したマウスで実施されたものである。もし，そこで使われたマウスが十分に機能する免疫機構をもっていたならば，移植された胚性幹細胞はほぼ間違いなく異物として拒絶されていただろう。幹細胞治療がヒトにおいて実用化されるには，この問題を解決する必要がある。

組織特異的な成人幹細胞

　胎児由来の幹細胞を使用することに伴い出現した倫理的な問題を払拭できそうな実験成果が出はじめている。ここで，脊椎動物の発生のしくみに立ち戻ってみよう。幹細胞は，それぞれ異なる発生の道筋をたどりはじめる。ある幹細胞は神経組織を形成するように運命づけられ，この決定がなされて以後はほかのいかなる種類の細胞を形成することもできなくなる。そのとき，この幹細胞は神経幹細胞とよばれるのである。ほかの胚性幹細胞は血液をつくるように特殊化し，さらにほかの胚性幹細胞は筋肉をつくるように特殊化していく。それぞれの組織の本体は，各組織独自の**組織特異的幹細胞**(tissue-specific stem cell)によってつくられるのである。これに重要なポイントがある：すなわち，このような組織特異的な幹細胞は発生が進行しても，大人になってさえも存在し続けるのである。それならば胚性幹細胞ではなく，成人の組織特異的幹細胞を利用しない手はないだろう。

移植された組織特異的幹細胞は
マウスの多発性硬化症を治す

　ハーバード大医学部のEvan Snyder博士による画期的な1999年の実験は，組織特異的幹細胞により失われた脳組織が回復できることを示した。彼と共同研究者たちは，**多発性硬化症**(MS)と類似の症状をもつ新生児マウスの脳に，神経幹細胞（神経系のいかなる種類の細胞にも分化できる，胚性幹細胞に直接由来する細胞）を注入した。これらのマウスでは，シグナルを伝える神経の周囲を取り囲むミエリンでできた絶縁層をつくる細胞が欠損している。注入された細胞は脳内を移動し，その欠損する細胞種に自分自身を変化させることができたのである。こうして，その新しい細胞は，欠損していた神経細胞を取り囲む絶縁層になることにより病気の破壊的な症状を回復したのである。治療を受けたマウスの多くは十分な回復をとげた。少なくともマウスにおいては，組織特異的幹細胞は多発性硬化症の治療に使えるのである。

　このアプローチはまさに簡潔明瞭に思えるし，ヒトにも応用できるはずである。事実，血液幹細胞は，治療によって骨髄が破壊されたがん患者の骨髄を補充するために既に普通に利用されている。この手法をほかの組織特異的幹細胞にも広げるにあたって問題なのは，必要となる組織特異的幹細胞を見いだすことがつねに可能ではないことである。

ヒト胚性幹細胞は，傷害を受けたり欠損した組織を置き換えるという治療法に可能性を与えるが，その適用に関しては議論の余地がある。一方，組織特異的幹細胞の移植は上記の目的や現在治療できない多くの病気の治療をも可能にし，さらに胚性幹細胞の使用にあたり障害となる倫理的な問題も回避できる。

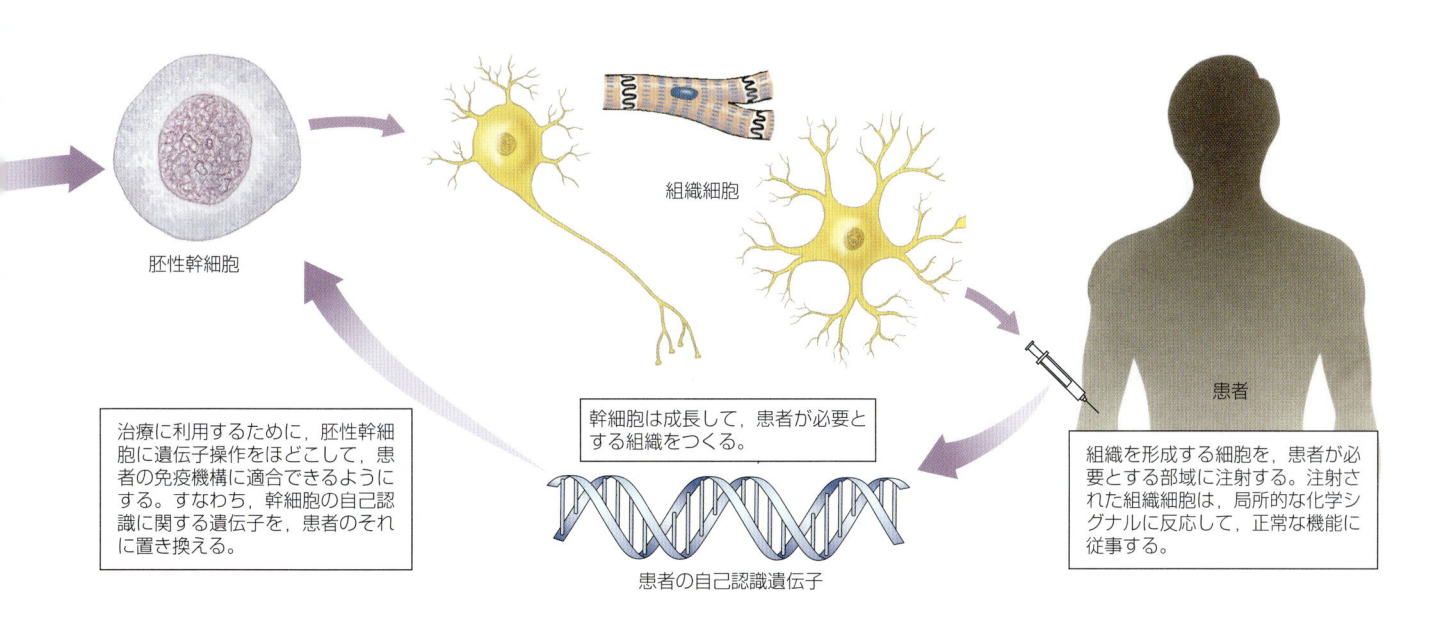

胚性幹細胞

治療に利用するために，胚性幹細胞に遺伝子操作をほどこして，患者の免疫機構に適合できるようにする。すなわち，幹細胞の自己認識に関する遺伝子を，患者のそれに置き換える。

組織細胞

幹細胞は成長して，患者が必要とする組織をつくる。

患者の自己認識遺伝子

患者

組織を形成する細胞を，患者が必要とする部域に注射する。注射された組織細胞は，局所的な化学シグナルに反応して，正常な機能に従事する。

治療クローニング

外科的に胚性幹細胞を移植することにより，マウスの傷害のある組織を修復するというすばらしい偉業は成し遂げられた。この方法の基本は，傷害のある領域に外科的に胚幹細胞を移植し，移植域において幹細胞が健康な細胞を形成することである。マウス心筋に移植された幹細胞は心筋細胞になり，心筋梗塞で死んだ細胞に置き換わる。脳に移植された幹細胞は神経細胞を形成した。この結果は，脊髄の損傷を治療するために将来は胚性幹細胞を利用するようになるという希望を与えてくれる。マウスの胚性幹細胞は誘導を受けてインスリンを分泌する膵臓細胞になったが，その新しい細胞は正常細胞のおおよそ2％しかインスリンを合成しないので，今後改良すべきことは多数ある。しかし，胚性幹細胞の移植による1型糖尿病治療への道筋がつけられたことは確かである。

幹細胞研究における前述の進歩はすばらしい成果ではあるが，すべてが免疫系が機能しないマウスの系統を用いて行われた実験であることが問題である。実験では，マウスに移植された幹細胞は異物として排除されることを免れている。正常の免疫機構をもったヒトは，幹細胞を移植されればそれがほかの個体に由来するという理由で当然拒絶することになる。

2001年の初めにロックフェラー大学の研究チームが，このきわめてやっかいな問題を回避する方法を報告した。はじめに彼らは皮膚細胞を単離し，ついでドリーを作出したのと同じ方法を用いてこれらの細胞から胚を作出した。皮膚細胞から核をとりだし，前もって核を取り除いてあった卵細胞にその核を挿入した。皮膚細胞の核をもった卵を120細胞の胚になるまで成長させた後，胚を壊し，その胚由来の細胞を傷害のある組織に移植する胚性幹細胞として利用した。

彼らが**治療クローニング**(therapeutic cloning)と名づけたこの方法を用いて，マウスから採取した細胞を脳内でパーキンソン病により欠損しているドーパミン産生細胞にすることに成功したのである（図20.26）。

治療クローニングは，幹細胞が心筋梗塞，神経の損傷，糖尿病やパーキンソン病によって傷害を受けたヒトの組織を修復するために利用される前に解決されなければならない重要な問題，すなわち免疫寛容の問題にうまく応えられるものである。幹細胞は治療を受ける患者自身の体細胞からクローン化されるので，作出される細胞は宿主の免疫系の「自己」チェック機構をパスして容易に受容されることになる。

しかしながら，二つの重要な問題が解決されずに残っている。第一に，適当な遺伝的刷り込みをする方法を発見する必要がある。第二に，卵の分裂装置を維持する方法を知らなければならない。2001年11月に，成人の皮膚細胞を用いてヒト胚のクローン化に初めて部分的に成功したときは，クローン化された細胞は長くは生存できず，幹細胞を作成することはできなかった。実際，これまで霊長類の細胞のクローン化には成功していない。最初の段階から細胞分裂が正しく起こらない。なぜか？ 卵のなかで，染色体は紡錘体形成時に分子モーターとして働くタンパク質をもっている。ヒトやその他の霊長類ではこれらのタンパク質が染色体に固く結合しているので，クローン化の最初のステップである除核時にDNA

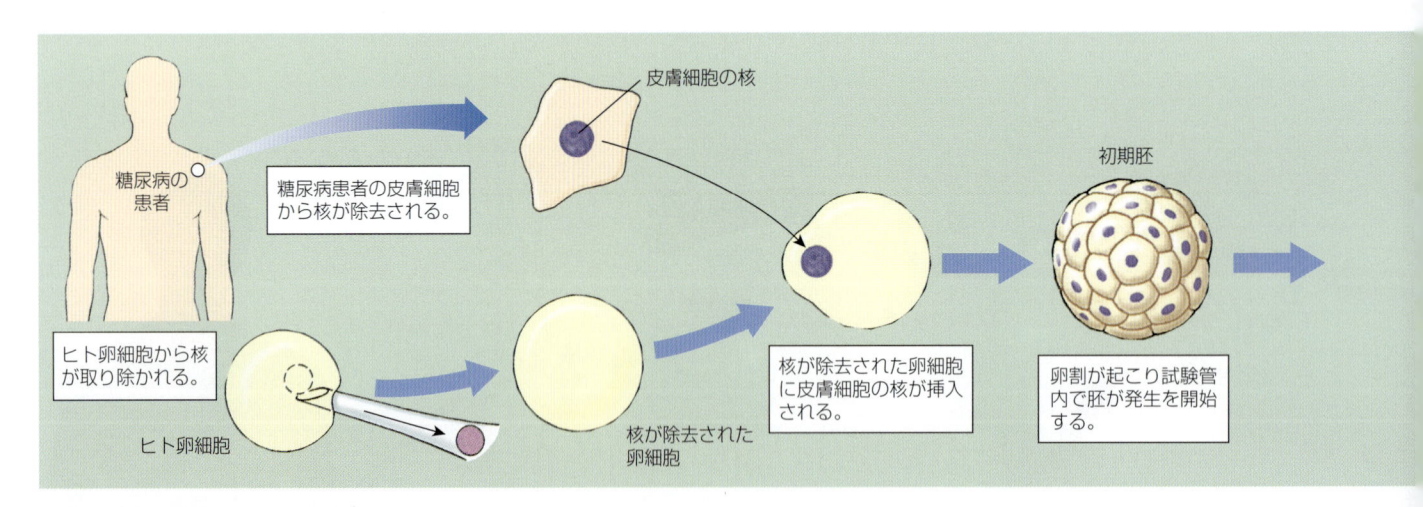

図 20.26
ヒト胚の治療クローニングへの利用計画。 治療クローニングは胚盤胞期までは，生殖DNAクローニングと同じである。それ以後治療クローニングでは，胚を破壊し，胚性幹細胞を取りだして培養し，DNAを供給したヒトの体に戻す。それとは対照的に，生殖クローニングでは，クローン羊ドリーを生みだしたように胚を着床させ，代理母の体内で分娩まで成長させる。ヒト細胞は，この図で示されている治療クローニングのために幹細胞を採取しようとして失敗した試みの際に，2001年11月に初めてクローン化された。

と一緒にこれらのタンパク質も除去されてしまい，正常な胚盤胞形成の希望は断たれてしまうのである。

ヒトの治療クローニングによって生じる倫理上の問題は，幹細胞が胚から作出されるのでなければ回避できるであろう。たとえば，成体のどこかから多能な幹細胞を見いだすことが可能であると想像してみよう。2001年に，研究者たちはマウスの骨髄のなかにそのような細胞を発見したと主張している。彼らは，マウスの骨髄から採取した幹細胞1個を骨髄を破壊してある個体の骨髄に移植した。11か月後，最初の幹細胞の子孫となる細胞は体中に移動し，新たに骨，血液，肺，食道，胃，腸，肝臓や皮膚細胞になっていた（図20.27）。骨髄の幹細胞は，長いあいだ探し求めてきた成人幹細胞の特性をもっていると考えられる。現時点でも多くの研究室でこの予備的結果を再現しようと試みているところである。

> 治療クローニングは，核移植術を用いて患者の組織から胚盤胞を形成させ，ついでこの胚性幹細胞で，患者の傷害を受けたり欠損している組織を置き換えるものである。

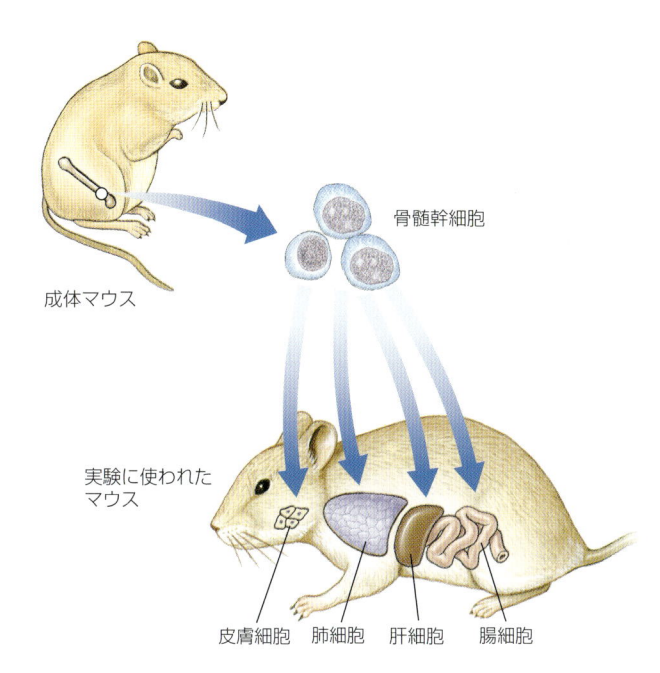

図 20.27
多能性幹細胞。 2001年5月にマウスの骨髄細胞からとられた1個の細胞が，実験用マウスの肺，肝臓，腸や皮膚で機能的細胞に分化したと報告されている。

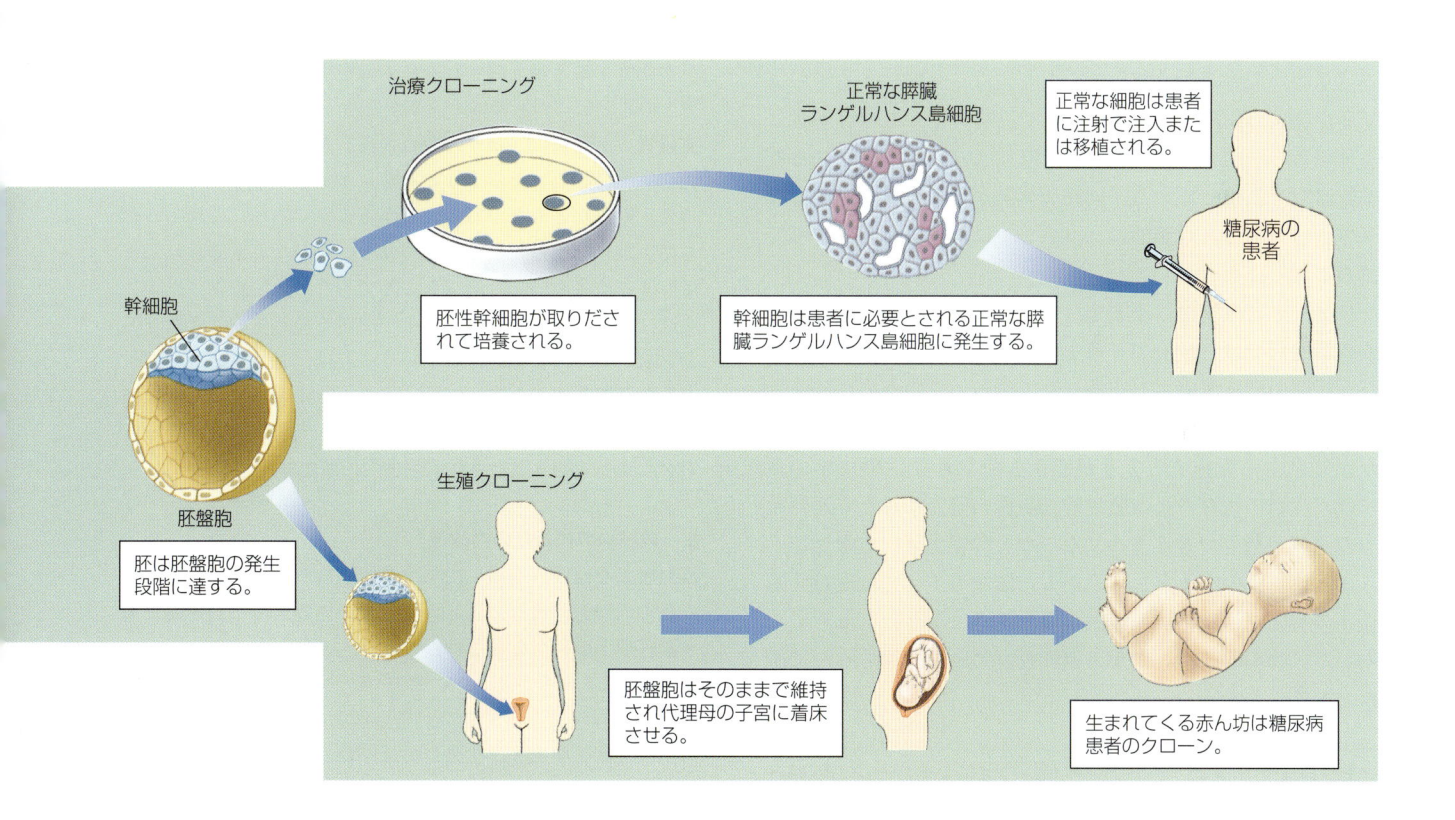

20.5 治療クローニングは将来性があるが，議論の余地もある

幹細胞研究と倫理問題

　ヒト胚性幹細胞は，体のいかなる組織にもなりうる可能性をもち，広範な病気の治療に対してはかり知れない将来性をもっている。ヒト胚性幹細胞を単離し，培養を維持するのは非常に難しいが，6日目の胚盤胞の内部細胞塊から既に数十の系統の樹立に成功している。重要なのは，幹細胞がどの組織になるのか決定される過程がはじまる以前の早い時期に細胞を単離することである。胚盤胞は，不妊のカップルが体外受精の治療を受ける過程で余剰の胚が日常的に作出されている生殖医療機関から得られる。

　しかしながら，胚性幹細胞を得るにはその過程で初期胚を破壊することになる。そのため，幹細胞研究は大きな倫理的問題を引きおこしているのである。ヒトの生命はいつはじまるのかという永遠の疑問は，ヒトの胚が故意に破壊されるときには避けることができない。6日目のヒト胚の倫理上の位置づけはなにか？ 科学的知識と道徳的な感情のあいだの緊張を解きほぐすには，宗教，哲学および文化のあらゆる面からの論議が必要なのだろうか？ 表20.5に議論されるべき問題の一覧を示してある。

　現代の医科学研究に多大の資金提供をしている政府が，この議論に巻き込まれるのは驚くべきことでない。英国では，生殖クローニングは禁止されているが，幹細胞研究や臨床的に有用な幹細胞を作出する治療クローニングは認められている。研究は政府によって財政支援を受けているので，すべての研究が政府のさまざまな監視委員会による倫理的観点からの注意深い監督を受けている。たとえば，英国ヒト受精および発生機関（HFFA）は国会に対して説明責任をもつ科学者と倫理学者の一団であり，彼らは政府により財政支援される幹細胞研究を監視している。同様な機関が日本やフランスで設立されつつある。対照的に，ドイツでは幹細胞研究はすべて認められていない。

　アメリカ合衆国は，不安定な状況にある。アメリカにおける幹細胞研究は，政府の予算を使わず倫理上の監視をもうけない民間の研究所で主に実施されている。このためにアメリカの研究者は，民間の予算を使う限り，彼らの望むところをかなり自由に実施することができるのである。2001年の夏には，少数の現存のヒト胚性幹細胞株の研究に対して連邦政府の予算が利用できるようになった。幹細胞研究を増加させることに賛成の人々と，こういった研究のすべてに反対する人々のあいだの政治的な論議の成り行きにより，しばらくのあいだは幹細胞研究に関する連邦政府の政策が揺らぐのは確かであろうと考えられる。

　胚性幹細胞研究は，ヒトの一生がいつはじまるかという問題をはじめ，多くの倫理上の問題を含み，きわめて議論の余地のある問題である。

表20.5　幹細胞研究の倫理的規範

1. ヒト胚の破壊

反対者：ヒトの一生は受精の瞬間にはじまるので，胚性幹細胞を得るための胚の破壊は明白に殺人であり，道徳的に誤りである。恩恵がいかに大きくても，殺人は正当化できない。

支持者：ヒト胚は敬意をもって扱われるべきであるが，胚性幹細胞研究が可能にする救命行為も道徳的に強く要請されている。幹細胞を得るのに用いる胚盤胞は，不妊夫婦の妊娠の手助けとしてつくられ，これまでさまざまな段階で破棄されてきた。また人の命が受精にはじまるというのも確かではない。初期胚は分割が可能で，双生児を誕生させることができるから，個体の確立は受精の数日後であると考えることも可能である。

2. 将来の悪用の可能性

反対者：胚性幹細胞研究の許可により，さらに倫理的に異議のある研究への道が開かれかねない。胚性幹細胞による治療法の開発により治療クローニングを求める声は大きくなるだろう。そうなれば，この治療法は臨床的に利用されることになる。特に胚性幹細胞をつくることを目的とする胚の作出は道徳的に間違っている。さらに，臨床利用に供する胚性幹細胞を得るための治療クローニングは，受精なしに生存可能なヒト胚を作る自然界では起こらない出来事である。幹細胞研究の結果が治療に用いられなければ，そもそも研究することが無益である。治療クローニングがもたらす道徳上の難しい選択を後回しにでき，それに対応する必要もなくなる。さらに不安なことは，クローン胚から人間を誕生させる生殖クローニングへの道が開けられることである。すべてのクローニングを禁ずるという確固たる境界線を引かなければ，この道徳上の悪夢はいつも脅威となるであろう。

支持者：実際には，ほんの数百の細胞系だけが胚性幹細胞研究の実施に必要になるようである。ヒト細胞系をつくりだすのは，困難がともないお金がかかることであり，これらのうちの少数の細胞系に限って行われる。胚がたえず壊されことは好ましくもないし，適切なことでもない。治療クローニングは，別のもっと複雑で倫理上の問題を提起する。受精が関わらないので，胚盤胞は胚というよりは，"活性化された卵"とみなしてよいかもしれない。そのように区別することには生物学的なメリットがあり，禁止すべき人間の生殖クローニングによって引きおこされる倫理上の問題は回避される。

3. 幹細胞の代わりの供給源

反対者：なぜ成人組織に由来する幹細胞を利用しないのか？ これらの幹細胞には，難しい倫理上の問題点はなく，同じような医学上の利点をもたらしうる。

支持者：成人の幹細胞はこの役割を果たせない。胚性幹細胞は，成人の幹細胞になるまでに，発生学的多能性の多くを失い，再生医療に必要な医学上の可能性が狭まる。また，成人の幹細胞はあまり増殖せず，実験動物を用いた治療手術で利用が困難であると判明している。

第 20 章のまとめ

20.1 組換えは遺伝子の位置を変える
"遺伝子の移動"
- 遺伝子は，プラスミドの一部として一つの細菌からほかの細菌へと移動することがある。そのほかに，遺伝子はトランスポゾンの転移に伴ってある位置からほかの位置へランダムに移動する。(pp. 406〜408)

"相互組換え"
- 相同染色体間で違った長さの部分が交換されると不等交叉が起こる。その結果，一方の染色体は多コピー配列を含む余分のコピーを獲得し，他方の染色体はそれらを失うことになる。(p. 409)
- 遺伝子変換は，細胞のエラー修復系がミスマッチ配列の一方を他方に似せるように変換するときに起こる。(p. 409)

20.2 突然変異は遺伝情報の変化である
"突然変異の種類"
- 突然変異は生物の遺伝的情報に起きる変化であり，生殖系列の突然変異は進化の原材料となる。(p. 410)
- 突然変異によるDNAの変化は少なくとも次の五つの方法で起きる：塩基置換，化学修飾，DNA切断，ずれによる誤塩基対形成，トリプレットの拡張。(p. 410)
- 重複，欠失，異数性および倍数性のような染色体の変化により，個体のもつ遺伝子コピー数が変わる。(p. 411)

"DNA修復"
- 細胞は，塩基置換や誤った塩基認識によって生じた対合のミスマッチを見つけて，起こりうる遺伝子突然変異を修復することができる。(p. 412)

20.3 ほとんどのがんは細胞増殖を制御する遺伝子の突然変異から生じる
"がんとは何か？"
- がんは細胞が制御不能で浸潤性を示すような成長をはじめたときに発生する。がんは転移して，離れた部位に新たな腫瘍を形成する細胞集団をつくる。(p. 413)
- がんは体細胞の遺伝子が不調になり，損傷を受けた遺伝子が細胞増殖を正しく制御できなくなったものである。(p. 413)

"がんの原因"
- がんを引きおこすと思われる薬剤は発がん性物質とよばれる。たとえば，いくつかの化学物質は発がん性物質である。(p. 415)
- 紙巻タバコの煙に含まれているタールのような化学物質は，がんの原因となることがはっきりと証明された。(p. 415)

"がんと細胞周期"
- がん遺伝子は導入されると正常な細胞をがん性状態にする遺伝子のことである。(p. 416)
- 原がん遺伝子は突然変異を起こして腫瘍を形成するがん遺伝子になる可能性をもつ，正常な遺伝子型である。(p. 416)
- 染色体の異常が原がん遺伝子の活性化をもたらし得る。(p. 416)
- 健康な細胞では，細胞分裂はがん抑制遺伝子によって止められている。(pp. 416〜417)
- 細胞はいくつかのチェックポイントで増殖を制御しており，がん化するにはこれらの制御すべてが不活性化されなければならない。したがって一般的にがんの誘導には四つから六つの遺伝子の突然変異がかかわっている。(p. 419)

"喫煙とがん"
- アメリカにおけるがんの全症例の約3分の1が，紙巻タバコの喫煙による。(p. 420)
- 突然変異原を肺に入れることにより，肺の内側を覆う上皮細胞の遺伝子は，化学物質に直に曝されて損傷を受ける。(p. 420)
- 肺の上皮細胞の$p53$の破壊によって肺がんの発症が早められる。肺がんの70％以上で$p53$が突然変異を起こして不活性化する。(p. 421)

"がんの治療"
- 最前線で展開中のがんの治療法は二つの大きなカテゴリーに整理できる：がんの開始を阻止すること，およびがんの広がりを阻止すること。(pp. 422〜423)

20.4 動物の生殖クローニングは以前は不可能と考えられたが，いまやそうではない
"クローニングへの挑戦"
- 分化した哺乳類組織のクローン化は可能であるが，正しい遺伝子のリプログラムができないため大抵の試みは失敗する。(pp. 424〜425)

20.5 治療クローニングは将来性があるが，議論の余地もある
"幹細胞"
- どの胚性幹細胞も健康な個体を構成するあらゆる組織に分化できる。(p. 426)
- 胚性幹細胞はいずれの組織にも発生できるので，損傷した組織や失われた組織を置き換えることができる。(p. 426)
- 胚性幹細胞は一般に生殖医療で廃棄された胚から得られるので，その研究はとても問題が多い。(p. 426)
- 組織特異的な幹細胞は損傷した組織や失われた組織の置き換えを可能にするのみならず，胚組織の利用に倫理的問題を避けて通ることができる。(p. 427)

"治療クローニング"
- 治療クローニングでは，患者の組織細胞核を使って胚盤胞をつくり，その後，その胚性幹細胞を用いて患者の損傷した組織や失われた組織を置き換える。(pp. 428〜429)

"幹細胞研究と倫理問題"
- 胚性幹細胞研究に関してもっとも議論の多い論争点の一つは，人の生命がいつからはじまるのかという問題である。(p. 430)

質問のページ

自習問題

1. がん抑制遺伝子には *p53* と *Rb* が含まれる。"機能獲得"の突然変異は細胞にどんな影響を与えるか？
    a. 細胞周期の制止により細胞は定期的に連続して分裂するであろう。
    b. 細胞周期の過剰制止により細胞はほとんど分裂しないであろう。
    c. これらの遺伝子は細胞周期の制御には影響を及ぼさないので細胞は正常に分裂するであろう。
    d. 細胞はアポトーシスにより自殺するであろう。

2. 実験室で分裂酵母 *S. pombe* の細胞分裂の制御について調べている。一人の学生が新しい突然変異を見つけ、その細胞が正常細胞よりもずっと大きい(これは正常分裂しないことを示唆する)ので彼女は "giant" とよびたい。この学生はどのようなタイプの突然変異を単離したのか？
    a. がん抑制遺伝子に起こった機能喪失の突然変異
    b. 細胞の原がん遺伝子に起こった機能喪失の突然変異
    c. がん抑制遺伝子に起こった機能獲得の突然変異
    d. 細胞の原がん遺伝子に起こった機能獲得の突然変異
    e. aとdの両方の可能性がある。
    f. bとcの両方の可能性がある。

3. 新しいがんの治療に有効なアプローチは次のどれか？
    a. 腫瘍細胞の *p53* を特異的に安定化する方法を探すこと
    b. 腫瘍細胞のヌクレオチド合成を阻止すること
    c. 腫瘍細胞のHER2受容体を不活性化すること
    d. エンドスタチンで新しい血管の成長を阻害すること
    e. これらのすべてが、がんと戦うのに役立つであろう。

4. もしRbタンパク質のリン酸化部位を除くと、細胞周期はどのような影響を受けるか？
    a. Rbが正常にリン酸化されないので影響を受けない。
    b. 細胞周期がG_1期で制止されるであろう。
    c. 細胞周期がG_2期で制止されるであろう。
    d. 細胞周期が短縮されるであろう。

5. 胚性幹(ES)細胞は治療クローニングでは魅力的な素材である。なぜなら、____。
    a. どのような細胞運命をとるようにも誘導できる。
    b. 胚性幹細胞は宿主の免疫反応に対する標的ではなく、組織の拒絶は問題外である。
    c. 治療クローニングに用いられる幹細胞で、ほかの供給源がなく胚性幹細胞が唯一の解決策である。
    d. 胚性幹細胞はクローン化のための組織供給源となる。

6. メチルアデノシンの存在下で成長する細胞では、ミスマッチ修復系にどのような影響が現れるだろうか？
    a. 修復系はDNA合成酵素によって導入されたエラーの半分しか修復しない。
    b. ミスマッチDNAの修復はない。
    c. ミスマッチ修復は正常であるが、削除修復ができない。
    d. メチルアデノシンはDNA複製を阻止するのでミスマッチ修復は不要である。

7. 正常細胞におけるがん抑制遺伝子と原がん遺伝子の役割を正しく記述しているのは次のうちどれか？
    a. 前者はアクセル、後者がブレーキである。
    b. 前者はブレーキ、後者がアクセルである。
    c. 両者ともにアクセルであるが、前者はターボ、後者はキャブレーターである。
    d. 後者はハンドル、後者は方向指示灯である。

8. かつてがんの原因に関して二つの見解があった。1) がんは完全に環境因子により引きおこされる。2) がんは遺伝的因子により引きおこされる。どちらが正しいか？
    a. 可能性のある多くの発がん性物質が同定されている
    b. 多くの原がん遺伝子が知られている
    c. 多くのがん抑制遺伝子が知られている
    d. 両方とも正しかった。大抵の化学発がん物質は遺伝子を変化させることで機能する。

9. もし腫瘍のゲノムに染色体の欠失が見つかったとすると、なにがこのがんの原因であり得るか？
    a. がん抑制遺伝子に影響を与え腫瘍細胞に機能喪失をもたらした。
    b. 原がん遺伝子に影響を与え腫瘍細胞に機能喪失をもたらした。
    c. がん抑制遺伝子に影響を与え腫瘍細胞に機能獲得をもたらした。
    d. 原がん遺伝子に影響を与え腫瘍細胞に機能獲得をもたらした。

図解き問題

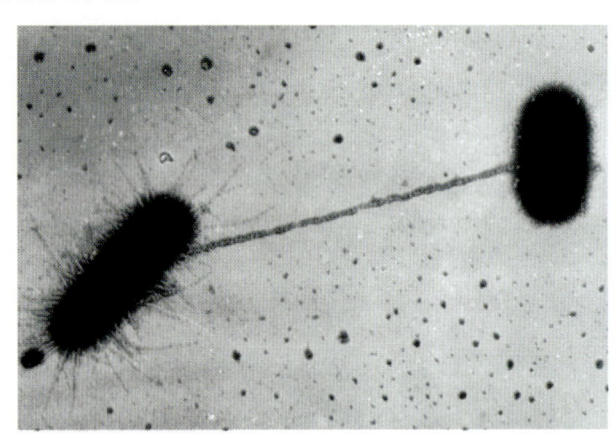

1. もしあなたが、ここに示すような二つの細菌を観察したとすれば、なにが起こっていると考えるか？

応用問題

1. 表20.3のデータは環境中の発がん性物質にさらされて生じたさまざまながんを示している。どのようにして、このタイプの化学物質への暴露によって高頻度で皮膚と肺の腫瘍が引きおこされるのかについて議論しなさい。(ヒント：環境の化学物質と接触する点について考えなさい。)

2. 治療クローニングのため胚性幹細胞の使用について論争しようとしていると想定しなさい。その場合、この技術に関して賛成意見と反対意見を三つずつあげなさい。

21 集団における遺伝子

概　　要

21.1 遺伝子は自然集団において変化する
進化は遺伝的変異によって起こる　選択は集団中の遺伝的変異に働き，生存と繁殖を向上させるような変異が選択される。

自然界の遺伝的変異　自然集団には多くのDNAレベルでの変異が見られ，それがタンパク質として発現する。

21.2 なぜ対立遺伝子頻度は集団中で変化するのか？
Hardy-Weinbergの法則　進化的変化をもたらす要因がないならば，集団内の同型接合体と異型接合体の割合は不変である。

進化をもたらす五つの要因　集団内の対立遺伝子頻度は，突然変異，遺伝子流動，非任意交配，遺伝的浮動，選択の5要因によって変化しうる。

適応度をはかる　生物の繁殖成功率は，寿命の長さ，交配の頻度，1回の産子数によって決まる。

進化に影響を与える力の関係　対立遺伝子頻度は相対する進化過程のバランスを反映することがある。

自然選択は集団内の変異を維持しうる　頻度依存選択，変動性選択，異型接合体の有利性によって集団内の遺伝的変異が維持される。

21.3 選択は多くの遺伝子の支配下にある形質に作用できる
選択の様式　多数の遺伝子の支配下にある形質への自然選択は二つの極端な形質，中間的な形質，あるいは一方の形質などをもたらすように作用する。

グッピーの体色についての選択　実験により進化理論を検証し，自然選択の働きを示すことができる。

選択が果たしうる限界　選択は遺伝的変異のない形質には働かない。

図 21.1
遺伝的変異。　自然集団には，花の色のように多くの形質に関する遺伝的変異が見られる。

Part IV 進化

　一卵性双生児を除けば，互いにそっくりな人はいない。生物の個体を特徴づける形質は，しばしば生存能力や繁殖の機会を獲得したり，子孫が繁栄していくうえで重要なものである。進化はこれらの結果もたらされたものといえる。自然選択は形質に影響する遺伝的変異を対象として起こるので，自然集団にはじつに豊かな変異が蓄積している。（訳者注：遺伝学分野での慣例に従い，この章ではpopulationを「集団」と訳す。p. 2の訳者注も参照。）植物（図21.1），昆虫，脊椎動物では，多くの遺伝子がある程度の変異を示している。本章では，自然集団における遺伝的変異を探り，自然集団中の対立遺伝子頻度を変化させる進化の要因を考察する。これらに関する研究は進化生物学の中核をなすものであり，本章および第22〜24章のトピックである。

21.1 遺伝子は自然集団において変化する

進化は遺伝的変異によって起こる

進化：世襲と修正

"進化"(evolution)という言葉は，現在，自然科学と社会科学で広く使われている。それは，社会システムや気体や惑星が時間を通じてどのように変化しているか，を表している。生物学における進化の概念が成立したのはDarwinの『種の起源』においてであるが，その第5版までには進化という言葉は使われていなかった。Darwinは「変化を伴う継承(descent with modification)」という言葉を使っていた。進化について多くの定義が出されてきたが，Darwinが書いた一節は生物学的な進化の本質をもっとも的確にとらえたものといえる。その一節とは，「時代を通じて種は変異を蓄積する。そしてその結果として，新しい種が形成されるときには，それは祖先種とは異なったものとなる。」である。

自然選択：進化的変化の重要な機構

Darwinは進化論を唱えた最初の人ではなかった。むしろ，彼は多くの生物が進化の過程で生じたことを予測した哲学者や自然研究者の考え方を参考にしながら，さらに深く考えたのであった。しかし，Darwinは先人たちとは異なり，進化の機構として**自然選択**(natural selection)を提唱した。集団内で，ある遺伝形質をもつ個体がその形質をもたない個体よりも多くの子孫を残すときに，自然選択が進化をもたらすと考えた。結果として，集団には有利な形質をもつ個体が増加してくる。このような様式で集団が進化し，周囲の環境に適応していく。

自然選択だけがこれまでに提唱された進化の機構ではない。相対する理論として，著名な生物学者Jean-Baptiste Lamarckが**獲得形質の遺伝**(inheritance of acquired characteristics)による進化を提唱した。Lamarckは，個体は生存中に獲得した身体や行動の変化を子孫に伝えうると考えた。Lamarckは，短い首をもったキリンの祖先が木の葉を食べる際に首を伸ばし，この首の伸長が次世代へ受け継がれ，結果として現代の長い首のキリンになったと考えた（図21.2a）。これに対しDarwinは，変異は経験から生じるのではなく，個体間の遺伝的相違の結果であるとした（図21.2b）。

自然選択の有効性は広く受け入れられているが，それだけが集団の遺伝的構造に変化をもたらす過程ではない。突然変異が種々の対立遺伝子に頻繁に起こる場合や，移入個体が集団に対立遺伝子をもちこむ場合にも，対立遺伝子頻度は変化しうる。さらに集団が小さい場合，対立遺伝子頻度は偶然に変化することもある。自然選択とほかの過程の関係はさまざまである。時には自然選択がほかの過程の効果に打ち勝つこともあるが，本章で後述するように，必ずしもそうなるとは限らない。

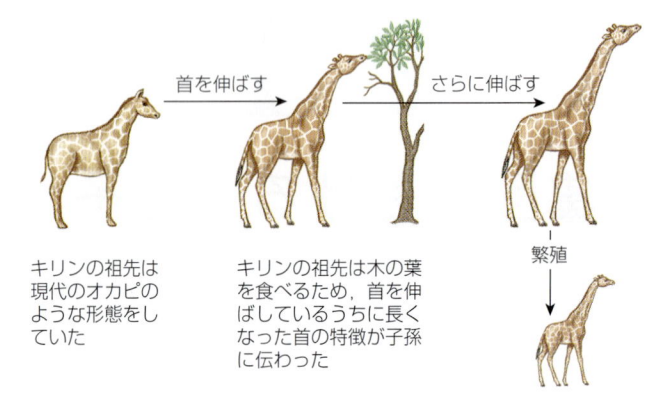

(a) Lamarckの説：変異は獲得される

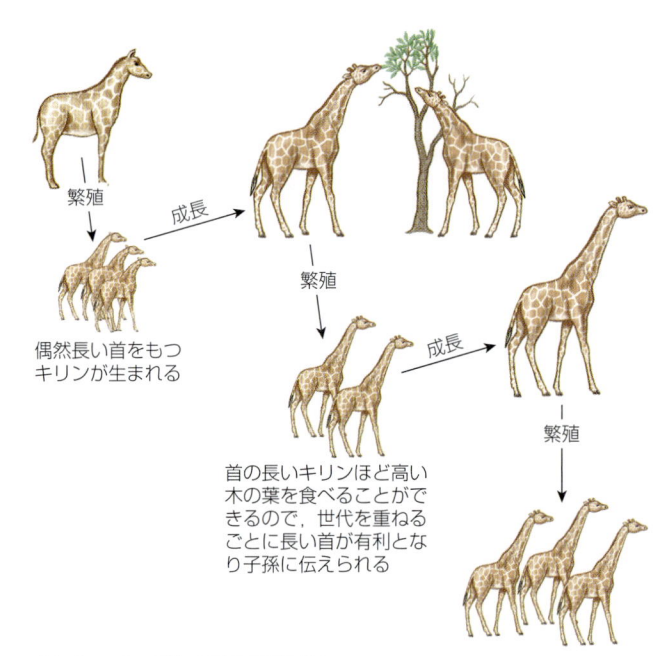

(b) Darwinの説：変異は遺伝する

図 21.2
キリンの首がどのようにして長くなったかを説明する二つの考え方

> Darwinは，集団内の変異に働く自然選択が進化をもたらすと提唱した。

自然界の遺伝的変異

種内の進化は，集団の遺伝的組成に変化をもたらす過程の結果である。したがって進化を語る際には，集団内の遺伝子の特性を対象とする**集団遺伝学**(population genetics)が不可欠である。それは，種内の個体間にみられる遺伝的変異を調べることからはじまる。

遺伝的変異レベルの計測

第13章で述べたように，自然集団には膨大な量の遺伝的変異がみられる。これは，人類だけではなくすべての生物にあてはまる。普通どれくらいの変異が存在するのだろうか？生物学者はこの問題に答えるために多くの遺伝子について研究してきた。

1. **血液型を支配する遺伝子**　生化学的分析によると，ABO式血液型のほかにも30以上の血液型遺伝子が存在することが明らかになっている。少なくともその3分の1については，ヒト集団において対立遺伝子が発見されている。これらの血液型に加え，ヒトの血液細胞や血漿に含まれるタンパク質をコードする45以上の遺伝子が知られている。このように，一つの系だけを見ても，多くの遺伝的に多様な遺伝子が存在している。
2. **酵素を支配する遺伝子**　各酵素を特徴づける対立遺伝子は，酵素の**電気泳動**(electrophoresis)パターンによって容易に調べることができる。多くの変異が酵素の遺伝子座に存在する。平均すると，一人のヒトがもつ酵素遺伝子座の約5％が異型接合である。もし，無作為に誰か一人のヒトを選び，次いでそのヒトの酵素遺伝子座の一つを無作為に選んだ場合，その遺伝子座が異型接合である確率は20分の1(5％)であろう。

ゲノム全体を考慮すれば，明らかにほとんどすべてのヒトは互いに遺伝的に異なっている。これは，無性生殖する生物を除けば，すべての生物にあてはまる。自然界では，遺伝的変異があるのは当然のことである。

酵 素 多 型

集団における多くの遺伝子座では，突然変異によって生じるよりも有意に高い頻度で二つ以上の対立遺伝子が存在する。突然変異により説明されるよりも多くの対立遺伝子をもつ遺伝子座を**多型的**(polymorphic)と表現する(ギリシャ語でpolyは"多くの"，morpheは"形")(図21.3)。自然集団におけるこのような変異は数十年前には予測さえできなかったが，その後電気泳動法により酵素やほかのタンパク質を直接分析できるようになり，その研究が可能になった。昆虫や植物のほとんどの集団では，酵素遺伝子座の半分以上が多型的

図 21.3
多型的変異。 オーストラリア産の巻き貝の一種チグサガイモドキ(*Bankivia fasciata*)では，殻の色と模様に著しい変異が見られる。個体変異は子孫に遺伝する。

である(すなわち，5％以上の頻度で複数の対立遺伝子が存在する)ことが明らかになっている。しかし，脊椎動物ではいく分多型性が低い。**異型接合度**(heterozygosity：無作為に選ばれた遺伝子がその個体において異型接合である確率)はショウジョウバエやほかの無脊椎動物で約15％，脊椎動物で5〜8％，他家受粉する植物で約8％である。これらの高いレベルの遺伝的多様性は進化によってもたらされたものである。

DNA塩基配列の多型

遺伝子分析技術の進展により，DNAの塩基配列を決定することで，直接遺伝的変異を検出できるようになった。1989年には先駆け的な研究として，Martin Kreitmanが11個体のキイロショウジョウバエ(*Drosophila melanogaster*)から単離したアルコール脱水素酵素(ADH)遺伝子の塩基配列を解読した。彼は43部位に塩基置換を見いだしたが，タンパク質電気泳動法ではそのうちたった一つが検出されていただけであった。それ以来，DNAレベルでの変異を検出する研究がはじまった。そして，電気泳動で酵素を分析するよりも多くの変異が遺伝子のエキソンにもイントロンにも存在することが明らかになった。

自然集団には，突然変異だけからは説明されない多くの遺伝的変異が存在する。

21.2 なぜ対立遺伝子頻度は集団中で変化するのか？

自然集団に見られる遺伝的変異は，Darwinや彼と同時代の人々にとって謎であった。減数分裂により遺伝子の分配が生じる様式はまだ発見されていなかった。選択はつねに最適な形質を好み，変異を除外する，と当時の科学者は考えていた。さらに，**融合遺伝**(blending inheritance)の理論，つまり子の形質は親の中間型になるということ，が広く受け入れられていた。もしこの融合遺伝の理論が正しいならば，どんな新しい遺伝的変異も後の世代においてほどなく希釈され，やがて見えなくなってしまうであろう。

Hardy-Weinbergの法則

Mendelの研究の再発見に続き，英国の数学者G. H. Hardyとドイツの内科医W. Weinbergは，遺伝的変異が存続する謎を解明した。彼らは，以下の仮定の下では集団内での遺伝子型の頻度は世代間で維持されることを指摘した。

1. 集団サイズが十分に大きいこと。
2. 集団中で任意交配が起こること。
3. 突然変異が生じないこと。
4. 他集団から遺伝子が移入されないこと。
5. 選択が起こらないこと。

ここで遺伝子頻度は変化しないので，遺伝子型は**Hardy-Weinberg平衡**(Hardy-Weinberg equilibrium)にあるという。

Hardy-Weinbergの法則は一つの数学的な方程式で表される。たとえば，100匹のイエネコのなかに84匹の黒ネコと16頭の白ネコがいたとしよう。これら二つの表現型の頻度は，黒ネコ84%，白ネコ16%となる。表現型の頻度にもとづき，遺伝子型の頻度が推定できるだろうか？もし白ネコが劣性の対立遺伝子bの同型接合体で黒ネコは優性の対立遺伝子Bの同型接合体BBまたは異型接合体Bbだとすると，Hardy-Weinberg平衡の仮定の下で，集団内の二つの**対立遺伝子頻度**(allele frequency)が計算できる。対立遺伝子Bの頻度をp，対立遺伝子bの頻度をqとする。集団中には二つの対立遺伝子しかないので，pとqの和はつねに1となる。

Hardy-Weinberg平衡は次の二項式で表される。

$$(p+q)^2 = p^2 + 2pq + q^2$$

（対立遺伝子Bの同型接合体；黒ネコ）　（対立遺伝子Bとbの異型接合体；黒ネコ）　（対立遺伝子bの同型接合体；白ネコ）

もし，白ネコの出現頻度を$q^2 = 0.16$とすると，対立遺伝子bの頻度は$q = 0.4$となる。よって，対立遺伝子Bの頻度は$0.6 (1.0 - 0.4 = 0.6)$である。ここで**遺伝子型頻度**(genotype frequency)を算出することができる。すなわち黒ネコの同型接合体BBの頻度は$p^2 = (0.6)^2 = 0.36$，つまり100匹中に36匹という割合になる。さらに，異型接合体Bbの頻度は$2pq$であるから，$(2 \times 0.6 \times 0.4) = 0.48$，つまり100匹中に48匹ということになる。

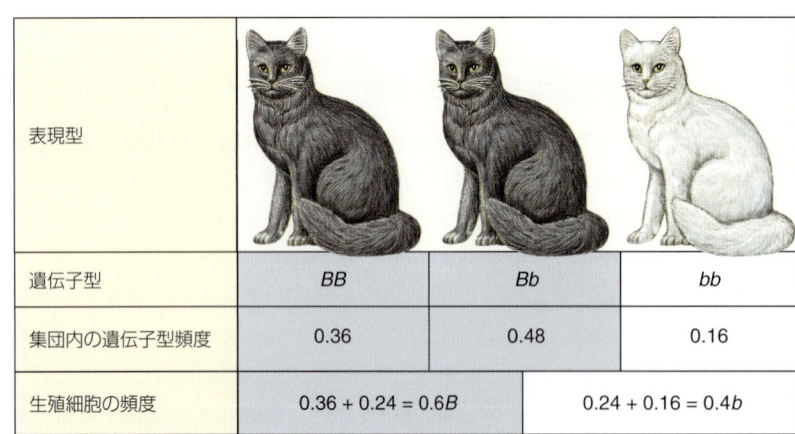

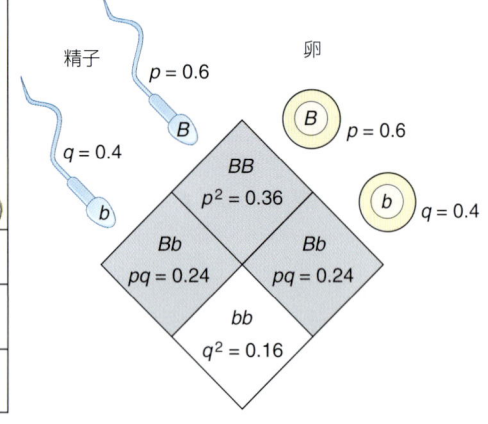

表現型			
遺伝子型	BB	Bb	bb
集団内の遺伝子型頻度	0.36	0.48	0.16
生殖細胞の頻度	0.36 + 0.24 = 0.6B		0.24 + 0.16 = 0.4b

図 21.4
Hardy-Weinberg平衡。 生殖細胞，遺伝子型および表現型の頻度を変化させる要因がないという条件下では，これらの頻度は世代を経ても一定である。もし，すべての白ネコが死亡すれば，次世代の子ネコではどれくらいの割合で白ネコが出現するだろうか？

Hardy-Weinberg方程式を適用してみる

Hardy-Weinberg方程式は，第13章に出てきたPunnettスクエア（方区）に遺伝子頻度pとqが加わったものである。図21.4では，生殖細胞中の対立遺伝子の頻度とそれらの受精による次世代への遺伝子型頻度との関係が示されている。この図では，各々の対立遺伝子頻度をもった精子と卵の受精が任意に起こると仮定しており，その頻度で二つの対立遺伝子が組むことになる。よって，対立遺伝子頻度は次世代でも変化しない。各世代において，卵も精子も対立遺伝子Bを受け取る確率は0.6（$p = 0.6$）で，対立遺伝子bを受け取る確率は0.4である（$q = 0.4$）。

したがって次世代では，二つのBが組む確率は$p^2 = (0.6)^2 = 0.36$であり，これは集団中の約36％の個体が遺伝子型BBであることを意味する。遺伝子型bbの出現頻度は$q^2 = (0.4)^2 = 0.16$であり，集団の約16％の個体に相当する。そして，異型接合体Bbの出現頻度は$2pq (2 \times 0.6 \times 0.4) = 0.48$となり，集団中の約48％にあたる。集団サイズがつねに100匹に維持されるならば，そのうち約84匹は黒ネコ（遺伝子型はBBまたはBb），約16匹は白ネコ（遺伝子型はbb）である。減数分裂と受精による遺伝子の混合があるにもかかわらず，対立遺伝子，遺伝子型そして表現型の頻度に変化はない。対立遺伝子の優性または劣性は個体において対立遺伝子がどのように表現されるかにかかわっているだけであり，対立遺伝子頻度が時を経てどのように変化するかということとは関係ない。

もちろん，集団はHardy-Weinberg平衡に従うとはかぎらない。たとえば，BBとbbの頻度を各々0.45，Bbの頻度を0.10としよう。このような過剰な同型接合体や少ない異型接合体の存在をどのように説明できるだろうか？　一つの可能性として，異型接合体は長生きできないのかもしれない。もう一つの説明として，お互いに遺伝的に似ている個体どうしが交配するのかもしれない。（$BB \times BB$と$bb \times bb$のこどもはいつも同型接合体であるが，$Bb \times Bb$のこどもの半分だけが異型接合体なので，同型接合体が過剰になるのかもしれない。）

このように，Hardy-Weinberg平衡が帰無仮説となっていることを念頭においておく必要がある。すなわち，すべての仮定がそろって初めて，集団はHardy-Weinberg平衡に従う。集団がHardy-Weinberg平衡にない状態がもっとも興味深いものである。なぜならば，そのような集団でこそ進化的プロセスが働いているからである。

表21.1　進化的な変化をもたらす要因

要因	内容
突然変異	変異の根本的な原因。突然変異が生じる頻度は低いので，通常は突然変異だけで対立遺伝子頻度が大きく変化することはない。
遺伝子流動	対立遺伝子頻度に変化をもたらす可能性の高い要因。集団を構成する個体または配偶子が入れ替わる。
非任意交配	もっともよく起こる様式は近親交配。対立遺伝子頻度は変化しないが，異型接合体の頻度を変化させる。
遺伝的浮動	偶然に起こる現象。集団サイズが小さくなると，対立遺伝子頻度に偶発的な変動が生じる可能性が高まる。
選択	"適応"進化をもたらす唯一の要因。

なぜ対立遺伝子頻度は変化するのか？

Hardy-Weinbergの法則に従えば，突然変異や遺伝子流動や選択がなく，任意交配している十分大きな集団においては，対立遺伝子頻度も遺伝子型頻度も世代を通して不変である。Hardy-Weinberg平衡が成立するためのこれらの前提条件は重要である。事実，これらの条項はHardy-Weinbergの法則の重要性を示す鍵とでもいうべきものである。なぜなら，個々の遺伝子の頻度は自然集団内ではしばしば変化し，ある遺伝子の頻度が高くなる一方で別の遺伝子が減少するからだ。Hardy-Weinbergの法則は，遺伝子頻度の変動を分析する際の便利な基準を設定しているのである。いろいろな条件がどのようにして同型接合体や異型接合体の割合を変えていくかを調べることによって，ある状況に影響を与えている進化的要因を特定することができる。

多くの要因が対立遺伝子頻度を変動させることができる。しかし，たった五つの要因だけが同型接合体と異型接合体の割合を変え，集団はHardy-Weinberg平衡から大きくずれる。その五つの要因とは，突然変異，遺伝子流動（集団への移入と流出），非任意交配，遺伝的浮動（小さな集団で起こりやすい対立遺伝子頻度の偶発的変動），そして選択（表21.1）である。これらのうち選択はその結果が周囲の環境に依存しているので，これだけが適応進化をもたらす。その他の要因は環境とは比較的独立に働くので，生じる変化は適応とはあまり関係ない。

> Hardy-Weinbergの法則に従えば，任意に交配している大きな集団において，対立遺伝子頻度を変化させる要因のない条件では，減数分裂や受精の過程だけでは対立遺伝子頻度は変化しない。

進化をもたらす五つの要因

1. 突然変異

対立遺伝子に起こる突然変異は明らかに集団における特定の対立遺伝子の頻度を変化させる。突然変異率は一般的に大変低いので，通常の対立遺伝子のHardy-Weinberg平衡への影響は少ないと考えられる。典型的な遺伝子では，細胞分裂あたり約10万分の1回の割合で突然変異を起こす。この変異率は大変低いので，対立遺伝子頻度を決定するにはほかの要因の方が重要である。にもかかわらず，突然変異は遺伝的変異の根元的なものであり，進化を可能にしている（図21.5a）。しかしながら，突然変異の起こりやすさは自然選択に左右されるものではない。すなわち，突然変異は自然選択によって選抜される方向に偏って生じるわけではない。

2. 遺伝子流動

遺伝子流動（gene flow）はある集団からほかの集団への対立遺伝子の移動である。二つの集団を考えるとき，そこに含まれる個体は遺伝子を交換することができるので，遺伝子流動は対立遺伝子頻度を変化させる有力な要因である。動物が別の場所へ移動する場合には，遺伝子流動は明瞭である。もし新しい侵入者が在来者と異なる形質をもっている場合，そして新参者が新天地に適応して繁殖できるならば，在来集団の遺伝的構成が変化する可能性がある。ほかのパターンの遺伝子流動はこれほど明白ではない。このようなわずかな遺伝子の動きには，植物や海産動物の配偶子や未成熟個体の移動も含まれる（図21.5b）。顕花植物の雄性配偶子である植物の花粉は，花を訪れる昆虫やほかの動物によってしばしば遠距離を運ばれる。植物の種子も風に吹かれたり，動物によって遠くへ運搬される。さらに，遺伝子流動は近隣の集団の個体との交配によっても生じる。

対立遺伝子頻度が異なる二つの集団を考えてみよう。まず集団1では，対立遺伝子頻度を$p = 0.2$，$q = 0.8$とする。一方，集団2では$p = 0.8$，$q = 0.2$とする。この場合，遺伝子流動により，それぞれの集団へ頻度の低い対立遺伝子がもたらされる傾向があるだろう。対立遺伝子頻度は世代を通して変化し，Hardy-Weinberg平衡からずれる。両集団において二つの対立遺伝子の頻度が0.5に到達したときにおいてのみ，Hardy-Weinberg平衡が成り立つ。この例は，遺伝子流動が集団間で対立遺伝子頻度を均一化させる傾向があることを示している。

3. 非任意交配

ある特定の遺伝子型をもった個体は，同じ遺伝子型をもつ個体と交配する傾向が見られることもあり，これを非任意交配とよぶ（図21.5c）。よく似た表現型の個体どうしが交配する**同類交配**（assortative mating）も非任意交配の一種だが，これはHardy-Weinberg平衡により期待される遺伝子型頻度からずれた頻度を生じることがある。この同類交配では，対立遺伝子の頻度は影響を受けないが，表現型の類似した個体は遺伝的にも近縁なので同型接合体の割合を増加させることになる。これが自家受粉する植物集団が主に同型接合の個体で構成されている理由である。これに対し，異なる表現型をもつ個体どうしが交配する**非同類交配**（disassortative mating）では，異型接合体が増加する。

4. 遺伝的浮動

小さな集団では，特定の対立遺伝子の頻度が偶然に極端に変化することがある。このような対立遺伝子頻度の変動は任意に生じ，まるで浮動しているかのように見えるため，

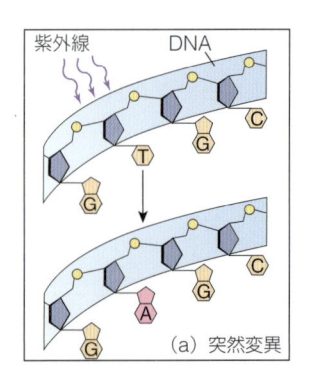

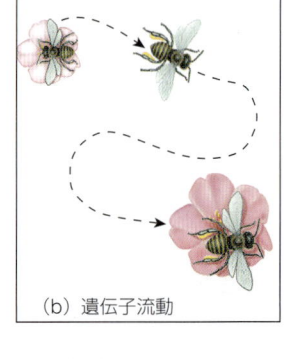

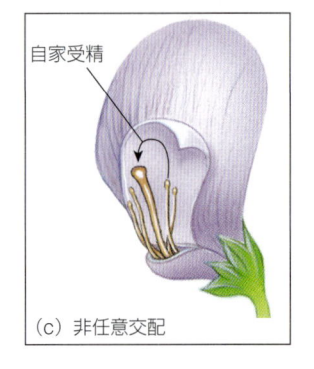

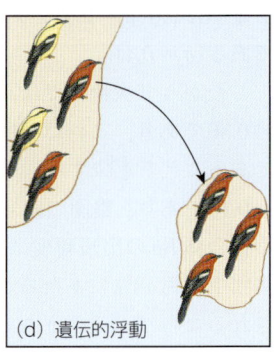

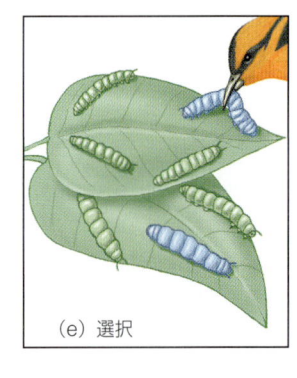

図 21.5
進化に影響を与える五つの要因。
（a）突然変異，（b）遺伝子流動，（c）非任意交配，（d）創始者効果による遺伝的浮動，（e）選択。

遺伝的浮動(genetic drift)とよばれている(図21.5d)。このため，集団はHardy-Weinberg平衡が成り立つような大きなサイズである方が安定している。もし，数個体のみからの配偶子が次世代を形成するならば，図21.6に示されているように，次世代における対立遺伝子は親集団の遺伝的特徴を反映しないで，少数の個体のみがボトル(親集団)から取りだされることになる。取りだされた個体(繁殖に参加する個体)のほとんどが偶然に青い玉ならば，次世代では親集団よりも青い玉がずっと増えてしまう。

互いに隔離された小さな集団のあいだで自然選択の影響が同様であっても，遺伝的浮動の結果，集団間の違いが大きくなることがある。小さな集団では，選択的には不利であっても，遺伝的浮動のために有害な対立遺伝子の頻度が増加することがある。また，選択的には有利であっても，有益な対立遺伝子が失われることがある。人類が進化の過程において小さな集団に分かれて生活してきたことは興味深いことである。その結果として，遺伝的浮動は人類の進化において大変重要な要因であると考えられる。

大きな集団であっても，遺伝的浮動が働く場合がある。大きな集団ももともとは小さな集団から出発したのであり，遺伝的浮動は小集団の時期に対立遺伝子頻度を変えた可能性がある。一つの集団に対立遺伝子Bとbが同じ頻度($p = q = 0.5$)で存在するとする。Hardy-Weinberg平衡が成り立つような大きな集団では，遺伝子型の頻度は$0.25BB$，$0.50Bb$，$0.25bb$と考えることができる。もし少数個体が繁殖して次世代を形成するならば，これらの遺伝子型頻度から大きなずれが偶然に生じうる。たとえば4個体のみが次世代を産出するとしよう。そして，偶然にそのうちの2個体はBb異型接合体，2個体はBB同型接合体だったとしよう。この時，次世代における対立遺伝子頻度は$p = 0.75$，$q = 0.25$に変わってしまう。もしこの実験を100回くり返すならば，そのうち約8回において親集団から毎回無作為に抽出する4個体のなかでBとbのどちらかの対立遺伝子が失われてしまう。これらのことから，遺伝的浮動は隔離された集団から対立遺伝子を消滅させるという結論が導かれる。遺伝的浮動はどんな集団でも起こりうるが，特に，創始者効果やボトルネックをともなった場合に影響が顕著になる。

創始者効果　1個体または少数個体がもとの生息場所から移動し，新しい隔離された集団をつくることがある。これらの創始者たちはもとの集団がもっていた対立遺伝子すべてを備えているわけではない。このように，いくつかの対立遺伝子が新しい集団から消失し，ほかの対立遺伝子の頻度が極端に変動する可能性がある。もとの集団では頻度の低かった対立遺伝子が，新しい集団では頻度が高くなることもある。これを**創始者効果**(founder effect)といい，自然集団ではまれな現象ではない。多くの自家受粉する植物では，1個の種子か

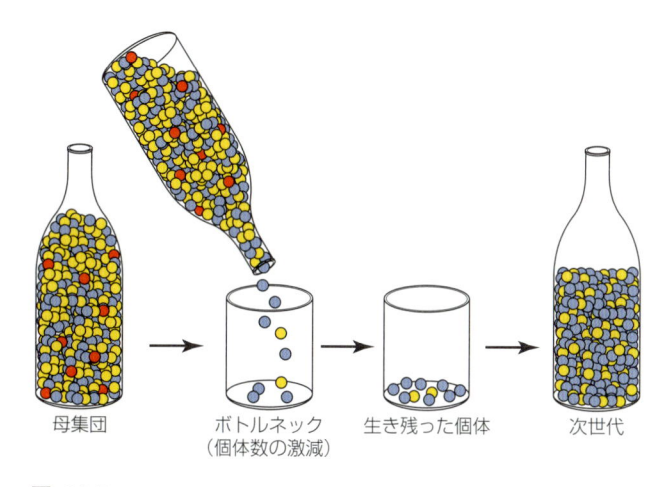

図21.6
遺伝的浮動：ボトルネック(ビン首)効果。 親集団(ビン)にはおおよそ同数の青玉と黄玉および少数の赤玉が入っている。流行病や大異変のあとに起こるようなボトルネック(ビン首)があると，偶然に次世代を形成する繁殖に参加する個体のほとんどが青玉になることがある。

ら新しい集団を形成している。

創始者効果は，ハワイ諸島やDarwinが訪れたガラパゴス諸島のように，大陸から離れた大洋島に生息する生物の進化に特に重要な効果をもたらす。このような島のほとんどの生物は1個体またはほんの一握りの「創始者」からはじまっている。同様に，比較的少数のヒトからはじまった隔離集団では，特定の創始者の遺伝的特徴が優占していることが多い。たとえば，アメリカのアーミッシュの人たちには，多指症(6本の指)のようないくつかの形質が高頻度で見られる。

ボトルネック効果　生物は移動しなくても，ときどきその集団サイズが極端に小さくなることがある。これは，大洪水，干ばつ，流行病，その他の自然の力，または環境における大きな変動によるものである。ある特異的な遺伝的特徴をもった個体だけが生き残ったのではないとすると，偶然に生き残ったわずかな個体のもつ遺伝子は，元の集団からランダムに抽出された遺伝子のサンプルとみることができよう。この変化と遺伝的多様性の喪失がボトルネック(ビン首)効果とよばれる。

遺伝的多様性が減少している種では，過去にボトルネック効果を経験したことがあると考えられる。たとえば，北米の西海岸で繁殖しているゾウアザラシは狩猟の対象となり，19世紀にはほとんど絶滅寸前にまで個体数が減少した。そして，カリフォルニア州バジャ海岸沖のグアダルペ島に生き残った唯一の集団も20頭以下となってしまった。このボトルネックを経験したために，個体数が数万頭に回復した現在でも，遺伝的多様性はほとんど見られない。

5. 選　択

　Darwinが指摘したように，個体によって残す子孫の数は異なる．そして，子孫を残す割合は表現型と行動によって支配されている．このプロセスの結果を**選択**(selection)とよんでいる(図21.5e)．**人為選択**(artificial selection)では，飼育者が生物の特定の特徴を残すように選択する．**自然選択**(natural selection)では，環境条件が集団中のどの個体がもっとも多くの子孫を残すかを決定する．自然選択が進化に結びつくには，次の三つの条件が必要である．

a. **変異が集団中の個体間に存在する必要がある**　自然選択はある特定の形質をもった個体を選び，結果としてその形質をもたない個体が取り除かれる．変異がなければ，自然選択は働く余地がない．

b. **個体変異は次世代の個体数を変化させる**　これは自然選択の本質である．表現形質や行動により，ある個体はほかの個体より繁殖に有利となる．表現型が変異を示す形質はたくさんあるが，表現型が異なると常に生存や繁殖に差があるというわけではない．

c. **変異は遺伝する**　自然選択が進化的変化をもたらすためには，選択された形質が遺伝性のものである必要がある．しかし，すべての変異が遺伝性のものではない．遺伝的に同質な個体どうしであっても，それらが異なった環境に育ったならば，その形態は大きく異なっていることがある．このような環境による影響は自然界ではよく見られることである．たとえば多くのカメでは，湿地帯で孵化した個体は乾燥地帯で生まれた個体よりも大きい甲羅をもち体重も重い傾向がある．集団中に形態的に異なるが遺伝的には同質な個体がいる場合，それらが産むこどもの個体数の違いは次世代の集団における遺伝的構造を変えることはない．よって，進化をもたらす変化は生じない．

　自然選択と進化という二つの概念は同じではない．自然選択は過程であるのに対し，進化は時を経た変化の歴史的記録である．進化は結果であり，過程ではない．自然選択(過程)は進化(結果)を導くことができる．そして，自然選択は進化的変化をもたらすいくつかの過程のうちの一つであるにすぎない．さらに自然選択が働いても，進化的変化をもたらさないこともある．変異が遺伝性のもののときだけ，自然選択は進化をもたらすのである．

捕食者を避ける選択　適応についてもっともよく引き合いに出される例として，遺伝的変化により捕食者による捕食の可能性が減少することがあげられる．アメリカオオモンキチョウ(*Colias eurytheme*)の幼虫の体色は通常暗緑色で，食草のアルファルファに対し保護色となっている．それに対し淡青色のタイプも見られるが，その体色はアルファルファの上では目立ち捕食者である鳥に容易に見つかってしまうため，その頻度は低い(図21.5e)．同様に捕食者から身を守るため，陸生巻貝モリマイマイ(*Cepaea nemoralis*)の殻の模様は生息地の土壌にマッチした迷彩色となっている．

　生息地にマッチした保護色のもっとも劇的な例は，北アメリカ南西部の砂漠の溶岩地域で見ることができる．この地域では，溶岩が冷えて形成された黒色の岩が，周囲のまぶしいくらい白い砂漠の砂ときわめて対照的である．トカゲ，げっ歯類，昆虫など，これらの岩の上に生息する動物たちの体色は褐色であるのに対し，周囲の砂漠に住む集団はずっと明るい体色をもっている(図21.7)．これらの体色の違いを選択したのは捕食者であると思われる．実験室における研究でも，鳥が生息地の背景と異なる体色をもった獲物の方をより好んで捕食することが確認されている．

気候条件に適合した選択　選択に関する多くの研究が酵素の遺伝子について行われてきた．なぜなら，この種の研究では，酵素遺伝子の頻度の変化が生物に及ぼす影響を直接分析できるからである．酵素に関する対立遺伝子の頻度は緯度に従って変化することがあり，北方の集団ではある対立遺伝子

図 21.7
ニューメキシコ州のトゥラローサ盆地のポケットマウスは，体色が生息地の背景に合わせて適応している．　黒色の溶岩は砂漠によって囲まれており，自然選択は周囲の背景に適合したポケットマウスの体色に働く．

の頻度が高く，南方では低い。その例として，北アメリカ東部沿岸に分布するメダカに近い魚の1種 *Fundulus heteroclitus* の研究がある。この魚では，ピルビン酸の乳酸への転換を触媒する乳酸脱水素酵素の対立遺伝子頻度が地理的に異なっている（図21.8）。生化学的研究から，これらの対立遺伝子によりつくられる酵素は温度によって異なる機能をもつことがわかり，現在それが地理的変異の説明となっている。たとえば，北方域で高頻度に見られる酵素は南方域の酵素よりも低温でより高い触媒機能を示す。さらに低温では，北方型の対立遺伝子をもった個体の方が速く遊泳することができ，より生存に有利であると考えられる。

殺虫剤抵抗性の選択　自然集団における選択の例として，昆虫における殺虫剤抵抗性の研究をあげることができる。殺虫剤が広い地域で使用されることにより，500種以上の害虫においてすばやい進化がもたらされた。たとえば，イエバエでは *pen* 遺伝子座の抵抗性型の対立遺伝子が殺虫剤の取込みを減少させる。一方，*kdr* や *dld-r* 遺伝子座の対立遺伝子は標的部位の数を減らし，その結果殺虫剤が結合する力を抑えている（図21.9）。そのほかの対立遺伝子は殺虫剤分子を認識したり解毒する酵素の能力を高める働きがある。

　一つの遺伝子座が生物の抵抗性をになっていることもある。アカザ（*Amaranthus hybridus*）は約28種ある農地の雑草の一種であるが，除草剤トリアジンに抵抗性をもつようになった。トリアジンは葉緑体膜のあるタンパク質に結合して光合成を抑制するため，その植物が死にいたる。そのタンパク質の一つのアミノ酸を置換すると光合成の能力を低下させるトリアジンの効力を弱める。同様に，ドブネズミは通常殺鼠剤ワーファリンに感受性があり，この殺鼠剤により血液凝固作用が低下して致死的な出血を引きおこす。しかし，ある遺伝子座の抵抗性対立遺伝子はワーファリンの代謝過程を変化させ，その殺鼠効力をなくしてしまう。

五つの要因がHardy-Weinbergの法則によって推定される同型接合体と異型接合体の割合にずれを生じさせる。そのなかでも，選択だけは適応進化をもたらす変化を生みだす。しかし，突然変異，遺伝子流動，非任意交配および遺伝的浮動も集団の遺伝的構成や進化の過程に影響を与えることがある。

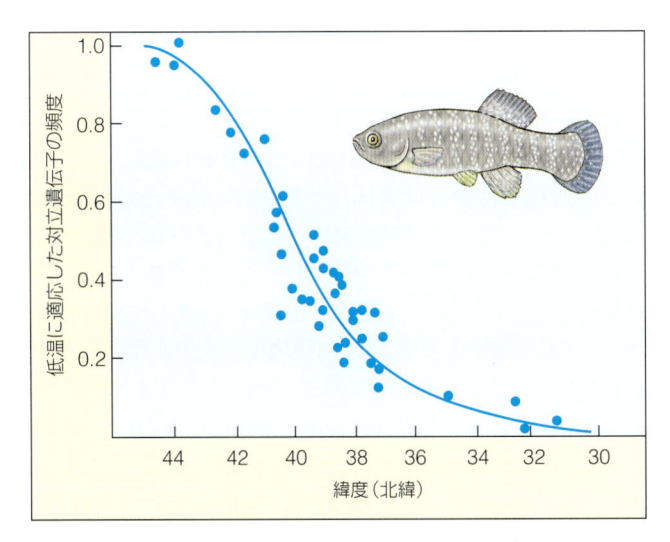

図 21.8
気候条件に適合した選択。　メダカに近い魚類の1種 *Fundulus heteroclitus* における乳酸脱水素酵素の低温に適応した対立遺伝子の頻度は，低緯度すなわち温暖地域に向かうに従い低下する。なぜ，対立遺伝子頻度は北から南へ向かうに従って変動するのか？

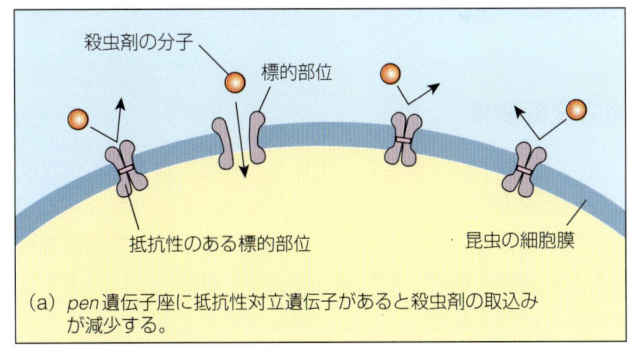

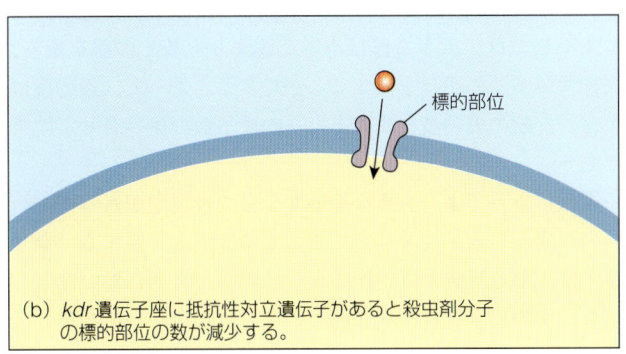

(a) *pen* 遺伝子座に抵抗性対立遺伝子があると殺虫剤の取込みが減少する。

(b) *kdr* 遺伝子座に抵抗性対立遺伝子があると殺虫剤分子の標的部位の数が減少する。

図 21.9
殺虫剤抵抗性に関する選択。　*pen* および *kdr* のような遺伝子座における抵抗性対立遺伝子は，昆虫をさらに殺虫剤抵抗性にする。これらの抵抗性対立遺伝子をもつ昆虫は選択を通して集団中に優占するようになる。

適応度をはかる

ある表現型をもった個体が別の表現型をもった個体よりも多くの個体を次世代へ残すことができるときに選択が起きている。進化生物学者は次世代へ残すこどもの数を**適応度**（fitness）とし，それを繁殖成功度とみなしている。適応度は相対的な概念であることを念頭におくことが重要である。つまり，もっとも適応した表現型とは単純に平均してもっとも多くの子孫を残すものをさすにすぎない。たとえば，ヒキガエルの集団に緑色と褐色という二つの表現型があったとする。さらに，緑色のヒキガエルが次世代に平均 4.0 匹の子孫を，褐色のヒキガエルは 2.5 匹の子孫を残すとする。習慣により，もっとも適応した表現型の適応度を 1.0 とし，ほかの表現型の適応度はそれに対する比で表すこととする。この場合，褐色の適応度は $2.5/4.0 = 0.625$ となる。両者の差である 0.375 は非常に大きい値である。ここでは，緑色の表現型がずっと優位に選択されたことになる。もし体色の違いが遺伝性のものであるならば，緑色のヒキガエルの頻度が次世代に著しく高くなることが予想される。さらに，もし二つの表現型の適応度に変化がないならば，褐色の対立遺伝子は集団から消失すると考えられる。

適応度の要素

選択はしばしば「最適者の生存」と表現されるが，生存度の違いは適応度の一つの要素にすぎない。生存の度合いに違いがないときでも，ある個体がほかの個体よりも繁殖に有利であれば選択が働く。縄張りをもつ多くの動物では，大きな雄が多くの雌と交配し，小さな雄は交配する機会が少なくなる。さらに，1回の交配あたりの子孫の数も重要である。カエルや魚では，大きな雌は小さな雌よりも多くの卵を産み，次世代に多くの子孫を残すことができる。よって，適応度は生存，交配の成功度，交配あたりの産子数の組み合せた結果である。

選択によってより大きな適応度をもつ表現型が残るが，一つの要素から適応度を推定することには慎重を要する。なぜならば，ある形質が適応度の一つの要素に有利に働いたとしても，別の要素では不利に働くかもしれないからである。たとえばアメンボにおいて，より大きな雌は1日あたりより多くの卵を産む（図 21.10）。このように，この段階での自然選択は大型のものを好んで残す。しかしより大きな雌は若くして死んでしまうので，繁殖の機会がより少ない。結果として，より小さな雌が優位に生存できる。総合的に見ると，二つの相対する選択の方向性がお互いを相殺するため，平均的な中型の雌が次世代にもっとも多くの子孫を残すことになる。

> 生物の繁殖成功度は寿命，交配の回数，および1回の産子数に依存している。

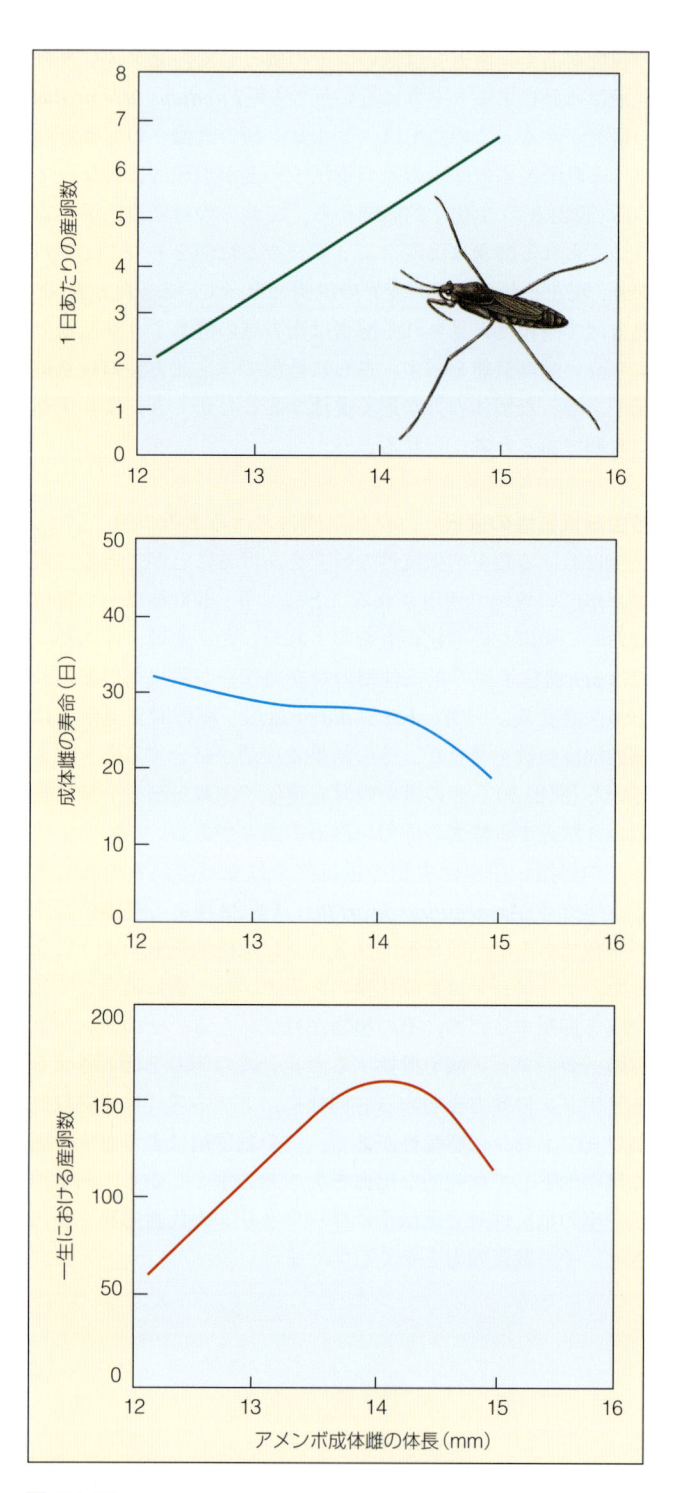

図 21.10
アメンボの体の大きさと産卵。 アメンボでは大型の雌ほど1日あたりの産卵数がより多いが，その寿命は短い。その結果，中型の雌が一生を通してもっとも多くの子孫を残し，もっとも適応しているといえる。
体の大きさについて，どんな進化上の変化が考えられるか？
もし1日あたりの産卵数が体の大きさと関係ないならば，別の変化も考えられるか？

進化に影響を与える力の関係

　集団に維持されている変異のレベルは，異なる進化的な過程の相対的な力関係によって決められる。たとえば，もし対立遺伝子 B が高率に対立遺伝子 b に突然変異する場合，自然選択が強く B を選んでいるとしても，b は集団中に維持される。しかし，突然変異率は自然選択に対抗できるほど十分に高くはない。

　自然選択の効果は遺伝的浮動とも拮抗することがある。これら二つの過程は集団からの変異を除こうとするものである。しかし，選択が生存や繁殖成功度を増す対立遺伝子の頻度を上げる方向に働くのに対し，遺伝的浮動は任意過程である。このように，遺伝的浮動は選択によって好まれる対立遺伝子の頻度を減少に導くこともある。極端な場合，遺伝的浮動により集団から有益な対立遺伝子が消え去ることもある。しかし，遺伝的浮動の力は集団の大きさと反比例している。したがって，自然選択は集団が非常に小さいときを除いて，遺伝的浮動に打ち勝つと思われる。

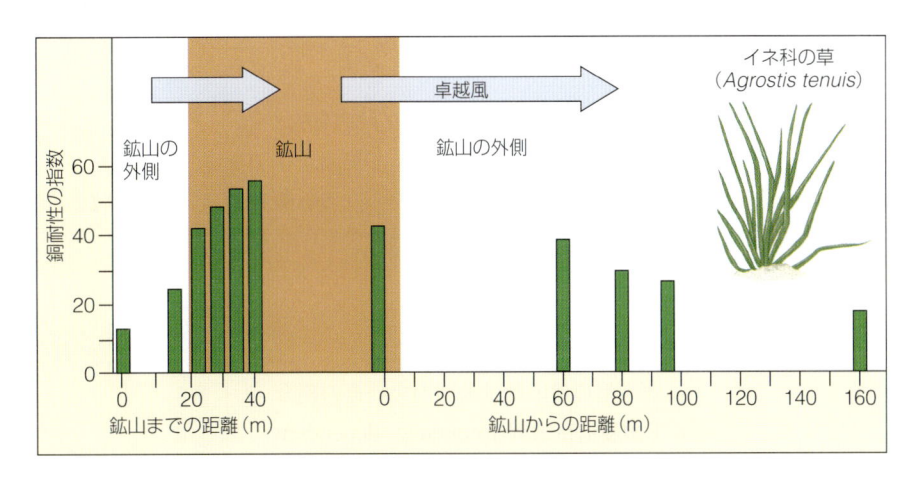

遺伝子流動と自然選択

　遺伝子流動は積極的かつ強制的な力をもつ。遺伝子流動はある集団に生じた有利な突然変異をほかの集団へ広げることにより，種の適応性を高めることができる。一方，遺伝子流動はほかの集団から劣悪な対立遺伝子を継続的に受け入れることにより，集団内の適応性を下げることがある。異なる環境にある二つの集団を考えてみよう。そして，自然選択により，二つの対立遺伝子 B と b が別々の集団で選ばれているとしよう。もし遺伝子流動やほかの進化的プロセスがないならば，B の頻度は一つの集団中で100％，b の頻度はもう一つの集団で100％となる。しかし，もし二つの集団間で遺伝子流動があるならば，自然選択により選ばれていない対立遺伝子が継続的にお互いの集団に流れ込むことになる。その結果，各集団における両対立遺伝子の頻度は，遺伝子流動が有害遺伝子をもち込む割合と自然選択がそれを除く割合のバランスを反映するであろう。

　遺伝子流動が自然選択と対抗する古典的な例が，英国の鉱山に見られる。採掘が数百年前に終わっているにもかかわらず，その地域の土壌には金属イオンが周辺域よりもかなり高濃度で存在している。高濃度の重金属は一般に植物に対して毒性をもつが，ある遺伝子座の対立遺伝子はその毒性に対する耐性をもたらす。重金属に対する耐性の獲得には相当の犠牲を払う必要があり，重金属がない地域では耐性の対立遺伝子をもつ個体の成長率は低い。よって，耐性の対立遺伝子は鉱山域において100％の頻度で存在するがほかの地域では全く存在しないと推測される。重金属の耐性については，イネ科の1種 Agrostis tenuis において徹底的に分析された。そして，予想に反して耐性の対立遺伝子が多くの地域で中間的な頻度で存在することが明らかになった（図21.11）。その理由は，この植物の花粉が風によって分散することに関係している。花粉とそれがもっている対立遺伝子が風により遠距離を運ばれ，鉱山域と非鉱山域のあいだでの遺伝子流動のレベルが自然選択の効果に対抗できるほどのレベルに達しているのであろう。

　通常，遺伝子流動が自然選択の効果をどれだけ妨げるかは，これら二つのプロセスの相対的な力関係による。風で花粉を拡散する植物や鳥類のような遺伝子流動の強い生物種では，好まれない対立遺伝子の頻度は比較的高いかもしれない。これに対し，サンショウウオのように遺伝子流動があまり見られない定着性の種では，好まれる対立遺伝子の頻度はほぼ100％にちがいない。

図 21.11
鉱山とその周辺における草の銅耐性の度合い。 銅で汚染されていない土壌では，耐性対立遺伝子をもつ個体の成長が遅い。したがって，鉱山地域では銅耐性が100％で，鉱山の外では0％と予想された。しかし，卓越風が非耐性の遺伝子をもつ花粉を鉱山域へ，耐性の遺伝子をもつ花粉を鉱山の外へと運んだ。
銅耐性の頻度は鉱山域からの距離によって影響されると考えられるか？鉱山域の風上か風下かによって，その答えは変わりうるか？

対立遺伝子頻度は遺伝子流動と自然選択のような相対するプロセスのあいだのバランスを反映することがある。観察される対立遺伝子頻度は，プロセスの相対的な力関係に依存している。

自然選択は集団内の変異を維持しうる

これまでのページで，自然選択とは一つの遺伝子座における特定の有利な対立遺伝子を選抜することによって集団から変異を取り除く過程である，と論じてきた。しかし，ある条件下では選択は正反対に働き，集団中の変異を維持する。

頻度依存選択

ある条件では，ある表現型の適応度は集団内でのその割合に依存する。この現象を**頻度依存選択**（frequency-dependent selection）とよぶ。負の頻度依存選択では，稀少な表現型が選択により有利になる。遺伝的要因により表現型変異が生じるとすると，負の頻度依存選択によって稀少な対立遺伝子の頻度は高くなり，変異が集団内に維持される結果となる。

負の頻度依存選択はさまざまな原因で生じる。たとえば，何かを捜している動物やヒトが，脳裏に「探索像」を形成することはよく知られている。この方法により，対象物をほかの物から簡単に識別できるようになる。おそらく捕食者はもっとも頻繁に出合う獲物の表現型に対して探索像を形成するだろう。そうなれば，稀な表現型をもつ個体が捕食される確率は低くなるだろう。一つの例は，三つの異なる体色の個体が共存する水生昆虫のフウセンムシを魚が捕食する場合である。実験では，ある色の個体数がもっとも多い場合，ほかの二色のものより被食率が不釣合いに高くなった（図21.12a）。もう一つの例は資源競争である。多くの植物で見られるように，遺伝子型の違いにより資源要求が異なる場合，稀少な遺伝子型をもつ個体は資源競争にさらされる確率が低くなるわけである。すべての遺伝子型の個体が等しく利用できるようにさまざまな資源が豊富にある場合には，稀少な遺伝子型の個体は，集団内で優勢な遺伝子型をもつ個体より競争が少ない分，有利になるだろう。

正の頻度依存選択はこれらとは逆の効果を示す。多数を占める優勢形質が優位となり，集団内変異が除去される傾向へ進む。たとえば，捕食者は標準的な形質の個体をつねに選ぶとは限らない。ある場合では，「変わり者」はほかの個体より目立ってしまい捕食者の注意を引いてしまう（図21.12b）。

振動性選択

選択はあるときにはある特定の表現型が有利であるように働き，また別のときにはほかの表現型が有利になるよう作用することがある。この現象を**振動性選択**（oscillating selection）とよぶ。もしこの様式の選択が集団中でくり返されたら，その集団内には遺伝的変異が維持されることになるだろう。一つの例は，第22章で議論されるガラパゴス諸島の中型フィンチについてである。乾季には彼らの餌資源のうち小型のや

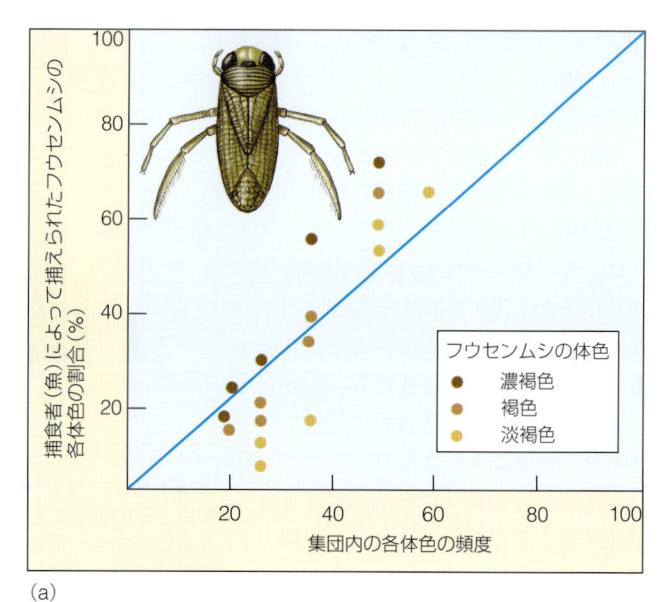

図 21.12
頻度依存選択。 （a）捕食者はもっとも一般的な獲物の形質に対して探索像をつくり上げる傾向がある。ある実験で，三つの異なる体色をもつ水生昆虫フウセンムシの集団中に魚を放った。体色の如何にかかわらず個体数が多い体色のフウセンムシが集中的に捕食された。一方，ある体色の個体数が少なくなるとこれに対する捕食はほとんど起こらなかった（負の頻度依存選択）。（b）ある場合には，稀少な形質をもつ個体はほかから目立ち，捕食者の注意を引いてしまう。この場合，もっとも一般的な表現型が有利となる（正の頻度依存選択）。

わらかな種子は枯渇してしまうが，大型の種子は利用可能である。したがって，大きいくちばしをもつ個体はこの時期での生存に有利である。しかし雨季になると小型の種子が増加し，小さいくちばしの個体が有利となる。

振動性選択と頻度依存選択は似ているが，両者の違いを理解することは重要である。振動性選択では，表現型の適応度は集団中でのその割合に依存せず，むしろ環境の変化が選択の振動を引きおこす。これに対し頻度依存選択では，ある表現型の割合そのものの変化がほかの表現型の適応度を変化させる。

異型接合体の有利性

仮にある遺伝子を異型接合にもった個体が同型接合である個体より有利であれば，その場合の自然選択は集団内変異を維持する傾向をもつ。このような**異型接合体の有利性**（heterozygote advantage）によって，集団において両方の対立遺伝子が維持されるだろう。進化生物学者の中には，異型接合体の有利性は広がりやすく，自然集団にみられる高レベルの多型はそれによって説明できると信じている者もいる。しかし，別の者たちは異型接合体の有利性は比較的稀にしか生じないと考えている。

異型接合体の有利性に関するもっとも明解な例は，ヒトのヘモグロビン構造に影響を及ぼす遺伝性疾患である鎌状赤血球貧血症である。この病気の患者は著しい貧血症状を示し，その赤血球は変形して長い鎌のような形を呈する（図21.13a）。第13章において，なぜこの疾患で赤血球が鎌状になるのかが説明されている。

中央アフリカのヒト集団における鎌状赤血球対立遺伝子（S対立遺伝子）の平均的な出現率は約0.12であり，これはアフリカ系アメリカ人の集団で見られる値よりはるかに高い。Hardy-Weinbergの法則から，中央アフリカのヒト集団では5人に1人がS対立遺伝子異型接合を示し，100人に1人は同型接合で致命的な障害をもつと算出される。S対立遺伝子を同型接合でもつ患者の多くは成人に達する前に亡くなるため，彼らが子孫を残すことはほとんどない。ではなぜ，S対立遺伝子は選択によって中央アフリカのヒト集団から除かれず，むしろ高いレベルで維持されているのであろうか？ S対立遺伝子を異型接合にもつ（そして鎌状赤血球貧血症を発症していない）人々は，中央アフリカにおいて特にこどもに重篤な症状を示す疾病であるマラリアに感染する率が極めて低いのである。異型接合のヒトの場合でも，熱帯熱マラリア原虫（*Plasmodium falciparum*）が赤血球内に侵入すると赤血球細胞内は極度の酸欠状態となり，その形は鎌状へと変形する（S対立遺伝子をもたないヒトではこのようなことは起こらない）。このような異常を示す鎌状赤血球は脾臓のろ過作用によって血流外へとすぐに除去されてしまう。すなわち寄生虫も同時に取り除かれてしまうのである（同型接合の場合，脾臓のろ過作用は大量の赤血球を取り除いてしまうので重篤な貧血症が引きおこされる）。

したがってほとんどの場合，同型接合をもつ患者は子孫を残す前に亡くなってしまうが，鎌状赤血球対立遺伝子は集団内で高レベルで維持されている（選択されている）。なぜなら，異型接合がマラリアへの抵抗性に有利であり，また原因はまだ解明されていないが，女性の異型接合が出産数の増加と関連することも知られている。

マラリア流行地に暮らす人々にとって，鎌状赤血球対立遺伝子を異型接合でもつことは適応にほかならない（図21.13b）。アフリカ系アメリカ人についていえば，彼らの祖先の多くは，マラリア感染率が相対的に低く，現在ではほぼ存在しない国に約15世代にわたってすんできた。このような環境ではマラリアに対する抵抗性は重要ではなく，適応価値はない。このため非マラリア感染地帯において，選択はS対立遺伝子を除去するように作用する。375名のアフリカ系アメリカ人のうち，わずか1名が鎌状赤血球貧血症を発症するにすぎない。これは中央アフリカと比べると極端に少ない値である。

選択はいろいろな方法で集団内変異を維持させることができる。

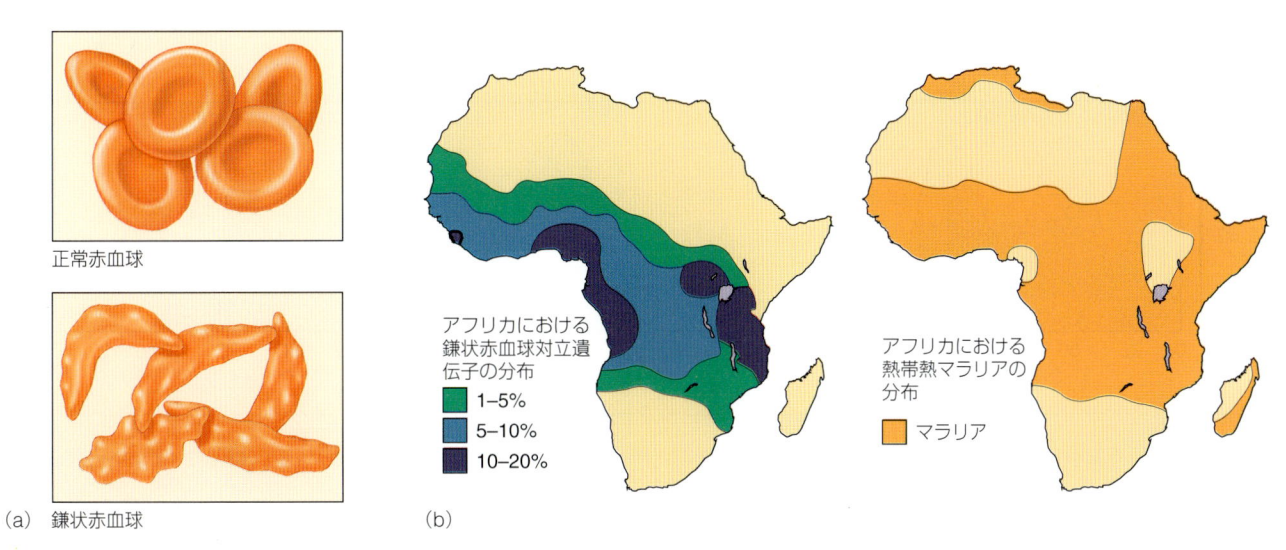

図 21.13
鎌状赤血球対立遺伝子の頻度と熱帯熱マラリアの分布。 (a) 血中の酸素レベルが低くなると，鎌状赤血球対立遺伝子を同型接合にもつヒトの赤血球は鎌状に変形してしまう。(b) アフリカにおける鎌状赤血球対立遺伝子の分布は，マラリアの分布とよく一致している。

21.3 選択は多くの遺伝子の支配下にある形質に作用できる

選択の様式

生物のさまざまな特徴，おそらくほとんどすべて，は複数の遺伝子によって支配されている．第13章で述べたとおり，遺伝子間の相互作用は実に複雑である．たとえば，ヒトの身長を決定するだけのためにさまざまな遺伝子の対立遺伝子が役割をになっている（図13.16参照）．このような場合，身長に対する選択はすべての遺伝子に作用することになり，身長という形質にもっとも強く寄与する遺伝子に対してその影響が最大となる．選択が集団をどのように変化させるかは，どのような遺伝子型をもった個体が有利になるかということに依存している．

分断選択

ある状況下で，選択は中間的なタイプを除去するように働く．この現象を**分断選択**（disruptive selection）という（図21.14a）．典型的な例は，異なった大きさのくちばしをもつアカクロタネワリキンパラ（*Pyrenestes ostrinus*，図21.15）である．この鳥の集団には大・小二つのタイプのくちばしをもった個体が見られるが，両者の中間的な大きさのくちばしをもった個体もまれに出現する．名前のとおり，この鳥は種子を食べるのであるが，大小二つの異なる大きさの種子を採食する．大きなくちばしをもった個体は大型の種子の堅い殻を開けることができる．一方，小さなくちばしをもった個体は小型の種子を器用に採食する．中間的な大きさのくちばしをもった個体は，どちらの大きさの種子を採食する際にも不利である．すなわち，大きな種子を開けることができず，小型の種子を器用に扱うこともできない．したがって選択は中間的なものを除くように作用し，集団中には二つの異なった形質をもったグループが存在することになる（表現型は「二つにはっきり分かれる」ことになる）．

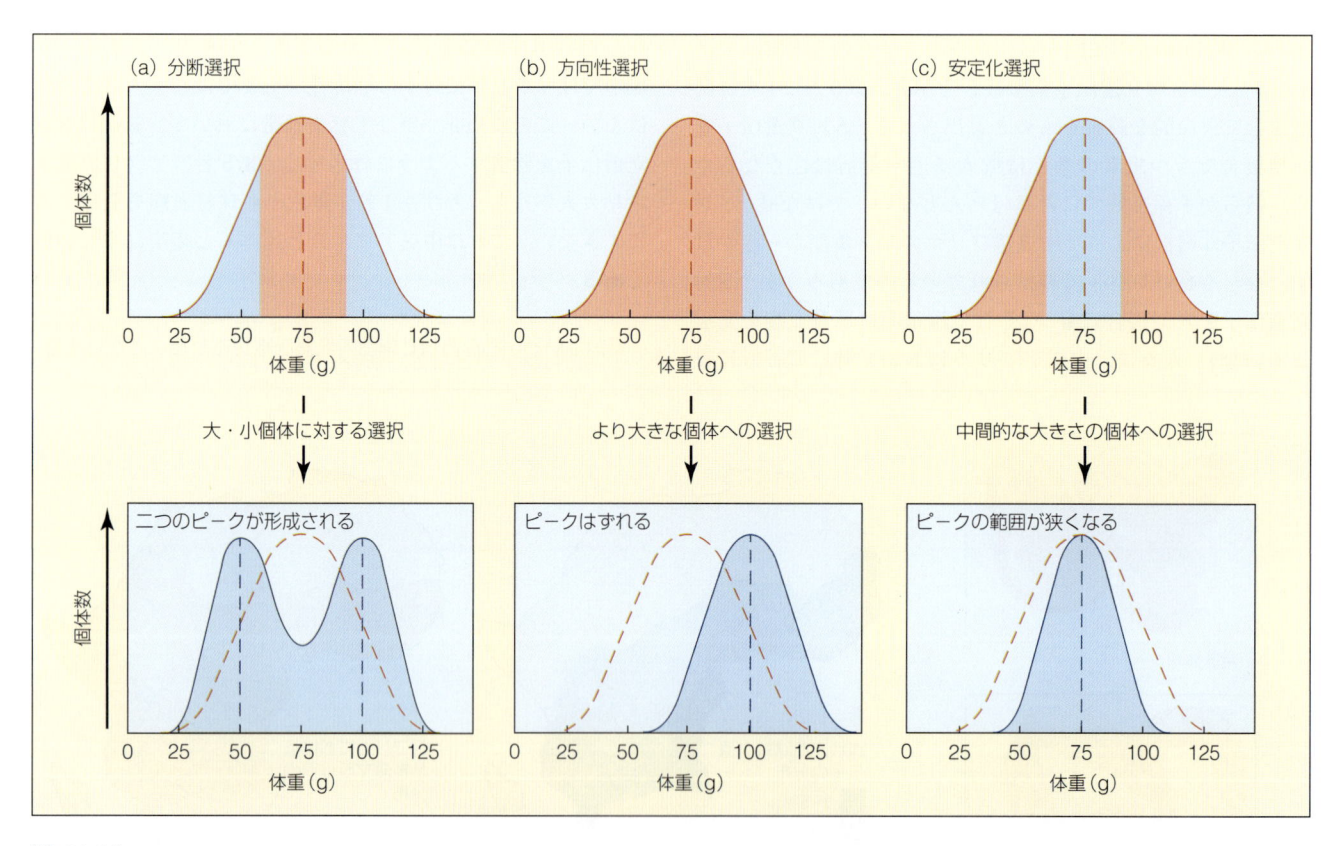

図 21.14
選択の三つの様式． 上段の図はいずれも選択が起こる前の集団を示す．赤い部分は選択により取り除かれることになる形質，青い部分は選択により残ることになる形質を示す．下段の図は，変異が遺伝にもとづくという前提で，選択が起こったあとに集団がどのようになるかを示している．(a) 分断選択では，中間的な表現形質をもった個体は取り除かれ（赤），極端な形質をもった個体が有利となる（青）．(b) 方向性選択では，ある極端な表現型をもった個体が有利である．(c) 安定化選択では，中間的な表現型をもったものが有利となり，極端な表現型（両端）は取り除かれる．

図 21.15
くちばしの大きさに対する分断選択。　西アフリカのアカクロタネワリキンパラ（*Pyrenestes ostrinus*）におけるくちばしの大きさの違いは，分断選択の結果である。

方向性選択

選択により一方の極端な形質をもった個体が集団中から取り除かれる場合，この極端な形質を支配する遺伝子の頻度は集団中で低くなる。この選択様式を**方向性選択**（directional selection）とよぶ（図21.14b）。たとえば図21.16に描かれたショウジョウバエ集団において，正の走光性を示す個体を除去すると，この行動を支配する対立遺伝子の集団内頻度が低下する。仮に新しい集団から任意に個体を選んだ場合，時間を経た古い集団から選んだ場合よりも正の走光性が見られる可能性はより高くなる。人為的に正の走光性を示す個体を除去すると，集団全体の光に対する反応はより低くなるのである。

安定化選択

選択が両方の極端な表現形質を取り除く場合，中間的なタイプの割合が増加する。これを**安定化選択**（stabilizing selection）とよぶ（図21.14c）。選択は集団がこの中間的な形質からはずれる変化を妨げるように作用する。選択は集団中でもっとも多数を占める表現型を変化させず，むしろ極端な表現型を取り除くことにより，中間的な形質をより一般的なものとする。多くの例が知られているが，ヒトでは出生時に中間的な体重である赤ん坊は生存率が高いし，アヒルやニワトリにおいて中間的な重さの卵はもっとも高率に孵化する。

多くの遺伝子によって支配される形質に対して，選択は両方の極端な形質，中間的な形質，あるいは一つの極端な形質などいろいろに作用する。

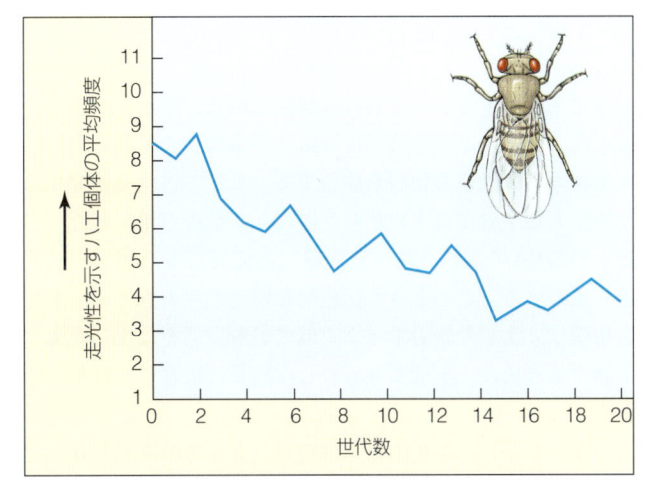

図 21.16
ショウジョウバエの負の走光性に対する方向性選択。　正の走光性を示すハエをとり除き，負の走光性を示すハエのみを親として次世代を作成した。この処置を20世代以上くり返すと，進化的な変化が生じた。
仮に研究者が，"正"の走光性をもつハエを残し，負の走光性を示すハエを除いたとしたら20世代後に何が起こるだろうか？

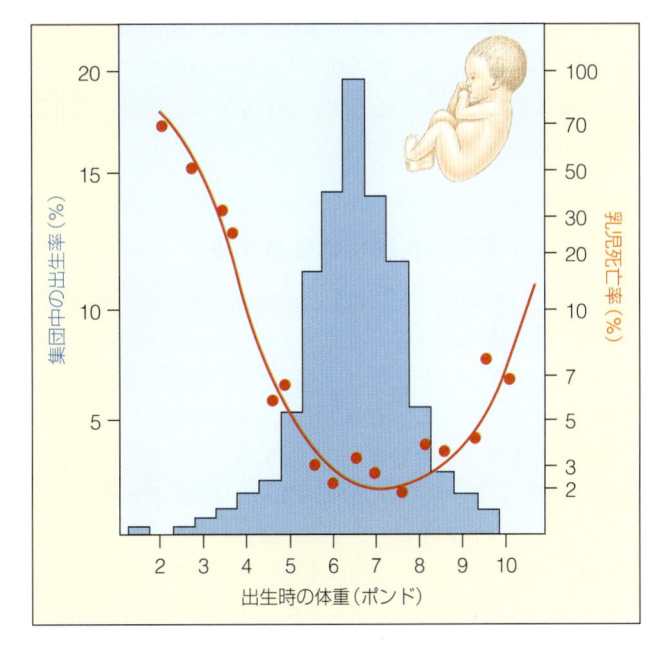

図 21.17
ヒトの出生時体重に対する安定化選択。　新生児の死亡率（赤線および右側のY軸）は，中間的な出生時体重を示す赤ん坊でもっとも低い。体重がより大小に傾くと，7〜8ポンドのあいだのもっとも標準的な重さの赤ん坊（青の部分および左側のY軸）に比べて死亡率が高くなる。
医療技術の発達は乳児の死亡率を減少させたが，集団における出生率の分布はどのように変わると期待されるか？

グッピーの体色についての選択

進化を研究する生物学者は伝統的に過去，数百万年，数千万年前に起きたことを調べている。恐竜について知るために古生物学者は恐竜の化石を観察する。ヒトの進化を研究するために人類学者はヒトの化石を観察し，数百万年にわたってヒトのDNAに蓄積されてきた遺伝的変異にもとづいた「系図」を調べる。このような伝統的な研究手法の点では，進化生物学は天文学や歴史学とよく似ている。過去に生じたことを調べるために，実験よりもむしろ観察に依存しているのである。

しかしながら，進化生物学は観察によってのみ成り立っている科学ではない。Darwinは多くの点で正しかったが，一つの点で過ちを犯している。それは，進化が起こる速さについてである。彼は進化はほとんど気づかれずに非常にゆっくりと進行するものであると考えた。しかし近年の多くの研究によれば，特定の環境下では進化的変化は速やかに進むことが示されている。したがって，進化仮説を検証するための実験を計画することが可能である。ショウジョウバエやその他の生物に関する実験室内での研究は50年以上にわたって行われてきたが，実験による進化の研究が実際に開始されたのはごく最近のことである。野外観察と実験室や野外での実験とをどのように組み合わせたらよいかを示すよい例を，グッピー（*Poecilia reticulata*）の研究に見ることができる。

グッピーは異なった環境に生息する

グッピーはその鮮やかな体色と繁殖力の強さから観賞魚として広く飼育されている。本来グッピーは，南アメリカ北西部およびトリニダード近くの島の渓流域に生息する。グッピーが生息する渓流域には滝が存在し，驚いたことに，グッピーや他種の魚はこの滝を遡って分布を広げることができるのである。特にメダカの仲間 *Rivulus hartii* は優れた移住能力を有し，雨が降る夜に水から上がり，湿った葉の上などを這って移動する。グッピーにはそこまでの能力はないが，上流へ向かう泳ぎは達者である。洪水が頻発する時期に河川は時に氾濫を起こし，森のなかを縫うような水の流れが出現する。この機に乗じてグッピーは上流へと移動し，滝の上の溜りへと移動することができる。これに対して，ある種の魚はこのような移動ができず，つねに滝より下流に生息する。パイクシクリッドの仲間 *Crenicichla alta* も滝によって分布を制限されている。この魚は貪欲な捕食者で，グッピーを含むほかの魚を餌としている。

分散に対するこのような地理的障壁のため，グッピーは二つの非常に異なった環境に生息している。滝の下の溜りでは *C. alta* による捕食の危険性が高く，生存率が相対的に低くなる。一方，滝の上の溜りでは捕食者は *R. hartii* のみであり，

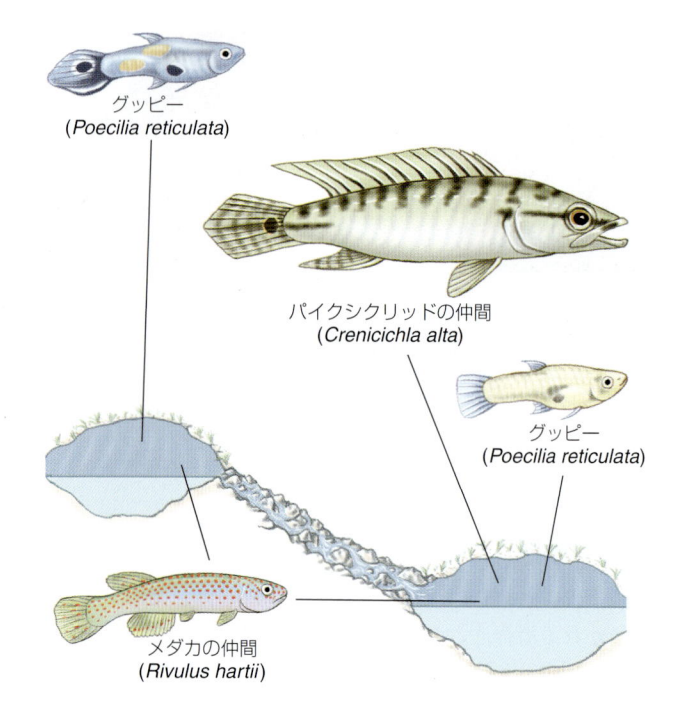

図 21.18
グッピーにおける保護色の進化。 捕食される率が高い滝の下の溜りにおいて，グッピー（*Poecilia reticulata*）の雄は目立たない体色を呈している。恐ろしい捕食者であるパイクシクリッドの仲間 *Crenicichla alta* がいない滝の上の溜りでは，雄グッピーは鮮やかな色を呈して雌グッピーを魅惑する。メダカの仲間 *Rivulus hartii* もまた捕食者であるがグッピーをほとんど捕食しない。グッピーにおけるこの進化的変化は，実験的に検証することが可能である。

この魚は滅多にグッピーを捕らえることはない。滝の上下でグッピーの形質は非常に異なっている。滝の下の溜りではグッピーは目立たない色を呈し，より若齢で繁殖可能となり，成魚の大きさは相対的に小型である。これに対して，滝の上の雄グッピーは派手な色を呈し，この特徴は雌に対する求愛に利用される（図21.18）。成長に要する時間は長く，成魚はより大型である。

これらの違いは自然選択の働きを示唆する。捕食される確率の低い環境で，雄は派手な色彩と斑点をもち雌への求愛にこれを使用する。さらに，より大きな雄はなわばりを維持して雌との交配ができ，大きな雌もより多くの卵を産むことができるであろう。このように捕食者不在の環境において，より大きく，より派手な体色をもったグッピーはより多くの子孫を残すことができるため，集団はこういった有利な特徴を保持するように進化する。しかし滝の下の溜りでは，自然選択によって滝の上とは異なった特徴をもつ個体が有利となる。派手な体色をもったグッピーは *C. alta* の注意を引いてしまうだろう。そして滝の下での高い被食率は個体の平均寿命が滝の上のものより短いことを意味している。したがって，より目立たず，自身のエネルギーを成長や大型化にではなく，むしろ早期の繁殖へと変換している個体が自然選択によって優位に立つことができるであろう。

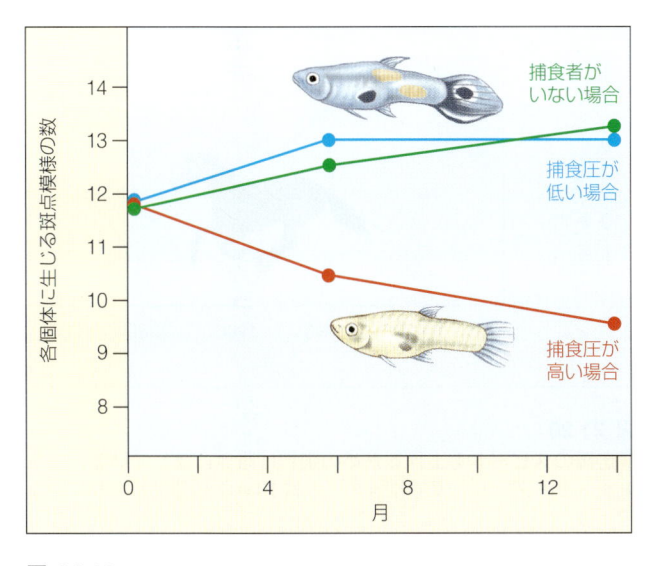

図 21.19
斑点模様の進化的変化。 実験室で捕食される率の低い，または捕食者のいない環境に放たれたグッピーは，多数の斑点模様を呈するようになる。一方，捕食者である C. alta がいる環境では，模様はより目立たないものになる。同様の結果が滝の上・下の溜りにおける野外実験でも示されている（写真）。
これらの結果はグッピーの捕食者が獲物の居場所を突き止める方法にどのように影響を与えているのであろうか？

実験計画

滝の上下に生息するグッピーの違いは，捕食圧によって生じた進化的応答であるとみなされるが，ここでもう一つ別の説明も可能かもしれない。滝の下のグッピー集団のなかで非常に大型の個体だけは，小型のものより容易に滝を遡って移住できるであろう。もしこれが事実であれば，創始者効果が生じて大型化遺伝子をもった個体からなる滝の上の新集団が確立されたことになる。

屋内実験 このような二つの可能性を検証する唯一の手段は計画的に実験を行うことである。カリフォルニア大学サンタバーバラ校で，John Endler は温室中の大型プールを用いて最初の実験を行った。彼は，まず最初に2000個体のグッピーを10の大型プールに均等に分け飼育を開始した。半年後，C. alta が四つのプールに放たれた。これらとは別の四つのプールに R. hartii も加えられ，残り二つのプールには何も加えず実験の「捕食なし」のコントロールとした。14か月後（これはグッピーの10世代分の時間に相当する）に集団を比べたところ，R. hartii を加えたプールとコントロールのプールに差はなかった。これらのプールのグッピーは，鮮やかな色を帯び，大型であった。これに対して C. alta を加えたプールのグッピーは小型で地味な色を呈していた。これらの結果から，捕食がすみやかな進化的変化を導くであろうと推定された。しかし，この実験結果は自然界において生じることを本当に反映しているのだろうか？

野外実験 このことを明らかにするため，Endler とカリフォルニア大学リバーサイド校の David Reznick を含むチームは滝の下の溜りにのみグッピーが生息する2か所の渓流を調査地に定めた。この滝の下の溜りには，ほかのトリニダードの渓流と同様に C. alta も生息していたが，R. hartii は滝の上にのみ生息していた。彼らは滝の下のグッピー集団の一部を滝の上へと移し，数年間隔で観察を行った。被食率が高かった集団（滝の下の集団）から移されたにもかかわらず，滝の上の新しい集団は速やかに被食率が低い場合のグッピー集団へと進化した。すなわち，成熟が遅く，大型になり，鮮やかな体色をもつようになった。滝の下の集団は目立たない体色で，早く成熟し，小型のままであった（図21.19）。さらなる研究によって，これらの変異が遺伝的変異の結果であることが確認されており，事実上の進化的変化が12年以内に起こることが実証された。またこれら一連の研究は，科学者が進化仮説を立て，それを検証することができるということを示した。実験結果は自然選択による進化論を強く支持するものである。

進化生物学は歴史学的要素の強い科学であるが，ある環境下でどのように進化が起こるかについての仮説を検証する実験を実際に行うことができる場合がある。このような研究により，自然選択が速やかに進化的変化をもたらすことがしばしば示されている。

選択が果たしうる限界

遺伝子は複数の効果をもつ

選択は遺伝的変化の要因となるもっとも重要なものであるが，その作用には限界がある。この限界はさまざまな理由によって生じる。たとえば，対立遺伝子はしばしば複数の形質を支配している（多面発現効果，第13章参照）。これらの複数の効果が表現型をどの程度まで変えることができるのかについては，ある限界が認められる傾向がある。たとえば，ニワトリにおいてより多くの産卵数を選択形質とした場合，結局はより殻の薄い壊れやすい卵の大量生産を誘発するだけである。このため，現在のところ2倍量の卵を産むニワトリ，2倍の肉を産する巨大なウシ，あるいはすべての葉の基部に実をつけるトウモロコシなどをつくることは不可能である。

進化は遺伝的変異を必要とする

現在活躍している競走馬サラブレッドの遺伝子プールの80％以上は，18世紀後半以降の31頭の祖先に由来する。サラブレッドに対する強い方向性選択にもかかわらず，その成績（走行タイム）は50年以上のあいだ進展していない（図21.20）。おそらく，強い選択が行われたあいだに変異による新しい形質の補給ができないほど高い割合で，変異が集団から取り除かれてしまったのだろう。このため，現在遺伝的変異が残っておらず，進化的変化が不可能であるのかもしれない。

一つの特徴に対する表現型変異が決して遺伝的変異にもとづかない場合がある。昆虫の複眼は数百の個眼とよばれる視覚単位からなる（下巻第33章参照）。ある個体では左眼は右眼より多くの個眼を含むが，別の個体では右眼がより多くの個眼を含んでいる。科学者たちが実験室において強い選択を行ったにもかかわらず，つねに右眼より左眼が多くの個眼を含むようなショウジョウバエの系統をつくることはできなかった。これは，左眼と右眼の個眼を区別するような遺伝子の作用が存在しないためである。むしろ同じ遺伝子が両眼に対して作用し，個眼の数の違いは発生過程で両眼が形成される時に生じる偶発的な違いにほかならない（図21.21）。したがってこの場合，表現型変異は存在しても選択に反応する遺伝的変異は存在しないのである。

遺伝子の相互作用は対立遺伝子の適応度を左右する

第13章で議論したように，**上下位性**（エピスタシス，epistasis）は，ある遺伝子の対立遺伝子の働きがほかの遺伝子の対立遺伝子に依存しているため，異なった効果が生じるという現象である。上下位性のために選択によるある遺伝子の対立遺伝子の優位性は変化を余儀なくされるかもしれない。もし集団多型が下位の遺伝子に存在する場合，この遺伝

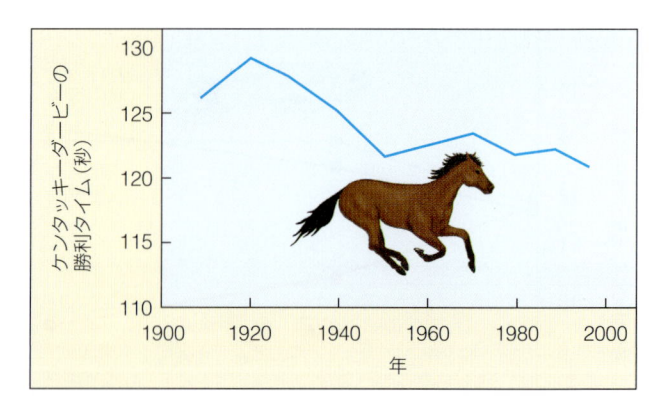

図 21.20
競走馬のスピードを上げるための選択は限界に達している。 ケンタッキーダービーでの優勝タイムは1950年以降更新されていない。
何が優勝タイムの更新を妨げているのだろうか？

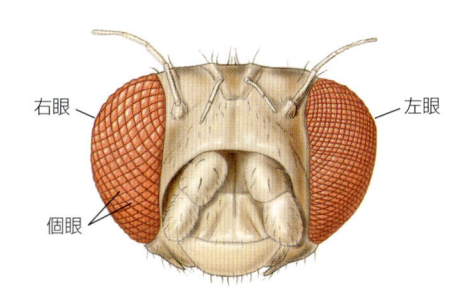

図 21.21
昆虫の個眼における表現形質の変異。 ある個体では，左眼の個眼数は右眼のそれよりも多い。

子の異なった対立遺伝子が集団中の各個体で作用していると考えられ，上位の遺伝子における選択は制約を受けることになるかもしれない。

ハーバード大学のDan Hartlのグループは，異なった6-PGD酵素対立遺伝子をもつ細菌をグルコン酸塩（酵素基質）のなかで培養した。彼らは，異なった対立遺伝子をもつ細菌が正常条件下ですべて同じ速度で生育することを発見した。自然選択はある一つの対立遺伝子を優位にはしなかったのである。しかしながら，6-PGD酵素遺伝子の下位で働くある遺伝子は，グルコン酸代謝に関する別の生物化学的過程を選択的に調節しており，この遺伝子のある稀少な対立遺伝子はその生物化学的過程を妨げるように作用する。その結果，最初の6-PGD酵素のみがグルコン酸塩の利用に作用することになる。Hartlがこの稀少な対立遺伝子をもつ細菌を調べたところ，この対立遺伝子をもたない細菌と比べて，いくつもの6-PGD対立遺伝子をもつ細菌が著しく多いことがわかった。上下位性関係が両遺伝子間に存在し，自然選択は下位の遺伝子に存在する対立遺伝子に依存して起こっていることが明らかである。

進化的変化を産みだすための選択は，さまざまな要因によって妨げられる。

第21章のまとめ

21.1 遺伝子は自然集団において変化する

"進化は遺伝的変異によって起こる"

- 進化とは，長期にわたって遺伝的変異が蓄積された結果生じる種内変化である。(p. 434)
- Darwinは自然選択が進化の機構であると提唱したが，Lamarckは個体が生存中に獲得した形質が子孫に伝わるものと信じていた。(p. 434)

"自然界の遺伝的変異"

- 進化とは，集団の遺伝的変異に変化が生じる過程を経て起こる。(p. 435)
- DNA分析によって，遺伝的多型(複数の対立遺伝子をもった遺伝子座)が存在するという多くの証拠が見いだされている。(p. 435)

21.2 なぜ対立遺伝子頻度は集団中で変化するのか？

"Hardy-Weinbergの法則"

- ある集団において，その規模が大きく，交配が自由に行われ，変異および新しい個体の移入が存在せず，選択による影響がない場合，集団内における遺伝子型の比率は一定である。(p. 436)

"進化をもたらす五つの要因"

- 突然変異，遺伝子流動，非任意交配，遺伝的浮動(創始者効果やボトルネック効果を含む)と選択(自然あるいは人為的)は，進化的変化をもたらす要因である。(pp. 438〜441)

"適応度をはかる"

- 適応度は次世代に生存する子孫の数で見積もることができる。最大適応度は1と定義される。(p. 442)

"進化に影響を与える力の関係"

- 集団変異は，遺伝子流動と自然選択のような相対するプロセスのバランスによって決定されるらしい。(p. 443)

"自然選択は集団内の変異を維持しうる"

- 負の頻度依存選択は稀少な表現形質を有利にするのに対し，正の頻度依存選択は多くを占める標準的な表現形質を有利にする。(p. 444)
- 変動性選択はそのときに応じて異なった表現形質を有利にする。(p. 444)
- 鎌状赤血球貧血症とマラリアの例のように，異形接合がホモ接合より有利であれば，変異は維持されるに違いない。(p. 445)

21.3 選択は多くの遺伝子の支配下にある形質に作用できる

"選択の様式"

- 分断選択は中間的な形質を取り除くように作用する。(p. 446)
- 方向性選択は一つの極端な形質を取り除くように作用する。(p. 447)
- 安定化選択は両方の極端な形質を取り除くように作用する。(p. 447)

"グッピーの体色についての選択"

- グッピーは異なった自然環境に生息する。高い捕食圧に曝されている集団は目立たない体色を示し，捕食圧の存在しない集団と比べて小型になる。(p. 448)
- 屋内および野外における実験は，捕食が速やかな進化的変化を生じさせ，集団間の相違が遺伝的変化にもとづいていることを示す。(p. 449)

"選択が果たしうる限界"

- 同一遺伝子の複数の効果は，表現型を変えることができるレベルを規定する。(p. 450)
- 遺伝的変異なしに表現型変異を選択して進化的変化をもたらすことはできない。(p. 450)
- 上下位性では，ある遺伝子の対立遺伝子の効果はほかの遺伝子に存在する対立遺伝子に依存する。(p. 450)

質問のページ

自習問題

1. 以下のなかで Hardy-Weinberg の法則の仮定にあてはまらないものは以下のうちどれか？
   a. 交配は優位な個体が優先的に行う。
   b. 集団サイズは十分に大きい。
   c. 集団への個体の出入りは存在しない。
   d. 変異は存在しない。

2. 赤色（優性）と白色からなる花の集団において，赤色花の頻度が91%である。このとき，赤色花の対立遺伝子頻度は何%であるか？
   a. 9%　　　　　b. 30%
   c. 91%　　　　d. 70%

3. 遺伝子流動を説明するもっとも適した記述は以下のうちどれか？
   a. 任意交配　　　b. 移住（移動）
   c. 遺伝的浮動　　d. 選択

4. 集団に生じる自然選択において必要ではない条件は以下のうちどれか？
   a. 集団間での個体の移動が可能でなければならない。
   b. 変異は遺伝的に伝わらなければならない。
   c. ある変異は次の世代において生存可能なより多くの子孫を残すことを可能にする。
   d. 個体の表現形質に変異が存在しなければならない。

5. 集団における遺伝的変異の究極的な原因は何か？
   a. 遺伝子流動　　b. 同類交配
   c. 突然変異　　　d. 選択

6. 自然選択に対抗して働くのは以下のうちどれか？
   a. 遺伝的浮動
   b. 遺伝子流動
   c. 突然変異
   d. これらのすべてがある場合において自然選択に対抗して働く。

7. 中央アフリカのヒト集団における鎌状赤血球対立遺伝子の維持は，以下のどの現象の例か？
   a. 遺伝子流動　　b. 異型接合優性
   c. 遺伝的浮動　　d. 非任意交配

8. 仮にマラリア感染が世界的に拡大した場合，アメリカではどのようなことが起こると予測されるか？
   a. 時間経過とともに，鎌状赤血球対立遺伝子は集団中に拡大していく。
   b. 多くの人々はマラリアにより死に至るだろう。
   c. 鎌状赤血球対立遺伝子を異形接合にもつ人々は，マラリアに対する低い感受性を示すだろう。
   d. これらのすべてのことが起こるであろう。

9. 中間的な表現形質を取り除くように働くのは何か？
   a. 方向性選択　　b. 分断選択
   c. 安定化選択　　d. 偶発的機会

10. 滝の上の溜りに移されたとき，グッピー集団はより多くの斑点模様をもつようになる。それはなぜか？
    a. 捕食者が存在しない。
    b. 彼らは異なった食物資源を消費した。
    c. 斑点はグッピーを周囲の環境から目立たなくさせる。
    d. 上記すべての理由が該当する。

図解き問題

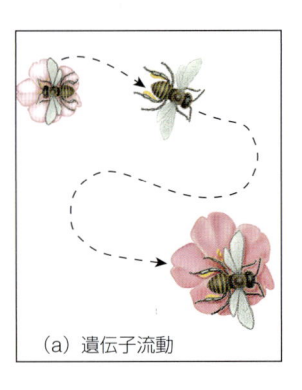

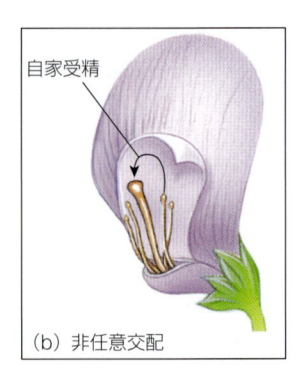

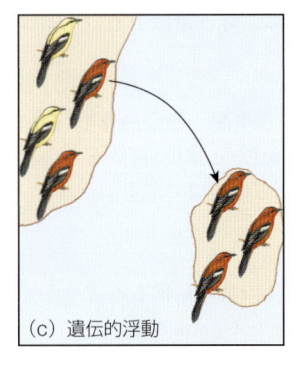

(a) 遺伝子流動　　(b) 非任意交配
(c) 遺伝的浮動　　(d) 選択

1. 図にあてはまる説明を選びなさい。
   a. 類似した表現型の個体どうしが交配する。
   b. 個体の移住
   c. 宇宙探索で，火星に100人の集団を移住させる。
   d. 原子力発電所は沸騰水を貯水槽の中へ放出する。このとき，熱ショック遺伝子をもったものを除き，すべての細菌は死滅する。

応用問題

1. 非常に大きく任意交配がなされているという点で理想的な Hardy-Weinberg 集団によく似たヒト集団があったとする。突然変異は起こるが，それだけでは対立遺伝子頻度に大きな変化を起こさない。しかしながら，移住は相対的に高いレベルで起きている —— おそらく年1%の割合である。以下のデータは MN 血液型の二つの対立遺伝子をもつヒトの相対的な人数を表している。

	MM	MN	NN	合計
人数	1787	3037	1305	6129

   これらのデータは，ある要因が三つの遺伝子型の Hardy-Weinberg 比を崩壊させるように作用していることを示唆するか？ M と N の対立遺伝子頻度を求めよ。

22
進化の証拠

概　要

22.1 自然選択が進化的変化を引きおこしうることを示す証拠

- **ダーウィンフィンチのくちばし**　自然選択は，大きな硬い種しか食べ物として得られない乾燥した年には，丈夫なくちばしをもつフィンチに有利に働く。
- **オオシモフリエダシャクと工業暗化**　自然選択は，大気汚染の著しい地域では暗色型のガに有利に働き，一方，大気汚染のない地域では明色型のガが生き残りやすい。
- **人為選択**　実験室における研究，農業，家畜化で行われた人為選択は，選択が大きな進化的変化を起こしうることを示している。

22.2 化石の証拠は進化が起こったことを示している

- **化石の記録**　化石をその生成年代順に並べると，それぞれの段階で新しい変化が加わった一連の変化を見てとれる。
- **ウマの進化**　ウマの進化の記録は，特によく証拠立てられており，よい例である。

22.3 進化の証拠は生物学のほかの分野でも見つけることができる

- **解剖学的記録**　現生の動物の解剖学的な特徴を調べることにより，共通祖先の存在がしばしば明らかになる。
- **分子レベルの証拠**　ある生物群の遺伝子のDNA塩基配列やタンパク質のアミノ酸配列を比較すると，化石の証拠から近縁であると考えられる種どうしは，より遠縁であると考えられる種どうしよりよく似ている。
- **収束進化と生物地理学的記録**　自然選択は似た環境のもとでは似た形態をもたらすように働き，また，種の地理的分布は進化的な多様化を反映している。

22.4 進化の理論をめぐる論争

- **Darwinの批判者たち**　批判者はDarwinの自然選択による進化理論に対して七つの異議を唱えている。

図22.1

三葉虫の化石。　三葉虫は節足動物のなかの多様化した綱で，2億4500万年から5億4000万年前に生息していた。基本的に底生の海洋生物で，豊富な化石記録から，新しく出現した種の起源や，時間経過とともに種がどのように進化したのかがわかる。

　第1章で論じたように，Darwinが自然選択による進化という革新的な理論を提案したとき，彼の考えを支持する実際の証拠はほとんどなかった。Darwinが根拠にしたのは，自然界の観察，論理的考察，および家畜を扱う育種家により得られた結果であった。しかし，彼の時代から今日までのあいだにDarwinの理論を支持する証拠は，揺るぎないものになった。それは二つの柱からなる。一つ目は，自然選択は進化的変化を生みだしうるという証拠であり，二つ目は，進化が起こったことを証明する化石記録である（図22.1）。さらに，生物学のさまざまな領域 —— 解剖学，分子生物学，生物地理学など —— から得られた知見は，進化の結果として初めて科学的に説明できるものである。

22.1 自然選択が進化的変化を引きおこしうることを示す証拠

第21章で見たように，さまざまな過程が進化的変化を引きおこす。それでもなお，ほとんどの進化生物学者はDarwinを支持し，自然選択こそが進化的変化を起こす主要な過程であると信じている。われわれは時間を遡ることはできないが，今日見られるさまざまな証拠が，進化的変化を起こすうえでの自然選択のもつ力をはっきりと示している。これらのデータは，野外観察と室内実験の双方で，また自然条件および人為的条件下でも得られている。

ダーウィンフィンチのくちばし

ダーウィンフィンチ類は自然選択による進化の古典的な例である。Darwinは，1835年にエクアドル沿岸沖のガラパゴス諸島を訪れたとき，三つの島から31個体のフィンチの標本を採集した。鳥の専門家ではなかったDarwinはこの標本の同定に苦労したが，それらのくちばしを調べることにより，彼のコレクションは曲がったくちばしの鳥，大きなくちばしの鳥，および黒い鳥を含んでいる，と考えた。

くちばしの重要な意味

Darwinがイギリスに戻ったとき，鳥類学者のJohn GouldはDarwinのコレクションを調べ，それらは実際にはくちばし以外は非常によく似ているが，独立した種からなるきわめて近縁な集団であると結論した。今日では，それらが全部で14種からなることが確かめられている。図22.2に示した大きなくちばしをもつフィンチ類は，くちばしで種子を割って食べる。一方，細いくちばしをもつフィンチ類は，昆虫を食べる。そのほか，果実や植物の芽を食べる種や，昆虫食の種，サボテンの実とそれにやってくる昆虫を食べる種も見られる。さらには，とがったくちばしをもつフィンチのなかには，海鳥に忍び寄り，そのとがったくちばしで海鳥の血を飲む「吸血鬼」までいる。おそらくもっとも驚くべきものは，道具を使うキツツキフィンチであろう。キツツキフィンチは小枝やサボテンの刺，葉の柄をつまみとり，くちばしで形を整え，それを枯れ枝のなかに差し込んで，なかにいる虫をかきだすのである。

Darwinは14種のフィンチのくちばしとそれらの食物が一致することに気づいて，直ちに自然選択がくちばしの形をつくったのだと悟った。著書『ビーグル号航海記』(The Voyage

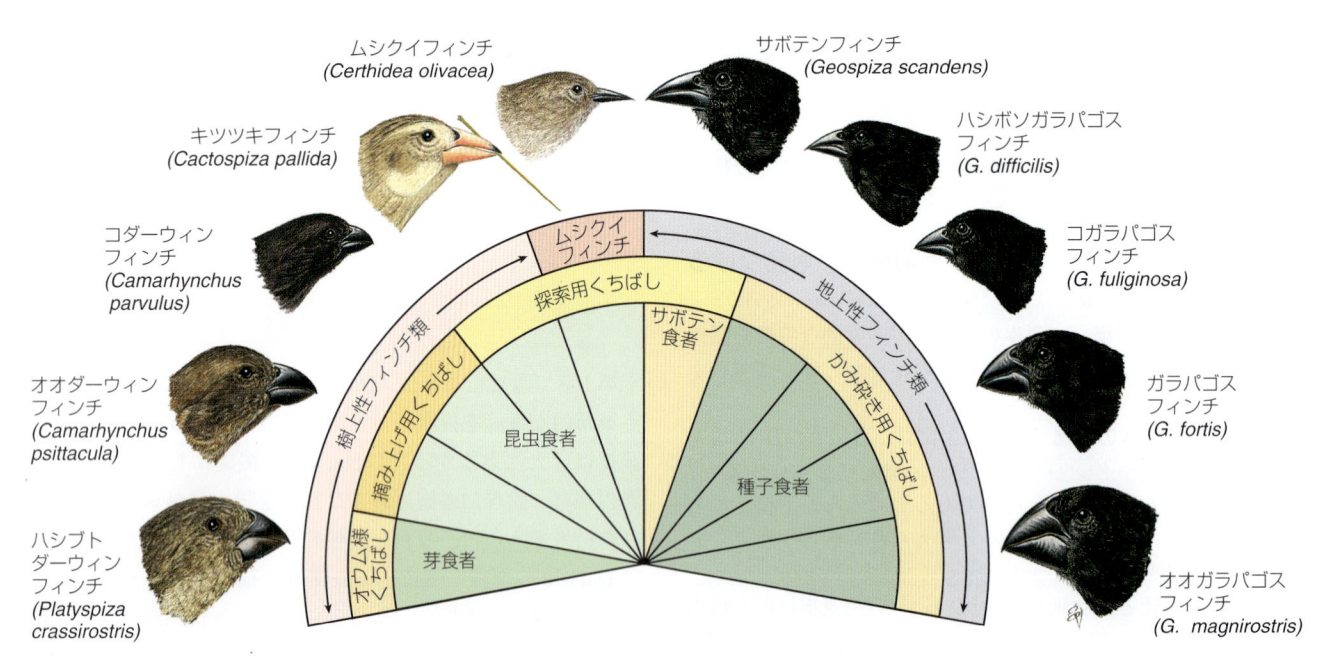

図 22.2
ダーウィンフィンチ類。 10種のダーウィンフィンチ類(Darwin's finches)がガラパゴス諸島のサンタ・クルス島に生息する。これらの種は，くちばしと食餌習性がそれぞれ異なっている。この違いは，おそらく小型の鳥類がいない環境で，フィンチの新しい種が進化したときに出てきたものだろう。いくつかの種のくちばしは大陸にすむ別の科のものに似ている。たとえば，キツツキフィンチは餌を探すためにサボテンの刺を使い，樹皮や朽ち木の裂け目を探索する。これらの種は，すべて一つの共通祖先に由来している。

of the Beagle）でDarwinはこう書いている。「近縁な鳥の小さな1グループのなかでこのように段階性と多様性をもった構造を見たとき，この群島で鳥がもともと少なかったことからある一つの種が選ばれ異なった方向に変化したのだと想像したくなる。」

より詳細な観察

Darwinの観察は，その種が異なる食物資源を利用するために適応して，種のあいだでのくちばしの大きさと形の違いが進化したことを示している。しかし，この仮説は検証することができるのだろうか？ 第21章で議論したように，自然選択による進化理論は，次の三つの条件を前提とする。すなわち，(1) 変異が個体群内に存在する。(2) この変異は個体間での生存と繁殖成功度の違いにつながる。(3) 個体間での変異は次世代に遺伝的に伝えられる。

Darwinの提案を検証するには忍耐強い研究が必要であった。1973年から長いあいだ，プリンストン大学のPeter GrantとRosemary Grant夫妻および彼らの代々の学生たちは，ガラパゴスフィンチ（*Geospiza fortis*）についてガラパゴス中部にあるDaphne Major島という小さな島で研究した。フィンチは，小さくて柔らかい種子を好んで食べるが，雨の多い年には植物がそのような種子をたくさんつくる。しかし乾いた気候が長く続いて植物が少ししか種子をつくらず，小さな種子が減ったときは，割るのが困難な大きく乾いた種子に食物を頼ることになる。

Grant夫妻は，Daphne Major島のガラパゴスフィンチについて，個々のくちばしの高さ（くちばしの根元での上部から下部までの幅）を注意深く測定することにより，くちばしの形を定量化した。彼らは，毎年多数の鳥を測定することで，実際に起こりつつある進化のようすを詳しく描くことに初めて成功した。Grant夫妻は，くちばしの高さについて個体間にかなり大きな変異が存在することを見つけただけでなく，くちばしの平均の高さがある年から翌年にかけて予測可能な方法で変化することを見いだした。干ばつのあいだは，植物はわずかしか種子をつくらず，手に入る小さな種子はすべてすぐに食べられてしまい，主要な食物源として大きな種子が残ることになった。その結果，大きなくちばしをもつ鳥がよりうまく生き残った。なぜなら，彼らは大きな種子をうまく壊して開くことができたからである。その結果として，その個体群内での鳥のくちばしの高さの平均は翌年に増加し，雨の多い年が訪れたときになってまた減少した（図22.3a）。

くちばしの大きさのこのような変化は，自然選択の作用を反映したものなのだろうか。別の可能性として，くちばしの高さの変化は遺伝子頻度を反映しているのではなく，単に食物に対する反応であるとも考えられる。たとえば，成長中に大きな種子を割ることが続くと，より大きなくちばしが発達

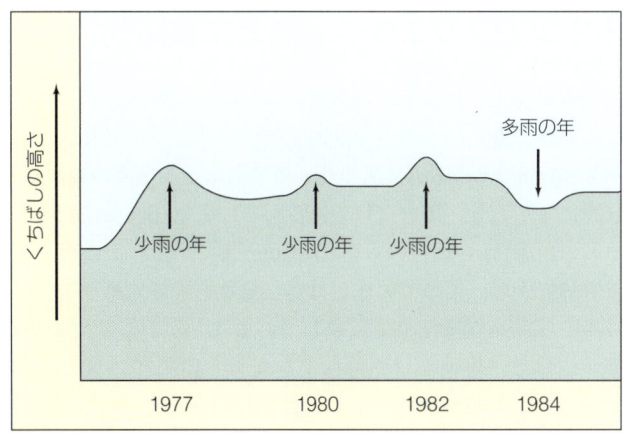

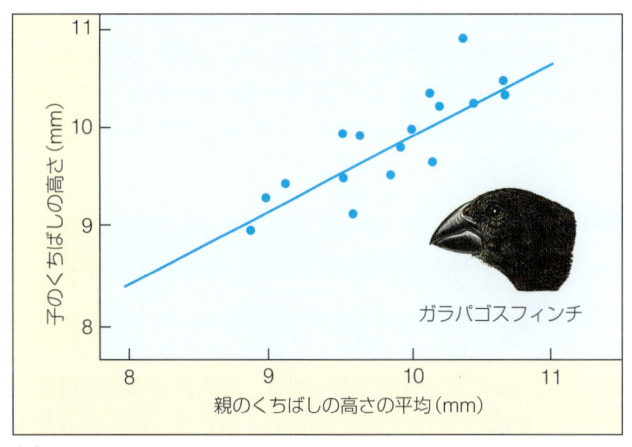

図 22.3
自然選択がガラパゴスフィンチ（*Geospiza fortis*）のくちばしサイズを変化させたという証拠。 (a) 小雨の年には大きな硬い種子しか食物としてないので，平均のくちばしサイズが増大する。多雨の年には，小さな種子を食べることができるので，小さなくちばしが普通となる。(b) くちばしの高さは，親から子へ遺伝する。

大きなくちばしの鳥が，小さなくちばしの鳥とつがいとなったらどうなるであろうか。その子供では，中間サイズのくちばしのつがいの子のくちばしよりも大きくなるであろうか，それとも小さくなるであろうか。

するのかもしれない。この可能性を除外するために，Grant夫妻は，多くの一腹のひな鳥を数年にわたり調査し，親のくちばしの大きさと子のくちばしの大きさの関係を測定した。くちばしの高さは，環境条件に関係なく世代から世代へ忠実に受け継がれた（図22.3b）。このことは，くちばしの大きさの個体間での違いは遺伝的違いを反映しており，したがってくちばしサイズの平均値の経年変化は自然選択による進化的変化であるといえるのである。

> ダーウィンフィンチにおいて，自然選択は得られる食物の性質に応じて，くちばしの形を調節する。このような調節が今日でも起こっていることを見ることができる。

オオシモフリエダシャクと工業暗化

環境が変化したとき，自然選択はしばしば種内の新しい形質に有利に働く。一つの古典的な例は，オオシモフリエダシャク（Biston betularia）に関するものである。このガの成虫は，色調に幅があり，黒い斑点のある明るい灰色（peppered mothの名の由縁）から黒色のもの（melanic）までいる。大規模な遺伝的解析から，このガの体色は遺伝的な形質で，単一遺伝子の異なった対立遺伝子を反映していることがわかっている。黒い個体は，優性な対立遺伝子をもち，1850年以前にも存在はしていたが個体群内で非常にまれであった。それ以降，工業化が進んだ地域近辺の個体群では頻度が上昇し，ほぼ100％に達した。生物学者は，黒いガが多く見られる工業地帯では木の幹が煤煙によって黒ずんで，ほとんど真っ黒になっており，また，このことによって木の幹上の白っぽい色をした地衣類の多くが死んでいることにすぐに気がついた。

暗色型の選択

1850年ごろに黒いガの生存が有利になったのはなぜだろうか。1896年に，ガのアマチュア収集家J. W. Tuttは，明色のガの減少を説明するものとしてもっとも広く受け入れられることになる仮説を提出した。彼は，地衣類が死んで煤煙で黒くなった木の幹上では明色型がより捕食者の目につきやすいと主張した。その結果，捕食者である鳥は日中に木の幹にとまっている明色型のガを食べる。一方，暗色型は黒い幹上では目立たないので有利である。Tuttにははじめ証拠がなかったが，英国の生態学者Bernard Kettlewellが1950年にこの仮説を検証した。彼は森を2か所選び，そこへ同数の暗色型と明色型のガを放した。一方は汚染の著しいバーミンガムの近くの森で，もう一方は汚染されていないドーセットの森であった。Kettlewellはそれぞれの型のガがどれだけ生存しているか見るためにトラップを仕掛けた。結果を評価するため，鳥が見ることができないガの羽の裏側に絵の具で印をつけ，印をつけたガを放した。

バーミンガムの近くの汚染された地域では，Kettlewellは明色型の19％，暗色型の40％を捕獲した。これは，汚染された森では幹が黒くなり暗色型がはるかに高い生存の可能性をもっていることを示している。比較的汚染されてないドーセットの森では，Kettlewellは明色型の12.5％，暗色型の6％を再捕獲した。これは，木の幹がまだ明るい色をしている地域では，明色型がずっと高い生存の可能性をもっていることを示していた。Kettlewellは後に木にガを放し，餌を探している鳥を撮影して，彼の説を補強した。実際にしばしば，鳥は背景と似た色をしたガのすぐ上を通り過ぎた。鳥が背景と異なる色のガをより高い頻度で見つけるという彼の発見は，のちに八つの別々の野外実験で確かめられた。そこではさまざまな実験設定がなされ，またKettlewellの最初の実験における

図 22.4
工業暗化を説明するTuttの仮説。 二つの写真は，木の幹に貼り付けたオオシモフリエダシャク（Biston betularia）の標本である。Tuttは，ガの暗色型が汚染されていない木の上では捕食者に対してより目立ち（上の写真），一方，明色型のガは大気汚染のため黒くなった樹皮上では捕食者に対してより目立つと主張した（下の写真）。

ける設定の不備が修正された。これらの結果は再捕獲実験と併せて自然選択の作用に関する強固な証拠を与え，またオオシモフリエダシャクの場合には選択をもたらしているのは鳥であると結論された。

工業暗化

工業暗化（industrial melanism）という用語は，明るい色の個体よりも暗い色の個体が優勢になる現象を指す。ユーラシアや北アメリカの工業化された地域ではどこでも，数十におよぶほかの種のガが，オオシモフリエダシャクと同じように暗色型優勢へ変化した。

暗色型が明色型よりも生理的に有利になっている可能性があるとは考えられないだろうか。この仮説でも，工業暗化が世界的に広まったことを説明できる。しかし，この可能性は，暗色化のその後の逆転現象を根拠として排除できる。つまり，自然選択はいま現在暗色化の遺伝子に"反する"方向で働いているのである。

暗色化に反する方向への選択

20世紀の後半，汚染の抑制が広く行われるようになると，北半球の大陸全体で多くの種のがで暗色化への進行が逆転しはじめた。

イギリスでは，1959年に大気汚染防止法が制定されたあと，工業暗化を促進していた大気汚染が減少しはじめた。1959年から，リバプール郊外のカルディー公園でオオシモフリエダシャクの個体群が毎年採取された。暗色型の比率は1959年の93%から1995年の15%へと低下した（図22.5）。この比率の低下は大気汚染の減少とよく相関しており，特にいずれも木を黒くする二酸化硫黄と懸濁微粒子のレベルの低下と一致している。この暗色型の低下は，優性な暗色型遺伝子をもつガに対して15%の係数でもって選択的な不利が働いていることに相当する。

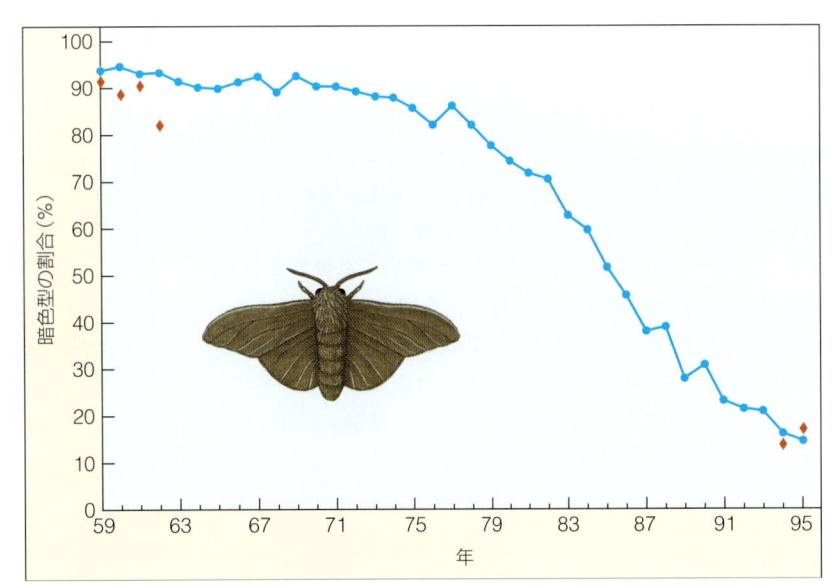

興味深いことに，アメリカでも同様に暗色化の逆転現象が起こった。1959年から1961年にかけてデトロイトの近くの野外実験所で採集された576個体のオオシモフリエダシャクのうち，515個体が暗色型でその比率は89%であった。1963年にアメリカ大気汚染防止法が成立し，大気汚染は大きく減少した。1994年に再び採集が行われたときには，デトロイトの野外実験所のオオシモフリエダシャクの個体群には暗色型のガは15%しか見られなかった（図22.5）。リバプールとデトロイトで行われたガの観察は同じ結果であり，自然選択の強い証拠となっている。

自然選択の作用機構の再検討

オオシモフリエダシャクの場合自然選択の証拠は強固なものであるが，選択の作用機構についてのTuttの仮説は再検討されているところである。研究者は，最近の暗色型を減少させる方向への選択が樹上の地衣類の変化と対応していないことに気がついていた。カルディー公園では，オオシモフリエダシャクの明色型が，樹上の地衣類の回復が見られるかなり前から増加しはじめていた。デトロイトの野外実験所では，暗色型が優勢となってその後この30年で減少するまでのあいだ，地衣類に目立った変化はなかった。実際には，デトロイトの樹上では，地衣類に覆われている，いないにかかわらず，オオシモフリエダシャクを全く見つけることができなかった。日中どこにガが止まっているにせよ，それは樹皮の上ではなかったようである。ある証拠は，ガが樹冠の葉の上に止まっていることを示しているが，誰も確かであるとはいえない。鳥による補食ではなく，大気汚染による毒の作用がガにおける自然選択の原因なのであろうか。そうかもしれないが，今日まで，鳥による補食だけが実験的証拠により支持されて来た。

自然選択は鳥の補食によるものであるという考えを支持している研究者は，ガを見つけだす鳥の能力は，地衣類の有無よりも，むしろ，工業による汚染により暗色化された環境のほかのものとより関係していることを指摘している。大気汚染は，環境のすべてのものを煤塵の薄い層で覆い，それらの表面が反射する光を減少させる傾向がある。加えて，大気汚染は明るい色をしている樺の木に対して特にひどい影響を与える。これらの影響はいずれも周囲の環境をより暗くし，より暗い色のガが鳥による補食から保護されるように働くだろう。

選択の作用機構は不確かだが，全体としての傾向は明らかである。Kettlewellの実験は，選択は汚染された場所で暗色型のガに有利に働き，汚染されていない場所で明色型に有利に働くことを明らかに示している。暗色型のガの比率の増加とその後の減少は，二つの大陸で独立して大気汚染の程度と相関しており，このことは大気汚染に関する選択が進化的変化を起こしていることを明らかに示している。この自然選択の作用機構についての再検討は，科学の発展が達成される道筋をよく表している。すなわち，Tuttのような仮説が提唱され，そして検証される。もし却下された場合，新しい仮説が提出され，改めて検証がはじまる。

図 22.5
暗色型に対する負の選択。 丸（●）は，1959年から1995年までイングランドのカルディー公園で採取されたオオシモフリエダシャク（*Biston betularia*）の暗色型の比率を示す。菱形（◆）は，1959から1962年と1994，1995年にミシガンで採取されたオオシモフリエダシャクの暗色型の比率を示している。
二つの場所で同程度まで暗色型の比率が減少したという事実から，どのようなことがいえるであろうか。

> 自然選択はひどい大気汚染にさらされた場所では暗色型のオオシモフリエダシャクに有利に働いた。それはおそらく，黒くなった樹上では暗色型のガは，捕食者である鳥に見つかりにくいからである。逆に汚染が排除されたとき，選択は明色型に有利に働いた。

人為選択

人間は，文明がはじまって以来，植物や動物に選択を加えてきた。人為選択は，自然選択と同様に，ある表現型の形質をもつ個体を繁殖させ，その遺伝子を次世代に伝えさせることによって，その形質をもつ個体に有利に働くように作用する。表現型の違いは遺伝的に決定されていると仮定すると，そのような方向性選択は進化的変化を引きおこすであろうし，実際，引きおこしてきた。室内実験や農業，家畜化の過程で行われてきた人為選択は，試みられたほとんどすべての場合に大きな変化をもたらした。この成功は選択が進化的過程に有効であることの強い証明である。

室内実験

1920年代と30年代に科学の一分野として遺伝学が起こり，選択が進化的変化を引きおこすことができるという仮説を検証するための実験が行われるようになった。実験材料はキイロショウジョウバエ(*Drosophila melanogaster*)であった。遺伝学者は，ショウジョウバエの考えられる特徴のほとんどすべて —— 体の大きさ，眼の色，成長速度，寿命，探索行動を含む —— について選択を行い，ある形質に選択をかければ強固で予測可能な進化的反応が起こるという一貫した結果を得た。

ある古典的実験では，腹部に多くの剛毛(硬い，毛のような構造)をもつショウジョウバエが選択の対象となった。実験の開始時には，剛毛の数の平均は9.5であった。科学者は，それぞれの世代で，剛毛をもっとも多くもつものから順に上位20%の個体を取りだし，それらを繁殖させ，その次の世代をつくらせた。そのような選択を86世代行ったあとには剛毛の数の平均は元の4倍のほぼ40にもなった！　もう一つの実験では，ショウジョウバエの剛毛の数がもっとも多いかもっとも少ないかのいずれかが選択された。35世代のうちには，それぞれの個体群は，剛毛の変異の範囲に全く重複が見られないまでになった(図22.6)。

同様の実験がさまざまなほかの実験生物でも行われた。たとえば虫歯に対して抵抗性のあるラットを選択することにより，20世代にも達しないうちに，虫歯のはじまる平均時間を100日をわずかに超えるところから500日以上に延ばすことができた。

農　業

同様の手法が，農業においては何世紀にもわたって行われてきた。畜牛，豚のような家畜や，トウモロコシやイチゴなどの農作物は，それぞれ野生の祖先と大きく異なっている(図22.7)。その違いは，ミルクの生産やトウモロコシの穂の

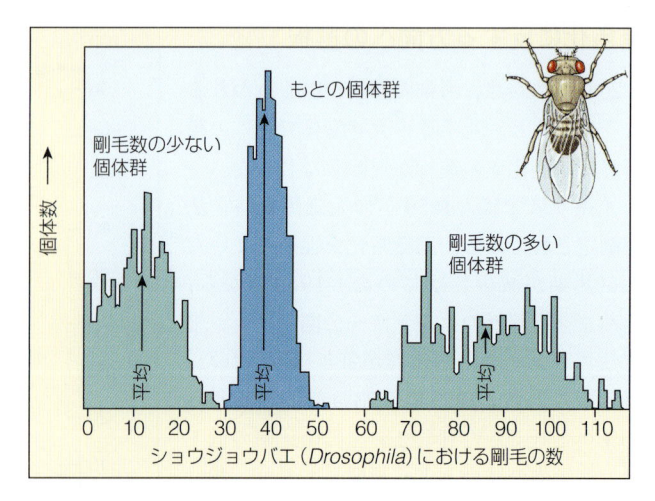

図 22.6
実験室での人為選択。 この実験では，ショウジョウバエ(*Drosophila*)のある個体群で剛毛の少ない個体と剛毛の多い個体について選択が行われた。35世代で個体群での平均が大きく変化しただけでなく，いずれの個体群でも，すべて個体が最初の個体群の範囲の外になったことに注意してほしい。
個体群内で中間の大きさのものどうしではなく，小さな個体と大きな個体を掛け合わせたらどうなるであろうか。

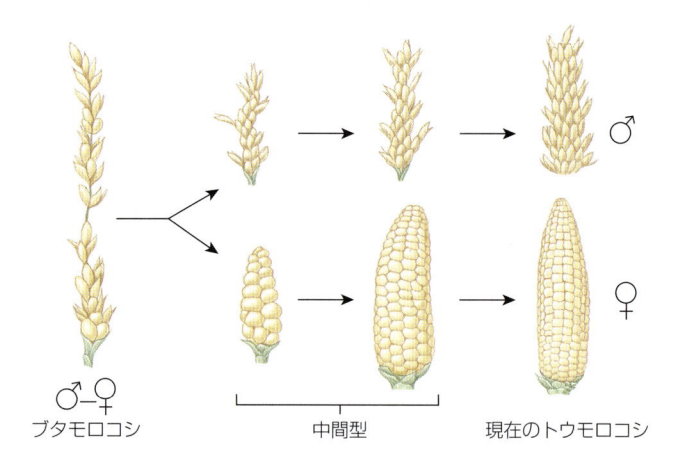

図 22.7
トウモロコシの形態はその祖先と大変異なっている。 ブタモロコシのような野生の種類の穂と種子が現在のトウモロコシの雄穂と雌穂に進化した。現在のトウモロコシの雄穂と雌穂は，ブタモロコシの祖先の状態とは異なり植物体の異なる部分に形成される。

大きさのような目的の形質に関して，何世代にもわたって選択が行われてきた結果である。

トウモロコシを使った実験は，栽培作物への人為選択がいかに大きな変化を短期間でもたらしうるか示している。1896年に，農学者はトウモロコシ油分の含有率について選択をはじめた。それは最初，4.5%だった。ショウジョウバエの実験のように，すべての個体のうち油分の多い20%を選択し，繁殖させた。1986年までに90世代を経て，含油率の平均は約450%増加したのである。

家畜化

人為選択はまた，ネコ，イヌ(図22.8)，ハトやその他の家畜動物でも，きわめて多様な品種を生みだした。いくつかの場合，品種は特別な目的のためにつくりだされた。たとえば，グレイハウンド犬は，速く走ることのできる能力に関して選択され，交配が行われ，その結果，長い足，長い尾(舵として使う)，アーチ型の背中(歩幅を長くするため)，優れた筋肉をもつ動物になった。対照的に，不格好なダックスフントの奇妙な体形は，アナグマの追跡で狭い穴に入ることができるイヌを選択した結果である。別の例では，豊富な色と装飾をもついろいろなハトの品種やネコのように，外見に関しての選択が行われた。

家畜化ではまた，形質が意図せず選択された例もある。最近，ギンギツネを家畜化する試みの一部として，ロシアの科学者は各々の世代でもっとも従順なものを選び，それを繁殖させた。40年のうちに，ほとんどのキツネは非常に従順なペットとなり，飼育係の注意を引くためクンクン泣いたり，鼻をすすったり，飼育係をなめたりするようになった(図22.9)。多くの点で，彼らは家畜のイヌと違いがなくなった。しかし，変化したのは彼らのふるまいだけではない。これらのキツネは，同時に異なった色のパターン，いくつかのイヌの品種に見られるような，垂れ耳や巻いた尾，短い足や尾を示しはじめた。おそらく，従順なふるまいに関する遺伝子は，これらの形質にもまた影響するか，またはこれらの形質に関する遺伝子と強く連鎖しているのであろう(第13章で議論した多面発現と連鎖の現象)。従順な個体を選択した結果，これらほかの形質の進化も引き起こしたのである。

選択は大きな進化的変化を起こすことができるのか？

比較的短い時間のあいだに作用する選択の結果を観察できることがわかり，ほとんどの科学者は，自然選択が化石記録で示された進化的変化を起こした過程であると信じている。進化について批判的な立場の人達は，選択が種内での変化を引きおこすことができることは受け入れても，そのような変化は種内の比較的軽微なもので，化石記録に見られるような大幅な変化と同等のものではないと主張する。いい換えれば，それはショウジョウバエの剛毛の数やトウモロコシの実の大きさを変えるものであり，まったく新しい種がつくられることとは本質的に異なるということである。

この主張は，人為選択により生みだされた変化の大きさを十分理解していない。たとえばイヌの品種を考えてみると，そのすべてはおそらく10,000年前に初めてオオカミが家畜化されてから生みだされたものである。もしさまざまなイヌの品種が存在せず，古生物学者がダックスフントやマスティフやチワワに似た動物の化石を発見したならば，間違いなく

図 22.8
イヌの品種。 これらのイヌのあいだでの違いは，イヌ科の野生種に見られる違いよりも大きい。

図 22.9
飼い慣らされたキツネ。 ギンギツネで，おとなしい個体を選んで掛け合わせ人為選択を行ったところ，40年後には家庭のイヌのように人になつくようになっただけでなく，イヌの品種に見られる多くの身体的特徴をも示すようになった。

それらは異なった種とみなされただろう。実際のところ，これらの品種が示す大きさや形の違いは，コヨーテやジャッカルやキツネやオオカミ —— それらは500～1,000万年のあいだに別々に進化した —— のようなイヌ科(Canidae)の異なる属に含まれる種のあいだの違いよりも大きい。したがって，人為選択が軽微な変化しか起こさないという主張は明らかに正しくない。たった10,000年のあいだに作用する選択がそのように大きな違いを生みだすことができるとすると，何百万年もかければ，選択は，今日われわれが自分たちのまわりに見る生命の多様性を生みだす十分な力をもっているといえるだろう。

人為選択はしばしば短い期間に急激で大きな結果を生みだし，それゆえに選択が大きな進化的変化を生みだす力になることを示している。

22.2 化石の証拠は進化が起こったことを示している

化石の記録

　化石記録は，進化が起こったことのもっとも直接的な証拠である。今日われわれは，Darwinの時代に得られたよりもはるかに確かな化石に関する知識をもっている。化石はかつて生きていた生物が保存されている遺物である。化石には石として保存された普通の化石だけでなく，琥珀やシベリアの永久凍土，乾燥した洞窟で保存された標本も含まれる。石として保存された化石は，三つの条件が重なったときに形成される。まず生物が堆積物に埋まらなければならない。次に骨のカルシウムまたはほかの硬い組織が鉱化しなければならない。そして最後に，まわりの堆積物が最終的に硬くなり，石とならなければならない。化石生成の過程は，おそらくまれにしか起こらない。普通は，動物や植物は化石生成の過程がはじまる前に，腐食するか食べられてしまう。加えて，多くの化石は科学者たちには見つけにくい石のなかにできる。それらが，見つけやすくなったときには，しばしば浸食やその他の自然に起こる過程により採集される前に壊されてしまう。結果として，かつて存在した種（ある推定によると5億種にのぼる）のほんの一部分だけが化石から知られることになる。それでもなお，発見された化石からこれまでの進化の経過の詳しい情報を十分に得ることができる。

化石の年代測定

　化石の見つかった岩石の年代測定により，われわれはその化石がどれだけ古いものかはっきり知ることができる。ダーウィンの時代には，岩石の年代はほかの岩石との相互の位置関係により決められた（相対年代測定）。より深い地層の岩石は一般により古い。堆積岩の相対的位置と，異なる環境におけるさまざまな種類の堆積岩の浸食の速さを知ることにより，19世紀の地質学者は岩石の相対年代をかなり正確に測定することができた。

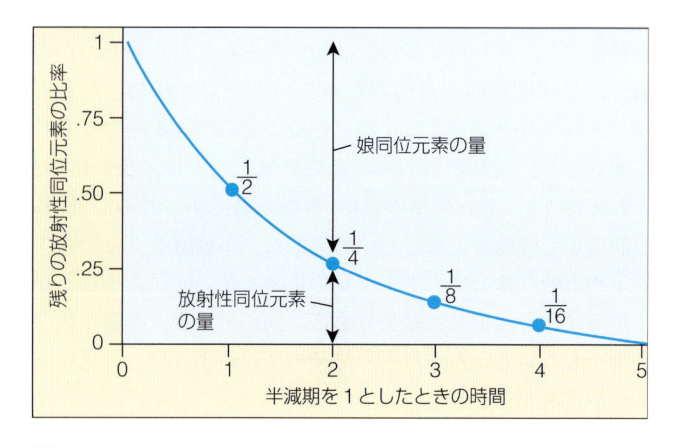

図 22.10
放射性崩壊。　放射性元素は半減期とよばれる一定の速度で崩壊する。半減期の時が経つと，同位元素のもとの量の半分が非放射性の娘同位元素に変化する。半減期ごとに，残りの放射性同位元素の量の半分が変化する。

　今日では，地質学者は，岩石の年代決定に放射性崩壊を利用する（絶対年代測定）。溶岩が冷えて形成される火成岩など，多くの種類の岩石はウラン238のような放射性元素を含む。これらの同位体は，正確に知られている速度で非放射性型に変化する。たとえば，ウラン238の場合，その"半減期（もとの半分の量が非放射性型へ変化するのに要する時間）"は，45億年である。一度石が形成されれば，新しく放射性同位体が加わることはない。したがって，放射性同位体とその派生物である「娘」同位体の比率を測定することにより（図22.10），地質学者はその石の年齢を決定することができる。もし，化石が二つの石の層のあいだで発見され，それぞれの石の層の年代が決定できるなら，化石が形成された年代を決めることができる。

進化的変化の歴史

　化石を古い方から新しい方へと年代に従って並べたとき

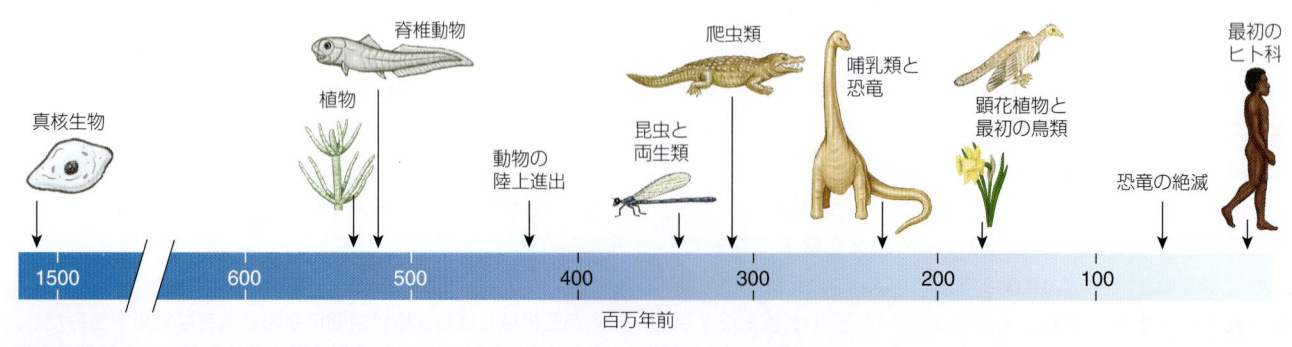

図 22.11
化石記録により示される生命の歴史

（図22.11），それはしばしば連続した進化的変化の証拠となる．化石は真核生物の起源から，魚の進化，陸上生物の出現，恐竜の繁栄，そして人の起源までの生命の歴史を，もっとも大きなスケールで記録している．

化石記録に見られる空白

生物が化石として保存され発見される頻度が低いことを考えれば，化石記録に空白が見られることは驚くべきことではない．Darwinの時代には多くの空白が化石記録を分断していたが，そのときでさえ科学者たちは始祖鳥（*Archaeopteryx*）の化石が恐竜と鳥のあいだの移行段階にあたるものであるとわかった．それ以来ずっと，古生物学者（化石について研究する科学者）は化石記録の空白を埋めてきた．今日では化石記録ははるかに完全で，特に脊椎動物では，すべての主要なグループを結びつける化石が発見されている．最近，私達が脊椎動物の進化を理解するうえで残されていた大きな空白のいくつかを埋める華々しい発見があった．たとえば，四つ足の水生哺乳動物が見つかり，陸棲のひづめをもつ祖先からクジラやイルカへの進化に関する重要な知見が得られた（図22.12）．同様に，足をもったヘビの化石がヘビの進化の解明に光明を与えた．ヘビはトカゲに由来し，体がどんどん長くなると同時に足が退化し最終的には失われた．

より細かい尺度で，ある種の動物の進化的な変化が特に詳細に知られている．たとえば，約2億年前小さな曲がった貝殻だったカキが，大きな平らなものへと1200万年かけて進化したことが化石記録からうかがえる．多くの化石記録が連続的な変化を示し，この連続的変化は進化が起こったことのもっとも強力な証拠の一つである．

> 化石記録は，時の経過のなかで大きな進化的変化が起こったという明快な記録である．

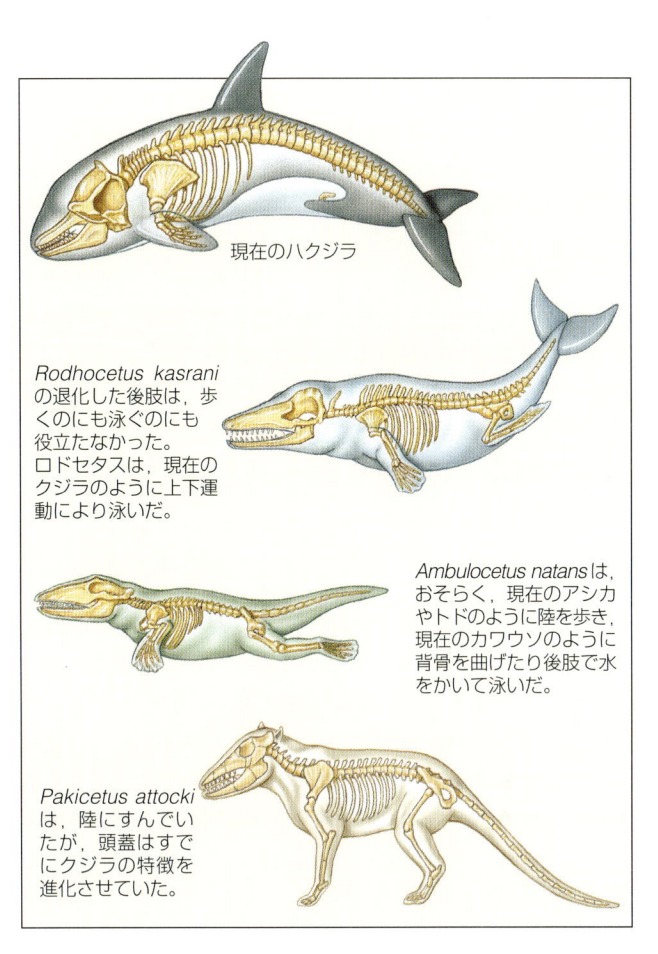

図 22.12
クジラのミッシング・リンク（missing links：化石が見つからなかった動物）． 最近 *Ambulocetus*, *Rodhocetus*, *Pakicetus* が発見され，クジラと有蹄類の祖先とのあいだのミッシング・リンク（missing links）が埋まった．*Pakicetus* の特徴から，中間型はすべての形質において中間ではなく，むしろいくつかの形質はほかの形質に先行して進化することがわかる．クジラの進化の場合，肢の進化的変化に先立って，頭蓋で変化が起こった．三つの化石生物は，すべて4500～5500万年前の始新世の時代に出現した．

図 22.13
カキの貝殻の形態の進化． 前期ジュラ紀の1200万年のあいだに，カキ科二枚貝グリフェアの仲間の貝殻は，大きく，薄く，そして平らになった．これらのカキは海底に静置してすみ，大きく平らな貝は，激しい海流のなかでもより安定なため，そのように進化したのかもしれない．

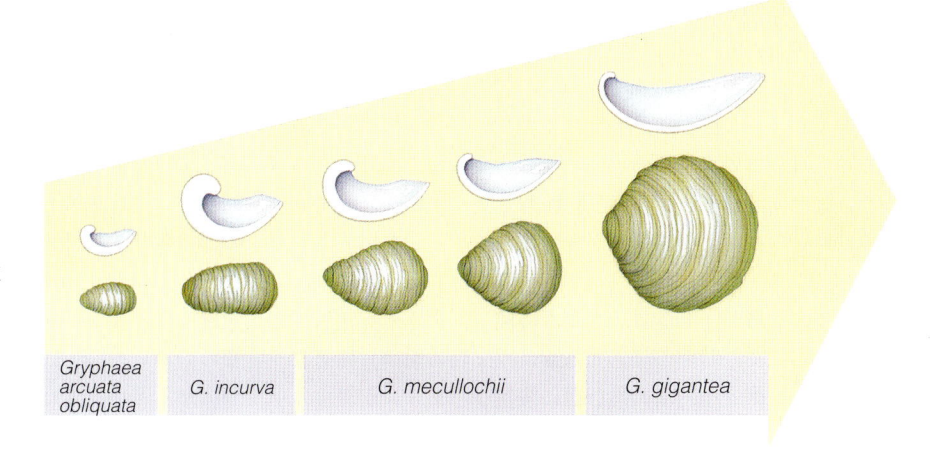

ウマの進化

化石記録でもっともよく研究されてきたものの一つに，ウマの進化に関するものがある。ウマ科（Equidae）には現在，ウマ，シマウマ，ロバ，およびアジアノロバが含まれ，それらはすべて大型で，長い足をもち，足の速い動物で，開けた草原での生活に適応している。ウマ属（*Equus*）に分類されているこれらの種は，すべて約5,500万年前の始新世にその起源をもち，現在につながるウマ類34属の長い系統における最後の生きている子孫である。これらの化石記録の調査結果は，環境の変化に対する適応を通してどのように進化が起こったかを特によく示している。

最初のウマ

ウマの一族で最初に現れたのは，ヒラコテリウム属（*Hyracotherium*）の1種で，それは現在のウマとは全然似ていなかった。体は小さく，脚は短くて，足幅が広く（図22.14），森にすみ，そこでおそらく木の葉や草を食べ，森林のなかの開けたところを抜けて素早く身をかわすことにより捕食者から逃げていた。これらの小型の動物から今日の役馬への進化の過程で，体の大きさ，足指の縮小，歯の大きさや形などのさまざまな形質の変化が起こった。

体の大きさ　最初のウマ類の種は犬と同じくらいかそれよりも小さかった。一方，現在のウマ類は0.5tよりも重くなる。化石記録の調査から，ウマは最初の3,000万年のあいだ，その大きさはほとんど変わらなかったが，その後多くのさまざまな系統で，急激な体の大型化が起こったことがわかっている。しかしウマ科の系統樹のなかには，体の小型化の傾向が見られる枝もある。

指の縮小化　現在のウマの足の指は1本で，それは硬い骨質のひづめに包まれている。一方，ヒラコテリウムは，前足の指が4本で，後ろ足の指は3本だった。ひづめではなく，指はイヌやネコのような肉球をもっていた。化石の調査は，長い時間のなかで，真ん中の指の長さが増加し，骨質のひづめが発達し，ほかの指の縮小と消失が起こったことを明らかに示している（図22.16）。体の大きさの場合と同様に，これらの傾向はウマの系統樹のいくつかの異なる枝で同時に起こった。また同時に，ウマ類は長い距離を速く走ることができるように脚の長さと骨格構造が変化した。

歯のサイズと形　ヒラコテリウムの歯は，小さく，比較的簡単な形だった。時間の経過とともにウマ類の歯は，顕著に長くなり，臼歯と小臼歯の噛む面に複雑なパターンが発達した（図22.16）。これらの変化により，歯をすり減らしやすい

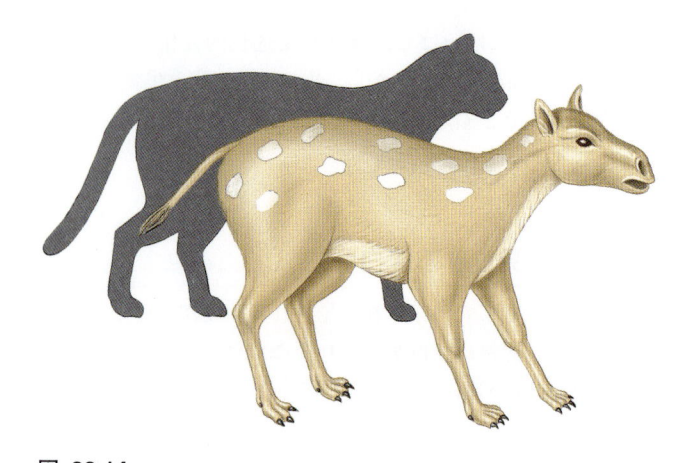

図 22.14
ヒラコテリウム・サンドラエ（*Hyracotherium sandrae*）。もっとも初期のウマ類の一種。この種は飼い猫ほどの大きさだった。

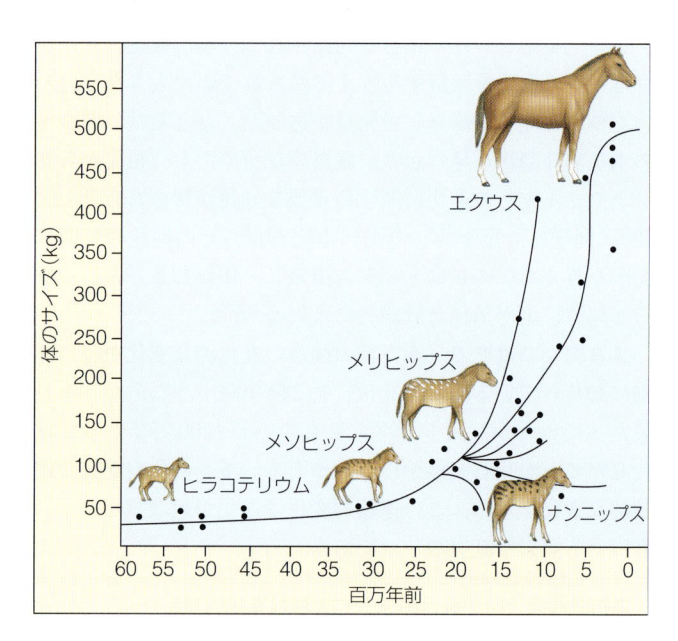

図 22.15
ウマ類の体のサイズの進化的変化。　線は進化的な類縁関係を示す。ほとんどの変化は体のサイズの増加を伴っているが，サイズの減少も起こった。
なぜ，ナンニップス（*Nannippus*）につながる進化では，体のサイズが減少したのであろうか。

イネ科の草本のような硬い植物をよく噛むことができる歯になった。これらの変化に伴って，継続的な咀嚼による力に耐えるように頭蓋の形態変化が起こった。体の大きさの場合と同様に，進化的変化は長い時間のなかでは一定ではなく，歯の形の変化の多くは過去2,000万年のあいだに起こった。

これらの変化のすべては，地球の気候変化への適応として理解できるかもしれない。特に，中新世の終わりと漸新世の初めのあいだ（約2,000～2,500万年前）に，北アメリカで草原が広がるという変化が起こり，そこでウマの進化の多くが起こったのである。ウマがこれらの生息環境に適応するとき，

速い速度で走ることは捕食者から逃れるためにより重要になったのだろう。対照的に，複雑な森のなかをすり抜けて逃げるために有利だった複数の指や，短い脚によってもたらされていた柔軟性はもはや有益ではなかった。同時に，ウマはより硬い物質を含む草やほかの植物を食べ，それはそのような食物により適した歯や頭蓋に有利に働いた。

進化の傾向

長いあいだ，ウマの進化は時とともに一定の進化的変化をしてきた例としてあげられてきた。一部の研究者は，ウマの進化の記録を，進化が特別な力によって一つの方向につねに進められることの証拠としてとらえた。われわれは今日，そのような見方は誤解を招くものであることを知っている。何百万年ものあいだの進化的変化はそれほど単純なものではない。

そうではなくて，全体の傾向はさまざまな形質で明らかではあるけれども，進化的変化は，時の経過のなかで一定でも一様でもなかったことを化石記録は示している。進化の速度は大きく変化し，わずかしか変化しない長い期間と大きく変化した比較的短い期間があった。さらに，変化が起こるとき，それらはしばしばウマの系統樹のなかの異なった系統で同時に起こる。ある傾向が存在したとしても，いくつかの系統で見られた体の大きさの進化的減少のような例外がまれではない。ウマの進化に関するこれらの明らかなパターンは，下巻第34章でのヒトの進化についての議論にも出てくるように，豊富な化石記録がある植物や動物のどのグループでも普通に見られる。

ウマの多様性

ウマの進化が，初め，時の経過のなかで直線的に進むように思われた理由の一つは，現在のウマの多様性が比較的限られていることである。そのため，ヒラコテリウム属から現在のウマ属までまっすぐな線を想像しやすい。しかし現在のウマに多様性が乏しい —— ただ一つの属しか現存しない —— ことは，むしろ異常なことである。実際，ウマがもっとも多様であった中新世には北アメリカだけで13のウマの属が認められる。これらの種は体の大きさやそのほかの多くの形質で異なっており，おそらく異なった生息環境で生活し，異なった餌の嗜好をもっていただろう。この多様性が現在まで存続していたなら，初期の進化生物学者たちはウマの進化について違った見解をもっただろう。

ウマに関する詳しい化石記録から，このグループが森にすむ小さな動物から現在の草原にすむ大型で足の速い動物へ進化し多様化したことが詳細にわかる。

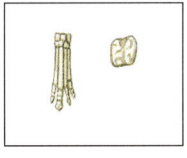

図 **22.16**
ウマにおける進化の傾向。 ここにあげた代表的な5種から，ウマ類では長い時間のあいだに体のサイズが増加したことがわかる。四角の枠内の図は，足指の数が減少し，現在のウマのひづめとなったことおよび大臼歯（上から見た図）のサイズと噛む面の複雑さが増大したことを示している。図22.15が示しているように，すべての進化的変化がこのような傾向であったわけではない。

22.3 進化の証拠は生物学のほかの分野でも見つけることができる

解剖学的記録

進化理論は，生物の多様性を理解するための枠組みを提供することができる点においても大変重要である。生物学のあらゆる分野で得られた多くの観察結果は，進化の結果として理解して初めて意味をもったものとなる。

相同性

脊椎動物が進化したとき，同じ骨がときどき違う使われ方をした。それらの骨はまだ残っており，その進化の過去を物語っている。たとえば，脊椎動物の前肢はすべて**相同構造**（homologous structure）であり，異なった外見や機能をもっていても，すべて共通祖先の体の同じ部分に由来するものである。図22.17は，それぞれの哺乳類で前肢の骨がどのように変化したかを示したものである。なぜこれらの非常に異なった構造が同じ骨から構成されているのだろうか。もし進化が起こらなかったとすると，これは本当に不可解なことである。しかしこれらの動物がすべて共通祖先に由来すると考えたなら，自然選択が初めの同じ構造をそれぞれの目的に役立つように変化させたと容易に理解できる。

発　生

進化を支持するもっとも強力な解剖学的証拠のいくつかは，生物の発生のしかたを比較することにより得られる。たとえば，脊椎動物の異なったグループの胚は初期には似ていることがあるが，発生が進むに従い異なってくる。発生の初期にヒトと魚類の胚はともに咽頭囊をもち，それはヒトではさまざまな腺や管になり，魚類では鰓あなになる。胚発生の後期には，すべてのヒト胚は骨からなる長い尾をもち，成長後もその痕跡は脊椎の後端に尾骨として残る。ヒトの胎児は，妊娠5か月目ごろには細かな柔毛（うぶ毛，lanugo）までもっている。これらの残存的な発生形態は，発生の新しい指令が祖先の発生様式を変化させるという過程を通じてわれわれの発生が進化したことを強く示している。

不完全な構造

自然選択はある集団に存在する変異にしか作用することができないので，環境に完全に適応していない生物が見つかっても，不思議なことではない。たとえば，一般に長い首をもつ動物では，柔軟性を高めるために首の骨の数が多い。ガチョウでは25個まで，プレシオサウルス（首長竜）── 長い首をもつ爬虫類で恐竜時代に海を泳いでいた ── は，76個もの首の骨がある。対照的にほとんどの哺乳類には，首の骨は7個しかなく，キリンも例外ではない。首の骨の数に変異を起こさずにキリンの首を長くするために，選択は椎骨を長くさせる方向に進化を引きおこした。

構造の不完全さのもっともよい例は，脊椎動物の眼である。脊椎動物の眼では光受容器が眼球の壁の方向つまり内向きに配置されている（図22.18a）。その結果，脳へ向かう神経線維は，内向きではなく眼房に向かい，そのため光をわずかに遮っている。さらに，これらの神経線維が集まって視神経となり眼の後方の穴を通るため，視野での盲点をつくっている。これに対し，イカやタコのような軟体動物の眼はもっとうまくできている。光受容器は外側に向かい神経線維は内側に位置して，光を遮ることも盲点を形成することもない（図22.28b）。このような例は，自然選択の働き方が，与えられた課題に対して合理的で優れた構造を設計し構築する技術者

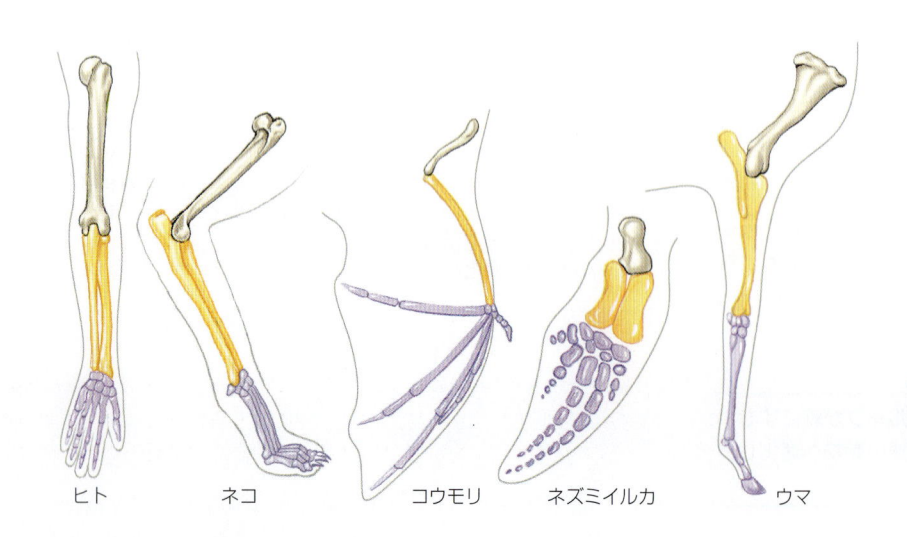

図 22.17
哺乳類の前肢の骨の相同性。 ヒト，ネコ，コウモリ，ネズミイルカ，ウマの前肢の構造は，形態や機能では大きく異なっているが，骨の配列パターンは基本的に同じである。

のようにではなく，手に入る材料は手あたり次第に使ってとにかく使えるものをつくるよろず屋のようなものであることを示す。機能するが完璧とはいいがたい脊椎動物の眼のような構造は，自然選択による進化だからこそ生じうるものである。

痕跡構造

多くの生物は，その祖先と考えられる生物がもっていた構造に似ているけれどもはっきりとした機能のない**痕跡構造**（vestigial structure）をもっている。たとえばヒトには，ほかの多くの哺乳類のように耳を動かすための筋肉一式が完全にある。南米の大蛇ボアは，寛骨（hip bone）と痕跡的な後肢をもつ。マナティー（水生哺乳類の一種で「海牛」ともよばれる）の肢から進化したひれには指の爪がある。日の光を決して見ることがなく視覚をもたない洞窟の魚にも，小さな機能していない眼がある。ヒゲクジラにはほかの哺乳類の骨格と同様に骨盤の骨がある（図22.19）が，クジラでのその骨の機能は知られていない。ヒトの虫垂は明らかに痕跡器官である。それは盲腸の退化した端の部分であり，行き止まりの小さな袋で，大腸のはじまりにあたる。ネズミのようなほかの哺乳類では，盲腸は大腸のもっとも大きな部分で貯蔵の役割があり，草食動物では大量のセルロースが貯蔵される。いくつかの機能を示唆する意見はあるが，ヒトの虫垂の現在の機能を説明することは難しい。見方によっては，それは危険な器官である。頻繁に感染し，虫垂炎とよばれる炎症を起こす。外科的な切除をしなければ炎症を起こした虫垂は破裂し，腸の内容物が体腔のなかに出てきて致命的な事態になる可能性がある。

これらの痕跡的構造は，過去の名残りである進化的残存物として解釈する以外には理解しがたい。しかし，痕跡構造の存在は，グループがどれだけ異なったものになっているかにかかわらず，それらを共有する生物が共通祖先に由来することを強く支持する。

図 22.18
脊椎動物と軟体動物の眼。 （a）脊椎動物の眼の光受容器は後ろ向きに並んでいるが（b）軟体動物の眼の光受容器は前向きに並んでいる。その結果，脊椎動物では神経線維が光受容器の前を横切ることになり，神経線維がまとまって眼からでるところでは盲点を形成している。軟体動物の眼ではこのような問題はない。

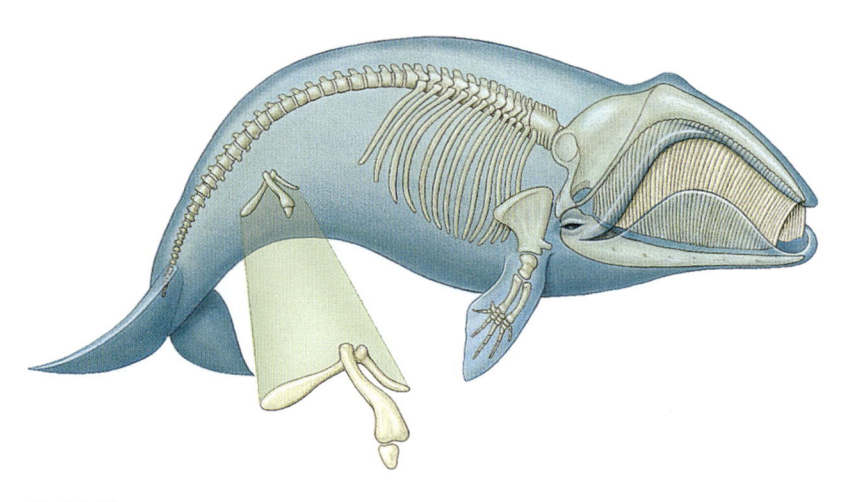

> 現生の動物についてその解剖学的な比較を行うと，しばしばそれらが祖先を共有していたことがわかる。同じ器官が異なった機能を果たすために進化した例もあれば，器官がその機能を全く失った例もある。

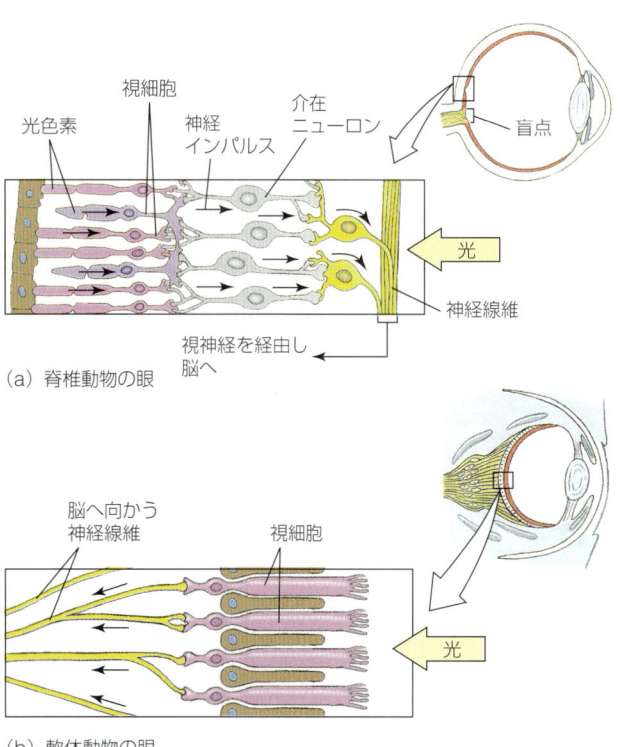

図 22.19
痕跡構造。 クジラの骨格には骨盤がある。クジラのこの骨はほかの哺乳類の骨盤の骨と似ているが，発達が悪く，明らかな機能が認められない。

分子レベルの証拠

われわれが進化の過程でたどった足跡は，分子レベルでもはっきりしている。生物が比較的単純な祖先から連続的に進化してきたという事実は，進化的変化がわれわれの細胞のなかに，つまりDNAに記録されていることを意味している。祖先種が2種またはそれ以上の派生種となったとき，それらのDNAは，初めは全体的に非常に高い類似性を示す。しかし派生種が独立して進化するにつれ，だんだんDNAに違いが蓄積してくる。その結果として，より遠縁な生物は多くの進化的相違を蓄積することになり，一方より近縁な2種はDNAの多くの部分を共有しているはずである。

この仮説を検証するためには，DNA以外のデータにもとづいて進化的類縁関係を推察することが必要である。（DNAを使って類縁関係を推察し，近縁な種は遠い関係の種よりもDNAが似ていると結論するのは，循環論法であろう。）そのような進化的類縁関係の仮説は化石記録から得られ，それによって生物のあるグループがいつ進化したかがわかる。さらに化石と現在の種の解剖学的構造を比較することにより，われわれは，種がそれぞれどれだけ近縁か推定することができる。

遺伝的類似の程度を化石をもとに推定した進化的類縁関係と比較すると，それらはよく一致する。たとえばヒトのヘモグロビンタンパク質を，ほかの種の相同な分子と比較すると，近縁な種ほどよく似ている。146アミノ酸残基からなるヘモグロビンβ鎖について，ヒトに近縁であると考えられているチンパンジー，ゴリラ，オランウータンおよびマカクザルは，イヌのようなもっと遠縁の哺乳類よりもヒトとの違いは小さい。哺乳類以外の脊椎動物はさらに異なっており，脊椎動物以外の動物のヘモグロビンはもっとも違いが大きい（図22.20）。同様のことがDNAそのものを比較したときにも明らかである。たとえば，約600万年前に生存していた共通祖先から派生したと考えられているチンパンジーとヒトでは，DNAにわずかな違いしかない。

なぜ，近縁な種はDNAが似ているのだろうか。DNAは生物の構造を生みだす遺伝暗号なので，ヒトとチンパンジーのように全体の外観と構造が似ている種のあいだでは，ヒトとカエルのようにより大きな違いが見られる生物よりもDNAが似ているはずである。このような予想は，たとえ進化が起こらなかったとしても正しいだろう。しかし，第17章で見たように，ゲノムの大部分は，機能がわかっておらず，特に役割がないと思われる非暗号部分のDNA（しばしばジャンクDNAとよばれる）である。もし，進化が起こらなかったとすると，形が似ている種どうしがジャンクDNAまでも似ていると想定する理由がなくなる。しかし，そのようなDNAの領域を比較してみても，ゲノムのほかの部分についての比較と同じ結果が得られる。近縁な種のDNAが似ているという観察結果は，進化が起こったと仮定しなければ理解できない。

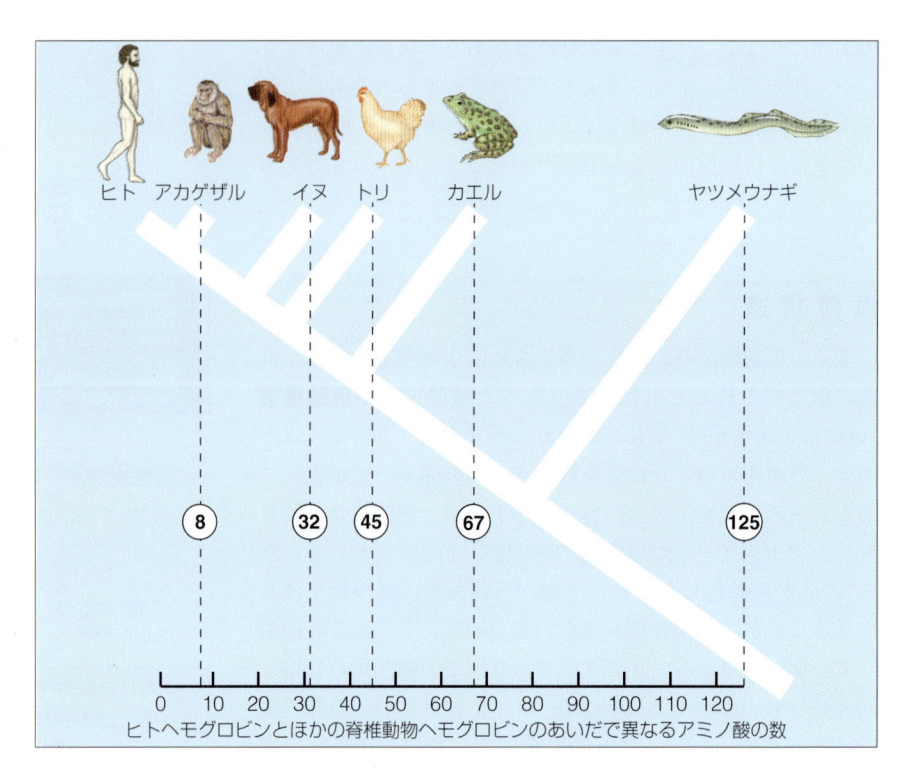

図 22.20
分子は進化的多様化を反映している。 脊椎動物でヘモグロビンのアミノ酸配列を比較すると，ヒトからの進化的距離（化石記録をもとにしたもので，白色の系統樹で示されている）が遠いほど，異なるアミノ酸残基の数が多くなる。

異なる種間のDNAの比較からも，進化が起こったという強い証拠が得られる。化石記録から近縁であると推測される種どうしは，遠縁と考えられる種どうしよりもDNAがより似ている。

収束進化と生物地理学的記録

生物地理学(種の地理的分布の研究)によれば，類縁関係が遠いにもかかわらず外部形態がきわめてよく似た植物や動物のグループが，別々の離れた地域にしばしば見られる。こういった非常に多くの類似性を，偶然の一致として説明するのは難しい。これは，環境が似ているために自然選択によって平行的な進化的適応が起こった結果であろう。二つのグループを似たものにする変化が選択に有利に働く傾向があったため，それらの表現型が収束したのである。このような進化的変化は，**収束**または**収斂進化**(convergent evolution)とよばれている。

有袋類と有胎盤類の収束進化

収束進化のもっともよく知られた例は，哺乳類の二つの大きなグループである有袋類と有胎盤類が，離れた大陸で独立して生活していたにもかかわらず，大変似たように進化したことである。オーストラリアはほかの大陸から7,000万年以上前に分離した。それは，有袋類が出現したあとではあったが，有胎盤類はまだ現れていなかった。結果としてオーストラリアでは，有胎盤類はコウモリとわずかな移住性のげっ歯類だけで，有袋類(胎児が未熟な状態で生まれ，外で活動できるようになるまで袋のなかで保護される)が優占している。このため，哺乳類としては世界のほとんどの地域で有胎盤類が優勢であるのに対し，オーストラリアでは有袋類が優位を保っている。

オーストラリアの有袋類は今日ほかの大陸にすむ有胎盤類の動物と驚くほどよく似ている(図22.21)。二つのグループの動物のあいだに見られる類似性は，それらが収束進化——似た環境で似た選択圧を受けることにより互いに隔離された別々の地域にありながら似た形態が進化する——の結果であることを強く示している。

生態的地位	有胎盤類	オーストラリアの有袋類
掘穴動物	モグラ	フクロモグラ
アリ食動物	コアリクイ	フクロアリクイ
夜行性食虫動物	バッタネズミ	フクロネズミ
木登り動物	キツネザル	ブチクスクス
滑空動物	ムササビ	フクロモモンガ
忍び寄り捕食動物	オセロット	タスマニアヤマネコ
追跡捕食動物	オオカミ	タスマニアオオカミ

図 22.21
収束進化。 オーストラリアの有袋類は，世界のほかの地域で同じ生態的地位を占めている有胎盤類の動物に似ている。それらは，オーストラリアがほかの大陸から分かれたあとで，別々に進化したものである。

島での進化

種の地理的分布も，違った形で進化の証拠となる。Darwinは，大洋の島にすむ動物と植物が近くに位置する大陸で生育する種類ともっともよく似ているという証拠を初めて提出した。このような関係は，これらの生物が共通の祖先に由来しているためと解釈できる。たとえばガラパゴスのリクガメとフィンチは，ガラパゴスの環境が南アメリカの近いところと全く異なっているにもかかわらず，遠い大陸や島のリクガメとフィンチよりも南アメリカのものに似ている。このことは，島の種は過去のあるときに近くの大陸から来た個体から進化したことを強く示している。島の植物と動物種のそれぞれが遠くの似た環境にすむ種よりも，もっとも近い大陸のものと近縁であることは，進化を考えることなしには論理的に説明できないだろう。

収束(収斂)とは，同じ選択圧を受けると，異なった系統の生物でも互いに似た形態に進化することを指す。種の生物地理的分布は進化的な多様化をしばしば反映している。

22.4 進化の理論をめぐる論争

Darwinの批判者たち

Darwinの自然選択による進化の理論は提案された世紀のうちに生物学者のあいだで広く受け入れられるようになったが、一部の一般の人たちのあいだでは異論が絶えない。ダーウィンを批判する人たちが、進化教育をめぐって唱える異論は主に次の七つに要約される。

1. **進化は完全には証明されていない** 「進化は単なる学説である。」と、学説が知識を欠き、推測の一種であるかのように批判者はいう。しかし、科学者たちは一般の人々と全く異なった意味で学説という語を使う。それは科学のもっとも確かで強固な地盤である。単なる学説だからと、重力説を疑う者はいない。

2. **中間型の化石の欠如** 「足になる途中のひれを見たものはこれまでいない。」と、批判者は、Darwinの時代における化石記録の多くの空白を指摘する。しかし、その後脊椎動物で多くの中間型の化石が実際に見つかった。現在、明らかな連続性を示す一連の化石により、有蹄類とクジラ、爬虫類と哺乳類、恐竜とトリ、サルとヒトのあいだの変遷がたどれる。主要な生物間の進化に関する化石証拠には、説得力がある。

3. **巧妙なデザインについての議論** 「生物の器官は、無秩序な過程で生みだされたにしては複雑すぎる。時計の存在は時計工が存在したことの証拠である。」哺乳類の耳の進化を示す中間型が化石として見られ、眼の多くの中間型がさまざまな無脊椎動物で知られている。少しでも光を感知できることは全く感知できないことより優れており、これらの中間型は有用性があるために出現した。眼のような複雑な構造はわずかな改良の連続として進化したのである。

4. **進化は、熱力学の第二法則に反する** 「ばらばらにおいてある炭酸飲料の缶がひとりでにはねてきちんと整列することはない。物事は雑多な原因でより無秩序となるもので、より秩序をもつ方向に向かうことはない。」この主張は第二法則が実際に述べている内容を無視している。無秩序性はある閉鎖系において増加するのである。地球は閉鎖系ではなく、エネルギーが絶えず太陽から生物圏に入ってきて生命と生命を秩序化するすべての過程にエネルギーを供給している。

5. **タンパク質は非常にまれなものである** αグロビンは141アミノ酸残基からなる。最初がロイシンである確率は1/20であり、141個すべてについての確率は、1/20の141乗となる。これはまったく起こりえないことだ。」この主張は確率と統計についての理解を欠いている——確率をこのような形で用いるのは誤りである。クラス内のある生徒がある誕生日である確率は1/365だから、同じように、50人のクラスの生徒全員について考えると、クラス生徒全員の誕生日が現在の構成になる確率は1/365の50乗というあり得ない値になる。

6. **自然選択は進化をもたらさない** 「魚がカエルに進化して捕食者から跳ねて逃げる実験を実行した科学者はいない。」ほとんどの生物学者は、小進化（種内の進化）は大進化（種間の進化）を生む機構であると考える。人為選択によりつくられたチワワ、マスティフ、グレイハウンドのような品種間の違いは、いくつかの自然の種間の違いよりも大きい。実験室内の選択実験でも、自然界では交配できない異種と考えられるような品種がときどきつくりだされている。このように完全に異なった型を生みだすことは、くり返し観察されている。進化が魚類と両生類の違いのような、本当に大きな違いをまだ説明していないという異論に対しては、二番目の批判に対するのと同じ証拠があげられる。これらの変化は数百万年かかり、実際にそのような変化を化石記録のなかにはっきりと見ることができる。

7. **複雑性が増すことへの疑問** 「細胞の複雑な分子装置はより簡単なものから進化した、と説明することはできない。たとえば、血液凝固のような複雑な過程のそれぞれの部分は全体の過程に必要なのだから、自然選択がどのようにして一部分をつくりだせたか説明できない。」この主張の誤りは、複雑な分子機械のそれぞれの部分がシステムの一部として進化すると考えていることである。進化の全段階でシステムは機能しているので、自然選択は複雑なシステム全体に作用する。機能を改善する部分が加わり、後の変化によってそれはシステムに必要なものとなる。たとえば、哺乳類の血液凝固系は、もともと単純な系から進化した。中心となる凝固系は5億年以上前、脊椎動物の出現時に獲得されたもので、今日でもヤツメウナギのような原始的な魚類に見られる。それから1億年後、その凝固系にタンパク質が加わって、損傷を受けた組織から放出される物質に敏感になった。5,000万年後、第三要素が加わり、傷害により傷ついた表面に接触することで凝固がはじまるようになった。凝固系が進化してより複雑になったそれぞれの段階で、全体の反応は新たに加わった要素に依存するようになった。このように、血液凝固は、Darwinの主張するような進化の結果として、「後戻りできない複雑なもの」になった。

> Darwinの進化の理論は一部の人々のあいだではまだ論争の対象にされるが、よくされる反論は科学的根拠を欠いている。

第22章のまとめ

22.1 自然選択が進化的変化を引きおこしうることを示す証拠
"ダーウィンフィンチのくちばし"
- Darwinはガラパゴスの三つの島から31個体のフィンチの標本を採集した。(p. 454)
- Darwinは14種のフィンチがそれぞれ異なる食物をとることを見つけた。(p. 454)
- くちばしの違いは異なった食物への適応として進化したことを示唆する。(p. 455)

"オオシモフリエダシャクと工業暗化"
- 成虫の色は，明るい灰色から黒色(優性)まである。(p. 456)
- 黒色のガは，1850年以前にはまれであったが，それ以降普通に見られるようになった。(p. 456)
- 産業革命により木は黒くなり，明るい色のガは捕食者に対してより目立つようになった。そして暗い色のガが明るい色のガよりも優勢となった。(p. 456)
- 20世紀後半に大気汚染の抑制が広く行われた結果として，暗色化と逆の傾向が起こった。(p. 457)
- 選択の作用機構はまだ不明だが，選択は大気汚染があるところでは暗色のガに有利に働き汚染のないところでは明色のガに有利に働いた。(p. 457)

"人為選択"
- 人為選択は，行われたほとんどすべての場合において，大きな変化をもたらした。(p. 458)
- ショウジョウバエのような実験動物で行われた形質の選択では，予想どおりの明快な進化的応答が見られている。(p. 458)
- 作物のトウモロコシや動物の家畜化での変化は，希望する形質を得るため何世代も選択を行った結果である。(pp. 458〜459)
- 人為選択の結果から推察すると，何百万年にもわたる選択によって，現在の生物の多様性が生みだされたのであろう。(p.459)

22.2 化石の証拠は進化が起こったことを示している
"化石の記録"
- 石の化石は生物が堆積物に埋まり，硬い組織が鉱化したときにできる。(p. 460)
- 化石は，相対的には地層の相対的位置から年代を決定することができ，また，絶対的には放射性同位元素の崩壊の割合を使って年代決定することができる。(p. 460)
- 大きなスケールで化石は生命がたどってきたようすを時間を追って表している。(p. 460)
- 連続的変化を示すことは，近代のもっとも強力な証拠の一つとなる。(p. 461)

"ウマの進化"
- ウマの進化は，化石記録においてもっともよく研究されたものの一つである。(p. 462)
- もっとも初期のウマは小さく，足は短く，幅広かった。(p. 462)
- 現在のウマに至るまでの変化は，地球規模の気候変化への適応としてほぼ説明できる。(p. 463)
- 現在のウマの多様性は，比較的限られている。(p. 463)

22.3 進化の証拠は生物学のほかの分野でも見つけることができる
"解剖学的記録"
- 相同構造とは，異なった外観と機能をもつが，共通祖先の体の同じ部分から派生したものを指す。(p. 464)
- さまざまな脊椎動物胚に見られる残存的な発生型は，進化のあいだに祖先の発生パターンに変更が加えられたことを示している。(p. 464)
- 痕跡構造は，はっきりした機能をもたないが，祖先と推定される生物の構造と似ている。(p. 465)

"分子レベルの証拠"
- 共通祖先から派生して間もない生物では，DNAの類似性が比較的高い。(p. 466)
- 二つの生物の類縁関係が遠いほど，暗号領域と非暗号領域の両方において，DNAの違いはより大きい。(p. 466)

"収束進化と生物地理学的記録"
- 異なった地域に互いに似た生物のグループが見られる。(p. 467)
- 自然選択は，似た環境では，平行的な進化的適応をもたらすように見える。(p. 467)
- 島の生物はもっとも近くにある大陸の種に近縁であることが多い。(p. 467)

22.4 進化理論をめぐる論争
"Darwinの批判者たち"
- ダーウィンの批判者は，進化を教えることに対して，次のような異論を唱えている。すなわち，進化の確固とした証明はない。中間型の化石を欠いている。巧妙なデザインの議論。進化は熱力学の第二法則に反している。自然選択は進化を意味しない。複雑性が増すことへの疑問。これらの異論はどれも科学的根拠を欠いている。(p. 468)

質問のページ

自習問題

1. Daphne Major 島での観察において，くちばしの大きさと降雨量の相関関係をもっともよく表しているのは次のどれか？
    a. 小さなくちばしの鳥は雨量の少ない年に有利である。
    b. すべての鳥で雨量の多い年には有利性に違いはない。
    c. 大きなくちばしの鳥は雨量の多い年に有利である。
    d. 大きなくちばしの鳥は雨量の少ない年に有利である。

2. オオシモフリエダシャクでは，煤煙で木の幹が覆われるとき，暗色化が選択される。この現象を何というか？
    a. 人為選択
    b. 収束進化
    c. 工業暗化
    d. これらのどれでもない

3. 人為選択による進化的変化が証明されていないのは次のどれか？
    a. ガラパゴスフィンチ
    b. ショウジョウバエ
    c. トウモロコシ
    d. イヌの品種

4. Darwinの化石の調査は，種の進化を判断するために____年代を使って行われた。
    a. 絶対
    b. 炭素
    c. 相対
    d. 放射性同位元素

5. クジラとその有蹄の祖先生物をつなぐ見つかっていなかった動物（ミッシング・リンク）は，次のうちどれか？
    a. *Pakicetus*
    b. *Archaeopteryx*
    c. *Equus*
    d. a～cのすべて

6. ウマで起こった進化は，次のうちどれか？
    a. 体サイズの小型化
    b. 歯の噛む面での複雑さの増大
    c. 足指の数の増加
    d. a～cのすべて

7. 脊椎動物では，長い時間を経て同じ骨が動物により異なる使われ方をされるようになった。このことは次のどれにあてはまるか？
    a. ミッシング・リンク
    b. 痕跡構造
    c. 相似構造
    d. 相同構造

8. ヘモグロビンの進化に関する証拠を調べた結果得られる結論はどれか？
    a. 鳥類のヘモグロビンは，ヤツメウナギのヘモグロビンの前に進化した。
    b. カエルは鳥よりもヤツメウナギにより近縁である。
    c. 進化的変化は分子レベルで起こる。
    d. 進化的違いを決めるための調査の対象にできるのは，DNAだけである。

9. 収束進化の例はどれか？
    a. オーストラリアの有袋類と有胎盤類
    b. 魚，ペンギン，イルカの水かき
    c. 鳥類，コウモリ，昆虫の翼
    d. a～cのすべて

10. ダーウィンフィンチのくちばしの形，工業暗化，ウマの歯の変化は，すべて，次のどれにあたるか？
    a. 人為選択
    b. 自然選択
    c. 収束進化
    d. 相同構造

図解き問題

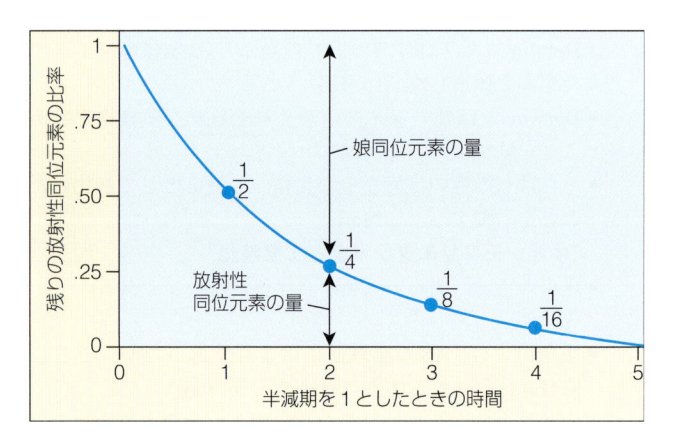

1. このグラフは，放射性同位元素が時間経過に従ってどのように崩壊するかを示している。ある放射性同位元素は，ほかのものよりも速く崩壊するが（半減期が短い），すべての同位元素は同じ方法で，つまり同位元素の原子の半分が半減期のあいだに崩壊する。次のリストにあるそれぞれの同位元素について，もとの量の12.5％まで崩壊するにはどれだけの時間がかかるか計算せよ。また，三つの同位元素について，半減期を単位として残っている同位元素の比率をグラフにし，三つのグラフを上の図と比較せよ。それらは似ているか，違っているか。

同位元素	半減期
a. ベリリウム-11	13.81秒
b. 酸素-15	2分
c. ナトリウム-24	15時間
d. リン-32	14.3日
e. 炭素-14	5730年
f. プルトニウム-239	24110年

応用問題

1. トウモロコシの種でタンパク質含量の多いものと少ないものを選択する実験が行われた。はじめの個体群は重量にして平均9.5％のタンパク質を含んでいた。この章で示した人為選択の実験のように，タンパク質を多く含む上位20％のトウモロコシ種子を交配し，またタンパク質量の少ない下位20％の種子を交配した。50世代後，高タンパク質のグループは，平均19.2％のタンパク質を含み，低タンパク質のグループは平均5.4％のタンパク質を含んでいた。
    a. 高タンパク質と低タンパク質の個体群は，それぞれ，何パーセント変化したか？
    b. 選択後，より大きく変化したのは，高タンパク質側と低タンパク質側のどちらか？また，なぜそちらがより変化したのか？

2. 進化を進歩的なもの（下等，単純なものから高等，複雑なものへ進歩すること）であると考えることはなぜ間違っているのか？

23
種 の 起 源

概　　要

23.1　種は進化の基本単位である

　種の性質　種とは実際に交配しているあるいは交配可能な自然集団の集まりで，ほかの同様な集まりとは生殖的に隔離され，しかも地理的な連続性を保っている。

23.2　生殖に対する障壁を通じて種は遺伝的な独自性を維持する

　接合前隔離機構　繁殖に対する障壁として接合子の形成阻害がある。

　接合後隔離機構　そのほかの繁殖に対する障壁として，接合子形成後の正常な発育や繁殖の阻害がある。

　生物学的な種の概念の問題点　交雑やその他の問題点の存在が，別の種の概念の提案を促してきた。

23.3　どのようにして種が形成されるか

　生殖隔離は進化的な変化の副産物かもしれない　種分化は自然選択なしでも起こりうるが，生殖隔離は一般に個体群が異なった環境に適応しつつあるとき，より速やかに生じる。

　種分化の地理学　種分化は個体群が地理的に隔離されているときに，もっとも起こりやすい。

23.4　近縁な種群の存在は急速な進化を反映している

　ハワイ産ショウジョウバエ類　世界中のショウジョウバエの種の4分の1以上がハワイ群島に産する。

　ダーウィンフィンチ類　1種の祖先種に由来する13種のフィンチがさまざまな生態的地位を占めている。

　ビクトリア湖のカワスズメ類　隔離がこの小型魚類の広範な種分化をもたらした。

　ニュージーランドの高山帯のキンポウゲ　たび重なる氷河形成の波がくり返し種分化を促進した。

　進化の速さ　進化的な変化はゆっくりと少しずつ進むこともあるし，急速に不連続に進むこともある。

　地質年代を通しての種分化と絶滅　種の数は時代とともに増加してきた。

　進化の未来　人類が改変した環境でも進化は続く。

図 23.1
孤島で日光浴をするガラパゴスウミイグアナ。 地理的な隔離はどのようにして新しい種の形成に貢献するのだろう。

　Darwinは彼の著作に"種の起源"というタイトルを付けはしたが，彼自身が"神秘中の神秘"とよんだ事柄──どのようにして種が新しい種を生みだすのか──という点についてはじつは一度も考察しなかった。彼は自然選択による進化について論じたのである。つまり，長い時間が経過するあいだに，どのようにして変化する環境に適応して生物が進化するかという問題である。自然選択による適応的な進化は進化生物学において根本的な重要性をもつのだが，適応の過程だけでは，ある種がどのようにして別の種になるのかという問題（図23.1）を満足に説明することができない。一つの種がどのようにして多くの子孫種を生みだすことができるのかということ，すなわち**種分化**(speciation)とよばれる過程についてはもっと説明が難しい。これから見ていくように，適応は種分化の過程に関係している場合もあるが，それがなければ種分化が起きないというわけではない。

23.1 種は進化の基本単位である

種の性質

どのようにして，ある種が別の種を生みだすのかを議論するには，種とは何かを正確に理解しておく必要がある。種の定義は進化生物学にとって根本的に重要だが，この問題は現時点でも完全には解決しておらず，依然として研究と論争の対象である。しかし，どのような種の概念でも下の二つの事柄に満足のいく説明を与えなければならない。すなわち，一つの地域に共存する複数の種が互いにはっきり区別できるという事実，および地理的に隔離されている同一種の個体群のあいだにつながりがあるという事実，の二つである。

同所的な種は明瞭に区別できる

家のバルコニーか裏庭のポーチに餌台を置くと，さまざまな小鳥が来るだろう（いろいろな種類の餌を置けばもっと多様な小鳥が来るにちがいない）。たとえばアメリカ中西部では，ショウジョウコウカンチョウ，アオカケス，セジロコゲラ，メキシコマシコを普通に見ることができるし，夏にはハチドリがやってくるかもしれない。数日間注意深く観察する必要があるが，やがてたくさんの異なった種を識別できるようになるだろう。それは，同じ地域に生息する種(**同所的**(sympatric)とよばれる)どうしが異なった外見をもち，生息環境の異なった部分を利用し別々に行動するはっきりと区別される存在だからである。このことは鳥だけでなくほかのほとんどの生物群にもあてはまる。

時には，同じ地域にすむ2種がよく似ていて区別が難しい場合もある。しかし，それが区別できないのはわれわれ人間が外界を認識するときに視覚のみに頼ることが多いためである。これら外見の紛らわしい種でも，交配のために発する鳴き声や分泌する化学物質を調べれば，大きな違いが見つかることが多い。同所的な種の区別が難しい場合でも，じつは動物自身はそのような困難は感じていないのである。

同種内の地理的な変異

同じ種として分類される仲間でも，異なる地域に生息する個体群には多かれ少なかれ違いがある。はっきり異なるこういった同種内の個体群が**亜種**(subspecies)とか**変種**(variety)として分類される場合もある。(品種(race)という用語も似た意味をもつが，最近はあまり使われない）。(訳者注：変異型(variety，form)の扱いは動物と植物で異なる。前者は亜種以外の種内カテゴリーを認めず，後者は認めて学名を与えている。) はっきり異なる同一種内の個体群が近接して分布する場所では，両方の個体群の特徴を併せもつ個体がよく観察される(図23.2)。つまり，地理的に隔てられた個体群どうしは違って見えるかもしれないが，通常は中間の特徴を示す個体群を介して結ばれているのである。

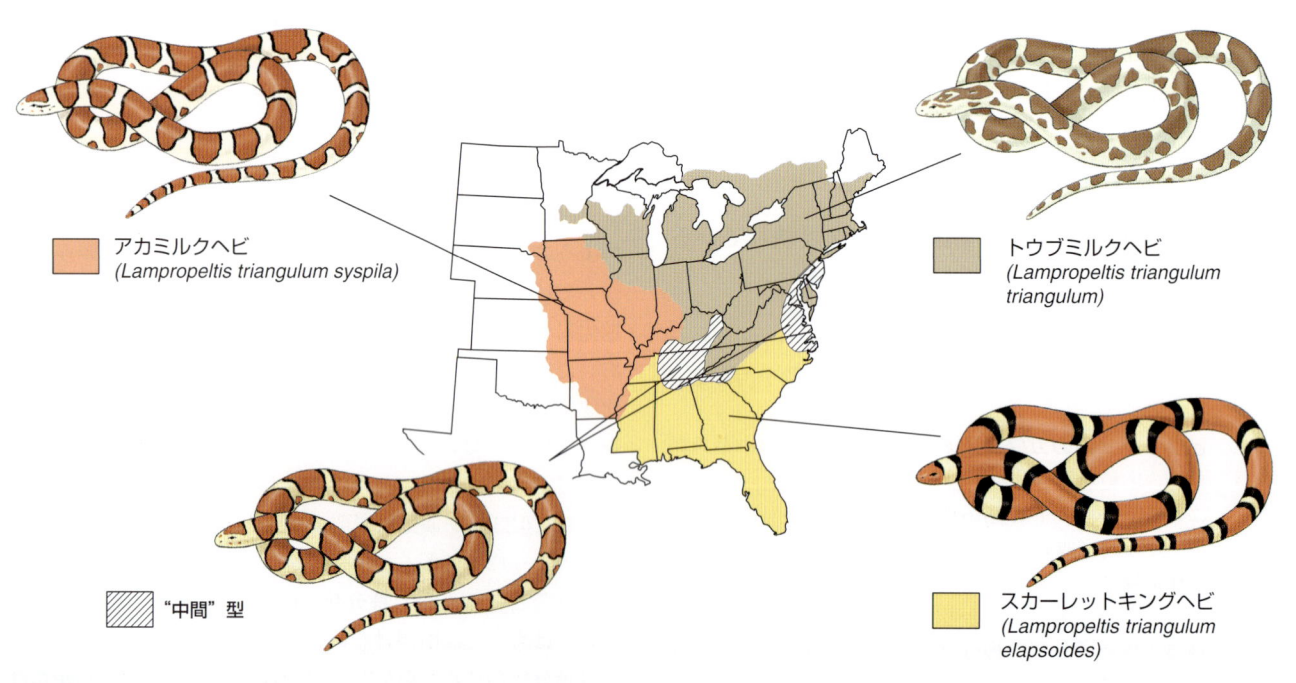

図 23.2
ミルクヘビの仲間(*Lampropeltis triangulum*)の地理的変異。 亜種同士は外見上ははっきりと異なって見えるが，彼らは中間の外見をもつ個体群によってつながっている。

アカミルクヘビ (*Lampropeltis triangulum syspila*)
トウブミルクヘビ (*Lampropeltis triangulum triangulum*)
"中間"型
スカーレットキングヘビ (*Lampropeltis triangulum elapsoides*)

生物学的な種の概念

同所的な種どうしを明瞭に識別し、また地理的に異なっていても同一種の個体群であると判断できる根拠は何だろう？一つの可能性は、各々の種が遺伝物質をその種の別の個体とだけ交換しているということである。もし同所的な種のあいだで遺伝子のやりとりがごく普通に生じていれば、このような種のあいだの区別は即座に消失してしまうだろう。なぜなら、異なった種の**遺伝子プール**(gene pool、各々の種がもつすべての対立遺伝子)は混ぜ合わされ均一化してしまうからである。つまり、同所的な個体群が互いに遺伝子を交換できないとすれば、それらは互いに異種とみなしてもよいだろう。逆に、地理的に離れていても遺伝子流動を介して遺伝子を共有する能力がある個体群は同一種としてまとまった存在とみなしてよいのかもしれない。これらの考えにもとづき、進化生物学者のErnst Mayrは**生物学的な種の概念**(biological species concept)という用語をつくった。彼の定義に従えば種とは「…実際に交配している、あるいは交配可能な自然個体群のあつまりで、こうしたことのできないほかのあつまりとは生殖的に隔離されている。」

いい換えれば、生物学的な種の概念は、互いに交配し繁殖力のある子孫を残すか、あるいは機会があればそうなることが期待される個体群を指す。逆に、互いに交配しない、あるいは繁殖力のある子孫を残すことができない個体群は**生殖的に隔離**(reproductively isolated)されていて、それゆえに別の種の一員なのである。

何が生殖隔離を引きおこすのか？もし個体間で交配したり繁殖力のある子孫を残せないならば、明らかに別の種である。しかし、別の種であると考えられる個体群のなかには、交配し繁殖力のある子孫を残す能力をもつのに、自然条件下では通常はそうしないものがある。このような場合も、片方の種の遺伝子は通常もう一つの種の遺伝子プールに入り込めないので生殖的に隔離されているとされる。表23.1は、正常な繁殖に対する障壁となりうるさまざまな段階を示す。これらの障壁は種間の遺伝子の交換を妨げるので**生殖隔離機構**(reproductive isolating mechanism)とよばれる。これらの実例を、接合子の形成を妨げる障壁、すなわち、接合前隔離機構から見ていく。接合後隔離機構では、接合子は形成されてもその後に、適切な機能が発揮されない。

表 23.1 生殖隔離機構

機構	要因
接合前隔離機構	
地理的隔離	 異なった地域に分布している。この場合、しばしば川や山脈のような物理的な障壁によって隔てられている。
生態的隔離	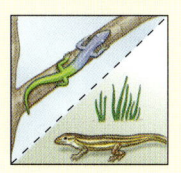 同じ地域に分布するが、異なった生息環境を占めており、滅多に出会わない。
時間的隔離	 異なった季節もしくは1日のなかの異なった時間帯に繁殖する。
行動的隔離	 交尾に先立つ儀式が異なる。
機械的隔離	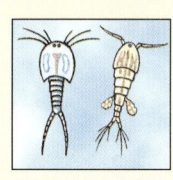 解剖学的構造の違いによって交尾が妨げられる。
接合子形成の抑止	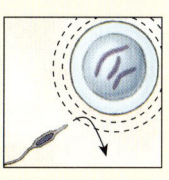 片方の種の配偶子ともう一方の種の配偶子がお互いにうまく機能しない、あるいは片方の配偶子がもう一方の種の生殖器官内でうまく機能しない。
接合後隔離機構	
雑種の成長不全もしくは不妊	 雑種胚が正常に発育しない、雑種が成体になっても自然条件下で生き延びることができない、あるいは雑種は成体になっても不妊もしくは妊性が低い。

> 種とは、同じ場所に生息するほかの種から明瞭に区別され、その一方で地理的にはつながって存在する生物のあつまりである。遺伝子を交換し合う能力をもつことが、このような種の特徴であるといえる。

23.2 生殖に対する障壁を通じて種は遺伝的な独自性を維持する

どのようにして種は自らの独自性を維持しているのだろう？生殖隔離機構は二つに分類される。**接合前隔離機構**（prezygotic isolating mechanism）は接合子形成を妨げ，**接合後隔離機構**（postzygotic isolating mechanism）は接合子形成のあとに，その適切な機能の発揮を妨げる。この項では，この二つの範疇に含まれるさまざまな隔離機構を検討し，どのようにして隔離機構が種の独自性を維持するよう働いているのか，実例を見てみよう。

接合前隔離機構

生態的隔離

同じ地域に生息している2種の生物でも，環境の別々の部域を利用していれば出会うこともなく，それゆえに交配も起こらない。たとえば，インドでは150年ほど前まではライオンとトラの生息域は重なり合っていた。しかし，彼らのあいだには自然雑種は知られていない。ライオンはおもに見通しのよい草原に住み，プライドとよばれる群れで狩りをする；トラはどちらかといえば森林にすむ孤独な動物である（図23.3）。この生態的，行動的な違いのために，ライオンとトラはその分布が数千平方kmも重なり合っていたにもかかわらず，めったに出会うことがなかったのである。

もう一つの例をあげると，*Bufo woodhousei* と *B. americanus* という2種のヒキガエルの分布は一部の地域で重なり合っている。これらの2種は生存力のある雑種をつくる能力があるが，通常は交雑しない。彼らは異なった環境を利用して繁殖するからである。*B. woodhousei* が小川などの流水で繁殖することを好むのに対して，*B. americanus* は雨のあとにできた水たまりで繁殖する。同様に，2種のトンボの分布はフロリダで重なり合うが，そのうちの1種 *Progomphus obscurus* は川のそばに住み，もう1種 *P. alachuensis* は湖の周辺に生息する。

似たような状況は植物にもある。カリフォルニアには valley oak（*Quercus lobata*）と scrub oak（*Q. dumosa*）という2種のナラが広く分布している。valley oak は優美な落葉樹で35m近くまで育つが，緩やかな斜面や谷底の肥沃な土壌に発達する草原に生える。対照的に，scrub oak は常緑の灌木で，通常は1～3mにしかならず，チャパラルという名称で知られる密な低木林を形成する。この2種のナラのあいだでは実際に雑種が生じ，しかも十分な繁殖力もあるが，まれにしか見つからない。生息地が極端に異なることがこれら2種の共存を制限し，しかも雑種が繁茂できるような中間的な生息地は存在しない。

図 23.3
ライオンとトラは生態的に隔離されている。 ライオンとトラの生息域はインドでは重なり合っていた。しかし，彼らは生息域の異なった環境を利用しているために自然条件下では交雑をしない。ライオンは見通しのよい草地にすみ，一方のトラは森林にすむ独居性の動物である。このタイゴンのような雑種は飼育条件下では生みだされるが，自然条件下では交雑は起きない。

行動的隔離

下巻第52章では，いくつかのグループの動物でしばしば観察される洗練された配偶行動や交尾の際の儀式について述べる。たとえば鳥類では，近縁種のあいだでしばしば儀式化された配偶行動に違いがあり，このことによって自然条件下で同じ場所に住んでいても他種とは明確に異なった存在でいることができる（図23.4）。たとえば，マガモとオナガガモはおそらく北アメリカでもっとも普通に見られる淡水ガモ類である。飼育下ではこの2種のあいだに完全に繁殖力のある雑種ができるが，自然条件下では隣り合わせで営巣するのにめったに交雑しない。

同所的な種はさまざまなやり方で違った種との交尾を回避している。いろいろな種を見ると考えられるあらゆる伝達システムが使われているように見える。上述したような視覚信号の違いはごく普通に見られる。一方，動物によっては違った感覚器官に頼って連絡を取り合っている。カエルやトリやさまざまな昆虫は音声信号を使って交尾相手を誘惑する。これらの動物は同所的である場合，違う鳴き声を使っていると考えられる（図23.5）。

ほかの種では**フェロモン**（pheromone）とよばれる化学信号が探知に利用されている。蛾の仲間によるフェロモンの使用はとくによく研究されてきた。交尾の準備が整うと，メスの蛾はフェロモンを放出する。オスはそれを遠く離れたところから探知できる。同所的な種では，それぞれがつくりだすフェロモンが異なり，互いに異なる化合物を用いるか，同じ化合物を異なる割合で用いる。雄は自身が属する種のフェロモ

ンを非常に厳密に区別できる。彼らは同種のフェロモンを他種のフェロモンと区別できるばかりか，人工的に合成された非常によく似た，しかし全く同じではない化合物とも区別ができるのである。

電気受容を利用する種さえも存在する。アフリカの電気魚は尾部に特殊な放電器官をもち，皮膚には放電された電気の受容器をもっている。こうした放電はこの魚の社会的な意思伝達に使用される。野外実験によってオスは同種と異種の信号を，おそらくは電気パルスのタイミングの違いによって，区別できることが明らかにされた。

その他の接合前隔離機構

時間的隔離 2種の野生のレタス，*Lactuca graminifolia* と *L. canadensis*，はアメリカの南東部の道路沿いに一緒に生えている。この2種の雑種は実験的には簡単につくることができて完全な稔性をもつ。しかし，このような雑種は自然条件下ではまれである。なぜなら，*L. graminifolia* は初春に花を咲かせるのに対して，*L. canadensis* は夏に花を咲かせるからである。時には開花時期が重なることがあるが，そういうときには実際に雑種が生みだされ，生じた雑種が特定の地域で豊富に見られることもある。

多くの近縁な両生類が異なった時期に繁殖を行い，それによって種間の交雑が妨げられている。たとえば，*Rana* 属の5種のカエルがアメリカ東部全域に共存している。しかし繁殖の最盛期が各々の種で異なるために，雑種はめったに見つからない。

機械的隔離 構造の違いが動物の近縁種間の交配を妨げる場合もある。大きさのような明瞭な形質に加えて，オスとメスの交尾器官の構造が合わないということもある。多くの昆虫やその他の節足動物では，交尾器官，とくにオスのそれ，は非常に変化に富み，そのために分類学者が種を同定するもっとも重要な標識とするほどである。

同様に，近縁な植物の花は，しばしばプロポーションや構造が非常に異なっている。こうした構造の違いが種間での花粉の媒介に制限を加えている場合がある。たとえば，ハナバチがある花の花粉を（その花の構造に合った）体の特定の部分に付けて運んだとしよう。もしもこの特定の部位が別の種の花の対応する構造と接触できないようであれば，この2種のあいだでの花粉の受け渡しは行われない。

配偶子の融合の妨害 水中に直接的に配偶子を放出する動物では，別の種に由来する卵と精子はお互いに誘引し合えないだろう。多くの陸上動物では，片方の種の精子がもう一方の種のメスの生殖輸管の内部でうまく機能できないために受精が起きず，それゆえに交雑が妨げられている可能性もある。植物では，花粉管の成長が種間雑種では阻害されているかもしれない。植物でも動物でも，こうした生殖隔離機構はたとえ交配が成功裏に終わってもその後の配偶子の融合を妨げる。

図 23.4
儀式化された求愛行動の違いが近縁な鳥を生殖的に隔離することもある。 ガラパゴス諸島に産するこれらのアオアシカツオドリは，洗練された求愛誇示行動を見て配偶相手を選ぶ。この雄は儀式化された様式で片足を高くあげ，明るい青の足を見せている。ガラパゴスに生息するほかの2種のカツオドリでは，この誇示行動は全く違っている。

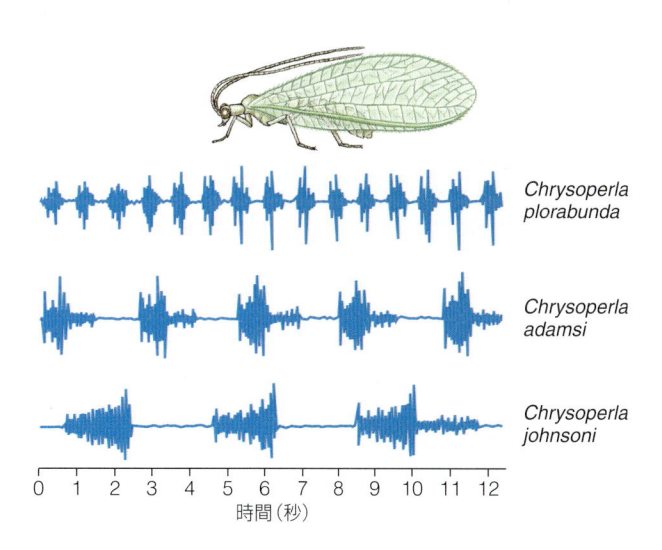

図 23.5
同所性のクサカゲロウに見られる求愛歌の違い。 小型の昆虫であるクサカゲロウは，腹部を同調させて振動させることによって生みだされる聴覚信号を用いて，交尾の相手を引き寄せる。この録音記録から明らかなように，同じ地域に生息する種の生みだす「歌」は大きく異なっている。雌は，木の枝のような硬い表面を通して伝わってくる歌を探知するが，彼女たちは異なった種の歌を区別することができ，自分たちの種の歌を発する個体だけに反応する。

接合前隔離機構は雑種接合子の形成を妨げることによって生殖的隔離をもたらす。

接合後隔離機構

これまでに議論してきた要因は，どれも交雑を妨げる方向に作用する。交雑が実際に起き，接合子が生みだされたとしても，これらの接合子が正常に機能する繁殖力のある個体へと発育することを妨げる要因は多い。第19章で見てきたように，どの種であれ発生は複雑な過程である。雑種では，両親である2種の生物の遺伝的に対応した部分があまりに違っているために，胚発生を協調して正常に進めることがむずかしい。たとえば，ヒツジとヤギの交雑によってできた胚は，通常は発生のごく初期に死亡してしまう。

アメリカ東部のヒョウガエル種群（*Rana pipiens* complex）はよく似た種類の複合集団で，長いあいだ一つの種であると思われていた（図23.6）。しかし，注意深い研究によって，よく似ているものの，これらのカエルのあいだでの交接は滅多にうまくいかないことが明らかになった。受精した卵が発生する段階で問題が生じるからである。さまざまな組合せの雑種を実験室内でつくる試みはほとんど成功していない。

よく似た種どうしが交雑実験の結果によってのみ識別できるという例は，植物では普通に見られる。雑種胚を発生の早い時期に取りだして人工的な培地で育てることができる場合がある。培地に余分な栄養，あるいは雑種の弱点や成長の不全を補うほかの補給物を加えると，雑種が正常に成長することもある。

しかし，雑種は胚の時期を無事終えたとしても，正常に育つとは限らない。もしも雑種が両親種よりも弱ければ，これらの雑種は自然界ではほぼ間違いなく除去されてしまう。雑種がたとえば雌のウマと雄のロバの雑種であるラバのように活力に富み，強壮だったとしても，彼らは繁殖力を欠き，次の世代に寄与することはできないかもしれない。雑種が繁殖力を欠く理由はさまざまである。たとえば生殖器官が正常に発育しない，あるいは両親から引き継いだ染色体が正常にペアーを組めないなど，いろいろな原因があげられるだろう。

> 接合後隔離機構は，雑種接合子が発育できないか異常発育を遂げる，もしくは雑種が自然条件下では存続できないように働く。

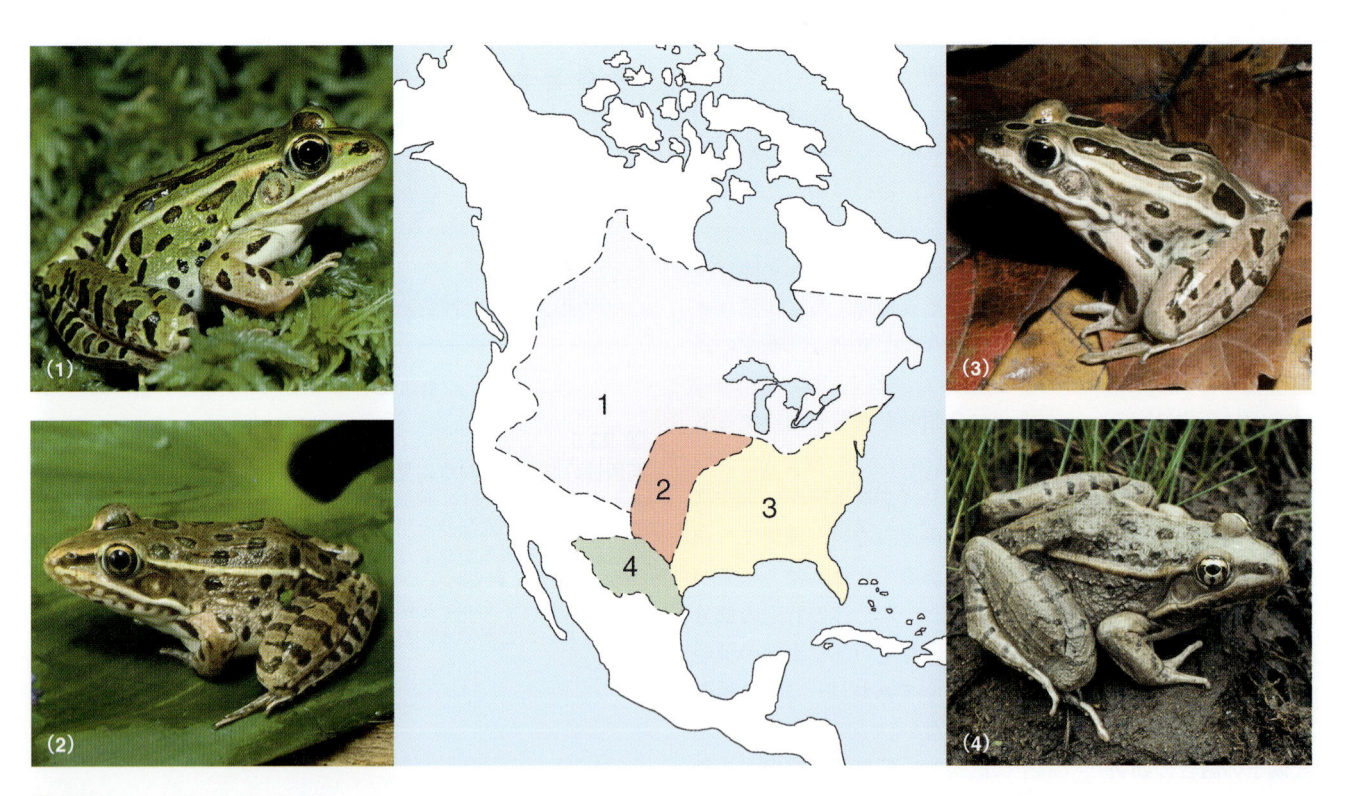

図 23.6
ヒョウガエル種群の接合後隔離。 図中の数字は以下のカエルの種の地理的な分布域を示している：(1) *Rana pipiens*； (2) *Rana blairi*； (3) *Rana sphenocephala*； (4) *Rana berlandieri*. これらの4種のカエルは外見がお互いにとてもよく似ている。彼らが別種かもしれないという疑いは，実験条件下でいくつかの種間組合せで生じた雑種の胚発生に欠陥があることが判明したときに初めて出てきた。その後の研究によってこれらの4種の求愛の鳴き声には相当な違いがあることが示され，これらの種は接合前と接合後の生殖隔離機構を備えていることが明らかになった。

生物学的な種の概念の問題点

　生物学的な種の概念は，自然界における種の存在を理解するための効果的な視点を提供することが証明されてきた。しかし，この概念はいくつもの問題点をもっており，そのために研究者のなかには別の種の概念を提案するものも出てきた。

　批判の一つは，種が生殖的に隔離されているというがそれはどの程度完全かというものである。生物学的な種の概念では，定義上，種は交雑せず，繁殖可能な雑種をつくらない。しかし，近年，生物学者は同一地域に共存している明瞭に異なる個体群のあいだに，これまで考えられていたよりもはるかに多くの交雑が生じていることを突き止めた。植物学者は，以前から種がしばしばかなりの交雑をしていることをよく認識していた。たとえば，一つの研究で扱われているカリフォルニア産の植物種の50％以上が，遺伝的隔離によっては明確に定義することができない。このような遺伝的な隔離なしの共存は，長い期間続くこともある。化石記録では，アメリカポプラとハヒロハコヤナギは1,200万年前から現在と同様に形態的に明瞭に異なっていたが，この期間を通じて日常的に雑種をつくりだしてきた。このような理由で，多くの植物学者は以前から生物学的な種の概念は動物のみに適用できると感じていたのである。

　しかし，交雑は動物においても決してまれな出来事ではないことが明らかになってきた。近年，相当程度の交雑が動物の種間でも数多く報告されている。最近の研究では，世界中に住む9,500種の鳥のうちのほぼ10％にも及ぶ種で自然条件下の交雑が報告されている。ガラパゴスフィンチ類は，特によく研究された実例を提供してくれる。Daphne Major島に分布するガラパゴスフィンチ，サボテンフィンチ，コガラパゴスフィンチの3種は形態的にもはっきりと異なっており，それぞれが異なった生態学的地位を占めている。Peter GrantとRosemary Grant夫妻が行った過去20年以上にわたる研究によれば，ガラパゴスフィンチの2％およびサボテンフィンチの1％が毎年ほかの種と交尾を行った。さらに，雑種個体は生存力やその後の繁殖において何ら不利益を被っていないように見えた。ここで示された種間の遺伝的やりとりの数値は無視できるようなものではないので，これらの種が遺伝的に変異に富んだ一つの種に融合してしまうのではないかと思うかもしれない。しかし，これら複数の種は彼らの明瞭な違いを維持しているのである。

　交雑が動物界で盛んに起きているということではない。ほとんどの種の鳥は交雑しないし，何らかの影響の出るレベルの交雑をしているのは，交雑が報告されている種数よりはずっと少数であろう。それでも，生殖的隔離が種の独自性を保っている唯一の力なのかについては，くり返し疑問が投げかけられている。

自然選択と生態学的な種の概念

　別の仮説は，種間の違いが自然選択により維持されているのだと提案する。この考えでは，種はそれぞれが環境の特定の部分に適応してきたという。そこでの安定化選択がその種の適応を維持させるように働く。交雑はまず影響を与えない。なぜなら，遺伝子プールに流れ込んできた他種由来の対立遺伝子は，自然選択により速やかに除去されるからである。

　第21章で見てきたように，遺伝子流動と自然選択の相互作用はさまざまな結果を生みだす。強い選択が遺伝子流動のもたらすあらゆる影響を圧倒する場合もあれば，遺伝子流動によって個体群から劣性の対立遺伝子が除去されなくなる場合もある。一般論として，特定の生物や生息環境という条件では自然選択が種をよりよく説明するかもしれないが，自然選択にもとづく種の説明が生物学的な種の概念に比べてより普遍性があるとはいえそうにない。

そのほかの問題点

　生物学的な種の概念は，ほかの理由からも批判されてきた。たとえば，この概念を自然条件下で共存していない個体群に適用することは困難である。こうした個体群が自然に交配するか観察することはできない。繁殖可能な雑種が生みだされるかどうかを実験によって決定することはできるが，この情報は十分ではない。自然条件下で交雑していない種が実験室や動物園の人工的な環境下では容易に交雑することが多いからである。したがって，こうした個体群が異なった種なのかどうかの判断は最終的には主観的にならざるを得ない。さらに，この概念はその名称が意味するほど適用範囲が広くない。性的な分化をせず交配をしないで繁殖する生物も多い。生殖隔離はこうした生物には何ら意味をもたない。

　これらの理由から，種を定義する際の基準としてさまざまな考えが提案されてきた。その多くは特定の生物が対象で，広く適用できるものは一つもない。実際，種の独自性を保つものは何か，という問いに対する唯一の説明は存在しない。植物，動物，そして微生物のすべての側面に見られる多様性を前にすると，異なった生物に異なったしくみが働いていても驚くにはあたらない。科学者のなかには，種間の違いを維持する過程に力点をおく立場から，個体群の進化史を調べる方向に転じたものもいて，系図的な種の概念が熱い論争の的になっている。このように種の概念に関する研究は，進化生物学の動的な性質を物語る活発な研究領域である。

植物や動物に交雑が驚くほど高率で生じていることから，生物学的な種の概念に代わる新しい種の概念が求められている。生物の示す多様性から察すると，何が種を形づくっているかという問いへの普遍的な単一の定義は存在しないのかもしれない。

23.3 どのようにして種が形成されるか

進化学のもっとも古い疑問の一つは，どのようにして一つの祖先種が二つの子孫種に分かれていくのか，というものである。種が生殖隔離の存在で定義されるなら，種分化の過程は生殖隔離機構の進化と等しい。どのようにして生殖隔離機構は進化するのだろう？

生殖隔離は進化的な変化の副産物かもしれない

ほとんどの生殖隔離機構は，最初は生殖隔離をもたらすという以外の何か別の理由により生じた。たとえば，新しい生息環境に進出した個体群はそこで生存していくために適応していく。その結果，その個体群に属する個体は，もとの生息環境にすみ続ける祖先個体群の個体とは決して出会わないだろう。出会ったとしても，新しい生息環境に移った個体群は新しい表現型や行動を進化させており，そのため新旧二つの個体群の構成員は互いを交配相手とは認識しないかもしれない。このような理由から，「隔離機構」という用語は誤解を招くと考える生物学者もいる。この言葉は，その性質が種を遺伝的に隔離するために特別に進化したことを意味するが，それは多くの場合おそらくは誤りだからである。

自然選択は隔離機構を強化するかもしれない

種の形成は連続的な過程であり，分化する途中のあらゆるレベルの中間的な段階が存在するので，われわれにも理解することができる。もし部分的に分化した二つの個体群が出会ったとしたら，それらの個体群はまだ自由に交配することができるかもしれず，その場合には遺伝子の交換が個体群を均一化するため，個体群間にあった違いは時がたつにつれて消失してしまうだろう。逆に，出会った二つの個体群が生殖的に隔離されていれば，もはや遺伝子の交換は生じないので，二つの個体群は異なった種となる。

しかし，生殖隔離が部分的に生じたが完全ではないという中間的状況がある。そのようなとき，交雑は少なくともまれには起きるだろう。もしも，雑種が部分的に不稔であるならば，あるいはその両親種のように目前の環境に適応していなかったなら，彼らは不利な立場におかれる。結果として，自然選択は両親種が保持していた交雑を妨げるように作用するあらゆる遺伝子に有利に働く。交雑を避けた個体は交雑を起こした個体よりも子孫が生き残る確率が高く，彼らのもつ遺伝子をより多く次世代に伝えると考えられるからである。こうして，交配前隔離機構は二つの個体群が完全に生殖的に隔離されるまで改良され続けることになるだろう。この過程は**強化**（reinforcement）とよばれる。初めは不完全だった隔

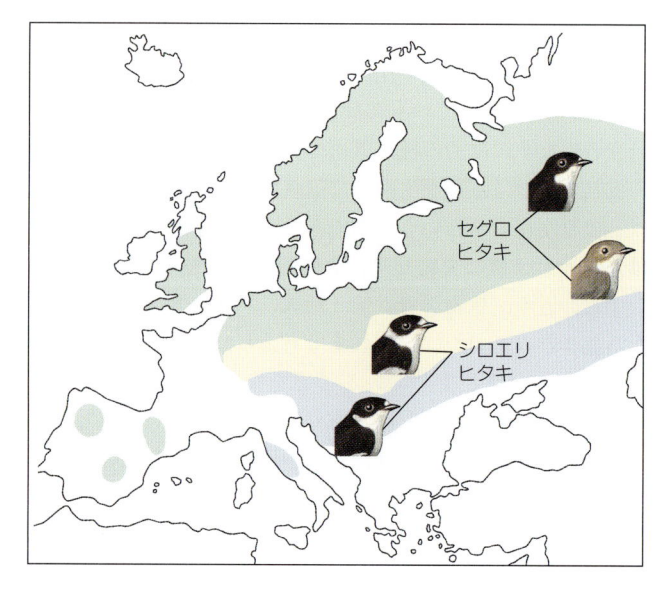

図 23.7
ヨーロッパ産ヒタキ類に見られる生殖隔離の強化。 セグロヒタキとシロエリヒタキは，それぞれが単独で生息している地域では互いにとてもよく似ている。しかし，同所的に分布している地域（黄褐色で示した）では彼らは異なった色を進化させ，そのことによって正しい交配相手を選び交雑を避けることができる。

離機構が，自然選択により完全に効果的になるまで強められるからである。

セグロヒタキとシロエリヒタキが強化の実例を提供している。東および中央ヨーロッパの多くの地域で，とてもよく似た色彩をもつこの2種は異なった地域（異所的）に分布する（図23.7）。しかし，チェコ共和国とスロバキアでは，2種は同じ場所にすみ，時に交雑し，非常に低い繁殖力をもつ雑種を生みだす。異所的な鳥は両種が共通にもつ色合いの個体を選んで交尾するが，対照的に2種が共存する同所的地域では，それぞれの種はとても異なった見かけへと進化し，交尾相手として自身の種の色合いの個体を好む。同所的な個体群の示す色の違いが，交雑の頻度を著しく低下させるのである。以上の結果は，2種の個体群が接触したときに自然選択が色彩と模様の違いを引きおこし，結果として交配前隔離を成立させたことをはっきりと示している。

しかし，強化は必ず起きるというわけではない。不完全に隔離された個体群が一緒になると，直ちにその2種のあいだに遺伝子流動が起こりはじめる。雑種は劣っているかもしれないが，彼らは完全に発育不能もしくは不妊というわけではない（もしそうであればその2種はすでに完全に生殖的に隔離されていることになる）。それゆえ，これらの雑種が両親種のどちらかの一員と繁殖を行えば，彼らは片方の個体群からもう一方へと遺伝子が流れていく導管の役割を果たすこと

になる。その結果，二つの個体群は各々の遺伝的な独自性を失っていくだろう。こうして，競争がはじまる：遺伝子流動が個体群間の違いを崩壊させる前に，生殖隔離が完成することがあり得るのだろうか？ 結果に関する専門家の意見は割れている。しかし，彼らの多くは強化がはるかに起きにくいと信じている。

種分化における自然選択の役割

種分化の過程において，自然選択はどのような役割を演じているのだろう？ 確かに強化の過程は自然選択によって推進され，生殖隔離を完全にさせる。しかし，すでに見てきたように強化は頻繁に生じているわけではない。自然選択は隔離機構の発達の初期に必要なのだろうか？

図 23.8
カリブ産アノールトカゲ類ののど袋。 オスは彼らののど袋を縄張りの誇示と配偶のための誇示行動の両方に用いる。のど袋は同種かどうかを認知するために使われる。のど袋には開けた生息場所でよく見えるものもあれば，日陰のほうが目立つものもある。

偶然の変化が生殖隔離を引きおこすかもしれない

第21章で検討したように，個体群は全くの偶然が原因となって分岐する場合がある。小個体群に働く遺伝的浮動，創始者効果，そしてボトルネック効果，これらはすべて生殖隔離を引きおこす性質に影響を与える可能性がある。たとえば，ハワイ群島では近縁なショウジョウバエがしばしば非常に異なった配偶行動を行う。これらの果実食のハエが新しい島々に定着する際には，おそらく創始者効果が働いており，1ないし数個体のハエ —— 多分たった1匹の交尾後の成熟雌 —— が強い風によって新しい島に吹き飛ばされる。祖先個体群と子孫個体群のあいだに見られる配偶行動の変化は，こうした少数の創始者が定着した結果かもしれない。十分に長い時間が与えられれば，隔離された二つの個体群は遺伝的浮動によって違いを蓄積していく。（大きな個体群も浮動を経験することを思いだしてほしい。もっともそれは小個体群が経験するよりも低率ではあるが。）場合によっては，この偶然の分岐が生殖隔離に関係する性質にも影響を与え，種分化が起きるかもしれない。

適応と種分化

それにもかかわらず，多くの場合，適応と種分化にはおそらく関係がある。種が異なった環境に適応するにつれ，生殖隔離を生みだす可能性のある多くの違いが蓄積していくだろう。たとえば，あるハエの個体群が湿潤な条件に適応し，別の個体群が乾燥した条件に適応すると，これらの個体群は生理および感覚に関する形質にさまざまな違いを進化させることだろう。個体群間に見られるこれらの違いは生態学的および行動的な隔離を生み，雑種が生じたとしても，いずれの生息地にも適応していない，という状況を招くだろう。

選択は配偶行動にも直接影響を与えるかもしれない。たとえば，アノールトカゲ（*Anolis*）の雄は，のどの下にある「のど袋」とよばれる派手な色彩の皮膚の拡張したひらひらを広げて雌に求愛する（図23.8）。このトカゲがほかのトカゲののど袋を見る能力は，色だけではなく，トカゲの住んでいる環境にも依存している。明るい色ののど袋は薄暗い林のなかで光を反射するのにもっとも効果的であり，暗い色は開放的な生息地の明るい日差しの中のほうが目立つ。その結果，これらのトカゲが新しい生息地を占めるとき，自然選択はのど袋の色の進化的な変化を促す。なぜなら，のど袋が目立たない雄は雌を引きつけられないからである。しかし，このトカゲは自らの種の一員をほかの種に属する個体から区別する際にものど袋の色を利用している。それゆえ，配偶行動の適応的な変化は偶然に種分化を引きおこす可能性がある。

実験生物学者たちは，ショウジョウバエやほかの生物を用いて，実験的に個体群を異なった飼育室に隔離したときにどのくらい生殖隔離が起こるか測定した。これらの実験によれば，遺伝的浮動はそれだけである程度の生殖隔離を導くことがある。しかし，一般には生殖隔離は個体群が異なった実験環境（温度条件や餌の種類など）に適応するようにしむけられた場合に，より速やかに進行する。

生殖隔離機構は任意の変化によっても適応的な進化の偶然の副産物としても発達しうる。しかし，特定の条件下では，生殖隔離を強めるように作用する性質が自然選択によって直接的に選ばれることがある。

種分化の地理学

種分化は二つの過程を経て起こる。まず，当初は同じであった個体群が分岐し，ついでその差異を維持する生殖隔離が進行しなくてはならない。すでに見てきたように，この過程の難しいところは，遺伝子流動による均一化効果がつねに働いて，遺伝的浮動や自然選択によって個体群間に違いが生じてもそれを消し去ってしまうことである。しかし，遺伝子流動は互いに接している個体群間にしか生じないし，個体群はいろいろな理由によって地理的に隔離されることがある(図23.9)。それゆえ，進化生物学者は種分化が地理的に隔離された，言い換えれば異所的な個体群ではるかに起きやすいことを以前から認識していた。

異所的種分化

Ernst Mayrは，地理的に隔離された，つまり**異所的**(allopatric)な個体群が，種分化につながる重要な違いを進化させてきたと思われる，ということを最初に示した。さまざまな生物に関してさまざまな地点から得られたデータを整理し，Mayrは異所的な種分化が種分化の主要な様式であることを示す強い証拠を提出した。たとえば，パプア産のカワセミ(*Tanysiptera hydrocharis*)は，地形や気候条件が変化に富むにもかかわらず，ニューギニアの広範な分布域を通してほとんど変異を示さない。対照的に，隣接した島々に隔離された個体群は互いにはっきり異なっているばかりか，ニューギニア本島の個体群とも明瞭に異なっている(図23.10)。

多くのほかの例も種分化が異所的な条件下で起きることをはっきり示している。隔離された個体群が，時間の経過とともに遺伝的浮動か自然選択によって分化していくと期待されるなら，これらの結果は驚くべきことではない。むしろ，ここでの疑問は，地理的隔離は種分化が生じるために必須なのかどうか，である。

同所的種分化

何十年ものあいだ，一つの種が地理的に隔離されることなしに，同じ地域において二つの種に分かれることがあるのか，という問題が議論されてきた。研究者たちは，このような同所的種分化がごく短期間で，あるいは何世代かのあいだに起きうるということを示唆してきた。これまでに提出されてきた仮説のほとんどは激しい論争下にあるが，速やかに起こる同所的種分化は，多倍数化の結果として普通に生じていることが知られている。

多倍数化による速やかな種分化　短期間に起こる同所的種分化は，同じ種に属する他個体から生殖的に隔離された個体

図 23.9
個体群はさまざまな理由によって地理的に隔離される可能性がある。(a) 1個体かほんの数個体が遠隔地に移住することによって，新しい地域に個体群が定着する。(b) 移動を妨げる地理的な障壁が祖先個体群を二つに分け，地理的に隔離された個体群ができる。(c) 中間地域に生息していた個体群の絶滅によって，地理的に隔離された個体群が残る。

が生まれることによって起きる。同種のほかの構成員と著しく異なった突然変異体は，遺伝子多面発現による多くの有害な二次効果のためほとんどの場合生き残れないだろう。一つの例外が，植物で普通に見られる**多倍数性**(polyploidy)への過程によって生じる。多倍数体個体は3組以上の染色体をもっている。多倍数体は二つの方法で生じる。**同質倍数性**(autopolyploidy)では，すべての染色体が一つの種に由来する。同質倍数化は，たとえば減数分裂の際の誤りによって個体が4組の染色体をもつ，というようにして起きる。4倍体とよばれるこのような個体は，自家受粉をしたり，ほかの4倍体個体と交配できるが，正常な2倍体の個体と交配しても繁殖可能な子孫を残すことはできない。その理由は，このような交配によって生みだされた子供は3組の染色体をもつ3倍体であり，減数分裂の際の染色体対合に問題が生じるために不妊となるからである。

もっと普通に生じている多倍数化による種分化は**異質倍数性**(allopolyploidy)であり，これは2種の交雑によって生じる。産みだされた子孫は，2種の染色体を1コピーずつもつが，染色体が減数分裂のときに正しく対合できないため，通常は

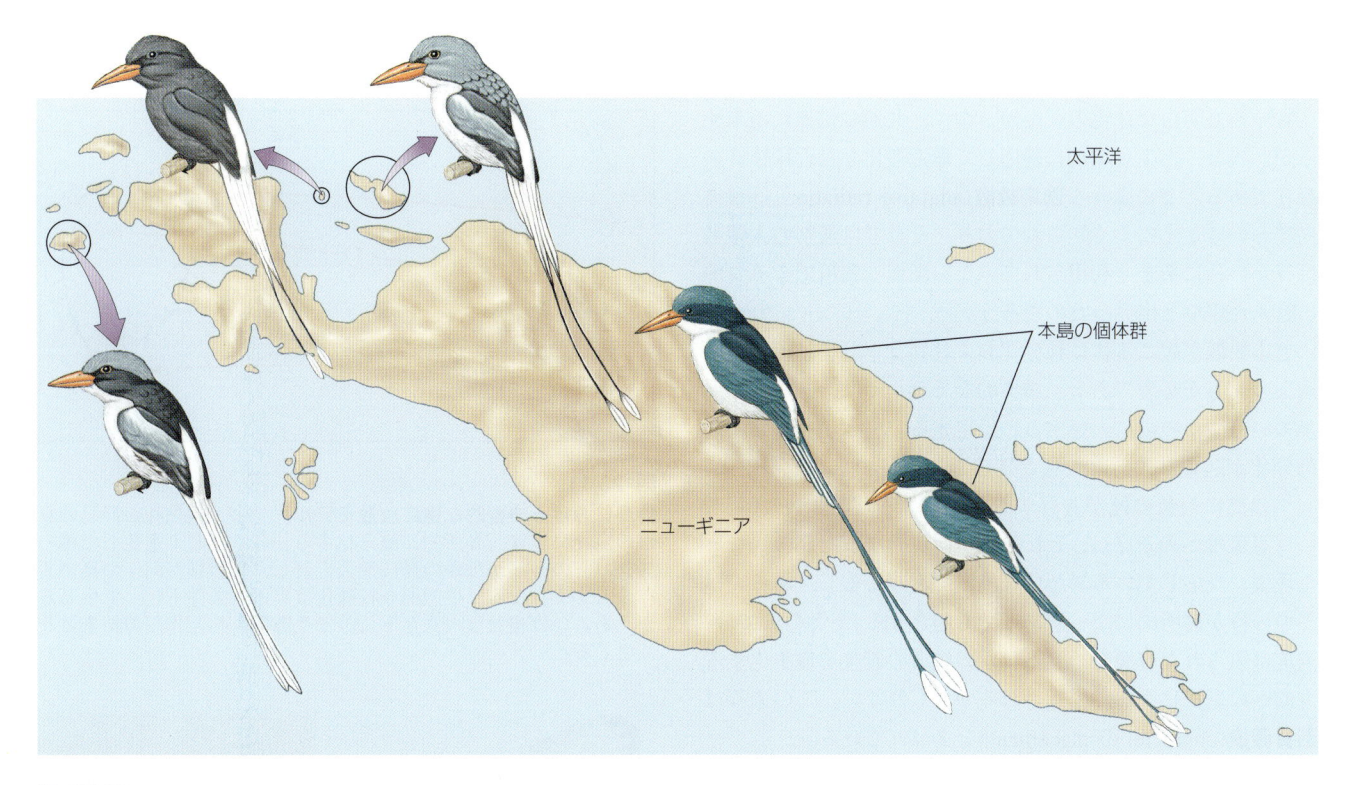

図 23.10
ニューギニアのアルーロケットカワセミに見られる表現型の分化。 隔離された島の個体群（左）は尾羽の構造と長さ，羽毛の色，くちばしの大きさに変異があり，それぞれが非常にはっきりとした特徴をもつ。一方，本島のカワセミ（右）はほとんど変異を示さない。

不稔である。しかし，こうした雑種個体はしばしばほかの点では健康であり，無性的に繁殖可能で，いろいろな理由によって稔性をもつことさえある。たとえば，もしもこうした個体の染色体が，前述のような形で自然に2倍になったとしたら，その結果生じた4倍体はそれぞれの染色体を2コピーずつもつことになる。したがって，減数分裂における染色体の対合はもはや問題にならない。それぞれのセットの染色体は自分のコピーと対合できるからである。結果として，こうした4倍体は互いに交配し，新しい種が生みだされることになる。

　約26万種の植物のおよそ半数が，その進化史において多倍数化を経験していると推定されている。そのなかにはパンコムギ，ワタ，タバコ，サトウキビ，バナナ，ジャガイモなどの商業上非常に重要な植物が含まれている。動物における多倍数化による種分化は植物よりずっとまれだが，昆虫，魚類，サンショウウオなどを含むいろいろなグループにおいて生じていることが知られている。

分断選択による同所的種分化　研究者のなかには，何世代にもわたる分断選択の結果として同所的種分化が起きると信じているものもいる。第21章で見たように，分断選択によって一つの個体群から2種類の異なった表現型を示す個体群が生じうる。もしも選択が十分に強ければ，世代をくり返すうちにこれらの二つの表現型は異なる種へと進化すると考えるかもしれない。しかし，二つの表現型が別の種になる前に，彼らは生殖隔離機構を進化させなければならない。二つの表現型は初めは全く生殖的に隔離されていないのだから，二つの表現型をもつ個体間の遺伝子の交換は，配偶者の選好性やほかの隔離機構に関与する遺伝的な分岐を妨げるであろう。結果として，二つの表現型は一つの個体群のなかの多型として維持されることになる。この理由から，ほとんどの生物学者はこの方式の同所的種分化はまれにしか生じないと考えている。

　しかし，近年，同所的種分化以外の仮説では説明が難しい事例がいくつも報告されている。たとえば，カメルーンのバロンビ・ボ湖はとても小さく，生態学的にも均一な火口湖であり，湖内での地理的な隔離の機会はない。それなのに，この湖には11種の近縁なカワスズメ類が生息する。これらの種すべてが，この火口湖外に生息している他種より互いにより近縁である。この事例の場合，単一の祖先種がこの火口湖に定着したあと，くり返し同所的な種分化を行ったと考えるのがもっとも合理的である。

> 種分化は，個体群間に遺伝子流動が絶たれた条件下でもっとも容易に起こる。しかし，同所的な条件下でも，倍数化とおそらくは分断選択によって種分化が起こりうる。

23.4 近縁な種群の存在は急速な進化を反映している

もっとも明白な進化の証拠の一つは，共通の祖先に由来するが，異なった生息環境に適応して最近進化した近縁種群の存在である。このような**適応放散**(adaptive radiation)は海洋島においてとくによく知られており，そこでは最初の入植者はほかの種にあまり利用されていない環境，利用できる資源に富んだ環境と出会ったのだろう。

適応放散が起こるには種分化および異なった生息環境への適応の両方が必要である。古典的なモデルでは，ある種が群島のいくつかの島に入植すると仮定する。引き続いて異所的種分化が起こり，新しい種が別の島に移住する。その結果，一つの島に複数の種が共存することになる(図23.11)。新しい生息環境への適応は，それぞれの種が異なった島の異なった環境に反応している異所的な段階でも起こるし，あるいは二つの種が同所的になったあとでも起きうる。あとの例では，適応は限られた資源をめぐるほかの種との競争を最小化する方向への選択によって推進されるかもしれない。この過程は**形質置換**(character displacement)とよばれている。

もう一つの可能性は，同所的種分化がくり返し生じ，異なった生息環境に適応した一連の種が生みだされて，適応放散が生じるという筋書きである。いま検討してきたように，この筋書きは活発に議論されているところである。

図 23.11
群島における典型的な適応放散モデル。 (1) 祖先種が群島のなかの島々に定着，異所的に種分化する。(2) 新しく進化した種のメンバーの一部がほかの島に進入定着し，複数種が同一の島で共存するようになる。生態的な特殊化は異所的条件下(①)で生じるか，あるいは複数種の共存下(②)で生態的な相互作用の結果として生じる。

ハワイ産ショウジョウバエ類

世界中のショウジョウバエ属*Drosophila*のハエの3分の1以上の種がハワイ群島に産する。本来の植生の急激な破壊が探索を難しくしつつあるものの，ハワイではショウジョウバエ属の新種が未だに発見され続けている。種数以外の点でもハワイのショウジョウバエは尋常ではない。形態と行動習性に信じられない多様性を示すのである(図23.12)。明らかに，彼らの祖先が最初にこの群島に到達したとき，ほかの地域では，ほかの昆虫やほかの動物に占拠されているはずの多くの"空の"生息場所に出会ったのだ。その結果として，ハワイのショウジョウバエは，ショウジョウバエ類の生活様式のあらゆるやり方に適応し，捕食者，寄生者，植物食者，さらには腐葉土のなかの砕片食や花蜜食に特殊化したものへと進化した。さまざまな種の幼虫が腐った茎，果実，樹皮，葉，根にすみ，あるいは樹液を食べている。これに比較しうるショウジョウバエの多様性は，世界中のどこにも存在しない。

もう一つの，ごく近縁なハエの属である*Scaptomyza*もハワイに300種にも上る種が知られている。*Scaptomyza*属と*Drosophila*属はとても近縁なので，ハワイに産する800種に上ると推定されているこれらの2属のハエは，たった1種の共通の祖先に由来するかもしれないと考えられている。

ハワイのショウジョウバエが示すこの著しい多様性はこれ

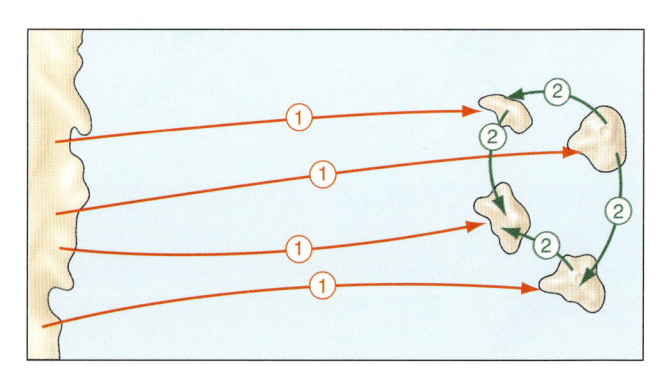

図 23.12
ハワイのショウジョウバエ。 ハワイ群島で進化を遂げた数百種のショウジョウバエは，遺伝的にはほとんど差がないが外見は著しく変化に富む。(a) *Drosophila heteroneura*，(b) *Drosophila digressa*．

らの島々の地理的な歴史の結果である。ハワイ群島が位置している海域では，新しい島が次々に生まれた。それにつれて，古い島々に生息していたいろいろなショウジョウバエのグループが継続的に侵入した。こうして，新しい島がショウジョウバエの殖民を受けるたびに新しい種が生じた。さらに，ハワイ群島は世界中でもっとも火山活動が活発な島々である。周期的な溶岩の流出により，一つの島のなかに，しばしば不毛の岩石の海に"キプカ(kipuka)"とよばれる生息地のパッチが生じる。キプカに隔離されたショウジョウバエの個体群もしばしば種分化を遂げた。こうして，爆発的な種分化が，豊富に提供された生態学的な機会と結びき，比類のない多様な昆虫の生活を生みだしたのである。

> ハワイ群島に生息する800種にも上る*Drosophila*属と*Scaptomyza*属のショウジョウバエは，おそらくたった1種類の祖先種に由来しており，地球上のほかのどこにも見られない盛んな適応放散による種形成を示す実例の一つである。

ダーウィンフィンチ類

すでに，第22章でガラパゴス諸島のダーウィンフィンチ類の多様性について述べた。おそらく，ダーウィンフィンチ類の祖先はこの島々にほかの陸鳥に先駆けて到達した。そのとき，本土ではほかの鳥が占めていたさまざまな生息環境が未利用のまま残されていた。新参の鳥がこの空白の生態的地位に入りこみ，新しい生活様式を採用するにつれ，彼らはさまざまな選択圧にさらされる。この状況下で，ガラパゴス群島の沢山の島々が与える地理的隔離に助けられ，祖先型フィンチは急速に一連の多様な個体群に分かれ，あるものは別種へと進化した。これらの種は，現在ではガラパゴス諸島の多様な生息環境を占めている。この生息環境は，いくつかの異なるグループの鳥が占めている本土の生息環境と対比できる。図23.13にあるように，14種のフィンチ類は四つのグループに分けられる。

1. **地上フィンチ類** ガラパゴスフィンチ属 (*Geospiza*) は6種の地上フィンチからなる。地上フィンチの多くは種子食である。彼らのくちばしは餌とする種子の大きさと関連している。地上フィンチのあるものは本来サボテンの花と果実を食べており，ほかの種よりも長く，大きく，先端のとがったくちばしをもつ。
2. **樹上フィンチ類** 5種の昆虫食の樹上フィンチがいる。4種は昆虫を直接食べるのに適したくちばしをもつ。キツツキフィンチは鑿のようなくちばしをもつ。この変わった小鳥は小枝かサボテンのとげをもち歩き，深い裂け目の奥に住む昆虫を探すのに使用する。
3. **ムシクイフィンチ類** これらの変わった鳥はガラパゴスの林のなかでムシクイが本土で占めているのと同じ生態的地位を占めており，いつも葉や枝のあいだで昆虫を探している。かれらはムシクイに似た細身のくちばしをもつ。
4. **植物食フィンチ** 芽を食べるこの小鳥の非常に幅広のくちばしは，枝から芽を捥りとるのに用いられる。

近年，科学者たちはダーウィンフィンチ類の進化史を研究するためにDNAを解析した。その研究によれば，ダーウィンフィンチ類の系統樹のなかのもっとも根元に近い枝はムシクイフィンチに繋がっており，このことはムシクイフィンチがガラパゴスに定着した祖先種から最初に進化した型の一つであることを示している。

ダーウィンフィンチ類のすべては，彼らに似た本土の一つの種から進化したもので，ほかのタイプの鳥がいなかったガラパゴス諸島でさまざまな生息環境へと放散した。

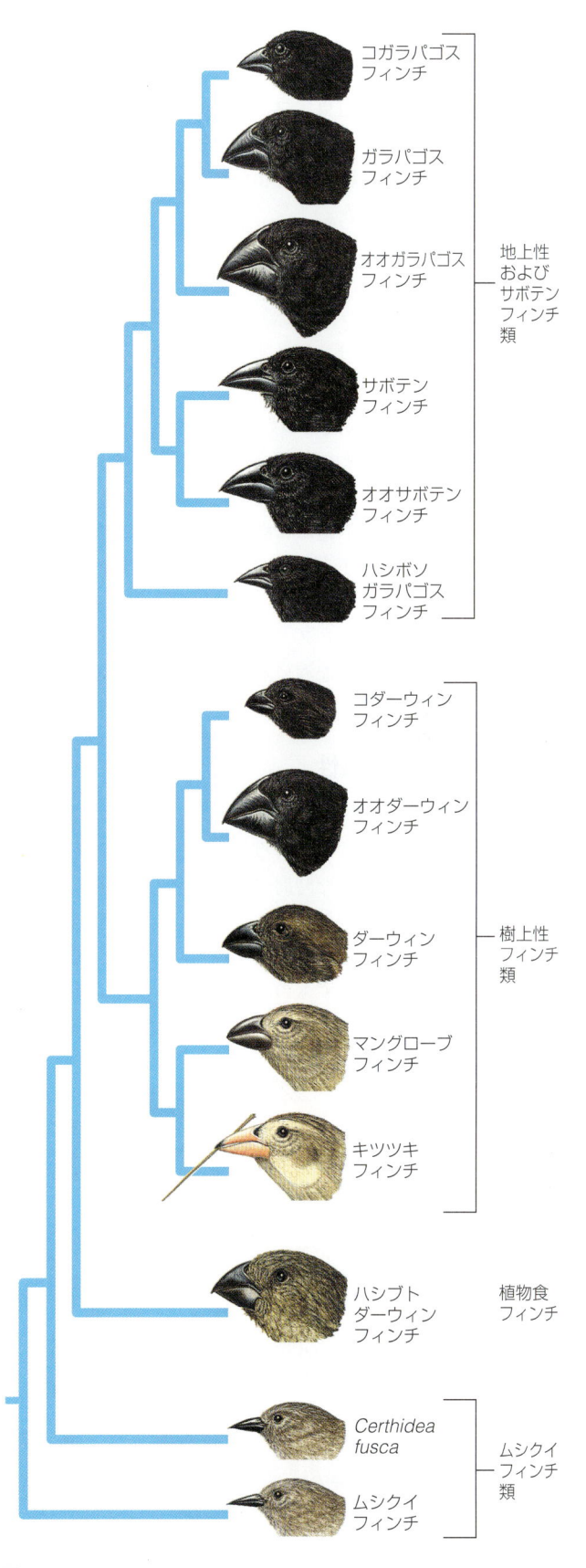

図 23.13
ダーウィンフィンチ類の系統樹。 系統樹の根元に位置することから見て，ムシクイフィンチがガラパゴスで進化した最初の生態型であったと思われる。

23.4 近縁な種群の存在は急速な進化を反映している

ビクトリア湖のカワスズメ類

ビクトリア湖は，赤道東アフリカの心臓部にあるスイスとほぼ同じ面積をもつ巨大な浅い淡水湖である。ごく最近まで，この湖は300種を越える信じられないほど多様なカワスズメ類の生息地であった。

最近の放散的進化

一群のカワスズメ類は近年急速に進化と思われる。この湖に住む多くの魚たちのシトクロム b 遺伝子の配列決定により，たった20万年前に最初のカワスズメがナイル川からビクトリア湖に侵入したという推定が得られた。水位の劇的な変化が種分化を促したと考えられている。湖の水位が上昇するにつれ，湖水は新しい地域にあふれだし，新たな生息場所を開いた。この湖にすむ種の多くは，1万4千年前に水位が減少し湖が縮小して多数の小さな水域に分かれたあとに生じたのかもしれない。カワスズメ類の個体群は，再び水位が上昇するまでこれらの小さな湖に隔離されたのである。

カワスズメ類の多様性

カワスズメ類はスズキ類に似た体長5〜25cmの小型魚で，雄には際限のない色の変異がある。その生態学的，形態学的な多様性は，特に進化した時間の短さを考えると驚くべきものである。著しい多様性の一端は，異なった種の食性を見ればわかる。泥を突っつくもの，藻を剥ぎ取るもの，葉を噛み取るもの，巻貝を噛み潰すもの，動物プランクトン食，昆虫食，エビを食べるもの，そして魚食。巻貝食専門の種は，ゆっくりと這っている巻貝を上方から急襲し，貝が殻に引きこもる前にその軟体部を長い湾曲した歯で突き刺す。ウロコ剥がしは，ほかの魚のウロコのかけらを擦り取る。幼魚食の種さえある。彼らはほかのカワスズメ類の稚魚を食べる。

カワスズメ類は彼らの進化的な放散において役に立ったと思われる注目すべき性質をもつ。カワスズメ類の口腔には第二の機能的なあごが生じているのである（図23.14）。これらの第二のあごが食物を効率的に処理しうるので，口腔にある本来のあごがほかの目的に沿って進化することが可能になり，その結果としてこれらの魚が満たしている生態学的な役割の信じられないほどの多様性を生みだしたのである。

急激な絶滅

近年，この放散したカワスズメ類の多くが消滅した。1950年代に，非常な貪欲さで知られる水産魚のナイルパーチがビクトリア湖のウガンダ側に放流された。それ以来，この魚はカワスズメ類を捕食しながら湖全域に分布を広げたのである。1990年までに開放水域に住むカワスズメ類の多くが絶滅してしまった。岩の多い浅い水域に住むカワスズメ類も同様である。ビクトリア湖に住むこれまでに命名されたカワスズメ類の種の70%以上が消滅してしまった。この湖に住むまだ記載命名されていないたくさんの種も同様の運命をたどったに違いないが，それがどのくらいの数だったのかを知る人はいない。

> ビクトリア湖に隔離されたカワスズメ類は非常に急速な種分化を遂げたが，この湖へのたった1種の捕食者の導入によって広範な絶滅が起きてしまった。

図 23.14
ビクトリア湖のカワスズメ類。 これらの魚はさまざまな生息地を利用するために適応している。魚の口腔にある第二のあごが進化的な可塑性を示し，さまざまな形のあごの形成を可能にした。

ニュージーランドの高山帯のキンポウゲ

これまでにガラパゴスフィンチ類，ハワイのショウジョウバエ，カワスズメ類で述べてきたような適応放散は，"周期的な隔離"によって促進されたように見える。たとえば，フィンチとショウジョウバエは多様性を増す一つの周期のなかで，まず新しい島に侵入し，そこで局地的な種が進化し，次いでその新しい種がもとの島に再侵入している。同様に，カワスズメ類は水位の低下によって隔離され，そこで隔離された個体群から新しい種へと進化するが，それらの種は後に湖の水位が再び上昇すると合流するのである。

周期的な隔離が新しい種の形成に果たす役割を示す明確な例が，ニュージーランドの山岳氷河のあいだに生育する高山性キンポウゲ（*Ranunculus* 属）に見られる（図 23.15）。ニュージーランドの二つの島には，南北アメリカ大陸に生育する全種数を合わせたよりも多くの種類のキンポウゲが分布する。カナダの分類学者 Fulton Fisher による詳細な研究により，この多様性を引きおこした進化的なしくみは，氷河の後退に伴いくり返された隔離であることが明らかになった。全部で 14 種の高山性 *Ranunculus* 属キンポウゲは，氷河とその周辺で以下に示す四つのはっきり異なる生息環境を占めている：雪原（万年雪に覆われた地域の露頭岩の裂け目，標高 2130〜2740 m）；雪線の外縁（雪原下縁の岩場，標高 1220〜2130 m）；岩屑（露出したもろい岩場の斜面，標高 610〜1830 m）；風衝地（岩や灌木の陰，標高 305〜1830 m）；そして沼沢地（陰になった斜面やくぼみにある排水の悪い草むら，標高 760〜1525 m）である。

Ranunculus の種分化と多様化は，周期的にくり返される氷河の前進と後退によって促進されてきた。氷河が退くと，個体群は山頂に隔離され，種分化が促進される（図 23.16）。次の氷河の前進では，こうして生じた新しい種が山域全体に分布を広げ，近縁種と接触することになる。こうして，当初の一つの種が多くの子孫種を生みだすことができたのである。さらに，氷河の後退期に山頂に隔離されている種は，並行して類似した生息環境を占めるように進化した。これらの，系統的には近縁ではないが，生態的によく似た種は引き続く氷河の前進によって接触し合うことになる。

図 23.15
ニュージーランドの高山性キンポウゲ。 この大型種，*R. lyallii* を含む 14 種の高山性の *Ranunculus* 属キンポウゲがニュージーランドの氷河と山岳のあいだに生育している。

隔離のくり返しが種の形成を促進する。

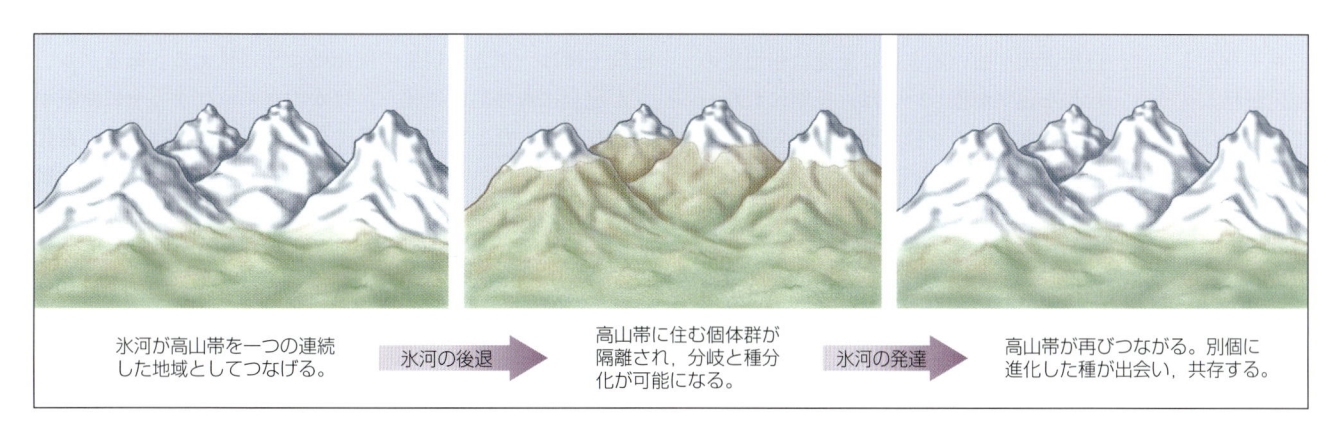

氷河が高山帯を一つの連続した地域としてつなげる。 → 氷河の後退 → 高山帯に住む個体群が隔離され，分岐と種分化が可能になる。 → 氷河の発達 → 高山帯が再びつながる。別個に進化した種が出会い，共存する。

図 23.16
周期的な氷河の形成がニュージーランドの高山性キンポウゲの種分化を促進した。 洪積世の広大な氷河の形成が山々の高山帯（白）を一つに結びつけた。氷河が後退すると，これらの高山帯はお互いに隔離され，次の氷河の到来まで再びつながることはなかった。隔離されているあいだに，高山性キンポウゲの個体群は隔離された生息地で分化を遂げた。

進化の速さ

これまで，種分化が起こる様式について検討してきたが，種分化と種内で起きている進化的な変化の関係についてはまだ検討していない。『種の起源』の出版から一世紀以上のあいだ，進化的な変化はきわめてゆっくり進行する，というのが標準的な考え方であった。世代間に生じる変化はほとんど感知できないほど小さいが，数千年，数百万年のあいだには，大きな変化を引きおこす。こういった見方を**漸移説**（gradualism）という（図23.17a）。

進化は短期集中的に起きる？

この漸移説の考え方に対する反論が，1972年にニューヨークにあるアメリカ自然史博物館のNiles Eldredgeとハーバード大学のStephen Jay Gouldによりなされた。種は長期間にわたるほとんどもしくは全く進化的に変化しない期間（**停滞**，stasis）を経験する。それが地質年代的には短かい間隔で突発する進化的な変化によって中断される，と主張したのである。彼らはこの現象を**断続平衡**（punctuated equilibrium）と名づけ（図23.17b），こうした急速な変化は種分化が起きているときにだけ生じると主張した。

断続平衡説に対する当初の批判は，急速な変化が短期間に生じるかどうかに向けられた。しかし，前章と前々章においてみてきたように，自然選択が強いときには急速に相当量の変化が起こりうる。むしろ説明が難しいのは，長期にわたって変化しない，という点である。なぜ種が数千年から数百万年にわたって変化せずに存続し続けることができるのか？いくつもの理由が示唆されてきたが，ほとんどの研究者がいまでは安定化選択と振動性選択の組合せにより停滞を生じると信じている。環境が長期間変化しないなら，あるいは環境の変化が振動をくり返すなら，自然選択は長期にわたってでも停滞を好むかもしれない。停滞を継続させる可能性の要因の一つは，種が分布域をシフトさせる能力をもつ点である。たとえば，氷期に世界的な気候の寒冷化が起きたときには，多くの種がそれ以前と似た環境で暮らすために南方へ分布をずらした。

EldredgeとGouldの仮説は，たくさんの研究をよびおこ

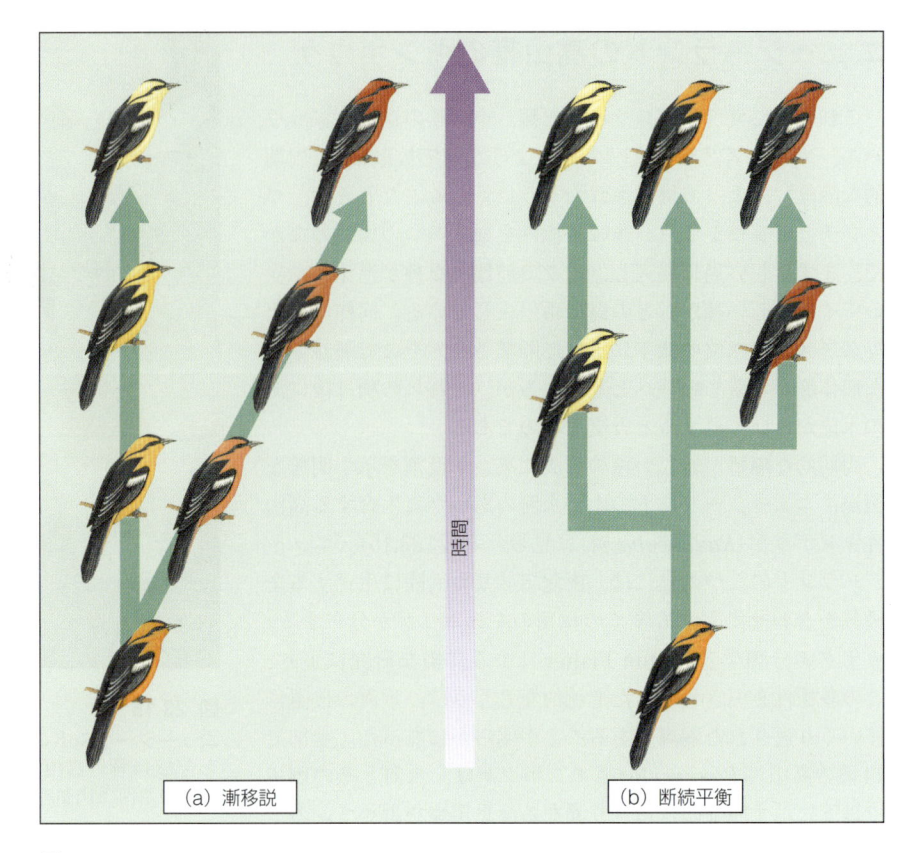

図 23.17
大進化の速度に関する二つの見方。 （a）漸移説では進化的な変化はゆっくりと進行し，種分化と直接結びついていないと考える。（b）断続平衡説では表現型は種分化に伴って急速に変化し，それ以外の期間は長期にわたってほとんどあるいは全く変化しないと考える。

した。よく調査されたいくつかのグループ，たとえばアフリカの哺乳類，は明らかに徐々に進化しており，決して跳躍的には進化していない。別のグループ，たとえば海産のコケムシ類は断続平衡モデルが予測するような不規則なパターンの進化的変化をしているように見える。実際のところ，漸移と断続平衡は一続きの現象の両極のように見える。あるグループが完全に漸移的に進化し，ほかのグループが完全に断続平衡的に進化したとしても，多くのほかの生物群は，その進化の歴史のなかで，あるときには漸移的に，あるときには断続的に進化したと考えるべき証拠がある。しかし，種分化が表現型の変化を必ず伴うという考えは支持されていない。いまでは種分化は表現型の変化なしに起き，表現型の変化は種分化を伴わずに種内で生じることがあることは明白である。

進化的な変化はゆっくりと少しずつ進むこともあるし，急速に不連続に進むこともある。後者の場合，短期間に生じる急速な変化の合間には，安定化選択と振動性選択の組合せにより生じるとされる長期にわたる停滞期がある。

地質年代を通しての種分化と絶滅

生物学的多様性はカンブリア紀以降著しく増大し続けてきた。しかし，その増大傾向は首尾一貫しているというにはほど遠い（図23.18）。急速な増加のあとに多様性は約2億年にわたり定常状態を保ち，またそのあとに一定の率で増大してきた。種数の変化は存在していた種の消失率と新しい種の生成率の差を反映しているので，この長期的傾向は一般傾向として種分化が絶滅を上回ったことを示している。

だが，種分化がいつも絶滅を上回っていたわけではない。とりわけ，長期的な種多様性の増大にはさまれているのが，**大絶滅**（mass extinction）とよばれる急速な減少である。5回の主要な大絶滅がわかっている。もっとも規模の大きかったのは，約2億5千万年前のペルム紀末に起きたものである。そのときには，存在していた科の半数以上，そして96％に上る種が絶滅したかもしれないのである。

それほど大規模ではないが，もっともよく研究された絶滅は白亜紀の終わり（6,500万年前）に起きた。このときには恐竜とほかのさまざまな生物が絶滅を迎えた。近年の発見は，この絶滅が大きな小惑星が地球に衝突したことによって引きおこされたという仮説を支持している。小惑星の衝突はおそらく世界規模の森林火災を引きおこし，さらには大量のちりを空中に放散することによって何か月ものあいだ太陽の光を遮ったのであろう。しかし，この大絶滅は一つのプラスの効果を及ぼした。ひとたび恐竜類がいなくなると，それまで小さくて目立たなかった哺乳類が爆発的に多様化し，最後にはゾウやトラやクジラや人類を含む変異に富んだ生物を生みだしたのである。

種多様性は大絶滅のあとにもとに戻るが，その回復は決して速くはない。化石記録を調べたところ，種分化の頻度は短期集中的な絶滅のあとですぐに増加するわけではないばかりか，その最大値になるまでに1千万年もかかっている。つまり，種多様性は以前のレベルに戻るのに1千万年かそれ以上かかるかもしれないのである。

六番目の絶滅

現在の地球上の生物の種数は，これまでのどの時代よりも多い。残念ながら，この数は人類活動が原因で憂慮すべき割合で減少している（下巻第56章参照）。地球上に住むすべての種の4分の1にも上る種が近い将来に絶滅するという推定もあるが，これは白亜紀の大絶滅以降経験したことのない絶滅率である。さらに，種多様性の回復はこれまでの大絶滅の際の回復よりも遅いかもしれない。なぜなら，いままでの絶滅事件のあとには生態学的に見ると非常に貧弱だがエネルギーに富んだ環境が残されたが，今度は世界中の資源の大部分がすでに人類の活動によって消費されているからである。

種の数は，その速度は一定でないものの，時を経過するにつれて増加してきた。数度にわたる大規模絶滅は短期間だがかなりの程度に種数を減少させた。種多様度はやがてもとに戻るが，その回復は急速ではない。回復後の多様性を形づくっている生物は，絶滅の前に存在していたものと同じではない。

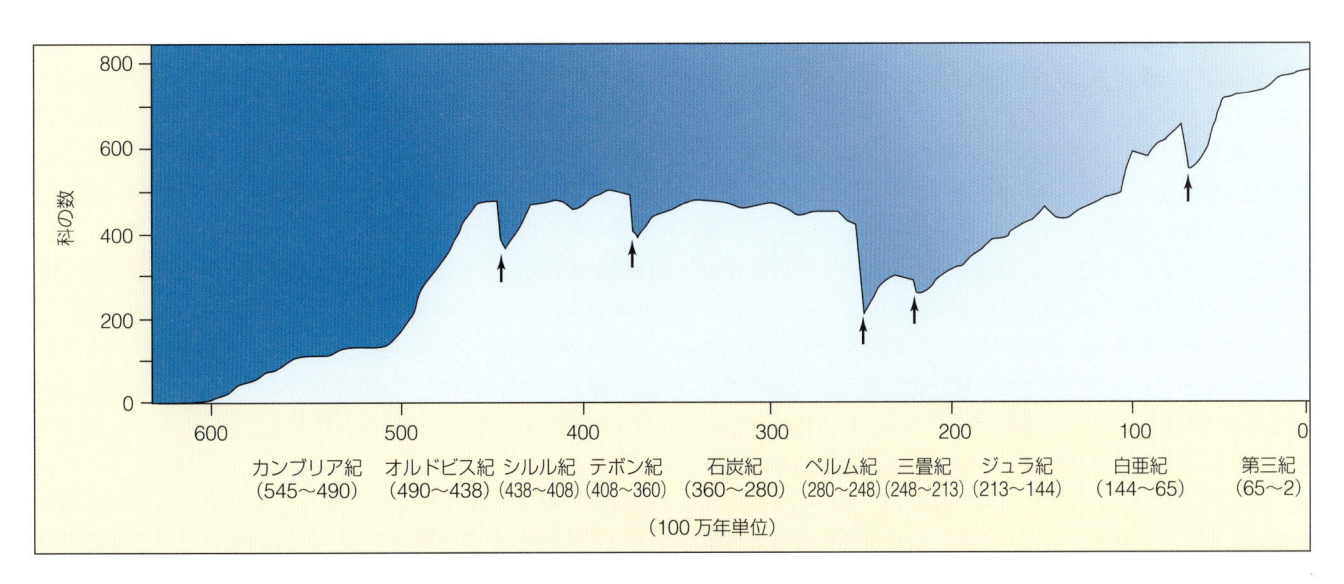

図 23.18
年代の推移に伴う多様性の変化。 海産動物の科レベルでの分類学的な多様性はカンブリア紀以来，時には減少したものの，増加してきた。海産生物は陸産の種よりも化石になりやすいために，化石の記録は海産生物で充実している。種ではなくて科が示されているのは，多くの種がたった1個体の標本によって知られているので絶滅の時期の推定に誤りが生じやすいためである。矢印は5回の大絶滅の時期を示す。

進化の未来

本章および第21章と22章で，これまでの進化について考察してきた。では未来には何が待つのだろう？ 前ページで述べ，下巻第56章と57章で検討するように，地球上の生物多様性は大規模な絶滅に向かっているように見える。この多様性の落ち込みからの回復には時間がかかるだろう。これは進化の終わりを意味するのか？ 進化の過程について知っていることを用いて，多様性全般，とりわけ人類という種を含めて，将来どのように進化が進むのかについて，予見することが可能である。

進化過程の見通し

環境に対する人類の干渉は，進化の過程にさまざまな形で影響を与えるだろう。明白なのは，環境を変えることによって人類が自然選択のパターンを変えつつあることである。多くの場合，こうした変化は強烈なため，個体群は適応することができないだろう。しかし，生き延びることのできた個体群に対しては，自然選択はその遺伝的な変異に作用し進化的な変化を生みだすであろう。とりわけ地球レベルの気象の変化は主要な脅威であり，多くの種に進化的な変化か絶滅のどちらかをもたらすだろう。

ほかの要因も進化的な変化を導くだろう。個体群サイズが縮小して遺伝的浮動の可能性が高まり，地理的な隔離が進むと，遺伝子流動による遺伝子均一化の効果が失われ，個体群が地域環境へ適応するにつれて遺伝的違いを進化させることが可能になるだろう。環境に放出された化学物質や放射線は突然変異率を増加させるだろう。

結果として，生き残れた種には進化的な過程が継続し，そのあるものでは促進されることすらあるだろう。しかし種多様性に関してはどうであろう？ 絶滅率は大幅に上昇するが，種分化率も少なくともいくつかの条件下では大きくなるかもしれない。その理由は，以前には広い分布域をもっていた種の多くが，いまでは地理的に隔離された集団としてのみ存続しているからである（図23.19）。さらに，人類はそれまで分布していなかった地域に種を導入し，その結果として隔離された個体群をつくりだしてきた。種分化における異所性の重要性を考えると，これらの活動がいくつかの種の種分化率を上昇させるということはありそうである。分布の地理的な断片化がよいことだといっているのではない。多くの小個体群は種分化する前に絶滅するだろうし，この種分化率の上昇が大幅に増大した絶滅率を非常に長いあいだにわたって補うことはとてもできそうにない。

人類の進化の可能性

多くの科学小説作家が，進化が人類種をどこに連れていく

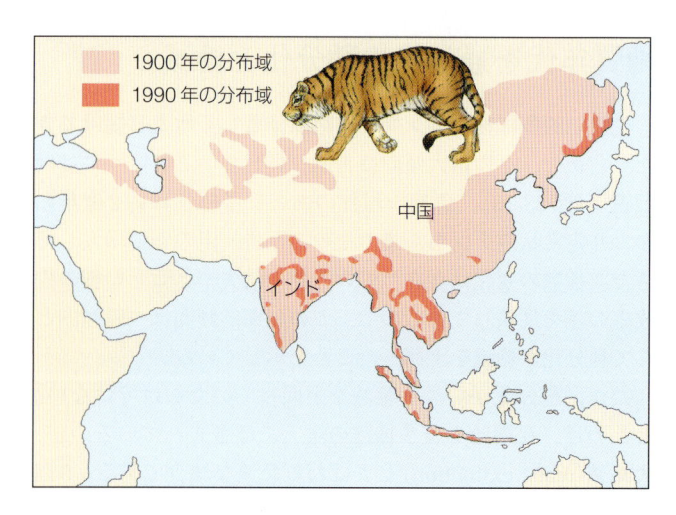

図 23.19
現在ではトラは地理的に隔離された個体群としてしか存在しない。 狩猟や生息地の破壊といった人類の活動がトラの個体数を著しく減少させ，その生息域を多数の狭い孤立した地域へと分断してしまった。

か，ということについてあれこれと想像をめぐらせてきた。しかし，進化の過程を考慮すると，これらのアイデアは空想にすぎない。近世になって，地球規模での人々の移動が人種間の差異を消し去りはじめている。これは遺伝子流動による混ぜ合わせ効果の明白な実例の一つである。さらに，異なった民族的起源をもつ人々のあいだでの婚姻が日々増加しつつあり，このことがさらに人類の個体群間の差異を消滅させている。人口がこれだけ巨大であると，遺伝的浮動が大変に重要だということはありそうにない。突然変異が過剰に増加はしないと仮定すると，自然選択だけが人類の進化的な変化を引きおこすエンジンとして残る。

そこで問題となるのは，自然選択による進化に必要な条件を人類は備えているのか，ということである。いい換えると，人間には生き残る子孫の数に影響を与え，なおかつ遺伝的に親から子へと伝えられるような表現形質は存在するのだろうか。確かに，ある意味において人類集団は進化するだろう。なぜなら，以前には致死となり，それゆえに対立遺伝子を個体群から排除していた多くの遺伝的疾患をいまではうまく取り扱うことができるようになったからである。その結果，こうした排除を免れた対立遺伝子の頻度が将来増加すると予測できる。しかし，こうした明白な例以外にも，未来の人類が自然選択による進化に必要な条件を満たすことがありそうかどうか，またそれはどのような場合かという問題をわれわれは読者の熟慮にゆだねよう。もちろん，ゲノム革命の到来（第17章参照）がこの議論にもう一つの視点を付け加えている。将来の技術的な進歩は人類の遺伝子プールを直接変化させうるのだろうか？ そして，もし可能だとしたら，それはよいことなのだろうか？

人類がもたらした環境の変化にもかかわらず，絶滅を免れた種は，進化的適応と，場合によっては種分化への道を歩むであろう。

第 23 章のまとめ

23.1 種は進化の基本単位である
"種の性質"
- 種の概念は，同じ地域に共存している種と地理的に隔てられている同じ種の個体群の双方について説明できるものでなくてはならない。(p. 472)
- 同所的な種は同じ地域に分布するが，通常は外見が異なり，共有生息地内の異なる部域を利用する。(p. 472)
- Ernst Mayrによれば，種は「実際に，あるいは潜在的に交配している自然個体群のあつまりであり，同様なほかのあつまりとは生殖的に隔離されているもの」である。(p. 473)
- 生殖隔離機構は種間の遺伝子交換を妨げる。(p. 473)

23.2 生殖に対する障壁を通じて種は遺伝的な独自性を維持する
"接合前隔離機構"
- 接合前隔離機構は接合子の形成を妨げる。(p. 474)
- 同じ地域の異なった部域を利用している種は，互いに出会わないため交雑できない。(p. 474)
- 近縁種は，しばしば交配の際の儀式のような行動上の違いにより，それぞれの独自性を維持する。(p. 474)
- 同所的な種は，視覚や触覚，フェロモン，電気受容などを用いて異種との交配を避ける。(pp. 474〜475)
- その他の接合前隔離機構には，時間的隔離，機械的隔離，および配偶子の接合の妨害がある。(pp. 474〜475)

"接合後隔離機構"
- 接合後隔離機構は接合子の形成後にそれが正常に機能することを妨げる。(p. 476)
- 虚弱な雑種は自然界ではほぼ確実に除去される。(p. 476)
- 雑種のなかには健康だが不妊のものもある。(p. 476)

"生物学的な種の概念の問題点"
- 交雑は以前の定説よりも頻繁に起きている。(p. 477)
- 生殖隔離が種の独自性を保つ唯一の要因とはいえない。(p. 477)
- 生殖隔離以外の考え方として，自然選択が種の特質を保っている，とするものがある。(p. 477)
- 種の著しい多様性を見ると，すべての種に該当する単一の定義はないのかもしれない。(p. 477)

23.3 どのようにして種が形成されるか
"生殖隔離は進化的な変化の副産物かもしれない"
- 不完全な生殖隔離は強化をもたらす可能性がある。交雑を避ける親個体は次世代に遺伝子を残す点で選択上有利である。このため，二つの個体群が完全に生殖的に隔離されるまで接合前隔離は継続・強化される。(p. 478)
- 部分的な生殖隔離は遺伝子流動により遺伝的な差異を消失させる結果をもたらしうる。(p. 478〜479)
- 遺伝的浮動が生殖隔離を生じうるが，こうした機構は通常は選択圧があればより速やかに進む。(p. 479)

"種分化の地理学"
- 種分化が起こるためには，よく似た個体群が分岐し，次いで生殖隔離が働かなければならない。(p. 480)
- 異所的な個体群ははるかに容易に分岐して別の種になっていくと思われる。(p. 480)
- 倍数化，同質倍数化もしくは異質倍数化は多くの植物といくつかの分類群の動物において短期間に同所的種分化を引きおこした。(pp. 480〜481)
- 分断選択は同所的種分化を引きおこす可能性があるが，この点については論争が継続している。(p. 481)

23.4 近縁な種群の存在は急速な進化を反映している
- 適応放散は，共通祖先由来の生物が異なる環境に適応した結果近縁の1群の種を生じたとき見られる。(p. 482)

"ハワイ産ショウジョウバエ類"
- ショウジョウバエの祖先種がハワイに到達したとき，多くの空の生息場所に出会った。頻発する種分化と生態的な好機が極度の種多様性を生みだした。(p. 482)

"ダーウィンフィンチ類"
- ダーウィンフィンチは本土に生息していたたった1種に由来する。この群島に生息する14種は四つのグループからなる：地上フィンチ，樹上性フィンチ，ムシクイフィンチ，菜食フィンチである。(p. 483)

"ビクトリア湖のカワスズメ類"
- 変化に富む種の多くが，乾燥によって湖の水位が低下し，局所個体群を隔離したあとに生じた。(p. 484)
- 生態的，形態的な多様性はきわめて高い (p. 484)
- 捕食性ナイルパーチの湖への放流後，広範な絶滅が起きた。(p. 484)

"ニュージーランドの高山帯のキンポウゲ"
- *Ranunculus*属の種分化と多様化は，同期的にくり返す氷河の前進と後退によって促進された。(p. 485)

"進化の速さ"
- Darwinは進化的な変化はゆっくりと進むと主張した（漸移説）。(p. 486)
- Niles EldredgeとStephen Jay Gouldは，種が長期にわたるほとんど変化しない時期（停滞）のあとに，種分化を伴う短期間の急激で爆発的な進化的変化を経験するのだと主張した。(p. 486)

"地質年代を通しての種分化と絶滅"
- 種分化のペースは絶滅のペースを上回った。(p. 487)
- 長期的な種数の増加のあいだには，5回の大規模な大絶滅があり，そのあとには大規模な，しかしゆっくりとしたペースの多様化の時代が続いた。(p. 487)
- 人類の活動は第六番目の大規模大絶滅を引きおこしつつあるかもしれない。(p. 487)

"進化の未来"
- 人類は自然選択のパターンを変えつつあり，これらの変化のあるものはあまりに強烈なためにこれに適応できずに多くの種が絶滅するかもしれない。(p. 488)
- 個体群サイズの縮小と地理的隔離の強化も遺伝子流動による混合せの影響を排除し，絶滅を免れることのできた種に中程度から高度の種分化を促す。(p. 488)

質問のページ

自習問題

1. 接合前隔離機構に含まれないものは次のうちどれか？
    a. 雑種不妊
    b. 交尾の際の儀式
    c. 生息場所の違い
    d. 限られた季節に行われる繁殖
2. 機械的隔離の例は次のうちどれか？
    a. 2種の鳥が同じ生息環境にすんでいる；そのうちの1種は春に繁殖し，もう1種は夏に繁殖する。
    b. 2種のカエルが異なった鳴き方で異性をよぶ。
    c. 花の構造がほかの種の花からの花粉の搬送を妨げる。
    d. トカゲの1種が樹上にすみ，もう1種が地表にすむ。
3. ＿＿ 隔離機構には，雑種の発育不全および自然界で雑種が定着できないことが含まれる。
    a. 接合前   b. 接合後
    c. 時間的   d. 機械的
4. 生殖隔離と種の進化は以下のどの過程で起こりうるか？
    a. 創設者効果   b. 強化
    c. 適応   d. これらのすべて
5. 種分化は以下のどの状況に置かれた個体群でもっとも頻繁に起きるか？
    a. 同所的   b. 分断選択下
    c. 異所的   d. 地理的に隔離されていない
6. ハワイのショウジョウバエの莫大な種数は以下のどの要因によるのだろう？
    a. 適応放散   b. 唯一の共通祖先
    c. 地理的隔離   d. これらのすべて
7. ガラパゴス諸島のフィンチは，彼らの食性によってグループ分けされている。以下のうちでフィンチの餌ではないものを示せ。
    a. 種子   b. 死肉
    c. 昆虫   d. 植物の芽
8. カワスズメ類の多様性は以下のどの要因によるものだろうか？
    a. 適応放散
    b. 新しい生息地と地理的隔離
    c. これらの魚の喉にある第二のあご
    d. これらのすべてがカワスズメ類の多様化に寄与した。
9. 進化は長期にわたる停滞のあとの大規模な進化的な変化によって飛躍的に起きるという仮説は ＿＿ という。
    a. 断続平衡
    b. 異所的種分化
    c. 漸移説
    d. Hardy-Weinberg平衡
10. 地質年代を通して生物多様性は ＿＿。
    a. 徐々に増加した。
    b. 一定であった。
    c. 周期的な落ち込みはあったが全体としては増加した。
    d. 増加も減少もあり，全体としては変化しなかった。

図解き問題

1. この図に示されたすべての例で，一つの交配集団が分かれて，二つかそれ以上の地理的に隔離された個体群が生じる。時間がたつにつれて，これらの隔離された個体群はほとんどもしくは全く進化的に変化しないこともあり，種分化をすることもあり，あるいは絶滅することもある。どのような条件下でこれらのシナリオが実現するのだろう？
    a. 個体群はほとんどあるいは全く進化的な変化をしない。
    b. 個体群は種分化する。
    c. 個体群は絶滅する。

応用問題

1. 適応放散は，単一の祖先種から多くの異なった環境に適応した，たくさんの子孫種が生みだされる結果として起きる。種分化が異所的に起こるか，同所的に起こるかによって，適応放散のシナリオはどのように異なってくるだろう？
2. 倍数性の動物は倍数性の植物に比べてはるかに少ない。なぜそうなのか考えてみよう。（ヒント：第13章の染色体の不分離に関する議論を参照せよ。）

24
ゲノムと発生機構の進化

概　要

24.1 進化の歴史はゲノムに記録されている
比較ゲノミクス　生物間のゲノムを比較することにより，ゲノムそのものの違いと，ゲノム進化のうえでその違いが何を意味するのかを考察する。

ゲノムの相違の起源　進化の過程では，各遺伝子に起こる突然変異のほかにゲノム全体や巨大DNA断片，各遺伝子などすべてにわたる重複が起こっている。

24.2 発生機構は進化している
発生の進化　進化発生学は，進化と発生に共通する問題を，蓄積しつつある進化や発生に関する遺伝学的およびゲノミクス的情報と照らし合わせることにより，分野横断的に取り扱う学問である。比較ゲノミクスによって似た配列をもつ遺伝子を同定することはできるが，個々の生物種で実際に果たす機能を検証するためには実験が必要とされる。

自然界における眼の多様性　眼は，その形態学的多様性から見ると，複数回独立に進化してきているように見える。他方，紐形動物やショウジョウバエ，マウスに至るさまざまな生物において，*Pax6*という遺伝子がともに眼の発生を引きおこすことがわかっている。

図 24.1
オタマジャクシのステージを欠くカエル。　プエルトリコのカエル（*Eleutheradactylus coqui*）は，陸上の巨大な卵中で発生する。このカエルがいかにしてオタマジャクシのステージを失ったかは，魅力的な進化学上の問題である。

複雑な形質はどのように進化してきたのか？　多くの手がかりがゲノムのなかに隠されている。多くの生物でゲノム配列が決定されるにつれ，比較ゲノミクスの分野ではいくつかの驚くべき答えと，それにも増して多くの疑問点が生まれている。発生がどのように進化し，保存性の高い遺伝子ファミリーから新規の形質がどのように生じるのかを解析することが，遺伝学的およびゲノミクス的研究手法により可能である。たとえば，近縁な2種のカエルが全く異なる発生パターンをもつことはどう理解したらよいのだろうか（図24.1）。あるカエルは，オタマジャクシの段階を経ることなく受精卵から成体へと発生する。その姉妹種では，初期発生と肢形成のステージのあいだに余分なステージ（すなわちオタマジャクシの段階）が挿入されている。ゲノミクス上の発見により，多くの遺伝子が高度に保存されながらも共通の祖先ゲノムをもつ生物が著しい多様性を示すという，生物学上のジレンマが浮彫りにされてくるのである。

24.1 進化の歴史はゲノムに記録されている

比較ゲノミクス

現代の進化生物学の重要な課題の一つは，現在では詳細な研究が可能なDNA配列の進化と，伝統的な系統樹を構築するのに用いられてきた複雑な形態学的特徴の進化との関連を明らかにすることである。多くの異なる遺伝子が(たとえば羽毛のような)複雑な形質に関与しており，ある形態学的特徴の変異を一つの遺伝子に生じる変化と対応づけるのはきわめて困難である。その意味で，異なる種間でゲノム(DNA配列のすべて)の比較を行うことは，これらの関連性を探るための強力な新しい手段となる。ゲノムとは，ある生物をつくりだしそれを維持するための設計図というだけのものではない。ゲノムにはその生物の歴史についての膨大な情報が含まれている。第17章で見てきたように，すべての生物界について完全に配列が解読されたゲノム情報が蓄積されつつあり，比較進化生物学上の革命が起きている(表24.1)。現在では，種間の遺伝的相違を直接的な方法で調べることが可能であり，異なる種間での進化の道筋を一つずつ吟味することができる。

これまで100種以上もの原核生物のゲノムが解読され，20種以上の真核生物のゲノムの解読が終了または進行中である。これらの種と，さらにほかの生物のゲノムのドラフト配列(草案)は数年のうちに解読が終了するので，地球上の生命の進化の全体像がいっそう明確になり，種間の系統関係の理解もはるかに進むだろう。既に解読が終了しているゲノム配列から，今後何がわかっていくのかを予想することができる。

表24.1　真核生物における比較ゲノミクスの進行状況

生物種	推定ゲノムサイズ (Mb)	推定遺伝子数	完了年
脊椎動物			
ヒト (*Homo sapiens*)	3,200	26,500	2001
マウス (*Mus musculus*)	2,500	30,000	2002
トラフグ (*Fugu rubripes*) (訳者注：写真はハリセンボン)	365	33,609	2002
無脊椎動物			
キイロショウジョウバエ (*Drosophila melanogaster*)	137	13,600	2000

表 24.1 真核生物における比較ゲノミクスの進行状況（つづき）

生物種	推定ゲノムサイズ (Mb)	推定遺伝子数	完了年
ガンビエハマダラカ (*Anopheles gambiae*)	278	13,000〜14,000	2002
菌類			
分裂酵母 (*Shizosaccharomyces pombe*)	13.8	4,824	2002
出芽酵母 (*Saccharomyces cerevisiae*)	12.7	5,805	1997
植物			
シロイヌナズナ (*Arabidopsis thaliana*)	125	25,498	2000
イネ (*Oryza sativa*)	430	37,000	2002
原生生物			
マラリア原虫 (*Plasmodium falciparum*)	23	5,300	2002

24.1 進化の歴史はゲノムに記録されている

トラフグ

　トラフグ（*Fugu rubripes*）のドラフト配列解読が2002年に完了し，全ゲノムが読まれた二番目の脊椎動物となった。これで初めてわれわれは二つの脊椎動物のゲノムを比較できるようになった。ヒトとフグの遺伝子には，4億5千万年の進化の歴史のあいだ保存されてきているものもあれば，それぞれの種に特有のものもある。ヒトの遺伝子の約25%には，対応するフグの遺伝子がなかった。また，哺乳類と硬骨魚類の分岐以降4億5千万年のあいだに大規模なゲノムの再編成が起こり，遺伝子の順番がかなり入れ替わっている。そして，ヒトゲノムにはDNAの反復配列が多いが，フグでは反復配列はヒトの6分の1以下である。

　フグとヒトはいずれもほぼ同数の遺伝子をもつが，365 Mb（3億6,500万塩基対）の長さのフグゲノムにはヒトの9分の1のDNAしか含まれない。なぜヒトゲノムには余分なDNAが大量に含まれているのか。余分なDNAの多くはイントロンとして存在しており，それはフグのものよりもかなり大きい。フグの遺伝子には，長いイントロンを含む"巨大な"遺伝子は一握りしか存在しない。これらのイントロンの研究は，脊椎動物の進化においてゲノムサイズの変化をもたらした要因を探る手がかりをもたらすだろう。

　ヒトとフグのあいだで保存されている配列は，多くのヒトの病気の遺伝的基盤を理解する手がかりを与える。タンパク質の機能にとって重要なアミノ酸残基は進化の過程で保存される傾向があり，遺伝子内のそのような部位で起こる変異が病気の原因となる可能性が高い。しかし，ヒトのタンパク質の配列をほかの哺乳類のそれと比較して機能的に保存されている部位を見分けるのは，極めて困難である。なぜなら，保存されない領域に十分な変化が蓄積されるには，ほかの哺乳類とヒトとの分岐後の時間が短かすぎるからである。フグはヒトとは遠縁であるため，保存された領域ははるかに容易に見分けられるのである。

マウス

　2002年の後半になって，マウス（*Mus musculus*）のドラフト配列が国際的な研究組織により解読され，これで二つの哺乳類ゲノムの比較が可能となった。ヒトゲノムはマウスのそれより約7億塩基分長い。いずれにも約3万の遺伝子が存在しており，その多くが共通するものであった。事実，ヒトゲノムは99%の遺伝子をマウスと共有している。ヒトとマウスは約7,500万年前に分かれたが，この時間は多くの進化学的相違が蓄積するには短すぎる。いずれかに特有な遺伝子は，全ゲノムの約1%に相当するわずか300しかない。マウスに特有の約150の遺伝子のほとんどが，げっ歯類で非常に発達している嗅覚か，繁殖に関連したものである。2種間で類似している遺伝子の比較により，遺伝子の機能に関する情報が得られる。マウスを用いて遺伝子の機能を解析する実験を行うほうが，ヒトを用いるよりずっと簡単である。ひとたびマウスのゲノムが決定されたことにより，これまで同定されていなかった1,000ものヒトの遺伝子の機能が理解されたのである。

　ヒトとマウスのゲノムはこれほど似ているのに，なぜこの2種の生物はこんなに違うのか，疑問に思うだろう。なぜマウスはマウスへと発生し，ヒトにならないのかという疑問に対しては，マウスとヒトでは同じ遺伝子でも異なるときに異なる組織で発現するからである，というのがもっともよい説明である。両者で見つかった嚢胞性繊維症の遺伝子がその1例である。ヒトでのこの遺伝子の欠損は肺に特に大きな障害を与えるが，マウスの場合肺に症状は出ない。

　マウスとヒトのゲノムの比較により，約7,500万年前にマウスとヒトが分かれて以来，マウスのDNAではヒトの約2倍の速さで突然変異が起こっていることが明らかになった。この驚くべき突然変異率の相違は，マウスとヒトの世代時間の違いから説明できるだろう。世代時間の短いマウスでは，減数分裂のあいだにゲノムを構成しているDNAが組み換えられ，混合される機会がより多くなるからである。

　おそらくマウスとヒトのゲノムの比較におけるもっとも意外な発見は，2種間で「ジャンク」DNAが似ていること，そしてそのほとんどがレトロトランスポゾン（第17章参照）であるということであった。このDNAはタンパク質をコードしていない。両者のレトロトランスポゾンDNAの位置がゲノム中の似た位置にあることから，このような「ジャンク」DNAはかつて考えられたよりも重要な機能をもつかもしれないと考えられるようになった。この配列が第18章で述べたような調節RNA配列中に多く存在している可能性について，精力的に調べられている。ある研究では，マウスの各組織の細胞で発現しているすべてのRNA転写産物が集められた。そのほとんどがマウスのタンパク質をコードしていたが，4,280もの転写産物が，既知のマウスのタンパク質のどれとも合致しなかった。このことは，転写されたゲノムの多くが，タンパク質をコードしていない遺伝子——つまりRNAとして機能する転写産物をコードする遺伝子からなることを示唆している。単一のレトロトランスポゾンがマウスの毛色の遺伝的な違いを生みだす理由を，おそらくこれで説明できるだろう。

　ラットゲノムのドラフトの解読は終了したばかりだが，これで哺乳類ゲノムの進化に関するいっそう魅力的なニュースが聞かれるようになるだろう。ラットとマウスのゲノムを比較することの最大の魅力として，ラットの生理学（特に心疾患）に関する大量の研究成果と，豊富な背景をもつマウスの遺伝学を利用できるようになることがあげられる。遺伝子と病気との関連を探ることがさらに容易になったわけである。

ゲノム構造の変異は，遺伝子の配列の変異と同様に興味深い。マウスとヒトの遺伝子が染色体上に並んでいる順番は同じである——つまり，共通の祖先が保持していた順序がそのまま保存されているのである。この**シンテニーの保存性**（conservation of synteny，第17章参照）は，遺伝子マッピング研究の当初から予想されており，進化の過程で哺乳類のゲノム構成が積極的に形づくられてきたという確固たる証拠を示している。

チンパンジー

チンパンジーのゲノムプロジェクトは現在も進行中である（訳者注：2005年9月に完了した）。ヒトとチンパンジーはわずか約5百万年前に共通の祖先から分かれた。この時間は2種間に多くの遺伝的な違いを生じさせるにはあまりにも短いが，形態および行動の違いが進化するには十分である。予備的な配列の比較によれば，両者のDNAは98.7％が同一である。タンパク質をコードしている配列の比較では，99.2％の配列が共通している。ほとんど同じ遺伝子セットをもつにもかかわらず，どうしてこれら2種の体制や行動がこれほど変わるのだろう？

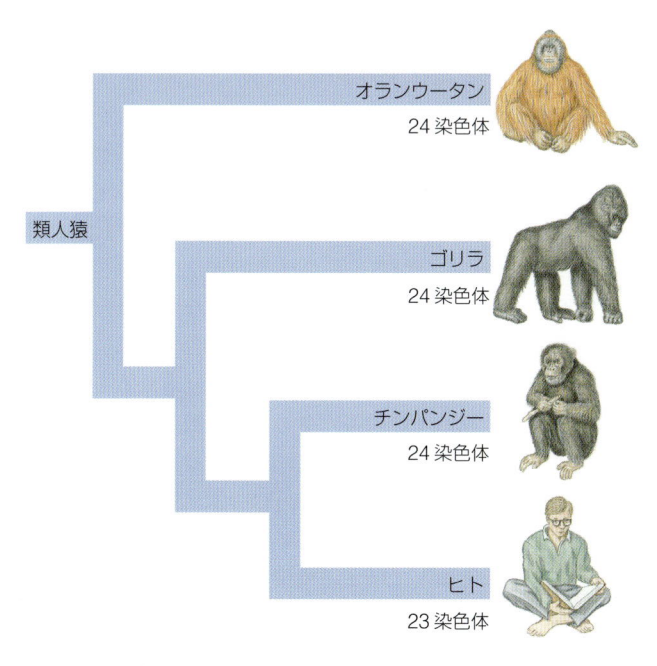

この疑問に対する解答の一つとして，ヒトとチンパンジーでは少なくとも脳の細胞での遺伝子の転写活性化パターンが非常に異なる，ということがあげられる。18,000のヒト遺伝子を含むマイクロアレイ（図17.10参照）を用いて研究が行われた。発現しているRNAを含む生きた脳細胞からの抽出液を遺伝子マイクロアレイにかけると，転写産物が存在すれば，その遺伝子のスポットは発光する。転写産物のコピー数が多ければ，光はより強くなる。チンパンジーゲノムはヒトゲノムとたいへん似ているので，ヒト遺伝子のマイクロアレイによりチンパンジーの遺伝子の発現が十分に検出できる。同じ遺伝子がチンパンジーとヒトの脳細胞で転写されていても，発現のレベルは大きく違っていた。ヒトとチンパンジーの違いの多くは，どの遺伝子がいつ転写されるかに起因するのだろう。

ヒトの染色体はチンパンジーやゴリラ，オランウータンより1本少ない（図24.2）。これはわれわれが染色体を失ったのではなく，進化のある時点で，類人猿に存在する中程度の2本の染色体が融合し，第二染色体とよぶ二番目に大きい染色体になったのである。

ヒトの第二染色体をつくりだした染色体の融合は，多くの生物種で起こってきたゲノムの再編成の一例である。このような再編成は進化のきっかけを与えることがあるが，必ずしも比較している2種の近縁度を示す決定的な証拠とはならない。ヒト，ニワトリ，マウスに共通する既知の**オルソログ**（ortholog：同一の祖先配列をもつ遺伝子）を考えてみよう。ある研究によれば，ニワトリとヒトが共通祖先から別れたあと72回の染色体再編成があったと推定された。この数字は，ニワトリとマウスのあいだで推定されている128回や，マウスとヒトのあいだの171回と比べかなり少ない。このことは，ニワトリ—ヒト間の近縁度が，マウス—ヒト間や，マウス—ニワトリ間のそれより高いことを意味するわけではない。これらのデータが実際に示しているのは，マウスに比べてヒトやニワトリでは染色体再編成の頻度がかなり低いということである。マウスにおける染色体再編成は，ヒトの2倍の速度で起こってきたと考えられている。

染色体再編成の速度が脊椎動物の種間で非常に異なることは，現在研究が進められているゲノムの進化に関して新しい問題を投げかけている。仮説モデルとなる祖先脊椎動物のゲノムを構築するうえで，進化速度が比較的遅いゲノムの同定は非常に有用な手がかりとなる。たとえば，遠縁な脊椎動物のあいだで過去3億年にわたってほとんど変化していない領域があれば，それらの共通祖先のゲノムも類似したものであったと仮定できる。

図 24.2
現存の大型類人猿。ヒト以外のすべての現存する大型類人猿は，一倍体で24本の染色体をもつ。ヒトでは染色体が失われたわけではなく，二つの小さい染色体が融合し，一つの染色体となったのである。

昆虫：ショウジョウバエとハマダラカ

　昆虫は，地球上でもっとも種数が豊富で形態的にも多様な動物群である。これまで2種の昆虫ゲノムが解読された。キイロショウジョウバエ（*Drosophila melanogaster*）は20世紀全般を通じて使われた遺伝学のモデル実験生物で，まず間違いなく生物学上もっともよくわかった遺伝子システムをもつ。マラリア蚊であるガンビエハマダラカ（*Anopheles gambiae*）は，媒介する寄生原生生物であるマラリア原虫（*Plasmodium falciparum*）とともに世界中で毎年170万～250万人もの人々を死に至らしめている。ハマダラカとマラリア原虫の双方のゲノムは，2002年に解読された。

　ショウジョウバエとハマダラカは約2億5千万年前に分かれ，脊椎動物よりも速い速度で進化を遂げてきたようである。これら2種の昆虫のあいだでの類似度は，4億5千万年前に分岐したヒトとフグのあいだの類似度に匹敵する。また，これら2種の昆虫間で，染色体上の遺伝子の順番は入れ替わっている。面白いことに，ショウジョウバエはハマダラカに比べDNAの非翻訳領域が少ない。しかし，非翻訳領域を減少させた進化的な要因が何であるかは未知である。

マラリア原虫

　マラリアの原因となる寄生原生生物のマラリア原虫（*Plasmodium falciparum*）は，2,460万塩基対という比較的小さなゲノムをもつが，配列を決定するのは困難であった。この生物のゲノムは，アデニンとチミンの率が異常に高いため，ゲノム上の一部分を別の部分と区別するのが困難である。そのためこのゲノム計画は，完了までに5年もかかった。マラリア原虫は約5,300の遺伝子をもち，機能が関連する遺伝子は一群となっているようである。これは，この遺伝子群が同一の制御領域をもつことを示唆する。

　マラリア原虫は，ヒトの免疫機構から逃れて赤血球内に侵入し，赤血球表面に提示されるタンパク質を定期的に変化させる。これが，ワクチンや治療法の開発を困難にしていた。現在では，マラリア原虫のもつ葉緑体に似た構造物に着目した治療法が期待されている。マラリア原虫とその近縁種だけがもつアピコプラストとよばれる奇妙な細胞内構造は，この原生動物の祖先が摂食した藻類から取り込んだ葉緑体に由来するとされる。ゲノム解析により，原虫の核ゲノムがコードするタンパク質の約12％がアピコプラストに運ばれ，そこで脂肪酸を生産することがわかった。アピコプラストは原虫の生存に必要な脂肪酸を生産する唯一の場所なので，その生合成経路を標的とする薬がマラリアに大きな効果を示すかもしれない。そのほかには，葉緑体を標的とする除草剤が，葉緑体由来のアピコプラストに打撃を与えマラリア原虫を殺す可能性があるとして注目されている。

顕花植物：イネとシロイヌナズナ

　植物のゲノムのなかで初めて解読されたのは，アブラナ科の小さな植物で植物の分子遺伝学や発生学のモデルとしてよく用いられるシロイヌナズナ（*Arabidopsis thaliana*）であった。2000年にほぼ解読されたそのゲノムの配列は，ヒトと同程度の25,948の遺伝子を含んでいた。

　シロイヌナズナは実験生物であり，商業的な需要性はもたない。しかし，配列が解明された二番目の植物であるイネは，経済的にきわめて重要である。イネ（*Oryza sativa*）はトウモロコシ，コムギ，オオムギ，モロコシやサトウキビを含むイネ科に属する。これらの穀物は，世界中の食物と動物の飼料の大部分を供給する。ほかのイネ科植物とは異なり，イネは430 Mbという比較的小さいゲノムをもつ（トウモロコシゲノムは2,500 Mb，オオムギは4,900 Mb）。イネの二つの亜種の配列が解読され，同様の結果が得られた。たとえば，反復配列が核ゲノムに占める割合は，一方の変種で42％，もう一方で45％であった。もっとも多い大きな反復配列，レトロトランスポゾンは，イネゲノムの15％以上を占めている。

　イネゲノムは驚くべき数の遺伝子を含む。ある研究では53,000～63,000の遺伝子数が示唆され，より控えめな基準にもとづく別の研究でも33,000～50,000という数が示された。ゲノム中の翻訳領域の決定が進めば，より正確な遺伝子数がわかるだろう。

　イネに見られた遺伝子の80％以上が，シロイヌナズナにも見られる。それ以外の20％は，単子葉植物のイネと双子葉植物のシロイヌナズナという大きく異なる顕花植物のあいだに見られる生理学的および形態学的違いに関する遺伝子であろう。シロイヌナズナとイネの遺伝子の約3分の1が，「植物」遺伝子 ── すなわち，これまで動物や菌類のゲノムには見つかっていない遺伝子であった。そのなかには，何千もの光合成と光合成組織に関与する遺伝子が含まれる。ほかの植物遺伝子の多くは動物や菌類のゲノムに見られるものとよく似ており，とくに基礎代謝，ゲノムの複製と修復，タンパク質合成にかかわる遺伝子は共通に存在する。

　イネとシロイヌナズナでは遺伝子ファミリー（わずかに変異を起こした複数の遺伝子群）のコピー数が動物や菌類より多く，異なる染色体上でほかの重複遺伝子群のあいだに散在する。これは，イネとシロイヌナズナが，分岐したあとの1億5千万年から2億年のあいだに，倍数化や部分的なゲノム重複など数多くの歴史を経てきたことを示唆している。

さまざまな生物種のゲノム配列が現在も解読されており，これにより新しい比較ゲノミクスの分野が開拓されつつある。

ゲノムの相違の起源

本章で議論したごく限られた数のゲノムの比較からも，ゲノムが劇的に進化してきたことは明らかである。進化の要因となるゲノムの変化をもたらすしくみとして，少なくとも6通りの方法がある。

1. 単一の遺伝子の突然変異
2. DNAのある領域の重複
3. 染色体の大きな断片の再編成
4. 個々の染色体の重複
5. ゲノム全体の重複，あるいは別種のゲノムとの融合による倍数化
   （三つ以上の完全なゲノムコピーをもつ細胞となる）
6. 他種由来のDNAのゲノム中への取込み

ゲノムの変化を，まず全ゲノムの重複を含む大きなスケールの変化から見ていこう。

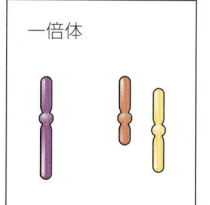

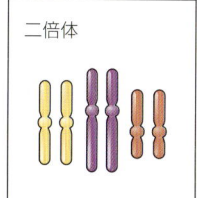

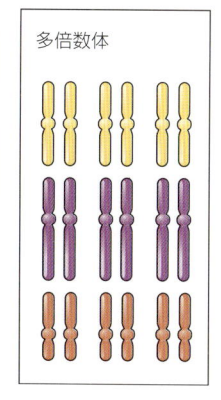

図 24.3
植物ゲノム中に見られる染色体数。 一倍体：1セットの染色体；たとえば配偶子中に存在する染色体数。二倍体：1セットの染色体対。多倍数体：複数のセットの染色体；たとえばバナナは3セットの染色体をもつため，多倍数体である。

倍 数 化

まず遺伝子重複について見ていこう。倍数化による全ゲノムの重複は，明らかにゲノムに生じる大きな変化である。また，わずかな遺伝子の重複が生物の形態的多様性を生みだすおもな要因となるという証拠も次々に報告されている。いずれの場合も，重複した遺伝子が新たな機能を獲得するチャンスをもつ。なぜなら，重複により機能を果たす遺伝子のバックアップが提供されるからである。

ヒトゲノムはイントロンが長いためフグの9倍にもおよぶDNAをもつが，なぜチューリップにはシロイヌナズナの170倍以上のDNAがあるのだろう？　もちろん，全ゲノムの重複を含む大きなスケールの変化により，少なくとも部分的には説明がつく（図24.3）。減数分裂には偶数本の染色体のセットが必要なので，2の倍数で倍数化が起こっている種では有性生殖が可能である。しかし，バナナのような$3n$の生物では，減数分裂は致命的となる。3組の染色体を二つの細胞に均等に分配することは不可能だからである（$3n$のバナナの細胞の減数分裂では何が起こるのか，図を描いて考えてみよう。必要なら，第12章を参照）。したがってバナナは無性的な繁殖方法に依存するほかない。

多倍数体（$3n$以上）は，種内での全ゲノムの重複か，もしくは二つの異なる種の交雑によって生じる。交雑のあとにゲノムの重複が起こることもあり，その場合は染色体のセットは偶数倍となるため，減数分裂が可能となる。たとえば，パンコムギは2種の交雑とゲノム全体の重複により生じている（図24.4）。ゲノムに起こるこのような大きな変化により，新種が生じることもしばしばある。

しかし，全ゲノムの重複ではゲノムサイズを説明するのに不十分な場合もある。コムギとイネは非常に近縁で，遺伝子組成も似ている。だが，コムギゲノムはイネゲノムの40倍も大きい。このゲノムサイズの違いは，パンコムギが六倍体（$6n$）であり，イネが二倍体（$2n$）であるという事実によるだけでは説明がつかない。コムギゲノム中には多くの反復DNA配列が含まれているため，DNAの総量が増加しているが，必ずしもそれは遺伝子の量が増えているということにはならない。イネゲノムが完全に解読された現在では，ほかの穀類，とくにコムギの配列解析に興味が移りつつある。イネとコムギのゲノムの比較を行えば，共通祖先のゲノムに関する手がかりが得られるはずである。

部分的な重複

ゲノムに新たな形質が生じる原因として，部分的なDNAの重複がある。ある遺伝子が重複すると，重複した遺伝子は次の2通りの運命をたどることが多い。(1) 後に起こる突然変異により機能を喪失する，(2) 後に起こる突然変異により新たな機能を獲得する。事実，ほとんどの重複遺伝子は機能を失う。重複遺伝子の平均半減期（訳者注：その50％が機能を失うのに必要な時間）は約4百万年である。これはヒトの時間尺度では非常に長いが，進化学的な尺度ではとても短い。では，遺伝子重複が遺伝子の新しい機能の獲得の主要な進化的要因であることはどうしていえるのか？　ゲノムのどこに遺伝子重複がもっとも生じやすいかを調べることで，その証拠の一端が見いだせるであろう。ヒトでは，多くの遺伝子をもつ三つの染色体で，遺伝子重複がもっともよく起きている。遺伝子数が少ない七つの染色体でも，ある程度の割合で遺伝子重複は起きている。しかし，遺伝子数が少ないからといって，全DNA量が少ないというわけではない。さらに，ある型のヒトの遺伝子はより頻繁に重複を起こしやすい。

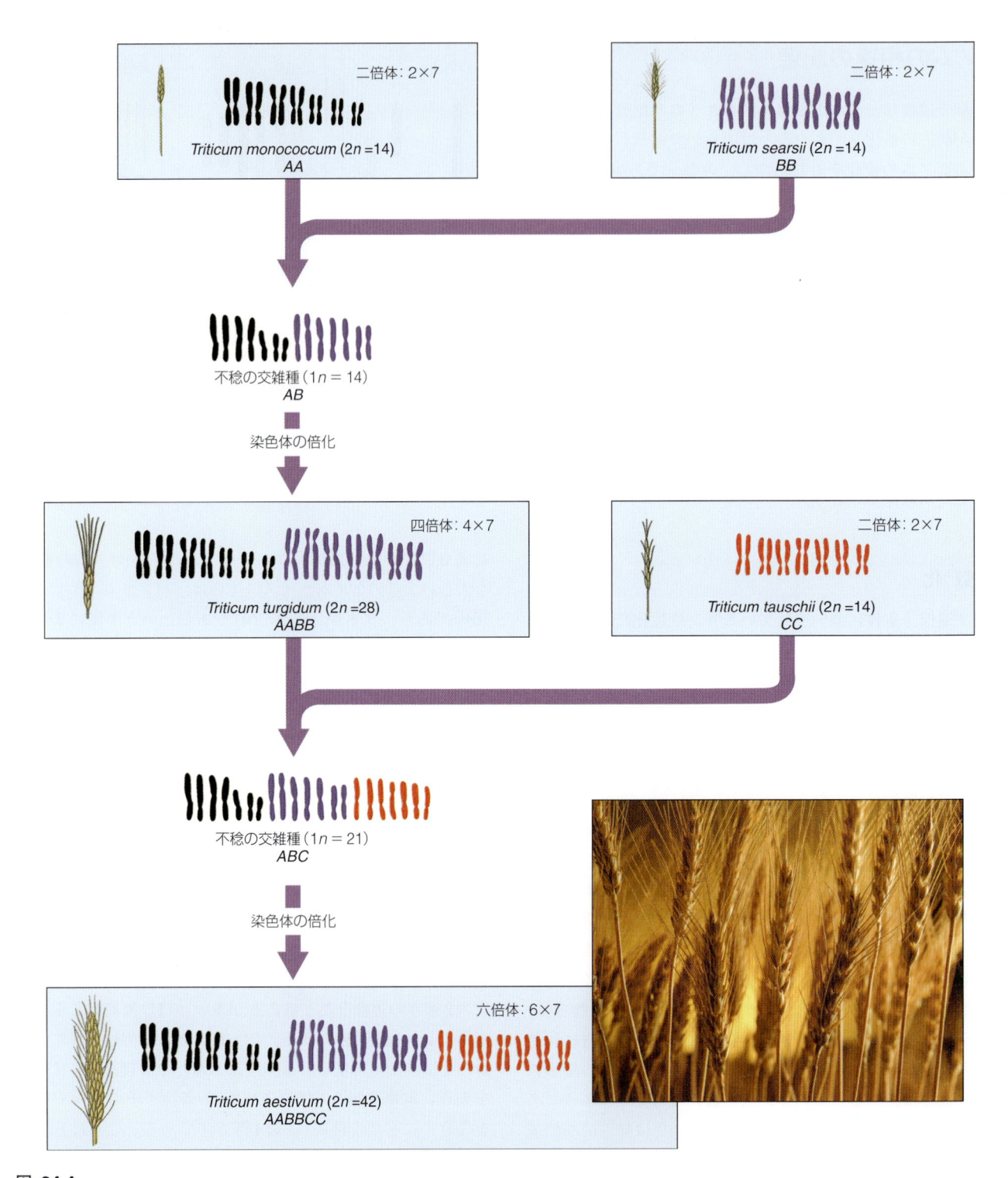

図 24.4

コムギの進化の歴史。 コムギは，現在のイラクにあたる南西アジアの丘陵地域にその起源を発する。この地域には *Triticum* 属の草本植物が豊富に生育している。コムギ (*T. aestivum*) は，2回のいわゆる「異質倍数化」によって生じた *Triticum* の多倍数体の種である。(1) *AA* と *BB* で表記された二つの異なる二倍体の種が交雑して *AB* という種を生じた。この種では *A* と *B* の染色体は減数分裂の際に対合することはできないので，*AB* の型の植物は不稔となる。しかし，減数分裂の際の染色体分離の失敗により染色体数が自発的に倍化される植物もあり，これによって稔性のある四倍体 *AABB* の種が生じる。このコムギはパスタをつくるときに使われる。(2) 同様な機構で，四倍体 *AABB* の種はほかの二倍体の種 *CC* と交雑し，さらなる倍化のあとに六倍体 *AABBCC* の *T. aestivum* を生じる。このパンコムギは全世界で一般に用いられている。

凡例:
- 🟧 染色体間での重複領域
- 🟦 染色体内での重複領域
- 🟩 未解読
- 🟪 発現されない ヘテロクロマチン

図 24.5
ヒトのY染色体上の部分的な重複。 赤で示した領域は，ほかの染色体と98％の配列の類似性をもつ。青で示した部分は，Y染色体上の別の領域と98％の類似性をもつ配列である。ここでは図示のためDNAの断片として示してあるが，Y染色体はひと続きのDNAである。

たとえば成長および発生に関与する遺伝子や，免疫系の遺伝子，細胞表面の受容体の遺伝子である。ヒトゲノムの約5％が部分的な重複により生じたものである（図24.5）。いろいろな種を比較すると，遺伝子重複率は多様であることがわかる。ショウジョウバエでは，100万年のあいだに1ゲノムあたり31回，すなわち1遺伝子あたり0.0023回の遺伝子重複となる。重複の速度は，線虫（*Caenorhabditis elegans*）では約10倍も早い。ある生物個体の二つの遺伝子が祖先の一つの遺伝子の重複に由来するとき，それらを**パラログ**（paralog）とよぶ。先に定義したオルソログは，共通祖先に由来する遺伝子が種間で保存されていることをいう。

遺伝子の不活性化

遺伝子の機能喪失は，ゲノムが進化するもう一つの重要な過程である。私達の嗅覚を司るにおい物質受容体（OR）の遺伝子群を考えよう。この遺伝子群は，におい物質と結合する受容体をコードしており，嗅覚を認識する一連の情報処理を開始する働きをになう。ほかの大型類人猿やほかの哺乳類と比較してわれわれの嗅覚が劣っているのは，遺伝子の不活性化によるものであると説明されている。霊長類のゲノムには1,000コピー以上ものOR遺伝子が存在している（図24.6）。ヒトでは，推定70％のOR遺伝子が不活性化された**偽遺伝子**（pseudogene：機能的な遺伝子産物を生産しないが，機能的な遺伝子と似たDNA配列）である。チンパンジーとゴリラではOR遺伝子の半分は機能しており，半分が偽遺伝子となっている。新世界ザルでは95％以上のOR遺伝子が，マウスではすべてのOR遺伝子がきちんと機能している。ヒトでOR遺伝子不活性化の割合が高いことから何が結論できるだろう？ヒトは嗅覚以外の感覚に依存するようになったため，任意な突然変異によるOR遺伝子の機能喪失に対する選択圧が下がった，というのがもっともありそうな説明だろう。

ヒトの嗅覚遺伝子群
第17染色体

チンパンジーの嗅覚遺伝子群
第19染色体

🟦 活性のある遺伝子　🟥 偽遺伝子

図 24.6
遺伝子の不活性化。 マウスではほとんどすべてのにおい物質受容体遺伝子は機能的であるが，嗅覚にあまり依存していない霊長類では受容体遺伝子は失われている。ヒトとチンパンジーのにおい物質受容体遺伝子の比較により，ヒトはチンパンジーと比べて偽遺伝子（不活性化された遺伝子）の数が多いことがわかる。

遺伝子の水平伝搬

進化生物学者は，遺伝子は世代を超えて子孫に伝わるという仮定 —— 遺伝子の垂直伝搬（vertical gene transfer）—— にもとづいて系統樹を構築する。**遺伝子の水平伝搬**（lateral gene transfer）では，ほかの種からのヒッチハイキング遺伝子が系統学的な複雑さを増大させる。遺伝子の水平伝搬は，細胞間や種間の境界がいまほど明確ではなかった生命の歴史のごく初期には一般的であった。生命の歴史の初期には，種間での遺伝子交換が頻繁であった。

初期の生命体のあいだで盛んな遺伝子交換があったことから，多くの研究者が生物間の系統樹を再考せざるを得なくなっている。リボソームRNA（rRNA）の配列にもとづく当初の系統樹では，初期の原核生物から真正細菌と古細菌という二つのグループを生じた，となっている。そして，これらの一方から，特殊化した原核生物を取り込んで細胞小器官とする真核生物のグループが現れたとされてきた（図24.7）。

rRNAにもとづくこの簡明な系統樹は，微生物のゲノム配

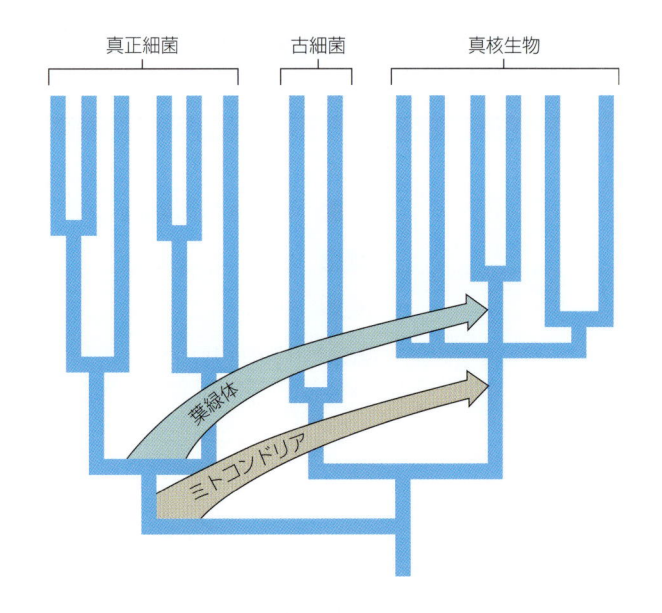

図 24.7
普遍的な共通祖先に由来する系統樹。 三つのグループは共通の祖先をもち、系統樹は単一の根をもつ。

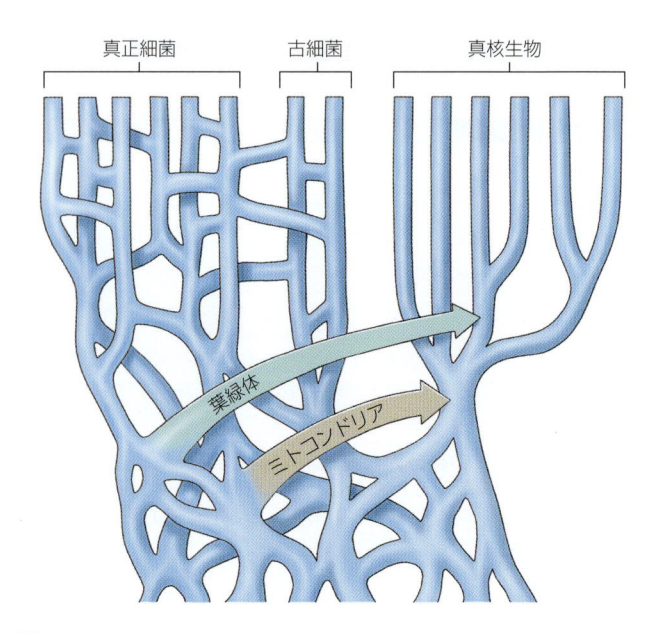

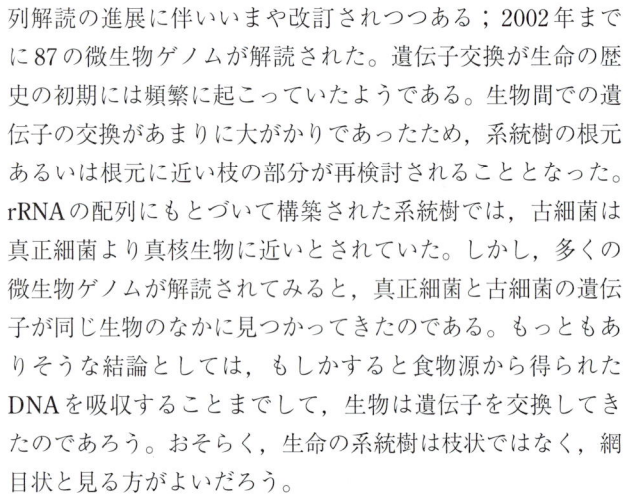

図 24.8
遺伝子の水平伝搬。 生命の歴史の初期には、生物は自由に遺伝子を交換していた可能性がある。そして、ごく一部の生物では遺伝子の交換は今日も続いている。遺伝子伝搬を考慮に入れると、系統樹はむしろ網目状をしている。

列解読の進展に伴いいまや改訂されつつある；2002年までに87の微生物ゲノムが解読された。遺伝子交換が生命の歴史の初期には頻繁に起こっていたようである。生物間での遺伝子の交換があまりに大がかりであったため、系統樹の根元あるいは根元に近い枝の部分が再検討されることとなった。rRNAの配列にもとづいて構築された系統樹では、古細菌は真正細菌より真核生物に近いとされていた。しかし、多くの微生物ゲノムが解読されてみると、真正細菌と古細菌の遺伝子が同じ生物のなかに見つかってきたのである。もっともありそうな結論としては、もしかすると食物源から得られたDNAを吸収することまでして、生物は遺伝子を交換してきたのであろう。おそらく、生命の系統樹は枝状ではなく、網目状と見る方がよいだろう。

ここで、ヒトのゲノムについてもう一度考えてみよう。ヒトゲノムについても、しばしばトランスポゾン（動く遺伝子、第20章参照）として侵入する外来DNAによって理解が難しくなっている。ヒトゲノム中のトランスポゾンの多くは、数億年にわたる古生物学的記録を提供してくれる。何度も重複をくり返してきたトランスポゾンの型を比較することによって、研究者は「系図」を構築してトランスポゾンの祖先型を同定することが可能となる。重複配列の多様化の度合いから、特定のトランスポゾンがヒトゲノムに初めて侵入した時代を推定することが可能なのである。ヒトでは、ほとんどのDNAのヒッチハイクは何百万年も昔に起こったようである。われわれのゲノムには多くの古代のトランスポゾンが存在しており、この意味でショウジョウバエや線虫やシロイヌナズナなどこれまで研究されたほかの生物のゲノムとはきわめて異なる様相を呈している。ショウジョウバエにトランスポゾンが少数しか見つからないのは、どういうわけかショウジョウバエはヒトと比べて75倍も速い速度で不必要なDNAをゲノムから除いているからである。われわれのゲノムは、単にヒッチハイクDNAを捨てずに保持しているだけなのである。過去5千万年のあいだ、ヒトのゲノムには最少限のトランスポゾンしか侵入してこなかったが、対照的にマウスには新たなトランスポゾンが侵入し続けている。このことは、既に本章のはじめに議論したように、マウスの染色体の構成がヒトのそれに比べて速い速度で変化していることに符合している。

全ゲノムの重複や部分的な重複、遺伝子の機能の喪失はすべて、ゲノムの進化に貢献する。遺伝子の水平伝搬は予測不可能な遺伝子の混合を生物体にもたらす。これにより、生命の系統樹の根元で系統学的なジレンマが生じ、ヒトのゲノムは本当に自分自身のものなのか、それともほかの生物とあるセットのDNAを共有するものなのかという疑問を投げかけている。

24.2 発生機構は進化している

発生の進化

比較ゲノミクスの時代になり，進化と発生に関する根本的な問題を同時に扱える生物学の新分野が発展しつつある。近縁な2種のウニがきわめて異なる発生パターンを示すことがある（図24.9）。たとえば，直接発生をするウニはプルテウス幼生期を経ることなしに成体になる。ウニのような複雑な体制をもつ生物において，ほぼ同一の体のつくりをもつ成体になるまでの発生過程に，このような劇的なまでのちがいが見られる理由は，遺伝子発現パターンの変化をみることによって理解しやすくなる。ウニのゲノム配列の解読とマイクロアレイのような新しい技術（第17章で議論）を利用すれば，この発生過程における遺伝子発現パターンの変化の解明は大きく進展するにちがいない。このような発生と進化に関する問題をめぐって，魅力的な実験と興味深い発見が得られている。次に，遺伝子に新しい機能を与える，あるいは異なる遺伝子を似た機能に変換させることによって，新しい形質が獲得される道程について調べてみよう。

同一遺伝子が新しい機能をもつ

ヒトの3万の遺伝子のうち300を除いたすべてはマウスと共通なのに，なぜマウスとヒトはこれほどに異なっているのだろう？これに対する答えの一つとして，似た配列の遺伝子でも種が異なると似たように働く場合と全く異なる機能を果たす場合がある，ということがあげられる。たとえば脊椎動物の進化は，既存の遺伝子に新たな機能が組み込まれるというしくみによって部分的に説明可能である。ホヤは脊索はもつが脊椎はもたない脊索動物である。ホヤの *Brachyury* という遺伝子は転写因子をコードしており，発生中の脊索で発現する（図24.10）。ところで，*Brachyury* は脊椎動物の進化とともに現れた新規な遺伝子ではない。この遺伝子は無脊椎動物でも見られるが，異なる機能をもつ。いうなれば，*Brachyury* の祖先遺伝子は脊索の発生にあたって新たな機能を選んだのである。

遺伝子はどのようにして異なる機能を獲得するのだろうか？一つのシナリオは，それが調節遺伝子で，異なる生物では異なる遺伝子群をオンにする，ということである。これに関する特に興味深い例が，眼の発生である。系統解析は脊椎動物の眼と昆虫の眼は相同ではなく相似な器官であることを示している。しかし，分子遺伝学的解析では，高度に保存された *Pax6* という遺伝子が脊椎動物でも昆虫でも同様に眼の発生を開始させる。この場合，ショウジョウバエの複眼とマウスの眼は，双方とも *Pax6* を発現する細胞群から発生する。遺伝子が表現型として結実するに至るには，発生という重要なステップを考えなくてはならない。発生とは，DNAの線状の配列を3次元の形態に翻訳するというブラックボックスである。進化を完全に理解するためには，発生を考慮しなくてはならないのである。

発生がいかにして進化してきたかを調べるためにゲノミクスを用いることは，遺伝学，ゲノミクス，進化学と発生学を橋渡しする新たな研究分野となり，生命の多様性がいかにして生じてきたかの解明につながる。動物の発生を制御する数十の保存された遺伝子ファミリーがあり，そのなかには動物よりも古い起源をもつものもある。そのような遺伝子群は，動物を形成するための一式の道具として働いている。

どのようにして同じ一式の道具を使いながら，昆虫や鳥

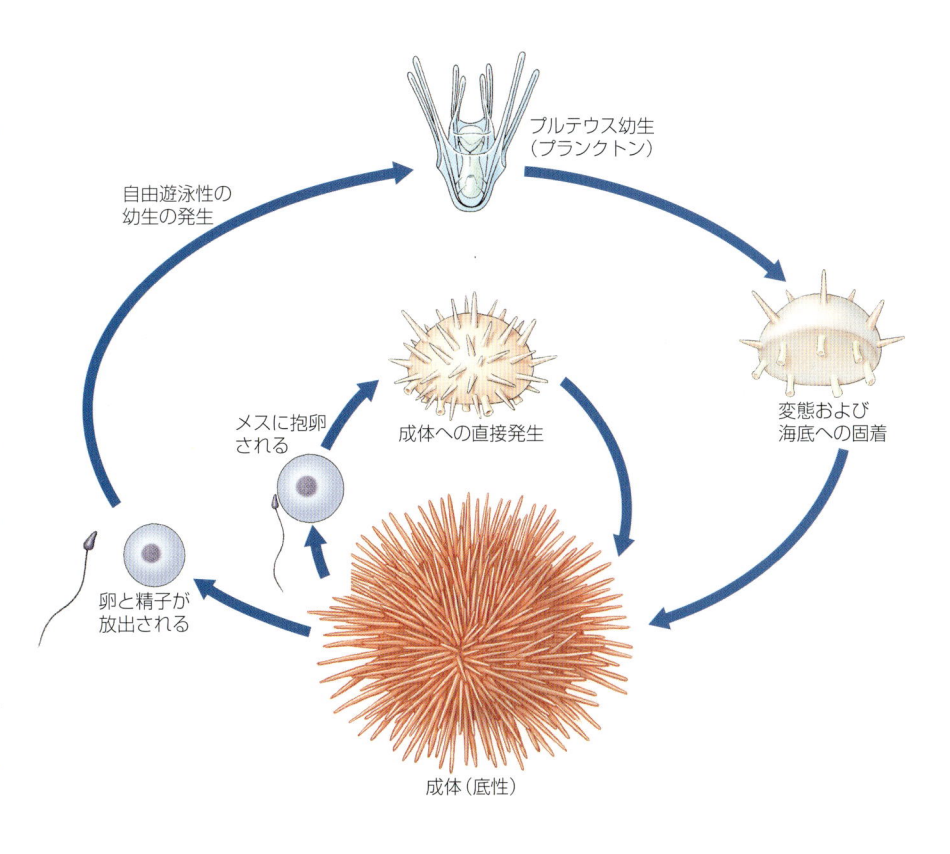

図 24.9
ウニに見られる**直接発生**と**間接発生**。系統学的解析により，祖先型は間接発生であったことが明らかとなっている。直接発生を行うウニでは，発生の中間段階が失われている。

類，コウモリ，クジラやヒトなど違った動物をつくりだすのかというのが，進化発生生物学者を悩ませているパラドックスである。このパラドックスは先に述べた *Brachyury* や *Pax6* の例に示されている。これらの遺伝子は，異なる動物では異なる遺伝子や遺伝子群の発現をオンにするというのが一つの説明である。たとえば，すべての四肢動物は四つの肢――2本の前肢と2本の後肢をもつ。鳥類の前肢は実際には羽として機能している。われわれの前肢は腕である。これらは異なる構造をしているが，共通の進化的起源をもつ。すなわちそれらは相同構造なのである。

遺伝子レベルでは，ヒトと鳥類はともに *Tbx5* という遺伝子を発生中の肢芽で発現する。*Tbx5* は特有の領域――保存された塩基配列――をもつ遺伝子ファミリーの一員で，転写因子タンパク質のTボックスとよばれる領域をコードしている。すなわち，*Tbx5* がコードしているタンパク質は肢をつくるのに必要な遺伝子（群）の発現をオンにする。しかし，*Tbx5* によって転写が開始される遺伝子群は，ヒトと鳥類が進化するときに変化したのであろう（図24.11）。四肢動物の祖先では，おそらくTbx5タンパク質はた

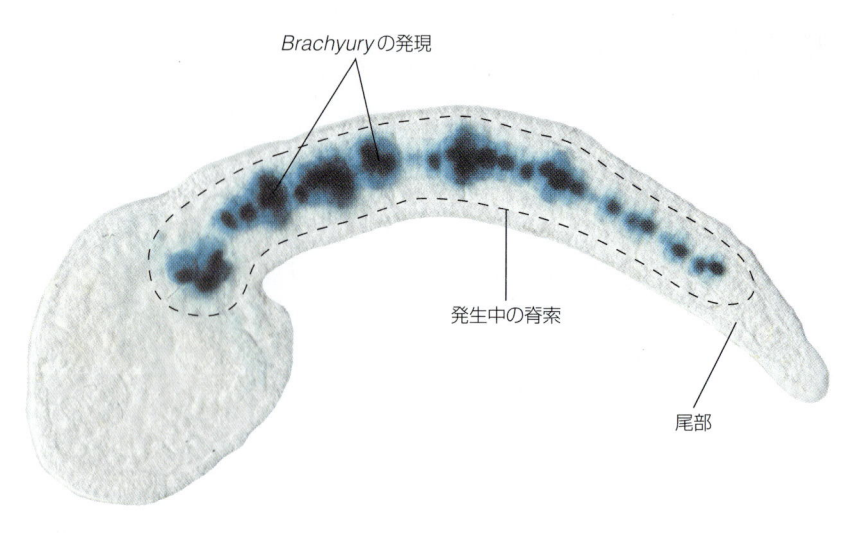

図 24.10
既存の遺伝子に新しい機能を与える。 *Brachyury* は，祖先型脊索動物であるホヤでは脊索の発生に用いられる遺伝子であるが，無脊椎動物にも見つかっている。*Brachyury* のプロモーター領域を青色を発色するタンパク質の遺伝子につなぐと，ホヤの脊索の発生に伴う *Brachyury* の遺伝子発現を見ることができる。この発現は，脊索をもたない生物での機能とは異なる新規の機能である。

った一つの遺伝子と結合してその転写を開始させたのであろう。ヒトと鳥類では，Tbx5タンパク質に応答していくつかの遺伝子が発現するが，それらは異なった遺伝子なのである。

肢の発生に関する進化の話は，肢の発生を開始させる *Tbx5* の話よりはるかに複雑である。*Tbx5* により発現調節される

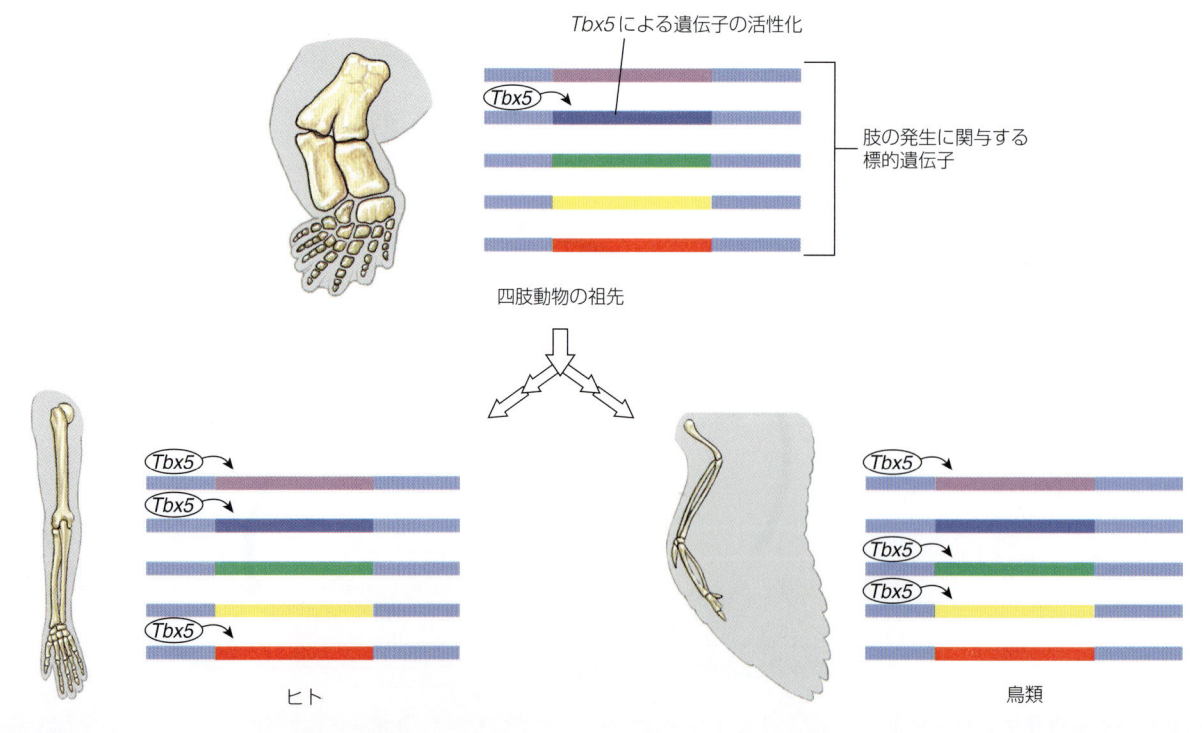

図 24.11
***Tbx5* は羽と腕の発生を制御する。** 羽と腕はきわめて異なる構造であるが，ともにその発生は *Tbx5* に依存している。羽（鳥類）と腕（ヒト）という異なる構造になるのは，*Tbx5* が鳥類とヒトでは異なる遺伝子の発現をオンにしているからである。

遺伝子は次にほかの遺伝子の発現に影響を与え，そのタンパク質産物は生化学的経路における酵素として働いたり，ほかのタンパク質の構造単位となったりする。異なる生物のゲノム配列を探索することは，関連する遺伝子すべての同定に必須なのである。また，発生は4次元の世界 —— 3次元空間と時間 —— で起こるのであり，発現される遺伝子と同様に遺伝子発現のタイミングの変化も劇的な形態の違いを生みだす可能性を考慮すべきである。

異なる遺伝子が同一機能へと収束する

昆虫の翅，特にガやチョウの翅は，捕食者からの防衛や温度調節の機能も果たす美しい模様をもつ（図24.12）。これらの模様の発生学的起源は，既存の発生制御プログラムを新しい機能に役立てているもっともよい例である。ニューロンに連絡し感覚器として働いていた剛毛が，チョウでは美しい色をつくる翅の鱗粉となっている。つまり，剛毛となるべき構造は変化し，神経連絡をになう細胞は鱗粉の発生過程で消失する。さらに発生の後期には，色素の産生が開始される。すべての昆虫で翅の色彩は同じ遺伝子セットが新機能を獲得することによって生じているわけではないが，進化過程で新しくパターン化された模様の翅へと収束していることは事実である。

機能ゲノミクス

生物種間での配列の比較は系統学においても比較発生学においても重要であり，パラログとオルソログを区別する注意深い解析が必要である。急速に進展しているバイオインフォマティクスに関する研究分野では，計算機プログラミングを利用してDNAやタンパク質のデータを解析し，実験によって検証可能な仮説を提出する。このような解析がいかに有効かは，*Pax6* や *Tbx5* のような高度に保存された遺伝子についてすでに見てきた。しかし，1塩基の突然変異により，活性のある遺伝子が不活性化されたり偽遺伝子になったりすることもある。このことは，配列データから機能が推測できても，その遺伝子の実際の機能を確認するためには実験が必要であることを意味する。こういった研究を機能ゲノミクスといい，第17章で解説されている。

機能解析はモデル実験生物を使えば可能だが，進化史の全貌を知ろうとするのであれば，系統樹上のほかの生物においてもこれを行う必要がある。これまでは，いくつかの点でその操作が簡便なため，酵母やシロイヌナズナ，線虫，ショウジョウバエ，マウスなどのモデル実験生物が用いられてきた。これらのモデル生物では，交配を行うことによって突然変異遺伝子を調べられるという遺伝学的実験システムを使うことが可能であり，さらに世代時間がかなり短く（セコイアやゾウで遺伝学的研究を行うことを想像してみよう！），研究室でも容易に維持，繁殖が可能である。また，標識したマーカーを用いれば，その生物の体の一部分での遺伝子発現を可視化することも，外来遺伝子をもち込ませそれを発現させる遺伝子導入生物を作製することも可能である。

> 発生の進化には，同じ遺伝子による新しい機能の獲得などさまざまな要因が関与している。同様な遺伝子が異なる種でどのように機能するかを決定するのに，機能ゲノミクス的解析は必須である。

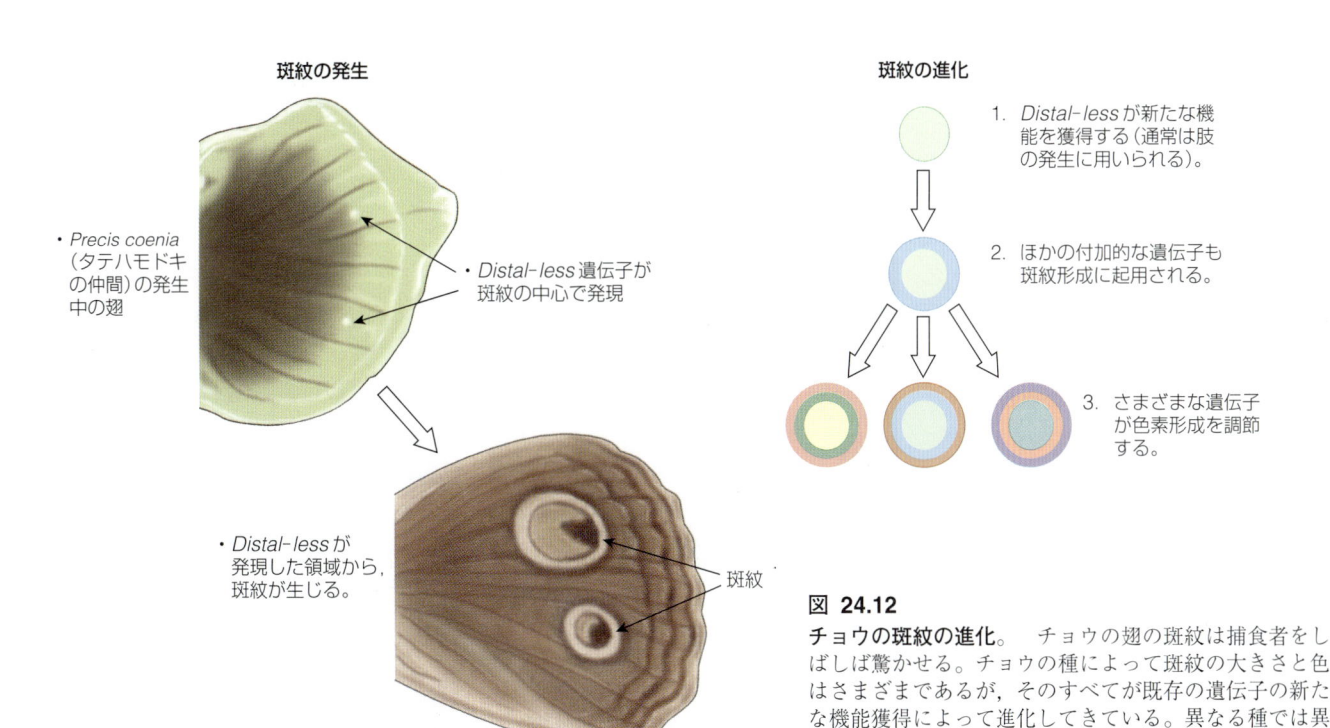

斑紋の発生

- *Precis coenia*（タテハモドキの仲間）の発生中の翅
- *Distal-less* 遺伝子が斑紋の中心で発現
- *Distal-less* が発現した領域から，斑紋が生じる。
- 斑紋

斑紋の進化

1. *Distal-less* が新たな機能を獲得する（通常は肢の発生に用いられる）。
2. ほかの付加的な遺伝子も斑紋形成に起用される。
3. さまざまな遺伝子が色素形成を調節する。

図 24.12
チョウの斑紋の進化。 チョウの翅の斑紋は捕食者をしばしば驚かせる。チョウの種によって斑紋の大きさと色はさまざまであるが，そのすべてが既存の遺伝子の新たな機能獲得によって進化してきている。異なる種では異なる遺伝子が用いられており，収束進化の一例である。

自然界における眼の多様性

眼はもっとも複雑な器官の一つで，生物学者が何世紀にもわたり研究してきた。実際，このような複雑な構造がいかにして進化したかを解明することは，Darwinに対する大いなる挑戦であった。眼のような複雑な構造のすべての部分が適切な機能に必要であるなら，どのようにして自然選択はこのような構造をつくれたのだろう？ Darwinの説明は，たとえば明暗のみを区別できる中間的な構造であっても，全く見えない祖先の状態と比べるとより適応的であるため自然選択により進化した，というものである。このように，段階的な機能の向上を通して，自然選択は複雑な構造をつくることができたのである。

比較解剖学者は昔から，眼の構造は動物によってきわめて異なることに気づいていた。たとえば，脊椎動物や昆虫や軟体動物（タコ）やプラナリアの眼はきわめて異なる（図24.13）。これらの生物の眼は，複眼から単眼，果ては単なる眼点のように，多くの点で大きく異なる。結論としては，これらの眼は収束進化の結果生じた相似器官であって，相同器官ではない（つまり，それらは異なる祖先構造から進化した別のものである）。この意味で，進化生物学者は昔から，異なる生物の眼は20回以上も独立に進化したと見なしていた。さらに，この考えは，これらの動物の共通祖先が光を感知できない原始的な動物であったということを含んでいる。

分子発生生物学による予期せぬ発見

1990年代初め，生物学者たちは脊椎動物と昆虫の両方で眼の発生の研究を行っていた。いずれの場合も，レンズの形成に重要な転写因子をコードする遺伝子が発見された。マウスの遺伝子は *Pax6* と名付けられ，一方ハエの遺伝子は *eyeless* とよばれた（この遺伝子の突然変異体はこの転写因子を産生できずに眼が発生しなくなるため eyeless とよばれた）。これらの遺伝子の配列が決定されてみると，互いに非常によく似た配列であることが明らかとなった。この相同遺伝子は昆虫でも脊椎動物でも，レンズの形成を引きおこす役割をもっていた。これらの遺伝子の相同性を鮮やかに示したのが，スイスの生物学者 Walter Gehring である。彼はマウスの *Pax6* 遺伝子をショウジョウバエのゲノム中に挿入し，遺伝子導入ショウジョウバエを作成した。調節因子により，ハエの脚で *Pax6* 遺伝子の発現がオンにされた。すると *Pax6* が発現し，ハエの脚に眼ができたのである（図24.14）！

この結果は，進化生物学者たちに大きなショックを与えた。昆虫と脊椎動物は5億年以上も前に共通の祖先から分かれている。さらに脊椎動物と昆虫の眼の構造の違いからすれば，それぞれの眼は独立に進化し，それゆえ，これら二つの動物群の眼は全く別の遺伝子によって支配されていると仮定するのが順当であると考えられていた。眼の発生が同じ遺伝子によって支配されており，脊椎動物の遺伝子が昆虫のゲノム中でも正常に機能するということは，全く予期せぬ事実であった。

Pax6 の話は，洞窟のなかで見つかる眼のない魚にも拡張できる（図24.15）。暗い洞窟のなかで生息する魚は視覚以外の感覚に頼っている。洞窟魚では，*Pax6* の発現が極度に抑えられており，眼はいったん発生をはじめるが後に退縮してしまう。

Pax6 遺伝子はどれくらい古くに出現したのだろう？ この遺伝子は昔から眼の発生を開始させる働きをになってきたのか，それとも祖先では別の機能をもっていたのだろうか？ 最近，さらに驚くべきことが発見された。非常に単純な体制

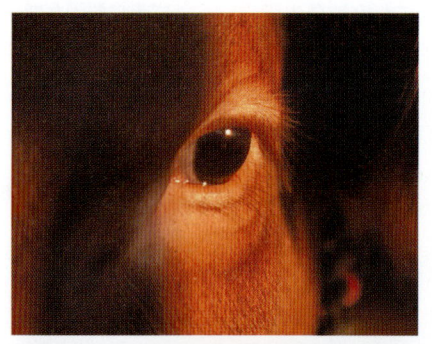

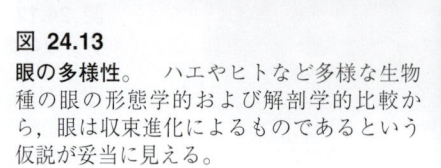

図 24.13
眼の多様性。 ハエやヒトなど多様な生物種の眼の形態学的および解剖学的比較から，眼は収束進化によるものであるという仮説が妥当に見える。

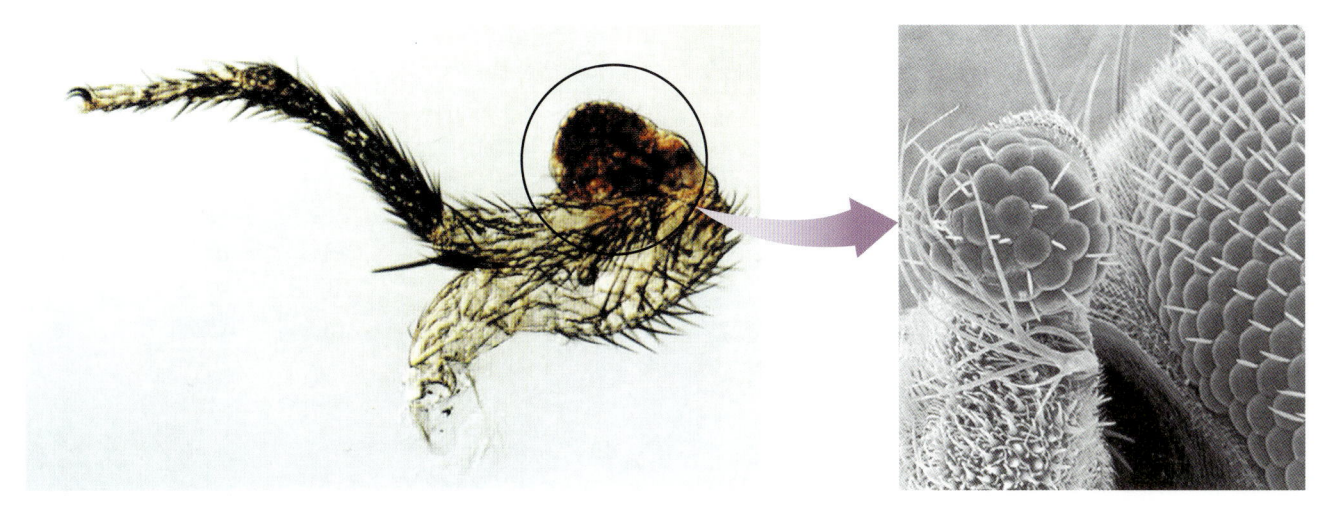

図 24.14
マウスのPax6によりハエの脚に眼が生じる。 *Pax6*と*eyeless*は機能的に相同な遺伝子である。*Pax6*というマスター調節遺伝子は，ショウジョウバエの複眼，マウスの通常の眼のいずれの発生をも引きおこすことが可能である。

(a)

(b)

図 24.15
洞窟魚は視覚を失った。 メキシカンテトラ（*Astyanax mexicanus*）には，同一種内に（a）水面に生息するグループと，（b）洞窟に生息するグループが存在する。洞窟魚は，*Pax6*の発現が部分的に抑制されるため，極めて小さな眼しかもたない。

をもつ紐形動物の*Lineus sanguineus*においても，眼点の発生は*Pax6*に依存して起こっていたのである。紐形動物で*Pax6*の相同遺伝子がクローニングされ，眼点が発生する位置で発現することが示された。この単純な海産無脊椎動物は扁形動物のプラナリアよりもあとになって進化したものである。プラナリアと同様に，紐形動物は頭部を切除すると再生することができる。ある実験では，紐形動物の頭部が切除されると，*Pax6*の発現が*in situ*ハイブリダイゼーションによって観察される時期に，眼点の再生が起こることが示された。*Pax6*の遺伝子発現を観察するには，*Pax6*のアンチセンスRNA配列をつくり，それを色素で標識する。再生中の紐形動物をそのアンチセンス*Pax6*プローブにさらすと，そのプローブは発現している*Pax6*のRNA転写産物とペアをつくり結合するので，顕微鏡下で色のついたスポットとして見ることができるようになる（図24.16）。

同様な実験がプラナリアを用いても行われたが，結果は紐形動物とは大きく異なっていた。プラナリアを正中方向に二つに切断すると，失われた半分を眼点とともに再生する。しかし，眼点の再生に関連した*Pax6*の発現は見られなかった。プラナリアは*Pax6*に近縁な遺伝子をもつが，この遺伝子を不活性化しても眼点の再生は阻止されない（図24.17）。しかし，これらの*Pax6*関連遺伝子は中枢神経系で発現している。紐形動物とプラナリアの再生の比較研究を進めれば，眼の発生における*Pax6*の機能の起源を解く何らかの手がかりが得られるだろう。

再考：眼の進化

上に述べたような事実をどのように説明すればよいのだろうか？　以前から信じられていたように，異なるタイプの動

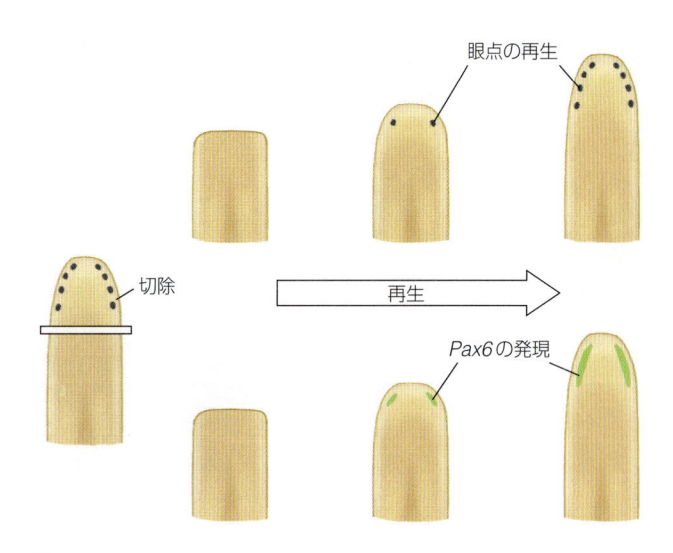

図 24.16
紐形動物の眼点の再生に Pax6 は必要である。 *Pax6* は再生体で眼点が再生するのと場所を同じくして発現する。*Pax6* の転写産物の存在は，標識したアンチセンスプローブを用いた *in situ* ハイブリダイゼーションによって見ることができる。

物の眼は本当に独立に進化したという可能性もある。もしそれが本当なら，なぜ *Pax6* がこれほど多様な動物のグループで同じように働くことができるのだろうか？ この考えを提唱している研究者は，*Pax6* は眼の発生だけにかかわっているのではなく，多くの生物の前頭部の発生にもかかわっていることを指摘している。*Pax6* が初期の動物における前頭部の発生を制御する役割をになっていたならば，そこから独立に何度も眼の発達における機能を獲得していったと考えることが可能であろう。この考えは，プラナリアの実験結果とも，つじつまが合う（図24.17）。

しかし，ほかの多くの生物学者は，この解釈はありそうにないと考えている。これほど多くの生物が眼の発生において *Pax6* を同じように使い，どの場合でも *Pax6* は同じ機能を果たし，また DNA 配列も非常に似ており，機能的にも動物種間で交換可能である，という事実は，*Pax6* の眼の発生における役割は，*Pax6* を使う現存のすべての動物の共通祖先が1回だけ獲得したにちがいないものであることを示唆する。

異なる動物のあいだで見られる眼の相違点は，どのようにして説明されるのだろうか？ 古くからの仮説として，これらの動物のグループの共通祖先は完全に視覚がなかったのではないという考えがある。その祖先動物はわずかな光受容細胞や明暗を認識できる程度の器官といった未発達の視覚システムをもっていたのかもしれない。その正確な表現型が何であれ，重要なことは，何らかの基本的な視覚システムが存在しており，その発生には *Pax6* が使われていた，ということである。そのあとでこの祖先動物の子孫が独立に多様化し，

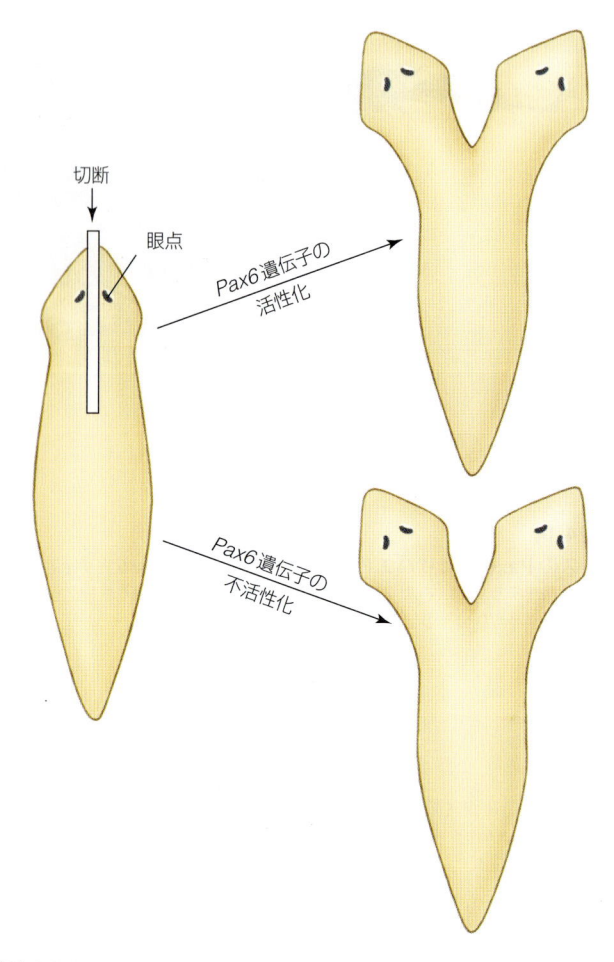

図 24.17
プラナリアの眼点の再生に Pax6 は必要ない。 プラナリアの頭部を縦方向に切断すると，頭部と眼点を再生する。紐形動物とは異なり，プラナリアの眼点の再生には *Pax6* は働かないようである。*Pax6* に近縁な遺伝子群のタンパク質産生を阻害しても，眼点は再生する。

今日の異なる動物のグループに見られるような，像を結ぶことのできる精巧かつ複雑な眼が進化していったのではないだろうか。

今日の進化発生生物学者のほとんどが，この仮説を支持している。にもかかわらず，5億年以上前におそらくは存在していた共通祖先が，光を感知できる能力があったという証拠はないということを，心に留めておかねばならい。この仮説は，化石記録にもとづくものではなく，もっぱら系統学的なデータと分子発生学的データをつき合わせた結果出てきたものである。

> 眼の進化の研究から，地球上の生物多様性の進化的歴史を解明するのに，複数の領域にまたがる研究アプローチがいかに有効かが理解できる。

第24章のまとめ

24.1 進化の歴史はゲノムに記録されている
"比較ゲノミクス"
- 現在の進化生物学の重要な課題は，DNA配列の進化と，系統学に用いられてきた複雑な形態学的特徴の進化とを関連づけることである。(p. 492)
- 100種以上の原核生物と20種以上の真核生物について，ゲノムの解読が既に完了しているか，あるいは進行中である。(pp. 492〜494)
- フグのゲノムは3億6,500万塩基対からなり，ヒトのゲノムと比較するとDNAの量は9分の1であるが，遺伝子の数は同じである。(p. 494)
- ヒトの遺伝子は99%マウスのものと同じであり，わずか約7,500万年前に分岐した。(p. 494)
- 発生過程の違いは，遺伝子の発現する組織と時期の違いにより説明できる。(p. 494)
- ヒトとチンパンジーは共通祖先から約5百万年前に分かれ，そのゲノム配列は98.7%が同じである。(p. 495)
- 3億年も前に分岐した遠縁な脊椎動物間にわずかしか染色体の違いがないとすれば，その共通祖先も同じようなゲノムをもっていたと考えるのが妥当である。(p. 495)
- ショウジョウバエ(*Drosophila*)とハマダラカ(*Anopheles*)は約2億5千万年前に分岐したが，脊椎動物に比べ速い速度で進化を遂げてきたようである。(p. 496)

"ゲノムの相違の起源"
- ゲノムの変化は，少なくとも六つの要因によって生じる。すなわち，単一の遺伝子の突然変異，DNAのある領域の重複，染色体の大きな断片の再編成，染色体の重複，倍数化，種間での遺伝子の移動である。(p. 497)
- わずか数個の遺伝子の重複が形態の多様性を生みだす主要な要因となることを，数多くの証拠が示している。(p. 497)
- ゲノムサイズの多様性を説明するのには，全ゲノムの重複だけでは不十分である。(p. 497)
- 新たなゲノムの特徴が獲得されるしくみの一つに，DNAの一定領域の重複がある。重複した遺伝子の運命は，新たな機能を獲得するか，後に起こる突然変異によって機能を喪失するかのいずれかがもっとも多い。(p. 497)
- ヒトゲノムの約5%が，部分的な重複由来のものである。(pp. 497〜499)
- 遺伝子の機能の損失によってもゲノムは進化する。(p. 499)
- 遺伝子の垂直伝搬とは世代を超えて遺伝子が伝えられることであり，遺伝子の水平伝搬は種間での遺伝子の移動を指す。(p. 499)
- 遺伝子の交換は，生命の歴史の初期にしばしば起こっていた。(pp. 499〜500)
- ヒトにおける遺伝子の水平伝搬は，何百万年も前に起こっていたようである。(p. 500)

24.2 発生機構は進化している
"発生の進化"
- 異なる2種のあいだで，似た配列をもつ遺伝子の機能が異なることもある。(p. 501)
- 異なる生物では，同じ調節遺伝子が異なる遺伝子セットをオンにすることがある。(p. 501)
- 数十個の保存された遺伝子ファミリーが動物の発生を制御している。(p. 501)
- 遺伝子発現のタイミングや発現している遺伝子の違いが，形態の劇的な変化を生みだすこともある。(p. 503)
- 既存の構造に別の制御プログラムを動員することによって，新たな機能をもたらすことができる。(p. 503)
- 配列データから遺伝子の機能を推測することはできるが，実際の遺伝子の機能は実験によって確認されなければならない。(p. 503)

"自然界における眼の多様性"
- 自然選択によって，機能が徐々に改善されながら複雑な構造も進化していく。(p. 504)
- 多くの異なる動物群における眼の発生は相似的構造を生みだす収束進化の一例であるが，共通の遺伝子が多くの動物における眼の発生を引きおこしているように見える。(p. 504)

質問のページ

自習問題

1. ヒトもフグも同じぐらいの数の遺伝子をもつが，ヒトゲノムはフグのゲノムに比べると約9倍も大きい。余計なDNAはどのような形でゲノム中に存在しているか？
   a. イントロン
   b. エキソン
   c. レトロトランスポゾン
   d. RNA

2. ゲノムの比較によると，マウスのDNAはヒトのDNAの約2倍の速度で突然変異を生じている。どのような理由により，この違いの説明が可能か？
   a. マウスはヒトよりもずっと小さい。
   b. マウスはヒトに比べ衛生状態が悪く，そのため突然変異源となるさまざまな物質にさらされる。
   c. マウスのゲノムサイズはヒトゲノムより小さい。
   d. マウスの世代時間はずっと短い。

3. チンパンジーの染色体は何対か？
   a. 23
   b. 46
   c. 24
   d. 48

4. マラリア原虫(P. falciparum)のゲノムを解読するのはなぜ困難か？
   a. 大きなゲノムをもつから。
   b. この生物は赤血球中に隠れており，配列決定のために十分なDNAを得るのが困難であるため。
   c. この原虫に存在しているアピコプラストという構造が，シークエンス反応を阻害するため。
   d. ゲノムにアデニンとチミンを高い割合で含むため。

5. 次のうち，ゲノムの多様性に貢献する要因でないものはどれか？
   a. 遺伝子重複
   b. 遺伝子の転写
   c. 遺伝子の水平伝搬
   d. 染色体の再編成

6. "ほとんどの"重複遺伝子がたどる運命はどれか？
   a. 遺伝子の不活性化
   b. あとに起こる突然変異による新たな機能の獲得
   c. 遺伝子の水平伝搬により新たな生物に移される。
   d. オルソログとなる。

7. 偽遺伝子のもっとも適切な説明は次のどれか？
   a. 一つの遺伝子に由来する，ある生物種における二つの機能的な遺伝子。
   b. 同じ祖先配列をもつが，異なる生物種間に見られる遺伝子。
   c. 機能的な遺伝子に似るが，機能的な産物をつくらないDNA配列。
   d. 不活性化された遺伝子に似るが，機能的産物を生産するDNA配列。

8. $Tbx5$遺伝子は次のどの過程で働くことが知られているか？
   a. 脊索の発生
   b. 肢の形成
   c. 眼の形成
   d. 有性生殖

9. 次の生物のうち，遺伝学上のモデル生物でないものはどれか？
   a. マウス
   b. ショウジョウバエ
   c. ヒト
   d. 酵母

10. $Pax6$に関する次の説明のうち間違っているものはどれか？
    a. $Pax6$はマウスとハエで同じ機能をもつ。
    b. $Pax6$は紐形動物の眼点形成に関与する。
    c. $Pax6$はショウジョウバエの眼の形成に必要である。
    d. $Pax6$はプラナリアの眼点形成に必要である。

図解き問題

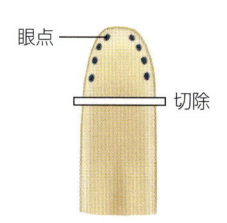

1. $Pax6$は紐形動物の眼点の形成に重要な働きをすることが知られている。上の図のように紐形動物の頭部を切除した場合の，正常な野生型における再生過程と眼点の形成の概略を述べよ。また，$Pax6$の機能が欠損したものではどうなるか？違いとともに述べよ。

応用問題

1. イネ($Oryza\ sativa$)のゲノムに関する知識は，世界の食糧問題の解決にどのように役立つか？
2. 倍数化したヒトの胎児は出生まで生存することが可能か？倍数化とトリソミーの違いは何か？
3. Haldler $et\ al.$ (1995)の論文において，著者はGAL4-UAS発現システムを用いて，通常は発現しない組織に$eyeless$ ($Pax6$)を人為的に過剰発現させた。この実験システムで，ショウジョウバエには通常存在しない酵母の転写活性化因子であるGAL4を用いているのはなぜか？

出　典

Photo's

Chapter 1

Figure 1.1: © Christopher Ralling; **1.2 (top left photo):** From C.P. Morgan & R.A. Jersid, *Anatomical Record*, 166:575-586, 1970 © John Wiley & Sons; **1.2 (bottom left photo):** © Lennart Nilsson; **1.2 (top center):** © Ed Reschke; **1.2 (bottom center):** © PhotoDisc/Volume 4; **1.2 (top right):** © PhotoDisc/Volume 44; **1.2 (second from top, both):** © PhotoDisc/Volume 44; **1.2 (right 3rd from top):** © John D. Cunningham/Visuals Unlimited; **1.2 (bottom right):** © Robert & Jean Pollock; **1.A:** © N.H. (Dan) Cheatham/National Audubon Society Collection/Photo Researchers; **1.5:** Huntington Library/Superstock; **1.7:** From DARWIN by Adrian Desmond, © 1991 by Adrian Desmond and James Moore, by permission of Warner Books, Inc.; **1.12:** © Mary Evans Picture Library/Photo Researchers; **1.16:** © Dennis Kunkel/Phototake

Chapter 2

Figure 2.1: © Irving Geis/Photo Researchers; **2.10b:** © Hulton/Archive; **2.11:** © PhotoDisc/Volume 6; **2.11 (right)** © Corbis/Volume 98; **2.14:** ©Hermann Eisenbeiss/National Audubon Society Collection/Photo Researchers

Chapter 3

Figure 3.1: Courtesy University of California Lawrence Livermore National Library and the U.S. Department of Energy; **3.4 (top left):** © PhotoDisc/Volume 6; **3.4 (top right):** © Manfred Kage/Peter Arnold, Inc.; **3.4 (bottom left):** © PhotoDisc/Volume 9; **3.4 (bottom center, right):** © PhotoDisc/Volume 6; **3.4 (bottom right):** © Scott Blackman/Tom Stack & Associates; **3.12:** Courtesy of Lawrence Berkeley National Laboratory; **3.13:** © Driscoll, Youngquist, & Baldeschwieler, Caltech/SPL/Photo Researchers, Inc.; **3.28:** © J.D. Litvay/Visuals Unlimited; **3.29:** © Scott Johnson/Animals Animals/Earth Scenes

Chapter 4

Figure 4.1: © PhotoDisc/BS Volume 15; **4.2:** © Edward S. Ross; **4.3:** © Y. ArthurBertrand/Peter Arnold, Inc.; **4.4:** © T.E. Adams/Visuals Unlimited; **4.5:** © Bob McKeever/Tom Stack & Associates; **4.9:** Courtesy of J. William Schopf, UCLA; **4.10:** © R. Robinson/VisualsUnlimited; **4.11:** © Dwight R. Kuhn; **4.12:** Andrew H. Knoll, Harvard University; **4.15 (topleft):** © Alfred Pasieka/Science Photo Library/Photo Researchers; **4.15 (top center):** © Kari Lounatman/Photo Researchers; **4.15 (top right):** © Corbis/Volume 64; **4.15 (bottomleft):** © PhotoDisc/BS Volume 15; **4.15 (bottom center):** © Corbis/Volume 46; **4.15 (bottom right):** © PhotoDisc/Volume 44; **4.17:** NASA

Chapter 5

Figure 5.1: © Dr. GopalMurti/Science Photo Library/Photo Researchers; **p. 83 (top left):** © David M. Phillips/Visuals Unlimited; **p. 83 (left 2nd from top):** © MikeAbbey/Visuals Unlimited; **p. 83 (left 3rd from top):** © David M. Phillips/Visuals Unlimited; **p. 83 (left 4th from top):** © Mike Abbey/Visuals Unlimited; **p. 83 (top right):** © K.G. Murti/Visuals Unlimited; **p. 83 (right 2nd fromtop):** © David Becker/SciencePhoto Library/Photo Researchers; **p.83 (right 3rd from top):** © Microworks/Phototake; **p. 83 (right 4th from top):** © StanleyFlegler/Visuals Unlimited; **5.6:** © I. M. Pope/Tom Stack & Associates; **5.7:** Courtesy of E.H. Newcomb & T.D. Pugh, University of Wisconsin; **5.10b:** Courtesy of Dr. Thomas Tillack; **5.10c:** Photo J. David Robertson, from Charles Flickinger, *Medical Cellular Biology*, W.B. Saunders, 1979; **5.12:** © Ed Reschke; **5.13:** © R. Bolender & D. Fawcett/VisualsUnlimited; **5.15:** Courtesy of Dr. Charles Flickinger, *Medical Cellular Biology*, W.B. Saunders, 1979; **5.18:** Courtesy of E.H. Newcomb & S.E. Frederick, U. of Wisconsin, Reprinted with permission from *Science*, Vol. 163, 1353-1355 © 1969 American Association for the Advancement of Science; **5.20:** From C.P. Morgan & R.A. Jersid, *Anatomical Record* 166: 575-586, © John Wiley & Sons; **5.21b:** © Don W. Fawcett/Visuals Unlimited; **5.22:** Courtesy of Dr. Kenneth Miller, Brown University; **5.27 (both):** Courtesy of William Dentler; **5.28:** © Biophoto Associates/Photo Researchers; **5.29:** © Biophoto Associates/Photo Researchers

Chapter 6

Figure 6.1: © K.R. Porter/Photo Researchers; **6.6:** Courtesy of Dr. Roger C. Wagner; **6.15 (all):** © David M. Phillips/VisualsUnlimited; **6.16 (top):** Centers for Disease Control/Dr. Edwin P. Ewing Jr.; **6.16 (2nd fromtop):** © BCC Microimaging Inc.; **6.16 (3rd from top, &bottom):** Courtesy of M.M. Perry & A.B. Gilbert, *Cell Science*, 39-257, 1979; **6.17:** Courtesy of Dr. Birgit H. Satir

Chapter 7

Figure 7.1: © Cabisco/Visuals Unlimited; **7.15b:** © Don Fawcett/Visuals Unlimited

Chapter 8

Figure 8.1: © Robert A. Caputo/Aurora & Quanta Productions, Inc.; **8.5 (both):** © Spencer Grant/Photo Edit; **8.10b:** Courtesy of Dr. Lester J. Reed, University of Texas, Austin

Chapter 9

Figure 9.1: © Jane Buron/BruceColeman Inc.; **9.9:** © Photo Disc/Vol. 19; **p. 180 (top left):** © Corbis/Vol. 145; **p. 180 (topright):** © Photo Disc/Vol. 44;**p. 180 (bottomleft):** © Photo Disc/Volume 44; **p. 180 (bottom center):** © Edward S. Ross; **p. 180 (bottom right):** © Edward S. Ross

Chapter 10

Figure 10.1: © Corbis/Volume 102; **10.2 (left):** © Manfred Kage/Peter Arnold, **10.2 (right):** Courtesy of Dr. Kenneth Miller, Brown University; **10.7:** © Eric V. Grave/Photo Researchers, Inc.; **10.8 (left):** © Eric Soder/Tom Stack & Associates; **10.8 (right):** © EricSoder/Tom Stack & Associates; **10.21 (left):** © Joseph Nettis/National Audubon Society Collection/Photo Researchers; **10.21 (right):** © Clyde H. Smith/Peter Arnold

Chapter 11

Figure 11.1: © George Musil/Visuals Unlimited; **11.3a,b:** Courtesy of William Margolin; **11.5:** © Biophoto Associates/Photo Researchers Inc.; **11.7:** © Science Photo Library/Photo Researchers; **11.11:** © Dr. Andrew S. Bajer; **11.12 (all):** © Andrew S. Bajer; **11.13 (both):** Dr. Jeremy Pickett-Heaps; **11.14 (left):** © David M. Phillips/Visuals Unlimited; **11.14 (right):** © Dr. Guenter Albrecht-Buehler; **11.15a:** © B.A. Palevits & E.H. Newcomb/BPS/Tom Stack & Associates

Chapter 12

Figure 12.1: © L. Maziarski/Visuals Unlimited; **12.2:** Diter von Wettstein; Reproduced with permission from *Annual Review of Genetics*, v. 6, 1972, by Annual Review, Inc.; **12.11 (all):** © C.A. Hasenkampf/Biological Photo Service; **12.12 (left):** Courtesy of Sheldon Wolff & Judy Bodycote, **12.12 (right):** Courtesy of Prof. William F. Morgan

Chapter 13

Figure 13.1: © Corbis; **13.2:** George Johnson; **13.3:** © Visuals Unlimited; **13.4:** © Richard Gross/Biological Photography; **13.5, 13.6, 13.9:** Courtesy of V. Orel, Mendelianum Musei Moraviae, Brno; **13.10:** Courtesy of R.W. Van Norman; **13.16:** From Albert & Blakeslee Corn and Man *Journal of Heredity*, Vol. 5, pg. 511, 1914, Oxford University Press; **13.18 (both):** © Fred Bruemmer; **13.20 (far left):** © Richard Hutchings/Photo Researchers; **13.20 (left):** © Cheryl A. Ertelt/Visuals Unlimited; **13.20 (right):** © William H. Mullins/Photo Researchers; **13.20 (farright):** © Gerard Lacz/PeterArnold Inc.; **13.23:** © Corbisrav37316_cre.qxd 11/10/03 1:37 PM Page C-1 Bettmann; **13.24:** © Science Photo Library/Photo Researchers; **13.26:** © Alfred Paseika/Science Photo Library/Photo Researchers; **13.28 (both):** © Cabisco/Phototake; **13.34:**

509

© Leonard Lessin/Peter Arnold; **13.36:** © Hans Reinhard/Okapia/Photo Researchers; **13.37 (left):** Courtesy of Loris McGavaran, Denver Children's Hospital; **13.37 (right):** © Richard Hutchings/Photo Researchers Inc.

Chapter 14

Figure 14.1: © PhotoDisc/Volume 29; **14.9 (both):** From "TheDouble Helix," by J.D. Watson,Atheneum Press, N.Y. 1968; **14.10a:** © Barrington Brown/Photo Researchers Inc.; **14.11:** From M. Meselson and F.W. Stahl/ *Proceedings of the Nat.Acad. of Sci.* 44 (1958):671; **14.17 (both):** From **Biochemistry** 4/e by Stryer © 1995 by Lubert Stryer. Used with permission of W.H. Freeman and Company; **14.19:** © Prof. Ulrich Laemmli/Photo Researchers Inc.; **14.20a:** Courtesy of Dr. David Wolstenholme

Chapter 15

Figure 15.1: © K.G. Murti/VisualsUnlimited; **15.3:** N. Ban, P. Nissen, J. Hansen, P.B. Moore & T.A. Steitz, "The Complete Atomic Structure of the Large Ribosomal subunit at 2.4A Resolution," Reprinted with permission from *Science*, v. 289#5481, p917, © 2000 American Association for the Advancementof Science; **15.7:** From R.C. Williams; *Proc. Nat. Acad. of Sci.* 74 (1977):2313; **15.13:** Courtesy of Dr. Oscar L. Miller; **15.18b:** Courtesy of Dr. Bert O'Malley, Baylor College of Medicine

Chapter 16

Figure 16.1: © Stanley Cohen/Science Photo Library/Photo Researchers Inc.; **16.7b:** Courtesy of Bio-Rad Laboratories; **16.15:** Courtesy of Lifecodes Corp., Stamford, CT; **16.16:** AP/Wide World Photos; **16.17:** R.L. Brinster, U. of Pennsylvania Sch. of Vet. Med.; **16.20:** Courtesy of Monsanto

Chapter 17

Figure 17.1: Courtesy of Robert D. Fleischmann, The Institute for Genomic Research; **17.4:** Courtesy of Celera Genomics; **17.11 (all):** Reproduced with permission from Altpeter et al, *Plant Cell Reports* 16:12-17, 1996, photo sprovided by Indra Vasil; **17.12:** Courtesy of Research Collaboratory for Structural Bioinformatics; **17.13:** © Corbis/R-F Website; **17.14:** © GrantHeilman/Grant Heilman Photography

Chapter 18

Figure 18.1: Courtesy of Dr. ClausPelling; **18.15 (both):** Courtesy ofDr. Harrison Echols; **18.18a:** Courtesy of Dr. Victoria Foe

Chapter 19

Figure 19.1: © Cabisco/VisualsUnlimited; **19.3:** Photo Lennart Nilsson/Albert Bonniers Forlag AB, *A Child is Born*, Dell Publishing Company; **19.4 (all):** © Cabisco/Phototake; **19.6:** © Ed Lewis; **19.15 (topleft):** Dr. Christiane Nusslein-Volhard/Max Planck Institute aspublished in From Egg to Adult, © 1992 HHMI; **19.15b-d:** James Langeland, Stephen Paddock & Sean Carroll as published in *From Egg to Adult*, © 1992 HHMI; **19.16 (all):** Courtesy of Manfred Frasch; **19.17:** Courtesy of E.B. Lewis

Chapter 20

Figure 20.1: © University of Wisconsin-Madison News & Public Affairs, Photo by JeffMiller; **20.3:** Courtesy of Dr. Charles Brinton; **20.10:** © Custom Medical Stock Photo; **20.18:** Courtesy of American Cancer Society; **20.23:** AP/Wide World Photos; **20.25:** © University of Wisconsin-Madison News & Public Affairs

Chapter 21

Figure 21.1: © Corbis/R-F Website; **21.3:** Biological Photo Service; **21.19:** Courtesy of H. Rodd

Chapter 22

Figure 22.1: © Photo Disc Website; **22.4 (both):** © Breck P. Kent/Animals Animals/ Earth Scenes; **22.9 (both):** Courtesy of Lyudmilla N. Trut, Institute of Cytology & Genetics, Siberian Dept. of the Russian Academy of Sciences

Chapter 23

Figure 23.1: Jonathan Losos; **23.3:** © Porterfield/Chickering/Photo Researchers Inc.; **23.4:** © Barbara Gerlach/Visuals Unlimited; **23.6 (top left):** © John Shaw/Tom Stack & Associates; **23.6 (bottom left):** © Rob & Ann Simpson/Visuals Unlimited; **23.6 (top right):** © Suzanne L. Collins & Joseph T. Collins/National Audubon Society Collection/ Photo Researchers; **23.6 (bottomright):** © Phil A. Dotson/National Audubon Society Collection/Photo Researchers; **23.8 (left):** © Chas. McRae/VisualsUnlimited; **23.8 (right):** Jonathan Losos; **23.12 (left):** © Jeffrey Taylor; **23.12 (right):** © William P. Mull; **23.15:** © G.R. Roberts

Chapter 24

Figure 24.1: Courtesy of Richard P. Elinson; **p. 492a:** © Dr. R. Clark & M. Goff/Science Photo Library/Photo Researchers; **p. 492b:** © Photo Disc Green/Getty Images; **p. 492c:** © BIOS (C. Ruoso)/Peter Arnold, Inc.; **p. 492d:** © Darwin Dale/Photo Researchers; **p. 492e:** Centers for Disease Control; **p. 492f:** © Paul G. Young/The Institute for Genomic Research; **p. 492g:** © Dr. Jeremy Burgess/Science Photo Library/Photo Researchers; **p. 492h:** © Science Photo Library/Photo Researchers; **p. 492I:** © PhotoDisc/Getty Images; **p. 492j:** © CNRI/ Science Photo Library/Photo Researchers; **24.4:** © PhotoDisc/Getty Images; **24.10:** Courtesy of Anna Di Gregorio; **24.13 (topleft):** © Image Bank/Getty Images; **24.13 (top right):** © Darwin Dale/Photo Researchers; **24.13 (bottom left):** © Aldo Brando/Peter Arnold, Inc.; **24.13 (bottom right):** © Tom E. Adams/ Peter Arnold, Inc.; **24.14 (both):** Courtesy of Walter Gehring, reprinted with permissionfrom Induction of Ectopic Eyes by Targeted Expression of the EyelessGene in Drosophila, G. Halder, P.Callaerts, Walter J. Gehring, *Science* Vol. 267, © 24 March 1995 American Association for the Advancement of Science; **24.15 (both):** Courtesy of Dr. WilliamJeffery

Text

Chapter 1

Box 1.1: From Howard Neverov, "The Consent" *in The Collected Works of Howard Nemerov*, 7th Edition, 1981. Reprinted by permission.

Chapter 5

Figure 5.6: Copyright © 2002 from *Molecular Biology of the Cell* by Bruce Alberts, et al. Reproduced by permission of Routledge/Taylor & Francis Books, Inc.

Chapter 6

Figure 6.10: Modified from Alberts, et al., *Molecular Biology of the Cell*, 3rd Edition, 1994 Garland Publishing, New York, NY.

Chapter 10

Figure 10.7: From Raven, et al., *Biology of Plants*, 5th edition. Reprinted by permission of Worth Publishers. **Figure 10.13:** From Lincoln Taiz and Eduardo Zeiger, *Plant Physiology*, 1991 Benjamin-Cummings Publishing. Reprinted with permission of the authors.

Chapter 11

Figure 11.4: Copyright © 2002 from *Molecular Biology of the Cell* by Bruce Alberts, et al. Reproducedby permission of Routledge/Taylor & Francis Books, Inc.

Chapter 14

Table 14.1: Data from E. Chargaff and J. Davidson (editors), *The Nucleic Acids*, 1955, Academic Press, New York, NY.

Chapter 16

TA 16.1: CALVIN AND HOBBES © 1995 Watterson. Reprinted with permission of Universal Press Syndicate. All rights reserved.

Chapter 17

Table 17.1: Reprinted with permission from *Nature*. Copyright Macmillan Magazines Limited. **Figure 17.9:** G. More, K.M. Devos, Z. Wang, and M.D. Gale: "Grasses, line up and form a circle," *Current Biology*, 1995, vol. 5, pp. 737-739. **Figure 17.11:** Modified from Keho Villiard and Sommerville, "DNA Microarrays for studies of Photosynthetic Organisms," *Trends in Plant Science*, 1999.

Chapter 18

Figure 18.22: From an *Introduction of Genetic Analysis* 5/e by Anthony J.F. Griffiths, et al., Copyright © 1976, 1981, 1986, 1989, 1993 by W.H. Freeman and Company. Used with permission.

Chapter 19

Figure 19.5: Copyright © John Kochik for Howard Hughes Medical Institute. **Figure 19.9 (text):** From H. Robert Horvitz, *From Egg to Adult*, published by Howard Hughes Medical Institute. Copyright © 1992. Reprinted by permission. **Figure 19.9 (top):** M.E. Challinor illustration. From Howard Hughes Medical Institute © as published in *From Egg to Adult*, 1992. Reprinted by permission. **Figure 19.9**

(bottom): Illustration by: Thestudio of Wood Ronsaville Harlin, Inc. **Figure 19.20:** Modified from John Kochik for Howard Hughes Medical Institute.

Chapter 20

Table 20.2: Data from the American Cancer Society, Inc., 2002.

Chapter 21

Figure 21.8: Data from P.A. Powers, et al., "A Multidisciplinary Approach to the Selectionist/ Neutralist Controversy." *Oxford Surveys in Evolutionary Biology.* Oxford University Press, 1993. **Figure 21.10:** From R.F. Preziosi and D.J. Fairbairn, "Sexual Size Dimorphism and Selection in the Wild in the Waterstrider *Aquariusremigis*: Lifetime Fecundity Selection on Female Total Length and Its Components," *Evolution, International Journal of Organic Evolution* 51:467-474, 1997. **Figure 21.11:** Data from M.R. MacNair in J.M. Bishops & L.M. Cook, *Genetic Consequences of Man-Made Change*, Academic Press, 1981, p. 177-207. **Figure 21.12:** Adapted from Clark, B. "Balanced Polymorphism and the Diversity of Sympatric Species." Syst. Assoc. Publ., Vol. 4, 1962.

Chapter 22

Figure 22.3A: Data from Grant, "Natural Selection and Darwin's Finches" in *Scientific American*, October 1991. **Figure 22.3b:** Data from Grant, "Natural Selection and Darwin's Finches" in *ScientificAmerican*, October 1991. **Figure 22.5:** Data from Grant, et al.,"Parallel Rise and Fall of Melanic Peppered Moths" in *Journal of* rav37316_cre.qxd 11/10/03 1:37 PM Page C-5 *Heredity*, vol. 87, 1996, Oxford University Press. **Figure 22.6:** Data from G. Dayton and A. Roberson, *Journal of Genetics*, Vol. 55, p. 154, 1957.

Chapter 23

Figure 23.3: Data from R. Conant & J.T. Collins, *Reptiles & Amphibians of Eastern/ Central North America*, 3rd edition, 1991. Houghton Mifflin Company. **Figure 23.10:** Data from B.M. Bechler, et al., *Birds of New Guinea*, 1986, Princeton University Press. **Figure 23.18:** Data from D. Futuyma, *EvolutionaryBiology*, 1998, Sinauer.

和文索引

■あ行

肢の発生　502
アクアポリン　116
アクチン　98
肢　502
亜種　472
アセチル-CoA　168
アデニル酸シクラーゼ　132
アデニン　49
アデノウイルス　263
アデノシン三リン酸　154
アデノシン二リン酸　154
アニオン　21
アピコプラスト　496
異方性共役輸送　122
アポトーシス　400
アミノアシル-tRNA合成酵素　310
アミノ酸　41
Alu因子　411
Rh式血液型　260
RNAエディティング　376
RNA干渉　374
RNAスプライシング　313, 376
RNAポリメラーゼ　303, 362
RNAワールド　66
Rbタンパク質　224
アルファ(α)型グルコース　58
アルファヘリックス　45
アロステリック阻害剤　152
アロステリック部位　152
安定化選択　447
アンテナ複合体　194
Antennapedia遺伝子複合体　398
イオン結合　25
イオンチャンネル　114, 130
異化　155
鋳型鎖　306
異型(ヘテロ)接合　249
異形接合体の有利性　445
異形接合度　435
異質染色質　212
異質倍数化　498
異所的種分化　480
異数性　272, 411
異性体　56
インテグリン　102
一遺伝子/一酵素仮説　297
一遺伝子/一ポリペプチド　297
位置エネルギー　144
一塩基多型　351
一次構造　43
一次転写産物　376
一倍体　212, 228
遺伝　63, 242
遺伝暗号　304
遺伝カウンセリング　274
遺伝子　15, 249, 298
遺伝子型　249
遺伝子型頻度　436
遺伝子組換え　319
遺伝子組換え作物　339

遺伝子座　249
遺伝子重複　497
遺伝子治療　263, 333
遺伝子導入　336
遺伝子の水平伝搬　499, 500
遺伝子発現　303
遺伝子プール　473
遺伝子変換　271, 409
遺伝子流動　438
遺伝地図　268, 344
遺伝的組換え　267
遺伝的刷り込み　425
遺伝的浮動　439
イネ　493, 496
飲食作用　118
インテグリン　139
イントロン　313, 376
ウェルナー症候群　402
ウラシル　49
運動エネルギー　144
エキソヌクレアーゼ　290
エキソン　313, 376
壊死　400
S期　213
X線回折　286
X染色体　266
F_1世代　246
ATP合成酵素　161, 199
ATP分子　160
ABO式血液型　260
エピスタシス　257
エフェクター　367
F_2世代　247
FtsZタンパク質　209
エマーソン効果　196
M期　213
M期促進因子　219
演繹法　4
塩基　31
エンタルピー　147
エンドヌクレアーゼ　290
エントロピー　146
エンハンサー　371
オオシモフリエダシャク　456
岡崎フラグメント　291
オクテット則　24
オペロン　366
オルソログ　495, 503
温度感受性　256

■か行

界　16
開口分泌　119
開始因子　310
開始複合体　310
階層構造　2
解糖　162
解糖系　164
解離　47
カオチン　21
化学進化　66
化学浸透　175, 198

化学反応　26
核　88
核移植　281
核型　212
核酸　49, 284
核小体　88, 95
獲得形質の遺伝　434
核膜　89
家系図　261
加水分解　37
化石の記録　13, 460
仮説　5
カタボライト活性化因子タンパク質　369
割球　383
活性化因子　368
活性化エネルギー　148
活性化剤　152
活性化補助因子　371
活性部位　150
滑面小胞体　92
カドヘリン　138
鎌状赤血球貧血　262, 445
CAM植物　204
ガラパゴス産フィンチ　10
ガラパゴス諸島　10, 483
カルシウム　132
カルビン回路　200
カロテノイド　192
がん　223, 413
がん遺伝子　224, 416
間期　213
還元　23, 145
がん腫　414
緩衝材　32
眼点　505
官能基　36
がん抑制遺伝子　224, 417
キアズマ　230
偽遺伝子　350, 499
気化熱　29
器官　2
器官系　2
基質　149
キチン　58
キネシン　99
キネトコア　214
機能ゲノミクス　354, 503
帰納法　4
基本転写因子　370
キメラ　323, 393
逆転写酵素　324
ギャップ結合　140
吸エルゴン性　147
吸収スペクトル　191
共役輸送　121
競争的阻害剤　152
共有結合　26
共優性　260
極性分子　28
巨大分子　36
菌界　16
グアニン　49

組換え修復　412
組換えワクチン　334
グラナ　96, 187
グラム陽性　84
グリオキシソーム　94
グリコーゲン　57
Kleinfelter症候群　273
クレブス回路　169
クロロフィル　191
クローン化　326
クローン法　347
形質　242
形質置換　482
形質転換　282
形質転換生物　355
形成体　392
系統樹　14
血小板由来成長因子　222
血友病　261
ゲノミクス　348, 352
ゲノム　15
──の比較　492
ゲノム科学　348
ゲノムライブラリー　324
原核生物　70, 80
原がん遺伝子　224, 416
嫌気呼吸　163
原子　20
原子質量　20
原子番号　20
減数分裂　228
原生生物界　16
元素　21
原腸胚　385
検定交雑　252
顕微鏡　82
光化学系　187, 194
後期　216
好気呼吸　162
──の収量　176
工業暗化　456
光合成の作用スペクトル　193
光子　190
酵素　149
酵素基質複合体　150
行動的隔離　474
高度好塩菌　71
高度好熱菌　71
酵母人工染色体　347
古細菌　16, 70
個体群　2
5′キャップ　309
固定結合　138
コード鎖　306
コドン　304
コムギゲノム　497
コムギの進化　498
ゴルジ装置　92
ゴルジ体　92
痕跡構造　465
昆虫の翅　503
コンティグ　344

■さ　行
細菌　71
サイクリックアデノシン一リン酸　132
サイクリックAMP　132
サイクリン　220
サイクリン依存性キナーゼ　219
細胞　2

──の起源　68
細胞外マトリックス　102
細胞結合　137
細胞呼吸　160
細胞骨格　98
細胞質ゾル　90
細胞質分裂　218
細胞周期　213
細胞小器官　2, 80
細胞説　15, 80
細胞内共生　97
細胞内受容体　128
細胞板　218
細胞表面受容体　130
細胞表面マーカー　109
細胞分裂　208
細胞壁　84, 87, 101
細胞膜　80
サザンブロット法　330
雑種形成　243
酸　31
酸化　23, 145
酸化還元　172
酸化還元反応　145
三次構造　45
3′ポリA尾部　309
三点交雑　268
GM作物　339
肢芽　502
視覚　135
自家受精　244
S期　213
色素　191
シグナル配列　91
自己分泌型シグナリング　127
C_3光合成　200
G_0期　213
自然選択　8, 12, 434, 440, 453, 477
自然発生　64
Gタンパク質　131
G_2/Mチェックポイント　219
G_2期　213
至適温度　152
シトクロムc　14
シトシン　49
シナプトネマ複合体　232, 409
脂肪　53
──の細胞呼吸　179
脂肪酸　52
姉妹染色分体　212
シャペロンタンパク質　46
Chargaffの規則　285
種　2
自由エネルギー　147
終期　217
周期表　24
終結因子　312
重合体　36
収束進化　467
集団　437
集団遺伝学　435
絨毛採取　274
主溝　363
種の概念　477
種の起源　12
種分化　471, 478
腫瘍　413
主要組織適合性複合体　136
受容体依存性飲食作用　119
受容体タンパク質　126

腫瘍誘導　335
循環的リン酸化　196
純系　245
子葉　388
上下位性　257, 450
ショウジョウバエ　492, 496
常染色体　270
小胞体　90
触媒作用　148
植物界　16
植物極　383
食物連鎖　180
除草剤抵抗性　336
ショットガン法　347
C_4光合成　203
シロイヌナズナ　493, 496
G_1/Sチェックポイント　219
G_1期　213
人為選択　12, 440, 458
進化　8, 504
真核生物　16, 70, 80
ジンクフィンガー　365
神経管　385
神経冠　385
神経伝達物質　127
親水性　30
真正細菌　16
真正染色質　212
伸長因子　311
シンテニー　352
──の保存性　495
浸透　116
浸透圧　117
振動性選択　444
人類の進化　488
H^+ポンプ　175
水素結合　28
推定ゲノムサイズ　492
スプライソソーム　314, 376
性　237
生活環　229
性決定　270
制限エンドヌクレアーゼ　320
制限酵素　320
制限酵素切断長多型　331
星状体　215
生殖隔離機構　473, 478
性染色体　270
生体エネルギー論　143
生態系　2
生態的隔離　474
成長因子　221
生物群集　2
生命　62
赤道面　215
世襲と修正　434
接合　407
接合後隔離機構　474
接合子　228
接合前隔離機構　474
セルロース　58
漸移説　486
前期　215
染色質　211
染色体　89, 210, 495
染色体説　265
選択　440
選択的スプライシング　314, 376
選択的透過性　114
センチモルガン　268

セントラルドグマ　303
セントロメア　212
全能性　281
選別　326
繊毛　100
相似　13
創始者効果　439
相同　13
相同構造　464
相同染色体　212, 230
挿入不活性化　408
相補性　288
相補的　50, 287
阻害剤　152
促進拡散　115
組織　2
組織特異的幹細胞　427
疎水性　30
粗面小胞体　91

■ た　行
第一減数分裂　232
対合　232
対向輸送　122
ダイサー　374
代謝　155
対照実験　5
体節　385
大絶滅　487
第二減数分裂　236
第二メッセンジャー　132
対立遺伝子　249
対立遺伝子頻度　436
ダーウィンフィンチ　454, 483
ダウン症候群　272
他家受精　244
多価不飽和脂肪酸　53
多型　269
多型的　435
多酵素複合体　151
多細胞化　73
TATAボックス　308
脱アミノ化　178
脱水合成　37
多糖　56
Turner症候群　273
多倍数性　480
多倍数体　497
多発性硬化症　427
多面効果　255
単為生殖　237
炭化水素　36
炭水化物　55
断続平衡　486
炭素固定　189, 201
担体　115
単糖　55
タンパク質キナーゼ　130
タンパク質の細胞呼吸　178
チェックポイント　219
窒素固定　335
チミン　49
中間径フィラメント　98
中期　215
中心液胞　86, 101
中心粒　99, 214
中性原子　21
中性子　20
中葉　218
チューブリン　214

調節発生　391
チョウの斑紋　503
治療クローニング　428
チンパンジー　495
Tiプラスミド　335
DNA　282
　——の重複　497
　——のメチル化　373
DNA結合性モチーフ　363
DNAフィンガープリント　331
DNA複製　288
DNAポリメラーゼI　290
DNAマイクロアレイ　354
DNAライブラリー　324
DNAリガーゼ　320
DNAワクチン　334
テイ・サックス病　259
低分子RNA　374
低分子干渉RNA　374
デオキシリボ核酸　48
適応度　442
適応と種分化　479
適応放散　482
デスモソーム　138
テロメア　401
転位　312
転移　407, 413
転移RNA　302
転移因子　350
電気陰性度　28
電子　20, 21
電子軌道　22
電子伝達系　173, 174
電磁波　190
転写　303, 306
転写後制御　362
転写制御　362
転写バブル　307
でんぷん　57
伝令RNA　302
同位体　21
同化　155
同型（ホモ）接合　249
凍結割断　110
同所的　472
同所的種分化　480
糖タンパク質　102
動物界　16
動物極　383
同類交配　438
特異的転写因子　370
独立の法則　253
突然変異　410
突然変異体　265
ドメイン　16, 45
トラフグ　494
ドラフト配列　494
ドラフト配列解読　494
トランスフェクション　416
トランスポゼース　407
トランスポゾン　406, 500
トランスロケーション　312
ドリー（クローン羊）　424
トリアシルグリセロール　53
トリグリセリド　53
トリプレット暗号　304
トリプレット結合解析　304

■ な　行
内腔　90

内部共生　72
内部タンパク質ネットワーク　109
内膜系　90
Na^+-K^+ポンプ　120
チラコイド　96
ナンセンスコドン　310
肉腫　414
二項分布　253
ニコチンアミドアデニンジヌクレオチド　153
二次構造　43
二重らせん　50, 287
二糖　56
二倍体　212, 228
二分裂　208
ヌクレオソーム　89, 211, 373
ヌクレオチド　49, 284
熱　146
熱力学　144
熱力学第一法則　146
熱力学第二法則　146
年代測定　460
能動輸送　120
乗換え　230, 232, 267

■ は　行
バイオテクノロジー　319
倍数化　497
胚性幹細胞　426
胚盤胞　385
ハイブリッド形成　328
胚柄　388
胚葉　385
配列タグ部位　345
バクテリア人工染色体　347
バクテリオファージ　283
発エルゴン性　147
発がん物質　414
発現遺伝子配列断片　349
発酵　181
発生　382
　——の進化　501
Hardy-Weinberg平衡　436
羽　502
Punnettスクエア　250
羽と腕の発生　502
ハマダラカ　493, 496
パラログ　499, 503
バール小体　271
半減期　21
伴性　266
ハンチントン病　259
反応中心　195
半保存的　288
比較ゲノミクス　492, 493
微化石　70
光依存的反応　187
光呼吸　203
非競争的阻害剤　152
ビクトリア湖　484
ビーグル号　9
p53タンパク質　223
PCR法　345
非循環的光リン酸化　198
微小管　98
bithorax遺伝子複合体　398
ヒト　492
　——の遺伝地図　269
ヒトゲノム計画　348
非任意交配　438

比熱　29
紐形動物の原点の再生　506
表現型　249
表面積と体積の比率　81
表面張力　29
ピリミジン　284
ピリミジン欠如部位　412
ビール酵母　493
ピルビン酸　168
頻度依存選択　444
ファージ　321
フィードバック阻害　156
フィブロネクチン　102
フィンチ　10
フェロモン　474
不完全優性　256
フグ　492
副溝　363
複製起点　290
複製フォーク　292
複対立遺伝子　260
物質　20
物質輸送　99
物理地図　344
不分離　272
不飽和脂肪酸　53
プライマー　290
プラスミド　321, 406
プラスモデスム　140
プラナリアの眼点の再生　506
プリン　284
プロテオミクス　356
プローブ　328
プロモーター　303, 306, 362
分子　2, 25
分子時計　14
分断選択　446, 481
分類　243
分離の法則　251
分裂溝　218
分裂後期促進複合体　217
分裂酵母　493
ベクター　263, 321
ベータ(β)型グルコース　58
β酸化　179
ベータシート　45
ペプチドグリカン　71
ペプチド結合　41
ヘモグロビン　14
ヘリックス-ターン-ヘリックス　364
ペルオキシソーム　94

ベンケイソウ型有機酸代謝　204
変数　5
変性　47
変態　386
鞭毛　84, 100
膨圧　117
方向性選択　447
放散的進化　484
放射性同位体　21
紡錘体　215
紡錘体チェックポイント　219
胞胚　385
飽和脂肪酸　53
補酵素　153
補助因子　153
ホスホジエステル結合　284
Hox遺伝子　399
ボトルネック効果　439
ホメオティック遺伝子　398
ホメオドメイン　365
ホメオドメインタンパク質　16
ホメオボックス　399
ホヤ　501
ポリペプチド　41
ポリメラーゼ連鎖反応法　329
ホルモン　127
翻訳　303
翻訳抑制タンパク質　378
翻訳領域　349

■ ま　行

−35配列　306
−10配列　306
マウス　492, 494
膜間腔　96
膜貫通タンパク質　108, 112
膜タンパク質　111
マトリックス　96
マラリア原虫　493, 496
ミクロRNA　374
ミクロボディ　94
水　27
ミスマッチ修復システム　412
ミッシング・リンク　461
密着結合　137
ミトコンドリア　96
ミトコンドリア内膜　174
無性生殖　237
眼　504
　——の構造　504
　——の進化　505

　——の発生　504
MeselsonとStahlの実験　288
メディエーター　371
免疫細胞化学　83
モザイク発生　391
モチーフ　45
モノソミー　210
モルフォゲン　392

■ や　行

融合遺伝　436
有糸分裂　210
優性　246
有性生殖　73, 228
有胎盤類　467
有袋類　467
誘導　391
UVR光修復システム　412
溶菌　283
陽子　20
羊水穿刺　274
葉緑体　96, 186
抑制因子　367
四次構造　45
予知できない特性　2
読み枠　304

■ ら　行

ラギング鎖　291
卵割　383
リソソーム　94
リーディング鎖　290
リボ核酸　48
リボソーム　91, 95, 302
リボソームRNA　302
流動モザイクモデル　108
量的形質　255
理論　6
リン脂質　52, 106
リン脂質二重層　106
劣性　246
レトロトランスポゾン　494
レプリソーム　293
連続変異　255
ロイシンジッパー　365
老化　401

■ わ　行

Y染色体　266

欧文索引

A

ABO blood group 260
Acetyl-CoA 168
actin 98
activation energy 148
activator 152, 368
active site 150
active transport 120
adaptive radiation 482
adenosine diphosphate 154
adenosine triphosphate 154
adenylyl cyclase 132
ADP 154
Alfred Russel Wallace 12
allele 249
allele frequency 436
allosteric inhibitor 152
allosteric site 152
alpha form 58
alternative splicing 314
amino acid 41
aminoacyl-tRNA synthase 310
anabolism 155
analogous 13
anaphase 216
anaphase-promoting complex 217
aneuploidy 272, 411
Animalia 16
Antennapedia 398
antiport 122
APC 217
apoptosis 400
aquaporin 116
Archaea 16
archaebacteria 70
artificial selection 12, 440
asexual reproduction 237
assortative mating 438
aster 215
atomic mass 20
atomic number 20
ATP 51, 154
ATP synthase 161
autosome 270

B

BAC 347
bacteria 16, 71
bacterial artificial chromosome 347
bacteriophage 283
Barr body 271
basal transcription factor 370
beta form 58
bicoid 396
binary fission 208
binomial distribution 253
bioenergetics 143
biological community 2
bithorax 398
blastocyst 385
blastomere 383

blastula 385
blending inheritance 436
Brachyury 501
buffer 32

C

C_3 photosynthesis 200
C_4 photosynthesis 203
cadherin 138
Calvin cycle 200
CAM 204
cAMP 132
CAP 369
carbohydrate 55
carbon fixation 189, 201
carcinogen 414
carcinomas 414
catabolism 155
catabolite activator protein 369
catalysis 148
cell 2
cell junction 137
cell plate 218
cell surface receptor 130
cell theory 15
cell wall 84, 87
central dogma 303
central vacuole 86, 101
centriole 214
centromere 212
chaperon protein 46
character displacement 482
Chargaff's rule 285
checkpoint 219
chemical reaction 26
chemiosmosis 175
chiasma 232
chimera 323, 393
chloroplast 96, 186
chromatin 211
chromosome 89
cleavage 383
cleavage furrow 218
coding strand 306
codominant 260
codon 304
coenzyme 153
cofactor 153
competitive inhibitor 152
complementarity 288
complementary 50, 287
conjugation 407
conservation of synteny 495
contig 344
continuous variation 255
control experiment 5
convergent evolution 467
cotransport 121
cotyledon 388
covalent bond 26
crassulacean acid metabolism 204
cross-fertilization 244

crossing over 230, 267
cyclic photophosphorylation 196
cyclin-dependent kinase 219
cytokinesis 218
cytoskeleton 98

D

Darwin 8
Darwin's finch 454
deamination 178
deductive reasoning 4
dehydration synthesis 37
denaturation 47
deoxyribonucleic acid 48
desmosome 138
dicer 374
diploid 212, 228
directional selection 447
disaccharide 56
disassortative mating 438
disruptive selection 446
dissociation 47
DNA 15
DNA-binding 363
DNA fingerprint 331
DNA library 324
DNA ligase 320
DNA vaccine 334
domain 16, 45
dominant 246
double helix 50
Down syndrome 272

E

ECM 102
ecosystem 2
electron 20
electron transport chain 173
electronegativity 28
element 21
embryonic stem cell 426
Emerson effect 196
endergonic 147
endocytosis 118
endonuclease 290
endoplasmic reticulum 90
endosymbiosis 72, 97
enhancer 371
entropy 146
enzyme 149
enzyme-substrate complex 150
epistasis 450
ER 90
EST 349
euchromatin 212
Eukarya 16
eukaryotes 70
evolution 8
exergonic 147
exocytosis 119
exon 313
exonuclease 290

517

expressed sequence tag 349
extracellular matrix 102
extreme thermophile 71
eyeless 504

F

facilitated diffusion 115
fat 53
feedback inhibition 156
fermentation 181
First Law of Thermodynamics 146
fitness 442
flagellum 84
fluid mosaic model 108
founder effect 439
free energy 147
freeze-fracture 110
frequency-dependent selection 444
functional genomics 354
functional group 36
Fungi 16

G

G protein 131
gap junction 140
gastrula 385
gene 15, 249, 298
gene conversion 271, 409
gene expression 303
gene flow 438
gene pool 473
genetic drift 439
genetic map 268, 344
genome 15
genomic library 324
genomics 352
genotype 249
genotype frequency 436
germ layer 385
glycogen 57
GM 339
Golgi body 92
gradualism 486
Gram-positive 84
grana 187
growth factor 221

H

haploid 212, 228
Hardy-Weinberg equilibrium 436
helix-turn-helix 364
hemophilia 261
heterochromatin 212
heterozygosity 435
heterozygote advantage 445
heterozygous 249
homeobox 399
homeodomain 365
homologous 13
homologous structure 464
homologue 212
homozygous 249
Hook 15
hormone 127
hybridization 328
hydrocarbon 36
hydrogen bond 28
hydrolysis 37
hydrophilic 30
hydrophobic 30

I

inductive reasoning 4
industrial melanism 456
inheritance of acquired characteristics 434
inhibitor 152
initiation complex 310
initiation factor 310
insertional inactivation 408
intracellular receptor 128
intron 313
ion channel 114, 130
ionic bond 25
isomer 56
isotope 21

K

karyotype 212
kinesin 99
kinetic energy 144
kinetochore 214
kingdom 16

L

lagging strand 291
large offspring syndrome 425
lateral gene transfer 499
Law of Segregation 251
leading strand 290
Leeuwenhoek 15
leucine zipper 365
locus 249
LOD 269
Lyell 10
lysosome 94

M

macromolecule 36
major groove 363
major histocompatibility complex 136
Malthus 11
mass extinction 487
meiosis 228
messenger RNA 302
metabolism 155
metamorphosis 386
metaphase 215
metaphase plate 215
metastasis 413
methylation 373
MHC 136
micro RNA 374
microbody 94
microfossil 70
middle lamella 218
miRNA 374
mismatch repair system 412
missing link 461
mitochondoria 96
mitosis 210
molecular clock 14
molecule 2, 25
monosaccharide 55
morphogen 392
mosaic development 391
MPF 219, 220
mRNA 302
mutant 265

N

NAD^+ 153
NADH 166
natural selection 8, 12, 434, 440
necrosis 400
neural crest 385
neural tube 385
neurotransmitter 127
neutron 20
nicotinamide adenine dinucleotide 153
noncompetitive inhibitor 152
noncyclic photophosphorylation 198
nondisjunction 272
nonsense codon 310
nuclear envelope 89
nucleic acid 49, 284
nucleoli 95
nucleolus 88
nucleosome 89, 211
nucleotide 49, 284
nucleus 88

O

Okazaki fragment 291
oncogene 224, 416
one-gene/one-enzyme hypothesis 297
one-gene/one-polypeptide 297
open reading frame 349
operon 366
ORF 349
organ 2
organ system 2
organelle 2, 80
organizer 392
ortholog 495
oscillating selection 444
oskar 396
osmosis 116
osmotic pressure 117
oxidation 23, 145
β-oxidation 179
oxidation-reduction (redox) reaction 145

P

p53 418, 420
paralog 499
parthenogenesis 237
Pax6 501, 504, 505
PCR 329, 345
PDGF 222
pedigree 261
peptide bond 41
pH 31
phage 321
phenotype 249
phosphodiester bond 284
phospholipid 52, 106
photorespiration 203
photosystem 187, 194
phylogenetic tree 14
physical map 344
pigment 191
Plantae 16
plasma membrane 80
plasmid 321, 406
plasmodesmata 140
pol I 290
polar molecule 28
polymerase chain reaction 329, 345

polymorphic 435
polymorphism 269
polypeptide 41
polyploidy 480
polysaccharide 56
Popper 6
population 2
population genetics 435
posttranscriptional control 362
postzygotic isolating mechanism 474
potential energy 144
prezygotic isolating mechanism 474
primary transcript 376
primer 290
probe 328
prokaryotes 70
promoter 303, 306, 362
prophase 215
protein kinase 130
proteomics 356
Protista 16
proto-oncogene 224, 416
proton 20
pseudogene 499
punctuated equilibrium 486
Punnett square 250
pure-breeding 245
purine 284
pyrimidine 284

R

Ras 416, 422
Rb 416
reading frame 304
receptor mediated endocytosis 119
receptor protein 126
recessive 246
recombinational repair 412
reduction 23, 145
regulative development 391
release factor 312
replication fork 292
replisome 293
repressor 367
reproductive isolating mechanism 473
restriction endonuclease 320
restriction fragment length polymorphism 331
reverse transcriptase 324
RFLP 331
Rh blood group 260
ribonucleic acid 48
ribosomal RNA 302
ribosome 95, 302
RNA interference 374

RNA polymerase 303
RNA splicing 376
rough ER 91
rRNA 302

S

sarcoma 414
saturated fatty acid 53
Schleiden 15
Schwann 15
Second Law of Thermodynamics 146
second messenger 132
selection 440
selectively permeable 114
self-fertilization 244
semiconservative 288
sequenced-tagged site 345
sex chromosome 270
sex-linked 266
sexual reproduction 73, 228
sickle cell anemia 261
single nucleotide polymorphism 351
siRNA 374
sister chromatid 212
small interfering RNA 374
smooth ER 92
SNP 351
somite 385
Southern blot 330
speciation 471
species 2
specific transcription factor 370
spliceosome 314, 376
Src 422
stabilizing selection 447
starch 57
STS 345
subspecies 472
substrate 149
subunit vaccine 334
surface tension 29
suspensor 388
sympatric 472
synteny 352

T

Tbx5 502
telomere 401
telophase 217
template strand 306
testcross 252
therapeutic cloning 428
thermodynamics 144
three-point cross 268
tissue 2

tissue-specific stem cell 427
transcription 303, 306
transcription bubble 307
transcriptional control 362
transfer RNA 302
transformation 282
transgenic 336
translation 303
translation repressor protein 378
translocation 312
transmembrane protein 112
transposase 407
transposition 407
transposon 406
triacylglycerol 53
triglyceride 53
triplet code 304
tRNA 302
tubulin 214
tumor 413
tumor-inducing 335
tumor-suppressor gene 417
turgor pressure 117

U

unsaturated fatty acid 53
UVR photorepair system 412

V

vector 321
vestigial structure 465

W

water 27
Werner's syndrome 402
Wilmut 424

X

X chromosome 266

Y

Y chromosome 266
YAC 347
yeast artificial chromosome 347

Z

zinc finger 365
zygote 228

3′ poly-A tail 309
5′ cap 309
−10 sequence 306
−35 sequence 306

© 培風館　2006

2006年 4 月10日　第 7 版発行
2018年 3 月30日　第 7 版 8 刷発行

レーヴン
ジョンソン　生物学　上
原書第 7 版

原著者　P. レーヴン
　　　　G. ジョンソン
　　　　J. ロソス
　　　　S. シンガー
監訳者　R/J Biology
　　　　翻訳委員会
発行者　山本　格

発行所　株式会社　培風館
東京都千代田区九段南 4-3-12・郵便番号 102-8260
電話 (03) 3262-5256(代表)・振替 00140-7-44725

中央印刷・牧 製本

PRINTED IN JAPAN

ISBN978-4-563-07796-9 C3045